С. П. Фиников
Теория Конгруэнций

Erschienen im Staatsverlag für technisch-theoretische Literatur
Moskau-Leningrad 1950

Übersetzt aus dem Russischen: DIETRICH ROETHER

Erschienen im Akademie-Verlag GmbH, Berlin W 8, Mohrenstraße 39
Lizenz-Nr. 202 · 100/569/59

Satz und Druck: Druckhaus „Maxim Gorki", Altenburg
Bestell- und Verlagsnummer: 5289
Printed in Germany
ES 19 B 3

S. P. FINIKOW

THEORIE DER KONGRUENZEN

MATHEMATISCHE LEHRBÜCHER UND MONOGRAPHIEN

HERAUSGEGEBEN VON DER
DEUTSCHEN AKADEMIE DER WISSENSCHAFTEN ZU BERLIN
INSTITUT FÜR REINE MATHEMATIK

II. ABTEILUNG
MATHEMATISCHE MONOGRAPHIEN

BAND X

THEORIE DER KONGRUENZEN

VON

S. P. FINIKOW

AKADEMIE-VERLAG · BERLIN
1959

THEORIE
DER KONGRUENZEN

von

S. P. FINIKOW

Wissenschaftliche Bearbeitung
der deutschen Ausgabe

PROF. DR. GERRIT BOL, FREIBURG I. BR.

AKADEMIE-VERLAG · BERLIN
1959

INHALTSVERZEICHNIS

Drittes Kapitel

Die metrische Theorie der Kongruenzen unter dem Gesichtspunkt der Zuordnung, die zwischen den Brennflächen hergestellt wird

Viertes Kapitel

Die Transformation von MOUTARD und die W-Kongruenzen

Fünftes Kapitel

Die asymptotischen Transformationen im projektiven Raum

Zehntes Kapitel

Die Φ-Folgen

Elftes Kapitel

Kongruenzen mit projektiv-abwickelbaren Brennflächen

Zwölftes Kapitel

Kongruenzen von A. M. WASSILJEW

VORWORT

Die Theorie der Geradenkongruenzen entstand fast gleichzeitig mit der Flächentheorie. Fragen der geometrischen Optik führten unmittelbar auf die Untersuchung von Normalenkongruenzen, z. B. bei dem Problem der Reflexion oder Brechung der Strahlen einer Normalenkongruenz. Das Problem des Lichtdurchgangs durch einen Kristall führt bereits auf eine Kongruenz allgemeinen Typs.

Späterhin bildeten die Entwicklung der Flächentheorie und insbesondere die sich um die Jahrhundertwende so ungestüm entwickelnde Theorie der Flächentransformationen den Höhepunkt der Kongruenzentheorie als unabdingbaren Bestandteil jeder Vorlesung über Differentialgeometrie. Allerdings schöpften diese Zusammenfassungen der Theorie der Kongruenzen nur zu einem geringen Teil die Arbeit aus, die auf diesem Gebiet von verschiedenen Gesichtspunkten aus, in verschiedenen Richtungen und mit verschiedenen Methoden geleistet worden war. Diese ganze Verschiedenartigkeit der Methoden und der Problematik stellt eine besonders anziehende Seite unserer Theorie dar, die in den Lehrbüchern noch keinen gebührenden Niederschlag gefunden hat. Das bewog mich am Ende der dreißiger Jahre, die Herausgabe eines Buches über die Theorie der Kongruenzen vorzuschlagen. Die Arbeit dazu nahm mir viel Zeit, und den endgültigen Text legte ich erst im Frühjahr 1941 vor.

Als dann nach dem Ende des Krieges die Rede auf den Druck dieses Buches kam, konnte ich diese Publikation als eine Neuausgabe betrachten. Seit der Zeit, als ich das Manuskript schrieb, waren mehr als zehn Jahre vergangen. Die Arbeiten von S. W. Bachwalow und S. D. Rossinski über die metrische Theorie der schichtbaren Paare, die Invariantentheorie der projektiven Differentialgeometrie von G. F. Laptjew, die allgemeine Theorie der Kongruenzpaare als Spezialfall der Theorie der „Symmetriegebilde“ von B. A. Rosenfeld, die Arbeiten über die Theorie der Komplexe von A. M. Wassiljew und von W. I. Korowin und über die Theorie der p-konjugierten Systeme von T. L. Kosmina und R. W. Smirnow stellten ganz neue Kapitel der Differentialgeometrie dar, die entweder zur Theorie der Kongruenzen gehörten oder sich unmittelbar an sie anschlossen. Ich faßte den Entschluß, die Darstellung der klassischen Resultate der Epoche Bianchi-Darboux zu kürzen, um diese neuen Arbeiten unterzubringen und die Ergebnisse darzustellen, die in unseren Tagen in der Moskauer geometrischen Schule erhalten wurden.

Ich mußte von der Darstellung der „Verbiegung“ einer Kongruenz bei der Bewegung ihrer Strahlen absehen, wenn diese starr mit den Tangentenebenen einer Fläche verbunden sind, welche einer Verbiegung unterworfen wird. Insbesondere ließ ich die Theorie der Wälzkongruenzen aus, deren Strahlen nach einer geeigneten Verbiegung der zugeordneten Fläche mit einer festen Geraden zusammenfallen, und aus der ganzen Theorie der Transformation von Flächen, die in eine Quadrik verbiegbar sind, beschränkte ich mich auf das Problem der „Verbiegung" des Tangentenkomplexes. Übrigens fanden diese Arbeiten schon ihren Platz in den letzten Ausgaben der Vorlesungen über Differentialgeometrie von BIANCHI und sind daher zum Teil dem Leser zugänglich.

Die Theorie der Kongruenzpaare: der T-Paare, der schichtbaren Paare von Kongruenzen und das allgemeine Problem der Schichtbarkeit, die W-Systeme, die metrische Theorie der Paare zusammen mit der Ausdehnung dieser Ideen auf die Komplexe und die p-konjugierten Systeme, dies mag den Inhalt eines anderen Buches darstellen.

Im ersten Kapitel dieses Buches wird ein allgemeiner Überblick über die Kongruenzen in elementarer Darstellung gegeben. Im zweiten Kapitel werden die Komponenten der Bewegungen eines Dreibeins und die Elemente der Theorie der äußeren Formen behandelt. Mit Hilfe der Variation des Dreibeins um einen Strahl werden quadratische Grundformen einer Kongruenz im EUKLIDischen Raum eingeführt.

Das dritte Kapitel enthält die grundlegende metrische Theorie der Kongruenzen als Mittel zur Flächentransformation. Die Darstellung bedient sich der Methode der äußeren Formen. Das folgende Kapitel bringt die Theorie der W-Kongruenzen in der klassischen Form der MOUTARD-Transformationen.

Das fünfte Kapitel führt in die Theorie der asymptotischen Flächentransformationen im projektiven Raum ein. Es beginnt mit der Konstruktion des kanonischen Tetraeders einer Fläche, führt aber schnell auf die FUBINIsche Theorie der W-Kongruenzen. Das sechste Kapitel bringt die klassische Theorie der konjugierten Netze im P_n, die durch $n + 1$ Lösungen einer LAPLACE-Gleichung bestimmt werden. Die folgenden beiden Kapitel enthalten die Theorie der Kongruenzen im Geradenraum.

Das neunte Kapitel gibt die allgemeine Theorie der Kongruenzen im projektiven Raum mit der Methode der äußeren Formen, ausgehend von der Ermittlung der Invarianten. Das zehnte und elfte Kapitel bringen die Anwendung dieser Theorie auf zwei bemerkenswerte Klassen von R-Kongruenzen. Das zwölfte Kapitel ist den Kongruenzen von A. M. WASSILJEW gewidmet, die auch einen unmittelbaren Zusammenhang mit dem siebenten und dem neunten Kapitel haben.

Schließlich werden im dreizehnten Kapitel die Projektivabwicklung einer Kongruenz und ihre Verallgemeinerungen betrachtet[1]).

---

[1]) Die Verweise auf die Literaturübersicht zur Theorie der Kongruenzen, die sich am Ende des Buches befindet, werden durch Ziffern in eckigen Klammern angegeben.

Im Text werden folgende Bücher des Autors abgekürzt zitiert: Flth. = Flächentheorie (1934); P.D.G. = Projektive Differentialgeometrie (1937); M.Ä.F. = Methode der äußeren Formen von CARTAN (1948).

Es ist mir eine angenehme Pflicht, L. N. SRETENSKI dafür zu danken, daß er mein Buch im Manuskript durchlas und eine Reihe sehr wertvoller Hinweise gab.

Besonders muß ich die große Arbeit erwähnen, die von dem Redakteur der Ausgabe auf das Manuskript verwandt wurde; M. W. AUSSEM hat nicht nur alle Rechnungen nachgeprüft, sondern auch eine Reihe von Verbesserungen im Text angebracht. Ich benutze die Gelegenheit, ihr meinen herzlichsten Dank auszusprechen.

Moskau, Dezember 1949.

S. FINIKOW

VORWORT ZUR DEUTSCHEN AUSGABE

Den der russischen Sprache nicht kundigen Interessenten wird mit dieser vom Akademie-Verlag in dankenswerter Weise herausgebrachten Übersetzung eine der bedeutenden in der Nachkriegszeit erschienenen Monographien der russischen differentialgeometrischen Schule zugänglich gemacht, die innerhalb eines für den Sachverständigen wie den Laien gleich aufschlußreichen Überblicks über das vielseitig verzweigte Teilgebiet einen Einblick gestattet in wichtige neue Forschungsergebnisse dieser Schule.

Übersetzer wie Bearbeiter waren bestrebt, dem Original möglichst nahe zu bleiben, doch wurden im Einverständnis mit dem Autor einige Ungenauigkeiten berichtigt und kleine Beweislücken ausgefüllt, ohne daß das an Ort und Stelle immer besonders hervorgehoben wird. Im Interesse der Originaltreue wurden die zahlreichen Hinweise des Autors auf andere Werke von seiner Hand beibehalten, obwohl diese Bücher bisher nur in russischer Sprache zugänglich sind. Der Leser möge solchen Hinweisen entnehmen, daß die behandelten Dinge auch in anderem Zusammenhang wichtig sind, er wird sich dann leicht an Hand der ihm zugänglichen Literatur orientieren können. Es sei in diesem Zusammenhang auch auf die Literaturangaben am Schluß der einzelnen Kapitel hingewiesen.

Dem Verlag möchte ich an dieser Stelle besonders für die sorgfältige Bearbeitung und Ausstattung der Ausgabe danken. Herrn Prof. Dr. Martin BARNER und seinen Mitarbeitern sowie Herrn Dr. Heinz KUNLE und Herrn Dieter ROETHER bin ich für das Mitlesen der Korrekturen sowie für manche wertvolle Anregung zu großem Dank verpflichtet.

Freiburg i. Br., im November 1958

Erstes Kapitel

DIE DIFFERENTIELLE UMGEBUNG EINES STRAHLS

I. Die Struktur der differentiellen Umgebung eines Strahls

1. Geradenmannigfaltigkeiten im Raume. Eine Gerade im Raum ist durch ein System zweier linearer Gleichungen

$$\begin{aligned} Ax + By + Cz + D &= 0, \\ A'x + B'y + C'z + D' &= 0 \end{aligned} \tag{1}$$

gegeben, wenn die Koeffizientenmatrix der laufenden Koordinaten x, y, z

$$\begin{pmatrix} A & B & C \\ A' & B' & C' \end{pmatrix}$$

den Rang zwei hat, d. h. wenn wenigstens eine ihrer Determinanten ungleich Null ist. Wenn die erste Determinante ungleich Null ist,

$$AB' - A'B \neq 0,$$

dann kann das System (1) nach den Koordinaten x, y aufgelöst werden:

$$\begin{aligned} x &= az + b, \\ y &= a'z + b'. \end{aligned} \tag{2}$$

Also hängt eine beliebige Gerade des Raumes von vier wesentlichen Parametern a, b, a', b' ab. Diese Parameter bestimmen die Gerade im Raum, man kann sie Geradenkoordinaten im Raume nennen.

Wenn die Parameter a, b, a', b' so durch eine Gleichung gebunden sind, daß nur drei von ihnen willkürlich bleiben, dann ergibt sich dadurch eine dreiparametrige Geradenmannigfaltigkeit, die man einen *Geradenkomplex* nennt. Wenn die Parameter a, b, a', b' so über zwei unabhängige Gleichungen zusammenhängen, daß nur zwei von ihnen willkürlich bleiben, dann erhält man eine zweiparametrige Geradenmannigfaltigkeit, die man eine *Geradenkongruenz* nennt.

Werden die Parameter a, b, a', b' durch drei unabhängige Gleichungen gebunden, so daß nur ein Parameter willkürlich bleibt, dann bestimmen die Gleichungen (2) die Koordinaten x, y als Funktionen zweier unabhängiger Veränderlichen, nämlich der Koordinate z und jenes willkürlichen Parameters, von dem die Parameter a, b, a', b' abhängen. Wenn diese Veränderlichen in die Gleichung wesentlich eingehen (wenn die Funktionaldeterminante der Koordinaten x, y nach den Veränderlichen von Null verschieden ist), dann bestimmen die Gleichungen (2) eine Fläche, und weil die Gleichungen (2) für beliebige Konstanten a, b, a', b' eine Gerade bestimmen, wird die erhaltene Fläche eine *Regelfläche* sein.

Der Unterschied zwischen diesen drei Geradenmannigfaltigkeiten wird anschaulicher, wenn man die Gesamtheit der Geraden der Mannigfaltigkeit betrachtet, die durch einen gegebenen Punkt des Raumes (x_1, y_1, z_1) gehen. Indem wir diese Werte in die Gleichungen (2) einsetzen, erhalten wir das System

$$x_1 = a z_1 + b, \quad y_1 = a' z_1 + b'. \tag{3}$$

Diese Gleichungen binden bei gegebenen x_1, y_1, z_1 die Parameter der Geraden a, b, a', b'. Man muß sie den Gleichungen hinzufügen, die die Geradenmannigfaltigkeit bestimmen.

Wenn wir einen Geradenkomplex betrachten, dann bilden die beiden Gleichungen (3) mit der Gleichung des Komplexes ein System von drei Gleichungen für die vier Parameter a, b, a', b'. Wenn diese Gleichungen unabhängig und widerspruchsfrei sind, dann bestimmen sie eine Untermannigfaltigkeit von Geraden mit einem willkürlichen Parameter, d. h. eine Regelfläche. Da nun alle Erzeugenden dieser Fläche durch einen Punkt gehen, ist diese Fläche ein Kegel und der Punkt (x_1, y_1, z_1) dessen Spitze.

Die Strahlen eines Komplexes, die durch einen allgemeinen Punkt des Raumes gehen, bilden einen Kegel mit der Spitze in diesem Punkt.

Wenn wir eine Geradenkongruenz betrachten, dann müssen die Strahlen (Geraden), die durch den Punkt (x_1, y_1, z_1) gehen, außer den Gleichungen (3) noch die beiden Gleichungen der Kongruenz befriedigen, folglich insgesamt ein System von vier Gleichungen. Wenn diese Gleichungen unabhängig sind, können sie nur eine endliche Anzahl von Lösungen zulassen. Folglich: *Durch einen allgemeinen Punkt des Raumes geht nur eine endliche Anzahl von Kongruenzstrahlen.*

Die Geradenkoordinaten a, b, a', b' sind nicht genügend symmetrisch gewählt. Wenn das System (1) nach den Koordinaten x, z oder y, z aufgelöst wird, werden die Koeffizienten in den Ausdrücken, die man dabei erhält, andere sein. Offensichtlich sind sie alle gleich den Verhältnissen der Determinanten der erweiterten Matrix des Systems (1)

$$\begin{pmatrix} A & B & C & D \\ A' & B' & C' & D' \end{pmatrix}. \tag{4}$$

Diese Determinanten sind nur bis auf einen gemeinschaftlichen Faktor bestimmt, weil jede der Gleichungen (1) mit einer beliebigen Zahl multipliziert werden kann. Die Ersetzung einer der Gleichungen (1) durch eine Linearkombination der beiden Gleichungen, d. h. durch die Gleichung einer willkürlichen Ebene des Büschels mit der Basis (1), beeinflußt die Verhältnisse der Determinanten der Matrix (4) nicht, weil dabei in jeder Determinante die Elemente einer Zeile durch Linearkombinationen von entsprechenden Elementen der ersten und zweiten Zeile mit genau denselben Koeffizienten ersetzt werden.

Die sechs linear unabhängigen Determinanten der Matrix (4) nennt man auch die *homogenen Ebenenkoordinaten der Geraden.*

Nimmt man die Gleichungen der Geraden in der Form des Systems (2), so gewinnt die Matrix (4) die Gestalt

$$\begin{pmatrix} 1 & 0 - a & - b \\ 0 & 1 - a' & - b' \end{pmatrix},$$

und die sechs linear unabhängigen Determinanten sind

$$1, \quad a', \quad -b', \quad a, \quad b, \quad ab' - a'b. \tag{5}$$

Wir sehen, daß die sechste Determinante mit den vorhergehenden durch eine quadratische Abhängigkeit verknüpft ist. Für die Matrix (4) kann man diese Abhängigkeit erhalten, wenn man in der offensichtlichen Identität

$$\begin{vmatrix} A & B & C & D \\ A' & B' & C' & D' \\ A & B & C & D \\ A' & B' & C' & D' \end{vmatrix} = 0$$

die Determinante auf der linken Seite nach der Regel von LAPLACE entwickelt:

$$\begin{vmatrix} A & B \\ A' & B' \end{vmatrix} \cdot \begin{vmatrix} C & D \\ C' & D' \end{vmatrix} - \begin{vmatrix} A & C \\ A' & C' \end{vmatrix} \cdot \begin{vmatrix} B & D \\ B' & D' \end{vmatrix} + \begin{vmatrix} A & D \\ A' & D' \end{vmatrix} \cdot \begin{vmatrix} B & C \\ B' & C' \end{vmatrix} = 0.$$

Wird eine Gerade im Raum durch die homogenen Koordinaten zweier ihrer Punkte $M(x, y, z, t)$, $M'(x', y', z', t')$ gegeben, dann nennt man die sechs linear unabhängigen Determinanten der Matrix der Koordinaten

$$\begin{pmatrix} x & y & z & t \\ x' & y' & z' & t' \end{pmatrix} \tag{6}$$

die *Punktkoordinaten der Geraden.* Sie sind nur bis auf einen gemeinsamen Faktor bestimmt, weil jedes homogene Koordinatenquadrupel mit einer beliebigen Zahl multipliziert werden darf. Die Ersetzung des Punktes M' durch irgendeinen anderen Punkt der Geraden spiegelt sich nicht in den Verhältnissen der Determinanten wider, weil sich die Koordinaten jedes Punktes der Geraden MM' als Linearkombinationen der Koordinaten beider Punkte M und M' mit genau denselben Koeffizienten erweisen.

Für die inhomogenen Koordinaten, d. h. für $t = 1$, $t' = 1$ sind die Determinanten der Matrix

$$\begin{pmatrix} x & y & z & 1 \\ x' & y' & z' & 1 \end{pmatrix}$$

gleich

$$x - x', \quad y - y', \quad z - z', \quad xy' - x'y, \quad -xz' + x'z, \quad yz' - y'z. \tag{7}$$

Dies sind die drei Koordinaten eines Vektors in Richtung der Geraden $\overrightarrow{MM'}$ und des Vektorprodukts $\overrightarrow{OM} \times \overrightarrow{OM'}$, wobei O der Koordinatenursprung ist. Da die Koordinaten beider Punkte die Gleichungen (2) der Geraden erfüllen, können wir aus den Ausdrücken (7) die Koordinaten x und y, x' und y' mit

Hilfe der Gleichungen (2) eliminieren. Dabei erhalten wir die Verhältnisse

$$\frac{x - x'}{a} = \frac{y - y'}{a'} = \frac{z - z'}{1} = \frac{yz' - y'z}{-b'} = \frac{x'z - xz'}{b} = \frac{xy' - x'y}{ab' - a'b}.$$

Diese Verhältnisse besagen, daß die Punktkoordinaten (7) der Geraden bis auf einen gemeinsamen Faktor mit den Ebenenkoordinaten (5) übereinstimmen und ebenso wie diese die Gerade bestimmen.

Einen Geradenkomplex, der durch eine lineare homogene Gleichung zwischen den homogenen Geradenkoordinaten bestimmt wird, nennt man einen *linearen Komplex*. Eine Kongruenz, die durch zwei derartige lineare Gleichungen bestimmt wird, heißt eine *lineare Kongruenz.*

Wir kommen auf die Theorie der linearen Kongruenzen und Komplexe in den ersten Paragraphen des Kapitels VII zurück. Im vorliegenden Kapitel betrachten wir die einfachsten Eigenschaften der Geradenkongruenzen im EUKLIDischen Raum E_3. Einen Kongruenzstrahl werden wir mittels zweier unabhängiger Parameter festlegen, die man die krummlinigen Koordinaten des Strahls in der Kongruenz nennen kann. Wir werden die Eigenschaften der Kongruenz in der Umgebung eines willkürlichen ihrer Strahlen (in allgemeiner Lage, nicht in spezieller) untersuchen. Unter der *differentiellen Umgebung* erster Ordnung eines Kongruenzstrahls verstehen wir die Gesamtheit der Punkte dieses Strahls sowie der Geraden, deren Koordinaten sich von den Koordinaten der betrachteten um Differentiale erster Ordnung unterscheiden. Um diese Geraden zu erhalten, müssen wir den krummlinigen Koordinaten des Strahls u, v beliebig kleine Zuwächse du und dv erteilen, alle Funktionen, die mit dem Strahl zusammenhängen, z. B. die Koordinaten des Strahls a, b, a', b' nach Potenzen von du, dv entwickeln und in dieser Entwicklung außer den freien Gliedern nur solche erster Ordnung berücksichtigen. Indem wir die Glieder bis zur n-ten Ordnung einschließlich berücksichtigen, erhalten wir die differentielle Umgebung n-ter Ordnung.

2. Die Geradenkongruenz. Wir sahen, daß die Geradenmannigfaltigkeiten, die von zwei wesentlichen Parametern abhängen, *Geradenkongruenzen* heißen.

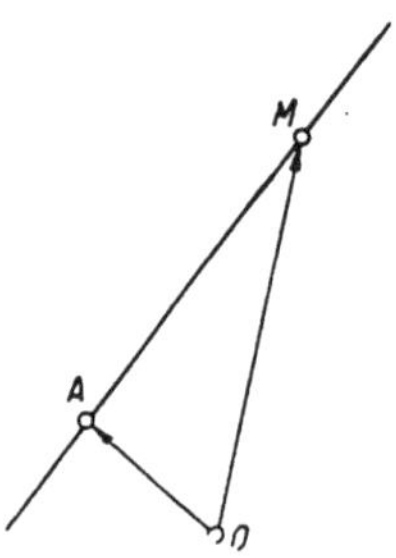

Abb. 1

Ein Kongruenzstrahl ist gegeben, wenn irgendeiner seiner Punkte $A(x, y, z)$ gegeben ist, den wir den *Anfang* des Strahls nennen, und ein Einheitsvektor $\boldsymbol{e} = \boldsymbol{i}X + \boldsymbol{j}Y + \boldsymbol{k}Z$, der die Richtung des Strahls bestimmt. Der Ortsvektor zu einem beliebigen Punkt M des Strahls bestimmt sich dann aus dem Streckenzug OAM (Abb. 1), wo O der Koordinatenursprung ist, als Summe des Ortsvektors $\boldsymbol{A}$ und des Vektors $\overrightarrow{AM}$. Wenn wir mit dem Buchstaben $t = AM$ die Länge dieses Vektors bezeichnen, so daß $\overrightarrow{AM} = \boldsymbol{e}t$ ist, dann erhalten wir:

$$\boldsymbol{M} = \boldsymbol{A} + \boldsymbol{e}t. \tag{8}$$

Beim Übergang von Strahl zu Strahl innerhalb einer Kongruenz ändern sich die Lage des Punktes A und die Richtung des Vektors $\boldsymbol{e}$ so, daß die sechs Größen x, y, z, X, Y, Z oder die Vektoren $\boldsymbol{A}$ und $\boldsymbol{e}$ als Funktionen zweier Parameter u, v zu betrachten sind:

$$\boldsymbol{A} = \boldsymbol{A}(u, v), \qquad \boldsymbol{e} = \boldsymbol{e}(u, v). \tag{9}$$

Wir werden voraussetzen, daß es in dem Gebiet der Kongruenz, das wir betrachten, sechs skalare Funktionen gibt, gegeben durch die Gleichungen (9), die stetig und hinreichend oft stetig differenzierbar sind (so oft, wie wir es brauchen). Außerdem werden wir voraussetzen, daß die Parameter u, v in die Formeln (9) wesentlich eingehen, d. h. die drei Funktionaldeterminanten

$$\frac{\partial(x, y)}{\partial(u, v)} = \begin{vmatrix} \frac{\partial x}{\partial u} & \frac{\partial y}{\partial u} \\ \frac{\partial x}{\partial v} & \frac{\partial y}{\partial v} \end{vmatrix}, \quad \frac{\partial(y, z)}{\partial(u, v)}, \quad \frac{\partial(z, x)}{\partial(u, v)}$$

sollen nicht gleichzeitig Null werden; das Entsprechende fordern wir auch für die Ableitungen von X, Y, Z. Unter diesen Umständen beschreibt der Punkt A eine Fläche (A), die wir die *Ausgangsfläche* nennen; die Parameter u, v sind offensichtlich krummlinige Koordinaten auf der Ausgangsfläche.

Da $\boldsymbol{e}$ ein Einheitsvektor ist, liegt der Punkt m, der durch den Ortsvektor

$$\boldsymbol{m} = \boldsymbol{e} \tag{10}$$

gegeben wird, auf der Einheitskugel mit dem Zentrum im Koordinatenursprung und beschreibt bei den gemachten Voraussetzungen auf der Kugel einen zweidimensionalen Bereich. Man sagt, daß der Punkt m den Strahl AM auf die Einheitskugel abbildet und somit das *sphärische Bild der Kongruenz* beschreibt.

3. Der Abstand der Strahlen der differentiellen Umgebung. Wir betrachten die differentielle Umgebung des Strahls AM mit den Koordinaten (u, v), d. h. die Gesamtheit der Strahlen $A'M'$, die durch die Koordinaten $(u + du, v + dv)$ bestimmt werden, wenn man dabei die Zuwächse du, dv als unendlich klein annimmt und den Hauptteil der Zuwächse der Funktionen (9), also den in du und dv linearen Bestandteil betrachtet.

In der metrischen Geometrie taucht natürlich sofort die Frage nach dem Abstand zweier Strahlen AM und $A'M'$ der differentiellen Umgebung auf. Dieser Abstand werde durch die Strecke MM' gemessen. Da man den Ortsvektor des Punktes M' aus dem Ortsvektor des Punktes M erhält, wenn man den Parametern u, v und der Koordinate t des Punktes auf dem Strahl die Zuwächse du, dv, dt erteilt, ergibt sich nun der Hauptteil des unendlich kleinen Vektors $\overrightarrow{MM'} = \boldsymbol{M}' - \boldsymbol{M}$ einfach durch Differentiation der Formel (8):

$$\overrightarrow{MM'} \sim d\boldsymbol{M} = d\boldsymbol{A} + t\, d\boldsymbol{e} + \boldsymbol{e}\, dt. \tag{11}$$

Bekanntlich muß der Vektor $\overrightarrow{MM'}$ auf beiden Strahlen AM und $A'M'$ senkrecht stehen. Folglich müssen die Skalarprodukte $\overrightarrow{MM'} \cdot \boldsymbol{e}$ und $\overrightarrow{MM'} \cdot (\boldsymbol{e} + d\boldsymbol{e})$ verschwinden, also

$$\overrightarrow{MM'} \cdot \boldsymbol{e} = 0, \quad \overrightarrow{MM'} \cdot (\boldsymbol{e} + d\boldsymbol{e}) = 0. \tag{12}$$

Führen wir hier den Wert von $\overrightarrow{MM'}$ aus der Formel (11) ein, so erhalten wir:

$$\boldsymbol{e} \cdot d\boldsymbol{A} + t\boldsymbol{e} \cdot d\boldsymbol{e} + \boldsymbol{e}^2 dt = 0,$$

$$d\boldsymbol{e} \cdot d\boldsymbol{A} + t(d\boldsymbol{e})^2 + \boldsymbol{e} \cdot d\boldsymbol{e}\, dt = 0;$$

nun ist aber der Betrag des Vektors $\boldsymbol{e}$ gleich Eins, d. h. es gilt

$$\boldsymbol{e}^2 = 1, \quad \boldsymbol{e} \cdot d\boldsymbol{e} = 0,$$

und damit haben wir

$$dt = -\boldsymbol{e} \cdot d\boldsymbol{A}, \tag{13}$$

$$t = -\frac{d\boldsymbol{e} \cdot d\boldsymbol{A}}{(d\boldsymbol{e})^2}. \tag{14}$$

Der Nenner in Formel (14) liefert offenbar das Linienelement der Kugel, welche durch die Gleichung (10) gegeben ist, d. h. das Linienelement des sphärischen Bildes der Kongruenz:

$$ds^2 = (d\boldsymbol{e})^2 = E du^2 + 2F du dv + G dv^2, \tag{15}$$

wobei gesetzt ist

$$E = (\boldsymbol{e}_u)^2, \quad F = \boldsymbol{e}_u \cdot \boldsymbol{e}_v, \quad G = (\boldsymbol{e}_v)^2. \tag{16}$$

Für die Kongruenz hat man damit die erste Grundform. Wenn man die Bezeichnungen

$$e = \boldsymbol{A}_u \cdot \boldsymbol{e}_u, \quad f = \boldsymbol{A}_v \cdot \boldsymbol{e}_u, \quad f' = \boldsymbol{A}_u \cdot \boldsymbol{e}_v, \quad g = \boldsymbol{A}_v \cdot \boldsymbol{e}_v \tag{17}$$

einführt, nimmt der Zähler in Formel (14) die Gestalt an

$$d\boldsymbol{e} \cdot d\boldsymbol{A} = e\, du^2 + (f + f')\, du\, dv + g\, dv^2. \tag{18}$$

Bezeichnet man auf dem Strahl mit r die Abszisse des Fußpunktes des gemeinsamen Lotes der beiden Strahlen (u, v) und $(u + du,\ v + dv)$ der differentiellen Umgebung, so schreibt sich die Formel (14) in der Gestalt

$$r = -\frac{e\, du^2 + (f + f')\, du\, dv + g\, dv^2}{E\, du^2 + 2F\, du\, dv + G\, dv^2}. \tag{14'}$$

Auf Regelflächen beschreibt der geometrische Ort dieser Punkte die *Kehllinie* (Striktionslinie). Wenn man also durch den Kongruenzstrahl AM eine Regelfläche der Kongruenz (eine Regelfläche, die von Kongruenzstrahlen gebildet wird) legt, so daß sie den Strahl $A'M'$ enthält, der durch das Verhältnis der Differentiale $du : dv$ bestimmt wird, dann schneidet die Kehllinie dieser Regelfläche den Strahl AM in einem Punkt mit der Abszisse, die durch die Formel (14') gegeben wird.

Die Richtung des Vektors $\overrightarrow{MM'}$ als gemeinsames Lot der Strahlen $\boldsymbol{e}$ und $\boldsymbol{e} + d\boldsymbol{e}$ kann man ansetzen als die Richtung des Vektors

$$\delta \boldsymbol{e} = \boldsymbol{e}_u \delta u + \boldsymbol{e}_v \delta v,$$

der die Kugel (10) berührt und auf der Richtung des Vektors

$$d\boldsymbol{e} = \boldsymbol{e}_u du + \boldsymbol{e}_v dv$$

senkrecht steht.

Weil die Tangenten $\delta \boldsymbol{e}$ und $d\boldsymbol{e}$ einen rechten Winkel bilden, genügen die Differentiale du, dv und δu, δv der Orthogonalitätsrelation

$$E\, du\, \delta u + F(du\, \delta v + dv\, \delta u) + G \cdot dv\, \delta v = 0,$$

woraus

$$\delta u : \delta v = -(F\, du + G\, dv) : (E\, du + F\, dv)$$

folgt.

Führen wir diese zu den Differentialen δu, δv proportionalen Größen in den Ausdruck für den Vektor $\delta \boldsymbol{e}$ ein, so erhalten wir einen Vektor, der zum gemeinsamen Lot $\overrightarrow{MM'}$ parallel ist:

$$\begin{aligned} &-\boldsymbol{e}_u(F\, du + G\, dv) + \boldsymbol{e}_v(E\, du + F\, dv) = \\ &\qquad = (E\boldsymbol{e}_v - F\boldsymbol{e}_u)\, du + (F\boldsymbol{e}_v - G\boldsymbol{e}_u)\, dv. \end{aligned} \tag{19}$$

Da nun sein Quadrat nach den Formeln (16) gleich

$$(EG - F^2)(E\, du^2 + 2F\, du\, dv + G\, dv^2)$$

ist, wird damit der Einheitsvektor $\boldsymbol{n}$, der zum gemeinsamen Lot der beiden Strahlen (u, v) und $(u + du,\ v + dv)$ der differentiellen Umgebung parallel ist, gleich

$$\begin{aligned} \boldsymbol{n} &= \frac{(E\boldsymbol{e}_v - F\boldsymbol{e}_u)\, du + (F\boldsymbol{e}_v - G\boldsymbol{e}_u)\, dv}{\sqrt{EG - F^2}\sqrt{E\, du^2 + 2F\, du\, dv + G\, dv^2}} = \\ &= \frac{\begin{vmatrix} E\, du + F\, dv & F\, du + G\, dv \\ \boldsymbol{e}_u & \boldsymbol{e}_v \end{vmatrix}}{\sqrt{EG - F^2}\sqrt{E\, du^2 + 2F\, du\, dv + G\, dv^2}}. \end{aligned} \tag{20}$$

Man erhält jetzt den kürzesten Abstand zwischen den Strahlen AM und $A'M'$ durch Projizieren eines beliebigen Vektors, der Punkte der ersten und zweiten Geraden verbindet, auf die Richtung des gemeinsamen Lotes $\boldsymbol{n}$. Dazu genügt es, das Skalarprodukt auszurechnen. Benutzen wir für den Vektor $\overrightarrow{AA'}$ die Formel $d\boldsymbol{A} = \boldsymbol{A}_u du + \boldsymbol{A}_v dv$, so erhalten wir den Hauptteil des gesuchten Abstandes in der Form

$$\boldsymbol{n} \cdot d\boldsymbol{A} = \frac{\begin{vmatrix} E\, du + F\, dv & F du + G\, dv \\ e\, du + f\, dv & f' du + g\, dv \end{vmatrix}}{\sqrt{EG - F^2}\sqrt{E\, du^2 + 2F\, du\, dv + G\, dv^2}}. \tag{21}$$

Diese Formel enthält wesentlich die beiden Summanden f und f' des Koeffizienten beim Produkt $du \cdot dv$ in der quadratischen Form (18). Demnach reicht die Kenntnis der beiden Formen (15) und (18), d. h. der Koeffizienten E, F, G, e, $f + f'$, g nicht aus, um die Kongruenz völlig zu bestimmen. Man muß notwendig noch f und f' einzeln angeben.

4. Die Struktur der Umgebung eines Strahls. Die Formel (14') hat als Quotient der quadratischen Formen der Kongruenz viel gemeinsam mit der Grundformel der Flächentheorie, die die Krümmung des Normalschnitts der Fläche angibt. Sie läßt deshalb auch eine entsprechende Behandlung zu.

Der Nenner der Formel (14') ist das Linienelement der Kugel und daher eine positiv definite Form ($E > 0$, $EG - F^2 > 0$). Folglich gibt es ein System von Koordinatenlinien u, v auf der Kugel, so daß auf dieses bezogen beide Formen (15), (18) Quadratsummen werden:

$$F = 0, \quad f + f' = 0. \tag{22}$$

Zum Beweis konstruieren wir die Indikatrix der Formel (14'), indem wir auf jeder Tangente $du : dv$ im Punkt m der Kugel (10) die Strecke $\frac{1}{\sqrt{|r|}}$ abtragen, und weisen darauf hin, daß die erhaltene Kurve zweiter Ordnung reelle Hauptachsen besitzt. Man kann einfach auf den Satz von der gleichzeitigen Hauptachsentransformation zweier quadratischer Formen Bezug nehmen, oder man bezieht sich auf den Satz der projektiven Geometrie über die Existenz eines gemeinsamen Paares konjugierter Elemente von zwei Involutionen, von denen eine elliptisch ist: von der Involution der aufeinander senkrechten Tangenten an die Kugel im Punkt m und der Involution, die durch Nullsetzen der Polarform aus der quadratischen Form (18) erhalten wird.

Wenn wir die Kongruenz auf ein solches Koordinatensystem beziehen und demgemäß in die Formel (14') die Werte (22) einführen, erhalten wir

$$r = -\frac{e\,du^2 + g\,dv^2}{E\,du^2 + G\,dv^2};$$

daraus ergibt sich, indem wir $r = r_1$ für die Koordinatenfläche $v = \text{const}$ und $r = r_2$ für die Koordinatenfläche $u = \text{const}$ setzen:

$$r_1 = -\frac{e}{E}, \quad r_2 = -\frac{g}{G},$$

und wenn wir e und g eliminieren:

$$r = r_1 \frac{E\,du^2}{E\,du^2 + G\,dv^2} + r_2 \frac{G\,dv^2}{E\,du^2 + G\,dv^2}.$$

Andererseits liefert die Formel (20) für die Einheitsvektoren, welche die Richtung des gemeinsamen Lotes der beiden Strahlen der differentiellen Umgebung für $v = \text{const}$ oder $u = \text{const}$ bestimmen,

$$\mathbf{n}_1 = \frac{1}{\sqrt{G}}\mathbf{e}_v, \quad \mathbf{n}_2 = -\frac{1}{\sqrt{E}}\mathbf{e}_u.$$

Für den Winkel α, der vom gemeinsamen Lot der beiden Strahlen (u, v) und $(u + du, v + dv)$ mit dem Lot der Strahlen (u,v) und $(u + du, v)$ gebildet wird, erhält man, wenn man dabei die Annahmen (22) berücksichtigt, die Formeln

$$\cos\alpha = \boldsymbol{n}\cdot\boldsymbol{n}_1 = \frac{E\boldsymbol{e}_v du - G\boldsymbol{e}_u dv}{\sqrt{EG}\sqrt{E\,du^2 + G\,dv^2}}\cdot\frac{1}{\sqrt{G}}\boldsymbol{e}_v = \frac{\sqrt{E}\,du}{\sqrt{E\,du^2 + G\,dv^2}},$$

$$\sin\alpha = \frac{\sqrt{G}\,dv}{\sqrt{E\,du^2 + G\,dv^2}},$$

und das bedeutet

$$r = r_1\cos^2\alpha + r_2\sin^2\alpha. \tag{23}$$

Diese Formel besagt, daß die Abszisse des Fußpunktes des gemeinsamen Lotes r zwischen den Größen r_1 und r_2 variiert.

In der Tat, nehmen wir an, daß $r_1 > r_2$ ist und setzen

$$\cos^2\alpha = \frac{1 + \cos 2\alpha}{2}; \qquad \sin^2\alpha = \frac{1 - \cos 2\alpha}{2}.$$

Dann erhält die Formel (23) die Gestalt:

$$r = \frac{r_1 + r_2}{2} + \frac{r_1 - r_2}{2}\cos 2\alpha. \tag{23'}$$

Weil nun der Koeffizient von $\cos 2\alpha$ positiv ist, wird $r = r_1$ am größten bei $\cos 2\alpha = 1$, z. B. für $\alpha = 0$. Bei der Drehung des gemeinsamen Lots um den Strahl AM um den Winkel $\frac{\pi}{2}$ von $\alpha = 0$ bis $\alpha = \frac{\pi}{2}$ verkürzt sich die Abszisse r bis zu ihrem kleinsten Wert $r = r_2$. Bei weiterer Vergrößerung des Winkels α von $\alpha = \frac{\pi}{2}$ bis $\alpha = \pi$ wächst die Abszisse r wieder bis r_1 an.

Also durchläuft der Fußpunkt des gemeinsamen Lots auf dem Strahl AM die Strecke M_1M_2 mit der Länge $r_1 - r_2$:

$$\boldsymbol{M}_1 = \boldsymbol{A} + r_1\boldsymbol{e}, \qquad \boldsymbol{M}_2 = \boldsymbol{A} + r_2\boldsymbol{e}.$$

Diese Punkte M_1 und M_2 heißen die *Grenzpunkte* des Strahls; die Mitte C der Strecke M_1M_2

$$\boldsymbol{C} = \boldsymbol{A} + \frac{r_1 + r_2}{2}\boldsymbol{e}$$

heißt der *Mittenpunkt* oder das *Zentrum* des Strahls.

Die Richtungen der Vektoren kürzesten Abstands (der gemeinsamen Lote) in den Grenzpunkten sind aufeinander senkrecht. Bei der Verrückung des Fußpunktes des gemeinsamen Lotes vom Punkt M_1 zum Punkt M_2 und zurück dreht sich dieses Lot um 180° und fällt bei der Rückkehr in den Punkt M_1 mit der Ausgangslage zusammen.

Durch die Grenzpunkte geht jeweils nur eines dieser Lote; in jedem inneren Punkt der Strecke $M_1 M_2$ gibt es zwei Lote, die mit dem Lot in den Grenzpunkten gleiche Winkel bilden. Im Mittenpunkt des Strahls fallen die Richtungen der Abstandsvektoren mit den Winkelhalbierenden des Winkels zwischen den Loten in den Grenzpunkten zusammen und sind folglich aufeinander senkrecht. Je näher der Punkt M an die Endpunkte der Strecke $M_1 M_2$ heranrückt, um so mehr verkleinert sich der Winkel zwischen den Lotpaaren im Punkte M und wird in den Grenzpunkten Null. Die Ebenen, die auf dem gemeinsamen Lot in den Grenzpunkten senkrecht stehen, heißen *Hauptebenen*; die Regelflächen, deren Kehllinien den Strahl in den Grenzpunkten schneiden, heißen *Hauptflächen.*[1]) Bei der Ableitung der Formel (23) haben wir die Kongruenz auf die Hauptflächen bezogen.

Der geometrische Ort eines der Grenzpunkte des Strahls heißt *Grenzfläche*, der Ort der Mittenpunkte *Mittenfläche*.

5. Die Gleichung der Hauptflächen und die Abszissen der Grenzpunkte. Zur Ableitung der Formel für die Abszissen r_1, r_2 der Grenzpunkte und der Gleichung der Hauptflächen bei beliebiger Wahl der Koordinaten u, v der Fläche muß man die Extremwerte der durch die Formel (14') bestimmten Größe r suchen, wenn man als unabhängige Veränderliche das Verhältnis der Differentiale $du : dv$ nimmt.

Indem wir die Gleichung (14') mit dem Nenner multiplizieren, erhalten wir

$$r(E\,du^2 + 2F\,du\,dv + G\,dv^2) + e\,du^2 + (f + f')\,du\,dv + g\,dv^2 = 0.$$

Das Verhältnis $du : dv$ kann man verändern, indem man bei festem Nenner den Zähler oder bei festem Zähler den Nenner variiert. Differenzieren wir beide Seiten der Gleichung nach der Veränderlichen $\xi = du$ bzw. nach der Veränderlichen $\eta = dv$ und nehmen dabei $E, F, G, e, f + f', g$ als konstant an, weil sich ja der Strahl (u, v) nicht ändert, und setzen dann, um das Extremum von r zu finden, die Ableitungen $\frac{\partial r}{\partial \xi}$ bzw. $\frac{\partial r}{\partial \eta}$ gleich Null, so erhalten wir

$$\begin{aligned} r(E\,du + F\,dv) + e\,du + \frac{f + f'}{2}\,dv &= 0, \\ r(F\,du + G\,dv) + \frac{f + f'}{2}\,du + g\,dv &= 0, \end{aligned} \tag{24}$$

woraus sich durch Elimination von $du : dv$ die quadratische Gleichung für die Abszissen der Grenzpunkte:

$$(EG - F^2)r^2 + [gE + eG - (f + f')F]\,r + eg - \frac{(f + f')^2}{4} = 0 \tag{25}$$

---

[1]) A. d. Ü.: In der Literatur werden abweichend von dieser Definition manchmal diejenigen Flächen aus Kongruenzstrahlen so bezeichnet, deren Kehllinien durch den Mittenpunkt des Strahles gehen.

und die Abszisse des Mittenpunktes

$$r_0 = \frac{r_1 + r_2}{2} = \frac{(f + f')F - eG - gE}{2(EG - F^2)} \tag{26}$$

ergibt.

Eliminiert man r aus den Gleichungen (24), dann erhält man die Differentialgleichung der Hauptflächen

$$\left(\frac{f + f'}{2} E - eF\right) du^2 + (gE - eG)\, du\, dv + \left(gF - \frac{f + f'}{2} G\right) dv^2 = 0. \tag{27}$$

6. Die Brennpunkte. Die Formel (21) liefert den Hauptteil des infinitesimalen Abstands MM' zwischen den Strahlen (u, v) und $(u + du,\ v + dv)$ der differentiellen Umgebung.

Wenn der Hauptteil (21) des Abstands verschwindet, dann schneiden sich die Strahlen der differentiellen Umgebung, und die Ordnung der Kleinheit des Abstands MM' der infinitesimal benachbarten Strahlen wird größer. Dies ist der Fall, wenn der Zähler des Ausdrucks (21) Null wird:

$$\begin{vmatrix} E\,du + F\,dv & F\,du + G\,dv \\ e\,du + f\,dv & f'\,du + g\,dv \end{vmatrix} = 0,$$

oder

$$(f'E - eF)\, du^2 + [gE + (f' - f)F - eG]\, du\, dv + (gF - fG)\, dv^2 = 0. \tag{28}$$

Wir erhalten eine quadratische Gleichung für das Verhältnis der Differentiale $du : dv$. Folglich gibt es in der Umgebung des Strahls AM zwei Strahlen, die entweder reell und verschieden oder konjugiert komplex sind oder zusammenfallen und bis auf Größen zweiter Ordnung den Strahl schneiden. Je nachdem diese beiden Strahlen reell und verschieden, konjugiert komplex oder zusammenfallend sind, nennt man den Strahl *hyperbolisch, elliptisch* oder *parabolisch.*

Den Schnittpunkt des gegebenen Strahls mit dem Strahl seiner differentiellen Umgebung oder den Punkt, dessen Abstand vom benachbarten Strahl $(u + du,$ $v + dv)$ unendlich klein von zweiter Ordnung gegenüber dem Zuwachs der Parameter du, dv ist, bezeichnen wir mit dem Buchstaben F und nennen ihn *Brennpunkt des Strahls.*

Um die Gleichung für die Bestimmung der Abszisse des Brennpunkts F aufzustellen, genügt es, das Verhältnis der Differentiale $du : dv$ aus den Gleichungen (28) und (14') zu eliminieren.

Wir werden sofort zeigen, daß der Brennpunkt als Berührungspunkt des Kongruenzstrahls mit der Einhüllenden bestimmt werden kann, wenn man aus der Kongruenz eine einparametrige Schar von Strahlen $\mathcal{H}$ auswählt, die eine Einhüllende hat.

Wenn nämlich der Punkt

$$\boldsymbol{F} = \boldsymbol{A} + \varrho \boldsymbol{e}$$

der Berührungspunkt eines Strahls der Schar mit der Einhüllenden ist, dann muß der Punkt F bei Verrückung des Strahls innerhalb der Schar eine Kurve beschreiben, deren Tangente mit dem Strahl zusammenfällt und deren Tangentenvektor parallel zum Richtungsvektor $\boldsymbol{e}$ des Strahls ist. Folglich muß bei geeignetem Proportionalitätsfaktor die Gleichung

$$d\boldsymbol{F} = \lambda \boldsymbol{e}, \tag{29}$$

oder

$$d\boldsymbol{A} + \varrho\, d\boldsymbol{e} + \boldsymbol{e}\, d\varrho = \lambda \boldsymbol{e}, \tag{29'}$$

oder

$$(\boldsymbol{A}_u + \varrho \boldsymbol{e}_u)\, du + (\boldsymbol{A}_v + \varrho \boldsymbol{e}_v)\, dv + \boldsymbol{e}\, d\varrho = \lambda \boldsymbol{e}$$

gelten, wobei das Verhältnis der Differentiale $du : dv$ mit der Verrückung des Strahls in der Schar $\mathcal{H}$ übereinstimmt, welche die Einhüllende besitzt.

Wenn wir beide Seiten dieser Gleichung mit den Vektoren $\boldsymbol{e}_u$ oder $\boldsymbol{e}_v$ multiplizieren, um den Proportionalitätsfaktor λ zu eliminieren, dann erhalten wir unter Verwendung der Formeln (16) und (17):

$$\begin{aligned} e\, du + f\, dv + \varrho\,(E\, du + F\, dv) &= 0, \\ f' du + g\, dv + \varrho\,(F\, du + G\, dv) &= 0. \end{aligned} \tag{30}$$

Multiplizieren wir die erste Gleichung mit du, die zweite mit dv und addieren, so erhalten wir die Gleichung (14′) unter Vertauschung der Abszisse r mit ϱ. Andererseits führt die Elimination der Abszisse ϱ aus den Gleichungen (30) auf die Gleichung (28). Folglich besitzen die Regelflächen der Kongruenz, die durch die Gleichung (28) gegeben werden, Einhüllende: ihre Erzeugenden (Kongruenzstrahlen) berühren die Kurve, die vom Brennpunkt beschrieben wird. Derartige Regelflächen nennt man *Torsen*, und die Einhüllende ihrer Erzeugenden heißt die Rückkehrkante der Torse.

Folglich können die Strahlen einer Kongruenz auf zwei Arten in eine einparametrige Schar von Torsen zerlegt werden (reelle im Fall des hyperbolischen Strahls, imaginäre im Fall des elliptischen), und die Brennpunkte sind die Berührungspunkte des Strahls mit den Rückkehrkanten zweier Torsen der Kongruenz, die durch diesen Strahl gehen.

Eliminieren wir aus den Gleichungen (30) die Differentiale du und dv, so erhalten wir eine quadratische Gleichung für die Abszissen der Brennpunkte ϱ:

$$(EG - F^2)\varrho^2 + [gE - (f + f')\, F + eG]\, \varrho + eg - ff' = 0. \tag{31}$$

Auf jedem Strahl liegen zwei Brennpunkte. Der hyperbolische Strahl trägt zwei reelle und verschiedene Brennpunkte, der elliptische zwei konjugiert komplexe, der parabolische Strahl besitzt nur einen Brennpunkt, der als Paar von zusammenfallenden Brennpunkten angesehen werden kann.

Vergleichen wir die Gleichung (31) mit der Gleichung (25), welche die Abszissen r_1, r_2 der Grenzpunkte bestimmt, so sehen wir, daß die beiden ersten Koeffizienten der quadratischen Gleichungen übereinstimmen. Da nun das Verhältnis des Koeffizienten beim linearen Glied zum Koeffizienten des quadratischen Gliedes mit entgegengesetztem Vorzeichen gleich der Summe der

Wurzeln der Gleichung ist, ist die Summe der Wurzeln beider Gleichungen dieselbe:

$$\varrho_1 + \varrho_2 = r_1 + r_2 .$$

Die Mitte des Abstands zwischen den Brennpunkten F_1, F_2 fällt also mit der Mitte der Strecke zwischen den Grenzpunkten M_1, M_2 zusammen. Anders gesagt: *die Brennpunkte liegen symmetrisch zum Mittenpunkt.*

Andererseits liefert der Vergleich der freien Glieder in den Gleichungen (25) und (31) die Beziehung

$$\varrho_1 \varrho_2 = r_1 r_2 + \frac{1}{4} \frac{(f - f')^2}{EG - F^2},$$

woraus

$$(\varrho_1 - \varrho_2)^2 = (r_1 - r_2)^2 - \frac{(f - f')^2}{EG - F^2} \tag{32}$$

folgt.

Demnach ist der Abstand zwischen den Brennpunkten F_1, F_2 kleiner als der Abstand zwischen den Grenzpunkten M_1, M_2, d. h. die Brennpunkte liegen innerhalb der Strecke, die von den Grenzpunkten des Strahls ausgeschnitten wird.

Die Ebene durch zwei sich schneidende Strahlen der differentiellen Umgebung oder die Ebene, die durch den Strahl (u, v) geht und senkrecht steht auf dem gemeinsamen Lot mit einem Nachbarstrahl, dessen Abstand zum betrachteten in zweiter Ordnung unendlich klein wird, nennt man die *Brennebene des Strahls.* Ihre Lage kann durch die Formel (23) bestimmt werden, wenn die Abszissen der Brennpunkte bekannt sind. Wenn der Anfang des Strahls A in den Mittenpunkt rückt, dann haben wir gleichzeitig

$$r_1 + r_2 = 0, \quad \varrho_1 + \varrho_2 = 0 .$$

Die Formel (23′) gewinnt die Gestalt

$$r = r_1 \cos 2\alpha, \tag{33}$$

und für die Brennpunkte $r = \varrho_1$, $r = \varrho_2 = -\varrho_1$ liefert sie

$$\varrho_1 = r_1 \cos 2\alpha_1, \qquad -\varrho_1 = r_1 \cos 2\alpha_2;$$

dabei sind α_1, α_2 die Winkel, welche von den Loten auf die Brennebenen mit demjenigen gemeinsamen Lot zu einem unendlich benachbarten Strahl gebildet werden, das durch den Grenzpunkt M_1 geht, also mit dem Lot der zu M_1 gehörigen Hauptebene.

Da nun

$$\cos 2\alpha_1 + \cos 2\alpha_2 = 0, \qquad \text{d. h.} \quad \alpha_1 \pm \alpha_2 = \frac{\pi}{2}$$

ist, schließen beide Brennebenen mit den Hauptebenen gleiche Winkel ein.

7. Die Verteilung der Tangentenebenen an die Flächen der Kongruenz längs eines Strahls. Jede Gleichung zwischen den Koordinaten

$$\varphi(u, v) = 0 \tag{34}$$

sondert aus der zweidimensionalen Mannigfaltigkeit der Kongruenzstrahlen eine eindimensionale Mannigfaltigkeit aus, d. h. bestimmt eine Regelfläche der Kongruenz. Die Tangentenebene an die Fläche (34) in irgendeinem ihrer Punkte M enthält natürlich den ganzen Strahl AM, der in der Fläche (34) liegt und durch diesen Punkt geht. Die Tangentenebene enthält die Tangenten aller Kurven auf der Fläche im Punkte M; darunter ist z. B. die Tangente an die Kurve, welche der Punkt beschreibt, der durch die Formel (8) bei konstantem Parameter t bestimmt wird.

Der Richtungsvektor $\boldsymbol{e}$ des Strahls und der Tangentenvektor $d\boldsymbol{A} + t d\boldsymbol{e}$ an die Linie $t = \text{const}$ legen die Tangentenebene fest, die durch den Strahl AM geht. Ihr Vektorprodukt

$$\boldsymbol{e} \times d\boldsymbol{A} + t\boldsymbol{e} \times d\boldsymbol{e} \tag{35}$$

liefert den Normalenvektor zur Fläche. Ausgeschrieben besitzt der Normalenvektor die Gestalt

$$(\boldsymbol{e} \times \boldsymbol{A}_u + t\boldsymbol{e} \times \boldsymbol{e}_u)\, du + (\boldsymbol{e} \times \boldsymbol{A}_v + t\boldsymbol{e} \times \boldsymbol{e}_v)\, dv. \tag{35'}$$

Dabei ergeben sich die Differentiale $du : dv$ aus der Gleichung (34).

Wenn man auf dem Strahl AM den Punkt M festhält und die Fläche (34), die durch den Strahl geht, variiert, d. h. in der Formel (35') das Verhältnis der Differentiale $du : dv$ ändert, dann bilden die Normalen (35') ein Büschel von Vektoren mit den Basisvektoren

$$\boldsymbol{e} \times \boldsymbol{A}_u + t\boldsymbol{e} \times \boldsymbol{e}_u, \quad \boldsymbol{e} \times \boldsymbol{A}_v + t\boldsymbol{e} \times \boldsymbol{e}_v. \tag{36}$$

Das Büschel von Vektoren entartet und alle Flächen der Kongruenz besitzen eine feste Tangentenebene, wenn die Vektoren (36) parallel sind. Bezeichnen wir den Proportionalitätsfaktor mit dem Buchstaben λ und klammern den gemeinsamen Faktor $\boldsymbol{e}$ aus, so können wir die Bedingung der Parallelität der Vektoren (36) in Form der Gleichung

$$\boldsymbol{e} \times \{\boldsymbol{A}_u + t\boldsymbol{e}_u - \lambda(\boldsymbol{A}_v + t\boldsymbol{e}_v)\} = 0$$

schreiben.

Da das Vektorprodukt verschwindet, sind die Vektoren parallel, und das Skalarprodukt des zweiten Faktors mit den Vektoren $\boldsymbol{e}_u, \boldsymbol{e}_v$, die auf dem ersten Faktor senkrecht stehen, ist gleich Null

$$\boldsymbol{e}_u \cdot \{\boldsymbol{A}_u - \lambda \boldsymbol{A}_v + t(\boldsymbol{e}_u - \lambda \boldsymbol{e}_v)\} = 0,$$
$$\boldsymbol{e}_v \cdot \{\boldsymbol{A}_u - \lambda \boldsymbol{A}_v + t(\boldsymbol{e}_u - \lambda \boldsymbol{e}_v)\} = 0.$$

Lösen wir die Klammern auf und benutzen die Formeln (16) und (17), so kommen wir direkt auf die Gleichungen (30), wenn wir dabei setzen

$$t = \varrho, \quad \lambda = -\frac{dv}{du}.$$

Die erste dieser Gleichungen besagt, daß dies nur in den Brennpunkten der Fall ist.

Also *bilden die Tangentenebenen der Regelflächen der Kongruenz, die durch einen festen Strahl gehen, in jedem Punkt des Strahls ein Büschel. Dieses Büschel fällt in den Brennpunkten des Strahls in eine Ebene zusammen, und alle Flächen berühren dort einander.*

8. Die Torsen einer Kongruenz. Wenn wir verlangen, daß der Normalenvektor (35′) einer Regelfläche der Kongruenz nicht von der Abszisse t des Berührungspunktes abhängen soll, kommen wir zu den Regelflächen mit ein und derselben Tangentenebene längs der Erzeugenden, d. h. zu den Torsen einer Kongruenz.

Wir müssen hierzu fordern, daß die Vektoren

$$\boldsymbol{e} \times (\boldsymbol{A}_u\, du + \boldsymbol{A}_v\, dv), \quad \boldsymbol{e} \times (\boldsymbol{e}_u\, du + \boldsymbol{e}_v\, dv)$$

parallel sind. Bezeichnen wir den Proportionalitätsfaktor mit λ und klammern den Faktor $\boldsymbol{e}$ aus, so müssen wir verlangen, daß das Vektorprodukt

$$\boldsymbol{e} \times \{\boldsymbol{A}_u\, du + \boldsymbol{A}_v\, dv - \lambda(\boldsymbol{e}_u\, du + \boldsymbol{e}_v\, dv)\} = 0$$

ist. Daraus folgt wiederum die Parallelität der Faktoren und das Verschwinden der Skalarprodukte des zweiten Faktors mit den zum ersten senkrechten Vektoren $\boldsymbol{e}_a$, $\boldsymbol{e}_v$

$$\boldsymbol{e}_u \cdot \{\boldsymbol{A}_u\, du + \boldsymbol{A}_v\, dv - \lambda(\boldsymbol{e}_u\, du + \boldsymbol{e}_v\, dv)\} = 0,$$
$$\boldsymbol{e}_v \cdot \{\boldsymbol{A}_u\, du + \boldsymbol{A}_v\, dv - \lambda(\boldsymbol{e}_u\, du + \boldsymbol{e}_v\, dv)\} = 0.$$

Wenn wir die Klammern auflösen, gelangen wir mit Hilfe der Formeln (16) und (17) zu den Gleichungen (30), diesmal mit

$$\lambda = -\varrho.$$

Dies wiederum besagt, daß die Gleichungen (30) oder nach Elimination von ϱ die Gleichung (28) *die Torsen einer Kongruenz bestimmen.*

Hier muß man nun bei einem Widerspruch verweilen, der aus den beiden folgenden Sätzen entsteht, nämlich: In den Brennpunkten besitzen alle Regelflächen einer Kongruenz eine gemeinsame Tangentenebene, während die Torsen ein und dieselbe Tangentenebene in allen Punkten des Strahls haben, und folglich in den beiden Brennpunkten keine gemeinsame Tangentenebene mit allen andern Regelflächen der Kongruenz haben können. Der Widerspruch löst sich dadurch auf, daß die Torsen eine singuläre Linie, die Rückkehrkante besitzen; einer der Brennpunkte des Strahls liegt auf dieser Kurve, und hier berührt die Torse die anderen Regelflächen der Kongruenz nicht, im andern Brennpunkt fällt ihre Tangentenebene mit der gemeinsamen Tangentenebene aller andern Regelflächen zusammen.

Da nun die Tangentenebene der Torse mit der Schmiegebene der Rückkehrkante zusammenfällt, enthält sie zwei Erzeugende der differentiellen Umgebung, d. h. zwei unendlich benachbarte Kongruenzstrahlen, deren Abstand unendlich klein von zweiter Ordnung gegenüber den Zuwächsen der Koordinaten ist. Folglich erweist sich die Tangentenebene der Torse als Brennebene des Strahls.

Daher ist die Brennebene die gemeinsame Tangentenebene aller Regelflächen einer Kongruenz im zweiten Brennpunkt F_2, und im ersten Brennpunkt F_1 ist sie die Schmiegebene der Rückkehrkante, die vom Brennpunkt F_1 beschrieben wird.

9. Die Brennflächen einer Kongruenz. Der geometrische Ort der Rückkehrkanten oder, was dasselbe ist, der geometrische Ort der Brennpunkte bildet die *Brennfläche* einer Kongruenz, die im hyperbolischen Fall reell ist und aus zwei Teilen besteht, gemäß der Zahl der Brennpunkte. Man muß dabei bemerken, daß beide Teile ineinander übergehen können. Da wir immer nur den Fall betrachten, daß die beiden Teile getrennt liegen, werden wir von den beiden Brennflächen der Kongruenz sprechen.

Die Tangentenebene an die Brennfläche

$$\boldsymbol{F} = \boldsymbol{A} + \varrho \boldsymbol{e} \tag{37}$$

wird durch die Tangenten an zwei Kurven auf der Fläche bestimmt

$$d\boldsymbol{F} = d\boldsymbol{A} + \varrho\, d\boldsymbol{e} + \boldsymbol{e}\, d\varrho. \tag{38}$$

Wir sahen schon [Formel (29) S. 12], daß bei passender Wahl der Differentiale $du:dv$ diese Tangente mit dem Kongruenzstrahl zusammenfällt. *Im hyperbolischen Fall berührt jeder Strahl beide Brennflächen in seinen Brennpunkten.*

Multiplizieren wir den Richtungsvektor $\boldsymbol{e}$ eines Strahls vektoriell mit dem Tangentenvektor (38), so erhalten wir den Normalenvektor der Brennfläche:

$$\boldsymbol{N} = \boldsymbol{e} \times d\boldsymbol{F} = \boldsymbol{e} \times d\boldsymbol{A} + \varrho \boldsymbol{e} \times d\boldsymbol{e}.$$

Er fällt genau mit dem Normalenvektor einer beliebigen Regelfläche im Brennpunkt zusammen, der durch die Formel (35) bestimmt wird, wenn man dort $t = \varrho$ setzt.

Also *berühren im Brennpunkt alle Regelflächen der Kongruenz die Brennfläche.* Eine Ausnahme bildet nur jene Torse der Kongruenz, die auf dieser Brennfläche ihre Rückkehrkante besitzt.

Die Torsen schneiden auf jeder Brennfläche ein Netz von Linien (28) aus, welches das *Brennetz* der Kongruenz genannt wird. *Die Linien des Brennetzes sind auf jeder Brennfläche konjugiert.*

Zum Beweis betrachten wir die erste Brennfläche. Eine dieser beiden Linienscharen (28) der Fläche besteht, wie wir gesehen haben, aus den Rückkehrkanten einer Schar von Torsen der Kongruenz. Die Tangenten an die Linien sind Kongruenzstrahlen.

Nehmen wir irgendeine Linie der andern Schar (28). Wenn wir längs dieser Linie fortschreiten und Tangenten an die Linien der ersten Schar legen, dann erhalten wir eine Regelfläche der Kongruenz, weil alle unsere Tangenten Kongruenzstrahlen sind. Diese Regelfläche ist eine Torse, weil sie der Gleichung (28) für die Torsen einer Kongruenz genügt, und daraus folgt sofort nach Definition der konjugierten Richtungen auf der Fläche (Flth. S. 75), daß das System der Linien (28) auf der ersten Brennfläche konjugiert ist. Ganz analog beweist man, daß es auch auf der anderen Brennfläche konjugiert ist.

II. Spezielle Kongruenzen

10. Die parabolische Kongruenz. Die dargestellte Theorie besitzt eine ganze Reihe von Sonderfällen und Ausnahmen.

Wir sahen, daß im hyperbolischen Fall (im Fall des hyperbolischen Strahls) sich die Kongruenz als die Gesamtheit der gemeinsamen Tangenten zweier Brennflächen darstellt (oder als Teil einer solchen Gesamtheit: es kann vorkommen, daß die Gesamtheit der gemeinsamen Tangenten eines Flächenpaares in zwei Kongruenzen zerfällt; die Strahlen dieser Kongruenzen, die als ersten Brennpunkt ein und denselben Punkt der ersten Fläche haben, berühren die zweite Fläche in verschiedenen Punkten).

Im elliptischen Fall verhält es sich ganz genauso, bis auf den Unterschied, daß die Brennpunkte imaginär sind, und wir hier reelle gemeinsame Tangenten an zwei konjugiert komplexe Flächen haben.

Wie verhält es sich im parabolischen Fall?

Nehmen wir an, daß in der betrachteten Mannigfaltigkeit von Kongruenzstrahlen die Brennpunkte auf jedem Strahl zusammenfallen. Die quadratische Gleichung (31) § 6 hat gleiche Wurzeln. Die Gleichung (28) § 6 bestimmt nur eine Schar von Torsen der Kongruenz. Auf der einzigen Brennfläche fallen die beiden Linienscharen (28) § 6 zusammen. Diese doppelte Kurvenschar ist zu sich selbst konjugiert, d. h. es ist eine Schar von Asymptotenlinien.

Eine parabolische Kongruenz wird von den Tangenten einer Schar von Asymptotenlinien einer Fläche gebildet.

Dies läßt sich durch Nachrechnen leicht nachprüfen. Wir legen den Anfang des Strahls A in den einzigen Brennpunkt. Die Koordinatenlinien des sphärischen Bildes der Kongruenz wählen wir so, daß die Gleichung $v = \text{const}$ die einzige Schar von Torsen bestimmt, und die Linien $u = \text{const}$ auf der Kugel die Linien $v = \text{const}$ orthogonal durchsetzen. Wir haben dann

$$F = 0. \tag{39}$$

Die Gleichungen (30) § 6 ergeben, wenn man dort $\varrho = 0$ und $dv = 0$ setzt,

$$e = 0, \quad f' = 0. \tag{40}$$

Endlich liefert die Bedingung der Gleichheit der Wurzeln der Gleichung (31) § 6:

$$g = 0. \tag{41}$$

Aus den Gleichungen $f' = 0$, $g = 0$, die sich mit Hilfe der Formeln (17) § 3 in der Form

$$\boldsymbol{A}_u \cdot \boldsymbol{e}_v = 0, \quad \boldsymbol{A}_v \cdot \boldsymbol{e}_v = 0$$

schreiben, folgt, daß der Vektor $\boldsymbol{e}_v$ der Normalenvektor der Brennfläche (A) ist, und daß demnach der Einheitsvektor dieser Normalen dargestellt wird durch

$$\boldsymbol{n}_1 = \frac{1}{\sqrt{G}} \boldsymbol{e}_v. \tag{42}$$

Andererseits sind die Vektoren $\boldsymbol{A}_u$ und $\boldsymbol{e}$ parallel, weil die Tangenten an die u-Kurven der Fläche (A) mit den Kongruenzstrahlen zusammenfallen:

$$\boldsymbol{A}_u = \lambda \boldsymbol{e},$$

wobei λ der Proportionalitätsfaktor ist, und weil jetzt

$$\boldsymbol{A}_{uu} = \lambda_u \boldsymbol{e} + \lambda \boldsymbol{e}_u$$

ist, steht die Schmiegebene der u-Kurve senkrecht auf dem Vektor

$$\boldsymbol{A}_u \times \boldsymbol{A}_{uu} = \lambda \boldsymbol{e} \times (\lambda_u \boldsymbol{e} + \lambda \boldsymbol{e}_u) = \lambda^2 \boldsymbol{e} \times \boldsymbol{e}_u.$$

Nun sind aber die u- und v-Kurven auf der Kugel orthogonal, und folglich steht der Tangentenvektor an die v-Kurve senkrecht auf der Normalen der Kugel $\boldsymbol{e}$ und dem Tangentenvektor an die u-Kurve $\boldsymbol{e}_u$; somit ist dieser Vektor $\boldsymbol{e}_v$ proportional zum Vektorprodukt $\boldsymbol{e} \times \boldsymbol{e}_u$. Das bedeutet, daß die Schmiegebene der u-Kurve auf dem Normalenvektor $\boldsymbol{e}_v$ der Fläche (A) senkrecht steht. Daraus ergibt sich, daß die Schmiegebene der u-Kurve mit der Tangentenebene der Fläche (A) zusammenfällt und die u-Kurve auf der Fläche eine Asymptotenlinie ist (Flth. S. 77), was zu beweisen war.

Ferner nimmt jetzt die Gleichung (25) § 5 für die Abszisse der Grenzpunkte die Form an

$$r^2 = \frac{f^2}{4EG}; \tag{43}$$

folglich liegen die Grenzpunkte symmetrisch zum Anfangspunkt A, und der einzige Brennpunkt fällt mit dem Mittenpunkt des Strahls zusammen, was natürlich zu erwarten war.

Andererseits steht für die Brennfläche (A) der Tangentenvektor $\boldsymbol{A}_v$, weil er in der Tangentenebene liegt, senkrecht auf der Normalen $\boldsymbol{e} \times \boldsymbol{e}_u$, d. h. er läßt sich linear durch die Vektoren $\boldsymbol{e}$ und $\boldsymbol{e}_u$ ausdrücken, und der Normalenvektor $\boldsymbol{n}_1$ ist, wie wir gesehen haben, parallel zum Vektor $\boldsymbol{e}_v$. Das bedeutet

$$\boldsymbol{A}_u = \lambda \boldsymbol{e}, \quad \boldsymbol{A}_v = \mu \boldsymbol{e} + \nu \boldsymbol{e}_u, \quad \boldsymbol{n}_1 = \frac{1}{\sqrt{G}} \boldsymbol{e}_v,$$

wobei μ, ν geeignete Funktionen von u, v sind, und der Faktor $\frac{1}{\sqrt{G}}$ so gewählt ist, daß der Vektor $\boldsymbol{n}_1$ ein Einheitsvektor wird.

Die Formeln (17) ergeben nun

$$f = \nu E, \quad \text{d. h.} \quad \nu = \frac{f}{E}.$$

Aus diesen Daten rechnen wir leicht die Koeffizienten E_1, F_1, G_1 der ersten und diejenigen der zweiten quadratischen Grundform (für uns genügen D_1 und D_1') der Brennfläche (A) aus:

$$E_1 = \lambda^2, \; F_1 = \lambda \mu, \; G_1 = \mu^2 + \frac{f^2}{E},$$

$$E_1 G_1 - F_1^2 = \lambda^2 \frac{f^2}{E}, \quad D_1 = 0, \quad D_1' = \lambda \sqrt{G}.$$

Demnach ist die Krümmung der Fläche gleich

$$K_1 = \frac{D_1 D_1'' - D_1'^2}{E_1 G_1 - F_1^2} = -\frac{EG}{f^2},$$

und die Formel (43) nimmt die Gestalt an

$$K_1 = -\frac{1}{(2r)^2}. \tag{43'}$$

Die Krümmung der Brennfläche einer parabolischen Kongruenz ist mit negativem Vorzeichen gleich dem reziproken Wert des Quadrats vom Abstand der Grenzpunkte des Strahls.

Dieser Satz stellt einen bemerkenswerten Spezialfall eines allgemeinen Satzes über die Krümmung der Brennflächen von W-Kongruenzen dar, bei denen die Asymptotenlinien auf den Brennflächen einander entsprechen (Kap. III, § 42).

11. Die Normalenkongruenz. Wir betrachteten den Fall, daß die Brennpunkte auf jedem Strahl miteinander und demnach mit dem Mittenpunkt des Strahls zusammenfallen.

Einen anderen bemerkenswerten Fall stellt die Kongruenz dar, auf deren Strahlen die Brennpunkte mit den Grenzpunkten zusammenfallen. In diesem Fall stimmen die Brennebenen mit den Hauptebenen überein und stehen demnach aufeinander senkrecht. Eine derartige Kongruenz nennt man eine *Normalenkongruenz.*

Die Gleichung (32) § 6 liefert die notwendige und hinreichende Bedingung für eine Normalenkongruenz

$$f = f'. \tag{44}$$

Um eine neue geometrische Deutung dieser Bedingung zu geben und gleichzeitig die Bezeichnung Normalenkongruenz zu rechtfertigen, stellen wir die Aufgabe: *eine zu den Kongruenzstrahlen senkrechte Fläche zu finden.*

Damit die Fläche (M), die durch die Gleichung

$$\boldsymbol{M} = \boldsymbol{A} + t\boldsymbol{e}$$

bestimmt wird, zu den Kongruenzstrahlen orthogonal ist, ist es notwendig und hinreichend, daß die unbekannte Funktion t der Gleichung

$$\boldsymbol{e} \cdot d\boldsymbol{M} = 0$$

genügt, oder, wenn man den Ausdruck (11) § 3 für $d\boldsymbol{M}$ verwendet

$$\boldsymbol{e} \cdot d\boldsymbol{A} + dt = 0$$

oder

$$\boldsymbol{e} \cdot \boldsymbol{A}_u du + \boldsymbol{e} \cdot \boldsymbol{A}_v dv + dt = 0. \tag{45}$$

Die Integrabilitätsbedingung hat die Gestalt

$$\frac{\partial}{\partial u}(\boldsymbol{e} \cdot \boldsymbol{A}_v) = \frac{\partial}{\partial v}(\boldsymbol{e} \cdot \boldsymbol{A}_u)$$

oder, wenn man die Differentiation ausführt und die Glieder mit $\boldsymbol{A}_{uv}$ weghebt,

$$\boldsymbol{e}_u \cdot \boldsymbol{A}_v = \boldsymbol{e}_v \cdot \boldsymbol{A}_u,$$

dies erweist sich aber gemäß den Formeln (17) § 3 als die Bedingung (44).

Wenn sie erfüllt ist, dann ist die Gleichung (45) vollständig integrierbar und bestimmt t bis auf eine beliebige Konstante:

$$t = -\int [\boldsymbol{e} \cdot \boldsymbol{A}_u \, du + \boldsymbol{e} \cdot \boldsymbol{A}_v \, dv] + \text{const.} \tag{46}$$

Daher ergibt sich der Satz:

Wenn es zu einer Kongruenz eine Fläche gibt, die deren Strahlen senkrecht schneidet, dann ist die Kongruenz eine Normalenkongruenz. Zu jeder Normalenkongruenz gibt es eine einparametrige Schar von Normalflächen.

Für jede dieser senkrechten Flächen sind die Kongruenzstrahlen Normalen, ihren Torsen entsprechen die Krümmungslinien und die Brennflächen sind die Flächen der Krümmungsmittelpunkte (Flth. S. 72).

Es ist leicht einzusehen, daß die Strahlen einer Normalenkongruenz auf den Brennflächen geodätische Linien einhüllen. Wenn nämlich die Kongruenz eine Normalenkongruenz ist, dann sind die Brennebenen aufeinander senkrecht und die Tangentenebene der zweiten Brennfläche geht durch die Normale der ersten Brennfläche. Andererseits sind die Tangentenebenen der zweiten Brennfläche stets die Schmiegebenen der Kurven, die auf der ersten Brennfläche von den Kongruenzstrahlen eingehüllt werden. Die Schmiegebene der Rückkehrkante geht also durch die Normale der Fläche, d. h. aber (Flth. S. 115) diese Linie ist eine Geodätische.

Ist umgekehrt die Rückkehrkante eine Geodätische, dann enthält ihre Schmiegebene die Flächennormale. Folglich geht die Tangentenebene der zweiten Brennfläche durch die Normale der ersten, die Brennebenen stehen senkrecht aufeinander und die Kongruenz ist eine Normalenkongruenz.

12. Die Abwicklung einer Normalenkongruenz. Die Formel (46) erlaubt eine sehr schöne Deutung, wenn man den Begriff der metrischen Abwicklung einer Kongruenz einführt.

Wir betrachten eine gewisse Fläche S und ordnen jedem ihrer Punkte ein orthogonales Dreibein T zu, von dem zwei Kanten gewisse Linien auf der Fläche berühren, und die dritte die Normale ist. Wir ordnen weiterhin jedem Dreibein T eine gewisse, willkürliche, aber starr mit dem Dreibein verbundene Gerade d zu. Die Gesamtheit der Geraden (d) bildet dann eine Kongruenz, die der Fläche zugeordnet ist. Wir unterwerfen nun die Fläche S einer Verbiegung und setzen dabei voraus, daß jedes Dreibein sich zusammen mit der Tangentenebene bewegt, der es zugeordnet ist, derart, daß die erste Kante des Dreibeins weiterhin dieselbe Linie auf der Fläche berührt, und jede Gerade d mit ihrem Dreibein T starr verbunden im Raum verschoben wird. Unter diesen Bedingungen erzeugt die Verbiegung der Fläche S eine Transformation der Kongruenz der Geraden (d).

Die Transformation einer Kongruenz, die durch die Verbiegung einer Fläche hervorgerufen wird, mit deren Dreibeinen die Kongruenzstrahlen starr verbunden sind, nennt man *Abwicklung der Kongruenz.*

Offenbar hängt eine solche Abwicklung einer Kongruenz stark davon ab, auf welche Art die Kongruenzstrahlen dem entsprechenden Dreibein T zugeordnet sind. Der einfachste Fall ist der, bei dem jeder Strahl d durch den Ursprung des Dreibeins T geht.

Wir nehmen nun die Fläche S, die die Abwicklung erzeugt, als Ausgangsfläche (A) der Kongruenz (Abb. 2) und

$$ds_1^2 = E_1\,du^2 + 2F_1\,du\,dv + G_1\,dv^2$$

sei ihr Linienelement. Weiterhin bezeichnen wir mit α und β die Winkel, die der Kongruenzstrahl mit den u- und v-Linien bildet. Dann erhalten wir offenbar

$$\cos\alpha = \frac{1}{\sqrt{E_1}}\,\boldsymbol{e}\cdot\boldsymbol{A}_u, \quad \cos\beta = \frac{1}{\sqrt{G_1}}\,\boldsymbol{e}\cdot\boldsymbol{A}_v.$$

Daraus folgt

$$\boldsymbol{e}\cdot\boldsymbol{A}_u = \sqrt{E_1}\cos\alpha, \quad \boldsymbol{e}\cdot\boldsymbol{A}_v = \sqrt{G_1}\cos\beta,$$

und die Formel (46) für die Abszisse t der zu den Kongruenzstrahlen senkrechten Fläche M liefert

$$t = -\int[\sqrt{E_1}\cos\alpha\,du + \sqrt{G_1}\cos\beta\,dv] + \text{const.} \tag{46'}$$

Wenn wir nun die Ausgangsfläche (A) verbiegen, wird jeder Strahl d gemäß dem oben Gesagten zusammen mit dem entsprechenden Punkt A der Fläche ohne Änderung der Winkel α und β mitbewegt. Bei der Abwicklung ändern sich auch die Koeffizienten E_1, F_1, G_1 des Linienelements nicht. Folglich bleibt in der Formel (46′) alles unverändert. Wenn die Kongruenz eine Normalenkongruenz war und eine einparametrige Schar von zu den Kongruenzstrahlen senkrechten Flächen besaß, dann werden diese Punkte auch nach der Verbiegung eine senkrechte Fläche beschreiben, d. h. *die Kongruenz bleibt eine Normalenkongruenz bei jeder Verbiegung der Fläche.*

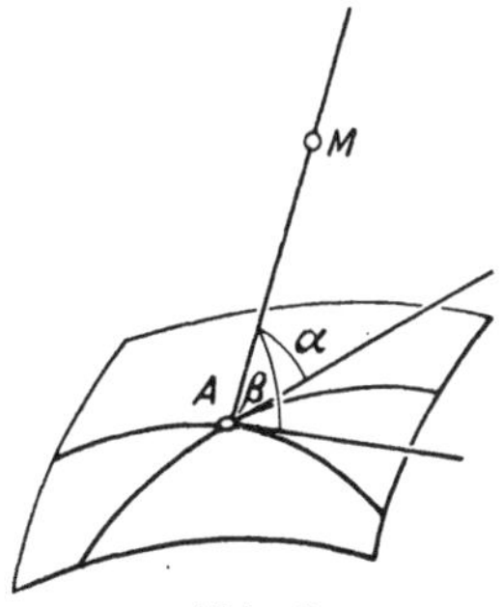

Abb. 2

13. Die isotrope Kongruenz. Wenn die Grenzpunkte zusammenfallen, hat die Gleichung (25) § 5 gleiche Wurzeln, aber auf Grund der Identität

$$\begin{aligned}[gE + eG - F(f + f')]^2 - 4(EG - F^2)\left[eg - \frac{(f + f')^2}{4}\right] \equiv \\ \equiv EG\,(EG - F^2)\left(\frac{e}{E} - \frac{g}{G}\right)^2 + EG\left[f + f' - F\left(\frac{e}{E} + \frac{g}{G}\right)\right]^2\end{aligned} \tag{47}$$

stellt die Diskriminante der Gleichung (25) die Summe zweier nicht negativer Zahlen dar, weil für eine reelle Kongruenz die Größen $E, G, EG - F^2$ positiv sind. Sie kann nur dann verschwinden, wenn jeder Summand einzeln verschwindet:

$$\frac{e}{E} - \frac{g}{G} = 0, \quad f + f' - F\left(\frac{e}{E} + \frac{g}{G}\right) = 0.$$

Indem wir $e : E = g : G$ in die zweite Gleichung einsetzen, führen wir unsere Gleichungen über in

$$\frac{e}{E} = \frac{f + f'}{2F} = \frac{g}{G}. \tag{47'}$$

Die Gleichung (27) § 5 ist nun identisch erfüllt; folglich werden die Hauptflächen unbestimmt.

Eine Kongruenz mit unbestimmten Hauptflächen nennt man eine *isotrope Kongruenz.*

Da nun die Koeffizienten der beiden quadratischen Formen im Zähler und Nenner der Formel (14′) proportional sind, hängt die Abszisse r des Punktes, der dem benachbarten Strahl der differentiellen Umgebung am nächsten ist, nicht vom Verhältnis der Differentiale $du : dv$ ab, das diesen Strahl bestimmt, sondern ist stets gleich dem Verhältnis

$$r = -\frac{e}{E}.$$

Das bedeutet: *die Kehllinien aller Regelflächen einer isotropen Kongruenz schneiden den Strahl in ein und demselben Punkt, dem Mittenpunkt des Strahls.*

Wenn der Anfangspunkt der Zählung für die Abszisse auf dem Strahl, der Punkt A, in den Mittenpunkt des Strahls gelegt wird, verschwinden alle Koeffizienten der zweiten quadratischen Form (18) § 3:

$$e = 0, \quad g = 0, \quad f' = -f,$$

und die Gleichung (28) § 6 für die Torsen geht über in

$$E\,du^2 + 2F\,du\,dv + G\,dv^2 = 0. \tag{48}$$

Die Torsen einer isotropen Kongruenz sind imaginär und entsprechen den Minimallinien auf der Kugel.

Da nun aus der Gleichung (48) folgt

$$(F\,du + G\,dv) : (E\,du + F\,dv) = -\,du : dv,$$

wird das gemeinsame Lot zweier unendlich benachbarter Strahlen im Brennpunkt oder der Normalenvektor der Brennfläche gemäß der Formel (20) § 3 parallel zum Differential

$$\mathbf{e}_u\,du + \mathbf{e}_v\,dv = d\mathbf{e}.$$

Indessen gilt für diese Richtungen wegen (48)

$$d\mathbf{e}^2 = 0.$$

Die imaginären Geraden des Kegels

$$x^2 + y^2 + z^2 = 0,$$

der durch die imaginäre uneigentliche Kurve (den absoluten Kreis) jeder Kugel

$$(x - a)^2 + (y - b)^2 + (z - c)^2 = R^2$$

geht, nennt man die *isotropen* Geraden des Raumes.

Demnach haben die Brennebenen der Kongruenz isotrope Richtungen, woraus sich auch die Bezeichnung isotrope Kongruenz erklärt.

Da nun die zweite quadratische Form (18) § 3 identisch Null ist, erhalten wir für jedes Paar entsprechender Verschiebungen mit ein und demselben Verhältnis der Differentiale $du : dv$ auf der Einheitskugel des sphärischen Bildes der Kongruenz und auf der Ausgangsfläche (A) die Beziehung

$$d\boldsymbol{A} \cdot d\boldsymbol{e} = 0; \tag{49}$$

die Tangente $d\boldsymbol{A}$ an irgendeine Kurve der Mittenfläche der Kongruenz steht also auf der entsprechenden Tangente des sphärischen Bildes $d\boldsymbol{e}$ senkrecht. Man sagt, daß *die Mittenfläche einer isotropen Kongruenz der Kugel durch Orthogonalität der Linienelemente entspricht.* Dies ist offenbar ein notwendiges und hinreichendes Merkmal einer isotropen Kongruenz.

14. Die infinitesimale Flächenverbiegung. Der Bedingung (49) kann man auch noch eine andere geometrische Interpretation geben.

Wir betrachten zwei Flächen S und S', die durch die Ortsvektoren ihrer Punkte

$$\boldsymbol{M} = \boldsymbol{M}(u, v), \qquad \boldsymbol{M}' = \boldsymbol{M} + \varepsilon \boldsymbol{m}$$

bestimmt werden, wobei ε ein beliebiger fester Parameter und

$$\boldsymbol{m} = \boldsymbol{m}(u, v) \tag{50}$$

ein Vektor ist, der als Funktion der krummlinigen Koordinaten u, v gegeben ist. Die Linienelemente dieser Flächen haben die Gestalt

$$ds^2 = d\boldsymbol{M}^2, \quad ds'^2 = (d\boldsymbol{M} + \varepsilon\, d\boldsymbol{m})^2 = d\boldsymbol{M}^2 + 2\varepsilon\, d\boldsymbol{M} \cdot d\boldsymbol{m} + \varepsilon^2\, d\boldsymbol{m}^2. \tag{51}$$

Die Fläche S' bezeichnet man als eine infinitesimale Verbiegung der Fläche S, wenn ihr Linienelement sich vom Linienelement der Fläche S nur durch Glieder unterscheidet, die das Quadrat des Parameters ε enthalten.

Wir sehen aus dem Vergleich der Linienelemente (51), daß die Fläche S' eine infinitesimale Verbiegung der Fläche S ist, wenn die Gleichung

$$d\boldsymbol{M} \cdot d\boldsymbol{m} = 0 \tag{52}$$

gilt; d. h., wenn die Fläche S der durch die Gleichung (50) definierten Hilfsfläche (m) durch Orthogonalität der Linienelemente entspricht.

Bei der Anwendung auf die isotrope Kongruenz sehen wir, daß die Mittenfläche einer isotropen Kongruenz der Kugel durch die Orthogonalität der Linienelemente entspricht. Folglich können wir die Einheitskugel als Fläche S nehmen. Wenn die infinitesimale Verbiegung der Kugel durch die Verrückung eines beliebigen ihrer Punkte M um den Vektor $\varepsilon\boldsymbol{m}$ bestimmt wird, dann muß man die Fläche (A), die durch die Gleichung

$$\boldsymbol{A} = \boldsymbol{m}$$

gegeben wird, als Ausgangsfläche einer Kongruenz und den Ortsvektor des entsprechenden Punktes M der Kugel

$$\boldsymbol{M} = \boldsymbol{e}$$

als Richtungsvektor des Kongruenzstrahls nehmen, und erhält eine isotrope Kongruenz mit der Mittenfläche (A).

Mit anderen Worten, wenn wir jeden Punkt der Kugel unendlich wenig in der Richtung des Ortsvektors eines Mittenpunkts einer isotropen Kongruenz verrücken, und zwar proportional der Länge dieses Vektors, dann erhalten wir eine Fläche, deren Linienelement bis auf Größen zweiter Ordnung bezüglich eines unendlich kleinen Proportionalitätsfaktors ε gleich dem Linienelement der Kugel ist.

Das Problem der infinitesimalen Verbiegung kann man mit dem Problem der Deckung eines Flächenpaares in Zusammenhang bringen, nämlich: Wenn man dem Parameter ε zwei feste Werte gibt, die sich nur durch das Vorzeichen unterscheiden, dann wird wegen der Beziehung (52) das Linienelement ds'^2 in beiden Fällen den gleichen Wert haben. Folglich lassen sich die Flächen

$$\boldsymbol{M}' = \boldsymbol{M} + \varepsilon \boldsymbol{m}, \qquad \boldsymbol{M}'' = \boldsymbol{M} - \varepsilon \boldsymbol{m} \tag{53}$$

unter der Bedingung (52) ineinander verbiegen, denn sie besitzen genau dasselbe Linienelement.

Bei der Anwendung auf die isotrope Kongruenz können wir die Mittenfläche (A) derselben als Fläche S nehmen, und den Verschiebungsvektor $\boldsymbol{m}$ als Ortsvektor $\boldsymbol{e}$ der entsprechenden Punkte der Einheitskugel. Die Gleichungen (53) nehmen dann die Gestalt an:

$$\boldsymbol{M}' = \boldsymbol{A} + \varepsilon \boldsymbol{e}, \qquad \boldsymbol{M}'' = \boldsymbol{A} - \varepsilon \boldsymbol{e}.$$

Die entsprechenden Punkte des Flächenpaares (M') und (M'') liegen auf ein und demselben Strahl einer isotropen Kongruenz in gleichem festem Abstand vom Mittenpunkt des Strahls.

Folglich erhalten wir, indem wir auf jedem Strahl einer isotropen Kongruenz nach beiden Seiten vom Mittenpunkt A aus eine beliebige feste Strecke ε abtragen, zwei Punkte M', M'', die zwei isometrische Flächen (M') und (M'') erzeugen.

Umkehrung: *Wenn es ein Paar isometrischer Flächen mit festem Abstand entsprechender Punkte gibt, dann bilden die Geraden, die diese Punktepaare verbinden, eine isotrope Kongruenz.*

Wir bemerken noch, daß wegen des Vorangegangenen *die Mittenfläche einer isotropen Kongruenz eine infinitesimale Verbiegung zuläßt, bei der jeder Punkt um genau dieselbe Strecke auf dem Kongruenzstrahl verschoben wird.*

15. Literaturhinweise. Die Darstellung der Theorie der Kongruenzen in den §§ 2–9 gab im wesentlichen KUMMER [138]. Sie ging beinahe ohne Änderungen in die Vorlesungen über Differentialgeometrie von BIANCHI ein (ital. und deutsche Ausgabe) [17]. 80 Jahre vor KUMMER betrachtete schon MONGE [151] die Torsen einer Kongruenz.

Zu § 4. Die Formel (23) wurde von HAMILTON [117] 30 Jahre vor KUMMER als natürliche Konsequenz der geometrischen Optik angegeben. MANNHEIM [142] stellte eine gleichwertige Formel für den Verteilungsparameter oder den Drall $\delta = \frac{1}{r}$ der Regelflächen einer Kongruenz auf, die durch einen Strahl gehen: $\frac{1}{\delta} = \frac{1}{\delta_1} \cos^2 \alpha + \frac{1}{\delta_2} \sin^2 \alpha$.

Neuerdings zeigte DELGLEIZE [51], daß die Summe der Verteilungsparameter zweier Regelflächen einer Kongruenz mit gemeinsamem Mittenpunkt auf dem Strahl gleich dem mittleren Parameter der Kongruenz ist. HENSEL [118] zeigt, indem er die Arbeit von KUMMER weiterführt, daß sich die Strahlen der differentiellen Umgebung eines beliebigen Strahls so auf Quadrupel von „verbundenen" Strahlen verteilen, daß der Abstand vom Grundstrahl bei allen vier Strahlen des Quadrupels ein und derselbe ist. Ihre vier Kehlpunkte fallen paarweise zusammen und liegen symmetrisch zur Mitte des Strahls.

Die im § 10 dargestellte Theorie stammt von DARBOUX [49].

Zu § 11. Die Normalenkongruenzen betrachtete schon MONGE [152]. Sein Schüler MALUS [141] kam vom Gesichtspunkt der Optik darauf zurück. Der Satz über die Orthogonalität der Brennebenen wurde zuerst von BERTRAND [9] streng bewiesen. MALUS [141] publizierte den Satz über die Erhaltung der Normalenkongruenz bei Spiegelung und Brechung. Der Beweis wurde von DUPIN [66] gegeben, aber auch von QUÉTELET und GERGONNE (s. histor. Nachforschungen von DARBOUX [49, 50] S. 280). LEVI-CIVITÀ [139] zeigte, daß durch Brechung eine Normalenkongruenz in jede beliebige andere Normalenkongruenz übergeführt werden kann.

Über den Zusammenhang der Theorie der Kongruenzen mit der geometrischen Optik s. am Ende des Buches S. 473.

Bezüglich der metrischen Abwicklung einer Kongruenz s. Literaturhinweise zu Kapitel XIII.

Zu § 13. Die isotrope Kongruenz wurde von RIBAUCOUR [168] eingeführt, der auch alle grundlegenden Sätze angab. Den Zusammenhang mit der allgemeinen Theorie stellte BIANCHI [14] her. Die isotropen Kongruenzen hängen eng mit den Minimalflächen zusammen. Literatur über diese Frage wird am Ende des Kapitels II angegeben.

Zweites Kapitel

DIE BESTIMMUNG EINER KONGRUENZ DURCH DIE KOMPONENTEN DER BEWEGUNG EINES DREIBEINS

I. Der symbolische Kalkül von Cartan

16. Die quadratischen Formen einer Kongruenz. Die Formen von KUMMER, die wir im vorangegangenen Kapitel gebrauchten, erlauben es, die Grundelemente einer Kongruenz zu bestimmen: Brennpunkte, Grenzpunkte, Torsen und Hauptflächen. Sie leiden jedoch an einer ganzen Reihe wesentlicher Unzulänglichkeiten.

Vor allem sind sie nicht invariant. Die quadratischen Formen (15) § 3, (18) § 3 hängen natürlich nicht von der Wahl des festen Koordinatensystems im Raume ab, weil schon die Vektoren $\boldsymbol{de}$, $\boldsymbol{dA}$, aus denen sie aufgebaut sind, sich bei einer Transformation des kartesischen Koordinatensystems nicht ändern. Die zwei Formen von KUMMER sind invariant gegenüber der Wahl der unabhängigen Veränderlichen u, v in dem Sinne, daß bei Änderung der Variablen beide Formen einfach durch Ersetzung von du, dv durch ihre Ausdrücke in du^*, dv^* unmittelbar in die neuen Formen übergehen, weil schon die Differentiale $\boldsymbol{de}$, $\boldsymbol{dA}$ diese Eigenschaft besitzen.

Das bezieht sich allerdings nicht einzeln auf die beiden Summanden f, f', die den mittleren Koeffizienten der zweiten Form (18) § 3 bilden.

Ferner hängt die zweite KUMMERsche Form wesentlich von der Wahl der Ausgangsfläche (A) ab. Eigentlich bezieht sie sich nicht auf die Kongruenz als solche, sondern auf die Kongruenz zusammen mit ihrer Ausgangsfläche. Bei Ersetzung der Fläche (A) durch eine andere ändert sich die Form (18) § 3 wesentlich.

Schließlich wird hier gar nicht die Frage nach der Möglichkeit der Bestimmung einer Kongruenz durch die sieben Koeffizienten der Formen (15) § 3, (18) § 3 gestellt, genauer die Frage nach den Gleichungen, denen diese sieben Koeffizienten genügen müssen.

Um die Frage nach der Wahl der invarianten Formen einer Kongruenz vernünftig zu stellen, beginnt man zweckmäßig mit der Bestimmung der Kongruenz durch die Komponenten der Bewegung eines mit dem Kongruenzstrahl verbundenen Dreibeins, ähnlich wie man eine Kurve durch die Komponenten der Bewegung des begleitenden Dreibeins bestimmen kann (FRENET) oder eine Fläche durch die Bewegungskomponenten eines Dreibeins (Methode von DARBOUX).

17. Die Komponenten der Bewegung eines Dreibeins. Wir ordnen jedem Anfangspunkt A eines Kongruenzstrahls zwei Einheitsvektoren $\boldsymbol{e}_1$ und $\boldsymbol{e}_2$ zu, die auf dem Strahl $\boldsymbol{e}$ und aufeinander senkrecht stehen sollen, so daß die drei Vektoren $\boldsymbol{e}_1$, $\boldsymbol{e}_2$, $\boldsymbol{e}$ ein rechtwinkliges Dreibein T bilden, dessen Achsen genauso orientiert sind wie die des Koordinatendreibeins des gewählten Koordinatensystems $Oxyz$. Wir nehmen an, daß uns die drei Einheitsvektoren $\boldsymbol{e}_1$, $\boldsymbol{e}_2$, $\boldsymbol{e}_3 = \boldsymbol{e}$ und der Radiusvektor $\boldsymbol{A}$ als Funktionen der krummlinigen Koordinaten u, v gegeben sind. Dann können wir die Differentiale $d\boldsymbol{A}$, $d\boldsymbol{e}_1$, $d\boldsymbol{e}_2$, $d\boldsymbol{e}_3$ ausrechnen und ihre Komponenten in Richtung der Achsen $\boldsymbol{e}_i$ des Dreibeins T bestimmen

$$\begin{aligned} d\boldsymbol{A} &= \omega^1 \boldsymbol{e}_1 + \omega^2 \boldsymbol{e}_2 + \omega^3 \boldsymbol{e}_3, \\ d\boldsymbol{e}_i &= \omega_i^1 \boldsymbol{e}_1 + \omega_i^2 \boldsymbol{e}_2 + \omega_i^3 \boldsymbol{e}_3, \end{aligned} \tag{1}$$

oder kürzer

$$\begin{aligned} d\boldsymbol{A} &= \omega^k \boldsymbol{e}_k, \\ d\boldsymbol{e}_i &= \omega_i^k \boldsymbol{e}_k, \end{aligned} \qquad (i, k = 1, 2, 3) \tag{1'}$$

wobei, wie üblich, zwei gleiche Indizes k — der eine oben, der andere unten (stumme Indizes) — eine Summation bezeichnen derart, daß die Formeln (1′) laut Definition dasselbe bedeuten wie die Formeln (1).

Wenn wir die Differentiale $d\boldsymbol{A}$, $d\boldsymbol{e}_i$ als differentielle Verschiebung betrachten (als Hauptteil einer unendlich kleinen Verrückung des Dreibeins T oder als infinitesimale Transformation der Bewegungsgruppe des Dreibeins im Raume), dann sind die Größen ω^k, ω_i^k die Komponenten dieser Verrückung längs der Achsen des Dreibeins T oder die relativen Komponenten. Auf der linken Seite jeder Gleichung steht ein vollständiges Differential, d. h. eine lineare Form bezüglich der Differentiale du, dv. Daraus folgt, daß die Komponenten ω^k, ω_i^k, die auf der rechten Seite stehen, ebenfalls Linearformen aus den Differentialen du, dv sind:

$$\begin{aligned} \omega^k &= a^k du + b^k dv, \\ \omega_i^k &= a_i^k du + b_i^k dv. \end{aligned} \tag{2}$$

Wenn wir nämlich beide Seiten der Gleichungen (1′) skalar mit dem Vektor $\boldsymbol{e}_j$ multiplizieren, und daran denken, daß wegen der Orthogonalität der Vektoren $\boldsymbol{e}_j$, $\boldsymbol{e}_k$ alle Produkte $\boldsymbol{e}_j \cdot \boldsymbol{e}_k$ verschwinden, außer denen, die man bei $k = j$ erhält und die gleich eins sind, dann erhalten wir

$$\omega^j = \boldsymbol{e}_j \cdot d\boldsymbol{A}, \qquad \omega_i^j = \boldsymbol{e}_j \cdot d\boldsymbol{e}_i, \tag{2'}$$

woraus die Formeln (2) folgen.

Wenn wir den Differentialen du, dv einen endlichen Wert beilegen, dann wird der durch die Formel (1) bestimmte Vektor $d\boldsymbol{A}$ ein endlicher Tangentenvektor an die Kurve, die vom Punkt A bei der Bewegung

$$u = \varphi(t), \qquad v = \psi(t)$$

beschrieben wird, bei der das Verhältnis der Ableitungen $\varphi'(t) : \psi'(t)$ im betrachteten Punkt gleich dem Verhältnis der gewählten Werte der Differentiale $du : dv$ ist.

Man sieht leicht ein, daß die Formen (2) nicht vollkommen willkürlich gewählt werden können. Schon die Forderung der Orthogonalität des Dreibeins T und der Normierung der Länge seiner Vektoren zu eins legt ihnen eine ganze Reihe von Einschränkungen auf.

Wenn wir nämlich die Identitäten

$$\boldsymbol{e}_i^2 = 1, \qquad \boldsymbol{e}_i \cdot \boldsymbol{e}_j = 0 \qquad i \neq j$$

differenzieren und die Formeln (1′) verwenden, erhalten wir für die zweite dieser Gleichungen

$$d(\boldsymbol{e}_i \cdot \boldsymbol{e}_j) = \boldsymbol{e}_j \cdot d\boldsymbol{e}_i + \boldsymbol{e}_i \cdot d\boldsymbol{e}_j = \omega_i^k \boldsymbol{e}_j \cdot \boldsymbol{e}_k + \omega_j^k \boldsymbol{e}_i \cdot \boldsymbol{e}_k = 0,$$

aber die Produkte $\boldsymbol{e}_j \cdot \boldsymbol{e}_k$ sind gleich Null, wenn $k \neq j$, und gleich Eins, wenn $k = j$. Folglich bleibt in jeder der beiden Summen $\omega_i^k \boldsymbol{e}_j \cdot \boldsymbol{e}_k$, $\omega_j^k \boldsymbol{e}_i \cdot \boldsymbol{e}_k$ nur ein Glied übrig: in der ersten Summe für $k = j$, in der zweiten für $k = i$. Wir erhalten:

$$\omega_i^j + \omega_j^i = 0. \tag{3a}$$

Genau dasselbe Resultat erhält man, wenn $j = i$ ist, aber dann sind die beiden Summanden ω_i^j und ω_j^i einander gleich, und da ihre Summe gleich Null ist, verschwinden die Komponenten ω_i^j mit gleichen Indizes i und j

$$\omega_i^i = 0 \quad \text{(nicht summieren!)}. \tag{3b}$$

Die Gleichungen (3a), (3b) erschöpfen nicht alle Einschränkungen, denen die Komponenten ω_i^k unterliegen. Andere und bedeutend wichtigere Bedingungen folgen aus der Forderung, daß die durch die Formeln (1) bestimmten Ausdrücke für die Differentiale $d\boldsymbol{A}$, $d\boldsymbol{e}_i$ auch wirklich vollständige Differentiale sind.

18. Die bilineare Kovariante einer linearen Form. Wir geben uns zwei Kurvenscharen vor, z. B. setzen wir

$$u = \varphi(\alpha, \beta), \qquad v = \psi(\alpha, \beta)$$

und betrachten als erste Schar die Kurven $\beta =$ const, wobei wir die Differentiation längs dieser Kurven mit dem Symbol d bezeichnen; als zweite Schar sehen wir die Kurven $\alpha =$ const an, wobei wir die Differentiation längs dieser Kurven mit dem Symbol δ bezeichnen

$$du = \varphi_\alpha d\alpha, \qquad dv = \psi_\alpha d\alpha,$$
$$\delta u = \varphi_\beta \delta\beta, \qquad \delta v = \psi_\beta \delta\beta.$$

Hier muß man $d\alpha$ und $\delta\beta$ als willkürlich vorgegebene, feste Größen betrachten. In Anbetracht der vollkommenen Willkür der Konstanten $d\alpha$, $\delta\beta$ können wir sie der Einfachheit halber gleich eins setzen.

Dann erhalten wir bei nochmaliger Differentiation

$$\begin{aligned} d(\delta u) &= d(\varphi_\beta) = \varphi_{\alpha\beta}, \\ \delta(du) &= \delta(\varphi_\alpha) = \varphi_{\alpha\beta}, \end{aligned} \qquad \text{und} \qquad d(\delta u) = \delta(du).$$

Ebenso ist für eine beliebige Funktion der Veränderlichen u, v

$$dA = \frac{\partial}{\partial \alpha} A, \qquad \delta A = \frac{\partial}{\partial \beta} A$$

und

$$d(\delta A) = \delta(dA) = \frac{\partial^2 A}{\partial \alpha \partial \beta};$$

d.h. *die Differentiationssymbole sind für eine beliebige Funktion vertauschbar.*

Anders verhält es sich bei einer beliebigen linearen Form

$$\omega = a\,du + b\,dv.$$

Ihr Wert für das erste und zweite Differentiationssymbol

$$\omega(d) = a\varphi_\alpha + b\psi_\alpha,$$
$$\omega(\delta) = a\varphi_\beta + b\psi_\beta$$

erlaubt auch noch eine zweite Differentiation

$$d\omega(\delta) = \frac{\partial a}{\partial \alpha}\varphi_\beta + \frac{\partial b}{\partial \alpha}\psi_\beta + a\varphi_{\alpha\beta} + b\psi_{\alpha\beta},$$

$$\delta\omega(d) = \frac{\partial a}{\partial \beta}\varphi_\alpha + \frac{\partial b}{\partial \beta}\psi_\alpha + a\varphi_{\alpha\beta} + b\psi_{\alpha\beta},$$

aber die Differenz dieser Differentiale läßt sich, da die zweiten Ableitungen sich wegheben, als Summe zweier Funktionaldeterminanten darstellen

$$d\omega(\delta) - \delta\omega(d) = \frac{\partial(a, \varphi)}{\partial(\alpha, \beta)} + \frac{\partial(b, \psi)}{\partial(\alpha, \beta)}, \quad \frac{\partial(a, \varphi)}{\partial(\alpha, \beta)} = \begin{vmatrix} \frac{\partial a}{\partial \alpha} & \frac{\partial \varphi}{\partial \alpha} \\ \frac{\partial a}{\partial \beta} & \frac{\partial \varphi}{\partial \beta} \end{vmatrix}, \tag{4'}$$

die im allgemeinen von Null verschieden ist.

Die bilineare Form

$$\Omega(d, \delta) = d\omega(\delta) - \delta\omega(d) = da\,\delta u - \delta a\,du + db\,\delta v - \delta b\,dv \tag{4}$$

ist invariant gegenüber einer Änderung der Variablen u, v, weil die Ausdrücke aus Differentialen erster Ordnung bestehen, die nach dem Hauptsatz der Analysis bei Änderung der Variablen in sich übergehen. Die Form (4) trägt die Bezeichnung *bilineare Kovariante.*

Die bilineare Kovariante ist dann und nur dann Null, wenn ihre lineare Form ω ein vollständiges Differential ist. (M. Ä. F., S. 82.)

19. Äußere Produkte und äußere Differentiale. Die bilinearen Kovarianten in den Formeln (4′) und (4) führen auf die Betrachtung von Determinanten der Gestalt

$$\begin{vmatrix} da & du \\ \delta a & \delta u \end{vmatrix} = da\,\delta u - \delta a\,du.$$

Für derartige Determinanten kann man die symbolische Bezeichnung einführen

$$[\omega_1\omega_2] = \begin{vmatrix} \omega_1(d) & \omega_2(d) \\ \omega_1(\delta) & \omega_2(\delta) \end{vmatrix}. \tag{5}$$

Der Ausdruck, der auf der linken Seite steht, heißt das *äußere Produkt* der beiden Formen ω_1, ω_2, der Ausdruck auf der rechten Seite ist sein Wert für zwei Differentiationssymbole d und δ. Die Differentialformen, die aus äußeren Produkten bestehen, heißen *äußere Differentialformen*. Die Bedeutung der äußeren Differentialformen erhält man, wenn man jedes äußere Produkt von Linearformen durch die Determinante (5) ersetzt; folglich erweisen sich die äußeren quadratischen Formen als Bilinearformen.

Wie in der gewöhnlichen Algebra zwei Polynome gleich sind, wenn ihre für beliebige Zahlen berechneten Werte gleich sind, aber identisch, wenn für beide Polynome die Werte der Koeffizienten dieselben sind, so sind in der Algebra der äußeren Formen (GRASSMANNsche Algebra) zwei äußere Differentialformen gleich, wenn ihr Wert für beliebige Wahl der Differentiationen, die den Symbolen d und δ entsprechen, übereinstimmt.

Daraus kann man folgende Rechenregel herleiten (M. Ä. F., S. 86): *Die äußeren Produkte und die äußeren Differentialformen verhalten sich gemäß den Regeln der gewöhnlichen Algebra bis auf eine Ausnahme: Eine Vertauschung zweier linearer Faktoren ändert das Vorzeichen des äußeren Produkts* (weil dabei in der Determinante (5) zwei Spalten vertauscht werden).

Zum Beispiel haben wir

$$\begin{aligned} [\omega_1\omega_2] &= -[\omega_2\omega_1], \\ [a\omega_1\omega_2] &= a[\omega_1\omega_2]. \end{aligned} \tag{6}$$

Die äußere quadratische Form, die der bilinearen Kovarianten (4) einer linearen Form ω zugeordnet ist, heißt ihr *äußeres Differential* und wird mit $D\omega$ bezeichnet.

Folglich ist für die Form

$$\theta = a_i du^i = a_1 du^1 + a_2 du^2 + \cdots + a_n du^n \tag{7}$$

das äußere Differential gleich

$$D\theta = [da_i du^i], \qquad (i = 1, 2, \ldots, n). \tag{8}$$

Insbesondere *ist das äußere Differential eines vollständigen Differentials gleich Null.*

Die Regeln der äußeren Differentiation sind den Regeln der gewöhnlichen Differentiation analog, sie verlangen jedoch die Erhaltung der Reihenfolge der Faktoren wie bei der Differentiation eines Vektorprodukts:

$$\begin{aligned} D(d\varphi) &= 0, \\ D(\omega_1 + \omega_2) &= D\omega_1 + D\omega_2, \\ D(a\omega) &= [da\omega] + aD\omega, \end{aligned} \tag{9}$$

wobei a eine beliebige Funktion ist (die keine Differentiale enthält). Man beweist sie durch einfache Rechnung (M. Ä. F., S. 112).

20. Das Lemma von CARTAN. Für die äußeren quadratischen Formen gibt es eine bemerkenswerte Regel, die unter dem Namen *Lemma von* CARTAN bekannt ist:

Wenn zwei Folgen von Formen θ_i und ω^i ($i = 1, 2, \ldots, m$) die Identität

$$[\theta_1\omega^1] + [\theta_2\omega^2] + \cdots + [\theta_m\omega^m] = 0 \tag{10}$$

befriedigen, und die Formen ω^i linear unabhängig sind, dann lassen sich die Formen θ_i linear durch die ω^i ausdrücken mit einer symmetrischen Koeffizientenmatrix:

$$\theta_i = a_{ik}\omega^k, \qquad a_{ik} = a_{ki}.$$

Sind die Formen ω^i linear unabhängig, dann kann man die Gleichungen von der Gestalt (7), welche die Formen ω^i bestimmen, nach m Differentialen auflösen, z. B. $du^1, du^2, \ldots, du^m$. Setzen wir diese Werte in die Ausdrücke von der Gestalt (7) ein, welche die Formen θ_i definieren, dann drücken wir sie linear durch die ω^i und weitere du^α aus:

$$\theta_i = a_{ik}\omega^k + b_{i\alpha}\,du^\alpha \quad (i, k = 1, \ldots, m;\ \alpha = m + 1, \ldots, n).$$

Führen wir diese Ausdrücke in die Gleichung (10) ein, so erhalten wir eine Gleichung der Form

$$a_{ik}[\omega^k\omega^i] + b_{i\alpha}[du^\alpha\omega^i] = 0. \tag{11}$$

Da man hier den Formen ω^i und den Differentialen du^α einen beliebigen Wert beilegen kann, setzen wir alle $\omega^i(d)$ und $\omega^i(\delta)$, du^α und δu^α gleich Null bis auf du^n und $\omega^1(\delta)$, schreiben die quadratische Form auf der linken Seite der Gleichung (11) für diese beiden Differentiationssymbole aus, und erhalten dann auf der linken Seite lediglich ein Glied

$$b_{1n}\,du^n\,\omega^1(\delta) = 0,$$

und wegen der Ungleichungen $du^n \neq 0$, $\omega^1(\delta) \neq 0$ daraus $b_{1n} = 0$; ebenso finden wir für alle übrigen $b_{i\alpha} = 0$.

Setzen wir nun alle $\omega^i(d)$ und $\omega^i(\delta)$ außer $\omega^1(d)$ und $\omega^2(\delta)$ gleich Null und schreiben die quadratische Form (11) aus, so erhalten wir

$$a_{12}\,\omega^1(d)\,\omega^2(\delta) - a_{21}\,\omega^2(\delta)\,\omega^1(d) = 0,$$

woraus wegen der Ungleichungen $\omega^1(d) \neq 0$, $\omega^2(\delta) \neq 0$ folgt

$$a_{12} = a_{21};$$

ebenso erhalten wir $a_{ik} = a_{ki}$.

Für $m = 1$ haben wir das Korrolar:

Ist das äußere Produkt zweier linearer Formen θ und ω gleich Null

$$[\theta\omega] = 0,$$

dann sind die Formen proportional

$$\theta = \lambda\omega,$$

wobei λ eine (skalare) Funktion ist.

II. Die Bestimmung einer Kongruenz durch die Komponenten der Bewegung eines Dreibeins

21. Die Strukturgleichungen des Euklidischen Raumes. Wir wenden uns den Gleichungen (1') § 17 zu

$$\begin{aligned} dA &= \omega^k e_k, \\ de_i &= \omega_i^k e_k, \end{aligned} \qquad (i, k = 1, 2, 3) \qquad (1')$$

und, um uns nicht auf einen Spezialfall festzulegen, setzen wir voraus, daß die Linearformen ω^k, ω_i^k von einer beliebigen Anzahl r von unabhängigen Veränderlichen $u^1, u^2, \ldots, u^r$ abhängen. Im dreidimensionalen Raum ist r nicht größer als sechs, weil das allgemeinste rechtwinklige Dreibein von sechs Parametern abhängt: den drei Koordinaten des Scheitels und den drei Winkeln, welche die Drehung des Dreibeines aus seiner Anfangslage beschreiben.

Wenn es wenigstens eine Schar von Dreibeinen gibt, deren Koordinaten das System (1') befriedigen, dann werden diese Koordinaten auch jede Gleichung befriedigen, die man durch Differentiation nach irgendwelchen Veränderlichen erhält, insbesondere werden auch deren äußere Differentiale verschwinden.

Durch äußere Differentiation der Gleichungen (1') erhalten wir auf der linken Seite Null, weil das äußere Differential eines vollständigen Differentials gleich Null ist. Die rechte Seite differenzieren wir als eine Summe von Produkten gemäß den Formeln (9) § 19 und erhalten

$$\begin{aligned} [de_k\omega^k] + e_k D\omega^k &= 0\,; \\ [de_k\omega_i^k] + e_k D\omega_i^k &= 0. \end{aligned} \qquad (i, k = 1, 2, 3)$$

Setzt man hier gemäß Formel (1')

$$de_k = \omega_k^j e_j, \qquad (j, k = 1, 2, 3)$$

und zieht die endlichen Faktoren e_j (die keine Differentiale enthalten) aus den äußeren Produkten heraus, dann erhält man

$$\begin{aligned} [\omega_k^j\omega^k]\, e_j + e_k D\omega^k &= 0, \\ [\omega_k^j\omega_i^k]\, e_j + e_k D\omega_i^k &= 0. \end{aligned} \qquad (i, j, k = 1, 2, 3)$$

Schließlich ersetzen wir in der zweiten Summe den Summationsindex k durch j (der eine wie der andere durchläuft bei der Summation die Werte 1, 2, 3), vertauschen im äußeren Produkt die beiden Faktoren unter Änderung des Vorzeichens, klammern e_j aus und erhalten

$$\begin{aligned} \left\{D\omega^j - [\omega^k\omega_k^j]\right\} e_j &= 0, \\ \left\{D\omega_i^j - [\omega_i^k\omega_k^j]\right\} e_j &= 0. \end{aligned} \qquad (12)$$

Die linken Seiten dieser Gleichungen haben, wenn man sie ausschreibt, die Gestalt einer Summe

$$A_1 e_1 + A_2 e_2 + A_3 e_3 = 0.$$

Die Vektoren $\boldsymbol{e}_1$, $\boldsymbol{e}_2$, $\boldsymbol{e}_3$ sind als aufeinander senkrechte Vektoren der Achsen des Dreibeins T nicht parallel zu einer Ebene und können nicht linear abhängig sein. Folglich verschwinden alle Koeffizienten A_i und wir erhalten als notwendige Folge der Gleichungen (1')

$$D\omega^j = [\omega^k \omega_k^j], \tag{13a}$$

$$D\omega_i^j = [\omega_i^k \omega_k^j]. \tag{13b}$$

Diese Gleichungen heißen die *Strukturgleichungen* des EUKLIDischen Raumes.

22. **Der Existenzsatz.** Wenn ein System von s Gleichungen in totalen Differentialen (PFAFFsches System)

$$\theta_1 = 0, \quad \theta_2 = 0, \quad \ldots, \quad \theta_s = 0 \tag{14}$$

für s unbekannte Funktionen z_j mit n unabhängigen Veränderlichen x_i eine Lösung zuläßt, die von s willkürlichen Konstanten der Gestalt

$$f_1(x; z) = C_1, \quad f_2(x; z) = C_2, \quad \ldots, \quad f_s(x; z) = C_s$$

abhängt, wobei die $f(x; z)$ Funktionen sind, die von allen Veränderlichen x_1, $x_2, \ldots, x_n, z_1, z_2, \ldots, z_s$ abhängen, dann nennt man das System *vollständig integrierbar*. Offensichtlich *hat ein vollständig integrierbares System eine und nur eine Lösung, die für* $x_i = x_i^0$ *die gegebenen Anfangswerte* $z_j = z_j^0$ *annimmt*, wobei alle x_i^0, z_j^0 Konstanten sind.

Über die vollständige Integrierbarkeit eines Systems gilt der folgende Satz (M. Ä. F., S. 132).

Satz: *Die notwendige und hinreichende Bedingung für die vollständige Integrierbarkeit eines Systems* (14) *besteht darin, daß das System der äußeren Differentiale*

$$D\theta_1 = 0, \quad D\theta_2 = 0, \quad \ldots, \quad D\theta_s = 0 \tag{15}$$

eine algebraische Folge des Systems (14) *ist.* Das System (15) ist eine algebraische Folge des Systems (14), wenn die Gleichungen (15) unter der Bedingung gelten, daß die Veränderlichen x_i, z_j, dx_i, dz_j, δx_i, δz_j als unabhängige algebraische Größen angesehen werden, die nur durch die Gleichungen (14) zusammenhängen.

Diesen Satz kann man auf das System (1') anwenden, wenn man es für skalare Funktionen, also für die gleichnamigen (die vier ersten, die vier zweiten oder die vier dritten) Koordinaten A, e_i der Vektoren $\boldsymbol{A}$, $\boldsymbol{e}_i$ hinschreibt:

$$\begin{aligned} dA &= \omega^k e_k, \\ de_i &= \omega_i^k e_k. \end{aligned} \tag{16}$$

Wenn die Komponenten ω^k, ω_i^k den Strukturgleichungen (13a), (13b) genügen, dann reduzieren sich die äußeren Differentiale der Gleichungen (16) nach Elimination der de_k mit Hilfe der Gleichungen (16) auf die Form (12) und verschwinden wegen der Gleichungen (13a) und (13b) identisch für jeden Wert der e_j. Folglich ist das System (16) vollständig integrierbar und besitzt eine eindeutige Lösung A, e_i, die für $u^\alpha = (u^\alpha)_0$ beliebig vorgegebene Anfangswerte annimmt.

Faßt man nun die Quadrupel dieser Lösungen A, e_i zusammen und betrachtet die drei Lösungen A als Koordinaten eines Vektors $\boldsymbol{A}$, die Tripel der Lösungen e_i als Koordinaten der Vektoren $\boldsymbol{e}_i$, dann erhält man eine Schar von Dreibeinen, die von r Parametern u^α abhängt und für $u^\alpha = (u^\alpha)_0$ ein beliebig vorgegebenes Dreibein enthält. Man muß noch zeigen, daß man diese Lösungen so wählen kann, daß alle Dreibeine rechtwinklig sind.

Offenbar müssen wir dazu das Anfangsdreibein T_0 rechtwinklig wählen. Wir zeigen nun, daß diese Bedingung hinreichend ist.

Dazu betrachten wir die Gesamtheit aller rechtwinkligen Dreibeine des Raumes. Wie wir schon sahen, bilden sie eine Mannigfaltigkeit, die von sechs unabhängigen Parametern $v^1, v^2, v^3, v^4, v^5, v^6$ abhängt. Wir berechnen für diese Mannigfaltigkeit die Komponenten der differentiellen Bewegung $\tilde{\omega}^k$, $\tilde{\omega}_i^k$. Sie enthalten die Differentiale dv^β und ihre Koeffizienten sind Funktionen der v^β.

Wenn unsere gefundene Lösung aus rechtwinkligen Dreibeinen besteht, muß sie in der Mannigfaltigkeit aller orthogonalen Dreibeine $T(v)$ enthalten sein. Folglich müssen sich Funktionen

$$v^\beta = v^\beta(u)$$

finden lassen, so daß die Gleichungen

$$\begin{aligned} \tilde{\omega}^i(v, dv) &= \omega^i(u, du) \\ \tilde{\omega}_i^j(v, dv) &= \omega_i^j(u, du) \end{aligned} \tag{17}$$

befriedigt werden.

Das ist tatsächlich möglich, weil das System (17) vollständig integrierbar ist. Denn die Formen ω^k, ω_i^k genügen nach Voraussetzung den Strukturgleichungen (13a), (13b), die Formen $\tilde{\omega}^k$, $\tilde{\omega}_i^k$ befriedigen sie aber auch, weil sie aus einer wirklichen Bewegung eines Dreibeins gemäß den Formeln (1') berechnet wurden, aus denen die Gleichungen (13a) und (13b) unmittelbar folgen. Also führt die äußere Differentiation der Gleichungen (17) auf das Gleichungssystem

$$\begin{aligned} [\tilde{\omega}^k \tilde{\omega}_k^i] &= [\omega^k \omega_k^i], \\ [\tilde{\omega}_i^k \tilde{\omega}_k^j] &= [\omega_i^k \omega_k^j], \end{aligned}$$

das sich nach Einsetzen der Formeln (17) in eine Identität verwandelt.

Um die verlangte Lösung zu erhalten, ist es nur nötig, die Anfangsbedingungen $v^\beta = (v^\beta)_0$ für $u^\alpha = (u^\alpha)_0$ so zu wählen, daß man für $v^\beta = (v^\beta)_0$ das Dreibein T_0 erhält.

Also erlauben die Formen ω^i, $\omega_i^j = -\omega_j^i$, die die Strukturgleichungen befriedigen, aus dem vollständig integrierbaren System (1') genau eine Schar von Dreibeinen zu bestimmen, die für $u^\alpha = (u^\alpha)_0$ das Dreibein T_0 enthält.

23. Die Eindeutigkeit der Kongruenz bis auf die Lage im Raum. Man sieht nun leicht ein, daß *verschiedene Lösungstripel des Systems* (16) kongruente Scharen von Dreibeinen (T) bestimmen.

Haben wir etwa zwei Lösungstripel des Systems (16) mit ein und denselben Formen ω^k, ω_i^k, dann liefert das eine eine Schar von Dreibeinen (T) mit dem Anfangsdreibein T_0, das andere eine Schar (T') mit dem Anfangsdreibein T_0'.

Wir bewegen nun die ganze Schar der Dreibeine (T) im Raum zusammen mit dem Koordinatensystem so, daß das Dreibein T_0' mit dem Dreibein T_0 zusammenfällt, und danach transformieren wir das Koordinatensystem so, daß wir das alte Koordinatensystem erhalten.

Bei der ersten Operation ändern sich die Formen ω^i, ω_i^j nicht, weil dabei alle Punktkoordinaten der Dreibeine ihren Wert behalten.

Die Koordinatentransformation ändert sie aber auch nicht; denn sowohl die Vektoren $\boldsymbol{e}_i$ wie das Differential des Ortsvektors $d\boldsymbol{A}$ hängen nicht von der Wahl des festen kartesischen Systems ab. Folglich ändern sich auch die Komponenten ω^k, ω_i^k, die durch die Gleichungen (2') bestimmt werden, bei einer Koordinatentransformation nicht.

Das bedeutet, daß die Gleichungen (16) ungeändert bleiben; ebenso ändert sich auch das gemeinsame Integral des Systems nicht, und da das Anfangsdreibein T_0' mit dem Dreibein T_0 zusammenfällt, stimmen auch die Anfangsbedingungen für das erste und zweite Lösungstripel und folglich die Lösungen selbst überein. Die Dreibeine der Schar (T') fallen also der Reihe nach mit den entsprechenden Dreibeinen der Schar (T) zusammen.

Daraus folgt direkt der Fundamentalsatz:

Satz: *Die Komponenten der differentiellen Bewegung eines Dreibeins* ω^i, ω_i^j, *die den Strukturgleichungen* (13a) *und* (13b) *genügen, definieren eine Kongruenz, die durch die dritte Achse beschrieben wird, bis auf die Lage im Raum.*

III. Haupt- und sekundäre Formen

24. Die sekundären Parameter einer Dreibeinschar. Das allgemeinste Dreibein des Raumes hängt von sechs Parametern v^β ab, und die Gleichungen (1) § 17 enthalten sechs Komponenten ω^1, ω^2, ω^3, ω_1^2, ω_2^3, ω_1^3. Wenn alle Parameter v^β konstant und die $dv^\beta = 0$ sind, dann ist das Dreibein fest und $d\boldsymbol{A} = 0$, $d\boldsymbol{e}_i = 0$; aus den Gleichungen (2') § 17 ergibt sich dann, daß alle Komponenten ω^i, ω_i^j verschwinden. Das ist klar, weil die Komponenten ω^i, ω_i^j von den dv^β abhängen.

Wenn umgekehrt alle Komponenten ω^i, ω_i^j verschwinden, dann liefern die Gleichungen (1') § 17 $d\boldsymbol{A} = 0$, $d\boldsymbol{e}_i = 0$; folglich sind die Vektoren $\boldsymbol{A}$, $\boldsymbol{e}_i$ konstant

$$\boldsymbol{A} = \text{const} \qquad \boldsymbol{e}_i = \text{const}$$

und das Dreibein ist fest; das bedeutet aber

$$v^\beta = \text{const} \quad \text{und} \quad dv^\beta = 0.$$

Da nun die Differentiale dv^β verschwinden, wenn die Formen ω^i, ω_i^j Null werden, hängen sie linear von den Formen ω^i, ω_i^j ab. Wir sahen schon, daß die Parameter v^β unabhängig sind, folglich sind ihre Differentiale dv^β linear unabhängig, dann sind aber auch die *Formen* ω^i, ω_i^j *linear unabhängig, wenn man die differentielle Verrückung des allgemeinsten rechtwinkligen Dreibeins im Raume betrachtet.*

Das ist anders, wenn wir eine Schar von Dreibeinen betrachten, die mit den Strahlen einer Kongruenz verknüpft sind. Wir ordnen jedem Kongruenzstrahl eine Schar von Dreibeinen zu, deren dritte Achsen mit dem Strahl zusammenfallen. Die Bewegungen des Dreibeins innerhalb dieser Schar verändern den Strahl nicht; sie bilden die sog. *stationäre Untergruppe* des Strahls.

Wenn der Strahl fest bleibt, behält der Vektor $\boldsymbol{e}_3$ einen festen Wert, folglich ist $d\boldsymbol{e}_3 = 0$ und der Punkt A kann sich nur auf dem Strahl verschieben, d. h. der Vektor $d\boldsymbol{A}$ besitzt nur in Richtung der Achse $\boldsymbol{e}_3$ eine Komponente. Bei festem Strahl verschwinden also die vier Formen

$$\omega^1 = 0, \quad \omega^2 = 0, \quad \omega_1^3 = 0, \quad \omega_2^3 = 0. \tag{18}$$

Da nun bei festem Strahl, d. h. bei festem Wert der krummlinigen Koordinaten u, v die Formen (18) verschwinden, hängen diese vier Formen linear nur von den beiden Differentialen du, dv ab. Daher können höchstens zwei von ihnen unabhängig sein. Wir setzen voraus, daß die Kongruenz nicht aus Zylindern besteht; folglich bedeckt das sphärische Bild der betrachteten Kongruenz einen zweidimensionalen Bereich auf der Kugel; das Differential $d\boldsymbol{e}_3$ hängt also von zwei unabhängigen Formen ab; das bedeutet, daß *die Formen*

$$\omega_1^3, \ \omega_2^3 \tag{19}$$

linear unabhängig sind und dem Unterring der Differentiale du, dv *als Basis dienen können.*

Die übrigen zwei Formen lassen sich linear durch die Differentiale du, dv und folglich auch durch die Formen (19) ausdrücken:

$$\begin{aligned} \omega^1 &= a\,\omega_1^3 + b\,\omega_2^3 \\ \omega^2 &= b'\omega_1^3 + c\,\omega_2^3. \end{aligned} \tag{20}$$

Die Formen (18) nennt man *Hauptformen.*

Außer diesen Formen gibt es noch zwei Komponenten ω^3 und ω_1^2. Diese Komponenten bestimmen die Bewegungen des Dreibeins, welche den Strahl AM nicht verschieben.

Wenn alle Formen bis auf ω^3 gleich Null sind, nehmen die Gleichungen (1) § 17 die Gestalt an

$$d\boldsymbol{A} = \omega^3 \boldsymbol{e}_3, \quad d\boldsymbol{e}_1 = d\boldsymbol{e}_2 = d\boldsymbol{e}_3 = 0.$$

Die letzten drei Gleichungen besagen, daß sich das Dreibein T nicht dreht. Die erste Gleichung zeigt, daß die Geschwindigkeit der Verschiebung des Punktes A, die durch den Vektor $d\boldsymbol{A}$ angegeben wird, mit der dritten Achse $\boldsymbol{e}_3$ gleichgerichtet ist, d. h. die Richtung des Kongruenzstrahls hat. Die Form ω^3 kann man als dem Differential derjenigen Strecke gleich ansehen, welche der Punkt A auf dem Strahl AM durchlaufen hat.

Wenn alle Formen außer ω_1^2 verschwinden, liefern die Gleichungen (1) § 17

$$dA = 0, \quad de_1 = \omega_1^2 e_2, \quad de_2 = -\omega_1^2 e_1.$$

Die erste Gleichung besagt, daß der Scheitel des Dreibeins A festbleibt. Folglich dreht sich das Dreibein um die Achse e_3. Die letzten beiden Gleichungen besagen, daß die Form ω_1^2 gleich der Drehgeschwindigkeit des Dreibeins ist, multipliziert mit dem Zeitelement, d. h. gleich dem Differential des Winkels der Drehung.

Diese beiden infinitesimalen Transformationen der Bewegungsgruppe erzeugen die zweiparametrige stationäre Untergruppe. Die Formen ω^3, ω_1^2 hängen außer von den Hauptparametern u, v noch von sekundären Parametern ab; und zwar sind dies die Länge der vom Punkt A auf der Achse AM durchlaufenen Strecke und der Drehwinkel des Dreibeins um die Achse e_3. Die Formen, die man aus ω^3, ω_1^2 durch Nullsetzen der Formen (19) erhält, bezeichnen wir als *sekundäre* Formen, weil sie nur noch Differentiale der sekundären Parameter enthalten.

25. Die Grundformeln der Theorie der Kongruenzen. Verwenden wir die Formeln (15) und (18) § 3, dann können wir leicht diese quadratischen Formen von KUMMER durch die unabhängigen Formen ω_1^3, ω_2^3 ausdrücken:

$$ds^2 = (de_3)^2 = (-e_1\omega_1^3 - e_2\omega_2^3)^2 = (\omega_1^3)^2 + (\omega_2^3)^2, \tag{21}$$

$$\begin{aligned}\varphi = de_3 \cdot dA &= (-e_1\omega_1^3 - e_2\omega_2^3)\cdot(e_1\omega^1 + e_2\omega^2 + e_3\omega^3) = \\ &= -\omega^1\omega_1^3 - \omega^2\omega_2^3;\end{aligned} \tag{22}$$

oder, wenn man die Formeln (20) verwendet,

$$-\varphi = a(\omega_1^3)^2 + (b + b')\,\omega_1^3\omega_2^3 + c(\omega_2^3)^2. \tag{22'}$$

Hieraus folgt, daß die Koeffizienten a, $b + b'$, c den Koeffizienten $e, f + f', g$ der Form (18) § 3 entsprechen und sich von diesen nur durch Faktoren α, β unterscheiden:

$$a\alpha^2 = e, \quad (b + b')\,\alpha\beta = f + f', \quad c\beta^2 = g,$$

wenn $\omega_1^3 = \alpha\,du$, $\omega_2^3 = \beta\,dv$ ist.

Nun nimmt die Formel (14') § 3 für die Abszisse des kürzesten Abstands zweier Strahlen der differentiellen Umgebung die Gestalt an

$$r = \frac{a(\omega_1^3)^2 + (b + b')\,\omega_1^3\omega_2^3 + c(\omega_2^3)^2}{(\omega_1^3)^2 + (\omega_2^3)^2}. \tag{23}$$

Multiplizieren wir mit dem Nenner, dann ergibt sich

$$(a - r)(\omega_1^3)^2 + (b + b')\,\omega_1^3\omega_2^3 + (c - r)(\omega_2^3)^2 = 0.$$

Um die Extremwerte der Abszisse r bei Variation des Verhältnisses $\omega_1^3 : \omega_2^3$ zu erhalten, differenzieren wir, ebenso wie wir es im § 5 Kap. I gemacht haben, nach der Veränderlichen ω_1^3 oder ω_2^3 und bekommen

$$\begin{aligned}(a - r)\,\omega_1^3 + \frac{(b + b')}{2}\,\omega_2^3 &= 0,\\ \frac{(b + b')}{2}\,\omega_1^3 + (c - r)\,\omega_2^3 &= 0.\end{aligned} \tag{24}$$

Hieraus erhält man durch Elimination des Verhältnisses $\omega_1^3 : \omega_2^3$ eine quadratische Gleichung für die Abszissen der Grenzpunkte

$$r^2 - (a + c)r + ac - \frac{(b + b')^2}{4} = 0 \tag{25}$$

und die Abszisse des Mittenpunktes

$$r_0 = \frac{a + c}{2}; \tag{26}$$

andererseits ergibt sich, indem wir r aus den Gleichungen (24) eliminieren, die Gleichung der Hauptflächen

$$\frac{b + b'}{2}\left\{(\omega_1^3)^2 - (\omega_2^3)^2\right\} + (c - a)\,\omega_1^3\omega_2^3 = 0. \tag{27}$$

Um die Brennpunkte

$$\boldsymbol{F} = \boldsymbol{A} + \varrho\boldsymbol{e}$$

und die Torsen zu finden, muß man solche Werte von ϱ und $\omega_1^3 : \omega_2^3$ aufsuchen, für die der Tangentenvektor $d\boldsymbol{F}$ parallel zum Vektor $\boldsymbol{e}$ des Strahls wird:

$$d\boldsymbol{F} = \lambda\boldsymbol{e}.$$

Wenn wir $\boldsymbol{F}$ differenzieren und dabei die Formeln (1) § 17 berücksichtigen, geht diese Gleichung über in

$$(\omega^1 - \varrho\omega_1^3)\boldsymbol{e}_1 + (\omega^2 - \varrho\omega_2^3)\boldsymbol{e}_2 + (\omega^3 + d\varrho)\boldsymbol{e}_3 = \lambda\boldsymbol{e}_3.$$

Wir multiplizieren nun skalar mit $\boldsymbol{e}_1$ und $\boldsymbol{e}_2$ und erhalten

$$\begin{aligned}\omega^1 - \varrho\omega_1^3 &= 0,\\ \omega^2 - \varrho\omega_2^3 &= 0,\end{aligned} \tag{28}$$

oder, wenn wir ω^1, ω^2 gemäß den Formeln (20) ersetzen

$$\begin{aligned}(a - \varrho)\,\omega_1^3 + b\omega_2^3 &= 0,\\ b'\omega_1^3 + (c - \varrho)\,\omega_2^3 &= 0,\end{aligned}$$

woraus wir, nach Elimination des Verhältnisses $\omega_1^3 : \omega_2^3$, eine quadratische Gleichung für die Abszissen der Brennpunkte erhalten

$$\varrho^2 - (a + c)\,\varrho + ac - bb' = 0, \tag{29}$$

während wir durch Elimination von ϱ die Gleichung der Torsen bekommen

$$b'(\omega_1^3)^2 + (c - a)\,\omega_1^3\omega_2^3 - b(\omega_2^3)^2 = 0. \tag{30}$$

Die Kongruenz wird parabolisch, wenn die Gleichung (29) gleiche Wurzeln hat:

$$(a - c)^2 + 4bb' = 0, \tag{31}$$

sie wird eine Normalenkongruenz, wenn die Gleichungen (25) und (29) übereinstimmen:

$$b' - b = 0, \tag{32}$$

sie wird isotrop, wenn die Formen im Zähler und Nenner der Formel (23) proportional sind:

$$a = c, \quad b + b' = 0. \tag{33}$$

Die Koeffizienten a, b, b', c, die in den vorangehenden Formeln eine so wichtige Rolle spielen, müssen den Gleichungen genügen, die man durch äußere Differentiation der Gleichungen (20) und durch Verwendung der Strukturgleichungen erhält. Die erste Gleichung liefert

$$[\omega^k \omega_k^1] = [da\,\omega_1^3] + a\,[\omega_1^k \omega_k^3] + [db\,\omega_2^3] + b\,[\omega_2^k \omega_k^3];$$

wenn wir nun die Summe vollständig ausschreiben und ω^1 und ω^2 gemäß den Formeln (20) ersetzen, dann erhalten wir

$$[b'\omega_1^3 + c\omega_2^3, \omega_2^1] - [\omega^3 \omega_1^3] = [da\,\omega_1^3] + a[\omega_1^2 \omega_2^3] + [db\,\omega_2^3] + b[\omega_2^1 \omega_1^3]$$

oder, wenn wir alle Glieder auf die rechte Seite schaffen und die Glieder mit ω_1^3 und ω_2^3 zusammenziehen,

$$[da - (b + b')\,\omega_1^2 + \omega^3, \omega_1^3] + [db + (a - c)\,\omega_1^2, \omega_2^3] = 0. \tag{34a}$$

Analog schreibt sich die zweite Gleichung

$$[db' + (a - c)\,\omega_1^2, \omega_1^3] + [dc + (b + b')\,\omega_1^2 + \omega^3, \omega_2^3] = 0. \tag{34b}$$

26. Die Variation der Hauptformen durch die Transformationen der stationären Untergruppe. Im § 24 sahen wir, daß es in der Bewegungsgruppe des Dreibeins T eine zweiparametrige stationäre Untergruppe gibt, deren Transformationen den Kongruenzstrahl nicht verändern. Diese Bewegungen des Dreibeins hängen von zwei Parametern ab, die wir sekundäre Parameter nannten. Einer davon bestimmt die Lage des Scheitels A des Dreibeins auf dem Strahl, der andere die Drehung des Dreibeins um den Strahl. Ihnen entsprechen zwei sekundäre Formen, die nur von den Differentialen der sekundären Parameter abhängen und diese Differentiale selbst linear darstellen können. Dies sind die einzigen Komponenten des Dreibeins, die bei festgehaltenem Strahl nicht verschwinden. Wir bezeichneten die Formen ω^3, ω_1^2 bei verschwindenden Hauptformen als Nebenformen oder sekundäre Formen. Nun führen wir für sie eigene Bezeichnungen ein, nämlich: der Variation dieser sekundären Parameter legen wir das Differentiationssymbol δ bei, und die Formen bezeichnen wir mit dem Buchstaben π:

$$\omega^3(\delta) = \pi^3, \quad \omega_1^2(\delta) = \pi_1^2.$$

Alle übrigen Formen, d. h. alle Formen (18) verschwinden für das Differentiationssymbol δ, wenn aber die Formen (18) keine sekundären Parameter unter dem Differentialzeichen haben, dann müssen diese in den Koeffizienten der Differentiale der Hauptparameter u, v enthalten sein. Demnach kann man die Frage aufwerfen, wie sich die Formen $\omega^1, \omega^2, \omega_1^3, \omega_2^3$ und die Koeffizienten a, b, b', c

bei einer Änderung der sekundären Parameter, d. h. bei einer Variation des Dreibeins um den Kongruenzstrahl, verändern.

Dieses Problem läßt sich besonders einfach für die Variation der Koeffizienten lösen. Die äußeren quadratischen Gleichungen (34a) und (34b) enthalten außer den Formen ω_1^3, ω_2^3, welche die Basis des Unterrings der Differentiale der Hauptparameter bilden, noch vier Formen:

$$\begin{aligned} \Delta a &= da - (b+b')\,\omega_1^2 + \omega^3, & \Delta b &= db + (a-c)\,\omega_1^2, \\ \Delta c &= dc + (b+b')\,\omega_1^2 + \omega^3, & \Delta b' &= db' + (a-c)\,\omega_1^2. \end{aligned}$$

Alle diese Formen sind Hauptformen, weil sie sich nach dem Lemma von CARTAN allein durch die Formen ω_1^3, ω_2^3 linear ausdrücken lassen. Darum sind sie für eine Variation der sekundären Parameter allein alle gleich Null. Führen wir das Differentiationssymbol δ ein und gehen zur Bezeichnung π_i^k über, dann erhalten wir

$$\begin{aligned} \delta a &= (b+b')\,\pi_1^2 - \pi^3, & \delta b &= (c-a)\,\pi_1^2, \\ \delta c &= -(b+b')\,\pi_1^2 - \pi^3, & \delta b' &= (c-a)\,\pi_1^2. \end{aligned} \tag{35}$$

Um die Variation der Hauptform ω^1 bei den Transformationen der stationären Untergruppe, d. h. bei Änderung der sekundären Parameter zu bestimmen, geben wir ihr äußeres Differential

$$D\omega^1 = [\omega^2\omega_2^1] + [\omega^3\omega_3^1]$$

an und schreiben die zugeordnete bilineare Form für die Differentiationssymbole d und δ aus, das erste nur für die Änderung der Hauptparameter, das zweite nur für die Änderung der sekundären Parameter:

$$d\omega^1(\delta) - \delta\omega^1(d) = \omega^2(d)\omega_2^1(\delta) - \omega^2(\delta)\omega_2^1(d) + \omega^3(d)\omega_3^1(\delta) - \omega^3(\delta)\omega_3^1(d).$$

Setzen wir nun

$$\begin{aligned} &\omega^1(\delta) = \omega^2(\delta) = \omega_3^1(\delta) = 0, \qquad \omega_2^1(\delta) = -\pi_1^2, \qquad \omega^3(\delta) = \pi^3, \\ &\omega^1(d) = \omega^1, \qquad \omega^2(d) = \omega^2, \qquad \omega_3^1(d) = -\omega_1^3, \end{aligned}$$

so erhalten wir

$$\delta\omega^1 = -\omega_1^3\pi^3 + \omega^2\pi_1^2.$$

Nun wenden wir dasselbe Verfahren auf die Formen ω^2, ω_1^3, ω_2^3 an und erhalten die Tabelle

$$\begin{aligned} \delta\omega_1^3 &= \omega_2^3\pi_1^2, & \delta\omega^1 &= -\omega_1^3\pi^3 + \omega^2\pi_1^2, \\ \delta\omega_2^3 &= -\omega_1^3\pi_1^2, & \delta\omega^2 &= -\omega_2^3\pi^3 - \omega^1\pi_1^2. \end{aligned} \tag{36}$$

Die Formeln (35), (36) bestimmen das Gesetz für die Veränderung der Hauptformen und ihrer Koeffizienten bei Änderung der sekundären Parameter.

IV. Die Bildung der Invarianten und der invarianten Formen

27. Invariante quadratische Formen. Im ersten Kapitel konstruierten wir zwei quadratische Formen, für die wir jetzt die Ausdrücke (21) und (22) § 25 erhalten haben:

$$\begin{aligned} ds^2 &= (\omega_1^3)^2 + (\omega_2^3)^2, \\ \varphi &= -\omega^1\omega_1^3 - \omega^2\omega_2^3. \end{aligned} \tag{37}$$

Die quadratischen Formen sind invariant, wenn sie nicht von den sekundären Parametern abhängen. Folglich muß man, um die Invarianz der Formen (37) nachzuweisen, diese nach den sekundären Parametern differenzieren, indem man die Tabelle (36) § 26 verwendet. Man erhält

$$\delta(ds^2) = 2\omega_1^3\delta\omega_1^3 + 2\omega_2^3\delta\omega_2^3 = 2(\omega_1^3\omega_2^3\pi_1^2 - \omega_2^3\omega_1^3\pi_1^2) = 0,$$

$$\delta\varphi = -\omega_1^3\delta\omega^1 - \omega^1\delta\omega_1^3 - \omega_2^3\delta\omega^2 - \omega^2\delta\omega_2^3 = \omega_1^3(\omega_1^3\pi^3 - \omega^2\pi_1^2) -$$
$$- \omega^1\omega_2^3\pi_1^2 + \omega_2^3(\omega_2^3\pi^3 + \omega^1\pi_1^2) + \omega^2\omega_1^3\pi_1^2 = \{(\omega_1^3)^2 + (\omega_2^3)^2\}\pi^3.$$

Da nun die Ableitung der Form ds^2 nach den sekundären Parametern verschwindet, hängt die Form ds^2 nicht von den sekundären Parametern ab und ist demzufolge invariant gegenüber den Transformationen der stationären Untergruppe. Die Form φ ändert sich bei Veränderung der sekundären Parameter und ist daher nicht invariant.

Um eine zweite invariante Form zu erhalten, muß man eine Kombination der Hauptformen (18) aufstellen (da nur sie nicht von den Differentialen der sekundären Parameter abhängen) derart, daß sie keine sekundären Parameter enthält, d. h. daß ihr Differential nach den sekundären Parametern gleich Null wird.

Dazu müssen wir aus den Gleichungen (36) die Nebenformen π_1^2, π^3 eliminieren. Da wir vier Gleichungen haben und zwei Größen, welche die Elimination betrifft, müssen wir zwei algebraisch unabhängige Ausdrücke erhalten, in denen die Größen π_1^2, π^3 nicht vorkommen. Einer davon führt, wie wir gesehen haben, auf die Form (21) § 25, und wird durch Elimination von π_1^2 aus den beiden ersten Formen der Gleichungen (36) § 26 erhalten. Um die andere unabhängige Kombination zu erhalten, müssen wir die beiden letzten Gleichungen ausnutzen. Wenn wir aus ihnen π^3 eliminieren, haben wir

$$\omega_2^3\delta\omega^1 - \omega_1^3\delta\omega^2 = (\omega^2\omega_2^3 + \omega^1\omega_1^3)\,\pi_1^2.$$

Da die ersten beiden Gleichungen von (36) § 26

$$\omega^2\delta\omega_1^3 - \omega^1\delta\omega_2^3 = (\omega^2\omega_2^3 + \omega^1\omega_1^3)\,\pi_1^2$$

liefern, erhalten wir durch Elimination von π_1^2

$$\omega_2^3\delta\omega^1 + \omega^1\delta\omega_2^3 - \omega_1^3\delta\omega^2 - \omega^2\delta\omega_1^3 = 0,$$

oder

$$\delta(\omega^1\omega_2^3 - \omega^2\omega_1^3) = 0,$$

und die neue invariante Form ist

$$\psi = \omega^1 \omega_2^3 - \omega^2 \omega_1^3, \tag{38}$$

woraus sich mit Hilfe der Formeln (20) § 24

$$\psi = - b' (\omega_1^3)^2 + (a - c) \omega_1^3 \omega_2^3 + b (\omega_2^3)^2 \tag{38'}$$

ergibt.

Um die geometrische Bedeutung dieser Form zu erklären, bemerken wir, daß man sie aus den Vektoren

$$dA = \omega^1 e_1 + \omega^2 e_2 + \omega^3 e_3,$$
$$de_3 = - \omega_1^3 e_1 - \omega_2^3 e_2$$

durch folgende Operationen erhält:

1) um die Komponente ω^3 fortzuschaffen, multiplizieren wir dA vektoriell mit $e = e_3$

$$dA \times e = - \omega^1 e_2 + \omega^2 e_1;$$

2) das erhaltene Produkt multiplizieren wir skalar mit dem Vektor $de = de_3 = - \omega_1^3 e_1 - \omega_2^3 e_2$

$$(dA \times e) \cdot de = \omega^1 \omega_2^3 - \omega^2 \omega_1^3 = \psi.$$

Also ist die Form ψ gleich dem Spatprodukt der drei Vektoren e, de und dA:

$$\psi = (e, de, dA),$$

oder gleich dem Skalarprodukt des Vektors dA mit dem Vektorprodukt von e und de; nun ist aber

$$e \times de = e \times (e + de), \tag{39}$$

folglich ist die Richtung dieses Vektorprodukts senkrecht zu den beiden unendlich benachbarten Strahlen e und $e + de$ und fällt mit der Richtung des gemeinsamen Lotes n dieser Strahlen zusammen. Demnach ist die Form ψ gleich der Projektion des Vektors dA auf die Richtung des gemeinsamen Lots n der beiden unendlich benachbarten Strahlen multipliziert mit dem Betrag des Vektors (39). Die Projektion des Vektors dA auf das gemeinsame Lot n ist der kürzeste Abstand zwischen den beiden Strahlen (21) § 3, und der Betrag des Vektorprodukts (39) ist gleich dem Produkt aus den Beträgen der Faktoren und dem Sinus des Winkels zwischen ihnen. Der Betrag des ersten Faktors e ist gleich Eins, der Betrag des zweiten gleich

$$\sqrt{(e + de)^2} = \sqrt{e^2 + 2e \cdot de + (de)^2} = (1 + ds^2)^{\frac{1}{2}} =$$
$$= 1 + \frac{1}{2} ds^2 - \frac{1}{8} ds^4 + \dots,$$

weil $2e \cdot de = d(e^2) = 0$ ist. Zur Entwicklung der Reihe nahmen wir die binomische Formel von NEWTON mit dem gebrochenen Exponenten $\frac{1}{2}$.

Beschränken wir uns auf den Hauptteil des skalaren Produkts, so erhalten wir

$$\psi = \sin \chi \, dk ,$$

wobei dk der unendlich kleine Abstand der benachbarten Strahlen e und $e + de$ und χ der Winkel zwischen ihnen ist.

Daraus folgt, daß die Form ψ *die Momente der infinitesimal benachbarten Strahlen in bezug auf den betrachteten Kongruenzstrahl darstellt.*

28. Die invarianten äußeren Formen. Beschränken wir uns auf die differentielle Umgebung erster Ordnung eines Kongruenzstrahls, d. h. auf die ersten Ableitungen der Koordinaten des Punktes A und des Vektors e, so finden wir keine weiteren invariante quadratische Formen, wir können aber invariante äußere quadratische Formen konstruieren.

Schon die äußere Multiplikation der beiden ersten Gleichungen von (36) § 26 resp. mit ω_2^3 oder mit ω_1^3 läßt die rechte Seite verschwinden und eliminiert demzufolge π_1^2:

$$[\delta\omega_1^3 \omega_2^3] = 0, \quad [\omega_1^3 \delta\omega_2^3] = 0 .$$

Um einen integrierbaren Ausdruck zu erhalten, muß man diese zwei Gleichungen addieren. Dann ergibt sich, daß

$$\delta [\omega_1^3 \omega_2^3] = 0 ;$$

folglich ist die äußere quadratische Form

$$\Phi = [\omega_1^3 \omega_2^3] \tag{40}$$

invariant.

Weitere, die sekundären Formen π^3 und π_1^2 nicht enthaltende Gleichungen bekommen wir, wenn wir die Kombinationen

$$[\omega_1^3 \delta\omega^1] - [\omega^2 \delta\omega_2^3] = [\omega_1^3 \omega^2]\pi_1^2 + [\omega^2 \omega_1^3]\pi_1^2 = 0,$$
$$[\omega_2^3 \delta\omega^2] - [\omega^1 \delta\omega_1^3] = 0$$

aufstellen, woraus wir die integrierbare Kombination erhalten

$$[\omega_1^3 \delta\omega^1] - [\omega^2 \delta\omega_2^3] + [\omega_2^3 \delta\omega^2] - [\omega^1 \delta\omega_1^3] = \delta\{[\omega_1^3 \omega^1] + [\omega_2^3 \omega^2]\} = 0 .$$

Folglich ist die äußere quadratische Form

$$\Psi = [\omega^1 \omega_1^3] + [\omega^2 \omega_2^3] \tag{41}$$

invariant.

Wenn wir die Formeln (20) § 24 verwenden, geht diese Form über in

$$\Psi = (b' - b)\, [\omega_1^3 \omega_2^3] . \tag{41'}$$

Um die geometrische Bedeutung der Form Φ zu erklären, muß man sich ihrer „Bedeutung" zuwenden, d. h. nachdem man zwei Richtungen $du : dv$ und $\delta u : \delta v$ vorgegeben hat, schreibt man die den Vektoren dieser Richtungen (Differentiationssymbole d und δ) zugeordnete bilineare Form hin:

$$\Phi = \omega_1^3(d)\, \omega_2^3(\delta) - \omega_2^3(d)\, \omega_1^3(\delta) .$$

Diese Determinante erhält man, wenn man die Differentiale $de_3, \delta e_3$ vektoriell multipliziert, d. h., wenn man das Vektorprodukt der Tangentenvektoren an die Einheitskugel längs der gewählten Richtungen bildet:

$$de_3 \times \delta e_3 = \{\omega_1^3(d) e_1 + \omega_2^3(d) e_2\} \times \{\omega_1^3(\delta) e_1 + \omega_2^3(\delta) e_2\} = \Phi e_3.$$

Da nun der Betrag dieses Vektors das Oberflächenelement der Kugel (die Fläche des Parallelogramms aus den Vektoren de und δe) liefert, ist die geometrische Bedeutung von Φ *das Flächenelement des sphärischen Bildes der Kongruenz,* d. h. das Maß des Raumwinkels, den man erhält, wenn man vom Zentrum der Kugel alle Strahlen der differentiellen Umgebung des Strahls abträgt.

Zur geometrischen Deutung der Form Ψ bemerken wir, daß das Verhältnis der beiden äußeren quadratischen Formen (40) und (41′) invariant ist

$$\mathcal{A} = \frac{\Psi}{\Phi} = b' - b,$$

was man übrigens unmittelbar aus den Formeln (35) § 26 ersehen kann.

Die Invariante $\mathcal{A}$ ist gleich Null für eine Normalenkongruenz.

Wenn die Kongruenz keine Normalenkongruenz ist, dann erhalten wir aus den Gleichungen für die Abszissen der Grenz- und Brennpunkte (25) und (29) § 25 genauso wie in § 6 Kap. I

$$\varrho_1 \varrho_2 = r_1 r_2 + \frac{(b - b')^2}{4},$$

und daraus

$$(r_1 - r_2)^2 - (\varrho_1 - \varrho_2)^2 = (b - b')^2. \tag{42}$$

Folglich ist die Invariante $\mathcal{A}$ die Kathete eines rechtwinkligen Dreiecks, bei dem die Hypotenuse gleich dem Abstand zwischen den Grenzpunkten und die andere Kathete gleich der Strecke zwischen den Brennpunkten ist.

Die Invariante $\mathcal{A}$ mißt die Größe der Abweichung der Kongruenz von einer Normalenkongruenz und kann daher als *Anomalie* einer Kongruenz bezeichnet werden.

V. Die Bestimmung einer Kongruenz durch zwei quadratische Formen

29. Die Bestimmung der Komponenten des Dreibeins einer Kongruenz durch zwei ihrer quadratischen Formen. Wir können nun eine Kongruenz durch zwei quadratische Formen bestimmen, ebenso wie eine Fläche durch das Linienelement und die zweite GAUSSsche Fundamentalform bestimmt wird. Als erste quadratische Form nehmen wir natürlich das Linienelement des sphärischen Bildes

$$ds^2 = E du^2 + 2F du dv + G dv^2, \tag{43}$$

und als zweite Form unsere neue:

$$\psi = (e, de, dA) = \delta \, du^2 + 2\delta' \, du dv + \delta'' dv^2. \tag{44}$$

Das Linienelement (43) muß die Bedingung dafür erfüllen, daß es auf der Kugel liegt, d. h. seine GAUSSsche Krümmung muß gleich Eins sein (Flth. S. 95). Die Koeffizienten der zweiten quadratischen Form ψ unterliegen einer neuen Bedingung, über die wir sofort sprechen werden.

Zunächst erhalten wir, indem wir die positiv definite Form (43) als Summe von zwei Quadraten darstellen[1]), die linearen Formen ω_1^3, ω_2^3:

$$ds^2 = (\omega_1^3)^2 + (\omega_2^3)^2. \tag{43'}$$

Wir setzen nun voraus, daß wir das Linienelement schon als Summe zweier Quadrate in der Form (43') geschrieben haben; wir kennen demnach die Formen ω_1^3, ω_2^3. Wenn wir nun die äußeren Differentiale $D\omega_1^3$, $D\omega_2^3$ berechnen, erhalten wir sie als äußere quadratische Formen mit einem einzigen Glied, welches das Produkt $[du\, dv]$ enthält. Ändern wir die Basis und drücken wir du, dv durch ω_1^3, ω_2^3 aus, so ergibt sich

$$D\omega_1^3 = h\,[\omega_1^3 \omega_2^3], \qquad D\omega_2^3 = k\,[\omega_1^3 \omega_2^3], \tag{45}$$

wobei h und k als bekannte Funktionen von u und v anzusehen sind. Vergleichen wir die Formeln (45) mit den Strukturgleichungen

$$D\omega_1^3 = [\omega_1^2 \omega_2^3], \qquad D\omega_2^3 = [\omega_2^1 \omega_1^3],$$

so erhalten wir die äußeren quadratischen Gleichungen

$$[\omega_1^2 \omega_2^3] - h\,[\omega_1^3 \omega_2^3] = 0,$$
$$[\omega_1^2 \omega_1^3] + k\,[\omega_1^3 \omega_2^3] = 0$$

oder

$$[\omega_1^2 - h\omega_1^3, \omega_2^3] = 0, \qquad [\omega_1^2 - k\omega_2^3, \omega_1^3] = 0, \tag{46}$$

und wegen des Korrolars zum Lemma von CARTAN (§ 20) sind die Faktoren in jedem dieser äußeren Produkte proportional; also ist

$$\omega_1^2 - h\omega_1^3 = \lambda\omega_2^3, \qquad \omega_1^2 - k\omega_2^3 = \mu\omega_1^3,$$

wobei λ und μ unbestimmte Proportionalitätsfaktoren sind. Damit beide Gleichungen gleichzeitig bestehen können, muß man notwendig $\lambda = k$, $\mu = h$ wählen, und dann erhalten wir

$$\omega_1^2 = h\omega_1^3 + k\omega_2^3. \tag{47}$$

Nun unterliegen der Strukturgleichung

$$D\omega_1^2 = [\omega_1^3 \omega_3^2]$$

zufolge die Koeffizienten h und k einer Differentialgleichung erster Ordnung, die der GAUSSschen Gleichung (Krümmung der Kugel gleich Eins) äquivalent ist

$$[dh\,\omega_1^3] + [dk\,\omega_2^3] + (h^2 + k^2 + 1)\,[\omega_1^3 \omega_2^3] = 0. \tag{47'}$$

Die zweite quadratische Form (44) können wir nun umschreiben, indem wir du und dv durch ω_1^3 und ω_2^3 ausdrücken. Wir erhalten den Ausdruck (38') § 27

$$\psi = -\,b'\,(\omega_1^3)^2 + (a - c)\,\omega_1^3 \omega_2^3 + b\,(\omega_2^3)^2. \tag{44'}$$

[1]) Das ist auf unendlich viele Arten möglich, sie hängen von einem Parameter ab, dem die Drehung des Dreibeins um den Kongruenzstrahl entspricht. Wir wählen hier irgendeine derartige Darstellung aus.

Die Wahl des Anfangspunktes A auf dem Strahl steht uns frei. Wenn wir ihn in den Mittenpunkt des Strahls fallen lassen, wird die Abszisse des Zentrums r_0 gleich Null, und die Formel (26) § 25 liefert uns

$$a + c = 0.$$

Da uns die Koeffizienten der Form (44') bekannt sind, kennen wir nun alle Koeffizienten

$$a = -c, b, b'.$$

Damit sind uns nun auch die Formen ω^1, ω^2 bekannt. Unbekannt ist noch die Form

$$\omega^3 = p\omega_1^3 + q\omega_2^3, \tag{48}$$

worin p und q neue unbekannte Funktionen sind, die die Strukturgleichung (13a) § 21 für $j = 3$ befriedigen müssen. Bilden wir die äußere Ableitung der Gleichung (48) und verwenden die Strukturgleichungen (13a) und (13b) § 21 und die Beziehungen (45), so erhalten wir

$$[\omega^k \omega_k^3] = [dp\,\omega_1^3] + ph[\omega_1^3\omega_2^3] + [dq\,\omega_2^3] + qk[\omega_1^3\omega_2^3],$$

oder, wenn wir die Summe ganz ausschreiben und ω^1, ω^2 gemäß den Formeln (20) § 24 ersetzen

$$[dp\,\omega_1^3] + [dq\,\omega_2^3] + (b - b' + ph + qk)[\omega_1^3\omega_2^3] = 0. \tag{49}$$

Die Gleichung (49) und die beiden Gleichungen (34a) und (34b) § 25, die nach Ersetzung von ω_1^2 und ω^3 gemäß den Formeln (47), (48) übergehen in

$$\begin{aligned} [da\omega_1^3] + [db\omega_2^3] + \{(b + b')k - q + 2ah\}[\omega_1^3\omega_2^3] &= 0, \\ [db'\omega_1^3] - [da\omega_2^3] + \{-2ak + (b + b')h + p\}[\omega_1^3\omega_2^3] &= 0, \end{aligned} \tag{50}$$

stellen alle Gleichungen für die Koeffizienten der zweiten quadratischen Form b', a, b (und die Unbekannten p und q) dar.

Die Gleichungen (50) erlauben es, die unbekannten Funktionen p und q durch die Koeffizienten der gegebenen Form a, b, b' und deren Ableitungen auszudrücken.

Wir erhalten nämlich durch Differentiation der Funktionen a, b, b' und Ersetzung der Differentiale du, dv durch die Formen ω_1^3, ω_2^3 die Gleichungen

$$\begin{aligned} da &= a_1\omega_1^3 + a_2\omega_2^3, \\ db &= b_1\omega_1^3 + b_2\omega_2^3, \\ db' &= b_1'\omega_1^3 + b_2'\omega_2^3, \end{aligned} \tag{51}$$

wobei die „kovarianten Ableitungen" a_i, b_i, b_i' als bekannt angenommen werden müssen. Wenn wir diese Ausdrücke in die Gleichungen (50) einsetzen, führen wir diese über in

$$\begin{aligned} \{(b + b')k - q + 2ah - a_2 + b_1\}[\omega_1^3\omega_2^3] &= 0, \\ \{(b + b')h + p - 2ak - a_1 - b_2'\}[\omega_1^3\omega_2^3] &= 0. \end{aligned}$$

Da die Formen ω_1^3, ω_2^3 linear unabhängig sind und ihr äußeres Produkt von Null verschieden ist, verschwinden die geschweiften Klammern, und wir erhalten die Unbekannten p und q in der endgültigen Form

$$\begin{aligned} p &= 2ak + a_1 + b_2' - (b + b')h, \\ q &= 2ah - a_2 + b_1 + (b + b')k. \end{aligned} \tag{52}$$

Führen wir diese Ausdrücke in die Gleichung (49) ein, so erhalten wir eine äußere Differentialgleichung für die Koeffizienten a, b, b' der Form ψ, die man zusammen mit den Gleichungen (47′) und (45) betrachten muß.

Aus den gegebenen Koeffizienten der Formen (43), (44) oder (43′), (44′) können also alle Komponenten der PFAFFschen Formen bestimmt werden, und damit ist die Kongruenz bis auf die Lage im Raum festgelegt. Die Koeffizienten der quadratischen Formen (43′), (44′) müssen dem System der Gleichungen (47′), (49), (50) genügen, wobei man p und q als Hilfsunbekannte betrachten muß.

Daraus gewinnt man den Satz:

Zwei quadratische Formen (43′), (44′), *die der* GAUSS*schen Gleichung für die Kugel und dem System der Gleichungen* (49), (50) *genügen, bestimmen eine Kongruenz bis auf ihre Lage im Raum.*

30. Beispiel. Wir nehmen an, daß die Kugel auf ein orthogonales System von Koordinatenlinien bezogen ist:

$$ds^2 = A^2du^2 + B^2dv^2.$$

Wir können

$$\omega_1^3 = A\,du, \quad \omega_2^3 = B\,dv$$

setzen.

Da nun

$$D\omega_1^3 = A_v[dv\,du] = -\frac{A_v}{AB}[\omega_1^3\omega_2^3],$$

$$D\omega_2^3 = B_u[du\,dv] = \frac{B_u}{AB}[\omega_1^3\omega_3^2],$$

wird

$$h = -\frac{(\ln A)_v}{B}, \quad k = \frac{(\ln B)_u}{A}.$$

Die GAUSSsche Gleichung für die Kugel (47′) hat die Gestalt

$$\frac{\partial}{\partial v}\left(\frac{A_v}{B}\right) + \frac{\partial}{\partial u}\left(\frac{B_u}{A}\right) + AB = 0. \tag{53}$$

Der Vergleich der Ausdrücke (44) und (44′) liefert die Koeffizienten

$$a = \frac{\delta'}{AB}, \quad b = \frac{\delta''}{B^2}, \quad b' = -\frac{\delta}{A^2}.$$

Nun erhalten wir aus den Gleichungen (51):

$$a_1 = \frac{1}{A}\frac{\partial}{\partial u}\left(\frac{\delta'}{AB}\right), \quad a_2 = \frac{1}{B}\frac{\partial}{\partial v}\left(\frac{\delta'}{AB}\right),$$

$$b_1 = \frac{1}{A}\frac{\partial}{\partial u}\left(\frac{\delta''}{B^2}\right), \quad b_2' = -\frac{1}{B}\frac{\partial}{\partial v}\left(\frac{\delta}{A^2}\right)$$

und die Gleichungen (52) nehmen die Gestalt an

$$Ap = -\frac{1}{AB}\left\{\delta_v - \delta'_u - \delta(\ln A)_v + \delta'\left(\ln\frac{A}{B}\right)_u - \delta''\frac{A^2}{B^2}(\ln A)_v\right\},$$

$$Bq = \frac{1}{AB}\left\{\delta''_u - \delta'_v - \delta''(\ln B)_u + \delta'\left(\ln\frac{B}{A}\right)_v - \delta\frac{A^2}{B^2}(\ln B)_u\right\}.$$

Die Gleichung (49) schreibt sich nun

$$(Bq)_u - (Ap)_v + \frac{B}{A}\delta + \frac{A}{B}\delta'' = 0,$$

und nach Einsetzen von p und q erhalten wir eine lineare Differentialgleichung zweiter Ordnung für die Koeffizienten δ, δ', δ'' der Form ψ:

$$\delta''_{uu} - 2\delta'_{uv} + \delta_{vv} - \delta_u\frac{B^2}{A^2}(\ln B)_u + 2\delta'_u(\ln B)_v - \delta''_u(\ln AB^2)_u -$$

$$- \delta_v(\ln A^2B)_v + 2\delta'_v(\ln A)_u - \delta''_v\frac{A^2}{B^2}(\ln A)_v - 2\frac{\delta'}{AB}(A_uB_v - A_vB_u) +$$

$$+ \delta\left\{B^2 + A\left(\frac{1}{A}\right)_{vv} - \frac{BB_{uu}}{A^2} + 3\frac{B}{A^3}A_uB_u + \frac{A_vB_v}{AB}\right\} +$$

$$+ \delta''\left\{A^2 + B\left(\frac{1}{B}\right)_{uu} - \frac{AA_{vv}}{B^2} + 3\frac{A}{B^3}A_vB_v + \frac{A_uB_u}{AB}\right\} = 0. \qquad (54)$$

Die Gleichung (54) ist die einzige Gleichung, der die Koeffizienten der Form ψ genügen müssen, damit diese Form zusammen mit dem Linienelement der Kugel eine Kongruenz bestimmt.

31. Die Mittenhüllfläche einer isotropen Kongruenz. Um eine Anwendung zu unserer Theorie zu geben, beweisen wir folgenden Satz:

Die Mittenhüllfläche einer isotropen Kongruenz ist eine Minimalfläche.

Unter der Mittenhüllfläche versteht man die Einhüllende derjenigen Ebenen, die auf den Kongruenzstrahlen in den Mittenpunkten senkrecht stehen.

Wir legen den Anfangspunkt A des Strahls in den Mittenpunkt. Da nun r_0 gleich Null ist, erhalten wir nach Formel (26) § 25

$$a + c = 0.$$

Die Bedingung für die Isotropie (33) § 25 liefert

$$a = c = 0, \quad b + b' = 0. \qquad (55)$$

Die Ebene, die auf dem Strahl $\boldsymbol{e}_3$ im Mittenpunkt senkrecht steht, ist die Ebene $A\boldsymbol{e}_1\boldsymbol{e}_2$. Es sei P ein Punkt dieser Ebene, mit dem Radiusvektor

$$\boldsymbol{P} = \boldsymbol{A} + x'\boldsymbol{e}_1 + y'\boldsymbol{e}_2,$$

wobei x', y' Koordinaten bezüglich des beweglichen Dreibeins T sind; er sei der Berührungspunkt dieser Ebene mit der Einhüllenden. Da nun die Ebene $A\boldsymbol{e}_1\boldsymbol{e}_2$ Tangentenebene der Fläche (P) ist, muß $\boldsymbol{e}_3$ der Normalenvektor sein, und für alle Verschiebungen des Punktes P in der Fläche gilt die Gleichung

$$\boldsymbol{e}_3 \cdot d\boldsymbol{P} = 0. \tag{56}$$

Rechnen wir das Differential

$$d\boldsymbol{P} = (dx' + \omega^1 + y'\omega_2^1)\,\boldsymbol{e}_1 + (dy' + \omega^2 + x'\omega_1^2)\,\boldsymbol{e}_2 + (\omega^3 + x'\omega_1^3 + y'\omega_2^3)\,\boldsymbol{e}_3$$

aus und setzen es in die Gleichung (56) ein, so erhalten wir

$$\omega^3 = -\,(x'\omega_1^3 + y'\omega_2^3) \tag{57}$$

für alle Verrückungen des Punktes P.

Setzt man die Beziehungen (55) in die Gleichungen (34a) und (34b) § 25 ein, dann gehen diese über in

$$[\omega^3\omega_1^3] + [db\,\omega_2^3] = 0,$$
$$[db\,\omega_1^3] - [\omega^3\omega_2^3] = 0,$$

oder, wenn man den Ausdruck für ω^3 aus der Gleichung (57) einsetzt,

$$[db + y'\omega_1^3, \omega_2^3] = 0, \qquad [db - x'\omega_2^3, \omega_1^3] = 0.$$

Ist das äußere Produkt zweier linearer Formen gleich Null, so sind die Formen proportional; das bedeutet

$$db = -\,y'\omega_1^3 + \lambda\omega_2^3, \qquad db = x'\omega_2^3 + \mu\omega_1^3$$

mit den Proportionalitätsfaktoren λ und μ. Damit kein Widerspruch entsteht, muß man $\lambda = x'$, $\mu = -\,y'$ setzen, und es ist

$$db = -\,y'\omega_1^3 + x'\omega_2^3. \tag{58}$$

Durch äußere Differentiation der Gleichung (57) und Verwendung der Strukturgleichungen erhält man

$$[\omega^k\omega_k^3] + [dx'\omega_1^3] + x'\,[\omega_1^2\omega_2^3] + [dy'\,\omega_2^3] + y'\,[\omega_2^1\omega_1^3] = 0,$$

oder, wenn man die erste Summe auflöst und die Glieder mit ω_1^3, ω_2^3 zusammenfaßt

$$[dx' + \omega^1 - y'\omega_1^2, \omega_1^3] + [dy' + \omega^2 + x'\omega_1^2, \omega_2^3] = 0. \tag{59}$$

Entsprechend ergibt die äußere Differentiation der Gleichung (58)

$$[dx' + \omega^1 - y'\omega_1^2, \omega_2^3] - [dy' + \omega^2 + x'\omega_1^2, \omega_1^3] = 0. \tag{60}$$

In die erste Klammer haben wir das überflüssige Glied ω^1 und in die zweite ω^2 eingeführt; nach den Formeln (20) § 24 ist nämlich

$$\omega^1 = b\omega_2^3, \quad \omega^2 = -\,b\,\omega_1^3$$

und

$$[\omega^1\omega_2^3] = b\,[\omega_2^3\omega_2^3] = 0$$

als äußeres Produkt mit proportionalen Faktoren; und aus demselben Grund ist

$$[\omega^2\omega_1^3] = 0 .$$

Wir wenden das Lemma von CARTAN auf die Gleichung (59) an und erhalten

$$dx' + \omega^1 - y'\omega_1^2 = \alpha\omega_1^3 + \beta\omega_2^3,$$
$$dy' + \omega^2 + x'\omega_1^2 = \beta\omega_1^3 + \gamma\omega_2^3.$$

Führen wir das in die Gleichung (60) ein, so erhalten wir

$$\alpha\,[\omega_1^3\omega_2^3] - \gamma\,[\omega_2^3\omega_1^3] = 0, \qquad \text{d. h. } \gamma = -\alpha$$

und

$$\begin{aligned} \Delta x' &= \alpha\omega_1^3 + \beta\omega_2^3, \\ \Delta y' &= \beta\omega_1^3 - \alpha\omega_2^3, \end{aligned} \tag{61}$$

wobei wir zur Abkürzung setzten

$$\Delta x' = dx' + \omega^1 - y'\omega_1^2, \qquad \Delta y' = dy' + \omega^2 + x'\omega_1^2. \tag{62}$$

Da das Differential $d\boldsymbol{P}$ die Gestalt

$$d\boldsymbol{P} = (\alpha\omega_1^3 + \beta\omega_2^3)\boldsymbol{e}_1 + (\beta\omega_1^3 - \alpha\omega_2^3)\boldsymbol{e}_2$$

annimmt, haben wir für die zur Fläche (P) normale Kongruenz, wenn wir ihre Formen durch einen Querstrich bezeichnen:

$$\bar\omega^1 = \alpha\omega_1^3 + \beta\omega_2^3, \qquad \bar\omega_1^3 = \omega_1^3,$$
$$\bar\omega^2 = \beta\omega_1^3 - \alpha\omega_2^3, \qquad \bar\omega_2^3 = \omega_2^3.$$

Daraus folgt nach den Formeln (20) § 24 für die neuen Größen $\bar a, \bar b, \bar b', \bar c$

$$\bar a = -\bar c = \alpha, \qquad \bar b = \bar b' = \beta,$$

und die Gleichung (29) § 25 für die Abszissen der Brennpunkte ϱ gewinnt die Gestalt

$$\bar\varrho^2 = \alpha^2 + \beta^2.$$

Da nun aber die Brennpunkte der Kongruenz der Normalen die Hauptkrümmungszentren der Fläche sind und ihre Abszissen $\bar\varrho_1, \bar\varrho_2$ die Hauptkrümmungsradien, wird die Summe der Hauptkrümmungen der Fläche (P) gleich Null und die Fläche ist eine Minimalfläche.

32. Literaturhinweise. Der Begriff des äußeren Produktes wurde von GRASSMANN (Ausdehnungslehre) als Methode des folgerichtigen Aufbaus der räumlichen Gebilde eingeführt und war der Ursprung zur Bildung des Begriffs des vektoriellen Produktes von Vektoren. Das äußere Differential in der Form der bilinearen Kovariante geht auf FROBENIUS zurück (FROBENIUS, Über das PFAFFsche Problem, Journ. für Math. **82**, 230—315, 1877).

Der Algorithmus der äußeren Formen wurde von CARTAN eingeführt (CARTAN, Sur certaines expressions différentielles, Ann. Ec. Norm. Sup. **16**, 239—332, 1899). Eine systematische, pädagogisch durchgearbeitete und mit vielen Beispielen versehene Darstellung gab CARTAN (Sur les systèmes différentiels extérieurs et leur application géométrique, 1945). Eine kurze, aber sehr strenge Darstellung stammt von KÄHLER (Einführung in die Theorie der Systeme von Differentialgleichungen, 1934). In russischer Sprache gibt es ein Buch von RASCHEWSKI (Geometrische Theorie der Differentialgleichungen, 1947) und in stärkerer Anlehnung an CARTAN ein Buch von FINIKOW (Methode der äußeren Formen in der Differentialgeometrie), auf das im Text unter M.Ä.F. verwiesen wird. CARTAN gab eine Anwendung der Methode der äußeren Formen auf die Theorie der Kongruenzen im projektiven Raum; die Darstellung ist sehr knapp gehalten und beinahe ohne Formeln (Sur le problème général de la déformation [41]; s. a. La théorie des groupes finis et continus et la géométrie différentielle, traitées par la méthode du repère mobile, 1937). Darauf kommt im projektiven Raum auch ČECH zurück (FUBINI-ČECH, Introduction à la théorie des surfaces). Die Theorie der Grenz- und Brennpunkte im beweglichen Bezugssystem wird im Text zum erstenmal dargestellt.

Zu § 26. Die Variation der sekundären Parameter zur Bildung invarianter Formen wurde von CARTAN in einer lithographierten Nachschrift von Vorlesungen an der Sorbonne über RIEMANNsche Geometrie angewendet. Die metrische Theorie der Kongruenzen wurde von BAM-SELIKOWITSCH in den Seminarberichten der Moskauer Universität vorgetragen. Die Einführung der zweiten quadratischen Form ψ als Moment unendlich benachbarter Strahlen verdanken wir SANNIA [183], [184], [187], [188].

Zu § 28. Die Invariante $\mathcal{A}$ führte LEVI-CIVITA [139] ein. RAM BEHARI [5], [6], [7] kommt auf sie zurück, indem er sie mit einer Integralinvarianten in Zusammenhang bringt, ebenso TERRACINI [204], der ihre Abhängigkeit von der KUMMERschen Dichte der Kongruenzen beweist.

Zu § 29. Die Gleichungen (49), (50) wurden von SANNIA in der Form partieller Differentialgleichungen aufgestellt. Über die anderen Theorien der Kongruenzen s. die Zusammenfassung am Ende des Buches S. 474.

Zu § 31. Der Satz über die Mittenhüllfläche einer isotropen Kongruenz stammt von RIBAUCOUR [168]; KOMMERELL [137] und SANNIA [187] kehrten den RIBAUCOURschen Satz um, indem sie alle Kongruenzen suchten, deren Mittenhüllfläche eine Minimalfläche ist; außer den isotropen besitzen diese Eigenschaft die Kongruenzen mit konstantem mittlerem Verteilungsparameter.

VOSTER [228] untersuchte die Beziehungen zwischen Kongruenzen und Flächen, deren Normalen zu den Kongruenzstrahlen parallel sind, und bewies, daß eine isotrope Kongruenz isotrop bleibt, wenn man jeden Strahl, ohne seine Richtung zu ändern, um einen rechten Winkel um die Normale seiner Mittenhüllfläche dreht.

VINCENSINI [222] erhält eine neue isotrope Kongruenz, indem er jeden Strahl unter Erhaltung seiner Richtung um einen festen Winkel um eine zum Strahl parallele Gerade im Koordinatenursprung dreht. Er bewies auch [221], indem er den Satz von RIBAUCOUR verallgemeinerte, daß die Enveloppe der Ebenen, die auf den Strahlen einer isotropen Kongruenz senkrecht stehen und von einem festen Punkt um den Abstand zwischen den Brennpunkten entfernt sind, eine Minimalfläche ist. S. D. ROSSINSKI [172], [173], [175], [176] betrachtete Kongruenzen, deren Strahlen auf den Tangentenebenen einer Fläche S senkrecht stehen und bei einer Verbiegung der Fläche S mit diesen Ebenen bewegt werden; indem er dabei verlangt, daß die Kongruenz bei dieser Transformation isotrop bleiben soll, kommt er auf die Einschränkung, daß die Fläche eine Minimalfläche sein muß und auch während der Verbiegung eine Minimalfläche bleiben muß, d. h. die Hauptbasis muß aus Minimallinien bestehen. Die Torsen der Kongruenz entsprechen fortwährend den Linien dieser Basis.

Drittes Kapitel

DIE METRISCHE THEORIE DER KONGRUENZEN UNTER DEM GESICHTSPUNKT DER ZUORDNUNG, DIE ZWISCHEN DEN BRENNFLÄCHEN HERGESTELLT WIRD

I. Das kanonische Dreibein einer Kongruenz

33. Die Wahl des kanonischen Dreibeins. Die Theorie der sekundären Parameter, die wir im vorangehenden Kapitel im § 24 darstellten, erlaubt es, in sinnvoller Weise ein kanonisches Dreibein einer Kongruenz zu wählen. Ein Dreibein wählen heißt nämlich nichts anderes als die Werte der sekundären Parameter festlegen, welche die Lage des Dreibeins auf einem Strahl bestimmen; als Grundlage für die Wahl kann auch die mehr oder weniger komplizierte Gestalt der Komponenten ω^i, ω_i^j der differentiellen Verrückungen eines Dreibeins dienen.

Wir teilten die sechs Komponenten ω^i, ω_i^j in Haupt- und sekundäre Formen auf. Nur die ersteren haben eine wesentliche Bedeutung für die Kongruenz. Die sekundären Formen erzeugen die stationäre Untergruppe, welche das Dreibein bei festgehaltenem Strahl transformiert. Da nur zwei unabhängige Differentiale der wesentlichen Veränderlichen vorhanden sind (du und dv), bestehen zwischen den vier Hauptformen die zwei linearen Beziehungen (20) § 24:

$$\begin{aligned} \omega^1 &= a\omega_1^3 + b\omega_2^3, \\ \omega^2 &= b'\omega_1^3 + c\omega_2^3, \end{aligned}$$

deren Koeffizienten, wie wir gesehen haben, alle Größen erster Ordnung bestimmen, die mit der Kongruenz zusammenhängen. Bei anderer Wahl des Dreibeins ändert sich das Quadrupel der Koeffizienten a, b, b', c.

Wir sahen (§ 26), daß das Gesetz für die Änderung der Koeffizienten a, b, b', c bei einer infinitesimalen Transformation der stationären Untergruppe des Strahls durch die Gleichungen (35) § 26 bestimmt wird:

$$\begin{aligned} \delta a &= (b + b')\,\pi_1^2 - \pi^3, & \delta c &= -\,(b + b')\,\pi_1^2 - \pi^3, \\ \delta b &= (c - a)\,\pi_1^2, & \delta b' &= (c - a)\,\pi_1^2. \end{aligned} \tag{1}$$

Diese Gleichungen enthalten die beiden linear unabhängigen sekundären Formen π_1^2, π^3, welche den beiden sekundären Parametern des Dreibeins entsprechen; der eine bestimmt die Lage des Scheitels A auf dem Strahl, und sein

Differential unterscheidet sich nur um einen skalaren Faktor von der Form π^3; der andere bestimmt die Drehung des Dreibeins um den Strahl, ihm entspricht die zweite Form π_1^2.

Um die endlichen Transformationen der Untergruppe zu finden und ein kanonisches Dreibein auszuwählen, muß man aus der stationären Untergruppe eine einparametrige Schar von Transformationen aussondern. Zu diesem Zweck unterwerfen wir die Komponenten der Untergruppe der Bedingung

$$\pi_1^2 = 0.$$

Da nun die Differentiale der sekundären Parameter durch diese lineare Beziehung zusammenhängen, wird die einzige übriggebliebene sekundäre Form π^3 sowohl unter dem Differentialzeichen als auch im Koeffizienten nur eine unabhängige Veränderliche (die Abszisse des Punktes A auf dem Strahl) enthalten:

$$\pi^3 = f(t)\,dt.$$

Durch die Transformation der Veränderlichen

$$\tau = \int_0^t f(t)\,dt,$$

führen wir die Form π^3 in die Gestalt eines vollständigen Differentials über:

$$\pi^3 = d\tau.$$

Führen wir nun die Werte für π_1^2 und π^3 in die Gleichungen (1) ein, so erhalten wir

$$\delta a + \delta\tau = 0, \qquad \delta c + \delta\tau = 0, \qquad \delta b = \delta b' = 0,$$

woraus sich durch Integration ergibt:

$$a + \tau = C_1, \qquad c + \tau = C_2, \qquad b = C_3, \qquad b' = C_4. \quad C_i = \text{const.}$$

Diese Gleichungen bestimmen das Gesetz für die Veränderung der Größen a, b, b', c durch die Transformationen der einparametrigen Untergruppe mit dem Parameter τ. Die Integrationskonstanten C_i hängen von τ nicht ab; sie können sich aber bei einer Änderung der Hauptparameter und des zweiten sekundären Parameters ändern. Jeder Wert von τ sondert ein Dreibein der Schar aus.

Wählen wir $\tau = C_1$ oder $\tau = C_2$, so können wir den Koeffizienten a oder c zu Null machen; das eine wie das andere hat eine gute geometrische Bedeutung, verletzt aber die Symmetrie der Formen bezüglich der Indizes 1 und 2. Darum wählen wir $\tau = (C_1 + C_2)/2$, um die Summe $a + c$ zu Null zu machen

$$a + c = 0. \tag{2}$$

Für jede Kongruenz können wir das Dreibein (d. h. seinen Scheitel A) so wählen, daß die Gleichung (2) gilt. Durch Differentiation dieser Gleichung und Einsetzung der Werte δa, δc aus den Formeln (1) erhalten wir

$$2\pi^3 = 0.$$

Folglich schränkt die Bedingung (2) die Wahl der sekundären Parameter so ein, daß die Form π^3 identisch verschwindet. Dabei bleibt die Form π_1^2 unabhängig. Diese Form kann jetzt nur noch von einem sekundären Parameter (dem Drehwinkel des Dreibeins um den Strahl) abhängen. Durch eine Transformation der Veränderlichen können wir erreichen, daß

$$\pi_1^2 = d\sigma .$$

Setzen wir nun $c = -a$, $\pi^3 = 0$, $\pi_1^2 = d\sigma$ in die Gleichungen (1) ein, so erhalten wir

$$\delta a = (b + b')\,\delta\sigma, \qquad \delta b + 2a\,\delta\sigma = 0, \qquad \delta b' + 2a\,\delta\sigma = 0 .$$

Dieses System von gewöhnlichen Differentialgleichungen einer Veränderlichen σ kann man in der Gestalt

$$\frac{da}{d\sigma} = b + b', \quad \frac{db}{d\sigma} = -2a, \quad \frac{db'}{d\sigma} = -2a$$

schreiben, wobei sich die Einführung des speziellen Differentiationszeichens δ als unnötig erweist, weil die unabhängige Veränderliche σ klar ersichtlich ist. Durch Integration dieses Systems von linearen Differentialgleichungen mit konstanten Koeffizienten erhalten wir:

$$\begin{aligned} a &= C_1 \sin 2\sigma + C_2 \cos 2\sigma, \qquad b = C_1 \cos 2\sigma - C_2 \sin 2\sigma + C_3, \\ b' &= C_1 \cos 2\sigma - C_2 \sin 2\sigma - C_3, \qquad C_i = \text{const.} \end{aligned}$$

Diese Gleichungen bestimmen das Gesetz für die Änderung der Koeffizienten a, b, b' bei den Transformationen der einparametrigen Untergruppe, welche aus der zweiparametrigen stationären Untergruppe durch Elimination des Parameters τ hervorgeht.

Durch verschiedene Wahl der Werte des sekundären Parameters σ kann man, unter Erhaltung der Symmetrie, den Koeffizienten a oder die Summe $b + b'$ zu Null machen. Die Differenz $b - b'$ hängt von σ nicht ab und erweist sich als eine Invariante der Kongruenz (s. § 28).

Die geometrische Bedeutung der ersten oder zweiten Wahl des kanonischen Dreibeins ist leicht einzusehen, wenn man die Formeln des § 25 Kap. II heranzieht. Die Gleichung (26) § 25 besagt, daß die Wahl des ersten sekundären Parameters τ, welche auf die Gleichung (2) führte, den Anfangspunkt A in den Mittenpunkt des Strahls rückt. Das Verschwinden des Koeffizienten a (also auch c) bedeutet, wie die Gleichung (27) § 25 zeigt, daß die Hauptflächen durch die Gleichungen

$$\omega_1^3 + \omega_2^3 = 0, \qquad \omega_1^3 - \omega_2^3 = 0$$

bestimmt werden, d. h. das sphärische Bild der Hauptflächen hat die Koordinatenvektoren der Achsen $\mathbf{e}_1, \mathbf{e}_2$ als Winkelhalbierende. Das Verschwinden der Summe $b + b'$ bedeutet dagegen, gemäß derselben Gleichung (27) § 25, daß die Kongruenz auf die Hauptflächen bezogen ist.

Beabsichtigen wir eine Untersuchung der Brennflächen und der Brennnetze, die auf diesen durch die Torsen ausgeschnitten werden, und bedenken wir, daß die Winkel der Tangenten an diejenigen Kurven der Kugel, die den Hauptflächen entsprechen, und an die, welche die Torsen darstellen, genau dieselben Winkelhalbierenden besitzen, dann wählen wir das kanonische Dreibein so, daß die Gleichungen gelten

$$a = 0, \quad c = 0.$$

34. Die Grundformeln der Kongruenz, bezogen auf das kanonische Dreibein. Nachdem man die sekundären Parameter einmal gewählt hat, und das Dreibein kanonisch geworden ist, bleiben alle Koeffizienten in den Gleichungen, welche seine Komponenten verknüpfen, invariant.

Die Gleichung (20) § 24 liefert nun

$$\omega^1 = b\omega_2^3, \qquad \omega^2 = b'\omega_1^3. \tag{3}$$

Folglich sind b und b' Invarianten der Kongruenz.

Die Gleichung (23) § 25 liefert jetzt für die Abszisse des gemeinsamen Lotes zweier Strahlen der differentiellen Umgebung die Formel

$$r = (b + b')\,\frac{\omega_1^3\omega_2^3}{(\omega_1^3)^2 + (\omega_2^3)^2}. \tag{4}$$

Die Kehllinien der Koordinatenflächen $\omega_1^3 = 0$, $\omega_2^3 = 0$ *schneiden also den Strahl im Mittenpunkt.*

Die Gleichungen (25) und (29) § 25 liefern die Abszissen der Grenz- und Brennpunkte

$$\begin{aligned} r_{1,2} &= \pm\,\frac{b+b'}{2}, \\ \varrho_{1,2} &= \pm\sqrt{bb'}. \end{aligned} \tag{5}$$

Die Gleichungen der Hauptflächen und Torsen erhalten wir aus den Gleichungen (27) und (30) § 25 in der Gestalt

$$\begin{aligned} (\omega_1^3)^2 - (\omega_2^3)^2 &= 0, \\ b'(\omega_1^3)^2 - b(\omega_2^3)^2 &= 0. \end{aligned} \tag{6}$$

Man sieht leicht ein, daß dem Brennpunkt

$$\boldsymbol{F}_1 = \boldsymbol{A} + \varrho\boldsymbol{e}_3$$

die Torse entspricht, die durch eine der beiden äquivalenten Gleichungen

$$b\omega_2^3 - \varrho\omega_1^3 = 0, \qquad b'\omega_1^3 - \varrho\omega_2^3 = 0 \tag{7}$$

bestimmt wird.

Tatsächlich erhalten wir, wenn wir den Radiusvektor des Brennpunktes $\boldsymbol{F}_1$ differenzieren und die Gleichungen (3) verwenden:

$$d\boldsymbol{F}_1 = (b\omega_2^3 - \varrho\omega_1^3)\boldsymbol{e}_1 + (b'\omega_1^3 - \varrho\omega_2^3)\boldsymbol{e}_2 + (\omega^3 + d\varrho)\boldsymbol{e}_3. \tag{8}$$

Bei der Differentiation längs der Kurve (7) ist der Tangentenvektor $d\boldsymbol{F}_1$ parallel zum Strahl $\boldsymbol{e}_3$, folglich beschreibt der Brennpunkt F_1 die Rückkehrkante der Torse (7).

Bezeichnet man mit dem Buchstaben φ den Winkel der Achse $\boldsymbol{e}_1$ gegen die Tangente an die Kurve auf der Kugel, die von der Torse (7) beschrieben wird, dann ist der Tangens dieses Winkels gleich dem Verhältnis der Komponenten des Tangentenvektors $d\boldsymbol{e}_3$ an die Kugel in Richtung der Achsen $\boldsymbol{e}_2$ und $\boldsymbol{e}_1$, d. h. gleich dem Verhältnis $\omega_2^3 : \omega_1^3$ oder wegen der Gleichung (7)

$$\operatorname{tg} \varphi = \frac{\varrho}{b} = \frac{b'}{\varrho},$$

woraus folgt

$$b = \varrho \operatorname{cotg} \varphi, \quad b' = \varrho \operatorname{tg} \varphi. \tag{9}$$

Für den zweiten Brennpunkt F_2 und die zweite Torse müssen wir die Koordinate auf dem Strahl gleich $-\varrho$ und den Winkel der Tangente gegen die Achse $\boldsymbol{e}_1$ gleich $-\varphi$ nehmen.

Daraus folgt, daß der Winkel zwischen den sphärischen Bildern der Torsen der Kongruenz gleich 2φ ist. Da nun die Tangentenebene an die Kugel auf dem Strahl senkrecht steht und demzufolge die Brennebenen senkrecht schneidet, diese Ebenen aber als Tangentenebenen der Torsen der Kongruenz die Tangente an das sphärische Bild (oder Parallelen dazu) enthalten, ist der Winkel 2φ gleich dem Winkel der Brennebenen. Da schließlich der Abstand der Grenzpunkte des Strahls $d = r_1 - r_2 = b + b'$ ist, erhalten wir aus der Gleichung (9)

$$2\varrho = d \cdot \sin 2\varphi, \tag{10}$$

und die Formeln (3) nehmen die Gestalt an

$$\omega^1 = \omega_2^3 \varrho \operatorname{cotg} \varphi, \quad \omega^2 = \omega_1^3 \varrho \operatorname{tg} \varphi. \tag{3'}$$

35. Die Formeln für die Brennflächen. Wenn wir in der Zerlegung (8) für das Differential $d\boldsymbol{F}_1$ die Koeffizienten b und b' durch die Ausdrücke aus den Gleichungen (9) ersetzen, erhalten wir:

$$d\boldsymbol{F}_1 = \frac{\varrho}{\sin \varphi \cos \varphi} (\omega_1^3 \sin\varphi - \omega_2^3 \cos\varphi)(\boldsymbol{e}_2 \sin\varphi - \boldsymbol{e}_1 \cos\varphi) + (\omega^3 + d\varrho)\boldsymbol{e}_3. \tag{11}$$

Daraus folgt, daß der Normaleneinheitsvektor $\boldsymbol{n}_1$ der ersten Brennfläche (F_1) gleich dem Vektorprodukt der beiden Tangentenvektoren $\boldsymbol{e}_2 \sin\varphi - \boldsymbol{e}_1 \cos\varphi$ und $\boldsymbol{e}_3$ ist

$$\boldsymbol{n}_1 = (\boldsymbol{e}_2 \sin\varphi - \boldsymbol{e}_1 \cos\varphi) \times \boldsymbol{e}_3 = \boldsymbol{e}_1 \sin\varphi + \boldsymbol{e}_2 \cos\varphi.$$

Sein Differential ist gleich

$$d\boldsymbol{n}_1 = (\omega_1^2 - d\varphi)(\boldsymbol{e}_2 \sin\varphi - \boldsymbol{e}_1 \cos\varphi) + (\omega_1^3 \sin\varphi + \omega_2^3 \cos\varphi)\boldsymbol{e}_3. \tag{12}$$

Wir führen nun die neuen Formen ein

$$\tilde{\omega}_1 = \omega_2^3 \cos\varphi - \omega_1^3 \sin\varphi, \quad \tilde{\omega}_2 = \omega_2^3 \cos\varphi + \omega_1^3 \sin\varphi. \tag{13}$$

Ihre Nullinien entsprechen den ersten ($\tilde{\omega}_1 = 0$) und zweiten ($\tilde{\omega}_2 = 0$) Torsen der Kongruenz. Die Formeln (11) und (12) nehmen jetzt die Gestalt an:

$$d\boldsymbol{F}_1 = \frac{\varrho}{\sin\varphi\cos\varphi}\,\tilde{\omega}_1\,(\boldsymbol{e}_1\cos\varphi - \boldsymbol{e}_2\sin\varphi) + (\omega^3 + d\varrho)\,\boldsymbol{e}_3, \tag{11'}$$

$$d\boldsymbol{n}_1 = (d\varphi - \omega_1^2)\,(\boldsymbol{e}_1\cos\varphi - \boldsymbol{e}_2\sin\varphi) + \tilde{\omega}_2\boldsymbol{e}_3, \tag{12'}$$

und die äußeren Differentiale der Formen (13) werden

$$\begin{aligned} D\tilde{\omega}_1 &= \left[\omega_1^2 + d\varphi,\ \ \tilde{\omega}_1\,\mathrm{cotg}\,2\varphi - \tilde{\omega}_2\,\frac{1}{\sin 2\varphi}\right], \\ D\tilde{\omega}_2 &= \left[\omega_1^2 - d\varphi,\ \ \tilde{\omega}_1\,\frac{1}{\sin 2\varphi} - \tilde{\omega}_2\,\mathrm{cotg}\,2\varphi\right]. \end{aligned} \tag{14}$$

Demzufolge sind das Linienelement und die zweite quadratische Form der ersten Brennfläche

$$\begin{aligned} ds_1^2 &= \frac{\varrho^2}{\sin^2\varphi\cos^2\varphi}\,(\tilde{\omega}_1)^2 + (\omega^3 + d\varrho)^2, \\ \psi_1 &= -\,d\boldsymbol{n}_1\cdot d\boldsymbol{F}_1 = -\,\frac{\varrho}{\sin\varphi\cos\varphi}\,\tilde{\omega}_1\,(d\varphi - \omega_1^2) - \tilde{\omega}_2\,(\omega^3 + d\varrho). \end{aligned} \tag{15}$$

In den Formeln (11′), (12′) sind die Vektoren $\boldsymbol{e}_3$ und $\boldsymbol{e}_1\cos\varphi - \boldsymbol{e}_2\sin\varphi$ Einheitsvektoren der Tangentenebene, die zusammen mit der Normalen $\boldsymbol{n}_1$ ein orthogonales Dreibein bilden, welches den Punkten der ersten Brennfläche zugeordnet ist. Seine Komponenten sind

$$\begin{aligned} \Omega_1 &= \omega^3 + d\varrho, & \Omega_2 &= \frac{\varrho}{\sin\varphi\cos\varphi}\,\tilde{\omega}_1, \\ \Omega_1^3 &= -\,\tilde{\omega}_2, & \Omega_2^3 &= \omega_1^2 - d\varphi. \end{aligned} \tag{16}$$

Demnach ist die Krümmung als Verhältnis des Flächenelements des sphärischen Bildes (mittels des Normalenvektors $\boldsymbol{n}_1$) zum Flächenelement der Fläche selbst (Flth. S. 70) gleich[1])

$$K = \frac{[\Omega_1^3\Omega_2^3]}{[\Omega_1\Omega_2]} = \frac{-\,[\tilde{\omega}_2,\omega_1^2 - d\varphi]\sin\varphi\cos\varphi}{\varrho\,[\omega^3 + d\varrho,\tilde{\omega}_1]}. \tag{17}$$

Die Krümmungslinien entsprechen den Torsen der Normalenkongruenz (Flth. S. 71). Schreiben wir die Gleichungen (28) § 25 für die Komponenten (16) aus und ersetzen ϱ durch den Hauptkrümmungsradius R der Brennfläche (den

---

[1]) Das Vektorprodukt der die Fläche (A) berührenden Vektoren

$$\begin{aligned} d\boldsymbol{A}\times\delta\boldsymbol{A} &= \{\omega_1(d)\boldsymbol{e}_1 + \omega_2(d)\boldsymbol{e}_2\}\times\{\omega_1(\delta)\boldsymbol{e}_1 + \omega_2(\delta)\boldsymbol{e}_2\} = \\ &= \{\omega_1(d)\,\omega_2(\delta) - \omega_2(d)\,\omega_1(\delta)\}\,\boldsymbol{e}_3 = [\omega_1\omega_2]\,\boldsymbol{e}_3 \end{aligned}$$

hat als Betrag den Inhalt des Parallelogramms, das aus den Vektoren $d\boldsymbol{A}$ und $\delta\boldsymbol{A}$ gebildet wird, d. h. das Flächenelement der Fläche.

Abschnitt auf der Normalen vom Flächenpunkt F zum Brennpunkt der Normalen, d. h. zum Hauptkrümmungszentrum), so erhalten wir

$$\begin{gathered} \omega^3 + d\varrho + R\tilde{\omega}_2 = 0, \\ \frac{\varrho}{\sin\varphi\cos\varphi}\tilde{\omega}_1 + R(d\varphi - \omega_1^2) = 0, \end{gathered} \tag{18a}$$

woraus wir, wenn wir R eliminieren, die Gleichung für die Krümmungslinien der ersten Brennfläche erhalten

$$(\omega_1^2 - d\varphi)(\omega^3 + d\varrho) + \frac{\varrho}{\sin\varphi\cos\varphi}\tilde{\omega}_1\tilde{\omega}_2 = 0. \tag{18b}$$

36. Die Strukturgleichungen für die Brennflächen. Die Formeln (16) führen auf die Komponenten eines neuen Dreibeins, das dem Punkt F_1 der Brennfläche zugeordnet ist, mit den Einheitsvektoren der Achsen

$$\begin{gathered} \boldsymbol{E}_1 = \boldsymbol{e}_3, \quad \boldsymbol{E}_2 = \boldsymbol{e}_1\cos\varphi - \boldsymbol{e}_2\sin\varphi, \\ \boldsymbol{E}_3 = \boldsymbol{n}_1 = \boldsymbol{e}_1\sin\varphi + \boldsymbol{e}_2\cos\varphi. \end{gathered} \tag{19}$$

Die Gleichungen ihrer differentiellen Verrückung haben die Gestalt

$$\begin{gathered} d\boldsymbol{F}_1 = \Omega_1\boldsymbol{E}_1 + \Omega_2\boldsymbol{E}_2, \\ d\boldsymbol{E}_1 = \Omega_1^2\boldsymbol{E}_2 + \Omega_1^3\boldsymbol{E}_3, \quad d\boldsymbol{E}_2 = \Omega_2^1\boldsymbol{E}_1 + \Omega_2^3\boldsymbol{E}_3, \quad d\boldsymbol{E}_3 = \Omega_3^1\boldsymbol{E}_1 + \Omega_3^2\boldsymbol{E}_2. \end{gathered} \tag{20}$$

Da nun

$$\begin{aligned} d\boldsymbol{E}_2 &= d(\boldsymbol{e}_1\cos\varphi - \boldsymbol{e}_2\sin\varphi) = \\ &= \boldsymbol{e}_3(\omega_1^3\cos\varphi - \omega_2^3\sin\varphi) + (\omega_1^2 - d\varphi)(\boldsymbol{e}_2\cos\varphi + \boldsymbol{e}_1\sin\varphi), \end{aligned}$$

erhalten wir

$$\Omega_1^2 = -\,\omega_1^3\cos\varphi + \omega_2^3\sin\varphi = \frac{\tilde{\omega}_1 - \tilde{\omega}_2\cos 2\varphi}{\sin 2\varphi}. \tag{16b}$$

Unter den Strukturgleichungen wird uns diejenige Gleichung interessieren, welche die äußeren Differentiale der neuen Formen nicht enthält, d. h. die Gleichung $D\Omega^3 = 0$. Sie hat die Gestalt

$$[\Omega_1\Omega_1^3] + [\Omega_2\Omega_2^3] = 0,$$

oder, wenn man die Ausdrücke (16) einsetzt,

$$\frac{\varrho}{\sin\varphi\cos\varphi}[\omega_1^2 - d\varphi, \tilde{\omega}_1] + [\omega^3 + d\varrho, \tilde{\omega}_2] = 0. \tag{21}$$

Diese Gleichung und ebenso die für die zweite Brennfläche sind den Gleichungen (34a) und (34b) § 25 äquivalent. Aus der Gleichung (21) erhält man mit Hilfe des Lemmas von CARTAN

$$\begin{gathered} \frac{\varrho}{\sin\varphi\cos\varphi}(\omega_1^2 - d\varphi) = A\tilde{\omega}_1 + B\tilde{\omega}_2, \\ \omega^3 + d\varrho = B\tilde{\omega}_1 + C\tilde{\omega}_2. \end{gathered} \tag{22a}$$

Wenn wir das Dreibein betrachten, das der zweiten Brennfläche $\boldsymbol{F}_2 = \boldsymbol{A} - \varrho \boldsymbol{e}_3$ zugeordnet ist, dann erhalten wir ganz entsprechende Formeln, die sich aus (22a) durch die übliche Änderung der Vorzeichen bei den Parametern ϱ und φ und Ersetzung der Koeffizienten A, B, C durch A', B', C' ergeben:

$$\begin{aligned} \frac{\varrho}{\sin\varphi\cos\varphi}(\omega_1^2 + d\varphi) &= A'\tilde{\omega}_2 + B'\tilde{\omega}_1, \\ \omega^3 - d\varrho &= B'\tilde{\omega}_2 + C'\tilde{\omega}_1. \end{aligned} \tag{22b}$$

Die Gleichungen (14) nehmen nun die Gestalt an

$$\begin{aligned} D\tilde{\omega}_1 &= -\frac{A'\cos 2\varphi + B'}{2\varrho}[\tilde{\omega}_1\tilde{\omega}_2], \\ D\tilde{\omega}_2 &= -\frac{A\cos 2\varphi + B}{2\varrho}[\tilde{\omega}_1\tilde{\omega}_2], \end{aligned} \tag{14'}$$

und die Formel (17) für die Krümmungen der ersten und zweiten Brennfläche liefert

$$K_1 = -\frac{A}{C}\frac{\sin^2 2\varphi}{4\varrho^2}, \qquad K_2 = -\frac{A'}{C'}\frac{\sin^2 2\varphi}{4\varrho^2}. \tag{17'}$$

Das Linienelement und die zweite quadratische Form der ersten Brennfläche sind dann

$$\begin{aligned} ds_1^2 &= \left(\frac{4\varrho^2}{\sin^2 2\varphi} + B^2\right)(\tilde{\omega}_1)^2 + 2BC\,\tilde{\omega}_1\tilde{\omega}_2 + C^2(\tilde{\omega}_2)^2, \\ \psi_1 &= -d\boldsymbol{n}_1\cdot d\boldsymbol{F}_1 = A(\tilde{\omega}_1)^2 - C(\tilde{\omega}_2)^2. \end{aligned} \tag{15'}$$

37. Die Bestimmung einer Kongruenz zu gegebenem sphärischem Bild der Torsen. Den Gleichungen des vorangegangenen Paragraphen kann man eine neue Gestalt geben, wenn man die unabhängigen Veränderlichen u, v, welche den Linien des Brennetzes $u = \text{const}$, $v = \text{const}$ entsprechen, explizit einführt.

Wenn man die Gleichungen (16), (19), (20) § 36 verwendet, so kann man wegen $\boldsymbol{E}_1 = \boldsymbol{e}_3$ das Differential $d\boldsymbol{e}_3$ in der Gestalt

$$\begin{aligned} d\boldsymbol{e}_3 = \Omega_1^2\boldsymbol{E}_2 + \Omega_1^3\boldsymbol{E}_3 = \frac{\tilde{\omega}_1 - \tilde{\omega}_2\cos 2\varphi}{\sin 2\varphi}(\boldsymbol{e}_1\cos\varphi - \boldsymbol{e}_2\sin\varphi) - \\ - \tilde{\omega}_2(\boldsymbol{e}_1\sin\varphi + \boldsymbol{e}_2\cos\varphi) \end{aligned}$$

schreiben. Das Linienelement des sphärischen Bildes einer Kongruenz wird nun

$$\begin{aligned} d\boldsymbol{e}_3^2 = E\,du^2 + 2F\,du\,dv + G\,dv^2 = \frac{(\tilde{\omega}_1 - \tilde{\omega}_2\cos 2\varphi)^2}{\sin^2 2\varphi} + (\tilde{\omega}_2)^2 = \\ = \frac{(\tilde{\omega}_1)^2}{\sin^2 2\varphi} - 2\,\frac{\tilde{\omega}_1\tilde{\omega}_2\cos 2\varphi}{\sin^2 2\varphi} + \frac{(\tilde{\omega}_2)^2}{\sin^2 2\varphi}. \end{aligned}$$

Da die Gleichungen $\tilde{\omega}_1 = 0$, $\tilde{\omega}_2 = 0$ ebenso wie die Gleichungen $du = 0$, $dv = 0$ die Torsen bestimmen, muß

$$E\,du^2 = \frac{(\tilde{\omega}_1)^2}{\sin^2 2\varphi}, \quad G\,dv^2 = \frac{(\tilde{\omega}_2)^2}{\sin^2 2\varphi}, \quad F\,du\,dv = -\frac{\cos 2\varphi}{\sin^2 2\varphi}\tilde{\omega}_1\tilde{\omega}_2 \tag{a}$$

sein, woraus folgt

$$\tilde{\omega}_1 = \sqrt{E}\sin 2\varphi\,du, \quad \tilde{\omega}_2 = \sqrt{G}\sin 2\varphi\,dv \tag{a'}$$

und

$$d\boldsymbol{e}_3 = \sqrt{E}(\boldsymbol{e}_1\cos\varphi - \boldsymbol{e}_2\sin\varphi)\,du - \sqrt{G}(\boldsymbol{e}_1\cos\varphi + \boldsymbol{e}_2\sin\varphi)\,dv.$$

Folglich ist

$$\frac{\partial \boldsymbol{e}_3}{\partial u} = \sqrt{E}\,(\boldsymbol{e}_1\cos\varphi - \boldsymbol{e}_2\sin\varphi), \quad \frac{\partial \boldsymbol{e}_3}{\partial v} = -\sqrt{G}\,(\boldsymbol{e}_1\cos\varphi + \boldsymbol{e}_2\sin\varphi).$$

Bilden wir die äußeren Ableitungen der Gleichungen (a') und verwenden die Formeln (14) § 35, so erhalten wir:

$$[\omega_1^2 - m_1\tilde{\omega}_4, \tilde{\omega}_3] = 0, \quad [\omega_1^2 - m_2\tilde{\omega}_3, \tilde{\omega}_4] = 0, \tag{b}$$

dabei ist

$$\begin{aligned} m_1 &= \frac{1}{\sqrt{EG}\sin 2\varphi}\left(\frac{\partial\sqrt{E}}{\partial v} - \frac{\sqrt{G}}{\sin 2\varphi}\frac{\partial\varphi}{\partial u} + \sqrt{E}\operatorname{cotg} 2\varphi\frac{\partial\varphi}{\partial v}\right), \\ m_2 &= \frac{1}{\sqrt{EG}\sin 2\varphi}\left(\frac{\partial\sqrt{G}}{\partial u} - \frac{\sqrt{E}}{\sin 2\varphi}\frac{\partial\varphi}{\partial v} + \sqrt{G}\operatorname{cotg} 2\varphi\frac{\partial\varphi}{\partial u}\right), \end{aligned} \tag{c}$$

$$\tilde{\omega}_3 = \sqrt{E}\cos 2\varphi\,du - \sqrt{G}\,dv, \quad \tilde{\omega}_4 = \sqrt{E}\,du - \sqrt{G}\cos 2\varphi\,dv.$$

Die Gleichungen (b) kann man umschreiben in

$$[\omega_1^2 - m_1\tilde{\omega}_4 - m_2\tilde{\omega}_3, \tilde{\omega}_3] = 0, \quad [\omega_1^2 - m_1\tilde{\omega}_4 - m_2\tilde{\omega}_3, \tilde{\omega}_4] = 0.$$

Die erste dieser Gleichungen verlangt, daß die Form $\omega_1^2 - m_1\tilde{\omega}_4 - m_2\tilde{\omega}_3$ in ihrer Zerlegung nach den Formen $\tilde{\omega}_3$, $\tilde{\omega}_4$ keine Komponente mit $\tilde{\omega}_4$ enthält, die zweite, daß sie keine Komponente mit $\tilde{\omega}_3$ enthält. Daraus ergibt sich, daß diese Form gleich Null sein muß:

$$\omega_1^2 = m_1\tilde{\omega}_4 + m_2\tilde{\omega}_3,$$

oder, wenn man die Ausdrücke (c) sowie $\theta = \pi - 2\varphi$ einsetzt und die Glieder mit den Differentialen du und dv zusammenfaßt

$$\omega_1^2 = \left(p\sqrt{\frac{E}{G}}\sin\theta + \frac{1}{2}\frac{\partial\theta}{\partial u}\right)du - \left(q\sqrt{\frac{G}{E}}\sin\theta + \frac{1}{2}\frac{\partial\theta}{\partial v}\right)dv, \tag{d}$$

wobei

$$p = \frac{\dfrac{\partial\sqrt{E}}{\partial v} - \dfrac{\partial\sqrt{G}}{\partial u}\cos\theta}{\sqrt{E}\sin^2\theta}, \quad q = \frac{\dfrac{\partial\sqrt{G}}{\partial u} - \dfrac{\partial\sqrt{E}}{\partial v}\cos\theta}{\sqrt{G}\sin^2\theta} \tag{e}$$

die CHRISTOFFEL-Symbole $\left\{ {}^{1\,2}_{\;1} \right\}$ und $\left\{ {}^{1\,2}_{\;2} \right\}$ für das Linienelement des sphärischen Bildes sind und θ der Winkel zwischen den Koordinatenlinien auf der Kugel ist, wie man aus den Formeln (a) und (a′) ersieht.

Die Gleichung (21) und die analoge für die zweite Brennfläche nehmen nun die Gestalt an

$$\left[\omega^3 + \varrho\left(\frac{\partial \ln \varrho}{\partial u} + 2q\right) du, dv\right] = 0,$$

$$\left[\omega^3 - \varrho\left(\frac{\partial \ln \varrho}{\partial v} + 2p\right) dv, du\right] = 0,$$

woraus wir genau wie oben erhalten:

$$\omega^3 = -\varrho\left(\frac{\partial \ln \varrho}{\partial u} + 2q\right) du + \varrho\left(\frac{\partial \ln \varrho}{\partial v} + 2p\right) dv. \tag{f}$$

Durch äußere Differentiation der Gleichungen (d), (f) ergibt sich

$$\frac{\partial^2 \theta}{\partial u \partial v} + \frac{\partial}{\partial u}\left(\sqrt{\frac{G}{E}}\, q \sin\theta\right) + \frac{\partial}{\partial v}\left(\sqrt{\frac{E}{G}}\, p \sin\theta\right) + \sqrt{EG}\sin\theta = 0, \tag{23}$$

$$\frac{\partial^2 \varrho}{\partial u \partial v} + p\frac{\partial \varrho}{\partial u} + q\frac{\partial \varrho}{\partial v} + \left(p_u + q_v + \sqrt{EG}\cos\theta\right)\varrho = 0. \tag{24}$$

Dies sind die beiden einzigen Gleichungen, denen die unbekannten Funktionen E, G, θ und ϱ unterliegen. Die erste dieser Gleichungen ist die GAUSSsche Gleichung für die Kugel. Sie verlangt, daß die Krümmung des Linienelements

$$ds^2 = E\,du^2 + 2\sqrt{EG}\cos\theta\,du\,dv + G\,dv^2$$

gleich Eins wird. Wenn das sphärische Bild einer Kongruenz, bezogen auf die Torsen, gegeben ist, d. h. die Funktionen E, G, θ, welche die Gleichung (23) befriedigen, bekannt sind, dann bestimmt sich der Abstand 2ϱ der Brennpunkte der Kongruenz aus der Gleichung (24) bis auf zwei willkürliche Funktionen eines Arguments. Die Komponenten der Bewegung des Dreibeins sind dann bekannt, und die endgültigen Gleichungen der Kongruenz erhält man aus dem vollständig integrierbaren System (1) § 17.

II. Systeme von Differentialgleichungen in Involution

38. Differentialgleichungssysteme mit totalen Differentialen in Involution. Der Existenzsatz für die Lösungen eines Systems von Differentialgleichungen, den wir im § 22 Kap. II. für ein vollständig integrierbares System formulierten, stellt einen Spezialfall des ungleich wichtigeren Existenzsatzes für die Lösung eines in totalen Differentialen linearen Gleichungssystems oder eines Systems mit äußeren Produkten dar, wenn es in die Gestalt eines Systems in Involution übergeführt wurde. Wir bemerken schon hier, daß jedes widerspruchsfreie System durch einen einfachen Prozeß in Involution gebracht werden kann.

Um zu klären, welchen Bedingungen ein System in Involution unterworfen ist, müssen wir zuvor einige Begriffe einführen.

Wir beschränken uns auf den Fall zweier unabhängiger Veränderlicher, der uns auch allein in diesem Kapitel interessieren wird.

Das System darf lineare Gleichungen in totalen Differentialen oder äußeren quadratischen Formen enthalten. Gleichungen höherer als zweiter Stufe verlieren im Ring zweier Differentiale ihre Bedeutung (M. Ä. F. S. 88).

Folglich hat unser System die Gestalt

$$\begin{array}{llll} \theta_1 = 0, & \theta_2 = 0, & \ldots, & \theta_s = 0, \\ \Theta_1 = 0, & \Theta_2 = 0, & \ldots, & \Theta_\sigma = 0, \end{array} \tag{25}$$

wobei die θ_i lineare Formen aus den Differentialen $dz_1, dz_2, \ldots, dz_r; du, dv$ von r unbekannten Funktionen $z_1, z_2, \ldots, z_r$ und zwei unabhängigen Veränderlichen u, v sind, während die Θ_α äußere quadratische Formen aus eben diesen Differentialen darstellen.

Definition: Ein Gleichungssystem heißt bezüglich der Differentiation *abgeschlossen*, wenn die totalen Differentiale der endlichen Gleichungen des Systems und die äußeren Differentiale der Differentialgleichungen auf Grund der Gleichungen des Systems verschwinden.

Da unser System keine endlichen Gleichungen enthält, und die äußeren Differentiale der quadratischen Gleichungen auf Gleichungen höheren als zweiten Grades führen, die im Ring zweier unabhängiger Differentiale identisch befriedigt werden, brauchen wir nur die äußeren Differentiale der linearen Gleichungen zu bilden und die erhaltenen quadratischen Gleichungen dem System hinzuzufügen. Wir nehmen an, daß dies schon getan und das System (25) somit abgeschlossen ist.

Definition: Als *lineares Integralelement* $e\,(d)$ bezeichnet man ein Gebilde bestehend aus einem Punkte, das sind gewisse $r + 2$ Zahlwerte der Veränderlichen z_j, u, v, und einem Vektor, also $r + 2$ Zahlwerten der Differentiale dz_j, du, dv, welche nach Einsetzung die linken Seiten der Gleichungen θ_i zu Null machen.

Als *zweidimensionales Integralelement* $\mathcal{E}_2$ bezeichnet man ein Gebilde bestehend aus zwei linearen Elementen mit gemeinsamem Punkt, d. h. die Gesamtheit der $r + 2$ Zahlen z_j, u, v; der $r + 2$ Zahlen dz_j, du, dv und der $r + 2$ Zahlen $\delta z_j, \delta u, \delta v$, welche nicht nur den linearen Gleichungen $\theta_i = 0$ genügen (wie der Vektor dz_j, du, dv und ebenso der Vektor $\delta z_j, \delta u, \delta v$), sondern auch quadratischen; und zwar müssen die bilinearen Formen, welche den quadratischen Formen Θ_α zugeordnet sind, die auf den linken Seiten der quadratischen Gleichungen (25) stehen, verschwinden, wenn man dort statt der Veränderlichen z_j, u, v die Koordinaten des Punktes und statt der Differentiale $dz_j, du, dv, \delta z_j$, $\delta u, \delta v$ die Koordinaten des ersten und zweiten Basisvektors des zweidimensionalen Elements $\mathcal{E}_2$ einsetzt.

Definition: Ein System ist in *Involution*, wenn durch jedes nichtsinguläre lineare Integralelement zumindest ein zweidimensionales Integralelement hindurchgeht, d. h. es gibt ein zweidimensionales Integralelement, das aus dem gegebenen linearen Integralelement $e_1(d)$ und noch einem zweiten $e_2(\delta)$ mit gemeinsamem zugehörigen Punkt besteht. Ein lineares Integralelement heißt *singulär*, wenn durch dieses Element mehr zweidimensionale Elemente gehen als durch die benachbarten.

Um zu untersuchen, ob ein System in Involution ist, muß man die linearen Gleichungen $\theta_i = 0$ nach s Differentialen $dz_1, dz_2, \ldots, dz_s$ auflösen (wenn der Rang des Systems $\theta_i = 0$ gleich s ist) und die erhaltenen Werte in die quadratischen Gleichungen $\Theta_\alpha = 0$ einsetzen (sowohl in die gegebenen als auch in die durch Differentiation der linearen erhaltenen).

In den ihnen zugeordneten bilinearen Gleichungen $\Theta_\alpha(d, \delta) = 0$ betrachten wir die Differentiale dz_j, du, dv $(j = s + 1, s + 2, \ldots r)$ als gegeben (ohne sie zu spezialisieren, damit nicht zufällig ein singuläres Element gewählt wird); als bekannt betrachten wir auch die Differentiale $\delta u, \delta v$ der unabhängigen Veränderlichen im zweiten Linienelement $e_2(\delta)$, und unter diesen Bedingungen bestimmen wir den Rang bezüglich der Unbekannten δz_j des erhaltenen linearen Systems. Wenn der Rang gleich s_1 ist und das System nach s_1 Differentialen $\delta z_{s+1}, \delta z_{s+2}, \ldots, \delta z_{s+s_1}$ aufgelöst werden kann, dann ist das System in *Involution*.

Definition: Als *charakteristische Zahlen* eines Systems in Involution bezeichnet man die Anzahl s der linear unabhängigen linearen Gleichungen des Systems (den Rang des Systems der Formen θ_i), die Anzahl s_1 der unabhängigen quadratischen Gleichungen (den Rang der bilinearen Formen, die den quadratischen Formen Θ_α zugeordnet sind, bezüglich der Unbekannten δz_j) und die Zahl s_2, die gleich der Differenz

$$s_2 = r - s - s_1$$

ist, wobei r die Anzahl der unbekannten Funktionen z_j bedeutet, die wesentlich eingehen.

Die Veränderlichen gehen wesentlich ein, wenn es unmöglich ist, durch Substitution der Veränderlichen ein Gleichungssystem zu bilden, derart, daß das neue System weniger unbekannte Funktionen enthält (s. M. Ä. F., charakteristische Variablen).

Ein System in Involution mit den charakteristischen Zahlen s, s_1, s_2 besitzt eine und nur eine Lösung, die durch folgende Anfangsbedingungen bestimmt wird: wenn $s_2 > 0$ ist, dann muß man alle s_2 Funktionen $z_{s+s_1+1}, z_{s+s_1+2}, \ldots, z_r$ außer den ersten $s + s_1$ als willkürliche Funktionen zweier unabhängiger Veränderlicher u, v vorgeben; wenn $s_1 > 0$ ist, dann nehmen die s_1 unbekannten Funktionen $z_{s+1}, z_{s+2}, \ldots, z_{s+s_1}$ als Anfangswerte willkürliche Funktionen einer unabhängigen Veränderlichen für den Anfangswert (Wert im Anfangspunkt) der anderen unabhängigen Veränderlichen an; die übrigen s unbekannten Funktionen $z_1, z_2, \ldots, z_s$ nehmen im Anfangspunkt willkürliche Anfangswerte (willkürliche Konstanten) an. Dabei ist der Anfangspunkt der Angriffspunkt aller Integralelemente (M. Ä. F. S. 193), und alle willkürlichen Funktionen nehmen für die Anfangswerte beider Veränderlichen Werte an, die gleich den entsprechenden Koordinaten des Anfangspunktes sind.

Beispiel. Gegeben sei das System der Differentialgleichungen

$$\begin{aligned} & dz_1 + z_2\, du - z_3\, dv = 0, \\ & [dz_2\, dz_3] = 0. \end{aligned} \tag{a}$$

Zu bestimmen ist die Willkür der Lösung, wenn u, v die unabhängigen Veränderlichen sind und z_1, z_2, z_3 unbekannte Funktionen darstellen.

Lösung: Wir bilden die äußere Ableitung der linearen Gleichung:

$$[dz_2\, du] - [dz_3\, dv] = 0. \tag{b}$$

Das System der Gleichungen (a) und (b) ist abgeschlossen bezüglich der äußeren Differentiation, weil die äußere Differentiation der Gleichungen (a), (b) auf Identitäten führt.

Das erste lineare Integralelement wird dargestellt durch den Punkt $(u, v; z_1, z_2, z_3)$, wobei alle fünf Zahlen willkürlich sind, und fünf Differentiale, von denen die Differentiale $du, dv; dz_2, dz_3$ willkürlich sind und $dz_1 = -z_2 du + z_3 dv$ ist.

Das zweidimensionale Integralelement, das durch dieses Linienelement $e_1(d)$ geht, wird noch durch ein zweites Linienelement mit demselben Punkt und den Differentialen $\delta u, \delta v; \delta z_2, \delta z_3$ und $\delta z_1 = -z_2 \delta u + z_3 \delta v$ bestimmt, derart, daß sie den bilinearen Gleichungen genügen, die den quadratischen Gleichungen (a) und (b) zugeordnet sind,

$$\begin{aligned} & \delta z_3\, dz_2 - \delta z_2\, dz_3 = 0, \\ & \delta z_3\, dv - \delta z_2\, du = dz_3\, \delta v - dz_2\, \delta u. \end{aligned} \tag{c}$$

Hier sind nun alle Differentiale dz_j, du, dv und $\delta u, \delta v$ beliebig, während die Differentiale $\delta z_2, \delta z_3$ Bedingungen unterliegen.

Wenn die Determinante des Systems (c) bezüglich der Unbekannten $\delta z_2, \delta z_3$ ungleich Null ist

$$dz_2\, du - dz_3\, dv \neq 0, \tag{d}$$

so ergibt sich aus dem System (c)

$$\delta z_3 = -\frac{dz_3\,(dz_3\,\delta v - dz_2\,\delta u)}{dz_2\, du - dz_3\, dv}, \quad \delta z_2 = -\frac{dz_2\,(dz_3\,\delta v - dz_2\,\delta u)}{dz_2\, du - dz_3\, dv},$$

und das System ist in Involution. Da es nur eine lineare Gleichung gibt, ist $s = 1$, und da das abgeschlossene System zwei unabhängige quadratische Gleichungen enthält [der Rang des linearen Systems (c) ist gleich zwei], sind die charakteristischen Zahlen des Systems $s = 1$, $s_1 = 2$. Alle δz_i sind festgelegt, folglich ist $s_2 = 0$, willkürliche Funktionen von zwei Argumenten enthalten die Anfangsbedingungen also nicht; die Lösung hängt ab von zwei willkürlichen Funktionen eines Arguments und einer willkürlichen Konstanten.

Wenn wir den Anfangspunkt durch die Werte $z_1 = z_2 = z_3 = 1$, $u = v = 0$ vorgeben und im ersten Linienelement $dz_2 = dz_3 = 1$, $du = 1$, $dv = 0$, im zweiten $\delta u = 0$, $\delta v = 1$ setzen, dann werden die Bedingungen (c) erfüllt.

Die willkürlichen Funktionen eines Arguments haben für $v = 0$ die Anfangsbedingungen $z_2 = \varphi(u)$, $z_3 = \psi(u)$, die für $u = 0$ die Werte $z_2 = z_3 = 1$ annehmen müssen, während die willkürliche Konstante für $u = v = 0$ den Wert $z_1 = 1$ hat.

Singuläre Lösung: Wenn

$$dz_2\, du - dz_3\, dv = 0, \tag{d'}$$

so ist für jede Wahl der Differentiale du, dv das System (a), (b) nicht in Involution. Um es zu untersuchen, muß man zu dem System die linearen Gleichungen

$$dz_2 = \lambda\, dv, \qquad dz_3 = \lambda\, du \tag{e}$$

hinzufügen, wobei λ eine neue Hilfsunbekannte ist. Diese Gleichungen sind offensichtlich gleichbedeutend mit der quadratischen Gleichung (d').

Setzen wir diese Ausdrücke in die Gleichungen (a), (b) ein, so erhalten wir

$$\lambda^2[du\, dv] = 0, \qquad 2\lambda[du\, dv] = 0.$$

Folglich ist $\lambda = 0$, und die Gleichungen (e) nehmen die Gestalt an

$$dz_2 = 0, \qquad dz_3 = 0.$$

Das System

$$dz_1 + z_2\, du - z_3\, dv = 0, \qquad dz_2 = 0, \qquad dz_3 = 0$$

ist vollständig integrierbar, und die allgemeine Lösung hängt von drei Konstanten ab. Für das System (a) bezeichnet man diese Lösung als singulär.

39. Der Existenzsatz für Systeme in Involution. Bei zwei unabhängigen Veränderlichen gestaltet sich der Beweis des Existenzsatzes für die Lösung eines Systems von Differentialgleichungen in Involution nicht schwierig.

Wenn s, s_1, s_2 die charakteristischen Zahlen des Systems

$$\theta_i = 0, \quad i = 1, 2, \ldots, s \tag{26}$$

$$\Theta_\alpha = 0, \quad \alpha = 1, 2 \ldots, s, \tag{27}$$

sind, dann kann die Gesamtheit der linearen Gleichungen $\theta_i = 0$ des Systems nach s Differentialen $dz_1, dz_2, \ldots, dz_s$ aufgelöst werden, und die bilinearen Gleichungen $\Theta_\alpha(d, \delta) = 0$ die den quadratischen Gleichungen des Systems zugeordnet sind, lassen sich nach s_1 Differentialen $dz_{s+1}, dz_{s+2}, \ldots, dz_{s+s_1}$ auflösen. Alle übrigen s_2 unbekannten Funktionen, $z_{s+s_1+1}, \ldots, z_r$, wenn es solche gibt, können durch willkürliche Funktionen zweier Argumente vorgegeben werden, wenn sie nur im Anfangspunkt die ihnen beigelegten Werte annehmen. Diese Funktionen setzen wir von vornherein statt der s_2 unbekannten Funktionen $z_{s+s_1+1}, \ldots, z_r$ in die Gleichungen des Systems ein. Die Veränderlichen $z_{s+1}, z_{s+2}, \ldots, z_{s+s_1}$ bezeichnen wir mit den Buchstaben $y_1, y_2, \ldots, y_{s_1}$.

Ohne Einschränkung der Allgemeinheit kann man voraussetzen (M. Ä. F. S. 183), daß die unabhängigen Veränderlichen u, v so gewählt sind, daß das erste Linienelement $e_1(d)$ durch die Werte der Differentiale $du = 1$, $dv = 0$

bestimmt wird, und das zweite $e_2(\delta)$ durch die Werte $\delta u = 0$, $\delta v = 1$. Dann haben wir

$$dy_\alpha = \frac{\partial y_\alpha}{\partial u}, \qquad \delta y_\alpha = \frac{\partial y_\alpha}{\partial v}.$$

Im Anfangspunkt sind alle bilinearen Gleichungen $\Theta_\alpha(d, \delta) = 0$ nach den Differentialen δy_α ($\alpha = 1, 2, \ldots, s_1$) aufgelöst. In der Umgebung des Anfangspunktes kann sich der Rang dieses linearen Systems nicht erniedrigen, weil die Determinanten der Funktionalmatrix der Koeffizienten im Anfangspunkt ungleich Null sind und wegen der Stetigkeit auch in einer hinreichend kleinen Umgebung davon. Der Rang kann sich auch nicht erhöhen, denn dann würde im Anfangspunkt die Menge der Integralelemente $\mathscr{E}_2$, die durch das gewählte Linienelement $e(d)$ hindurchgehen, größer sein als in den benachbarten Punkten, und das Element $e(d)$ wäre somit singulär. Das bedeutet: in der Umgebung des Anfangspunktes sind die quadratischen Gleichungen (27) des Systems gleichbedeutend mit dem System von partiellen Differentialgleichungen

$$\frac{\partial y_\alpha}{\partial v} = F_\alpha\left(u, v; y; z; \frac{\partial y}{\partial u}\right), \quad \alpha = 1, 2, \ldots, s_1, \tag{26'}$$

wobei die in der Klammer stehenden Symbole y, z und $\dfrac{\partial y}{\partial u}$ resp. die Veränderlichen $y_1, y_2, \ldots, y_{s_1}, z_1, z_2, \ldots, z_s, \dfrac{\partial y_1}{\partial u}, \ldots, \dfrac{\partial y_{s_1}}{\partial u}$ bedeuten, die Argumente der Funktionen F_α sind.

Die linearen Gleichungen (26) des Systems sind nach den Differentialen dz_i aufgelöst. Durch Vergleich der Koeffizienten bei den Differentialen du und dv gewinnen wir zwei diesen Gleichungen äquivalente Systeme von partiellen Differentialgleichungen

$$\frac{\partial z_i}{\partial u} = \Phi_i\left(u, v; y; z; \frac{\partial y}{\partial u}\right), \quad \frac{\partial z_i}{\partial v} = \Psi_i\left(u, v; y; z; \frac{\partial y}{\partial u}\right), \quad i = 1, \ldots, s. \tag{27'}$$

Wir müssen nun zeigen, daß das Gleichungssystem (26), (27) eine und nur eine Lösung besitzt, welche die Anfangsbedingungen erfüllt

$$\begin{aligned} y_\alpha &= f_\alpha(u) && \text{für } v = v_0, && \alpha = 1, 2, \ldots, s_1 \\ z_i &= z_i^0 = \text{const} && \text{für } u = u_0,\ v = v_0, && i = 1, 2, \ldots, s. \end{aligned} \tag{28}$$

Alle Funktionen werden wir als analytische Funktionen ihrer Argumente in der Umgebung des Anfangspunktes annehmen.

Um die Lösung zu gewinnen, spalten wir das System in zwei Teilsysteme auf, die wir nacheinander integrieren. Das erste Teilsystem besteht aus den Gleichungen der linken Spalte in (27), wenn man dort die Werte $v = v_0$, $y_\alpha = f_\alpha(u)$ einsetzt

$$\frac{\partial z_i}{\partial u} = \Phi_i\,[u, v_0; f(u); z; f'(u)]. \tag{27''}$$

Dies ist ein Gleichungssystem mit nur einer unabhängigen Veränderlichen. Es besitzt eine vollständig bestimmte Lösung

$$z_i = \varphi_i(u), \tag{29}$$

welche die Anfangsbedingungen (28) befriedigt:

$$\varphi_i(u_0) = z_i^0 .$$

Das zweite Teilsystem wird von den Gleichungen (26) und den Gleichungen der rechten Spalte in (27) gebildet

$$\begin{aligned} \frac{\partial y_\alpha}{\partial v} &= F_\alpha\left(u, v; y; z; \frac{\partial y}{\partial u}\right), \\ \frac{\partial z_i}{\partial v} &= \Psi_i\left(u, v; y; z; \frac{\partial y}{\partial u}\right). \end{aligned} \tag{30}$$

Dies ist ein CAUCHYsches System. Nach dem Satz von KOWALEWSKI besitzt es eine eindeutige Lösung, welche die Anfangsbedingungen

$$y_\alpha = f_\alpha(u), \qquad z_i = \varphi_i(u) \quad \text{für} \quad v = v_0$$

befriedigt.

Wir zeigen nun, daß die so gebildete Lösung allen Gleichungen des Systems (26), (27) genügt. Den Gleichungen (30) genügt sie gemäß ihrer Konstruktion. Folglich muß man zeigen, daß sie den Gleichungen der linken Spalte in (27) genügt.

Nach Voraussetzung verschwinden die äußeren Differentiale der linearen Gleichungen des Systems $\theta_i = 0$ auf Grund der Gleichungen des Systems (26), (27).

Es gelten also algebraische Identitäten der Form

$$D\theta_i = [\omega_i^k \theta_k] + a_i^\alpha \Theta_\alpha \tag{31}$$

(über gleiche Indizes summieren). Die a_i^α sind hier Funktionen von u, v, y, z, die ω_i^k PFAFFsche Formen, deren Koeffizienten solche Funktionen sind. Die zu (31) gehörigen bilinearen Beziehungen lauten:

$$d(\theta_i(\delta)) - \delta(\theta_i(d)) = \omega_i^k(d)\theta_k(\delta) - \omega_i^k(\delta)\,\theta_k(d) + a_i^\alpha\,\Theta_\alpha(d, \delta). \tag{31'}$$

Für unsere Lösungen des Systems (30) ist nun

$$\Theta_\alpha(d, \delta) = 0, \qquad \theta_k(\delta) = 0, \qquad \theta_k(d) = \frac{\partial z_k}{\partial u} - \Phi_k. \tag{32}$$

Setzen wir dies in (31') ein, so erhalten wir

$$\frac{\partial}{\partial v}\left(\frac{\partial z_i}{\partial u} - \Phi_i\right) = \omega_i^k(\delta)\left(\frac{\partial z_k}{\partial u} - \Phi_k\right). \tag{31''}$$

Die Größen

$$\frac{\partial z_i}{\partial u} - \Phi_i$$

verschwinden nun wegen (27′) für $v = v_0$ und genügen weiter dem linearen homogenen System von Differentialgleichungen (31″) in bezug auf v. Die Lösung eines solchen Systems ist aber bekanntlich eindeutig festgelegt, wenn die Anfangswerte der Unbekannten für $v = v_0$ vorgegeben sind. In unserem Falle hat die Lösung

$$\frac{\partial z_i}{\partial u} - \Phi_i = 0; \quad i = 1, 2, \ldots s \tag{a}$$

und wegen der Eindeutigkeit nur sie die richtigen Anfangswerte. (a) bedeutet aber, daß unsere Lösung des Systems (30) auch eine Lösung des ursprünglichen Systems (26), (27) darstellt.

Somit ist der Existenzsatz für die Lösung eines Systems in Involution mit zwei unabhängigen Veränderlichen bewiesen.

III. Die pseudosphärische Kongruenz

40. Der Existenzsatz. Definition: *Eine Kongruenz, bei der der Abstand der Brennpunkte und der Winkel der Brennebenen konstant sind*

$$\varrho = \text{const}, \qquad \varphi = \text{const}$$

nennt man *pseudosphärisch.*

Nehmen wir die Formeln der §§ 34—36 zu Hilfe, so finden wir, vor allem aus Formel (10) § 34, daß auch der Abstand der Grenzpunkte konstant ist.

Darum sind von den Gleichungen (22a) und (22b) § 36 jetzt nur noch zwei unabhängig. Daraus ergeben sich zwischen den Koeffizienten die Beziehungen

$$A = C = B', \qquad A' = C' = B. \tag{a}$$

Durch Einführung der neuen Unbekannten

$$\alpha = (B' - B) \sin\varphi, \qquad \beta = (B + B') \cos\varphi \tag{b}$$

gehen die Gleichungen (22a) und (22b) über in

$$\begin{aligned} \omega^3 &= \alpha\omega_1^3 + \beta\omega_2^3, \\ \frac{\varrho}{\sin\varphi\,\cos\varphi}\,\omega_1^2 &= -\,\alpha\omega_1^3 + \beta\omega_2^3. \end{aligned} \tag{33}$$

Zu diesen Gleichungen muß man noch die Gleichungen (3′) § 34

$$\begin{aligned} \omega^1 &= \varrho\,\text{cotg}\,\varphi\,\omega_2^3, \\ \omega^2 &= \varrho\,\text{tg}\,\varphi\,\omega_1^3 \end{aligned} \tag{34}$$

hinzufügen, um alle Gleichungen zur Bestimmung einer pseudosphärischen Kongruenz zu erhalten.

Bilden wir die äußere Ableitung der Differenz der Gleichungen (33), so erhalten wir

$$[\omega^1\omega_1^3] + [\omega^2\omega_2^3] + \frac{\varrho}{\sin\varphi\,\cos\varphi}[\omega_1^3\omega_2^3] = 2[d\alpha\,\omega_1^3] + 2\alpha[\omega_1^2\omega_2^3].$$

Wir setzen hier nun die Werte aus (33), (34) ein, fassen die Glieder zusammen, und erhalten dann

$$\left[d\alpha + \frac{\alpha^2 \cos^2\varphi + \varrho^2}{\varrho} \operatorname{tg}\varphi\, \omega_2^3, \omega_1^3\right] = 0,$$
$$\left[d\beta + \frac{\beta^2 \sin^2\varphi + \varrho^2}{\varrho} \operatorname{cotg}\varphi\, \omega_1^3, \omega_2^3\right] = 0. \tag{35}$$

Die zweite Gleichung erhält man durch äußere Differentiation der Summe der Gleichungen (33); die äußeren Ableitungen der Gleichungen (34) sind wegen der Gleichungen (33), (34) befriedigt. Folglich ist das System (33), (34), (35) abgeschlossen.

Um uns zu veranschaulichen, welche Veränderlichen es enthält, betrachten wir die allgemeinste Bewegung eines Dreibeins im EUKLIDischen Raum und setzen alle Formen als Funktionen von sechs unabhängigen Parametern w^1, $w^2, \ldots, w^6$ und deren Differentialen an. Sie genügen dann zwangsläufig den Strukturgleichungen. Führen wir diese Ausdrücke in die Gleichungen (33), (34), (35) ein, so erhalten wir ein Gleichungssystem, das acht Veränderliche enthält: die sechs Parameter w^k und die beiden Koeffizienten α und β; die Größen ϱ und φ sind willkürlich vorgegebene Konstanten.

Zwei der Parameter w^k stellen unabhängige Veränderliche dar, und zwar diejenigen, deren Differentiale die Formen ω_1^3, ω_2^3 repräsentieren. Das System enthält also $r = 6$ unbekannte Funktionen. Die Differentiale der übrigen vier w^k hängen linear von den Formen ω^1, ω^2, ω^3, ω_1^2 und von den Differentialen der ersten beiden ab. Die Differentiale $d\alpha$, $d\beta$ gehen explizit ein; man kann sie linear ausdrücken durch die Formen ω_1^3, ω_2^3 und die beiden neuen

$$\Delta\alpha = d\alpha + \frac{\alpha^2 \cos^2\varphi + \varrho^2}{\varrho} \operatorname{tg}\varphi\omega_2^3,$$
$$\Delta\beta = d\beta + \frac{\beta^2 \sin^2\varphi + \varrho^2}{\varrho} \operatorname{cotg}\varphi\omega_1^3. \tag{36}$$

Die Differentiale der vier Parameter w^i (außer den unabhängigen Veränderlichen) sind schon aus den quadratischen Gleichungen (35) eliminiert, die nun die Gestalt haben:

$$[\Delta\alpha, \omega_1^3] = 0, \quad [\Delta\beta, \omega_2^3] = 0. \tag{35'}$$

Das Integralelement $\boldsymbol{e}_1(d)$ wird durch einen willkürlich vorgegebenen Punkt (w^k, α, β) und willkürlich vorgegebene Werte der Differentiale der unabhängigen Veränderlichen bestimmt, d. h. von ω_1^3, ω_2^3; durch willkürliche Werte der Formen $\Delta\alpha$ und $\Delta\beta$ sowie Werte der Formen ω^1, ω^2, ω^3, ω_1^2, die aus den Gleichungen (33), (34) berechnet werden können.

Dieses Element $\boldsymbol{e}_1(d)$ soll gleichzeitig das erste Linienelement des zweidimensionalen Integralelements $\mathscr{E}_2$ sein. Das zweite Linienelement $\boldsymbol{e}_2(\delta)$ von $\mathscr{E}_2$ befriedigt dieselben Gleichungen (33), (34), aus denen die Werte der Formen

ω^1, ω^2, ω^3, ω_1^2 im ersten Element e_1 berechnet wurden, wenn die Werte der Differentiale der unabhängigen Veränderlichen, d. h. die Werte der Formen ω_1^3, ω_2^3 im Element e_2 bekannt sind. Diese Werte werden wir als willkürlich vorgegeben annehmen und alle Werte der Formen in $e_2(\delta)$ mit Querstrichen bezeichnen. Um das Element $e_2(\delta)$ zu bestimmen, muß man die Werte der Formen $\overline{\Delta\alpha}$, $\overline{\Delta\beta}$ derart wählen, daß sie den bilinearen Gleichungen genügen, die dem System (35′) zugeordnet sind. Diese Gleichungen haben die Gestalt

$$\overline{\Delta\alpha}\,\omega_1^3 = \overline{\omega}_1^3\,\Delta\alpha, \qquad \overline{\Delta\beta}\,\omega_2^3 = \overline{\omega}_2^3\,\Delta\beta. \tag{37}$$

Sie liefern die Werte der Formen $\overline{\Delta\alpha}$, $\overline{\Delta\beta}$, wenn die Formen ω_1^3, ω_2^3 im ersten Linienelement $e_1(d)$ ungleich Null sind.

Das Verschwinden von ω_1^3 oder ω_2^3 im Linienelement e_1 führt auf *singuläre Integralelemente*, für die der Existenzsatz § 39 nicht mehr gilt. Die Kurven $\omega_1^3 = 0$ oder $\omega_2^3 = 0$ existieren auf jeder Integralfläche des analytischen Raumes der Veränderlichen w^k, α, β und heißen die *Charakteristiken* des Systems (33), (34), (35). Ihnen entsprechen die Koordinatenflächen der Kongruenz, also diejenigen Flächen der Kongruenz [s. Formel (4) § 34], deren Kehllinien jeden Strahl im Mittenpunkt schneiden. Diese Flächen tragen daher auch beim Problem der Bestimmung der pseudosphärischen Kongruenz die Bezeichnung *Charakteristiken*.

Da nun das System $s = 4$ linear unabhängige lineare Gleichungen besitzt, da ferner das System der bilinearen Kovarianten (35′) den Rang $s_1 = 2$ hat und $s_2 = r - s - s_1 = 0$ ist, hängt die allgemeinste pseudosphärische Kongruenz von zwei Funktionen eines Arguments ab.

41. Die Haupteigenschaften der pseudosphärischen Kongruenz. Die Formeln §§ 34—36 liefern nun die Haupteigenschaften unserer Kongruenz.

Wenn wir in den Formeln (17′) gemäß den Gleichungen (a) § 40 $A = C$, $A' = C'$ setzen, dann nehmen sie die Gestalt an

$$K_1 = -\frac{\sin^2 2\varphi}{4\varrho^2}, \qquad K_2 = -\frac{\sin^2 2\varphi}{4\varrho^2}.$$

Wir sehen, daß *beide Brennflächen einer pseudosphärischen Kongruenz in entsprechenden Punkten ein und dieselbe konstante Krümmung besitzen.*

Folglich sind die Brennflächen der Kongruenz pseudosphärisch; damit ist auch die Bezeichnung der Kongruenz erklärt.

Da nach Formel (10) § 35 $d = \dfrac{2\varrho}{\sin 2\varphi}$, ist

$$K_1 = K_2 = -\frac{1}{d^2};$$

demnach ist die Krümmung jeder Brennfläche gleich dem mit negativem Vorzeichen genommenen gemeinsamen reziproken Wert des Abstandsquadrates der Grenzpunkte.

Aus den Gleichungen (a, b) § 40 folgt

$$A' = C' = B = \frac{\beta \sin\varphi - \alpha\cos\varphi}{\sin 2\varphi},$$
$$A = C = B' = \frac{\beta \sin\varphi + \alpha\cos\varphi}{\sin 2\varphi}, \tag{a}$$

die zweite quadratische Form (15′) § 36 der ersten Brennfläche nimmt also die Gestalt an

$$- d\boldsymbol{n}_1 \cdot d\boldsymbol{F}_1 =$$
$$= \{(\omega_2^3 \cos\varphi - \omega_1^3 \sin\varphi)^2 - (\omega_2^3 \cos\varphi + \omega_1^3 \sin\varphi)^2\} \frac{\beta\sin\varphi + \alpha\cos\varphi}{\sin 2\varphi} =$$
$$= -2\,(\beta\sin\varphi + \alpha\cos\varphi)\,\omega_1^3\,\omega_2^3.$$

Für die zweite Brennfläche muß man das Vorzeichen von φ abändern.

Folglich *entsprechen sich die Asymptotenlinien der ersten und zweiten Brennfläche und werden von den Koordinatenflächen* (deren Kehllinien jeden Strahl im Mittenpunkt schneiden) *auf den Brennflächen ausgeschnitten.* Daraus ergibt sich, daß *diesen Asymptotenlinien im sphärischen Bild der Kongruenz ein Orthogonalnetz entspricht.*

Die Linienelemente der Brennflächen (15′) nehmen hier die Gestalt an

$$ds_1^2 = \frac{4\varrho^2}{\sin^2 2\varphi}\,(\omega_2^3\cos\varphi - \omega_1^3\sin\varphi)^2 + (\alpha\omega_1^3 + \beta\omega_2^3)^2,$$
$$ds_2^2 = \frac{4\varrho^2}{\sin^2 2\varphi}\,(\omega_2^3\cos\varphi + \omega_1^3\sin\varphi)^2 + (\alpha\,\omega_1^3 + \beta\,\omega_2^3)^2.$$

Demzufolge sind entsprechende Bögen der Asymptotenlinien $\omega_1^3 = 0$ oder $\omega_2^3 = 0$ auf beiden Flächen gleich lang.

Schließlich werden die *Krümmungslinien auf beiden Brennflächen* durch ein und dieselbe Gleichung (18b) § 36

$$\omega_1^2\omega^3 + \frac{\varrho}{\sin\varphi\cos\varphi}\,\{(\omega_2^3)^2\cos^2\varphi - (\omega_1^3)^2\sin^2\varphi\} = 0$$

bestimmt und *entsprechen demnach einander.*

Durchaus nicht alle diese Eigenschaften sind für eine pseudosphärische Kongruenz charakteristisch.

Wir werden gleich sehen, daß es Kongruenzen mit derselben konstanten Krümmung auf beiden Brennflächen gibt, welche die anderen Eigenschaften einer pseudosphärischen Kongruenz nicht besitzen. Es genügt zwei Flächen gegebener, konstanter, negativer Krümmung zu wählen, damit die gemeinsamen Tangenten die verlangte Kongruenz bilden. Da nun eine beliebige Fläche konstanter negativer Krümmung von zwei willkürlichen Funktionen eines Arguments abhängt (Flth. S. 111), wird eine Kongruenz mit Brennflächen konstanter Krümmung von vier willkürlichen Funktionen eines Arguments abhängen, während die pseudosphärische nur von zwei abhängt.

Wenn wir die Forderung hinzunehmen, daß diese konstante Krümmung gleich dem mit negativem Vorzeichen genommenen reziproken Wert des Abstandsquadrates der Grenzpunkte sein soll, dann erhalten wir eine pseudosphärische Kongruenz.

Es ist nämlich nach der Formel (10)

$$\varrho = \frac{d}{2} \sin 2\varphi, \qquad d = \lambda = \text{const},$$

daher ergeben die Gleichungen (17′) § 36

$$A = C, \qquad A' = C'.$$

Setzen wir $d\varrho = \lambda \cos 2\varphi \, d\varphi$ in die Gleichungen (22a) und (22b) ein und eliminieren ω_1^2, ω^3, so erhalten wir

$$\begin{aligned} 2\lambda \, d\varphi &= (B' - A)\,\tilde{\omega}_1 - (B - A')\,\tilde{\omega}_2, \\ 2\lambda \cos 2\varphi \, d\varphi &= (B - A')\,\tilde{\omega}_1 - (B' - A)\,\tilde{\omega}_2, \end{aligned} \tag{a}$$

woraus sich dann durch Elimination von $d\varphi$ und Nullsetzen der Koeffizienten der linear unabhängigen Formen $\tilde{\omega}_1$, $\tilde{\omega}_2$ ergibt

$$\begin{aligned} (B' - A)\cos 2\varphi - (B - A') &= 0, \\ (B' - A) - (B - A')\cos 2\varphi &= 0. \end{aligned} \tag{b}$$

Wenn $B' - A = 0$, $B - A' = 0$, dann liefert die Gleichung (a) $d\varphi = 0$, das bedeutet auch $d\varrho = 0$, und die Kongruenz ist pseudosphärisch. Wenn aber die Determinante des linearen Systems (b) verschwindet, d. h. $\cos^2 2\varphi = 1$ ist, dann erhalten wir $\varphi = 0$ oder $\varphi = \frac{\pi}{2}$; in beiden Fällen ist $\varrho = 0$, die Kongruenz wird parabolisch. Die Brennflächen fallen zusammen, und der Satz gilt nicht mehr.

IV. *W*-Kongruenzen

42. Die Haupteigenschaften der *W*-Kongruenzen. Die pseudosphärische Kongruenz bildet einen Spezialfall einer viel größeren und wichtigeren Klasse von Kongruenzen, nämlich der *W*-Kongruenzen.

Definition: *Eine Kongruenz heißt W-Kongruenz, wenn sich die Asymptotenlinien auf ihren Brennflächen entsprechen.*

Nach Formel (15′) § 36 schreiben sich die Gleichungen der Asymptotenlinien auf den Brennflächen (Nullsetzen der zweiten quadratischen Grundform) wie folgt:

$$\begin{aligned} A(\tilde{\omega}_1)^2 - C(\tilde{\omega}_2)^2 &= 0, \\ A'(\tilde{\omega}_2)^2 - C'(\tilde{\omega}_1)^2 &= 0, \end{aligned}$$

woraus wir die Bedingung für *W*-Kongruenzen erhalten

$$AA' - CC' = 0. \tag{38}$$

Aus der Gleichung (38) ergibt sich nach den Formeln (17') § 36 sofort

$$K_1 K_2 = \frac{\sin^4 2\varphi}{16\,\varrho^4} = \frac{1}{d^4}, \tag{39}$$

wobei d der Abstand zwischen den Grenzpunkten ist. Daraus folgt der Satz: *Das Produkt der Krümmungen der beiden Brennflächen einer W-Kongruenz in den Berührungspunkten eines Strahls ist gleich dem reziproken Wert der vierten Potenz des Abstandes zwischen den Grenzpunkten des Strahls.*

Diese Eigenschaft charakterisiert die W-Kongruenzen. Tatsächlich folgt aus Gleichung (39) und den beiden Gleichungen (17') § 36 direkt die Gleichung (38).

43. Der Existenzsatz für die W-Kongruenzen. Um die W-Kongruenzen zu bestimmen, muß man die Gleichungen (22a) und (22b) § 36 unter der Voraussetzung integrieren, daß die unbekannten Funktionen A, A', C, C' durch die Beziehung (38) verknüpft sind.

Wir bilden die äußeren Ableitungen der Gleichungen (22a). Da für $d\varphi$, $d\varrho$, ω_1^2, ω^3 die Formeln (22a) und (22b) lineare Ausdrücke in $\tilde{\omega}_1$, $\tilde{\omega}_2$ liefern, wird man nach der Differentiation alle Differentiale, außer den Differentialen dA, dB, dC, durch $\tilde{\omega}_1$, $\tilde{\omega}_2$ ausdrücken können.

Wir erhalten die Gleichungen

$$\begin{aligned} [dA\,\tilde{\omega}_1] + [dB\,\tilde{\omega}_2] + m\,[\tilde{\omega}_1\tilde{\omega}_2] &= 0, \\ [dB\,\tilde{\omega}_1] + [dC\,\tilde{\omega}_2] + n\,[\tilde{\omega}_1\tilde{\omega}_2] &= 0, \end{aligned} \tag{40}$$

wobei m und n bekannte Funktionen von $\varrho, \varphi, A, B, C, A', B', C'$ sind, deren Gestalt hier nicht interessiert. Wenn wir die neuen Formen

$$\begin{aligned} \Delta B &= dB + m\,\tilde{\omega}_1 - n\,\tilde{\omega}_2, \\ \Delta B' &= dB' + m'\,\tilde{\omega}_2 - n'\,\tilde{\omega}_1 \end{aligned}$$

einführen, dann lassen sich die äußeren Differentiale der Gleichungen (22a) und (22b) § 36 in Form von vier quadratischen Gleichungen schreiben

$$\begin{aligned} [dA\,\tilde{\omega}_1] + [\Delta B\,\tilde{\omega}_2] = 0, \quad [dA'\,\tilde{\omega}_2] + [\Delta B'\,\tilde{\omega}_1] = 0, \\ [\Delta B\,\tilde{\omega}_1] + [dC\,\tilde{\omega}_2] = 0, \quad [\Delta B'\,\tilde{\omega}_2] + [dC'\,\tilde{\omega}_1] = 0. \end{aligned} \tag{40'}$$

Zu ihnen muß man noch das (gewöhnliche) Differential der Gleichung (38) hinzufügen

$$A'\,dA + A\,dA' - C'\,dC - C\,dC' = 0. \tag{38'}$$

Wir betrachten die Komponenten ω^i, ω_i^k der Bewegung des allgemeinsten rechtwinkligen Dreibeins im Raume als Funktionen von sechs Parametern w^k, setzen sie in die linearen Differentialgleichungen (3') § 34, (22a), (22b) § 36 und in die quadratischen (40') ein und fügen noch die Gleichungen (38), (38') hinzu. Wir erhalten ein System von Differentialgleichungen bezüglich der Veränderlichen w^k, ϱ, φ und der sechs Koeffizienten A, B, C, A', B', C'. Unter diesen Veränderlichen sehen wir diejenigen beiden Parameter w^k als die unabhängigen Veränderlichen der Aufgabe an, deren Differentiale sich linear durch die Formen ω_1^3, ω_2^3 darstellen lassen, oder, was dasselbe ist, durch die Formen $\tilde{\omega}_1$, $\tilde{\omega}_2$ (unter der Voraussetzung, daß φ nicht gleich Null oder $\frac{\pi}{2}$ ist, was auf zusammenfallende Brennpunkte führen würde).

Das System ist abgeschlossen bezüglich der äußeren Differentiation, weil die äußeren Differentiale der Gleichungen (3′), die einen Spezialfall der Gleichungen (20) § 24 darstellen, sich in der Form (34a), (34b) § 25 schreiben lassen und für unser Dreibein die Gestalt der Gleichungen (21) § 36 annehmen. Folglich werden diese Differentiale durch die. Gleichungen (22a), (22b) § 36 identisch befriedigt. Das äußere Differential der Gleichung (38′) verschwindet identisch, weil die linke Seite dieser Gleichung das vollständige Differential der linken Seite der Gleichung (38) ist.

Die Formen ω^1, ω^2, ω^3, ω_1^2 und die Differentiale $d\varrho$, $d\varphi$ werden für alle linearen Integralelemente des Systems durch die linearen Gleichungen (3′) § 34, (22a), (22b) § 36 bestimmt.

Im ersten Linienelement $\boldsymbol{e}_1(d)$ geben wir die unabhängigen Veränderlichen, d. h. die Formen ω_1^3, ω_2^3 oder auch die Formen $\tilde{\omega}_1$, $\tilde{\omega}_2$ willkürlich vor, weil im Anfangspunkt (dem Angriffspunkt aller linearen Integralelemente des Systems) die Werte aller Veränderlichen, darunter der Winkel φ, gegeben sind, und die Werte $\tilde{\omega}_1$, $\tilde{\omega}_2$ die Werte ω_1^3, ω_2^3 bestimmen. Im ersten Linienelement $\boldsymbol{e}_1(d)$ sind die Formen ΔB, $\Delta B'$ willkürlich und unter den Differentialen dA, dA', dC, dC' sind drei beliebig, das vierte wird durch die Gleichung (38′) bestimmt.

Im zweiten Integralelement $\boldsymbol{e}_2(\delta)$, das zusammen mit $\boldsymbol{e}_1(d)$ das zweidimensionale Integralelement $\mathscr{E}_2$ definiert, welches durch $\boldsymbol{e}_1(d)$ geht, sind die Werte der Formen ΔB, $\Delta B'$ und der Differentiale dA, dA', dC, dC' durch die bilinearen Gleichungen gebunden, welche den quadratischen Gleichungen (40′) und der Gleichung (38′) zugeordnet sind:

$$\begin{aligned}
&\delta A\tilde{\omega}_1(d) + \nabla B\tilde{\omega}_2(d) = dA\tilde{\omega}_1(\delta) + \Delta B\tilde{\omega}_2(\delta),\\
&\nabla B\tilde{\omega}_1(d) + \delta C\tilde{\omega}_2(d) = \Delta B\tilde{\omega}_1(\delta) + dC\tilde{\omega}_2(\delta),\\
&\delta A'\tilde{\omega}_2(d) + \nabla B'\tilde{\omega}_1(d) = dA'\tilde{\omega}_2(\delta) + \Delta B'\tilde{\omega}_1(\delta),\\
&\nabla B'\tilde{\omega}_2(d) + \delta C'\tilde{\omega}_1(d) = \Delta B'\tilde{\omega}_2(\delta) + dC'\tilde{\omega}_1(\delta),\\
&A'\delta A + A\delta A' - C'\delta C - C\delta C' = 0,
\end{aligned} \tag{41}$$

wobei der Wert der Form ΔB für das Differentiationssymbol δ durch das Symbol ∇B bezeichnet wird. Das System (41) enthält fünf Gleichungen und sechs unbekannte Werte der Formen ∇B, $\nabla B'$, δA, $\delta A'$, δC, $\delta C'$.

Folglich bleibt eine dieser Unbekannten willkürlich. Wir können eine der Unbekannten, z. B. C', als willkürliche Funktion der beiden unabhängigen Veränderlichen u, v vorgeben. Dann bestimmt das System (41) die übrigen fünf Formen ∇B, $\nabla B'$, δA, $\delta A'$, δC, wenn die Determinante des Systems ungleich Null ist. Diese Determinante ist gleich

$$(\tilde{\omega}_2)^2\,\{A'(\tilde{\omega}_2)^2 - C'(\tilde{\omega}_1)^2\} \tag{42}$$

und verschwindet nur bei einer speziellen Wahl der Werte $\tilde{\omega}_1 : \tilde{\omega}_2$. Folglich ist das System in Involution und die Lösung existiert. Sie hängt von einer willkürlichen Funktion zweier Argumente, z. B. C', ab und bei gegebenem C' von vier Funktionen eines Arguments, weil das System $s_1 = 4$ quadratische Gleichungen enthält und diese auf unabhängige bilineare Gleichungen führen, wenn die Determinante (42) nicht verschwindet.

Außerdem enthält die Anfangsbedingung noch $s = 6$ willkürliche Konstanten infolge der linearen Differentialgleichungen (3') § 34, (22a) und (22b) § 36. Die Gleichung (38') geht in die Rechnung nicht ein, weil die Anfangswerte der Veränderlichen A, A', C, C', die hier eingehen, durch die Gleichung (38) gebunden sind, aus der die Differentialgleichung auch gewonnen wurde.

Eine beliebige W-Kongruenz hängt also von einer Funktion zweier Argumente ab.

Die W-Kongruenz nimmt in der Theorie der Kongruenzen einen breiten Raum ein. Wir werden nicht nur einmal auf sie zurückkommen. Soeben sind wir ihr zum erstenmal begegnet. Von ihren wichtigsten Eigenschaften konnten wir noch nicht einmal das Allerwesentlichste berühren, geschweige denn sie erschöpfend behandeln.

44. Die V-Kongruenz, die duale zur W-Kongruenz. Diese Überschrift darf nicht wörtlich verstanden werden. Es handelt sich um *eine Kongruenz, bei der das Produkt der Krümmungen der Brennflächen in entsprechenden Punkten der Gleichung genügt*

$$K_1 K_2 = -\frac{1}{d^4}. \tag{43}$$

Die Vertauschung des Vorzeichens in Gleichung (39) führt, wenn wir die Formeln (17') § 36 verwenden, auf die der Gleichung (38) entsprechende Gleichung

$$AA' + CC' = 0. \tag{44}$$

Das System der Differentialgleichungen, das die W-Kongruenz bestimmt, behält auch jetzt seine Gestalt bei; nur in der Gleichung (38') werden statt der beiden Minuszeichen Pluszeichen stehen. Dies spiegelt sich aber nicht in der Untersuchung des Systems (40), (38') wider, und wir erhalten dasselbe Resultat. Die Kongruenz (44) existiert, und sie ist bis auf *eine beliebige Funktion von zwei Argumenten bestimmt.*

Da die Größen A, C, A', C' die Koeffizienten der Formen $\tilde{\omega}_1$, $\tilde{\omega}_2$ in den zweiten quadratischen Grundformen der Brennflächen sind

$$\psi_1 = A(\tilde{\omega}_1)^2 - C(\tilde{\omega}_2)^2,$$
$$\psi_2 = A'(\tilde{\omega}_2)^2 - C'(\tilde{\omega}_1)^2,$$

erhält die Gleichung (44) eine neue geometrische Bedeutung.

Die Asymptotenlinien auf der ersten Brennfläche bestimmt man aus der Gleichung $\psi_1 = 0$ durch das Verhältnis der Formen

$$\frac{\tilde{\omega}_1(d)}{\tilde{\omega}_2(d)} = \sqrt{\frac{C}{A}}; \quad \frac{\tilde{\omega}_1(\delta)}{\tilde{\omega}_2(\delta)} = -\sqrt{\frac{C}{A}}. \tag{a}$$

Andererseits wird das zu einer Kurvenschar konjugierte Kurvensystem auf der zweiten Brennfläche durch die Gleichung bestimmt, die man erhält, wenn man die Polarform der zweiten quadratischen Grundform ψ_2 gleich Null setzt

$$A' \tilde{\omega}_2(d)\tilde{\omega}_2(\delta) - C' \tilde{\omega}_1(d)\tilde{\omega}_1(\delta) = 0. \tag{b}$$

Setzen wir in die Gleichung (b) die Werte der Formen (a) ein, dann kommen wir auf die Bedingung (44). Folglich besitzen die Kongruenzen (44) die charakteristische Eigenschaft: *Die Asymptotenlinien jeder Brennfläche einer V-Kongruenz entsprechen einem konjugierten System auf der anderen Brennfläche.*

V. *B*-Kongruenzen und *B*-Flächen

45. Die *B*-Kongruenzen[1]). Um diese Klasse von Kongruenzen zu erhalten, stellen wir die folgende Aufgabe: *Man gebe eine Kongruenz an, auf deren Brennflächen die Hauptflächen konjugierte Kurvensysteme ausschneiden.*

Die Aufgabe wird trivial, wenn die Kongruenz eine Normalenkongruenz ist, weil in diesem Fall die Hauptflächen mit den Torsen zusammenfallen, und den Torsen entsprechen auf den Brennflächen die Brennetze, die immer konjugiert sind.

Wenn die Kongruenz keine Normalenkongruenz ist, dann gibt es auf den Brennflächen schon zwei entsprechende konjugierte Netze: das Brennetz und das Netz, das den Hauptregelflächen entspricht. Nach dem Satz von PETERSON (Flth. S. 103) entsprechen in diesem Fall alle konjugierten Systeme der ersten Fläche konjugierten Systemen der zweiten, und die Asymptotenlinien entsprechen einander daher auch. Folglich erweisen sich die B-Kongruenzen als eine spezielle Form der W-Kongruenzen.

Die Gleichung der Hauptflächen hat nach (6) § 34 die Gestalt

$$(\omega_1^3)^2 - (\omega_2^3)^2 = 0.$$

Wir setzen nun die Werte $\omega_1^3 : \omega_2^3 = \pm 1$ oder besser, nach Formel (13), die Werte der Formen $\tilde{\omega}_1, \tilde{\omega}_2$:

$$\begin{aligned} \tilde{\omega}_1(d) &= \cos\varphi - \sin\varphi = \tilde{\omega}_2(\delta), \\ \tilde{\omega}_2(d) &= \cos\varphi + \sin\varphi = \tilde{\omega}_1(\delta) \end{aligned} \tag{a}$$

in die Bedingung für die Konjugiertheit der Linien auf den Brennflächen ein. Diese Bedingung hat die Gestalt der gleich Null gesetzten Polarform aus der quadratischen Grundform ψ_1, (15′) § 36 der ersten Brennfläche

$$A\tilde{\omega}_1(d)\,\tilde{\omega}_1(\delta) - C\tilde{\omega}_2(d)\,\tilde{\omega}_2(\delta) = 0,$$

und nimmt nach Einsetzen der Werte (a) die Gestalt an

$$(A - C)\,(\cos^2\varphi - \sin^2\varphi) = 0.$$

---

[1]) Kongruenzen von BIANCHI.

Für die zweite Brennfläche ergibt sich

$$(A' - C')(\cos^2\varphi - \sin^2\varphi) = 0.$$

Folglich wird die B-Kongruenz durch die Gleichungen

$$A = C, \qquad A' = C' \tag{45}$$

charakterisiert.

Da nun hieraus sofort die Gleichung (38) § 42 folgt, sehen wir wiederum, daß die B-Kongruenz zur Klasse der W-Kongruenzen gehört. Überdies ergeben sich durch die Formeln (17′) § 36 für die Krümmung der Brennflächen die Ausdrücke

$$K_1 = K_2 = -\frac{\sin^2 2\varphi}{4\varrho^2} = -\frac{1}{d^2}.$$

Wir erhalten somit den mit dem Satz in der Theorie der pseudosphärischen Kongruenzen gleichlautenden Satz:

Die Krümmungen der Brennflächen einer B-Kongruenz in den Punkten eines Strahls stimmen überein und sind gleich dem negativen reziproken Wert des Abstandsquadrates der Grenzpunkte.

Hiervon gilt auch die Umkehrung:

Eine W-Kongruenz mit gleicher negativer Krümmung der Brennflächen in den Punkten eines beliebigen Strahls ist eine B-Kongruenz.

Wegen der Gleichheit der Krümmungen K_1 und K_2 erhalten wir nämlich aus der für jede W-Kongruenz gültigen Formel (39) § 42 bei negativem Vorzeichen der Krümmungen

$$K_1 = K_2 = -\frac{\sin^2 2\varphi}{4\varrho^2},$$

woraus sich wegen der Formeln (17′) § 36 unmittelbar ergibt

$$A = C, \qquad A' = C'.$$

Man kann diesen Satz also zur Definition der B-Kongruenz verwenden:

Als B-Kongruenz bezeichnet man eine W-Kongruenz mit gleichen negativen Krümmungen der Brennflächen in Punkten, die auf einem Strahl liegen.

Es ist interessant zu bemerken, daß es auch W-Kongruenzen mit imaginären Asymptotenlinien auf den Brennflächen gibt, diese haben dann positive Krümmung; bei Gleichheit der Krümmungen der Brennflächen kommen wir auf die Gleichungen

$$A = -C, \qquad A' = -C', \tag{45'}$$

und der Satz, daß die Hauptflächen auf beiden Brennflächen konjugierte Systeme ausschneiden, verliert seine Gültigkeit.

Wir wenden uns nun wieder den Kongruenzen (45) zu. Nach Formel (15′) § 36 erhalten wir für die Asymptotenlinien auf den beiden Brennflächen die Gleichung

$$(\tilde{\omega}_1)^2 - (\tilde{\omega}_2)^2 = 0,$$

die wegen der Identitäten

$$\tilde{\omega}_1 + \tilde{\omega}_2 = 2\omega_1^3 \sin\varphi, \qquad \tilde{\omega}_1 - \tilde{\omega}_2 = 2\omega_2^3 \cos\varphi$$

mit der Gleichung

$$\omega_1^3 \omega_2^3 = 0$$

gleichwertig ist, welche das Koordinatennetz bestimmt.

Folglich werden die Asymptotenlinien der Brennflächen einer B-Kongruenz durch die Kongruenzstrahlen als orthogonales System auf der Kugel abgebildet. Die Regelflächen der Kongruenz, die die Brennflächen in den Asymptotenlinien schneiden, haben ihre Kehllinien auf der Mittenfläche der Kongruenz.

46. Die *B*-Flächen. Wir weisen auf eine bemerkenswerte Eigenschaft der Brennflächen einer B-Kongruenz hin. Wir differenzieren den Abstand $\frac{2\varrho}{\sin 2\varphi}$ zwischen den Grenzpunkten eines Strahls und erhalten

$$d\,\frac{2\varrho}{\sin 2\varphi} = \frac{2}{\sin 2\varphi}\,d\varrho - \frac{4\varrho}{\sin 2\varphi}\operatorname{cotg} 2\varphi\, d\varphi.$$

Wenn wir berücksichtigen, daß aus den Gleichungen (22a) und (22b) § 36 für unsere Kongruenz die Beziehungen

$$\begin{aligned} 2\,d\varrho &= x \sin\varphi\, \omega_1^3 + y \cos\varphi\, \omega_2^3, \\ \frac{4\,d\varphi}{\sin 2\varphi} &= \frac{1}{\varrho}\,\{x \sin\varphi\, \omega_1^3 - y\cos\varphi\, \omega_2^3\} \end{aligned} \tag{46}$$

folgen, wobei

$$x = (A' - B) + (A - B'), \qquad y = (A - B') - (A' - B),$$

dann nimmt das Differential des Abstands der Grenzpunkte die Gestalt an

$$d\,\frac{2\varrho}{\sin 2\varphi} = x\,\frac{\sin^2\varphi}{\cos\varphi}\,\omega_1^3 + y\,\frac{\cos^2\varphi}{\sin\varphi}\,\omega_2^3. \tag{47}$$

Wir zeigen nun, daß jeder Summand der rechten Seite ein vollständiges Differential ist. Dazu genügt es nachzuweisen, daß ihr äußeres Differential verschwindet. Die äußere Differentiation ergibt

$$D\left\{x\,\frac{\sin^2\varphi}{\cos\varphi}\,\omega_1^3\right\} = \frac{\sin^2\varphi}{\cos\varphi}\,\mathfrak{X}, \qquad D\left\{y\,\frac{\cos^2\varphi}{\sin\varphi}\,\omega_2^3\right\} = \frac{\cos^2\varphi}{\sin\varphi}\,\mathfrak{Y},$$

wobei $\mathfrak{X}$ und $\mathfrak{Y}$ quadratische Formen sind:

$$\mathfrak{X} = [dx + x \operatorname{cotg}\varphi\, d\varphi, \omega_1^3] + x\,[\omega_1^2\, \omega_2^3] + x\,y\,\frac{\cos\varphi}{2\varrho}\,[\omega_1^3\, \omega_2^3],$$

$$\mathfrak{Y} = [dy - y \operatorname{tg}\varphi\, d\varphi, \omega_2^3] - y\,[\omega_1^2\, \omega_1^3] - x\,y\,\frac{\sin\varphi}{2\varrho}\,[\omega_1^3\, \omega_2^3].$$

Indes führt die äußere Differentiation der Gleichungen (46) auf die quadratischen Gleichungen

$$\sin\varphi\,\mathfrak{X} + \cos\varphi\,\mathfrak{Y} = 0,$$
$$\sin\varphi\,\mathfrak{X} - \cos\varphi\,\mathfrak{Y} = 0.$$

Folglich sind, wenn $\sin 2\varphi \neq 0$ ist, $\mathfrak{X}$ und $\mathfrak{Y}$ gleich Null. Das Verschwinden von $\sin 2\varphi$ führt auf die parabolischen Kongruenzen, die wir schon ausgeschlossen hatten. Die rechte Seite der Gleichung (47) enthält also zwei vollständige Differentiale, die man mit dU und dV bezeichnen kann. Nach der Integration erhalten wir bei geeigneter Wahl der Funktionen U, V für den Grenzabstand $d = \frac{2\varrho}{\sin 2\varphi}$ den Ausdruck

$$\frac{2\varrho}{\sin 2\varphi} = U + V,$$

wobei $U = \text{const}$ die Gleichung $\omega_1^3 = 0$ zur Folge hat, und $V = \text{const}$ die Gleichung $\omega_2^3 = 0$. Da nun aber die Gleichungen $\omega_1^3 = 0$, $\omega_2^3 = 0$ auf den Brennflächen die entsprechenden Asymptotenlinien $u = \text{const}$ oder $v = \text{const}$ bestimmen, ist $U = F_1(u)$, $V = F_2(v)$. Wir erhalten also den Satz:

Die Brennflächen einer B-Kongruenz werden durch die Forderung charakterisiert, daß ihre Krümmung in Asymptotenlinienparametern u, v die Gestalt hat

$$K = -\frac{1}{(U+V)^2}, \quad U = F_1(u),\ V = F_2(v). \tag{48}$$

Flächen, die eine Krümmung der Gestalt (48) besitzen, nennt man *B-Flächen.*

47. Das den Punkten einer B-Fläche zugeordnete Dreibein. Wie man leicht sieht, charakterisiert jede der oben bewiesenen Eigenschaften eine B-Kongruenz.

Für den letzten Satz (Krümmung der Brennflächen) jedoch unterliegt die Umkehrung einer Beschränkung. Nicht jede W-Kongruenz, die eine erste Brennfläche mit der Krümmung (48) besitzt, hat auch eine zweite Brennfläche mit derselben Krümmung.

Satz: *Jede B-Fläche dient einer zweiparametrigen Schar von B-Kongruenzen als Brennfläche.*

Zum Beweis dieses Satzes bemerken wir zunächst, daß bei gegebener Fläche mit der Krümmung (48) schon der Abstand zwischen den Grenzpunkten $d = \lambda$ derjenigen B-Kongruenz bekannt ist, die sie als erste Brennfläche hat:

$$\lambda = U + V.$$

Daraus erhalten wir, indem wir $d\lambda$ mit den Ausdrücken (47) vergleichen,

$$x\,\frac{\sin^2\varphi}{\cos\varphi}\,\omega_1^3 = dU, \quad y\,\frac{\cos^2\varphi}{\sin\varphi}\,\omega_2^3 = dV, \tag{a}$$

und nach Elimination von $\varrho = \lambda \sin\varphi \cos\varphi$ liefert die zweite Gleichung in (46)

$$2\,d\varphi = \frac{dU}{U+V}\operatorname{cotg}\varphi - \frac{dV}{U+V}\operatorname{tg}\varphi, \tag{46'}$$

oder

$$-(U+V)\,2\sin\varphi\cos\varphi\,d\varphi + \cos^2\varphi\,d(U+V) - dV = 0,$$

oder nach Integration

$$(U+V)\cos^2\varphi - V = C, \qquad \cos^2\varphi = \frac{V+C}{U+V}$$

und

$$\operatorname{tg}\varphi = \sqrt{\frac{U-C}{V+C}}. \tag{49}$$

Wir ordnen nun jedem Punkt M der Fläche (48) ein rechtwinkliges Dreibein zu, dessen dritte Achse $\boldsymbol{I}_3$ mit der Flächennormalen zusammenfällt, und dessen Achsen $\boldsymbol{I}_1$, $\boldsymbol{I}_2$ zu den Winkelhalbierenden der Winkel zwischen den Bildern der Asymptotenlinien (durch die Normalen $\boldsymbol{I}_3$) auf der Kugel parallel sind. Die differentielle Verrückung des Dreibeins sei durch die Formeln bestimmt

$$d\boldsymbol{M} = \tilde{\omega}^k \boldsymbol{I}_k,$$
$$d\boldsymbol{I}_i = \tilde{\omega}_i^k \boldsymbol{I}_k.$$

Da nun $\boldsymbol{I}_3$ die Flächennormale und demzufolge $\boldsymbol{I}_3 \cdot d\boldsymbol{M} = 0$ ist, wird

$$\tilde{\omega}^3 = 0. \tag{50}$$

Die äußere Differentiation dieser Gleichung ergibt:

$$[\tilde{\omega}^1 \tilde{\omega}_1^3] + [\tilde{\omega}^2 \tilde{\omega}_2^3] = 0,$$

woraus nach dem Lemma von CARTAN wegen der linearen Unabhängigkeit der Formen $\tilde{\omega}_1^3$, $\tilde{\omega}_2^3$ folgt

$$\begin{aligned} \tilde{\omega}^1 &= \alpha\tilde{\omega}_1^3 + \beta\tilde{\omega}_2^3, \\ \tilde{\omega}^2 &= \beta\tilde{\omega}_1^3 + \gamma\tilde{\omega}_2^3, \end{aligned} \tag{b}$$

und die Gleichung für die Asymptotenlinien der Fläche ist dann

$$-\,d\boldsymbol{M}\cdot d\boldsymbol{I}_3 = \alpha(\tilde{\omega}_1^3)^2 + 2\beta\tilde{\omega}_1^3\tilde{\omega}_2^3 + \gamma(\tilde{\omega}_2^3)^2 = 0. \tag{c}$$

Wenn man nun mit dem Buchstaben θ den Winkel zwischen den Linien bezeichnet, die bei der sphärischen Abbildung (durch die Normalen $\boldsymbol{I}_3$) den Asymptotenlinien $U = \text{const}$ und $V = \text{const}$ entsprechen, dann schreiben sich die Gleichungen der Asymptotenlinien in der Gestalt

$$\tilde{\omega}_1^3 \sin\frac{\theta}{2} + \tilde{\omega}_2^3 \cos\frac{\theta}{2} = 0, \quad \tilde{\omega}_1^3 \sin\frac{\theta}{2} - \tilde{\omega}_2^3 \cos\frac{\theta}{2} = 0. \tag{d}$$

Das heißt, die erste Gleichung muß eine Folge der Gleichung $dU = 0$ und die zweite eine Folge von $dV = 0$ sein, oder

$$\begin{aligned} &[\tilde{\omega}_1^3 \sin \frac{\theta}{2} + \tilde{\omega}_2^3 \cos \frac{\theta}{2}, dU] = 0, \\ &[\tilde{\omega}_1^3 \sin \frac{\theta}{2} - \tilde{\omega}_2^3 \cos \frac{\theta}{2}, dV] = 0; \end{aligned} \tag{51}$$

da andererseits die Gleichungen (d) die zwei Lösungen der Gleichung (c) bestimmen, müssen wir erhalten

$$\alpha = \mu \sin^2 \frac{\theta}{2}, \quad \beta = 0, \quad \gamma = -\mu \cos^2 \frac{\theta}{2}.$$

Der Proportionalitätsfaktor μ wird festgelegt durch die Bedingung

$$K = -\frac{1}{\lambda^2} = \frac{[\tilde{\omega}_1^3 \tilde{\omega}_2^3]}{[\tilde{\omega}^1 \tilde{\omega}^2]}.$$

Setzen wir hier $\tilde{\omega}^1$, $\tilde{\omega}^2$ aus den Formeln (b) ein, so ergibt sich

$$\mu^2 \sin^2 \frac{\theta}{2} \cos^2 \frac{\theta}{2} = \lambda^2.$$

Die beiden Vorzeichen von μ entsprechen den beiden Möglichkeiten für die Wahl der positiven Normalenrichtung.

Demnach können wir festlegen

$$\tilde{\omega}^1 = \lambda \operatorname{tg} \frac{\theta}{2} \tilde{\omega}_1^3, \quad \tilde{\omega}^2 = -\lambda \operatorname{cotg} \frac{\theta}{2} \tilde{\omega}_2^3, \tag{52}$$

und die äußere Differentiation liefert:

$$\begin{aligned} &\left[d \ln \lambda + \frac{d\theta}{\sin \theta}, \tilde{\omega}_1^3\right] + \frac{1}{\sin^2 \frac{\theta}{2}} [\tilde{\omega}_1^2 \tilde{\omega}_2^3] = 0, \\ &\left[d \ln \lambda - \frac{d\theta}{\sin \theta}, \tilde{\omega}_2^3\right] - \frac{1}{\cos^2 \frac{\theta}{2}} [\tilde{\omega}_1^2 \tilde{\omega}_1^3] = 0. \end{aligned} \tag{53}$$

48. Die Konstruktion einer B-Kongruenz zu einer gegebenen B-Brennfläche. Wir nehmen an, daß der Strahl der B-Kongruenz mit der Achse $\boldsymbol{I}_1$ einen Winkel ψ bildet, so daß der Richtungsvektor $\boldsymbol{e}$ des Strahls gleich

$$\boldsymbol{e} = \boldsymbol{I}_1 \cos \psi + \boldsymbol{I}_2 \sin \psi$$

ist. Dann wird der zweite Brennpunkt M_1 dieses Strahls durch den Radiusvektor

$$\boldsymbol{M}_1 = \boldsymbol{M} + \lambda \sin 2\varphi \, (\boldsymbol{I}_1 \cos \psi + \boldsymbol{I}_2 \sin \psi) \tag{54a}$$

bestimmt; denn der Abstand der Brennpunkte ist gleich

$$MM_1 = 2\varrho = \lambda \sin 2\varphi ,$$

während der Normalenvektor $\boldsymbol{n}_1$ der Fläche (M_1), der auf dem Strahl $\boldsymbol{e}$ senkrecht steht und mit der Normalen $\boldsymbol{I}_3$ den Winkel 2φ bildet, gleich

$$\boldsymbol{n}_1 = \boldsymbol{I}_3 \cos 2\varphi - \sin 2\varphi \, (\boldsymbol{I}_2 \cos \psi - \boldsymbol{I}_1 \sin \psi) \tag{54b}$$

ist.

Differenzieren wir die Gleichung (54a), so erhalten wir

$$\begin{aligned} d\boldsymbol{M}_1 = \boldsymbol{I}_1 \{\tilde{\omega}^1 + \cos\psi \, (\sin 2\varphi \, d\lambda + 2\lambda \cos 2\varphi \, d\varphi) - \lambda \sin 2\varphi \sin\psi \, (\tilde{\omega}_1^2 + d\psi)\} + \\ + \boldsymbol{I}_2 \{\tilde{\omega}^2 + \sin\psi \, (\sin 2\varphi \, d\lambda + 2\lambda \cos 2\varphi \, d\varphi) + \lambda \sin 2\varphi \cos\psi \, (\tilde{\omega}_1^2 + d\psi)\} + \\ + \boldsymbol{I}_3 \, \lambda \sin 2\varphi \, (\tilde{\omega}_1^3 \cos\psi + \tilde{\omega}_2^3 \sin\psi) . \end{aligned}$$

Wir verlangen nun, daß der Vektor $d\boldsymbol{M}_1$ zur Normalen $\boldsymbol{n}_1$ senkrecht sein soll und erhalten eine Gleichung für die unbekannte Funktion ψ:

$$d\psi = \operatorname{cotg} 2\varphi \, (\tilde{\omega}_1^3 \cos\psi + \tilde{\omega}_2^3 \sin\psi) + \frac{\tilde{\omega}_1^3 \sin\psi \operatorname{tg} \frac{\theta}{2} + \tilde{\omega}_2^3 \cos\psi \operatorname{ctg} \frac{\theta}{2}}{\sin 2\varphi} - \tilde{\omega}_1^2 . \tag{55}$$

Die Bedingungen für die vollständige Integrierbarkeit dieser Gleichung werden wegen der vorangehenden Gleichungen (46'), (53) identisch erfüllt. In der Tat heben sich das freie Glied, die Koeffizienten bei den Quadraten $\sin^2\psi$, $\cos^2\psi$ und bei dem Produkt $\sin\psi \cos\psi$ weg, und das Verschwinden der Koeffizienten von $\cos\psi$, $\sin\psi$ führt auf die Gleichungen

$$\left[d\varphi + \frac{\sin 2\varphi}{\sin\theta} \tilde{\omega}_1^2, \tilde{\omega}_1^3\right] + \left[\cos 2\varphi \operatorname{cotg} \frac{\theta}{2} \, d\varphi + \frac{\sin 2\varphi}{4 \sin^2 \frac{\theta}{2}} \, d\theta, \tilde{\omega}_2^3\right] = 0,$$

$$\left[d\varphi - \frac{\sin 2\varphi}{\sin\theta} \tilde{\omega}_1^2, \tilde{\omega}_2^3\right] + \left[\cos 2\varphi \operatorname{tg} \frac{\theta}{2} \, d\varphi - \frac{\sin 2\varphi}{4 \cos^2 \frac{\theta}{2}} \, d\theta, \tilde{\omega}_1^3\right] = 0,$$

die sich mit Hilfe der Gleichungen (53) und (46') auf die Identitäten (51) zurückführen lassen. Die Gleichung (55) bestimmt demnach den Winkel ψ bis auf eine willkürliche Konstante. Damit ist die Kongruenz selbst bestimmt.

Durch eine unmittelbare Probe stellen wir die Übereinstimmung der Asymptotenlinien auf den Brennflächen fest, und dann erhalten wir nach dem Satz über das Produkt der Krümmungen K und K_1 der Brennflächen einer W-Kongruenz:

$$KK_1 = \frac{1}{\lambda^4} .$$

Nun ist aber die Krümmung K der Fläche (M) nach Voraussetzung gleich $-\frac{1}{\lambda^2}$, folglich ist die Krümmung K_1 der Fläche (M_1) gleich $-\frac{1}{\lambda^2}$.

Die Krümmungen der beiden Brennflächen sind gleich dem negativen reziproken Wert des Abstandsquadrates der Grenzpunkte. Die Kongruenz (MM_1) ist also eine B-Kongruenz.

Die Konstruktion einer B-Kongruenz bei gegebener Brennfläche hängt demnach von der Integration der Gleichung (55) ab, die man auf eine RICCATIsche Gleichung zurückführen kann. Da die Kongruenz noch von einer willkürlichen Konstanten abhängt, die in die Gleichung (49) zur Bestimmung des Winkels 2φ der Brennebenen eingeht, bildet die Gesamtheit der B-Kongruenzen mit gegebener erster Brennfläche eine Schar, die von zwei Parametern abhängt (im Anfangspunkt kann man willkürlich den Winkel der Brennebenen und den Winkel des Strahls mit der Achse $\boldsymbol{I}_1$ vorgeben). Die Bestimmung der B-Flächen selbst mit der Krümmung (48) hängt von der Integration des abgeschlossenen Systems (50), (51), (52), (53) ab. Es enthält die Differentiale dU, dV der beiden unabhängigen Veränderlichen U und V, die drei Formen $\tilde{\omega}^1$, $\tilde{\omega}^2$, $\tilde{\omega}^3$, welche durch die linearen Gleichungen (50), (52) bestimmt werden, und die vier Formen $\tilde{\omega}_1^3$, $\tilde{\omega}_2^3$, $\tilde{\omega}_1^2$ und $d\theta$, die in die quadratischen Gleichungen (51), (53) eingehen. Im ersten Linienelement bleiben die Werte dieser vier Formen beliebig, im zweiten Linienelement bestimmen sie sich aus den bilinearen Gleichungen, die den quadratischen Gleichungen (51), (53) zugeordnet sind; die Gleichungen (51) erlauben nämlich, die Werte von $\tilde{\omega}_1^3$, $\tilde{\omega}_2^3$ mit einer Determinante des Systems, die gleich $\sin\theta$ ist, zu bestimmen, während die Gleichungen (53) die Bestimmung der Werte von $\tilde{\omega}_1^2$, $d\theta$ zulassen mit der Determinante

$$(\tilde{\omega}_1^3)^2 \sin^2\frac{\theta}{2} + (\tilde{\omega}_2^3)^2 \cos^2\frac{\theta}{2}.$$

Das System ist in Involution, und seine allgemeine Lösung hängt von vier Funktionen eines Arguments ab. Damit ist auch geklärt, wie umfangreich die Klasse der B-Kongruenzen ist.

VI. Die Orthogonalität der Linienelemente

49. Die Kongruenz von RIBAUCOUR. Wir betrachten die Aufgabe, *eine Kongruenz zu finden, deren Torsen ihre Mittenfläche in einem konjugierten System schneiden.* Eine derartige Kongruenz werden wir eine *Kongruenz von* RIBAUCOUR nennen.

Verwenden wir die Formeln (3) § 34 für die Komponenten ω^1, ω^2 und führen wir die Bezeichnungen ein

$$\begin{aligned} \omega^3 &= b'\eta\omega_1^3 + b\xi\omega_2^3, \\ \omega_1^2 &= \xi'\omega_1^3 + \eta'\omega_2^3, \end{aligned} \tag{56}$$

so können wir das Differential des Radiusvektors des Mittenpunkts des Strahls in der Gestalt schreiben

$$d\boldsymbol{A} = b'\omega_1^3(\boldsymbol{e}_2 + \eta\,\boldsymbol{e}_3) + b\omega_2^3(\boldsymbol{e}_1 + \xi\boldsymbol{e}_3).$$

Demnach ist der Normalenvektor (nicht Normaleneinheitsvektor) der Mittenfläche (A) gleich

$$\boldsymbol{N} = (\boldsymbol{e}_2 + \eta\,\boldsymbol{e}_3) \times (\boldsymbol{e}_1 + \xi\,\boldsymbol{e}_3) = \xi\,\boldsymbol{e}_1 + \eta\,\boldsymbol{e}_2 - \boldsymbol{e}_3$$

und

$$d\boldsymbol{N} = \boldsymbol{e}_1(d\xi - \eta\omega_1^2 + \omega_1^3) + \boldsymbol{e}_2\,(d\eta + \xi\omega_1^2 + \omega_2^3) + \boldsymbol{e}_3(\xi\omega_1^3 + \eta\omega_2^3).$$

Die zweite quadratische Grundform der Mittenfläche wird proportional zu der Form

$$d\boldsymbol{A}\cdot d\boldsymbol{N} = b\,(d\xi - \eta\,\omega_1^2 + \omega_1^3)\,\omega_2^3 + b'\,(d\eta + \xi\,\omega_1^2 + \omega_2^3)\,\omega_1^3 + \\ + (\xi\omega_1^3 + \eta\,\omega_2^3)\,(b'\eta\,\omega_1^3 + b\,\xi\omega_2^3). \quad \text{(a)}$$

Wenn wir sie in der Gestalt

$$D(\omega_1^3)^2 + 2\,D'\,\omega_1^3\omega_2^3 + D''\,(\omega_2^3)^2$$

schreiben, dann besteht die Bedingung für die Konjugiertheit der beiden Richtungen $\omega_1^3(d) : \omega_2^3(d)$ und $\omega_1^3(\delta) : \omega_2^3(\delta)$ im Verschwinden der Polarform:

$$D\omega_1^3(d)\,\omega_1^3(\delta) + D'\,\{\omega_1^3(d)\,\omega_2^3(\delta) + \omega_1^3(\delta)\,\omega_2^3(d)\} + D''\,\omega_2^3(d)\,\omega_2^3(\delta) = 0.$$

Wir setzen hier die beiden Lösungen der Gleichung für die Torsen (6) § 34 ein:

$$\omega_1^3(d) : \omega_2^3(d) = \sqrt{b} : \sqrt{b'}, \qquad \omega_1^3(\delta) : \omega_2^3(\delta) = \sqrt{b} : -\sqrt{b'}$$

und erhalten

$$Db - D''b' = 0. \quad \text{(b)}$$

Wir bezeichnen nun die Koeffizienten bei ω_1^3 und ω_2^3 in den ausgeschriebenen Differentialen $d\xi$, $d\eta$ durch die Indizes 1 und 2:

$$d\xi = \xi_1\,\omega_1^3 + \xi_2\,\omega_2^3, \qquad d\eta = \eta_1\,\omega_1^3 + \eta_2\,\omega_2^3.$$

Dann erhalten wir aus der Gleichung (a) für die Koeffizienten D und D'' die Ausdrücke

$$D = b'\,(\eta_1 + \xi\xi' + \xi\eta),$$
$$D'' = b\,(\xi_2 - \eta\eta' + \xi\eta).$$

Wenn wir diese Ausdrücke in die Gleichung (b) einsetzen und durch bb' dividieren, ergibt sich die gesuchte Bedingung für den Schnitt der Mittenfläche einer Kongruenz mit deren Torsen längs eines konjugierten Systems in Gestalt der Gleichung

$$\eta_1 - \xi_2 + \xi\xi' + \eta\eta' = 0. \quad (57)$$

Dieser können wir eine bei weitem geeignetere Form geben. Wir multiplizieren alle Glieder der Gleichung mit dem von Null verschiedenen Produkt $[\omega_1^3\omega_2^3]$. Da nun

$$\eta_1\,[\omega_1^3\omega_2^3] = [\eta_1\,\omega_1^3 + \eta_2\,\omega_2^3,\, \omega_2^3] = [d\eta\,\omega_2^3],$$
$$\xi\,\xi'\,[\omega_1^3\,\omega_2^3] = \xi\,[\xi'\,\omega_1^3 + \eta'\,\omega_2^3,\, \omega_2^3] = \xi\,[\omega_1^2\omega_2^3],$$
$$\xi_2\,[\omega_1^3\omega_2^3] = [\omega_1^3 d\xi], \quad \eta\,\eta'\,[\omega_1^3\omega_2^3] = \eta\,[\omega_1^3\omega_1^2],$$

ist die Gleichung (57) äquivalent mit der Gleichung

$$[d\xi - \eta\omega_1^2, \omega_1^3] + [d\eta + \xi\omega_1^2, \omega_2^3] = 0. \tag{57'}$$

50. Eine Kongruenz, die einem Paar von Flächen zugeordnet ist, welche sich durch Orthogonalität der Linienelemente entsprechen. Die Bedingung (57′) besitzt noch eine andere geometrische Bedeutung.

Wir suchen eine Fläche (B), die der Mittenfläche einer Kongruenz (A) durch die Orthogonalität der Linienelemente

$$d\boldsymbol{B} \cdot d\boldsymbol{A} = 0$$

entspricht, so daß in einem Paar entsprechender Punkte die Normale zur Fläche (B) parallel zu dem Kongruenzstrahl $\boldsymbol{e}_3$ ist, der durch den Punkt A geht.

Da für die Fläche (B) der Vektor $\boldsymbol{e}_3$ Normalenvektor ist, besitzt das Differential $d\boldsymbol{B}$ nur zwei Komponenten, nämlich in Richtung der Vektoren $\boldsymbol{e}_1$ und $\boldsymbol{e}_2$. Aus der Bedingung der Orthogonalität von $d\boldsymbol{B}$ und $d\boldsymbol{A}$ folgt direkt

$$d\boldsymbol{B} = \lambda(\omega^2\boldsymbol{e}_1 - \omega^1\boldsymbol{e}_2). \tag{58}$$

Der Proportionalitätsfaktor λ muß so gewählt werden, daß die rechte Seite dieser Gleichung ein vollständiges Differential wird. Notwendige und hinreichende Bedingung dafür ist das Verschwinden des äußeren Differentials. Bilden wir also die äußere Ableitung der Gleichung (58). Wir erhalten nach Division durch λ:

$$[d\ln\lambda, \omega^2\boldsymbol{e}_1 - \omega^1\boldsymbol{e}_2] + \{[\omega^1\omega_1^2] + [\omega^3\omega_3^2]\}\,\boldsymbol{e}_1 - \{[\omega^2\omega_2^1] + [\omega^3\omega_3^1]\}\,\boldsymbol{e}_2 + \\ + [\boldsymbol{e}_2\omega_1^2 + \boldsymbol{e}_3\omega_1^3, \omega^2] - [\boldsymbol{e}_1\omega_2^1 + \boldsymbol{e}_3\omega_2^3, \omega^1] = 0. \tag{c}$$

Diese Gleichung stellt eine lineare Beziehung zwischen den drei aufeinander senkrechten Vektoren $\boldsymbol{e}_1$, $\boldsymbol{e}_2$, $\boldsymbol{e}_3$ dar. Da dies unmöglich ist, müssen die Koeffizienten bei den Vektoren $\boldsymbol{e}_i$ verschwinden. Setzen wir hier nun die Werte der Formen ω^1, ω^2, ω^3 aus den Formeln (3) § 34 und (56) ein und fassen die Koeffizienten bei ω_1^3, ω_2^3 zusammen, so erhalten wir zwei Gleichungen (die dritte, der Koeffizient von $\boldsymbol{e}_3$, verschwindet identisch):

$$\begin{aligned} b'[d\ln\lambda + \eta\omega_2^3, \omega_1^3] &= 0, \\ b[d\ln\lambda + \xi\omega_1^3, \omega_2^3] &= 0. \end{aligned} \tag{59}$$

Indem wir das Lemma von CARTAN anwenden, erhalten wir fast unmittelbar

$$d\ln\lambda = -\xi\omega_1^3 - \eta\,\omega_2^3. \tag{59'}$$

Damit eine Funktion λ, die dieser Gleichung genügt, und demnach eine Fläche (B) existiert, ist notwendig und hinreichend, daß die rechte Seite ein vollständiges Differential bildet, d. h. ihr äußeres Differential gleich Null ist. Durch Differentiation der Gleichung (59′) kommen wir genau auf die Gleichung (57′).

Wenn also die Torsen einer Kongruenz die Mittenfläche in einem konjugierten System schneiden, dann gibt es eine Flächenschar, die der Mittenfläche durch Orthogonalität der Linienelemente entspricht und in jedem Paar entsprechender Punkte zum Kongruenzstrahl parallele Normalen besitzt.

Folglich *ist eine Kongruenz von* RIBAUCOUR *einem Paar von Flächen zugeordnet, die sich durch Orthogonalität der Linienelemente entsprechen.*

Ein solches Flächenpaar werden wir ein *O-Paar* nennen.

Aus den Formeln (58) und (3) § 34 folgt

$$\begin{aligned} d\boldsymbol{B} &= \lambda(b'\omega_1^3\boldsymbol{e}_1 - b\omega_2^3\boldsymbol{e}_2), \\ d\boldsymbol{e}_3 &= -\omega_1^3\boldsymbol{e}_1 - \omega_2^3\boldsymbol{e}_2. \end{aligned} \tag{60}$$

Da für $\omega_2^3 = 0$ oder $\omega_1^3 = 0$ die Tangente $d\boldsymbol{B}$ an die Linien der Fläche (B) parallel zur Tangente ihres sphärischen Bildes $d\boldsymbol{e}_3$ ist, sind diese Kurven die Krümmungslinien auf der Fläche (B) (Flth. S. 72). *Die Krümmungslinien der Fläche (B) entsprechen also den Regelflächen der Kongruenz, deren Kehlkurven den Strahl in seinem Mittenpunkt schneiden.* Dabei sind die Koeffizienten b' und $-b$ proportional zu den Hauptkrümmungsradien der Fläche:

$$R_1 = \lambda b', \qquad R_2 = -\lambda b,$$

wobei R_1 und R_2 die Hauptkrümmungsradien der Fläche (B) sind.

Andererseits erhalten wir, wenn wir zu den Formen $\tilde{\omega}_1$, $\tilde{\omega}_2$ der Torsen übergehen und die Formeln (9) § 34, (13) § 35 verwenden,

$$d\boldsymbol{B} = \frac{\lambda\varrho}{\sin 2\varphi}\{-\tilde{\omega}_1(\boldsymbol{e}_1\sin\varphi + \boldsymbol{e}_2\cos\varphi) + \tilde{\omega}_2(\boldsymbol{e}_1\sin\varphi - \boldsymbol{e}_2\cos\varphi)\},$$

$$d\boldsymbol{e}_3 = \frac{1}{\sin 2\varphi}\{\tilde{\omega}_1(\boldsymbol{e}_1\cos\varphi - \boldsymbol{e}_2\sin\varphi) - \tilde{\omega}_2(\boldsymbol{e}_1\cos\varphi + \boldsymbol{e}_2\sin\varphi)\}.$$

Da nun

$$\begin{aligned} &(\boldsymbol{e}_1\sin\varphi - \boldsymbol{e}_2\cos\varphi)\cdot(\boldsymbol{e}_1\cos\varphi + \boldsymbol{e}_2\sin\varphi) = 0, \\ &(\boldsymbol{e}_1\sin\varphi + \boldsymbol{e}_2\cos\varphi)\cdot(-\boldsymbol{e}_1\cos\varphi + \boldsymbol{e}_2\sin\varphi) = 0, \end{aligned}$$

sind die Tangenten an die Kurven $\tilde{\omega}_1 = 0$ oder $\tilde{\omega}_2 = 0$ auf der Fläche (B) senkrecht zu den Tangenten an das sphärische Bild jener Kurven. Dies ist aber ein Kennzeichen der Asymptotenlinien (Flth. S. 78). Folglich *entsprechen die Torsen der Kongruenz den Asymptotenlinien der Fläche (B).*

51. Die Konstruktion des allgemeinsten *O*-Paares. Wir nehmen nun eine willkürliche Fläche (B), bezogen auf Krümmungslinien, und geben eine willkürliche (analytische) Funktion λ vor; dann erhalten wir für die Differentiale $d\boldsymbol{B}$ des Radiusvektors und $d\boldsymbol{e}_3$ des Normaleneinheitsvektors die Gleichungen (60). Bei passender Wahl von λ bestimmt die Gleichung

$$d\boldsymbol{A} = b\omega_2^3\boldsymbol{e}_1 + b'\omega_1^3\boldsymbol{e}_2 + \omega^3\boldsymbol{e}_3, \tag{61}$$

wobei ω^3 entsprechend der Formel (56) gewählt wird, die allgemeinste Fläche (A), die der Fläche (B) durch Orthogonalität der Linienelemente entspricht. Die Wahl von λ wird durch die Forderung bestimmt, daß die Ausdrücke für die Differentiale $d\boldsymbol{A}$ und $d\boldsymbol{B}$ gleichzeitig vollständige Differentiale sein sollen. Die äußere Differentiation der Gleichung (61) führt auf die Gleichung

$$e_1 \{[\omega^3 - (b + b')\,\omega_1^2, \omega_1^3] + [db\,\omega_2^3]\} + e_2 \{[\omega^3 + (b + b')\,\omega_1^2, \omega_2^3] + [db'\omega_1^3]\} + \\ + e_3 \{\xi([db\,\omega_2^3] - b\,[\omega_1^2\omega_1^3]) + \eta([db'\omega_1^3] + b'\,[\omega_1^2\omega_2^3]) + \\ + b\,[d\xi + \omega_1^3, \omega_2^3] + b'\,[d\eta + \omega_2^3, \omega_1^3]\} = 0,$$

die wegen der linearen Unabhängigkeit der Vektoren e_1, e_2, e_3 in drei Gleichungen zerfällt:

$$\begin{aligned} &[\omega^3 - (b + b')\,\omega_1^2, \omega_1^3] + [db\,\omega_2^3] = 0, \\ &[\omega^3 + (b + b')\,\omega_1^2, \omega_2^3] + [db'\,\omega_1^3] = 0, \end{aligned} \tag{62}$$

$$b'\,[d\eta + \xi\omega_1^2 + \omega_2^3(1 + \eta^2), \omega_1^3] + b[d\xi - \eta\,\omega_1^2 + \omega_1^3(1 + \xi^2), \omega_2^3] = 0, \tag{63}$$

wobei die dritte Gleichung mit Hilfe der ersten beiden umgeformt worden ist.

Andererseits führt die äußere Differentiation der ersten Gleichung (60), wenn wir die Gleichungen (62) verwenden, auf die Gleichung

$$e_1 \{b'\,[d\lambda\,\omega_1^3] - \lambda\,[\omega^3\omega_2^3]\} - e_2 \{b[d\lambda\,\omega_2^3] - \lambda[\omega^3\omega_1^3]\} = 0,$$

die in die beiden Gleichungen (59) zerfällt. Daraus folgt die Gleichung (59′) und nach erneuter äußerer Differentiation die Gleichung (57′). Wir setzen nun in die Gleichungen (62) die Ausdrücke $b = -R_2/\lambda$, $b' = R_1/\lambda$ ein. Dann läßt sich die Funktion λ mit Hilfe der Gleichungen (59′) und der ersten von (56) völlig aus den Gleichungen (62) eliminieren, und wir erhalten eine Gleichung für die Hauptkrümmungsradien R_1, R_2, die identisch befriedigt wird, wenn die gegebene Fläche (B) existiert. Die Gleichung (63) nimmt jetzt die Gestalt an:

$$R_1[d\eta + \xi\,\omega_1^2 + \omega_2^3(1 + \eta^2), \omega_1^3] - R_2[d\xi - \eta\,\omega_1^2 + \omega_1^3(1 + \xi^2), \omega_2^3] = 0. \tag{63'}$$

Bei willkürlich gegebener Fläche (60) führt also die Bestimmung der Fläche (61), welche jener durch Orthogonalität der Linienelemente entspricht, auf die Bestimmung dreier unbekannter Funktionen λ, ξ, η aus den drei Gleichungen (59′), (57′) und (63′), die man in der Gestalt

$$\begin{aligned} &d\ln\lambda = -\xi\omega_1^3 - \eta\,\omega_2^3; \qquad [\Delta\xi, \omega_1^3] + [\Delta\eta, \omega_2^3] = 0; \\ &R_1[\Delta\eta, \omega_1^3] - R_2[\Delta\xi, \omega_2^3] = 0 \end{aligned} \tag{64}$$

schreiben kann, wobei

$$\Delta\xi = d\xi - \eta\omega_1^2 + \omega_1^3(1 + \xi^2); \qquad \Delta\eta = d\eta + \xi\,\omega_1^2 + \omega_2^3\,(1 + \eta^2).$$

Die Formen ω_1^3, ω_2^3 stellen die Differentiale der unabhängigen Veränderlichen dar, die Form ω_1^2 ist als Komponente der Drehung des Dreibeins e_1, e_2, e_3, das der Fläche (B) zugeordnet ist, als bekannt anzusehen.

Da die Gleichung (57′) das äußere Differential der Gleichung (59′) darstellt, ist das System abgeschlossen. Das erste lineare Integralelement wird durch Vorgabe der Differentiale $d\xi$, $d\eta$ oder der Formen $\Delta\xi$, $\Delta\eta$ festgelegt, denn $d\ln\lambda$ wird aus Gleichung (59′) bestimmt. Das zweite lineare Element des zweidimensionalen Integralelements $\mathcal{E}_2$, welches durch das erste geht, ist vollständig bestimmt, weil $\Delta\xi$ und $\Delta\eta$ aus den bilinearen Gleichungen bestimmt werden, die den quadratischen Gleichungen (57′) und (63′) zugeordnet sind.

Folglich ist das System (64) in Involution, und da es $s_1 = 2$ unabhängige quadratische Gleichungen enthält, ist die Fläche (A), die der gegebenen Fläche (B) durch Orthogonalität der Linienelemente entspricht, bis auf zwei beliebige Funktionen eines Arguments bestimmt.

52. Spezielle Formen der Kongruenzen von Ribaucour. Aus unseren Formeln folgt, daß einem beliebigen Paar von Flächen (A) und (B), die einander durch Orthogonalität der Linienelemente entsprechen, eine sogenannte Ribaucoursche Kongruenz zugeordnet ist, die man erhält, wenn man durch jeden Punkt einer dieser Flächen, z. B. der Fläche (A), eine Gerade hindurchlegt, die parallel zur Normalen im entsprechenden Punkt der andern Fläche (B) ist.

Die erste Fläche (A) wird dann die Mittenfläche der Kongruenz, die zweite (B) nennt man ihre *erzeugende Fläche.* Die Willkür einer Kongruenz von Ribaucour wird durch die Willkür in der Wahl der erzeugenden Fläche bestimmt und hängt demnach von einer Funktion zweier Argumente ab.

Die Torsen der Kongruenz entsprechen den Asymptotenlinien der erzeugenden Fläche und einem konjugierten System der Mittenfläche. Wegen der vollständigen Symmetrie der Flächen (A) und (B) bei ihrer Zuordnung durch Orthogonalität der Linienelemente muß den Asymptotenlinien der Fläche (A) ein konjugiertes System der Fläche (B) entsprechen.

Die isotrope Kongruenz (§ 13) erweist sich als ein Spezialfall der Kongruenzen von Ribaucour; man erhält sie, wenn die erzeugende Fläche eine Kugel ist.

Unter den Kongruenzen von Ribaucour befinden sich auch Normalenkongruenzen. Die Torsen einer solchen Kongruenz werden auf der Kugel als ein orthogonales Liniensystem abgebildet; da nun aber dieses System die Asymptotenlinien der erzeugenden Fläche abbildet, sind bei den Normalenkongruenzen von Ribaucour die erzeugenden Flächen Minimalflächen (Flth. S. 142). Das sphärische Bild der Asymptotenlinien einer Minimalfläche und nur dieser Flächen ist isotherm. Da nun für zu den Kongruenzstrahlen normale Flächen dieses Kurvennetz das sphärische Bild der Krümmungslinien darstellt, wird unsere Kongruenz von den Normalen einer Fläche mit isothermer sphärischer Abbildung der Krümmungslinien gebildet.

Unter den Kongruenzen von Ribaucour mit gegebener erzeugender Fläche (B) gibt es stets solche, bei denen die Mittenfläche eine Ebene wird. Tatsächlich genügt es, die Punkte der Fläche (B) senkrecht auf eine Ebene zu projizieren und danach die Ebene mit den Projektionen um einen beliebigen Punkt der Ebene um einen rechten Winkel zu drehen. Man sieht leicht ein, daß in der neuen Lage der Ebene jede Verrückung senkrecht zur entsprechenden Verrückung vor der Drehung und demnach zur Verrückung auf der Fläche (B) ist. Wenn wir nun durch jeden Punkt der Ebene einen Strahl parallel zu den Normalen der Fläche (B) legen, dann erhalten wir eine Kongruenz von Ribaucour, für die diese Ebene die Mittenfläche darstellt.

VII. Zyklische Systeme

53. Das einer Kongruenz zugeordnete zyklische System. Eine zweidimensionale Mannigfaltigkeit von Kreisen (Kreiskongruenz) bildet ein *zyklisches System*, wenn es dazu eine Schar von orthogonalen Flächen gibt, ähnlich wie die zu einer Geradenkongruenz normalen Flächen.

Das System der Geraden, die durch das Zentrum eines jeden Kreises des zyklischen Systems gehen und auf seiner Ebene senkrecht stehen (System der *Achsen der Kreise*), bildet eine Kongruenz, die man *zyklisch* nennt.

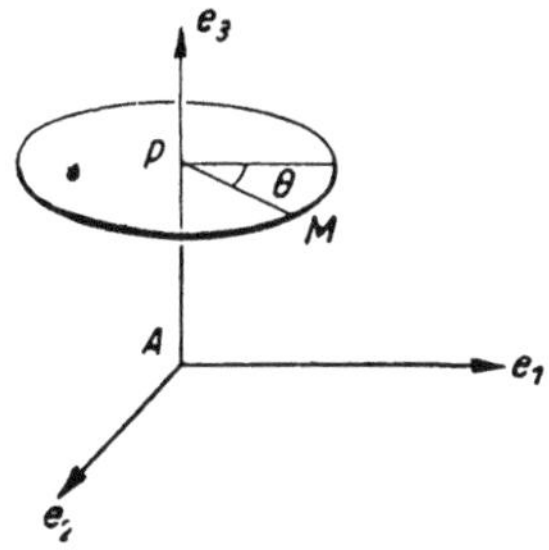

Abb. 3

Es sei eine Geradenkongruenz durch die Komponenten der Bewegung des kanonischen Dreibeins vorgegeben. Kann man nun ihren Strahlen die Kreise eines zyklischen Systems derart zuordnen, daß jeder Strahl die Achse eines Kreises bildet? Es sei (Abb. 3)

$$\boldsymbol{P} = \boldsymbol{A} + t\boldsymbol{e}_3$$

der Mittelpunkt des Kreises und R sein Radius. Wenn wir mit dem Buchstaben θ den Winkel bezeichnen, den der Radiusvektor $\overrightarrow{PM}$ mit der Achse $\boldsymbol{e}_1$ bildet, so erhalten wir den Radiusvektor $\overrightarrow{OM} = \boldsymbol{M}$ des Punktes M auf dem Kreis in der Gestalt

$$\boldsymbol{M} = \boldsymbol{A} + t\boldsymbol{e}_3 + R(\boldsymbol{e}_1 \cos\theta + \boldsymbol{e}_2 \sin\theta). \tag{a}$$

Wenn nun der Punkt M eine Fläche Σ beschreibt, die zu allen Kreisen des zyklischen Systems orthogonal ist, dann muß jede Verrückung $d\boldsymbol{M}$ in der Fläche auf der Tangente $\frac{\partial \boldsymbol{M}}{\partial\theta}$ an den Kreis senkrecht stehen

$$\frac{\partial \boldsymbol{M}}{\partial\theta} \cdot d\boldsymbol{M} = 0. \tag{b}$$

Die Differentiation der Gleichung (a) ergibt:

$$\frac{\partial \boldsymbol{M}}{\partial\theta} = R(-\boldsymbol{e}_1 \sin\theta + \boldsymbol{e}_2\cos\theta),$$

$$\begin{aligned} d\boldsymbol{M} = \boldsymbol{e}_1 \{&\omega^1 + \cos\theta\, dR - R\sin\theta\,(d\theta + \omega_1^2) - t\omega_1^3\} + \\ + \boldsymbol{e}_2 \{&\omega^2 + \sin\theta\, dR + R\cos\theta\,(d\theta + \omega_1^2) - t\omega_2^3\} + \\ + \boldsymbol{e}_3 \{&\omega^3 + dt + R(\omega_1^3 \cos\theta + \omega_2^3 \sin\theta)\}. \end{aligned}$$

Setzen wir dies in die Gleichung (b) ein, so erhalten wir

$$d\theta + \omega_1^2 - \frac{\sin\theta}{R}(\omega^1 - t\omega_1^3) + \frac{\cos\theta}{R}(\omega^2 - t\omega_2^3) = 0. \tag{65}$$

Diese Gleichung muß man als eine Gleichung für die unbekannte Funktion θ auffassen, welche die Lage des Punktes M der Fläche auf dem Kreis des zyklischen Systems bestimmt. Wenn es zu dem System eine einparametrige orthogonale Flächenschar gibt, muß die Gleichung (65) vollständig integrierbar sein, d. h. das äußere Differential der linken Seite muß verschwinden. Bilden wir die äußere Ableitung der Gleichung (65) und eliminieren $d\theta$ mit Hilfe der Gleichung (65) selbst, so erhalten wir:

$$\frac{\sin\theta}{R}\{[d\ln R, \omega^1 - t\omega_1^3] + [\omega^3\omega_1^3] + [dt\,\omega_1^3]\} +$$

$$+ \frac{\cos\theta}{R}\{-[d\ln R, \omega^2 - t\omega_2^3] - [\omega^3\omega_2^3] - [dt\,\omega_2^3]\} -$$

$$- [\omega_1^3\omega_2^3] + \frac{1}{R^2}[\omega^2 - t\omega_2^3, \omega^1 - t\omega_1^3] = 0\,.$$

Da diese Gleichung identisch in θ erfüllt werden muß, müssen die Koeffizienten bei $\sin\theta$, $\cos\theta$ und die freien Glieder verschwinden. Wenn wir hier noch berücksichtigen, daß $\omega^1 = b\,\omega_2^3$, $\omega^2 = b'\,\omega_1^3$ (Formel (3) § 34), dann erhalten wir:

$$\begin{aligned} &[d\ln R,\; b\omega_2^3 - t\omega_1^3] + [\omega^3 + dt, \omega_1^3] = 0\,,\\ &[d\ln R, b'\,\omega_1^3 - t\,\omega_2^3] + [\omega^3 + dt, \omega_2^3] = 0\,,\\ &[\omega_1^3\omega_2^3]\left\{-1 + \frac{b\,b' - t^2}{R^2}\right\} = 0\,. \end{aligned} \tag{66}$$

Die letzte Gleichung liefert eine endliche Beziehung. Weil das Produkt $[\omega_3^1\omega_2^3]$ nicht verschwinden kann und nach Formel (9) § 34 $b\,b' = \varrho^2$ ist, ergibt sich

$$\varrho^2 = R^2 + t^2\,. \tag{67}$$

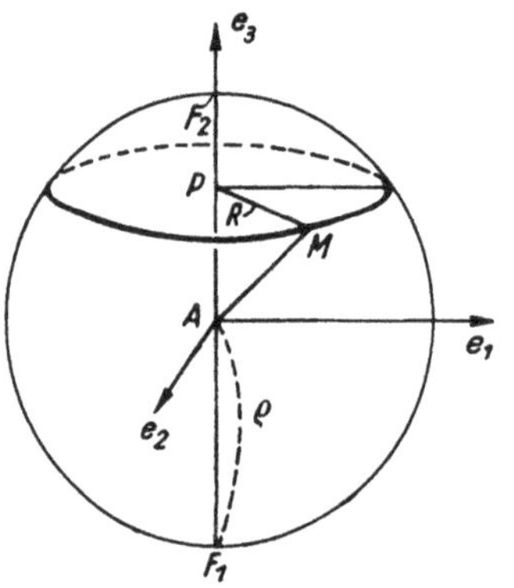

Abb. 4

Die geometrische Bedeutung dieser Beziehung ist sehr einfach. Da $t = AP$ die Abszisse des Punktes P auf dem Strahl (Abb. 4) und $R = PM$ der Abstand des Punktes M von der Achse ist, sagt die Gleichung (67) aus, daß in dem rechtwinkligen Dreieck APM die Hypotenuse AM gleich dem halben Abstand zwischen den Brennpunkten ist,

$$AM = \varrho\,.$$

Jeder Kreis eines zyklischen Systems liegt auf der Kugel, die die Strecke zwischen den Brennpunkten auf der Achse als Durchmesser hat.

54. Der Existenzsatz für zyklische Kongruenzen. Wenn wir eine Hilfsfunktion ψ einführen, derart, daß

$$R = \varrho\sin\psi, \qquad t = \varrho\cos\psi, \tag{67a}$$

und diese Ausdrücke und die Werte $b = \varrho \operatorname{cotg} \varphi$, $b' = \varrho \operatorname{tg} \varphi$ in die beiden ersten Gleichungen (66) einsetzen, so erhalten wir

$$[\sin \psi \, d\varrho + \varrho \cos \psi \, d\psi, \omega_2^3] \cos \varphi - [\varrho \, d\psi - \omega^3 \sin \psi, \omega_1^3] \sin \varphi = 0,$$
$$[\sin \psi \, d\varrho + \varrho \cos \psi \, d\psi, \omega_1^3] \sin \varphi - [\varrho \, d\psi - \omega^3 \sin \psi, \omega_2^3] \cos \varphi = 0.$$

Durch Addition oder Subtraktion dieser Gleichungen und Einführung der Bezeichnungen (13) § 35 ergibt sich

$$\left[\varrho \operatorname{tg} \frac{\psi}{2} d\psi - d\varrho - \omega^3, \tilde{\omega}_2\right] = 0,$$

$$\left[\varrho \operatorname{cotg} \frac{\psi}{2} d\psi + d\varrho - \omega^3, \tilde{\omega}_1\right] = 0,$$

oder wegen (22a) und (22b) § 36

$$\left[\varrho \, d\psi - B' \operatorname{tg} \frac{\psi}{2} \tilde{\omega}_2, \tilde{\omega}_1\right] = 0, \qquad \left[\varrho \, d\psi - B \operatorname{cotg} \frac{\psi}{2} \tilde{\omega}_1, \tilde{\omega}_2\right] = 0,$$

woraus wir, indem wir das Lemma von CARTAN anwenden, fast unmittelbar erhalten

$$d\psi = \frac{B}{\varrho} \operatorname{cotg} \frac{\psi}{2} \tilde{\omega}_1 + \frac{B'}{\varrho} \operatorname{tg} \frac{\psi}{2} \tilde{\omega}_2. \tag{68}$$

Bei Verwendung der Formeln (14′) § 36 und der Identität $\frac{2}{\sin \psi} = \operatorname{tg} \frac{\psi}{2} + \operatorname{cotg} \frac{\psi}{2}$ läßt sich das äußere Differential der Gleichung (68) leicht in die Gestalt überführen

$$\operatorname{tg} \frac{\psi}{2} \left\{ [dB' \tilde{\omega}_2] - \frac{B'}{2\varrho} (A \cos 2\varphi - C') [\tilde{\omega}_1 \tilde{\omega}_2] \right\} +$$
$$+ \operatorname{cotg} \frac{\psi}{2} \left\{ [dB \, \tilde{\omega}_1] - \frac{B}{2\varrho} (A' \cos 2\varphi - C) [\tilde{\omega}_1 \tilde{\omega}_2] \right\} = 0. \tag{69}$$

Wenn wir die Gleichungen (68) und (69) zu den Gleichungen (3′) § 34, (22a, b) § 36 hinzufügen, so erhalten wir ein System, das die zyklische Kongruenz zusammen mit dem zugeordneten zyklischen System bestimmt. Es ist nicht abgeschlossen. Wir sahen schon im § 36, daß die äußeren Differentiale der Gleichungen (3′) infolge der Gleichungen (22a) und (22b) § 36 identisch verschwinden. Durch äußere Differentiation der Gleichungen (22a) und (22b) § 36 erhalten wir das System (40) § 43. Wir führen die Bezeichnungen ein

$$\Delta B = dB + \frac{B}{2\varrho} (A' \cos 2\varphi - C) \tilde{\omega}_2,$$

$$\Delta B' = dB' - \frac{B'}{2\varrho} (A \cos 2\varphi - C') \tilde{\omega}_1,$$

$$\Delta A = dA - m\tilde{\omega}_2,$$

$$\Delta A' = dA' - m'\tilde{\omega}_1,$$

$$\Delta C = dC + n\tilde{\omega}_1 + \frac{B}{2\varrho}(A' \cos 2\varphi - C)\tilde{\omega}_2,$$

$$\Delta C' = dC' + n'\tilde{\omega}_2 - \frac{B'}{2\varrho}(A \cos 2\varphi - C')\tilde{\omega}_1,$$

wobei man die Koeffizienten m' und n' aus den Funktionen m und n durch Änderung der Vorzeichen von ϱ und φ und Ersetzung von A, B, C durch A', B', C' erhält.

Mit diesen Bezeichnungen nehmen die Gleichung (69) und die äußeren Differentiale der Gleichungen (22a) und (22b) die vielfach verwendete Form an

$$\operatorname{tg}\frac{\psi}{2}[\Delta B'\tilde{\omega}_2] + \operatorname{cotg}\frac{\psi}{2}[\Delta B\tilde{\omega}_1] = 0,$$

$$\begin{aligned}&[\Delta A\tilde{\omega}_1] + [\Delta B\tilde{\omega}_2] = 0, \quad [\Delta B\tilde{\omega}_1] + [\Delta C\tilde{\omega}_2] = 0,\\ &[\Delta A'\tilde{\omega}_2] + [\Delta B'\tilde{\omega}_1] = 0, \quad [\Delta B'\tilde{\omega}_2] + [\Delta C'\tilde{\omega}_1] = 0.\end{aligned} \tag{70}$$

Das System (3') § 34, (22a, b) § 36, (68), (70) ist abgeschlossen. Außer den Formen ω_i^k enthält es die Differentiale $d\varphi$, $d\varrho$, $d\psi$ und die sechs Formen ΔA, ΔB, ΔC, $\Delta A'$, $\Delta B'$, $\Delta C'$. Die Formen ω_1^3, ω_2^3 oder die äquivalenten Formen $\tilde{\omega}_1$, $\tilde{\omega}_2$ repräsentieren die Differentiale der unabhängigen Veränderlichen. Alle übrigen Formen ω^i, ω_i^k und die drei Differentiale $d\varrho$, $d\varphi$, $d\psi$ werden in jedem Integralelement durch die Formen $\tilde{\omega}_1$, $\tilde{\omega}_2$ mittels der linearen Gleichungen (3') § 34, (22a), (22b) § 36, (68) bestimmt. Es bleiben die sechs Formen ΔA, ΔB, ΔC, $\Delta A'$, $\Delta B'$, $\Delta C'$, welche durch die fünf quadratischen Gleichungen (70) verknüpft sind. Eine davon, z. B. $\Delta B'$, kann völlig willkürlich bleiben, die übrigen fünf Formen behalten ihre Willkür nur im ersten Integralelement $\boldsymbol{e}_1(d)$ bei. Im zweiten Integralelement $\boldsymbol{e}_2(\delta)$ werden ihre Werte durch die bilinearen Gleichungen bestimmt, die den quadratischen Gleichungen (70) entsprechen: die erste Gleichung erlaubt dann, den Wert von ΔB zu bestimmen, die andern vier die Werte von ΔA, ΔC, $\Delta A'$, $\Delta C'$, wenn nur im ersten Integralelement $\boldsymbol{e}_1(d)$ die Werte der Formen $\tilde{\omega}_1$, $\tilde{\omega}_2$ von Null verschieden gewählt werden.

Folglich ist *das System in Involution* mit den charakteristischen Zahlen $s_1 = 5$, $s_2 = 1$ und *bestimmt eine zyklische Kongruenz bis auf eine willkürliche Funktion zweier Argumente.*

55. Die vollständig zyklische Kongruenz. Wenn man aus den Lösungen des Systems (3') § 34, (22a), (22b) § 36, (68), (70) eine auswählt, dann bestimmen die Größen $\varrho, \varphi, A, B, C, A', B', C'$ die Komponenten ω_i^k des kanonischen Dreibeins der Kongruenz, folglich bestimmen sie die Kongruenz und sind selbst eindeutig bestimmt, wenn die Kongruenz gegeben ist. Der Parameter ψ bestimmt nach den Formeln (67a) auf jedem Strahl die Koordinate des Mittelpunkts des Kreises und seinen Radius R, d. h. er bestimmt das zugeordnete zyklische System. Der Parameter ψ geht nur in die Gleichungen (68) und (69) ein; die zweite dieser Gleichungen enthält den Parameter ψ nur in endlicher Form. Sie bestimmt $\operatorname{tg}^2 \frac{\psi}{2}$, folglich liefert sie im Intervall $(0,2\pi)$ nur zwei Werte für ψ, die sich durch das Vorzeichen unterscheiden. Da der Radius des Kreises R als positive Größe betrachtet werden muß, ist nur einer der beiden Werte für ψ brauchbar.

Folglich *ist im allgemeinen jeder zyklischen Kongruenz genau ein zyklisches System zugeordnet.*

Eine Ausnahme bilden nur die Kongruenzen, für die die Gleichung (69) bezüglich ψ identisch verschwindet; Bedingung dafür ist, daß die Koeffizienten bei $\operatorname{tg} \frac{\psi}{2}$ und $\operatorname{cotg} \frac{\psi}{2}$ verschwinden:

$$[\Delta B\, \tilde{\omega}_1] = 0, \qquad [\Delta B'\, \tilde{\omega}_2] = 0. \tag{70a}$$

In diesem Fall wird die Gleichung (68) vollständig integrierbar und bestimmt ψ bis auf eine willkürliche Konstante. Folglich ist mit den Kongruenzen (70a) eine einparametrige Schar zyklischer Systeme verknüpft. Die Kreise dieser Systeme, die einem bestimmten Strahl zugeordnet sind, bilden eine Kugel mit der Brennstrecke des Strahls als Durchmesser.

Eine Kongruenz, die eine ganze Schar von zyklischen Systemen besitzt, werden wir *vollständig zyklisch* nennen.

Eine vollständig zyklische Kongruenz wird durch das System (3′) § 34, (22a), (22b) § 36, (70), (70a) bestimmt. Dieses System enthält die Veränderliche ψ und die Gleichung (68) nicht; im übrigen enthält es dieselben Veränderlichen und dieselben Formen, welche die Differentiale der unabhängigen Veränderlichen und der Unbekannten linear ausdrücken wie das System von § 54. Die Anzahl der quadratischen Gleichungen erhöht sich um eins, weil das System statt der Gleichung (69) die beiden Gleichungen (70a) enthält. Alle $s_1 = 6$ quadratischen Gleichungen sind linear unabhängig. Die ihnen zugeordneten bilinearen Gleichungen bestimmen die Werte aller sechs Formen ΔA, $\Delta B, \Delta C, \Delta A', \Delta B', \Delta C'$ im zweiten Linienelement $\boldsymbol{e}_2(\delta)$. Folglich ist $s_2 = 0$. Das System ist in Involution und bestimmt die vollständig zyklische Kongruenz bis auf sechs Funktionen eines Arguments.

56. Die zyklische Kongruenz von Ribaucour. Es ist nicht schwer zu beweisen, daß die vollständig zyklische Kongruenz (70a) eine Kongruenz von Ribaucour ist. Tatsächlich wird nach Formel (60) § 50 die Fläche (B), die als sphärisches Bild ihrer Asymptotenlinien gerade das Bild der Torsen der Kongruenz besitzt, durch die Gleichung

$$d\boldsymbol{B} = \lambda\varrho\,(\omega_1^3 \operatorname{tg}\varphi\, \boldsymbol{e}_1 - \omega_2^3 \operatorname{cotg}\varphi\, \boldsymbol{e}_2)$$

bestimmt. Wenn wir nun das äußere Differential dieser Gleichung bilden und in der erhaltenen Gleichung die Koeffizienten der unabhängigen Vektoren $\boldsymbol{e}_1$, $\boldsymbol{e}_2$

gleich Null setzen, dann ergeben sich die beiden Gleichungen

$$\sin\varphi\,[d\ln(\lambda\varrho), \omega_1^3] + \frac{1}{\cos\varphi}[d\varphi, \omega_1^3] + \frac{1}{\sin\varphi}[\omega_1^2, \omega_2^3] = 0,$$

$$\cos\varphi\,[d\ln(\lambda\varrho), \omega_2^3] - \frac{1}{\sin\varphi}[d\varphi, \omega_2^3] - \frac{1}{\cos\varphi}[\omega_1^2, \omega_1^3] = 0.$$

Ihre Summe und Differenz bilden das System

$$[d\ln(\lambda\varrho), \tilde\omega_2] + \frac{1}{\sin\varphi\cos\varphi}[\omega_1^2 - d\varphi, \tilde\omega_1] = 0,$$

$$[d\ln(\lambda\varrho), \tilde\omega_1] - \frac{1}{\sin\varphi\cos\varphi}[\omega_1^2 + d\varphi, \tilde\omega_2] = 0,$$

oder, wenn man die Formeln (22a) und (22b) § 36 verwendet

$$\left[d\ln(\lambda\varrho) - \frac{B}{\varrho}\tilde\omega_1, \tilde\omega_2\right] = 0, \qquad \left[d\ln(\lambda\varrho) + \frac{B'}{\varrho}\tilde\omega_2, \tilde\omega_1\right] = 0.$$

Daraus erhalten wir unter Verwendung des Lemmas von CARTAN

$$d\ln(\lambda\varrho) = \frac{B}{\varrho}\tilde\omega_1 - \frac{B'}{\varrho}\tilde\omega_2. \tag{71}$$

Durch erneute äußere Differentiation ergibt sich mit Hilfe der Formeln (14′) § 36

$$\left[dB + \frac{B}{2\varrho}(A'\cos 2\varphi - C)\,\tilde\omega_2, \tilde\omega_1\right] -$$
$$- \left[dB' - \frac{B'}{2\varrho}(A\cos 2\varphi - C')\,\tilde\omega_1, \tilde\omega_2\right] = 0. \tag{72}$$

Die Gleichung (72) ist gleichbedeutend mit der Gleichung (57′) § 49 und bestimmt eine Kongruenz von RIBAUCOUR. Wir sehen, daß die Bedingung (72) eine unmittelbare Folge der Gleichungen (70a) ist. Folglich ist die Kongruenz (70a) eine RIBAUCOURsche.

Umgekehrt führt, wenn eine Kongruenz von RIBAUCOUR (57) der Gleichung (72) genügt, die Gesamtheit der Gleichungen (57) § 49 und (72) unmittelbar auf das System (70a), folglich ist die vollständig zyklische Kongruenz die einzige Kongruenz von RIBAUCOUR, bei der das sphärische Bild der Torsen gleichzeitig Bild der Asymptotenlinien einer erzeugenden Fläche (B) ist.

Das gibt uns die Möglichkeit, an die Bestimmung der vollständig zyklischen Kongruenz von einem neuen Gesichtspunkt aus heranzugehen.

57. Der Zusammenhang der vollständig zyklischen Kongruenzen mit den *B*-Flächen. Nach Formel (60) § 50 kann man die Krümmung der erzeugenden Fläche als Verhältnis des Flächenelements des sphärischen Bildes zum Element der Fläche bestimmen; man erhält

$$K = \frac{[\omega_1^3\omega_2^3]}{-\lambda^2 b b'[\omega_1^3\omega_2^3]} = \frac{1}{-\lambda^2 b b'} = -\frac{1}{\lambda^2\varrho^2}$$

und daraus nach Formel (71)

$$d\,\frac{1}{\sqrt{-K}} = d(\lambda\varrho) = \lambda B\tilde{\omega}_1 - \lambda B'\tilde{\omega}_2. \tag{a}$$

Wir bilden das äußere Differential des ersten Summanden der rechten Seite. Indem wir die Formeln (14') § 36 verwenden, erhalten wir

$$D(\lambda B\tilde{\omega}_1) = \lambda\,[dB\tilde{\omega}_1] + B[d\lambda\,\tilde{\omega}_1] - \frac{B\lambda}{2\varrho}(A'\cos 2\varphi + B')\,[\tilde{\omega}_1\tilde{\omega}_2] =$$

$$= \lambda\left[dB - B\,d\ln\varrho + B\,d\ln(\lambda\varrho) + \frac{B}{2\varrho}(A'\cos 2\varphi + B')\,\tilde{\omega}_2, \tilde{\omega}_1\right] =$$

$$= \lambda\left[dB + \frac{B}{2\varrho}(A'\cos 2\varphi - C)\,\tilde{\omega}_2, \tilde{\omega}_1\right] = 0.$$

Das letzte äußere Produkt verschwindet wegen der Gleichungen (70a). Analog ergibt sich

$$D(\lambda B'\tilde{\omega}_2) = 0.$$

Folglich sind beide Summanden der rechten Seite der Gleichung (a) vollständige Differentiale, die wir mit dU und dV bezeichnen. Da für $dU = 0$ die Form $\tilde{\omega}_1$ verschwindet, und die Gleichung $\tilde{\omega}_1 = 0$ die Torsen $u = \text{const}$ der Kongruenz bestimmt, ist die neue Veränderliche U eine Funktion von u, $U = f(u)$ und analog $V = F(v)$.

Die Krümmung der erzeugenden Fläche nimmt nun die Gestalt an

$$K = -\frac{1}{(U+V)^2}. \tag{73}$$

Dies ist die notwendige und hinreichende Bedingung dafür, daß eine Kongruenz von Ribaucour zyklisch ist, weil aus der Bedingung (73) und der Formel (a) die Gleichungen (70a) folgen. Da die Gleichung (73) die B-Flächen bestimmt (die Brennflächen einer B-Kongruenz), können wir den Satz aussprechen:

Eine Kongruenz von Ribaucour *ist dann und nur dann eine vollständig zyklische Kongruenz, wenn die erzeugende Fläche eine B-Fläche ist.*

Da die allgemeine B-Fläche von vier Funktionen eines Arguments abhängt, und eine Kongruenz von Ribaucour bei gegebener erzeugender Fläche von zwei Funktionen eines Arguments abhängig ist, kommen wir aufs neue zu dem Schluß, daß die vollständig zyklische Kongruenz im allgemeinen von sechs Funktionen eines Arguments abhängt.

VIII. Die Entsprechung der Krümmungslinien auf den Brennflächen.

58. Die Γ-Kongruenz mit Brennetzen aus Krümmungslinien. Ein anderer Spezialfall einer Kongruenz von Ribaucour ergibt sich, wenn man die Aufgabe stellt, eine Kongruenz mit orthogonalem Brennetz zu finden, mit anderen

Worten eine Kongruenz, deren Torsen die Brennflächen in den Krümmungslinien schneiden. Eine solche Kongruenz werden wir als *Γ-Kongruenz* bezeichnen.

Die Bedingung, der die Γ-Kongruenz genügt, schreibt sich besonders einfach. In den Formeln des § 35 bestimmen die Gleichungen $\tilde{\omega}_1 = 0$ oder $\tilde{\omega}_2 = 0$ die Torsen der Kongruenz; demnach ist in den Formeln (15') § 36 die Brennfläche auf das Brennetz bezogen. Da dieses nun stets konjugiert ist, genügt es zu verlangen, daß es orthogonal sein soll, und dazu darf das Linienelement ds^2 kein gemischtes Glied enthalten. Das ist entweder bei $C = 0$ oder bei $B = 0$ der Fall; im ersten Fall reduziert sich die quadratische Form ψ_1 auf ein einziges Quadrat, und die Brennfläche wird eine Torse. Schließen wir diesen Fall aus, so erhalten wir für unsere Kongruenz die notwendigen und hinreichenden Bedingungen

$$B = 0, \qquad B' = 0. \tag{74}$$

Folglich wird die Γ-Kongruenz durch die linearen Gleichungen (3') § 34, (22a, b) § 36 und die endlichen Gleichungen (74) bestimmt. Die äußeren Ableitungen der Gleichungen (3') § 34 werden infolge der Gleichungen (22a), (22b) § 36 befriedigt. Die äußere Differentiation der Gleichungen (22a), (22b) § 36 bei $B = B' = 0$, d. h. der Gleichungen

$$\frac{2\varrho}{\sin 2\varphi}(\omega_1^2 - d\varphi) = A\tilde{\omega}_1, \quad \omega^3 + d\varrho = C\tilde{\omega}_2,$$
$$\frac{2\varrho}{\sin 2\varphi}(\omega_1^2 + d\varphi) = A'\tilde{\omega}_2, \quad \omega^3 - d\varrho = C'\tilde{\omega}_1$$

kann bequem ausgeführt werden, wenn man die Formeln (14') § 36 und die Beziehungen

$$\omega_1^3 = \frac{\tilde{\omega}_1 - \tilde{\omega}_2}{2\sin\varphi}, \qquad \omega_2^3 = \frac{\tilde{\omega}_1 + \tilde{\omega}_2}{2\cos\varphi} \tag{75}$$

verwendet. Wir erhalten nach einigen Umformungen

$$\begin{aligned} \left[dA - \frac{1}{2\varrho}\left(AC - 2AA'\cos 2\varphi - \frac{4\varrho^2}{\sin^2 2\varphi}\right)\tilde{\omega}_2, \tilde{\omega}_1\right] &= 0,\\ \left[dC + \frac{\cos 2\varphi}{2\varrho}\left(AC + \frac{4\varrho^2}{\sin^2 2\varphi}\right)\tilde{\omega}_1, \tilde{\omega}_2\right] &= 0,\\ \left[dA' + \frac{1}{2\varrho}\left(A'C' - 2AA'\cos 2\varphi - \frac{4\varrho^2}{\sin^2 2\varphi}\right)\tilde{\omega}_1, \tilde{\omega}_2\right] &= 0,\\ \left[dC' + \frac{\cos 2\varphi}{2\varrho}\left(A'C' + \frac{4\varrho^2}{\sin^2 2\varphi}\right)\tilde{\omega}_2, \tilde{\omega}_1\right] &= 0. \end{aligned} \tag{76}$$

Das System (3') § 34, (22a) und (22b) § 36, (76) ist abgeschlossen. Die Differentiale der unabhängigen Veränderlichen werden durch die Formen $\tilde{\omega}_1$, $\tilde{\omega}_2$ repräsentiert. Das lineare Integralelement $e_1(d)$ hängt von den willkürlichen

Werten der vier Differentiale dA, dC, dA', dC' ab. Das zweite lineare Element, das zusammen mit dem ersten das zweidimensionale Element $\mathcal{E}_2$ bestimmt, wird durch die bilinearen Gleichungen, die den quadratischen (76) zugeordnet sind, vollständig bestimmt. Das System ist in Involution und hat die charakteristischen Zahlen $s_2 = 0$, $s_1 = 4$, da es vier unabhängige quadratische Gleichungen enthält. Es bestimmt eine Lösung bis auf vier willkürliche Funktionen eines Arguments.

Es bleibt noch zu zeigen, daß die Γ-Kongruenz ein Spezialfall einer Kongruenz von RIBAUCOUR ist. Dazu könnte man die durch Vergleich der Formel (56) § 49 mit den Gleichungen (22a), (22b) § 36 erhaltenen Werte

$$\xi = \frac{C + C'}{\varrho} \sin\varphi, \quad \eta = \frac{C - C'}{\varrho} \cos\varphi$$

in die Gleichung (57') § 49 einsetzen, aber einfacher überzeugt man sich unmittelbar davon, daß das sphärische Bild der Torsen der Kongruenz gerade das Bild der Asymptotenlinien einer Fläche konstanter negativer Krümmung ist. Da nämlich das Linienelement des sphärischen Bildes einer Kongruenz gleich

$$ds^2 = (\omega_1^3)^2 + (\omega_2^3)^2 = \frac{(\tilde{\omega}_1)^2 - 2\cos 2\varphi\, \tilde{\omega}_1 \tilde{\omega}_2 + (\tilde{\omega}_2)^2}{\sin^2 2\varphi} \tag{77}$$

ist, genügt es zu zeigen, daß die Formen

$$\frac{\tilde{\omega}_1}{\sin 2\varphi}, \quad \frac{\tilde{\omega}_2}{\sin 2\varphi}$$

totale Differentiale sind, weil wir dann, indem wir die erste Form gleich du und die zweite gleich dv setzen, das Linienelement der Kugel in die Gestalt

$$ds^2 = du^2 - 2\cos 2\varphi\, du\, dv + dv^2$$

überführen können; dies ist aber gerade das sphärische Bild der Asymptotenlinien einer Fläche konstanter negativer Krümmung (Flth. S. 111).

Unmittelbares Nachrechnen ergibt nach Formel (14') § 36

$$D\frac{\tilde{\omega}_1}{\sin 2\varphi} = -\frac{2}{\sin 2\varphi} \operatorname{cotg} 2\varphi\, [d\varphi\, \tilde{\omega}_1] - \frac{A' \operatorname{cotg} 2\varphi}{2\varrho} [\tilde{\omega}_1 \tilde{\omega}_2] = 0,$$

weil jetzt

$$2\,d\varphi = \frac{A'\tilde{\omega}_2 - A\tilde{\omega}_1}{2\varrho} \sin 2\varphi;$$

analog ist

$$D\frac{\tilde{\omega}_2}{\sin 2\varphi} = 0.$$

Die Γ-Kongruenz hat also als erzeugende Fläche eine beliebige Fläche konstanter negativer Krümmung. Da eine beliebige Fläche konstanter negativer Krümmung von zwei willkürlichen Funktionen eines Arguments abhängt und die Kongruenz von RIBAUCOUR bei gegebener erzeugender Fläche auch von zwei willkürlichen Funktionen eines Arguments abhängig ist, können bei einer Γ-Kongruenz vier Funktionen eines Arguments beliebig gewählt werden, was wir schon oben erhielten.

59. Die Flächen der Krümmungsmittelpunkte der Brennflächen einer Γ-Kongruenz. Wir betrachten die Kongruenz der Normalen n_1 einer der Brennflächen einer Γ-Kongruenz, z. B. (F_1). Es seien (G_1) und (G_2) die Brennflächen dieser Normalenkongruenz, d. h. die Flächen der Krümmungsmittelpunkte von (F_1).

Da die Brennebenen einer Normalenkongruenz durch die Normale n_1 (den Strahl dieser Kongruenz) und die Tangenten an die Krümmungslinien der Fläche (F_1) gehen, sind die Normalen der Brennflächen (G_1) und (G_2), als Lote auf den Brennebenen, selbst parallel zu den Tangenten an die Krümmungslinien der Fläche (F_1); darunter ist auch die Tangente, die mit dem Strahl e_3 der Kongruenz (F_1F_2) zusammenfällt.

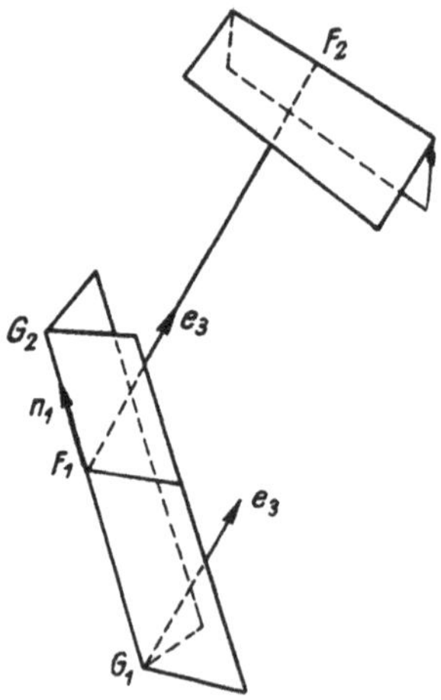

Abb. 5

Wir betrachten nun die Fläche der Krümmungsmittelpunkte, sagen wir (G_1), deren Normale parallel zu e_3 ist. Die Tangente an die eine Kurve des Brennkurvennetzes auf (G_1) fällt mit der Normalen $n_1 = e_1 \sin\varphi + e_2 \cos\varphi$ der Fläche (F_1) zusammen; folglich beschreibt sie eine Normalenkongruenz und berührt die Fläche (G_1) in einer geodätischen Linie (§ 11).

Um den Tangentenvektor an die andere Kurve des Netzes im Punkt G_1 zu bestimmen, genügt es zu bemerken, daß das Brennetz konjugiert ist und die Tangente an eine beliebige Kurve der Fläche senkrecht auf der Tangente des sphärischen Bildes der konjugierten Kurve steht (Flth. S. 76). Da die Normale der Fläche (G_1) parallel zum Kongruenzstrahl e_3 ist, fällt ihr sphärisches Bild mit dem der Kongruenz zusammen. Dabei entspricht das Brennetz der Fläche (G_1) den Krümmungslinien der Fläche (F_1), d. h. den Torsen der Kongruenz (F_1F_2), und darum im sphärischen Bild den Linien $\tilde{\omega}_1 = 0$ und $\tilde{\omega}_2 = 0$. Da hierbei auf der Fläche (F_1) der Strahl F_1F_2 die Linie $\tilde{\omega}_1 = 0$ berührt, und dieser Krümmungslinie auf der Fläche (G_1) die Linie entspricht, welche die Normale n_1 berührt, wird diese Linie auch durch die Gleichung $\tilde{\omega}_1 = 0$ bestimmt.

Unter Verwendung der Formeln (75) schreiben wir das Differential des Normalenvektors e_3 in der Gestalt

$$de_3 = -e_1\omega_1^3 - e_2\omega_2^3 = -\tilde{\omega}_1 \frac{e_1\cos\varphi + e_2\sin\varphi}{\sin 2\varphi} + \tilde{\omega}_2 \frac{e_1\cos\varphi - e_2\sin\varphi}{\sin 2\varphi}. \quad (78)$$

Da die Vektoren n_1 und $e_1\cos\varphi - e_2\sin\varphi$ orthogonal sind (das Skalarprodukt verschwindet), berührt der Vektor n_1 auf der Fläche (G_1) die Kurve $\tilde{\omega}_1 = 0$, und der Vektor n_1', der Tangentenvektor an die zweite Kurve des Brennnetzes $\tilde{\omega}_2 = 0$, muß auf dem Vektor $\boldsymbol{e}_1 \cos\varphi + \boldsymbol{e}_2 \sin\varphi$ senkrecht stehen. Daraus folgt

$$\boldsymbol{n}_1' = \boldsymbol{e}_1 \sin\varphi - \boldsymbol{e}_2 \cos\varphi .$$

Sein Differential ist gleich

$$d\boldsymbol{n}_1' = (\omega_1^2 + d\varphi)(\boldsymbol{e}_1 \cos\varphi + \boldsymbol{e}_2 \sin\varphi) + \boldsymbol{e}_3 (\omega_1^3 \sin\varphi - \omega_2^3 \cos\varphi),$$

oder, nach den Formeln (22a), (22b) § 36

$$d\boldsymbol{n}_1' = \frac{A' \sin 2\varphi}{2\varrho}\, \tilde{\omega}_2 (\boldsymbol{e}_1 \cos\varphi + \boldsymbol{e}_2 \sin\varphi) - \boldsymbol{e}_3 \tilde{\omega}_1 .$$

Daraus folgt, daß der Tangentenvektor $\boldsymbol{n}_1'$ sich bei einer Verschiebung längs der Linie $\tilde{\omega}_2 = 0$ in der Tangentenebene nicht dreht, und dies bedeutet (Flth. S. 113), daß die zweite Kurve des Netzes auch eine geodätische Linie ist.

Eine von den beiden Flächen der Krümmungsmittelpunkte jeder Brennfläche einer Γ-Kongruenz besitzt also ein Brennetz aus geodätischen Linien.

Wir zeigten noch mehr: *Wenn ein konjugiertes Netz als sphärisches Bild das der Asymptotenlinien einer Fläche konstanter negativer Krümmung hat, dann bestehen beide Kurvenscharen des Netzes aus geodätischen Linien.*

60. Die T-Kongruenz[1]) mit Entsprechung der Krümmungslinien auf den Minimalbrennflächen. Wir stellen nun die Aufgabe, eine Kongruenz zu finden, bei der die Krümmungslinien auf den Brennflächen einander entsprechen.

Mit Hilfe der Formeln (22a), (22b) § 36 nehmen die Gleichungen der Krümmungslinien (18b) § 35 auf der ersten und zweiten Brennfläche die Gestalt an

$$\begin{aligned} (A\tilde{\omega}_1 + B\tilde{\omega}_2)(B\tilde{\omega}_1 + C\tilde{\omega}_2) + \frac{4\varrho^2}{\sin^2 2\varphi}\tilde{\omega}_1\tilde{\omega}_2 = 0, \\ (A'\tilde{\omega}_2 + B'\tilde{\omega}_1)(B'\tilde{\omega}_2 + C'\tilde{\omega}_1) + \frac{4\varrho^2}{\sin^2 2\varphi}\tilde{\omega}_1\tilde{\omega}_2 = 0. \end{aligned} \tag{a}$$

Indem wir die Koeffizienten bei den Potenzen von $\tilde{\omega}_1$, $\tilde{\omega}_2$ zusammenfassen und ihre Proportionalität verlangen, erhalten wir

$$\frac{AB}{B'C'} = \frac{BC}{A'B'} = \frac{AC + B^2 + \dfrac{4\varrho^2}{\sin^2 2\varphi}}{A'C' + B'^2 + \dfrac{4\varrho^2}{\sin^2 2\varphi}} . \tag{79}$$

Man sieht unmittelbar, daß die Gleichungen (a) zusammenfallen, wenn $B = 0$, $B' = 0$. Wir erhalten dann die Kongruenz der vorangehenden Paragraphen.

Wenn $B' = 0$ ist, dann ist auch $B = 0$; denn das Verschwinden von A oder C führt auf eine ausgeartete Kongruenz: nach den Formeln (15') § 36 entartet die zweite oder sogar die erste quadratische Grundform der Brennfläche (F_1). Wenn aber B und B' nicht Null sind, dann ergibt die erste der Gleichungen (79)

$$AA' = CC' .$$

[1]) Kongruenz von THYBAUT

Folglich *ist eine Kongruenz mit entsprechenden Krümmungslinien auf den Brennflächen, wenn diese nicht mit dem Brennetz zusammenfallen, stets eine W-Kongruenz.* Dieses Ergebnis war vorauszusehen. Die Krümmungslinien bilden ein konjugiertes Netz, und wenn dieses Netz nicht mit dem Brennetz zusammenfällt, dann führt die Entsprechung der Krümmungslinien auf zwei Paare sich entsprechender konjugierter Netze auf den Brennflächen (das erste ist das Brennetz), und nach dem Satz von PETERSON entspricht *jedem* konjugierten Netz der ersten Brennfläche ein konjugiertes Netz der zweiten; die Asymptotenlinien entsprechen sich auch, und die Kongruenz ist eine *W*-Kongruenz.

Einen anderen Spezialfall erhält man, wenn man setzt

$$A' = \varepsilon C, \quad C' = \varepsilon A, \quad B' = \varepsilon B, \quad \varepsilon = \pm 1. \tag{79'}$$

Die Gleichungen (79) werden dann befriedigt.

Es folgt aus den Gleichungen (22a), (22b) § 36

$$\begin{aligned} \omega^3 - d\varrho &= \varepsilon \frac{2\varrho}{\sin 2\varphi} (\omega_1^2 - d\varphi), \\ \omega^3 + d\varrho &= \varepsilon \frac{2\varrho}{\sin 2\varphi} (\omega_1^2 + d\varphi), \end{aligned} \tag{80}$$

woraus wir durch Addieren und Subtrahieren erhalten

$$\omega^3 = \varepsilon \frac{2\varrho}{\sin 2\varphi} \omega_1^2, \quad d\varrho = \varepsilon \frac{2\varrho}{\sin 2\varphi} d\varphi.$$

Die zweite Gleichung wird integriert und es ergibt sich bei $\varepsilon = 1$[1])

$$\begin{aligned} \varrho &= a \operatorname{tg} \varphi, \\ \omega^3 &= \frac{a}{\cos^2 \varphi} \omega_1^2, \quad a = \text{const}. \end{aligned} \tag{80'}$$

Die Gleichung (21) § 36 nimmt nun die Gestalt an

$$[\omega_1^2 - d\varphi, \tilde{\omega}_1] + [\omega_1^2 + d\varphi, \tilde{\omega}_2] = 0,$$

oder wegen (13) § 35

$$\sin \varphi \, [d\varphi \, \omega_1^3] + \cos \varphi \, [\omega_1^2 \omega_2^3] = 0, \tag{81a}$$

und die äußere Differentiation der zweiten Gleichung in (80′) führt auf die quadratische Gleichung

$$[d\varphi \, \omega_1^2] - \sin \varphi \cos \varphi \, [\omega_1^3 \omega_2^3] = 0. \tag{81b}$$

Das System (3′) § 34, (80′), (81a), (81b) ist abgeschlossen. Die linearen Gleichungen (3′) § 34, (80′) bestimmen die Werte der Formen ω^1, ω^2, ω^3; die quadratischen Gleichungen (81a), (81b) enthalten die beiden Formen ω_1^2, $d\varphi$, welche Differentiale unbekannter Funktionen darstellen; im ersten Linienelement sind sie willkürlich, im zweiten sind sie bestimmt durch die bilinearen

[1]) Der Fall $\varepsilon = -1$ läßt sich hierauf durch eine Drehung des kanonischen Dreibeins um 90° zurückführen.

Gleichungen, die den quadratischen (81 a), (81 b) zugeordnet sind, wenn nur die Determinante des Systems im Anfangspunkt von Null verschieden ist:

$$\sin\varphi\,\omega_1^3\,d\varphi + \cos\varphi\,\omega_2^3\omega_1^2 \neq 0. \tag{b}$$

Das System ist in Involution und bestimmt die Kongruenz bis auf zwei willkürliche Funktionen eines Arguments. Wir werden eine solche Kongruenz eine T-Kongruenz nennen. Das Verschwinden der Determinante (b) auf der ganzen Integralmannigfaltigkeit ergibt keine singuläre Lösung. Tatsächlich folgt aus dem Verschwinden der Determinante (b) bei $\omega_2^3 = 0$ das Verschwinden von $d\varphi$. Also kann man setzen

$$d\varphi = t\cos\varphi\,\omega_2^3, \qquad \omega_1^2 = -\,t\sin\varphi\,\omega_1^3;$$

dann führen aber die Gleichungen (81 a), (81 b) auf die endlichen Beziehungen

$$2t\sin\varphi\cos\varphi = 0, \qquad \sin\varphi\cos\varphi\,(t^2-1) = 0,$$

woraus $\sin 2\varphi = 0$ folgt, und die Kongruenz entartet.

61. Die Brennflächen einer *T*-Kongruenz. Wenn wir mit den Ausdrücken aus (22 a), (22 b) § 36 in die Gleichungen (18 a) § 35 eingehen, so erhalten wir für die Hauptkrümmungsradien R der ersten Brennfläche die Gleichungen

$$B\tilde{\omega}_1 + (R + C)\,\tilde{\omega}_2 = 0,$$
$$\left(\frac{4\varrho^2}{\sin^2 2\varphi} - AR\right)\tilde{\omega}_1 - BR\,\tilde{\omega}_2 = 0,$$

und daraus, indem wir $\tilde{\omega}_1$, $\tilde{\omega}_2$ eliminieren

$$AR^2 - R\left(\frac{4\varrho^2}{\sin^2 2\varphi} + B^2 - AC\right) - C\,\frac{4\varrho^2}{\sin^2 2\varphi} = 0.$$

Demnach ist für die mittlere Krümmung H der Fläche:

$$2H = \frac{1}{R_1} + \frac{1}{R_2} = \frac{\dfrac{4\varrho^2}{\sin^2 2\varphi} + B^2 - AC}{C\,\dfrac{4\varrho^2}{\sin^2 2\varphi}}.$$

Die mittlere Krümmung verschwindet, und die erste Brennfläche ist eine Minimalfläche, wenn

$$\frac{4\varrho^2}{\sin^2 2\varphi} + B^2 = AC. \tag{82}$$

Da nach den Formeln (22 a), (22 b) § 36

$$\frac{2\varrho}{\sin 2\varphi}\,[\omega_1^2 - d\varphi, \omega^3 + d\varrho] = (AC - B^2)\,[\tilde{\omega}_1\tilde{\omega}_2] = (B^2 - AC)\sin 2\varphi\,[\omega_1^3\omega_2^3],$$

wird die Bedingung (82) äquivalent der Gleichung

$$\frac{2\varrho}{\sin 2\varphi}\,[\omega_1^2 - d\varphi, \omega^3 + d\varrho] = -\,\frac{4\varrho^2}{\sin 2\varphi}\,[\omega_1^3\omega_2^3]. \tag{82'}$$

Wenn man diese Gleichung zusammen mit den Gleichungen (80), (81a), (81b) betrachtet, dann sieht man leicht ein, daß sie aus diesen als algebraische Folgerung hervorgeht. In der Tat, setzen wir in die Gleichung (82′) für $\omega^3 + d\varrho$ den aus der zweiten Gleichung (80) entnommenen Wert ein, so erhalten wir für $\varepsilon = 1$ die Gleichung

$$[\omega_1^2 - d\varphi, \omega_1^2 + d\varphi] = -2 \sin\varphi \cos\varphi\, [\omega_1^3 \omega_2^3],$$

die mit (81b) identisch ist.

Andererseits wird unter der Bedingung (82) für die Kongruenz (79) auch die zweite Brennfläche eine Minimalfläche. Umgekehrt erhalten wir, wenn die Kongruenz (79) zwei Minimalflächen als Brennflächen hat, die Bedingung (79′). Setzen wir nämlich die Werte (82) und die entsprechenden für die zweite Brennfläche in die Gleichungen (79) ein, so erhalten wir

$$\frac{AB}{B'C'} = \frac{BC}{A'B'} = \frac{AC}{A'C'},$$

und daraus

$$\frac{B}{B'} = \frac{A}{C'} = \frac{C}{A'} = t, \tag{83}$$

wobei t eine Hilfsunbekannte ist. Betrachten wir die Differenz zwischen der Gleichung (82) und der entsprechenden für die zweite Brennfläche, so ergibt sich, wenn wir A', B', C' mit Hilfe der Verhältnisse (83) eliminieren

$$(AC - B^2)(1 - t^2) = 0.$$

Da das Verschwinden des ersten Faktors auf eine ausgeartete Kongruenz führt (Abstand der Grenzpunkte gleich Null), erhalten wir $t^2 = 1$, d. h. die Bedingung (79′).

Es sind also beide Brennflächen der Kongruenz (79′) *Minimalflächen.*

Satz: *Die Brennflächen einer T-Kongruenz werden durch die Kongruenzstrahlen konform aufeinander bezogen.*

Tatsächlich sind die Linienelemente der Brennflächen nach der Formel (15′) § 36

$$ds_1^2 = \left(\frac{4\varrho^2}{\sin^2 2\varphi} + B^2\right)(\tilde\omega_1)^2 + 2BC\,\tilde\omega_1\tilde\omega_2 + C^2(\tilde\omega_2)^2,$$

$$ds_2^2 = C'^2(\tilde\omega_1)^2 + 2B'C'\,\tilde\omega_1\tilde\omega_2 + \left(\frac{4\varrho^2}{\sin^2 2\varphi} + B'^2\right)(\tilde\omega_2)^2$$

und die Brennflächen sind konform aufeinander bezogen, wenn diese proportional sind, d. h. wenn

$$\frac{C'^2}{\dfrac{4\varrho^2}{\sin^2 2\varphi} + B^2} = \frac{B'C'}{BC} = \frac{\dfrac{4\varrho^2}{\sin^2 2\varphi} + B'^2}{C^2}. \tag{84}$$

Setzen wir hier die Werte (79′) ein, dann gehen diese Bedingungen unmittelbar in die Gleichung (82) und in eine analoge für die zweite Brennfläche über.

62. Der Existenzsatz für die Kongruenzen mit entsprechenden Krümmungslinien auf den Brennflächen. Wir wenden uns nun der allgemeinen Kongruenz (79) zu und bemerken, daß der Existenzbeweis dafür auf den Existenzsatz für die Lösung des Differentialgleichungssystems (3′) § 34, (22a, b) § 36, (40′) § 43 hinausläuft, zu dem man noch die endlichen Gleichungen (79) hinzunehmen muß. Diese endlichen Gleichungen kann man unter der Bedingung $BB' \neq 0$ in der Gestalt schreiben

$$\begin{gathered} AA' - CC' = 0, \\ A'B'\left(AC + B^2 + \frac{4\varrho^2}{\sin^2 2\varphi}\right) - BC\left(A'C' + B'^2 + \frac{4\varrho^2}{\sin^2 2\varphi}\right) = 0. \end{gathered} \tag{a}$$

Wir führen die Formen ein

$$\begin{aligned} \varDelta A &= dA + pA\tilde{\omega}_1, & \varDelta A' &= dA' + qA'\tilde{\omega}_2, \\ \varDelta C &= dC + qC\tilde{\omega}_2, & \varDelta C' &= dC' + pC'\tilde{\omega}_1, \end{aligned}$$

wobei p und q vorläufig unbestimmte Koeffizienten sind. Das Differential der ersten Gleichung (a) wird dann

$$A'\varDelta A + A\varDelta A' - C'\varDelta C - C\varDelta C' = 0. \tag{b$_1$}$$

Damit das Differential der zweiten die Gestalt

$$\begin{aligned} &A'B'C\varDelta A + (B'M - BCC')\varDelta A' + (2A'BB' - CN)\varDelta B + \\ &\quad + (A'M - 2BB'C)\varDelta B' + (AA'B' - BN)\varDelta C - A'BC\varDelta C' = 0 \end{aligned} \tag{b$_2$}$$

annimmt, wobei

$$M = AC + B^2 + \frac{4\varrho^2}{\sin^2 2\varphi}, \qquad N = A'C' + B'^2 + \frac{4\varrho^2}{\sin^2 2\varphi},$$

genügt es, p und q so zu wählen, daß sie den Gleichungen

$$\begin{aligned} AA'(B'C - A'B)p &= \ldots, \\ AA'(B'C - A'B)q &= \ldots \end{aligned} \tag{85}$$

genügen; durch die Punkte werden bekannte Funktionen angedeutet. Wenn die Koeffizienten bei p und q nicht identisch verschwinden, ist diese Transformation möglich, weil man dann die Anfangsbedingungen so wählen kann, daß sie im Anfangspunkt von Null verschieden sind; wegen der Stetigkeit sind sie dann auch in seiner Umgebung von Null verschieden. Die Gleichungen (40) § 43 nehmen jetzt die Gestalt an

$$\begin{aligned} &[\varDelta A\tilde{\omega}_1] + [\varDelta B\tilde{\omega}_2] = 0, & &[\varDelta A'\tilde{\omega}_2] + [\varDelta B'\tilde{\omega}_1] = 0, \\ &[\varDelta B\tilde{\omega}_1] + [\varDelta C\tilde{\omega}_2] = 0, & &[\varDelta B'\tilde{\omega}_2] + [\varDelta C'\tilde{\omega}_1] = 0. \end{aligned} \tag{40''}$$

Indem wir die bilinearen Gleichungen ausschreiben, die den quadratischen (40″) zugeordnet sind und die Gleichungen (b$_1$), (b$_2$) hinzunehmen, erhalten wir sechs lineare Gleichungen zur Bestimmung der sechs Formen $\Delta A, \Delta A', \Delta B, \Delta B', \Delta C, \Delta C'$ im zweiten Linienelement.

Im ersten sind vier dieser Formen willkürlich, die Werte der übrigen zwei bestimmen sich aus den Gleichungen (b_1), (b_2). Die Determinante dieses Systems von sechs linearen Gleichungen kann mit Hilfe der Gleichungen (a) in die Form gebracht werden

$$(A'(\tilde{\omega}_2)^2 - C'(\tilde{\omega}_1)^2)\left\{A(\tilde{\omega}_1)^2 + \frac{M}{B}\tilde{\omega}_1\tilde{\omega}_2 + C(\tilde{\omega}_2)^2\right\}\cdot(B'C - A'B). \quad (86)$$

Sie verschwindet auf vier Charakteristiken, aber sie kann nicht auf der ganzen Integralmannigfaltigkeit verschwinden, wenn man von Spezialfällen absieht. Folglich ist das System in Involution, und die allgemeine Lösung hängt von vier Funktionen eines Arguments ab, weil das System $s_1 = 4$ unabhängige quadratische Gleichungen enthält.

Die singulären Fälle hängen vom Verschwinden der Koeffizienten von p und q in den Gleichungen (85) ab oder vom identischen Verschwinden der Determinante (86) (unabhängig von der Wahl von $\tilde{\omega}_1 : \tilde{\omega}_2$) und laufen auf die Gleichung hinaus

$$B'C - A'B = 0.$$

Das führt uns auf die T-Kongruenz. In der Tat erhalten wir, da wegen (79) $AA' = CC'$ ist,

$$\frac{A'}{C} = \frac{B'}{B} = \frac{C'}{A},$$

und wir kommen wieder auf die Gleichungen (83), aus denen wegen (a) folgt

$$\frac{4\varrho^2}{\sin^2 2\varphi}(t^2 - 1) = 0.$$

IX. Eine Transformation der in Quadriken verbiegbaren Flächen

63. Die Abwicklung des Komplexes der Tangenten an eine Fläche. Wir betrachten irgendeine Fläche S und den Komplex ihrer Tangenten. Kann man nun auf jeder Tangente einen Punkt M und durch jede Tangente eine Ebene m angeben derart, daß bei jeder Verbiegung der Fläche S der Komplex in eine einparametrige Schar von Kongruenzen zerfällt, für die der Punkt M Brennpunkt und die Ebene m Brennebene ist?

Wir ordnen dem Flächenpunkt A von S ein beliebiges Dreibein T zu, dessen dritte Achse $\boldsymbol{e}_3$ mit der Normalen zusammenfällt. Die Differentiale der Verrückung des Dreibeins auf der Fläche seien bestimmt durch die Formeln

$$d\boldsymbol{A} = \omega^i \boldsymbol{e}_i, \quad d\boldsymbol{e}_i = \omega_i^k \boldsymbol{e}_k, \quad i, k = 1, 2, 3. \quad (87)$$

Da nun die Ebene ($\boldsymbol{e}_1\boldsymbol{e}_2$) die Tangentenebene der Fläche ist, erhalten wir

$$\omega^3 = 0, \quad (88)$$

und das äußere Differential dieser Gleichung ergibt:

$$[\omega^1\omega^3] + [\omega^2\omega_2^3] = 0,$$

woraus nach dem Lemma von CARTAN folgt

$$\begin{aligned}\omega_1^3 &= a\,\omega^1 + b\,\omega^2,\\ \omega_2^3 &= b\,\omega^1 + c\,\omega^2.\end{aligned} \tag{89}$$

Wenn man dieses Dreibein um die Normale e_3 um den Winkel α dreht, so ergeben sich als neue Komponenten $\tilde{\omega}^i$, $\tilde{\omega}_i^k$ des Dreibeins $\tilde{T}$

$$\begin{aligned}&\tilde{\omega}^1 = \omega^1 \cos\alpha + \omega^2 \sin\alpha, \quad &&\tilde{\omega}^2 = -\,\omega^1 \sin\alpha + \omega^2 \cos\alpha,\\ &\tilde{\omega}_1^3 = \omega_1^3 \cos\alpha + \omega_2^3 \sin\alpha, \quad &&\tilde{\omega}_2^3 = -\,\omega_1^3 \sin\alpha + \omega_2^3 \cos\alpha,\\ &\tilde{\omega}_1^2 = \omega_1^2 + d\alpha.\end{aligned} \tag{90}$$

Wir betrachten die Kongruenz, die von der ersten Achse des Dreibeins $\tilde{T}$ beschrieben wird, und nehmen an, der Brennpunkt M liege im Abstand

$$AM = t^{-1},$$

so daß

$$\boldsymbol{M} = \boldsymbol{A} + t^{-1}\boldsymbol{e}_1$$

$$d\boldsymbol{M} = \tilde{\boldsymbol{e}}_1(dt^{-1} + \tilde{\omega}^1) + \tilde{\boldsymbol{e}}_2(\tilde{\omega}^2 + t^{-1}\tilde{\omega}_1^2) + \tilde{\boldsymbol{e}}_3 t^{-1}\tilde{\omega}_1^3.$$

Da die Ebene m Tangentenebene an die Fläche (M) sein muß, liegen alle Verrückungen $d\boldsymbol{M}$ in dieser Ebene. Bezeichnen wir mit φ den Winkel dieser Ebene mit der Ebene $(\boldsymbol{e}_1\boldsymbol{e}_2)$, so erhalten wir

$$t^{-1}\tilde{\omega}_1^3 = (\tilde{\omega}^2 + t^{-1}\tilde{\omega}_1^2)\operatorname{tg}\varphi,$$

oder

$$\omega_1^2 + d\alpha = -\,t\tilde{\omega}^2 + \tilde{\omega}_1^3 \operatorname{cotg}\varphi. \tag{91}$$

Hier muß man t und φ als Funktionen der Argumente u, v und α betrachten.

Die Gleichung (91) bestimmt α, wenn die Funktionen t und φ bekannt sind. Jede Lösung α bestimmt eine Kongruenz unseres Komplexes, die der aufgestellten Forderung genügt. Damit der Komplex in eine einparametrige Schar von Kongruenzen zerfällt, muß die Gleichung (91) vollständig integrierbar und ihr äußeres Differential eine algebraische Folge der Gleichung selbst sein.

Bilden wir die äußere Ableitung der Gleichung (91) und eliminieren die Form $\tilde{\omega}_1^2$, welche das Differential $d\alpha$ enthält, so erhalten wir

$$\begin{aligned}&[d_1 t\, \tilde{\omega}^2] + \frac{1}{\sin^2\varphi}[d_1\varphi\, \tilde{\omega}_1^3] - t_\alpha[\omega_1^2 - \tilde{\omega}_1^3 \operatorname{cotg}\varphi, \tilde{\omega}^2] -\\ &- \frac{\varphi_\alpha}{\sin^2\varphi}[\omega_1^2 + t\tilde{\omega}^2, \tilde{\omega}_1^3] + t[\tilde{\omega}^1, \tilde{\omega}_1^3 \operatorname{cotg}\varphi - t\tilde{\omega}^2] -\\ &- \operatorname{cotg}\varphi\,[\tilde{\omega}_1^3 \operatorname{cotg}\varphi - t\tilde{\omega}^2, \tilde{\omega}_2^3] - [\omega_1^3\,\omega_2^3] = 0.\end{aligned} \tag{92}$$

Hier führten wir die Bezeichnungen ein

$$\begin{aligned} dt &= d_1 t + t_\alpha d\alpha, \quad d\varphi = d_1\varphi + \varphi_\alpha d\alpha, \quad t_\alpha = \frac{\partial t}{\partial \alpha}, \\ d_1 t &= \frac{\partial t}{\partial u} du + \frac{\partial t}{\partial v} dv, \quad d_1\varphi = \frac{\partial \varphi}{\partial u} du + \frac{\partial \varphi}{\partial v} dv, \quad \varphi_\alpha = \frac{\partial \varphi}{\partial \alpha}. \end{aligned} \tag{93}$$

Die Gleichungen (89) für die Komponenten des Dreibeins T schreiben sich

$$\tilde{\omega}_1^3 = \tilde{a}\tilde{\omega}^1 + \tilde{b}\,\tilde{\omega}^2, \quad \tilde{\omega}_2^3 = \tilde{b}\tilde{\omega}^1 + \tilde{c}\tilde{\omega}^2; \tag{89'}$$

danach haben die beiden quadratischen Formen der Fläche die Gestalt

$$ds^2 = (\tilde{\omega}^1)^2 + (\tilde{\omega}^2)^2,$$

$$-\,d\boldsymbol{e}_3 \cdot d\boldsymbol{A} = \tilde{\omega}^1\tilde{\omega}_1^3 + \tilde{\omega}^2\tilde{\omega}_2^3 = \tilde{a}(\tilde{\omega}^1)^2 + 2\tilde{b}\tilde{\omega}^1\tilde{\omega}^2 + \tilde{c}(\tilde{\omega}^2)^2.$$

Bei der Verbiegung der Fläche bleiben das Linienelement und die Formen $\tilde{\omega}^1$, $\tilde{\omega}^2$, $\tilde{\omega}_1^2$ erhalten, die zweite Form und die Koeffizienten $\tilde{a}$, $\tilde{b}$, $\tilde{c}$ ändern sich unter Erhaltung der Flächenkrümmung

$$K = \frac{[\tilde{\omega}_1^3\,\tilde{\omega}_2^3]}{[\tilde{\omega}^1\tilde{\omega}^2]} = \tilde{a}\tilde{c} - \tilde{b}^2.$$

Setzen wir die Ausdrücke (89′) in die Gleichung (92) ein, so erhalten wir

$$[d_1 t\,\tilde{\omega}^2] + \frac{1}{\sin^2\varphi}[d_1\varphi, \tilde{a}\tilde{\omega}^1 + \tilde{b}\tilde{\omega}^2] - \left(t^2 + \frac{K}{\sin^2\varphi}\right)[\tilde{\omega}^1\tilde{\omega}^2] -$$

$$-\,t_\alpha[\omega_1^2\tilde{\omega}^2] + t_\alpha \operatorname{cotg}\varphi[\tilde{a}\,\tilde{\omega}^1\tilde{\omega}^2] - \frac{\varphi_\alpha}{\sin^2\varphi}[\omega_1^2 + t\tilde{\omega}^2, \tilde{a}\tilde{\omega}^1 + \tilde{b}\tilde{\omega}^2] = 0. \tag{92'}$$

Diese Gleichung ist eine Identität bezüglich u, v, α. Gleichzeitig muß sie für jede Verbiegung der Fläche gelten. Da nun bei einer Verbiegung der Fläche sich nur die Größen $\tilde{a}$, $\tilde{b}$, $\tilde{c}$ ändern, und die Funktionen t und α von der Verbiegung nicht abhängen, zerfällt die Gleichung (92′) in drei Gleichungen

$$\left[d_1 t - t_\alpha\omega_1^2 - \left(t^2 + \frac{K}{\sin^2\varphi}\right)\tilde{\omega}^1, \tilde{\omega}^2\right] = 0, \tag{94a}$$

$$\left[\frac{1}{\sin^2\varphi} d_1\varphi - t_\alpha \operatorname{cotg}\varphi\,\tilde{\omega}^2 - \frac{\varphi_\alpha}{\sin^2\varphi}(\omega_1^2 + t\tilde{\omega}^2), \tilde{\omega}^1\right] = 0, \tag{94b}$$

$$[d_1\varphi - \varphi_\alpha\omega_1^2, \tilde{\omega}^2] = 0. \tag{94c}$$

Die Gleichungen (94a) bis (94c) bilden das Gleichungssystem, das die Größen t und φ als Funktionen der Veränderlichen u, v, α bestimmt. Danach bestimmt die vollständig integrierbare Gleichung (91) α als Funktion von u, v.

Die Gleichung (94c) hat nach dem Lemma von CARTAN zur Folge

$$d_1\varphi = \varphi_\alpha\omega_1^2 + \lambda\tilde{\omega}^2.$$

Setzen wir diesen Wert in die Gleichung (94b) ein, so erhalten wir

$$(\lambda - t\varphi_\alpha - t_\alpha \sin\varphi \cos\varphi)\,[\tilde{\omega}^1 \tilde{\omega}^2] = 0.$$

Da das Produkt $[\tilde{\omega}^1 \tilde{\omega}^2]$ von Null verschieden ist, verschwindet die runde Klammer. Bestimmen wir daraus den unbekannten Koeffizienten λ und setzen ihn in die vorhergehende Gleichung ein, so ergibt sich für das vollständige Differential $d\varphi$ die Gleichung

$$d\varphi = \varphi_\alpha \tilde{\omega}_1^2 + \{t\varphi_\alpha + t_\alpha \sin\varphi \cos\varphi\}\,\tilde{\omega}^2. \tag{95a}$$

Analog kann man die Gleichung (94a) umschreiben in die Gestalt

$$dt = t_\alpha \tilde{\omega}_1^2 + \left(t^2 + \frac{K}{\sin^2\varphi}\right)\tilde{\omega}^1 + \nu\tilde{\omega}^2, \tag{95b}$$

wobei ν eine neue unbekannte Funktion ist.

64. Die Überführung des Systems in Involution. Die Gleichungen (95a), (95b) muß man als ein Gleichungssystem mit den unbekannten Funktionen t, φ, ν bezüglich der drei unabhängigen Veränderlichen u, v, α auffassen, deren Differentiale durch die Formen $\tilde{\omega}^1$, $\tilde{\omega}^2$, $\tilde{\omega}_1^2$ linear dargestellt werden.

Durch äußere Differentiation erhalten wir

$$\begin{aligned}
&[d\varphi_\alpha \tilde{\omega}_1^2] + t\,[d\varphi_\alpha \tilde{\omega}^2] + \sin\varphi\cos\varphi\,[dt_\alpha \tilde{\omega}^2] + \\
&\quad + (t\,\varphi_\alpha + t_\alpha \sin\varphi\cos\varphi)\,[\tilde{\omega}^1 \tilde{\omega}_1^2] - 2\varphi_\alpha t_\alpha \cos^2\varphi\,[\tilde{\omega}^2 \tilde{\omega}_1^2] + \\
&\quad + \varphi_\alpha\,(t^2 + K\operatorname{cotg}^2\varphi)\,[\tilde{\omega}^1 \tilde{\omega}^2] = 0,
\end{aligned} \tag{95a'}$$

$$\begin{aligned}
&[dt_\alpha \tilde{\omega}_1^2] + [d\nu\,\tilde{\omega}^2] + \left(\nu - 2tt_\alpha + 2K\varphi_\alpha \frac{\cos\varphi}{\sin^3\varphi}\right)[\tilde{\omega}^1 \tilde{\omega}_1^2] - \left(t^2 + \frac{K}{\sin^2\varphi}\right)[\tilde{\omega}^2 \tilde{\omega}_1^2] + \\
&+ \left\{-2t\nu + Kt_\alpha(2\operatorname{cotg}^2\varphi - 1) + 2Kt\varphi_\alpha \frac{\cos\varphi}{\sin^3\varphi} - 4\frac{KK_2}{\sin^2\varphi}\right\}[\tilde{\omega}^1 \tilde{\omega}^2] = 0,
\end{aligned} \tag{95b'}$$

wobei wir die Bezeichnung einführten

$$dK = 4K(K_1\tilde{\omega}^1 + K_2\tilde{\omega}^2). \tag{96}$$

Die Gleichungen (95a'), (95b') enthalten nur die drei Formen $d\varphi_\alpha$, $d(t^{-1})_\alpha$, $d\nu$ aus dem Unterring der Differentiale der unbekannten Funktionen. Setzen wir

$$\begin{aligned}
d\varphi_\alpha &= a_1\tilde{\omega}^1 + a_2\tilde{\omega}^2 + a_3\tilde{\omega}_1^2, \\
dt_\alpha &= b_1\tilde{\omega}^1 + b_2\tilde{\omega}^2 + b_3\tilde{\omega}_1^2, \\
d\nu &= \nu_1\tilde{\omega}^1 + \nu_2\tilde{\omega}^2 + \nu_3\tilde{\omega}_1^2
\end{aligned} \tag{α}$$

und gehen wir mit diesen Größen in die Gleichungen (95a'), (95b') ein, so ergibt sich ein System von sechs Gleichungen, welches die Koeffizienten a_i, b_i, ν_i des allgemeinsten Integralelements dritter Ordnung bestimmt. Uns interessieren nun die Gleichungen, die man erhält, wenn man die Koeffizienten der

Formen $[\tilde{\omega}^1 \tilde{\omega}_1^2]$ und $[\tilde{\omega}^1 \tilde{\omega}^2]$ in den Gleichungen (95a'), (95b') gleich Null setzt

$$a_1 + t\varphi_\alpha + t_\alpha \sin\varphi \cos\varphi = 0, \tag{α_1}$$

$$t a_1 + b_1 \sin\varphi \cos\varphi + \varphi_\alpha (t^2 + K \operatorname{cotg}^2 \varphi) = 0, \tag{α_2}$$

$$b_1 + \nu - 2 t t_\alpha + 2 K \varphi_\alpha \frac{\cos\varphi}{\sin^3\varphi} = 0, \tag{β_1}$$

$$\nu_1 - 2 t\nu + K t_\alpha (2 \operatorname{cotg}^2 \varphi - 1) + 2 K t \varphi_\alpha \frac{\cos\varphi}{\sin^3\varphi} - 4 \frac{K K_2}{\sin^2\varphi} = 0. \tag{β_2}$$

Multiplizieren wir die Gleichung (α_1) mit t und die Gleichung (β_1) mit $\sin\varphi\cos\varphi$ und ziehen sie von der Gleichung (α_2) ab, so erhalten wir

$$\nu = t t_\alpha - K \varphi_\alpha \frac{\cos\varphi}{\sin^3\varphi}. \tag{97}$$

Dies ist eine neue endliche Gleichung für die unbekannten Funktionen.

Wenn wir das System (95a), (95b), (95a'), (95b') zusammen mit der endlichen Gleichung (97) betrachten, dann müssen wir das vollständige Differential der Gleichung (97) hinzufügen:

$$d\nu = t\, dt_\alpha - K \frac{\cos\varphi}{\sin^3\varphi} d\varphi_\alpha + \left\{ \left(t^2 + \frac{K}{\sin^2\varphi}\right) t_\alpha - 4 K K_1 \varphi_\alpha \frac{\cos\varphi}{\sin^3\varphi} \right\} \tilde{\omega}^1 +$$
$$+ \left\{ \nu t_\alpha - 4 K K_2 \varphi_\alpha \frac{\cos\varphi}{\sin^3\varphi} - K \varphi_\alpha \frac{d}{d\varphi}\left(\frac{\cos\varphi}{\sin^3\varphi}\right) (t\varphi_\alpha + t_\alpha \sin\varphi\cos\varphi) \right\} \tilde{\omega}^2 +$$
$$+ \left\{ t_\alpha^2 - K \varphi_\alpha^2 \frac{d}{d\varphi}\left(\frac{\cos\varphi}{\sin^3\varphi}\right) \right\} \tilde{\omega}_1^2. \tag{97'}$$

Bei der Bestimmung des Integralelements $\mathscr{E}_3$ können wir die Gleichungen (α_i), (β_i) verwenden, und fügen ihnen die Gleichungen hinzu, die man aus dem Differential der Gleichung (97') erhält. Fassen wir nun unter Verwendung des Systems (α) die Koeffizienten der Glieder mit der Form $\tilde{\omega}^1$ zusammen, so erhalten wir

$$\nu_1 = t b_1 - K \frac{\cos\varphi}{\sin^3\varphi} a_1 + \left(t^2 + \frac{K}{\sin^2\varphi}\right) t_\alpha - 4 K K_1 \varphi_\alpha \frac{\cos\varphi}{\sin^3\varphi}. \tag{98}$$

Nun besteht die Identität

$$(\alpha_2) - t(\alpha_1) - (\beta_1) \sin\varphi\cos\varphi = 0,$$

wobei (α_i), (β_i) die linken Seiten der entsprechenden Gleichungen bezeichnen, nachdem man den Wert (97) eingesetzt hat. Bilden wir entsprechend

$$(\beta_2) - t(\beta_1) + K \frac{\cos\varphi}{\sin^3\varphi} (\alpha_1) = 0$$

und setzen für ν und ν_1 die Ausdrücke aus den Formeln (97), (98) ein, so ergibt sich eine endliche Gleichung zwischen den Unbekannten $(t^{-1})_\alpha$ und φ_α

$$t\varphi_\alpha + t_\alpha \sin\varphi\cos\varphi = K_1 \varphi_\alpha + K_2 \operatorname{tg}\alpha. \tag{99}$$

Eliminieren wir damit aus der Gleichung (95a) die Veränderliche $t\varphi_\alpha + t_\alpha \sin\varphi \cos\varphi$, so erhalten wir

$$d \ln \sin \varphi = (\ln \sin \varphi)_\alpha \, \tilde{\omega}_1^2 + \{K_1 (\ln \sin \varphi)_\alpha + K_2\} \, \tilde{\omega}^2. \tag{100}$$

Diese Gleichung kann man nun unabhängig von den Gleichungen mit der Veränderlichen t^{-1} betrachten.

65. Die Untersuchung der Gleichung für den Winkel φ. Wir müssen nun das äußere Differential der Gleichung (100) bilden. Dabei haben wir zu beachten, daß unsere eingeführten Größen K_1, K_2 vom Winkel α abhängen. In der Tat folgt aus den Gleichungen (90)

$$\omega^1 = \tilde{\omega}^1 \cos \alpha - \tilde{\omega}^2 \sin \alpha, \qquad \omega^2 = \tilde{\omega}^1 \sin \alpha + \tilde{\omega}^2 \cos \alpha.$$

Indem wir neue Bezeichnungen mittels der Gleichungen

$$\frac{1}{4} d \ln K = K_1 \tilde{\omega}^1 + K_2 \tilde{\omega}^2 = (\ln K)_1 \omega^1 + (\ln K)_2 \omega^2 \tag{101}$$

einführen, wobei $(\ln K)_1$, $(\ln K)_2$ offensichtlich nicht von α abhängen, ergibt sich

$$\begin{aligned} K_1 &= (\ln K)_1 \cos \alpha + (\ln K)_2 \sin \alpha, \\ K_2 &= -(\ln K)_1 \sin \alpha + (\ln K)_2 \cos \alpha, \end{aligned} \tag{102}$$

und daraus

$$d K_1 = d_1 K_1 + K_2 \, d\alpha, \qquad d K_2 = d_1 K_2 - K_1 \, d\alpha. \tag{103}$$

Wir setzen nun

$$\begin{aligned} d (\ln K)_1 &= (\ln K)_{11} \omega^1 + (\ln K)_{12} \omega^2, \\ d (\ln K)_2 &= (\ln K)_{21} \omega^1 + (\ln K)_{22} \omega^2. \end{aligned} \tag{104}$$

Dabei sind die Größen $(\ln K)_{12}$ und $(\ln K)_{21}$ nicht unabhängig voneinander. Als äußeres Differential der Gleichung (101) erhalten wir

$$[d(\ln K)_1 - (\ln K)_2 \, \omega_1^2, \omega^1] + [d(\ln K)_2 + (\ln K)_1 \, \omega_1^2, \omega^2] = 0.$$

Setzt man

$$\omega_1^2 = h\omega^1 + k\omega^2,$$

so ergibt sich

$$(\ln K)_{12} - k(\ln K)_2 = (\ln K)_{21} + h(\ln K)_1.$$

Demnach können wir folgendermaßen bezeichnen:

$$\begin{aligned} a_{11} &= (\ln K)_{11} - h(\ln K)_2 - (\ln K)_1 (\ln K)_1 - K, \\ a_{12} &= (\ln K)_{12} - k(\ln K)_2 - (\ln K)_1 (\ln K)_2, \\ a_{21} &= (\ln K)_{21} + h(\ln K)_1 - (\ln K)_1 (\ln K)_2, \\ a_{22} &= (\ln K)_{22} + k(\ln K)_1 - (\ln K)_2 (\ln K)_2 - K. \end{aligned} \qquad a_{12} = a_{21}. \tag{104'}$$

Mit diesen Bezeichnungen schreiben sich die Formeln (103)

$$dK_1 = \tilde{\omega}^1(M + K_1^2 + K) + \tilde{\omega}^2(N + K_1K_2) + K_2\tilde{\omega}_1^2,$$
$$dK_2 = \tilde{\omega}^1(N + K_1K_2) + \tilde{\omega}^2(M' + K_2^2 + K) - K_1\tilde{\omega}_1^2,$$

wobei

$$M = a_{11}\cos^2\alpha + 2a_{12}\sin\alpha\cos\alpha + a_{22}\sin^2\alpha,$$
$$M' = a_{11}\sin^2\alpha - 2a_{12}\sin\alpha\cos\alpha + a_{22}\cos^2\alpha,$$
$$N = a_{12}(\cos^2\alpha - \sin^2\alpha) + (a_{22} - a_{11})\sin\alpha\cos\alpha.$$

Das äußere Differential der Gleichung (100) nimmt dann die Gestalt an:

$$[d(\ln\sin\varphi)_\alpha\tilde{\omega}_1^2] + K_1[d(\ln\sin\varphi)_\alpha\tilde{\omega}^2] +$$
$$+ \{K_1(\ln\sin\varphi)_\alpha + K_2\}[\tilde{\omega}^1\tilde{\omega}_1^2] + \{K_1 - K_2(\ln\sin\varphi)_\alpha\}[\tilde{\omega}^2\tilde{\omega}_1^2] +$$
$$+ \{(\ln\sin\varphi)_\alpha(M + K_1^2) + N + K_1K_2\}[\tilde{\omega}^1\tilde{\omega}^2] = 0. \qquad (100')$$

Wir suchen nun das Integralelement in der Gestalt

$$d(\ln\sin\varphi)_\alpha = A\tilde{\omega}^1 + B\tilde{\omega}^2 + C\tilde{\omega}_1^2.$$

Setzen wir dies in die Gleichung (100′) ein und verlangen, daß die Koeffizienten der unabhängigen Produkte $[\tilde{\omega}^1\tilde{\omega}_1^2]$, $[\tilde{\omega}^2\tilde{\omega}_1^2]$, $[\tilde{\omega}^1\tilde{\omega}^2]$ verschwinden, so erhalten wir das Gleichungssystem

$$A + K_1(\ln\sin\varphi)_\alpha + K_2 = 0, \qquad (\gamma_1)$$
$$B - K_1C - K_2(\ln\sin\varphi)_\alpha + K_1 = 0, \qquad (\gamma_2)$$
$$K_1A + (M + K_1^2)(\ln\sin\varphi)_\alpha + N + K_1K_2 = 0. \qquad (\gamma_3)$$

Durch Elimination des Koeffizienten A aus den Gleichungen (γ_1), (γ_3) ergibt sich die endliche Gleichung

$$M(\ln\sin\varphi)_\alpha + N = 0. \qquad (105)$$

Folglich ist

$$\frac{\partial\ln\sin\varphi}{\partial\alpha} = \frac{(a_{11} - a_{22})\sin\alpha\cos\alpha + a_{12}(\sin^2\alpha - \cos^2\alpha)}{a_{11}\cos^2\alpha + 2a_{12}\sin\alpha\cos\alpha + a_{22}\sin^2\alpha}. \qquad (106)$$

66. Die Abwicklung eines Komplexes aus pseudosphärischen Kongruenzen. Die Gleichung (105) ist identisch befriedigt, wenn

$$a_{11} = 0, \quad a_{12} = 0, \quad a_{22} = 0.$$

Bilden wir die Kombinationen $a_{11}\omega^1 + a_{12}\omega^2$ und $a_{21}\omega^1 + a_{22}\omega^2$, so erhalten wir

$$d(\ln K)_1 - \omega_1^2(\ln K)_2 - \frac{1}{4}(\ln K)_1 d\ln K = K\omega^1,$$

$$d(\ln K)_2 - \omega_1^2(\ln K)_1 - \frac{1}{4}(\ln K)_2 d\ln K = K\omega^2.$$

Durch äußere Differentiation und Elimination der Differentiale $d(\ln K)_1$ und $d(\ln K)_2$ erhält man

$$K(\ln K)_1[\omega^1\omega^2] = 0, \quad K(\ln K)_2[\omega^1\omega^2] = 0,$$

folglich ist bei $K \neq 0$

$$(\ln K)_1 = 0, \quad (\ln K)_2 = 0$$

und

$$dK = 0, \quad \text{d. h.} \quad K = \text{const.}$$

Jetzt nimmt die Gleichung (100) die Gestalt an

$$d\varphi = \varphi_\alpha \tilde{\omega}_1^2,$$

und mit der Gleichung (100′) als äußerem Differential ergibt sich

$$[d\varphi_\alpha \tilde{\omega}_1^2] - K[\tilde{\omega}^1 \tilde{\omega}^2].\varphi_\alpha = 0,$$

woraus durch äußere Produktbildung mit $\tilde{\omega}_1^2$ wird

$$-K[\tilde{\omega}^1 \tilde{\omega}^2 \tilde{\omega}_1^2]\varphi_\alpha = 0, \quad \text{d. h.} \quad \varphi_\alpha = 0;$$

das bedeutet aber $d\varphi = 0$ und $\varphi = \text{const}$, und die Gleichung (99) ergibt

$$t_\alpha = 0,$$

während die Gleichungen (95b′), (95b) und (97) liefern:

$$K = -t^2 \sin^2\varphi, \quad dt = 0, \quad \text{d. h.} \quad t = \text{const}.$$

Da der Abstand t^{-1} zwischen den Brennpunkten und der Winkel φ der Brennebenen konstant sind, müssen alle Kongruenzen, in die der Komplex der Tangenten zerfällt, pseudosphärisch sein.

Aus denselben Gleichungen folgt, daß wir immer dann, wenn der Abstand t^{-1} der Brennpunkte und der Winkel der Brennebenen nicht vom Winkel α abhängen, d. h. wenn der Punkt M in jeder Tangentenebene einen Kreis beschreibt und alle Brennebenen mit einer Tangentenebene der Fläche S immer denselben Winkel φ bilden, zu einer Schichtung des Tangentenkomplexes in pseudosphärische Kongruenzen kommen.

67. Der Tangentenkomplex einer Fläche zweiter Ordnung. Wenn die a_{ik} nicht alle Null sind, kann man, indem man das Dreibein T um einen passenden Winkel β dreht, den Koeffizienten a_{12} zu Null machen.

In der Tat ist die Drehung des Dreibeins T gleichbedeutend mit dem Übergang vom Dreibein T zum Dreibein $\tilde{T}$, wenn man den Winkel α durch den Winkel β ersetzt. Dabei sind, wie die Formeln (102) besagen, die neuen Größen $\overline{(\ln K)}_1$, $\overline{(\ln K)}_2$ mit den alten ebenso verknüpft, wie das für die Größen K_1 und K_2 gilt. Für die Größen $\overline{(\ln K)}_{ij}$ erhält man die Transformationsformeln aus den Gleichungen

$$\overline{(\ln K)}_{11}\,\overline{\omega}^1 + \overline{(\ln K)}_{12}\,\overline{\omega}^2 = d(\ln K)_1 \cos\beta + d(\ln K)_2 \sin\beta + \\ + \{(\ln K)_2 \cos\beta - (\ln K)_1 \sin\beta\}\, d\beta.$$

Setzen wir in die Gleichungen (104′) die Ausdrücke für $\overline{(\ln K)}_i$, $\overline{(\ln K)}_{ij}$ und die neuen Koeffizienten $\bar{h}, \bar{k}$ aus den Gleichungen

$$\bar{h}\,\overline{\omega}^1 + \bar{k}\,\overline{\omega}^2 = h\omega^1 + k\omega^2$$

ein, so erhalten wir für den neuen Koeffizienten $\bar{a}_{12}$ den Ausdruck

$$\bar{a}_{12} = a_{12}(\cos^2\beta - \sin^2\beta) + (a_{11} - a_{22})\sin\beta\cos\beta .$$

Wir können stets einen Winkel β so auswählen, daß wir erhalten

$$\bar{a}_{12} = 0 .$$

Wir nehmen an, daß diese Transformation durchgeführt sei und schon das Dreibein T diese Eigenschaft besitze:

$$a_{12} = 0 .$$

Nun wird die Gleichung (106) integriert. Bezeichnen wir durch L^2 eine willkürliche Funktion der Veränderlichen u, v (die α nicht enthält), so ergibt sich

$$\sin^2\varphi = \frac{L^2}{a_{11}\cos^2\alpha + a_{22}\sin^2\alpha} . \tag{107}$$

Setzen wir diesen Ausdruck in die Gleichung (100) ein, so erhalten wir

$$d\ln L - \frac{\sin^2\alpha\, da_{22} + \cos^2\alpha\, da_{11}}{2(a_{22}\sin^2\alpha + a_{11}\cos^2\alpha)} = \frac{(a_{11} - a_{22})\sin\alpha\cos\alpha}{a_{22}\sin^2\alpha + a_{11}\cos^2\alpha}\,\omega_1^2 -$$

$$- (-\omega^1\sin\alpha + \omega^2\cos\alpha)\,\frac{(\ln K)_1 a_{22}\sin\alpha - (\ln K)_2 a_{11}\cos\alpha}{a_{22}\sin^2\alpha + a_{11}\cos^2\alpha} .$$

Da die Größen a_{11}, a_{22} und L nicht von α abhängen, gelangt man durch Vergleich der Koeffizienten bei den Potenzen von $\sin\alpha$ und $\cos\alpha$ zu dem System

$$d\ln L - \frac{1}{2}\,d\ln a_{22} = (\ln K)_1\,\omega^1 , \tag{a$_1$}$$

$$d\ln L - \frac{1}{2}\,d\ln a_{11} = (\ln K)_2\,\omega^2 , \tag{a$_2$}$$

$$(\ln K)_1\, a_{22}\omega^2 + (\ln K)_2\, a_{11}\omega^1 + (a_{22} - a_{11})\,\omega_1^2 = 0 . \tag{a$_3$}$$

Durch Addition der Gleichungen (a_1) und (a_2) ergibt sich

$$2d\ln L - \frac{1}{2}\,d\ln(a_{11}a_{22}) = \frac{1}{4}\,d\ln K ,$$

und daraus durch Integration

$$L^2 = c\sqrt{a_{11}a_{22}}\,\sqrt[4]{K}, \quad c = \text{const} .$$

Andererseits erhalten wir, indem wir das äußere Produkt der Gleichung (a_1) mit ω^1 und der Gleichung (a_2) mit ω^2 bilden,

$$\left[d\ln\frac{L}{\sqrt{a_{22}}}, \omega^1\right] = 0 \quad \left[d\ln\frac{L}{\sqrt{a_{11}}}, \omega^2\right] = 0 .$$

Führen wir auf der Fläche S mittels der Gleichungen

$$\omega^1 = a\,du, \qquad \omega^2 = b\,dv \tag{108}$$

krummlinige Koordinaten ein, so erkennen wir, daß die Funktion $\frac{L}{\sqrt{a_{22}}}$ nicht von der Veränderlichen v und $\frac{L}{\sqrt{a_{11}}}$ nicht von u abhängt

$$L^2 = \frac{c a_{22}}{U} = \frac{c a_{11}}{V}, \quad U = \varphi(u), \quad V = \psi(v), \tag{109}$$

und folglich ist

$$K = \frac{1}{U^2 V^2}. \tag{110}$$

Daraus folgt

$$(\ln K)_1 = -\frac{1}{2a}\frac{U'}{U}, \quad (\ln K)_2 = -\frac{1}{2b}\frac{V'}{V},$$

und da

$$\frac{a_{11}}{V} = \frac{a_{22}}{U},$$

ergibt die Gleichung (a_3)

$$\omega_1^2 = \frac{b}{2a}\frac{U'\,dv}{(U-V)} + \frac{a}{2b}\frac{V'\,du}{(U-V)}.$$

Durch äußere Differentiation der Gleichung (108) erhalten wir nun

$$[da\,du] = [\omega_1^2 \omega^2], \quad [db\,dv] = [\omega^1 \omega_1^2],$$

oder

$$\frac{\partial a}{\partial v} = -\frac{a}{2}\frac{V'}{(U-V)}; \quad \frac{\partial b}{\partial u} = \frac{b}{2}\frac{U'}{(U-V)},$$

woraus durch Integration folgt

$$a = U_1\sqrt{U-V}, \quad b = V_1\sqrt{U-V},$$

wobei U_1 und V_1 willkürliche Funktionen sind, die eine von u, die andere von v, die durch die Wahl der Parameter u, v zu Eins normiert werden können, wie dies aus Formel (108) hervorgeht.

Das Linienelement der Fläche S nimmt die Gestalt an

$$ds^2 = (\omega^1)^2 + (\omega^2)^2 = a^2\,du^2 + b^2\,dv^2 = (U-V)(du^2 + dv^2), \tag{111}$$

wobei die Funktionen U und V der Bedingung unterliegen, daß die Krümmung des Linienelements der Gleichung (110) genügt.

Dies ist aber das Linienelement einer Fläche zweiter Ordnung, bezogen auf die Krümmungslinien (Flth. S. 133). Folglich *läßt sich die Fläche S in eine Fläche zweiter Ordnung verbiegen.*

68. Schluß des Beweises zum Existenzsatz. Es bleibt uns noch zu zeigen, daß bei der Verbiegung einer beliebigen Fläche zweiter Ordnung der Komplex der Tangenten in Kongruenzen mit zu jeder Tangente gegebenem Brennpunkt und gegebener Brennebene zerfällt.

Wenn wir in die Gleichung (107) nach den Formeln (109)

$$a_{22} = \frac{UL^2}{c}, \quad a_{11} = \frac{VL^2}{c}$$

einsetzen, so erhalten wir

$$\sin^2\varphi = \frac{c}{V\cos^2\alpha + U\sin^2\alpha}. \tag{107'}$$

Dieser Ausdruck genügt der Gleichung (100), wenn die Krümmung K durch die Formel (110) bestimmt wird. Setzen wir ihn in die Gleichung (99) ein, so ergibt sich nach Integration

$$t = -\frac{1}{2\sqrt{U-V}}\left\{\frac{d\ln(U-c)}{du}\cos\alpha + \frac{d\ln(V-c)}{dv}\sin\alpha\right\} + $$
$$+ Q\sqrt{(U-c)\sin^2\alpha + (V-c)\cos^2\alpha},$$

wobei Q eine willkürliche Funktion der Veränderlichen u, v ist.

Gehen wir mit φ und t in die Gleichungen (94a) bis (94c) ein und setzen die Koeffizienten der Potenzen von $\cos\alpha$ und $\sin\alpha$ gleich Null, so erhalten wir nach einigen Rechnungen unter Verwendung der Gaussschen Gleichung für das Linienelement (111)

$$\frac{\partial^2 \ln\sqrt{U-V}}{\partial u^2} + \frac{\partial^2 \ln\sqrt{U-V}}{\partial v^2} = \frac{1}{U^2V^2}$$

den Ausdruck für die Funktion Q

$$Q = \frac{C_1}{(U-c)(V-c)},$$

wobei die Konstante C_1 vollständig bestimmt ist, wenn die Konstante c und die Funktionen U, V gegeben sind.

Man kann also jeder Verbiegungstransformierte einer Fläche zweiter Ordnung ein System Σ von auf ihren Tangenten gelegenen Punkten M und durch ihre Tangenten gehenden Ebenen m zuordnen derart, daß für jede Verbiegung der Fläche der Komplex der Tangenten in eine Schar von Kongruenzen zerfällt, deren Brennpunkte die Punkte M und deren Brennebenen die Ebenen m sind. Dabei hängt das gebildete System Σ bei gegebener Fläche zweiter Ordnung von einer willkürlichen Konstanten c ab.

Durch eine direkte Rechnung überzeugen wir uns, daß das Produkt der Krümmungen der Fläche S und der zweiten Brennfläche S' gleich

$$KK' = -\frac{\sin^4\varphi}{(t^{-1})^4}$$

ist. Folglich ist jede Kongruenz (AM) eine W-Kongruenz (§ 42).

Wenn die Fläche S Teil einer Fläche zweiter Ordnung Q_2 ist, dann entarten alle Brennflächen S' der Kongruenzen der Schar in Kurven, die auf einer Fläche zweiter Ordnung Q_2' liegen, welche zur Fläche Q_2 konfokal ist.

Für jede nicht ausgeartete Kongruenz (AM), d. h. wenn die Fläche S nicht mit derjenigen Fläche zweiter Ordnung zusammenfällt, in die sie verbiegbar ist, sind die Brennflächen der Kongruenz ineinander verbiegbar.

Bei dieser Verbiegung der Brennflächen S und S' liegen die entsprechenden Punkte nicht auf demselben Kongruenzstrahl. Um diese Zuordnung herzustellen, muß man auf die gemeinsamen Brennpunkte der Quadriken Q_2 und Q_2' zurückgehen. Diese Flächen liegen in derselben Flächenschar eines dreifach orthogonalen Systems. Zu einer solchen Schar gibt es eine Kongruenz von Kurven, die sämtliche Flächen der Schar senkrecht durchsetzen. Dabei entspricht nun jedem Punkt der Fläche S ein bestimmter Punkt der Fläche S', der auf derselben Orthogonaltrajektorie liegt.

Um herauszufinden, in welchen Punkt der Fläche S der Punkt M der Fläche S' verbogen wird, muß man die Fläche S derart verbiegen, daß sie zu einer Quadrik Q_2 wird. Der mit der Tangentenebene herumgedrehte Abschnitt AM der Tangente nimmt nun die Lage $A'M'$ ein, wobei der Endpunkt der Strecke M' auf eine Quadrik Q_2' fällt. Die Orthogonaltrajektorie der konfokalen Flächenschar Q_2, Q_2', die durch den Punkt M' geht, schneidet die Fläche Q_2 in einem bestimmten Punkt A_0'. Gehen wir wieder auf die Fläche S zurück, so führen wir dabei den Punkt A_0' der Fläche Q_2 in einen Punkt A_0 der Fläche S über. Dieser entspricht auch dem Punkt M bei der Verbiegung der Fläche S in die Fläche S'.

69. Literaturhinweise. Zu § 33. Die Theorie der Wahl eines kanonischen Bezugsystems (insbes. eines orthogonalen Dreibeins) geht auf CARTAN zurück. Sie ist ausführlich mit allen dazugehörigen Grundlagen aus der Theorie der kontinuierlichen Transformationsgruppen dargestellt in seinem Buch: Théorie des groupes et géométrie différentielle traitées par la méthode du repère mobile, Paris 1937. Dort sind auch zahlreiche Beispiele behandelt. S. a. M.Ä.F., Kap. XIV.

Das im Text verwendete Dreibein wurde durch geometrische Überlegungen von GUICHARD eingeführt [110]. Seine Formeln wurden weitgehend in der Geometrie der Kongruenzen verwendet. Die Formeln von § 34 werden zwar parallel zur Theorie von GUICHARD entwickelt, weichen aber durch den wesentlichen Unterschied in der Methode beträchtlich von jenen ab. Der Zusammenhang unserer Theorie mit der von GUICHARD ergab sich im § 37, wo die Gleichung (24) auf ihn zurückgeht.

Zu § 38. Die Theorie der Systeme in Involution stammt von CARTAN: Sur l'intégration des systèmes d'équations aux différentielles totales. Ann. Ec. Norm. (3) **16**, 239 bis 332 (1899). Auf die Literatur wurde im § 32 Kap. II hingewiesen.

Zu § 40. Die pseudosphärische Kongruenz wurde von BIANCHI [11] eingeführt als Methode zur Transformation von Flächen konstanter negativer Krümmung. Später [13] zeigte er auch, daß jede Kongruenz mit konstantem Abstand der Brennpunkte und konstantem Winkel der Brennebenen pseudosphärisch ist.

Dieselbe Kongruenz fand BIANCHI [19] als diejenige besondere Kongruenz, die man auf unendlich viele Arten erhalten kann als geometrischen Ort der ∞^2 Lagen einer Geraden, die starr mit einer Fläche verbunden ist, welche auf ihrer Abwicklung abrollt (ebenso FINIKOW [72]). Zur pseudosphärischen Kongruenz kam JONAS bei einer ganzen Reihe eigenartiger Probleme. Schon BIANCHI bemerkte, daß die Isogonaltrajektorien einer einparametrigen Flächenschar (S) mit konstanter negativer Krümmung $K = -1$ BERTRAND-Kurven sind, bei denen Krümmung und Windung linear voneinander abhängen. Zu jeder BERTRAND-Kurve gibt es eine assoziierte BERTRAND-

Kurve mit gemeinsamer Hauptnormale, konstantem Winkel der Tangenten und konstantem Abstand zwischen den entsprechenden Punkten. JONAS [127] betrachtet die Flächen, die von einer einparametrigen Schar dieser Trajektorien gebildet werden; zu jeder dieser Flächen (B_1) gibt es eine zweite assoziierte (B_2), die aus den assoziierten BERTRAND-Kurven besteht. Nimmt man diese Kurven als v-Kurven, dann gibt es auf beiden Flächen u-Kurven, deren Tangenten die Tangenten an die v-Kurven der assoziierten Fläche schneiden.

Wir nehmen nun an, daß die Schnittpunkte dieser Tangenten A_1, A_2 die zweiten Brennpunkte der Kongruenz der Tangenten an die v-Kurven seien, so daß in dem räumlichen Viereck $B_1A_1B_2A_2$, das von den Tangenten an die u- und v-Kurven beider Flächen gebildet wird, die Ecken die Brennpunkte der Seiten sind. Eine solche Fläche (B) wird gebildet von den Trajektorien längs der Asymptotenlinien der Flächen konstanter Krümmung S. Die u-Kurven (die Asymptotenlinien der Fläche S) sind Kurven konstanter Windung. Die Gesamtheit der Hauptnormalen $B_1^*B_2^*$, die assoziierten BERTRAND-Kurven gemeinsam sind, zerfällt für alle Flächen (B_1^*), (B_2^*) in eine einparametrige Schar von pseudosphärischen Kongruenzen. Die beiden Geraden, die durch den Mittenpunkt des Strahls $B_1^*B_2^*$ gehen (dieser liegt in der Mitte von $B_1^*B_2^*$) und die den Winkel zwischen den Tangenten der BERTRAND-Kurven halbieren, beschreiben auch eine einparametrige Schar von pseudosphärischen Kongruenzen mit denselben Mittenpunkten; ihre Brennflächen sind assoziierte Minimalflächen.

Derselbe Autor bemerkt [130], daß die Geraden, die durch den Mittenpunkt des Strahls S einer pseudosphärischen Kongruenz (S) gehen und auf demselben senkrecht stehen, so daß sie den Winkel der Brennebenen halbieren, W-Kongruenzen beschreiben und daß die Asymptotenlinien ihrer Brennflächen den Asymptotenlinien der Brennflächen von (S) entsprechen. Wendet man auf sie die Transformation von BAECKLUND an, dann transformieren sich die Brennflächen der neuen Kongruenzen mit Hilfe von W-Kongruenzen.

Für die schönen Resultate von ERMOLAJEW und BACHWALOW über die pseudosphärische Kongruenz in der Theorie der schichtbaren Paare verweisen wir auf das Buch „Theorie der Paare".

Zu § 42. Die Bezeichnung „W-Kongruenz" wurde in der Geometrie durch BIANCHI verankert, der sich auf WEINGARTEN bezog (Über die Oberflächen, für welche einer der beiden Hauptkrümmungshalbmesser eine Funktion des andern ist, J. für Math. **65**, 160—173, 1861). Bei der Beschäftigung mit Fragen der Abwicklung von Flächen führte dieser Autor eine neue Klasse ein, die W-Flächen, bei denen ein Hauptkrümmungsradius eine Funktion des andern ist, und die Flächen der Hauptkrümmungszentren auf ein und dieselbe Rotationsfläche abwickelbar sind. Auf diese Eigenschaft baute er die Theorie der Abwicklung von Rotationsflächen auf. RIBAUCOUR [165] zeigte, daß auf den Flächen der Krümmungszentren einer W-Fläche die Asymptotenlinien einander entsprechen und daß diese Eigenschaft die W-Flächen charakterisiert.

Da nun diese Flächen der Krümmungszentren Brennflächen einer Normalenkongruenz sind, fand damit RIBAUCOUR alle W-Normalenkongruenzen. HALPHEN [116] wies auf eine Fundamentaleigenschaft dieser W-Normalenkongruenzen hin: das Produkt der vier Hauptkrümmungsradien der Flächen der Krümmungszentren einer W-Fläche ist gleich der vierten Potenz des Abstands zwischen diesen Krümmungszentren. RIBAUCOUR [168] übertrug diesen Satz auf die allgemeine W-Kongruenz, indem er den Abstand der Krümmungszentren durch den Abstand zwischen den Grenzpunkten ersetzte. Den vollständigen Beweis lieferte BIANCHI [14]. DEMOULIN [53] und COSSERAT [48] bewiesen den Satz neu und letzterer zeigte außerdem, daß diese Eigenschaft die W-Kongruenzen charakterisiert.

Die Kongruenz in § 44 wurde von WAELSCH [229], [231] eingeführt, der eine allgemeine Formel für das Produkt der Krümmungen der Brennflächen einer willkürlichen Kongruenz aufstellte und den W-Kongruenzen den bemerkenswerten Fall § 44 gegenüberstellte.

Die B-Kongruenzen (§ 45) stammen von BIANCHI [14]. In derselben Arbeit, in der er zum ersten Male von den W-Kongruenzen spricht und die Theorie der Kongruenzen von RIBAUCOUR aufstellt, kommt er auf zweierlei Art zu der neuen Klasse der B-Flächen und gibt ihre Transformation an. Ausgehend von den zyklischen Systemen von RIBAUCOUR findet er, daß diese Flächen von RIBAUCOURschen Kongruenzen erzeugt werden, welche die Kreise eines zyklischen Systems tragen können. Andererseits führt ihn die Forderung nach der Gleichheit der Krümmungen der Brennflächen einer W-Kongruenz auf die B-Kongruenz. Diese Ergebnisse beweist er mit der Vektorenmethode von CAMPBELL [39].

S. S. BÜSCHGENS gibt eine invariante Kennzeichnung der B-Kongruenzen in einem beliebigen Koordinatensystem [30].

BIANCHI [22] erkennt die folgende charakteristische Eigenschaft der B-Flächen: in jeder Tangentenebene dieser Flächen kann man einen Kreis mit dem Zentrum im Berührungspunkt p konstruieren mit von Punkt zu Punkt veränderlichem Radius, und durch die Punkte auf dem Kreis und den Punkt p kann man ∞^1 Ebenen unter ein und demselben Winkel mit der Tangentenebene legen, so daß die ∞^3 Ebenenelemente, bestehend aus dem Punkt (dem Zentrum des Elements), den man auf dem Kreis ausgewählt hat, und der durch ihn gehenden Ebene, in ∞^1 Scharen von ∞^2 Ebenenelementen zerlegt werden können, deren Ebenen den geometrischen Ort der Zentren einhüllen.

Der Satz über den Schnitt der Brennflächen einer B-Kongruenz mit den Hauptflächen in einem konjugierten Netz geht auf S. P. FINIKOW zurück [70], [71].

Die Kongruenzen, welche den Flächenpaaren zugeordnet sind, die sich durch Orthogonalität der Linienelemente entsprechen, wurden von RIBAUCOUR [168] eingeführt. Von ihm stammt auch der Satz über den Schnitt der Mittenflächen dieser Kongruenz mit ihren Torsen in einem konjugierten System. Den umgekehrten Satz stellte GUICHARD [110] auf. Den Zusammenhang der Normalenkongruenzen von RIBAUCOUR mit den Minimalflächen bemerkte BIANCHI [14]. DEMOULIN [56], DRACH [62], [63] und VAULOT [217] untersuchten die W-Kongruenzen von RIBAUCOUR. EISENHART [69] stellte folgenden schönen Satz über LAPLACE-Folgen auf, in welchen Kongruenzen von RIBAUCOUR auftreten: enthält eine LAPLACE-Folge zwei aufeinanderfolgende Kongruenzen von RIBAUCOUR, so sind sämtliche Kongruenzen der Folge von dieser Art. DELGLEIZE [51] bewies, daß die Verteilungsflächen einer Kongruenz von RIBAUCOUR durch folgende Eigenschaft charakterisiert werden: die beiden Scharen der Verteilungsflächen (d. h. der Regelflächen, deren Kehlkurven auf der Mittenfläche der Kongruenz liegen) entsprechen den Krümmungslinien derjenigen Flächen, deren Normalen parallel zu den Strahlen der Kongruenz sind.

Es müssen noch die Arbeiten von PETOT [156] und MATISOWA [145] erwähnt werden, die, jeder auf seine Art, zu einer Definition der Kongruenzen von RIBAUCOUR kamen.

Zu § 53. Die Theorie der zyklischen Systeme geht zurück auf RIBAUCOUR [164], [167], [169], [170]; wie auch die Transformation durch den Übergang von einer Hüllfläche eines zweiparametrigen Kugelsystems auf die andere unter Erhaltung der Krümmungslinien, gehört sie der konformen Geometrie an. Die zyklischen Kongruenzen wurden von BIANCHI eingeführt [14]. Er deckte auch den Zusammenhang der vollständig zyklischen Kongruenzen mit den B-Flächen auf, und COSSERAT [46] fand den unerwarteten Zusammenhang dieser Kongruenzen mit den Flächenverbiegungen bezogen auf die Hauptbasis (s. die Monographie: S. P. FINIKOW, Verbiegung mittels Hauptbasis usw., ONTI Mosk.-Len., 1937, S. 121). Die Einhüllende der Kreisebenen ist eine von diesen Flächen. Da einer Kongruenz jetzt ∞^1 zyklische Systeme zugeordnet sind, ist ein einzelner Kongruenzstrahl die Achse einer Gesamtheit von ∞^1 Kreisen. Die Ebene jedes Kreises hüllt eine Fläche ein, deren Hauptbasis den Torsen der zyklischen Kongruenz entspricht, und die Berührungspunkte aller parallelen Ebenen mit ihrer Einhüllenden liegen auf einer Geraden. Diese Gerade beschreibt eine Kongruenz, deren Torsen den Torsen der zyklischen Kongruenz entsprechen. Eine invariante Kennzeichnung der vollständig zyklischen Kongruenzen lieferte S. S. Büschgens [29], [30]. Eine eigentümliche Transformation der zyklischen Kongruenzen gab Calapso [34] an. Schon Ribaucour zeigte, daß das System der ∞^2 Kugeln (A), welches zwischen den beiden Hüllflächen (P) und (P') eine Transformation mit Erhaltung der Krümmungslinien bestimmt, in engem Zusammenhang mit den zyklischen Kongruenzen steht; die Tangentenebenen in den Punkten P und P' schneiden sich in einem Strahl g einer zyklischen Kongruenz. Wir legen nun durch P die beiden Kugeln (R) und (S) mit den Mittelpunkten in den Brennpunkten R und S des Strahls g der zyklischen Kongruenz, und es seien (A') eine Kugel, die zu den Kugeln (A), (R) und (S) orthogonal, und (A'') die Kugel, die zu allen vier (A), (A'), (R), (S) orthogonal ist. Dann sind die Kehrwerte der Durchmesser von (A), (A'), (A'') die Richtungsparameter des Kongruenzstrahls einer neuen zyklischen Kongruenz.

Zu § 59. Eine Kongruenz mit einem Brennetz aus Krümmungslinien gab Guichard [110] an. Die Flächen mit einem konjugierten System geodätischer Linien wurden von A. Voss eingeführt: Über diejenigen Flächen, auf denen zwei Schaaren geodätischer Linien ein conjugiertes System bilden. Berichte München 18, 95–102, 1888. Genaueres s. die Monographie von Finikow, Verbiegung mittels Hauptbasis usw., ONTI, Mosk.-Len., 1937.

Zu § 60. Die allgemeine Frage nach den Kongruenzen mit Entsprechung der Krümmungslinien auf den Brennflächen wurde von Calapso [33], [35] behandelt. Die T-Kongruenz mit zwei Minimalbrennflächen wurde bedeutend früher durch Thybaut [207] eingeführt, und zwar durch folgende Überlegungen:

Wir verstehen unter dem Abrollen einer Fläche auf ihrer Verbiegung die ∞^2 Lagen der Fläche, in denen die Paare entsprechender Punkte und die Tangenten in diesen Punkten an entsprechende Kurven zusammenfallen. Dann kann man den Satz (Guichard) aussprechen: wenn ein Rotationsparaboloid auf einer (beliebigen) Verbiegung abrollt, dann beschreibt sein Brennpunkt eine Minimalfläche.

Diesen Satz kann man auch anders formulieren. Sei (M) das Paraboloid, (M') seine Verbiegung. In jedem Punkt M' konstruieren wir nun eine Kugel (A) mit dem Mittelpunkt in M' und einem Radius gleich der Strecke MF, wobei M der bei der Verbiegung entsprechende Punkt des Paraboloids und F dessen Brennpunkt ist. Die Schar der ∞^2 Kugeln (A) besitzt zwei Hüllflächen (P_1) und (P_2).

Beide Flächen (P_1) und (P_2) sind Minimalflächen und behalten diese Eigenschaft bei allen Verbiegungen der Fläche (M'). Jedem konjugierten System der Fläche (M) entsprechen orthogonale Systeme auf (P_1), (P_2), dabei entsprechen dem gemeinsamen konjugierten System von (M), (M') die Krümmungslinien. Offenbar ist also die Zuordnung zwischen den Punkten von (P_1), (P_2) konform.

Thybaut konstruiert nun ein neues Paar von Minimalflächen (P_1'), (P_2'), welche in (P_1), (P_2) verbiegbar sind und diesen durch Orthogonalität der Linienelemente entsprechen. Man kann sie so im Raum anordnen, daß die Verbindungsgerade entsprechender Punkte gemeinsame Tangente wird. Da den Krümmungslinien von (P_i) auf (P_i') die Asymptotenlinien entsprechen, bilden die Geraden $P_1'P_2'$ eine W-Kongruenz, und da die Abbildung von (P_1') auf (P_2') konform ist, entsprechen auch die Krümmungslinien einander.

Zu jeder beliebigen Minimalfläche kann man bis auf drei willkürliche Konstanten eindeutig eine T-Kongruenz konstruieren, die (P_1') in eine neue Minimalfläche (P_2') überführt. Dieser Frage wandte sich später Gambier [99] zu.

Zu § 63. Die Transformation von Flächen, die in Flächen zweiter Ordnung verbiegbar sind, wurde von Bianchi [15], [16], [17] behandelt. Der dritte Band der zweiten Ausgabe der „Lezioni" ist ganz der Theorie dieser Transformationen gewidmet; er ist voll von ziemlich schwerfälligen Formeln, durch die man sich nur mühsam durchfinden könnte, wenn es nicht die überraschend schöne Einführung gäbe, worin der Autor über eine ziemlich kühne Induktion zu diesen Transformationen als einer selbstverständlichen Verallgemeinerung der B-Transformationen kommt.

Bei der pseudosphärischen Kongruenz sind beide Brennflächen Flächen konstanter negativer Krümmung und demnach in die Pseudosphäre verbiegbar. Indem er die Pseudosphäre als eine Kugel mit imaginärem Radius betrachtet, geht der Autor zu den Flächen über, die in eine reelle Kugel verbiegbar sind, und von da ist es nur noch ein Schritt zu den Kongruenzen, deren Brennflächen in ein und dieselbe willkürliche Fläche zweiter Ordnung verbiegbar sind.

Die Quadrik Q betrachtet Bianchi als die Gesamtheit von ∞^2 Flächenelementen f, bestehend aus der Tangentenebene π (der Ebene des Elements) und dem Berührungspunkt F (dem Zentrum des Elements). Mit jedem Element f verknüpft er ∞^1 abgeleitete Elemente f_1. Die Zentren F_1 dieser Elemente liegen in der Ebene π und bilden dort einen Kegelschnitt C, den Schnitt einer konfokalen Quadrik Q_1 mit der Ebene π. Die Ebene π_1 jedes Elements f_1 geht durch das Zentrum F des Elements f und enthält außerdem eine der geradlinigen Erzeugenden von Q_1, welche durch F_1 gehen. Bei einer Verbiegung von Q wird die Gesamtheit der ∞^3 abgeleiteten Elemente transformiert, indem sie zusammen mit der f_1 zugeordneten Tangentialebene f an Q herumgedreht werden; dabei läßt sich in jedem Augenblick diese Gesamtheit in ∞^1 Flächen S_1 schichten; die Punkte der Flächen S_1 sind die Zentren F_1 derjenigen Flächenelemente f_1, deren Ebenen die Flächen S_1 im Punkte F_1 berühren. Alle Flächen S_1 sind in die Quadrik Q verbiegbar und stimmen in den Asymptotenlinien mit der Fläche S überein, die man bei der Verbiegung der Quadrik Q erhält. Die Gerade FF_1 beschreibt also, indem sie S und S_1 in den Punkten F und F_1 berührt, eine W-Kongruenz; denn auf ihren Brennflächen S, S_1 entsprechen die Asymptotenlinien einander. Das ist auch diejenige W-Kongruenz, die die asymptotischen Transformationen der Fläche S in die Flächen S_1 realisiert, welche in ein und dieselbe Quadrik verbiegbar sind. Für diese Transformationen bewies Bianchi einen Vertauschungssatz, wie für die Transformationen von Baecklund.

In den §§ 63—68 wird der umgekehrte Satz bewiesen: Wenn der Komplex der Tangenten einer gewissen Fläche S bei all ihren Verbiegungen stets in ∞^1 Kongruenzen zerlegt werden kann, derart, daß bei der Verbiegung von S auf jedem Strahl der Brennpunkt und die Brennebene fest mit der entsprechenden Tangentenebene von S verbunden bleiben, dann sind alle diese Kongruenzen W-Kongruenzen, und die Fläche S und die zweiten Brennflächen der erhaltenen Kongruenzen sind in ein und dieselbe Quadrik verbiegbar. Dieser Satz wurde von Finikow [73] bewiesen.

In zwei Arbeiten verbindet Jonas [128], [129] mit den Transformationen von Bianchi die komplizierteren Transformationen der Mittenflächen.

Viertes Kapitel

DIE TRANSFORMATION VON MOUTARD UND DIE W-KONGRUENZEN

I. Die Konstruktion einer W-Kongruenz mittels der Transformation von MOUTARD

70. Die MOUTARD-Gleichung. Da die Tangente an eine Asymptotenlinie einer Fläche senkrecht auf der Tangente des sphärischen Bildes steht, erhalten wir für die Asymptotenlinien u, v einer Fläche (M)

$$\boldsymbol{M}_u \cdot \boldsymbol{n}_u = 0, \quad \boldsymbol{M}_v \cdot \boldsymbol{n}_v = 0,$$

wobei $\boldsymbol{n}$ der Normaleneinheitsvektor ist. Andererseits stehen die Tangenten $\boldsymbol{M}_u, \boldsymbol{M}_v$ senkrecht auf der Normalen $\boldsymbol{n}$; demnach kann man jede von ihnen als Vektorprodukt

$$\boldsymbol{M}_u = \lambda \boldsymbol{n}_u \times \boldsymbol{n}, \quad \boldsymbol{M}_v = \mu \boldsymbol{n} \times \boldsymbol{n}_v \tag{a}$$

darstellen, wobei λ und μ skalare Proportionalitätsfaktoren sind.

Differenzieren wir die erste Gleichung nach v, die zweite nach u und setzen die zweiten Ableitungen gleich, so erhalten wir

$$\lambda_v(\boldsymbol{n}_u \times \boldsymbol{n}) + \lambda(\boldsymbol{n}_{uv} \times \boldsymbol{n}) + \lambda(\boldsymbol{n}_u \times \boldsymbol{n}_v) =$$
$$= \mu_u(\boldsymbol{n} \times \boldsymbol{n}_v) + \mu(\boldsymbol{n}_u \times \boldsymbol{n}_v) + \mu(\boldsymbol{n} \times \boldsymbol{n}_{uv}). \tag{b}$$

Indem wir nun mit $\boldsymbol{n}$ skalar multiplizieren und dadurch alle Glieder verschwinden lassen, die den Faktor $\boldsymbol{n}$ enthalten und auf diesem selbst senkrecht stehen, erhalten wir daraus, nachdem wir noch durch die von Null verschiedene Determinante $(\boldsymbol{n}_u \boldsymbol{n}_v \boldsymbol{n})$ dividiert haben,

$$\lambda = \mu .$$

Setzen wir

$$\boldsymbol{\xi} = \boldsymbol{n}\sqrt{\lambda}, \tag{c}$$

so ergeben sich, wie man leicht nachprüft, die Formeln

$$\boldsymbol{M}_u = \boldsymbol{\xi}_u \times \boldsymbol{\xi}, \quad \boldsymbol{M}_v = \boldsymbol{\xi} \times \boldsymbol{\xi}_v . \tag{1}$$

Nun liefert uns eine Differentiation und die Elimination von $\boldsymbol{M}_{uv}$

$$\boldsymbol{\xi}_{uv} \times \boldsymbol{\xi} = 0 .$$

Folglich ist

$$\boldsymbol{\xi}_{uv} = Q \boldsymbol{\xi} . \tag{2}$$

Eine derartige Gleichung nennt man eine MOUTARD-Gleichung. Zu ihr gibt es die unten folgende bekannte Transformation.

Es sei eine MOUTARD-Gleichung gegeben

$$\frac{\partial^2 \theta}{\partial u \, \partial v} = Q\theta, \tag{3}$$

wobei Q eine Funktion der Veränderlichen u, v ist, und R sei eine Lösung:

$$\frac{\partial^2 R}{\partial u \, \partial v} = QR.$$

Wenn wir daraus die Funktion Q eliminieren, erhalten wir

$$\theta \frac{\partial^2 R}{\partial u \, \partial v} - R \frac{\partial^2 \theta}{\partial u \, \partial v} = 0$$

oder

$$\frac{\partial}{\partial v} \begin{vmatrix} \theta & R \\ \theta_u & R_u \end{vmatrix} + \frac{\partial}{\partial u} \begin{vmatrix} \theta & R \\ \theta_v & R_v \end{vmatrix} = 0.$$

Demnach gibt es eine Funktion θ_1 derart, daß

$$\frac{\partial}{\partial u}(R\theta_1) = \begin{vmatrix} \theta & R \\ \theta_u & R_u \end{vmatrix}, \quad \frac{\partial}{\partial v}(R\theta_1) = - \begin{vmatrix} \theta & R \\ \theta_v & R_v \end{vmatrix}, \tag{4}$$

oder

$$\frac{1}{R^2}\frac{\partial}{\partial u}(R\theta_1) = -\frac{\partial}{\partial u}\left(\frac{\theta}{R}\right), \quad \frac{1}{R^2}\frac{\partial}{\partial v}(R\theta_1) = \frac{\partial}{\partial v}\left(\frac{\theta}{R}\right) \tag{4'}$$

und folglich

$$\frac{\partial}{\partial u}\left\{\frac{1}{R^2}\frac{\partial}{\partial v}(R\theta_1)\right\} + \frac{\partial}{\partial v}\left\{\frac{1}{R^2}\frac{\partial}{\partial u}(R\theta_1)\right\} = 0.$$

Indem wir die Differentiation ausführen, bringen wir die Gleichung in die Form einer neuen MOUTARD-Gleichung für die neue Funktion θ_1 mit einem neuen Koeffizienten Q_1 auf der rechten Seite;

$$\frac{\partial^2 \theta_1}{\partial u \, \partial v} = Q_1 \theta_1, \tag{5a}$$

wobei

$$Q_1 = R \frac{\partial^2}{\partial u \, \partial v}\left(\frac{1}{R}\right). \tag{5b}$$

Die MOUTARD-Gleichung (3) wurde also mit Hilfe einer bestimmten vorgegebenen Lösung R dieser Gleichung in die MOUTARD-Gleichung (5a) transformiert. Jeder Lösung der Gleichung (3) entspricht nach den Formeln (4), (4′) eine Lösung θ_1 der Gleichung (5a).

Vom Gesichtspunkt MOUTARDs aus beschränkte sich das Interesse an der Transformation auf die Möglichkeit, mit einer gegebenen Lösung der Gleichung (3) eine Lösung der neuen Gleichung (5a) zu finden. Der nachfolgende Aufschwung der Geometrie legte aber der MOUTARD-Transformation eine völlig unerwartete geometrische Bedeutung bei, deren Interesse weit über das hinausgeht, was ursprünglich in der Absicht des Autors lag.

71. Die Konstruktion der W-Kongruenz. Wenden wir die MOUTARD-Transformation auf die drei Koordinaten des Vektors $\boldsymbol{\xi}$ an, welcher der MOUTARD-Gleichung (2) genügt, so erhalten wir die drei Koordinaten eines neuen Vektors $\boldsymbol{\xi}_1$, welcher der transformierten Gleichung (5a) genügt und durch Formeln der Gestalt (1) eine neue Fläche (M_1) bestimmt, die auch auf Asymptotenlinien u, v bezogen ist.

Bei der Integration des Systems (1) gehen willkürliche Integrationskonstanten ein, die für den Ortsvektor $\boldsymbol{M}_1$ einen willkürlichen konstanten Vektor bilden; seine Addition zu $\boldsymbol{M}_1$ verschiebt die Fläche (M_1) parallel. Wir zeigen nun: *Durch passende Wahl dieser willkürlichen Konstanten lassen sich die Flächen* (M) *und* (M_1) *so legen, daß sie die Brennflächen der Kongruenz werden*, deren Strahlen MM_1 entsprechende Punkte der beiden Flächen verbinden. Wir bilden die Differenz der für die Vektoren $\boldsymbol{M}$ und $\boldsymbol{M}_1$ hingeschriebenen Gleichungen (1) und erhalten

$$\frac{\partial}{\partial u}(\boldsymbol{M}_1 - \boldsymbol{M}) = \boldsymbol{\xi}_{1u} \times \boldsymbol{\xi}_1 - \boldsymbol{\xi}_u \times \boldsymbol{\xi}.$$
$$\frac{\partial}{\partial v}(\boldsymbol{M}_1 - \boldsymbol{M}) = \boldsymbol{\xi}_1 \times \boldsymbol{\xi}_{1v} - \boldsymbol{\xi} \times \boldsymbol{\xi}_v. \tag{6}$$

Andererseits können wir die Gleichungen (4), indem wir die Differentiation ausführen, umschreiben in

$$R\frac{\partial}{\partial u}(\theta + \theta_1) = (\theta - \theta_1)\frac{\partial R}{\partial u}, \quad R\frac{\partial}{\partial v}(\theta_1 - \theta) = -(\theta + \theta_1)\frac{\partial R}{\partial v}. \tag{7}$$

Daraus folgt die Proportionalität von $\frac{\partial}{\partial u}(\boldsymbol{\xi} + \boldsymbol{\xi}_1)$ mit $\boldsymbol{\xi} - \boldsymbol{\xi}_1$ und von $\frac{\partial}{\partial v}(\boldsymbol{\xi} - \boldsymbol{\xi}_1)$ mit $\boldsymbol{\xi}_1 + \boldsymbol{\xi}$, d. h. das Verschwinden der Vektorprodukte

$$\frac{\partial}{\partial u}(\boldsymbol{\xi} + \boldsymbol{\xi}_1) \times (\boldsymbol{\xi} - \boldsymbol{\xi}_1) = 0, \qquad (\boldsymbol{\xi} + \boldsymbol{\xi}_1) \times \frac{\partial}{\partial v}(\boldsymbol{\xi} - \boldsymbol{\xi}_1) = 0. \tag{8}$$

Wenn wir sie entsprechend zu den Gleichungen (6) addieren, können wir diese in die integrierbare Gestalt transformieren:

$$\frac{\partial}{\partial u}(\boldsymbol{M}_1 - \boldsymbol{M}) = \frac{\partial}{\partial u}(\boldsymbol{\xi}_1 \times \boldsymbol{\xi}), \quad \frac{\partial}{\partial v}(\boldsymbol{M}_1 - \boldsymbol{M}) = \frac{\partial}{\partial v}(\boldsymbol{\xi}_1 \times \boldsymbol{\xi}),$$

woraus durch geeignete Wahl der Integrationskonstanten folgt

$$\boldsymbol{M}_1 - \boldsymbol{M} = \boldsymbol{\xi}_1 \times \boldsymbol{\xi}. \tag{9}$$

Da der Vektor

$$\boldsymbol{M}_1 - \boldsymbol{M} = \overrightarrow{MM_1}$$

entsprechende Punkte M und M_1 unserer Flächen verbindet, und das Vektorprodukt $\boldsymbol{\xi} \times \boldsymbol{\xi}_1$ auf den beiden Faktoren $\boldsymbol{\xi}, \boldsymbol{\xi}_1$, d. h. auch auf den Normalen der ersten und zweiten Fläche senkrecht steht, liegt die Gerade MM_1 nach der Formel (9) in den Tangentenebenen beider Flächen (M) und (M_1), d. h. sie ist gemeinsame Tangente, und die Flächen (M) und (M_1) selbst sind die Brennflächen der Kongruenz (MM_1). *Diese Kongruenz ist eine W-Kongruenz,* weil beide Flächen auf Asymptotenlinienparameter u und v bezogen sind und sich demnach die Asymptotenlinien auf den Brennflächen entsprechen.

Wir erhalten den Satz:

Wenn eine Fläche S, bezogen auf Asymptotenlinien, durch die Formeln (1) *gegeben ist, wobei der Vektor* $\mathfrak{x}$ *einer* MOUTARD-*Gleichung* (2) *genügt, dann transformiert jede Lösung dieser Gleichung nach den Formeln von* MOUTARD *jede Koordinate des Vektors* $\mathfrak{x}$ *und demnach den Vektor selbst in einen neuen Vektor* $\mathfrak{x}_1$, *der durch Formeln der Gestalt* (1) *die zweite Brennfläche einer W-Kongruenz bestimmt, deren erste Brennfläche die Fläche S ist.*

Die Formeln von MOUTARD bestimmen also eine W-Kongruenz, wenn eine ihrer Brennflächen gegeben ist.

72. Der umgekehrte Satz. Es gilt auch der umgekehrte Satz: *Jede W-Kongruenz kann durch eine* MOUTARD-*Transformation erhalten werden.*

Es seien (M) und (M_1) die beiden Brennflächen einer W-Kongruenz, gegeben durch die Formeln (1) mittels der Vektoren $\mathfrak{x}$ und $\mathfrak{x}_1$, deren Koordinaten Lösungen resp. der MOUTARD-Gleichungen (2) und (5a) sind. Wir müssen nun zeigen, daß man das zweite Koordinatentripel aus dem ersten durch eine Transformation von MOUTARD erhält.

Da die Flächen (M) und (M_1) die Brennflächen einer Kongruenz sind, muß die Gerade MM_1, welche Paare entsprechender Punkte verbindet, die eine wie die andere Fläche berühren; sie steht also senkrecht auf den beiden Normalen $\mathfrak{x}$, $\mathfrak{x}_1$ und ist demnach parallel zu deren Vektorprodukt, d. h.

$$\boldsymbol{M}_1 - \boldsymbol{M} = m(\mathfrak{x}_1 \times \mathfrak{x}),$$

wobei m der Proportionalitätsfaktor ist.

Differenzieren wir diese Gleichung nach u und v und verwenden für die Ableitungen der Differenz $\boldsymbol{M}_1 - \boldsymbol{M}$ der Ortsvektoren die Formeln (6), so erhalten wir

$$(\mathfrak{x}_{1u} \times \mathfrak{x}_1) - (\mathfrak{x}_u \times \mathfrak{x}) = m_u(\mathfrak{x}_1 \times \mathfrak{x}) + m(\mathfrak{x}_{1u} \times \mathfrak{x}) + m(\mathfrak{x}_1 \times \mathfrak{x}_u) \tag{a}$$

und eine analoge Gleichung bei der Differentiation nach v.

Indem wir skalar mit $\mathfrak{x}$ oder $\mathfrak{x}_1$ multiplizieren, bringen wir alle Glieder zum Verschwinden, welche im Vektorprodukt den Faktor $\mathfrak{x}$ (im ersten Fall) oder $\mathfrak{x}_1$ (im zweiten Fall) enthalten, und es ergibt sich

$$\begin{aligned} (\mathfrak{x}_{1u}\mathfrak{x}_1\mathfrak{x}) &= m(\mathfrak{x}\mathfrak{x}_1\mathfrak{x}_u), \\ -(\mathfrak{x}_u\mathfrak{x}\mathfrak{x}_1) &= m(\mathfrak{x}_{1u}\mathfrak{x}\mathfrak{x}_1). \end{aligned} \tag{b}$$

Nun führt eine gliedweise Multiplikation der beiden Gleichungen, wenn wir die Änderung des Vorzeichens bei Vertauschung der Reihenfolge der Faktoren beachten, auf

$$(\mathfrak{x}\mathfrak{x}_1\mathfrak{x}_{1u})(\mathfrak{x}\mathfrak{x}_1\mathfrak{x}_u)(1 - m^2) = 0.$$

Wenn $1 - m^2 \neq 0$ ist, dann verschwindet einer der ersten beiden Faktoren, ist aber einer gleich Null, so ist es wegen der Gleichungen (b) auch der andere. Aus ihrem Verschwinden folgt aber

$$(\mathfrak{x}\mathfrak{x}_1\mathfrak{x}_u) = \mathfrak{x}_1 \cdot (\mathfrak{x}_u \times \mathfrak{x}) = \mathfrak{x}_1 \cdot \boldsymbol{M}_u = 0,$$

und aus den entsprechenden Gleichungen, die man bei der Differentiation nach v erhält, ergibt sich

$$\mathfrak{x}_1 \cdot \boldsymbol{M}_v = 0.$$

Folglich müßte der Normalenvektor $\mathfrak{x}_1$ der zweiten Fläche auf der Tangentenebene der Fläche (M) senkrecht stehen, was offensichtlich unmöglich ist. Also muß man setzen

$$m^2 = 1.$$

Da die Vertauschung der Richtung der Normalen $\mathfrak{x}_1$ das Vorzeichen des Faktors m ändert, kann man immer annehmen

$$m = 1.$$

Jetzt nimmt die Gleichung (a), wenn alle Glieder auf die rechte Seite geschafft werden, die Gestalt an

$$(\mathfrak{x}_u \times \mathfrak{x}) - (\mathfrak{x}_u \times \mathfrak{x}_1) + (\mathfrak{x}_{1u} \times \mathfrak{x}) - (\mathfrak{x}_{1u} \times \mathfrak{x}_1) = 0,$$

woraus wir durch Ausklammern von $\mathfrak{x}_u$ und $\mathfrak{x}_{1u}$ die erste Gleichung von (8) erhalten. Die zweite Gleichung ergibt sich, wenn man in der Gleichung (a) u durch v ersetzt. Aus dem Verschwinden des Vektorprodukts folgt die Parallelität der Faktoren. Wir erhalten so die Gleichungen

$$\frac{\partial}{\partial u}(\mathfrak{x} + \mathfrak{x}_1) = \alpha(\mathfrak{x} - \mathfrak{x}_1), \quad \frac{\partial}{\partial v}(\mathfrak{x} - \mathfrak{x}_1) = \beta(\mathfrak{x} + \mathfrak{x}_1), \tag{c}$$

wobei α und β geeignete Proportionalitätsfaktoren sind.

Wenn wir die erste Gleichung nach v, die zweite nach u differenzieren, die ersten Ableitungen von $\mathfrak{x}, \mathfrak{x}_1$ eliminieren und für die zweiten Ableitungen die Gleichungen von MOUTARD verwenden, so ergibt sich

$$Q\mathfrak{x} + Q_1\mathfrak{x}_1 = \alpha_v(\mathfrak{x} - \mathfrak{x}_1) + \alpha\beta(\mathfrak{x} + \mathfrak{x}_1),$$
$$Q\mathfrak{x} - Q_1\mathfrak{x}_1 = \beta_u(\mathfrak{x} + \mathfrak{x}_1) + \alpha\beta(\mathfrak{x} - \mathfrak{x}_1),$$

woraus wir durch Vergleich der Koeffizienten von $\mathfrak{x}$ und $\mathfrak{x}_1$ erhalten

$$\alpha_v = \beta_u = Q - \alpha\beta = \alpha\beta - Q_1.$$

Aus der ersten Gleichung folgt die Existenz einer Funktion R derart, daß

$$\alpha = \frac{\partial \ln R}{\partial u}, \quad \beta = \frac{\partial \ln R}{\partial v};$$

die übrigen Gleichungen ergeben

$$\frac{\partial^2 \ln R}{\partial u\, \partial v} = Q - \frac{\partial \ln R}{\partial u}\frac{\partial \ln R}{\partial v}, \quad \frac{\partial^2 \ln R}{\partial u\, \partial v} = \frac{\partial \ln R}{\partial u}\frac{\partial \ln R}{\partial v} - Q_1.$$

Diese Gleichungen gehen unmittelbar in die MOUTARD-Gleichungen (3) und (5b) über. Folglich ist R eine Lösung der MOUTARD-Gleichung (2), und die Gleichung (5a) erhält man aus der Gleichung (2) durch eine Transformation mittels der Lösung R. Die Gleichungen (c) gehen nun in die Gleichungen (7) über und daraus folgen die Gleichungen (4); die Lösung $\boldsymbol{\xi}_1$ ist demnach eine MOUTARD-Transformierte der Lösung $\boldsymbol{\xi}$.

Die Formeln von MOUTARD lösen also die Aufgabe, eine W-Kongruenz zu vorgegebener Brennfläche zu bestimmen. Da die partielle Differentialgleichung zweiter Ordnung (2) ein allgemeines Integral besitzt, das von zwei willkürlichen Funktionen eines Arguments abhängt, wird damit auch die Mannigfaltigkeit der W-Kongruenzen *mit vorgegebener erster Brennfläche* bestimmt.

Nennt man den Übergang von der ersten Brennfläche (M) einer W-Kongruenz zur zweiten (M_1) eine *asymptotische Transformation* der Fläche (M), so kann man sagen, daß die MOUTARD-Transformation das Problem der asymptotischen Transformation einer Fläche löst.

73. Die W-Kongruenz und die infinitesimale Flächenverbiegung. Die erhaltenen Formeln lassen eine unerwartete geometrische Deutung zu. Wir betrachten eine Fläche $(\overline{M})$, die der Fläche (M), welche auf Grund der Formeln (1) bestimmt wird, durch Orthogonalität der Linienelemente entspricht. Die Bedingung

$$d\boldsymbol{M} \cdot d\overline{\boldsymbol{M}} = 0, \tag{a}$$

die für alle Verrückungen auf der Fläche gelten soll, hat offenbar zur Folge

$$\boldsymbol{M}_u \cdot \overline{\boldsymbol{M}}_u = 0, \quad \boldsymbol{M}_v \cdot \overline{\boldsymbol{M}}_v = 0,$$

woraus wir, indem wir die Ausdrücke (1) einsetzen, erhalten

$$(\overline{\boldsymbol{M}}_u \boldsymbol{\xi}_u \boldsymbol{\xi}) = 0, \quad (\overline{\boldsymbol{M}}_v \boldsymbol{\xi} \boldsymbol{\xi}_v) = 0;$$

da aber das Verschwinden des Spatprodukts dreier Vektoren ihre Komplanarität bedeutet, ist

$$\overline{\boldsymbol{M}}_u = R\boldsymbol{\xi}_u + s\boldsymbol{\xi}, \quad \overline{\boldsymbol{M}}_v = R'\boldsymbol{\xi}_v + s'\boldsymbol{\xi}. \tag{b}$$

Setzen wir diese Ausdrücke in die Gleichung (a) ein, so ergibt sich

$$\{(R\boldsymbol{\xi}_u + s\boldsymbol{\xi})\,du + (R'\boldsymbol{\xi}_v + s'\boldsymbol{\xi})\,dv\} \cdot \{(\boldsymbol{\xi}_u \times \boldsymbol{\xi})\,du + (\boldsymbol{\xi} \times \boldsymbol{\xi}_v)\,dv\} = 0.$$

Indem wir die geschweiften Klammern auflösen und diejenigen Glieder weglassen, in denen das auftretende Spatprodukt zwei gleiche Faktoren enthält, also verschwindet, erhalten wir

$$R(\boldsymbol{\xi}_u \boldsymbol{\xi} \boldsymbol{\xi}_v)\,du\,dv + R'(\boldsymbol{\xi}_v \boldsymbol{\xi}_u \boldsymbol{\xi})\,du\,dv = 0$$

oder, da

$$(\boldsymbol{\xi}_u \boldsymbol{\xi} \boldsymbol{\xi}_v) = +(\boldsymbol{\xi}_v \boldsymbol{\xi}_u \boldsymbol{\xi}),$$

$$R = -R'.$$

Es ist $R \neq 0$, da $\overline{\boldsymbol{M}}_u$ und $\overline{\boldsymbol{M}}_v$ nicht beide mit $\boldsymbol{\xi}$ proportional sein können. Daher können wir jetzt (b) in der Form schreiben

$$\overline{\boldsymbol{M}}_u = R(\boldsymbol{\xi}_u + \alpha\boldsymbol{\xi}), \quad \overline{\boldsymbol{M}}_v = -R(\boldsymbol{\xi}_v + \beta\boldsymbol{\xi}). \tag{b'}$$

Wir differerenzieren nun die erste Gleichung von (b') nach v, die zweite nach u und eliminieren $\overline{\boldsymbol{M}}_{uv}$. Indem wir für die zweite Ableitung $\boldsymbol{\xi}_{uv}$ die Gleichung (2) verwenden, ergibt sich

$$(\alpha R_v + RQ + R\alpha_v)\boldsymbol{\xi} + R_v\boldsymbol{\xi}_u + R\alpha\boldsymbol{\xi}_v =$$
$$= -(R_u\beta + R\beta_u + RQ)\boldsymbol{\xi} - R\beta\boldsymbol{\xi}_u - R_u\boldsymbol{\xi}_v,$$

und da die Vektoren $\boldsymbol{\xi}$, $\boldsymbol{\xi}_u$, $\boldsymbol{\xi}_v$ linear unabhängig sind,

$$R\alpha = -R_u, \quad R\beta = -R_v, \quad (R\alpha)_v + (R\beta)_u + 2RQ = 0.$$

Wir eliminieren $R\alpha$, $R\beta$ und sehen, daß die Funktion R genau derselben MOUTARD-Gleichung genügt, wie die Koordinaten des Vektors $\boldsymbol{\xi}$ der Fläche (M), und daß die Gleichungen (b') die Gestalt annehmen

$$\frac{\partial}{\partial u}\overline{\boldsymbol{M}} = -\begin{vmatrix} \boldsymbol{\xi} & R \\ \boldsymbol{\xi}_u & R_u \end{vmatrix}, \quad \frac{\partial}{\partial v}\overline{\boldsymbol{M}} = \begin{vmatrix} \boldsymbol{\xi} & R \\ \boldsymbol{\xi}_v & R_v \end{vmatrix}.$$

Der Vergleich dieser Formeln mit den Gleichungen (4) zeigt, daß der laufende Radiusvektor des Punktes $\overline{M}$ derjenigen Fläche, welche der Fläche (M) durch die Orthogonalität der Linienelemente entspricht, mit dem Vektor $\boldsymbol{\xi}_1$ zusammenhängt, der sich aus dem Vektor $\boldsymbol{\xi}$ durch eine MOUTARD-Transformation mittels der Lösung R ergibt, und zwar durch die einfache Formel

$$\overline{\boldsymbol{M}} = -R\boldsymbol{\xi}_1.$$

Der Vektor $\overline{M}$ ist also parallel zur Normalen der zweiten Brennfläche (M_1) der Kongruenz (MM_1), die mittels der Lösung R gebildet wird, und steht demnach auf dem Strahl MM_1 dieser Kongruenz senkrecht.

Wenn wir uns daran erinnern (§ 14), daß die Fläche (M'), die man durch eine infinitesimale Verbiegung aus der Fläche (M) erhält, durch den laufenden Radiusvektor

$$\boldsymbol{M}' = \boldsymbol{M} + \varepsilon\overline{\boldsymbol{M}}$$

bestimmt wird, und demnach der Vektor $\varepsilon\overline{\boldsymbol{M}}$ der Vektor der Verrückung des Punktes M bei der infinitesimalen Verbiegung der Fläche (M) ist, dann kann man folgende Regel für die Konstruktion einer beliebigen W-Kongruenz aufstellen:

Um eine W-Kongruenz zu gegebener Brennfläche (M) zu konstruieren, muß man durch jeden Punkt M der Fläche in ihrer Tangentenebene eine Gerade legen, die auf der infinitesimalen Verrückung dieses Punktes bei einer beliebigen infinitesimalen Verbiegung der Fläche (M) senkrecht steht.

74. Beispiel. W-Kongruenzen, welche mit den Schiebflächen zusammenhängen. Wir betrachten die W-Kongruenzen, welche durch die MOUTARD-Gleichung

$$\frac{\partial^2 \theta}{\partial u\, \partial v} = 0 \tag{a}$$

bestimmt werden. Ihre allgemeine Lösung

$$\theta = f(u) + \varphi(v)$$

ist die Summe zweier Funktionen, die jeweils von einem Argument abhängen. Wählen wir ein beliebiges Tripel θ, θ^*, θ^{**}, so erhalten wir den Vektor

$$\boldsymbol{\xi}(u) + \boldsymbol{\eta}(v)$$

als Summe zweier Vektoren, wobei jeder Vektor Funktion eines Arguments ist. Dieser Vektor führt nach den Formeln (1) zu einer Fläche (M), die durch die Gleichungen

$$\begin{aligned} \boldsymbol{M}_u &= -(\boldsymbol{\xi}(u) + \boldsymbol{\eta}(v)) \times \boldsymbol{\xi}'(u), \\ \boldsymbol{M}_v &= (\boldsymbol{\xi}(u) + \boldsymbol{\eta}(v)) \times \boldsymbol{\eta}'(v) \end{aligned} \tag{b}$$

bestimmt wird, wobei durch den Strich die Ableitung eines Vektors nach seinem Argument bezeichnet wird.

Nehmen wir $R = 1$ als transformierende Lösung der Gleichung (a), so erhalten wir die Gleichungen (7) für die transformierte Lösung θ_1 in der Gestalt

$$\frac{\partial \theta_1}{\partial u} = -\frac{\partial \theta}{\partial u}, \quad \frac{\partial \theta_1}{\partial v} = \frac{\partial \theta}{\theta v};$$

bei geeigneter Wahl der Integrationskonstanten ergibt sich der aus dem Vektor $\boldsymbol{\xi}(u) + \boldsymbol{\eta}(v)$ transformierte Vektor

$$\boldsymbol{\eta}(v) - \boldsymbol{\xi}(u),$$

und die transformierte Fläche (M_1) wird nach Formel (9) durch die Gleichung bestimmt

$$\boldsymbol{M}_1 = \boldsymbol{M} + 2\boldsymbol{\eta}(v) \times \boldsymbol{\xi}(u). \tag{9'}$$

Die Mittenfläche (M_0) der Kongruenz

$$\boldsymbol{M}_0 = \frac{\boldsymbol{M} + \boldsymbol{M}_1}{2} = \boldsymbol{M} + \boldsymbol{\eta}(v) \times \boldsymbol{\xi}(u)$$

genügt wegen der Gleichungen (b) den Bedingungen

$$(\boldsymbol{M}_0)_u = -\boldsymbol{\xi}(u) \times \boldsymbol{\xi}'(u), \quad (\boldsymbol{M}_0)_v = \boldsymbol{\eta}(v) \times \boldsymbol{\eta}'(v). \tag{c}$$

Der Vektor M_0 ist also gleich der Summe einer Funktion von u und einer Funktion von v, und die Fläche (M_0) ist eine Schiebfläche (Flth. S. 77). Da offensichtlich

$$\boldsymbol{\xi}(u) \cdot (\boldsymbol{M}_0)_u = 0, \quad \boldsymbol{\xi}(u) \cdot (\boldsymbol{M}_0)_{uu} = 0,$$

ist der Vektor $\boldsymbol{\xi}(u)$ (kein Einheits-)Binormalenvektor der u-Kurven auf der Mittenfläche (M_0); entsprechend ist der Vektor $\boldsymbol{\eta}(v)$ Binormalenvektor der v-

Kurven, und der Kongruenzstrahl MM_1, der wegen (9′) auf den beiden Binormalen senkrecht steht, liegt im Schnitt der Schmiegebenen der beiden Schiebkurven auf der Fläche (M_0), welche durch den Punkt M_0 gehen.

Umgekehrt:

Die Schnittgeraden der Schmiegebenen der Schiebkurven einer beliebigen Schiebfläche (M_0) beschreiben eine W-Kongruenz, deren Mittenfläche die Fläche (M_0) ist, und bei der die Asymptotenlinien der Brennflächen den Schiebkurven entsprechen.

Zum Beweis nehmen wir an, daß als Parameter u, v die Bogenlängen auf den Schiebkurven gewählt sind. Die Gleichungen (c) sind dann befriedigt, wenn wir setzen

$$\boldsymbol{\xi}(u) = \boldsymbol{\beta}_1 \sqrt{-r_1}, \qquad \boldsymbol{\eta}(v) = \boldsymbol{\beta}_2 \sqrt{r_2},$$

wobei $\boldsymbol{\beta}_1$ und $\boldsymbol{\beta}_2$ die Binormaleneinheitsvektoren und $1/r_1$, $1/r_2$ die Windungen der u- und v-Kurven sind. Differenzieren wir nämlich etwa die erste der Gleichungen nach der Bogenlänge u und verwenden die FRENETschen Formeln, so erhalten wir, wenn $\boldsymbol{\nu}_1$ den Hauptnormaleneinheitsvektor der u-Kurve darstellt

$$\boldsymbol{\xi}'(u) = -\frac{\boldsymbol{\nu}_1}{r_1}\sqrt{-r_1} + \boldsymbol{\beta}_1 \frac{d\sqrt{-r_1}}{du},$$

und da

$$\boldsymbol{\beta}_1 \times \boldsymbol{\nu}_1 = -\boldsymbol{\tau}_1$$

ist, folgt

$$\boldsymbol{\xi}(u) \times \boldsymbol{\xi}'(u) = \boldsymbol{\beta}_1 \sqrt{-r_1} \times \left(\frac{\boldsymbol{\nu}_1}{\sqrt{-r_1}} + \boldsymbol{\beta}_1 \frac{d\sqrt{-r_1}}{du}\right) = -\boldsymbol{\tau}_1.$$

Das steht im Einklang mit der Bedingung (c), weil die Ableitung des Ortsvektors $\boldsymbol{M}$ nach der Bogenlänge u gleich dem Tangenteneinheitsvektor $\boldsymbol{\tau}_1$ ist.

Wenn die Schiebfläche (M_0) gegeben ist, sind also die Vektoren $\boldsymbol{\xi}(u)$ und $\boldsymbol{\eta}(v)$ unmittelbar bestimmt, und demnach auch die Brennflächen (M), (M_1), von denen jede eine asymptotisch Transformierte der andern ist. Für die Realität der Brennflächen ist es notwendig, daß die Krümmungsradien r_1 und r_2 von entgegengesetztem Vorzeichen sind.

II. Vertauschungssätze

75. Der Vertauschungssatz für die Transformationen von MOUTARD. Wenn die Lösung R_1 die Gleichung (2) § 70 in die Gleichung (5a) § 70 transformiert, dann wird jede Lösung θ der Gleichung (2) in eine Lösung θ_1 der Gleichung (5a) übergeführt, insbesondere geht die Lösung R_2 in eine bestimmte Lösung R_{21} der Gleichung (5a) über.

Nach den Formeln (4) § 70 erhalten wir das vollständig integrierbare System

$$\frac{\partial}{\partial u}(R_1 R_{21}) = R_2 R_{1u} - R_1 R_{2u}, \qquad \frac{\partial}{\partial v}(R_1 R_{21}) = R_1 R_{2v} - R_2 R_{1v}, \qquad (10)$$

welches die transformierte Lösung R_{21} bestimmt, die der Gleichung (5a) genügt und diese in die neue MOUTARD-Gleichung

$$\frac{\partial^2 \theta_{21}}{\partial u\, \partial v} = Q_{21}\theta_{21}$$

überführt; der Koeffizient Q_{21} dieser Gleichung wird durch die Formel (5b) bestimmt

$$Q_{21} = R_{21}\frac{\partial^2}{\partial u\, \partial v}\left(\frac{1}{R_{21}}\right). \tag{a}$$

oder

$$Q_{21} = \frac{\nu}{R_1}\frac{\partial^2}{\partial u\, \partial v}\left(\frac{R_1}{\nu}\right), \tag{a'}$$

wenn man die neue Funktion $\nu = R_1 R_{21}$ einführt. Diese Funktion ν ist offenbar eine Lösung des Systems (10):

$$\frac{\partial \nu}{\partial u} = R_2 R_{1u} - R_1 R_{2u}, \quad \frac{\partial \nu}{\partial v} = R_1 R_{2v} - R_2 R_{1v}. \tag{10'}$$

Indem wir die Gleichungen (10′) für die Ableitungen von ν und die MOUTARD-Gleichung (2) für R_1 verwenden, führen wir die Formel (a′) über in

$$Q_{21} = Q + \nu\frac{\partial^2}{\partial u\, \partial v}\left(\frac{1}{\nu}\right) + \frac{1}{\nu}\left(\frac{\partial R_1}{\partial v}\frac{\partial R_2}{\partial u} - \frac{\partial R_1}{\partial u}\frac{\partial R_2}{\partial v}\right). \tag{11}$$

Wir vertauschen nun die Rollen von R_1 und R_2, d. h. wir transformieren zuerst die Gleichung (2) mittels ihrer Lösung R_2 und danach die erhaltene Gleichung mittels der Lösung R_{12}, die man aus der Lösung R_1 durch eine MOUTARD-Transformation mittels der Lösung R_2 erhält. Das System (10′) ändert sich nicht, wenn man R_1 und R_2 vertauscht und gleichzeitig das Vorzeichen von ν ändert. Folglich ist

$$\nu = R_1 R_{21} \quad \text{und} \quad \nu = -R_2 R_{12}. \tag{12}$$

Unter diesen Umständen liefert die Gleichung (11) einen Wert Q_{12}, der genau gleich Q_{21} ist

$$Q_{12} = Q_{21}. \tag{13}$$

Wir erhalten also einen Vertauschungssatz für die Transformationen von MOUTARD. Die Gleichungen (10) bestimmen $\nu = R_1 R_{21}$ bis auf eine willkürliche Konstante; jeder Lösung R_{21} entspricht nach Formel (12) eine Lösung R_{12} derart, daß der Vertauschungssatz gilt:

Zu zwei gegebenen Lösungen R_1 und R_2 einer MOUTARD-*Gleichung G gibt es ∞^1* MOUTARD-*Gleichungen, die man durch geeignete* MOUTARD-*Transformationen sowohl aus der Gleichung G_1 wie aus der Gleichung G_2 erhält, welche aus der Gleichung G durch eine* MOUTARD-*Transformation mittels der Lösungen R_1 bzw. R_2 hervorgegangen sind.*

Diesen Satz kann man noch verschärfen; man kann nämlich zeigen, daß die erhaltenen Lösungen θ_{12} und θ_{21} nicht nur ein und derselben MOUTARD-Gleichung genügen, sondern sogar zusammenfallen.

Zum Beweis betrachten wir eine bestimmte Lösung θ der ursprünglichen Gleichung (2) und unterwerfen diese nacheinander den Transformationen mittels der Lösungen R_1 und R_{21}, oder R_2 und R_{12}. Wir nehmen an, daß es eine gemeinsame Lösung gibt

$$\theta_{12} = \theta_{21}.$$

Sie muß dem Gleichungssystem genügen, das man erhält, wenn man nacheinander die Formeln (7) § 71 auf θ, θ_1, R_1; θ, θ_2, R_2; θ_1, θ_{12}, R_{21} und θ_2, θ_{21}, R_{12} anwendet:

$$\frac{\partial(\theta_1+\theta)}{\partial u} = (\theta-\theta_1)\frac{\partial \ln R_1}{\partial u}, \qquad \frac{\partial(\theta_1-\theta)}{\partial v} = -(\theta+\theta_1)\frac{\partial \ln R_1}{\partial v}, \tag{α}$$

$$\frac{\partial(\theta_2+\theta)}{\partial u} = (\theta-\theta_2)\frac{\partial \ln R_2}{\partial u}, \qquad \frac{\partial(\theta_2-\theta)}{\partial v} = -(\theta+\theta_2)\frac{\partial \ln R_2}{\partial v}, \tag{β}$$

$$\frac{\partial(\theta_{12}+\theta_1)}{\partial u} = (\theta_1-\theta_{12})\frac{\partial \ln R_{21}}{\partial u}, \qquad \frac{\partial(\theta_{12}-\theta_1)}{\partial v} = -(\theta_1+\theta_{12})\frac{\partial \ln R_{21}}{\partial v}, \tag{γ}$$

$$\frac{\partial(\theta_{21}+\theta_2)}{\partial u} = (\theta_2-\theta_{21})\frac{\partial \ln R_{12}}{\partial u}, \qquad \frac{\partial(\theta_{21}-\theta_2)}{\partial v} = -(\theta_2+\theta_{21})\frac{\partial \ln R_{12}}{\partial v}. \tag{δ}$$

Ziehen wir in der linken Spalte von der Gleichung (α) die Gleichung (β) ab und von der Gleichung (γ) die Gleichung (δ) und eliminieren die Ableitungen von $\theta_1 - \theta_2$, so erhalten wir, wenn $\theta_{12} = \theta_{21}$ ist

$$\theta\frac{\partial}{\partial u}\ln\frac{R_1}{R_2} + \theta_2\frac{\partial \ln R_2}{\partial u} - \theta_1\frac{\partial \ln R_1}{\partial u} =$$
$$= \theta_{12}\frac{\partial}{\partial u}\ln\frac{R_{12}}{R_{21}} + \theta_1\frac{\partial \ln R_{21}}{\partial u} - \theta_2\frac{\partial \ln R_{12}}{\partial u},$$

und da wegen (12)

$$\frac{\partial \ln(R_1 R_{21})}{\partial u} = \frac{\partial \ln(R_2 R_{12})}{\partial u}$$

ist, ergibt sich

$$\left\{\theta_{12} - \theta - \frac{\theta_2-\theta_1}{\nu}R_1R_2\right\}\frac{\partial}{\partial u}\ln\frac{R_1}{R_2} = 0$$

und analog für die rechte Spalte der Gleichungen (α) bis (δ)

$$\left\{\theta_{12} - \theta - \frac{\theta_2-\theta_1}{\nu}R_1R_2\right\}\frac{\partial}{\partial v}\ln\frac{R_1}{R_2} = 0;$$

daraus folgt, da R_1 und R_2 als linear unabhängig, also nicht nur um einen konstanten Faktor verschieden, vorausgesetzt werden

$$\theta_{12} - \theta = \frac{R_1R_2}{\nu}(\theta_2 - \theta_1). \tag{14}$$

Differenzieren wir diese Gleichung nach u und nach v und verwenden die Gleichungen (10), (α), (β) und die Gleichung (14) selbst, so überzeugen wir uns davon, daß der für θ_{12} gefundene Ausdruck das System (γ), (δ) befriedigt, wie oben verlangt wurde. Da die Funktion ν eine willkürliche Konstante enthält, ergibt sich der Satz:

Zu zwei gegebenen Transformierten θ_1 und θ_2 einer Lösung θ einer MOUTARD-*Gleichung gibt es ∞^1 Lösungen $\theta_{12} = \theta_{21}$, die man durch geeignete* MOUTARD-*Transformation sowohl aus der Lösung θ_1 wie aus der Lösung θ_2 erhält.*

76. Das Büschel der MOUTARD-Transformierten. Jede Lösung R einer MOUTARD-Gleichung (3) § 70 bestimmt eine gewisse Transformation der Gleichung und aller ihrer Lösungen. Sind zwei Lösungen R_1 und R_2 gegeben, so ist wegen der Homogenität der Gleichung (3) eine Linearkombination mit konstanten Koeffizienten m, n

$$R^* = m R_1 + n R_2 \tag{15}$$

auch eine Lösung dieser Gleichung, und bei willkürlichen Parametern m, n bestimmt sie eine Gesamtheit von ∞^1 MOUTARD-Transformierten, die man natürlich ein *Büschel von Transformierten* nennt.

Bezeichnet man mit θ_1 und θ_2 die Lösungen, die man aus θ durch Transformationen mittels R_1 und R_2 erhalten hat, dann ergibt sich wegen der linearen Homogenität der Formel (4) § 70 bezüglich R für die Lösung θ^*, die man aus der Lösung θ durch eine Transformation mittels der Lösung R^* aus dem Büschel (15) erhält, bis auf additive Konstanten, die wir weglassen

$$R^* \theta^* = m R_1 \theta_1 + n R_2 \theta_2 . \tag{16}$$

Diese Formel hat eine besondere Bedeutung in der Theorie der asymptotischen Transformationen.

Wir erinnern uns, daß eine asymptotische Transformation durch eine W-Kongruenz realisiert wird und aus dem Übergang von einer Brennfläche zur anderen besteht.

Schreiben wir die Formel (9) § 71 für eine beliebige Transformation des Büschels (16) aus, so erhalten wir

$$\boldsymbol{M}^* = \boldsymbol{M} + (\boldsymbol{\xi}^* \times \boldsymbol{\xi}) = \boldsymbol{M} + \frac{1}{m R_1 + n R_2} (m R_1 \boldsymbol{\xi}_1 + n R_2 \boldsymbol{\xi}_2) \times \boldsymbol{\xi},$$

oder

$$\boldsymbol{M}^* = \frac{m R_1 \boldsymbol{M} + m R_1 (\boldsymbol{\xi}_1 \times \boldsymbol{\xi}) + n R_2 \boldsymbol{M} + n R_2 (\boldsymbol{\xi}_2 \times \boldsymbol{\xi})}{m R_1 + n R_2},$$

oder, wegen der Gleichung (9) § 71 selbst

$$\boldsymbol{M}^* = \frac{m R_1 \boldsymbol{M}_1 + n R_2 \boldsymbol{M}_2}{m R_1 + n R_2}.$$

Daraus folgt: *Für verschiedene Werte des konstanten Verhältnisses $m : n$ liegen die Punkte M^* auf einer Geraden,* welche in der Tangentenebene der Fläche ($\boldsymbol{M}$)

liegt und die Punkte M_1 und M_2 ihrer beiden Transformierten verbindet. Jede Gerade MM^* (für beliebig gewählte Werte von $m : n$) beschreibt bei Änderung von u, v eine W-Kongruenz, die in ihren beiden Brennpunkten M und M^* die beiden Flächen (M) und (M^*) berührt. Wir erhalten ein Büschel von W-Kongruenzen mit gemeinsamer Brennfläche (M), deren entsprechende Strahlen ein Büschel mit dem ersten Brennpunkt M als Träger bilden, mit gemeinsamer Brennebene MM_1M_2 und mit dem zweiten Brennpunkt M^* auf der Geraden M_1M_2. Die zweiten Brennebenen bilden ein Ebenenbüschel. Tatsächlich besagt die Formel (16) für die Normalenvektoren in den Punkten M^* der zweiten Brennflächen

$$R^*\xi^* = mR_1\xi_1 + nR_2\xi_2,$$

daß sie alle auf dem Vektor $\xi_1 \times \xi_2$ senkrecht stehen, und da nun jede Tangentenebene durch den Strahl MM^* geht, haben sie alle einen Punkt M gemeinsam und eine Gerade, die Achse des Büschels, welche parallel zum Vektor $\xi_1 \times \xi_2$ durch den Punkt M geht.

Wir werden noch einmal auf diese Achse stoßen, wenn wir uns der Deutung des Vertauschungssatzes für die MOUTARD-Transformationen zuwenden.

77. Der Vertauschungssatz für die asymptotischen Transformationen. Es seien

$$\boldsymbol{M}_1 = \boldsymbol{M} + (\xi_1 \times \xi), \quad \boldsymbol{M}_2 = \boldsymbol{M} + (\xi_2 \times \xi) \tag{17}$$

die beiden Brennpunkte, welche die Flächen (M_1), (M_2) beschreiben, die den MOUTARD-Transformationen mittels der Lösungen R_1 und R_2 entsprechen. Der Vertauschungssatz für die MOUTARD-Transformationen erlaubt, für die Lösungen ξ_1, ξ_2 eine gemeinsame transformierte Lösung zu bilden

$$\xi_{12} = \xi_{21} = \xi + \frac{R_1R_2}{\nu}(\xi_2 - \xi_1).$$

Man erhält sie durch geeignete MOUTARD-Transformationen sowohl aus ξ_1 wie aus ξ_2.

Diese Lösung der neuen MOUTARD-Gleichung bestimmt eine neue Fläche (und sogar eine Flächenschar, wenn man die willkürliche Konstante beachtet, die in der Funktion ν enthalten ist); ihr Punkt $M_{12} = M_{21}$, der den Punkten M, M_1, M_2 entspricht, wird durch die Formel bestimmt

$$\boldsymbol{M}_{12} = \boldsymbol{M}_1 + (\xi_{12} \times \xi_1),$$

oder, wenn man $\boldsymbol{M}_1$ gemäß Formel (17) ersetzt

$$\boldsymbol{M}_{12} = \boldsymbol{M} + (\xi_1 \times \xi) + (\xi_{12} \times \xi_1);$$

da nach Formel (14)

$$\xi_{12} = \xi + \frac{R_1R_2}{\nu}(\xi_2 - \xi_1) \tag{14'}$$

ist, erhalten wir schließlich

$$\boldsymbol{M}_{12} = \boldsymbol{M} + \frac{R_1R_2}{\nu}(\xi_2 \times \xi_1). \tag{18}$$

Diese Formel ändert sich nicht, wenn man R_1 durch R_2, ξ_1, ξ_2 durch ξ_2, ξ_1 und ν durch $-\nu$ ersetzt. Folglich hängt die Fläche (M_{12}) sowohl mit der Fläche (M_1) als auch mit der Fläche (M_2) über W-Kongruenzen zusammen, deren Brennflächen im ersten Fall die Flächen (M_1) und (M_{12}), im zweiten (M_2) und (M_{12}) sind.

Die vier Flächen (M_2), (M), (M_1), (M_{12}) bilden einen Zyklus, bei dem jede Fläche aus der vorhergehenden durch eine asymptotische Transformation hervorgeht. Mit anderen Worten, die Fläche (M_{12}) kann man auf zwei Arten als Produkt zweier asymptotischer Transformationen aus der Fläche (M) erhalten; nämlich einmal über die Fläche (M_1) und das andere Mal über (M_2).

Da man die Funktion ν aus dem vollständig integrierbaren System (10) § 75 bis auf eine willkürliche additive Konstante bestimmen kann, erhält man unendlich viele Flächen (M_{12}) durch asymptotische Transformation sowohl aus (M_1) wie aus (M_2). Die Formel (18) besagt, daß die entsprechenden Punkte M_{12} aller dieser Flächen (M_{12}) auf einer Geraden MM^* liegen, die durch den Punkt M der Fläche (M) parallel zum Vektor $\mathfrak{x}_1 \times \mathfrak{x}_2$ geht.

Die Tangentenebenen aller Flächen (M_{12}) gehen durch die Punkte M_1 und M_2 der Flächen (M_1) und (M_2), mit denen M_{12} durch asymptotische Transformation zusammenhängt. Also erhalten wir den Vertauschungssatz für asymptotische Transformationen:

Sind eine Fläche (M) und zwei ihrer asymptotisch Transformierten (M_1) und (M_2) gegeben, so kann man durch eine Quadratur (zur Bestimmung von ν) eine einparametrige Schar von Flächen (M_{12}) finden, die durch asymptotische Transformationen sowohl mit der Fläche (M_1) als auch mit (M_2) zusammenhängen. Entsprechende Punkte der Flächen (M_{12}) liegen auf einer Geraden MM^*, und die entsprechenden Tangentenebenen gehen durch die Gerade M_1M_2.

Wenn man in dem Quadrupel der Flächen (M), (M_1), (M_{12}), (M_2) die Fläche (M_1) als Ausgangsfläche nimmt, dann sind ihre ersten asymptotisch Transformierten (M) und (M_{12}). Bilden wir zu diesen nach dem soeben bewiesenen Vertauschungssatz die vierte Fläche, so erhalten wir außer (M_2) und natürlich (M_1) noch eine einparametrige Schar von Flächen (M_2^*), deren entsprechende Punkte auf der Geraden M_1M_2 liegen, welche die Punkte M_1 und M_2 der Flächen (M_1), (M_2) verbindet, und die Tangentenebenen bilden ein Büschel mit der Achse MM_{12}.

Auf den beiden Geraden MM^* und M_1M_2 liegen also die entsprechenden Punkte zweier einparametriger Flächenscharen (S) und (Σ). Je zwei dieser Flächen S und Σ hängen durch eine W-Kongruenz zusammen, deren Brennflächen sie sind. Zwei beliebige Flächenpaare S_1, S_2 und Σ_1, Σ_2 bilden ein Quadrupel von Flächen aus dem Vertauschungssatz, bei denen dieselben Verhältnisse vorliegen, wie bei den Flächen (M), (M_{12}), (M_1), (M_2). Diese Quadrupel von Flächen bilden eine *Konfiguration von* BIANCHI.

Die Kongruenzen, die durch die Geraden MM^* und M_1M_2 beschrieben werden, besitzen bemerkenswerte Eigenschaften. Ihnen sind zwei einparametrige

Flächenscharen (S) und (Σ) zugeordnet. Die Flächen (S) schneiden den Strahl MM^* so, daß die Tangentenebenen in diesen Schnittpunkten durch den entsprechenden Strahl M_1M_2 gehen, und umgekehrt, das Ebenenbüschel mit der Achse MM^* berührt die Flächen (Σ) in den Schnittpunkten dieser Flächen mit dem Strahl M_1M_2. Eine derartige Gesamtheit von zwei Kongruenzen nennt man ein *schichtbares Paar*.

78. Der Vertauschungssatz für die B-Kongruenzen. Wir sahen schon, daß die W-Kongruenzen mit gleichen Krümmungen der Brennflächen in entsprechenden Punkten (B-Kongruenzen) Brennflächen einer speziellen Klasse (B-Flächen) besitzen, nämlich: die Krümmung hat in Asymptotenlinienparametern u, v die Gestalt

$$K = -\frac{1}{(U+V)^2}, \tag{19}$$

wobei $U = f(u)$, $V = F(v)$. Umgekehrt kann jede B-Fläche als Brennfläche einer zweiparametrigen Schar von B-Kongruenzen angesehen werden.

Da die zweite Brennfläche einer solchen Kongruenz wieder eine B-Fläche ist mit genau derselben Krümmung, kann man die Konstruktion der B-Kongruenz zu einer gegebenen Brennfläche als ein Verfahren zur Transformation der B-Flächen betrachten. Die Ausführung dieser Transformation, d. h. die Konstruktion der B-Kongruenz zu einer gegebenen Brennfläche hängt, wie wir gesehen haben, bei gegebener Konstante C in der Formel (49) § 47 von der Integration der Gleichung (55) § 48 ab, die sich auf eine RICCATIsche Gleichung reduzieren läßt.

Der Vertauschungssatz für die asymptotischen Transformationen (§ 77) nimmt für B-Flächen eine spezielle Form an. Wenn (M_1) und (M_2) zwei B-Flächen sind, die man aus (M) (einer B-Fläche) durch die Transformationen (54a), (54b) § 48 mit verschiedenen Werten C_1 und C_2 der Konstanten C erhalten hat, dann ergibt sich, indem man den Vertauschungssatz § 77 anwendet, eine einparametrige Flächenschar (M_{12}), die durch asymptotische Transformation sowohl aus (M_1) als auch aus (M_2) erhalten werden kann, d. h. mit diesen durch W-Kongruenzen zusammenhängt. Allerdings werden diese Kongruenzen, als W-Kongruenzen, im allgemeinen keine B-Kongruenzen sein, und die Flächen (M_{12}) keine B-Flächen mit einer Krümmung der Gestalt (19).

Merkwürdigerweise *gibt es unter dieser einparametrigen Flächenschar* (M_{12}), wenn man von der Ausgangsfläche (M) absieht, *nur eine Fläche* (M_{12}), *die mit den Flächen* (M_1) *und* (M_2) *durch B-Transformationen zusammenhängt*, und demnach auch die gleiche Krümmung (19) besitzt. Man erhält sie aus der Fläche (M_1) durch B-Transformation mit der Konstanten C_2, und aus der Fläche (M_2) durch eine ebensolche Transformation mit der Konstanten C_1. Folglich muß der Brennwinkel der Kongruenz (MM_1), der durch die Formel (49) § 47 bestimmt wird,

$$\operatorname{tg}\varphi = \sqrt{\frac{U-C}{V+C}}$$

mit der Konstanten $C = C_1$, gleich dem Brennwinkel der Kongruenz (M_2M_{12}) sein, und ebenso sind die Brennwinkel der Kongruenzen (MM_2) und (M_1M_{12}) gleich. Um den Beweis des Satzes zu führen, bemerken wir (§ 70), daß der Vektor $\mathfrak{x}$ parallel zur Normalen $\boldsymbol{n}$ der Fläche $(\boldsymbol{M})$ ist

$$\mathfrak{x} = \boldsymbol{n}\sqrt{\lambda}$$

und seine Länge $\sqrt{\lambda}$ mit der Krümmung K der Fläche (M) zusammenhängt durch (Flth. S. 82)

$$K = -\frac{1}{\lambda^2}. \tag{19'}$$

Folglich ist

$$\lambda = U + V.$$

Im Hinblick auf die Formeln (17) müssen wir jetzt setzen

$$\mathfrak{x}^2 = \mathfrak{x}_1^2 = \mathfrak{x}_2^2 = \lambda, \qquad \mathfrak{x}\cdot\mathfrak{x}_1 = \lambda\cos 2\varphi_1, \qquad \mathfrak{x}\cdot\mathfrak{x}_2 = \lambda\cos 2\varphi_2, \tag{20a}$$

weil die Flächen (M), (M_1), (M_2) B-Flächen mit ein und derselben Krümmung der Gestalt (19′) sind; $2\varphi_1$ und $2\varphi_2$ sind die Winkel der Brennebenen der Kongruenzen (MM_1) und (MM_2).

Außerdem verlangen wir, daß die Fläche (M_{12}) auch eine B-Fläche mit derselben Krümmung sei, und daß die Kongruenzen (M_1M_{12}), (M_2M_{12}) dieselben Winkel zwischen den Brennebenen haben wie die Kongruenzen (MM_2), (MM_1):

$$\mathfrak{x}_{12}^2 = \lambda, \qquad \mathfrak{x}_1\cdot\mathfrak{x}_{12} = \lambda\cos 2\varphi_2, \qquad \mathfrak{x}_2\cdot\mathfrak{x}_{12} = \lambda\cos 2\varphi_1. \tag{20b}$$

Wir multiplizieren die Gleichung (14′) gliedweise skalar mit $\mathfrak{x}_1$ und erhalten

$$\mathfrak{x}_1\cdot\mathfrak{x}_{12} = \mathfrak{x}\cdot\mathfrak{x}_1 + \frac{R_1R_2}{\nu}(\mathfrak{x}_1\cdot\mathfrak{x}_2 - \mathfrak{x}_1^2),$$

woraus nach den Formeln (20a), (20b) folgt

$$\lambda\cos 2\varphi_2 = \lambda\cos 2\varphi_1 + \frac{R_1R_2}{\nu}(\mathfrak{x}_1\cdot\mathfrak{x}_2 - \lambda)$$

und

$$\nu = R_1R_2\,\frac{\mathfrak{x}_1\cdot\mathfrak{x}_2 - \lambda}{\lambda(\cos 2\varphi_2 - \cos 2\varphi_1)}. \tag{a}$$

Wir verwenden nun das der Fläche zugeordnete Dreibein $\{\boldsymbol{M}\boldsymbol{I}_1\boldsymbol{I}_2\boldsymbol{I}_3\}$ (s. die Formeln § 47). Nach den Formeln (54b) § 48 und (20) erhalten wir dann

$$\mathfrak{x}_1 = \sqrt{\lambda}\,\{\boldsymbol{I}_3\cos 2\varphi_1 - \sin 2\varphi_1(\boldsymbol{I}_2\cos\psi_1 - \boldsymbol{I}_1\sin\psi_1)\},$$

$$\mathfrak{x}_2 = \sqrt{\lambda}\,\{\boldsymbol{I}_3\cos 2\varphi_2 - \sin 2\varphi_2(\boldsymbol{I}_2\cos\psi_2 - \boldsymbol{I}_1\sin\psi_2)\}.$$

Setzen wir diese Ausdrücke in die zweite Formel von (a) ein, so ergibt sich

$$\nu = R_1R_2\,\frac{\cos 2\varphi_1\cos 2\varphi_2 - 1 + \sin 2\varphi_1\sin 2\varphi_2\cos(\psi_1 - \psi_2)}{\cos 2\varphi_2 - \cos 2\varphi_1}. \tag{21}$$

Wenn eine Fläche (M_{12}) existiert, dann wird sie durch die Formeln (18) und (21) eindeutig bestimmt. Um die Existenz der Fläche nachzuweisen, muß man zeigen, daß der Ausdruck (21) eine Lösung des Systems (10′) ist, denn nur darauf beruhen die Transformationsformeln (14) und damit auch (18).

Dies beweist man durch eine einfache Probe. Wir gehen zurück auf die Formeln (7) § 71, die den Zusammenhang zwischen der transformierenden Lösung R und dem Paar von Lösungen θ, θ_1, der zu transformierenden und der transformierten, herstellen. Wir setzen dort statt θ, θ_1 die Vektoren $\mathfrak{x}$, $\mathfrak{x}_1$ ein; denn eine lineare homogene Beziehung gilt, wenn sie für jede Koordinate des Vektors besteht, auch für den Vektor selbst. Da $\mathfrak{x} = \sqrt{\lambda}\,\boldsymbol{I}_3$ ist, erhalten wir

$$\begin{aligned} \mathfrak{x} + \mathfrak{x}_1 &= 2\sqrt{\lambda}\cos\varphi_1 \{\boldsymbol{I}_3 \cos\varphi_1 - \sin\varphi_1 (\boldsymbol{I}_2 \cos\psi_1 - \boldsymbol{I}_1 \sin\psi_1)\}, \\ \mathfrak{x} - \mathfrak{x}_1 &= 2\sqrt{\lambda}\sin\varphi_1 \{\boldsymbol{I}_3 \sin\varphi_1 + \cos\varphi_1 (\boldsymbol{I}_2 \cos\psi_1 - \boldsymbol{I}_1 \sin\psi_1)\}. \end{aligned} \tag{b}$$

Setzen wir andererseits das Linienelement des sphärischen Bildes der Fläche (M) gleich

$$ds'^2 = E'du^2 + 2\sqrt{E'G'}\cos\theta\, du\, dv + G'dv^2,$$

so ergibt sich nach den Formeln (51) § 47:

$$\begin{aligned} \overline{\omega}_1^3 \sin\frac{\theta}{2} + \overline{\omega}_2^3 \cos\frac{\theta}{2} &= -\sqrt{E'}\sin\theta\, du, \\ \overline{\omega}_1^3 \sin\frac{\theta}{2} - \overline{\omega}_2^3 \cos\frac{\theta}{2} &= -\sqrt{G'}\sin\theta\, dv. \end{aligned}$$

Setzen wir nun die Ausdrücke (b) in die Gleichungen

$$\frac{\partial \ln R_1}{\partial u}(\mathfrak{x} - \mathfrak{x}_1) = \frac{\partial}{\partial u}(\mathfrak{x} + \mathfrak{x}_1), \qquad \frac{\partial \ln R_1}{\partial v}(\mathfrak{x} + \mathfrak{x}_1) = \frac{\partial}{\partial v}(\mathfrak{x} - \mathfrak{x}_1)$$

ein, und betrachten z. B. die Koeffizienten von $\boldsymbol{I}_3$, so erhalten wir

$$\begin{aligned} 2\sqrt{\lambda}\sin^2\varphi_1 \frac{\partial \ln R_1}{\partial u} = \sqrt{\lambda}\cos^2\varphi_1 \frac{\partial \ln\lambda}{\partial u} - 2\sin 2\varphi_1 \sqrt{\lambda}\frac{\partial\varphi_1}{\partial u} - \\ - \sqrt{E'}\sqrt{\lambda}\sin\varphi_1\cos\varphi_1 \sin\left(\varphi_1 + \frac{\theta}{2}\right) \end{aligned}$$

oder, wenn wir die Gleichung (46′) § 47 verwenden,

$$\begin{aligned} \frac{\partial \ln R_1}{\partial u} &= -\frac{1}{2}\operatorname{cotg}^2\varphi_1 \frac{\partial \ln\lambda}{\partial u} - \sqrt{E'}\operatorname{cotg}\varphi_1 \sin\left(\varphi_1 + \frac{\theta}{2}\right), \\ \frac{\partial \ln R_1}{\partial v} &= -\frac{1}{2}\operatorname{tg}^2\varphi_1 \frac{\partial \ln\lambda}{\partial v} - \sqrt{G'}\operatorname{tg}\varphi_1 \sin\left(\varphi_1 - \frac{\theta}{2}\right); \end{aligned}$$

entsprechende Ausdrücke ergeben sich für die Ableitungen von R_2, man hat nur die Indizes 1 und 2 zu vertauschen.

Diese Gleichungen und die Formeln (46) § 46 und (55) § 48, die wir jetzt in der Gestalt schreiben können

$$\frac{\partial \varphi_1}{\partial u} = \frac{1}{2} \operatorname{cotg} \varphi_1 \frac{\partial \ln \lambda}{\partial u}, \quad \frac{\partial \varphi_1}{\partial v} = -\frac{1}{2} \operatorname{tg} \varphi_1 \frac{\partial \ln \lambda}{\partial v},$$

$$\frac{\partial (\psi_1 - \psi_2)}{\partial u} = \sqrt{E'} \left\{ \operatorname{tg} \varphi_1 \cos\left(\psi_1 + \frac{\theta}{2}\right) - \operatorname{tg} \varphi_2 \cos\left(\psi_2 + \frac{\theta}{2}\right) \right\},$$

$$\frac{\partial (\psi_1 - \psi_2)}{\partial v} = -\sqrt{G'} \left\{ \operatorname{cotg} \varphi_1 \cos\left(\psi_1 + \frac{\theta}{2}\right) - \operatorname{cotg} \varphi_2 \cos\left(\psi_2 + \frac{\theta}{2}\right) \right\},$$

erlauben ohne größere Schwierigkeiten die Probe durchzuführen, die wir dem Leser überlassen wollen.

Die Bestimmung der Fläche (M_{12}) verlangt also nicht einmal eine Quadratur. Wenn man die ersten Transformationen der B-Fläche vollzogen hat, dann erhält man die zweiten Transformierten und alle folgenden mittels Differentiationen und algebraischer Umformungen.

Unter den B-Flächen kommen als Spezialfälle auch Flächen vor, deren GAUSSsche Krümmung längs der Asymptotenlinien einer Schar konstant ist (wenn eine der Funktionen U oder V konstant bleibt), und Flächen konstanter negativer Krümmung (wenn beide Funktionen U und V Konstante sind). Folglich übertragen sich auf diese alle Sätze über die Transformation von B-Flächen.

79. Literaturhinweise. Die MOUTARD-Transformation wurde von MOUTARD in dem Aufsatz publiziert „Sur la construction des équations de la forme

$$\frac{1}{z} \frac{\partial^2 z}{\partial x \partial y} = \lambda(x, y),$$

qui admettent une intégrale générale explicite". J. Éc. Pol. **45**, 1, 1878. Zehn Jahre später stellte LELIEUVRE die Formeln (1) auf, die die Bestimmung einer Fläche auf das Aufsuchen eines Vektors $\mathfrak{x}$ zurückführen, d. h. auf drei Lösungen einer MOUTARD-Gleichung; LELIEUVRE, Sur les lignes asymptotiques et leur représentation sphérique. Bull. Sc. Math. **12**, 126, 1888.

GUICHARD [112] verwendet als erster die MOUTARD-Transformation zur Bestimmung einer W-Kongruenz. Auf ihn geht auch der umgekehrte Satz zurück: Wenn zwei Lösungstripel zweier verschiedener MOUTARD-Gleichungen zwei Flächen bestimmen derart, daß die Geraden, welche Paare entsprechender Punkte verbinden, beide Flächen berühren (und demzufolge eine W-Kongruenz beschreiben), dann kann jede dieser MOUTARD-Gleichungen aus der andern Gleichung durch eine geeignete MOUTARD-Transformation erhalten werden, welche das Lösungstripel der ersten Gleichung in das der zweiten überführt. BIANCHI [14] verwendete weitgehend die Formeln von GUICHARD. Er stellte den Zusammenhang dieser Konstruktion mit der infinitesimalen Verbiegung her: Jede der Brennflächen läßt eine infinitesimale Verbiegung zu, bei der ihre Punkte senkrecht zum Kongruenzstrahl verschoben werden. Der Satz selbst stammt von RIBAUCOUR, der die W-Kongruenz als die Gesamtheit aller Geraden definierte, welche eine Fläche berühren und auf der Richtung der Verrückung der Berührungspunkte bei einer infinitesimalen Verbiegung derselben senkrecht stehen.

Zu § 74. Das Beispiel der W-Kongruenzen, die mit den Schiebflächen zusammenhängen, gab DARBOUX (Leçons sur la théorie des surfaces, **3**, 372).

Zu § 76. Der Begriff des Büschels von MOUTARD-Transformierten und des Büschels von asymptotisch Transformierten (des Büschels der W-Kongruenzen) stammt von TORTORICI [210]. Den Vertauschungssatz bewies BIANCHI [12] zuerst für die Transformation der Flächen konstanter negativer Krümmung mittels der normalen pseudosphärischen Kongruenzen (Komplementärtransformation). Schon früher hatte SOPHUS LIE [140] bemerkt, daß die wiederholte Anwendung der Komplementärtransformation nur Differentiationen und algebraische Umformungen erfordert, wenn die ersten beiden Transformationen bekannt sind. Danach wurde der Vertauschungssatz durch BIANCHI selbst und andere Autoren auf neue Objekte übertragen.

DARBOUX [50] zeigte, daß das windschiefe Viereck, dessen Ecken in vier entsprechenden Punkten von vier Flächen konstanter negativer Krümmung liegen, welche durch die Konstruktion des Vertauschungssatzes zustande kommen, das einzige ist, das unter Erhaltung der Größen seiner Ebenen- und Kantenwinkel deormiert werden kann.

Zu § 78. Der Vertauschungssatz für die Transformationen von B-Flächen wurde von BIANCHI aufgestellt (s. a. TORTORICI [210]) und erlaubt alle Transformationen der B-Flächen ohne Quadratur zu finden, wenn die Transformationen erster Ordnung bekannt sind. A. F. MASLOW [143], [144] zeigte, daß man alle ersten Transformationen konstruieren kann, wenn man die z-Achse als ausgeartete B-Fläche zur Ausgangsfläche nimmt; alle übrigen erhält man also ohne Quadratur.

Fünftes Kapitel

DIE ASYMPTOTISCHEN TRANSFORMATIONEN IM PROJEKTIVEN RAUM

I. Das kanonische Tetraeder einer Fläche

80. Analytische Punkte und Operationen mit ihnen. Die Theorie der asymptotisch transformierten Flächen (transformiert mittels W-Kongruenzen) läßt sich auch in den projektiven Raum übertragen, wobei man auf neue Probleme und neue bemerkenswerte Klassen von Kongruenzen geführt wird.

Die Gesamtheit von vier homogenen Koordinaten eines Punktes M nennt man einen *analytischen* Punkt $\boldsymbol{M}$. Die analytischen Punkte muß man als Vektoren mit vier Komponenten (im algebraischen Sinne) betrachten. Sie lassen demnach lineare Operationen zu: Addition, Subtraktion und Multiplikation mit einem Skalar.

Die Multiplikation eines Vektors mit einem Skalar ändert den geometrischen Punkt nicht und trägt die Bezeichnung *Umnormierung* des analytischen Punktes. Die Linearkombination zweier oder dreier analytischer Punkte

$$\boldsymbol{M} = x^0\boldsymbol{A}_0 + x^1\boldsymbol{A}_1, \qquad \boldsymbol{M} = x^0\boldsymbol{A}_0 + x^1\boldsymbol{A}_1 + x^2\boldsymbol{A}_2$$

bestimmt als geometrischen Ort die Gerade A_0A_1 bzw. die Ebene $A_0A_1A_2$. Jeder Punkt des Raumes kann durch eine Linearkombination von vier linear unabhängigen Punkten (die nicht in einer Ebene liegen) dargestellt werden

$$\boldsymbol{M} = x^i\boldsymbol{A}_i, \qquad i = 0, 1, 2, 3.$$

Die skalaren Koeffizienten x^i nennt man die Koordinaten des Punktes M bezüglich des Koordinatentetraeders $\{\boldsymbol{A}_i\}$.

Außer diesen Operationen führen wir ein äußeres Produkt der Punkte nach GRASSMANN ein. Zum Unterschied vom äußeren Produkt der Differentialformen bezeichnen wir es mit runden Klammern. Es genügt denselben Gesetzen der algebraischen Operationen wie das äußere Produkt der Formen.

Das äußere Produkt zweier Punkte

$$(\boldsymbol{A}_0\boldsymbol{A}_1) = \left\| \begin{matrix} A_0^0 & A_0^1 & A_0^2 & A_0^3 \\ A_1^0 & A_1^1 & A_1^2 & A_1^3 \end{matrix} \right\|$$

ist ein Vektor mit sechs Komponenten, nämlich den sechs Determinanten zweiter Ordnung derjenigen Matrix, die aus den Koordinaten A_0^k, A_1^k der analytischen Punkte $\boldsymbol{A}_0, \boldsymbol{A}_1$ gebildet wird. Da diese Determinanten die homogenen projektiven Koordinaten der (geometrischen) Geraden A_0A_1 sind, nennt man dieses äußere Produkt eine *analytische Gerade.*

Das äußere Produkt dreier Punkte

$$(\boldsymbol{A}_0\boldsymbol{A}_1\boldsymbol{A}_2) = \left\| \begin{matrix} A_0^0 & A_0^1 & A_0^2 & A_0^3 \\ A_1^0 & A_1^1 & A_1^2 & A_1^3 \\ A_2^0 & A_2^1 & A_2^2 & A_2^3 \end{matrix} \right\|$$

ist die Gesamtheit der vier Determinanten dritter Ordnung der Koordinatenmatrix der Punkte $\boldsymbol{A}_i$. Da diese die Ebenenkoordinaten der Ebene $A_0A_1A_2$ sind, nennt man dieses Produkt eine *analytische Ebene.*

Das äußere Produkt von vier Punkten ist gleich der Determinante aus den 16 Koordinaten

$$(\boldsymbol{A}_0\boldsymbol{A}_1\boldsymbol{A}_2\boldsymbol{A}_3) = \begin{vmatrix} A_0^0 & A_0^1 & A_0^2 & A_0^3 \\ A_1^0 & A_1^1 & A_1^2 & A_1^3 \\ A_2^0 & A_2^1 & A_2^2 & A_2^3 \\ A_3^0 & A_3^1 & A_3^2 & A_3^3 \end{vmatrix}.$$

Wenn man bei festgehaltenen Koordinaten x^i das Koordinatentetraeder $\{\boldsymbol{A}_i\}$ ändert, dann ändert jeder Punkt $\boldsymbol{M}$ seine Lage im Raum. Eine solche Transformation des Raumes nennt man eine *projektive Abbildung.* Eine projektive Abbildung ist also durch das Tetraeder $\{\bar{\boldsymbol{A}}_i\}$, in welches sie das Anfangstetraeder $\{\boldsymbol{A}_i\}$ überführt, vollständig bestimmt.

Als *projektive Geometrie* bezeichnet man die Geometrie, deren Sätze gegenüber der Gruppe der projektiven Abbildungen invariant sind. Aus dem oben Gesagten folgt, daß alle Resultate, die, in projektiven Punkt-, Geraden- oder Ebenenkoordinaten ausgedrückt, nicht von der Wahl des Koordinatentetraeders abhängen, zur projektiven Geometrie gehören, weil sie gegenüber einer beliebigen projektiven Abbildung invariant sind.

Wenn alle Koordinaten eines Punktes $\boldsymbol{M}$ als Funktionen eines Parameters u gegeben sind, dann sagen wir, daß der analytische Punkt $\boldsymbol{M}$ als Funktion der Veränderlichen u gegeben sei. Bei einer Änderung der Veränderlichen u beschreibt der geometrische Punkt eine Kurve (wobei vorausgesetzt wird, daß die Koordinaten des analytischen Punktes und ihre Ableitungen in dem betreffenden u-Intervall stetig sind; eine proportionale Änderung der Koordinaten des analytischen Punktes sei ausgeschlossen). Folglich ist

$$\boldsymbol{M} = \boldsymbol{M}(u)$$

die Gleichung einer Kurve im projektiven Raum.

Als Ableitung eines analytischen Punktes $\boldsymbol{M}(u)$ bezeichnet man den Grenzwert des Quotienten

$$\frac{d\boldsymbol{M}}{du} = \lim_{\Delta u \to 0} \frac{\boldsymbol{M}(u + \Delta u) - \boldsymbol{M}(u)}{\Delta u};$$

die Koordinaten der Ableitung sind gleich den Ableitungen der entsprechenden Koordinaten des Punktes $\boldsymbol{M}(u)$.

Da der Punkt

$$\frac{\boldsymbol{M}(u + \Delta u) - \boldsymbol{M}(u)}{\Delta u}$$

auf der Geraden liegt, welche die Punkte $\boldsymbol{M}(u)$ und $\boldsymbol{M}(u + \Delta u)$ verbindet, bestimmt er zusammen mit dem Punkt $\boldsymbol{M}(u)$ eine Sehne. Beim Grenzübergang $\Delta u \to 0$ wird sie zur Tangente; folglich bestimmen die Ableitung $\frac{d\boldsymbol{M}}{du}$ und das Differential $d\boldsymbol{M}$ $\left(\text{das sich von der Ableitung nur durch einen skalaren Faktor unterscheidet: } d\boldsymbol{M} = \frac{d\boldsymbol{M}}{du}\, du\right)$ ein und denselben geometrischen Punkt, der auf der Tangente liegt, und die analytische Gerade $(\boldsymbol{M} d\boldsymbol{M})$ ist die Tangente. Ebenso bestimmt die analytische Ebene

$$(\boldsymbol{M}\, d\boldsymbol{M}\, d^2\boldsymbol{M})$$

die Schmiegebene der Kurve.

Wenn der analytische Punkt $\boldsymbol{M}$ eine Funktion von zwei unabhängigen Veränderlichen ist

$$\boldsymbol{M} = \boldsymbol{M}(u, v),$$

dann beschreibt der geometrische Punkt M bei Änderung der Veränderlichen u, v eine Fläche unter der Bedingung, daß in dem Bereich der Veränderlichen u, v die Koordinaten des Punktes $\boldsymbol{M}(u, v)$ und seine partiellen Ableitungen $\boldsymbol{M}_u, \boldsymbol{M}_v$ stetig sind und ihr GRASSMANN-Produkt nicht verschwindet;

$$(\boldsymbol{M}\boldsymbol{M}_u\boldsymbol{M}_v) \neq 0.$$

81. Die Strukturgleichungen des projektiven Raumes. Sind alle vier Ecken des Tetraeders $\{\boldsymbol{A}_i\}$ Funktionen irgendwelcher Veränderlicher $u^1, u^2, \ldots, u^n$, dann sind auch die Differentiale $d\boldsymbol{A}_i$ analytische Punkte. Wir bezeichnen ihre Koordinaten bezüglich des Tetraeders $\{\boldsymbol{A}_i\}$ mit ω_i^k

$$d\boldsymbol{A}_i = \omega_i^k \boldsymbol{A}_k, \qquad i, k = 0, 1, 2, 3. \tag{1}$$

Die Größen ω_i^k nennt man die *Komponenten* der differentiellen projektiven Verrückung des Tetraeders. Wie man leicht sieht, sind sie lineare Formen der Differentiale du^α:

$$\omega_i^k = a_{i\alpha}^k\, du^\alpha, \qquad i, k = 0, 1, 2, 3; \qquad \alpha = 1, 2 \ldots, n.$$

Die Zahl der Veränderlichen u^α kann schwanken zwischen eins, wenn jeder Eckpunkt eine Kurve beschreibt, und sechzehn, wenn das Tetraeder alle möglichen Lagen im Raum einnimmt.

Als äußere Ableitung des Systems (1) erhalten wir

$$D\omega_i^k \boldsymbol{A}_k + [d\boldsymbol{A}_k \omega_i^k] = 0,$$

oder, wenn wir $d\boldsymbol{A}_k = \omega_k^j \boldsymbol{A}_j$ einsetzen,

$$D\omega_i^k \boldsymbol{A}_k + [\omega_k^j \omega_i^k]\, \boldsymbol{A}_j = 0.$$

Der Index k im ersten (und im zweiten) Glied ist ein Summationsindex und nimmt in den verschiedenen Summanden der Reihe nach die Werte $k = 0, 1, 2, 3$ an; folglich ändert sich der Wert der Summe nicht, wenn man diesen Index durch einen andern Buchstaben ersetzt, wenn dieser nur die Werte 0, 1, 2, 3 durchläuft. Ersetzen wir im ersten Glied k durch j, so können wir den gemeinsamen Faktor $\boldsymbol{A}_j$ ausklammern;

$$\{D\omega_i^j - [\omega_i^k \omega_k^j]\} \boldsymbol{A}_j = 0 .$$

Die vier Punkte $\boldsymbol{A}_j$ liegen als Eckpunkte des Tetraeders nicht in einer Ebene, folglich sind sie linear unabhängig, und darum müssen die Koeffizienten dieser Punkte $\boldsymbol{A}_j$ verschwinden:

$$D\omega_i^j = [\omega_i^k \omega_k^j] \qquad i, j, k = 0, 1, 2, 3 . \tag{2}$$

Die Gleichungen (2) nennt man die *Strukturgleichungen* des projektiven Raumes. Wenn die Formen ω_i^j den Strukturgleichungen (2) genügen, dann ist das System (1) vollständig integrierbar (die äußeren Differentiale sind algebraische Folgen des Systems), und die ω_i^j bestimmen eine Schar von Tetraedern mit beliebigem Anfangstetraeder $\{\boldsymbol{A}_j\}_0$ (für $u^i = u_0^i$).

Dabei ändert eine beliebige projektive Abbildung der Punkte $d\boldsymbol{A}_i$ und des Koordinatentetraeders $\{\boldsymbol{A}_k\}$ die Koordinaten ω_i^k nicht, d. h. *die Komponenten der differentiellen projektiven Verrückungen eines Tetraeders sind Invarianten der Gruppe der projektiven Abbildungen des Raumes.* Wir nehmen an, daß die Formen ω_i^k den Strukturgleichungen genügen und daß wir zwei Lösungsquadrupel des Systems (1) besitzen. Sie bestimmen zwei Scharen von Tetraedern mit verschiedenen Anfangstetraedern $\{\boldsymbol{A}_i\}_0$ und $\{\boldsymbol{A}_i^*\}_0$. Durch eine geeignete projektive Abbildung aller Tetraeder der zweiten Schar kann man diese so in eine neue Schar überführen, daß das Anfangstetraeder $\{\boldsymbol{A}_j^*\}_0$ (als Gesamtheit von vier analytischen Punkten) mit dem Tetraeder $\{\boldsymbol{A}_i\}_0$ zusammenfällt. Dabei ändern sich die Komponenten ω_i^k nicht, und die Koordinaten der Eckpunkte der Tetraeder der neuen Schar genügen demselben Gleichungssystem (1). Indessen bestimmt das System (1) bei gegebenem Anfangstetraeder $\{\boldsymbol{A}_i\}_0$ eindeutig eine Schar von Tetraedern; folglich fällt nach der projektiven Abbildung die zweite Schar so mit der ersten zusammen, daß jedes Tetraeder der zweiten Schar mit dem entsprechenden der ersten übereinstimmt.

Die Komponenten ω_i^k, die den Strukturgleichungen genügen, bestimmen demnach eindeutig eine Schar von Tetraedern bis auf eine willkürliche projektive Abbildung des Raumes.

Insbesondere beschreibt, wenn die Anzahl n der unabhängigen Veränderlichen gleich zwei ist, jeder Eckpunkt des Tetraeders, z. B. $\boldsymbol{A}_0$, eine Fläche, und jede Kante, z. B. $\boldsymbol{A}_0\boldsymbol{A}_1$, beschreibt eine Kongruenz. *Folglich bestimmen die Komponenten ω_i^k der projektiven Verrückung eines Tetraeders, die den Strukturgleichungen* (2) *genügen, im projektiven Raum genau eine Fläche* ($\boldsymbol{A}_0$), *eine Kongruenz* ($\boldsymbol{A}_0\boldsymbol{A}_1$) *usw.*

In der Tat sind verschiedene Tetraederscharen, die wir durch verschiedene Wahl des Anfangstetraeders erhalten, projektiv äquivalent; folglich muß man auch die Flächen $(\boldsymbol{A}_0)$ und die Kongruenzen $(\boldsymbol{A}_0\boldsymbol{A}_1)$ usw., die wir durch verschiedene Wahl des Anfangstetraeders im projektiven Raum erhalten, als nicht wesentlich verschieden ansehen, da sie nach einer projektiven Abbildung zusammenfallen.

82. Das einem Flächenpunkt zugeordnete Tetraeder. Wir ordnen jedem Flächenpunkt $\boldsymbol{A}$ der Fläche $(\boldsymbol{A})$ alle Tetraeder $\{\boldsymbol{A}_0, \boldsymbol{A}_1, \boldsymbol{A}_2, \boldsymbol{A}_3\}$ zu, bei denen der geometrische Punkt A_0 mit dem geometrischen Punkt A der Fläche zusammenfällt. Derartige Tetraeder nennt man *Tetraeder nullter Ordnung.*

Halten wir den geometrischen Punkt A_0 fest, so kann sich der analytische Punkt $\boldsymbol{A}_0$ gleichwohl ändern, indem sich alle seine Koordinaten proportional ändern, d. h.

$$\boldsymbol{A}_0 = \lambda \boldsymbol{A}'_0,$$

wobei $\boldsymbol{A}'_0$ einer der analytischen Punkte des geometrischen Punktes A_0 und λ der Proportionalitätsfaktor ist. Da sich der Punkt $\boldsymbol{A}'_0$ bei festgehaltenem geometrischen Punkt A_0 nicht ändern soll, ist

$$d\boldsymbol{A}_0 = \boldsymbol{A}'_0\, d\lambda$$

oder nach Elimination des Punktes $\boldsymbol{A}'_0$

$$d\boldsymbol{A}_0 = \boldsymbol{A}_0\, d \ln \lambda .$$

Vergleichen wir diese Gleichung mit der ersten Gleichung von (1)

$$d\boldsymbol{A}_0 = \omega_0^0 \boldsymbol{A}_0 + \omega_0^1 \boldsymbol{A}_1 + \omega_0^2 \boldsymbol{A}_2 + \omega_0^3 \boldsymbol{A}_3, \tag{1a}$$

so ergibt sich, daß bei festem geometrischen Punkt A_0 die Komponenten ω_0^k die Gestalt haben

$$\omega_0^0 = d \ln \lambda, \qquad \omega_0^1 = \omega_0^2 = \omega_0^3 = 0 .$$

Bei festem Punkt A_0 der Fläche sind die krummlinigen Koordinaten u^1, u^2 auf der Fläche konstant, und ihre Differentiale verschwinden. Umgekehrt impliziert das Festhalten der krummlinigen Koordinaten, d. h. das Verschwinden der Differentiale $du^1 = du^2 = 0$, daß der Punkt A_0 fest bleibt, und demnach die Formen $\omega_0^1, \omega_0^2, \omega_0^3$ verschwinden. Diese drei Formen hängen also nur von den Differentialen du^1, du^2 ab, wenn auch die Koeffizienten andere Parameter $v^1, v^2, \ldots$ enthalten können.

u^1 und u^2 nennt man *Hauptparameter*, $v^1, v^2, \ldots$ *sekundäre Parameter*. Die Formen $\omega_0^1, \omega_0^2, \omega_0^3$ heißen *Hauptformen nullter Ordnung*. Sie sind nicht alle linear unabhängig. Denn da ihnen nur ein Unterring von zwei unabhängigen Differentialen du^1, du^2 zugrunde liegt, gibt es zwischen ihnen zweifellos eine lineare Abhängigkeit; diese Abhängigkeit kann man erhalten, wenn man du^1 und du^2 aus den drei Gleichungen eliminiert, welche $\omega_0^1, \omega_0^2, \omega_0^3$ linear durch du^1, du^2 ausdrücken.

Da bei $\omega_0^1 = \omega_0^2 = \omega_0^3 = 0$ der Punkt A_0 fest bleibt und du^1, du^2 verschwinden, können auch umgekehrt du^1, du^2 durch die ω_0^i ausgedrückt werden. Folglich gibt es unter den Formen ω_0^1, ω_0^2, ω_0^3 zwei und nur zwei linear unabhängige.

Wir können sie direkt angeben, wenn wir die Seitenfläche $A_0A_1A_2$ in die Tangentenebene der Fläche $(\boldsymbol{A})$ legen. Bekanntlich liegt jede Tangente durch einen Punkt $\boldsymbol{A}$ in dessen Tangentenebene; der Punkt $d\boldsymbol{A}_0$ muß also bei jeder Wahl der Differentiale du^1, du^2 in der Ebene $\boldsymbol{A}_0\boldsymbol{A}_1\boldsymbol{A}_2$ liegen und demnach linear von $\boldsymbol{A}_0$, $\boldsymbol{A}_1$, $\boldsymbol{A}_2$ abhängen. Wir erhalten daher für alle zugelassenen Verrückungen des Tetraeders

$$\omega_0^3 = 0. \tag{3}$$

Dies ist auch die lineare Abhängigkeit, die zwischen den Formen ω_0^1, ω_0^2, ω_0^3 bestehen muß. Da es keine andere Abhängigkeit geben kann, sind die Formen ω_0^1, ω_0^2 linear unabhängig. Wir werden häufig bei ihnen den unteren Index und den Index beim Punkt $\boldsymbol{A}_0$ weglassen und schreiben ω^1, ω^2, $\boldsymbol{A}$.

Die auferlegte Bedingung vermindert die Menge der Tetraeder, die dem Flächenpunkt $\boldsymbol{A}$ zugeordnet sind. Die Tetraeder, die der Bedingung (3) genügen, nennt man *Tetraeder erster Ordnung.*

Bilden wir die äußere Ableitung der Gleichung (3), so erhalten wir wegen der Strukturgleichungen (2)

$$[\omega^1\omega_1^3] + [\omega^2\omega_2^3] = 0,$$

und daraus, nach dem Lemma von CARTAN

$$\omega_1^3 = a\omega^1 + b\omega^2, \qquad \omega_2^3 = b\omega^1 + c\omega^2. \tag{4}$$

Die Formeln (4) besagen, daß ω_1^3 und ω_2^3 nur von den Differentialen der Hauptparameter abhängen. Die Komponenten ω^1, ω^2, ω_1^3, ω_2^3 heißen *Hauptformen erster Ordnung.*

83. Die Tetraeder zweiter Ordnung. Bekanntlich heißen diejenigen Kurven Asymptotenlinien einer Fläche, deren Schmiegebene mit der Tangentenebene der Fläche zusammenfällt. Da die Schmiegebene einer beliebigen Kurve $\omega^1 : \omega^2$ auf der Fläche $(\boldsymbol{A})$ durch die Punkte

$$\boldsymbol{A},\ d\boldsymbol{A},\ d^2\boldsymbol{A}$$

bestimmt wird, wobei in der gewählten Richtung $\omega^1 : \omega^2$ zu differenzieren ist, erhält man die Gleichung der Asymptotenlinien, wenn man die Bedingung dafür aufstellt, daß die Punkte $\boldsymbol{A}$, $d\boldsymbol{A}$, $d^2\boldsymbol{A}$ in der Ebene $\boldsymbol{A}\,\boldsymbol{A}_1\boldsymbol{A}_2$ liegen. Für die Punkte $\boldsymbol{A}$ und $d\boldsymbol{A}$ ist dies wegen der Gleichung (3) identisch erfüllt; darum muß die Gleichung der Asymptotenlinien aus der Bedingung folgen

$$(d^2\boldsymbol{A}\,\boldsymbol{A}\,\boldsymbol{A}_1\boldsymbol{A}_2) = 0.$$

Wenn wir die Gleichung (1a) differenzieren und uns daran erinnern, daß $\boldsymbol{A}$, $d\boldsymbol{A}$, $\boldsymbol{A}_1$, $\boldsymbol{A}_2$ schon in der Tangentenebene liegen, dann erhalten wir für die Asymptotenlinien die Gleichung

$$(\omega^1 d\boldsymbol{A}_1 + \omega^2\, d\boldsymbol{A}_2, \boldsymbol{A}, \boldsymbol{A}_1, \boldsymbol{A}_2) = 0.$$

Setzen wir hier dA_1, dA_2 aus den Formeln (1) ein und multiplizieren gliedweise aus, so bleiben nur Glieder mit dem von Null verschiedenen Produkt $(A A_1 A_2 A_3)$ der vier Punkte A, A_1, A_2 und A_3 übrig. Es muß also der Koeffizient dieses Produktes gleich Null sein,

$$\omega^1\omega_1^3 + \omega^2\omega_2^3 = 0, \tag{5'}$$

oder, wegen (4),

$$a(\omega^1)^2 + 2b\,\omega^1\omega^2 + c(\omega^2)^2 = 0. \tag{5}$$

Wir verwenden nun den Begriff der Asymptotenlinien, um der Wahl der Tetraeder, die dem Flächenpunkt A zugeordnet sind, eine neue Beschränkung aufzuerlegen. Wir verlangen, daß die Richtungen der Kanten AA_1 und AA_2 mit den Asymptotenrichtungen der Fläche übereinstimmen sollen. Dabei wird angenommen, daß die Asymptotenrichtungen nicht zusammenfallen, d. h. die Torsen werden ausgeschlossen. In elliptischen Flächenpunkten, wo die Asymptotenrichtungen imaginär werden, müssen wir ein Tetraeder mit einem Paar konjugiert komplexer Eckpunkte A_1 und A_2 einführen.

Da der Punkt dA bei

$$\omega^2 = 0$$

auf der Achse AA_1 liegt, muß die Gleichung (5) die Lösung $\omega^2 = 0$ haben und entsprechend für die Achse AA_2 die Lösung $\omega^1 = 0$. Diese Forderungen führen uns auf die Gleichungen

$$a = 0, \quad c = 0.$$

Die Formeln (4) nehmen demnach die Gestalt an

$$\omega_1^3 = b\omega^2, \quad \omega_2^3 = b\omega^1. \tag{4'}$$

Wenn der Koeffizient b verschwindet, ist die Fläche (A) eine Ebene. In der Tat verschwinden nun die drei Formen

$$\omega_0^3 = 0, \quad \omega_1^3 = 0, \quad \omega_2^3 = 0,$$

und nach den Formeln (1) ist

$$d(A\,A_1A_2) = (\omega_0^0 + \omega_1^1 + \omega_2^2)\,(A\,A_1A_2).$$

Daraus folgt, daß die analytische Ebene $A\,A_1A_2$ bei Änderung der Veränderlichen u, v nur mit einem veränderlichen Faktor multipliziert wird; folglich ist die geometrische Ebene $A\,A_1A_2$ fest, und da alle Punkte A auf ihr liegen, fällt die Fläche (A) mit dieser Ebene zusammen.

Für das Weitere wird der Fall der Ebene ($b = 0$) ausgeschlossen.

Die Tetraeder, die der Bedingung (4′) genügen, heißen *Tetraeder zweiter Ordnung*.

Bilden wir die äußeren Ableitungen der Gleichungen (4′), so erhalten wir

$$\begin{aligned} -2[\omega_1^2\omega^1] + [d\ln b + \omega_0^0 - \omega_1^1 - \omega_2^2 + \omega_3^3, \omega^2] &= 0,\\ [d\ln b + \omega_0^0 - \omega_1^1 - \omega_2^2 + \omega_3^3, \omega^1] - 2[\omega_2^1\omega^2] &= 0, \end{aligned} \tag{6}$$

woraus nach dem Lemma von CARTAN folgt,

$$\begin{aligned} \omega_1^2 &= \beta\omega^1 + \beta'\omega^2, \\ d\ln b + \omega_0^0 - \omega_1^1 - \omega_2^2 + \omega_3^3 &= -2(\beta'\omega^1 + \gamma'\omega^2), \\ \omega_2^1 &= \gamma'\omega^1 + \gamma\omega^2. \end{aligned} \tag{6'}$$

Das bedeutet: ω_1^2, ω_2^1 und

$$\Delta b = d\ln b + \omega_0^0 - \omega_1^1 - \omega_2^2 + \omega_3^3$$

sind die neuen Hauptformen zweiter Ordnung.

84. Die Tetraeder dritter Ordnung. Differenzieren wir die Gleichungen (6'), so erhalten wir

$$\begin{aligned} [\Delta\beta\omega^1] + [\Delta\beta'\omega^2] &= 0, \\ [\Delta\beta'\omega^1] + [\Delta\gamma'\omega^2] &= 0, \\ [\Delta\gamma'\omega^1] + [\Delta\gamma\omega^2] &= 0, \end{aligned} \tag{7}$$

wobei

$$\begin{aligned} \Delta\beta &= d\beta + \beta(\omega_0^0 - 2\omega_1^1 + \omega_2^2) - \beta'\omega_1^2, \\ \Delta\beta' &= d\beta' + \beta'(\omega_0^0 - \omega_1^1) - \gamma'\omega_1^2 + b\omega_3^2 - \omega_1^0, \\ \Delta\gamma' &= d\gamma' + \gamma'(\omega_0^0 - \omega_2^2) - \beta'\omega_2^1 + b\omega_3^1 - \omega_2^0, \\ \Delta\gamma &= d\gamma + \gamma(\omega_0^0 - 2\omega_2^2 + \omega_1^1) - \gamma'\omega_2^1. \end{aligned} \tag{8}$$

Wenn man den Punkt A festhält, dann verschwinden die Formen ω^1, ω^2; mit ihnen verschwinden auch die Formen ω_1^2, ω_2^1 wegen der Gleichungen (6') und alle $\Delta\beta$, $\Delta\gamma$, $\Delta\beta'$, $\Delta\gamma'$, weil sie nach dem Lemma von CARTAN als Folge der Gleichungen (7) linear von ω^1, ω^2 abhängen. Nehmen wir für die Differentiation nach den sekundären Parametern das Symbol δ und bezeichnen für diese Differentiation die Werte der Formen ω_i^k durch π_i^k, so ergibt sich aus den Gleichungen (8) das System

$$\begin{aligned} \delta\beta &= \beta(2\pi_1^1 - \pi_0^0 - \pi_2^2), & \delta\gamma &= \gamma(2\pi_2^2 - \pi_0^0 - \pi_1^1), \\ \delta\beta' &= \beta'(\pi_1^1 - \pi_0^0) + \pi_1^0 - b\pi_3^2, & \delta\gamma' &= \gamma'(\pi_2^2 - \pi_0^0) + \pi_2^0 - b\pi_3^1. \end{aligned} \tag{8'}$$

Setzen wir alle Formen π_i^k gleich Null, außer π_3^2, so bleibt von den Veränderlichen nur ein sekundärer Parameter übrig. Wir können ihn immer so wählen, daß

$$-b\pi_3^2 = dt.$$

Die Gleichung für $\delta\beta'$ ergibt nun integriert

$$\beta' = t + \text{const},$$

und, indem wir $t = -\text{const}$ wählen, lassen wir β' verschwinden. Analog machen wir γ' zu Null. Dabei wurden $\boldsymbol{A}_0, \boldsymbol{A}_1, \boldsymbol{A}_2$ auch der Normierung nach festgehalten und nur $\boldsymbol{A}_3$ geändert. Schreiben wir nach dem Lemma von CARTAN die Gleichungen (7) nacheinander aus und verwenden die Formeln (8) mit $\beta' = 0$, $\gamma' = 0$ für die Formen $\Delta\beta$, $\Delta\gamma$, $\Delta\beta'$, $\Delta\gamma'$, so erhalten wir

$$\begin{aligned} \Delta\beta &= d\beta + \beta(\omega_0^0 - 2\omega_1^1 + \omega_2^2) = p\omega^1 + p'\omega^2, \\ & b\omega_3^2 - \omega_1^0 = p'\omega^1 + r\omega^2, \\ & b\omega_3^1 - \omega_2^0 = r\omega^1 + q'\omega^2, \\ \Delta\gamma &= d\gamma + \gamma(\omega_0^0 - 2\omega_2^2 + \omega_1^1) = q'\omega^1 + q\omega^2. \end{aligned} \tag{7'}$$

Das erhaltene Tetraeder dritter Ordnung ist dadurch charakterisiert, daß die Achsen AA_3 und A_1A_2 reziproke Polaren bezüglich einer beliebigen DARBOUX-Quadrik sind (P. D. G., S. 74).

Die Matrix der Komponenten des Tetraeders dritter Ordnung hat nun die Gestalt

$$\begin{pmatrix} \omega_0^0 & \omega^1 & \omega^2 & 0 \\ \omega_1^0 & \omega_1^1 & \beta\omega^1 & b\omega^2 \\ \omega_2^0 & \gamma\omega^2 & \omega_2^2 & b\omega^1 \\ \omega_3^0 & \omega_3^1 & \omega_3^2 & \omega_3^3 \end{pmatrix}, \tag{9}$$

wobei die Formen ω_i^k über die Beziehung (6'), die nun die Gestalt annimmt

$$d\ln b + \omega_0^0 - \omega_1^1 - \omega_2^2 + \omega_3^3 = 0, \tag{6''}$$

und die Beziehungen (7') zusammenhängen.

Bilden wir die äußere Ableitung der Gleichungen (7'), so erhalten wir

$$\begin{aligned} &[\Delta p\,\omega^1] + [\Delta p'\omega^2] = 0, \qquad [\Delta q'\omega^1] + [\Delta q\,\omega^2] = 0, \\ &[\Delta p'\omega^1] + [\Delta r\,\omega^2] = 0, \qquad [\Delta r\,\omega^1] + [\Delta q'\omega^2] = 0, \end{aligned} \tag{10}$$

wobei

$$\begin{aligned} \Delta p &= dp + p(2\omega_0^0 - 3\omega_1^1 + \omega_2^2) + 2\beta(b\omega_3^2 + \omega_1^0) - 3\beta^2\gamma\omega^2, \\ \Delta p' &= dp' + 2p'(\omega_0^0 - \omega_1^1) - \beta(b\omega_3^1 + \omega_2^0), \\ \Delta r &= dr + r(2\omega_0^0 - \omega_1^1 - \omega_2^2) - 2b\,\omega_3^0, \\ \Delta q' &= dq' + 2q'(\omega_0^0 - \omega_2^2) - \gamma(b\omega_3^2 + \omega_1^0), \\ \Delta q &= dq + q(2\omega_0^0 - 3\omega_2^2 + \omega_1^1) + 2\gamma(b\omega_3^1 + \omega_2^0) - 3\beta\gamma^2\omega^1. \end{aligned} \tag{10'}$$

Hauptformen sind jetzt, außer den bisherigen, die Differenzen $b\omega_3^2 - \omega_1^0$, $b\omega_3^1 - \omega_2^0$ und alle Formen (10'). Setzen wir außer den Hauptformen (fester Punkt A) auch alle Formen π_i^i mit gleichen Indizes (Normierung der Eckpunkte A_i) gleich Null, so ergibt sich aus den Gleichungen (10') das Gesetz für die Änderung der Koeffizienten p, q, r bei Variation der Tetraeder dritter Ordnung um einen festen Eckpunkt A:

$$\begin{aligned} &\delta p = 4\beta\pi_1^0, \qquad \delta q = 4\gamma\pi_2^0, \\ &\delta p' = 2\beta\pi_2^0, \qquad \delta r = 2b\pi_3^0, \qquad \delta q' = 2\gamma\pi_1^0. \end{aligned}$$

Wenn weder β noch γ verschwinden, so besagen die Gleichungen der letzten Zeile, daß p', q' und r zu Null gemacht werden können.

Das Verschwinden von β würde bedeuten, daß die Form ω_1^2 gleich Null wird. Das Differential der analytischen Geraden $(\boldsymbol{A}\boldsymbol{A}_1)$

$$d(\boldsymbol{A}\boldsymbol{A}_1) = (d\boldsymbol{A}, \boldsymbol{A}_1) + (\boldsymbol{A}\, d\boldsymbol{A}_1) =$$
$$= (\boldsymbol{A}\boldsymbol{A}_1)(\omega_0^0 + \omega_1^1) + \{b(\boldsymbol{A}\boldsymbol{A}_3) - (\boldsymbol{A}_1\boldsymbol{A}_2)\}\,\omega^2 + (\boldsymbol{A}\boldsymbol{A}_2)\,\omega_1^2$$

wird dann für eine Verrückung längs der Kurven $\omega^2 = 0$ zur selben Geraden $(\boldsymbol{A}\boldsymbol{A}_1)$ proportional; folglich ändert sich die Tangente einer solchen Kurve nicht; die Asymptotenlinien $\omega^2 = 0$ sind Geraden. Analog sind bei $\gamma = 0$, d. h. unter der Bedingung, daß die Komponente ω_2^1 identisch verschwindet, die Asymptotenlinien $\omega^1 = 0$ Geraden. Folglich kann für eine beliebige nicht geradlinige Fläche die Matrix der Komponenten ω_i^k auf die Form gebracht werden

$$\begin{pmatrix} \omega_0^0 & \omega^1 & \omega^2 & 0 \\ b\omega_3^2 & \omega_1^1 & \beta\omega^1 & b\omega^2 \\ b\omega_3^1 & \gamma\omega^2 & \omega_2^2 & b\omega^1 \\ \omega_3^0 & \omega_3^1 & \omega_3^2 & \omega_3^3 \end{pmatrix}, \tag{11a}$$

dabei ist

$$\begin{aligned} d\ln b &= \omega_1^1 + \omega_2^2 - \omega_0^0 - \omega_3^3, \\ d\beta + \beta(\omega_0^0 - 2\,\omega_1^1 + \omega_2^2) &= p\omega^1, \\ d\gamma + \gamma(\omega_0^0 - 2\,\omega_2^2 + \omega_1^1) &= q\omega^2, \end{aligned} \tag{11b}$$

und

$$\begin{aligned} [\Delta p\,\omega^1] - 2\,b\beta\,[\omega_3^1\omega^2] = 0, &\quad 2b\gamma\,[\omega_3^2\omega^1] - [\Delta q\,\omega^2] = 0, \\ \beta\,[\omega_3^1\omega^1] + [\omega_3^0\omega^2] = 0, &\quad [\omega_3^0\omega^1] + \gamma[\omega_3^2\omega^2] = 0, \end{aligned} \tag{11c}$$

woraus folgt

$$\begin{aligned} \Delta p = p_1\omega^1 - 2\,b\beta k\omega^2, &\quad \Delta q = -2\,b\gamma h\omega^1 + q_2\omega^2, \\ \omega_3^1 = k\omega^1 + A\omega^2, \quad \omega_3^0 = A\omega^1 + B\omega^2, &\quad \omega_3^2 = B\omega^1 + h\omega^2. \end{aligned} \tag{11d}$$

Das Tetraeder vierter Ordnung wird geometrisch durch die Bedingungen charakterisiert, daß die Kanten $\boldsymbol{A}\boldsymbol{A}_3$ und $\boldsymbol{A}_1\boldsymbol{A}_2$ die erste und zweite Direktrix (Normale von WILCZYNSKI) der Fläche beschreiben, und der vierte Eckpunkt $\boldsymbol{A}_3$ im zweiten Schnittpunkt der Direktrix $\boldsymbol{A}\boldsymbol{A}_3$ mit der LIE-Quadrik liegt (P. D. G., S. 37, 39). Dieses Tetraeder werden wir *halbkanonisch* nennen, weil die Normierung der Eckpunkte des Tetraeders noch willkürlich bleibt.

Invariante Formen (relative Invarianten zweiter und dritter Ordnung) sind

$$\begin{aligned} \varphi_2 &= \omega^1\omega_1^3 + \omega^2\omega_2^3 = 2\,b\omega^1\omega^2, \\ \psi_3 &= (\omega^1)^2 b\,\omega_1^2 + \frac{1}{2}\,b\,\omega^1\omega^2\,\Delta b + (\omega^2)^2\,b\,\omega_2^1 = \\ &= b\beta(\omega^1)^3 + b\gamma(\omega^2)^3. \end{aligned} \tag{12}$$

An letzter Stelle stehen die Werte dieser Formen für ein Tetraeder dritter Ordnung. Ihr Verhältnis ist eine *absolute Invariante*

$$\frac{\psi_3}{\varphi_2} = \frac{\beta(\omega^1)^3 + \gamma(\omega^2)^3}{2\,\omega^1\omega^2}. \tag{12'}$$

Schreiben wir nämlich die bilinearen Formen für die Linienelemente der Differentiationssymbole $d(\pi_i^k = 0)$ und $\delta(\omega^1 = \omega^2 = 0)$ zu den quadratischen Formen

$$D\omega^1 = [\omega^1, \omega_1^1 - \omega_0^0] + [\omega^2\omega_2^1],$$
$$D\omega^2 = [\omega^2, \omega_2^2 - \omega_0^0] + [\omega^1\omega_1^2]$$

aus, so erhalten wir

$$d\omega^1(\delta) - \delta\omega^1 = \omega^1(\pi_1^1 - \pi_0^0) - (\omega_1^1 - \omega_0^0)\,\omega^1(\delta) + \omega^2\omega_2^1(\delta) - \omega_2^1\omega^2(\delta)$$
$$d\omega^2(\delta) - \delta\omega^2 = \omega^2(\pi_2^2 - \pi_0^0) - (\omega_2^2 - \omega_0^0)\,\omega^2(\delta) + \omega^1\omega_1^2(\delta) - \omega_1^2\omega^1(\delta),$$

da aber ω^1, ω^2 und ebenso ω_1^2, ω_2^1 Hauptformen sind, verschwinden sie für das Differentiationssymbol δ:

$$\omega^1(\delta) = 0,\ \omega^2(\delta) = 0,\ \omega_1^2(\delta) = 0,\ \omega_2^1(\delta) = 0,$$

und es ergibt sich

$$\delta\omega^1 = \omega^1(\pi_0^0 - \pi_1^1), \qquad \delta\omega^2 = \omega^2(\pi_0^0 - \pi_2^2);$$

ganz genauso erhalten wir, indem wir die Gleichungen (6′) und (7′) verwenden,

$$\delta\beta = \beta(2\pi_1^1 - \pi_0^0 - \pi_2^2), \qquad \delta\gamma = \gamma(2\pi_2^2 - \pi_0^0 - \pi_1^1)$$
$$\delta \ln b = -\pi_0^0 + \pi_1^1 + \pi_2^2 - \pi_3^3,$$

und daraus

$$\delta\varphi_2 = \varphi_2(\pi_0^0 - \pi_3^3), \qquad \delta\psi_3 = \psi_3(\pi_0^0 - \pi_3^3)$$

und

$$\delta\frac{\psi_3}{\varphi_2} = 0.$$

Die absolute Invariante ψ_3/φ_2 nennt man das *projektive Linienelement* der Fläche. Die Nullinien der quadratischen Form φ_2 sind die Asymptotenlinien, die Nullinien der kubischen Form ψ_3 sind die DARBOUX-Kurven (P.D.G., S. 72).

85. Das kanonische Tetraeder. Die Gleichungen (11b) besagen, daß für $\omega^1 = \omega^2 = 0$ die Koeffizienten b, β und γ in Abhängigkeit von der Normierung der Eckpunkte $\boldsymbol{A}_i$ die Variationen erhalten

$$\delta \ln b = \pi_1^1 + \pi_2^2 - \pi_0^0 - \pi_3^3,$$
$$\delta \ln \beta = 2\pi_1^1 - \pi_0^0 - \pi_2^2,$$
$$\delta \ln \gamma = 2\pi_2^2 - \pi_0^0 - \pi_1^1.$$

Da die vier Formen ω_i^i linear unabhängig sind, müssen auch die rechten Seiten dieser Gleichungen linear unabhängig sein. Durch geeignete Normierung der Eckpunkte kann jeder der drei Koeffizienten b, β und γ zu Eins gemacht werden (wenn er nicht Null ist).

Setzen wir nämlich $2\pi_1^1 - \pi_0^0 - \pi_2^2 = dt$ und alle übrigen Formen gleich Null, so ergibt die zweite Gleichung integriert

$$\ln\beta = t + c,$$

wobei c eine willkürliche Integrationskonstante ist. Bei $t = -c$ erhalten wir

$$\ln \beta = 0 \quad \text{und} \quad \beta = 1.$$

Diese Herleitung wird sinnlos, wenn

$$\beta = 0.$$

Unter dieser Bedingung sind, wie wir gesehen haben, die Kurven $\omega^2 = 0$ der Fläche $(\boldsymbol{A})$ Geraden.

Wenn wir also die *Regelflächen* ausschließen, können wir annehmen

$$b = \beta = \gamma = 1.$$

Fordern wir noch

$$(\boldsymbol{A}\,\boldsymbol{A}_1\boldsymbol{A}_2\boldsymbol{A}_3) = 1,$$

so erhalten wir durch Differentiation,

$$\omega_0^0 + \omega_1^1 + \omega_2^2 + \omega_3^3 = 0,$$

und alle Formen ω_i^i sind bestimmt; die Gleichungen (11b) ergeben nämlich jetzt

$$\begin{aligned} \omega_1^1 + \omega_2^2 &= \omega_0^0 + \omega_3^3 = 0, \\ \omega_0^0 - 3\,\omega_1^1 &= p\omega^1, \\ \omega_0^0 + 3\,\omega_1^1 &= q\omega^2, \end{aligned} \tag{13}$$

woraus folgt

$$\omega_0^0 = -\,\omega_3^3 = \frac{p\omega^1 + q\omega^2}{2}, \qquad \omega_1^1 = -\,\omega_2^2 = -\frac{p}{6}\omega^1 + \frac{q}{6}\omega^2.$$

Man kann das kanonische Tetraeder auch anders normieren. Wenn u und v Asymptotenlinienparameter der Fläche $(\boldsymbol{A})$ sind und demnach

$$\omega^1 = a_1\,du, \qquad \omega^2 = a_2\,dv$$

gilt, dann können wir statt $\boldsymbol{A}_1$ und $\boldsymbol{A}_2$ die Punkte einführen.

$$\boldsymbol{A}_1^* = \boldsymbol{A}_1 a_1, \qquad \boldsymbol{A}_2^* = \boldsymbol{A}_2 a_2.$$

Setzen wir voraus, daß diese Ersetzung schon vollzogen ist, so können wir die Formen ω^1, ω^2 als vollständige Differentiale $\omega^1 = du$, $\omega^2 = dv$ betrachten. Wählen wir wie früher

$$b = 1, \qquad (\boldsymbol{A}\,\boldsymbol{A}_1\boldsymbol{A}_2\boldsymbol{A}_3) = 1,$$

so erhalten wir

$$\omega_1^1 + \omega_2^2 = 0, \qquad \omega_0^0 + \omega_3^3 = 0.$$

Die Matrix der Komponenten nimmt nun die Gestalt an

$$\begin{pmatrix} \omega_0^0 & \omega^1 & \omega^2 & 0 \\ \omega_3^2 & \omega_1^1 & \beta\omega^1 & \omega^2 \\ \omega_3^1 & \gamma\omega^2 & -\,\omega_1^1 & \omega^1 \\ \omega_3^0 & \omega_3^1 & \omega_3^2 & -\,\omega_0^0 \end{pmatrix}; \tag{14a}$$

dabei ist

$$\begin{aligned}\omega_0^0 &= \frac{p}{2\beta}\omega^1 + \frac{q}{2\gamma}\omega^2 - \frac{1}{2}d\ln\beta\gamma = -\omega_3^3,\\ \omega_1^1 &= -\frac{p}{6\beta}\omega^1 + \frac{q}{6\gamma}\omega^2 + \frac{1}{6}d\ln\frac{\beta}{\gamma} = -\omega_2^2.\end{aligned} \qquad (14\text{b})$$

86. Das holonome Tetraeder. Ein Tetraeder, bei dem die Komponenten ω^1, ω^2 der Verrückung des Eckpunktes $\boldsymbol{A}$ vollständige Differentiale sind, nennt man *holonom*. Manchmal ist es günstiger, zum Tetraeder dritter Ordnung zurückzukehren, das wir auf den asymptotischen Tangenten und dem bezüglich einer DARBOUX-Quadrik reziprok polaren Geradenpaar $\boldsymbol{A}\boldsymbol{A}_3$ und $\boldsymbol{A}_1\boldsymbol{A}_2$ konstruiert hatten, um die Lage der Punkte $\boldsymbol{A}_1, \boldsymbol{A}_2$ ein wenig anders zu wählen.

Das vollständige Differential $d\boldsymbol{A}$ des Punktes $\boldsymbol{A}$ hängt bei festgehaltener Normierung dieses Punktes linear von den Differentialen der unabhängigen Veränderlichen (das sind die krummlinigen Koordinaten des Punktes) ab. Da diese Differentiale aber selbst von den Formen ω^1, ω^2 linear abhängen, kann man auch das Differential $d\boldsymbol{A}$ nach den Formen ω^1, ω^2 entwickeln, d. h. das Differential $d\boldsymbol{A}$ darstellen in Gestalt einer Summe der Formen ω^1, ω^2, multipliziert mit passenden Koeffizienten.

Das Differential $d\boldsymbol{A}$ ist ein analytischer Punkt, während die Formen ω^1, ω^2 Skalare sind; die Koeffizienten der Formen ω^1, ω^2 müssen also selbst analytische Punkte sein. Wir nehmen sie als Eckpunkte $\boldsymbol{A}_1$, $\boldsymbol{A}_2$ des Tetraeders. Dann erhält die erste Gleichung von (1) die Gestalt

$$d\boldsymbol{A} = \boldsymbol{A}_1\omega^1 + \boldsymbol{A}_2\omega^2, \qquad (\text{a})$$

d. h. die Form ω_0^0 wird Null.

Dabei soll das Tetraeder wieder ein Tetraeder dritter Ordnung sein, insbesondere bestimmen dann die Gleichungen $\omega^1 = 0$ oder $\omega^2 = 0$ wie früher die Asymptotenlinien der Fläche.

Wir ändern nun, ohne die geometrischen Punkte A_1, A_2 zu verändern, die Normierung der Punkte $\boldsymbol{A}_1$, $\boldsymbol{A}_2$.

Zu diesem Zweck bemerken wir zunächst, daß bei zwei unabhängigen Veränderlichen jede Gleichung $\omega^i = 0$ ein allgemeines Integral besitzt, das man wie früher mit $u = \text{const}$ oder $v = \text{const}$ bezeichnen kann. Die Formen ω^i nehmen dann die Gestalt an

$$\omega^1 = a_1\,du, \qquad \omega^2 = a_2\,dv.$$

Bei Einführung der neuen Punkte

$$\bar{\boldsymbol{A}}_1 = a_1\boldsymbol{A}_1, \qquad \bar{\boldsymbol{A}}_2 = a_2\boldsymbol{A}_2$$

ändert sich die Form der Gleichung (a) nicht; es ist

$$d\boldsymbol{A} = \bar{\boldsymbol{A}}_1\bar{\omega}^1 + \bar{\boldsymbol{A}}_2\bar{\omega}^2,$$

die neuen Formen $\overline{\omega}^1$, $\overline{\omega}^2$ sind gleich den Differentialen du, dv. Wir setzen nun voraus, daß diese Transformation schon ausgeführt ist, und die Formen ω^i in der Gleichung (a) die Gestalt haben

$$\omega^1 = du, \qquad \omega^2 = dv. \tag{15}$$

Offensichtlich wären wir hierzu auch gekommen, wenn wir Asymptotenlinienparameter u, v eingeführt und die Punkte $\boldsymbol{A}_1$, $\boldsymbol{A}_2$ gleich den partiellen Ableitungen gesetzt hätten

$$\boldsymbol{A}_1 = \boldsymbol{A}_u, \qquad \boldsymbol{A}_2 = \boldsymbol{A}_v.$$

Aus den Gleichungen (15) kann man eine wichtige Folgerung ziehen. Da die Formen ω^i vollständige Differentiale sind, verschwinden ihre äußeren Differentiale

$$D\omega^1 = [\omega^1 \omega_1^1] = 0, \qquad D\omega^2 = [\omega^2 \omega_2^2] = 0.$$

Daraus erhalten wir, indem wir das Lemma von CARTAN anwenden,

$$\omega_1^1 = m\omega^1, \qquad \omega_2^2 = n\omega^2. \tag{b}$$

Wir verfügen nun über die Normierung des Eckpunkts $\boldsymbol{A}_3$, um den von Null verschiedenen Koeffizienten b zu Eins zu machen.

Die mittlere Gleichung (6′) nimmt bei festgehaltenem Punkt A die Gestalt an

$$\delta \ln b + \pi_3^3 = 0;$$

sie besagt, daß man durch die Normierung des Punktes $\boldsymbol{A}_3$ die Größe $\ln b$ zu Null und b zu Eins machen kann. Die Gleichung (6″) liefert dann zusammen mit den Gleichungen (b)

$$\omega_3^3 = m\omega^1 + n\omega^2.$$

Die Komponentenmatrix (9) nimmt jetzt die Gestalt an

$$\begin{pmatrix} 0 & \omega^1 & \omega^2 & 0 \\ \omega_1^0 & m\omega^1 & \beta\omega^1 & \omega^2 \\ \omega_2^0 & \gamma\omega^2 & n\omega^2 & \omega^1 \\ \omega_3^0 & \omega_3^1 & \omega_3^2 & m\omega^1 + n\omega^2 \end{pmatrix}. \tag{16a}$$

Die Strukturgleichungen sind

$$\begin{aligned} [\omega_1^0 \omega^1] + [\omega_2^0 \omega^2] = 0, \qquad [\omega_3^2 \omega^1] + [\omega_3^1 \omega^2] &= 0, \\ [dm - \omega_1^0 + \beta\gamma\omega^2, \omega^1] + [\omega_3^1 \omega^2] &= 0, \\ [dn - \omega_2^0 + \beta\gamma\omega^1, \omega^2] + [\omega_3^2 \omega^1] &= 0, \\ [d\beta + n\beta\omega^2, \omega^1] + [\omega_3^2 - \omega_1^0, \omega^2] &= 0, \\ [d\gamma + m\gamma\omega^1, \omega^2] + [\omega_3^1 - \omega_2^0, \omega^1] &= 0. \end{aligned} \tag{16b}$$

Die ersten beiden Gleichungen ergeben nach einer Entwicklung nach dem Lemma von CARTAN

$$\begin{aligned} \omega_1^0 &= A\omega^1 + B\omega^2, \qquad \omega_3^2 = A'\omega^1 + B'\omega^2, \\ \omega_2^0 &= B\omega^1 + C\omega^2, \qquad \omega_3^1 = B'\omega^1 + C'\omega^2. \end{aligned} \tag{16c}$$

Die übrigen Gleichungen kann man, wenn man dabei die Formeln (15) beachtet, überführen in

$$B + B' = \beta\gamma + m_v = \beta\gamma + n_u, \quad A' - A = \beta_v + \beta n, C' - C = \gamma_u + \gamma m. \quad (16\text{d})$$

87. Das auf die Projektivnormale bezogene Tetraeder. Die Komponentenmatrix (16a) läßt sich weiter vereinfachen. Man muß nur beachten, daß die Form ω_0^0 durch Wahl der Punkte $\boldsymbol{A}_1, \boldsymbol{A}_2$ auf den asymptotischen Tangenten zu Null gemacht wurde.

Wir könnten den analytischen Punkt $\boldsymbol{A}$ zuerst mit einer beliebigen Funktion ϱ multiplizieren. Durch die Wahl der Punkte $\boldsymbol{A}_1, \boldsymbol{A}_2$ machen wir die Form ω_0^0 wiederum zu Null; das Produkt der vier Punkte $(\boldsymbol{A}\boldsymbol{A}_1\boldsymbol{A}_2\boldsymbol{A}_3)$ multipliziert sich aber mit ϱ^4. Wenn wir nämlich die neuen Eckpunkte $\boldsymbol{A}_i^*$ mit einem Stern bezeichnen, dann erhalten wir

$$\boldsymbol{A}^* = \boldsymbol{A}\varrho, \; \boldsymbol{A}_1^* = \boldsymbol{A}_u^* = \boldsymbol{A}_u\varrho + \boldsymbol{A}\varrho_u = \boldsymbol{A}_1\varrho + \boldsymbol{A}\varrho_u, \; \boldsymbol{A}_2^* = \boldsymbol{A}_2\varrho + \boldsymbol{A}\varrho_v. \quad (\text{a})$$

Wenn man andererseits die Formeln (15) beachtet, dann kann man mit Hilfe der Komponentenmatrix (16a) und der ersten Formel von (16c) die Ableitung $\boldsymbol{A}_{1v}$ in der Gestalt schreiben

$$\boldsymbol{A}_{1v} = B\boldsymbol{A} + \boldsymbol{A}_3. \quad (\text{b})$$

Daraus erhalten wir, indem wir von links mit $\boldsymbol{A}\boldsymbol{A}_1\boldsymbol{A}_2$ multiplizieren,

$$(\boldsymbol{A}\boldsymbol{A}_1\boldsymbol{A}_2\boldsymbol{A}_3) = (\boldsymbol{A}\boldsymbol{A}_1\boldsymbol{A}_2\boldsymbol{A}_{1v}).$$

Für die transformierten Punkte erhält man

$$(\boldsymbol{A}^*\boldsymbol{A}_1^*\boldsymbol{A}_2^*\boldsymbol{A}_3^*) = (\boldsymbol{A}^*\boldsymbol{A}_1^*\boldsymbol{A}_2^*\boldsymbol{A}_{1v}^*) = (\varrho\boldsymbol{A}, \varrho\boldsymbol{A}_1, \varrho\boldsymbol{A}_2, \varrho\boldsymbol{A}_{1v}) = \varrho^4(\boldsymbol{A}\boldsymbol{A}_1\boldsymbol{A}_2\boldsymbol{A}_3).$$

Wählt man den Faktor ϱ so, daß für das neue Tetraeder die Gleichung gilt

$$(\boldsymbol{A}\boldsymbol{A}_1\boldsymbol{A}_2\boldsymbol{A}_3) = 1,$$

so gelangt man nach einer Differentiation zu

$$\omega_0^0 + \omega_1^1 + \omega_2^2 + \omega_3^3 = 0,$$

oder, wegen der Werte (16a) für die Formen ω_i^i, zu

$$2m\omega^1 + 2n\omega^2 = 0.$$

Folglich werden m und n zu Null gemacht.

Die Komponentenmatrix hat nun das Aussehen:

$$\begin{pmatrix} 0 & \omega^1 & \omega^2 & 0 \\ \omega_1^0 & 0 & \beta\omega^1 & \omega^2 \\ \omega_2^0 & \gamma\omega^2 & 0 & \omega^1 \\ \omega_3^0 & \omega_3^1 & \omega_3^2 & 0 \end{pmatrix}. \quad (16\text{a}')$$

Die Gleichungen (16c) bleiben erhalten. Die Gleichungen (16d) nehmen die Gestalt an

$$B + B' = \beta\gamma, \quad A' - A = \beta_v, \quad C' - C = \gamma_u. \quad (16\text{d}')$$

Wir können die Willkür in der Wahl des Punktes $\boldsymbol{A}_3$ auf der Geraden $\boldsymbol{A}, \boldsymbol{A}_3$ dazu benützen, um statt des Punktes $\boldsymbol{A}_3$ den Punkt

$$\boldsymbol{A}_3^* = \boldsymbol{A}_3 - B'\boldsymbol{A}$$

einzuführen. Wir erhalten dann durch Differentiation

$$\begin{aligned} d\boldsymbol{A}_3^* &= d\boldsymbol{A}_3 - \boldsymbol{A}\,dB' - B'd\boldsymbol{A} = \\ &= (\omega_3^0 - dB')\,\boldsymbol{A} + (\omega_3^1 - B'\omega^1)\,\boldsymbol{A}_1 + (\omega_3^2 - B'\omega^2)\,\boldsymbol{A}_2. \end{aligned}$$

Die neuen Formen

$$(\omega_3^1)^* = \omega_3^1 - B'\omega^1 = C'\omega^2, \quad (\omega_3^2)^* = A'\omega^1$$

enthalten B' nicht, d. h. durch diese Transformation machen wir, ohne die Formeln (16a') und (16d') zu verletzen, B' zu Null.

Kehren wir zu den alten Bezeichnungen zurück, so schreiben sich die Gleichungen (16c) in der Gestalt

$$\omega_1^0 = A\omega^1 + \beta\gamma\omega^2, \quad \omega_2^0 = \beta\gamma\omega^1 + C\omega^2, \ \omega_3^2 = A'\omega^1, \ \omega_3^1 = C'\omega^2. \quad (16\mathrm{c}')$$

Die äußere Differentiation führt auf die quadratischen Gleichungen

$$\begin{aligned} &[d(A + A') - (\beta_u\gamma + 2\beta\gamma_u)\,\omega^2, \omega^1] = 0, \\ &[d(C + C') - (\gamma_v\beta + 2\gamma\beta_v)\,\omega^1, \omega^2] = 0, \\ &\left[2\,\omega_3^0 + d(\beta\gamma) - \beta\left(C + C' - \frac{\beta_{vv}}{\beta}\right)\omega^1, \omega^2\right] = 0, \\ &\left[2\omega_3^0 + d(\gamma\beta) - \gamma\left(A + A' - \frac{\gamma_{uu}}{\gamma}\right)\omega^2, \omega^1\right] = 0, \end{aligned} \quad (16\mathrm{e}')$$

woraus folgt

$$2\,\omega_3^0 = \beta\left(C + C' - \frac{\beta_{vv}}{\beta}\right)\omega^1 + \gamma\left(A + A' - \frac{\gamma_{uu}}{\gamma}\right)\omega^2 - d(\beta\gamma). \quad (16\mathrm{f}')$$

Die Komponentenmatrix (16a') bestimmt ein Tetraeder, dessen Kanten $\boldsymbol{A}\boldsymbol{A}_3$ und $\boldsymbol{A}_1\boldsymbol{A}_2$ zur Fläche konjugierte bzw. harmonische Kongruenzen erzeugen. Man beachte, daß es wesentlich davon abhängt, welche Asymptotenlinienparameter u, v zugrunde gelegt wurden. Bei geeigneter Wahl dieser Parameter ist $\boldsymbol{A}\boldsymbol{A}_3$ die Projektivnormale von FUBINI.

II. Die asymptotische Transformation einer Fläche

88. Brennpunkte und Brennebenen der Tangente einer Fläche. Wir beziehen die Fläche $(\boldsymbol{A})$ auf das holonome Tetraeder mit der Komponentenmatrix (16a) § 86 und betrachten einen Punkt $\boldsymbol{M}$ in ihrer Tangentenebene

$$\boldsymbol{M} = \mu\boldsymbol{A} + 2(\boldsymbol{A}_1 x + \boldsymbol{A}_2 y). \quad (17)$$

Da

$$d\boldsymbol{A} = \boldsymbol{A}_1\omega^1 + \boldsymbol{A}_2\omega^2,$$

liegt der Punkt M auf der Tangente an die Kurve

$$\frac{\omega^1}{x} = \frac{\omega^2}{y} \tag{18a}$$

der Fläche (A). Wenn man unter Festhalten der Koeffizienten x, y den Parameter μ ändert, dann durchläuft der Punkt M die ganze Tangente; die Lage dieser Tangente hängt nur vom Verhältnis $x : y$ ab. Bei Änderung der krummlinigen Koordinaten des Punktes A beschreibt diese Tangente eine Kongruenz, deren erste Brennfläche die Fläche (A) ist. Wie muß man nun die Koordinate μ auf der Tangente wählen, damit der Punkt M der zweite Brennpunkt des Strahls AM wird?

Wenn der Punkt M der zweite Brennpunkt des Strahls AM sein soll, dann muß auf der Fläche (M) die Tangente der zur Kurve (18a) konjugierten Kurve, d. h. die Tangente, die durch die Gleichung

$$\frac{\omega^1}{x} + \frac{\omega^2}{y} = 0 \tag{18b}$$

bestimmt wird, mit dem Strahl AM zusammenfallen. Folglich ist

$$(dM, A, A_1 x + A_2 y) \equiv 0 \left(\mathrm{mod}\, \frac{\omega^1}{x} + \frac{\omega^2}{y}\right)$$

oder

$$(\{2(dx + x\omega_1^1) + \mu\omega^1 + 2\gamma y\omega^2\} A_1 +$$
$$+ \{2(dy + y\omega_2^2) + 2\beta x\omega^1 + \mu\omega^2\} A_2, A, A_1 x + A_2 y) \equiv 0 \left(\mathrm{mod}\, \frac{\omega^1}{x} + \frac{\omega^2}{y}\right).$$

Wir führen nun neue Bezeichnungen mittels der Formeln

$$\begin{aligned} dx + x\omega_1^1 &= x_1\omega^1 + x_2\omega^2, \\ dy + y\omega_2^2 &= y_1\omega^1 + y_2\omega^2 \end{aligned} \tag{19}$$

ein und ersetzen die Form ω^1 durch x und die Form ω^2 durch $-y$, weil bei einer Kongruenz modulo $\frac{\omega^1}{x} + \frac{\omega^2}{y}$ dieses Binom gleich Null gesetzt werden kann, woraus die Proportion folgt

$$\omega^1 : x = \omega^2 : (-y).$$

Damit formen wir unsere Gleichung um in

$$(\{2(xx_1 - yx_2 - \gamma y^2) + \mu x\} A_1 +$$
$$+ \{2(xy_1 - yy_2 + \beta x^2) - \mu y\} A_2, A, A_1 x + A_2 y) = 0,$$

woraus sich ergibt

$$\mu = -x_1 - y_2 + x\frac{y_1 + \beta x}{y} + y\frac{x_2 + \gamma y}{x}. \tag{20}$$

Bei diesem Wert von μ bestimmt die Formel (17) den zweiten Brennpunkt der Tangente an die Kurve (18a) auf der Fläche (A). Um die zweite Brennebene des Strahls $\boldsymbol{AM}$, d. h. die Tangentenebene der Fläche $(\boldsymbol{M})$ im Punkte $\boldsymbol{M}$, zu bestimmen, können wir einfach unsere Überlegungen wiederholen, indem wir überall den Punkt $\boldsymbol{A}$ durch die Tangentenebene $\boldsymbol{a} = (\boldsymbol{A}\boldsymbol{A}_1\boldsymbol{A}_2)$ nach dem Dualitätsprinzip ersetzen. Wenn wir die Fläche (A) im Ebenenraum betrachten und jeder Tangentenebene $\boldsymbol{a}$ ein Vierflach in Gestalt von vier analytischen Ebenen

$$\boldsymbol{a} = [012], \quad \boldsymbol{a}_1 = -[013], \quad \boldsymbol{a}_2 = [023], \ \boldsymbol{a}_3 = -[123] \tag{a}$$

zuordnen, wobei

$$[ikl] = (\boldsymbol{A}_i\boldsymbol{A}_k\boldsymbol{A}_l),$$

dann ergeben sich für die differentiellen projektiven Verrückungen der analytischen Ebenen Formeln analog zu den Formeln (1) § 81. Durch Differentiation der ersten Gleichung von (a) erhalten wir zum Beispiel

$$\begin{aligned} d\boldsymbol{a} &= (d\boldsymbol{A}\boldsymbol{A}_1\boldsymbol{A}_2) + (\boldsymbol{A}d\boldsymbol{A}_1\boldsymbol{A}_2) + (\boldsymbol{A}\boldsymbol{A}_1d\boldsymbol{A}_2) = \\ &= [012]\,(\omega_0^0 + \omega_1^1 + \omega_2^2) + [013]\,\omega_2^3 - [023]\,\omega_1^3. \end{aligned}$$

Um die Schreibweise abzukürzen, werden wir weiterhin die Fläche $(\boldsymbol{A})$ stets auf das Tetraeder mit den Komponenten (16a′) beziehen. Dann ist

$$\omega_0^0 + \omega_1^1 + \omega_2^2 = 0, \qquad \omega_2^3 = \omega^1, \qquad \omega_1^3 = \omega^2,$$

und es wird

$$\begin{aligned} d\boldsymbol{a} &= -\boldsymbol{a}_1\omega^1 - \boldsymbol{a}_2\omega^2, \\ d\boldsymbol{a}_1 &= -\boldsymbol{a}\omega_3^2 - \boldsymbol{a}_2\beta\omega^1 - \boldsymbol{a}_3\omega^2, \\ d\boldsymbol{a}_2 &= -\boldsymbol{a}\omega_3^1 - \boldsymbol{a}_1\gamma\omega^2 - \boldsymbol{a}_3\omega^1, \\ d\boldsymbol{a}_3 &= -\boldsymbol{a}\omega_3^0 - \boldsymbol{a}_1\omega_2^0 - \boldsymbol{a}_2\omega_1^0. \end{aligned} \tag{21}$$

Die letzten drei Gleichungen erhält man durch dieselbe Umrechnung. Eine analytische Ebene $\boldsymbol{m}$, die durch die Tangente $(\boldsymbol{A}d\boldsymbol{A})$ der Kurve (18a) geht, läßt sich nun in völliger Analogie zum Punkt $\boldsymbol{M}$, der durch die Formel (17) bestimmt wird, in der Form schreiben

$$\boldsymbol{m} = \lambda\boldsymbol{a} + 2(\boldsymbol{a}_1x - \boldsymbol{a}_2y). \tag{17′}$$

In der Tat verschwinden offenbar alle Produkte $(\boldsymbol{a}_i\boldsymbol{A}_k)$ außer

$$(\boldsymbol{a}\boldsymbol{A}_3) = (\boldsymbol{a}_1\boldsymbol{A}_2) = (\boldsymbol{a}_2\boldsymbol{A}_1) = (\boldsymbol{a}_3\boldsymbol{A}_0) = 1,$$

da für das Tetraeder (16a′) § 87 stets gilt

$$(\boldsymbol{A}\boldsymbol{A}_1\boldsymbol{A}_2\boldsymbol{A}_3) = 1.$$

Das bedeutet

$$(\boldsymbol{m}\boldsymbol{A}) = \lambda(\boldsymbol{a}\boldsymbol{A}) + 2x(\boldsymbol{a}_1\boldsymbol{A}) - 2y(\boldsymbol{a}_2\boldsymbol{A}) = 0,$$

$$(\boldsymbol{m}\boldsymbol{M}) = 4(\boldsymbol{a}_1x - \boldsymbol{a}_2y)(\boldsymbol{A}_1x + \boldsymbol{A}_2y) = 4xy(\boldsymbol{a}_1\boldsymbol{A}_2) - 4xy(\boldsymbol{a}_2\boldsymbol{A}_1) = 0,$$

und die Ebene $\boldsymbol{m}$ enthält wirklich die Gerade $\boldsymbol{AM}$.

Ändern wir den Parameter λ bei festgehaltenen Veränderlichen x, y, so ergeben sich alle Ebenen des Büschels mit der Achse $(\boldsymbol{AM})$.

Um die zweite Brennebene des Strahls $\boldsymbol{AM}$ zu erhalten, muß man λ so wählen, daß die Charakteristik $(\boldsymbol{m}, d\boldsymbol{m})$ der Ebenenschar $(\boldsymbol{m})$ bei einer Bewegung längs der zur Kurve (18b) konjugierten Kurve, d. h. längs der Kurve (18a), mit dem Strahl $(\boldsymbol{AM})$ zusammenfällt. Der Parameter λ muß dann der Kongruenz genügen

$$(d\boldsymbol{m}, \boldsymbol{a}, \boldsymbol{a}_1 x - \boldsymbol{a}_2 y) \equiv 0 \left(\bmod \frac{\omega^1}{x} - \frac{\omega^2}{y}\right).$$

Unter Berücksichtigung von (17′) und (21) geht diese Kongruenz über in

$$\left(\{2\,dx - \lambda\omega^1 + 2\gamma y \omega^2\}\boldsymbol{a}_1 + \{-2\,dy - \lambda\omega^2 - 2\beta x\omega^1\}\boldsymbol{a}_2, \boldsymbol{a}, \boldsymbol{a}_1 x - \boldsymbol{a}_2 y\right) \equiv$$
$$\equiv 0 \left(\bmod \frac{\omega^1}{x} - \frac{\omega^2}{y}\right),$$

oder, wenn man für die Differentiale dx, dy die Formeln (19) verwendet, und die Formen ω^1, ω^2 durch die zu ihnen proportionalen Ausdrücke x und y ersetzt

$$(\{2(x x_1 + y x_2 + \gamma y^2) - \lambda x\}\boldsymbol{a}_1 +$$
$$+ \{-2(x y_1 + y y_2 + \beta x^2) - \lambda y\}\boldsymbol{a}_2, \boldsymbol{a}, \boldsymbol{a}_1 x - \boldsymbol{a}_2 y) = 0,$$

und schließlich erhält man, indem man nach dem Distributivgesetz ausmultipliziert und durch $(\boldsymbol{a}\boldsymbol{a}_1\boldsymbol{a}_2)$ dividiert

$$\lambda = x_1 - y_2 - x\frac{y_1 + \beta x}{y} + y\frac{x_2 + \gamma y}{x}. \tag{20'}$$

Bei diesem Wert von λ bestimmt die Formel (17′) die zweite Brennebene der Tangente an die Kurve (18a) auf der Fläche $(\boldsymbol{A})$.

Vergleicht man die Formeln (17) und (17′), (20) und (20′) und die Matrizen (16a′) § 87 und (21), so sieht man leicht ein, daß der Übergang von Punkten zu Ebenen sich durch die Substitutionen vollzieht:

$$\begin{pmatrix} \mu & x & y & x_i & y_i & \beta & \gamma \\ \lambda & x & -y & -x_i & y_i & \beta & \gamma \end{pmatrix}$$

und

$$\begin{pmatrix} \omega^1 & \omega^2 & \omega_1^0 & \omega_2^0 & \omega_3^0 \\ -\omega^1 & -\omega^2 & -\omega_3^2 & -\omega_3^1 & -\omega_3^0 \end{pmatrix}.$$

89. Die Entsprechung der Asymptotenlinien auf den Brennflächen. Nun müssen wir die Forderungen für die Entsprechung der Asymptotenlinien auf den Brennflächen $(\boldsymbol{A})$ und $(\boldsymbol{M})$ der Kongruenz $(\boldsymbol{AM})$ aufstellen. Zu diesem Zweck konstruieren wir ein Tetraeder dritter Ordnung, das dem Punkt $\boldsymbol{M}$ der zweiten Brennfläche $(\boldsymbol{M})$ zugeordnet ist.

Wir führen zunächst für die Funktionen λ und μ kovariante Ableitungen λ_i, μ_i mittels der Formeln ein

$$\begin{aligned} d\mu + 2(x\,\omega_1^0 + y\,\omega_2^0) &= \mu_1\omega^1 + \mu_2\omega^2, \\ d\lambda + 2(y\,\omega_3^1 - x\,\omega_3^2) &= \lambda_1\omega^1 + \lambda_2\omega^2. \end{aligned} \tag{22}$$

Indem wir die Gleichung (17) differenzieren und die kovarianten Ableitungen (19), (22) verwenden, können wir das Differential $d\boldsymbol{M}$ in der Gestalt schreiben

$$d\boldsymbol{M} = \boldsymbol{A}(\mu_1\omega^1 + \mu_2\omega^2) + 2(\boldsymbol{A}_1 x + \boldsymbol{A}_2 y)\left(\frac{y_1 + \beta x}{y}\omega^1 + \frac{x_2 + \gamma y}{x}\omega^2\right) + \\ + \lambda(\boldsymbol{A}_1\omega^1 - \boldsymbol{A}_2\omega^2) + 2(x\omega^2 + y\omega^1)\boldsymbol{A}_3.$$

Die ersten beiden Eckpunkte des Tetraeders $\{\boldsymbol{M}_i\}$, welches der Fläche $(\boldsymbol{M})$ zugeordnet ist, werden festgelegt durch

$$\begin{aligned} \boldsymbol{M}_1 &= \left(\mu_1 - \mu\frac{y_1 + \beta x}{y}\right)\boldsymbol{A} + \lambda\boldsymbol{A}_1 + 2y\boldsymbol{A}_3, \\ \boldsymbol{M}_2 &= \left(\mu_2 - \mu\frac{x_2 + \gamma y}{x}\right)\boldsymbol{A} - \lambda\boldsymbol{A}_2 + 2x\boldsymbol{A}_3. \end{aligned} \tag{23}$$

Für das Differential $d\boldsymbol{M}$ erhält man dann einen Ausdruck, der dem der ersten Formel von (1) für das Tetraeder $\{\boldsymbol{A}_i\}$ ähnlich ist

$$d\boldsymbol{M} = \boldsymbol{M}\left(\frac{y_1 + \beta x}{y}\omega^1 + \frac{x_2 + \gamma y}{x}\omega^2\right) + \boldsymbol{M}_1\omega^1 + \boldsymbol{M}_2\omega^2; \tag{24}$$

dabei ist

$$(\boldsymbol{M}\boldsymbol{M}_1\boldsymbol{M}_2) = \left(-\lambda\mu - 2\mu x\frac{y_1 + \beta x}{y} + 2\mu y\frac{x_2 + \gamma y}{x} + 2x\mu_1 - 2y\mu_2\right)\boldsymbol{m}.$$

Da die Punkte $\boldsymbol{M}$ und $d\boldsymbol{M}$ in der Tangentenebene $\boldsymbol{m}$ liegen, ergibt sich als Gleichung für die Asymptotenlinien der Fläche $(\boldsymbol{M})$

$$(\omega^1 d\boldsymbol{M}_1 + \omega^2 d\boldsymbol{M}_2, \boldsymbol{m}) = 0. \tag{a}$$

Die Differentiale $d\boldsymbol{M}_i$ kann man in der Form darstellen

$$\begin{aligned} d\boldsymbol{M}_1 &= \boldsymbol{A}\zeta + \boldsymbol{M}_1\zeta_1 + \boldsymbol{M}_2\zeta_2 + \frac{\boldsymbol{A}_3}{\lambda}\tilde{\omega}_1^3, \\ d\boldsymbol{M}_2 &= \boldsymbol{A}\eta + \boldsymbol{M}_1\eta_1 + \boldsymbol{M}_2\eta_2 + \frac{\boldsymbol{A}_3}{\lambda}\tilde{\omega}_2^3, \end{aligned} \tag{24'}$$

wobei ζ_i, η_i gewisse Linearformen sind und

$$\begin{aligned} \tilde{\omega}_1^3 &= -2y(d\lambda + 2y\omega_3^1 - 2x\omega_3^2) - 2y\left\{\mu_1 - (\lambda + \mu)\frac{y_1 + \beta x}{y}\right\}\omega^1 + \\ &\quad + 2x\left\{\mu_1 - \mu\frac{y_1 + \beta x}{y} + \lambda\frac{y_2}{x} + \frac{\lambda^2}{2x}\right\}\omega^2, \\ \tilde{\omega}_2^3 &= -2x(d\lambda + 2y\omega_3^1 - 2x\omega_3^2) + 2x\left\{\mu_2 + (\lambda - \mu)\frac{x_2 + \gamma y}{x}\right\}\omega^2 - \\ &\quad - 2y\left\{\mu_2 - \mu\frac{x_2 + \gamma y}{x} - \lambda\frac{x_1}{y} + \frac{\lambda^2}{2y}\right\}\omega^1. \end{aligned} \tag{24''}$$

Da die Punkte A, M_1, M_2 in der Tangentenebene m liegen, nimmt die Gleichung (a) für die Asymptotenlinien die Gestalt an

$$\omega^1\tilde{\omega}_1^3 + \omega^2\tilde{\omega}_2^3 = 0. \tag{b}$$

Damit sich die Asymptotenlinien auf den Flächen (A) und (M) entsprechen, muß die Gleichung (b) durch die Werte $\omega^1 = 0$ und $\omega^2 = 0$ befriedigt werden, d. h. es müssen die Gleichungen gelten

$$[\tilde{\omega}_1^3\omega^2] = 0, \quad [\tilde{\omega}_2^3\omega^1] = 0. \tag{c}$$

Man sieht leicht ein, daß diese Gleichungen einander äquivalent sind. Auf den Flächen (A) und (M) gibt es nämlich schon ein gemeinsames konjugiertes Netz, das Brennetz der Kongruenz (AM). Wenn sich nun außerdem die Asymptotenlinien der einen Schar entsprechen, dann auch die der andern.

Übrigens überzeugen wir uns davon sofort unmittelbar. Durch Einsetzen des Ausdruckes für $\tilde{\omega}_1^3$ in die erste Gleichung von (c) erhalten wir

$$[\tilde{\omega}_1^3\omega^2] = -2y\left[d\lambda + 2y\omega_3^1 - 2x\omega_3^2 + \mu_1\omega^1 - (\lambda+\mu)\frac{y_1+\beta x}{y}\omega^1, \omega^2\right].$$

Eliminieren wir $\mu_1\omega^1$ mit Hilfe der Gleichung (22), so geht die erste Gleichung von (c) über in

$$\left[d\mu + d\lambda + 2y(\omega_3^1 + \omega_2^0) - 2x(\omega_3^2 - \omega_1^0) - (\lambda+\mu)\frac{y_1+\beta x}{y}\omega^1, \omega^2\right] = 0. \tag{d}$$

Diese Bedingung kann man bedeutend vereinfachen. In der Tat erhalten wir durch Kombination der Gleichungen (16c′) § 87

$$[\omega_3^1 + \omega_2^0, \omega^2] = \beta\gamma[\omega^1\omega^2],$$
$$[\omega_3^2 - \omega_1^0, \omega^2] = [\omega^1, \beta_v\omega^2] = [\omega^1 d\beta].$$

Die letzte Umrechnung stützt sich auf die Formeln (15) § 86, nach denen

$$d\beta = \beta_u\omega^1 + \beta_v\omega^2$$

ist. Andererseits folgt aus den Gleichungen (20) und (20′)

$$\lambda + \mu = -2y_2 + 2y\frac{x_2+\gamma y}{x}.$$

Setzen wir dies in die Gleichung (d) ein, so erhalten wir

$$\begin{aligned}&\left[-dy_2 + y\,d\frac{x_2+\gamma y}{x} + \frac{x_2+\gamma y}{x}dy, \omega^2\right] + \\ &+\left[x\,d\beta - y\beta\gamma\omega^2 - y_2\frac{y_1+\beta x}{y}\omega^2 + y\frac{x_2+\gamma y}{x}\frac{y_1+\beta x}{y}\omega^2, \omega^1\right] = 0.\end{aligned} \tag{d′}$$

Für die Komponentenmatrix (16a′) § 87 nehmen die Gleichungen (19) die Gestalt an

$$dx = x_1\omega^1 + x_2\omega^2, \quad dy = y_1\omega^1 + y_2\omega^2, \tag{19′}$$

und wegen der Gleichungen (15) § 86 wird das äußere Differential der zweiten dieser Gleichungen

$$[dy_1\omega^1] + [dy_2\omega^2] = 0. \tag{e}$$

Andererseits ist wegen (19')

$$\left[y_2\frac{y_1+\beta x}{y}\omega^2,\omega^1\right]=\frac{y_1+\beta x}{y}[d\,y\,\omega^1],$$
$$\left[y\,\frac{x_2+\gamma y}{x}\,\frac{y_1+\beta x}{y}\omega^2,\omega^1\right]=\left[\frac{x_2+\gamma y}{x}\,y_1\omega^2+\beta x_2\omega^2+\beta\gamma\,y\omega^2,\omega^1\right] \tag{f}$$

und

$$\left[\frac{x_2+\gamma y}{x}\,d\,y,\omega^2\right]+\left[-\,y\,\frac{x_2+\gamma y}{x}\,\frac{y_1+\beta x}{y}\omega^2+\beta\gamma\,y\omega^2+\beta\,d\,x,\omega^1\right]=0. \tag{g}$$

Fassen wir die Gleichungen (d'), (e), (f) und (g) zusammen, so erhalten wir, nachdem wir nach gleichen Gliedern geordnet haben

$$y\left[d\frac{x_2+\gamma y}{x},\omega^2\right]+\left[d\,y_1+x\,d\beta+\beta\,d\,x-\frac{y_1+\beta x}{y}\,d\,y,\omega^1\right]=0; \tag{d''}$$

da aber

$$d\,y_1+x\,d\beta+\beta\,d\,x-\frac{y_1+\beta x}{y}\,d\,y=y\,d\left(\frac{y_1+\beta x}{y}\right)$$

ist, nimmt schließlich die Bedingung (d'') die Gestalt an

$$\left[d\left(\frac{x_2+\gamma y}{x}\right),\omega^2\right]+\left[d\left(\frac{y_1+\beta x}{y}\right),\omega^1\right]=0. \tag{25}$$

Wegen der völligen Symmetrie dieser Gleichung bezüglich der Vertauschung von x und y, β und γ sowie der Indizes 1 und 2 kann die zweite Gleichung (c) auf genau dieselbe Gestalt (25) gebracht werden.

90. Die Gleichung für eine *W*-Kongruenz zu gegebener Brennfläche. Die Gleichung (25) besitzt eine sehr einfache Bedeutung; man erhält sie nämlich durch äußere Differentiation der Gleichung

$$d\varphi=\frac{y_1+\beta x}{y}\omega^1+\frac{x_2+\gamma y}{x}\omega^2, \tag{25'}$$

und sie ist mit der Forderung äquivalent, daß der Ausdruck, der auf der rechten Seite der Gleichung (25') steht, ein *vollständiges Differential* sein soll.

Wir bemerken nun, daß die Größen x, y, μ in der Formel (17) nur bis auf einen gemeinsamen Faktor bestimmt sind. Ersetzen wir x, y durch $x^*=\varrho x$, $y^*=\varrho y$, so ändert sich die Gleichung der Kurve (18a) nicht, und nach den Formeln (19') sind x_2, y_1 durch

$$x_2^*=x_2\varrho+x\varrho_2,\qquad y_1^*=y_1\varrho+y\varrho_1$$

zu ersetzen, wobei

$$d\varrho=\varrho_1\omega^1+\varrho_2\omega^2.$$

Dabei wird die Gleichung (25') in die neue Gleichung transformiert

$$d\varphi^*=\frac{\varrho y_1+y\varrho_1+\beta\varrho x}{\varrho y}\omega^1+\frac{\varrho x_2+x\varrho_2+\gamma\varrho y}{\varrho x}\omega^2,$$

oder

$$d\varphi^* = \frac{y_1 + \beta x}{y}\omega^1 + \frac{x_2 + \gamma y}{x}\omega^2 + \frac{\varrho_1\omega^1 + \varrho_2\omega^2}{\varrho} = d\varphi + d\ln\varrho .$$

Es genügt also, den willkürlichen Faktor ϱ so zu wählen, daß

$$\ln\varrho = -\varphi,$$

und der neue Ausdruck für $d\varphi^*$ verschwindet.

Wir nehmen an, daß die Funktionen x, y schon so gewählt sind, daß die Form (25′) gleich Null ist; dann müssen die Koeffizienten der Formen ω^1, ω^2 verschwinden, und wir erhalten die Gleichungen

$$x_2 + \gamma y = 0, \quad y_1 + \beta x = 0, \tag{26}$$

welche die Funktionen x, y zu einer gegebenen Fläche ($\boldsymbol{A}$) bestimmen.

Da wegen der Gleichungen (15) § 86, (19′) x_2 und y_1 partielle Ableitungen $\frac{\partial x}{\partial v}$ und $\frac{\partial y}{\partial u}$ sind, kann man das System (26) auch in der Gestalt schreiben

$$\frac{\partial x}{\partial v} + \gamma y = 0, \quad \frac{\partial y}{\partial u} + \beta x = 0. \tag{26′}$$

Jede Lösung x, y dieses Systems bestimmt auf der Fläche ($\boldsymbol{A}$) mittels der Gleichung (18a) ein System von Kurven, deren Tangenten eine W-Kongruenz beschreiben. Für diese Größen x, y liefert die Formel (20) einen Wert μ, der in die Formel (17) eingesetzt den laufenden Punkt $\boldsymbol{M}$ einer Fläche bestimmt, welche eine asymptotisch Transformierte der Fläche ($\boldsymbol{A}$) ist. Das System (26) bestimmt also die allgemeinste asymptotische Transformation der Fläche ($\boldsymbol{A}$).

Wenn die Funktionen x, y dem System (26) genügen, d. h. wenn die Kongruenz ($\boldsymbol{AM}$) eine W-Kongruenz ist, dann werden die Gleichungen (c) § 89 befriedigt und demnach ist $\tilde{\omega}_1^3$ proportional zu ω^2, und $\tilde{\omega}_2^3$ proportional zu ω^1. Ersetzen wir in den Gleichungen (24″) das Differential $d\lambda$ durch seinen Ausdruck gemäß der Formel (22) und setzen dann in der ersten den Koeffizienten der Form ω^1, in der zweiten denjenigen der Form ω^2 gleich Null, so erhalten wir die bemerkenswerten Beziehungen

$$\lambda_1 + \mu_1 = 0, \quad \lambda_2 - \mu_2 = 0. \tag{27}$$

Wir halten noch fest, daß die Gleichungen (26) oder (26′) ihre Bedeutung für jedes Tetraeder (16a) § 86 behalten. In der Tat ergeben sich durch Einsetzen der Ausdrücke für ω_1^1, ω_2^2 aus den Formeln (16a) § 86 in die Gleichungen (19) die Beziehungen

$$dx + mx\omega^1 = x_1\omega^1 + x_2\omega^2,$$
$$dy + ny\omega^2 = y_1\omega^1 + y_2\omega^2,$$

woraus man sofort ersieht, daß eine Änderung der Werte von m, n die Größen x_2 oder y_1 nicht ändert. Wenn wir andererseits die Formeln (a) § 87 differenzieren und den Eckpunkt A_3^* gemäß der Gleichung (b) § 87 einführen

$$\boldsymbol{A}_3^* = \boldsymbol{A}_{1v}^* - B^*\boldsymbol{A}^*,$$

so stellen wir fest, daß die Koeffizienten β und γ für jede Wahl der Funktion B^* ihren Wert behalten.

91. Die Formeln für die zweite Brennfläche einer *W*-Kongruenz. Wenn wir die Beziehungen (26) bei den Gleichungen der vorangehenden Paragraphen berücksichtigen, dann erhalten wir

$$\begin{aligned} \boldsymbol{M} &= \mu \boldsymbol{A} + 2x\boldsymbol{A}_1 + 2y\boldsymbol{A}_2, \\ \boldsymbol{M}_1 &= \mu_1 \boldsymbol{A} + \lambda \boldsymbol{A}_1 + 2y\boldsymbol{A}_3, \\ \boldsymbol{M}_2 &= \mu_2 \boldsymbol{A} - \lambda \boldsymbol{A}_2 + 2x\boldsymbol{A}_3 \\ d\boldsymbol{M} &= \omega^1 \boldsymbol{M}_1 + \omega^2 \boldsymbol{M}_2 \end{aligned} \tag{28}$$

$$\mu = -x_1 - y_2, \qquad \lambda = x_1 - y_2, \tag{29}$$

$$\begin{aligned} \tilde{\omega}_1^3 &= (2x\mu_1 - 2y\lambda_2 + 2\lambda y_2 + \lambda^2)\,\omega^2, \\ \tilde{\omega}_2^3 &= (-2y\mu_2 - 2x\lambda_1 + 2\lambda x_1 - \lambda^2)\,\omega^1, \end{aligned} \tag{30}$$

und die Gleichung der Asymptotenlinien auf der Fläche $(\boldsymbol{M})$ wird

$$N\omega^1\omega^2 = 0, \tag{31}$$

wobei

$$N = -\lambda\mu - 2y\mu_2 - 2x\lambda_1. \tag{32}$$

Bestimmen wir den Punkt $\boldsymbol{A}$ aus den Gleichungen (28), so ergibt sich

$$(-\lambda\mu + 2x\mu_1 - 2y\mu_2)\boldsymbol{A} + \lambda\boldsymbol{M} - 2x\boldsymbol{M}_1 + 2y\boldsymbol{M}_2 = 0$$

und

$$\boldsymbol{A} = -\frac{\lambda}{N}\boldsymbol{M} + 2\frac{x}{N}\boldsymbol{M}_1 - 2\frac{y}{N}\boldsymbol{M}_2. \tag{33}$$

Durch Differentiation der zweiten Gleichung von (28) erhalten wir jetzt

$$\begin{aligned} d\boldsymbol{M}_1 - m\boldsymbol{M}_1\omega^1 = \boldsymbol{A}\,(S\omega^1 - \mu_2\beta\omega^1 + S'\omega^2 + \mu\omega_3^2) + \boldsymbol{A}_1\,(\lambda_2\omega^2 + 2x\omega_3^2) + \\ + \boldsymbol{A}_2\,(\lambda\beta\omega^1 + \mu_1\omega^2 + 2y\omega_3^2) + \boldsymbol{A}_3\,(-2\beta x\omega^1 - \mu\omega^2), \end{aligned} \tag{34}$$

wobei wir $\lambda_1 + \mu_1 = 0$ setzten gemäß der Gleichung (27), und mit S, S' gewisse Ausdrücke bezeichneten, welche die Funktionen x, y und ihre Ableitungen enthalten. Dabei ist

$$S\omega^1 - \mu_2\beta\omega^1 + S'\omega^2 + \mu\omega_3^2 = d\mu_1 + \lambda\omega_1^0 + 2y\omega_3^0. \tag{34'}$$

Wir wählen nun den vierten Eckpunkt $\boldsymbol{M}_3$ so, daß das Tetraeder $(\boldsymbol{M}\boldsymbol{M}_1\boldsymbol{M}_2\boldsymbol{M}_3)$ ein Tetraeder dritter Ordnung für die Fläche $(\boldsymbol{M})$ wird, und außerdem wird der Punkt $\boldsymbol{M}_3$ mit dem Koeffizienten $\tilde{b} = 1$ so normiert, daß wir die Komponentenmatrix (16a) § 86 erhalten. Dann gilt

$$d\boldsymbol{M}_1 = \tilde{\omega}_1^0\boldsymbol{M} + \tilde{m}\omega^1\boldsymbol{M}_1 + \tilde{\beta}\omega^1\boldsymbol{M}_2 + \omega^2\boldsymbol{M}_3.$$

Dazu genügt es, in der Entwicklung (34) die Glieder zusammenzufassen, die ω^2 enthalten, und den Koeffizienten der Form ω^2 als Punkt $\boldsymbol{M}_3$ zu nehmen:

$$\boldsymbol{M}_3 = -\boldsymbol{A}_3\mu + \boldsymbol{A}_1\lambda_2 + \boldsymbol{A}_2\mu_1 + \boldsymbol{A}S'. \tag{35}$$

Die Gleichung (34) läßt sich dann nämlich wegen (28) in der Form schreiben

$$d\boldsymbol{M}_1 = \boldsymbol{A} S\omega^1 - \boldsymbol{M}_2 \beta\omega^1 + \boldsymbol{M}_3\omega^2 + \boldsymbol{M}\omega_3^2.$$

Berücksichtigen wir noch (33), so ergibt der Vergleich beider Ausdrücke für $d\boldsymbol{M}_1$

$$\tilde{\omega}_1^0 = \omega_3^2 - \lambda\frac{S}{N}\omega^1, \qquad \tilde{\omega}_2^0 = \omega_3^1 - \lambda\frac{T}{N}\omega^2 \tag{36a}$$

$$\tilde{m} = 2x\frac{S}{N} \qquad \tilde{n} = -2y\frac{T}{N} \tag{36b}$$

$$\beta + \tilde{\beta} = -2y\frac{S}{N} \qquad \gamma + \tilde{\gamma} = 2x\frac{T}{N}. \tag{36c}$$

In der zweiten Spalte stehen die analogen Formeln für $d\boldsymbol{M}_2$.

92. Die Ausnutzung der umgekehrten Transformation. Aus (28) und (35) ergibt sich nach einer kurzen Rechnung

$$(\boldsymbol{M}\boldsymbol{M}_1\boldsymbol{M}_2\boldsymbol{M}_3) = N^2(\boldsymbol{A}\boldsymbol{A}_1\boldsymbol{A}_2\boldsymbol{A}_3).$$

Differenziert man das logarithmisch und berücksichtigt (16a) § 86 für die Flächen ($\boldsymbol{A}$) und ($\boldsymbol{M}$), so erhält man

$$2\tilde{m}\omega^1 + 2\tilde{n}\omega^2 = 2\frac{dN}{N} + 2m\omega^1 + 2n\omega^2.$$

Setzen wir noch

$$dN = N_1\omega^1 + N_2\omega^2, \tag{37a}$$

so folgt daraus wegen $m = n = 0$

$$\frac{N_1}{N} = \tilde{m}, \qquad \frac{N_2}{N} = \tilde{n}.$$

Vergleicht man dies mit (36b), so ergibt sich

$$N_1 = 2xS, \qquad N_2 = -2yT \tag{37b}$$

oder

$$N_u = 2xS, \qquad N_v = -2yT. \tag{37b'}$$

Nun kann man offenbar die Fläche ($\boldsymbol{A}$) nach (33) auch als asymptotische Transformation der Fläche ($\boldsymbol{M}$) erhalten. Setzen wir

$$\tilde{x} = \frac{x}{N}, \qquad \tilde{y} = -\frac{y}{N}, \tag{a}$$

so ist wegen der zu (19) analogen Gleichungen für die Fläche ($\boldsymbol{M}$) und nach (36b), (36c)

$$\tilde{x}_2 = \frac{x_2}{N} - \frac{N_2}{N^2}x = \frac{y}{N}\left(-\beta - \frac{2T}{N}\right) = -\tilde{\beta}\tilde{y}$$

und entsprechend für y_1. Daher gilt

$$\tilde{x}_2 + \tilde{\beta}\tilde{y} = 0, \qquad \tilde{y}_1 + \tilde{\gamma}\tilde{x} = 0. \tag{26''}$$

Die nach (a) für die Fläche (**M**) gebildeten Größen x und y genügen daher den Gleichungen (26) für diese Fläche. Vergleicht man (33) mit (28), so sicht man, daß für die umgekehrte Transformation gilt:

$$\tilde{\mu} = -\frac{\lambda}{N}, \quad \tilde{\lambda} = \frac{\mu}{N}, \quad \tilde{N} = \frac{1}{N}. \tag{a'}$$

Die Gleichungen (37b') erlauben, die Ausdrücke S und T auszurechnen, wenn ein Paar von Funktionen x, y gegeben ist, welches den Gleichungen (26) genügt. Ferner enthalten die Gleichungen (36c) für den umgekehrten Übergang von der Fläche (**M**) zur Fläche (**A**) auf ihrer linken Seite wieder dieselbe Summe $\beta + \tilde{\beta}$ bzw. $\gamma + \tilde{\gamma}$; und ihre rechten Seiten transformieren sich nach der Ersetzungsregel (a), (a'). Vergleichen wir die beiden Ausdrücke für die Summen $\beta + \tilde{\beta}$, $\gamma + \tilde{\gamma}$, so erhalten wir

$$-2y\frac{S}{N} = -2\tilde{y}\frac{\tilde{S}}{\tilde{N}}, \quad 2x\frac{T}{N} = 2\tilde{x}\frac{\tilde{T}}{\tilde{N}}$$

oder, indem wir

$$\tilde{y} = -\frac{y}{N}, \quad \tilde{N} = \frac{1}{N}, \quad \tilde{x} = \frac{x}{N}$$

einsetzen

$$\tilde{S} = -\frac{S}{N}, \quad \tilde{T} = \frac{T}{N}. \tag{36d}$$

Schließlich schreibt sich die erste Gleichung (36a) beim umgekehrten Übergang (**M**) → (**A**) in der Gestalt

$$\omega_1^0 = \tilde{\omega}_3^2 - \mu\frac{S}{N}\omega^1. \tag{36e}$$

Addieren wir sie zur Gleichung (36a)

$$\tilde{\omega}_1^0 = \omega_3^2 - \lambda\frac{S}{N}\omega^1$$

und verwenden die Formeln (16c), so erhalten wir

$$(A - A' + \tilde{A} - \tilde{A}')\,\omega^1 + (B - B' + \tilde{B} - \tilde{B}')\,\omega^2 = -(\lambda + \mu)\frac{S}{N}\omega^1, \tag{b}$$

wobei durch die Tilde die Koeffizienten $\tilde{A}$, $\tilde{B}$ für die Formen $\tilde{\omega}_i^k$ bezeichnet werden. Da die Formen ω_i^k und die Koeffizienten A, A' den Gleichungen (16d') genügen, und die Formen $\tilde{\omega}_i^k$ und ihre Koeffizienten $\tilde{A}$, $\tilde{A}'$ den Gleichungen (16d), wird

$$A - A' = -\beta_v, \quad \tilde{A} - \tilde{A}' = -\tilde{\beta}_v - \tilde{\beta}\tilde{n}.$$

Vergleichen wir nun die Koeffizienten der Form ω^1 im Ausdruck (b), so erhalten wir

$$\beta_v + \tilde{\beta}_v - 2y\tilde{\beta}\frac{T}{N} = -2y_2\frac{S}{N}$$

oder, indem wir β mit Hilfe von (36c) eliminieren,

$$S_v = \beta T, \qquad T_u = \gamma S. \tag{38}$$

Die zweite Gleichung wurde in Analogie hingeschrieben. Durch Einsetzen der Ausdrücke für S und T aus den Gleichungen (37b′) ergibt sich eine Gleichung für die Funktion N:

$$N_{uv} + \frac{x}{y}\beta N_v + \frac{y}{x}\gamma N_u = 0. \tag{39}$$

Wenn die Lösung x, y des Systems (26′)

$$x_v + \gamma y = 0, \qquad y_u + \beta x = 0 \tag{26′}$$

bekannt ist, dann erlauben die Gleichungen (29), (22), (32), (37b′)

$$\begin{aligned} \lambda &= x_u - y_v, \qquad \mu = - x_u - y_v, \\ d\lambda + 2(y\omega_3^1 - x\omega_3^2) &= \lambda_1\omega^1 + \mu_2\omega^2, \\ d\mu + 2(x\omega_1^0 + y\omega_2^0) &= -\lambda_1\omega^1 + \mu_2\omega^2, \\ N &= -\lambda\mu - 2y\mu_2 - 2x\lambda_1, \\ N_u &= 2xS, \qquad N_v = -2yT \end{aligned}$$

λ, μ, N, S und T auszurechnen, d. h. nach den Formeln (36a, b, c) alle Komponenten der projektiven Verrückung des Tetraeders $\{\boldsymbol{M}\boldsymbol{M}_1\boldsymbol{M}_2\boldsymbol{M}_3\}$, also alle Elemente der transformierten Fläche zu finden.

93. Das Gleichungssystem zur Bestimmung der asymptotischen Transformationen einer Fläche. Wir können zur Bestimmung einer asymptotischen Transformation auch noch anders vorgehen.

Mit Hilfe der Gleichungen (26) und (29) kann man die Formeln

$$x_1 = \frac{\lambda - \mu}{2}, \qquad x_2 = -\gamma y, \qquad y_1 = -\beta x, \qquad y_2 = -\frac{\lambda + \mu}{2} \tag{40}$$

aufstellen. Die Gleichungen (19) nehmen dann die Gestalt an

$$\begin{aligned} dx + x\omega_1^1 &= \frac{\lambda - \mu}{2}\omega^1 - \gamma y\omega^2, \\ dy + y\omega_2^2 &= -\beta x\omega^1 - \frac{\lambda + \mu}{2}\omega^2. \end{aligned} \tag{40a}$$

Durch äußere Differentiation ergibt sich daraus

$$\begin{aligned} \left[d\frac{\lambda - \mu}{2} + y(\omega_3^1 - \omega_2^0) - x(\omega_3^2 + \omega_1^0), \omega^1\right] &= 0, \\ \left[d\frac{\lambda + \mu}{2} + y(\omega_3^1 + \omega_2^0) - x(\omega_3^2 - \omega_1^0), \omega^2\right] &= 0. \end{aligned} \tag{41}$$

Das System (40a), (41) ist in Involution und bestimmt eine Lösung bis auf zwei willkürliche Funktionen eines Arguments. Dabei könnten wir stehenbleiben; wenn wir aber die Funktionen S, T, N einführen wollen, dann müssen wir das System (41) verlängern.

Bei Einführung der Gleichungen (22) werden die Gleichungen (41) äquivalent zu

$$\lambda_1 + \mu_1 = 0, \quad \lambda_2 - \mu_2 = 0.$$

Wir können demnach die quadratischen Gleichungen (41) durch die folgenden linearen Gleichungen ersetzen:

$$\begin{aligned} d\frac{\lambda-\mu}{2} + y(\omega_3^1 - \omega_2^0) - x(\omega_3^2 + \omega_1^0) &= -\mu_1\omega^1, \\ d\frac{\lambda+\mu}{2} + y(\omega_3^1 + \omega_2^0) - x(\omega_3^2 - \omega_1^0) &= \mu_2\omega^2. \end{aligned} \tag{41'}$$

Wenn wir noch die Gleichung (32) hinzufügen, um die Funktion N einzuführen, dann können wir μ_1 und μ_2 mittels einer Hilfsunbekannten ν ausdrücken; nämlich

$$\mu_1 = (\nu + \varphi)y, \quad \mu_2 = (\nu - \varphi)x, \tag{42}$$

wobei

$$\varphi = \frac{N + \lambda\mu}{4xy}. \tag{42'}$$

Durch äußere Differentiation der Gleichungen (41′) erhält man

$$[d\mu_1 + x_1(\omega_3^2 + \omega_1^0) + y_2(\omega_3^2 - \omega_1^0) + 2y\,\omega_3^0, \omega^1] = 0,$$
$$[d\mu_2 + y_2(\omega_3^1 + \omega_2^0) + x_1(\omega_3^1 - \omega_2^0) + 2x\,\omega_3^0, \omega^2] = 0.$$

Berücksichtigen wir hier die Beziehungen (42) und setzen

$$\begin{aligned} d\varphi - \varphi(\omega_1^1 + \omega_2^2) &= \varphi_1\omega^1 + \varphi_2\omega^2, \\ \Delta\nu = d\nu - \nu(\omega_1^1 + \omega_2^2) &+ (\nu - B + B')\left(\frac{x_1}{x}\omega^1 + \frac{y_2}{y}\omega^2\right) - \end{aligned} \tag{43'}$$
$$- \varphi_1\omega^1 + \varphi_2\omega^2 + 2\,\omega_3^0 + (B + B')\left(\frac{y_2}{x}\omega^1 + \frac{x_1}{y}\omega^2\right) + \varphi\left(\frac{y_2}{y}\omega^2 - \frac{x_1}{x}\omega^1\right),$$

so erhalten wir

$$[\Delta\nu\,\omega^1] = 0, \quad [\Delta\nu\,\omega^2] = 0,$$

woraus folgt

$$\Delta\nu = 0. \tag{43}$$

Das äußere Differential der Gleichung (43) verschwindet identisch wegen der Gleichungen (37b), (38):

$$S_v = \beta T, \quad T_u = \gamma S$$

oder

$$[dS - \beta T\omega^2, \omega^1] = 0, \quad [dT - \gamma S\omega^1, \omega^2] = 0. \tag{44}$$

Jede Lösung des Systems (44) bestimmt also eine Schar asymptotisch Transformierter der Fläche (**A**), welche durch das vollständig integrierbare System

$$dx + x\omega_1^1 = \frac{\lambda-\mu}{2}\omega^1 - \gamma y\omega^2, \quad dy + y\omega_2^2 = -\beta x\omega^1 - \frac{\lambda+\mu}{2}\omega^2, \tag{45a}$$

$$d\frac{\lambda-\mu}{2}+y(\omega_3^1-\omega_2^0)-x(\omega_3^2+\omega_1^0)=\left(-\frac{N+\lambda\mu}{4xy}-\nu\right)y\omega^1,$$
$$d\frac{\lambda+\mu}{2}+y(\omega_3^1+\omega_2^0)-x(\omega_3^2-\omega_1^0)=\left(-\frac{N+\lambda\mu}{4xy}+\nu\right)x\omega^2, \tag{45b}$$

$$dN=2xS\omega^1-2yT\omega^2, \tag{45c}$$

$$d\nu+\nu(-\omega_1^1-\omega_2^2)+(\nu-B+B')\left\{\frac{\lambda-\mu}{2x}\omega^1-\frac{\lambda+\mu}{2y}\omega^2\right\}+$$
$$+(B+B')\left(-\frac{\lambda+\mu}{2x}\omega^1+\frac{\lambda-\mu}{2y}\omega^2\right)-\frac{N+\lambda\mu}{4xy}\left(\frac{\lambda-\mu}{2x}\omega^1+\frac{\lambda+\mu}{2y}\omega^2\right)-$$
$$-\varphi_1\omega^1+\varphi_2\omega^2+2\omega_3^0=0 \tag{45d}$$

bis auf sechs willkürliche Konstanten bestimmt wird, von denen nur fünf wesentlich sind, weil eine Multiplikation der Veränderlichen x, y, λ, μ, S, T mit ein und derselben Konstanten und der Veränderlichen N mit deren Quadrat das System (44), (45a) bis (45d) erhält und die Kongruenz (**AM**), welche nur von dem Verhältnis $x:y$ abhängt, nicht ändert.

94. Der Vertauschungssatz für die asymptotischen Transformationen. Wir nehmen an, daß uns zwei W-Kongruenzen gegeben seien, welche die Fläche (**A**) als erste Brennfläche haben und durch die Größen $x^i, y^i, \lambda^i, \mu^i, N^i$ $(i=1,2)$ bestimmt werden.

Wegen der Linearität der Gleichungen (26), (29) bezüglich x, y, λ, μ werden die Größen

$$\begin{aligned} x&=m_1x^1+m_2x^2, & \lambda&=m_1\lambda^1+m_2\lambda^2, \\ y&=m_1y^1+m_2y^2, & \mu&=m_1\mu^1+m_2\mu^2, \qquad m_1, m_2=\text{const} \\ N&=N^1(m_1)^2+N^{12}m_1m_2+N^2(m_2)^2 \end{aligned} \tag{46a}$$

ein Büschel von W-Kongruenzen bestimmen; dabei wird die Größe $N^{12}=N^{21}$ gemäß der Formel (32) und den Beziehungen (27) bestimmt durch die Formel

$$N^{12}=-\lambda^1\mu^2-\lambda^2\mu^1+2(x^1\mu_1^2+x^2\mu_1^1-y^1\mu_2^2-y^2\mu_2^1). \tag{46b}$$

Wir erhalten, wenn wir S aus der Formel (34) berechnen, indem wir die Ausdrücke (28) differenzieren und die Formeln (16c′) § 87 verwenden

$$S^i=\frac{\partial\mu_1^i}{\partial u}+\lambda^iA+\mu_2^i\beta+2y^ia_3^0-\mu^iA', \qquad \omega_3^0=a_3^0\,du+b_3^0\,dv,$$

und für eine beliebige Kongruenz des Büschels

$$S=m_1S^1+m_2S^2;$$

nun ergibt die Gleichung (37b′)

$$\frac{1}{2x}N_u=\frac{m_1}{2x^1}N_u^1+\frac{m_2}{2x^2}N_u^2,$$

oder, wenn wir hier den Ausdruck für N aus der Formel (46a) einsetzen

$$N_u^1 (m_1)^2 + N_u^{12}\, m_1 m_2 + N_u^2 (m_2)^2 = 2xS = 2(x^1 m_1 + x^2 m_2)\,(S^1 m_1 + S^2 m_2),$$

woraus folgt

$$N_u^{12} = 2x^1 S^2 + 2x^2 S^1$$

und

$$N_u^{12} = \frac{x^2}{x^1} N_u^1 + \frac{x^1}{x^2} N_u^2, \qquad N_v^{12} = \frac{y^2}{y^1} N_v^1 + \frac{y^1}{y^2} N_v^2. \tag{46c}$$

Natürlich sucht man nun N^{12} in Gestalt einer Summe

$$N^{12} = n^1 + n^2, \tag{47}$$

wobei man setzen kann

$$n_u^1 = \frac{x^2}{x^1} N_u^1, \qquad n_v^1 = \frac{y^2}{y^1} N_v^1, \tag{47a}$$

$$n_u^2 = \frac{x^1}{x^2} N_u^2, \qquad n_v^2 = \frac{y^1}{y^2} N_v^2; \tag{47b}$$

denn es ist

$$\frac{\partial}{\partial v}(n_u^1) = \frac{\partial \cdot}{\partial v}\left(\frac{x^2}{x^1} N_u^1\right) = \frac{x_v^2}{x^1} N_u^1 - \frac{x^2}{x^1}\frac{x_v^1}{x^1} N_u^1 + \frac{x^2}{x^1} N_{uv}^1$$

oder, wegen (26′) und (39)

$$\frac{\partial}{\partial v}(n_u^1) = -\frac{y^2}{x^1}\gamma N_u^1 + \frac{x^2}{x^1}\left(\frac{y^1}{x^1}\gamma N_u^1 - \frac{x^1}{y^1}\beta N_v^1 - \frac{y^1}{x^1}\gamma N_u^1\right) = -\gamma\frac{y^2}{x^1} N_u^1 - \beta\frac{x^2}{y^1} N_v^1,$$

und

$$\frac{\partial}{\partial u}(n_v^1) = -\beta\frac{x^2}{y^1} N_v^1 - \gamma\frac{y^2}{x^1} N_u^1,$$

so daß die Integrabilitätsbedingung erfüllt ist.

Wir führen nun die analytischen Punkte ein

$$\begin{aligned} \boldsymbol{M}^{12} &= n^1 \boldsymbol{A} + (\lambda^2 \boldsymbol{M}^1 - 2x^2 \boldsymbol{M}_1^1 + 2y^2 \boldsymbol{M}_2^1), \\ \boldsymbol{M}^{21} &= n^2 \boldsymbol{A} + (\lambda^1 \boldsymbol{M}^2 - 2x^1 \boldsymbol{M}_1^2 + 2y^1 \boldsymbol{M}_2^2). \end{aligned} \tag{48}$$

Man überzeugt sich leicht, wenn man diese Punkte addiert und die Formeln (28) verwendet, daß die Koeffizienten bei $\boldsymbol{A}_1, \boldsymbol{A}_2, \boldsymbol{A}_3$ sich gegenseitig wegheben und daß der Koeffizient

$$N^{12} + \mu^1\lambda^2 + \mu^2\lambda^1 - 2(x^2\mu_1^1 + x^1\mu_1^2 - y^2\mu_2^1 - y^1\mu_2^2)$$

des Punktes $\boldsymbol{A}$ verschwindet, wenn man N^{12} gemäß der Formel (46b) einsetzt.

Folglich ist

$$\boldsymbol{M}^{12} + \boldsymbol{M}^{21} = 0,$$

und die beiden analytischen Punkte, die sich nur durch die Normierung unterscheiden, stellen ein und denselben geometrischen Punkt dar.

Nun läßt sich der Punkt $\boldsymbol{M}^{12}$ durch die Punkte $\boldsymbol{A}, \boldsymbol{M}^1, \boldsymbol{M}_1^1, \boldsymbol{M}_2^1$ darstellen, welche in der Tangentenebene der Fläche $(\boldsymbol{M}^1)$ liegen. Folglich liegt der Punkt

$\boldsymbol{M}^{12}$ in der Tangentenebene der Fläche $(\boldsymbol{M}^1)$, während der Punkt $\boldsymbol{M}^{21}$, der durch die Punkte $\boldsymbol{A}, \boldsymbol{M}^2, \boldsymbol{M}_1^2, \boldsymbol{M}_2^2$ darstellbar ist, in der Tangentenebene von $(\boldsymbol{M}^2)$ liegt.

Wir setzen in die Formel (48) statt des Punktes $\boldsymbol{A}$ den Ausdruck (33) ein und erhalten

$$\boldsymbol{M}^{12} = \boldsymbol{M}^1\left(\lambda^2 - \frac{n^1\lambda^1}{N^1}\right) + \boldsymbol{M}_1^1\left(-2x^2 + 2\frac{x^1}{N^1}n^1\right) + \boldsymbol{M}_2^1\left(2y^2 - 2\frac{y^1}{N^1}n^1\right).$$

Vergleicht man diese Formel mit dem Ausdruck (17), so erkennt man, daß sich $\boldsymbol{M}^{12}$ nach Formel (17) aus $\boldsymbol{M}^1$ gewinnen läßt mit den Parameterwerten

$$\begin{aligned} x^{12} &= -x^2 + \frac{x^1}{N^1}n^1, & y^{12} &= y^2 - \frac{y^1}{N^1}n^1, \\ \mu^{12} &= \lambda^2 - \frac{n^1\lambda^1}{N^1}, & \lambda^{12} &= \mu^2 - \frac{n^1\mu^1}{N^1}. \end{aligned} \tag{49}$$

Diese Parameter genügen den Gleichungen (16a), (26), (29), und die Gleichung (32) liefert den Ausdruck

$$N^{12} = N^2 - \frac{n^1 n^2}{N^1}. \tag{47'}$$

Die Fläche $(\boldsymbol{M}^{12})$ kann man also durch eine asymptotische Transformation sowohl aus der Fläche $(\boldsymbol{M}^1)$ als auch aus der Fläche $(\boldsymbol{M}^2)$ erhalten; sie ist die vierte Fläche des Vertauschungssatzes der asymptotischen Transformationen. Die Bestimmung dieser Fläche hängt ab von der Ausführung der Quadraturen (47a), (47b); da diese Quadraturen aber eine willkürliche Konstante einführen, ergibt sich eine einparametrige Flächenschar $(\boldsymbol{M}^{12})$, deren entsprechende Punkte auf derjenigen Geraden liegen, welche den Punkt $\boldsymbol{A}$ mit dem Punkt $\lambda^2\boldsymbol{M}^1 - 2x^2\boldsymbol{M}_1^1 + 2y^2\boldsymbol{M}_2^1$ verbindet.

95. Die Kongruenzen in einem linearen Komplex. Das System (44) besitzt offensichtlich die Lösung

$$S = 0, \qquad T = 0; \tag{50}$$

aus der Gleichung (45c) folgt dann

$$N = \text{const}.$$

Die Formeln (36a), (36c), (36e) besagen, daß in diesem und nur in diesem Falle

$$\bar{\beta} = -\beta, \quad \bar{\gamma} = -\gamma,$$
$$\bar{\omega}_1^0 = \omega_3^2, \quad \bar{\omega}_2^0 = \omega_3^1, \quad \bar{\omega}_3^2 = \omega_1^0, \quad \bar{\omega}_3^1 = \omega_2^0,$$

d. h. daß die Komponenten des Tetraeders $\{\boldsymbol{M}_i\}$ in Punktkoordinaten zusammenfallen mit den Komponenten (21) des Tetraeders $\{\boldsymbol{a}_i\}$ in Ebenenkoordinaten.

Folglich genügen $\boldsymbol{M}$ und $\boldsymbol{a}$ ein und demselben Gleichungssystem, d. h. eine beliebige Lösung M läßt sich linear (mit konstanten Koeffizienten) durch vier Lösungen a ausdrücken. Die auf diese Weise erhaltenen Formeln kann man als die Formeln der Korrelation ansehen, welche die Tangentenebene $\boldsymbol{a}$ der ersten Brennfläche in den Punkt $\boldsymbol{M}$ der zweiten Brennfläche überführt. Bei dieser Korrelation (P. D. G., S. 29) liegt der Punkt $\boldsymbol{M}$ nach Konstruktion stets in der ihm entsprechenden Ebene $\boldsymbol{a}$. Bekanntlich wird dadurch das Nullsystem eines linearen Komplexes charakterisiert.

Da in diesem Nullsystem die Strahlen der Kongruenz sich selbst entsprechen (denn bei einer differentiellen Verschiebung des Punktes $\boldsymbol{M}$ auf dem Strahl $\boldsymbol{MA}$ dreht sich die Ebene $\boldsymbol{a}$ um diesen Strahl), gehören die Kongruenzstrahlen dem Komplex an.

Bei der Bedingung $N = \text{const}$ gehört also die W-Kongruenz einem linearen Komplex an.

Ist

$$N = 0, \tag{51}$$

so wird die Gleichung (31), welche die Asymptotenlinien der Fläche $(\boldsymbol{M})$ bestimmt, identisch erfüllt. Die Fläche $(\boldsymbol{M})$ entartet in eine Kurve L, die Kongruenz besteht aus Kegeln mit der Spitze auf L.

Wenn der Komplex nicht speziell ist, geht durch jeden Punkt des Raumes ein Büschel von Strahlen des Komplexes. Folglich werden alle Kegel mit den Spitzen auf der Kurve L ebene Büschel, und da sie um eine Fläche $(\boldsymbol{A})$ beschrieben werden, ist diese Fläche eine Torse.

Bei beliebiger Fläche $(\boldsymbol{A})$ ist der Komplex speziell und wird von allen Geraden gebildet, die durch seine Achse hindurchgehen. Von jedem Punkt der Achse geht ein Strahlenbündel des Komplexes aus, dem auch der Kegel der Kongruenzstrahlen angehört. Folglich fällt die Kurve L mit der Achse des Komplexes zusammen.

Unter der Bedingung (51) *gehört also die W-Kongruenz einem speziellen linearen Komplex an, dessen Achse die zweite Brennfläche ist.*

III. Die asymptotischen Transformationen der Regelflächen

96. W-Kongruenzen mit einer geradlinigen Brennfläche. Wir nehmen nun an, daß die zweite Brennfläche $(\boldsymbol{M})$ eine Regelfläche sei und die Kurven $\omega^2 = 0$ Geraden.

Die Gerade $\boldsymbol{MM}_1$ bleibt dann bei $\omega^2 = 0$ fest;

$$d(\boldsymbol{MM}_1) \equiv \theta(\boldsymbol{MM}_1) \qquad (\text{mod}\, \omega^2),$$

oder, wenn man die Differentiation ausführt

$$\tilde{\omega}_1^2(\boldsymbol{MM}_2) + \tilde{\omega}_1^3(\boldsymbol{MM}_3) - \omega^2(\boldsymbol{M}_1\boldsymbol{M}_2) \equiv 0 \qquad (\text{mod}\, \omega^2),$$

und indem wir uns auf das Tetraeder (16a) beziehen, erhalten wir

$$\tilde{\beta}\omega^1(\boldsymbol{MM}_2) = 0.$$

Folglich ist

$$\tilde{\beta} = 0,$$

oder, wegen der ersten Gleichung (36c) § 91

$$\beta = -2y\frac{S}{N}. \tag{52a}$$

Setzen wir $S = -\frac{\beta N}{2y}$ in die erste Gleichung von (44) ein, die wir der Einfachheit halber mit den Komponenten des Tetraeders (16a′) § 87 schreiben, und ersetzen nach den Formeln (45a), (45c) § 93:

$$[dN\omega^1] = 2yT[\omega^1\omega^2], \qquad [dy\omega^1] = \frac{\lambda+\mu}{2}[\omega^1\omega^2]$$

und

$$[d\beta\omega^1] = -\beta_v[\omega^1\omega^2],$$

so erhalten wir nach den nötigen Umformungen

$$N\beta\left\{\frac{\lambda+\mu}{2y} + \frac{\beta_v}{\beta}\right\}[\omega^1\omega^2] = 0.$$

Da $[\omega^1\omega^2] \neq 0$, verschwindet der Koeffizient. Wenn $N = 0$ ist, dann entartet die Kongruenz, wie wir in § 95 gesehen haben.

Bei $\beta = 0$ ist die erste Brennfläche (*A*) auch eine Regelfläche. Schließen wir diese beiden Fälle aus, so ergibt sich

$$\frac{\lambda+\mu}{2} = -y\frac{\beta_v}{\beta}. \tag{52b}$$

Wir gehen damit in die zweite Gleichung von (45b) ein und erhalten eine lineare Gleichung, die in zwei endliche Gleichungen zerfällt, wenn man die Koeffizienten der Formen ω^1, ω^2 vergleicht. Die zweite von ihnen liefert, wenn man für die Komponenten $\omega_3^1 + \omega_2^0$ und $\omega_3^2 - \omega_1^0$ die Formeln (16c) und (16d′) verwendet, den Wert ν

$$\nu = \frac{N+\lambda\mu}{4xy} + \beta\gamma + \frac{y}{x}\left\{C + C' - \frac{\beta_{vv}}{\beta}\right\}. \tag{52c}$$

Die erste Gleichung enthält keine Elemente der Kongruenz und legt der Fläche (*A*) die Bedingung auf

$$\frac{\partial^2 \ln\beta}{\partial u\,\partial v} = \beta\gamma. \tag{53}$$

Flächen, die durch die Gleichung (53) bestimmt werden, nennen wir der Kürze halber *F_1-Flächen.*[1]) Die Gleichung (53) besitzt eine einfache geometrische Bedeutung: die Asymptotenlinien $\omega^2 = 0$ einer F_1-Fläche gehören einem linearen Komplex an, und zwar jede Kurve ihrem linearen Komplex.

Dieser Satz gehört zur Flächentheorie der projektiven Differentialgeometrie (P.D.G., S. 48), aber er läßt sich leicht beweisen. Über die linearen Komplexe werden wir im Kapitel VII noch ausführlich sprechen. Im Augenblick halten wir fest, daß ein linearer Komplex durch eine lineare Gleichung für die sechs Geradenkoordinaten im Raum bestimmt wird. Eine Asymptotenlinie gehört einem linearen Komplex an, wenn alle ihre Tangenten dem Komplex angehören.

---

[1]) Flächen von FUBINI.

Folglich müssen wir zeigen, daß es sechs konstante Koeffizienten gibt, derart, daß die sechs Koordinaten der analytischen Geraden $(\boldsymbol{A}\boldsymbol{A}_1)$ für $\omega^2 = 0$ bei jedem Wert des Parameters u einer linearen Gleichung mit diesen Koeffizienten genügen.

Wir wollen eine solche Gleichung in der Gestalt eines (PLÜCKERschen) Produkts schreiben

$$\{\mathfrak{a}(\boldsymbol{A}\boldsymbol{A}_1)\} = 0, \tag{a}$$

wobei durch $\mathfrak{a}$ die Gesamtheit der sechs konstanten Koeffizienten der Gleichung des Komplexes bezeichnet wird. Die Gleichung (a) kann man beliebig oft nach der Veränderlichen u bei konstantem v differenzieren, oder anders ausgedrückt, man kann vollständige Differentiale nehmen, wenn man statt der Gleichungen Kongruenzen modulo ω^2 schreibt, d. h. $\omega^2 = 0$ setzt, was wieder auf die Differentiation nach u allein führt.

Da für das Tetraeder (16a) § 86

$$d(\boldsymbol{A}\boldsymbol{A}_1) = (d\boldsymbol{A}\boldsymbol{A}_1) + (\boldsymbol{A}\,d\boldsymbol{A}_1) = \omega^2(\boldsymbol{A}_2\boldsymbol{A}_1) + \beta\omega^1(\boldsymbol{A}\boldsymbol{A}_2) + \omega^2(\boldsymbol{A}\boldsymbol{A}_3)$$

ist, führt die erste Differentiation der Gleichung (a) auf die Kongruenz

$$\beta\,\{\mathfrak{a}(\boldsymbol{A}\boldsymbol{A}_2)\}\,\omega^1 \equiv 0 \qquad (\operatorname{mod} \omega^2)$$

oder, da ω^1 nicht kongruent modulo ω^2 sein kann und nach Voraussetzung $\beta \neq 0$ ist

$$\{\mathfrak{a}(\boldsymbol{A}\boldsymbol{A}_2)\} = 0. \tag{b}$$

Die Differentiation der Gleichung (b) ergibt auf dieselbe Weise

$$\{\mathfrak{a}(\boldsymbol{A}_1\boldsymbol{A}_2)\} + \{\mathfrak{a}(\boldsymbol{A}\boldsymbol{A}_3)\} = 0; \tag{c}$$

erneute Differentiation liefert, wenn man dabei die vorangehenden Gleichungen beachtet,

$$\{\mathfrak{a}(\boldsymbol{A}_1\boldsymbol{A}_3)\} = 0. \tag{d}$$

Die folgende Differentiation ergibt

$$\omega_1^0\,\{\mathfrak{a}(\boldsymbol{A}\boldsymbol{A}_3)\} + \beta\omega^1\,\{\mathfrak{a}(\boldsymbol{A}_2\boldsymbol{A}_3)\} + \omega_3^2\,\{\mathfrak{a}(\boldsymbol{A}_1\boldsymbol{A}_2)\} \equiv 0 \qquad (\operatorname{mod} \omega^2)$$

oder wegen der Gleichung (c)

$$(\omega_3^2 - \omega_1^0)\,\{\mathfrak{a}(\boldsymbol{A}_1\boldsymbol{A}_2)\} + \beta\omega^1\,\{\mathfrak{a}(\boldsymbol{A}_2\boldsymbol{A}_3)\} \equiv 0 \qquad (\operatorname{mod} \omega^2); \tag{e'}$$

da aus den Gleichungen (16c'), (16d') § 87 folgt

$$\omega_3^2 - \omega_1^0 = \beta_v\omega^1 + (B' - B)\,\omega^2,$$

erhalten wir schließlich

$$(\ln\beta)_v\,\{\mathfrak{a}(\boldsymbol{A}_1\boldsymbol{A}_2)\} + \{\mathfrak{a}(\boldsymbol{A}_2\boldsymbol{A}_3)\} = 0. \tag{e}$$

Differenzieren wir noch einmal, so ergibt sich

$$d(\ln\beta)_v\,\{\mathfrak{a}(\boldsymbol{A}_1\boldsymbol{A}_2)\} + \omega_2^0\,\{\mathfrak{a}(\boldsymbol{A}\boldsymbol{A}_3)\} - \omega_3^1\,\{\mathfrak{a}(\boldsymbol{A}_1\boldsymbol{A}_2)\} \equiv 0 \qquad (\operatorname{mod} \omega^2)$$

oder

$$\{d(\ln\beta)_v - \omega_2^0 - \omega_3^1\}\,\{\mathfrak{a}(\boldsymbol{A}_1\boldsymbol{A}_2)\} \equiv 0 \qquad (\operatorname{mod} \omega^2).$$

Ist

$$\{\mathfrak{a}(\boldsymbol{A}_1\boldsymbol{A}_2)\} = 0,$$

dann gehören wegen der Gleichungen (a), (b), (c), (d), (e) alle sechs Kanten des Tetraeders $\{\boldsymbol{A}_i\}$ einem Komplex an, und da jede Gerade des Raumes linear durch die sechs Kanten des Koordinatentetraeders dargestellt werden kann, enthielte der lineare Komplex $\mathfrak{a}$ alle Geraden des Raumes, und seine Gleichung müßte identisch verschwinden.

Wenn

$$\{\mathfrak{a}\,(\boldsymbol{A}_1\boldsymbol{A}_2)\} \neq 0, \tag{f}$$

dann ist der erste Faktor kongruent Null modulo ω^2

$$d(\ln\beta)_v - (\omega_2^0 + \omega_3^1) \equiv 0 \quad (\mathrm{mod}\,\omega^2).$$

Wegen der Gleichungen (16c′), (16d′) § 87 ist

$$\omega_2^0 + \omega_3^1 = \beta\gamma\omega^1 + (C + C')\,\omega^2, \quad d(\ln\beta)_v = (\ln\beta)_{uv}\,\omega^1 + (\ln\beta)_{vv}\,\omega^2$$

und unsere Bedingung geht direkt in die Gleichung (53) über.

Wir erhalten also den Satz:

Die asymptotische Transformation einer Regelfläche führt die Erzeugenden in geradlinige Erzeugende über (wenn die zweite Fläche auch eine Regelfläche ist) *oder in krummlinige Asymptotenlinien, die einem linearen Komplex angehören.*

Man sieht leicht, daß infinitesimal benachbarte Asymptotenlinien nicht dem gleichen linearen Komplex angehören können. In diesem Fall wäre nämlich

$$\{\mathfrak{a}\,d\,(\boldsymbol{A}\boldsymbol{A}_1)\} = 0$$

und deshalb

$$\{\mathfrak{a}\,(\boldsymbol{A}_2\boldsymbol{A}_1)\} + \{\mathfrak{a}\,(\boldsymbol{A}\boldsymbol{A}_3)\} = 0$$

im Widerspruch zu (c) und (f).

97. Die Transformation der F_1-Flächen in Regelflächen. Der Satz des vorangehenden Paragraphen läßt auch die Umkehrung zu, er liefert nicht nur eine notwendige, sondern auch eine hinreichende Bedingung für die asymptotische Transformation einer Fläche in eine Regelfläche; es gilt nämlich der Satz:

Wenn die Asymptotenlinien einer Schar linearen Komplexen angehören, dann gibt es eine W-Kongruenz, welche diese Asymptotenlinien in geradlinige Erzeugende der zweiten Brennfläche überführt.

Zum Beweis dieses Satzes müssen wir nur die Untersuchung der Verträglichkeit des Systems, welches aus den Gleichungen (44), (45a) bis (45d) § 93 besteht und alle W-Kongruenzen mit der ersten Brennfläche $(\boldsymbol{A})$ bestimmt, mit der Gleichung (52a) zu Ende führen, welche verlangt, daß auf der zweiten Brennfläche die Asymptotenlinien $\omega^2 = 0$ Gerade sein sollen.

Das System wurde ergänzt durch die lineare Gleichung, die man durch die Differentiation der Gleichung (52a) erhielt und die mit der ersten quadratischen Gleichung von (44) auf die endliche Beziehung (52b) führte. Die Differentiation der endlichen Gleichung (52b) führte uns einerseits zu der Bedingung (53) auf der Fläche $(\boldsymbol{A})$ und andererseits auf die neue endliche Gleichung (52c), welche wir mit Hilfe der Gleichung (42′) umschreiben können in

$$\nu = \varphi + \beta\gamma + \frac{y}{x}\left(C + C' - \frac{\beta_{vv}}{\beta}\right). \tag{54a}$$

Differenzieren wir diese Gleichung und verwenden die Formeln (45a) § 93 und (52b), so erhalten wir

$$d\nu = \varphi_1\omega^1 + \varphi_2\omega^2 + d(\beta\gamma) + \frac{y}{x}\,d\left(C + C' - \frac{\beta_{vv}}{\beta}\right) -$$
$$-\left(C + C' - \frac{\beta_{vv}}{\beta}\right)\left\{\left(\frac{\lambda-\mu}{2}\,\frac{y}{x^2} + \beta\right)\omega^1 - \frac{y}{x}\left(\gamma\,\frac{y}{x} + \frac{\beta_v}{\beta}\right)\omega^2\right\}.$$

Indem wir die Ausdrücke für ν und $d\nu$ einsetzen und die Formeln (42′) § 93 und (52b) für φ und $\frac{\lambda+\mu}{2}$ verwenden, führen wir die Gleichung (45d) § 93 in die Gestalt über

$$2\,\omega_3^0 + d\,(\beta\gamma) + \frac{y}{x}\,d\left(C + C' - \frac{\beta_{vv}}{\beta}\right) + \omega^1\left\{\frac{y}{x}\,\gamma\beta_v - \beta\left(C + C' - \frac{\beta_{vv}}{\beta}\right)\right\} +$$
$$+\,\omega^2\left\{2\,\varphi\,\frac{\partial \ln\beta}{\partial v} + 2\,\varphi_2 + \frac{\lambda-\mu}{2\,y}\,\beta\gamma + \right. \tag{a}$$
$$\left. + \frac{y}{x}\left(C + C' - \frac{\beta_{vv}}{\beta}\right)\left(\gamma\,\frac{y}{x} + 2\,\frac{\partial\ln\beta}{\partial v}\right)\right\} = 0.$$

Diese Gleichung zerfällt in zwei endliche Gleichungen; denn die Koeffizienten der Formen ω^1 und ω^2 müssen verschwinden. Diese beiden Gleichungen lassen sich gewinnen, indem wir die Gleichung (a) von außen mit ω^2 und mit ω^1 multiplizieren. Man sieht leicht ein, daß die erste dieser Gleichungen

$$\left[2\,\omega_3^0 + d\,(\beta\gamma) + \frac{y}{x}\,d(C + C') - \right.$$
$$\left. - \left\{\frac{y}{x}\left(\frac{\partial}{\partial u}\left(\frac{\beta_{vv}}{\beta}\right) - \gamma\beta_v\right) + \beta\left(C + C' - \frac{\beta_{vv}}{\beta}\right)\right\}\omega^1,\, \omega^2\right] = 0 \tag{b}$$

eine Identität wird.

Ziehen wir nämlich hiervon die dritte Gleichung von (16e′) § 87 und die zweite mit $\frac{y}{x}$ multipliziert ab, so erhalten wir

$$\frac{y}{x}\left\{\frac{\partial}{\partial u}\left(\frac{\beta_{vv}}{\beta}\right) - 3\,\gamma\beta_v - \beta\gamma_v\right\}[\omega^1\omega^2] = 0;$$

es ist aber wegen der Gleichung (53)

$$\frac{\partial}{\partial u}\left(\frac{\beta_{vv}}{\beta}\right) - 3\,\gamma\beta_v - \beta\gamma_v = \frac{\partial}{\partial u}\,\{(\ln\beta)_{vv} + (\ln\beta)_v^2\} - 3\,\gamma\beta_v - \beta\gamma_v =$$
$$= \frac{\partial}{\partial v}\left(\frac{\partial^2\ln\beta}{\partial u\,\partial v}\right) + 2\,\frac{\partial^2\ln\beta}{\partial u\,\partial v}\,\frac{\partial\ln\beta}{\partial v} - 3\,\gamma\beta_v - \beta\gamma_v =$$
$$= \frac{\partial}{\partial v}\,(\beta\gamma) + 2\,\beta\gamma\,\frac{\partial\ln\beta}{\partial v} - 3\,\gamma\beta_v - \beta\gamma_v = 0$$

und die Gleichung (b) wird eine Identität.

Multiplizieren wir die Gleichung (a) von außen mit der Form ω^1, so ergibt sich

$$\left[2\omega_3^0 + d(\beta\gamma) + \left\{2\varphi_2 + 2\varphi\frac{\partial \ln \beta}{\partial v} + \frac{\lambda-\mu}{2y}\beta\gamma + \right.\right.$$
$$\left.\left. + \frac{y}{x}\frac{\partial}{\partial v}\left(C + C' - \frac{\beta_{vv}}{\beta}\right) + \frac{y}{x}\left(C + C' - \frac{\beta_{vv}}{\beta}\right)\left(\gamma\frac{y}{x} + 2\frac{\partial \ln \beta}{\partial v}\right)\right\}\omega^2, \omega^1\right] = 0,$$

oder, wenn wir hiervon die letzte Gleichung von (16e′) § 87 abziehen,

$$\left\{2\varphi_2 + 2\varphi\frac{\partial \ln \beta}{\partial v} + \frac{\lambda-\mu}{2y}\beta\gamma + \frac{y}{x}\frac{\partial}{\partial v}\left(C + C' - \frac{\beta_{vv}}{\beta}\right) + \gamma\left(A + A' - \frac{\gamma_{uu}}{\gamma}\right) + \right.$$
$$\left. + \frac{y}{x}\left(C + C' - \frac{\beta_{vv}}{\beta}\right)\left(\gamma\frac{y}{x} + 2\frac{\partial \ln \beta}{\partial v}\right)\right\}[\omega^1\omega^2] = 0,$$

und da wegen (42′), (43′) § 93 sowie (45a), (45c) § 93 und (16c′) § 87 gilt

$$2\varphi_2 = \frac{\partial}{\partial v}\frac{N + \lambda\mu}{2xy} = \frac{N_v + \frac{\lambda+\mu}{2}\frac{\partial(\lambda+\mu)}{\partial v} - \frac{\lambda-\mu}{2}\frac{\partial(\lambda-\mu)}{\partial v}}{2xy} - 2\varphi\frac{\partial \ln(xy)}{\partial v} =$$
$$= -\frac{1}{x}T - 2\varphi\left(\frac{\partial \ln \beta}{\partial v} - \frac{y}{x}\gamma\right) + \frac{\lambda-\mu}{2y}\left(\frac{y}{x}\gamma_u - \beta\gamma\right) + \frac{y}{x}\frac{\beta_{vv}}{\beta}\frac{\partial \ln \beta}{\partial v},$$

erhalten wir daraus

$$\begin{aligned} T = 2\varphi\gamma y + \frac{\lambda-\mu}{2x}\gamma_u + y\frac{\partial}{\partial v}(C + C') + x\gamma\left(A + A' - \frac{\gamma_{uu}}{\gamma}\right) + \\ + \gamma\frac{y^2}{x}\left(C + C' - \frac{\beta_{vv}}{\beta}\right) + 2y(C + C')\frac{\partial \ln \beta}{\partial v} - y\frac{\beta_{vvv}}{\beta}. \end{aligned} \qquad (54\,\text{b})$$

Dieser Ausdruck für T genügt der zweiten Gleichung von (44).

Das System, das aus den Gleichungen (45a), (45c) § 93 sowie der ersten Gleichung von (45b) § 93 besteht, ist vollständig integrierbar und bestimmt zu einer gegebenen Fläche (**A**), die der Bedingung (53) genügt, so daß die Asymptotenlinien einer Schar linearen Komplexen angehören, eine asymptotische Transformation, welche diese Asymptotenlinien in geradlinige Erzeugende überführt, bis auf drei willkürliche Konstanten. Die vierte ist nicht wesentlich, weil man in diesem System offensichtlich x, y, λ mit einer willkürlichen Konstanten und gleichzeitig N mit deren Quadrat multiplizieren darf; dies ändert das Verhältnis $x : y$ nicht; folglich bleibt die Kongruenz unverändert.

98. Die partikulären Transformationen einer F_1-Fläche in eine F_1-Fläche. Wir nennen eine asymptotische Transformation einer F_1-Fläche in eine F_1-Fläche *partikulär*, wenn entsprechende Asymptotenlinien der F_1-Fläche und ihrer Transformierten, die nach Voraussetzung linearen Komplexen angehören, jeweils demselben linearen Komplex angehören.

Wir kehren zu den Gleichungen (a) bis (e) § 96 zurück und verlangen, daß derselbe Komplex $\mathfrak{a}$ die Tangenten (**MM_1**) an die Kurven $\omega^2 = 0$ der transformierten Fläche $(\boldsymbol{M})$ enthalten soll. Verwenden wir die Formeln (28) § 91, so wird

$$(\boldsymbol{M}\boldsymbol{M}_1) = (\mu \boldsymbol{A} + 2x\boldsymbol{A}_1 + 2y\boldsymbol{A}_2, \quad \mu_1 \boldsymbol{A} + \lambda \boldsymbol{A}_1 + 2y\boldsymbol{A}_3) =$$
$$= (\mu\lambda - 2x\mu_1)(\boldsymbol{A}\boldsymbol{A}_1) - 2\mu_1 y(\boldsymbol{A}\boldsymbol{A}_2) + 2y\mu(\boldsymbol{A}\boldsymbol{A}_3) -$$
$$- 2\lambda y(\boldsymbol{A}_1\boldsymbol{A}_2) + 4xy(\boldsymbol{A}_1\boldsymbol{A}_3) + 4y^2(\boldsymbol{A}_2\boldsymbol{A}_3).$$

Nun nimmt wegen der Gleichungen (a) bis (e) § 96 die Bedingung, daß die Gerade $(\boldsymbol{M}\boldsymbol{M}_1)$ dem Komplex angehört:

$$\{\mathfrak{a}(\boldsymbol{M}\boldsymbol{M}_1)\} = 0,$$

die Gestalt an

$$- 2\lambda y\{\mathfrak{a}(\boldsymbol{A}_1\boldsymbol{A}_2)\} + 2\mu y\{\mathfrak{a}(\boldsymbol{A}\boldsymbol{A}_3)\} + 4y^2\{\mathfrak{a}(\boldsymbol{A}_2\boldsymbol{A}_3)\} = 0;$$

da aber

$$\{\mathfrak{a}(\boldsymbol{A}\boldsymbol{A}_3)\} = - \{\mathfrak{a}(\boldsymbol{A}_1\boldsymbol{A}_2)\}, \quad \{\mathfrak{a}(\boldsymbol{A}_2\boldsymbol{A}_3)\} = - (\ln\beta)_v\{\mathfrak{a}(\boldsymbol{A}_1\boldsymbol{A}_2)\}$$

und $\{\mathfrak{a}(\boldsymbol{A}_1\boldsymbol{A}_2)\} \neq 0$, erhalten wir, nachdem wir noch durch $2y$ dividiert haben,

$$\lambda + \mu + 2y(\ln\beta)_v = 0, \tag{52b}$$

d. h. genau die Gleichung (52b) § 96. Trotzdem kommen wir zu einem anderen Resultat, weil wir jetzt die Gleichung (52a) nicht haben.

Wenn man die Gleichung (52b) differenziert und das System (45a), (45b) § 93 verwendet, heben sich die Glieder mit der Form ω^1 weg, und es ergibt sich wiederum die Gleichung (52c)

$$\nu = \varphi + \beta\gamma + \frac{y}{x}\left(C + C' - \frac{\beta_{vv}}{\beta}\right). \tag{54a}$$

Differenzieren wir diesen Ausdruck und setzen ihn in die Gleichung (45d) § 93 ein, so hebt sich wegen der Gleichung (53) die Komponente mit der Form ω^1 weg, und wir erhalten eine endliche Gleichung

$$2\varphi_2 + \beta\gamma\frac{\lambda - \mu}{2y} + \frac{y}{x}\left\{\frac{\partial}{\partial v}\left(C + C' - \frac{\beta_{vv}}{\beta}\right) + 2\left(C + C' - \frac{\beta_{vv}}{\beta}\right)(\ln\beta)_v\right\} +$$
$$+ 2\varphi(\ln\beta)_v + \frac{y^2}{x^2}\gamma\left(C + C' - \frac{\beta_{vv}}{\beta}\right) + \gamma\left(A + A' - \frac{\gamma_{uu}}{\gamma}\right) = 0,$$

die den Wert T bestimmt, welcher der zweiten Gleichung von (44) § 93 genügt.

Das System, das aus der ersten quadratischen Gleichung von (44), den linearen Gleichungen (45a), (45c) und der ersten von (45b) besteht, ist in Involution und bestimmt die gesuchte asymptotische Transformation bis auf eine willkürliche Funktion eines Arguments.

99. Die asymptotischen Transformationen der Regelflächen. Wir nehmen nun an, daß die Fläche $(\boldsymbol{A})$ eine Regelfläche ist und die Kurven $\omega^1 = 0$ die geradlinigen Erzeugenden sind. Folglich ist

$$d(\boldsymbol{A}\boldsymbol{A}_2) \equiv \theta(\boldsymbol{A}\boldsymbol{A}_2) \pmod{\omega^1}$$

und

$$\gamma = 0. \tag{55a}$$

Wenn auf der zweiten Brennfläche (**M**) der W-Kongruenz die Kurven $\omega^2 = 0$ Geraden sind, dann gehören nach dem Satz § 96 die ihnen entsprechenden krummlinigen Asymptotenlinien der Fläche (**A**) linearen Komplexen an, und es gilt die Gleichung (53). Wegen der Gleichung (55a) nimmt sie nun die Gestalt an

$$\frac{\partial^2 \ln \beta}{\partial u \partial v} = 0, \tag{55b}$$

und demnach ist β das Produkt einer Funktion von u allein mit einer Funktion von v allein.

Da die absolute Invariante (12′) § 84

$$2\frac{\psi_3}{\varphi_2} = \frac{\beta\, du^2}{dv} + \frac{\gamma\, dv^2}{du}$$

bei allen Transformationen der Parameter u, v in sich selbst übergeht, können wir durch geeignete Parameterwahl den Koeffizienten β zu Eins machen, wenn er nicht Null ist:

$$\beta = 1.$$

Dann nehmen die Formeln (16c′) § 87 die Gestalt an

$$\omega_1^0 = A\omega^1, \quad \omega_2^0 = C\omega^2, \quad \omega_3^2 = A\omega^1, \quad \omega_3^1 = C\omega^2,$$

woraus wir durch äußere Differentiation erhalten

$$\begin{aligned} [dA\,\omega^1] &= 0, & [dC\,\omega^2] &= 0, \\ [\omega_3^0 - C\omega^1, \omega^2] &= 0, & [\omega_3^0\omega^1] &= 0. \end{aligned} \tag{a}$$

Folglich ist

$$\omega_3^0 = C\,\omega^1,$$

woraus durch äußere Differentiation folgt

$$[dC\omega^1] = 0,$$

d. h. $dC = 0$, und C ist eine Konstante.

Die Gleichung (52b) ergibt

$$\lambda + \mu = 0; \tag{b}$$

die Gleichungen (45a, b) § 93 liefern

$$[dx\,\omega^1] = 0, \quad [dy\,\omega^1] = 0, \quad [d(\lambda - \mu), \omega^1] = 0, \tag{c}$$

und die Gleichungen (41′) § 93 ergeben

$$\mu_2 = 2Cy, \quad \mu_1 = 2xA - \left(\frac{\lambda - \mu}{2}\right)_u,$$

und durch eine neue Differentiation erhält man wegen der Gleichungen (a), (c)

$$[d\mu_1\omega^1] = 0.$$

Da $N = -\lambda\mu - 2y\mu_2 - 2x\lambda_1$, folgt hieraus

$$[dN\omega^1] = 0,$$

und die Gleichung (45c) § 93 führt auf den Wert

$$T = 0,$$

weil y nicht gleich Null sein kann, sonst würde der Kongruenzstrahl mit der asymptotischen Tangente zusammenfallen und die Kongruenz würde in eine parabolische entarten.

Nun ist nach den Formeln (36c) § 91

$$\bar{\gamma} = -\gamma = 0,$$

und demnach sind die Kurven $\omega^1 = 0$ auf der Fläche $(\boldsymbol{M})$ Geraden.

Wir erhalten den Satz:

Wenn beide Brennflächen einer W-Kongruenz Regelflächen sind, und die krummlinigen Asymptotenlinien der ersten entsprechen den geradlinigen Erzeugenden der zweiten, dann entsprechen auch die Erzeugenden der ersten Brennfläche geraden Linien auf der zweiten, und demnach ist diese Fläche eine Quadrik.

Wegen des Satzes des vorangehenden Paragraphen gehören die krummlinigen Asymptotenlinien auf der Fläche $(\boldsymbol{A})$ nicht alle dem gleichen linearen Komplex an. Der Komplex, der alle Tangenten einer beliebigen Kurve enthält, enthält aber auch das ganze Geradenbüschel, welches in der Schmiegebene dieser Kurve mit dem Zentrum im Berührungspunkt liegt.

In der Tat, wenn ein Paar sich schneidender Geraden einem linearen Komplex angehört, so liegt auch das ganze Büschel, das man aus diesen Geraden bilden kann, in diesem Komplex, und die Schmiegebene enthält zwei unendlich benachbarte Tangenten, welche nach Voraussetzung in diesem Komplex liegen und bis auf unendlich kleine Größen zweiter Ordnung einen gemeinsamen Berührungspunkt besitzen. Es bereitet keine Schwierigkeiten, einen strengen Beweis hierfür zu geben. Aus der Gleichung (a) § 96 folgt nämlich die Gleichung (b); wenn der Komplex die Tangente an die Asymptotenlinie $(\boldsymbol{A}\boldsymbol{A}_1)$ enthält, so enthält er auch die Tangente $(\boldsymbol{A}\boldsymbol{A}_2)$ und demnach das ganze Büschel der Tangenten in der Tangentenebene. Nun fällt aber die Schmiegebene der Kurve, da sie Asymptotenlinie ist, mit der Tangentenebene der Fläche zusammen.

Dieser letzte Fall hat für uns eine besonders wichtige Bedeutung: ein Komplex, der die Tangenten einer Asymptotenlinie enthält, enthält alle Tangenten an die Fläche in jedem Punkt dieser Asymptotenlinie, darunter sind auch alle Erzeugenden der Regelfläche $(\boldsymbol{A})$. Da die Regelfläche mit ihren Erzeugenden jedem der Komplexe der einparametrigen Schar angehört, denen ihre krummlinigen Asymptotenlinien angehören, ist sie in deren Durchschnitt enthalten, liegt also in einer linearen Kongruenz, und das bedeutet, sie besitzt zwei reelle oder imaginäre Leitgeraden.

Umgekehrt, wenn die Regelfläche einer linearen Kongruenz angehört, und demnach die Gleichungen (52a), (52b) gelten, dann konstruieren wir nach den Formeln der §§ 96, 97 eine asymptotische Transformation der Fläche $(\boldsymbol{A})$, welche die krummlinigen Asymptotenlinien $\omega^2 = 0$ in die geradlinigen Erzeugenden der zweiten Brennfläche überführt, und erhalten nach dem bewiesenen Satz nicht nur $\bar{\beta} = 0$, sondern auch $\bar{\gamma} = 0$, und die Fläche $(\boldsymbol{M})$ ist eine Quadrik.

Jede Regelfläche einer linearen Kongruenz kann mit Hilfe einer W-Kongruenz in eine Quadrik transformiert werden.

Für eine beliebige Regelfläche kann man leicht eine W-Kongruenz finden, welche sie so in eine Regelfläche transformiert, daß die geradlinigen Erzeugenden einander entsprechen.

Aus den Bedingungen

$$\beta = 0, \quad \tilde{\beta} = 0$$

folgt nach den Formeln (36c)

$$S = 0;$$

und umgekehrt, aus $S = 0$ und $\beta = 0$ folgt $\tilde{\beta} = 0$.

Unter diesen Bedingungen ist die erste Gleichung (44) erfüllt, das System (44), (45a) bis (45d) ist in Involution und bestimmt die Transformation bis auf eine Funktion eines Arguments, weil es eine quadratische Gleichung (44) enthält, die erlaubt, den Wert des Differentials dT im zweiten Linienelement des Integralelements $\mathscr{E}_2$ des Systems zu bestimmen.

100. Die asymptotischen Transformationen der Quadriken. Wenn die Fläche (A) eine Quadrik ist, dann sind ihre Asymptotenlinien die geradlinigen Erzeugenden. Setzen wir diese als reell voraus und bilden das Tetraeder $\{A_i\}$ aus den Erzeugenden $A A_1$, $A A_2$, so erhalten wir zunächst

$$\beta = 0, \quad \gamma = 0. \tag{56}$$

Nun ergibt sich nach den Formeln (16c′) § 87

$$\omega_1^0 = A\omega^1, \quad \omega_2^0 = C\omega^2, \quad \omega_3^2 = A\omega^1, \quad \omega_3^1 = C\omega^2,$$

und die äußere Differentiation liefert

$$[dA\,\omega^1] = 0, \quad [dC\,\omega^2] = 0, \quad [\omega_3^0\omega^1] = 0, \quad [\omega_3^0\omega^2] = 0.$$

Folglich ist

$$\omega_3^0 = 0.$$

Die ganze Gerade $A A_1$ liegt auf der Fläche (A); da bei $\omega^1 = 0$ die Punkte A_1, A_3 sich auf der Geraden $A_1 A_3$ verschieben, bleibt diese Gerade bei $\omega^1 = 0$ fest. Da diese Gerade von A_1 durchlaufen wird, liegt sie ganz auf der Fläche (A), d. h. das Tetraeder $\{A_i\}$ besteht aus den vier Erzeugenden $A A_1$, $A A_2$, $A_1 A_3$ und $A_2 A_3$ der Quadrik.

Aus den Gleichungen (26) § 90 folgt wegen der Bedingungen (56), daß x und y resp. Funktionen einer Veränderlichen u und einer Veränderlichen v sind

$$x = x(u), \quad y = y(v).$$

Aus den Gleichungen (18a), (18b) § 88 für das Brennetz, das man für das Tetraeder (16a) § 86 in der Gestalt schreiben kann

$$\frac{du}{x} = \pm \frac{dv}{y},$$

folgt, daß durch passende Wahl der Parameter u, v diese beiden willkürlichen Funktionen zu Eins gemacht werden können:

$$x = 1, \quad y = 1;$$

die Kurven, deren Tangenten eine W-Kongruenz bilden, schreiben sich dann

$$du - dv = 0.$$

Die Gleichung (26) § 90 wird offensichtlich auch bei $x = 1$, $y = -1$ befriedigt, d. h. die Tangenten an die Kurven $u + v = \text{const}$ beschreiben auch eine W-Kongruenz.

Da nach dem Übergang zu Parametern des Brennetzes

$$u + v = 2\xi, \quad u - v = 2\eta$$

die zweite quadratische (metrische) Form

$$2D'du\,dv = 2D'(d\xi^2 - d\eta^2)$$

isotherme Gestalt annimmt (Flth., S. 54), nennt man das Netz isotherm-konjugiert.

Daraus ergibt sich die bemerkenswerte Folgerung:

Jedes isotherm-konjugierte Netz auf einer Quadrik ist das Brennetz zweier W-Kongruenzen: Die Tangenten an die Kurven der beiden konjugierten Scharen des Netzes beschreiben je eine W-Kongruenz.

Wir kommen auf dieses bemerkenswerte Ergebnis im § 111 zurück.

Die zweite Brennfläche einer solchen W-Kongruenz kann wieder eine Quadrik sein; dazu muß man gemäß den Formeln (36c) § 91 $S = T = 0$ wählen, d. h. $N = \text{const}$; folglich liegt die Kongruenz in einem linearen Komplex.

Die Fläche $(\boldsymbol{M})$ kann auch, wie wir gesehen haben, eine Regelfläche mit einer Schar krummliniger Asymptotenlinien sein. Schließlich braucht sie überhaupt keine geradlinigen Erzeugenden zu besitzen; in diesem Fall gehören beide Scharen von Asymptotenlinien (für jede Linie) verschiedenen linearen Komplexen an.

IV. Die F_2-Flächen, deren Asymptotenlinien beider Scharen linearen Komplexen angehören

101. Die Transformation einer F_2-Fläche in eine Quadrik. Wir beweisen den umgekehrten Satz.

Eine Fläche, bei der jede Asymptotenlinie der einen wie der andern Schar einem linearen Komplex angehört, kann auf zwei Arten in ein und dieselbe Quadrik transformiert werden.

Wir nehmen an, daß die Asymptotenlinien der Fläche $(\boldsymbol{A})$ in linearen Komplexen liegen. Folglich gilt die Gleichung (53) § 96 für beide Koeffizienten β und γ:

$$\frac{\partial^2 \ln \beta}{\partial u\,\partial v} = \frac{\partial^2 \ln \gamma}{\partial u\,\partial v} = \beta\gamma. \tag{57}$$

Wir zeigen zunächst, daß es solche Flächen gibt. Aus den Gleichungen (57) folgt, daß das Verhältnis $\beta:\gamma$ das Produkt einer Funktion von u mit einer Funktion von v ist:

$$\beta:\gamma = \varphi(u)\,\psi(v).$$

Da die absolute Invariante (12′) § 84

$$\frac{\psi_3}{\varphi_2} = \frac{\beta\, du^3 + \gamma\, dv^3}{2\, du\, dv}$$

bei einer Änderung der Parameter in sich übergeht, kann man durch die Substitution

$$U_1 = \int \sqrt[3]{\varphi(u)}\, du, \qquad V_1 = \int \frac{dv}{\sqrt[3]{\psi(v)}}$$

das Verhältnis

$$\frac{\beta\, du^3}{\gamma\, dv^3} = \frac{\varphi(u)\,\psi(v)\, du^3}{dv^3}$$

in die Gestalt $dU_1^3 : dV_1^3$ überführen, d. h. das Verhältnis $\beta:\gamma$ zu Eins machen.

Wir nehmen an, daß diese Transformation schon vollzogen und $\beta = \gamma$ ist. Unter dieser Voraussetzung läßt sich die Gleichung (57) integrieren, und das gemeinsame Integral ist

$$\beta^2 = \gamma^2 = \frac{U'\,V'}{(U+V)^2}, \qquad U = f_1(u), \qquad V = f_2(v). \tag{57'}$$

Wir beziehen die Fläche $(\boldsymbol{A})$ auf das holonome Tetraeder (16a) § 86, wählen die Normierung des Punktes $\boldsymbol{A}$ so, daß $(\boldsymbol{A}\boldsymbol{A}_1\boldsymbol{A}_2\boldsymbol{A}_3) = \beta^{-2}$, also

$$m = -(\ln\beta)_u, \qquad n = -(\ln\beta)_v{}^{1)}$$

wird, und verschieben den Punkt $\boldsymbol{A}_3$ auf der Geraden $\boldsymbol{A}\boldsymbol{A}_3$ so, daß der Koeffizient B' verschwindet. Nach den Formeln (16d) § 86 erhalten wir dann

$$B = \beta^2 - (\ln\beta)_{uv} = 0,$$

$$A' - A = \beta_v - \beta(\ln\beta)_v = 0, \qquad C' - C = \beta_u - \beta(\ln\beta)_u = 0,$$

d. h. die Matrix der Komponenten nimmt die Gestalt an

$$\begin{pmatrix} 0 & \omega^1 & \omega^2 & 0 \\ A\omega^1 & -(\ln\beta)_u\,\omega^1 & \beta\omega^1 & \omega^2 \\ C\omega^2 & \beta\omega^2 & -(\ln\beta)_v\,\omega^2 & \omega^1 \\ \beta(C\omega^1 + A\omega^2) & C\omega^2 & A\omega^1 & -(\ln\beta)_u\,\omega^1 - (\ln\beta)_v\,\omega^2 \end{pmatrix}, \tag{58}$$

und sie fällt demnach bis auf die Normierung der Eckpunkte, d. h. bis auf die Komponenten ω_i^i mit der Matrix (14a) § 85 zusammen.

Die Strukturgleichungen ergeben für die Matrix (58) nur die Gleichungen

$$[dA\,\omega^1] = 0, \qquad [dC\omega^2] = 0,$$

$$[dC + 2Cd\ln\beta, \omega^1] + [dA + 2Ad\ln\beta, \omega^2] = 0,$$

---

[1]) Die Geraden AA_3 und A_1A_2 sind dann die erste und zweite Normale von Wilczynski der Fläche (vgl. § 84).

woraus wir durch Entwicklung nach dem Lemma von CARTAN erhalten

$$dA = \{D - 2A(\ln\beta)_u\}\,\omega^1, \qquad dC = \{D - 2C(\ln\beta)_v\}\,\omega^2, \tag{59a}$$

wobei D ein neuer unbekannter Koeffizient ist. Die äußere Differentiation ergibt

$$[dD - 2A\beta^2\omega^2, \omega^1] = 0, \qquad [dD - 2C\beta^2\omega^1, \omega^2] = 0,$$

und daraus folgt

$$dD = 2C\beta^2\omega^1 + 2A\beta^2\omega^2. \tag{59b}$$

Das äußere Differential der Gleichung (59b) verschwindet wegen der vorangehenden Gleichungen. Das System (59a), (59b) ist vollständig integrierbar und bestimmt für jede Wahl der Funktionen U, V in den Formeln (57′) eine Fläche bis auf drei willkürliche Konstanten. Die allgemeinste Fläche mit Asymptotenlinien in linearen Komplexen hängt von zwei willkürlichen Funktionen eines Arguments, nämlich den Funktionen U und V in den Formeln (57′), ab.

Wir werden diese Flächenklasse mit dem Buchstaben F_2 bezeichnen. Wir wenden uns nun dem Beweis des Satzes über die Möglichkeit der Transformation einer F_2-Fläche in eine Quadrik zu. Dazu müssen wir die Verträglichkeit des Systems (44), (54a), (45d) § 93 mit den Bedingungen

$$\tilde{\beta} = 0, \qquad \tilde{\gamma} = 0$$

aufzeigen. Die Gleichungen (36c) § 91 transformieren diese Bedingungen in die Gestalt

$$S = -\frac{N\beta}{2y}, \qquad T = \frac{N\beta}{2x}.$$

Setzen wir diese Werte in die Gleichungen (44) ein, so erhalten wir

$$\frac{\lambda + \mu}{2y} = 0, \qquad \frac{\lambda - \mu}{2x} = 0,$$

d. h. $\lambda = \mu = 0$. Folglich ergeben die Gleichungen (45b)

$$N = 4(Ax^2 - Cy^2), \qquad \nu = A\frac{x}{y} + C\frac{y}{x}.$$

Differenzieren wir diese Gleichungen, so erhalten wir beide Male ein und dieselbe quadratische Gleichung für das Verhältnis $\frac{y}{x}$:

$$\beta A x^2 + Dxy + \beta C y^2 = 0. \tag{60}$$

Das äußere Differential dieser Gleichung verschwindet wegen der Gleichungen des Systems. Folglich muß man die Gleichung (60) als Integral des Systems betrachten.

Auf diese Weise finden wir zwei W-Kongruenzen, die den beiden Wurzeln $\frac{x}{y}$ der Gleichung (60) entsprechen und die eine willkürliche F_2-Fläche in eine Quadrik überführen. Eine Entartung der zweiten Brennfläche erfolgt nur bei $N = 0$.

Lassen wir den Fall der Entartung beiseite, so bleibt noch der letzte Teil des Satzes zu beweisen: *beide asymptotischen Transformationen führen die F_2-Fläche in ein und dieselbe Quadrik Q über.*

102. Die Stationaritätsbedingung der dem Tetraeder $\{A_i\}$ zugeordneten Quadrik Q. Um das Zusammenfallen der beiden Quadriken, die man durch die beiden asymptotischen Transformationen aus derselben F_2-Fläche erhält, zu zeigen, stellen wir die allgemeine Frage: Welchen Bedingungen müssen die Koeffizienten der Gleichung einer Quadrik in Koordinaten bezüglich des Tetraeders $\{A_i\}$ genügen, damit bei allen Verschiebungen des Tetraeders, wenn dessen Eckpunkt A die Fläche (A) beschreibt, die Gleichung stets dieselbe feste Quadrik bestimmt?

Wenn ein beliebiger Punkt P bezüglich des Tetraeders $\{A_i\}$ durch die Formel bestimmt wird

$$P = \xi^i A_i; \qquad i = 0, 1, 2, 3 \tag{a}$$

so sagen wir, daß die Größen ξ^i die lokalen Koordinaten des Punktes P bezüglich des Tetraeders $\{A_i\}$ seien. Wenn der Punkt P fest bleibt und das Tetraeder $\{A_i\}$ sich verschiebt, so ändern sich die Koordinaten ξ^i. Das Gesetz der Änderung bestimmt sich aus der Forderung, daß der Punkt fest bleiben soll

$$dP = \theta P.$$

Differenzieren wir die Gleichung (a) und verwenden die allgemeinen Formeln (1) für die Differentiale dA_i, so erhalten wir die Identität

$$A_i d\xi^i + \xi^i A_j \omega_i^j = \theta \xi^i A_i$$

oder, indem wir im zweiten Glied die Summationsindizes i und j vertauschen,

$$A_i(d\xi^i + \xi^j \omega_j^i - \theta \xi^i) = 0,$$

woraus wegen der linearen Unabhängigkeit der Punkte A_i folgt

$$d\xi^i + \xi^j \omega_j^i - \theta \xi^i = 0. \tag{61}$$

Es sei uns nun eine Quadrik in Koordinaten ξ^i bezüglich des Tetraeders $\{A_i\}$ gegeben:

$$a_{ik} \xi^i \xi^k = 0. \tag{62}$$

Bei einer Verschiebung des Koordinatentetraeders $\{A_i\}$ ändern sich die Ortskoordinaten ξ^i nach den Formeln (61), und die Koeffizienten a_{ik} ändern sich, aber die Gleichung soll dieselbe Fläche bestimmen, d. h. sie soll durch die neuen Koordinaten derselben Punkte befriedigt werden.

Daraus ergibt sich, daß die linke Seite der Gleichung nur einen Zuwachs proportional zu dieser quadratischen Form erhalten kann

$$d(a_{ik} \xi^i \xi^k) = \vartheta a_{ik} \xi^i \xi^k,$$

oder

$$da_{ik} \xi^i \xi^k + a_{ik} \xi^i d\xi^k + a_{ik} \xi^k d\xi^i = \vartheta a_{ik} \xi^i \xi^k.$$

Das führt wegen der Formeln (61) auf

$$da_{ik}\xi^i\xi^k + a_{ik}\xi^i(\theta\xi^k - \xi^j\omega_j^k) + a_{ik}\xi^k(\theta\xi^i - \xi^j\omega_j^i) = \vartheta a_{ik}\xi^i\xi^k$$

oder, wenn man die Summationsindizes j und k im zweiten Glied und j und i im dritten vertauscht und $\xi^i\xi^k$ ausklammert,

$$\xi^i\xi^k\{da_{ik} + (2\theta - \vartheta)\,a_{ik} - a_{ij}\omega_k^j - a_{jk}\omega_i^j\} = 0.$$

Da diese Gleichung eine Identität ist, muß die geschweifte Klammer verschwinden, woraus wir das Gesetz für die Änderung der Koeffizienten erhalten

$$da_{ik} = a_{ij}\,\omega_k^j + a_{jk}\,\omega_i^j + \vartheta a_{ik}, \tag{63}$$

wobei wir im Hinblick auf die Willkürlichkeit der beiden Formen θ und ϑ nur eine beibehalten haben.

103. Die einer F_2-Fläche zugeordnete Quadrik. Wir nehmen nun an, daß die Fläche (62) auch die Quadrik Q sei, die der Punkt $\boldsymbol{M}$ beschreibt, der durch die Gleichungen (17) bestimmt wird. Dann enthält sie nicht nur den Punkt $\boldsymbol{M}$ bei allen Verschiebungen des Tetraeders, sondern ihr gehören auch in allen Punkten die geradlinigen Erzeugenden $\boldsymbol{MM}_1$ und $\boldsymbol{MM}_2$ an.

Da nun

$$\mu = 0, \quad \mu_1 = (\nu + \varphi)\,y = 2Ax, \quad \mu_2 = (\nu - \varphi)\,x = 2Cy$$

und

$$\begin{aligned} \boldsymbol{M} &= 2x\boldsymbol{A}_1 + 2y\boldsymbol{A}_2, \\ \boldsymbol{M}_1 &= 2Ax\boldsymbol{A} + 2y\boldsymbol{A}_3, \\ \boldsymbol{M}_2 &= 2Cy\boldsymbol{A} + 2x\boldsymbol{A}_3, \end{aligned} \tag{64}$$

muß die Fläche jeden der Punkte

$$\frac{1}{2}(\boldsymbol{M} + k\boldsymbol{M}_1) = kAx\boldsymbol{A} + x\boldsymbol{A}_1 + y\boldsymbol{A}_2 + ky\boldsymbol{A}_3,$$

$$\frac{1}{2}(\boldsymbol{M} + l\boldsymbol{M}_2) = lCy\boldsymbol{A} + x\boldsymbol{A}_1 + y\boldsymbol{A}_2 + lx\boldsymbol{A}_3$$

enthalten. Gehen wir mit den Koordinaten dieser Punkte in die Gleichung (62) ein und setzen die Koeffizienten der Parameter k, l gleich Null, so erhalten wir

$$\begin{aligned} a_{11}x^2 + 2a_{12}xy + a_{22}y^2 &= 0, \\ Aa_{01}x^2 + (Aa_{02} + a_{13})xy + a_{23}y^2 &= 0, \\ a_{13}x^2 + (Ca_{01} + a_{23})xy + Ca_{02}y^2 &= 0, \\ A^2a_{00}x^2 + 2Aa_{03}xy + a_{33}y^2 &= 0, \\ C^2a_{00}y^2 + 2Ca_{03}xy + a_{33}x^2 &= 0. \end{aligned} \tag{a}$$

Wenn die Flächen Q und Q', die den beiden Lösungen $x : y$ der Gleichung (60) entsprechen, zusammenfallen, und demnach dieselbe Gleichung (62) bestimmen, dann gilt jede der Gleichungen (a) für beide Lösungen der Gleichung (60), und sie können sich darum nur durch einen gemeinsamen Faktor unterscheiden. Bezeichnen wir den Proportionalitätsfaktor für die erste Gleichung (a) mit t, für die zweite und dritte mit σ, σ' und für die beiden letzten mit $A\tau$ und $C\tau'$, so erhalten wir die Bedingungen für die Proportionalität der Koeffizienten in der Gestalt

$$\begin{array}{lll} a_{11} = tA\beta, & 2a_{12} = tD, & a_{22} = tC\beta, \\ a_{01} = \sigma\beta, & Aa_{02} + a_{13} = \sigma D, & a_{23} = \sigma C\beta, \\ a_{13} = \sigma' A\beta, & Ca_{01} + a_{23} = \sigma' D, & a_{02} = \sigma'\beta, \\ a_{00} = \tau\beta, & 2a_{03} = \tau D, & a_{33} = \tau AC\beta, \\ a_{00} = \tau'\beta, & 2a_{03} = \tau' D, & a_{33} = \tau' AC\beta. \end{array}$$

Die Gleichungen der letzten beiden Zeilen besagen, daß wir

$$\tau' = \tau$$

setzen müssen.

Aus den Gleichungen der zweiten und dritten Zeile erhalten wir durch Eliminierung der Koeffizienten a_{ik} zwei Gleichungen für σ, σ'

$$2A\beta\sigma' - \sigma D = 0,$$
$$2C\beta\sigma - \sigma' D = 0.$$

Das Verschwinden der Determinante des Systems:

$$4AC\beta^2 - D^2 = 0,$$

führt auf zusammenfallende Wurzeln der Gleichung (60), und dann gilt der Satz über das Zusammenfallen der Flächen Q und Q' trivialerweise. Folglich müssen wir setzen

$$\sigma = \sigma' = 0.$$

Wenn $\tau = 0$, dann ist $a_{00} = 0$, und die Fläche (62) enthält in jeder Lage des Tetraeders den Punkt $\boldsymbol{A}$, d. h. die Fläche ($\boldsymbol{A}$) fällt mit der Quadrik Q zusammen. Schließen wir diesen uninteressanten Fall aus, so können wir alle Gleichungen durch τ dividieren und setzen

$$\begin{array}{lllll} a_{11} = t'A\beta, & 2a_{12} = t'D, & a_{22} = t'C\beta, & a_{00} = \beta, & 2a_{03} = D, \\ a_{33} = AC\beta, & a_{01} = a_{02} = a_{13} = a_{23} = 0, & & & \end{array} \tag{65a}$$

wobei $t' = \dfrac{t}{\tau}$ ist.

Die Koeffizienten (65a) bestimmen eine Quadrik Q, welche die zweite Brennfläche der beiden Kongruenzen (60) ist, nur dann, wenn sie den Stationaritätsbedingungen (63) genügen.

Setzen wir die Werte (65a) in die Gleichung (63) ein, so ist für $i = 0, k = 1$

$$da_{01} = \left(Aa_{00} - a_{01}\frac{\partial \ln\beta}{\partial u} + a_{02}\beta + a_{11}\right)\omega^1 + (a_{03} + a_{12})\,\omega^2 + \vartheta a_{01},$$

und indem wir die Koeffizienten der Formen ω^1, ω^2 gleich Null setzen, erhalten wir

$$A\beta(1+t')=0, \qquad D(1+t')=0,$$

und daraus

$$t'=-1. \tag{65b}$$

Ganz genauso ergibt die Gleichung (63) für $i=0$, $k=0$

$$da_{00}=2a_{01}\,\omega^1+2a_{02}\omega^2+\vartheta\,a_{00}$$

nach Einsetzung der Größen (65a)

$$\vartheta=d\ln\beta. \tag{65c}$$

Alle übrigen Gleichungen (63) werden nun Identitäten.

Folglich bestimmt die Gleichung

$$\beta(\xi^0)^2+D\xi^0\xi^3+AC\beta(\xi^3)^2=A\beta(\xi^1)^2+D\xi^1\xi^2+C\beta(\xi^2)^2 \tag{66}$$

in lokalen Koordinaten eine bei den Verrückungen des Tetraeders $\{\boldsymbol{A}_i\}$ invariante Quadrik. Der Punkt $\boldsymbol{M}$ mit den Koordinaten x, y, die durch die Gleichung (60) bestimmt werden, liegt bei jeder Lage des Tetraeders $\{\boldsymbol{A}_i\}$ auf der Fläche (66). Das bedeutet: die ganze Fläche $(\boldsymbol{M})$ liegt auf der Quadrik (66) und füllt sie ganz oder teilweise aus (sie kann sie mehrfach überdecken).

Da beide Punkte $\boldsymbol{M}$ und $\boldsymbol{M}'$, die durch die beiden Lösungen der Gleichung (60) bestimmt werden, auf der Fläche (66) liegen, ist jeder F_2-Fläche eine Quadrik Q zugeordnet, die durch die Gleichung (66) bestimmt wird und auf zwei Arten eine asymptotisch Transformierte der F_2-Fläche darstellt.

V. Das schichtbare Quadrupel aus F_2-Flächen

104. Die Kongruenzen der Leitgeraden einer F_2-Fläche. Die Gleichungen (a) bis (e) § 96 bestimmten einen linearen Komplex $\mathfrak{a}$, der eine Asymptotenlinie $\omega^2=0$ der Fläche $(\boldsymbol{A})$ enthält. Für die Flächen vom Typ F_2 gibt es noch einen zweiten Komplex $\mathfrak{a}'$, der die Asymptotenlinie $\omega^1=0$ enthält. Der Durchschnitt der linearen Schmiegkomplexe an die beiden Asymptotenlinien, die sich im Flächenpunkt $(\boldsymbol{A})$ schneiden, bildet eine lineare Kongruenz, die man die lineare *Schmiegkongruenz* der Fläche im Punkt $\boldsymbol{A}$ nennt.

Für die F_2-Flächen ist diese Kongruenz als Durchschnitt der beiden Komplexe $\mathfrak{a}$ und $\mathfrak{a}'$ bestimmt.

Bei der Umrechnung der Formeln (a) bis (e) § 96 für das neue Tetraeder (58) § 101 behalten die Gleichungen (a) bis (d) ihre Gestalt, bei der Differentiation der Gleichung (d) erhält man wieder die Gleichung (e'), aber wegen der Gleichung $\omega_3^2=\omega_1^0$ nimmt die Gleichung (e) die einfachere Gestalt an

$$\{\mathfrak{a}(\boldsymbol{A}_2\boldsymbol{A}_3)\}=0. \tag{e''}$$

Wenn man eine beliebige analytische Gerade $\boldsymbol{p}=(\boldsymbol{P}\boldsymbol{Q})$ nach den sechs Kanten des Tetraeders $(\boldsymbol{A}_i\boldsymbol{A}_k)=[ik]$ entwickelt

$$\boldsymbol{p}=p^{01}[01]+p^{02}[02]+p^{03}[03]+p^{12}[12]+p^{31}[31]+p^{23}[23]$$

und in die Gleichung für den Komplex $\mathfrak{a}$ einsetzt, dann geht die linke Seite der Gleichung wegen der Gleichungen (a) bis (e) § 96, (e'') über in

$$\{\mathfrak{a}\,\boldsymbol{p}\} = p^{01}\,\{\mathfrak{a}\,[01]\} + p^{02}\,\{\mathfrak{a}\,[02]\} + \ldots p^{23}\,\{\mathfrak{a}\,[23]\} = \{\mathfrak{a}\,[12]\}\,(p^{12} - p^{03}).$$

Da $\{\mathfrak{a}\,[12]\} \neq 0$, nimmt die Gleichung des Komplexes die Gestalt an

$$p^{12} - p^{03} = 0.$$

Den linearen Komplex $\mathfrak{a}'$ erhält man durch Vertauschung der Indizes 1 und 2; da aber $p^{12} = -p^{21}$, ergibt sich als Gleichung dieses Komplexes

$$p^{12} + p^{03} = 0,$$

und die Gleichungen der linearen Schmiegkongruenz sind dann

$$p^{12} = 0, \qquad p^{03} = 0. \tag{67}$$

Wenn die Gerade

$$\boldsymbol{p} = (\boldsymbol{P}\boldsymbol{Q}) = (x^i \boldsymbol{A}_i,\ y^k \boldsymbol{A}_k) = (x^i y^k - x^k y^i)\,[i\,k]$$

im Komplex $p^{12} = 0$ liegt, dann genügen die Koordinaten x^i, y^k der Punkte $\boldsymbol{P}$ und $\boldsymbol{Q}$ der Gleichung

$$x^1 y^2 - x^2 y^1 = 0.$$

Wenn der Punkt $\boldsymbol{P}$ in der Ebene $x^1 = 0$ gewählt wird, dann folgt aus der Gleichung

$$x^2 y^1 = 0$$

entweder $x^2 = 0$, d. h. der Punkt $\boldsymbol{P}$ liegt auf der Kante $\boldsymbol{A}\boldsymbol{A}_3$, oder $y^1 = 0$, d. h. der Punkt $\boldsymbol{Q}$ liegt auch in der Ebene $\boldsymbol{A}\boldsymbol{A}_2\boldsymbol{A}_3$ und die Gerade $\boldsymbol{P}\boldsymbol{Q}$ schneidet auf jeden Fall die Kante $\boldsymbol{A}\boldsymbol{A}_3$. Ebenso schneiden alle Geraden des Komplexes $p^{03} = 0$ die Kante $\boldsymbol{A}_1\boldsymbol{A}_2$. Da die Strahlen der Kongruenz (67) im ersten und zweiten Komplex (67) liegen, schneiden sie beide Kanten $\boldsymbol{A}\boldsymbol{A}_3$ und $\boldsymbol{A}_1\boldsymbol{A}_2$. Diese Geraden nennt man die *Leitgeraden* der linearen Kongruenz und daher die *Leitgeraden der Fläche* ($\boldsymbol{A}$).

105. Das einem Paar von Leitgeradenkongruenzen zugeordnete System von F_2-Flächen. Da $\mu = 0$ ist, liegen beide Punkte $\boldsymbol{M}$ und $\boldsymbol{M}'$, die durch die Gleichung (60) bestimmt werden, auf der Leitgeraden $\boldsymbol{A}_1\boldsymbol{A}_2$; und der eine wie der andere ist eine asymptotische Transformation des Punktes $\boldsymbol{A}$ (d. h. der zweite Brennpunkt der Strahlen $\boldsymbol{A}\boldsymbol{M}$, $\boldsymbol{A}\boldsymbol{M}'$, die je eine W-Kongruenz beschreiben). Zwei asymptotische Transformationen einer Fläche bestimmen ein Büschel von Transformationen, die entsprechenden Punkte der transformierten Flächen liegen auf der Geraden $\boldsymbol{M}\boldsymbol{M}'$ (Kap. IV. § 77), d. h. auf der zweiten Leitgeraden $\boldsymbol{A}_1\boldsymbol{A}_2$, und die Tangentenebenen bilden ein Büschel. Die Trägergerade dieses Büschels kann als die Schnittgerade der Tangentenebenen an die Flächen ($\boldsymbol{M}$), ($\boldsymbol{M}'$) bestimmt werden. Da nun $\lambda = 0$, gehören diese Tangentenebenen nach der Formel (17') § 88

$$\boldsymbol{m} = 2(\boldsymbol{a}_1 x - \boldsymbol{a}_2 y), \qquad \boldsymbol{m}' = 2(\boldsymbol{a}_1 x' - \boldsymbol{a}_2 y'),$$

wobei $x : y$, $x' : y'$ die beiden Lösungen der Gleichung (60) sind, zum Ebenenbüschel mit der Basis $(\boldsymbol{a}_1, \boldsymbol{a}_2)$ und gehen demnach durch die Leitgerade $\boldsymbol{A}\boldsymbol{A}_3$.

Folglich bilden die Kongruenzen der beiden Leitgeraden ein schichtbares Paar, denn wir wissen (Kap. IV. § 77), daß die Achse des Büschels der Tangentenebenen selbst die Punkte eines zweiten Büschels von asymptotisch Transformierten trägt, nämlich das Büschel der gemeinsamen asymptotisch Transformierten eines beliebigen Flächenpaars des ersten Büschels.

Satz: *Unter den Flächen des zweiten Büschels von asymptotisch Transformierten mit den Punkten auf der ersten Leitgeraden* AA_3 *kommt die Quadrik* (66) *zweimal vor; sie geht nämlich mit ihren beiden Schnittpunkten mit der Leitgeraden* AA_3 *ein.*

In der Tat schneiden sich die Erzeugenden von Q aus den beiden verschiedenen Scharen, die durch die Punkte M und M' gehen, und da sich die Tangentenebenen in den Punkten M und M' in der Leitgeraden AA_3 schneiden, werden auch die Schnittpunkte der Erzeugenden auf der Leitgeraden liegen. Wir bezeichnen die Schnittpunkte der Linien $\omega^2 = 0$, $\omega^1 = 0$ durch den Punkt M mit den entsprechenden Linien $\omega^1 = 0$, $\omega^2 = 0$ durch den Punkt M' mit M_1, M_2.

Daraus folgt, daß der Punkt M_1 dieselbe quadratische Fläche Q beschreibt, und die Tangentenebene im Punkt M_1, als die Ebene der beiden Erzeugenden M_1M, M_1M' geht durch die zweite Leitgerade $MM' = A_1A_2$. Dabei sind auf der Fläche (M_1) die Linien $\omega^2 = 0$ und $\omega^1 = 0$ die Asymptotenlinien. Tatsächlich bleibt bei einer Verschiebung, die durch die Gleichung $\omega^2 = 0$ bestimmt wird, die Gerade MM_1 fest; alle Punkte dieser Geraden bewegen sich längs dieser Geraden und der Punkt M_1 beschreibt die geradlinige Asymptotenlinie M_1M.

Wir verbinden einen beliebigen Punkt S, in dem eine Fläche des ersten Büschels von Transformierten die Leitgerade A_1A_2 schneidet, mit dem Punkt M_1. Die Gerade M_1S liegt im Durchschnitt der Tangentenebenen $M_1A_1A_2$ der Fläche (M_1) und SA_0A_3 der Fläche (S); folglich berührt sie beide Flächen, und da sich die Asymptotenlinien $\omega^2 = 0$, $\omega^1 = 0$ auf ihnen entsprechen, ist die Fläche (M_1) eine asymptotisch Transformierte der Fläche (S).

Da hierbei die krummlinigen Asymptotenlinien $\omega^2 = 0$, $\omega^1 = 0$ der Fläche (S) den geradlinigen Erzeugenden der Quadrik (M_1) entsprechen, gehören die krummlinigen Asymptotenlinien (nach dem Satz § 96) linearen Komplexen an.

Folglich sind *alle Flächen* (S) *des ersten Büschels von asymptotisch Transformierten* (mit den Punkten auf der zweiten Leitgeraden A_1A_2) *Flächen vom Typ* F_2. Und ganz dasselbe gilt auch für die Flächen (T) des zweiten Büschels (mit den Punkten auf der ersten Leitgeraden AA_3), weil sie asymptotisch Transformierte der Quadriken $(M) = (M')$ sind.

Man kann darüber noch mehr sagen: jede der Flächen (T) oder (S) kann statt der Fläche (A) als Ausgangsfläche zur Durchführung aller unserer Konstruktionen verwendet werden. Wenn wir von einer beliebigen Fläche (T) ausgehen, so kommen wir zur Quadrik Q, welche zweimal ihre asymptotisch Transformierte darstellt; bei der ersten Transformation geht der Punkt T in den Punkt M über, bei der zweiten in M'. Die Gerade MM' ist die zweite Leitgerade der Fläche (T); die Schnittgerade der Tangentenebenen an die Fläche Q in den Punkten M, M', d. h. die Gerade M_1M_2, ist die erste Leitgerade.

Wenn wir von einer beliebigen Fläche $(\boldsymbol{S})$ ausgehen, so erhalten wir zweimal dieselbe Quadrik Q in der Eigenschaft als asymptotisch Transformierte, und zwar in den Punkten $\boldsymbol{M}_1$ und $\boldsymbol{M}_2$. Die Gerade $\boldsymbol{M}_1\boldsymbol{M}_2 = \boldsymbol{A}\boldsymbol{A}_3$ ist die zweite Leitgerade, die Schnittgerade der Tangentenebenen $\boldsymbol{M}\boldsymbol{M}' = \boldsymbol{A}_1\boldsymbol{A}_2$ ist die erste Leitgerade.

Folglich *besitzen die Flächen* $(\boldsymbol{S})$ *und* $(\boldsymbol{T})$ *der beiden Büschel von asymptotisch Transformierten dieselben Leitgeraden.*

106. Das einer F_2-Fläche zugeordnete schichtbare Quadrupel. Um die Brennpunkte der Leitgeraden zu finden, muß man die Punkte

$$\boldsymbol{G} = t\boldsymbol{A} + \boldsymbol{A}_3, \qquad \boldsymbol{E} = \boldsymbol{A}_1 + t'\boldsymbol{A}_2$$

und diejenigen Verschiebungen

$$\omega^1 + \tau\omega^2 = 0, \qquad \omega^1 + \tau'\omega^2 = 0$$

finden, für die die Kongruenzen gelten

$$(d\boldsymbol{G}, \boldsymbol{A}, \boldsymbol{A}_3) \equiv 0 \,(\mathrm{mod}\,\omega^1 + \tau\omega^2),$$
$$(d\boldsymbol{E}, \boldsymbol{A}_1, \boldsymbol{A}_2) \equiv 0 (\mathrm{mod}\,\omega^1 + \tau'\omega^2).$$

Indem wir mit Hilfe der Komponentenmatrix (58) § 101 das Differential $d\boldsymbol{G}$ ausrechnen, führen wir die erste Kongruenz in die Gestalt über

$$(\boldsymbol{A}_1(t\omega^1 + C\omega^2) + \boldsymbol{A}_2(t\omega^2 + A\omega^1), \boldsymbol{A}, \boldsymbol{A}_3) \equiv 0 \,(\mathrm{mod}\,\omega^1 + \tau\omega^2).$$

Da die Koeffizienten der Punkte $\boldsymbol{A}_1, \boldsymbol{A}_2$ proportional zur Form $\omega^1 + \tau\omega^2$ sein müssen, erhalten wir

$$\frac{C}{t} = \frac{t}{A} = \tau,$$

und daraus

$$t = \varepsilon\sqrt{AC}, \qquad \tau = \varepsilon\sqrt{\frac{C}{A}}, \qquad \varepsilon = \pm 1.$$

Analog ergibt die zweite Kongruenz

$$(\boldsymbol{A}(A\omega^1 + t'C\omega^2) + \boldsymbol{A}_3(\omega^2 + t'\omega^1),\ \boldsymbol{A}_1, \boldsymbol{A}_2) \equiv 0 \qquad (\mathrm{mod}\,\omega^1 + \tau'\omega^2),$$

und daraus folgt

$$\frac{t'C}{A} = \frac{1}{t'} = \tau'$$

und

$$t' = \eta\sqrt{\frac{A}{C}}, \qquad \tau' = \eta\sqrt{\frac{C}{A}}, \qquad \eta = \pm 1.$$

Vergleichen wir die beiden Ergebnisse, so sehen wir, daß die Torsen der Kongruenzen der ersten und zweiten Leitgeraden einander entsprechen.

Führen wir die Bezeichnungen ein

$$\boldsymbol{G}_\varepsilon = \varepsilon\sqrt{AC}\boldsymbol{A} + \boldsymbol{A}_3, \qquad \boldsymbol{E}_\eta = \sqrt{C}\boldsymbol{A}_1 + \eta\sqrt{A}\boldsymbol{A}_2, \tag{68}$$

so erhalten wir für das Tetraeder $\boldsymbol{G}_1, \boldsymbol{G}_{-1}, \boldsymbol{E}_1, \boldsymbol{E}_{-1}$ die Tabelle der Komponenten

$$\begin{pmatrix} M\Omega_1 - d\ln\beta & -M\Omega_1 & \Omega_1' & 0 \\ N\Omega_1 & -N\Omega_1 - d\ln\beta & 0 & \Omega_2' \\ \Omega_1' & 0 & M\Omega_1 - d\ln\beta & M\Omega_2 \\ 0 & \Omega_2' & -N\Omega_2 & -N\Omega_1 - d\ln\beta \end{pmatrix}, \tag{69}$$

wobei

$$\Omega_1 = C\omega^1 + A\omega^2, \qquad \Omega_2 = A\omega^2 - C\omega^1,$$

$$\Omega_1' = \sqrt{A}\,\omega^1 + \sqrt{C}\,\omega^2, \qquad \Omega_2' = \sqrt{C}\,\omega^2 - \sqrt{A}\,\omega^1,$$

$$M = \frac{1}{2\sqrt{AC}}\left(\beta + \frac{D}{2\sqrt{AC}}\right), \quad N = \frac{1}{2\sqrt{AC}}\left(\beta - \frac{D}{2\sqrt{AC}}\right).$$

Die Komponentenmatrix zeigt, daß das Paar der Kongruenzen $(\boldsymbol{G}_1\boldsymbol{E}_1)$ und $(\boldsymbol{G}_{-1}\boldsymbol{E}_{-1})$ dieselben Brennpunkte $\boldsymbol{G}_1, \boldsymbol{E}_1$ und $\boldsymbol{G}_{-1}, \boldsymbol{E}_{-1}$ besitzt wie das ursprüngliche Paar $(\boldsymbol{G}_1\boldsymbol{G}_{-1}), (\boldsymbol{E}_1\boldsymbol{E}_{-1})$; wenn das Paar der Leitgeraden als Torsen die Flächen

$$\sqrt{C}\,\omega^2 \pm \sqrt{A}\,\omega^1 = 0 \tag{70a}$$

besaß, dann entsprechen auch die Torsen des neuen Paares einander und werden bestimmt durch die Gleichung

$$A\omega^2 \pm C\omega^1 = 0. \tag{70b}$$

Aus der allgemeinen Theorie der schichtbaren Paare (P. D. G., Kap. X, S. 187) folgt, daß das Paar von Kongruenzen $(\boldsymbol{G}_1\boldsymbol{E}_1), (\boldsymbol{G}_{-1}\boldsymbol{E}_{-1})$, deren Brennpunkte wechselseitig auf den Brennebenen der andern Kongruenz liegen (T-Paar) und deren Torsen sich entsprechen, ein schichtbares Kongruenzpaar ist; d. h. es gibt dazu zwei Büschel von Flächen, die jeweils asymptotisch Transformierte voneinander sind, derart, daß die Flächen des ersten Büschels in den Schnittpunkten mit dem Strahl $\boldsymbol{E}_1\boldsymbol{G}_1$ Tangentenebenen besitzen, die durch den Strahl $\boldsymbol{E}_{-1}\boldsymbol{G}_{-1}$ gehen und umgekehrt, und alle Flächen der beiden Büschel entsprechen einander durch ihre Asymptotenlinien. Zwei derartige Paare nennt man in der Theorie der schichtbaren Paare ein *konjugiertes Quadrupel.* Dabei können wir noch hinzufügen, daß *jedes dieser Büschel zweimal dieselbe Quadrik Q enthält.*

In der Tat, bezeichnet man mit ζ^i die Koordinaten eines beliebigen Punktes $\boldsymbol{P}$ bezüglich des Tetraeders $\{\boldsymbol{G}_\varepsilon \boldsymbol{E}_\eta\}$, so daß

$$\boldsymbol{P} = \xi^i \boldsymbol{A}_i = \zeta^1 \boldsymbol{G}_1 + \zeta^2 \boldsymbol{G}_{-1} + \zeta^3 \boldsymbol{E}_1 + \zeta^4 \boldsymbol{E}_{-1},$$

dann erhalten wir, indem wir statt $\boldsymbol{G}_\varepsilon, \boldsymbol{E}_\eta$ die Werte (68) einsetzen, die Transformationsformeln der Koordinaten:

$$\xi^0 = \sqrt{AC}(\zeta^1 - \zeta^2), \quad \xi^1 = \sqrt{C}(\zeta^3 + \zeta^4), \quad \xi^2 = \sqrt{A}(\zeta^3 - \zeta^4), \quad \xi^3 = \zeta^1 + \zeta^2.$$

Die Gleichung (66) für die Quadrik Q transformiert sich in den neuen Koordinaten in die Gestalt

$$M(\zeta^1)^2 + N(\zeta^2)^2 = M(\zeta^3)^2 + N(\zeta^4)^2. \tag{66'}$$

Die Gerade $E_1 G_1$, die durch die Gleichungen

$$\zeta^2 = 0, \quad \zeta^4 = 0$$

bestimmt wird, schneidet die Fläche (66′) in den Punkten

$$\zeta^1 = \pm \zeta^3.$$

Die Tangentenebene der Fläche (66′) im Punkt ζ_0^i wird bestimmt durch die Gleichung

$$M \zeta^1 \zeta_0^1 + N \zeta^2 \zeta_0^2 = M \zeta^3 \zeta_0^3 + N \zeta^4 \zeta_0^4; \tag{66a}$$

für $\zeta_0^1 = 1$, $\zeta_0^2 = 0$, $\zeta_0^3 = \pm 1$, $\zeta_0^4 = 0$ nimmt diese Gleichung die Gestalt an

$$\zeta^1 = \pm \zeta^3$$

und besagt, daß in den beiden Schnittpunkten mit der Geraden $E_1 G_1$ die Tangentenebenen durch die Gerade $E_{-1} G_{-1}$ mit den Gleichungen $\zeta^1 = 0$, $\zeta^3 = 0$ hindurchgehen. Das genügt, damit die Fläche (66′) zweimal als asymptotisch Transformierte jeder Fläche des zweiten Büschels auftritt; analog beweist man es auch für die Flächen des ersten Büschels.

Da die Asymptotenlinien aller dieser Flächen durch die asymptotischen Transformationen in die geradlinigen Erzeugenden der Fläche Q übergehen, *gehören alle Flächen zur Flächenklasse F_2, und die Geraden $E_{-1} G_1$ und $E_1 G_{-1}$ sind ihre gemeinsamen Leitgeraden.* Die Asymptotenlinien werden auf allen Flächen durch die Gleichungen

$$\omega^1 = 0, \quad \omega^2 = 0$$

bestimmt, wie auch auf der Fläche Q.

107. Die Brennflächen des Paares der Leitgeradenkongruenzen von F_2-Flächen und die „Diagonalenkongruenzen“. Man sieht leicht ein, daß die Asymptotenlinien auf den vier Brennflächen (E_η), (G_ε) genauso wie auf allen F_2-Flächen der vier Büschel von asymptotisch Transformierten bestimmt werden durch die Gleichungen

$$\omega^1 = 0, \quad \omega^2 = 0. \tag{a}$$

Dazu muß man nur die Aufmerksamkeit auf die Brennetze der beiden Kongruenzen richten, die jeder Brennfläche zugeordnet sind. Für die Fläche G_1 sind dies die Kongruenzen $(G_1 G_{-1})$ und $(G_1 E_1)$. Die Brennetze werden durch die Gleichungen (70a), (70b) bestimmt.

Da jedes Brennetz auf seiner Brennfläche konjugiert ist, muß es durch die asymptotischen Tangenten harmonisch getrennt werden. Diese Eigenschaft besitzen die Kurven (a).

Die Asymptotenlinien entsprechen sich also auf allen Brennflächen, und alle vier Kongruenzen des Quadrupels sind W-Kongruenzen. Für die Fläche (G_1) sind die beiden benachbarten Brennflächen (G_{-1}) und (E_1) asymptotisch Transformierte. Daraus folgt, daß die Gerade $E_1 G_{-1}$ ein Büschel asymptotisch Transformierter trägt. Die Tangentenebenen der Flächen des Büschels in den auf der Geraden $E_1 G_{-1}$ gelegenen Punkten bilden ein Ebenenbüschel mit der Achse $E_{-1} G_1$, weil sich in dieser Geraden die Tangentenebenen $G_1 E_1 E_{-1}$, $G_1 G_{-1} E_{-1}$

der Flächen $(\boldsymbol{E}_1)$ und $(\boldsymbol{G}_{-1})$ schneiden. Die Gerade $\boldsymbol{E}_{-1}\boldsymbol{G}_1$ trägt ein zweites Büschel asymptotisch Transformierter, dem unter anderen die Flächen $(\boldsymbol{G}_1)$ und $(\boldsymbol{E}_{-1})$ angehören.

Jedes dieser Büschel enthält, und zudem zweimal, die Quadrik Q.

In der Tat wird die Gerade $\boldsymbol{E}_{-1}\boldsymbol{G}_1$ in Koordinaten ζ^i bezüglich des Tetraeders $\boldsymbol{E}_\eta \boldsymbol{G}_\varepsilon$ durch die Gleichungen

$$\zeta^2 = 0, \quad \zeta^3 = 0$$

bestimmt und schneidet die Fläche (66′) in den Punkten

$$\zeta^1 : \zeta^4 = \pm \sqrt{\frac{N}{M}}, \quad \zeta^2 = \zeta^3 = 0,$$

und die Tangentenebene an die Fläche Q wird durch die Gleichung (66a) gegeben und nimmt die Gestalt an

$$\sqrt{M}\,\zeta^1 = \pm \sqrt{N}\,\zeta^4;$$

folglich geht sie für die beiden Schnittpunkte durch die Gerade $\zeta^1 = \zeta^4 = 0$, d. h. durch die Gerade $\boldsymbol{E}_1\boldsymbol{G}_{-1}$. Analoges gilt für die andere Gerade.

Daraus folgt, daß jede Fläche der beiden Büschel eine asymptotisch Transformierte einer Quadrik ist und demnach *zur Flächenklasse F_2 gehört, und die Geraden $\boldsymbol{E}_{-1}\boldsymbol{G}_1, \boldsymbol{E}_1\boldsymbol{G}_{-1}$* (die „Diagonalen" des windschiefen Vierseits, das von den Strahlen des Kongruenzquadrupels gebildet wird) *sind die gemeinsamen Leitgeraden* aller Flächen der beiden Büschel, unter denen sich auch die vier Brennflächen des Quadrupels befinden.

Diese Konstruktion kann man unbegrenzt fortsetzen: Die Brennflächen der beiden Kongruenzen $(\boldsymbol{E}_1\boldsymbol{G}_{-1})$, $(\boldsymbol{E}_{-1}\boldsymbol{G}_1)$ sind ebenfalls F_2-Flächen; sie bestimmen ein zweites Kongruenzpaar desselben Typs (es wird von den Geraden beschrieben, die die gleichnamigen Brennpunkte verbinden), und die „Diagonalen" des Vierseits des Quadrupels sind die gemeinsamen Leitgeraden.

Man kann dies auch von einer anderen Seite her angehen; wenn man zwei asymptotisch Transformierte $(\boldsymbol{S}_1)$ und $(\boldsymbol{S}_2)$ der Fläche $(\boldsymbol{A})$ und das Paar ihrer gemeinsamen asymptotisch Transformierten $(\boldsymbol{T}_1)$ und $(\boldsymbol{T}_2)$ so wählt, daß die Punkte $\boldsymbol{S}_1$, $\boldsymbol{S}_2$ auf der zweiten Leitgeraden $\boldsymbol{A}_1\boldsymbol{A}_2$ und die Punkte $\boldsymbol{T}_1$, $\boldsymbol{T}_2$ auf der ersten $\boldsymbol{A}\boldsymbol{A}_3$ liegen, so erhält man das windschiefe Vierseit eines konjugierten Quadrupels von Kongruenzen. Jedes Paar gegenüberliegender Seiten $\boldsymbol{S}_1\boldsymbol{T}_1, \boldsymbol{S}_2\boldsymbol{T}_2$ und $\boldsymbol{S}_1\boldsymbol{T}_2, \boldsymbol{S}_2\boldsymbol{T}_1$ beschreibt ein schichtbares Kongruenzpaar, dessen Torsen sich entsprechen. Jede Seite des Vierseits $\boldsymbol{S}_i\boldsymbol{T}_k$ trägt eine Reihe entsprechender Punkte von Flächen eines Büschels asymptotisch Transformierter einer beliebigen Fläche des gegenüberliegenden Büschels, d. h. des Büschels, das den Punkten der gegenüberliegenden Seite $\boldsymbol{S}_{i+1}\boldsymbol{T}_{k+1}$ zugeordnet ist, wobei i und k unabhängig die Werte 1 und 2 annehmen und die Indizes $i + 1$, $k + 1$ modulo 2 genommen werden. Alle vier Flächenscharen enthalten zweimal dieselbe Quadrik Q. Sie ist eine asymptotisch Transformierte einer beliebigen Fläche der vier Scharen des Quadrupels. Alle diese Flächen sind demnach F_2-Flächen. Diagonalen sind die Leitgeraden $\boldsymbol{A}\boldsymbol{A}_3, \boldsymbol{A}_1\boldsymbol{A}_2$. Vier Flächen, zwei aus jedem Büschel eines Paares, erlauben ein neues Quadrupel von Kongruenzen zu bilden usw.

108. Die einer F_2-Fläche zugeordnete Lie-Quadrik. Um die Reihe der Ergebnisse, die sich auf die F_2-Flächen und die ihnen zugeordneten Flächen Q beziehen, abzuschließen, bleibt uns nur noch übrig, auf die Bedeutung der letzteren als Einhüllende der Lie-Quadriken aufmerksam zu machen.

*Die einem Punkt **A** der Fläche (**A**) zugeordnete* Lie-*Quadrik ist deren Schmiegquadrik, die man als Grenzlage der Quadriken erhält, die durch drei unendlich benachbarte asymptotische Tangenten einer Schar gehen, welche von irgend drei Punkten der Asymptotenlinie der andern Schar ausgehen.* Das Ergebnis hängt von der Vertauschung der beiden Scharen von Asymptotenlinien nicht ab.

Wir bezeichnen mit c_{ik} die Koeffizienten in der Gleichung der Quadrik in einem festen System homogener Koordinaten x^i; wir kommen überein, die Polarform der Quadrik C in der Gestalt des Produkts

$$\{C\boldsymbol{P}\boldsymbol{Q}\} = c_{ik}x^i y^k, \qquad c_{ik} = c_{ki}$$

zu schreiben, wobei $\boldsymbol{P}(x^i)$, $\boldsymbol{Q}(y^k)$ analytische Punkte mit den Koordinaten (x^i) und (y^k) sind. Folglich kann man die Gleichung der Quadrik C in der Gestalt schreiben

$$\{C\boldsymbol{M}\boldsymbol{M}\} = 0.$$

Dieses Produkt ist offensichtlich kommutativ und distributiv.

Die Fläche φ enthält die Gerade $\boldsymbol{A}\boldsymbol{A}_1$, wenn sie den Punkt $\boldsymbol{A}t + \boldsymbol{A}_1$ für jeden Wert des Parameters t enthält. Da

$$\{C(\boldsymbol{A}t + \boldsymbol{A}_1)(\boldsymbol{A}t + \boldsymbol{A}_1)\} = t^2\{C\boldsymbol{A}\boldsymbol{A}\} + 2t\{C\boldsymbol{A}\boldsymbol{A}_1\} + \{C\boldsymbol{A}_1\boldsymbol{A}_1\}$$

gilt, ist unsere Bedingung äquivalent zu den drei Gleichungen

$$\{C\boldsymbol{A}\boldsymbol{A}\} = 0, \quad \{C\boldsymbol{A}\boldsymbol{A}_1\} = 0, \quad \{C\boldsymbol{A}_1\boldsymbol{A}_1\} = 0. \tag{a}$$

Wir verlangen nun, daß die Fläche noch zwei unendlich benachbarte Geraden enthält, oder genauer, daß sie die Grenzlage einer Quadrik ist, welche durch drei Tangenten an die Kurven $\omega^2 = 0$ in Punkten einer Kurve $\omega^1 = 0$ geht, wenn diese Punkte in beliebiger Weise in der Grenze zusammenfallen. Dies ist äquivalent mit der Forderung, daß die Gleichungen gelten, welche wir durch zweimalige Differentiation längs der Kurve $\omega^1 = 0$ aus der Gleichung (a) erhalten (P.D.G., S. 36).

Beziehen wir uns auf die Tabelle der Komponenten (58) § 101, so können wir das Ergebnis der ersten Differentiation in der Gestalt schreiben

$$\{C\boldsymbol{A}\,d\boldsymbol{A}\} \equiv 0, \quad \{C\boldsymbol{A}\,d\boldsymbol{A}_1\} + \{C\boldsymbol{A}_1\,d\boldsymbol{A}\} \equiv 0, \quad \{C\boldsymbol{A}_1\,d\boldsymbol{A}_1\} \equiv 0, \quad (\mathrm{mod}\ \omega^1)$$

oder

$$\{C\boldsymbol{A}\boldsymbol{A}_2\} = 0, \quad \{C\boldsymbol{A}\boldsymbol{A}_3\} + \{C\boldsymbol{A}_1\boldsymbol{A}_2\} = 0, \quad \{C\boldsymbol{A}_1\boldsymbol{A}_3\} = 0. \tag{b}$$

Eine erneute Differentiation ergibt, wenn man dabei die vorausgehenden Gleichungen beachtet,

$$\{C\boldsymbol{A}_2\boldsymbol{A}_2\} = 0, \quad \{C\boldsymbol{A}_2\boldsymbol{A}_3\} = 0, \quad \{C\boldsymbol{A}_3\boldsymbol{A}_3\} = 0. \tag{c}$$

Wenn wir nun als festes Koordinatentetraeder das Tetraeder $\{A_i\}$ im betrachteten Punkt A der Fläche so wählen, daß für jeden Punkt A_i die i-te Koordinate ξ^i gleich 1 ist, und alle übrigen Null sind, dann nehmen die Gleichungen (a), (b), (c) die Gestalt an

$$c_{00} = c_{01} = c_{11} = 0, \quad c_{02} = c_{13} = 0, \quad c_{03} + c_{12} = 0, \quad c_{22} = c_{23} = c_{33} = 0.$$

Setzen wir $c_{12} = 1$ und demnach $c_{03} = -1$, so ergibt sich die Gleichung der LIE-Quadrik, die dem Flächenpunkt A der F_2-Fläche zugeordnet ist, in lokalen Koordinaten ξ^i in der Gestalt

$$\xi^1 \xi^2 - \xi^0 \xi^3 = 0. \tag{71}$$

109. Die Einhüllende der LIE-Quadriken. Wir betrachten nun die Schar der LIE-Quadriken längs einer Asymptotenlinie $\omega^2 = 0$ und suchen die Einhüllende dieser Schar.

Wenn $F = 0$ die Gleichung einer Fläche bezüglich eines festen Koordinatensystems ist, und α der Parameter der Schar ist, so wird die Charakteristik, welche die Einhüllende beschreibt, durch die beiden Gleichungen

$$F = 0, \qquad F_\alpha = 0$$

bestimmt, wobei das Symbol F_α die partielle Ableitung nach dem Parameter α bei konstanten Koordinaten x^i (eines festen Systems) bezeichnet. Nun ist aber die Gleichung (71) in Koordinaten ξ^i bezüglich des Tetraeders $\{A_i\}$ geschrieben; bei Änderung des Scharparameters, d. i. die krummlinige Koordinate u längs der Asymptotenlinie $\omega^2 = 0$, verschiebt sich das Tetraeder $\{A_i\}$, und die Koordinaten ξ^i ändern sich, obwohl der Punkt $P(\xi^i)$ fest bleibt.

Das Gesetz für die Änderung der lokalen Koordinaten ξ^i bei festem Punkt wird durch die Formeln (61) § 102 dargestellt, die für die Tabelle der Komponenten (58) § 101 die Gestalt annehmen

$$\begin{aligned} d\xi^0 &= -A\xi^1\omega^1 - C\xi^2\omega^2 - \beta(C\omega^1 + A\omega^2)\,\xi^3 + \theta\xi^0, \\ d\xi^1 &= -\xi^0\omega^1 - \beta\xi^2\omega^2 - C\xi^3\,\omega^2 + \{\theta + (\ln\beta)_u\,\omega^1\}\,\xi^1, \\ d\xi^2 &= -\xi^0\omega^2 - \beta\,\xi^1\omega^1 - A\xi^3\omega^1 + \{\theta + (\ln\beta)_v\omega^2\}\,\xi^2, \\ d\xi^3 &= -\xi^1\omega^2 - \xi^2\omega^1 + \{\theta + (\ln\beta)_u\omega^1 + (\ln\beta)_v\,\omega^2\}\,\xi^3. \end{aligned} \tag{72}$$

Differenzieren wir die Gleichung (71) und verwenden die Formeln (72) für $\omega^2 = 0$, so erhalten wir, nachdem wir durch $\beta\omega^1$ dividiert haben,

$$(\xi^1)^2 - C(\xi^3)^2 = 0. \tag{71a}$$

Analog bestimmt sich die Charakteristik der Schar von LIE-Quadriken längs einer Asymptotenlinie $\omega^1 = 0$ durch

$$(\xi^2)^2 - A(\xi^3)^2 = 0. \tag{71b}$$

Das System (71), (71a) bestimmt ein Geradenpaar, dessen Gleichungen man erhält, wenn man $\varepsilon = \pm 1$ wählt,

$$\xi^1 = \varepsilon\sqrt{C}\,\xi^3, \qquad \xi^0 = \varepsilon\sqrt{C}\,\xi^2, \tag{73a}$$

und außerdem die Schmiegtangente

$$\xi^1 = 0, \quad \xi^3 = 0.$$

Das System (71), (71b) bestimmt ein Geradenpaar bei $\eta = \pm 1$:

$$\xi^2 = \eta \sqrt{A} \xi^3, \quad \xi^0 = \eta \sqrt{A} \xi^1 \tag{73b}$$

und außerdem die Schmiegtangente

$$\xi^2 = 0, \quad \xi^3 = 0.$$

Die Punkte, die auf der ersten und zweiten Charakteristik liegen, beschreiben die Einhüllende aller LIE-Quadriken, die der Fläche (A) zugeordnet sind. Es gibt fünf derartige Punkte und sie beschreiben fünf Teile (Mäntel) der Einhüllenden. Zunächst schneiden sich die Schmiegtangenten im Punkt A der Ausgangsfläche. Offensichtlich ist die Fläche (A) ein Teil der Einhüllenden ihrer LIE-Quadriken .

Außerdem schneiden sich die Geraden (73a), (73b) in vier Punkten, deren Koordinaten man erhält, wenn man alle Kombinationen der Vorzeichen $\varepsilon = \pm 1, \eta = \pm 1$ in den Formeln

$$\xi^1 = \varepsilon \sqrt{C} \xi^3, \quad \xi^2 = \eta \sqrt{A} \xi^3, \quad \xi^0 = \varepsilon \eta \sqrt{AC}\, \xi^3 \tag{74}$$

bildet.

Alle vier Punkte liegen auf der Quadrik Q, weil die Koordinaten (74) der Gleichung (66) genügen.

Da die Charakteristiken (73a) oder (73b) die Hüllfläche Q berühren, und jede in zwei Punkten, und eine Gerade mit einer Quadrik nicht mehr als zwei Punkte gemeinsam haben kann, gehören sie ganz zur Fläche Q und sind deren Erzeugende. Folglich ist dieselbe Fläche Q die Einhüllende jeder einparametrigen Schar von LIE-Quadriken längs einer Asymptotenlinie der ersten oder der zweiten Schar.

Alle LIE-Quadriken, die den Punkten der Fläche (A) oder einer beliebigen andern Fläche aus den Büscheln der asymptotisch Transformierten zugeordnet sind, berühren also die Quadrik Q in vier Punkten und haben mit dieser vier Erzeugende gemeinsam.

VI. Die *R*-Kongruenzen und *R*-Flächen

110. Die *R*-Kongruenzen. Wir kehren nun zurück zu den allgemeinen Formeln der asymptotischen Transformationen (26) § 90, (36a) bis (36c) § 91.

Wir betrachten ein konjugiertes Netz von Linien auf der Fläche (A), welches bestimmt wird durch die Gleichungen

$$y\,\omega^1 \pm x\,\omega^2 = 0.$$

Jedes konjugierte Netz erzeugt zwei Kongruenzen, die durch die Tangenten an die Kurven der ersten und zweiten Schar, die das konjugierte Netz bilden, beschrieben werden.

Ein konjugiertes Netz heißt ein *R-Netz*, wenn diese beiden Kongruenzen W-Kongruenzen sind. Führen wir eine neue Funktion φ ein, so daß

$$y = x\varphi$$

und beziehen die Fläche auf das Tetraeder (16a) bis (16c) § 86, so nehmen die Gleichungen (26) § 90 die Gestalt an

$$\frac{\partial \ln x}{\partial v} = -\gamma\varphi, \quad \frac{\partial \ln x}{\partial u} + \frac{\partial \ln \varphi}{\partial u} = -\frac{\beta}{\varphi}. \tag{75}$$

Durch Elimination von x erhalten wir eine Gleichung zweiter Ordnung für φ:

$$\frac{\partial^2 \ln \varphi}{\partial u\, \partial v} = (\gamma\varphi)_u - \left(\frac{\beta}{\varphi}\right)_v, \tag{75a}$$

welche φ so bestimmt, daß die Kongruenz $x : y = \frac{1}{\varphi}$ eine W-Kongruenz wird. Wenn die Tangenten an die konjugierte Richtung $x : y = -\frac{1}{\varphi}$ auch eine W-Kongruenz beschreiben, dann muß die Gleichung (75a) ebenfalls die Lösung $-\varphi$ besitzen

$$\frac{\partial^2 \ln \varphi}{\partial u\, \partial v} = -(\gamma\varphi)_u + \left(\frac{\beta}{\varphi}\right)_v. \tag{75b}$$

Durch Addition bzw. Subtraktion der Gleichungen (75a) und (75b) erhalten wir

$$\frac{\partial^2 \ln \varphi}{\partial u\, \partial v} = 0, \quad (\gamma\varphi)_u = \left(\frac{\beta}{\varphi}\right)_v. \tag{76}$$

Die erste dieser Gleichungen besagt, daß φ ein Produkt einer Funktion von u mit einer Funktion von v ist. Die Netzgleichung

$$\varphi\, du \pm dv = 0$$

zeigt, daß durch geeignete Wahl der Parameter u, v die Funktion φ zu Eins gemacht werden kann. Die zweite Gleichung von (76) liefert dann die Bedingung, welche die Flächen charakterisiert, die derartige konjugierte Netze tragen:

$$\gamma_u = \beta_v. \tag{77}$$

Umgekehrt hat die Gleichung (75a), wenn die Bedingung (77) erfüllt ist, die Lösungen $\varphi = \pm 1$, d. h. die beiden konjugierten Kurvenscharen

$$\frac{du}{dv} = \pm 1 \tag{78}$$

beschreiben mit ihren Tangenten zwei W-Kongruenzen.

Da nun

$$\varphi = 1, \quad x = y$$

und im Tetraeder (16a)

$$\omega^1 = du, \quad \omega^2 = dv, \quad N_1 = N_u, \quad N_2 = N_v,$$

schreibt sich die Gleichung (37 b')

$$N_u = 2xS, \qquad N_v = -2xT,$$

und die Formeln (36 c) nehmen die Gestalt an

$$\beta + \tilde{\beta} = -2x\frac{S}{N} = -\frac{N_u}{N},$$

$$\gamma + \tilde{\gamma} = 2x\frac{T}{N} = -\frac{N_v}{N},$$

und die Bedingung (77) hat zur Folge

$$\tilde{\beta}_v = \tilde{\gamma}_u.$$

Das Brennetz auf den transformierten Flächen ist also auch ein R-Netz: seine beiden Kongruenzen sind W-Kongruenzen.

Die zum Kongruenzstrahl konjugierte Tangente einer Brennfläche einer beliebigen Kongruenz beschreibt eine neue Kongruenz, welche die LAPLACE-*Transformierte* der ersten heißt. Setzen wir diese Transformation Schritt für Schritt fort, so erhalten wir eine Kette von Kongruenzen, die man eine LAPLACE-*Folge* nennt.

Wenden wir den soeben bewiesenen Satz über die W-Kongruenzen konsequent an, so erhalten wir den allgemeinen Satz: *Wenn in einer* LAPLACE-*Folge zwei benachbarte Kongruenzen W-Kongruenzen sind, so sind alle Kongruenzen der Folge W-Kongruenzen.*

Eine derartige Folge trägt die Bezeichnung *R-Folge*, ihre Kongruenzen heißen *R-Kongruenzen*, die Brennflächen *R-Flächen* und die Brennetze *R-Netze.*

111. Die $\boldsymbol{R}$-Flächen. Die Gleichung (78) besagt, wie in § 100, daß das R-Netz isotherm-konjugiert ist (weil dabei die zweite quadratische metrische Form isotherme Gestalt annimmt).

Wenn umgekehrt das Brennetz einer W-Kongruenz auf einer Brennfläche isotherm-konjugiert ist, dann besitzt die Gleichung (75a) die Lösung $\varphi = 1$; sie besitzt demnach auch die Lösung $\varphi = -1$, und dieses Netz ist ein R-Netz.

Die Bedingung (77) wird offensichtlich bei Quadriken befriedigt, weil hier $\beta = \gamma = 0$ ist. Folglich ist eine Quadrik eine R-Fläche. Die Überlegungen, die wir im § 100 anstellten, zeigen, daß *jedes isotherm-konjugierte Netz auf einer Quadrik ein R-Netz ist.*

Ein anderes Beispiel von Flächen, auch aus der metrischen Geometrie, ergibt sich, wenn man bemerkt, daß aus den Gleichungen des Systems (1) § 80, geschrieben für die Komponenten (16a), (16c) § 86, sofort folgt

$$\boldsymbol{A}_u = \boldsymbol{A}_1, \quad \boldsymbol{A}_v = \boldsymbol{A}_2, \quad \boldsymbol{A}_{1u} = A\boldsymbol{A} + m\boldsymbol{A}_1 + \beta\boldsymbol{A}_2$$

und daher

$$\boldsymbol{A}_{uu} = A\boldsymbol{A} + m\boldsymbol{A}_u + \beta\boldsymbol{A}_v.$$

Wenn man den Punkt **A** so normiert, daß die vierte Koordinate gleich Eins wird, dann geht diese Gleichung unmittelbar in die Gleichungen für drei inhomogene Koordinaten x, y, z eines beliebigen Flächenpunkts über, wobei die Fläche auf Asymptotenlinienparameter u, v bezogen ist. Die Gleichungen lassen sich mit Hilfe der CHRISTOFFEL-Symbole in der Gestalt schreiben

$$x_{uu} = \begin{Bmatrix} 1\ 1 \\ 1 \end{Bmatrix} x_u + \begin{Bmatrix} 1\ 1 \\ 2 \end{Bmatrix} x_v .$$

Da eine Änderung der Normierung von **A** zwar m und A ändert, aber β, γ unverändert läßt, kommen wir zu dem Schluß, daß

$$\beta = \begin{Bmatrix} 1\ 1 \\ 2 \end{Bmatrix}, \quad \gamma = \begin{Bmatrix} 2\ 2 \\ 1 \end{Bmatrix},$$

wobei beide Symbole für das Linienelement der Fläche, bezogen auf die Asymptotenlinien, geschrieben sind; die Bedingung (77) nimmt dann die Gestalt an

$$\frac{\partial}{\partial u} \begin{Bmatrix} 2\ 2 \\ 1 \end{Bmatrix} = \frac{\partial}{\partial v} \begin{Bmatrix} 1\ 1 \\ 2 \end{Bmatrix}. \tag{77'}$$

Man sieht nun leicht ein (Flth., S. 109, 110, 197), daß in Asymptotenlinienparametern gilt:

$$\begin{Bmatrix} 1\ 1 \\ 2 \end{Bmatrix} = - \begin{Bmatrix} 1\ 1 \\ 2 \end{Bmatrix}', \quad \begin{Bmatrix} 2\ 2 \\ 1 \end{Bmatrix} = - \begin{Bmatrix} 2\ 2 \\ 1 \end{Bmatrix}';$$

das heißt, daß die CHRISTOFFEL-Symbole, berechnet für das Linienelement der Fläche und ihrer sphärischen Abbildung (letztere durch Striche bezeichnet), sich nur durch das Vorzeichen unterscheiden, und daß diese Symbole (Flth., S. 111, 197) für die Flächen konstanter negativer Krümmung der Bedingung (77') genügen; dabei ist das Liniennetz (78) das Netz der Krümmungslinien. *Das Netz der Krümmungslinien auf den Flächen konstanter negativer Krümmung ist also ein R-Netz.*

Wir sehen, daß die außergewöhnlich einfache Bedingung (77), welche eine Fläche charakterisiert, die ein konjugiertes R-Netz trägt, uns erlaubt, eine ganze Reihe von Folgerungen zu ziehen und Beispiele von R-Flächen unter den allgemeineren bekannten Flächenklassen aufzuzeigen.

112. Der Existenzsatz für die *R*-Flächen. Wir wenden uns nun der Frage nach dem Umfang der Klasse der R-Flächen zu.

Beziehen wir die gesuchte Fläche auf das Tetraeder (16a') § 87, so müssen wir die Gleichung (77) zu den Gleichungen (16a'), (16c'), (16d') hinzufügen, welche die Komponenten des Tetraeders bestimmen. Sie bilden das System

$$\begin{aligned} &\omega_i^i = 0, \quad \omega^3 = 0, \quad \omega_1^3 - \omega^2 = 0, \quad \omega_2^3 - \omega^1 = 0, \quad \omega_1^2 - \beta\omega^1 = 0, \\ &\omega_2^1 - \gamma\omega^2 = 0, \quad \omega_1^0 - A\omega^1 - \beta\gamma\omega^2 = 0, \quad \omega_2^0 - \beta\gamma\omega^1 - C\omega^2 = 0, \\ &\omega_3^1 - (C + \gamma_u)\,\omega^2 = 0, \quad \omega_3^2 - (A + \beta_v)\,\omega^1 = 0, \\ &d\beta - \beta_u\omega^1 - \beta_v\omega^2 = 0, \quad d\gamma - \gamma_u\omega^1 - \gamma_v\omega^2 = 0, \quad \beta_v = \gamma_u . \end{aligned} \tag{79a}$$

Durch äußere Differentiation erhalten wir nur sechs unabhängige quadratische Gleichungen

$$\begin{gathered}[dA + \beta C\omega^2, \omega^1] + [\omega_3^0 + d(\beta\gamma), \omega^2] = 0, \\ [dC + \gamma A\omega^1, \omega^2] + [\omega_3^0 + d(\beta\gamma), \omega^1] = 0, \\ [\Theta\omega^1] - 2[\omega_3^0 + d(\beta\gamma), \omega^2] = 0, \\ [\Theta\omega^2] - 2[\omega_3^0 + d(\beta\gamma), \omega^1] = 0, \\ [\Theta_1\omega^1] + [\Theta\omega^2] = 0, \quad [\Theta\omega^1] + [\Theta_2\omega^2] = 0,\end{gathered} \tag{79b}$$

wobei

$$\begin{aligned}\Theta &= d\beta_v + (\gamma_v\beta - 2A\gamma)\,\omega^1 + (\beta_u\gamma - 2C\beta)\,\omega^2, \\ \Theta_1 &= d\beta_u + (\gamma_v\beta - 2A\gamma)\,\omega^2, \\ \Theta_2 &= d\gamma_v + (\beta_u\gamma - 2C\beta)\,\omega^1.\end{aligned} \tag{79c}$$

Außer den Formen, die auf den linken Seiten der Gleichungen (79a) stehen, und den Formen ω^1, ω^2, die auf der Integralmannigfaltigkeit linear unabhängig sind, enthalten die quadratischen Gleichungen (79b) die sechs Formen

$$dA, \quad dC, \quad \omega_3^0, \quad \Theta, \quad \Theta_1, \quad \Theta_2.$$

Ihre Werte werden auf dem zweiten Linienelement des Integralelements $\mathscr{E}_2$ aus den bilinearen Gleichungen bestimmt, die den quadratischen (79b) zugeordnet sind, wenn auf dem ersten Linienelement die Determinante des Systems nicht verschwindet:

$$\{(\omega^1)^2 + (\omega^2)^2\}\,\omega^1\omega^2 \neq 0.$$

Das System ist in Involution und bestimmt eine R-Fläche bis auf sechs willkürliche Funktionen eines Arguments.

Wir nehmen nun an, daß die Fläche $(\boldsymbol{A})$ eine R-Fläche ist und die Gleichung (77) erfüllt ist. Wieviel R-Netze kann nun eine derartige Fläche tragen?

Um diese Netze zu bestimmen, muß man sich dem System (76) zuwenden. Die erste Gleichung ergibt integriert

$$\varphi^2 = \frac{U}{V}, \qquad U = f_1(u), \qquad V = f_2(v),$$

wobei U, V willkürliche Funktionen ihrer Argumente sind. Setzen wir diesen Wert in die zweite Gleichung ein, so erhalten wir

$$2\gamma_u U + \gamma U' = 2\beta_v V + \beta V'; \qquad U' = \frac{dU}{du}, \qquad V' = \frac{dV}{dv}. \tag{a}$$

Da die Veränderlichen u, v unabhängig sind, können wir dem Parameter v einen willkürlichen konstanten Wert $v = v_0$ geben, ohne die Funktion U zu ändern. Die Gleichung (a) wird dann zu einer linearen Differentialgleichung erster Ordnung für die unbekannte Funktion U, deren Koeffizienten zwei Konstanten enthalten, nämlich die Werte $V = C$ und $V' = C_1$ für $v = v_0$. Das allgemeine Integral dieser Gleichung enthält dann noch eine Integrationskonstante. Diese Konstanten können durch Beziehungen verknüpft werden, die aus den Forderungen hervorgehen, daß die Funktion U allen Gleichungen genügen muß, die man erhält, wenn man dem Parameter v andere Werte $v = v_0'$, $v = v_0''$ usw. beilegt.

Auf jeden Fall kann die Funktion U nicht mehr als drei willkürliche Konstanten enthalten.

Wenn die Funktion U bekannt ist, dann bestimmt die Gleichung (a) zusammen mit ihrer Ableitung nach u

$$2\gamma_{uu} U + 3\gamma_u U' + \gamma U'' = 2\beta_{uv} V + \beta_u V'$$

V und V' algebraisch, wenn nur die Determinante des Systems nicht verschwindet. Wenn diese Größen nicht von u abhängen und die eine die Ableitung der andern ist, dann stellen U und V eine Lösung der Gleichung (a) dar, und diese Lösung kann nicht mehr als drei willkürliche Konstanten enthalten. Verschwindet die Determinante des Systems

$$\beta_{uv}\beta - \beta_u \beta_v = 0,$$

dann erhalten wir durch Integration

$$\beta = U_1 V_1, \qquad U_1 = F_1(u), \qquad V_1 = F_2(v).$$

Durch Änderung der Parameter u und v können wir β zu Eins machen (dabei verliert die Gleichung $\gamma_u = \beta_v$ ihre Gültigkeit)

$$\beta = 1,$$

und dann nimmt die Gleichung (a) die Gestalt an

$$2\gamma_u U + \gamma U' = V'. \tag{a$_1$}$$

Durch Differentiation nach u erhalten wir

$$2\gamma_{uu} U + 3\gamma_u U' + \gamma U'' = 0. \tag{a$_2$}$$

Nun wird U bis auf zwei willkürliche Konstanten bestimmt. Wenn diese Lösung nicht von v abhängt, das in Gestalt eines Parameters in die Koeffizienten der Gleichung (a_2) eingehen kann, dann geht bei der Bestimmung von V aus der Gleichung (a_1) noch eine dritte Konstante ein. Auf jeden Fall *kann die Mannigfaltigkeit der R-Netze auf einer Fläche nicht von mehr als drei willkürlichen Konstanten abhängen.*

113. Flächen, die eine dreiparametrige Schar von *R*-Netzen besitzen. Wir nehmen nun an, daß die Fläche (*A*) eine dreiparametrige Schar von *R*-Netzen trage. Dann muß es zu der Gleichung (a) drei linear unabhängige Lösungen U_i, V_i geben. Eine davon kann zu einer Konstanten $U_2 = V_2 = 1$ gemacht werden und führt auf die Gleichung

$$\gamma_u = \beta_v.$$

Die beiden andern U, V; U_1, V_1 sind Funktionen resp. von u und von v. Eliminieren wir aus den Gleichungen

$$2\gamma_u U + \gamma U' = 2\beta_v V + \beta V', \tag{a}$$

$$2\gamma_u U_1 + \gamma U_1' = 2\beta_v V_1 + \beta V_1' \tag{a$'$}$$

einmal γ, das andere Mal β und verwenden die Beziehung $\gamma_u = \beta_v$, so erhalten wir die Gleichungen

$$\begin{aligned} 2\beta_v\{U'(U_1 - V_1) - U_1'(U - V)\} &= \beta(U'V_1' - U_1'V'), \\ 2\gamma_u\{V'(U_1 - V_1) - V_1'(U - V)\} &= \gamma(V_1'U' - V'U_1'). \end{aligned} \tag{b}$$

Daraus ergibt sich durch Integration

$$\begin{aligned} \beta^2\{U'(U_1 - V_1) - U_1'(U - V)\} &= (U_3)^3, \\ \gamma^2\{V'(U_1 - V_1) - V_1'(U - V)\} &= (V_3)^3, \end{aligned} \tag{c}$$

wobei $U_3 = F_3(u)$, $V_3 = F_4(v)$ neue willkürliche Funktionen ihrer Argumente sind.

Indem wir die Gleichungen (b) kreuzweise multiplizieren und dabei beachten, daß $\gamma_u = \beta_v$ ist, erhalten wir

$$\beta\{V'(U_1 - V_1) - V_1'(U - V)\} = \gamma\{U'(U_1 - V_1) - U_1'(U - V)\}. \tag{d}$$

Es ergibt sich also, indem wir die geschweiften Klammern aus den Gleichungen (c) und (d) eliminieren,

$$\beta : \gamma = U_3 : V_3. \tag{80}$$

Die kubische Form (22) § 84 nimmt isotherme Gestalt an, und darum nennt man diese Flächen in Analogie zu den isotherm-konjugierten Netzen *isotherm-asymptotisch.* Das bedeutet, *die Flächen mit einer dreiparametrigen Schar von R-Netzen sind stets isotherm-asymptotisch.*

Wir ändern aufs neue die Wahl der Parameter u, v (die Gleichung $\beta_v = \gamma_u$ gilt dann nicht mehr) so, daß die Gleichung (80) die Gestalt annimmt

$$\beta = \gamma. \tag{80'}$$

Wir dividieren die Gleichung (a) durch β und formen sie um auf die Gestalt

$$2(\ln\beta)_u U + U' = 2(\ln\beta)_v V + V'. \tag{e}$$

Die Differentiation einmal nach u und einmal nach v liefert

$$(\ln\beta)_{uuv} U + (\ln\beta)_{uv} U' = (\ln\beta)_{uvv} V + (\ln\beta)_{uv} V'. \tag{f}$$

Wir multiplizieren die Gleichung (e) mit der Ableitung $(\ln\beta)_{uv}$ und ziehen sie von der Gleichung (f) ab. Da

$$(\ln\beta)_{uuv} - 2(\ln\beta)_u(\ln\beta)_{uv} = \beta^2\left(\frac{(\ln\beta)_{uv}}{\beta^2}\right)_u,$$

erhalten wir

$$\left(\frac{(\ln\beta)_{uv}}{\beta^2}\right)_u U = \left(\frac{(\ln\beta)_{uv}}{\beta^2}\right)_v V. \tag{g}$$

Diese Gleichung besagt, daß das Verhältnis $U : V$ vollständig bestimmt ist; folglich enthält φ^2 keine Konstanten und die Fläche besitzt nur ein R-Netz. Damit also die Fläche eine dreiparametrige Schar von R-Netzen besitzt, muß die Gleichung (g) identisch verschwinden. Wir erhalten dann

$$\left(\frac{(\ln\beta)_{uv}}{\beta^2}\right)_u = 0 \qquad \left(\frac{(\ln\beta)_{uv}}{\beta^2}\right)_v = 0,$$

und daraus

$$(\ln \beta)_{uv} = a\beta^2 \qquad a = \text{const}. \tag{h}$$

Die Konstante a ist hier wesentlich. Im Sonderfall $a = 1$ geht die Gleichung (h) über in die Gleichung (57) § 101, welche die F_2-Flächen mit den Asymptotenlinien in linearen Komplexen bestimmt. Diese tragen also ein dreiparametriges System von R-Netzen.

Es bleibt uns noch der Fall zu betrachten

$$\frac{\partial^2 \ln \beta}{\partial u \, \partial v} = 0$$

oder, bei geeigneter Parameterwahl, der Fall $\beta = 1$.

Die Gleichung (a) nimmt dann die Gestalt der Gleichung (a_1) an und ihre Ableitung die der Gleichung (a_2). Diese Gleichung bestimmt die Funktion U bis auf zwei willkürliche Konstanten, wenn die Koeffizienten den Parameter v nicht wesentlich enthalten, d. h. wenn das Verhältnis der Koeffizienten eine Funktion von u allein ist

$$\frac{\partial^2 \ln \gamma}{\partial u \, \partial v} = 0, \qquad \left(\frac{\gamma_{uu}}{\gamma}\right)_v = 0.$$

Die zweite Gleichung ist eine Folge der ersten, weil

$$\left(\frac{\gamma_{uu}}{\gamma}\right)_v = (\ln \gamma)_{uuv} + 2 (\ln \gamma)_u (\ln \gamma)_{uv}.$$

Folglich kommen wir wieder auf die Gleichung (h), aber mit einer Konstanten a gleich Null.

114. Die R-Regelflächen. In der vorhergehenden Untersuchung setzten wir voraus, daß β und γ nicht Null sind, d. h. wir schlossen den Fall der Regelflächen aus. Wir nehmen nun an, daß die v-Kurven Geraden sind, das bedeutet

$$\gamma = 0,$$

und folglich

$$\beta_v = 0.$$

Da die Gleichung (55b) § 99 erfüllt ist, liegt unsere Regelfläche in einer linearen Kongruenz, sie hat demnach zwei Leitgeraden, reelle, imaginäre oder zusammenfallende.

Wir wählen nun die beiden Lösungen der Gleichung (75a) in der Gestalt

$$\varphi = \pm 1,$$

d. h. wir setzen

$$y = \pm x. \tag{81a}$$

Die Gleichungen (26) § 90 ergeben, wenn man die Fläche (A) auf das Tetraeder (16a′) § 87 bezieht,

$$x_v = 0, \qquad x_u = -x\beta. \tag{81b}$$

Folglich sind x und y Funktionen von u allein.

Die Gleichungen (79a) und (16c′) § 87 nehmen die Gestalt an

$$\omega_1^0 = A\,du, \quad \omega_2^0 = C\,dv, \quad \omega_3^1 = C\,dv, \quad \omega_3^2 = A\,du. \tag{81c}$$

Die äußere Differentiation führt auf die Gleichungen

$$[dA\,du] = 0, \quad [dC\,dv] = 0, \quad [\omega_3^0\,du] = 0, \quad [\omega_3^0 - C\beta\,du, dv] = 0. \tag{81d}$$

Das bedeutet

$$\omega_3^0 = C\beta\,du, \tag{81e}$$

und eine weitere Differentiation ergibt, da $\beta_v = 0$, und demnach $[d\beta\,du] = 0$,

$$\beta\,[dC\,du] = 0. \tag{81f}$$

A ist also stets eine Funktion von u allein, und wenn β nicht Null ist, d. h. wenn die Fläche (A) keine Quadrik ist, dann ist C einfach eine Konstante.

Die Formeln (29) § 91 besagen, daß λ und μ Funktionen von u allein sind, und aus der Gleichung (22) § 89 erhalten wir bei konstantem C, daß auch λ_i, μ_i nicht von v abhängen und N nach Formel (32) § 91 nur eine Funktion von u allein ist.

Nach den Formeln (36c) § 91, (37b′) § 92 ergibt sich dann

$$T = 0, \quad \tilde{\gamma} = 0.$$

Folglich ist die zweite Brennfläche auch eine Regelfläche.

Dieser Schluß kann falsch sein, wenn $\beta = 0$, d. h. wenn die erste Brennfläche eine Quadrik ist; dann kann C nämlich eine Funktion von v sein, und nach der Formel (22) § 89 kann die Größe μ_2 den Parameter v enthalten.

Gilt allerdings $\beta = \gamma = 0$, und ist für die Kongruenz $\varphi = 1$ die zweite Brennfläche eine Regelfläche (es seien etwa die Linien $\omega^1 = 0$ die Erzeugenden, d. h. $\tilde{\gamma} = 0$), so ist auch für die Kongruenz $\varphi = -1$ die zweite Brennfläche eine Regelfläche.

In der Tat, wenn für die erste Kongruenz $\varphi = 1$ gleichzeitig

$$\gamma = 0, \quad \tilde{\gamma} = 0,$$

dann erhalten wir nach der Formel (36c) § 91

$$T = 0,$$

und die Gleichung (37b) § 92 ergibt

$$N_v = 0,$$

d. h. N enthält v nicht. Nun enthalten im Ausdruck (32)

$$N = -\lambda\mu - 2y\mu_2 + 2x\mu_1$$

die Funktionen λ, μ, x und y den Parameter v nicht, und die Gleichung (22) § 89 ergibt bei unserer Wahl des Tetraeders nach (81c)

$$\mu_1 = 2Ax + \mu_u, \quad \mu_2 = 2Cy;$$

demnach ist

$$N_v = -4y^2\frac{\partial C}{\partial v}.$$

Das Verschwinden von N_v bedeutet, daß bei dieser Wahl der Parameter u, v, die $\varphi = \dfrac{y}{x}$ zu Eins macht, der Koeffizient C die Veränderliche v nicht enthält, und dann hängt auch für die Kongruenz $\varphi = -1$ die neue Größe N nicht von v ab, und wegen (37b') § 92, (36b) § 92 erhalten wir für die zweite Brennfläche

$$\tilde{\gamma} = 0.$$

Wenn man also von einer R-Regelfläche (mit einer Schar krummliniger Asymptotenlinien) ausgeht, dann sind alle Flächen, die man nacheinander durch Anwendung der Laplace-*Transformation mit Hilfe der R-Kongruenzen erhält, Regelflächen, vielleicht manchmal mit zwei Systemen von Erzeugenden (d. h. Quadriken).*

Nun ist es nicht mehr schwer, die Leitgeraden unserer R-Regelflächen, d. h. die der linearen Kongruenz, welcher sie angehören, aufzufinden.

In der Tat erhalten wir nach den Formeln (81c), wenn wir $\varrho = \pm \sqrt{C}$ setzen,

$$d(\varrho \boldsymbol{A} + \boldsymbol{A}_2) \equiv (\varrho \boldsymbol{A}_1 + \boldsymbol{A}_3)\,\omega^1 (\mathrm{mod}\,\omega^2),$$
$$d(\varrho \boldsymbol{A}_1 + \boldsymbol{A}_3) \equiv (\varrho \beta + A)\,(\varrho \boldsymbol{A} + \boldsymbol{A}_2)\,\omega^1 (\mathrm{mod}\,\omega^2).$$

Folglich beschreibt bei einer Änderung von u allein der Punkt $\varrho \boldsymbol{A} + \boldsymbol{A}_2$ der ersten Fläche eine Gerade. Für die beiden Vorzeichen von ϱ erhalten wir zwei Geraden, die alle Erzeugenden der Regelfläche $(\boldsymbol{A})$ schneiden.

Da nun $\mu = -x_u$, $\lambda = x_u$ ist, wird

$$\boldsymbol{M} = -x_u \boldsymbol{A} + 2x\boldsymbol{A}_1 + 2y\boldsymbol{A}_2,$$
$$\boldsymbol{M}_2 = 2Cy\boldsymbol{A} - x_u \boldsymbol{A}_2 + 2x\boldsymbol{A}_3.$$

Der Punkt der zweiten Fläche

$$\varrho \boldsymbol{M} + \boldsymbol{M}_2 = (-x_u + 2\varrho y)(\varrho \boldsymbol{A} + \boldsymbol{A}_2) + 2x(\varrho \boldsymbol{A}_1 + \boldsymbol{A}_3)$$

liegt also auf derselben Geraden $(\varrho \boldsymbol{A} + \boldsymbol{A}_2,\ \varrho \boldsymbol{A}_1 + \boldsymbol{A}_3)$, die folglich alle Erzeugenden der zweiten Brennfläche schneidet.

Die Leitgeraden der Fläche $(\boldsymbol{A})$ sind gleichzeitig auch die Leitgeraden der Fläche $(\boldsymbol{M})$. Dehnen wir diesen Satz Schritt für Schritt auf alle folgenden Laplace-Transformationen aus, so erhalten wir den Satz: *Alle Brennflächen einer* Laplace-*Folge, die auf einer R-Kongruenz mit geradlinigen Brennflächen aufgebaut ist, gehören derselben linearen Kongruenz an* (da sie dasselbe Paar von Leitgeraden besitzen).

115. Die J-Transformation[1]) der R-Flächen. Die Definition der R-Kongruenzen liefert bereits eine Methode, um von einer R-Fläche zu einer im allgemeinen abzählbar unendlichen Mannigfaltigkeit derartiger Flächen zu kommen, indem man die Laplace-Transformation bezüglich des R-Netzes anwendet.

Es gibt aber auch eine allgemeinere Transformation (die J-Transformation), die R-Flächen in R-Flächen überführt. Beide Flächen sind in diesem Fall die Brennflächen einer W-Kongruenz derart, daß die R-Netze einander entsprechen, aber die Kongruenzstrahlen nicht mit den Tangenten an die Linien dieser Netze zusammenfallen.

---

[1]) Transformation von Jonas

Wir betrachten also eine W-Kongruenz, bei der die erste und zweite Brennfläche R-Flächen sind; die Kurven $u \pm v = \text{const}$ sollen auf ihnen ein R-Netz bilden; wir nehmen demzufolge an, daß für die beiden Brennflächen die Gleichungen (77) gelten

$$\beta_v = \gamma_u, \qquad \bar{\beta}_v = \bar{\gamma}_u. \tag{a}$$

Wenn wir in die Formeln (36c) § 91 gemäß den Gleichungen (37b′) § 92 die Werte

$$S = \frac{N_u}{2x}, \qquad T = -\frac{N_v}{2y} \tag{82}$$

einsetzen, dann kann man die Summe der beiden Gleichungen (a) leicht umformen in die Gestalt

$$\left(\frac{x}{y}\frac{N_v}{N}\right)_u = \left(\frac{y}{x}\frac{N_u}{N}\right)_v. \tag{b}$$

Diese Gleichung muß man nun zusammen mit der Gleichung (39) § 92 betrachten und ihre Verträglichkeit untersuchen. Dies führt jedoch auf schwierige Berechnungen mit zweifelhaften Erfolgsaussichten, aber eine Lösung, die auf die wohlbekannte J-Transformation der R-Flächen führt und klare geometrische Eigenschaften besitzt, kann unmittelbar angegeben werden, wenn man die Gleichung (b) unter Verwendung der Gleichungen (39) § 92 und (26) § 90 umformt.

Wir eliminieren aus der Gleichung (39) die Koeffizienten β und γ mittels der Gleichung (26); indem wir alles auf die Komponenten des Tetraeders (16a′) § 87 beziehen, erhalten wir die Gleichung

$$N_{uv} = (\ln y)_u N_v + (\ln x)_v N_u. \tag{83}$$

Wir führen nun die in der Gleichung (b) angegebenen Differentiationen aus und ersetzen die zweite Ableitung N_{uv} durch den Ausdruck der Formel (83);

$$\frac{x}{y}\{(\ln N)_v (\ln x)_u + (\ln N)_u (\ln x)_v - (\ln N)_u (\ln N)_v\} =$$

$$= \frac{y}{x}\{(\ln N)_v (\ln y)_u + (\ln N)_u (\ln y)_v - (\ln N)_u (\ln N)_v\},$$

oder, indem wir mit $2xy$ multiplizieren und die Glieder in zwei Gruppen zusammenfassen, um $(\ln N)_u$ und $(\ln N)_v$ auszuklammern, erhalten wir

$$(\ln N)_v \{(y^2 - x^2)(\ln N)_u - (y^2 - x^2)_u\} +$$
$$+ (\ln N)_u \{(y^2 - x^2)(\ln N)_v - (y^2 - x^2)_v\} = 0.$$

Wir können diese Gleichung befriedigen, wenn wir setzen

$$(\ln N)_u = \frac{\partial}{\partial u}\ln(y^2 - x^2), \qquad (\ln N)_v = \frac{\partial}{\partial v}\ln(y^2 - x^2),$$

d. h.

$$N = k(y^2 - x^2), \qquad k = \text{const}. \tag{84}$$

Die Gleichung (83) wird dadurch auch befriedigt. In der Tat, setzen wir den Ausdruck (84) in die Gleichungen (82) ein, so erhalten wir mit Hilfe der Formeln (40) § 93

$$S = -k\left(y\beta + \frac{\lambda-\mu}{2}\right), \quad T = -k\left(\gamma x - \frac{\lambda+\mu}{2}\right); \tag{84a}$$

dies genügt der Gleichung (38) § 92 und schließlich (45c) § 93.

Das System (45a), (45b), (45d) § 93 ist vollständig integrierbar und bestimmt die Lösung bis auf fünf willkürliche Konstanten; da sich aber die Kongruenz nicht ändert, wenn man λ, μ, x, y mit derselben Konstanten multipliziert, ist bei gegebenem k die J-Transformation bis auf vier willkürliche Konstanten bestimmt.

116. Der Vertauschungssatz für die J-Transformationen. Für die J-Transformationen der R-Flächen können die Quadraturen der Formeln (47a), (47b) § 94 explizit durchgeführt werden.

Wenn wir nämlich in die Gleichungen (37b′) § 92 für S, T die Werte aus den Formeln (84a) einsetzen, dann erhalten wir mit Hilfe der Gleichungen (40) § 93

$$\frac{1}{2x^1} N_u^1 = -k_1(y^1\beta + x_u^1), \quad \frac{1}{2x^2} N_u^2 = -k_2(y^2\beta + x_u^2).$$

Durch dieselben Formeln (40) § 93 ergibt sich dann auch

$$-\frac{x^2}{2x^1k_1} N_u^1 - \frac{x^1}{2x^2k_2} N_u^2 = \frac{\partial}{\partial u}(x^1x^2 - y^1y^2),$$

d. h. wegen der Formeln (47a), (47b) § 94

$$\frac{\partial}{\partial u}\{2k_1n^2 + 2k_2n^1 + 4k_1k_2(x^1x^2 - y^1y^2)\} = 0,$$

$$\frac{\partial}{\partial v}\{2k_1n^2 + 2k_2n^1 + 4k_1k_2(x^1x^2 - y^1y^2)\} = 0.$$

Die zweite Gleichung wurde in Analogie hingeschrieben. Durch Integration erhalten wir

$$k_1n^2 + k_2n^1 + 2k_1k_2(x^1x^2 - y^1y^2) = H, \quad H = \text{const}. \tag{85}$$

Diese Formel erlaubt zusammen mit den Formeln (46b), (47) § 94, n^1 und n^2 auszurechnen, d. h. eine Fläche (M^{12}) nach den Formeln (48) § 94 zu finden, wenn nur die Determinante des Systems (47) § 94, (85) nicht verschwindet, d. h. wenn k_1 nicht gleich k_2 ist.

Nun ist aber diese Fläche nicht immer eine R-Fläche. Dazu ist notwendig und hinreichend, daß für die zweite Transformation [von (M^1) nach (M^{12})] die Gleichung (84) gilt. Verwenden wir die Formeln (49), (47′) § 94, dann führen wir sie in die Gestalt über

$$N^2 - \frac{n^1n^2}{N^1} = k_{12}\left[\left(y^2 - \frac{y^1}{N^1}n^1\right)^2 - \left(x^2 - \frac{x^1}{N^1}n^1\right)^2\right],$$

oder wegen der Gleichung (84) für N^1, N^2 und der Beziehung (85)

$$(k_2 - k_{12})\left(N^2 - \frac{n^1 n^2}{N^1}\right) - \frac{k_{12}}{k_1} H \frac{n^1}{N^1} = 0 .$$

Diese Gleichung wird befriedigt, wenn

$$k_{12} = k_2, \qquad H = 0 .$$

Bei $k_1 \neq k_2$ gibt es also außer der Fläche ($\boldsymbol{A}$) noch eine R-Fläche, die man durch eine J-Transformation sowohl aus der Fläche ($\boldsymbol{M}^1$) als auch aus der Fläche ($\boldsymbol{M}^2$) erhalten kann.

Wenn $k_1 = k_2 = k$, dann findet man wie früher die Funktionen n^1, n^2 durch Quadraturen aus den Gleichungen (47a), (47b) § 94; das Integral (85) nimmt aber wegen der Gleichung (47) die Gestalt an

$$H = 2\,k N^{12} + 4\,k^2 (x^1 x^2 - y^1 y^2),$$

und die Konstante H kann willkürlich gewählt werden. Wenn $H = 0$, dann besteht die ganze einparametrige Schar von Flächen, die man nach dem Vertauschungssatz aus den Flächen ($\boldsymbol{M}^1$) und ($\boldsymbol{M}^2$) erhält, aus R-Flächen. Wenn H nicht Null ist, dann befindet sich darunter überhaupt keine R-Fläche.

117. Die Konstruktion der J-Transformation durch die Projektivabwicklung der transformierten Fläche. Um die Frage nach den J-Transformationen der R-Flächen abschließend zu klären, weisen wir noch auf die geometrische Kennzeichnung hin, die wir im § 115 zu geben versprachen, und die diese Transformationen von allen andern möglichen asymptotischen Transformationen eines R-Netzes in ein R-Netz unterscheidet.

In § 112 schrieben wir das Differentialgleichungssystem (79a), (79b) hin, welches die R-Flächen bestimmt. Wir können es nun von einem neuen Gesichtspunkt aus betrachten, um auf eine bemerkenswerte Besonderheit hinzuweisen, die ihm zukommt.

Wir nehmen an, wir hätten eine Lösung, d. h. eine R-Fläche. Kann man eine andere mit denselben Funktionen β und γ finden? Da das projektive Linienelement nach der Formel (12′) § 84 durch diese Funktionen vollständig bestimmt ist, handelt es sich darum, ob man zu einer beliebigen gegebenen R-Fläche eine andere R-Fläche mit demselben Linienelement finden kann, oder, in der üblichen Terminologie, um eine Projektivabwicklung der R-Fläche (P. D. G., S. 55).

Wenn β und γ gegeben sind, dann erhalten die Formen Θ, Θ_1, Θ_2 bei einer Änderung der Funktionen A und C um δA und δC den Zuwachs

$$\Theta^* = \Theta - 2\,\gamma\,\delta A\;\omega^1 - 2\,\beta\,\delta C\;\omega^2,$$
$$\Theta_1^* = \Theta_1 - 2\,\gamma\,\delta A\;\omega^2, \qquad \Theta_2^* = \Theta_2 - 2\,\beta\,\delta C\,\omega^1 .$$

Die Gleichungen in der letzten Zeile von (79b) werden von einer derartigen Transformation nicht berührt. Die Gleichungen in den vorletzten Zeilen von

(79b) bleiben erhalten, wenn man die neue Form

$$\omega_3^{0*} = \omega_3^0 + \beta\delta C\omega^1 + \gamma\delta A\,\omega^2$$

einführt.

Schließlich ergeben die ersten beiden Gleichungen in (79b), wenn man diese neue Form einführt und aus den neuen Gleichungen nacheinander die alten ausrechnet,

$$[d(\delta A), \omega^1] = 0, \qquad [d(\delta C), \omega^2] = 0. \tag{86}$$

Was die linearen Gleichungen (79a) anbetrifft, so hat die Veränderung der Funktionen A und C eine entsprechende Änderung der Formen ω_i^k zur Folge, ohne daß β und γ geändert werden und ohne daß die Verträglichkeit des Systems verletzt wird.

Damit die abgeänderten Formen ω_i^k zu einem projektiv bewegten Tetraeder gehören, müssen schließlich für sie die Strukturgleichungen (2) § 81 erfüllt sein. Das führt auf eine weitere Bedingung, nämlich

$$\beta[d(\delta C), \omega^1] + \gamma[d(\delta A), \omega^2] + (2\gamma_u\delta A - 2\beta_v\delta C)[\omega^1\omega^2] = 0. \tag{86a}$$

Zu jeder R-Fläche kann man also eine Projektivabwicklung konstruieren, indem man den Größen A und C Summanden δA und δC hinzufügt, welche den Gleichungen (86) und (86a) unterworfen sind. Die Gleichungen (86) haben eine einfache Bedeutung: der Zuwachs δA darf nur eine Funktion von u allein sein, weil $d(\delta A)$ nur von $\omega^1 = du$ abhängt, und δC eine Funktion von v.

Wir bemerken nun, daß die Bestimmung von x, y aus den Gleichungen (26) § 90 nicht von den Zuwächsen δA und δC abhängt, weil diese Gleichungen außer den unbekannten Funktionen nur die invarianten Größen β und γ enthalten. Folglich erhalten wir denselben Strahl $x : y$, der die W-Kongruenz beschreibt, auch nach der Projektivabwicklung.

Die Größen λ und μ bleiben nach den Formeln (29) § 91 unverändert; folglich ist auf jedem Strahl $x : y$ derselbe Punkt $\boldsymbol{M}$ der zweite Brennpunkt. Die Größe N, die in der Formel (32) § 91 ausgeschrieben ist, ändert sich. Die aus der ersten Gleichung (22) § 89 berechneten Größen μ_1, μ_2 erhalten nämlich für das Tetraeder (16d′) § 87 die Werte

$$\mu_1 = \mu_u + 2Ax + 2\beta\gamma y,$$
$$\mu_2 = \mu_v + 2\beta\gamma x + 2Cy.$$

Folglich erhalten μ_1 und μ_2 den Zuwachs

$$\delta\mu_1 = 2x\delta A, \qquad \delta\mu_2 = 2y\delta C,$$

woraus sich der Zuwachs der Größe N nach Formel (32) § 91 ergibt

$$\delta N = -4y^2\delta C + 4x^2\delta A. \tag{a}$$

Wir nehmen nun an, daß wir eine J-Transformation haben, d. h. die Größe N wird durch die Formel (84) bestimmt

$$N = k(y^2 - x^2).$$

Wir wählen den Zuwachs

$$\delta A = \delta C = \frac{k}{4}; \tag{b}$$

bei konstantem k genügen diese Werte offenbar dem System (86), (86a). Indessen erhält nun der Zuwachs von N nach Formel (a) die Gestalt

$$\delta N = k(x^2 - y^2),$$

und demnach wird der neue Wert von N gleich Null,

$$N = 0.$$

Da hierbei nach Formel (28) § 91 die drei Punkte $\boldsymbol{M}^*, \boldsymbol{M}_1^*, \boldsymbol{M}_2^*$ auf einer Geraden liegen, artet die transformierte Fläche aus, und weil dual dazu auch die Ebenen $\boldsymbol{m}^*, \boldsymbol{m}_1^*, \boldsymbol{m}_2^*$ einem Büschel angehören, artet die transformierte Fläche in eine Gerade aus.

Man kann also, wenn eine beliebige R-Fläche und die allgemeinste J-Transformation dieser Fläche in eine neue Fläche $(\boldsymbol{M})$ gegeben ist, die gegebene Fläche $(\boldsymbol{A})$ einer derartigen Projektivabwicklung unterwerfen, daß die mit den Tangentenebenen übertragenen Abschnitte auf den Kongruenzstrahlen $\boldsymbol{AM}$ sich nach der Abwicklung so anordnen, daß alle Punkte $\boldsymbol{M}$ auf einer Geraden liegen.

Umgekehrt, wenn wir eine beliebige Gerade L des Raumes wählen und eine zu (b) gehörige Projektivabwicklung $(\boldsymbol{A}^*)$ einer gegebenen Fläche $(\boldsymbol{A})$, die zur Klasse der R-Flächen gehört, dann können wir eine ausgeartete asymptotische Transformierte der Fläche $(\boldsymbol{A}^*)$ konstruieren, die dem Punkt $\boldsymbol{A}^*$ den Punkt $\boldsymbol{M}^*$ der Geraden L zuordnet, in dem diese die Tangentenebene der Fläche $(\boldsymbol{A}^*)$ im Punkte $\boldsymbol{A}^*$ schneidet. Wenn nun eine Projektivabwicklung die Fläche $(\boldsymbol{A}^*)$ in die Ausgangsfläche $(\boldsymbol{A})$ zurückführt, dann ordnen sich die mit den Tangentenebenen herumgeführten Tangentenabschnitte $\boldsymbol{A}^*\boldsymbol{M}^*$ so im Raume in Gestalt der Tangenten $\boldsymbol{AM}$ an, daß ihre Endpunkte eine Fläche $(\boldsymbol{M})$ beschreiben, die zweite Brennfläche der Kongruenz $(\boldsymbol{AM})$, welche die allgemeinste J-Transformation für die R-Fläche $(\boldsymbol{A})$ darstellt.

VII. Andere spezielle Flächenklassen

118. Konjugierte Netze mit gleichen Invarianten. Parallel zu den R-Flächen, die durch die Bedingung (77) § 110 charakterisiert werden, können wir Flächen betrachten, die in Asymptotenlinienparametern durch die Gleichung bestimmt werden

$$\beta_u = \gamma_v. \tag{87}$$

Diese Gleichung kann auch mit einem konjugierten Kurvennetz

$$du \pm dv = 0 \tag{88}$$

auf der Fläche verknüpft werden.

Wir multiplizieren beide Seiten der Gleichung (87) mit dem äußeren Produkt $[du\, dv]$. Da

$$\beta_u [du\, dv] = [d\beta\, dv], \quad \gamma_v [du\, dv] = [du\, d\gamma],$$

ist die Gleichung (87) äquivalent zu der Gleichung

$$[d\beta\, dv] + [d\gamma\, du] = 0. \tag{87'}$$

Durch Einführung der Parameter des konjugierten Netzes (88)

$$u + v = s, \qquad u - v = t,$$

läßt sich die Gleichung (87') umformen in

$$[d\beta, ds - dt] + [d\gamma, ds + dt] = 0,$$

oder

$$[d(\beta + \gamma), ds] = [d(\beta - \gamma), dt],$$

d. h. sie wird äquivalent zu der Gleichung

$$\frac{\partial}{\partial t}(\beta + \gamma) = \frac{\partial}{\partial s}(\gamma - \beta). \tag{87''}$$

Wenn man andererseits die Fläche ($\boldsymbol{A}$) auf das Tetraeder (16a') § 87 bezieht, und die Punkte $\boldsymbol{B}_i$ durch die Gleichungen

$$\boldsymbol{A}_1 = \boldsymbol{B}_1 + \boldsymbol{B}_2, \qquad \boldsymbol{A}_2 = \boldsymbol{B}_1 - \boldsymbol{B}_2$$

einführt, dann nehmen die ersten drei Gleichungen des Systems (1) § 81 die Gestalt an

$$d\boldsymbol{A} = \boldsymbol{B}_1\, ds + \boldsymbol{B}_2\, dt,$$

$$d\boldsymbol{B}_1 = \left\{\left(\frac{A + C}{4} + \frac{\beta\gamma}{2}\right) ds + \frac{A - C}{4}\, dt\right\} \boldsymbol{A} + \left\{\frac{\beta + \gamma}{4}\, ds + \frac{\beta - \gamma}{4}\, dt\right\} \boldsymbol{B}_1 + \\ + \left\{\frac{\gamma - \beta}{4}\, ds - \frac{\beta + \gamma}{4}\, dt\right\} \boldsymbol{B}_2 + \boldsymbol{A}_3 \frac{ds}{2},$$

$$d\boldsymbol{B}_2 = \left\{\frac{A - C}{4}\, ds + \left(\frac{A + C}{4} - \frac{\beta\gamma}{2}\right) dt\right\} \boldsymbol{A} + \left\{\frac{\beta - \gamma}{4}\, ds + \frac{\beta + \gamma}{4}\, dt\right\} \boldsymbol{B}_1 + \\ + \left\{-\frac{\beta + \gamma}{4}\, ds - \frac{\beta - \gamma}{4}\, dt\right\} \boldsymbol{B}_2 - \boldsymbol{A}_3 \frac{dt}{2};$$

daraus folgen die partiellen Differentialgleichungen

$$\boldsymbol{A}_s = \boldsymbol{B}_1, \qquad \boldsymbol{A}_t = \boldsymbol{B}_2,$$

$$\boldsymbol{A}_{st} = \frac{A - C}{4} \boldsymbol{A} + \frac{\beta - \gamma}{4} \boldsymbol{A}_s - \frac{\beta + \gamma}{4} \boldsymbol{A}_t, \tag{89a}$$

$$\boldsymbol{A}_{ss} + \boldsymbol{A}_{tt} = \frac{A + C}{2} \boldsymbol{A} + \frac{\beta + \gamma}{2} \boldsymbol{A}_s + \frac{\gamma - \beta}{2} \boldsymbol{A}_t. \tag{89b}$$

Die Gleichung (89a) nennt man die LAPLACE-Gleichung für das konjugierte Netz. Sie bestimmt in vielem die Eigenschaften des Netzes (genaueres s. Kap. VII). Unter der Bedingung (87'') wird sie zu einer Gleichung mit gleichen Invarianten (Kap. VI, § 126), und das durch diese Gleichung bestimmte Netz ist ein Netz mit gleichen Punktinvarianten.

Wenn wir uns den Gleichungen (21) § 88 zuwenden, welche die projektive Verschiebung des Tetraeders im Ebenenraum bestimmen, so finden wir, indem wir die Ebenen

$$\mathfrak{a}_1 = -\mathfrak{b}_1 - \mathfrak{b}_2, \qquad \mathfrak{a}_2 = -\mathfrak{b}_1 + \mathfrak{b}_2$$

einführen,

$$d\mathfrak{a} = \mathfrak{b}_1\, ds + \mathfrak{b}_2\, dt,$$

$$d\mathfrak{b}_1 = \left\{\frac{A + C + \beta_v + \gamma_u}{4}\, ds + \frac{A - C + \beta_v - \gamma_u}{4}\, dt\right\}\mathfrak{a} +$$

$$+ \left\{-\frac{\beta + \gamma}{4}\, ds + \frac{\gamma - \beta}{4}\, dt\right\}\mathfrak{b}_1 + \left\{\frac{\beta - \gamma}{4}\, ds + \frac{\beta + \gamma}{4}\, dt\right\}\mathfrak{b}_2 + \frac{\mathfrak{a}_3}{2}\, ds;$$

$$d\mathfrak{b}_2 = \left\{\frac{A - C + \beta_v - \gamma_u}{4}\, ds + \frac{A + C + \beta_v + \gamma_u}{4}\, dt\right\}\mathfrak{a} -$$

$$- \left\{\frac{\beta - \gamma}{4}\, ds + \frac{\beta + \gamma}{4}\, dt\right\}\mathfrak{b}_1 + \left\{\frac{\beta + \gamma}{4}\, ds + \frac{\beta - \gamma}{4}\, dt\right\}\mathfrak{b}_2 - \frac{\mathfrak{a}_3}{2}\, dt,$$

woraus wir die LAPLACE-Gleichung des Netzes in Ebenenkoordinaten in der Gestalt erhalten

$$\mathfrak{a}_{st} = \frac{A - C + \beta_v - \gamma_u}{4}\,\mathfrak{a} + \frac{\gamma - \beta}{4}\,\mathfrak{a}_s + \frac{\beta + \gamma}{4}\,\mathfrak{a}_t.$$

Unter der Bedingung (87'') ist diese auch eine Gleichung mit gleichen Invarianten (Ebeneninvarianten des Netzes), und das durch sie bestimmte Netz ist ein Netz mit gleichen Ebeneninvarianten.

Ein Netz mit gleichen Punkt- und gleichen Ebeneninvarianten nennen wir ein *I-Netz*, und die Fläche, die das *I*-Netz trägt, eine *I-Fläche*.

Man sieht leicht ein, daß *jede Fläche* (87) *zwei I-Netze trägt, wovon eines imaginär ist, wenn die Asymptotenlinien reell sind.*

Wir nehmen hierzu eine Parametertransformation vor, indem wir statt u den Parameter u_1 einführen:

$$u_1 = iu, \qquad i = \sqrt{-1}.$$

Das projektive Linienelement (12') § 84 transformiert sich in die Gestalt

$$\frac{\beta\, du^3 + \gamma\, dv^3}{2du\, dv} = \frac{-\beta\, du_1^3 + i\gamma\, dv^3}{2du_1\, dv}.$$

Folglich sind die neuen Koeffizienten

$$\beta_1 = -\beta, \qquad \gamma_1 = i\gamma.$$

Da

$$\frac{\partial\beta_1}{\partial u_1} = i\,\frac{\partial\beta}{\partial u}, \qquad \frac{\partial\gamma_1}{\partial v} = i\,\frac{\partial\gamma}{\partial v}$$

ist, folgt aus der Bedingung (87)

$$\frac{\partial\beta_1}{\partial u_1} = \frac{\partial\gamma_1}{\partial v}.$$

Jede I-Fläche trägt demnach die beiden I-Netze

$$du \pm dv = 0 \quad \text{und} \quad i\,du \pm dv = 0.$$

Man sieht leicht ein, daß die Flächen mit Invarianten β, γ der Gestalt

$$\beta = \varphi(u+v) + \psi(u-v), \qquad \gamma = \varphi(u+v) - \psi(u-v) \tag{a}$$

(darunter sind die Flächen mit konstanten β, γ und insbesondere die Quadriken; ebenso die R-Flächen mit gleichen Koeffizienten $\beta = \gamma$) Netze tragen, die gleichzeitig R- und I-Netze sind.

In der Tat genügen die Ausdrücke (a) und nur diese den beiden Gleichungen (77) § 110 und (87):

$$\beta_v = \gamma_u, \qquad \beta_u = \gamma_v.$$

119. Die Transformation der *I*-Flächen. Für die I-Flächen kann man genauso eine Theorie der asymptotischen Transformationen entwickeln wie für die R-Flächen.

Wir nehmen an, daß nicht nur die erste, sondern auch die zweite Brennfläche eine I-Fläche ist und daß die I-Netze $u \pm v = \text{const}$ einander entsprechen. In diesem Fall genügen nicht nur die Koeffizienten β, γ, sondern auch die Koeffizienten $\bar{\beta}, \bar{\gamma}$ der Gleichung (87). Verwenden wir die Formeln (36c) § 91, so erhalten wir die notwendige und hinreichende Bedingung, der unsere Transformation genügen muß,

$$-\left(\frac{yS}{N}\right)_u = \left(\frac{xT}{N}\right)_v,$$

oder, indem wir entwickeln und die Formeln (26) § 90 und (37b) § 92 verwenden,

$$xT_2 + yS_1 = xS\beta + yT\gamma + 2xy\,\frac{S^2 - T^2}{N},$$

wobei

$$S_1 = S_u, \qquad T_2 = T_v.$$

Indem wir die neue unbekannte Funktion θ einführen, zerlegen wir diese Gleichung in zwei neue

$$\begin{aligned} S_1 &= T\gamma + x\left(\frac{S^2 - T^2}{N} + \theta\right), \\ T_2 &= S\beta + y\left(\frac{S^2 - T^2}{N} - \theta\right). \end{aligned} \tag{90}$$

Unter Verwendung der Gleichungen (38) § 92, können wir für S und T lineare Gleichungen in totalen Differentialen schreiben

$$\begin{aligned} dS &= \left(T\gamma + x\,\frac{S^2 - T^2}{N} + x\theta\right) du + \beta T\,dv, \\ dT &= \gamma S\,du + \left(S\beta + y\,\frac{S^2 - T^2}{N} - y\theta\right) dv. \end{aligned} \tag{91a}$$

Mittels der Bezeichnung

$$\varDelta\theta = d\theta - 2\,\frac{x}{y}\,\theta\left(\beta + \frac{yS}{N}\right)du - 2\,\frac{y}{x}\,\theta\left(\gamma - \frac{xT}{N}\right)dv$$

können wir die äußeren Differentiale der Gleichungen (91a) in der Gestalt schreiben

$$[\varDelta\theta\, du] = 0, \quad [\varDelta\theta\, dv] = 0,$$

woraus folgt

$$\varDelta\theta = 0. \tag{91b}$$

Und hier beschränken wir uns, wie früher bei der Betrachtung der J-Transformationen, auf einen Spezialfall und belasten uns nicht mit der vollständigen Untersuchung der Verträglichkeit.

Wie man leicht sieht, wird die Gleichung (91b) befriedigt, wenn

$$\theta = 0.$$

Indem wir aus der ersten Gleichung von (90) γ und x mittels der Gleichungen (37b′) § 92, (38) § 92 eliminieren und mit $2S$ multiplizieren, formen wir sie um in

$$2SS_u = 2TT_u + \frac{N_u}{N}(S^2 - T^2).$$

Durch eine analoge Umformung der zweiten Gleichung von (90) erhalten wir

$$\left(\frac{N}{S^2 - T^2}\right)_u = 0, \quad \left(\frac{N}{S^2 - T^2}\right)_v = 0,$$

woraus sich ergibt

$$N = k(S^2 - T^2), \quad k = \text{const.} \tag{92}$$

Die Gleichungen (91a) nehmen dann die Gestalt an

$$dS = \left(T\gamma + \frac{1}{k}x\right)du + \beta T\,dv, \quad dT = \gamma S\,du + \left(S\beta + \frac{1}{k}\,y\right)dv. \tag{91a′}$$

Da die äußeren Differentiale dieser Gleichungen identisch verschwinden wegen der Gleichungen (45a), (45b), (45d) § 93, und das System (45a) bis (45d) § 93 vollständig integrierbar ist wegen der Gleichungen (44), die wegen der Gleichungen (92), (91a′) identisch befriedigt sind, ist das Gleichungssystem (91a′), (92), (45a), (45b), (45d) vollständig integrierbar und bestimmt $x, y, S, T, \lambda, \mu, \nu$ bis auf sieben willkürliche Konstanten, wobei die Konstante k nicht mitgezählt ist. Wenn man noch in Betracht zieht, daß unser System eine Multiplikation von x, y, λ, μ, S, T mit ein und derselben Konstanten zuläßt, ohne daß sich das Verhältnis $x : y$ ändert, wobei also die Kongruenz unverändert bleibt, so kommen wir zu dem Schluß, daß die gebildete Transformation der I-Netze von sechs Konstanten abhängt, die Konstante k nicht gerechnet.

Wenn zwei Transformationen (M^1) und (M^2) bekannt sind, deren Parameter wir durch die Indizes 1 und 2 unterscheiden, dann kann man nach den Formeln des § 94 eine einparametrige Schar von Transformationen (M^{12}) der Netze (M^1) und (M^2) konstruieren. Da nun, wie im Fall der Transformationen der R-Netze, die Quadraturen der Gleichungen (47a), (47b) § 94 vorgenommen werden können, indem man nämlich aus der linken Spalte der Gleichungen (47a), (47b) § 94 die Veränderlichen x^i, y^i mittels der Gleichungen (37b') § 92 eliminiert

$$x^i = \frac{N^i_u}{2S^i}, \qquad y^i = -\frac{N^i_v}{2T^i},$$

erhalten wir

$$n^1_u = \frac{S^1}{S^2} N^2_u, \quad n^2_u = \frac{S^2}{S^1} N^1_u,$$

oder indem wir die Ausdrücke N^i aus der Formel (92) einsetzen

$$n^1_u = \frac{S^1}{S^2} 2k_2 (S^2 S^2_u - T^2 T^2_u), \quad n^2_u = \frac{S^2}{S^1} 2k_1 (S^1 S^1_u - T^1 T^1_u),$$

und daraus

$$\frac{n^1_u}{2k_2} + \frac{n^2_u}{2k_1} = S^1 S^2_u + S^2 S^1_u - \left\{\frac{S^1 T^2_u}{S^2} T^2 + \frac{S^2 T^1_u}{S^1} T^1\right\}.$$

Indes ergibt sich, wenn wir S^1 und S^2 mittels der Formeln (38) § 92 eliminieren,

$$\frac{S^1}{S^2} T^2_u = T^1_u, \qquad \frac{S^2}{S^1} T^1_u = T^2_u.$$

Folglich ist

$$\frac{n^1_u}{2k_2} + \frac{n^2_u}{2k_1} = \frac{\partial}{\partial u}(S^1 S^2 - T^1 T^2), \quad \frac{n^1_v}{2k_2} + \frac{n^2_v}{2k_1} = \frac{\partial}{\partial v}(S^1 S^2 - T^1 T^2),$$

wobei man die zweite Gleichung aus der rechten Spalte der Tabelle (47a), (47b) § 94 erhält.

Durch Integration erhalten wir

$$S^1 S^2 - T^1 T^2 = \frac{n^1}{2k_2} + \frac{n^2}{2k_1} + H, \quad H = \text{const.} \tag{93}$$

Wenn $k_1 \neq k_2$, dann bestimmt die Gleichung (93) zusammen mit der Formel (47) § 94 n^1, n^2, d. h. die ganze Mannigfaltigkeit der Flächen (M^{12}). Darunter ist nur die eine Fläche $H = 0$ eine I-Fläche, wovon man sich leicht überzeugt, indem man die Gleichungen (92) für N^{12}, S^{12}, T^{12} bestätigt, die man nach den Formeln (47') § 94 und (37b') § 92 unter Verwendung der Gleichungen (49) § 94 ausgerechnet hat. Die Voraussetzung $S = \pm T$, $\theta = 0$ reduziert das System (91) auf eine vollständig integrierbare Gleichung. Dabei fällt die Gleichung (92) aus, und N wird durch Quadraturen aus dem System (37b') § 92 bestimmt. Dies ist eine spezielle Transformation der I-Netze.

120. Die Φ-Kongruenzen.[1]) In der projektiven Flächentheorie spielen naturgemäß die asymptotischen Richtungen eine wichtige Rolle, die Tangenten im Doppelpunkt der Schnittkurve der Fläche mit ihrer Tangentenebene. Nicht so offensichtlich, aber ebenso eng sind mit der Flächentheorie die DARBOUX-Rich-

1) Kongruenzen von FUBINI.

tungen verbunden: die Schnittkurve der Fläche mit irgendeiner ihrer Schmiegquadriken Q besitzt im Berührungspunkt der beiden Flächen einen dreifachen Punkt; die drei Tangenten in diesem dreifachen Punkt können bei verschiedener Wahl der Fläche Q verschiedene Lagen einnehmen, sie können auch alle drei in eine Richtung zusammenfallen, zudem auf drei verschiedene Arten, d. h. für drei verschiedene Flächen Q. Die auf diese Weise erhaltenen Richtungen tragen die Bezeichnung DARBOUX-Richtungen, die sie einhüllenden Kurven heißen DARBOUX-Kurven (P. D. G., S. 72).

Natürlich wird man darum auch Kongruenzen suchen, auf deren Brennflächen sich die DARBOUX-Kurven entsprechen. Wir werden derartige Kongruenzen *Φ-Kongruenzen* oder Kongruenzen von FUBINI nennen.

Die DARBOUX-Richtungen sind apolar-asymptotische Richtungen. Das bedeutet, daß jede DARBOUX-Richtung zusammen mit der zu ihr konjugierten die beiden andern DARBOUX-Richtungen harmonisch trennt. Folglich sind zu drei gegebenen DARBOUX-Richtungen die zu ihnen konjugierten Richtungen unabhängig von den Asymptotenlinien bestimmt, denn es bestimmen schon zwei Paare von konjugierten Richtungen die asymptotischen Richtungen vollständig als einziges Tangentenpaar, welches jedes der beiden Paare von konjugierten Richtungen harmonisch trennt.

Also entsprechen sich, wenn sich auf den Brennflächen die DARBOUX-Kurven entsprechen, auch die Asymptotenlinien. Folglich *sind die Φ-Kongruenzen W-Kongruenzen.*

In Asymptotenlinienparametern werden die DARBOUX-Linien durch die Gleichung bestimmt (P. D. G., S. 72)

$$\beta\, du^3 + \gamma\, dv^3 = 0.$$

Folglich läuft die Forderung, die wir der Kongruenz auferlegen, auf die Proportionalität der Koeffizienten hinaus

$$\tilde{\beta} : \beta = \tilde{\gamma} : \gamma.$$

Wendet man sich den Formeln (36c) § 91 zu, so kann man unsere Bedingung in den Gleichungen hinschreiben

$$S = \beta x \varrho, \qquad T = -\gamma y \varrho, \tag{94}$$

wobei ϱ eine neue unbekannte Funktion ist.

Wir setzen diese Werte für S, T in die Gleichung (44) des Systems (44), (45a) bis (45d) § 93 ein und erhalten

$$[\beta\, d\varrho + \varrho\, d\beta, \omega^1] = 0, \qquad [\gamma\, d\varrho + \varrho\, d\gamma, \omega^2] = 0$$

oder

$$[d \ln \varrho + (\ln \beta)_v \omega^2, \omega^1] = 0, \qquad [d \ln \varrho + (\ln \gamma)_u \omega^1, \omega^2] = 0,$$

und daraus

$$d \ln \varrho = -(\ln \gamma)_u \omega^1 - (\ln \beta)_v \omega^2. \tag{95}$$

Die äußere Differentiation ergibt

$$(\ln \gamma)_{uv} [\omega^1 \omega^2] - (\ln \beta)_{uv} [\omega^1 \omega^2] = 0,$$

d. h.

$$\frac{\partial^2 \ln \beta}{\partial u\, \partial v} = \frac{\partial^2 \ln \gamma}{\partial u\, \partial v}. \tag{96}$$

Folglich ist das Verhältnis $\beta : \gamma$ das Produkt einer Funktion von u allein mit einer Funktion von v allein, das man durch geeignete Wahl der Parameter u und v zu Eins machen kann;

$$\beta = \gamma, \tag{96'}$$

und demnach sind solche Flächen *isotherm-asymptotisch.* Unter dieser Bedingung ergibt die Gleichung (95) integriert

$$\varrho = \frac{k}{\beta}, \quad k = \text{const}. \tag{97}$$

Wir werden diese Flächen als *Φ-Flächen* bezeichnen.

Für die isotherm-asymptotischen Flächen (96′) wird, nachdem man

$$S = kx, \quad T = -ky$$

eingesetzt hat, das System (45a) bis (45d) vollständig integrierbar und bestimmt die Lösung $x, y, \lambda, \mu, \varrho, N, \nu$ bis auf sechs willkürliche Konstanten, wobei die Konstante k nicht mitgezählt ist. Da man x, y, λ, μ mit einer beliebigen Konstanten und gleichzeitig N mit deren Quadrat multiplizieren kann, ohne daß sich das Verhältnis $x : y$ ändert, wobei also die Kongruenz erhalten bleibt, bestimmt das System eine sechsparametrige Schar von Φ-Kongruenzen zu einer gegebenen Brennfläche (96′); mit anderen Worten, das System bestimmt die Transformation einer gegebenen Φ-Fläche mit einer Willkür von sechs Parametern.

Die Gleichungen (94) besitzen offensichtlich die Lösungen

$$\varrho = 0, \quad S = 0, \quad T = 0.$$

Dann ergibt die Gleichung (45c) § 93

$$N = \text{const};$$

die Bedingungen (96), (97) entfallen. Die Ausgangsfläche (A) bleibt willkürlich; die Kongruenz liegt dann in einem linearen Komplex, die zweite Brennfläche wird korrelativ zur ersten, und die Koeffizienten β, γ sind durch die Beziehungen

$$\tilde{\beta} = -\beta, \quad \tilde{\gamma} = -\gamma$$

verbunden (s. § 95).

121. Die Transformation der Φ-Flächen. Wir wenden uns der Transformation der Φ-Flächen zu und weisen darauf hin, daß in diesem Fall die Quadraturen (47a), (47b) § 94 vorgenommen werden können, von denen die Bestimmung der Transformierte zweiter Ordnung M^{12} abhängt.

Wir setzen die Werte

$$S^1 = k_1 x^1, \quad S^2 = k_2 x^2, \quad T^1 = -k_1 y^1, \quad T^2 = -k_2 y^2 \tag{98}$$

in die Gleichungen (45c) § 93, (47a), (47b) § 94 ein und erhalten

$$\begin{aligned} dN^1 &= 2k_1 \{(x^1)^2 du + (y^1)^2 dv\}, & dN^2 &= 2k_2 \{(x^2)^2 du + (y^2)^2 dv\}, \\ dn^1 &= 2k_1 \{x^1 x^2 du + y^1 y^2 dv\}, & dn^2 &= 2k_2 \{x^1 x^2 du + y^1 y^2 dv\}, \\ dN^{12} &= 2(k_1 + k_2)\{x^1 x^2 du + y^1 y^2 dv\}. \end{aligned} \tag{99}$$

Folglich ist

$$n^1 = \frac{k_1}{k_1 + k_2} N^{12} + c, \qquad c = \text{const.} \tag{100}$$

In der auf diese Art erhaltenen einparametrigen Flächenschar (M^{12}) befindet sich eine Φ-Fläche, wenn die durch die Formel (47′) § 94 bestimmte Funktion

$$N^{12} = N^2 - \frac{n^1 n^2}{N^1}$$

der Gleichung (99) für den Übergang von (M^1) zu (M^{12}) genügt, weil dadurch die Formeln (98) gewährleistet sind.

Setzen wir in die Formel (47′) § 94

$$n^2 = N^{12} - n^1$$

ein und verwenden die Formeln (49) § 94 für x^{12}, y^{12}, so erhalten wir als Bedingung dafür, daß sich unter den transformierten Flächen eine Φ-Fläche befindet, die Gleichung

$$d\left\{N^2 + \frac{n^1(n^1 - N^{12})}{N^1}\right\} = 2l\left\{\left(-x^2 + \frac{x^1 n^1}{N^1}\right)^2 du + \left(y^2 - \frac{y^1 n^1}{N^1}\right)^2 dv\right\},$$

wobei l der Wert der Konstanten k beim Übergang von (M^1) zu (M^{12}) ist.

Entwickeln wir die linke Seite mit Hilfe der Formeln (99) und ersetzen N^{12} gemäß Formel (100), so sehen wir, daß die Gleichung nur durch die konstanten Werte

$$l = k_2, \qquad c = 0$$

befriedigt wird.

Folglich gibt es genau eine Φ-Fläche unter den Flächen, die man durch Anwendung des Vertauschungssatzes erhält.

Der Satz gilt nicht mehr, wenn $k_1 + k_2 = 0$ ist, weil in diesem Fall die Gleichung (100) nicht gilt; die Gleichungen (99) besagen, daß in diesem Fall $N^{12} = \text{const}$ ist. Differenzieren wir den Ausdruck (48), so erkennen wir, daß bei $N^{12} \neq 0$ in der einparametrigen Schar des Vertauschungssatzes keine Φ-Fläche auftritt; wenn jedoch

$$N^{12} = 0,$$

dann gehören alle Flächen zur Klasse (96).

122. Literaturhinweise. Das kanonische Tetraeder einer Fläche wurde von CARTAN angegeben in dem Artikel „Sur la déformation projective des surfaces" (Ann. Ec. Norm. 37, 259—356, 1920). Die zweite Normierung des Tetraeders (§ 85) fällt im wesentlichen mit dem Tetraeder einer Fläche in der P. D. G. zusammen. Das auf den partiellen Ableitungen A, A_u, A_v, A_{uv} errichtete holonome Tetraeder ist das allgemein übliche lokale Koordinatensystem bei WILCZYNSKI, FUBINI u. a. und zeitlich das erste, das Verwendung gefunden hat.

Die Differentialformen φ_2, ψ_3 wurden aus andern Überlegungen heraus von FUBINI angegeben (s. FUBINI-ČECH [97]), ihre Ausdrücke in Komponenten des Tetraeders führte CARTAN in der zitierten Arbeit ein.

Zu den §§ 88—94. In der klassischen Differentialgeometrie der Epoche BIANCHI-DARBOUX war die grundlegende Methode zur Konstruktion der asymptotischen Transformationen die Methode von GUICHARD, die sich auf den MOUTARD-Transformationen aufbaut, welche im Kap. IV. dargelegt wurden.

JONAS [120] bemerkte als erster ihre Unbequemlichkeit sogar bei der Aufgabe der Flächentransformation, d. h. bei der Aufgabe, zu einer gegebenen Brennfläche eine W-Kongruenz zu konstruieren. Im metrischen Raum stellte er Formeln auf, die den Formeln des Textes ziemlich nahestehen. Bezeichnet man mit $\xi, \eta, \zeta, \xi_1, \eta_1, \zeta_1$ [120] die Richtungskosinus der Normalen der ersten Brennfläche S und der zweiten S_1 der W-Kongruenz, so drückt er das zweite Tripel der Kosinus durch das erste und seine Ableitungen nach den Asymptotenlinienparametern α, β in der Gestalt aus

$$\xi_1 = \frac{1}{R}\left(a\frac{\partial \xi}{\partial \alpha} + b\frac{\partial \xi}{\partial \beta} + c\xi\right);$$

durch ebensolche Formeln werden η_1 und ζ_1 bestimmt. Hierbei ist R die transformierende Lösung der MOUTARD-Gleichung; sowohl R wie c werden durch a und b bestimmt, die den Gleichungen

$$\frac{\partial a}{\partial \beta} = \begin{Bmatrix} 2 & 2 \\ 1 \end{Bmatrix} b, \qquad \frac{\partial b}{\partial \alpha} = \begin{Bmatrix} 1 & 1 \\ 2 \end{Bmatrix} a \tag{a}$$

genügen. Die CHRISTOFFEL-Symbole werden für das Linienelement der ersten Brennfläche berechnet. Wenn also eine Fläche S gegeben ist, dann hängt die Bestimmung der W-Kongruenz, für die sie eine Brennfläche ist, und damit die der asymptotischen Transformation der Fläche S von der Integration des Systems (a) ab.

Da die CHRISTOFFEL-Symbole $\begin{Bmatrix} 1 & 1 \\ 2 \end{Bmatrix}$, $\begin{Bmatrix} 2 & 2 \\ 1 \end{Bmatrix}$ gleich den Koeffizienten von FUBINI β, γ sind, fallen die Gleichungen von JONAS genau mit den Gleichungen (26) § 90 zusammen. Fast gleichzeitig stellte FUBINI [94] eine Theorie der asymptotischen Transformationen auf, die im fünften Kapitel des Lehrbuchs von FUBINI-ČECH dargestellt ist [97]. Die Darstellung im Text nähert sich der Darstellung von FUBINI, unterscheidet sich aber davon durch die Anwendung der Methode der äußeren Formen und die Bestimmung der Flächen durch die Komponenten der projektiven Verschiebungen des Tetraeders.

Zu den §§ 96—100. Die Theorie der asymptotischen Transformationen der Regelflächen wurde zum erstenmal von SEGRE [191], [192] betrachtet. Indem er die Abbildung des Geradenraumes auf die Hyperquadrik Q_4^2 im fünfdimensionalen Raum verwendete, zeigte SEGRE, daß bei W-Kongruenzen mit zwei geradlinigen Brennflächen sich die Erzeugenden auf beiden Brennflächen entsprechen; wenn beide Brennflächen Regelflächen sind und die krummlinigen Asymptotenlinien der ersten Brennfläche den Erzeugenden der zweiten entsprechen, dann ist die zweite Brennfläche eine Quadrik und die krummlinigen Asymptotenlinien der ersten gehören linearen Komplexen an.

Überhaupt, wenn in einer W-Kongruenz geradlinige Erzeugende der einen Brennfläche krummlinigen Asymptotenlinien auf der andern entsprechen, dann gehören diese Asymptotenlinien linearen Komplexen an. Wenn insbesondere die erste Brennfläche eine Quadrik ist, und die zweite keine geradlinigen Erzeugenden besitzt, dann gehören ihre beiden Scharen von Asymptotenlinien verschiedenen linearen Komplexen an.

Diesen Fragen wenden sich PICONE [157], TORTORICI [211], [212], 213] und TERRACINI [200] zu, die mehr oder weniger weitgehend den analytischen Apparat verwenden.

Zu den §§ 101—109. Durch Verwendung der Methode von FUBINI bewies AMBROSETTI [1] und besonders FUBINI selbst [93], [94] den umgekehrten Satz zum Satz von SEGRE; wenn die krummlinigen Asymptotenlinien irgendeiner Fläche linearen Komplexen angehören, dann kann man eine W-Kongruenz konstruieren, die sie in die geradlinigen Erzeugenden der zweiten Brennfläche überführt.

Besonders interessante Kongruenzen sind mit den Flächen verknüpft, auf denen sämtliche Asymptotenlinien beider Scharen jeweils verschiedenen linearen Komplexen angehören. FUBINI bewies, daß diese F_2-Flächen mittels einer W-Kongruenz in genau zwei Quadriken Q_1 und Q_2 transformiert werden können derart, daß die Asymptotenlinien den Erzeugenden entsprechen. Eine wesentliche Ergänzung dieser Theorie führte BUCHIN SU [196], [197] ein. Er zeigte, daß die beiden Flächen Q_1 und Q_2 so zusammenfallen, daß es in jedem Punkt einer F_2-Fläche zwei Tangenten gibt, welche dieselbe Fläche Q in zwei verschiedenen Punkten berühren. Jede dieser Tangenten stellt zwischen den Punkten der F_2-Fläche und denen der Fläche Q eine Zuordnung her, bei der die Asymptotenlinien der F_2-Fläche den Erzeugenden von Q entsprechen.

Eben diese Quadrik Q trägt alle Geraden von DEMOULIN, welche die Charakteristiken der einparametrigen Scharen von LIE-Quadriken längs einer Asymptotenlinie der F_2-Fläche sind. Die vier Schnittpunkte der Geraden von DEMOULIN beschreiben die vier Mäntel der Einhüllenden der LIE-Quadriken, die für die F_2-Flächen mit der Quadrik Q zusammenfallen.

Umgekehrt ist jede Schar von ∞^1 windschiefen Vierseiten H, welche aus Erzeugenden einer einzigen Fläche Q bestehen, die Gesamtheit der Vierseite von DEMOULIN zweier einparametriger Systeme von Flächen Σ und Σ'. Jede Fläche dieser Systeme ist eine F_2-Fläche. Sie entsprechen sich alle durch die Asymptotenlinien und ihre entsprechenden Punkte liegen auf den beiden Diagonalen des Vierseits H, die für alle Flächen der beiden Systeme Σ und Σ' gleichzeitig die Normalen von WILCZYNSKI sind, d. h. die Leitgeraden der linearen Kongruenzen, die man als Schnitt der linearen Schmiegkomplexe der Asymptotenlinien der F_2-Fläche erhält. Schon früher fand FINIKOW [82], [86] diese Systeme Σ, Σ' als die einzigen Systeme mit gemeinsamen Normalen von WILCZYNSKI.

Die ganze Konfiguration erhielt eine neue Bedeutung in den Arbeiten von PANTAZI [154], wo sie einen der drei von ihm gefundenen Typen schichtbarer konjugierter Quadrupel darstellt.

Den W-Kongruenzen mit geradlinigen Brennflächen wendet sich EGOROW [67] zu. Er betrachtet eine Schar von ∞^1 Quadriken q, die Charakteristik jeder Fläche ist eine Raumkurve vierter Ordnung, aber sie kann in vier Geraden zerfallen, die ein windschiefes Vierseit H bilden. In diesem Fall beschreibt jedes Paar gegenüberliegender Seiten des Vierseits H die Brennflächen einer Kongruenz, die von den Erzeugenden einer Schar der Quadriken q gebildet wird. Die zweite Schar der Erzeugenden beschreibt eine zweite Kongruenz, deren Brennflächen von dem anderen Seitenpaar des Vierseits H gebildet werden.

FINIKOW [76] spezialisierte die vorangehende Konstruktion. Wenn ein Seitenpaar des Vierseits H bei Veränderung von H fest bleibt, dann beschreibt das andere Seitenpaar die Brennflächenmäntel einer R-Kongruenz. Jede R-Kongruenz mit geradlinigen Brennflächen kann auf diese Weise erhalten werden. Die festen Geraden des Vierseits H sind die (zudem gemeinsamen) Leitgeraden der Brennflächen. Man kann zeigen, daß die Brennflächen derselben linearen Kongruenz angehören. Umgekehrt sind zwei beliebige Regelflächen, die derselben linearen Kongruenz angehören, die Brennflächen einer R-Kongruenz. Die LAPLACE-Transformierten dieser Kongruenz sind natürlich R-Kongruenzen und beide Brennflächen sind Regelflächen, überdies mit demselben Geradenpaar als Leitgeraden.

Zu § 98. Die allgemeine Transformation der F_1-Flächen erscheint hier zum erstenmal.

Zu den §§ 110—117. Literaturhinweise über die R-Flächen werden im Kapitel VII gegeben. Die Transformation der R-Flächen stammt von JONAS [120]. Er lieferte auch [123] die asymptotischen Transformationen der J-Flächen, die FUBINI als JONAS-Flächen bezeichnet. GAMBIER [100] bewies, daß Flächen, die ∞^2 R-Netze enthalten, auch ebensoviel JONAS-Netze tragen. In den letzten Jahren widmete sich auch CARTAN [42] den JONAS-Flächen.

Im selben Jahr gab JONAS [122] auch die Transformation der Flächen an, die auf die Flächen von TZITZEICA [216] abwickelbar sind, bei denen die GAUSSsche Krümmung proportional der vierten Potenz des Abstands ihrer Tangentenebenen von einem festen Punkt ist. Trotz des metrischen Charakters der Definition behalten diese Flächen ihre Eigenschaft bei jeder affinen Abbildung (TZITZEICA [215]). BLASCHKE erhielt diese Flächen als Affinsphären.

Schließlich erhielt JONAS [125], als Produkt zweier asymptotischer Transformationen, die Transformation der Flächen, die auf eine Fläche abwickelbar sind mit dem Linienelement

$$ds^2 = \frac{G}{4}\,(u\,du^2 + 2\,du\,dv + v\,dv^2).$$

Zu § 121. Die Transformation der isotherm-asymptotischen Flächen gab FUBINI [91], [93] ebenfalls in seinem Lehrbuch an. Den Vertauschungssatz stellte RAGAZZI [163] auf.

FINIKOW [79] untersuchte die Kongruenzen von FUBINI, deren LAPLACE-Transformierte wieder Φ-Kongruenzen sind. Dies sind offensichtlich R-Kongruenzen (s. weiteres S. 369), weil jede Kongruenz von FUBINI eine W-Kongruenz ist, die LAPLACE-Folge kann jedoch drei aufeinanderfolgende Kongruenzen von FUBINI enthalten, ohne daß die vierte von derselben Art sein muß. Wenn vier aufeinanderfolgende Kongruenzen der Folge Kongruenzen von FUBINI sind, dann besitzen alle Kongruenzen der Folge diese Eigenschaft; eine derartige Folge nennt man natürlich eine Folge von FUBINI. Außer den Folgen aus Kongruenzen, die linearen Komplexen angehören, welche WILCZINSKI entdeckte, und den Folgen, bei denen alle Brennflächen Regelflächen sind, fand der Autor zwei Typen von Folgen von FUBINI.

Eine neue Transformation der R-Fläche gab FUBINI [96] an, indem er den Begriff einer zu einer Fläche S vollständig konjugierten Kongruenz einführte. So nennt er eine Kongruenz, deren Strahlen so durch die Punkte der Fläche S gehen, daß jedem konjugierten System auf den Brennflächen ein konjugiertes Netz der Fläche S entspricht. Die Fläche S ist dann eine R-Fläche und die Kongruenz ist eine R-Kongruenz. Analog ist eine Kongruenz vollständig harmonisch zu einer Fläche S, wenn ihre Strahlen in den Tangentenebenen der Fläche S liegen und jedem konjugierten Netz auf der Fläche S ein konjugiertes System auf den beiden Brennflächen entspricht.

Indem er verlangt, daß eine vollständig konjugierte Kongruenz und eine vollständig harmonische bezüglich der LIE-Quadrik konjugiert sein sollen, erhält der Autor, außer gewissen Einzelfällen, die von einer endlichen Zahl willkürlicher Konstanten abhängen, nur die Flächen konstanter GAUSSscher Krümmung und ihre projektiven Abbildungen, die Flächen von TZITZEICA-WILCZYNSKI, und die Flächen, bei denen alle kanonischen Normalen zusammenfallen. Bei den Flächen konstanter Krümmung liegt die vollständig harmonische Kongruenz im Unendlichen, aber die zu ihr duale vollständig konjugierte fällt mit der Normalenkongruenz zusammen.

Sechstes Kapitel

KONJUGIERTE NETZE UND KONGRUENZEN IM n-DIMENSIONALEN PROJEKTIVEN RAUM

I. Die Laplace-Transformation der Netze und Kongruenzen

123. Der projektive Raum von n Dimensionen P_n. Die Theorie der Kongruenzen läßt sich leicht auf den n-dimensionalen projektiven Raum verallgemeinern. Die Geometrie im Raume von mehr als drei Dimensionen geht über den Rahmen dieses Buches hinaus. Allerdings müssen wir uns später bei der Darstellung der Methode der Abbildung der Geraden des dreidimensionalen Raumes auf die Punkte der Hyperquadrik im fünfdimensionalen projektiven Raum auf die Haupteigenschaften der konjugierten Netze und Kongruenzen und ihrer Transformationen im fünfdimensionalen projektiven Raum beziehen. Da sich diese Theorie ebenso leicht im projektiven Raum beliebiger Dimension entwickeln läßt, verweilen wir in diesem Kapitel bei den projektiven Eigenschaften einer Geradenkongruenz im n-dimensionalen Raum.

Die Gesamtheit von $n+1$ Zahlen $x^1, x^2, \ldots, x^{n+1}$, die nicht alle gleichzeitig verschwinden, nennt man einen analytischen Punkt $\boldsymbol{X}$; eine Multiplikation aller Zahlen x^i mit ein und derselben Zahl ändert den analytischen Punkt $\boldsymbol{X}$, läßt aber den geometrischen Punkt X fest (Umnormierung der Koordinaten des geometrischen Punktes). Die Gesamtheit aller dieser geometrischen Punkte bildet den Raum von n Dimensionen P_n. Die Zahlen x^i heißen die projektiven homogenen Koordinaten des Punktes $\boldsymbol{X}$.

Ein System von k unabhängigen homogenen linearen Gleichungen

$$\sum a_{i1} x^i = 0, \quad \sum a_{i2} x^i = 0, \quad \ldots, \quad \sum a_{ik} x^i = 0 \tag{1}$$

in den Koordinaten x^i bestimmt im Raum P_n einen linearen Unterraum von $n-k$ Dimensionen L_{n-k}; ein Raum L_{n-1} wird Hyperebene, L_2 Ebene, L_1 Gerade genannt.

Ist $\boldsymbol{B}_1, \boldsymbol{B}_2, \ldots, \boldsymbol{B}_{n-k+1}$ eine Gesamtheit von $n-k+1$ Punkten des linearen Raumes L_{n-k}, welche nicht alle in einem Raum L_{n-k-1} liegen, und $\boldsymbol{X}$ ein beliebiger Punkt von L_{n-k}, dann enthält das System

$$x^i = \sum_{j=1}^{n-k+1} b^i_j y^j, \quad i = 1, 2, \ldots, n+1, \tag{2}$$

wobei b_j^i die Koordinaten der Punkte $\boldsymbol{B}_j$ sind, oder kurz

$$\boldsymbol{X} = \boldsymbol{B}_j\, y^j \quad \text{(Summierung über } j = 1, 2, \ldots, n-k+1)$$

höchstens $n - k + 1$ unabhängige Gleichungen, weil sowohl die linken wie die rechten Seiten dem System (1) genügen; es enthält nicht weniger als $n - k + 1$ unabhängige Gleichungen, weil unter den Determinanten der Ordnung $n - k + 1$ der Matrix $\|b_j^i\|$ wenigstens eine ungleich Null ist, denn die Punkte $\boldsymbol{B}_j$ liegen nicht in einem Raum L_{n-k-1}. Folglich bestimmt das System (2) eindeutig die Koeffizienten y^j. Daraus folgt, daß L_{n-k} durch $n - k + 1$ unabhängige (nicht in einem L_{n-k-1} liegende) Punkte $\boldsymbol{B}_1, \boldsymbol{B}_2, \ldots, \boldsymbol{B}_{n-k+1}$ aufgespannt wird. Die y^j nennt man die projektiven Koordinaten des Punktes $\boldsymbol{X}$ von L_{n-k} bezüglich der Basis $\boldsymbol{B}_1, \boldsymbol{B}_2, \ldots, \boldsymbol{B}_{n-k+1}$.

Ein System von $n + 1$ Gleichungen

$$x^i = \varphi_i(u_1, u_2, \ldots, u_k), \quad i = 1, 2, \ldots, n+1, \tag{3}$$

wobei die φ_i analytische Funktionen ihrer Argumente sind, bestimmt eine Mannigfaltigkeit von k Dimensionen S_k des projektiven Raumes P_n, wenn die Matrix

$$\begin{pmatrix} \frac{\partial \varphi_1}{\partial u_1} & \frac{\partial \varphi_2}{\partial u_1} & \cdots & \frac{\partial \varphi_{n+1}}{\partial u_1} \\ \frac{\partial \varphi_1}{\partial u_2} & \cdots & \cdots & \cdots \\ \cdots & \cdots & \cdots & \cdots \\ \frac{\partial \varphi_1}{\partial u_k} & \frac{\partial \varphi_2}{\partial u_k} & \cdots & \frac{\partial \varphi_{n+1}}{\partial u_k} \end{pmatrix}$$

den Rang k besitzt. Die unabhängigen Veränderlichen $u_1, u_2, \ldots, u_k$ nennt man die *krummlinigen Koordinaten* des Punktes $\boldsymbol{X}$ auf der Mannigfaltigkeit S_k. Eine Mannigfaltigkeit S_{n-1} wird Hyperfläche, S_2 Fläche, S_1 Kurve genannt.

Wenn eine Kurve gegeben ist

$$x^1 = \varphi_1(u), \ldots, x^{n+1} = \varphi_{n+1}(u) \tag{4}$$

oder kurz

$$\boldsymbol{X} = \boldsymbol{X}(u),$$

dann nennt man den Raum L_p, der durch die Punkte $\boldsymbol{X}, \frac{d\boldsymbol{X}}{du}, \ldots, \frac{d^p\boldsymbol{X}}{du^p}$ aufgespannt wird, einen linearen Schmiegraum der Kurve (4). Ist $p = n - 1$, so erhalten wir die Schmieghyperebene; für $p = 2$ die Schmiegebene, für $p = 1$ die Tangente.

Die Gesamtheit der Tangenten der Kurve S_1 bildet eine *Torse*, für welche S_1 *Rückkehrkante* ist.

124. Die Geradenkongruenz im P_n. Eine zweiparametrige Schar von Geraden $(\boldsymbol{XY})$ des Raumes P_n heißt *Kongruenz*, wenn sie auf zwei Arten in ∞^1 Torsen zerlegt werden kann. Im dreidimensionalen Raum besitzt jede zweiparametrige Geradenschar Torsen und ist eine Kongruenz, im Raum von einer größeren Zahl von Dimensionen sind die Kongruenzen Ausnahmen. Seien $\boldsymbol{X}$ und $\boldsymbol{Y}$ zwei Punkte eines Strahls, deren Koordinaten als Funktionen der Parameter u, v gegeben sind. Wenn die Gleichung $v = f(u)$ eine Torse der Kongruenz bestimmt und $\boldsymbol{X} + \lambda\boldsymbol{Y}$ der Punkt ist, in dem der Strahl die Rückkehrkante berührt, dann fällt die Tangente an die Kurve $(\boldsymbol{X} + \lambda\boldsymbol{Y})$ mit dem Kongruenzstrahl zusammen. Folglich gilt bei Differentiation in Richtung der Torse die Gleichung

$$(\boldsymbol{X} + \lambda\boldsymbol{Y})_u\, du + (\boldsymbol{X} + \lambda\boldsymbol{Y})_v\, dv = a\boldsymbol{X} + b\boldsymbol{Y}$$

oder

$$(\boldsymbol{X}_u + \lambda\boldsymbol{Y}_u)\, du + (\boldsymbol{X}_v + \lambda\boldsymbol{Y}_v)\, dv = a'\boldsymbol{X} + b'\boldsymbol{Y}, \tag{5}$$

wobei a, b, a', b' geeignete Faktoren sind.

Wählen wir nun vier Gleichungen mit verschiedenen Koordinaten der Punkte $\boldsymbol{X}$, $\boldsymbol{Y}$ und eliminieren du, dv, a', b', so erhalten wir eine quadratische Gleichung für λ in der Gestalt

$$(\boldsymbol{X}_u + \lambda\boldsymbol{Y}_u,\quad \boldsymbol{X}_v + \lambda\boldsymbol{Y}_v,\quad \boldsymbol{X}, \boldsymbol{Y}) = 0, \tag{6}$$

wobei durch die runde Klammer das GRASSMANN-Produkt der vier Punkte bezeichnet wird, d. h. die Gesamtheit der Determinanten vierter Ordnung der Matrix, die von den Koordinaten dieser Punkte gebildet wird.

Ist $n = 3$, dann enthält das System (5) nur $n + 1 = 4$ Gleichungen, und eine einzige Gleichung (6) bestimmt die beiden Brennpunkte des Strahls. Ist $n > 3$, dann zerfällt die Gleichung (6) in eine Reihe von Gleichungen je nach der Zahl der unabhängigen Determinanten vierter Ordnung der Koordinatenmatrix. Diese Gleichungen sind im allgemeinen miteinander unvereinbar.

Wir wählen die Punkte $\boldsymbol{X}$ und $\boldsymbol{Y}$ in den Brennpunkten des Strahls, und $u = \text{const}$ und $v = \text{const}$ sollen die Torsen der Kongruenz bestimmen; die Gleichung (5) wird dann durch die Werte $\lambda = 0$, $dv = 0$ und $\frac{1}{\lambda} = 0$, $du = 0$ befriedigt, und wir erhalten die neuen Beziehungen

$$\boldsymbol{X}_u = \alpha\boldsymbol{X} + \beta\boldsymbol{Y}, \qquad \boldsymbol{Y}_v = \gamma\boldsymbol{X} + \delta\boldsymbol{Y}, \tag{7}$$

wobei α, β, γ, δ vier Funktionen von u, v sind.

Das System der $n + 1$ unabhängigen Lösungen $\boldsymbol{X}$, $\boldsymbol{Y}$ der Gleichungen (7) bestimmt eine Kongruenz im P_n, wobei $\boldsymbol{X}$, $\boldsymbol{Y}$ die Brennpunkte und $v = \text{const}$, $u = \text{const}$ die Torsen der Kongruenz sind.

Wenn man ohne die geometrischen Punkte X, Y zu ändern, die analytischen Punkte $\varrho\boldsymbol{X}$ und $\varrho'\boldsymbol{Y}$ einführt, dann nehmen die Gleichungen (7) die Gestalt an

$$(\varrho\boldsymbol{X})_u = \left(\alpha + \frac{\partial \ln \varrho}{\partial u}\right)(\varrho\boldsymbol{X}) + \beta\,\frac{\varrho}{\varrho'}\,(\varrho'\boldsymbol{Y}),$$

$$(\varrho'\boldsymbol{Y})_v = \gamma\,\frac{\varrho'}{\varrho}\,(\varrho\boldsymbol{X}) + \left(\delta + \frac{\partial \ln \varrho'}{\partial v}\right)(\varrho'\boldsymbol{Y}).$$

Wählen wir ϱ und ϱ' so, daß

$$\alpha + \frac{\partial \ln \varrho}{\partial u} = 0, \quad \delta + \frac{\partial \ln \varrho'}{\partial v} = 0,$$

so enthalten die Gleichungen die entsprechenden Glieder mit $\boldsymbol{X}$ bzw. $\boldsymbol{Y}$ nicht mehr. Nach Änderung der Bezeichnung können wir dann das System in der Gestalt hinschreiben

$$\boldsymbol{X}_u = \beta \boldsymbol{Y}, \quad \boldsymbol{Y}_v = \gamma \boldsymbol{X}. \tag{7'}$$

125. Die Laplace-Transformation. Wenn wir $\boldsymbol{Y}$ aus den Gleichungen (7) eliminieren, dann kommen wir zu einer Gleichung der Gestalt

$$\boldsymbol{X}_{uv} = a\boldsymbol{X}_u + b\boldsymbol{X}_v + c\boldsymbol{X}, \tag{8}$$

wobei

$$a = \delta + \frac{\partial \ln \beta}{\partial v}, \quad b = \alpha, \quad c = \alpha \frac{\partial}{\partial v}\left(\ln \frac{\alpha}{\beta}\right) + \beta\gamma - \alpha\delta.$$

Die Laplace-Gleichung (8) ist bezüglich der Veränderlichen u, v symmetrisch. Folglich beschreibt die Tangente an die v-Kurve, die Gerade $\boldsymbol{X}\boldsymbol{X}_v$, eine Kongruenz mit denselben Torsen $u =$ konst., $v =$ konst. wie die Kongruenz $(\boldsymbol{X}\boldsymbol{X}_u)$.

Im übrigen sieht man leicht und unmittelbar ein, daß der Punkt

$$\boldsymbol{X}_1 = \boldsymbol{X}_v - a\boldsymbol{X} \tag{9}$$

der zweite Brennpunkt des Strahls $\boldsymbol{X}\boldsymbol{X}_v$ ist. Tatsächlich erhalten wir durch Differentiation von $\boldsymbol{X}_1$ nach u und Eliminierung von $\boldsymbol{X}_{uv}$ mit Hilfe der Gleichung (8), und von $\boldsymbol{X}_v$ mit Hilfe von (9)

$$\boldsymbol{X}_{1u} = b\boldsymbol{X}_1 + h\boldsymbol{X}, \tag{10}$$

wobei

$$h = c + ab - a_u.$$

Die Gleichungen (9), (10) sind dem System (7) völlig analog; folglich sind $\boldsymbol{X}_1$ und $\boldsymbol{X}$ die beiden Brennpunkte des Strahls $\boldsymbol{X}\boldsymbol{X}_v$.

Analog ist

$$\boldsymbol{X}_{-1} = \boldsymbol{X}_u - b\boldsymbol{X} \tag{9'}$$

der Brennpunkt des Strahls $\boldsymbol{X}\boldsymbol{X}_u$, der sich nur durch einen skalaren Faktor von $\boldsymbol{Y}$ unterscheidet.

Differenzieren wir beide Seiten der Gleichung (10) nach v und eliminieren $\boldsymbol{X}_v$ und $\boldsymbol{X}$ mit Hilfe von (9) und (10), so erhalten wir die Laplace-Gleichung für $\boldsymbol{X}_1$:

$$\boldsymbol{X}_{1uv} = a_1\boldsymbol{X}_{1u} + b_1\boldsymbol{X}_{1v} + c_1\boldsymbol{X}_1, \tag{11a}$$

wobei

$$a_1 = a + \frac{\partial \ln h}{\partial v}, \quad b_1 = b, \quad c_1 = c + b_v - a_u - b\frac{\partial \ln h}{\partial v}. \tag{11b}$$

Diese Gleichung besagt noch einmal, daß das Netz der Linien u, v auf der Fläche $(\boldsymbol{X}_1)$ konjugiert ist.

Betrachten wir die Kongruenz der Tangenten an die v-Kurven auf der Fläche (X_1), d. h. die Kongruenz der Geraden (X_1X_{1v}), so finden wir eine neue Fläche (X_2), die auf das konjugierte Netz der Kurven (u, v) bezogen ist usw. Ganz genauso finden wir bei der Betrachtung der Tangenten an die u-Kurven die Flächen (X_{-1}), (X_{-2}) usw., die auf das konjugierte System der Kurven (u, v) bezogen sind. Der Übergang von (X) zu (X_1) usw. trägt die Bezeichnung LAPLACE-*Transformation*, und die unendliche Folge von Kongruenzen und konjugierten Netzen ... (X_{-2}), (X_{-1}), (X), (X_1), (X_2) ... heißt LAPLACE-*Folge*.

Die Formeln der LAPLACE-Transformation für den Übergang von einem Netz der Folge zu einem andern nehmen im allgemeinen Fall die Gestalt an

$$(X_q)_u = bX_q + h_{q-1}X_{q-1}, \qquad (X_q)_v = X_{q+1} + a_qX_q, \tag{12a}$$

$$(X_{-p})_u = X_{-p-1} + b_{-p}X_{-p}, \ (X_{-p})_v = aX_{-p} + k_{-p+1}X_{-p+1}, \ p, q > 0, \tag{12b}$$

weil wir wegen der Formeln (11b) und analog für die Transformation nach der Seite der u-Kurven für positive q und p erhalten

$$b_q = b, \qquad a_{-p} = a.$$

126. Die DARBOUX-Invarianten. Die Gleichung (8) bestimmt eine unendliche Menge von verschiedenen Netzen (u, v), die man erhält, wenn man ihre $n + 1$ unabhängigen Lösungen auf verschiedene Weise wählt. Andererseits kann man dasselbe Netz (X) aus verschiedenen Gleichungen der Gestalt (8) erhalten, denn bei der Ersetzung

$$X = \varrho X'$$

ändert sich die Gleichung (8). Eine einfache Rechnung zeigt, daß die Koeffizienten der neuen Gleichung

$$X'_{uv} = a'X'_u + b'X'_v + c'X' \tag{13}$$

mit den Koeffizienten der Gleichung (8) durch die Beziehungen

$$a' = a - \frac{\partial \ln \varrho}{\partial v}, \quad b' = b - \frac{\partial \ln \varrho}{\partial u}, \quad c' = \frac{\varrho c + a\varrho_u + b\varrho_v - \varrho_{uv}}{\varrho} \tag{14}$$

zusammenhängen. Eliminieren wir aus den Gleichungen (14) den Faktor ϱ, so kommen wir auf zwei Beziehungen zwischen den Koeffizienten a, b, c und a', b', c'

$$c + ab - a_u = c' + a'b' - a'_u, \qquad c + ab - b_v = c' + a'b' - b'_v,$$

die besagen, daß sich die Ausdrücke

$$h = c + ab - a_u, \qquad k = c + ab - b_v \tag{15}$$

bei einer Änderung der Normierung der Koordinaten des Punktes X nicht ändern. Sie tragen die Bezeichnung DARBOUX-*Invarianten*.

Man sieht leicht ein, daß sie die Gleichung (8) bis auf eine Multiplikation der Veränderlichen X mit einem beliebigen Faktor ϱ bestimmen. In der Tat besagen die Formeln (14), daß wir durch die Wahl von ϱ stets a' zu Null machen können.

Nehmen wir an, daß dies schon getan ist und setzen $a = 0$ in die Formeln (15) ein, so erhalten wir

$$c = h, \quad b_v = h - k.$$

Demnach erhält man b durch eine Integration bis auf eine willkürliche Funktion der Veränderlichen u allein in der Gestalt

$$b = \int\limits_{v_0}^{v} (h - k)\, dv + \varphi(u);$$

die Formeln (14) besagen aber, daß der Faktor ϱ durch die Forderung $a = 0$ noch nicht bestimmt ist, daß nämlich eine Multiplikation von X mit $\varrho = f(u)$ den Koeffizienten a nicht ändert und zum Koeffizienten b die willkürliche Funktion $\varphi(u) = \frac{f'(u)}{f(u)}$ hinzufügt, auf die wir bei der Integration gestoßen sind. Wählen wir sie irgendwie willkürlich, so finden wir eine der Gleichungen zu den gegebenen Invarianten h, k; alle übrigen erhält man aus den Formeln (14).

Berechnen wir die Invarianten h, k der Gleichung (11a), so finden wir

$$h_1 = 2h - k - \frac{\partial^2 \ln h}{\partial u\, \partial v}, \quad k_1 = h. \tag{16}$$

Die Formeln (16) gestatten, die Invarianten der transformierten Gleichungen in einer LAPLACE-Folge auszurechnen.

127. Abbrechende LAPLACE-Folgen. Wenn

$$h = 0,$$

dann liefert die Gleichung (10)

$$x^i_{1u} = b\, x^i_1,$$

demnach ist die allgemeine Lösung

$$x_1 = e^{\int b\, du}\, \varphi(v),$$

und die $n + 1$ Koordinaten x^i_1

$$x^i_1 = e^{\int b\, du}\, \varphi_i(v)$$

unterscheiden sich nur durch die Faktoren $\varphi_i(v)$, die nicht von u abhängen. Bei einer Änderung von u multiplizieren sich alle Koordinaten x^i_1 mit demselben Faktor wegen der Änderung von $e^{\int b\, du}$; dabei bleibt der geometrische Punkt fest. Folglich beschreibt der Punkt X_1 bei einer Änderung von u und v eine Kurve (v-Kurve), aber keine Fläche. Die LAPLACE-Folge bricht ab. Wir sehen, daß eine LAPLACE-Folge abbricht, wenn eine der DARBOUX-Invarianten verschwindet, aber diese Bedingung ist nicht notwendig, und eine Folge kann auch abbrechen, ohne daß eine der DARBOUX-Invarianten verschwindet.

In der Tat, wenn die LAPLACE-Transformation, etwa die Fläche (X_1), in eine Kurve entartet, dann fallen die Tangenten an die u- und v-Kurven zusammen, die drei Punkte X_{1u}, X_{1v} und X_1 liegen auf einer Geraden, und demnach gibt es drei nicht sämtlich verschwindende Funktionen A, B, C derart, daß

$$AX_{1u} + BX_{1v} + CX_1 = 0. \tag{a}$$

Setzen wir hier die Werte (9), (10) ein, so erhalten wir

$$BX_{vv} + (Ab - Ba + C)\,X_v + [Ah - (Ab + C)\,a - Ba_v]\,X = 0. \tag{b}$$

Wenn $B \neq 0$, dann besagt die Gleichung (b), daß die Punkte X_{vv}, X_v, X auf einer Geraden liegen, die Schmiegebene der v-Kurven auf der Fläche (X) ist unbestimmt; die Fläche (X) ist eine Regelfläche und die v-Kurven sind die geradlinigen Erzeugenden; sie gehen durch die Punkte X_1 und berühren wegen (10) die Kurve (X_1). Folglich ist in diesem Fall die Fläche (X) eine Torse und die Kurve (X_1) ihre Rückkehrkante.

Wenn dabei

$$h = 0,$$

dann sind wegen (10) und (a) beide Ableitungen X_{1u} und X_{1v} proportional zu X_1, der Punkt X_1 bleibt bei einer Änderung von u und v fest. Die Fläche (X) ist ein Kegel und (X_1) entartet in die Spitze dieses Kegels.

Wir nehmen nun an, daß $B = 0$ ist. Dann verbindet die Gleichung (b) nur X_v und X, die Tangenten an die v-Kurven auf der Fläche (X) sind unbestimmt, diese Linien entarten in Punkte und die Fläche (X) in eine Kurve. Wenn man diesen Fall ausschließen will, muß man annehmen, daß alle Koeffizienten der Gleichung (b) verschwinden. Dies führt auf die Gleichungen

$$B = 0, \qquad Ab + C = 0, \qquad Ah = 0.$$

Wenn $A = 0$, dann ist auch $C = 0$, im Widerspruch zur Voraussetzung. Wir müssen also annehmen, daß $h = 0$ ist, und damit kommen wir auf den oben betrachteten Fall (den Fall von LAPLACE) zurück.

II. Konjugierte und harmonische Netze und Kongruenzen

128. Das zu einer Kongruenz konjugierte Netz. Nach Definition *ist die Kongruenz* (XY) *zum Netz* (Z) *konjugiert,* wenn der Strahl XY der Kongruenz durch den entsprechenden Punkt Z der Fläche geht und die Torsen der Kongruenz den Kurven des konjugierten Systems (Netzes) auf der Fläche (Z) zugeordnet sind. *Die Kongruenz* $(X'Y')$ *ist zum* (konjugierten) *Netz* (Z) *harmonisch,* wenn der Strahl $X'Y'$ in der zugeordneten Tangentenebene der Fläche (Z) liegt und die Torsen der Kongruenz den Netzkurven zugeordnet sind.

Es sei eine Kongruenz (XY) durch die Gleichungen (7) § 124 gegeben. Wenn das Netz (Z) zur Kongruenz konjugiert ist, dann liegt der Punkt Z auf dem Strahl XY. Folglich können wir bei passender Wahl der Funktionen λ und μ setzen

$$Z = \begin{vmatrix} X & Y \\ \lambda & \mu \end{vmatrix}. \tag{17}$$

Indem wir davon Gebrauch machen, daß man die Koordinaten des Punktes $\boldsymbol{Z}$ mit einer willkürlichen Funktion multiplizieren kann, können wir einer der Funktionen λ oder μ einen beliebigen Wert beilegen; insbesondere können wir z. B. voraussetzen, daß λ der ersten der Gleichungen (7) § 124 genügt

$$\lambda_u = \alpha\lambda + \beta\mu. \tag{18a}$$

Wir wählen nun eine Funktion ε derart, daß die Gleichung gilt

$$\mu_v = \gamma\lambda + \delta\mu + \varepsilon\mu. \tag{18b}$$

Wenn wir die Gleichung (17) nach der Veränderlichen u differenzieren, die Ableitung $\boldsymbol{X}_u$ nach der Formel (7) § 124 und die Ableitung λ_u nach der Formel (18a) ersetzen, dann erhalten wir nach der Differentiationsregel für Determinanten

$$\boldsymbol{Z}_u = \begin{vmatrix} \boldsymbol{X}_u & \boldsymbol{Y} \\ \lambda_u & \mu \end{vmatrix} + \begin{vmatrix} \boldsymbol{X} & \boldsymbol{Y}_u \\ \lambda & \mu_u \end{vmatrix} = \begin{vmatrix} \alpha\boldsymbol{X} + \beta\boldsymbol{Y} & \boldsymbol{Y} \\ \alpha\lambda + \beta\mu & \mu \end{vmatrix} + \begin{vmatrix} \boldsymbol{X} & \boldsymbol{Y}_u \\ \lambda & \mu_u \end{vmatrix},$$

oder

$$\boldsymbol{Z}_u = \alpha \begin{vmatrix} \boldsymbol{X} & \boldsymbol{Y} \\ \lambda & \mu \end{vmatrix} + \begin{vmatrix} \boldsymbol{X} & \boldsymbol{Y}_u \\ \lambda & \mu_u \end{vmatrix}.$$

Bilden wir ebenso die Ableitung $\boldsymbol{Z}_v$ und verwenden die Formel (18b), so ergibt sich schließlich

$$\boldsymbol{Z}_u = \alpha\boldsymbol{Z} + \begin{vmatrix} \boldsymbol{X} & \boldsymbol{Y}_u \\ \lambda & \mu_u \end{vmatrix}, \qquad \boldsymbol{Z}_v = \delta\boldsymbol{Z} + \varepsilon\mu\,\boldsymbol{X} + \begin{vmatrix} \boldsymbol{X}_v & \boldsymbol{Y} \\ \lambda_v & \mu \end{vmatrix}. \tag{19}$$

Wir differenzieren nun die erste Gleichung nach der Veränderlichen v. Da $\boldsymbol{Y}$ dem System (7) genügt, erhalten wir

$$\boldsymbol{Z}_{uv} = \alpha_v\boldsymbol{Z} + \alpha\boldsymbol{Z}_v + \begin{vmatrix} \boldsymbol{X}_v & \boldsymbol{Y}_u \\ \lambda_v & \mu_u \end{vmatrix} + \begin{vmatrix} \boldsymbol{X} & \dfrac{\partial}{\partial u}(\gamma\boldsymbol{X} + \delta\boldsymbol{Y}) \\ \lambda & \dfrac{\partial}{\partial u}(\gamma\lambda + \delta\mu + \varepsilon\mu) \end{vmatrix}.$$

Wir können hier $\boldsymbol{Y}$, $\boldsymbol{X}_v$, $\boldsymbol{Y}_u$ mit Hilfe der Gleichungen (7), (17), (19) eliminieren, indem wir die Punkte $\boldsymbol{Z}$, $\boldsymbol{Z}_u$, $\boldsymbol{Z}_v$ einführen. Wir erhalten dann eine Gleichung der Gestalt

$$\boldsymbol{Z}_{uv} = A\boldsymbol{Z}_u + B\boldsymbol{Z}_v + C\boldsymbol{Z} + \varepsilon_u\mu\boldsymbol{X}, \tag{20}$$

wobei

$$A = \delta + \frac{\lambda_v}{\lambda}, \qquad B = \alpha + \frac{\mu_u}{\mu},$$

$$C = \beta\gamma - \alpha\delta + \alpha\left(\ln\frac{\alpha}{\lambda}\right)_v + \delta\left(\ln\frac{\delta}{\mu}\right)_u - (\ln\lambda)_v(\ln\mu)_u.$$

Wenn der Punkt $\boldsymbol{Z}$ ein konjugiertes Netz in bezug auf u, v beschreibt, dann muß $\boldsymbol{Z}$ einer LAPLACE-Gleichung genügen, und der Koeffizient des Punktes $\boldsymbol{X}$ in (20) muß verschwinden; da nun das Verschwinden des Koeffizienten μ auf zusammenfallende geometrische Punkte Y und Z führt, ist $\varepsilon_u = 0$, und ε ist eine Funktion von v allein. Diese Funktion kann man, ohne die Gleichung (18a) anzutasten, zu Null machen, wenn man λ und μ mit einer passenden Funktion von v allein multipliziert.

In der Tat, setzen wir $\lambda = \lambda_1 \varrho, \mu = \mu_1 \varrho$, so ändern wir, nachdem wir durch ϱ dividiert haben, die Gleichung (18a) nicht und formen die Gleichung (18b) um auf die Gestalt

$$(\mu_1)_v + \mu_1 \frac{\partial \ln \varrho}{\partial v} = \gamma \lambda_1 + \delta \mu_1 + \varepsilon \mu_1 .$$

Es genügt nun $\frac{\partial \ln \varrho}{\partial v} = \varepsilon$ zu setzen, um sich von ε zu befreien, ohne die Gleichung (18a) zu verletzen. Wir erhalten den Satz:

*Die zur Kongruenz (**XY**) konjugierten Flächen (**Z**) werden durch die Formel* (17) *bestimmt, wobei λ und μ willkürliche Lösungen desselben Systems* (7) *sind.*

129. Ein- und umbeschriebene Folgen. Wegen der Konjugiertheit der Fläche (**Z**) und der Kongruenz (**XY**) bilden die Kongruenzstrahlen, welche die Kurve $v = \text{const}$ schneiden, eine Torse; die Tangentenebene an diese Torse, d. h. die Brennebene der Kongruenz, geht durch die Tangente an die Kurve $v = \text{const}$ der Fläche (**Z**), d. h. durch den Strahl $\boldsymbol{Z}\boldsymbol{Z}_u$.

Nach einem wohlbekannten Satz aus der Theorie der Kongruenzen (§ 8) berührt diese Brennebene die zweite Brennfläche, welche die Rückkehrkanten der Torsen $u = \text{const}$ trägt, d. h. die Fläche (**Y**).

Die Tangente $\boldsymbol{Z}\boldsymbol{Z}_u$ liegt also in der Tangentenebene der Fläche (**Y**). Die Torsen u, v der Kongruenz ($\boldsymbol{Z}\boldsymbol{Z}_u$) entsprechen den u-, v-Linien des Brennetzes dieser Fläche (**Y**).

Wir erhalten den Satz:

Die Kongruenzen der Tangenten ($\boldsymbol{Z}\boldsymbol{Z}_u$) *und* ($\boldsymbol{Z}\boldsymbol{Z}_v$) *der Kurven des Netzes* (**Z**), *das zur Kongruenz* (**XY**) *konjugiert ist, sind harmonisch zu den Brennetzen* (**Y**) *und* (**X**) *dieser Kongruenz.*

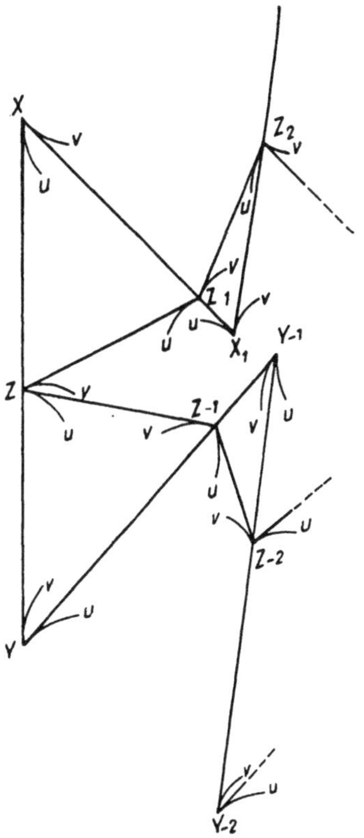

Abb. 6

Die Tangentenebenen der Fläche (**Y**), die durch die Erzeugenden der Torse $u = \text{const}$ der Kongruenz ($\boldsymbol{Z}\boldsymbol{Z}_u$) gehen, welche zu ihr harmonisch ist, berühren die Fläche (**Y**) in den Punkten der Kurve $u = \text{const}$. Die Charakteristiken dieser Tangentenebenen fallen mit den Tangenten der konjugierten Schar $v = \text{const}$ zusammen. Nun gehört aber die Charakteristik einer Ebene der Schar zwei Ebenen der differentiellen Umgebung an. Das bedeutet, unsere Charakteristik geht durch den gemeinsamen Punkt zweier Erzeugender $\boldsymbol{Z}\boldsymbol{Z}_u$ der differentiellen Umgebung der Torse $u = \text{const}$, d. h. durch den Brennpunkt des Strahls $\boldsymbol{Z}\boldsymbol{Z}_u$.

Also *liegen die Tangenten an die Kurven eines Netzes in den Brennebenen jeder konjugierten Kongruenz und gehen durch die Brennpunkte jeder harmonischen Kongruenz.* Dabei liegt die Tangente an die u-Kurve unseres Netzes in der Tangentenebene derjenigen Brennfläche der zu ihr konjugierten Kongruenz, die den v-Torsen entspricht, und geht durch den Brennpunkt der harmonischen Kongruenz, der im Berührungspunkt des Strahls mit den v-Kurven ihrer Brennfläche liegt.

Diese geometrischen Überlegungen kann man durch eine kurze Rechnung bestätigen. Eliminieren wir $\boldsymbol{X}$ aus der ersten Gleichung (19) mit Hilfe der Formel (17), so erhalten wir

$$\boldsymbol{Z}_u - \left(\alpha + \frac{\mu_u}{\mu}\right)\boldsymbol{Z} = -\lambda\left(\boldsymbol{Y}_u - \boldsymbol{Y}\frac{\mu_u}{\mu}\right).$$

Daraus folgt, daß nicht nur der Punkt $\boldsymbol{Z}$ auf der Tangente an die Kurve $u = \text{const}$ der Fläche $(\boldsymbol{Y})$ liegt, sondern daß auch der Punkt

$$\boldsymbol{Z}_{-1} = \boldsymbol{Z}_u - B\boldsymbol{Z} = \boldsymbol{Z}_u - \left(\alpha + \frac{\mu_u}{\mu}\right)\boldsymbol{Z}$$

des Strahls $\boldsymbol{Z}\boldsymbol{Z}_u$ auf der Tangente an die Kurve $v = \text{const}$ der Fläche $(\boldsymbol{Y})$ liegt. Dabei ist der Punkt $\boldsymbol{Z}_{-1}$ nach Formel (9′), wobei der Koeffizient B aus der LAPLACE-Gleichung (20) für das Netz $(\boldsymbol{Z})$ genommen wird, eine LAPLACE-Transformierte der Fläche $(\boldsymbol{Z})$, d. h. der zweite Brennpunkt des Strahls $\boldsymbol{Z}\boldsymbol{Z}_u$.

Setzen wir diese Konstruktion weiter fort, so finden wir, daß die Tangente an die u-Kurve auf der Fläche $(\boldsymbol{Z}_{-1})$ in der Tangentenebene der zweiten Brennfläche $(\boldsymbol{Y}_{-1})$ der Kongruenz $(\boldsymbol{Y}\boldsymbol{Y}_u)$ liegt und daß der zweite Brennpunkt $\boldsymbol{Z}_{-2}$ des Strahls $\boldsymbol{Z}_{-1}\boldsymbol{Z}_{-1u}$ auf der Tangente an die u-Kurve der Fläche $(\boldsymbol{Y}_{-1})$ liegt.

Die Figur $\ldots\ \boldsymbol{X}\boldsymbol{Y}\boldsymbol{Y}_{-1}\boldsymbol{Y}_{-2}\ \ldots$ bildet eine LAPLACE-Folge, die auf der Kongruenz $(\boldsymbol{X}\boldsymbol{Y})$ errichtet ist; die Figur $\ldots\ \boldsymbol{Z}_1\boldsymbol{Z}\boldsymbol{Z}_{-1}\boldsymbol{Z}_{-2}\ \ldots$ bildet eine LAPLACE-Folge, die auf dem Netz $(\boldsymbol{Z})$ errichtet ist (Abb. 6).

Die Brennpunkte $\boldsymbol{Z}$, $\boldsymbol{Z}_{-1}$ usw. der zweiten Folge liegen auf den entsprechenden Strahlen $\boldsymbol{X}\boldsymbol{Y}$, $\boldsymbol{Y}\boldsymbol{Y}_{-1}$ usw. der ersten und beide Folgen sind durch ihre Torsen einander zugeordnet.

Definition. Wenn sich zwei Folgen durch ihre Torsen entsprechen und die Strahlen der ersten Folge durch die zugeordneten Brennpunkte der zweiten gehen, dann sagt man, daß die erste Folge der zweiten *umbeschrieben* ist, und die zweite ist der ersten Folge *einbeschrieben.*

Daraus folgt, daß *eine zu einem Netz konjugierte Kongruenz eine Folge erzeugt, die der durch das Netz erzeugten Folge umbeschrieben ist.*

130. Die zu einem Flächenpaar harmonische Kongruenz. Wir betrachten nun zwei Flächen $(\boldsymbol{Z})$ und $(\boldsymbol{Z}')$ (Abb. 7), die zur selben Kongruenz $(\boldsymbol{X}\boldsymbol{Y})$ konjugiert sind. Da die Tangenten $\boldsymbol{Z}\boldsymbol{Z}_u$ und $\boldsymbol{Z}'\boldsymbol{Z}'_u$ in derselben Ebene liegen, einer Ebene, welche die Fläche (**Y**) berührt, müssen sie sich schneiden. Wir bezeichnen ihren Schnittpunkt mit **T**. Die Tangenten $\boldsymbol{Z}\boldsymbol{Z}_v$, $\boldsymbol{Z}'\boldsymbol{Z}'_v$ sollen sich in einem Punkt **S** schneiden. Man zeigt dann leicht, daß die Kongruenz (**ST**) zu den Flächen (**Z**) und (**Z**′) harmonisch ist, d. h. daß sie der Kongruenz (**XY**) durch ihre Torsen entspricht.

Zum Beweis geben wir die Kongruenz (**XY**) durch die Gleichungen (7) § 124 vor und die Flächen (**Z**) und (**Z**′) durch die Formeln

$$\boldsymbol{Z} = \begin{vmatrix} \boldsymbol{X}\boldsymbol{Y} \\ \lambda\,\mu \end{vmatrix}, \qquad \boldsymbol{Z}' = \begin{vmatrix} \boldsymbol{X}\boldsymbol{Y} \\ \lambda'\,\mu' \end{vmatrix}, \tag{17'}$$

wobei λ, μ und λ', μ' zwei Lösungspaare des Systems (7) sind. Offensichtlich muß man voraussetzen, daß die Determinante

$$\Delta = \mu\lambda' - \lambda\mu'$$

von Null verschieden ist. Wir können demzufolge setzen

$$\zeta = \frac{\boldsymbol{Z}}{\Delta}, \qquad \zeta' = \frac{\boldsymbol{Z}'}{\Delta}.$$

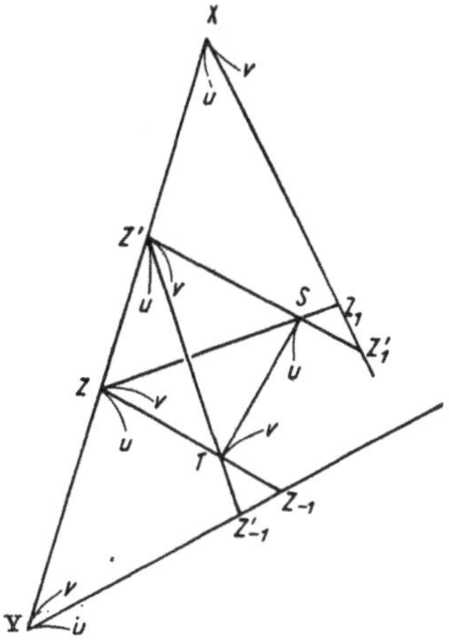

Abb. 7

Wir schreiben die erste Gleichung (19) einmal für **Z** und einmal für **Z**′ hin und eliminieren dann $\boldsymbol{Y}_u$

$$(\lambda'\zeta_u - \lambda\zeta'_u)\,\Delta + (\lambda'\zeta - \lambda\zeta')\,(\Delta_u - \alpha\Delta) = \boldsymbol{X}(\lambda'\mu_u - \lambda\mu'_u).$$

Wenn wir die Formeln verwenden, die unmittelbar aus den Gleichungen (17′) folgen:

$$\boldsymbol{X}\Delta = \lambda'\boldsymbol{Z} - \lambda\boldsymbol{Z}' = \Delta(\lambda'\zeta - \lambda\zeta')$$

und aus den Gleichungen (7), denen λ, μ und λ', μ' genügen:

$$\Delta_u = \alpha\Delta + \lambda'\mu_u - \lambda\mu'_u,$$
$$\Delta_v = \delta\Delta + \mu\lambda'_v - \mu'\lambda_v,$$

dann erhalten wir

$$\zeta_u = m\,\zeta'_u, \quad \zeta_v = n\,\zeta'_v, \quad m = \frac{\lambda}{\lambda'}, \quad n = \frac{\mu}{\mu'}, \tag{21}$$

wobei die zweite Gleichung durch dieselbe Umformung aus der zweiten Gleichung von (19) (mit $\varepsilon = 0$) erhalten wurde.

Daraus folgt, daß die Schnittpunkte unserer Tangenten Linearkombinationen der Punkte $\boldsymbol{Z}, \boldsymbol{Z}_u$ bzw. $\boldsymbol{Z}', \boldsymbol{Z}'_u$ sind:

$$\boldsymbol{T} = \zeta'_u, \quad \boldsymbol{S} = \zeta'_v.$$

Eliminieren wir ζ aus den beiden Gleichungen (21), so erhalten wir eine LAPLACE-Gleichung für die Koordinaten des Punktes ζ', d. h. für die Fläche (**Z**′)

$$(m - n)\,\zeta'_{uv} + m_v\zeta'_u - n_u\zeta'_v = 0$$

oder

$$(m - n)\,\boldsymbol{T}_v = -\,m_v\boldsymbol{T} + n_u\boldsymbol{S}, \qquad (m - n)\,\boldsymbol{S}_u = -\,m_v\boldsymbol{T} + n_u\boldsymbol{S},$$

woraus folgt, daß $\boldsymbol{T}$ und $\boldsymbol{S}$ die Brennpunkte des Strahls $\boldsymbol{ST}$ sind und $u = \text{const}$, $v = \text{const}$ die Torsen der Kongruenz $(\boldsymbol{ST})$. Sie entsprechen demselben konjugierten Netz u, v auf den Flächen $(\boldsymbol{Z})$ bzw. $(\boldsymbol{Z}')$, welches den Torsen der Kongruenz entspricht, und da der Strahl $\boldsymbol{ST}$ im Schnitt der Tangentenebenen der Flächen $(\boldsymbol{Z})$, $(\boldsymbol{Z}')$ liegt, erzeugt er eine Kongruenz, welche sowohl zur Fläche $(\boldsymbol{Z})$ wie zur Fläche $(\boldsymbol{Z}')$ harmonisch ist.

Wir erhalten den Satz:

Zwei Netze, die zu einer Kongruenz konjugiert sind, sind zu einer anderen Kongruenz harmonisch.

131. Sätze über die konjugierten und harmonischen Kongruenzen. Man kann eine ganze Reihe analoger Sätze bezüglich der konjugierten und harmonischen Netze und Kongruenzen aufstellen.

Zwei Kongruenzen, die zu einem Netz harmonisch sind, sind zu einem andern Netz konjugiert.

Zwei Netze, die zu einer Kongruenz harmonisch sind, sind zu einer andern Kongruenz konjugiert.

Zwei Kongruenzen, die zu einem Netz konjugiert sind, sind zu einem andern Netz harmonisch.

Um den ersten Satz zu beweisen, bemerken wir, daß die allgemeinste Kongruenz $(\boldsymbol{Z}\boldsymbol{Z}_1)$ (Abb. 7), die zu einem Netz $(\boldsymbol{X})$ harmonisch ist, erhalten werden kann, indem man die Netze $(\boldsymbol{Z})$ sucht, welche zu der Kongruenz $(\boldsymbol{X}\boldsymbol{X}_{-1}) = (\boldsymbol{X}\boldsymbol{X}_u)$ konjugiert sind, wobei $\boldsymbol{X}_{-1} = \boldsymbol{Y}$. Wenn das Netz $(\boldsymbol{X})$ durch die LAPLACE-Gleichung (8) § 125 bestimmt wird, dann wird die Kongruenz $(\boldsymbol{X}\boldsymbol{X}_1)$ durch die Gleichungen (9), (10) § 125 bestimmt, und die Brennetze $(\boldsymbol{Z})$, $(\boldsymbol{Z}_1)$ bestimmen sich nach Formel (17):

$$\boldsymbol{Z} = \begin{vmatrix} \boldsymbol{X} & \boldsymbol{X}_{-1} \\ R & R_{-1} \end{vmatrix} = R_u \boldsymbol{X} - R\boldsymbol{X}_u, \quad \boldsymbol{Z}_1 = \begin{vmatrix} \boldsymbol{X}_1 & \boldsymbol{X} \\ R_1 & R \end{vmatrix} = R\boldsymbol{X}_v - R_v \boldsymbol{X}, \tag{22}$$

wobei R irgendeine Lösung der Gleichung (8) ist und R_1, R_{-1} Ausdrücke sind, die man aus R nach den Formeln (9), (9′) erhält.

Wenn man nun eine zweite zum Netz $(\boldsymbol{X})$ harmonische Kongruenz $(\boldsymbol{Z}'\boldsymbol{Z}_1')$ heranzieht, die man auch nach der Formel (22) mit Hilfe einer Lösung R' erhält, sieht man leicht, daß sich die Strahlen $\boldsymbol{Z}\boldsymbol{Z}_1$ und $\boldsymbol{Z}'\boldsymbol{Z}_1'$ im Punkt

$$\boldsymbol{S} = \begin{vmatrix} \boldsymbol{X} & \boldsymbol{X}_u & \boldsymbol{X}_v \\ R & R_u & R_v \\ R' & R_u' & R_v' \end{vmatrix} \tag{22'}$$

schneiden, weil sich $\boldsymbol{S}$ linear durch $\boldsymbol{Z}, \boldsymbol{Z}_1$ ausdrückt

$$\boldsymbol{S} = \frac{1}{R^2} \begin{vmatrix} \boldsymbol{X} & R\boldsymbol{X}_u - R_u\boldsymbol{X} & R\boldsymbol{X}_v - R_v\boldsymbol{X} \\ R & 0 & 0 \\ R' & RR_u' - R_uR' & RR_v' - R_vR' \end{vmatrix} =$$

$$= -\frac{1}{R} \begin{vmatrix} -\boldsymbol{Z} & \boldsymbol{Z}_1 \\ RR_u' - R_uR' & RR_v' - R_vR' \end{vmatrix}, \tag{22''}$$

und ebenso durch $\boldsymbol{Z}', \boldsymbol{Z}_1'$. Dabei beschreibt der so gebildete Punkt $\boldsymbol{S}$ ein Netz, das zu den beiden Kongruenzen $(\boldsymbol{Z}\boldsymbol{Z}_1)$, $(\boldsymbol{Z}'\boldsymbol{Z}_1')$ konjugiert ist, denn es ist das Brennetz der Kongruenz $(\boldsymbol{S}\boldsymbol{T})$ des vorangehenden Paragraphen.

Wir gehen zum Beweis des zweiten Satzes über. Wenn die beiden Netze $(\boldsymbol{X})$ und $(\boldsymbol{X}')$ zur Kongruenz $(\boldsymbol{Y}\boldsymbol{Z})$ harmonisch sind (Abb. 8), dann schneiden sich $\boldsymbol{X}\boldsymbol{X}_u$ und $\boldsymbol{X}'\boldsymbol{X}_u'$, $\boldsymbol{X}\boldsymbol{X}_v$ und $\boldsymbol{X}'\boldsymbol{X}_v'$ resp. in den Punkten $\boldsymbol{Y}$ und $\boldsymbol{Z}$.

Wir betrachten die Kongruenz $(\boldsymbol{X}\boldsymbol{X}')$. Ihre Regelflächen u, v besitzen die Tangentenebenen $\boldsymbol{X}\boldsymbol{Y}\boldsymbol{X}'$ bzw. $\boldsymbol{X}\boldsymbol{Z}\boldsymbol{X}'$ sowohl im Punkt $\boldsymbol{X}$ wie im Punkt $\boldsymbol{X}'$

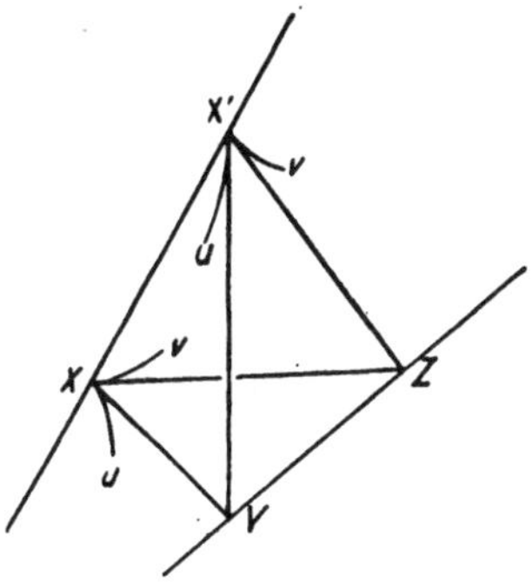

Abb. 8

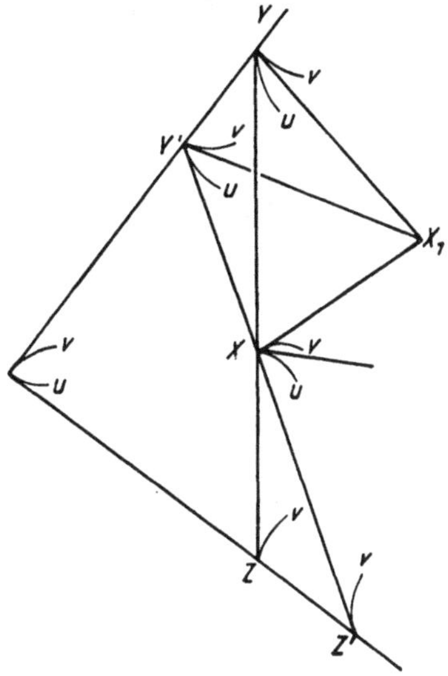

Abb. 9

und sind demnach Torsen. Folglich ist die Kongruenz $(\boldsymbol{X}\boldsymbol{X}')$ sowohl zum Netz $(\boldsymbol{X})$ wie zum Netz $(\boldsymbol{X}')$ konjugiert.

Der dritte Satz folgt direkt aus den vorhergehenden: wenn die Kongruenzen $(\boldsymbol{Y}\boldsymbol{Z})$ und $(\boldsymbol{Y}'\boldsymbol{Z}')$ zum Netz $(\boldsymbol{X})$ konjugiert sind (Abb. 9) und demnach ihre Brennnetze $(\boldsymbol{Y})$, $(\boldsymbol{Y}')$ harmonisch sind zur Kongruenz $(\boldsymbol{X}\boldsymbol{X}_1) = (\boldsymbol{X}\boldsymbol{X}_v)$, dann folgt nach dem vorhergehenden Satz, daß die Kongruenz $(\boldsymbol{Y}\boldsymbol{Y}')$ sowohl zum Netz $(\boldsymbol{Y})$ wie zum Netz $(\boldsymbol{Y}')$ konjugiert ist, und folglich ist das Brennetz $(\boldsymbol{T})$ der Kongruenz $(\boldsymbol{Y}\boldsymbol{Y}')$ harmonisch sowohl zu $(\boldsymbol{Y}\boldsymbol{Z})$ wie zu $(\boldsymbol{Y}\boldsymbol{Z}')$.

Schließlich beweisen wir noch den Satz:

Wenn eine Kongruenz zu einem Netz konjugiert und zu einem andern harmonisch ist, so gibt es eine einparametrige Gesamtheit von Kongruenzen mit den gleichen Eigenschaften.

Sei also die durch (22) erklärte, zum Netze $(\boldsymbol{X})$ mit der LAPLACE-Gleichung (8) § 125 harmonische Kongruenz gleichzeitig zu einem Netze $(\boldsymbol{S})$ konjugiert. Da nach (22)

$$\begin{aligned} \boldsymbol{Z}_v &= \left(a + \frac{R_v}{R}\right)\boldsymbol{Z} + \left(-b + \frac{R_u}{R}\right)\boldsymbol{Z}_1, \\ \boldsymbol{Z}_{1u} &= \left(-a + \frac{R_v}{R}\right)\boldsymbol{Z} + \left(b + \frac{R_u}{R}\right)\boldsymbol{Z}_1, \end{aligned} \tag{a}$$

kann man $\boldsymbol{S}$ darstellen in der Form

$$\boldsymbol{S} = \begin{vmatrix} \boldsymbol{Z} & \boldsymbol{Z}_1 \\ \lambda & \mu \end{vmatrix}$$

mit Größen λ und μ, die den Gleichungen (a) genügen:

$$\begin{aligned} \lambda_v &= \left(a + \frac{R_v}{R}\right)\lambda + \left(-b + \frac{R_u}{R}\right)\mu, \\ \mu_u &= \left(-a + \frac{R_v}{R}\right)\lambda + \left(b + \frac{R_u}{R}\right)\mu. \end{aligned} \tag{b}$$

Das Gleichungssystem

$$RR'_u = -\lambda + R'R_u, \qquad RR'_v = \mu + R'R_v \tag{c}$$

für die unbekannte Funktion R' ist wegen (b) vollständig integrierbar, denn aus der ersten Gleichung erhält man durch Differentiation nach v, aus der zweiten durch Differentiation nach u die gleiche Beziehung

$$RR'_{uv} = -a\lambda + b\mu + R'R_{uv},$$

aus der sich auch ergibt, daß jede Lösung von (c) wie R der Gleichung (8) § 125 genügt. Ist R' eine beliebige Lösung von (c), so kann man $\boldsymbol{S}$ in der Form (22'') und damit in der Form (22') schreiben. Dann aber gehört zu jeder Lösung

$$mR + nR'; \qquad m, n \text{ const}$$

von (8) § 125 eine Kongruenz, die zu ($\boldsymbol{X}$) harmonisch und zu ($\boldsymbol{S}$) konjugiert ist. Damit ist der angekündigte Satz bewiesen.

Wir bestimmen jetzt Formeln, die zu einem gegebenen Netz eine konjugierte Kongruenz liefern.

132. Die Bestimmung der zu einem Netz konjugierten Kongruenzen. Wir bemerken, daß die Kongruenz ($\boldsymbol{YZ}$) zum Netz ($\boldsymbol{X}$) konjugiert ist, wenn ihr Brennnetz ($\boldsymbol{Y}$) zur Kongruenz ($\boldsymbol{XX}_1$) harmonisch ist. Die Tangenten an die Kurven des Netzes ($\boldsymbol{Y}$) enthalten die Brennpunkte $\boldsymbol{X}$, $\boldsymbol{X}_1$ unserer Kongruenz. Folglich ist

$$\begin{aligned} \boldsymbol{Y}_u &= \alpha\boldsymbol{X} + \beta\boldsymbol{Y}, \\ \boldsymbol{Y}_v &= \gamma\boldsymbol{X}_1 + \delta\boldsymbol{Y}, \end{aligned} \tag{23}$$

und daraus folgt die Verträglichkeitsbedingung

$$(\alpha\boldsymbol{X} + \beta\boldsymbol{Y})_v = (\gamma\boldsymbol{X}_1 + \delta\boldsymbol{Y})_u. \tag{24}$$

Wenn wir diese Gleichung auflösen, indem wir die Formeln (23) und ebenso (9), (10) § 125 verwenden, so erhalten wir eine lineare homogene Gleichung für $\boldsymbol{X}$, $\boldsymbol{X}_1$ und $\boldsymbol{Y}$; alle Koeffizienten derselben müssen verschwinden, weil $\boldsymbol{X}$, $\boldsymbol{X}_1$ und $\boldsymbol{Y}$ nicht auf einer Geraden liegen. Fassen wir die Koeffizienten von $\boldsymbol{Y}$ zusammen, so erhalten wir

$$\beta_v = \delta_u.$$

Folglich kann man setzen

$$\beta = \frac{\partial \ln \varphi}{\partial u}, \qquad \delta = \frac{\partial \ln \varphi}{\partial v}.$$

Dividieren wir $\boldsymbol{Y}$ durch φ, so machen wir β und δ zu Null, wie dies sofort aus den Gleichungen (23) folgt.

Indessen ergibt die Gleichung (24) bei $\beta = \delta = 0$, wenn man für $\boldsymbol{X}_v$, $\boldsymbol{X}_{1u}$ die Formeln (9), (10) § 125 verwendet und die Koeffizienten bei $\boldsymbol{X}, \boldsymbol{X}_1$ zusammenfaßt

$$\alpha = \gamma_u + b\gamma, \qquad \alpha_v + a\alpha = h\gamma, \tag{25a}$$

woraus wir durch Elimination von α erhalten

$$\gamma_{uv} = -(a\gamma)_u - (b\gamma)_v + c\gamma. \tag{25b}$$

Diese Gleichung nennt man *die zur* LAPLACE-*Gleichung* (8) § 125 *adjungierte Gleichung.*

Also wird die zum Netz ($\boldsymbol{X}$) konjugierte Kongruenz ($\boldsymbol{YZ}$) durch das vollständig integrierbare System

$$\boldsymbol{Y}_u = (\gamma_u + b\gamma)\boldsymbol{X}, \qquad \boldsymbol{Y}_v = \gamma(\boldsymbol{X}_v - a\boldsymbol{X}), \tag{26a}$$

$$\boldsymbol{Z} = \boldsymbol{Y} - \gamma\boldsymbol{X} \tag{26b}$$

bestimmt, wobei γ eine beliebige Lösung der Gleichung (25b) ist, die zur Gleichung (8) adjungiert ist.

III. Die Transformation von Netzen mit gleichen Invarianten

133. Konjugierte Netze mit gleichen Invarianten. Unterwerfen wir die Invarianten eines Netzes dieser oder jener Bedingung, so können wir verschiedene Sonderformen von konjugierten Netzen erhalten. Beschränken wir uns wie bisher auf die LAPLACE-Gleichung für die Punktkoordinaten der Fläche, so sind die interessantesten Netze diejenigen mit gleichen Invarianten:

$$h = k. \tag{27}$$

Wegen (15) § 126 besagt diese Bedingung, daß die Ableitungen a_u und b_v gleich sind

$$a_u = b_v, \tag{27'}$$

d. h. es gibt eine Funktion φ derart, daß

$$a = \frac{\partial \ln \varphi}{\partial v}, \qquad b = \frac{\partial \ln \varphi}{\partial u}.$$

Setzen wir in den Formeln (14) § 126 $\varrho = \varphi$, so erhalten wir $a' = b' = 0$, und wir führen die Gleichung (8) § 125 in die Gestalt einer MOUTARD-Gleichung über:

$$\frac{\partial^2 x^i}{\partial u\, \partial v} = h x^i. \tag{28}$$

Im Kap. IV, § 70 sahen wir, daß drei Lösungen dieser Gleichung nach den Formeln (1) § 70 im E_3 eine Fläche bestimmen, die auf Asymptotenlinienparameter u, v bezogen ist. Nun beweisen wir den Satz über die charakteristische Eigenschaft eines konjugierten Netzes mit gleichen Invarianten:

In der Tangentenebene einer Fläche $(\boldsymbol{X})$, *die auf ein konjugiertes Netz mit gleichen Invarianten bezogen ist, gibt es einen Kegelschnitt, der im Punkt* $\boldsymbol{X}_1$ *die u-Kurve und im Punkt* $\boldsymbol{X}_{-1}$ *die v-Kurve in zweiter Ordnung berührt.*

Man muß hierbei beachten, daß eine zweidimensionale Fläche $(\boldsymbol{X})$, wenn sie auch nicht in einem Raum von weniger als n Dimensionen Platz hat, doch in diesem Raum eine zweidimensionale Tangentenebene besitzt, in der auch der Kegelschnitt des Satzes liegt.

Wir wählen in der Tangentenebene der Fläche $(\boldsymbol{X})$ ein Koordinatendreieck mit den Eckpunkten $\boldsymbol{X}, \boldsymbol{X}_1, \boldsymbol{X}_{-1}$. Jeder Punkt $\boldsymbol{M}$ in dieser Ebene besitzt die Koordinaten ξ, ξ_1, ξ_2 bezüglich dieses Dreiecks, welche durch die Gleichung bestimmt werden:

$$\boldsymbol{M} = \xi \boldsymbol{X} + \xi_1 \boldsymbol{X}_1 + \xi_2 \boldsymbol{X}_{-1}.$$

Was für Invarianten h, k das Netz $(\boldsymbol{X})$ auch immer besitzt, der Kegelschnitt

$$\xi^2 - \lambda \xi_1 \xi_2 = 0, \qquad \lambda = \text{const} \tag{29}$$

berührt die Seite $\boldsymbol{X}\boldsymbol{X}_1$ im Punkt $\boldsymbol{X}_1$ und die Seite $\boldsymbol{X}\boldsymbol{X}_{-1}$ im Punkt $\boldsymbol{X}_{-1}$, wovon man sich leicht überzeugt, indem man seine Schnittpunkte mit der Geraden $\xi_1 = 0$ (der Seite $\boldsymbol{X}\boldsymbol{X}_{-1}$) und der Geraden $\xi_2 = 0$ (der Seite $\boldsymbol{X}\boldsymbol{X}_1$) aufsucht. Durch die vier Punkte (den doppeltzählenden Punkt $\boldsymbol{X}_1$ und den doppeltzählenden Punkt $\boldsymbol{X}_{-1}$) ist ein Kegelschnittbüschel bestimmt, der Parameter λ bleibt willkürlich.

Da die Tangentenebene $\boldsymbol{X}\boldsymbol{X}_1\boldsymbol{X}_{-1}$ die Schmiegebene der Kurve $v = \text{const}$ auf der Fläche $(\boldsymbol{X}_1)$ ist, kann man den Parameter λ so wählen, daß die Kurve (29) mit der Kurve $v = \text{const}$ der Fläche $(\boldsymbol{X}_1)$ eine Berührung zweiter Ordnung hat.

Den benachbarten Punkt $\boldsymbol{X}_1'$ auf der Kurve $v = \text{const}$, der dem Wert $u + \varepsilon$ des Parameters u entspricht, kann man durch die Entwicklung

$$\boldsymbol{X}_1' = \boldsymbol{X}_1 + \varepsilon \frac{\partial \boldsymbol{X}_1}{\partial u} + \frac{\varepsilon^2}{2} \frac{\partial^2 \boldsymbol{X}_1}{\partial u^2} + \cdots = \xi \boldsymbol{X} + \xi_1 \boldsymbol{X}_1 + \xi_2 \boldsymbol{X}_{-1} \tag{a}$$

erhalten. Differenzieren wir die Gleichung (10) § 125 und setzen in die Gleichung (a) die Werte für $\boldsymbol{X}_{1u}, \boldsymbol{X}_{1uu}$ ein, so ergibt sich auf dem Wege eines Koeffizientenvergleichs von $\boldsymbol{X}, \boldsymbol{X}_1, \boldsymbol{X}_{-1}$:

$$\xi = h\varepsilon + \frac{\varepsilon^2}{2}(h_u + 2bh) + \cdots$$

$$\xi_1 = 1 + b\varepsilon + \frac{\varepsilon^2}{2}(b_u + b^2) + \cdots$$

$$\xi_2 = \frac{\varepsilon^2}{2} h + \cdots.$$

Wenn wir diese Werte in die linke Seite der Gleichung (29) einsetzen, dann erhalten wir

$$\xi^2 - \lambda \xi_1 \xi_2 = \frac{1}{2} h (2h - \lambda) \varepsilon^2 + \cdots;$$

die Glieder, die ε wenigstens in der dritten Potenz enthalten, sind nicht hingeschrieben.

Daraus folgt, daß für $\lambda = 2h$ die Kurve (29) eine Berührung zweiter Ordnung mit der Kurve v = const der Fläche (X_1) hat.

Eine ebensolche Überlegung führt bei Vertauschung der Veränderlichen u und v, der Invarianten h und k und der Punkte X_1 und X_{-1} zu dem Schluß, daß für $\lambda = 2k$ der Kegelschnitt (29) mit der Kurve u = const der Fläche (X_{-1}) eine Berührung zweiter Ordnung hat. Nur für ein Netz mit gleichen und von Null verschiedenen Invarianten $h = k \neq 0$ kann man eine Kurve $\lambda = 2h = 2k$ finden, die gleichzeitig mit der u-Kurve im Punkt X_1 und der v-Kurve im Punkt X_{-1} eine Berührung zweiter Ordnung hat.

134. Die Transformation von Moutard. In den §§70—76 Kap. IV betrachteten wir die Moutard-Transformation, die es gestattet, zu jeder Lösung der Gleichung (28) eine Lösung der neuen transformierten Moutard-Gleichung zu finden, wenn irgendeine (transformierende) Lösung der ursprünglichen Gleichung bekannt ist. Diese Transformation wurde zur Konstruktion einer W-Kongruenz zu gegebener Brennfläche verwendet. Nun erhalten wir für sie eine neue geometrische Bedeutung.

Wenn eine Kongruenz (YZ) *zu einem Netz* (X) *mit gleichen Invarianten konjugiert ist, dann beschreibt der zum konjugierten Punkt* X *bezüglich des Punktepaares* Y, Z *harmonische Punkt* X' *ein neues Netz mit gleichen Invarianten, das auch zur Kongruenz* (YZ) *konjugiert ist.* Der Übergang vom Netz (X) zum Netz (X') stellt die allgemeinste Moutard-Transformation dar.

Wir nehmen an, daß das Netz (X) durch $n+1$ Lösungen der Gleichung (28) bestimmt ist. Die zum Netz (X) konjugierte Kongruenz (YZ) wird durch die Gleichungen (26a), (26b) bestimmt, die jetzt wegen $a = 0$, $b = 0$ die Gestalt annehmen

$$Y_u = R_u X, \quad Y_v = R X_v, \quad Z = Y - RX, \tag{30}$$

wobei R eine Lösung der adjungierten Gleichung (25b) ist, die wegen $a = b = 0$ mit der ursprünglichen Moutard-Gleichung (28) übereinstimmt.

Da

$$RX = Y - Z$$

ist, kann der vierte harmonische Punkt X' durch die Formel

$$X' = Y + Z = 2Y - RX$$

bestimmt werden. Durch Differenzieren erhalten wir

$$X'_u = R_u X - R X_u, \quad X'_v = -(R_v X - R X_v), \tag{31}$$

woraus sich ergibt

$$X'_{uv} = X'_u \frac{\partial \ln R}{\partial v} + X'_v \frac{\partial \ln R}{\partial u},$$

oder, indem wir $X' = R\overline{X}$ setzen,

$$\overline{X}_{uv} = h'\overline{X}, \qquad h' = R\,\frac{\partial^2}{\partial u\,\partial v}\left(\frac{1}{R}\right). \tag{31'}$$

Diese Formeln fallen genau mit den Formeln (5a) und (5b) § 70, Kap. IV zusammen, womit unsere Behauptung bewiesen ist.

Umgekehrt, *wenn die beiden Netze* (X) *und* (X') *zur Kongruenz* (YZ) *konjugiert sind und deren Brennpunkte harmonisch trennen, dann sind beides Netze mit gleichen Invarianten.*

Da nämlich die Netze (X) und (X') zur selben Kongruenz konjugiert sind, genügen sie bei geeigneter Normierung der Koordinaten den Gleichungen (21) § 130

$$X_u = mX'_u, \qquad X_v = nX'_v. \tag{32}$$

Die Brennpunkte der zu den beiden Netzen konjugierten Kongruenz erhält man leicht aus den Gleichungen (17') § 130, wenn man dort, den neuen Bezeichnungen gemäß, folgendermaßen ersetzt: $Z \to \Delta X$, $Z' \to \Delta X'$, $X \to \lambda' Y$, $Y \to \mu' Z$, und die erhaltenen Gleichungen nach Y und Z auflöst

$$Y = X - mX', \qquad Z = X - nX'.$$

Wenn X, X', Y, Z vier harmonische Punkte sind, dann ist $n = -m$, und die Verträglichkeitsbedingung der Gleichungen (32) ergibt

$$(mX'_u)_v + (mX'_v)_u = 0; \quad \text{oder} \quad \left(\frac{X_u}{m}\right)_v + \left(\frac{X_v}{m}\right)_u = 0,$$

woraus folgt

$$X'_{uv} + \frac{1}{2}(\ln m)_v X'_u + \frac{1}{2}(\ln m)_u X'_v = 0$$

oder

$$X_{uv} - \frac{1}{2}(\ln m)_v X_u - \frac{1}{2}(\ln m)_u X_v = 0,$$

und da die Bedingung (27') erfüllt ist, sind beides Gleichungen mit gleichen Invarianten.

Wir bemerken noch beiläufig, daß die Kegelschnitte, die mit den Netzen (X) und (X') verknüpft sind, und in deren Tangentenebenen liegen, sich in zwei Punkten schneiden. Davon überzeugt man sich leicht, wenn man die Schnittpunkte der Kurve (29) mit dem Wert $\lambda^{\cdot} = 2h$ mit der Schnittgeraden der Tangentenebenen von (X) und (X') ausrechnet.

135. Der Vertauschungssatz für die Moutard-Transformationen. Der Vertauschungssatz für die Moutard-Transformationen erhält jetzt eine neue geometrische Deutung.

Wir stellen zunächst eine allgemeinere Frage. Es sei (X) ein konjugiertes Netz und $(Y'Z')$, $(Y''Z'')$ zwei zu ihm konjugierte Kongruenzen. Wir wissen, daß die beiden Kongruenzen zu einem Netz (T) harmonisch sind; der Punkt T liegt im

Schnittpunkt der beiden Geraden $Y'Y''$, $Z'Z''$, welche die gleichbenannten Brennpunkte verbinden.

Wenn (X') ein zur Kongruenz $(Y'Z')$ konjugiertes Netz ist, dann gibt es nach § 131 eine einparametrige Schar von Kongruenzen $(U'V')$, die zum Netz (X') konjugiert und zum Netz (T) harmonisch sind. Wenn das Netz (X'') zur Kongruenz $(Y''Z'')$ konjugiert ist, dann finden wir eine einparametrige Schar von Kongruenzen $(U''V'')$, die zum Netz (X'') konjugiert und zum Netz (T) harmonisch sind. Da die beiden Kongruenzen $(U'V')$ und $(U''V'')$ zum selben Netz (T) harmonisch sind, gibt es ein zu ihnen konjugiertes Netz, das von dem Punkt $\overline{X}$ beschrieben wird, der im Schnittpunkt der Geraden $U'V'$ und $U''V''$ liegt. Dieses Netz $(\overline{X})$ hängt von zwei Parametern ab.

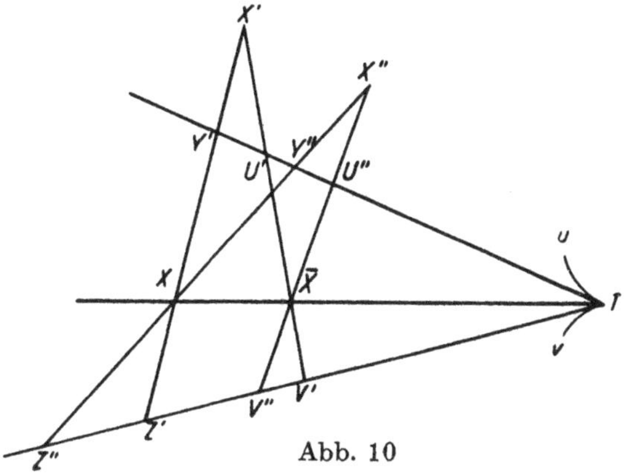

Abb. 10

Der Vertauschungssatz für die MOUTARD-Transformationen stellt einen Spezialfall dieser Konstruktion dar, den man erhält, wenn alle vier Netze (X), $)X')$, (X''), $(\overline{X})$ Netze mit gleichen Invarianten sind.

Der Vertauschungssatz bestätigt die Existenz des Punktes $\overline{X}$, der die Punkte X' und X'' von den Schnittpunkten der Geraden $X'\overline{X}$, $X''\overline{X}$ mit den Tangenten TT_u und TT_v harmonisch trennt, wenn das Netz (X) gleiche Invarianten besitzt und die Punkte X' und X'' auf den Strahlen $Y'Z'$, $Y''Z''$ der beiden zum Netz (X) konjugierten Kongruenzen derart gewählt sind, daß sie X von den Brennpunkten Y', Z' und Y'', Z'' harmonisch trennen. Dieser Bedingung genügen offenbar alle Punkte der Geraden XT. Zum Beweis wählen wir einen beliebigen Punkt $\overline{X}$ auf der Geraden XT und ziehen die Geraden $\overline{X}X'$ und $\overline{X}X''$. Indem wir aus dem Punkt T die harmonischen Quadrupel X', Y', X, Z' und X'', Y'', X, Z'' projizieren, erhalten wir die beiden harmonischen Büschel TX', TY', TX, TZ' und TX'', TY'', TX, TZ'', welche die Geraden $\overline{X}X'$ und $\overline{X}X''$ resp. in den harmonischen Quadrupeln X', U', X, V' und $X'', U'', \overline{X}, V''$ schneiden.

Wenn man demnach die Netze (X') und (X'') durch eine MOUTARD-Transformation aus dem Netz (X) erhalten hat, so ergibt sich das Netz $(\overline{X})$ aus den Netzen (X') und (X'') auch durch eine MOUTARD-Transformation.

Da in den beiden harmonischen Büscheln TX', TY', TX, TZ' und TX'', TY'', TX, TZ'' die letzten drei Geraden paarweise zusammenfallen, müssen auch die ersten zusammenfallen. Folglich liegt der Punkt T auf der Geraden $X'X''$.

Da wir im Kap. IV für die vierte Fläche $(\overline{X})$ des Vertauschungssatzes die Formel (14) § 75 erhielten, die sich in unseren Bezeichnungen in der Gestalt

$$\overline{X} = X + \frac{R_1 R_2}{\nu} (X'' - X')$$

schreibt, und der Punkt $\overline{X}$ bei Veränderung von ν jeder von X und T verschiedene Punkt der Geraden XT sein kann, ist

$$T = X'' - X'.$$

IV. Konjugierte Netze in einem Raum mit Fundamentalhyperquadrik

136. Quadratische Netze und ihre Transformation. Das Netz (X) des Raumes P_n heißt *quadratisch*, wenn die Fläche (X) auf einer Hyperquadrik Q_{n-1}^2 (*Fundamentalhyperquadrik*) liegt. Die linke Seite der Gleichung für die Fläche Q_{n-1}^2 schreiben wir in der Gestalt eines (PLÜCKERschen) Produkts zweier analytischer Punkte

$$\{XX\} = a_{ik}\, x^i\, x^k, \quad a_{ik} = a_{ki}, \quad i, k = 1, 2, \ldots, n+1. \tag{33}$$

Dieses Produkt ist offensichtlich kommutativ und distributiv. Einen skalaren Faktor kann man ausklammern.

Wir schreiben nun die Gleichung der Fläche Q_{n-1}^2 in der Gestalt

$$\{XX\} = 0. \tag{33'}$$

Durch eine geeignete (nicht immer reelle) projektive Abbildung können wir die linke Seite der Gleichung der Fläche Q_{n-1}^2 in die Gestalt einer Quadratsumme überführen.

Folglich kann das PLÜCKERsche Produkt selbst in Gestalt einer derartigen Summe dargestellt werden

$$\{XX\} = (x^1)^2 + (x^2)^2 + \cdots + (x^{n+1})^2. \tag{33''}$$

Für eine Quadrik im dreidimensionalen projektiven Raum P_3 gilt der Satz: *Wenn die Torsen einer Kongruenz auf einer Quadrik ein konjugiertes Netz ausschneiden bei Eintritt des Strahles in die Fläche, dann schneiden sie auch ein zweites konjugiertes Netz aus, wenn der Strahl aus der Fläche austritt.*

Um die Richtigkeit dieses Satzes zu zeigen, genügt es, zu bemerken, daß bei der Bewegung eines Punktes auf der Quadrik Q in der Richtung irgendeiner ihrer Tangenten sich die polare Ebene zu diesem Punkt (d. h. die Tangentenebene) um die konjugierte Tangente dreht; da die Gerade der Pole und die Büschelachse ihrer polaren Ebenen ein Paar reziproker Polaren bilden, sind die konjugierten Tangenten der Fläche Q reziproke Polaren bezüglich dieser Fläche. Die Brennebenen der Kongruenz enthalten solche Tangenten (weil die Kongruenz zur Fläche konjugiert ist), folglich sind sie polar aufeinander bezogen, d. h. jede Ebene α_1, α_2 enthält den Pol A_2, A_1 der andern.

Andererseits ist die polare Ebene des zweiten Schnittpunktes X' des Kongruenzstrahls mit der Fläche Q die Tangentenebene. Da ihr Pol X' in beiden Ebenen α_1, α_2 liegt, liegen auch die Pole A_1, A_2 in dieser Tangentenebene und bestimmen die Tangenten $X'A_1$, $X'A_2$ an die Kurven, die auf der Fläche Q von den Brennebenen α_2, α_1 ausgeschnitten werden. Diese sind gleichzeitig die Tangenten an die Kurven, die von den Torsen der Kongruenz auf der Fläche Q ausgeschnitten werden. Da sie konjugiert sind, ist (X') ein konjugiertes Netz.

Eine einfache analytische Rechnung gestattet es, diesen Satz auf den projektiven Raum P_n auszudehnen.

137. Die RIBAUCOURsche Transformation der quadratischen Netze im P_n. Ein quadratisches Netz (X) wird durch $n + 1$ Lösungen der Gleichung (8) § 125 bestimmt, die der Gleichung (33′) genügen. Die zum Netz (X) konjugierte Kongruenz (YZ) wird durch das System (26a), (26b) § 132 bestimmt, wobei γ eine willkürliche Lösung der adjungierten Gleichung (25b) § 132 ist.

Es seien X und X' die Punkte, in denen der Strahl XY die Fläche (33) schneidet. Dann ist

$$X' = Y + \theta X,$$

und da die Punkte X und X' der Gleichung (33′) genügen, erhalten wir

$$\{Y + \theta X, \quad Y + \theta X\} = \{YY\} + 2\theta\,\{XY\} = 0.$$

Folglich kann man bei Änderung der Normierung annehmen

$$X' = \lambda Y - \mu X, \tag{34a}$$

wobei

$$\lambda = 2\,\{XY\}, \quad \mu = \{YY\}. \tag{34b}$$

Indem wir die Formeln (34b) differenzieren und die Gleichungen (26a) verwenden, ergibt sich, da $\{XX\} = 0$, $\{XX_v\} = 0$,

$$\mu_u = (\gamma_u + b\gamma)\lambda, \quad \mu_v = \gamma(\lambda_v - a\lambda). \tag{35}$$

Durch Vergleich dieser Gleichungen mit den Gleichungen (26a) erhalten wir unmittelbar, daß λ der LAPLACE-Gleichung (8) genügt, und μ einer ebensolchen LAPLACE-Gleichung für das Netz (Y). Da

$$\mu_u Y - \mu Y_u = (\gamma_u + b\gamma)(\lambda Y - \mu X) = (\gamma_u + b\gamma)\,X',$$

genügt X' der Gleichung (22), d. h. es beschreibt ein zur Kongruenz (YY_u) oder, was dasselbe ist, zur Kongruenz (YX) konjugiertes Netz. Damit ist der Satz bewiesen.

Eine derartige Transformation der quadratischen Netze nennt man eine RIBAUCOURsche. Sie wird durch die Formeln (34a), (34b) bestimmt.

Eine Kongruenz im projektiven Raum P_n heißt *quadratisch*, wenn ihre Strahlen auf einer Hyperquadrik Q^2_{n-1} liegen.

Satz: *Die RIBAUCOURsche Transformation führt eine quadratische Kongruenz in eine quadratische über.*

Beweis: Wenn der Punkt X das Brennetz der Kongruenz beschreibt und die Kongruenzstrahlen die u-Kurven berühren, dann kann man die notwendige und hinreichende Bedingung dafür, daß die Kongruenz quadratisch ist, in der Gestalt hinschreiben

$$\{XX\} = 0, \quad \{X_u X_u\} = 0; \tag{36}$$

denn man erhält die Gleichung $\{XX_u\} = 0$, wenn man die erste Gleichung von (36) nach u differenziert; aus (36) folgt dann:

$$\{X + tX_u, \quad X + tX_u\} = \{XX\} + 2t\,\{XX_u\} + t^2\,\{X_u X_u\} = 0.$$

Wir betrachten irgendeine zum Netz (X) konjugierte Kongruenz (XY), wobei die Tangentenkongruenz $v =$ const des Netzes quadratisch ist. Nach dem bewiesenen Satz schneidet die Kongruenz (XY), indem sie die Fläche Q^2_{n-1} in den Punkten X' ein zweites Mal schneidet, auf dieser ein neues konjugiertes Netz (X') aus. Wir zeigen, daß die Kongruenz $v =$ const dieses Netzes, d. h. die Kongruenz $(X'X'_u)$, quadratisch ist.

Durch Differentiation der Gleichung (34a), die diese Transformation bestimmt, erhalten wir

$$X'_u = \lambda_u Y + \lambda Y_u - \mu_u X - \mu X_u$$

oder, indem wir hier die Formeln (26a), (35)

$$Y_u = (\gamma_u + b\gamma)\,X, \qquad \mu_u = (\gamma_u + b\gamma)\,\lambda$$

berücksichtigen und die Glieder zusammenfassen,

$$X'_u = \lambda_u Y - \mu X_u. \tag{34c}$$

Da X' auf der Hyperquadrik liegt, da also

$$\{X'X'\} = 0$$

ist, genügt es, um zu zeigen, daß die Bedingung für die quadratische Kongruenz (36) erfüllt ist, die Gültigkeit der Identität

$$\{X'_u X'_u\} = 0 \tag{36'}$$

nachzuweisen.

Setzen wir hier den Ausdruck (34c) ein, so erhalten wir

$$(\lambda_u)^2\,\{YY\} - 2\mu\lambda_u\,\{YX_u\} + \mu^2\,\{X_u X_u\} = 0.$$

Hier verschwindet das letzte Glied wegen der Bedingung (36), denn die Kongruenz (XX_u) liegt auf der Hyperfläche Q^2_{n-1}. Unter Verwendung der Gleichungen (34b) transformieren wir die Gleichung auf die Gestalt

$$\lambda_u \mu\,[\lambda_u - 2\,\{YX_u\}] = 0. \tag{α}$$

Indessen bemerken wir, wenn wir den Wert für Y_u aus der Gleichung (26a) in das Produkt $\{XY_u\}$ einsetzen;

$$\{XY_u\} = (\gamma_u + b\gamma)\,\{XX\},$$

daß es wegen der ersten Bedingung (36) verschwindet, und die Differentiation der ersten Gleichung von (34b) liefert nun

$$\lambda_u = 2\,\{Y X_u\},$$

folglich ist die Gleichung (α) identisch befriedigt, womit unsere Gleichung (36′) bewiesen ist.

138. Polar konjugierte Folgen. Wenn im Raum P_n ein Netz (X) gegeben ist, dann bilden die aufeinanderfolgenden LAPLACE-Transformierten (X_1), (X_2), ..., (X_n), ... eine LAPLACE-*Folge* $[X]$. Wir betrachten die n Punkte $X_1, X_2, \ldots, X_n$ der Folge; sie bestimmen eine Hyperebene L_{n-1}. Wir bezeichnen mit Y den Pol dieser Hyperebene bezüglich der Hyperfläche Q_{n-1}^2, die durch die Gleichung (33′) bestimmt wird, mit Y_1 den Pol der Hyperebene $X X_1 \ldots X_{n-1}$, mit Y_2 den der Hyperebene $X_{-1} X X_1 \ldots X_{n-2}$ usw. *Die Punkte $Y, Y_1, Y_2, \ldots$ beschreiben die Brennflächen einer neuen* LAPLACE-*Folge* $[Y]$, die zur Folge $[X]$ bezüglich der Hyperfläche Q_{n-1}^2 polar konjugiert ist.

Um dies zu beweisen, bemerken wir, daß der zu den Punkten $X_1, X_2, \ldots, X_n$ polar konjugierte Punkt Y durch die Gleichungen

$$\{YX\} = 1, \quad \{YX_1\} = 0, \ \ldots, \ \{YX_n\} = 0 \tag{37a}$$

bestimmt werden kann, von denen die erste die Normierung angibt. Analog erhalten wir für Y_1 die Gleichungen

$$\{Y_1 X_{-1}\} = 1, \quad \{Y_1 X\} = 0, \quad \ldots, \quad \{Y_1 X_{n-1}\} = 0. \tag{37b}$$

Da sich die Folge $[X]$ in einem Raum von n Dimensionen P_n befindet, wo ein beliebiger Punkt des Raumes durch $n+1$ linear unabhängige Punkte linear ausgedrückt werden kann, können wir stets setzen

$$X_{-1} = a X + a_1 X_1 + \cdots + a_n X_n, \tag{38}$$

wobei der Koeffizient a_n bestimmt nicht Null ist, sonst läge die ganze Folge in einem Raum P_{n-1} von weniger Dimensionen, was wir sogleich ausschließen.

Durch Multiplikation der Gleichung (38) mit Y oder mit Y_1 (PLÜCKERsches Produkt), erhalten wir wegen (37a), (37b)

$$\{Y X_{-1}\} = a, \quad \{Y_1 X_n\} = \frac{1}{a_n}. \tag{37c}$$

Differenzieren wir die Gleichungen (37a) nach v und verwenden für jeden Punkt X_i die Beziehungen (12a) § 125

$$(X_i)_v = X_{i+1} + a_i X_i,$$

wobei a_i der Koeffizient der LAPLACE-Gleichung für die Fläche (X_i) ist, so erhalten wir

$$\{Y_v X_i\} + \{Y, X_{i+1} + a_i X_i\} = 0, \quad i = 0, 1, \ldots, n-1.$$

Hier fallen die Produkte, die den Faktor $\boldsymbol{Y}$ enthalten, alle weg wegen (37a), bis auf $\{\boldsymbol{Y}\boldsymbol{X}\}$. Differenzieren wir ebenso die erste Gleichung von (37c) und verwenden für die Ableitung $(\boldsymbol{X}_{-1})_v$ die Gleichung (12b) § 125

$$(\boldsymbol{X}_{-1})_v = a\boldsymbol{X}_{-1} + k\boldsymbol{X},$$

so ergeben sich insgesamt $n+1$ Gleichungen:

$$\{\boldsymbol{Y}_v\boldsymbol{X}_{-1}\} = a_v - a\,a - k\,, \quad \{\boldsymbol{Y}_v\boldsymbol{X}\} = a\,, \quad \{\boldsymbol{Y}_v\boldsymbol{X}_1\} = 0\,, \ldots, \{\boldsymbol{Y}_v\boldsymbol{X}_{n-1}\} = 0\,.$$

Man sieht jetzt leicht ein, daß diese $n+1$ Gleichungen gleichartig geschrieben werden können

$$\{\boldsymbol{Y}_v - p\boldsymbol{Y} - q\boldsymbol{Y}_1,\ \boldsymbol{X}_i\} = 0\,, \quad i = -1, 0, \ldots, n-1\,,$$

wenn man setzt

$$p = a\,, \qquad q = a_v - 2\,a\,a - k\,.$$

Da die $n+1$ Punkte $\boldsymbol{X}_i$ linear unabhängig sind, muß die den ersten Faktor darstellende Linearkombination verschwinden.

Verfahren wir mit den Gleichungen (37b) analog, so erhalten wir das Gleichungssystem

$$\boldsymbol{Y}_v = p\boldsymbol{Y} + q\boldsymbol{Y}_1\,, \qquad \boldsymbol{Y}_{1u} = p_1\boldsymbol{Y} + q_1\boldsymbol{Y}_1\,. \tag{39}$$

Die Gleichungen (39) besagen, daß $\boldsymbol{Y}$ und $\boldsymbol{Y}_1$ die Brennpunkte des Strahls $\boldsymbol{Y}\boldsymbol{Y}_1$ sind; die Torsen der Folge $[\boldsymbol{Y}]$ entsprechen denen von $[\boldsymbol{X}]$, verlaufen aber in umgekehrter Reihenfolge, d. h. bei einer Bewegung des Pols der Hyperebene in der u-Richtung verschiebt sich die Hyperebene selbst in der v-Richtung.

Wir erhalten den Satz:

Die polare Transformation einer LAPLACE-*Folge bezüglich der Hyperfläche* Q^2_{n-1} *erzeugt eine neue* LAPLACE-*Folge, die zur ersten polar konjugiert ist.*

Die Beziehung zwischen den beiden Folgen ist wechselseitig, zudem ist eine in die Folge $[\boldsymbol{X}]$ einbeschriebene Folge (die Brennpunkte $\boldsymbol{X}'_i$ liegen auf den Strahlen $\boldsymbol{X}_i\boldsymbol{X}_{i+1}$) polar konjugiert zu einer der Folge $[\boldsymbol{Y}]$ umbeschriebenen Folge (die Strahlen $\boldsymbol{Y}'_i\boldsymbol{Y}'_{i+1}$ gehen durch die Brennpunkte $\boldsymbol{Y}_i$).

139. Abgeleitete Folgen. Eine LAPLACE-Folge $[\boldsymbol{X}']$, die einer Folge $[\boldsymbol{X}]$ einbeschrieben ist, nennt man eine von der Folge $[\boldsymbol{X}]$ *abgeleitete Folge.* Die von einer abgeleiteten Folge abgeleitete nennt man eine abgeleitete Folge zweiter Ordnung usw.

Die Formeln (22) § 131, die ein zur Kongruenz $(\boldsymbol{X}\boldsymbol{X}_1)$ konjugiertes Netz bestimmen, bestimmen gleichzeitig eine abgeleitete Folge. Für jede Zahl i erhalten wir

$$\boldsymbol{X}'_i = \begin{vmatrix} \boldsymbol{X}_i & \boldsymbol{X}_{i+1} \\ R_i & R_{i+1} \end{vmatrix}\,,$$

wobei mit $\boldsymbol{X}_i$, $\boldsymbol{X}'_i$ die LAPLACE-Transformierten i-ter Ordnung resp. von $\boldsymbol{X}$, $\boldsymbol{X}'$ bezeichnet sind; R bezeichnet eine Lösung der LAPLACE-Gleichung (8) § 125 für das Netz $(\boldsymbol{X})$ und die Funktion R_i erhält man aus R ebenso wie $\boldsymbol{X}_i$ aus $\boldsymbol{X}$.

Wir nehmen nun an, daß R^1 und R^2 zwei Lösungen der Gleichung (8) sind, und $[X']$, $[\bar{X}']$ zwei abgeleitete Folgen, die diesen Lösungen zugeordnet sind; die beiden Kongruenzen $(X'X_1')$ und $(\bar{X}'\bar{X}_1')$ sind zu einem Netz (X_1) harmonisch und demnach zu einem Netz (X'') konjugiert, welches durch den Schnittpunkt der Strahlen $X'X_1'$ und $\bar{X}'\bar{X}_1'$ beschrieben wird. Dieser Punkt kann offensichtlich durch die Formel (22') § 131 dargestellt werden, die wir jetzt in der Gestalt schreiben

$$X_i'' = \begin{vmatrix} X_i & X_{i+1} & X_{i+2} \\ R_i^1 & R_{i+1}^1 & R_{i+2}^1 \\ R_i^2 & R_{i+1}^2 & R_{i+2}^2 \end{vmatrix} \tag{40}$$

usw. Das Netz (X_i'') ist sowohl zur Kongruenz $(X_i'X_{i+1}')$ als auch zur Kongruenz $(\bar{X}_i'\bar{X}_{i+1}')$ konjugiert. Die Folge $[X'']$ ist also den Folgen $[X']$ und $[\bar{X}']$ einbeschrieben, d. h. sie ist eine zweite Ableitung der Folge $[X]$.

Eine Folge $[X^{(p)}]$, welche Ableitung p-ter Ordnung der Folge $[X]$ ist, wird durch die Formeln bestimmt

$$X_i^{(p)} = \det \left| X_i R_{i+1}^1 R_{i+2}^2 \ldots R_{i+p}^p \right|, \tag{40'}$$

wobei $R^1, R^2, \ldots, R^p$ unabhängige Lösungen der LAPLACE-Gleichung (8) sind; die unteren Indizes von R_k^α bezeichnen die LAPLACE-Transformation k-ter Ordnung der Lösung R^α, direkt hingeschrieben ist das Produkt der Elemente in der Hauptdiagonale der Determinante, alle übrigen Glieder erhält man durch alle möglichen Permutationen der unteren Indizes unter Änderung des Vorzeichens in Abhängigkeit davon, ob die Zahl der erforderlichen Transpositionen gerade oder ungerade ist.

140. Die Folge, die durch ein quadratisches Netz erzeugt wird. Es sei (X) ein quadratisches Netz. Dann haben wir nach Voraussetzung

$$\{XX\} = 0; \tag{41}$$

die Differentiation dieser Gleichung nach u und v ergibt wegen der Formeln (9), (9') § 125

$$\{XX_{-1}\} = 0, \quad \{XX_1\} = 0. \tag{41'}$$

Wir betrachten die Folge $[X]$, die durch das Netz (X) erzeugt wird, und konstruieren die zur Folge $[X]$ polar konjugierte Folge $[\bar{X}]$ mit einer derartigen Zuordnung der Punkte $X \rightleftarrows \bar{X}$, daß für jedes i die Gleichungen gelten:

$$\{\bar{X}_i X_{-i-1}\} = 0, \quad \{\bar{X}_i X_{-i}\} = 0, \ \ldots, \ \{\bar{X}_i X_{-i+n-2}\} = 0. \tag{42}$$

Da die Punkte

$$X_{-i-1}, X_{-i}, \cdots X_{-i+n-1}$$

linear unabhängig sind (sonst würde die ganze Folge in einem linearen Unterraum liegen, was wir ausschließen), so ist dann

$$\{\bar{X}_i X_{-i+n-1}\} \neq 0. \tag{42'}$$

Sind die Punkte $\overline{X}, \overline{X}_1, \overline{X}_2, \ldots, \overline{X}_n$ linear unabhängig, so kann man den Punkt X in der Gestalt darstellen

$$X = \lambda\overline{X} + \lambda_1\overline{X}_1 + \cdots + \lambda_n\overline{X}_n.$$

Dann ergeben die Gleichungen (41), (41′) wegen der Formeln (42), (42′)

$$\{\lambda\overline{X} + \lambda_1\overline{X}_1 + \cdots + \lambda_n\overline{X}_n,\ X_{-1}\} = \lambda_n\{\overline{X}_n X_{-1}\} = 0,$$

$$\{\lambda\overline{X} + \lambda_1\overline{X}_1 + \cdots + \lambda_n\overline{X}_n,\ X\} = \lambda_{n-1}\{\overline{X}_{n-1}X\} + \lambda_n\{\overline{X}_n X\} = 0,$$

$$\{\lambda\overline{X} + \lambda_1\overline{X}_1 + \cdots + \lambda_n\overline{X}_n,\ X_1\} =$$

$$= \lambda_{n-2}\{\overline{X}_{n-2}X_1\} + \lambda_{n-1}\{\overline{X}_{n-1}X_1\} + \lambda_n\{\overline{X}_n X_1\} = 0,$$

und daraus

$$\lambda_n = 0, \quad \lambda_{n-1} = 0, \quad \lambda_{n-2} = 0,$$

und

$$X = \lambda\overline{X} + \lambda_1\overline{X}_1 + \cdots + \lambda_{n-3}\overline{X}_{n-3}, \tag{43}$$

d. h. der Punkt X liegt im Unterraum der Punkte $\overline{X}, \overline{X}_1, \ldots, \overline{X}_{n-3}$. Daraus folgt der Satz:

Die Folge $[X]$, *die durch ein quadratisches Netz* (X) *erzeugt wird, ist eine Ableitung* $(n - 3)$*-ter Ordnung der zu ihr polar konjugierten Folge* $[\overline{X}]$.

Um dies zu beweisen, bemerken wir, daß die Bestimmung der zweiten Ableitung $[X'']$ der Folge $[X]$ mittels der Determinante (40), die jeden ihrer Brennpunkte X_i'' liefert, durch die beiden folgenden Bedingungen ersetzt werden kann: 1) Jeder Brennpunkt X_i'' der Folge $[X'']$ liegt in der Ebene L_2 der drei aufeinanderfolgenden Brennpunkte X_i, X_{i+1}, X_{i+2} der Folge $[X]$, d. h. der Punkt X_i'' ist eine Linearkombination dieser drei Punkte. 2) Diese Linearkombination wird zu Null, wenn man den analytischen Punkt X durch die Lösungen R^1 oder R^2 der LAPLACE-Gleichung des Netzes (X) ersetzt.

Für die $(n - 3)$-te Ableitung $[X^{(n-3)}]$ der Folge $[\overline{X}]$ nehmen diese Forderungen die Gestalt an

1) Der Punkt $X^{(n-3)}$ muß in dem Unterraum L_{n-3} liegen, der durch $n-3$ aufeinanderfolgende Brennpunkte der Folge $[\overline{X}]$ bestimmt wird. Dieser Bedingung genügt die Formel (43) bei jeder Wahl der Koeffizienten λ_k.

2) Die Linearkombination (43) muß zu Null werden, wenn man statt $\overline{X}$ eine beliebige von geeignet ausgewählten $n-3$ linear unabhängigen Lösungen der LAPLACE-Gleichung für $\overline{X}$ einsetzt.

Mit anderen Worten, das Gleichungssystem für die unbekannte Funktion $\overline{x}$

$$\begin{aligned} \overline{x}_{uv} &= \overline{a}\,\overline{x}_u + \overline{b}\,\overline{x}_v + \overline{c}\,\overline{x}, \\ G &\equiv \lambda\overline{x} + \lambda_1\overline{x}_1 + \cdots + \lambda_{n-3}\overline{x}_{n-3} = 0 \end{aligned} \tag{44}$$

muß $n - 3$ *linear unabhängige Lösungen besitzen*, d. h. es muß ein gewisses Netz (ξ) im Raum P_{n-4} bestimmen.

Wir bemerken, daß jetzt die Veränderliche $\bar{x}_1$ wegen der Formel (9) die partielle Ableitung $\frac{\partial \bar{x}}{\partial v}$ linear darstellt, ganz genau so erlaubt die Veränderliche $\bar{x}_2$ zusammen mit $\bar{x}_1$ und $\bar{x}$ die Ableitung $\frac{\partial^2 \bar{x}}{\partial v^2}$ linear auszudrücken usw., bis zu $\bar{x}_{n-3}$, das zusammen mit den vorangehenden $\frac{\partial^{n-3} \bar{x}}{\partial v^{n-3}}$ liefert, so daß man die Gleichung $G = 0$ als partielle Differentialgleichung $(n-3)$-ter Ordnung der unbekannten Funktion $\bar{x}$ betrachten muß.

141. Der Beweis der Passivität des Hilfssystems. Wir wollen zeigen, daß das System (44) *passiv* ist, d. h. die Differentiation der Gleichungen (44) nach den Veränderlichen u, v und die Eliminierung der höchsten Ableitungen liefert keine neue Gleichung zwischen denselben Ableitungen. Wir differenzieren die Gleichung $G = 0$ nach der Veränderlichen v und eliminieren $\bar{x}$ mit Hilfe der Gleichung $G = 0$ selbst. Da wir nach der Formel (12a) die Beziehungen

$$\bar{x}_{iv} = \bar{x}_{i+1} + \bar{a}_i \bar{x}_i$$

haben, enthält die Linearkombination

$$\frac{\partial G}{\partial v} - pG = 0, \quad p = \frac{\partial \ln \lambda}{\partial v} + \bar{a} \tag{45a}$$

$\bar{x}$ nicht, dafür geht aber die Ableitung $\frac{\partial^{n-2} \bar{x}}{\partial v^{n-2}}$ in sie ein, in Gestalt der Funktion $\bar{x}_{n-2}$, die man durch Differentiation aus $\bar{x}_{n-3}$ erhält.

Differenzieren wir die Gleichung (45a) nach u und eliminieren $\bar{x}_{n-2}$, so erhalten wir bei geeignetem q

$$(G_v - pG)_u - q(G_v - pG) = 0. \tag{a}$$

Diese Gleichung enthält, ebenso wie die Gleichung $G = 0$, nur $\bar{x}, \bar{x}_1, \ldots, \bar{x}_{n-4}, \bar{x}_{n-3}$.

Nun genügt aber auch $\bar{\boldsymbol{X}}$ der ersten Gleichung (44), wobei $\boldsymbol{X}$ nach (43) an die Stelle von G tritt. Offenbar führt das angedeutete Eliminationsverfahren in diesem Fall auf die LAPLACE-Gleichung, der $\boldsymbol{X}$ genügt. Also ist

$$(\boldsymbol{X}_v - p\boldsymbol{X})_u - q(\boldsymbol{X}_v - p\boldsymbol{X}) = r\boldsymbol{X}.$$

Das geht jedoch nur, wenn beide Seiten mittels proportionaler Koeffizienten durch $\bar{\boldsymbol{X}}, \bar{\boldsymbol{X}}_1, \ldots, \bar{\boldsymbol{X}}_{n-3}$ ausgedrückt sind. Diese Koeffizienten sind aber die gleichen, welche auch oben vorkommen, auch hier sind also beide Seiten proportionale lineare Ausdrücke in $\bar{x}, \bar{x}_1, \ldots, \bar{x}_{n-3}$.

Die Gleichung (a) ist daher zur Gleichung $G = 0$ äquivalent, wir haben identisch

$$(G_v - pG)_u - q(G_v - pG) = rG. \tag{45b}$$

Folglich ist das System (44) passiv (M.Ä.F., Kap. I, S. 43), denn die Differentiationen und Eliminationen ergeben keine von den Systemgleichungen unabhängige Gleichung. *Das System* (44) *besitzt* $n-3$ *linear unabhängige Lösungen.* In der Tat, die allgemeine Lösung hängt von $n - 3$ willkürlichen

Konstanten ab, nämlich: im Anfangspunkt $u = u_0$, $v = v_0$ kann man für die Veränderlichen $\bar{x}, \bar{x}_1, \ldots, \bar{x}_{n-4}$ willkürliche Werte vorgeben. Dann kann man mit Hilfe der Gleichung $G = 0$ den Wert von $\bar{x}_{n-3}$ ausrechnen, und folglich auch dessen Ableitungen, wenn man die erste Gleichung (44) verwendet; das gibt die Möglichkeit, Schritt für Schritt den Wert für ein beliebiges $\bar{x}_i$ zu berechnen, d. h. für eine beliebige Ableitung der Unbekannten $\bar{x}$, und damit kann man die Potenzreihenentwicklung von $\bar{x}$ nach den Differenzen $u - u_0$, $v - v_0$ hinschreiben. Die Konvergenz der Reihe folgt aus dem allgemeinen Existenzsatz für die Lösung eines passiven Systems (M.Ä.F., S. 54).

Damit ist unsere Behauptung bewiesen, *das Netz* $(\boldsymbol{X})$ *ist eine Ableitung* $(n-3)$*-ter Ordnung des Netzes* $(\bar{\boldsymbol{X}})$.

142. Die zu einem gegebenen quadratischen Netz konjugierte quadratische Kongruenz. Wenn $(\boldsymbol{X})$ ein quadratisches Netz ist, dann liefern die Gleichungen (26a) § 132 und (43) mit Hilfe der Formeln (9) § 125 für die Brennpunkte einer zu ihr konjugierten Kongruenz $(\boldsymbol{YZ})$ die Entwicklungen

$$\boldsymbol{Y}_u = (\gamma_u + b\gamma)\,(\lambda \bar{\bar{\boldsymbol{X}}} + \cdots + \lambda_{n-3}\bar{\boldsymbol{X}}_{n-3}), \tag{a}$$

$$\boldsymbol{Y}_v = \gamma(\mu \bar{\boldsymbol{X}} + \cdots + \mu_{n-2}\bar{\boldsymbol{X}}_{n-2}), \tag{b}$$

wobei γ eine Lösung der zur LAPLACE-Gleichung des Netzes $(\boldsymbol{X})$ adjungierten Gleichung (25b) § 132 ist.

Aus der ersten Gleichung folgt, daß der Punkt $\boldsymbol{Y}$ nur im Unterraum L_{n-3} der Punkte $\bar{\boldsymbol{X}}_1, \bar{\boldsymbol{X}}_2, \ldots, \bar{\boldsymbol{X}}_{n-2}$ liegen kann, weil nach den Formeln (12a), (12b) § 125 sich der Index des Punktes $\bar{\boldsymbol{X}}_q$ nach einer Differentiation nach u vermindert, und der Punkt $\bar{\boldsymbol{X}}$ nach einer Differentiation den Punkt $\bar{\boldsymbol{X}}_{-1}$ ergibt, der nicht in der Entwicklung (a) vorkommt.

Aus der zweiten Gleichung folgt, daß er nur im Unterraum der Punkte $\bar{\boldsymbol{X}}, \bar{\boldsymbol{X}}_1, \ldots, \bar{\boldsymbol{X}}_{n-3}$ liegen kann, weil sich durch eine Differentiation nach v der Index des Punktes erhöht, und der Punkt $\bar{\boldsymbol{X}}_{n-2}$ nach einer Differentiation den Punkt $\bar{\boldsymbol{X}}_{n-1}$ ergibt, der nicht in der Entwicklung (b) auftritt.

Folglich liegt der Punkt $\boldsymbol{Y}$ im Unterraum L_{n-4} der Punkte $\bar{\boldsymbol{X}}_1, \bar{\boldsymbol{X}}_2, \ldots, \bar{\boldsymbol{X}}_{n-3}$ und kann dargestellt werden durch die Entwicklung

$$\boldsymbol{Y} = \nu_1\bar{\boldsymbol{X}}_1 + \nu_2\bar{\boldsymbol{X}}_2 + \cdots + \nu_{n-3}\bar{\boldsymbol{X}}_{n-3}. \tag{c}$$

Wir erhalten dann wegen der Bedingung für die Konjugiertheit (42)

$$\{\boldsymbol{Y}\boldsymbol{X}_1\} = 0, \quad \{\boldsymbol{Y}\boldsymbol{X}\} = 0, \quad \{\boldsymbol{Y}\boldsymbol{X}_{-1}\} = 0, \quad \{\boldsymbol{Y}\boldsymbol{X}_{-2}\} = 0. \tag{46}$$

Die Gleichungen (26a) § 132 ergeben nun auf Grund der ersten beiden Gleichungen von (46)

$$\frac{\partial}{\partial u}\{\boldsymbol{Y}\boldsymbol{Y}\} = 2(\gamma_u + b\gamma)\,\{\boldsymbol{Y}\boldsymbol{X}\} = 0,$$

$$\frac{\partial}{\partial v}\{\boldsymbol{Y}\boldsymbol{Y}\} = 2\gamma\,\{\boldsymbol{Y}\boldsymbol{X}_1\} = 0.$$

Folglich ist $$\{YY\} = \text{const.}$$

Andererseits ist (X), da die Folge $[X]$ der Folge $[Y]$ einbeschrieben ist, eine Ableitung erster Ordnung von (Z). Da das Netz (X) eine Ableitung $(n-3)$-ter Ordnung des Netzes $(\overline{X})$ ist, ist das Netz (Z) selbst eine Ableitung von nur $(n-4)$-ter Ordnung von $(\overline{X})$, und der analytische Punkt Z kann nach Formel (40') dargestellt werden in der Gestalt

$$Z = \lambda \det \left|\overline{X}\xi_1^1\xi_2^2 \ldots \xi_{n-4}^{n-4}\right|.$$

Hier sind $\xi^1, \xi^2, \ldots, \xi^{n-4}$ linear unabhängige Lösungen der Gleichungen (44), ξ_k^i ist die k-te LAPLACE-Transformierte der Lösung ξ^i, außerdem ist λ ein Normierungsfaktor, der so gewählt ist, daß die Gleichungen (a), (b) erfüllt werden. In der Klammer ist das Produkt der Elemente in der Hauptdiagonale der Determinante hingeschrieben. Bei all diesen Bezeichnungen schreibt sich der Punkt X als Determinante

$$X = \det \left|\overline{X}\xi_1^0\xi_2^1 \ldots \xi_{n-3}^{n-4}\right|, \tag{47}$$

wobei ξ^0 eine neue $(n-3)$-te Lösung der Gleichungen (44) ist; die Determinante enthält nun $n-2$ Spalten von $\overline{X}$ bis $\overline{X}_{n-3}$.

Wir bilden ein neues Netz (Z^1), wenn wir statt ξ^0 irgendeine andere Lösung ξ^1 weglassen;

$$Z^1 = \mu \det \left|\overline{X}\xi_1^0\xi_2^2 \ldots \xi_{n-4}^{n-4}\right|.$$

Auf diese Weise erhalten wir, indem wir jeweils eine der Lösungen ξ^i der Gleichungen (44) hinauswerfen, $n-3$ linear unabhängige Brennpunkte $Z = Z^0, Z^1, \ldots, Z^{n-4}$ verschiedener Kongruenzen, die zum Netz (X) konjugiert sind. Für die zugehörigen zweiten Brennpunkte ergibt sich nach dem eben Bewiesenen die Beziehung

$$\{Y^i Y^i\} = \gamma^{ii} = \text{const.}$$

Eine Linearkombination dieser Punkte

$$Y^* = m_i Y^i$$

mit konstanten Koeffizienten m_i bestimmt offenbar den Brennpunkt einer neuen Kongruenz, die zum Netz (X) konjugiert ist, und demzufolge erhalten wir genauso eine Beziehung

$$\{Y^* Y^*\} = \text{const}$$

oder

$$\{m_i Y^i,\ m_k Y^k\} = m_i m_k \{Y^i Y^k\} = \text{const.}$$

Da diese Gleichung für beliebige m_i gelten soll, müssen alle Koeffizienten der Produkte $m_i m_k$ konstant sein

$$\{Y^i Y^k\} = \gamma^{ik} = \text{const.}$$

In diesem Fall wird das Produkt

$$\{Y^* Y^*\} = m_i m_k \gamma^{ik} = \text{const}$$

bei geeigneter Wahl der Koeffizienten m_i verschwinden und die zugehörige Kongruenz $(\boldsymbol{XY}^*)$, die zum Netz $(\boldsymbol{X})$ konjugiert ist, wird quadratisch, weil für sie die beiden Bedingungen für quadratische Kongruenzen erfüllt sind

$$\{\boldsymbol{Y}^*\boldsymbol{Y}^*\} = 0, \quad \{\boldsymbol{Y}_u^*\boldsymbol{Y}_u^*\} = (\gamma_u^* + b\gamma^*)^2 \{\boldsymbol{XX}\} = 0.$$

Zwischen den $n-3$ Konstanten m^i besteht also nur eine Beziehung. Da ein Koeffizient m^i festgehalten werden kann, hängt die Kongruenz $(\boldsymbol{XY}^*)$ von $n-5$ willkürlichen Konstanten ab. Für den Raum von fünf Dimensionen, d. h. für $n = 5$ sind alle Koeffizienten m_i bestimmt. Die quadratische Gleichung $\gamma^{ik} m_i m_k = 0$ liefert in diesem Fall zwei (reelle oder imaginäre) Lösungen. Wir erhalten den Satz:

Im projektiven Raum P_5 von fünf Dimensionen gibt es zwei reelle oder imaginäre quadratische Kongruenzen, die zu einem gegebenen quadratischen Netz konjugiert sind.

143. Literaturhinweise. DARBOUX [49] lenkte als erster die Aufmerksamkeit auf den Zusammenhang zwischen der analytischen Transformation der Lösung einer LAPLACE-Gleichung und ihrem geometrischen Gehalt; dem Übergang von einem konjugierten System auf einer gegebenen Fläche zu einem konjugierten System auf der zweiten Brennfläche einer Kongruenz, die durch die Tangenten an die Kurven einer Schar dieses Systems gebildet wird.

Er stellte die Invarianten einer LAPLACE-Gleichung auf und gab die Formeln für ihre Transformation bei einer Transformation der LAPLACE-Gleichung selbst an. Die ganze erste Hälfte des zweiten Bandes der „Théorie des surfaces" ist der Untersuchung der LAPLACE-Gleichung gewidmet, allerdings mehr vom analytischen Standpunkt aus. Aus ihrer geometrischen Anwendung ergab sich die Lösung der Frage nach der Konstruktion einer Kongruenz, die zu einem Netz konjugiert ist, und eines Netzes, das zu einer Kongruenz konjugiert ist.

Viel Aufmerksamkeit schenkte DARBOUX den abbrechenden LAPLACE-Folgen; er betrachtet aber nur die Entartung der Brennfläche in eine Kurve. Dies ergänzte GOURSAT [109] durch den Fall der abwickelbaren Brennflächen, und BOMPIANI [23], [24], [25] durch den Fall der konischen Brennflächen. Darüber, wie sich diese Auslassung in der klassischen Monographie von DARBOUX in dem Problem der Bestimmung der Hauptbasis zu einer Schar konischer Kurven widerspiegelt, siehe die Monographie des Autors „Verbiegung mittels Hauptbasis".

Die Terminologie der zu einer Fläche konjugierten oder harmonischen Kongruenzen der abgeleiteten Netze und Folgen wurde von GUICHARD [113] eingeführt. Nach seinem Tode wurde ein Überblick über seine Vorlesungen an der Sorbonne in zwei Ausgaben der „Mémorial" abgedruckt [114]. Im übrigen verwendet GUICHARD inhomogene Koordinaten und richtet sein Hauptaugenmerk auf metrische Eigenschaften: orthogonale, isotrope und zyklische Netze. Mit den projektiven Eigenschaften beschäftigten sich TZITZEICA [215], BOMPIANI und GODEAUX [103], [104], [105], [107]. Die Monographie von TZITZEICA stellt die ganze Theorie vorzüglich dar.

Die geometrische Charakterisierung der Netze mit gleichen Invarianten geht auf KOENIGS [136] zurück. Er stellte auch den Satz über die harmonische Lage der Brennpunkte der Strahlen zweier Flächen auf, die zu einer Kongruenz konjugiert sind, wenn ihre Torsen auf jeder Fläche ein konjugiertes Netz mit gleichen Invarianten ausschneiden.

Der Satz (§ 137) über die Transformation eines quadratischen Netzes (Netze, die auf der Hyperquadrik liegen) mittels einer Kongruenz, die zu diesem Netz konjugiert ist, geht auf RIBAUCOUR [166] zurück. Über zahlreiche Anwendungen der Theorie der quadratischen Kongruenzen siehe am Ende des folgenden Kapitels.

Siebentes Kapitel

DIE THEORIE DER KONGRUENZEN IM GERADENRAUM
DIE ABBILDUNG AUF DIE HYPERQUADRIK Q_4^2

I. Lineare Komplexe und ihre Abbildung in den projektiven Raum P_5

144. Die projektiven Koordinaten einer Geraden. Wenn X und Y zwei Punkte der Geraden XY sind und $\boldsymbol{X}$, $\boldsymbol{Y}$ ihre analytischen Punkte in homogenen Koordinaten x^i, y^i $(i = 1, 2, 3, 4)$, dann besitzt jeder Punkt $\boldsymbol{Z}$ dieser Geraden Koordinaten der Gestalt

$$z^i = \lambda x^i + \mu y^i,$$

wobei λ, μ geeignete Faktoren sind.

Man sieht leicht ein, daß sich die Minoren der Matrix

$$\left\| \begin{matrix} x^1 & x^2 & x^3 & x^4 \\ y^1 & y^2 & y^3 & y^4 \end{matrix} \right\| \tag{1}$$

nicht ändern (oder alle mit derselben Zahl multipliziert werden), wenn man statt der Koordinaten des Punktes $\boldsymbol{X}$ die Koordinaten des Punktes $\boldsymbol{Z}$ einsetzt, oder allgemeiner, wenn man $\boldsymbol{X}$, $\boldsymbol{Y}$ durch beliebige andere Punkte der Geraden ersetzt.

Die sechs verschiedenen Minoren der Matrix (1)

$$p^{ik} = x^i y^k - x^k y^i \tag{1'}$$

nennt man die *homogenen* projektiven *Koordinaten* der Geraden.

Die Gesamtheit der sechs homogenen Geradenkoordinaten (ein Vektor mit sechs Komponenten) nennen wir eine *analytische Gerade* und bezeichnen sie mit demselben fetten Buchstaben $\boldsymbol{p}$. Indem wir die GRASSMANNsche Bezeichnung für das äußere Produkt zweier analytischer Punkte verwenden, können wir die sechs Gleichungen (1′) für die sechs Wertepaare der Indizes $i, k = 1, 2, 3, 4$ in einer Gleichung schreiben

$$\boldsymbol{p} = (\boldsymbol{X}\boldsymbol{Y}). \tag{1''}$$

Man zeigt leicht, daß die Koordinaten (1′) die Gerade bestimmen. Angesichts der Willkür bei der Wahl der Punkte $\boldsymbol{X}$ und $\boldsymbol{Y}$ können wir z. B. annehmen, daß der Punkt $\boldsymbol{X}$ mit dem Schnittpunkt der Geraden mit der Ebene $x^1 = 0$ zusammenfällt. Setzen wir diesen Wert in die Formeln (1′) ein, so erhalten wir:

$$p^{i1} = x^i y^1.$$

Folglich sind die Geradenkoordinaten $p^{11} = 0$, p^{21}, p^{31}, p^{41} proportional zu den Koordinaten $x^1 = 0$, x^2, x^3, x^4 des Punktes $\boldsymbol{X}$.

Die Koordinaten (1′) lassen eine Multiplikation mit ein und derselben Zahl zu, demnach ist zur Bestimmung der Geraden nur ihr Verhältnis wesentlich. Außerdem hängen die sechs Koordinaten über eine quadratische Beziehung zusammen, die man erhält, wenn man die Determinante auf der linken Seite der trivialen Gleichung

$$\begin{vmatrix} x^1 & x^2 & x^3 & x^4 \\ y^1 & y^2 & y^3 & y^4 \\ x^1 & x^2 & x^3 & x^4 \\ y^1 & y^2 & y^3 & y^4 \end{vmatrix} = 0$$

nach dem Satz von LAPLACE entwickelt. Diese Beziehung kann man in der Gestalt

$$\frac{1}{2}\{\boldsymbol{p}\,\boldsymbol{p}\} = p^{12}p^{34} + p^{13}p^{42} + p^{14}p^{23} = 0 \tag{2}$$

schreiben, wobei wir auf der linken Seite die Bezeichnung des PLÜCKERschen Produkts verwendeten.

Die Bedingung (2) *ist notwendig und hinreichend dafür, daß die sechs Zahlen* p^{ik} *eine Gerade bestimmen.*

In der Tat, wenn z. B. p^{12} nicht Null ist, dann können wir als Punkte, die die Gerade bestimmen, die Punkte $(0, p^{21}, p^{31}, p^{41})$ und $(p^{12}, 0, p^{32}, p^{42})$ wählen; wenn wir nun nach den Formeln (1′) die Koordinaten $\bar{p}^{ik}$ dieser Geraden ausrechnen, so sehen wir, daß die Koordinaten $\bar{p}^{ik}$ zu den gegebenen Zahlen p^{ik} proportional sind mit dem Proportionalitätsfaktor p^{12}.

Wenn sich die beiden Geraden $\boldsymbol{p} = (\boldsymbol{X}\boldsymbol{Y})$ und $\bar{\boldsymbol{p}} = (\bar{\boldsymbol{X}}\bar{\boldsymbol{Y}})$ schneiden, so liegen alle vier Punkte $\boldsymbol{X}$, $\boldsymbol{Y}$, $\bar{\boldsymbol{X}}$, $\bar{\boldsymbol{Y}}$ in einer Ebene. Folglich ist

$$\begin{vmatrix} x^1 & x^2 & x^3 & x^4 \\ y^1 & y^2 & y^3 & y^4 \\ \bar{x}^1 & \bar{x}^2 & \bar{x}^3 & \bar{x}^4 \\ \bar{y}^1 & \bar{y}^2 & \bar{y}^3 & \bar{y}^4 \end{vmatrix} = 0.$$

Entwickeln wir diese Determinante nach LAPLACE, so erhalten wir die notwendige und hinreichende Schnittbedingung für die Geraden $\boldsymbol{p}$ und $\bar{\boldsymbol{p}}$ in der Gestalt der Gleichung

$$\{\boldsymbol{p}\bar{\boldsymbol{p}}\} = p^{12}\bar{p}^{34} + p^{13}\bar{p}^{42} + p^{14}\bar{p}^{23} + \bar{p}^{12}p^{34} + \bar{p}^{13}p^{42} + \bar{p}^{14}p^{23} = 0. \tag{3}$$

Ihre linke Seite ist offensichtlich die Polarform der quadratischen Form $\{\boldsymbol{p}\boldsymbol{p}\}$.

Wenn die beiden Geraden sich schneiden, dann kann man als einen der sie bestimmenden Punkte ihren Schnittpunkt wählen, z. B. kann man setzen $\bar{\boldsymbol{X}} = \boldsymbol{X}$. In diesem Fall wird jede Gerade $\boldsymbol{q}$, die dem Büschel $(\boldsymbol{p}, \bar{\boldsymbol{p}})$ angehört, durch den Punkt $\boldsymbol{X}$ und irgendeinen Punkt $\boldsymbol{Y} + \lambda\bar{\boldsymbol{Y}}$ der Geraden $(\boldsymbol{Y}\bar{\boldsymbol{Y}})$ bestimmt.

Die Formel (1′) besagt, daß sich die Koordinaten der Geraden $\boldsymbol{q}$ linear aus den Koordinaten der Geraden $\boldsymbol{p}$ und $\overline{\boldsymbol{p}}$ zusammensetzen

$$\boldsymbol{q} = \boldsymbol{p} + \lambda \overline{\boldsymbol{p}}. \tag{4}$$

Diese Beziehung bleibt offenbar gültig, wie auch die Punkte $\boldsymbol{X}$, $\boldsymbol{Y}$ zur Bestimmung unserer Geraden gewählt worden sind.

145. Die Abbildung auf die Hyperquadrik Q_4^2. Die sechs Koordinaten kann man als die homogenen Koordinaten eines Punktes $\boldsymbol{P}$ im projektiven Raum P_5 von fünf Dimensionen betrachten. Die Gleichung (2) bestimmt im Raum P_5 eine Hyperquadrik Q_4^2. Wegen des Satzes im vorhergehenden Paragraphen liegt der Punkt $\boldsymbol{P}$, der das Bild der Geraden $\boldsymbol{p}$ des dreidimensionalen Raumes P_3 darstellt, stets auf der Hyperquadrik Q_4^2, und jeder Punkt von Q_4^2 stellt das Bild einer Geraden des Raumes P_3 dar.

Das Büschel (4) wird offensichtlich auf die Punkte der Geraden $\boldsymbol{P}\overline{\boldsymbol{P}}$ abgebildet, die ganz auf Q_4^2 liegt (geradlinige Erzeugende). Umgekehrt schneiden sich zwei Gerade des Raumes P_3, wenn ihre Bildpunkte auf einer geradlinigen Erzeugenden von Q_4^2 liegen.

Eine komplexe projektive Transformation des Raumes P_5 hat eine lineare Transformation der Geradenkoordinaten p^{ik} mit komplexen Koeffizienten zur Folge, die die quadratische Form auf der linken Seite der Gleichung (2) in eine beliebige andere quadratische Form überführt, insbesondere kann man sie stets zu einer Quadratsumme machen

$$\{\boldsymbol{p}\,\boldsymbol{p}\} = \sum_{i=1}^{6} x_i^2 = 0, \tag{5}$$

wobei die neuen Koordinaten mit x_i $(i = 1, 2, \ldots, 6)$ bezeichnet sind. Die Schnittbedingung für die Geraden $\boldsymbol{p}$ und $\boldsymbol{q}$ nimmt dann die Gestalt an

$$\{\boldsymbol{p}\,\boldsymbol{q}\} = \sum_{i=1}^{6} x_i y_i = 0.$$

Offenbar hängen die PLÜCKERschen Produkte selbst nicht von einer projektiven Abbildung des P_5 ab, folglich kann man nach Wunsch dem Produkt $\{\boldsymbol{p}\boldsymbol{p}\}$ die Gestalt (5) beilegen.

Als *linearen Komplex* bezeichnet man die Gesamtheit der Geraden, deren Koordinaten einer linearen Gleichung genügen

$$a^i x_i = 0, \qquad i = 1, 2, 3, 4, 5, 6 \tag{6a}$$

oder

$$a_{34}p^{12} + a_{42}p^{13} + a_{23}p^{14} + a_{12}p^{34} + a_{13}p^{42} + a_{14}p^{23} = 0. \tag{6b}$$

Wenn wir zu der analytischen Geraden $\boldsymbol{p}$ entsprechend die Bezeichnung für einen (linearen) analytischen Komplex $\mathfrak{a}$ als Gesamtheit der sechs Koeffizienten a_{ik} einführen und auf diese die Regel des PLÜCKERschen Produkts ausdehnen, dann kann man die Gleichung (6b) auch schreiben in der Gestalt

$$\{\mathfrak{a}\,\boldsymbol{p}\} = 0. \tag{7}$$

Genügen die Koeffizienten a_{ik} der PLÜCKERschen Bedingung (5)

$$\{\mathfrak{a}\,\mathfrak{a}\} = 0, \tag{8}$$

dann bestimmen sie eine Gerade $\mathfrak{a} \equiv \boldsymbol{a}$, die wegen der Bedingung (7) alle Geraden des Komplexes schneidet. Diese Gerade nennt man die *Achse des Komplexes*. Der Komplex selbst heißt *speziell*; er wird von allen Geraden gebildet, die seine Achse schneiden.

Die sechs Koordinaten a_{ik} kann man als die Koordinaten eines Punktes $\boldsymbol{A}$ im P_5 betrachten, der das Bild des linearen Komplexes (6b) darstellt. Aus der Bedingung (7) folgt, daß der Punkt $\boldsymbol{A}$ zu jedem Bildpunkt der Komplexgeraden $\boldsymbol{p}$ bezüglich der Hyperquadrik Q_4^2 polar konjugiert ist. Folglich werden die Geraden des linearen Komplexes $\mathfrak{a}$ auf die Schnittpunkte der Polarhyperebene des Punktes $\boldsymbol{A}$ mit der Hyperquadrik Q_4^2 abgebildet. Wenn der Komplex nicht speziell ist, dann ist die Bedingung (8) nicht erfüllt und der Punkt $\boldsymbol{A}$ liegt im P_5 nicht auf der Hyperquadrik Q_4^2. Liegt der Punkt $\boldsymbol{A}$ auf der Hyperquadrik Q_4^2, dann ist der Komplex (7) speziell. Man kann sagen, daß in diesem Fall die Gleichung (7) eine Gerade $\boldsymbol{a}$ bestimmt mittels aller Geraden $\boldsymbol{x}$, die sie schneiden.

146. Das Nullsystem eines linearen Komplexes. Es sei $\mathfrak{a}$ ein linearer, nicht spezieller Komplex, der durch die Gleichung (7) bestimmt wird, und $\boldsymbol{b}$ irgendeine Gerade. Die Gerade $\boldsymbol{AB}$ im P_5, welche die Punkte $\boldsymbol{A}$ und $\boldsymbol{B}$,die Bildpunkte des Komplexes $\mathfrak{a}$ und der Geraden $\boldsymbol{b}$, verbindet, schneidet die Hyperquadrik Q_4^2 in zwei Punkten: einmal im Punkt $\boldsymbol{B}$, der offensichtlich auf Q_4^2 liegt; ein zweites Mal in einem gewissen Punkt $\boldsymbol{B}'$, der durch den analytischen Punkt

$$\boldsymbol{b}' = \boldsymbol{b} + \lambda\mathfrak{a}$$

bestimmt wird. Da seine Koordinaten der Gleichung (5) der Hyperquadrik Q_4^2 genügen, ist

$$\{\boldsymbol{b} + \lambda\mathfrak{a},\quad \boldsymbol{b} + \lambda\mathfrak{a}\} = 0,$$

oder

$$\{\boldsymbol{b}\boldsymbol{b}\} + 2\lambda\{\mathfrak{a}\boldsymbol{b}\} + \lambda^2\{\mathfrak{a}\mathfrak{a}\} = 0,$$

woraus wegen $\{\boldsymbol{b}\boldsymbol{b}\} = 0$ folgt

$$\lambda = -\frac{2\{\mathfrak{a}\,\boldsymbol{b}\}}{\{\mathfrak{a}\,\mathfrak{a}\}}.$$

Wenn wir die Gerade $\boldsymbol{b}'$ normieren, indem wir ihre homogenen Koordinaten mit $-\{\mathfrak{a}\mathfrak{a}\}$ multiplizieren, so können wir setzen

$$\boldsymbol{b}' = 2\,\mathfrak{a}\{\mathfrak{a}\boldsymbol{b}\} - \boldsymbol{b}\{\mathfrak{a}\mathfrak{a}\}. \tag{9}$$

Die Geraden $\boldsymbol{b}$ und $\boldsymbol{b}'$ nennt man *konjugiert* in bezug auf den Komplex $\mathfrak{a}$. *Jede Gerade* $\boldsymbol{p}$ *des Komplexes* $\mathfrak{a}$, *welche die Gerade* $\boldsymbol{b}$ *schneidet, schneidet auch die konjugierte Gerade* $\boldsymbol{b}'$, weil aus den Gleichungen $\{\boldsymbol{p}\boldsymbol{b}\} = 0$ und $\{\mathfrak{a}\boldsymbol{p}\} = 0$ wegen (9) sofort folgt

$$\{\boldsymbol{p}\boldsymbol{b}'\} = 2\{\mathfrak{a}\boldsymbol{p}\}\,\{\mathfrak{a}\boldsymbol{b}\} - \{\boldsymbol{p}\boldsymbol{b}\}\,\{\mathfrak{a}\mathfrak{a}\} = 0.$$

Offensichtlich gilt auch umgekehrt: *Geraden, die ein Paar bezüglich eines linearen Komplexes konjugierter Geraden schneiden, gehören dem linearen Komplex an.*

Die Formel (9) besagt, daß $\boldsymbol{b}'$ und $\boldsymbol{b}$ proportional sind, und daß die konjugierten Geraden zusammenfallen, wenn

$$\{\mathfrak{a}\boldsymbol{b}\} = 0,$$

d. h. wenn die Gerade $\boldsymbol{b}$ dem Komplex angehört. Folglich *gehören selbstkonjugierte Geraden dem Komplex an.* Offensichtlich gilt auch der umgekehrte Satz: *Jede Gerade eines (nicht speziellen) Komplexes ist zu sich selbst konjugiert.*

Wenn nämlich die Gerade $\boldsymbol{b}$ einem linearen Komplex $\mathfrak{a}$ angehört, d. h. wenn

$$\{\mathfrak{a}\boldsymbol{b}\} = 0,$$

dann ist nach Formel (9) die zu ihr konjugierte Gerade

$$\boldsymbol{b}' = -\boldsymbol{b}\{\mathfrak{a}\mathfrak{a}\}.$$

Wenn der Komplex $\mathfrak{a}$ nicht speziell ist und demnach das Produkt $\{\mathfrak{a}\mathfrak{a}\}$ nicht verschwindet, dann unterscheiden sich die analytischen Geraden $\boldsymbol{b}$ und $\boldsymbol{b}'$ nur durch die Normierung und bestimmen dieselbe geometrische Gerade.

Konjugierte Geraden sind stets windschief.

Schneiden sich diese Geraden nämlich, dann sieht man, indem man beide Seiten der Gleichung (9) mit $\boldsymbol{b}$ multipliziert, daß sich auf der linken Seite wegen der Schnittbedingung der Geraden Null ergeben muß: $\{\boldsymbol{b}\boldsymbol{b}'\} = 0$; auf der rechten Seite verschwindet das zweite Glied wegen der PLÜCKERschen Bedingung $\{\boldsymbol{b}\boldsymbol{b}\} = 0$, und wir erhalten

$$2\{\mathfrak{a}\boldsymbol{b}\}\{\mathfrak{a}\boldsymbol{b}\} = 0,$$

d. h., $\boldsymbol{b}$ liegt im Komplex, und dann fällt die zu ihr konjugierte Gerade $\boldsymbol{b}'$ mit ihr zusammen.

Durch jeden Punkt $\boldsymbol{M}$ des Raumes geht ein Strahlenbüschel des Komplexes, das den Punkt $\boldsymbol{M}$ als Zentrum hat und durch eine Gerade geht, die zu einer der Geraden, die durch den Punkt $\boldsymbol{M}$ gehen, konjugiert ist; weil eine Komplexgerade, die irgendeine Gerade $\boldsymbol{b}$ schneidet, auch die zu ihr konjugierte schneidet. Alle zu den Geraden eines Bündels mit dem Zentrum $\boldsymbol{M}$ konjugierten Geraden liegen in einer Ebene, und alle Komplexstrahlen, die durch den Punkt $\boldsymbol{M}$ gehen, gehören einem Büschel an. In der Tat, wenn drei Geraden $\boldsymbol{p}$, $\boldsymbol{q}$ und $\boldsymbol{r}$ des Komplexes $\mathfrak{a}$, die nicht in einer Ebene liegen, durch den Punkt $\boldsymbol{M}$ gingen, dann täte dies auch die Gerade $\lambda\boldsymbol{p} + \mu\boldsymbol{q} + \nu\boldsymbol{r}$ (λ, μ, ν sind willkürliche Parameter), d. h. das ganze Geradenbündel, das durch den Punkt $\boldsymbol{M}$ geht, läge im Komplex. Dies ist offenbar unmöglich, wenn der Komplex $\mathfrak{a}$ nicht speziell ist. Es sei nämlich $\boldsymbol{b}$ irgendeine Gerade des Raumes, die dem Komplex nicht angehört; die zu ihr konjugierte $\boldsymbol{b}'$ schneidet alle Komplexgeraden, welche die Gerade $\boldsymbol{b}$ schneiden, aber wenn jetzt das ganze Geradenbündel mit dem Zentrum im Punkte $\boldsymbol{M}$ dem Komplex angehört, dann bilden diese Geraden ein Büschel mit dem Zentrum in $\boldsymbol{M}$. Das bedeutet, die Gerade $\boldsymbol{b}'$

liegt entweder selbst in der Ebene dieses Büschels, d. h. sie schneidet die Gerade $\boldsymbol{b}$ und dann gehört $\boldsymbol{b}$ dem Komplex an, was der Voraussetzung widerspricht, oder sie geht durch den Punkt $\boldsymbol{M}$, d. h. sie gehört selbst dem Komplex an, aber dann erhalten wir, indem wir die Gleichung (9) mit $\mathfrak{a}$ multiplizieren,

$$\{\mathfrak{a}\mathfrak{a}\}\,\{\mathfrak{a}\boldsymbol{b}\} = 0 .$$

Da $\boldsymbol{b}$ dem Komplex nicht angehört und $\{\mathfrak{a}\boldsymbol{b}\} \neq 0$ ist, ist $\{\mathfrak{a}\mathfrak{a}\} = 0$, d. h. der Komplex ist speziell.

Also entspricht jedem Punkt $\boldsymbol{M}$ eine Ebene, welche durch ihn hindurchgeht und alle Komplexgeraden enthält, die durch den Punkt $\boldsymbol{M}$ gehen, und alle Geraden, die zum Geradenbündel mit dem Zentrum $\boldsymbol{M}$ konjugiert sind. Dadurch wird eine korrelative Zuordnung hergestellt, die man das *Nullsystem des Komplexes* nennt.

Zwei Komplexe $\{\mathfrak{a}\boldsymbol{x}\} = 0$ und $\{\mathfrak{b}\boldsymbol{x}\} = 0$ befinden sich in *Involution*, wenn ihre Bildpunkte $\boldsymbol{A}$ und $\boldsymbol{B}$ im P_5 polar konjugiert sind bezüglich der Fundamentalhyperquadrik Q_4^2

$$\{\mathfrak{a}\mathfrak{b}\} = 0 .$$

In diesem Fall ist jede Gerade $\boldsymbol{p}$ des ersten Komplexes im Nullsystem des zweiten Komplexes zu einer Geraden $\boldsymbol{p}'$ konjugiert, die auch dem ersten Komplex angehört. In der Tat nimmt jetzt die Formel (9) die Gestalt an

$$\boldsymbol{p}' = 2\,\mathfrak{b}\,\{\mathfrak{b}\boldsymbol{p}\} - \boldsymbol{p}\{\mathfrak{b}\,\mathfrak{b}\} .$$

Durch Multiplikation mit $\mathfrak{a}$ erhalten wir $\{\mathfrak{a}\boldsymbol{p}'\} = 0$, da ja $\{\mathfrak{a}\mathfrak{b}\} = 0$ und $\{\mathfrak{a}\boldsymbol{p}\} = 0$.

Wenn einer der Komplexe, etwa $\mathfrak{a} \equiv \boldsymbol{a}$ speziell ist, dann gehört seine Achse dem zweiten Komplex an; wenn beide Komplexe speziell sind, dann schneiden sich ihre Achsen.

147. Der Schnitt linearer Komplexe. Der Schnitt zweier linearer Komplexe

$$\{\mathfrak{a}\boldsymbol{p}\} = 0 , \qquad \{\mathfrak{b}\boldsymbol{p}\} = 0 , \tag{10}$$

d. h. die Gesamtheit der Geraden, die beiden Komplexen angehören, nennt man eine *lineare Kongruenz.* Sie gehört allen Komplexen des Büschels $\mathfrak{a} + \lambda\mathfrak{b}$ an, weil aus den Bedingungen (10) folgt

$$\{\mathfrak{a} + \lambda\,\mathfrak{b}, \boldsymbol{p}\} = 0 ;$$

die Bildpunkte dieser Komplexe im P_5 sind die Punkte der Geraden $\boldsymbol{AB}$, welche die Bildpunkte $\boldsymbol{A}$ und $\boldsymbol{B}$ der Komplexe $\mathfrak{a}$ und $\mathfrak{b}$ im P_5 verbindet.

Wegen

$$\{\mathfrak{a} + \lambda\,\mathfrak{b}, \boldsymbol{p}\} = 0$$

werden die Geraden der linearen Kongruenz (10) auf die Schnittpunkte der Hyperquadrik Q_4^2 mit jener dreidimensionalen Ebene abgebildet, die zur Geraden $\boldsymbol{AB}$ bezüglich der Hyperquadrik polar ist.

Wenn die Gerade $\boldsymbol{AB}$ die Hyperquadrik Q_4^2 in zwei Punkten $\boldsymbol{M}, \boldsymbol{N}$ (reell, zusammenfallend oder imaginär) schneidet, dann stellen diese Punkte die Bildpunkte zweier spezieller Komplexe dar, die im Büschel $\mathfrak{a} + \lambda\mathfrak{b}$ enthalten sind; gleichzeitig sind es auch die Bildpunkte der Geraden $\boldsymbol{m}, \boldsymbol{n}$, der Achsen dieser speziellen Komplexe. Die Geraden $\boldsymbol{m}, \boldsymbol{n}$ heißen die *Leitgeraden* der linearen Kongruenz. Da alle Geraden der linearen Kongruenz den beiden speziellen linearen Komplexen $\mathfrak{m}$ und $\mathfrak{n}$ angehören, schneiden sie deren Achsen $\boldsymbol{m}, \boldsymbol{n}$. Folglich *wird eine lineare Kongruenz von allen Geraden gebildet, die ihre beiden Leitgeraden schneiden.* Die beiden Leitgeraden fallen zusammen oder werden konjugiert komplex, wenn die Gerade $\boldsymbol{AB}$ die Hyperquadrik Q_4^2 berührt oder sie nicht trifft.

Liegt die Gerade $\boldsymbol{AB}$ ganz auf der Hyperquadrik Q_4^2, dann sind alle ihre Komplexe speziell; ihre Achsen bilden ein Büschel, weil die Bildpunkte im P_5 auf einer Erzeugenden der Hyperquadrik liegen. Die lineare Kongruenz wird dann speziell: sie wird von allen Geraden gebildet, die durch das Zentrum dieses Büschels gehen, und von den Geraden, die in seiner Ebene liegen.

Drei lineare Komplexe

$$\{\mathfrak{a}\boldsymbol{p}\} = 0, \quad \{\mathfrak{b}\boldsymbol{p}\} = 0, \quad \{\mathfrak{c}\boldsymbol{p}\} = 0 \tag{10'}$$

schneiden sich in einer linearen Reihe von ∞^1 Geraden. Diese gehören den Komplexen des Bündels $\mathfrak{a} + \lambda\mathfrak{b} + \mu\mathfrak{c}$ an, das im P_5 auf die Punkte einer Ebene $\boldsymbol{ABC}$ abgebildet wird. Diese Ebene schneidet die Hyperquadrik Q_4^2 in einem Kegelschnitt L^2, der das Bild einer einparametrigen Schar spezieller Komplexe darstellt, welche die lineare Reihe (10′) enthalten. Folglich schneidet jeder Strahl dieser linearen Reihe alle Achsen dieser speziellen Komplexe; das bedeutet, die Gesamtheit der Achsen und die lineare Reihe (10′) bilden die beiden Systeme der Erzeugenden einer Quadrik (zwei „Halbquadriken"). Die lineare Reihe der Achsen wird im P_5 auf die Punkte der Kurve L^2 abgebildet.

Da

$$\{\mathfrak{a} + \lambda\mathfrak{b} + \mu\mathfrak{c}, \boldsymbol{p}\} = 0,$$

wird die lineare Reihe (10′) auf Punkte abgebildet, die zu den Punkten der Ebene $\boldsymbol{ABC}$ polar sind bezüglich der Hyperquadrik Q_4^2 und auf derselben liegen, d. h. auf die Punkte der Schnittkurve der Hyperquadrik Q_4^2 mit der Ebene, die zur Ebene $\boldsymbol{ABC}$ bezüglich Q_4^2 polar konjugiert ist.

Vier Komplexe schneiden sich in zwei Geraden, die durch ein System von fünf Gleichungen bestimmt werden

$$\{\mathfrak{a}\boldsymbol{p}\} = 0, \quad \{\mathfrak{b}\boldsymbol{p}\} = 0, \quad \{\mathfrak{c}\boldsymbol{p}\} = 0, \quad \{\mathfrak{d}\boldsymbol{p}\} = 0, \quad \{\boldsymbol{p}\boldsymbol{p}\} = 0, \tag{10''}$$

von denen die letzte, die PLÜCKERsche Bedingung (2), quadratisch ist.

II. Die asymptotischen Flächentransformationen im projektiven Raum P_3

148. Die Abbildung der asymptotischen Tangenten einer Fläche auf die Hyperquadrik Q_4^2. Wir betrachten eine Fläche $(\boldsymbol{X})$ mit den laufenden Koordinaten x^i des allgemeinen Punktes. Wir beziehen sie auf die Asymptotenlinien u, v. Da die Tangentenebene einer Fläche durch die Punkte $\boldsymbol{X}, \boldsymbol{X}_u, \boldsymbol{X}_v$ und die Schmiegebene einer u-Kurve durch die Punkte $\boldsymbol{X}, \boldsymbol{X}_u, \boldsymbol{X}_{uu}$ bestimmt wird, und da nach Definition der Asymptotenlinien ihre Schmiegebene mit der Tangentenebene zusammenfällt, genügt ein beliebiger Punkt $\boldsymbol{X}$ einer auf Asymptotenlinienparameter u und v bezogenen Fläche dem Gleichungssystem

$$(\boldsymbol{X}_{uu}\boldsymbol{X}_u\boldsymbol{X}_v\boldsymbol{X}) = 0, \qquad (\boldsymbol{X}_{vv}\boldsymbol{X}_u\boldsymbol{X}_v\boldsymbol{X}) = 0,$$

woraus die linearen Abhängigkeiten folgen

$$\begin{aligned} \boldsymbol{X}_{uu} &= \alpha\boldsymbol{X}_u + \beta\boldsymbol{X}_v + \varepsilon\boldsymbol{X}, \\ \boldsymbol{X}_{vv} &= \gamma\boldsymbol{X}_u + \delta\boldsymbol{X}_v + \varepsilon'\boldsymbol{X}. \end{aligned} \tag{11}$$

Wir betrachten die Gesamtheit der Tangenten an die Fläche im Punkte $\boldsymbol{X}$. Unter ihnen nehmen die asymptotischen Tangenten, die mit der Fläche eine Berührung zweiter Ordnung haben, einen besonderen Platz ein (Flth., S. 79); in unserem Fall sind dies die Tangenten an die Koordinatenlinien u, v. Die analytischen Geraden, die zu diesen Tangenten gehören, kann man in Gestalt von äußeren Produkten schreiben

$$\boldsymbol{p} = (\boldsymbol{X}\boldsymbol{X}_u), \qquad \boldsymbol{q} = (\boldsymbol{X}\boldsymbol{X}_v). \tag{12}$$

Indem wir die Gleichungen (12) differenzieren und die Gleichungen (11) verwenden, erhalten wir

$$\begin{aligned} (\boldsymbol{X}\boldsymbol{X}_{uu}) &= \alpha(\boldsymbol{X}\boldsymbol{X}_u) + \beta(\boldsymbol{X}\boldsymbol{X}_v), \\ (\boldsymbol{X}\boldsymbol{X}_{vv}) &= \gamma(\boldsymbol{X}\boldsymbol{X}_u) + \delta(\boldsymbol{X}\boldsymbol{X}_v), \end{aligned}$$

oder

$$\boldsymbol{p}_u = \alpha\boldsymbol{p} + \beta\boldsymbol{q}, \qquad \boldsymbol{q}_v = \gamma\boldsymbol{p} + \delta\boldsymbol{q}. \tag{13}$$

Diese Gleichungen behalten offenbar ihre Gültigkeit bei jeder linearen Transformation der Koordinaten, insbesondere gelten sie auch für die Koordinaten (5). Wenn man die Normierung ändert und statt der Geraden $\boldsymbol{p}, \boldsymbol{q}$ die Geraden $\tilde{\boldsymbol{p}} = \lambda\boldsymbol{p}$, $\tilde{\boldsymbol{q}} = \mu\boldsymbol{q}$ einführt, so zeigt eine einfache Rechnung, daß die Gleichungen (13) die Gestalt annehmen

$$\begin{aligned} \tilde{\boldsymbol{p}}_u &= \left(\alpha + \frac{\partial \ln \lambda}{\partial u}\right)\tilde{\boldsymbol{p}} + \beta\frac{\lambda}{\mu}\tilde{\boldsymbol{q}}, \\ \tilde{\boldsymbol{q}}_v &= \gamma\frac{\mu}{\lambda}\tilde{\boldsymbol{p}} + \left(\delta + \frac{\partial \ln \mu}{\partial v}\right)\tilde{\boldsymbol{q}}. \end{aligned}$$

Wir wählen die Faktoren λ und μ so, daß $\alpha + \dfrac{\partial \ln \lambda}{\partial u} = 0$ und $\delta + \dfrac{\partial \ln \mu}{\partial v} = 0$, dann enthält die erste Gleichung das Glied mit $\tilde{\boldsymbol{p}}$ nicht mehr und die zweite das Glied mit $\tilde{\boldsymbol{q}}$. Wenn wir voraussetzen, daß diese Transformation schon durchgeführt ist, so können wir das System (13) in die Gestalt umschreiben

$$\boldsymbol{p}_u = \beta\boldsymbol{q}, \qquad \boldsymbol{q}_v = \gamma\boldsymbol{p}. \tag{13'}$$

Die asymptotischen Tangenten $\boldsymbol{p}$ und $\boldsymbol{q}$ werden im P_5 auf zwei Punkte $\boldsymbol{P}$ und $\boldsymbol{Q}$ der Hyperquadrik Q_4^2 abgebildet. Alle übrigen Tangenten im Punkt $\boldsymbol{X}$

der Fläche $(\boldsymbol{X})$ gehören zu dem ebenen Büschel $(\boldsymbol{p}, \boldsymbol{q})$, dessen analytische Geraden sich linear durch $\boldsymbol{p}$ und $\boldsymbol{q}$ ausdrücken; folglich werden alle diese Tangenten im P_5 auf die Punkte der Geraden $\boldsymbol{P}\boldsymbol{Q}$ abgebildet, die durch die Punkte $\boldsymbol{P}$ und $\boldsymbol{Q}$ geht und ganz auf der Hyperquadrik Q_4^2 liegt.

Die Gleichung (13) besagt, daß bei Änderung der Parameter u, v die Gerade $\boldsymbol{P}\boldsymbol{Q}$ eine quadratische Kongruenz beschreibt, deren Brennpunkte die Punkte $\boldsymbol{P}$ und $\boldsymbol{Q}$ sind. Die Torsen u, v entsprechen den Asymptotenlinien der Fläche $(\boldsymbol{X})$.

Umgekehrt stellt jede quadratische Kongruenz $(\boldsymbol{P}\boldsymbol{Q})$ im P_5 das Bild der Gesamtheit der Tangenten einer Fläche dar.

Der Strahl $\boldsymbol{P}\boldsymbol{Q}$ ist nämlich das Bild der Geraden eines ebenen Büschels. Das Büschelzentrum $\boldsymbol{X}$ beschreibt eine Fläche $(\boldsymbol{X})$. Man sieht leicht ein, daß die Büschelebene die Fläche berührt. Dazu genügt es zu zeigen, daß die beiden Büschelgeraden $\boldsymbol{p}$ und $\boldsymbol{q}$, die den Brennpunkten $\boldsymbol{P}$ und $\boldsymbol{Q}$ zugeordnet sind, Tangenten der Fläche $(\boldsymbol{X})$ sind. Wir betrachten die u-Kurve, die vom Punkt $\boldsymbol{P}$ auf der Hyperquadrik Q_4^2 beschrieben wird. Die Punkte dieser Kurve sind die Bilder einer Geradenschar $(\boldsymbol{p})$ im P_3. Wir zeigen, daß die Schar eine Einhüllende besitzt und daß der charakteristische Punkt der Geraden $\boldsymbol{p}$ das Büschelzentrum $\boldsymbol{X}$ ist. Dazu genügt es, zu bemerken, daß der charakteristische Punkt durch den Schnitt der Geraden $\boldsymbol{p}$ mit der Geraden $\boldsymbol{p}_u$ bestimmt wird, die man aus der Geraden $\boldsymbol{p}$ durch Differentiation aller ihrer Koordinaten nach dem Parameter u erhält. Der Punkt $\boldsymbol{P}$ genügt als Brennpunkt des Strahls $\boldsymbol{P}\boldsymbol{Q}$ im P_5 der Gleichung

$$\boldsymbol{P}_u = \lambda \boldsymbol{P} + \mu \boldsymbol{Q},$$

woraus folgt, daß der Punkt $\boldsymbol{P}_u$ auf dem Strahl $\boldsymbol{P}\boldsymbol{Q}$ liegt und daß die Gerade $\boldsymbol{p}_u$ im P_3 zum Büschel $(\boldsymbol{p}, \boldsymbol{q})$ gehört und die Gerade im Büschelzentrum $\boldsymbol{X}$ schneidet. Also berührt die Gerade $\boldsymbol{p}$ die Kurve $v = \text{const}$, die vom Punkt $\boldsymbol{X}$ auf der Fläche $(\boldsymbol{X})$ beschrieben wird, und die Gerade $\boldsymbol{q}$ berührt die Kurve $u = \text{const}$ der Fläche $(\boldsymbol{X})$. Da die Ebene der Geraden $\boldsymbol{p}$ und $\boldsymbol{p}_u$ die Schmiegebene der Kurve $v = \text{const}$ ist und da sie mit der Tangentenebene der Fläche $(\boldsymbol{X})$ zusammenfällt, sind die Kurven $v = \text{const}$ und analog $u = \text{const}$ die Asymptotenlinien der Fläche und die Geraden $\boldsymbol{p}$ und $\boldsymbol{q}$ ihre asymptotischen Tangenten.

149. Die asymptotische Transformation einer Fläche. Im vorangehenden Kapitel (§ 137) lernten wir die Transformation von RIBAUCOUR kennen, mit der man zu einer gegebenen quadratischen Kongruenz eine neue ebenfalls quadratische Kongruenz finden kann.

Wir wenden diese Transformation auf die quadratische Kongruenz $(\boldsymbol{P}\boldsymbol{Q})$ an, bei der jeder Strahl das Bild des Büschels der Tangenten in einem Punkt $\boldsymbol{X}$ einer gewissen Fläche $(\boldsymbol{X})$ im dreidimensionalen projektiven Raum P_3 ist und die Brennpunkte $\boldsymbol{P}$, $\boldsymbol{Q}$ die asymptotischen Tangenten dieser Fläche darstellen.

Die Brennpunkte $\boldsymbol{P}$ und $\boldsymbol{Q}$ mögen übergehen in die Brennpunkte $\boldsymbol{P}'$ und $\boldsymbol{Q}'$ einer neuen Kongruenz $(\boldsymbol{P}'\boldsymbol{Q}')$. Die Formeln aus § 137 des vorangehenden Kapitels besagen, daß das Paar entsprechender Strahlen $\boldsymbol{P}\boldsymbol{P}_u$ und $\boldsymbol{P}'\boldsymbol{P}'_u$, wobei die analytischen Punkte $\boldsymbol{P}$ und $\boldsymbol{P'}$ den analytischen Geraden $\boldsymbol{p}$ und $\boldsymbol{p'}$ im P_3 entsprechen, einen gemeinsamen Punkt haben.

Setzen wir nämlich in die Formel (34c) § 137 den Wert für $\boldsymbol{Y}$ aus der Formel (34a) § 137 ein, so erhalten wir, indem wir die Glieder mit $\boldsymbol{X}$ auf die eine, die Glieder mit $\boldsymbol{X'}$ auf die andere Seite bringen,

$$\boldsymbol{X}_u\lambda - \boldsymbol{X}\lambda_u = -\frac{1}{\mu}(\boldsymbol{X}'_u\lambda - \boldsymbol{X}'\lambda_u). \tag{14}$$

Ersetzen wir $\boldsymbol{X}$ und $\boldsymbol{X'}$ durch $\boldsymbol{p}$ und $\boldsymbol{p'}$ und bezeichnen den gemeinsamen Wert der linken und der rechten Seite mit $\boldsymbol{a}$, so erhalten wir den Schnittpunkt der Geraden $\boldsymbol{PP}_u$, $\boldsymbol{P'P'}_u$ im P_5 in der Gestalt

$$\boldsymbol{a} = \boldsymbol{p}_u\lambda - \boldsymbol{p}\lambda_u = -\frac{1}{\mu}(\boldsymbol{p}'_u\lambda - \boldsymbol{p}'\lambda_u).$$

Der Punkt $\boldsymbol{a}$ liegt offenbar auf der Hyperquadrik Q_4^2, weil $\boldsymbol{PQ} = \boldsymbol{PP}_u$ und $\boldsymbol{P'Q'} = \boldsymbol{P'P'}_u$ auf ihr liegen. Folglich ist er der Bildpunkt einer gewissen Geraden unseres Raumes P_3. Da der Punkt auf der Geraden $\boldsymbol{PQ}$ und der Geraden $\boldsymbol{P'Q'}$ liegt, berührt die Gerade $\boldsymbol{a}$ sowohl die Fläche $(\boldsymbol{X})$ wie die Fläche $(\boldsymbol{X'})$, deren Tangenten auf die quadratische Kongruenz $(\boldsymbol{p'q'})$ abgebildet werden. Die beiden Flächen $(\boldsymbol{X})$ und $(\boldsymbol{X'})$ besitzen in entsprechenden Punkten eine gemeinsame Tangente, folglich stellen sie die Brennflächen einer Kongruenz dar, die von der Geraden $\boldsymbol{a}$ beschrieben wird. Die Asymptotenlinien auf $(\boldsymbol{X})$ und $(\boldsymbol{X'})$ bilden auf diesen das Koordinatennetz u, v; sie entsprechen also einander. Daraus folgt, daß die Kongruenz $(\boldsymbol{a})$ eine W-Kongruenz ist.

Die Folgen $[\boldsymbol{P}]$, $[\boldsymbol{P'}]$ im P_5 sind der von der Kongruenz $(\boldsymbol{PP'})$ erzeugten Folge einbeschrieben, weil die Brennpunkte $\boldsymbol{P}$ und $\boldsymbol{P'}$ der Kongruenzen $(\boldsymbol{PP}_u)$, $(\boldsymbol{P'P'}_u)$ auf dem Strahl $\boldsymbol{PP'}$ liegen und nach Konstruktion der Transformation $(\boldsymbol{PQ}) \to (\boldsymbol{P'Q'})$ die Kongruenz $(\boldsymbol{PP'})$ zu den Netzen $(\boldsymbol{P})$ und $(\boldsymbol{P'})$ konjugiert ist, d. h. ihre Torsen entsprechen den u- und v-Linien der beiden Netze.

Daraus folgt, daß die Kongruenzen $(\boldsymbol{PP}_u)$, $(\boldsymbol{P'P'}_u)$ zu ein und demselben Netz harmonisch sind, nämlich zum Brennetz der Kongruenz $(\boldsymbol{PP'})$. Wegen der allgemeinen Sätze des § 131 Kap. VI müssen die beiden Kongruenzen zu einem Netz konjugiert sein. Dieses Netz kann offenbar nur von dem Punkt $\boldsymbol{a}$ beschrieben werden, der den beiden Strahlen $\boldsymbol{PP}_u$, $\boldsymbol{P'P'}_u$ angehört. Folglich *wird eine W-Kongruenz im P_5 auf ein quadratisches Netz abgebildet.* Daraus folgt unmittelbar der Fundamentalsatz:

Die sechs Geradenkoordinaten des Strahls einer W-Kongruenz genügen einer linearen partiellen Differentialgleichung zweiter Ordnung, deren Charakteristiken den Asymptotenlinien der Brennflächen der Kongruenz entsprechen.

Wir erhielten eine W-Kongruenz, indem wir die Transformation von RIBAUCOUR auf die quadratische Kongruenz $(\boldsymbol{PQ})$ anwendeten, welche das Bild aller Tangenten einer Fläche $(\boldsymbol{X})$ war.

Man sieht leicht ein, daß man auf diese Weise alle W-Kongruenzen erhalten kann.

150. Die Äquivalenz der asymptotischen Transformation von Flächen mit der Transformation von Ribaucour für die quadratischen Kongruenzen. Es seien $(\boldsymbol{X})$ und $(\boldsymbol{X}')$ die beiden Brennflächen irgendeiner W-Kongruenz, $(\boldsymbol{P}\boldsymbol{Q})$ und $(\boldsymbol{P}'\boldsymbol{Q}')$ die quadratischen Kongruenzen, auf die alle Tangenten von $(\boldsymbol{X})$ und $(\boldsymbol{X}')$ abgebildet werden.

Indem wir die Koordinaten der Punkte $\boldsymbol{P}$, $\boldsymbol{Q}$, $\boldsymbol{P}'$ und $\boldsymbol{Q}'$ in geeigneter Weise normieren, schreiben wir die Gleichungen (13′) für die erste und zweite Kongruenz nach Änderung der Bezeichnung in der Gestalt

$$\boldsymbol{p}_u = \alpha \boldsymbol{q}, \quad \boldsymbol{q}_v = \beta \boldsymbol{p}, \quad \boldsymbol{p}'_u = \alpha' \boldsymbol{q}', \quad \boldsymbol{q}'_v = \beta' \boldsymbol{p}'. \tag{15}$$

Die Flächen $(\boldsymbol{X})$ und $(\boldsymbol{X}')$ besitzen in jedem Paar entsprechender Punkte eine gemeinsame Tangente; die Strahlen $\boldsymbol{P}\boldsymbol{Q}$ und $\boldsymbol{P}'\boldsymbol{Q}'$ haben stets einen gemeinsamen Punkt, demnach liegen sie in einer Ebene. Das bedeutet, daß es auch für die Geraden $\boldsymbol{P}\boldsymbol{P}'$ und $\boldsymbol{Q}\boldsymbol{Q}'$ einen gemeinsamen Punkt gibt. Dies sei der Punkt $\boldsymbol{R}$:

$$\boldsymbol{R} = m\boldsymbol{p} + m'\boldsymbol{p}' = n\boldsymbol{q} + n'\boldsymbol{q}', \tag{16}$$

wobei wir nach unserer Gewohnheit die analytischen Punkte der Hyperquadrik Q_4^2 mit kleinen Buchstaben bezeichneten; $\boldsymbol{P} = \boldsymbol{p}$, $\boldsymbol{Q} = \boldsymbol{q}$.

Da offenbar n' nicht Null ist ($\boldsymbol{P}\boldsymbol{Q}$ würde sonst den Punkt $\boldsymbol{P}'$ enthalten), können wir daraus $\boldsymbol{q}'$ bestimmen

$$\boldsymbol{q}' = -\frac{n}{n'}\boldsymbol{q} + \frac{m}{n'}\boldsymbol{p} + \frac{m'}{n'}\boldsymbol{p}'. \tag{17}$$

Daraus erhalten wir wegen (15)

$$\boldsymbol{p}'_u = \alpha'\left[-\frac{n}{n'}\boldsymbol{q} + \frac{m}{n'}\boldsymbol{p} + \frac{m'}{n'}\boldsymbol{p}'\right]; \tag{15'}$$

durch Differentiation der Gleichung (16) nach v und Berücksichtigung der Formeln (15) ergibt sich

$$\boldsymbol{p}'_v = -\frac{m}{m'}\boldsymbol{p}_v + A\boldsymbol{p} + B\boldsymbol{q} + C\boldsymbol{p}',$$

wobei A, B, C von $m, n, m', n', \alpha, \beta, \alpha', \beta'$ und ihren Ableitungen abhängen.

Differenzieren wir die erhaltenen Gleichungen und eliminieren die ersten und zweiten Ableitungen von $\boldsymbol{p}'$, so erhalten wir eine Gleichung der Gestalt

$$\left(\frac{m}{m'}\right)_u \boldsymbol{p}_v = B\boldsymbol{q}_u + A_1\boldsymbol{p} + B_1\boldsymbol{q} + C_1\boldsymbol{p}', \tag{18}$$

wobei A_1, B_1, C_1 neue Ausdrücke analog den A, B, C sind.

Indem wir das Plückersche Produkt der linken und rechten Seite mit der Geraden $\boldsymbol{p}$ bilden und beachten, daß die beiden Kongruenzen $(\boldsymbol{P}\boldsymbol{Q})$ und $(\boldsymbol{P}'\boldsymbol{Q}')$ quadratisch sind, daß also

$$\{\boldsymbol{p}\boldsymbol{p}\} = \{\boldsymbol{p}\boldsymbol{q}\} = \{\boldsymbol{q}\boldsymbol{q}\} = 0, \quad \{\boldsymbol{p}'\boldsymbol{p}'\} = \{\boldsymbol{p}'\boldsymbol{q}'\} = \{\boldsymbol{q}'\boldsymbol{q}'\} = 0,$$

woraus folgt

$$\{\boldsymbol{p}\boldsymbol{p}_v\} = \{\boldsymbol{p}\boldsymbol{q}_u\} = 0,$$

so ergibt sich

$$C_1\{\boldsymbol{p}\boldsymbol{p}'\} = 0.$$

Das Produkt $\{\boldsymbol{p}\boldsymbol{p}'\}$ ist natürlich nicht Null. Sonst würde das Produkt $\{\boldsymbol{p} + \lambda\boldsymbol{p}', \boldsymbol{p} + \lambda\boldsymbol{p}'\}$ für jeden Wert von λ verschwinden, und die Gerade $\boldsymbol{P}\boldsymbol{P}'$ läge ganz auf der Hyperquadrik Q_4^2, d. h. die ganze Ebene $\boldsymbol{P}\boldsymbol{P}'\boldsymbol{Q}$ läge auf der Hyperquadrik Q_4^2 und jede Tangente von $(\boldsymbol{X}')$ schnitte jede Tangente von $(\boldsymbol{X})$. Folglich muß man C_1 gleich Null setzen.

In diesem Fall muß die Gleichung (18) identisch verschwinden, weil sich sonst die Tangenten $\boldsymbol{P}\boldsymbol{P}_v$ und $\boldsymbol{Q}\boldsymbol{Q}_u$ schnitten, was offenbar unmöglich ist. Folglich ist

$$\left(\frac{m}{m'}\right)_u = 0, \quad \left(\frac{n}{n'}\right)_v = 0,$$

wobei man die zweite Gleichung analog durch Vertauschung von u und v erhält.

Differenzieren wir jetzt die Gleichung (16), so erhalten wir:

$$\boldsymbol{R}_u = m\,\boldsymbol{p}_u + m'\boldsymbol{p}'_u + m_u\boldsymbol{p} + m'_u\boldsymbol{p}',$$

oder, wenn man $m_u/m = m'_u/m' = M$ setzt, und die Gleichungen (15) und (16) verwendet,

$$\boldsymbol{R}_u = (m\alpha + M n)\boldsymbol{q} + (m'\alpha' + M n')\boldsymbol{q}'.$$

Analog ist

$$\boldsymbol{R}_v = (n\beta + Nm)\boldsymbol{p} + (n'\beta' + Nm')\boldsymbol{p}',$$

und demnach wegen (15), (15')

$$\boldsymbol{R}_{uv} = A_2\boldsymbol{p} + B_2\boldsymbol{q} + C_2\boldsymbol{p}'.$$

Wenn wir nun aus diesen drei Gleichungen und den beiden Gleichungen (16) die Größen $\boldsymbol{p}, \boldsymbol{p}', \boldsymbol{q}, \boldsymbol{q}'$ eliminieren, so erhalten wir eine lineare Gleichung zwischen $\boldsymbol{R}_{uv}, \boldsymbol{R}_u, \boldsymbol{R}_v$ und $\boldsymbol{R}$. Demnach beschreibt der Punkt $\boldsymbol{R}$ ein konjugiertes Netz (u, v), die Tangenten an die u- und v-Kurven enthalten die Punkte $\boldsymbol{q}, \boldsymbol{q}'$ und $\boldsymbol{p}, \boldsymbol{p}'$, weil sich die Punkte $\boldsymbol{R}, \boldsymbol{R}_u$ linear durch $\boldsymbol{q}, \boldsymbol{q}'$ und $\boldsymbol{R}, \boldsymbol{R}_v$ durch $\boldsymbol{p}, \boldsymbol{p}'$ ausdrücken lassen. Die Punkte $\boldsymbol{P}$ und $\boldsymbol{P}'$ erhält man als Schnittpunkte der Hyperquadrik Q_4^2 mit dem Strahl der Kongruenz $(\boldsymbol{R}\boldsymbol{R}_v)$, die zum Netz $(\boldsymbol{P})$ wie zum Netz $(\boldsymbol{P}')$ konjugiert ist. Folglich hängen die Netze $(\boldsymbol{P})$ und $(\boldsymbol{P}')$ durch eine Transformation von RIBAUCOUR zusammen. Wir erhalten den Satz:

Die Transformation von RIBAUCOUR *eines quadratischen Netzes in ein quadratisches im fünfdimensionalen Raum P_5 hat als Urbild im dreidimensionalen P_3 die Flächentransformation durch eine W-Kongruenz, und jede asymptotische Flächentransformation im P_3 wird im P_5 durch eine* RIBAUCOUR*sche Transformation einer quadratischen Kongruenz dargestellt.*

151. Der Vertauschungssatz. Aus dem vorausgehenden Satz folgt direkt, daß die Transformation von RIBAUCOUR im P_5 völlig äquivalent ist zur MOUTARD-Transformation im P_3. Folglich muß es für die erstere genauso einen Vertauschungssatz geben wie für die zweite. Wir können uns dazu auf die Konstruktion der Konfiguration beschränken, auf der er beruht.

Es sei $(\boldsymbol{p})$ ein quadratisches Netz, das in die quadratischen Netze $(\boldsymbol{p}')$ und $(\boldsymbol{p}'')$ transformiert wird, und zwar mittels der Kongruenzen $(\boldsymbol{p}\boldsymbol{R}')$ bzw. $(\boldsymbol{p}\boldsymbol{R}'')$, die zu den Netzen $(\boldsymbol{p})$ und $(\boldsymbol{p}')$ bzw. zu den Netzen $(\boldsymbol{p})$ und $(\boldsymbol{p}'')$ konjugiert sind. Zwei Kongruenzen, die zu einem Netz $(\boldsymbol{p})$ konjugiert sind, sind aber auch zu einem Netz $(\boldsymbol{T})$ harmonisch. Den Punkt $\boldsymbol{T}$ erhält man, wenn man die gleichbenannten Brennpunkte $\boldsymbol{R}', \boldsymbol{R}''$ und $\boldsymbol{R}_1', \boldsymbol{R}_1''$ unserer Kongruenzen $(\boldsymbol{p}\boldsymbol{R}')$ und $(\boldsymbol{p}\boldsymbol{R}'')$ verbindet. Es gibt indessen nach § 131 eine einparametrige Schar von Kongruenzen $(\boldsymbol{p}'\overline{\boldsymbol{R}}')$, die zum Netz $(\boldsymbol{p}')$ konjugiert und zum Netz $(\boldsymbol{T})$ harmonisch sind, und eine einparametrige Schar von Kongruenzen $(\boldsymbol{p}''\overline{\boldsymbol{R}}'')$, die zum Netz $(\boldsymbol{p}'')$ konjugiert und zum selben Netz $(\boldsymbol{T})$ harmonisch sind. Da sie zu einem Netz $(\boldsymbol{T})$ harmonisch sind, sind sie zu einem Netz $(\boldsymbol{S})$ konjugiert, das vom Schnittpunkt entsprechender Strahlen beschrieben wird. Die Gesamtheit der Netze $(\boldsymbol{S})$, die von zwei Parametern abhängt, ist zu den beiden Kongruenzen konjugiert, aber diese Netze brauchen im allgemeinen nicht quadratisch zu sein; die Strahlen $\boldsymbol{p}'\overline{\boldsymbol{R}}'$ und $\boldsymbol{p}''\overline{\boldsymbol{R}}''$ können die Hyperquadrik Q_4^2 in verschiedenen Punkten schneiden.

Quadratisch sind die Netze $(\boldsymbol{S}^*)$, die von den Punkten der Schnittkurve der zweidimensionalen Tangentenebene an die Fläche $(\boldsymbol{T})$ mit der Hyperquadrik Q_4^2 beschrieben werden. Von diesen Punkten gibt es eine eindimensionale Mannigfaltigkeit (einen Kegelschnitt L^2 im P_5); sie beschreiben auch Netze, die man durch eine zweimalige Transformation von RIBAUCOUR nach dem Vertauschungssatz erhält.

Daraus ergibt sich eine interessante Ergänzung des Vertauschungssatzes der MOUTARD-Transformationen im P_3. Da die vier Punkte $\boldsymbol{p}, \boldsymbol{p}', \boldsymbol{p}'', \boldsymbol{S}^*$ auf einem Kegelschnitt L^2 liegen, gehören die ihnen entsprechenden asymptotischen Tangenten an die u-Kurven der vier Flächen $(\boldsymbol{X})$, $(\boldsymbol{X}')$, $(\boldsymbol{X}'')$ und $(\boldsymbol{X}^*)$ des Vertauschungssatzes zu einer Schar von Erzeugenden einer Quadrik.

Wir erhalten den Satz:

Vier einander entsprechende Tangenten an die Asymptotenlinien der vier Flächen $(\boldsymbol{X})$, $(\boldsymbol{X}')$, $(\boldsymbol{X}'')$, $(\boldsymbol{X}^*)$ *des Vertauschungssatzes der W-Transformationen liegen stets auf einer Quadrik.*

152. Die $\boldsymbol{R}$-Folge. Jedes konjugierte Netz $(\boldsymbol{P})$ auf der Hyperquadrik Q_4^2 stellt das Bild der Strahlen einer W-Kongruenz dar. Wir sahen (Kap. VI, § 142), daß es im P_5 zwei und nur zwei (reelle oder imaginäre) quadratische Kongruenzen $(\boldsymbol{Q}'\boldsymbol{R}')$ und $(\boldsymbol{Q}''\boldsymbol{R}'')$ gibt, die zum Netz $(\boldsymbol{P})$ konjugiert sind; sie stellen das Bild der Tangenten der Brennflächen $(\boldsymbol{X}')$ und $(\boldsymbol{X}'')$ der betrachteten W-Kongruenz dar (§ 149).

Wir nehmen nun an, daß das Netz $(\boldsymbol{P})$ ein Netz mit gleichen Invarianten ist. Wir sahen schon (Kap. VI, § 133), daß ein solches Netz eine Transformation zuläßt, die zu einer MOUTARD-Transformation äquivalent ist: der zum Punkt $\boldsymbol{P}$ bezüglich der Brennpunkte $\boldsymbol{Q}', \boldsymbol{R}'$ der konjugierten Kongruenz $(\boldsymbol{Q}'\boldsymbol{R}')$ harmonisch konjugierte Punkt $\boldsymbol{P}'$ beschreibt auch ein Netz mit gleichen Invarianten und ebenso der Punkt $\boldsymbol{P}''$, der zum Punkt $\boldsymbol{P}$ bezüglich der Brennpunkte $\boldsymbol{Q}''$, $\boldsymbol{R}''$ der zweiten Kongruenz $(\boldsymbol{Q}''\boldsymbol{R}'')$ harmonisch konjugiert ist. Unsere Kongruenzen sind nun quadratisch, d. h. sie liegen ganz auf der Hyperquadrik Q_4^2. Da die beiden Netze $(\boldsymbol{P}')$ und $(\boldsymbol{P}'')$ auf den Strahlen $\boldsymbol{Q}'\boldsymbol{R}'$, $\boldsymbol{Q}''\boldsymbol{R}''$ und demnach auf der Hyperquadrik Q_4^2 liegen, sind sie auch quadratisch und stellen die Bilder neuer W-Kongruenzen dar.

Die Folge der Netze mit gleichen Invarianten

$$\ldots(\boldsymbol{P}'),\ (\boldsymbol{P}),\ (\boldsymbol{P}''),\ \ldots$$

kann offenbar nach beiden Seiten unbegrenzt fortgesetzt werden, weil es zu jeder Kongruenz, die beispielsweise das Urbild des Netzes $(\boldsymbol{P}')$ darstellt, zwei Brennflächen gibt, die im P_5 auf zwei quadratische Kongruenzen abgebildet werden. Indem wir den zum Punkt $\boldsymbol{P}'$ bezüglich der Brennpunkte der einen oder der anderen Kongruenz harmonisch konjugierten Punkt konstruieren, schreiten wir in unserer Folge nach rechts oder links fort.

Wir zeigen nun, daß *diese Folge von Netzen mit gleichen Invarianten auf der Hyperquadrik* Q_4^2 *im* P_3 *einer* LAPLACE-*Folge zugeordnet ist, die aus W-Kongruenzen besteht.*

Wir betrachten z. B. zwei in unserer Folge benachbarte Punkte $\boldsymbol{P}$ und $\boldsymbol{P}'$. Sie liegen beide auf der Geraden $\boldsymbol{Q}'\boldsymbol{R}'$ und stellen demnach zwei Tangenten $\boldsymbol{p}$ und $\boldsymbol{p}'$ derselben Fläche $(\boldsymbol{X}')$ dar. Sie sind bezüglich der Brennpunkte $\boldsymbol{Q}'$, $\boldsymbol{R}'$ harmonisch konjugiert, und demnach entsprechen ihnen bezüglich der asymptotischen Tangenten $\boldsymbol{q}'$, $\boldsymbol{r}'$ der Fläche $(\boldsymbol{X}')$ harmonisch konjugierte Tangenten, d. h. sie bestimmen auf der Fläche konjugierte Richtungen und sind LAPLACE-Transformierte voneinander. Dieselbe Überlegung läßt sich auf jedes Paar benachbarter Netze der Folge anwenden.

Auf diese Weise erhalten wir eine LAPLACE-*Folge, die nur W-Kongruenzen enthält.*

Umgekehrt, wenn im P_3 die Tangenten an die beiden Kurvenscharen eines konjugierten Netzes auf der Fläche $(\boldsymbol{X}')$ eine W-Kongruenz beschreiben, dann werden sie auf der Hyperquadrik Q_4^2 auf Punkte $\boldsymbol{P}$ und $\boldsymbol{P}'$ abgebildet, die bezüglich der Brennpunkte $\boldsymbol{Q}'$, $\boldsymbol{R}'$, die den asymptotischen Tangenten $\boldsymbol{q}'$, $\boldsymbol{r}'$ der Fläche $(\boldsymbol{X}')$ entsprechen, harmonisch konjugiert sind.

Wir sahen (Kap. VI, § 133), daß die Netze, welche die Brennpunkte der zu ihnen konjugierten Kongruenz harmonisch trennen, gleiche Invarianten besitzen. Folglich ist das Netz $(\boldsymbol{P})$ ein Netz mit gleichen Invarianten, und die LAPLACE-Folge, die auf der W-Kongruenz, welche diesem Netz entspricht, aufgebaut ist, enthält nur W-Kongruenzen. Derartige Kongruenzen betrachteten wir schon in den §§ 110—117 Kap. V; sie heißen *R-Kongruenzen*, ihre Brennflächen *R-Flächen*, und die Folge heißt *R-Folge*.

Wir erhalten den Satz:

Wenn in einer LAPLACE-*Folge zwei aufeinanderfolgende Kongruenzen W-Kongruenzen sind, so haben alle Kongruenzen der Folge diese Eigenschaft.*

III. Selbstabgeleitete Folgen

153. Die von sich selbst abgeleitete Folge. Im Kapitel VI, § 139 betrachteten wir Ableitungen einer LAPLACE-Folge. Eine erste Ableitung ist eine einbeschriebene LAPLACE-Folge, eine zweite Ableitung ist eine Ableitung einer ersten Ableitung, usw. Wir führen die Bezeichnung ein

$$(m, n) = \alpha \boldsymbol{X}_{-m} + \alpha' \boldsymbol{X}_{-m+1} + \cdots + \alpha^{(m-1)} \boldsymbol{X}_{-1} + \gamma \boldsymbol{X} + \beta^{(n-1)} \boldsymbol{X}_1 + \cdots \cdots + \beta' \boldsymbol{X}_{n-1} + \beta \boldsymbol{X}_n, \tag{19}$$

wobei $\boldsymbol{X}_i$ eine LAPLACE-Transformierte i-ter Ordnung des Punktes $\boldsymbol{X}$ ist und $\alpha, \alpha', \ldots, \beta, \beta', \ldots, \gamma$ willkürliche Koeffizienten sind. Dann kann jede Ableitung $l + m$-ter Ordnung dargestellt werden durch einen Ausdruck

$$\boldsymbol{X}' = (l, m) = \alpha \boldsymbol{X}_{-l} + \alpha' \boldsymbol{X}_{-l+1} + \cdots + \beta \boldsymbol{X}_m + \beta' \boldsymbol{X}_{m-1} + \cdots + \gamma \boldsymbol{X}, \tag{20a}$$

der für $l + m$ linear unabhängige Lösungen der LAPLACE-Gleichung des Netzes $(\boldsymbol{X})$ verschwindet:

$$x = R', \quad x = R'', \quad \ldots, \quad x = R^{(l+m)}. \tag{20b}$$

Differenzieren wir den Ausdruck (20a), so erhalten wir wegen der Formeln (12a), (12b) § 125

$$\begin{aligned} \boldsymbol{X}'_u &= \alpha \boldsymbol{X}_{-l-1} + \cdots + (\beta_u + b\beta) \boldsymbol{X}_m + (\beta'_u + b\beta' + \beta h_{m-1}) \boldsymbol{X}_{m-1} + \cdots \\ \boldsymbol{X}'_v &= (\alpha_v + a\alpha) \boldsymbol{X}_{-l} + \cdots + \beta \boldsymbol{X}_{m+1} + \cdots \\ \boldsymbol{X}'_{uv} &= (\alpha_v + a\alpha) \boldsymbol{X}_{-l-1} + \cdots + (\beta_u + b\beta) \boldsymbol{X}_{m+1} + \cdots . \end{aligned} \tag{21}$$

Daraus folgt, daß der Ausdruck

$$\boldsymbol{X}'_{uv} - \left(a + \frac{\partial \ln \alpha}{\partial v}\right) \boldsymbol{X}'_u - \left(b + \frac{\partial \ln \beta}{\partial u}\right) \boldsymbol{X}'_v$$

ebenso wie $\boldsymbol{X}'$ linear homogen bezüglich $\boldsymbol{X}, \boldsymbol{X}_1, \boldsymbol{X}_2, \ldots, \boldsymbol{X}_m, \boldsymbol{X}_{-1}, \ldots, \boldsymbol{X}_{-l}$ ist und für die Werte (20b) verschwindet, folglich ist er proportional zu $\boldsymbol{X}'$.

$\boldsymbol{X}'$ genügt also der LAPLACE-Gleichung

$$\boldsymbol{X}'_{uv} = \left(a + \frac{\partial \ln \alpha}{\partial v}\right) \boldsymbol{X}'_u + \left(b + \frac{\partial \ln \beta}{\partial u}\right) \boldsymbol{X}'_v + c' \boldsymbol{X}'. \tag{22}$$

Wenn das Netz $(\boldsymbol{X}')$ mit dem Netz $(\boldsymbol{X})$ zusammenfällt

$$\boldsymbol{X} = \varrho \boldsymbol{X}',$$

dann müssen die Gleichungen (13) § 126 Kap. VI und (22) übereinstimmen; wegen (14) § 126 erhalten wir dann

$$\frac{\partial \ln \varrho}{\partial v} = -\frac{\partial \ln \alpha}{\partial v}, \qquad \frac{\partial \ln \varrho}{\partial u} = -\frac{\partial \ln \beta}{\partial u},$$

woraus folgt

$$\frac{\partial^2}{\partial u\, \partial v} \ln \frac{\alpha}{\beta} = 0, \qquad \frac{\alpha}{\beta} = UV; \qquad U = U(u), \qquad V = V(v).$$

Bei Änderung der Parameter u, v in $\bar{u} = \varphi(u)$, $\bar{v} = \psi(v)$ bekommt man

$$X_u = X_{\bar{u}}\,\varphi'(u), \qquad X_v = X_{\bar{v}}\,\psi'(v).$$

Wir erhalten also nach den Formeln (12a), (12b) § 125 für $p = 0$, $q = 0$, indem wir mit $\bar{X}_{-1}$, $\bar{X}_1$ die für die Parameter $\bar{u}, \bar{v}$ errechneten LAPLACE-Transformierten und ebenso mit $\bar{a}$, $\bar{b}$ die neuen Koeffizienten in der LAPLACE-Gleichung bezeichnen

$$X_{-1} = X_u - bX = (X_{\bar{u}} - \bar{b}X)\,\varphi'(u) = \bar{X}_{-1}\,\varphi'(u).$$

Fahren wir so Schritt für Schritt fort, so ergibt sich

$$X_{-p} = \bar{X}_{-p}\,\varphi'^{p}(u).$$

Damit erhalten wir aus der Gleichung (20a) das Gesetz für die Änderung der Koeffizienten α und β:

$$\bar{\alpha} = \alpha\,\varphi'^{\,l}(u), \qquad \bar{\beta} = \beta\,\psi'^{\,m}(v).$$

Das besagt, daß man durch geeignete Transformation der Parameter u, v das Verhältnis $\frac{\alpha}{\beta} = UV$ zu Eins machen kann. Durch eine Änderung der Normierung des Punktes X', indem wir nämlich in die Formel (20a) $\bar{X}' = \frac{X'}{\alpha}$ einsetzen, machen wir $\alpha = \beta$ zu Eins.

Ein Netz, das mit seiner Ableitung der Ordnung $l + m$ zusammenfällt, wird also durch das System bestimmt

$$X_{uv} = aX_u + bX_v + cX, \tag{23a}$$

$$X' = X_{-l} + \alpha' X_{-l+1} + \cdots + X_m + \beta' X_{m-1} + \cdots = \sigma X,\ \sigma = \text{const}, \tag{23b}$$

wenn das System

$$X_{uv} = aX_u + bX_v + cX,$$
$$X_{-l} + \alpha' X_{-l+1} + \cdots + X_m + \beta' X_{m-1} + \cdots = 0$$

$l + m$ linear unabhängige Lösungen besitzt.

Differenzieren wir die Gleichung $X' = \sigma X$ nach u und verwenden die Formeln (12a), (12b) § 125, so erhalten wir die Gleichung

$$X'_u = \sigma(X_{-1} + bX), \tag{24}$$

oder

$$X'_u - bX' = \sigma X_{-1}. \tag{24'}$$

Da α und β zu Eins gemacht worden sind, nimmt die Gleichung (22) die Gestalt an

$$X'_{uv} = aX'_u + bX'_v + c'X',$$

die neuen Koeffizienten a', b' sind also gleich den alten $a' = a$, $b' = b$, und die Formeln (12a), (12b) § 125 für die Folge $[X']$ ergeben

$$X'_{-1} = X'_u - bX',$$

während die Gleichung (24′) die Gestalt annimmt

$$\boldsymbol{X}'_{-1} = \sigma \boldsymbol{X}_{-1}.$$

Wir zeigen nun, daß $\boldsymbol{X}'_{-1}$ ein Ausdruck (m, n) ist, den wir durch die Formel (19) einführten, genauer ist $\boldsymbol{X}'_{-1}$ von der Form $(l + 1, m - 1)$, d. h. $\boldsymbol{X}'_{-1}$ ist auch ein Netz, das mit seiner Ableitung $l + m$-ter Ordnung zusammenfällt.

Wenn wir die Formeln (21) verwenden und beachten, daß $\alpha = \beta = 1$ ist, dann nimmt die Gleichung (24′) die Gestalt an

$$\boldsymbol{X}_{-l-1} + \cdots + (\beta'_u + h_{m-1})\, \boldsymbol{X}_{m-1} + \cdots = \sigma \boldsymbol{X}_{-1}; \tag{25}$$

durch Differentiation nach v und Berücksichtigung der Formeln (12a), (12b) § 125 ergibt sich daraus

$$a \boldsymbol{X}_{-l-1} + \cdots + (\beta'_u + h_{m-1})\, \boldsymbol{X}_m + \cdots = \sigma (a \boldsymbol{X}_{-1} + k \boldsymbol{X}).$$

Diese Gleichung muß eine Identität sein, wenn man $\sigma \boldsymbol{X}_{-1}$ und $\sigma \boldsymbol{X}$ gemäß den Formeln (23b), (25) ersetzt. Durch Vergleich der Koeffizienten von $\boldsymbol{X}_m$ erhalten wir

$$\beta'_u + h_{m-1} = k.$$

Andererseits bekommt man nach den Formeln (9), (12a), (12b) § 125

$$(\boldsymbol{X}_{-1})_1 = (\boldsymbol{X}_{-1})_v - a_{-1} \boldsymbol{X}_{-1} = k \boldsymbol{X}.$$

Diese Formel kann man verallgemeinern. Nach derselben Formel (9) § 125 erhalten wir für ein beliebiges Netz

$$\boldsymbol{Y}_1 = \boldsymbol{Y}_v - \bar{a} \boldsymbol{Y},$$

wobei $\bar{a}$ der Koeffizient der LAPLACE-Gleichung für das Netz $(\boldsymbol{Y})$ ist. Für

$$\boldsymbol{Y} = (\boldsymbol{X}_{-1})_m = (k \boldsymbol{X})_{m-1} = k \boldsymbol{X}_{m-1}$$

wird dieser Koeffizient $\bar{a}$ als Koeffizient des Netzes $(\boldsymbol{X}_{m-1})$ nach der Formel (14) § 126 für $\varrho = \frac{1}{k}$ bestimmt in der Gestalt

$$\bar{a} = a_{m-1} + \frac{\partial \ln k}{\partial v}.$$

Nehmen wir an, daß für irgendein $m > 0$

$$(\boldsymbol{X}_{-1})_m = k \boldsymbol{X}_{m-1}; \tag{26a}$$

dann ist

$$(\boldsymbol{X}_{-1})_{m+1} = (k \boldsymbol{X}_{m-1})_1 = (k \boldsymbol{X}_{m-1})_v - \left(a_{m-1} + \frac{\partial \ln k}{\partial v}\right) k \boldsymbol{X}_{m-1} =$$
$$= k_v \boldsymbol{X}_{m-1} + k (\boldsymbol{X}_{m-1})_v - a_{m-1} k \boldsymbol{X}_{m-1} - k_v \boldsymbol{X}_{m-1} = k \boldsymbol{X}_m,$$

denn nach den Formeln (12a), (12b) § 125 ist

$$(\boldsymbol{X}_{m-1})_v = \boldsymbol{X}_m + a_{m-1} \boldsymbol{X}_{m-1}.$$

Damit ist die Formel (26a) für jedes positive m bewiesen. Außerdem erhalten wir nach Definition

$$(\boldsymbol{X}_{-1})_{-l} = \boldsymbol{X}_{-l-1}. \tag{26b}$$

Indem wir diese Formeln auf die Beziehung (25) anwenden, schreiben wir sie um in

$$(X_{-1})_{-l} + \cdots + (X_{-1})_m + \cdots = \sigma X_{-1}. \tag{25'}$$

Durch eine analoge Überlegung zeigen wir, daß ein beliebiges Netz (X_i) der Folge $[X]$ seine eigene Ableitung $l + m$-ter Ordnung ist, d. h. die ganze Folge ist eine selbstabgeleitete der Ordnung $l + m$.

Demnach erhalten wir den Satz:

Wenn in einer LAPLACE-*Folge* $[X]$ *eines der Netze eine Ableitung k-ter Ordnung von sich selbst ist, dann ist die ganze Folge eine Ableitung k-ter Ordnung von sich selbst.*

154. Die selbstabgeleitete Folge im P_3. Die Gleichungen (23b) und (25′) führen auf eine bemerkenswerte Folgerung für den Fall $l = m = 2$.

Da die Punkte $X, X_u, X_v, X_{uu}, X_{uv}, X_{vv}$ usw. in einem Raum von n Dimensionen P_n liegen, sind von ihnen nur $n + 1$ linear unabhängig.

Wenn $n = 3$ ist, dann müssen schon die zweiten Ableitungen durch zwei Beziehungen zusammenhängen; eine davon ist die LAPLACE-Gleichung (23a), die andere kann man hinschreiben in der Gestalt

$$X_{-2} + gX_2 + \alpha X_{-1} + \beta X_1 + \gamma X = 0, \tag{27}$$

oder

$$X_{uu} + gX_{vv} + pX_u + qX_v + rX = 0. \tag{27'}$$

Die Asymptotenlinien einer Fläche (X) sind im dreidimensionalen Raum als die Linien definiert, bei denen die Schmiegebene mit der Tangentenebene der Fläche zusammenfällt. Die Tangentenebene wird durch die drei Punkte X, X_u, X_v bestimmt, die Schmiegebene durch die Punkte

$$X, \quad dX = X_u\,du + X_v\,dv,$$

$$d^2X = X_{uu}\,du^2 + 2X_{uv}\,du\,dv + X_{vv}\,dv^2 + X_u\,d^2u + X_v\,d^2v$$

oder wegen (23a) und (27) durch

$$X, \quad dX = X_u\,du + X_v\,dv; \quad d^2X = X_{uu}(du^2 - g\,dv^2) + AX_u + BX_v + CX.$$

Diese Punkte liegen in der Tangentenebene, wenn

$$du^2 - g\,dv^2 = 0; \tag{28}$$

folglich bestimmt diese Gleichung die Asymptotenlinien der Fläche (X).

Wenn das Netz (X) ein selbstabgeleitetes vierter Ordnung ist $(l = m = 2)$, dann fällt die Gleichung (23b) mit der Beziehung (27) zusammen. Demnach werden die Asymptotenlinien der Fläche (X) durch die Gleichung bestimmt

$$du^2 - dv^2 = 0. \tag{28'}$$

Dieselbe Gleichung bestimmt auch die Asymptotenlinien auf der Fläche (X_{-1}), die man durch eine LAPLACE-Transformation erhält, wie dies die Gleichung (25′) zeigt, und auf allen andern LAPLACE-Transformierten. Das bedeutet, *ein selbstabgeleitetes Netz vierter Ordnung im dreidimensionalen Raum ist ein R-Netz.*

Dieser Satz läßt auch die Umkehrung zu, die wir im folgenden beweisen: *Jedes R-Netz ist seine eigene Ableitung der Ordnung* $l + m = 4$. Da ein R-Netz isotherm-konjugiert ist (Kap. V, § 111), so daß man die Gleichung der Asymptotenlinien in den Parametern der Netzkurven in der Form (28′) schreiben kann, genügt ein R-Netz einem System der Gestalt

$$X_{uv} = aX_u + bX_v + cX, \tag{29a}$$

$$G \equiv X_{-2} + X_2 + \alpha X_{-1} + \beta X_1 + \gamma X = 0. \tag{29b}$$

Differenzieren wir die zweite dieser Gleichungen nach u und verwenden die Formeln (12a), (12b) § 125, so erhalten wir nach Eliminierung von X_2 mit Hilfe von (29b)

$$X_{-3} + (\beta_u + h_1) X_1 + AX_{-2} + BX + CX_{-1} = 0. \tag{30}$$

Da nach Definition $X_{-3} = (X_{-1})_{-2}$ und wegen (26a) $(X_{-1})_2 = kX_1$ ist, können wir unsere Gleichung umschreiben in

$$(X_{-1})_{-2} + \frac{\beta_u + h_1}{k} (X_{-1})_2 + A'(X_{-1})_{-1} + B'(X_{-1})_1 + C'X_{-1} = 0.$$

Wenn die Asymptotenlinien auf der Fläche (X_{-1}) auch durch die Gleichung (28′) bestimmt werden, dann ist

$$\beta_u + h_1 = k. \tag{31a}$$

Wenn außerdem

$$\alpha_v + k_{-1} = h, \tag{31b}$$

dann entsprechen sich die Asymptotenlinien auf den beiden LAPLACE-Transformierten (X_{-1}), (X_1), und zwei benachbarte Kongruenzen der Folge sind W-Kongruenzen und alle Netze der Folge sind R-Netze.

Unter den Bedingungen (31a), (31b) bestimmt also das System (29a), (29b) ein R-Netz, sofern natürlich die Verträglichkeitsbedingungen des Systems (29a), (29b) erfüllt sind.

155. Der Existenzsatz für die *R*-Netze. Um die Verträglichkeitsbedingung des Systems (29a), (29b) aufzustellen, differenzieren wir wie im § 141 (Kap. VI) die zweite Gleichung des Systems nach u und eliminieren mit Hilfe der ersten X_2

$$G_u - bG = 0;$$

danach differenzieren wir die erhaltene Gleichung nach v und eliminieren X_{-3}

$$(G_u - bG)_v - a(G_u - bG) = 0. \tag{a}$$

Diese Gleichung enthält nur $X_{-2}, X_{-1}, X, X_1, X_2$ und muß wegen der Gleichung $G = 0$ identisch befriedigt werden, d. h. die linke Seite muß zu G proportional sein. Der Proportionalitätsfaktor wird bestimmt, wenn man die Koeffizienten von X_2 vergleicht. Da die erste Differentiation auf die Gleichung (30) führt, oder wegen (31a) auf die Gleichung

$$X_{-3} + kX_1 + AX_{-2} + BX + CX_{-1} = 0,$$

ist der Koeffizient von X_2 in der Gleichung (a) gleich k. Es muß also identisch gelten:

$$G_{uv} - aG_u - bG_v - (b_v - ab)G = kG;$$

da nun nach Formel (15) § 126 für die Invariante k

$$k = c + ab - b_v$$

gilt, fällt unsere Gleichung mit der LAPLACE-Gleichung für (X) zusammen:

$$G_{uv} = aG_u + bG_v + cG. \tag{b}$$

Die Gleichungen (29a), (29b), (31a), (31b), (b) stellen das vollständige System der Differentialgleichungen dar, die ein R-Netz bestimmen.

Wir zeigen nun, daß dieses Netz eine Ableitung vierter Ordnung von sich selbst ist. Wie wir schon im § 153 gesehen haben, bestimmt das System (29a), (29b) ein von sich selbst abgeleitetes Netz vierter Ordnung, sofern das System

$$\begin{aligned} X_{uv} &= aX_u + bX_v + cX, \\ G + \sigma X &= 0, \qquad \sigma = \text{const} \end{aligned} \tag{32}$$

vollständig integrierbar ist und vier linear unabhängige Lösungen besitzt.

Das Erfülltsein der ersten Bedingung folgt aus den Gleichungen (29a), (b) und der Konstanz des Koeffizienten σ, denn die Verträglichkeitsbedingung der Gleichungen (32) hat die Gestalt

$$(G + \sigma X)_{uv} = a(G + \sigma X)_u + b(G + \sigma X)_v + c(G + \sigma X)$$

und fällt mit der Summe der Gleichungen (29a) und (b) zusammen.

Die allgemeine Lösung hängt von vier willkürlichen Konstanten ab: man kann nämlich den Veränderlichen X_{-2}, X_{-1}, X, X_1 im Anfangspunkt $u = u_0$, $v = v_0$ willkürliche Werte beilegen (M.Ä.F. S. 43). Demnach verschwindet für diese Lösungen der Ausdruck

$$\sigma X = X_{-2} + X_2 + \alpha X_{-1} + \beta X_1 + (\gamma + \sigma)X. \tag{32'}$$

Das bedeutet, daß σX ein Ausdruck (m, n) nach Formel (19) ist, der die Ableitung der Ordnung $m + n$ bei $m = n = 2$ bestimmt, d. h.

$$\sigma X = (2, 2).$$

Das Netz (X) ist deshalb eine Ableitung vierter Ordnung von sich selbst.

156. Die Transformation der R-Netze. Wir stellen mit Hilfe der Lösungen R^1 und R^2 des Systems (32) den Ausdruck (m, n) für $m = n = 1$ auf. Man kann ihn in der Gestalt einer Determinante schreiben

$$X' = \begin{vmatrix} X_{-1} & X & X_1 \\ R^1_{-1} & R^1 & R^1_1 \\ R^2_{-1} & R^2 & R^2_1 \end{vmatrix}. \tag{33a}$$

Dieser Punkt beschreibt ein Netz (X'), das die zweite Ableitung des Netzes (X) ist, da R^1 und R^2 zwei unabhängige Lösungen der LAPLACE-Gleichung für das Netz ($\boldsymbol{X}$) sind. Ferner bestimmt genauso die Formel

$$\boldsymbol{X}^* = \begin{vmatrix} \boldsymbol{X}'_{-1} & \boldsymbol{X}' & \boldsymbol{X}'_1 \\ \varrho^1_{-1} & \varrho^1 & \varrho^1_1 \\ \varrho^2_{-1} & \varrho^2 & \varrho^2_1 \end{vmatrix} \tag{33b}$$

ein Netz ($\boldsymbol{X}^*$), das die zweite Ableitung des Netzes ($\boldsymbol{X}'$) ist, wenn ϱ^1 und ϱ^2 irgend zwei unabhängige Lösungen der LAPLACE-Gleichung für das Netz ($\boldsymbol{X}'$) sind.

Wir können diese Lösungen konstruieren, indem wir die Formel (33a) verwenden. Wir wählen noch zwei weitere Lösungen R^3 und R^4 des Systems (32) derart, daß die vier Lösungen R^i unabhängig sind, und setzen

$$\varrho^1 = \begin{vmatrix} R^3_{-1} & R^3 & R^3_1 \\ R^1_{-1} & R^1 & R^1_1 \\ R^2_{-1} & R^2 & R^2_1 \end{vmatrix}, \quad \varrho^2 = \begin{vmatrix} R^4_{-1} & R^4 & R^4_1 \\ R^1_{-1} & R^1 & R^1_1 \\ R^2_{-1} & R^2 & R^2_1 \end{vmatrix}. \tag{34}$$

Bei dieser Wahl der Lösungen ϱ^i bestimmt die Formel (33b) nicht nur irgendeine zweite Ableitung des Netzes ($\boldsymbol{X}'$), sondern das Ausgangs-R-Netz selbst, das beim Aufbau der Formel (33a) zugrunde gelegt worden war.

Da nämlich der Punkt $\boldsymbol{X}'$ nach Formel (33a) linear vom Punkt $\boldsymbol{X}$ und seinen beiden LAPLACE-Transformierten $\boldsymbol{X}_{-1}$ und $\boldsymbol{X}_1$ abhängt, und die Determinante (33b) die LAPLACE-Transformierten von $\boldsymbol{X}'$, nämlich $\boldsymbol{X}'_{-1}$ und $\boldsymbol{X}'_1$ enthält, läßt sich der Punkt $\boldsymbol{X}^*$ linear nach den Punkten $\boldsymbol{X}_{-2}, \boldsymbol{X}_{-1}, \boldsymbol{X}, \boldsymbol{X}_1, \boldsymbol{X}_2$ entwickeln. Andererseits verschwindet der Ausdruck für $\boldsymbol{X}'$ nach Formel (33a), wenn man statt $\boldsymbol{X}$ die Lösungen R^1 oder R^2 einsetzt, und damit auch der fünfgliedrige Ausdruck für $\boldsymbol{X}^*$. Wenn man ebenso statt $\boldsymbol{X}$ die Lösungen R^3 oder R^4 einsetzt, dann wird $\boldsymbol{X}'$ zu ϱ^1 oder ϱ^2, und $\boldsymbol{X}^*$ verschwindet wieder. Da nun durch die vier linear unabhängigen Lösungen das allgemeine Integral des Systems (32) vollständig bestimmt ist, ist auch der Ausdruck (32′) bis auf einen gemeinsamen Faktor bestimmt, d. h. der fünfgliedrige Ausdruck für $\boldsymbol{X}^*$ nach Formel (33b), wenn man den Wert von $\boldsymbol{X}'$ aus (33a) einsetzt, unterscheidet sich von dem Ausdruck für $\boldsymbol{X}$ nach Formel (32′) nur durch einen Faktor. Es ist also

$$\boldsymbol{X} = \lambda \boldsymbol{X}^*,$$

wobei λ der Proportionalitätsfaktor ist.

Daraus folgt, daß vor allem die Netze ($\boldsymbol{X}$) und ($\boldsymbol{X}'$) zweite Ableitungen voneinander sind, und daß demnach das Netz ($\boldsymbol{X}'$) auch ein R-Netz ist. Da die beiden Netze auf den Flächen ($\boldsymbol{X}$) und ($\boldsymbol{X}'$) auf dieselben Parameter bezogen sind, entsprechen sie einander. Da der Punkt $\boldsymbol{X}$ in der Tangentenebene der Fläche ($\boldsymbol{X}'$) liegt (er läßt sich linear durch die Punkte $\boldsymbol{X}', \boldsymbol{X}'_1, \boldsymbol{X}'_{-1}$ ausdrücken), und der Punkt $\boldsymbol{X}'$ in der Tangentenebene von ($\boldsymbol{X}$), berührt die Gerade $\boldsymbol{X}\boldsymbol{X}'$ die beiden Flächen; sie beschreibt eine W-Kongruenz mit den Brennflächen ($\boldsymbol{X}$), ($\boldsymbol{X}'$), weil sich die Asymptotenlinien auf den Flächen ($\boldsymbol{X}$) und ($\boldsymbol{X}'$) offensichtlich entsprechen. Auf beiden Flächen entsprechen die R-Netze einander und außerdem die Brennetze, die Entsprechung zweier Paare von konjugierten

Elementen hat aber die Entsprechung aller Elemente der Involution der konjugierten Richtungen zur Folge, darunter sind auch die doppelten Elemente, d. h. die asymptotischen Richtungen.

Wegen des Satzes im § 153 ist die ganze Folge $[\boldsymbol{X}]$ und ebenso die Folge $[\boldsymbol{X}']$ selbstabgeleitet von vierter Ordnung, und demnach sind sie gegenseitig zweite Ableitungen voneinander. Wir erhalten demnach eine asymptotische Transformation einer R-Folge in eine R-Folge. Im Kapitel XIII werden wir zeigen, daß diese Transformation eine J-Transformation ist.

Die Transformation hängt von der Wahl des Lösungspaares R, R' des Systems (32) ab, mit deren Hilfe man die Transformation (33a) aufstellt. Da die allgemeine Lösung des linearen Systems (32) die Gestalt einer Linearkombination mit konstanten Koeffizienten aus den Lösungen des Fundamentalquadrupels R^i hat, hängt die Größe der Mannigfaltigkeit der Transformationen von der Willkür in der Wahl der Konstanten C_i, C_i' ab:

$$R = C_i R^i, \qquad R' = C_i' R^i, \qquad i = 1, 2, 3, 4.$$

Sie sind nicht alle wesentlich. Die Determinante (33a) bleibt bis auf einen konstanten Faktor bei jeder linearen Ersetzung von R, R' erhalten. Das bedeutet, daß wir sie stets in der Gestalt

$$\begin{aligned} R &= R^1 + C_3 R^3 + C_4 R^4, \\ R' &= R^2 + C_3' R^3 + C_4' R^4 \end{aligned}$$

wählen können, und die Transformationen hängen demnach von vier willkürlichen Konstanten ab. Also bestimmt die Formel (33a) die allgemeinste J-Transformation.

Daraus ergibt sich die Folgerung:

Zu jeder J-Transformation gibt es zwei Folgen, die dem einen R-Netz von zwei durch die Transformation zusammenhängenden R-Netzen einbeschrieben und gleichzeitig dem andern Netz umbeschrieben sind.

IV. Die Abbildung der Geraden auf die Hyperquadrik Q_4^2 als Hilfsmittel der projektiven Flächentheorie

157. Die der Abbildung der asymptotischen Tangenten einer Fläche zugeordnete Laplace-Folge im $\boldsymbol{P}_5$. Wir kehren zurück zur Abbildung des Komplexes der Tangenten einer Fläche $(\boldsymbol{X})$ auf eine quadratische Kongruenz auf der Hyperquadrik Q_4^2. Wir sahen, daß die asymptotischen Tangenten auf die Brennpunkte $\boldsymbol{P}$, $\boldsymbol{Q}$ eines Strahls abgebildet werden. Wenden wir auf die Brennetze $(\boldsymbol{p})$, $(\boldsymbol{q})$ die Laplace-Transformation an, so erhalten wir eine Laplace-Folge

$$\cdots \boldsymbol{P}_2,\ \boldsymbol{P}_1,\ \boldsymbol{p},\ \boldsymbol{q},\ \boldsymbol{Q}_{-1},\ \boldsymbol{Q}_{-2}\ \cdots \tag{35}$$

Die beiden Punkte $\boldsymbol{p}$ und $\boldsymbol{q}$ (und die Gerade $\boldsymbol{pq}$) liegen auf der Hyperquadrik Q_4^2. Indem wir die Plückerschen Produkte verwenden, können wir dies hinschreiben in Gestalt der Gleichungen

$$\{\boldsymbol{pp}\} = 0, \quad \{\boldsymbol{pq}\} = 0, \quad \{\boldsymbol{qq}\} = 0. \tag{35a}$$

Differenzieren wir diese Gleichungen, so erhalten wir unter Verwendung der Formeln (12a), (12b) § 125

$$\{\boldsymbol{pP}_1\} = 0, \quad \{\boldsymbol{qP}_1\} = 0, \quad \{\boldsymbol{pQ}_{-1}\} = 0, \quad \{\boldsymbol{qQ}_{-1}\} = 0. \tag{35b}$$

Durch Differentiation der beiden mittleren Gleichungen ergibt sich

$$\{\boldsymbol{P}_2\boldsymbol{q}\} = 0, \quad \{\boldsymbol{P}_1\boldsymbol{Q}_{-1}\} = 0, \quad \{\boldsymbol{pQ}_{-2}\} = 0. \tag{35c}$$

Indem wir schließlich die mittlere noch zweimal differenzieren, erhalten wir

$$\{\boldsymbol{P}_2\boldsymbol{Q}_{-1}\} = 0, \quad \{\boldsymbol{P}_1\boldsymbol{Q}_{-2}\} = 0, \quad \{\boldsymbol{P}_1\boldsymbol{Q}_{-3}\} = 0, \quad \{\boldsymbol{P}_3\boldsymbol{Q}_{-1}\} = 0. \tag{35d}$$

Daraus folgt z. B., daß der Punkt $\boldsymbol{P}_1$ bezüglich der Hyperquadrik Q_4^2 zu den Punkten $\boldsymbol{p}$, $\boldsymbol{q}$, $\boldsymbol{Q}_{-1}$, $\boldsymbol{Q}_{-2}$, $\boldsymbol{Q}_{-3}$ konjugiert ist, d. h. er ist der Pol der Hyperebene $\boldsymbol{pq}\boldsymbol{Q}_{-1}\boldsymbol{Q}_{-2}\boldsymbol{Q}_{-3}$. Analog ist $\boldsymbol{Q}_{-1}$ der Pol der Hyperebene $\boldsymbol{P}_3\boldsymbol{P}_2\boldsymbol{P}_1\boldsymbol{pq}$, $\boldsymbol{Q}_{-2}$ der Pol der Hyperebene $\boldsymbol{P}_4\boldsymbol{P}_3\boldsymbol{P}_2\boldsymbol{P}_1\boldsymbol{p}$ usw. Die Folge (35) ist *autopolar*. $\boldsymbol{p}$ und $\boldsymbol{q}$ sind die Bilder von Geraden (den asymptotischen Tangenten) im P_3, alle übrigen Punkte sind die Bilder von (im allgemeinen nicht speziellen) linearen Komplexen. Bei Änderung der Parameter u, v beschreibt der Punkt $\boldsymbol{P}$ auf der Hyperquadrik Q_4^2 eine Fläche ($\boldsymbol{P}$). Eine u-Kurve auf ihr ist das Bild der asymptotischen u-Tangenten längs einer u-Kurve, d. h. der Torse der asymptotischen Tangenten auf der Fläche ($\boldsymbol{X}$), die wir mit ($\boldsymbol{X}_u$) bezeichnen. Eine v-Kurve auf der Fläche ($\boldsymbol{P}$) ist das Bild der asymptotischen u-Tangenten längs einer v-Kurve, d. h. einer asymptotischen Regelfläche R_v.

Der Schnitt der Hyperquadrik Q_4^2 mit der Schmieghyperebene der u-Kurve der Fläche ($\boldsymbol{P}$) ist das Bild einer dreidimensionalen Geradenmannigfaltigkeit im P_3, genauer eines linearen Komplexes (weil die Koordinaten des Strahls durch eine lineare Gleichung zusammenhängen), der außer $\boldsymbol{p}$ noch vier unendlich benachbarte Tangenten der u-Kurve auf der Fläche ($\boldsymbol{X}$) enthält, d. h. des linearen Schmiegkomplexes der asymptotischen Torse ($\boldsymbol{X}_u$). Diese Hyperebene enthält die Punkte $\boldsymbol{p}$, $\boldsymbol{p}_u$, $\boldsymbol{p}_{uu}$, $\boldsymbol{p}_{uuu}$, $\boldsymbol{p}_{uuuu}$, folglich wird sie durch die Punkte $\boldsymbol{p}$, $\boldsymbol{q}$, $\boldsymbol{Q}_{-1}$, $\boldsymbol{Q}_{-2}$, $\boldsymbol{Q}_{-3}$ bestimmt. Der Pol dieser Hyperebene ist der Punkt $\boldsymbol{P}_1$, er ist im P_5 das Bild des linearen Schmiegkomplexes der Fläche ($\boldsymbol{X}_u$).

In der Tat besagen die Gleichungen

$$\{\boldsymbol{P}_1\boldsymbol{p}\} = \{\boldsymbol{P}_1\boldsymbol{q}\} = \{\boldsymbol{P}_1\boldsymbol{Q}_{-1}\} = \{\boldsymbol{P}_1\boldsymbol{Q}_{-2}\} = \{\boldsymbol{P}_1\boldsymbol{Q}_{-3}\} = 0,$$

daß die Gleichungen des linearen Komplexes mit Koeffizienten, die zu den Koordinaten des Punktes $\boldsymbol{P}_1$ proportional sind, durch die Werte $\boldsymbol{p}$, $\boldsymbol{q}$, $\boldsymbol{Q}_{-1}$, $\boldsymbol{Q}_{-2}$, $\boldsymbol{Q}_{-3}$ erfüllt werden, und das bedeutet, daß der Komplex den Strahl $\boldsymbol{p}$ und alle die Strahlen enthält, die man durch eine Linearkombination von $\boldsymbol{p}$ mit seinen Ableitungen $\boldsymbol{p}_u$, $\boldsymbol{p}_{uu}$, $\boldsymbol{p}_{uuu}$, $\boldsymbol{p}_{uuuu}$ erhält.

Analog ist $\boldsymbol{Q}_{-1}$ das Bild des linearen Schmiegkomplexes der asymptotischen Torse ($\boldsymbol{X}_v$).

Die Schnittpunkte der Geraden ($\boldsymbol{P}_1$, $\boldsymbol{Q}_{-1}$) mit Q_4^2 stellen im P_3 die Normalen von WILCZYNSKI der Fläche ($\boldsymbol{X}$) dar. Dies sind die Achsen der speziellen Komplexe des Büschels $\boldsymbol{P}_1 + \lambda \boldsymbol{Q}_{-1}$, folglich werden sie auf die Schnittpunkte der Geraden $\boldsymbol{P}_1 + \lambda \boldsymbol{Q}_{-1}$ mit der Hyperquadrik Q_4^2 abgebildet. Setzen wir $\boldsymbol{P}_1 + \lambda \boldsymbol{Q}_{-1}$ in die Gleichung der Hyperquadrik Q_4^2 ein, so erhalten wir eine quadratische Gleichung für λ:

$$\{\boldsymbol{P}_1 \boldsymbol{P}_1\} + \lambda^2 \{\boldsymbol{Q}_{-1} \boldsymbol{Q}_{-1}\} = 0. \tag{36}$$

Der Schnitt der Hyperquadrik Q_4^2 mit der Schmiegebene $\boldsymbol{p}\boldsymbol{P}_1\boldsymbol{P}_2$ einer v-Kurve der Fläche $(\boldsymbol{P})$ ist das Bild der Schmiegquadrik an die Fläche R_v; analog schneidet die Ebene $\boldsymbol{q}\boldsymbol{Q}_{-1}\boldsymbol{Q}_{-2}$ die Hyperquadrik Q_4^2 in einer Kurve, die das Bild der Schmiegquadrik an die asymptotische Regelfläche R_u darstellt. Die beiden Ebenen sind bezüglich der Hyperquadrik Q_4^2 konjugiert, denn wegen der Formeln (35a) bis (35d) gilt die Gleichung

$$\{\boldsymbol{p} + \lambda \boldsymbol{P}_1 + \mu \boldsymbol{P}_2, \quad \boldsymbol{q} + \lambda' \boldsymbol{Q}_{-1} + \mu' \boldsymbol{Q}_{-2}\} = 0$$

für jeden Wert der Koeffizienten $\lambda, \mu, \lambda', \mu'$.

Folglich schneidet sich ein beliebiges Paar von Erzeugenden der ersten und zweiten Regelschar, d. h. die beiden Scharen liegen auf einer Quadrik Φ, die aus den beiden Systemen ihrer Erzeugenden besteht. Diese Quadrik heißt LIE-*Quadrik*.

158. Bezüglich der Fundamentalhyperquadrik Q_4^2 polar konjugierte Folgen. Es seien zwei bezüglich der Hyperquadrik Q_4^2 polar konjugierte LAPLACE-Folgen

$$\cdots \boldsymbol{X}_{-2}, \ \boldsymbol{X}_{-1}, \ \boldsymbol{X}, \ \boldsymbol{X}_1, \ \boldsymbol{X}_2, \cdots$$
$$\cdots \boldsymbol{Y}_{-2}, \ \boldsymbol{Y}_{-1}, \ \boldsymbol{Y}, \ \boldsymbol{Y}_1, \ \boldsymbol{Y}_2, \cdots$$

gegeben, wobei $\boldsymbol{Y}_n$ der Pol der Hyperebene $\boldsymbol{X}_{-n-2}, \boldsymbol{X}_{-n-1}, \boldsymbol{X}_{-n}, \boldsymbol{X}_{-n+1}, \boldsymbol{X}_{-n+2}$ ist.

Die konjugierten Ebenen $\boldsymbol{X}_{n-1}\boldsymbol{X}_n\boldsymbol{X}_{n+1}$ und $\boldsymbol{Y}_{-n-1}\boldsymbol{Y}_{-n}\boldsymbol{Y}_{-n+1}$ schneiden Q_4^2 in den Kurven L_1^2, L'^2_1, welche die Bilder der beiden Scharen von geradlinigen Erzeugenden ein und derselben Quadrik Θ_n sind, weil bei konjugierten Ebenen jeder Punkt der einen polar konjugiert zu jedem Punkt der anderen ist, und ein Paar polar konjugierter Punkte auf der Hyperquadrik das Bild sich schneidender Geraden darstellt. Da sich die beiden Geradenscharen gegenseitig derart schneiden, daß jede Gerade der ersten Schar jede Gerade der zweiten schneidet, liegen sie auf einer Quadrik. Auf diese Weise erhalten wir eine Folge von Quadriken

$$\cdots \Theta_{-2}, \ \Theta_{-1}, \ \Theta, \ \Theta_1, \ \Theta_2, \cdots$$

Zwei benachbarte Quadriken Θ_n, Θ_{n-1} schneiden sich in vier Geraden, die im P_5 auf die Schnittpunkte der Ebenen $\boldsymbol{X}_{n-1}\boldsymbol{X}_n\boldsymbol{X}_{n+1}$, $\boldsymbol{X}_{n-2}\boldsymbol{X}_{n-1}\boldsymbol{X}_n$ mit der Hyperquadrik Q_4^2 abgebildet werden, d. h. auf die Schnittpunkte der Geraden $\boldsymbol{X}_{n-1}\boldsymbol{X}_n$ und analog der Geraden $\boldsymbol{Y}_{-n+1}\boldsymbol{Y}_{-n}$ mit Q_4^2. Folglich berühren sich Θ_n, Θ_{n-1}, da sie vier Erzeugende gemeinsam haben, in den vier Schnittpunkten dieser Erzeugenden. Ebenso schneiden sich die Flächen Θ_n und Θ_{n+1} in zwei Paaren von Erzeugenden und berühren sich in vier Punkten. Man zeigt leicht, daß diese acht Punkte der Fläche Θ_n die acht Hüllflächen der zweiparametrigen Flächenschar Θ_n beschreiben.

In der Tat wird eine Schar der Erzeugenden der Fläche Θ_n bestimmt durch die Gleichungen der drei Komplexe

$$\{\boldsymbol{X}_{n-1}\boldsymbol{p}\} = 0, \quad \{\boldsymbol{X}_n\boldsymbol{p}\} = 0, \quad \{\boldsymbol{X}_{n+1}\boldsymbol{p}\} = 0, \tag{37}$$

wobei $\boldsymbol{p}$ die laufende analytische Gerade ist. Die Charakteristik dieser Regelfläche bei Änderung von v wird durch die Gleichungen (37) und die Gleichungen bestimmt, welche man durch Differentiation dieser Gleichungen nach v erhält. Verwenden wir die Formeln (12a), (12b) § 125, so bemerken wir, daß das erhaltene System im Vergleich zum System (37) nur eine weitere Gleichung enthält, nämlich

$$\{\boldsymbol{X}_{n+2}\boldsymbol{p}\} = 0. \tag{38}$$

Diese Charakteristik wird im P_5 auf die Schnittpunkte der Geraden $\boldsymbol{Y}_{-n}\boldsymbol{Y}_{-n-1}$, die zu der linearen Mannigfaltigkeit $\boldsymbol{X}_{n-1}\boldsymbol{X}_n\boldsymbol{X}_{n+1}\boldsymbol{X}_{n+2}$ konjugiert ist, mit der Hyperquadrik Q_4^2 abgebildet. Analog besteht die Charakteristik der Regelfläche (37) bei Änderung von u aus den beiden Geraden, die auf die Schnittpunkte der Geraden $\boldsymbol{Y}_{-n}\boldsymbol{Y}_{-n+1}$ mit der Hyperquadrik Q_4^2 abgebildet werden; die Charakteristik der zweiten Schar von Erzeugenden von Θ_n bei Veränderung von u oder von v wird auf die Schnittpunkte der Geraden $\boldsymbol{X}_n\boldsymbol{X}_{n+1}$ und $\boldsymbol{X}_n\boldsymbol{X}_{n-1}$ mit der Hyperquadrik Q_4^2 abgebildet.

Diese Geraden bilden gleichzeitig die Charakteristik der Fläche Θ_n im Punktraum. Die Charakteristik der Fläche Θ_n bei Änderung von u allein besteht aus den Geraden, die auf die Schnittpunkte der Geraden $\boldsymbol{Y}_{-n}\boldsymbol{Y}_{-n+1}$, $\boldsymbol{X}_n\boldsymbol{X}_{n+1}$ mit der Hyperfläche Q_4^2 abgebildet werden; die Charakteristik bei Änderung von v allein besteht aus den vier Geraden, die auf die Schnittpunkte der Geraden $\boldsymbol{Y}_{-n}\boldsymbol{Y}_{-n-1}$, $\boldsymbol{X}_n\boldsymbol{X}_{n-1}$ mit der Hyperfläche Q_4^2 abgebildet werden. Die Schnittpunkte dieser beiden Charakteristiken beschreiben die Hüllfläche der Quadrik Θ_n bei Änderung beider Parameter. Da sich die Geraden, die zu verschiedenen Scharen von Erzeugenden von Θ_n gehören, schneiden, enthält die Hüllfläche acht Mäntel, die den acht Schnittpunkten entsprechen: den vier Schnittpunkten der Erzeugenden, die auf die Schnittpunkte der Geraden $\boldsymbol{X}_n\boldsymbol{X}_{n-1}$ und $\boldsymbol{Y}_{-n}\boldsymbol{Y}_{-n+1}$ mit Q_4^2 abgebildet werden, und den vier Schnittpunkten der Erzeugenden, die auf die Schnittpunkte der Geraden $\boldsymbol{X}_n\boldsymbol{X}_{n+1}$, $\boldsymbol{Y}_{-n}\boldsymbol{Y}_{-n-1}$ mit Q_4^2 abgebildet werden.

Die vier Schnittgeraden von Θ_n mit Θ_{n+1}, die auf die Schnittpunkte der Geraden $\boldsymbol{Y}_{-n}\boldsymbol{Y}_{-n-1}$ und $\boldsymbol{X}_n\boldsymbol{X}_{n+1}$ mit der Hyperquadrik Q_4^2 abgebildet werden, bilden ein windschiefes Vierseit; bei Änderung von u, v beschreiben seine vier Ecken vier Mäntel der Hüllfläche von Θ_n; die Seiten berühren die Hüllfläche in den Ecken, folglich beschreiben sie vier Kongruenzen, die einen abgeschlossenen Zyklus bilden derart, daß je zwei aufeinanderfolgende Kongruenzen eine gemeinsame Brennfläche besitzen. Eine derartige Konfiguration nennt man eine *T-Konfiguration.*

Eine T-Konfiguration ist also das Urbild einer Geradenkongruenz im P_5 oder richtiger von zwei polar konjugierten Kongruenzen. Der Übergang von einer T-Konfiguration, die durch die Flächen Θ_n, Θ_{n-1} bestimmt wird, zu einer andern, die durch die Flächen Θ_n, Θ_{n+1} bestimmt wird, ist eine Transformation, die das Abbild einer LAPLACE-Transformation im P_5 auf den P_3 darstellt.

Nehmen wir nämlich ein Paar gegenüberliegender Seiten des Vierseits $T_{n-1,n}$, das man durch den Schnitt von Θ_{n-1} mit Θ_n erhalten hat, dann werden diese Geraden im P_5 durch die Schnittpunkte der Hyperquadrik Q_4^2 mit der Geraden $\boldsymbol{X}_{n-1}\boldsymbol{X}_n$ abgebildet; das transformierte Vierseit $T_{n,n+1}$, das durch die Flächen Θ_n, Θ_{n+1} bestimmt ist, oder besser das dem ersten entsprechende neue Paar gegenüberliegender Seiten des Vierseits, wird im P_5 auf die Schnittpunkte der Hyperquadrik Q_4^2 mit der Geraden $\boldsymbol{X}_n\boldsymbol{X}_{n+1}$ abgebildet. Dabei ist die zweite Gerade eine LAPLACE-Transformierte der ersten, wenn man die Folge der Kongruenzen $[\boldsymbol{X}]$ betrachtet.

Wenden wir diese Betrachtung auf die autopolare LAPLACE-Folge (35) an, so erhalten wir die Folge der Flächen Φ, Φ_1, Φ_2, ... Die erste von ihnen Φ ist die Quadrik von Sophus LIE. Die vier Geraden, die die Schnittkurve von Φ und Φ_1 darstellen, bilden das erste Quadrupel der D-Geraden (Vierseit von DEMOULIN), die mit der Fläche invariant verknüpft sind. Sie schneiden sich in den vier charakteristischen Punkten der Hüllfläche der Quadrik Φ, die andern vier Punkte fallen mit dem Berührungspunkt der Quadrik Φ mit der Fläche $(\boldsymbol{X})$ zusammen.

159. Flächenpaare mit gemeinsamen LIE-Quadriken. Die vier Mäntel der Hüllfläche der Quadrik Φ können zusammenfallen. Dann besteht die Schnittkurve von Φ mit Φ_1 nur aus zwei Geraden mit einem gemeinsamen Punkt; die Geraden $\boldsymbol{P}_1\boldsymbol{P}_2$ und $\boldsymbol{Q}_{-1}\boldsymbol{Q}_{-2}$ schneiden in diesem Fall die Hyperquadrik Q_4^2 nicht, sondern berühren sie. Der Berührungspunkt ist der Brennpunkt des Strahls, und da $\boldsymbol{P}_1$ und $\boldsymbol{Q}_{-1}$ nicht auf Q_4^2 liegen, sind diese Punkte $\boldsymbol{P}_2 \equiv \boldsymbol{p}_2$ und $\boldsymbol{Q}_{-2} \equiv \boldsymbol{q}_{-2}$. Sie können nicht zusammenfallen, weil in diesem Fall die Folge (35) fünfgliedrig wäre, der Punkt $\boldsymbol{P}_1$ läge in seiner Polarhyperebene $\boldsymbol{p}$, $\boldsymbol{q}$, $\boldsymbol{Q}_{-1}$, $\boldsymbol{Q}_{-2} \equiv \boldsymbol{P}_2$, $\boldsymbol{P}_1$ und demnach auf der Hyperquadrik Q_4^2, was nicht möglich ist.

Wegen der Autopolarität der Folge erhalten wir $\{\boldsymbol{p}_2\boldsymbol{q}_{-2}\} = 0$; folglich liegt die Gerade $\boldsymbol{p}_2\boldsymbol{q}_{-2}$ auf der Hyperquadrik Q_4^2. Man sieht leicht ein, daß sie eine gemeinsame Tangente der Flächen $(\boldsymbol{p}_2)$ und $(\boldsymbol{q}_{-2})$ ist.

In der Tat ergibt die Differentiation der Gleichungen

$$\{\boldsymbol{p}_2\boldsymbol{p}_2\} = 0, \quad \{\boldsymbol{q}_{-2}\boldsymbol{q}_{-2}\} = 0$$

nach den Veränderlichen u und v

$$\{\boldsymbol{P}_1\boldsymbol{p}_2\} = 0, \quad \{\boldsymbol{p}_2\boldsymbol{P}_3\} = 0, \quad \{\boldsymbol{Q}_{-1}\boldsymbol{q}_{-2}\} = 0, \quad \{\boldsymbol{q}_{-2}\boldsymbol{Q}_{-3}\} = 0.$$

Der Punkt $\boldsymbol{p}_2$ ist demnach zum Punkt $\boldsymbol{P}_1$ polar konjugiert und liegt daher in dessen Polarhyperebene $\boldsymbol{p}\boldsymbol{q}\boldsymbol{Q}_{-1}\boldsymbol{q}_{-2}\boldsymbol{Q}_{-3}$

$$\boldsymbol{p}_2 = \lambda_1\boldsymbol{p} + \lambda_2\boldsymbol{q} + \lambda_3\boldsymbol{Q}_{-1} + \lambda_4\boldsymbol{q}_{-2} + \lambda_5\boldsymbol{Q}_{-3}.$$

Bilden wir das PLÜCKERsche Produkt der Geraden $\boldsymbol{p}_2$ mit der Geraden $\boldsymbol{p}_2$ oder $\boldsymbol{q}_{-2}$, so erhalten wir unmittelbar

$$\lambda_1 = 0, \quad \lambda_2 = 0;$$

folglich liegt der Punkt $\boldsymbol{p}_2$ in der Tangentenebene $\boldsymbol{Q}_{-1}\boldsymbol{q}_{-2}\boldsymbol{Q}_{-3}$ der Fläche $(\boldsymbol{q}_{-2})$. Ebenso zeigen wir, daß $\boldsymbol{q}_{-2}$ in der Tangentenebene der Fläche $(\boldsymbol{p}_2)$ liegt. Die Gerade $\boldsymbol{p}_2\boldsymbol{q}_{-2}$ ist also eine gemeinsame Tangente der Flächen $(\boldsymbol{p}_2)$ und $(\boldsymbol{q}_{-2})$, d. h. die Folge ist sechsgliedrig.

Die quadratische Kongruenz $(\boldsymbol{p}_2\boldsymbol{q}_{-2})$ ist das Bild einer gewissen Fläche $(\boldsymbol{X}')$. Die Fläche $(\boldsymbol{X}')$ und die Fläche $(\boldsymbol{X})$ stellen zusammen alle Mäntel der Hüllfläche der Quadrik Φ dar. Wegen der Symmetrie in der Anordnung der Folge $\boldsymbol{p}_2\boldsymbol{P}_1\boldsymbol{p}\boldsymbol{q}\boldsymbol{Q}_{-1}\boldsymbol{q}_{-2}$ besitzt die Fläche $(\boldsymbol{X}')$ ebenso wie die Fläche $(\boldsymbol{X})$ die Eigenschaft, daß ihre LIE-Quadrik die Fläche Φ ist, deren Erzeugenden auf die Schnittpunkte der Ebenen $\boldsymbol{p}\boldsymbol{P}_1\boldsymbol{p}_2$ und $\boldsymbol{q}\boldsymbol{Q}_{-1}\boldsymbol{q}_{-2}$ mit der Hyperquadrik Q_4^2 abgebildet werden; sie besitzen dieselben Leitgeraden $\boldsymbol{P}_1 + \lambda\boldsymbol{Q}_{-1}$, wobei λ durch die Gleichung (36) bestimmt wird. Die Asymptotenlinien der Flächen $(\boldsymbol{X})$ und $(\boldsymbol{X}')$ entsprechen den Torsen der Folge (35), folglich entsprechen sie einander.

Wir bemerken, daß wir wegen der Beziehungen (35a) bis (35d) erhalten

$$\{\boldsymbol{P}_1 + \lambda\boldsymbol{Q}_{-1}, \boldsymbol{p}\} = 0, \quad \{\boldsymbol{P}_1 + \lambda\boldsymbol{Q}_{-1}, \boldsymbol{q}\} = 0, \quad \{\boldsymbol{P}_1 + \lambda\boldsymbol{Q}_{-1}, \boldsymbol{p}_2\} = 0,$$
$$\{\boldsymbol{P}_1 + \lambda\boldsymbol{Q}_{-1}, \boldsymbol{q}_{-2}\} = 0, \quad \{\boldsymbol{p}\boldsymbol{q}_{-2}\} = 0, \quad \{\boldsymbol{p}_2\boldsymbol{q}\} = 0.$$

Die letzten beiden Gleichungen besagen, daß sich die beiden gleichbenannten asymptotischen Tangenten der Flächen $(\boldsymbol{X})$ und $(\boldsymbol{X}')$ schneiden, d. h. die Tangente an die u-Kurve der ersten Fläche schneidet die Tangente an die u-Kurve der zweiten. Die ersten vier Gleichungen besagen, daß sich die beiden Leitgeraden (Direktrizen) mit beiden Tangentenpaaren schneiden. Dies kann nur sein, wenn eine von ihnen (die *erste*) die entsprechenden Punkte $\boldsymbol{X}$ und $\boldsymbol{X}'$ der beiden Flächen $(\boldsymbol{X})$, $(\boldsymbol{X}')$ verbindet, und die andere (die *zweite*) die Schnittpunkte $\boldsymbol{M}_1, \boldsymbol{M}_2$ der entsprechenden asymptotischen Tangenten $\boldsymbol{p}, \boldsymbol{q}_{-2}$ und $\boldsymbol{q}, \boldsymbol{p}_2$.

160. Die Kongruenzen der Direktrizen beliebiger Ordnung. Wenn eine beliebige Regelfläche durch die analytische Gerade eines beliebigen Strahles als Funktion des Parameters t

$$\boldsymbol{a} = \boldsymbol{a}(t)$$

gegeben ist, welche der PLÜCKERschen Bedingung

$$\{\boldsymbol{a}\boldsymbol{a}\} = 0 \tag{2'}$$

genügt, so gilt stets auch

$$\{\boldsymbol{a}\, d\boldsymbol{a}\} = 0, \tag{2''}$$

wie durch Differentiation aus (2′) folgt. Nochmalige Differentiation liefert

$$\{\boldsymbol{a}\, d^2\boldsymbol{a}\} + \{d\boldsymbol{a}\, d\boldsymbol{a}\} = 0. \tag{39}$$

Will man untersuchen, wann die Regelfläche eine Torse ist, so muß man fragen, wann ein Strahl vom infinitesimal benachbarten geschnitten wird,

wann also
$$\{\boldsymbol{a}, \boldsymbol{a} + d\boldsymbol{a} + d^2\boldsymbol{a} + \cdots\} = 0$$
gilt. Dieses Produkt verschwindet nach (2″) stets in zweiter Differentiationsordnung, in dritter aber dann und nur dann, wenn
$$\{\boldsymbol{a}, d^2\boldsymbol{a}\} = 0,$$
also wegen (39′) wenn
$$\{d\boldsymbol{a}\, d\boldsymbol{a}\} = 0. \tag{40}$$
Die Bedingung (40) ist also notwendig und hinreichend dafür, daß unsere Regelfläche eine Torse ist.

Hängt die analytische Gerade $\boldsymbol{a}$ von zwei Parametern ab:
$$\boldsymbol{a} = \boldsymbol{a}(u, v),$$
durchläuft also die zugehörige geometrische Gerade eine Kongruenz, so stellt (40), oder ausgeschrieben
$$\{\boldsymbol{a}_u\, du + \boldsymbol{a}_v\, dv,\ \ \boldsymbol{a}_u\, du + \boldsymbol{a}_v\, dv\} = 0 \tag{40′}$$
die Torsen der Kongruenz dar. Für eine Richtung (du, dv), für die (40′) gilt, stellt $d\boldsymbol{a}$ nach (40) eine Gerade dar, wegen (2″) bildet diese mit der Geraden $(\boldsymbol{a})$ ein Büschel. Das Zentrum dieses Büschels ist der zur Richtung (du, dv) gehörige Brennpunkt des Strahls.

Wir nennen die Geraden im P_3, die auf die Schnittpunkte der Geraden $\boldsymbol{P}_n \boldsymbol{Q}_{-n}$ mit der Hyperquadrik Q_4^2 abgebildet werden, *Direktrizen* n*-ter Ordnung* der Fläche $(\boldsymbol{X})$. Die Direktrizen n-ter Ordnung werden durch die Geraden
$$\boldsymbol{d} = \boldsymbol{P}_n + \lambda \boldsymbol{Q}_{-n} \tag{a}$$
bestimmt, wobei λ einer Gleichung genügt, die man analog zur Gleichung (36) erhält, und die die Gestalt hat
$$\{\boldsymbol{P}_n \boldsymbol{P}_n\} + \lambda^2 \{\boldsymbol{Q}_{-n} \boldsymbol{Q}_{-n}\} = 0. \tag{b}$$

Schreiben wir die Gleichung der Torsen (40) für die Kongruenzen der Direktrizen (a) aus, so ergibt sich
$$\{d\boldsymbol{P}_n + \boldsymbol{Q}_{-n} d\lambda + \lambda\, d\boldsymbol{Q}_{-n},\quad d\boldsymbol{P}_n + \boldsymbol{Q}_{-n}\, d\lambda + \lambda\, d\boldsymbol{Q}_{-n}\} = 0 \tag{c}$$
oder
$$\{d\boldsymbol{P}_n d\boldsymbol{P}_n\} + 2\{d\boldsymbol{P}_n \boldsymbol{Q}_{-n}\}\, d\lambda + 2\lambda\, \{d\boldsymbol{P}_n d\boldsymbol{Q}_{-n}\} +$$
$$+ \{\boldsymbol{Q}_{-n} d\lambda + \lambda\, d\boldsymbol{Q}_{-n},\ \boldsymbol{Q}_{-n}\, d\lambda + \lambda\, d\boldsymbol{Q}_{-n}\} = 0;$$
wegen der Formeln (12a), (12b) § 125 hängt das Differential $d\boldsymbol{P}_n$ aber linear von den Punkten $\boldsymbol{P}_{n-1}, \boldsymbol{P}_n, \boldsymbol{P}_{n+1}$ ab
$$d\boldsymbol{P}_n = \omega_1 \boldsymbol{P}_{n-1} + \omega_2 \boldsymbol{P}_n + \omega_3 \boldsymbol{P}_{n+1}.$$
Folglich sind wegen der Polarität der Folgen $[\boldsymbol{P}_n]$ und $[\boldsymbol{Q}_{-n}]$ alle Klammern auf der rechten Seite des PLÜCKERschen Produkts
$$\{d\boldsymbol{P}_n \boldsymbol{Q}_{-n}\} = \omega_1 \{\boldsymbol{P}_{n-1} \boldsymbol{Q}_{-n}\} + \omega_2 \{\boldsymbol{P}_n \boldsymbol{Q}_{-n}\} + \omega_3 \{\boldsymbol{P}_{n+1} \boldsymbol{Q}_{-n}\}$$
gleich Null, und das Produkt selbst verschwindet, ebenso verschwindet auch das Produkt $\{d\boldsymbol{P}_n d\boldsymbol{Q}_{-n}\}$.

Die Gleichung (c) enthält demnach keine Glieder mit der ersten Potenz von λ und $d\lambda$, und da die beiden Wurzeln λ_1 und λ_2 der Gleichung (b) sich nur durch das Vorzeichen unterscheiden, fallen die Gleichungen der Torsen der Kongruenzen ($\boldsymbol{d}$), welche λ_1 und λ_2 entsprechen, zusammen. Wir erhalten den Satz:

Für eine beliebige Fläche entsprechen sich für jede Ordnung n die Torsen der beiden Kongruenzen von Direktrizen.

Offenbar gilt dieser Satz für ein beliebiges Paar polar konjugierter Folgen im P_5, d. h. für eine beliebige Folge von T-Konfigurationen im P_3.

161. Die gemeinsamen Direktrizen eines Flächenpaares. Wir kehren zu dem Flächenpaar ($\boldsymbol{X}$), ($\boldsymbol{X}'$) mit gemeinsamer LIE-Quadrik zurück und betrachten die Regelflächen der Kongruenz der ersten Direktrix $\boldsymbol{XX}'$ (Abb. 11), die im Punkt $\boldsymbol{X}$ die Tangentenebenen $\boldsymbol{XX}'\boldsymbol{M}_1$ und $\boldsymbol{XX}'\boldsymbol{M}_2$ besitzen, wobei $\boldsymbol{M}_1$ und $\boldsymbol{M}_2$ die Schnittpunkte der entsprechenden asymptotischen Tangenten der Flächen ($\boldsymbol{X}$) und ($\boldsymbol{X}'$) sind. Sie besitzen auch dieselben Tangentenebenen im Punkt $\boldsymbol{X}'$, weil die Tangenten $\boldsymbol{XM}_1$ und $\boldsymbol{X}'\boldsymbol{M}_1$ sich entsprechen, und wenn die Tangentenebene im Punkt $\boldsymbol{X}$ durch die Tangenten $\boldsymbol{XX}'$ und $\boldsymbol{XM}_1$ bestimmt wird, dann muß die Tangentenebene im Punkt $\boldsymbol{X}'$ an eben diese Fläche durch die Tangenten $\boldsymbol{X}'\boldsymbol{X}$ und $\boldsymbol{X}'\boldsymbol{M}_1$ bestimmt werden. Daraus folgt, daß die betrachteten Regelflächen Torsen sind. Also schneiden die Torsen der Kongruenz der ersten Direktrix auf beiden Flächen ($\boldsymbol{X}$) und ($\boldsymbol{X}'$) die Asymptotenlinien aus.

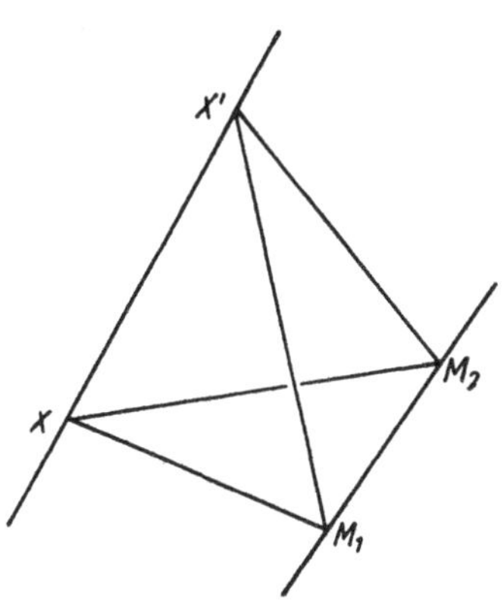

Abb. 11

Wegen des allgemeinen Satzes des vorhergehenden Paragraphen entsprechen die Torsen der Kongruenz der zweiten Direktrix den Torsen der ersten, und ebenfalls den Asymptotenlinien der Flächen ($\boldsymbol{X}$), ($\boldsymbol{X}'$).

Da die Asymptotenlinien auf den Flächen ($\boldsymbol{X}$) und ($\boldsymbol{X}'$) die Koordinatenlinien u und v sind, werden die Torsen der Kongruenz, die von der einen und der andern Direktrix

$$\boldsymbol{d} = \boldsymbol{P}_1 + \lambda \boldsymbol{Q}_{-1}$$

beschrieben wird (wobei sich λ durch die Gleichung (36) bestimmt), durch die Geraden $\boldsymbol{d}$ und $\boldsymbol{d}_u$, $\boldsymbol{d}$ und $\boldsymbol{d}_v$ bestimmt, die wegen der Formeln (12a), (12b) § 125 die Gestalt annehmen

$$\begin{aligned} \boldsymbol{d}_u &= b\boldsymbol{P}_1 + h\boldsymbol{p} + (\lambda_u + \lambda b'_{-1})\,\boldsymbol{Q}_{-1} + \lambda \boldsymbol{q}_{-2}, \\ \boldsymbol{d}_v &= \boldsymbol{p}_2 + a_1\boldsymbol{P}_1 + (\lambda_v + \lambda a'_{-1})\,\boldsymbol{Q}_{-1} + \lambda k'\boldsymbol{q}, \end{aligned} \tag{41}$$

wobei die Koeffizienten der LAPLACE-Gleichung für das Netz ($\boldsymbol{Q}_{-1}$) durch Striche bezeichnet sind.

Differenzieren wir die quadratische Gleichung (36) **für** den Parameter λ nach den Veränderlichen u und v und verwenden die Formeln (12a), (12b) § 125, so erhalten wir nach Eliminierung des Produkts $\{\boldsymbol{P}_1\boldsymbol{P}_1\}$ mit Hilfe dieser Gleichung (36) das System

$$\begin{aligned} \lambda_u + \lambda b'_{-1} - \lambda b &= 0, \\ \lambda_v + \lambda a' - \lambda a_1 &= 0. \end{aligned} \tag{42}$$

Die Brennpunkte sind die Schnittpunkte von $\boldsymbol{d}$ mit den von $\boldsymbol{d}_u$ und $\boldsymbol{d}_v$ dargestellten Geraden. Indem wir die Formeln (41) für die Ableitungen $\boldsymbol{d}_u$ und $\boldsymbol{d}_v$ verwenden und (42) beachten, ergibt sich

$$\boldsymbol{d}_u = b(\boldsymbol{P}_1 + \lambda \boldsymbol{Q}_{-1}) + (h\boldsymbol{p} + \lambda \boldsymbol{q}_{-2}).$$

Der zugehörige Brennpunkt ist also der Schnittpunkt von $\boldsymbol{d}$ mit der Geraden

$$h\boldsymbol{p} + \lambda \boldsymbol{q}_{-2}.$$

In der Tat ist

$$\{h\boldsymbol{p} + \lambda \boldsymbol{q}_{-2},\quad h\boldsymbol{p} + \lambda \boldsymbol{q}_{-2}\} = 0.$$

Genauso wird der zweite Brennpunkt als Schnittpunkt des Geradenpaares bestimmt

$$\boldsymbol{d} = \boldsymbol{P}_1 + \lambda \boldsymbol{Q}_{-1} \text{ und } \boldsymbol{d}'' = \frac{1}{\lambda}\boldsymbol{p}_2 + k'_{-1}\boldsymbol{q}.$$

Hier sind k, h die Invarianten des Netzes $(\boldsymbol{p})$, und k'_{-1}, h'_{-1} die Invarianten des Netzes $(\boldsymbol{q})$.

Die Gerade

$$\boldsymbol{d}' = h\boldsymbol{p} + \lambda \boldsymbol{q}_{-2}$$

gehört bei jedem Wert von λ dem Geradenbüschel mit der Basis $\boldsymbol{p}$ und $\boldsymbol{q}_{-2}$ an, d. h. dem aus den asymptotischen Tangenten der Flächen $(\boldsymbol{X})$ und $(\boldsymbol{X}')$, die sich im Punkt $\boldsymbol{M}_1$ schneiden, gebildeten Büschel; und analog $\boldsymbol{d}''$. Folglich besitzt die zweite Direktrix, welche die Punkte $\boldsymbol{M}_1, \boldsymbol{M}_2$ verbindet, diese Punkte als Brennpunkte. Die erste Direktrix hat die Ebenen $\boldsymbol{X}\boldsymbol{X}'\boldsymbol{M}_1$ und $\boldsymbol{X}\boldsymbol{X}'\boldsymbol{M}_2$ als Brennebenen.

162. Literaturhinweise. Die Geradenkoordinaten wurden im Jahr 1846 von Plücker [159] als die vier Koeffizienten der einfachsten Gleichungen einer Geraden in kartesischen Koordinaten x, y, z

$$x = rz + \varrho,$$
$$y = sz + \sigma$$

eingeführt, später fügte er ergänzend eine fünfte

$$\eta = r\sigma - s\varrho$$

hinzu und verwendete auf diese Weise die quadratische Abhängigkeit zwischen ihnen im Fall der inhomogenen Geradenkoordinaten. Zwei Jahre danach führte Grassmann die Koordinaten des in einen projektiven Raum P_{n-1} eingebetteten linearen Raumes L_{r-1} als Minoren der Matrix ein, die aus den Koordinaten der r Punkte besteht, welche den L_{r-1} im P_{n-1} bestimmen. Eine Anwendung auf den dreidimensionalen Raum gab er nicht und beschränkte sich auf sehr allgemeine Betrachtungen.

Unabhängig von diesem Autor fand sie CAYLEY im Jahre 1859 aufs neue für $r = 2$, $n = 4$, d. h. für eine Gerade im dreidimensionalen Raum. Die Transformation der Gleichung der Hyperquadrik auf kanonische Gestalt (Quadratsumme) gab KLEIN [133] an. Er stellte auch die Zuordnung der Mannigfaltigkeit der Geraden im dreidimensionalen Raum zu den Punkten der Hyperquadrik Q_4^2 im P_5 auf. Diese Abbildung wurde danach von SEGRE [190] ausführlich untersucht.

Unter Verwendung des DARBOUXschen Satzes über die Bestimmung einer W-Kongruenz durch sechs linear unabhängige Lösungen einer LAPLACE-Gleichung zeigte BOMPIANI [23], daß das ebene Büschel der Tangenten an eine Fläche in einem gegebenen Punkt auf die Punkte einer Geraden auf der Hyperquadrik Q_4^2 abgebildet wird, und der Komplex der Tangenten auf eine sogenannte quadratische Kongruenz, d. h. auf eine Kongruenz geradliniger Erzeugender auf der Hyperquadrik Q_4^2; dabei werden die asymptotischen Tangenten auf die Brennpunkte jedes Strahls abgebildet. Daraus ergibt sich die Möglichkeit, diese quadratische Kongruenz einer LAPLACE-Transformation zu unterwerfen.

Diese Methode zog GODEAUX [107] zur Konstruktion einer Folge von Komplexen heran, die einem gegebenen Flächenpunkt zugeordnet sind, und für eine ganze Reihe von geometrischen Untersuchungen, von denen insbesondere das bemerkenswerte Resultat von TZITZEICA zu erwähnen ist, daß man nämlich damit die R-Kongruenzen erhalten kann.

Die im Text dargestellte Theorie geht auf TZITZEICA zurück. Gleichzeitig mit ihm veröffentlichte DEMOULIN [58] seine Arbeiten, in denen er auf die R-Flächen kommt, indem er die Transformationen von SOPHUS LIE betrachtet, welche Geraden in Kugeln überführen. Dabei geht eine R-Fläche in eine Fläche über, die er mit dem Buchstaben Ω bezeichnet, und die dadurch bemerkenswert ist, daß die Torsen ihrer Normalenkongruenz eine gewisse Fläche (O) in einem konjugierten System mit gleichen Invarianten schneiden.

Nach dem Satz von KOENIGS (s. Kap. VI, § 134) beschreibt der zum Punkt O bezüglich der Brennpunkte der Normalen harmonisch konjugierte Punkt O_1 auch ein konjugiertes Netz mit gleichen Invarianten. Wenn man die Kugeln mit den Mittelpunkten O und O_1 betrachtet, welche die betrachtete Fläche Ω berühren, dann ist ein Mantel der Hüllfläche dieser Kugelscharen die Fläche Ω; da die Krümmungslinien auf der Fläche Ω auf der Fläche der Mittelpunkte (O) oder (O_1) dem konjugierten System entsprechen, entspricht ihnen auch auf dem zweiten Hüllflächenmantel das Netz der Krümmungslinien. Auf diese Weise erhält man zwei neue Flächen Ω_1 und Ω_{-1}.

Bei der Transformation von SOPHUS LIE entsprechen den Kugeln, welche die Fläche Ω berühren, die Geraden $\boldsymbol{d}$, $\boldsymbol{d}_1$, welche die R-Fläche berühren. Wenn die Mittelpunkte O und O_1 bezüglich der Brennpunkte harmonisch konjugiert sind, dann sind die Geraden $\boldsymbol{d}$, $\boldsymbol{d}_1$ konjugiert bezüglich der asymptotischen Tangenten, denn die Krümmungslinien von Ω gehen in die Asymptotenlinien der R-Fläche über. Da sich die Krümmungslinien auf den beiden Hüllflächenmänteln Ω und Ω_1 der Kugeln entsprechen, entsprechen sich die Asymptotenlinien auf den Brennflächen der Kongruenz $(\boldsymbol{d})$ und analog für $(\boldsymbol{d}_1)$. Wenn die Kongruenz $(\boldsymbol{d})$ und ihre LAPLACE-Transformierte $(\boldsymbol{d}_1)$ W-Kongruenzen sind, dann sind alle Kongruenzen der Folge W-Kongruenzen.

Unter den Flächen Ω kann es auch isotherme Flächen geben (das Netz der Krümmungslinien ist isotherm). In diesem Fall schrumpft eine der Kugeln in einen Punkt zusammen, ihr Mittelpunkt O stimmt mit dem Punkt M der Fläche Ω überein. Da die Kugel O in einen Punkt ausgeartet ist, entspricht dieser Kugelschar in der LIE-Transformation eine W-Kongruenz, die einem linearen Komplex angehört. Eine der Kongruenzen des Netzes liegt in einem linearen Komplex.

DEMOULIN erwähnte auch die folgende bemerkenswerte Transformation der R-Flächen: eine Fläche, bei der das sphärische Bild der Asymptotenlinien mit dem Bild der Torsen einer R-Kongruenz zusammenfällt, ist eine R-Fläche. Zum Beispiel ist das Netz der Krümmungslinien einer Fläche konstanter Krümmung ein R-Netz und die Kongruenz ihrer Normalen ist eine R-Kongruenz. Ein isothermes Netz auf einer Kugel ist ein R-Netz, und die Kongruenz der Normalen einer Minimalfläche, deren Krümmungslinien auf dieses Netz abgebildet werden, ist eine R-Kongruenz.

Tzitzeica kam auf die R-Kongruenzen, indem er die Abbildung der Strahlen auf die Punkte der Hyperquadrik Q_4^2 im fünfdimensionalen Raum betrachtete. Eine W-Kongruenz wird dabei auf eine Fläche abgebildet, die ein konjugiertes Netz trägt, die Kurven des Netzes entsprechen den Asymptotenlinien auf den Brennflächen. Wenn dieses Netz ein Netz mit gleichen Invarianten ist, dann ist die Kongruenz eine R-Kongruenz (§ 152).

Ein R-Netz ist stets isotherm-konjugiert. Ein R-Netz und nur ein solches fällt mit seiner vierten Ableitung zusammen (s. § 154).

Bianchi [18] bemerkte, daß jedes isotherm-konjugierte Netz auf einer Quadrik ein R-Netz ist.

Die Transformation der R-Flächen wurde von Jonas [120] aufgestellt.

Die Abbildung einer W-Kongruenz auf ein konjugiertes Netz auf der Hyperquadrik Q_4^2 geht auf Tzitzeica [216] zurück. Rozet [181] bemerkte, daß auch für eine beliebige Kongruenz die Asymptotenlinien der Brennflächen auf spezielle (nun verschiedene) Netze abgebildet werden, die Segre konjugierte Netze zweiter Ordnung nannte.

Literatur über die T-Konfiguration wird am Ende des Kap. IX angegeben. Die Transformation einer beliebigen T-Konfiguration mittels einer zweiparametrigen Schar von Quadriken wurde von Calapso [37] aufgestellt und untersucht. Der Zusammenhang dieser Transformationen mit den Laplace-Transformationen einer Geradenkongruenz im P_5 wurde von B. A. Rosenfeld erneut unterstrichen.

Die Flächenpaare mit gemeinsamen Lie-Quadriken wurden von Demoulin entdeckt. Darauf folgten zahlreiche Arbeiten von Godeaux, die teilweise in P.D.G., S. 254, zitiert sind.

Achtes Kapitel

METRISCHE ANWENDUNGEN DER THEORIE DER KONGRUENZEN IM GERADENRAUM

I. Die Parallelität der Netze und Kongruenzen

163. Konjugierte Netze im Euklidischen Raum E_n. Die Theorie der Netze im projektiven Raum P_n läßt sich ohne alle Schwierigkeiten in den euklidischen Raum E_n übertragen. Statt der homogenen Koordinaten $x^1, x^2, \ldots, x^{n+1}$ eines analytischen Punktes $\boldsymbol{X}$ müssen wir nun die inhomogenen $x^1, x^2, \ldots, x^n$ betrachten, indem wir $x^{n+1} = 1$ setzen. Die Gesamtheit der n inhomogenen Koordinaten $x^1, x^2, \ldots, x^n$ nennen wir einen Vektor $\overrightarrow{\boldsymbol{X}}$ und bezeichnen ihn der Kürze halber wie bisher durch einen fetten Buchstaben $\boldsymbol{X}$.

Wie wir gesehen haben (Kap. VI), genügen die homogenen Koordinaten eines Punktes, der ein Netz beschreibt, einer Laplace-Gleichung

$$\overset{\alpha}{x}_{uv} = a\overset{\alpha}{x}_u + b\overset{\alpha}{x}_v + c\overset{\alpha}{x}, \qquad \alpha = 1, 2, \ldots, n+1,$$

da aber jetzt die Ergänzungskoordinate gleich Eins ist

$$\overset{n+1}{x} = 1, \qquad \overset{n+1}{x}_u = 0, \qquad \overset{n+1}{x}_v = 0,$$

muß c gleich Null sein

$$c = 0.$$

Folglich genügen im Euklidischen Raum E_n die n inhomogenen Koordinaten und demnach der Ortsvektor des Punktes X, der ein konjugiertes Netz beschreibt, einer reduzierten Laplace-Gleichung

$$\boldsymbol{X}_{uv} = a\boldsymbol{X}_u + b\boldsymbol{X}_v. \tag{1}$$

Die Tangenten an die Koordinatenlinien werden durch die Vektoren

$$\boldsymbol{\xi} = \frac{1}{\lambda}\boldsymbol{X}_u, \qquad \boldsymbol{\eta} = \frac{1}{\mu}\boldsymbol{X}_v \tag{2}$$

bestimmt, wobei λ und μ willkürliche Skalare sind.

Wir führen nun die Bezeichnungen ein

$$a = \frac{1}{h}\frac{\partial h}{\partial v}, \qquad b = \frac{1}{l}\frac{\partial l}{\partial u}, \tag{3}$$

und wählen die bis jetzt willkürlichen Skalare λ und μ gleich h und l.

Die Gleichung (2) nimmt dann die Gestalt an

$$X_u = h\xi, \qquad X_v = l\eta. \tag{2'}$$

Setzen wir diese Werte in die Gleichung (1) ein, so erhalten wir

$$(h\xi)_v = \frac{1}{h}\frac{\partial h}{\partial v}(h\xi) + \frac{1}{l}\frac{\partial l}{\partial u}(l\eta),$$

oder, indem wir abkürzen,

$$n = \frac{1}{h}\frac{\partial l}{\partial u}, \qquad m = \frac{1}{l}\frac{\partial h}{\partial v}, \tag{3'}$$

erhalten wir

$$\xi_v = n\eta, \qquad \eta_u = m\xi \tag{4}$$

und

$$l_u = nh, \qquad h_v = ml. \tag{5}$$

Wir heben hervor, daß durch unseren Ansatz die Größen h, l, m, n und die Vektoren ξ, η nur festgelegt sind bis auf Umnormungen

$$\bar{h} = hU(u), \quad \bar{l} = lV(v), \quad \bar{\xi} = \xi U^{-1}, \quad \bar{\eta} = \eta V^{-1}, \quad \bar{m} = mUV^{-1}, \quad \bar{n} = nU^{-1}V$$

mit beliebigen von Null verschiedenen Funktionen $U(u)$ und $V(v)$.

Die Vektoren ξ, η nennen wir die *normierten Vektoren* der Netztangenten, m und n die *Windungskomponenten* des Netzes.

Umgekehrt muß man, wenn die normierten Tangentenvektoren ξ, η gegeben sind, die dem System (4) genügen, um das Netz zu erhalten, das System (5) integrieren und den Vektor X aus dem vollständig integrierbaren System (2′) finden.

Alle auf diese Weise erhaltenen Netze nennt man *parallel*, weil die entsprechenden Tangenten an die Kurven des ersten und zweiten Netzes parallel sind. Unter diesen sind die Netze bemerkenswert, welche den trivialen Lösungen der Gleichungen (5) $h = 0$, $l = 0$ entsprechen. Da hierbei die Gleichungen (2′) $X = \text{const}$ ergeben, und demnach der Punkt, der das Netz beschreibt, fest bleibt, heißt dieses Netz ein *Nullnetz*. Wir weisen darauf hin, daß seine Tangenten vollständig bestimmte Richtungen ξ, η haben.

Wir wissen (Kap. VI, § 125), daß der Punkt X_1 mit den Koordinaten

$$x_1^\alpha = x_v^\alpha - a x^\alpha; \qquad \alpha = 1, 2, \ldots, n+1$$

die erste LAPLACE-Transformierte in Richtung der v-Kurven beschreibt. Da wir für $x^{n+1} = 1$ demnach $x_1^{n+1} = -a$ erhalten würden, müssen wir alle Koordinaten x_1^α durch $-a$ teilen und als Ortsvektor des transformierten Punktes

$$X_1 = X - \frac{1}{a}X_v$$

einführen, oder, indem wir X_v und a nach den Formeln (2′), (3) und die Ableitung h_v nach der Formel (5) ersetzen,

$$\begin{aligned} X_1 &= X - \frac{h}{m}\,\eta, \\ X_{-1} &= X - \frac{l}{n}\,\xi. \end{aligned} \tag{6}$$

Die zweite Formel ist für die erste Transformation in Richtung der u-Kurven hingeschrieben.

Da die Differentiation der ersten Gleichung (6) nach u und nach v wegen der Gleichungen (2′) und (5)

$$\frac{\partial X_1}{\partial v} = -\frac{h}{m}\left(\eta_v - \frac{m_v}{m}\,\eta\right), \quad \frac{\partial X_1}{\partial u} = \eta\,\frac{\partial}{\partial u}\left(-\frac{h}{m}\right) \tag{6′}$$

ergibt, können wir die Größen für das transformierte Netz folgendermaßen wählen:

$$\begin{aligned} \xi_1 &= \frac{\eta}{m}, \quad \eta_1 = \eta_v - \frac{1}{m}\,m_v\eta, \\ h_1 &= m\,\frac{\partial}{\partial u}\left(-\frac{h}{m}\right), \quad l_1 = -\frac{h}{m}, \\ n_1 &= \frac{1}{m}, \quad m_1 = m\left(m n - \frac{\partial^2 \ln m}{\partial u\,\partial v}\right). \end{aligned} \tag{7}$$

164. Die Kongruenzen im E_n. Jede der Tangenten ξ und η des Netzes beschreibt eine Kongruenz. Diese beiden Kongruenzen kann man in Analogie zu den Brennetzen einer Kongruenz *Brennkongruenzen* des Netzes nennen.

Eliminieren wir ξ aus den Gleichungen (4), so erhalten wir eine LAPLACE-Gleichung für den Vektor η

$$\eta_{uv} = \frac{1}{m}\,m_v\eta_u + m n\,\eta. \tag{8}$$

Umgekehrt ist jeder Vektor H, der einer LAPLACE-Gleichung genügt,

$$\mathsf{H}_{uv} = a\,\mathsf{H}_u + b\,\mathsf{H}_v + c\,\mathsf{H}, \tag{9}$$

der Richtungsvektor des Strahls einer gewissen Kongruenz; um den normierten Vektor des Strahls zu erhalten, muß man den Vektor H so normieren:

$$\mathsf{H} = \varphi\eta,$$

daß der neue Vektor η der Gleichung (8) genügt. Dies ist, wie wir gesehen haben (Kap. VI, § 126), dann möglich, wenn die entsprechenden Invarianten der Gleichungen (8) und (9) gleich sind. Der Vergleich der Invarianten führt auf die Gleichungen

$$m n = c + a b - b_v, \quad \frac{\partial^2 \ln m}{\partial u\,\partial v} = a_u - b_v,$$

woraus sich m durch Quadraturen bestimmt. m ist nur festgelegt bis auf Multiplikation mit einer beliebigen Funktion von u allein und einer beliebigen Funktion von v allein. Das ist unwesentlich, da m nach § 163 bei vorgegebenem Netz ohnehin nur bis auf solche Umnormungen festgelegt ist. Der normierende Faktor ϱ wird nach (41), § 126 durch das vollständig integrierbare System

$$\frac{\partial \ln \varrho}{\partial u} = b, \quad \frac{\partial \ln \varrho}{\partial v} = a - \frac{m_v}{m}$$

bis auf einen unwesentlichen konstanten Faktor bestimmt.

Die Gleichungen (4) und (8) bestimmen dann den Vektor ξ ohne Quadratur. Zur Bestimmung der Kongruenz muß man das System (5) integrieren, danach bestimmt das System (2′) den Brennpunkt $\boldsymbol{X}$ bis auf einen willkürlichen konstanten Vektor in Gestalt eines Summanden, d. h. bis auf Parallelverschiebung im Raum; der andere Brennpunkt $\boldsymbol{X}_1$ wird durch die Gleichung (6) ohne Quadratur gewonnen.

Verschiedenen Lösungen des Systems (5) entsprechen verschiedene Kongruenzen, bei denen die Torsen $u = \text{const}$, $v = \text{const}$ derart einander zugeordnet sind, daß entsprechende Strahlen parallel sind. Derartige Kongruenzen nennt man *parallel*. Da zu einem gegebenen Vektor η der Vektor ξ bis auf einen skalaren Faktor bestimmt ist, sind auch die Brennetze paralleler Kongruenzen parallel; dasselbe gilt auch für das zweite Brennetz (ξ_1, η_1) der Kongruenz.

Das System (5) hat offensichtlich die Lösung

$$h = 0, \quad l = 0,$$

der nach den Formeln (2′) und (6) konstante und zusammenfallende Werte der Radiusvektoren der Brennpunkte entsprechen

$$\boldsymbol{X}_1 = \boldsymbol{X} = \text{const}.$$

Folglich gibt es unter den Kongruenzen, die zu einer gegebenen Kongruenz parallel sind, stets eine in ein Strahlenbündel ausgeartete Kongruenz mit dem Zentrum in einem beliebigen Punkt des Raumes.

165. Die zu einem Netz konjugierten Kongruenzen. Wir nehmen an, daß die Kongruenz mit dem Richtungsvektor $\mathsf{Z} = \varrho\zeta$ zum Netz ($\boldsymbol{X}$) konjugiert ist. Wenn man mit $\boldsymbol{Z}$ und $\boldsymbol{Y}$ die Radiusvektoren der Brennpunkte der Kongruenz (Z) bezeichnet, dann können wir, indem wir η durch ζ, ξ durch ζ_u/m', $\boldsymbol{X}$ durch $\boldsymbol{Y}$ und $\boldsymbol{X}_1$ durch $\boldsymbol{Z}$ ersetzen und die Größen h, l, m, n, die sich auf die Kongruenz (Z) beziehen, mit Strichen versehen, die Gleichungen (2′), (6′) umschreiben in die Gestalt

$$\begin{gathered} \boldsymbol{Z}_u = \zeta \frac{\partial}{\partial u}\left(-\frac{h'}{m'}\right), \quad \boldsymbol{Z}_v = -\frac{h'}{m'}\left(\zeta_v - \frac{\partial \ln m'}{\partial v}\zeta\right), \\ \boldsymbol{Y}_u = \frac{h'}{m'}\zeta_u, \quad \boldsymbol{Y}_v = l'\zeta. \end{gathered} \tag{10}$$

Da (Kap. VI, § 129) die Kongruenz (Z), die zum Netz ($\boldsymbol{X}$) konjugiert ist, eine LAPLACE-Folge erzeugt, die der Folge [$\boldsymbol{X}$] umbeschrieben ist, so muß die Tangente an die u-Kurve auf der Brennfläche (Y) durch den Punkt X_{-1} gehen, den man aus dem Punkt X durch eine LAPLACE-Transformation in der u-Richtung erhält, und die drei Vektoren $\boldsymbol{\zeta}, \boldsymbol{\zeta}_u$ und $\boldsymbol{\xi}$ liegen in einer Ebene XYX_{-1}, ebenso die Vektoren $\boldsymbol{\zeta}, \boldsymbol{\zeta}_v$ und $\boldsymbol{\eta}$. Dasselbe gilt auch für die Vektoren $\mathsf{Z}, \mathsf{Z}_u, \mathsf{Z}_v$; daraus erhalten wir die Gleichungen

$$\mathsf{Z}_u = P\mathsf{Z} + H\boldsymbol{\xi}, \quad \mathsf{Z}_v = Q\mathsf{Z} + L\boldsymbol{\eta}. \tag{a}$$

Indem wir differenzieren und die Ableitungen von Z eliminieren, ergibt sich unter Verwendung der Gleichungen (4), (a)

$$(P_v - Q_u)\,\mathsf{Z} + (H_v - QH - Lm)\,\boldsymbol{\xi} - (L_u - PL - Hn)\,\boldsymbol{\eta} = 0.$$

Da der Strahl Z sicher nicht in der Tangentenebene der Fläche (X) liegt und mit den Tangenten $\boldsymbol{\xi}$ und $\boldsymbol{\eta}$ nicht komplanar ist, müssen die Koeffizienten von $\boldsymbol{\xi}, \boldsymbol{\eta}, \mathsf{Z}$ verschwinden

$$P_v = Q_u, \quad H_v = QH + Lm, \quad L_u = PL + Hn. \tag{b}$$

Nach der ersten dieser Gleichungen können wir setzen

$$P = \frac{\partial \ln \lambda}{\partial u}, \quad Q = \frac{\partial \ln \lambda}{\partial v}.$$

Die Gleichungen (a), (b) nehmen jetzt die Gestalt an

$$\begin{aligned} \left(\frac{\mathsf{Z}}{\lambda}\right)_u &= \frac{H}{\lambda}\,\boldsymbol{\xi}, & \left(\frac{\mathsf{Z}}{\lambda}\right)_v &= \frac{L}{\lambda}\,\boldsymbol{\eta}, \\ \left(\frac{H}{\lambda}\right)_v &= m\,\frac{L}{\lambda}, & \left(\frac{L}{\lambda}\right)_u &= n\,\frac{H}{\lambda}. \end{aligned} \tag{11}$$

Sie besagen, daß der Punkt

$$\tilde{Z} = \frac{\mathsf{Z}}{\lambda}$$

ein zum Netz (X) paralleles Netz beschreibt.

Folglich *ist jede Kongruenz, die zu einem Netz konjugiert ist, parallel zu einer ausgearteten Kongruenz, die man erhält, wenn man ein zum gegebenen Netz parallеles Netz von einem festen Punkt aus projiziert.*

Wir bemerken noch, daß man aus den Gleichungen (11) die LAPLACE-Gleichung erhält, der $\tilde{Z}$ genügt:

$$\left(\frac{\mathsf{Z}}{\lambda}\right)_{uv} = m\,\frac{H}{L}\left(\frac{\mathsf{Z}}{\lambda}\right)_u + n\,\frac{L}{H}\left(\frac{\mathsf{Z}}{\lambda}\right)_v.$$

Wenn man die Differentiation ausführt, dann kann man die Gleichung in der Gestalt schreiben

$$\frac{\mathsf{Z}_{uv} - \mathsf{Z}_u\left(\frac{\lambda_v}{\lambda} + m\,\frac{H}{L}\right) - \mathsf{Z}_v\left(\frac{\lambda_u}{\lambda} + n\,\frac{L}{H}\right)}{\mathsf{Z}} = \frac{\lambda_{uv} - \lambda_u\left(\frac{\lambda_v}{\lambda} + m\,\frac{H}{L}\right) - \lambda_v\left(\frac{\lambda_u}{\lambda} + n\,\frac{L}{H}\right)}{\lambda}. \tag{c}$$

Genügt $\mathbf{Z}$ der LAPLACE-Gleichung (9), so ist die linke Seite von (c) für alle Koordinaten des Vektors gleich derselben Funktion c; diese Funktion muß dann auch gleich der rechten Seite sein, und da $m\frac{H}{L}$, $n\frac{L}{H}$ so gewählt sind, daß die runden Klammern gleich den Funktionen a und b aus der Gleichung (9) sind, genügt auch λ dieser Gleichung (9).

Wenn also $Z^1, Z^2, \ldots, Z^n$ die Koordinaten des Richtungsvektors des Kongruenzstrahls im E_n sind, dann beschreibt der Punkt im Raum E_{n-1} mit den Koordinaten

$$z^\alpha = \frac{Z^\alpha}{Z^n} = \frac{\zeta^\alpha}{\zeta^n}, \qquad \alpha = 1, 2, \ldots, n-1$$

ein konjugiertes Netz.

Hieraus folgt, daß *der Schnitt einer Kongruenz mit einer Hyperebene ein zur Kongruenz konjugiertes Netz ergibt.*

In der Tat wird dieser Schnitt durch den Ortsvektor

$$\mathbf{Z}' = \mathbf{Y} + t\boldsymbol{\zeta}$$

bestimmt, wobei t so gewählt ist, daß z. B. die letzte Koordinate z^n gleich Null wird

$$z^n = y^n + t\zeta^n = 0, \qquad t = -\frac{y^n}{\zeta^n}.$$

Differenzieren wir die Gleichung

$$\mathbf{Z}' = \mathbf{Y} - \frac{y^n}{\zeta^n}\boldsymbol{\zeta},$$

und verwenden die Formeln (10), so erhalten wir

$$\mathbf{Z}'_u = \frac{h'}{m'}\boldsymbol{\zeta}_u - \frac{y^n}{\zeta^n}\boldsymbol{\zeta}_u - \frac{h'}{m'}\frac{\boldsymbol{\zeta}}{\zeta^n}\zeta^n_u + \frac{y^n}{\zeta^n}\frac{\zeta^n_u}{\zeta^n}\boldsymbol{\zeta} =$$

$$= \left(\frac{h'}{m'} - \frac{y^n}{\zeta^n}\right)\left(\boldsymbol{\zeta}_u - \boldsymbol{\zeta}\frac{\zeta^n_u}{\zeta^n}\right) = \left(\frac{h'}{m'} - \frac{y^n}{\zeta^n}\right)\zeta^n\left(\frac{\boldsymbol{\zeta}}{\zeta^n}\right)_u;$$

$$\mathbf{Z}'_v = l'\boldsymbol{\zeta} - l'\boldsymbol{\zeta} - \frac{y^n}{\zeta^n}\boldsymbol{\zeta}_v + \frac{y^n}{\zeta^n}\frac{\zeta^n_v}{\zeta^n}\boldsymbol{\zeta} = -\frac{y^n}{\zeta^n}\left(\boldsymbol{\zeta}_v - \boldsymbol{\zeta}\frac{\zeta^n_v}{\zeta^n}\right) = -y^n\left(\frac{\boldsymbol{\zeta}}{\zeta^n}\right)_v.$$

Folglich beschreibt der Punkt mit dem Ortsvektor $\mathbf{Z}'$ auf der Hyperebene $z^n = 0$ ein Netz, das zum Netz mit den Koordinaten $\frac{\zeta^\alpha}{\zeta^n}$ ($\alpha = 1, 2, \ldots, n-1$) parallel ist.

II. Orthogonale Netze und Kongruenzen

166. Orthogonalität im E_{2p+1}. Als Skalarprodukt irgendwelcher Vektoren $\boldsymbol{\zeta}$ und $\boldsymbol{\xi}$ bezeichnen wir die Summe der paarweisen Produkte der Koordinaten mit demselben Index:

$$\boldsymbol{\zeta}\cdot\boldsymbol{\xi} = \zeta^1\xi^1 + \zeta^2\xi^2 + \cdots + \zeta^n\xi^n. \tag{12}$$

Im Raum mit einer ungeraden Anzahl von Dimensionen $n = 2p + 1$ kann jedem Netz mit normierten Tangentenvektoren $\boldsymbol{\xi}, \boldsymbol{\eta}$ ein Vektor $\boldsymbol{\zeta}$ zugeordnet werden, der bis auf einen skalaren Faktor durch $2p$ Orthogonalitätsrelationen bestimmt wird:

$$\boldsymbol{\zeta}\cdot\boldsymbol{\xi} = 0, \quad \boldsymbol{\zeta}\cdot\boldsymbol{\xi}_u = 0, \quad \boldsymbol{\zeta}\cdot\boldsymbol{\xi}_{2u} = 0, \quad \ldots, \quad \boldsymbol{\zeta}\cdot\boldsymbol{\xi}_{(p-1)u} = 0, \tag{13a}$$

$$\boldsymbol{\zeta}\cdot\boldsymbol{\eta} = 0, \quad \boldsymbol{\zeta}\cdot\boldsymbol{\eta}_v = 0, \quad \boldsymbol{\zeta}\cdot\boldsymbol{\eta}_{2v} = 0, \quad \ldots, \quad \boldsymbol{\zeta}\cdot\boldsymbol{\eta}_{(p-1)v} = 0; \tag{13b}$$

dabei führten wir als Bezeichnung der Ableitungen ein:

$$\boldsymbol{\xi}_{ku} = \frac{\partial^k}{\partial u^k}\boldsymbol{\xi}, \qquad \boldsymbol{\eta}_{kv} = \frac{\partial^k}{\partial v^k}\boldsymbol{\eta}.$$

In der Tat bestimmen die $2p$ linearen homogenen Gleichungen bezüglich der $2p + 1$ unbekannten Koordinaten des Vektors $\boldsymbol{\zeta}$ diese bis auf einen gemeinsamen Faktor, abgesehen von den speziellen Fällen mit niedrigerem Rang, die wir ausschließen und denen Netze entsprechen, die in einem Raum E_{2p} von weniger Dimensionen liegen.

Wenn wir in die Gleichungen (13a), (13b) $\boldsymbol{\xi} = \frac{1}{m}\boldsymbol{\eta}_u$, $\boldsymbol{\eta} = \frac{1}{n}\boldsymbol{\xi}_v$ einsetzen, so geht das System (13a), (13b) über in das äquivalente System

$$\begin{aligned} &\boldsymbol{\zeta}\cdot\boldsymbol{\eta}_u = 0, \quad \boldsymbol{\zeta}\cdot\boldsymbol{\eta}_{2u} = 0, \quad \ldots, \quad \boldsymbol{\zeta}\cdot\boldsymbol{\eta}_{pu} = 0,\\ &\boldsymbol{\zeta}\cdot\boldsymbol{\xi}_v = 0, \quad \boldsymbol{\zeta}\cdot\boldsymbol{\xi}_{2v} = 0, \quad \ldots, \quad \boldsymbol{\zeta}\cdot\boldsymbol{\xi}_{pv} = 0. \end{aligned} \tag{13'}$$

Man überzeugt sich jetzt leicht davon, daß *der Vektor* $\boldsymbol{\zeta}$, der durch die Gleichungen (13a), (13b) oder (13') bestimmt wird, *einer* LAPLACE-*Gleichung genügt, und eine Kongruenz bestimmt, deren Strahlrichtungsvektor er ist.*

Differenzieren wir nämlich (13a), (13b), (13') einmal nach u und einmal nach v, so erhalten wir aus der ersten Gleichung von (13a) mit Hilfe der Beziehungen (4) § 163 zunächst

$$\boldsymbol{\zeta}_u\cdot\boldsymbol{\xi} + \boldsymbol{\zeta}\cdot\boldsymbol{\xi}_u = 0, \qquad \boldsymbol{\zeta}_v\cdot\boldsymbol{\xi} + n\boldsymbol{\zeta}\cdot\boldsymbol{\eta} = 0,$$

oder wegen der Gleichungen (13a), (13b) selbst

$$\begin{aligned} \boldsymbol{\zeta}_u\cdot\boldsymbol{\xi} = 0, \quad \boldsymbol{\zeta}_v\cdot\boldsymbol{\xi} = 0,\\ \boldsymbol{\zeta}_u\cdot\boldsymbol{\eta} = 0, \quad \boldsymbol{\zeta}_v\cdot\boldsymbol{\eta} = 0. \end{aligned} \tag{a}$$

Die Gleichungen der zweiten Zeile erhält man durch Differentiation der ersten Gleichung von (13b) nach v und u. Differenzieren wir die erste Gleichung der ersten Zeile von (a) nach der Veränderlichen v, die zweite der zweiten Zeile nach u, und verwenden die Gleichungen (4), so erhalten wir

$$\boldsymbol{\zeta}_{uv}\cdot\boldsymbol{\xi} = 0, \qquad \boldsymbol{\zeta}_{uv}\cdot\boldsymbol{\eta} = 0.$$

Auf dieselbe Weise ergibt sich, indem man die übrigen Gleichungen (13a), (13b) differenziert, das Gleichungssystem

$$\begin{aligned} \boldsymbol{\zeta}_u\cdot\boldsymbol{\xi}_{ku} = 0, \quad \boldsymbol{\zeta}_v\cdot\boldsymbol{\xi}_{ku} = 0, \quad \boldsymbol{\zeta}_{uv}\cdot\boldsymbol{\xi}_{ku} = 0,\\ \boldsymbol{\zeta}_u\cdot\boldsymbol{\eta}_{kv} = 0, \quad \boldsymbol{\zeta}_v\cdot\boldsymbol{\eta}_{kv} = 0, \quad \boldsymbol{\zeta}_{uv}\cdot\boldsymbol{\eta}_{kv} = 0, \end{aligned} \qquad k = 0, 1, 2, \ldots, p-2.$$

Folglich erhalten wir, indem wir abkürzend bezeichnen

$$\varDelta \zeta = \zeta_{uv} - a\zeta_u - b\zeta_v - c\zeta, \tag{14}$$

für beliebige Funktionen a, b, c

$$\varDelta \zeta \cdot \xi_{ku} = 0, \qquad \varDelta \zeta \cdot \eta_{kv} = 0, \qquad k = 0, 1, 2, \ldots, p-2. \tag{b}$$

Durch geeignete Wahl der Funktionen a, b, c befriedigen wir noch drei derartige Gleichungen, z. B.

$$\varDelta \zeta \cdot \xi_{(p-1)u} = 0, \qquad \varDelta \zeta \cdot \eta_{(p-1)v} = 0, \qquad \varDelta \zeta \cdot \eta_{pv} = 0. \tag{c}$$

Wenn die $2p - 2 + 3 = 2p + 1$ Vektoren $\xi_{ku}, \eta_{kv}, \xi_{(p-1)u}, \eta_{(p-1)v}, \eta_{pv}$ linear unabhängig sind (was immer gilt, wenn das Netz (ξ, η) nicht in einem E_{n-1} liegt), dann folgt aus den Gleichungen (b), (c)

$$\varDelta \zeta = 0, \tag{14'}$$

was zu beweisen war. Daraus ergibt sich der Satz: *Das System* (13a), (13b) *bestimmt eine zum Netz* (ξ, η) *orthogonale Kongruenz.*

167. Orthogonale Folgen im E_{2p+1}. Differenzieren wir nacheinander die Gleichungen (13a), (13b), (13'), so erhalten wir eine neue Reihe von Gleichungen

$$\begin{aligned} &\eta \cdot \zeta = 0, && \eta \cdot \zeta_v = 0, && \ldots, && \eta \cdot \zeta_{(p-1)v} = 0, \\ &\eta \cdot \zeta_u = 0, && \eta \cdot \zeta_{2u} = 0, && \ldots, && \eta \cdot \zeta_{pu} = 0, \end{aligned} \tag{15}$$

und da nach den Formeln (10)

$$Y_u = \frac{h'}{m'} \zeta_u, \quad Y_v = l' \zeta,$$

sind die normierten Tangentenvektoren des Brennetzes (Y) unserer Kongruenz proportional zu den Vektoren ζ_u, ζ, und die Gleichungen (15) beweisen die Orthogonalität der zweiten Brennkongruenz (η) des Netzes (ξ, η) zum zweiten Brennetz der Kongruenz (ζ). Daraus folgt der Satz:

Wenn die Kongruenz (ζ) zum Netz (ξ, η) orthogonal ist, dann ist die erste Brennkongruenz (ξ) des Netzes orthogonal zum ersten Brennetz (Z) der Kongruenz, und die zweite Kongruenz zum zweiten Brennetz.

Hier ist die erste Brennkongruenz diejenige, die durch die Tangenten an die u-Kurven des Netzes beschrieben wird, und das erste Brennetz der Kongruenz ist das, welches die Rückkehrkanten der Torsen der Kongruenz $v =$ const enthält.

Indem wir diesen Satz der Reihe nach auf alle Kongruenzen der Folge anwenden, kommen wir zu dem Schluß, daß *die aufeinanderfolgenden* LAPLACE-*Transformierten der zum Netz (ξ, η) orthogonalen Kongruenz (ζ) der Reihe nach orthogonal sind zu den Netzen derselben Ordnung in der durch das Netz (ξ, η) erzeugten* LAPLACE-*Folge.*

Wir betrachten ein zum Netz (X) paralleles Netz (X'); es wird durch das System (2') § 163 bestimmt

$$X'_u = h\xi, \qquad X'_v = l\eta. \tag{2'}$$

Wir sahen, [(11) § 165], daß der Vektor $\boldsymbol{X}'$ der Richtungsvektor des Strahls einer zum Netz (X) konjugierten Kongruenz sein kann.

Setzen wir in die Gleichungen (13a), (13b) die Ausdrücke $\boldsymbol{\xi} = \frac{1}{h}\boldsymbol{X}'_u$, $\boldsymbol{\eta} = \frac{1}{l}\boldsymbol{X}'_v$ ein, so erhalten wir

$$\begin{aligned} \boldsymbol{\zeta}\cdot\boldsymbol{X}'_u &= 0, \quad \boldsymbol{\zeta}\cdot\boldsymbol{X}'_{2u} = 0, \ \ldots, \ \boldsymbol{\zeta}\cdot\boldsymbol{X}'_{pu} = 0,\\ \boldsymbol{\zeta}\cdot\boldsymbol{X}'_v &= 0, \quad \boldsymbol{\zeta}\cdot\boldsymbol{X}'_{2v} = 0, \ \ldots, \ \boldsymbol{\zeta}\cdot\boldsymbol{X}'_{pv} = 0. \end{aligned} \tag{16}$$

Daraus folgt, daß *die Funktion*

$$\theta = \boldsymbol{\zeta}\cdot\boldsymbol{X}'$$

derselben LAPLACE-*Gleichung wie der Vektor der Kongruenz* $\boldsymbol{\zeta}$ *genügt.*

In der Tat folgt aus den Gleichungen (2′), (4) § 163 die LAPLACE-Gleichung für den Vektor $\boldsymbol{X}'$:

$$\boldsymbol{X}'_{uv} = \frac{1}{h}\frac{\partial h}{\partial v}\boldsymbol{X}'_u + \frac{1}{l}\frac{\partial l}{\partial u}\boldsymbol{X}'_v.$$

Durch direkte Multiplikation dieser Gleichung mit dem Vektor $\boldsymbol{\zeta}$ erhalten wir unter Berücksichtigung der Formeln (16) die erste der folgenden drei Gleichungen

$$\boldsymbol{\zeta}\cdot\boldsymbol{X}'_{uv} = 0, \quad \boldsymbol{\zeta}_v\cdot\boldsymbol{X}'_u = 0, \quad \boldsymbol{\zeta}_u\cdot\boldsymbol{X}'_v = 0; \tag{17}$$

die beiden andern erhält man durch Differentiation der ersten Gleichungen (16) unter Beachtung der ersten Gleichung (17). Daher liefert die Differentiation der Funktion θ nacheinander

$$\theta_u = \boldsymbol{\zeta}_u\cdot\boldsymbol{X}', \quad \theta_v = \boldsymbol{\zeta}_v\cdot\boldsymbol{X}', \quad \theta_{uv} = \boldsymbol{\zeta}_{uv}\cdot\boldsymbol{X}'.$$

Verwenden wir die Bezeichnung (14), so erhalten wir

$$\Delta\theta = \Delta\boldsymbol{\zeta}\cdot\boldsymbol{X}',$$

woraus die Behauptung folgt.

Bei Verwendung der Resultate des § 165 ergibt sich, daß der Punkt mit dem Ortsvektor

$$\boldsymbol{Z} = \frac{\boldsymbol{\zeta}}{\theta}$$

ein konjugiertes Netz beschreibt, und die Kongruenz $(\boldsymbol{\zeta})$ konjugierte Netze besitzt, die zum Netz (Z) parallel sind.

Indem wir in die Gleichungen (16) den Ausdruck $\boldsymbol{\zeta} = \theta\boldsymbol{Z}$ einsetzen, schreiben wir sie um in die Gestalt

$$\begin{aligned} \boldsymbol{Z}\cdot\boldsymbol{X}' = 1, \quad \boldsymbol{Z}\cdot\boldsymbol{X}'_{ku} &= 0, \quad \boldsymbol{Z}\cdot\boldsymbol{X}'_{kv} = 0,\\ \boldsymbol{X}'\cdot\boldsymbol{Z}_{ku} &= 0, \quad \boldsymbol{X}'\cdot\boldsymbol{Z}_{kv} = 0, \end{aligned} \qquad k = 1, 2, \ldots, p. \tag{16'}$$

Hieraus folgt, daß die Kongruenz $(\boldsymbol{X}')$ zum Netz (Z) orthogonal ist. Wir erhalten den Satz:

Wenn ein Netz zu einer Kongruenz orthogonal ist, dann ist jede Kongruenz, die zum Netz konjugiert ist, orthogonal zu einem gewissen Netz, das zur Kongruenz konjugiert ist.

Hier kann man die Wörter „Netz" und „Kongruenz" vertauschen; ein derartiger Satz gilt auch für harmonische Netze und Kongruenzen.

168. Orthogonalität im E_{2p}. Im Raum mit einer geraden Anzahl von Dimensionen $n = 2p$ kann man jeder Kongruenz (ζ) eine Kongruenz (ζ') zuordnen, deren Richtungsvektor durch die Orthogonalitätsrelationen bestimmt wird:

$$\zeta' \cdot \zeta = 0, \quad \zeta' \cdot \zeta_{ku} = 0, \quad \zeta' \cdot \zeta_{kv} = 0, \quad k = 1, 2, \ldots, p-1. \tag{18}$$

Die Gleichungen (18) bilden ein System von $2p - 1$ linearen homogenen Gleichungen bezüglich der $2p$ Koordinaten des Vektors ζ'. Wenn die Kongruenz (ζ) nicht in einem Raum von weniger Dimensionen liegt, dann sind die Vektoren $\zeta, \zeta_{ku}, \zeta_{kv}$ $(k = 1, 2, \ldots, p-1)$ linear unabhängig, der Rang des Systems (18) ist gleich $2p - 1$, und das System bestimmt bis auf einen skalaren Faktor einen einzigen Vektor ζ'. Einer Schar paralleler Kongruenzen (ζ) entspricht also eine einzige Schar paralleler Kongruenzen (ζ').

Die Kongruenzen (ζ) und (ζ'), die den Bedingungen (18) genügen, heißen *orthogonal.*

Da eine fortgesetzte Differentiation die Gleichungen (18) umwandelt in das System

$$\zeta \cdot \zeta' = 0, \quad \zeta \cdot \zeta'_{ku} = 0, \quad \zeta \cdot \zeta'_{kv} = 0, \quad k = 1, 2, \ldots, p-1 \tag{18'}$$

ist die Eigenschaft der Orthogonalität der beiden Kongruenzen wechselseitig.

Das *erste* Brennetz der Kongruenz (ζ) habe die normierten Tangentenvektoren (ξ, η) und das *zweite* Brennetz der Kongruenz (ζ') die Vektoren (ξ', η'); dann ist der Vektor ζ proportional zum Vektor ξ, und der Vektor ζ' proportional zum Vektor η'.

Das System (18), (18') läßt sich jetzt umschreiben in die Gestalt

$$\begin{matrix} \xi \cdot \eta' = 0, & \xi \cdot \eta'_{ku} = 0, & \xi \cdot \eta'_{kv} = 0, \\ & \eta' \cdot \xi_{ku} = 0, & \eta' \cdot \xi_{kv} = 0, \end{matrix} \quad k = 1, 2, \ldots, p-1. \tag{18a}$$

Wenn wir die Formeln (4) verwenden

$$\xi_v = n\eta, \quad \eta_u = m\xi, \quad \xi'_v = n'\eta', \quad \eta'_u = m'\xi',$$

dann können wir noch das System (18a) transformieren in

$$\begin{matrix} \xi' \cdot \eta = 0, & \xi' \cdot \eta_{ku} = 0, & \xi' \cdot \eta_{kv} = 0, \\ & \eta \cdot \xi'_{ku} = 0, & \xi'_{kv} \cdot \eta = 0, \end{matrix} \quad k = 1, 2, \ldots, p-1. \tag{18a'}$$

Folglich sind die Kongruenzen (ξ) und (η'), (η) und (ξ') orthogonal.

Die beiden konjugierten Netze (ξ, η) und (ξ', η'), deren Brennkongruenzen kreuzweise orthogonal sind [d. h. die erste Kongruenz (ξ) des ersten Netzes ist orthogonal zur zweiten Kongruenz (η') des zweiten Netzes und umgekehrt] nennt man *orthogonale Netze.*

Unter Verwendung dieser Definition können wir den Satz aussprechen:

Wenn zwei Kongruenzen orthogonal sind, dann ist das erste Brennetz der einen orthogonal zum zweiten Brennetz der andern und umgekehrt.

In diesem Satz kann man die Wörter „Netz" und „Kongruenz" vertauschen.

Den Satz, der sich auf die Orthogonalität der Netze und Kongruenzen im Raum E_{2p} bezieht, kann man aus dem gleichartigen Satz für den E_{2p+1} erhalten, wenn man folgenden allgemeinen Satz für den Übergang vom Raum E_n auf den Raum E_{n-1} verwendet:

Wenn im Raum E_{2p+1} die Kongruenz $(\boldsymbol{\zeta})$ und das Netz $(\boldsymbol{\xi}, \boldsymbol{\eta})$ orthogonal sind, dann bilden der Schnitt der Kongruenz mit der Hyperebene E_{2p} und die Projektion des Netzes auf dieselbe Hyperebene im Raum E_{2p} ein Paar orthogonaler Netze.

Zum Beweis genügt es zu bemerken, daß nach der allgemeinen Regel der Punkt mit dem Ortsvektor

$$\boldsymbol{Z} = \frac{\boldsymbol{\zeta}}{\theta} \tag{a}$$

ein Netz beschreibt, das parallel zu einem konjugierten Netz für die Kongruenz $\boldsymbol{\zeta}$ ist, wenn die skalare Funktion θ der LAPLACE-Gleichung für die Kongruenz $(\boldsymbol{\zeta})$ genügt.

Ist im E_{2p+1} das Netz $(\boldsymbol{\xi}, \boldsymbol{\eta})$ zur Kongruenz $(\boldsymbol{\zeta})$ orthogonal, dann kann man die Orthogonalitätsbedingungen in der Form des Systems (16′) schreiben, wobei $\boldsymbol{Z}$ seinen Wert (a) behält, und $\boldsymbol{X}'$ durch die Gleichungen (2′) § 163 bestimmt wird.

Durch Differentiation der letzten beiden Gleichungen von (16′) nach u erhalten wir wegen der Gleichungen (2′)

$$\boldsymbol{X}' \cdot \boldsymbol{Z}_{(k+1)u} + h\boldsymbol{\xi} \cdot \boldsymbol{Z}_{ku} = 0, \qquad \boldsymbol{X}' \cdot \frac{\partial}{\partial u}(\boldsymbol{Z}_{kv}) + h\boldsymbol{\xi} \cdot \boldsymbol{Z}_{kv} = 0.$$

Man sieht leicht ein, daß $\boldsymbol{Z}$ einer Gleichung der Gestalt (1) genügt, folglich ist nach Ausführung der Differentiation

$$\frac{\partial}{\partial u}(\boldsymbol{Z}_{kv}) = \frac{\partial^{k-1}}{\partial v^{k-1}} \boldsymbol{Z}_{uv} = \frac{\partial^{k-1}}{\partial v^{k-1}} (a\boldsymbol{Z}_u + b\boldsymbol{Z}_v);$$

wenn man so systematisch die gemischten Ableitungen mit Hilfe der Gleichung (1) eliminiert, wird die rechte Seite durch Ableitungen von $\boldsymbol{Z}$ von nicht höherer Ordnung als k ausgedrückt. Alle diese Ableitungen verschwinden bei Multiplikation mit $\boldsymbol{X}'$ wegen der Bedingungen (16′). Wir erhalten also, nachdem wir durch h dividiert haben,

$$\boldsymbol{\xi} \cdot \boldsymbol{Z}_{(k-1)u} = 0, \qquad \boldsymbol{\xi} \cdot \boldsymbol{Z}_{kv} = 0; \qquad k = 1, 2, \ldots, p.$$

Wie oben kann man daraus auf

$$\boldsymbol{\xi}(\boldsymbol{Z}_v)_{ku} = 0, \qquad \boldsymbol{\zeta}(\boldsymbol{Z}_v)_{kv} = 0; \qquad k = 0, 1, \ldots, p-1 \tag{19}$$

schließen.

Wir setzen jetzt die Funktion θ gleich der letzten Koordinate des Vektors $\boldsymbol{\zeta}$

$$\theta = \zeta^n.$$

Das Netz (Z) wird bei dieser Wahl von θ durch den Ortsvektor $\boldsymbol{Z}$ mit der letzten Koordinate $z^n = 1$ bestimmt. Wenn wir diese Koordinate durch Null ersetzen und den Vektor $\boldsymbol{Z}$ mit der Koordinate $z^n = 0$ durch $\boldsymbol{Z}^0$ bezeichnen, dann erhalten wir die Gleichungen

$$\boldsymbol{Z}_u = \boldsymbol{Z}_u^0, \qquad \boldsymbol{Z}_v = \boldsymbol{Z}_v^0,$$

und gleichzeitig bestimmt $\boldsymbol{Z}$ den Schnitt der Hyperebene $x^n = 1$ mit derjenigen Kongruenz (ζ), die dem Bündel mit dem Zentrum im Koordinatenursprung angehört. $\boldsymbol{Z}^0$ ist zu $\boldsymbol{Z}$ parallel und kongruent.

Keine der Gleichungen (19) enthält nun auf der linken Seite den letzten Summanden mit der n-ten Koordinate des Vektors ξ. Folglich kann man den Vektor ξ durch den Vektor ξ^0 ersetzen, den man aus dem Vektor ξ durch Weglassen der letzten Komponente erhält. Das System (19) und das entsprechende System für den Vektor η schreiben sich dann in der Gestalt

$$\begin{aligned} \xi^0 \cdot (\boldsymbol{Z}_v^0)_{ku} &= 0, \quad \xi^0 \cdot (\boldsymbol{Z}_v^0)_{kv} = 0, \\ \eta^0 \cdot (\boldsymbol{Z}_u^0)_{kv} &= 0, \quad \eta^0 \cdot (\boldsymbol{Z}_u^0)_{ku} = 0, \end{aligned} \qquad k = 0, 1, 2, \ldots, p-1. \tag{19'}$$

Da man das Netz (ξ^0, η^0) aus dem Netz (ξ, η) durch orthogonale Projektion auf die Hyperebene $x^n = 1$ erhält, und die Schnitte paralleler Kongruenzen (ζ) mit einer Hyperebene parallel sind, so besagt die Orthogonalitätsbedingung (19'), daß die Projektion des Netzes (ξ, η) auf die Hyperebene $x^n = 1$ orthogonal zum Schnitt der Kongruenz (ζ) mit derselben Hyperebene ist. Damit ist der Satz bewiesen.

Wir weisen darauf hin, daß in der Bedingung des Satzes die Wörter „Netz" und „Kongruenz" vertauscht werden dürfen; das hängt damit zusammen, daß von den LAPLACE-Ketten, denen das Netz und die Kongruenzen angehören, die Glieder der Reihe nach orthogonal sind.

Beim Übergang vom Raum E_{2p} zum Raum E_{2p-1} muß man entsprechend im E_{2p} zwei orthogonale Kongruenzen (Netze) wählen, die (das) eine davon in Gestalt einer Kongruenz (eines Netzes) auf eine Hyperebene E_{2p-1} projizieren, die (das) andere mit der Hyperebene E_{2p-1} in Gestalt eines Netzes (einer Kongruenz) zum Schnitt bringen. Die erhaltene Kongruenz und das Netz sind dann orthogonal.

Dabei besteht der Schnitt eines Netzes mit der Hyperebene in der Ersetzung jedes Punktes X des Netzes (ξ, η) durch die Gerade, welche die Schnittpunkte der Tangenten ξ und η mit der Hyperebene verbindet.

III. Orthogonale Netze und zu ihnen konjugierte Kongruenzen

169. Die orthogonalen Netze (O-Netze). Ein Netz ist orthogonal, wenn in jedem Punkt die Tangenten an die Netzkurven aufeinander senkrecht stehen

$$\boldsymbol{X}_u \cdot \boldsymbol{X}_v = 0 \quad \text{oder} \quad \xi \cdot \eta = 0. \tag{a}$$

Die LAPLACE-*Gleichung* (1) § 163

$$\boldsymbol{X}_{uv} = \frac{1}{h}\frac{\partial h}{\partial v}\boldsymbol{X}_u + \frac{1}{l}\frac{\partial l}{\partial u}\boldsymbol{X}_v, \tag{1'}$$

welcher der Ortsvektor des Punktes, der das Netz beschreibt, genügt, besitzt die Lösung

$$2\theta = (x^1)^2 + (x^2)^2 + \cdots + (x^n)^2,$$

die gleich dem Quadrat des Betrages des Ortsvektors ist

$$2\theta = \boldsymbol{X} \cdot \boldsymbol{X}.$$

Differenzieren wir nämlich diese Gleichung und verwenden die Formeln (2′), (4), (5) § 163 und ebenso (3) § 163, so erhalten wir

$$\theta_u = h\boldsymbol{X} \cdot \boldsymbol{\xi}, \qquad \theta_v = l\boldsymbol{X} \cdot \boldsymbol{\eta},$$
$$\theta_{uv} = hl\boldsymbol{\xi} \cdot \boldsymbol{\eta} + h_v\boldsymbol{X} \cdot \boldsymbol{\xi} + l_u\boldsymbol{X} \cdot \boldsymbol{\eta}.$$

Hieraus ergibt sich wegen der Orthogonalitätsbedingung des Netzes (a)

$$\theta_{uv} = \frac{1}{h}\frac{\partial h}{\partial v}\theta_u + \frac{1}{l}\frac{\partial l}{\partial u}\theta_v,$$

womit die Behauptung bewiesen ist.

Da nach den Formeln (4) wegen der Orthogonalitätsbedingung (a)

$$\frac{\partial}{\partial v}(\boldsymbol{\xi})^2 = 2n\boldsymbol{\xi} \cdot \boldsymbol{\eta} = 0, \qquad \frac{\partial}{\partial u}(\boldsymbol{\eta})^2 = 0,$$

ist

$$(\boldsymbol{\xi})^2 = \varphi(u), \qquad (\boldsymbol{\eta})^2 = \psi(v).$$

Wenn $\varphi(u)$ oder $\psi(v)$ gleich Null sind, dann enthält das Netz Kurven von der Länge Null. Sehen wir von diesem speziellen Fall ab, so können wir durch eine Transformation der Parameter u, v diese Funktionen zu Eins machen, wie dies aus der Analyse des Systems (2), (4), (5) hervorgeht. In der Tat kann man beim Übergang von den Parametern u, v zu den Parametern $\bar{u}, \bar{v}$; h und l ungeändert lassen und setzen

$$\bar{\boldsymbol{\xi}} = \boldsymbol{\xi}\frac{du}{d\bar{u}}, \qquad \bar{\boldsymbol{\eta}} = \boldsymbol{\eta}\frac{dv}{d\bar{v}}, \qquad \bar{m} = m\frac{dv}{d\bar{v}}, \qquad \bar{n} = n\frac{du}{d\bar{u}}.$$

Wählen wir nun

$$\left(\frac{d\bar{u}}{du}\right)^2 = \varphi(u), \qquad \left(\frac{d\bar{v}}{dv}\right)^2 = \psi(v),$$

so machen wir dadurch die Beträge von $\bar{\boldsymbol{\xi}}$ und $\bar{\boldsymbol{\eta}}$ zu Eins.

Die beiden orthogonalen Einheitsvektoren $\boldsymbol{\xi}, \boldsymbol{\eta}$ können wir durch ein System von $(n-2)$ Vektoren $\boldsymbol{x}_i$ $(i = 1, 2, \ldots, n-2)$ derart ergänzen, daß sie alle Einheitsvektoren sind, die aufeinander senkrecht stehen

$$(\boldsymbol{x}_i)^2 = 1, \qquad \boldsymbol{x}_i \cdot \boldsymbol{x}_k = 0, \qquad \boldsymbol{x}_i \cdot \boldsymbol{\xi} = 0, \qquad \boldsymbol{x}_i \cdot \boldsymbol{\eta} = 0. \tag{20}$$

Dies kann auf ganz verschiedene Weise geschehen, die Vektoren $\boldsymbol{x}_1, \ldots, \boldsymbol{x}_{n-2}$ hängen also außer von u, v noch von sekundären Parametern ab. Wenn die Differentiale $d\boldsymbol{x}_i$ durch die Gleichungen bestimmt werden

$$d\boldsymbol{x}_i = \omega_i^k\boldsymbol{x}_k + \omega_i^{n-1}\boldsymbol{\xi} + \omega_i^n\boldsymbol{\eta}, \qquad i, k = 1, 2, \ldots, n-2,$$

dann besteht die einzige Forderung, die aus den Orthogonalitätsbedingungen (20) folgt (Kap. II, § 21), in den Beziehungen

$$\omega_\alpha^\alpha = 0, \qquad \omega_\alpha^\beta = -\,\omega_\beta^\alpha, \qquad \text{(nicht summieren!)}\ \alpha, \beta = 1, 2, \ldots, n, \tag{21}$$

und den Strukturgleichungen des EUKLIDischen Raumes

$$D\omega_\alpha^\beta = [\omega_\alpha^\gamma \omega_\gamma^\beta]; \qquad \alpha, \beta, \gamma = 1, 2, \ldots, n. \tag{22}$$

Richten wir nun unsere Aufmerksamkeit auf die Gleichungen (4) § 163 und die Bedingungen (21), so müssen wir setzen

$$\begin{gathered} d\boldsymbol{\xi} = \boldsymbol{\xi}_u du + n\, dv\, \boldsymbol{\eta}, \\ d\boldsymbol{\eta} = \boldsymbol{\eta}_v dv + m\, du\, \boldsymbol{\xi}, \\ \omega_i^{n-1} = a_i\, du, \quad \omega_i^n = b_i\, dv, \quad \omega_{n-1}^i = -\, a^i\, du, \quad \omega_n^i = -\, b^i\, dv, \\ \omega_{n-1}^n = -\, m\, du + n\, dv, \quad \omega_n^{n-1} = m\, du - n\, dv, \quad i = 1, 2, \ldots, n-2, \end{gathered} \tag{23}$$

wobei wir ohne Unterschied schreiben $a^i = a_i$, $b^i = b_i$.

Wir können zusätzliche Forderungen an die sekundären Parameter stellen, indem wir verlangen

$$\omega_i^k = 0, \qquad i, k = 1, 2, \ldots, n-2,$$

weil dies die Relationen (21), (22) wegen (23) nicht stört.

Denken wir uns die sekundären Parameter in Abhängigkeit von u, v gemäß dieser Forderung fixiert, so ist

$$\frac{\partial \boldsymbol{x}_i}{\partial u} = a_i \boldsymbol{\xi}, \qquad \frac{\partial \boldsymbol{x}_i}{\partial v} = b_i \boldsymbol{\eta}, \tag{23a}$$

$$\boldsymbol{\xi}_u = -\, a^i \boldsymbol{x}_i - m\boldsymbol{\eta}, \quad \boldsymbol{\xi}_v = n\boldsymbol{\eta}, \tag{23b}$$

$$\boldsymbol{\eta}_u = m\boldsymbol{\xi}, \quad \boldsymbol{\eta}_v = -\, b^i \boldsymbol{x}_i - n\boldsymbol{\xi}.$$

Die Strukturgleichungen (22) nehmen für die Formen (23) die Gestalt an

$$\begin{gathered} \frac{\partial a_i}{\partial v} = m b_i, \quad \frac{\partial b_i}{\partial u} = n a_i, \\ \frac{\partial m}{\partial v} + \frac{\partial n}{\partial u} + a_i b^i = 0. \end{gathered} \tag{24}$$

Das System (24) *bestimmt ein orthogonales Netz im Raum* E_n. Aus den Gleichungen (23a), (23c), (24) erhalten wir für den Vektor $\boldsymbol{x}_i$ die LAPLACE-Gleichung

$$\frac{\partial^2 \boldsymbol{x}_i}{\partial u\, \partial v} = m \frac{b_i}{a_i} \frac{\partial \boldsymbol{x}_i}{\partial u} + n \frac{a_i}{b_i} \frac{\partial \boldsymbol{x}_i}{\partial v} \quad \text{(nicht summieren!)}. \tag{25}$$

170. Die zu einem *O*-Netz konjugierten Normalenkongruenzen. Jetzt kann man eine Gerade, die durch den Punkt X geht und auf den Tangenten $\boldsymbol{\xi}$ und $\boldsymbol{\eta}$ senkrecht steht, durch einen Vektor

$$\mathbf{Z} = C^i \boldsymbol{x}_i, \qquad i = 1, 2, \ldots, n-2$$

bestimmen, wobei die C^i willkürliche Funktionen von u und v sind.

Wenn diese Gerade eine Kongruenz mit den Torsen $u = \text{const}$ und $v = \text{const}$ beschreibt, dann beschreiben für die beiden Verschiebungen $u = \text{const}$ und $v = \text{const}$ die Brennpunkte

$$\boldsymbol{Z} = \boldsymbol{X} + \varrho^1 \mathsf{Z} \quad \text{und} \quad \boldsymbol{Y} = \boldsymbol{X} + \varrho^2 \mathsf{Z}$$

Kurven, die den Strahl Z berühren, d. h. die beiden unbekannten Skalare ϱ^1 und ϱ^2 müssen den Gleichungen genügen

$$\boldsymbol{Z}_u = k_1 \mathsf{Z}, \qquad \boldsymbol{Y}_v = k_2 \mathsf{Z}$$

oder

$$h\boldsymbol{\xi} + \varrho^1_u \mathsf{Z} + \varrho^1 C^i_u \boldsymbol{x}_i + \varrho^1 C^i a_i \boldsymbol{\xi} = k^1 \mathsf{Z},$$

$$l\boldsymbol{\eta} + \varrho^2_v \mathsf{Z} + \varrho^2 C^i_v \boldsymbol{x}_i + \varrho^2 C^i b_i \boldsymbol{\eta} = k^2 \mathsf{Z},$$

woraus wir durch Multiplikation mit den Vektoren $\boldsymbol{\xi}$, $\boldsymbol{\eta}$ erhalten

$$\varrho^1 = -\frac{h}{C^i a_i}, \qquad \varrho^2 = -\frac{l}{C^i b_i}.$$

Indem wir so die Glieder mit $\boldsymbol{\xi}$ oder $\boldsymbol{\eta}$ wegheben, müssen wir bei geeigneter Wahl der Funktionen λ und μ erhalten

$$C^i_u \boldsymbol{x}_i = \lambda C^i \boldsymbol{x}_i, \qquad C^i_v \boldsymbol{x}_i = \mu C^i \boldsymbol{x}_i,$$

oder, wegen der linearen Unabhängigkeit der Vektoren $\boldsymbol{x}_i$

$$C^i_u = \lambda C^i, \qquad C^i_v = \mu C^i.$$

Da die logarithmischen Ableitungen $\dfrac{\partial \ln C^i}{\partial u}$, $\dfrac{\partial \ln C^i}{\partial v}$ nicht vom Index i abhängen können, können sich die Koeffizienten C^i nur durch konstante Faktoren unterscheiden. Es hängt von uns ab, wie lang wir den Vektor Z wählen wollen; folglich können wir die gemeinsame multiplikative Funktion zu Eins machen; alle Koeffizienten C^i sind dann konstant.

Der so normierte Vektor Z genügt wegen (23a), (23b), (24) einer LAPLACE-Gleichung der Form

$$\mathsf{Z}_{uv} = \bar{a}\, \mathsf{Z}_u + \bar{b}\, \mathsf{Z}_v \tag{25a}$$

mit

$$\bar{a} = \frac{C^i b_i}{C^i a_i} m, \qquad \bar{b} = \frac{C^i a_i}{C^i b_i} n.$$

Der gefundenen Bedingung kann man noch eine andere Gestalt geben. Der Gleichung (25a) genügt der normierte Normalenvektor, d. h. der Vektor Z, dessen Quadrat gleich Eins ist. Wenn der Normalenvektor Z nicht auf diese Weise normiert ist und einer LAPLACE-Gleichung

$$\mathsf{Z}_{uv} = a\, \mathsf{Z}_u + b\, \mathsf{Z}_v + c\, \mathsf{Z}$$

genügt, so wird diese nicht nur vom Vektor Z, d. h. von allen seinen Koordinaten Z^i erfüllt, sondern auch von seinem Betrag

$$\theta = \sqrt{(\mathsf{Z}^1)^2 + (\mathsf{Z}^2)^2 + \cdots + (\mathsf{Z}^n)^2}.$$

Der Vektor $\frac{\mathsf{Z}}{\theta}$ muß nämlich einer Gleichung (25a) genügen, nach (14) § 126 folgt daraus die Behauptung.

171. Die zu einem *O*-Netz konjugierten Kongruenzen. Wir betrachteten soeben eine Normalenkongruenz, die zu einem Netz konjugiert ist. Wenn $\theta = 0$, d. h. wenn der Betrag des Vektors Z gleich Null ist, dann ist die Normale isotrop. Eine Kongruenz von isotropen Geraden nennen wir isotrop.

Definition 1: Die Kongruenz (Z) heißt *isotrope Kongruenz* oder *I-Kongruenz*, wenn

$$(\mathsf{Z})^2 = (\mathsf{Z}^1)^2 + (\mathsf{Z}^2)^2 + \cdots + (\mathsf{Z}^n)^2 = 0,$$
$$(\mathsf{Z}_u)^2 \neq 0, \quad (\mathsf{Z}_v)^2 \neq 0.$$

Definition 2. Wir nennen eine Kongruenz (ein Netz) eine $p\mathcal{H}$-Kongruenz (ein $p\mathcal{H}$-Netz), wenn sie (es) die Projektion einer $\mathcal{H}$-Kongruenz (eines $\mathcal{H}$-Netzes) im Raum E_{n+p-1} auf den E_n ist.

Für $\mathcal{H}$ möge man sich hier O oder I eingesetzt denken.

Indem wir diese Definitionen verwenden, können wir den Satz aussprechen: *Eine isotrope Normalenkongruenz, die zu einem O-Netz konjugiert ist, ist eine I-Kongruenz. Eine gewöhnliche Normalenkongruenz, die zu einem O-Netz konjugiert ist, ist eine 2 I-Kongruenz.*

Die erste Hälfte dieses Satzes ist trivial; wir gehen zum Beweis der zweiten über. Wir sahen, daß für eine Kongruenz gewöhnlicher (nicht isotroper) Normalen (Z), die zu einem O-Netz konjugiert ist, die LAPLACE-Gleichung der Kongruenz (Z) durch den Betrag des Vektors

$$\theta = \sqrt{(\mathsf{Z}^1)^2 + (\mathsf{Z}^2)^2 + \cdots + (\mathsf{Z}^n)^2}$$

befriedigt wird.

Wir betrachten den Vektor Z^* im Raum E_{n+1}, der durch die Koordinaten bestimmt wird

$$Z^1, Z^2, \ldots, Z^n, Z^{n+1} = i\theta, \quad i = \sqrt{-1}.$$

Alle seine Koordinaten, und demnach der Vektor selbst, genügen einer LAPLACE-Gleichung. Das bedeutet, daß unser Vektor eine zum O-Netz konjugierte Kongruenz beschreibt. Dabei ist der Betrag des Vektors Z^* gleich Null

$$(Z^1)^2 + (Z^2)^2 + \cdots + (Z^n)^2 + (i\theta)^2 = 0;$$

folglich ist die Kongruenz (Z^*) eine I-Kongruenz im E_{n+1}. Die Kongruenz (Z) erhält man, indem man beim Vektor Z^* die letzte Komponente wegläßt, d. h. sie ist die Projektion einer I-Kongruenz aus dem Raum E_{n+2-1} auf den E_n, und darum heißt sie eine $2I$-Kongruenz.

Wir betrachten nun die allgemeinste Kongruenz (Z), die zu einem O-Netz konjugiert ist.

Jede zur Kongruenz (Z) parallele Kongruenz besitzt ein konjugiertes Netz, das zum Ausgangs-O-Netz parallel ist, und da die entsprechenden Tangenten paralleler Netze parallel sind, ist dieses zur neuen Kongruenz ($\mathbf{Z}$) konjugierte Netz auch ein O-Netz.

Wir nehmen an, daß diese parallele Kongruenz einem Bündel angehört, d. h. alle Strahlen gehen durch einen Punkt O. Dann kann der Vektor $\mathbf{Z}$, der die Richtung des Strahls angibt, gleich dem Ortsvektor jenes Punktes auf dem Strahl gewählt werden, der das neue O-Netz beschreibt.

Wegen der Eigenschaft des O-Netzes wird die LAPLACE-Gleichung

$$\mathbf{Z}_{uv} = a\mathbf{Z}_u + b\mathbf{Z}_v$$

nicht nur von den n Koordinaten des Radiusvektors $Z^1, Z^2, \ldots, Z^n$ befriedigt, sondern auch von ihrer Quadratsumme

$$\theta = (Z^1)^2 + (Z^2)^2 + \cdots + (Z^n)^2$$

und natürlich von einer beliebigen Konstanten, z. B. 1, weil die LAPLACE-Gleichung für inhomogene Koordinaten des allgemeinen Netzpunktes die unbekannte Funktion selbst nicht enthält.

Wir können demzufolge die n Koordinaten Z^i $(i = 1, 2, \ldots, n)$ noch durch die beiden Lösungen derselben LAPLACE-Gleichung ergänzen:

$$Z^{n+1} = \frac{\theta - 1}{2}, \quad Z^{n+2} = \frac{\theta + 1}{2i}, \quad i = \sqrt{-1}.$$

Da die Summe der Quadrate der Koordinaten gleich Null ist:

$$(\mathbf{Z}^*)^2 = (Z^1)^2 + \cdots + (Z^n)^2 + (Z^{n+1})^2 + (Z^{n+2})^2 =$$
$$= \theta + \frac{(\theta - 1)^2}{4} - \frac{(\theta + 1)^2}{4} = 0,$$

ist die Kongruenz ($\mathbf{Z}^*$) mit den Koordinaten Z^α $(\alpha = 1, 2, \ldots, n, n + 1, n + 2)$ isotrop. Diese Kongruenz liegt im $E_{n+2} = E_{n+3-1}$, und unsere Kongruenz ($\mathbf{Z}$) ist ihre Projektion auf den E_n, folglich ist sie eine $3I$-Kongruenz.

Wir erhalten den Satz:

Eine zu einem O-Netz konjugierte Kongruenz ist eine I-Kongruenz, wenn sie von isotropen Normalen beschrieben wird, eine $2I$-Kongruenz, wenn sie von gewöhnlichen Normalen beschrieben wird; sonst ist sie eine $3I$-Kongruenz.

Korrolar. Da ein pO-Netz die Projektion eines O-Netzes aus dem Raum E_{n+p-1} auf den E_n ist, folgt daraus direkt, daß *eine zu einem pO-Netz konjugierte Kongruenz eine pI-, $(p + 1)I$- oder eine $(p + 2)I$-Kongruenz ist.*

172. Die zu den pI-Kongruenzen konjugierten Netze. *Ein zu einer I-Kongruenz konjugiertes Netz ist ein O-Netz.*

In der Tat wird, wenn der Strahlrichtungsvektor $\mathbf{Z}$ einer Kongruenz der Bedingung genügt

$$(\mathbf{Z})^2 = 0,$$

ein beliebiges Netz, das zur Kongruenz der Geraden, die aus dem Koordinatenursprung parallel zum Vektor Z verlaufen, konjugiert ist, durch den Punkt $\boldsymbol{X}$ mit dem Ortsvektor

$$\boldsymbol{X} = \frac{\mathsf{Z}}{\theta}$$

beschrieben, wobei θ irgendeine Lösung der LAPLACE-Gleichung für den Vektor Z ist. Da

$$(\boldsymbol{X})^2 = \frac{(\mathsf{Z})^2}{\theta^2} = 0$$

ist, wird

$$\boldsymbol{X} \cdot \boldsymbol{X}_u = 0, \qquad \boldsymbol{X} \cdot \boldsymbol{X}_v = 0,$$

und da wegen der Konjugiertheit des Netzes (X) gilt

$$\boldsymbol{X}_{uv} = a\boldsymbol{X}_u + b\boldsymbol{X}_v,$$

ist auch

$$\boldsymbol{X} \cdot \boldsymbol{X}_{uv} = 0$$

und demnach

$$\boldsymbol{X}_u \cdot \boldsymbol{X}_v = 0,$$

d. h. das Netz (X) ist orthogonal. Dasselbe gilt auch für alle zu ihm parallelen Netze.

Jede 2I-Kongruenz besitzt konjugierte O-Netze.

Es sei nämlich (Z) im E_n eine $2I$-Kongruenz, d. h. sie möge die Projektion einer I-Kongruenz (Z^*) im Raum E_{n+1} sein. Wir nehmen an, daß die ersten n Koordinaten der Vektoren Z und Z^* dieselben sind und bezeichnen die letzte mit $\theta = Z^{n+1}$ als ergänzende Koordinate des Vektors Z^*.

Sie genügt derselben LAPLACE-Gleichung wie die Z^i $(i = 1, \ldots, n)$, und weil die Kongruenz (Z^*) isotrop sein soll, erhalten wir

$$(\mathsf{Z}^*)^2 = (\mathsf{Z})^2 + \theta^2 = 0. \tag{a}$$

Das konjugierte Netz, das vom Punkt

$$\boldsymbol{X} = \frac{\mathsf{Z}}{\theta} \tag{b}$$

beschrieben wird, ist ein O-Netz, denn wegen der Beziehung (a) ist

$$(\boldsymbol{X})^2 = \frac{(\mathsf{Z})^2}{\theta^2} = -1,$$

das bedeutet

$$\boldsymbol{X} \cdot \boldsymbol{X}_u = 0, \qquad \boldsymbol{X} \cdot \boldsymbol{X}_v = 0, \qquad \boldsymbol{X} \cdot \boldsymbol{X}_{uv} = 0 \tag{c}$$

und

$$\boldsymbol{X}_u \cdot \boldsymbol{X}_v = 0.$$

Da der Vektor $\boldsymbol{X}$ zum Strahlrichtungsvektor Z parallel ist, besagen die beiden ersten Gleichungen von (c) direkt, daß *das zur 2I-Kongruenz konjugierte O-Netz zu dieser auch orthogonal ist.*

Wenn θ eine willkürliche Lösung der LAPLACE-Gleichung für Z ist, dann ist das Netz (b) ein $2O$-Netz; es ist nämlich die Projektion des Netzes $(\boldsymbol{X}^*)$ im Raum E_{n+1} auf den E_n, wobei

$$\boldsymbol{X}^* = \frac{\mathsf{Z}^*}{\theta}.$$

$\boldsymbol{X}^*$ ist ein O-Netz, denn nach Voraussetzung ist

$$(\mathsf{Z}^*)^2 = 0 \quad \text{und} \quad (\boldsymbol{X}^*)^2 = \frac{(\mathsf{Z}^*)^2}{\theta^2} = 0,$$

woraus wir wieder erhalten

$$\boldsymbol{X}_u^* \cdot \boldsymbol{X}_v^* = 0.$$

Es ergibt sich der Satz:

Die zu einer $2I$-Kongruenz konjugierten Netze können nur O-Netze oder $2O$-Netze sein.

Im allgemeinen Fall *sind die zu einer pI-Kongruenz konjugierten Netze höchstens pO-Netze.* In der Tat ist das Netz

$$\boldsymbol{X} = \frac{\mathsf{Z}}{\theta},$$

wobei θ eine beliebige Lösung der LAPLACE-Gleichung für Z ist, ein pO-Netz, weil man es als Projektion eines O-Netzes im E_{n+p-1} betrachten kann, das von dem Punkt

$$\boldsymbol{X}^* = \frac{\mathsf{Z}^*}{\theta}$$

beschrieben wird.

Wenn wir θ gleich der letzten Koordinate des Vektors Z^* wählen

$$\theta = Z^{n+p-1},$$

dann ist schon die Projektion $(\boldsymbol{X}_1^*)$ des Netzes $(\boldsymbol{X}^*)$ auf den Raum E_{n+p-2} (auf die Hyperebene $x^{n+p-1} = 0$) ein O-Netz, denn wegen der Isotropie der Kongruenz (Z^*) gilt

$$(Z^1)^2 + (Z^2)^2 + \cdots + (Z^{n+p-2})^2 + \theta^2 = 0.$$

Das bedeutet

$$(\boldsymbol{X}_1^*)^2 + 1 = 0$$

und daher

$$\boldsymbol{X}_1^* \cdot \frac{\partial \boldsymbol{X}_1^*}{\partial u} = 0, \quad \boldsymbol{X}_1^* \cdot \frac{\partial \boldsymbol{X}_1^*}{\partial v} = 0, \quad \boldsymbol{X}_1^* \cdot \frac{\partial^2 \boldsymbol{X}_1^*}{\partial u\, \partial v} = 0$$

und

$$\frac{\partial \boldsymbol{X}_1^*}{\partial u} \cdot \frac{\partial \boldsymbol{X}_1^*}{\partial v} = 0,$$

d. h. die pI-Kongruenz besitzt ein konjugiertes $(p-1)O$-Netz.

IV. Folgen im E_3 mit Normalenkongruenzen

173. pO-Kongruenzen im dreidimensionalen Raum. Im dreidimensionalen Raum E_3 ist eine Normalenkongruenz (die Kongruenz der Normalen einer Fläche) stets zum Netz der Krümmungslinien konjugiert, d. h. zu einem O-Netz. Eine derartige Normalenkongruenz kann man eine O-Kongruenz nennen. Da eine $2I$-Kongruenz stets zu ihr konjugierte und orthogonale O-Netze besitzt, *ist eine $2I$-Kongruenz im E_3 eine O-Kongruenz.* Ein zu einer O-Kongruenz konjugiertes O-Netz ist zu dieser stets orthogonal.

Wir führen die Definition ein: Im dreidimensionalen Raum *nennen wir eine $(p+1)I$-Kongruenz eine pO-Kongruenz.*

Zur Rechtfertigung dieser Definition mag der Satz dienen: *Eine zu einem pO-Netz orthogonale Kongruenz ist eine pO-Kongruenz und umgekehrt.*

Da der Satz für $p = 1$ schon bewiesen ist, genügt es, seine Gültigkeit für $(p+1)O$-Netze und -Kongruenzen zu zeigen, wenn er für pO-Netze und -Kongruenzen richtig ist.

Wenn das Netz $(\boldsymbol{X})$ ein $(p+1)O$-Netz, aber kein pO-Netz ist, dann gibt es im Raum E_{3+p} ein O-Netz $(\boldsymbol{X}^*)$, welches das Netz $(\boldsymbol{X})$ im E_3 als Projektion hat. Nach dem Satz des vorangehenden Paragraphen gibt es im E_{3+p} eine zum Netz $(\boldsymbol{X}^*)$ konjugierte Kongruenz (Z^*), die eine I-Kongruenz ist. Das bedeutet, daß ihre Projektion auf den E_3, die Kongruenz (Z), eine $(p+1)I$-Kongruenz ist, d. h. eine pO-Kongruenz. Das zur Kongruenz (Z) orthogonale Netz $(\boldsymbol{X}_1)$ muß ein pO-Netz sein, weil für die pO-Netze und -Kongruenzen der Satz nach Voraussetzung schon richtig ist. Unter den zum Netz $(\boldsymbol{X}_1)$ konjugierten Kongruenzen gibt es nach § 167 eine Kongruenz (Z_1), die zum Netz $(\boldsymbol{X})$ orthogonal ist.

Wir sahen im vorangehenden Paragraphen, daß eine zu einem pO-Netz konjugierte Kongruenz eine pI-, $(p+1)\,I$- oder $(p+2)I$-Kongruenz ist. Der Definition der pO-Kongruenz im dreidimensionalen Raum entsprechend kann die Kongruenz (Z) nur eine $(p-1)O$-, pO- oder $(p+1)O$-Kongruenz sein; wenn aber die Kongruenz (Z) eine pO- oder $(p-1)\,O$-Kongruenz wäre, dann müßte, weil der Satz für pO- und um so mehr für $(p-1)\,O$-Netze als bewiesen gilt, das zur Kongruenz (Z) orthogonale Netz $(\boldsymbol{X})$ ein pO- oder $(p-1)O$-Netz sein, im Widerspruch zur Voraussetzung. Folglich ist der Satz auch für $(p+1)O$-Netze richtig.

Entsprechend beweist man die Umkehrung.

174. Die durch eine Normalenkongruenz erzeugte Laplace-Folge. Die Kongruenz (Z) mit den Brennpunkten Y, Z sei die Kongruenz der Normalen der Fläche (X) (Abb. 12). Da sie zum Netz der Krümmungslinien von (X) konjugiert ist, ist die Laplace-Folge

$$\cdots Y_2,\ Y_1,\ Y,\ Z,\ Z_1,\ Z_2 \cdots$$

der durch das Netz der Krümmungslinien erzeugten Folge

$$\cdots X_{-2},\ X_{-1},\ X,\ X_1,\ X_2 \cdots$$

derart umbeschrieben, daß die Geraden Y_2Y_1, Z_1Z_2 durch die Punkte X_{-2}, X_2 gehen.

Wir bemerken, daß Y das Krümmungszentrum der Normalen für die Tangente $X X_1$ der Fläche (X) ist, und daß die Ebene $X X_1 X_2$ die Tangentenebene an die Fläche (X_1) im Punkt X_1 ist und als Brennebene der Kongruenz $(X X_v)$ auch die Schmiegebene der Rückkehrkante im Brennpunkt X, d. h. der v-Kurve auf der Fläche (X). Andererseits ist nach dem Gesetz der Orthogonalität im E_3, weil die Kongruenz $(Y Z)$ zum Netz (X) orthogonal ist, die Brennkongruenz $(X X_1)$ des Netzes orthogonal zum Brennetz (Y) unserer Kongruenz, die Brennkongruenz $(Y Y_1)$ des Netzes (Y) orthogonal zum Brennetz (X_1) der Kongruenz $(X X_1)$ usw.

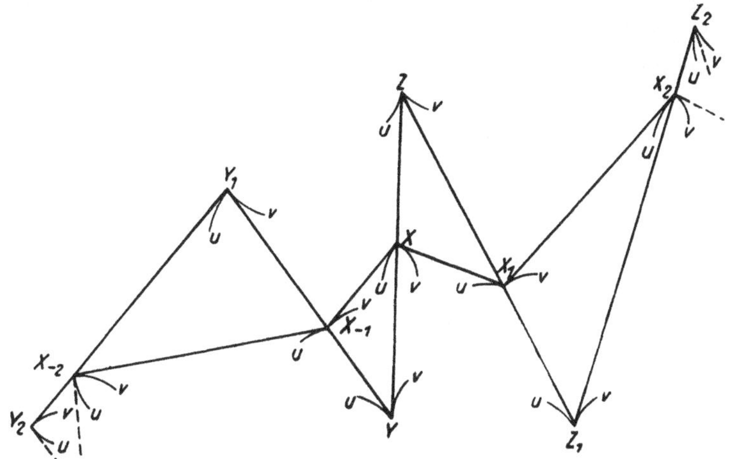

Abb. 12

Das bedeutet, daß die Gerade $Y Y_1$ durch das Normalenkrümmungszentrum Y der v-Kurve auf der Fläche (X) senkrecht zur Schmiegebene dieser Kurve geht, d. h. die Gerade $Y Y_1$ ist die Krümmungsachse dieser Kurve. Bei Änderung der Veränderlichen v beschreibt die Krümmungsachse $Y Y_1$ eine Torse, und der Brennpunkt Y_1 ist der Berührungspunkt der Krümmungsachse mit der Rückkehrkante, und da die Rückkehrkante der Krümmungsachse vom Mittelpunkt der Schmiegkugel beschrieben wird, ist die erste LAPLACE-Transformierte des Brennpunkts Y in der u-Richtung, d. h. der Punkt Y_1, der Mittelpunkt der Schmiegkugel der v-Kurve des Netzes (X), und Z_1 ist der Mittelpunkt der Schmiegkugel der u-Kurve des Netzes (X).

175. Die Folge mit drei Normalenkongruenzen. Wir nehmen nun an, daß die durch das Krümmungsliniennetz (X) erzeugte LAPLACE-Folge noch ein orthogonales Netz besitzt, und zwar sei das Netz $(X') \equiv (X_2)$ ein Krümmungsliniennetz. Die Normalenkongruenz (Z') der Fläche $(X') \equiv (X_2)$ erzeugt eine zweite LAPLACE-Folge

$$\cdots Y'_2,\ Y'_1,\ Y',\ Z',\ Z'_1,\ Z'_2, \cdots,$$

die der vom Netz $(X') \equiv (X_2)$ erzeugten Folge umbeschrieben ist. Wir erhalten zwei Tabellen von zu den Kongruenzen der ersten und zweiten Folge orthogonalen und konjugierten Netzen.

Kongruenzen	Y_2Y_1	Y_1Y	YZ	ZZ_1	Z_1Z_2
Orthogonale Netze	X_2	X_1	X	X_{-1}	X_{-2}
Konjugierte Netze	X_{-2}	X_{-1}	X	X_1	X_2

Kongruenzen	$Y_2'Y_1'$	$Y_1'Y'$	$Y'Z'$	$Z'Z_1'$	$Z_1'Z_2'$
Orthogonale Netze	$X_2' \equiv X_4$	$X_1' \equiv X_3$	$X' \equiv X_2$	$X_{-1}' \equiv X_1$	$X_{-2}' \equiv X$
Konjugierte Netze	$X_{-2}' \equiv X$	$X_{-1}' \equiv X_1$	$X' \equiv X_2$	$X_1' \equiv X_3$	$X_2' \equiv X_4$

In jeder Tabelle enthält die erste Zeile die Kongruenzen der ersten oder zweiten Folge, die zweite Zeile enthält die zur Kongruenz der betreffenden Spalte orthogonalen Netze, und die dritte die zu dieser konjugierten Netze. Da so alle Netze und alle Torsallinien der Kongruenzen sich durch die Torsen entsprechen, sind die zu einer Kongruenz konjugierten Netze nur dadurch bemerkenswert, daß der Kongruenzstrahl durch den entsprechenden Netzpunkt geht.

Wir sehen, daß die Kongruenz (Y_2Y_1) zum Netz $(X_2) \equiv (X')$ orthogonal ist, dies ist aber ein O-Netz. Demnach ist die Kongruenz (Y_2Y_1) eine O-Kongruenz. Da das Netz (X_{-2}) zu ihr konjugiert ist, kann es entweder ein O- oder ein $2O$-Netz sein. Im allgemeinen Fall muß man es als ein $2O$-Netz betrachten. Auf diese Weise erhalten wir, daß die Netze (X_{-2}), (X_4) $2O$-Netze sind, die Netze (X_{-4}), (X_6) $3O$-Netze usw.

Wir nehmen jetzt an, daß das Netz (X_{-2}) nicht, wie wir im allgemeinen Fall voraussetzten, ein $2O$-Netz, sondern auch ein O-Netz ist, d. h. die LAPLACE-Folge besitze drei Krümmungsliniennetze, nämlich (X_{-2}), (X) und (X_2). Dann ist die zum Netz (X_2) orthogonale Kongruenz (Y_2Y_1) eine O-Kongruenz; sie ist zum orthogonalen Netz (X_{-2}) konjugiert, folglich ist sie zu diesem normal, d. h. sie ist die Normalenkongruenz der Fläche (X_{-2}).

Analog ist die Kongruenz (Z_1Z_2) zu einem O-Netz orthogonal [nämlich zum Netz (X_{-2})] und zum Netz (X_2) konjugiert, das selbst ein O-Netz ist, daher fällt sie mit der Kongruenz der Normalen des Netzes (X_2) zusammen, d. h. mit der Kongruenz $(Y'Z')$. Das bedeutet, daß die durch die Normalenkongruenzen aller drei Krümmungsliniennetze erzeugten LAPLACE-Folgen zusammenfallen:

$$Z_1Z_2 \equiv Y'Z', \quad ZZ_1 \equiv Y_1'Y', \quad YZ \equiv Y_2'Y_1'.$$

Da die Kongruenz (YZ) eine O-Kongruenz ist, muß das zur Kongruenz $(Y_2'Y_1') \equiv (YZ)$ orthogonale Netz $(X_2') \equiv (X_4)$ auch ein O-Netz sein.

Auf diese Weise zeigen wir Schritt für Schritt, daß alle Netze gerader Ordnung orthogonal sind, und die Kongruenzen ihrer Normalen einer umbeschriebenen LAPLACE-Folge angehören.

Wir erhalten den Satz:

Wenn drei aufeinanderfolgende Netze gerader Ordnung einer LAPLACE-*Folge von Krümmungslinien gebildet werden, dann besitzen alle Netze gerader Ordnung diese Eigenschaft, und alle Kongruenzen, die von ihren Normalen beschrieben werden, gehören einer umbeschriebenen Folge an.*

V. Projektive und metrische Invarianten einer Kongruenz in den Koordinaten des Strahls

176. Die Torsen und die zentralen Büschel des Kongruenzstrahls. Wir wenden uns jetzt der Bildung einer metrischen (und projektiven) Invarianten einer Kongruenz zu, die durch die Geradenkoordinaten des Strahls gegeben ist.

Die analytische Gerade $\boldsymbol{a}$ sei als Funktion der beiden Parameter u, v gegeben

$$\boldsymbol{a} = \boldsymbol{a}(u, v).$$

Jeder Strahl der differentiellen Umgebung des Kongruenzstrahls

$$\boldsymbol{a}' = \boldsymbol{a}(u + du, v + dv)$$

kann, wenn man die Entwicklung in eine TAYLOR-Reihe verwendet, dargestellt werden in der Gestalt

$$\boldsymbol{a}' = \boldsymbol{a} + (\mathfrak{a}_1\, du + \mathfrak{a}_2\, dv) + \frac{1}{2}\,(\mathfrak{a}_{11}\, du^2 + 2\mathfrak{a}_{12}\, du\, dv + \mathfrak{a}_{22}\, dv^2) + \cdots, \tag{26}$$

wobei

$$\mathfrak{a}_1 = \boldsymbol{a}_u,\quad \mathfrak{a}_2 = \boldsymbol{a}_v,\quad \mathfrak{a}_{11} = \boldsymbol{a}_{uu},\quad \mathfrak{a}_{12} = \boldsymbol{a}_{uv},\quad \mathfrak{a}_{22} = \boldsymbol{a}_{vv} \tag{27}$$

lineare Komplexe sind, denn sie genügen im allgemeinen nicht der PLÜCKERschen Gleichung

$$\{\boldsymbol{a}\boldsymbol{a}\} = 0. \tag{28}$$

Sie unterliegen Konjugiertheitsbedingungen, die man leicht erhält, wenn man den Strahl $\boldsymbol{a}'$ in der Gestalt der Entwicklung (26) in die Gleichung (28) einsetzt, und die Koeffizienten der Potenzen der Differentiale du, dv gleich Null setzt:

$$\{\boldsymbol{a}\mathfrak{a}_1\} = 0, \qquad \{\boldsymbol{a}\mathfrak{a}_2\} = 0, \tag{28a}$$

$$\{\mathfrak{a}_1\mathfrak{a}_1\} + \{\boldsymbol{a}\mathfrak{a}_{11}\} = 0, \quad \{\mathfrak{a}_1\mathfrak{a}_2\} + \{\boldsymbol{a}\mathfrak{a}_{12}\} = 0, \quad \{\mathfrak{a}_2\mathfrak{a}_2\} + \{\boldsymbol{a}\mathfrak{a}_{22}\} = 0. \tag{28b}$$

Ein Strahl aus der differentiellen Umgebung $(\boldsymbol{a})$ schneidet den Strahl $\boldsymbol{a}$, wenn die Geraden $\boldsymbol{a}$ und $\boldsymbol{a}'$ der PLÜCKERschen Bedingung genügen

$$\{\boldsymbol{a}\boldsymbol{a}'\} = 0.$$

Setzen wir hier die Entwicklung (26) ein, so sehen wir, daß wegen der Beziehungen (28), (28a) das von den Differentialen du, dv freie Glied und die Glieder mit den ersten Potenzen wegfallen. Die Glieder der zweiten Potenzen ergeben eine quadratische Gleichung, die man wegen (28b) in der Gestalt schreiben kann

$$\{\mathfrak{a}_1\mathfrak{a}_1\}\, du^2 + 2\{\mathfrak{a}_1\mathfrak{a}_2\}\, du\, dv + \{\mathfrak{a}_2\mathfrak{a}_2\}\, dv^2 = 0. \tag{29}$$

Diese Gleichung bestimmt die Torsen der Kongruenz.

Setzen wir hier

$$du = \alpha\, dv,$$

so bestimmt die quadratische Gleichung

$$\{\mathfrak{a}_1\mathfrak{a}_1\}\, \alpha^2 + 2\{\mathfrak{a}_1\mathfrak{a}_2\}\alpha + \{\mathfrak{a}_2\mathfrak{a}_2\} = 0 \tag{29'}$$

zwei Lösungen α_1, α_2 derart, daß die Komplexe

$$\mathfrak{a}_1\alpha_i + \mathfrak{a}_2; \qquad i = 1, 2$$

speziell werden und das Geradenbüschel

$$\lambda \boldsymbol{a} + \mathfrak{a}_1 \alpha_i + \mathfrak{a}_2$$

bei geeigneter Wahl des Parameters λ den Strahl

$$\boldsymbol{a}_i = \boldsymbol{a} + (\mathfrak{a}_1 \alpha_i + \mathfrak{a}_2)\, dv$$

aus der differentiellen Umgebung des Strahls $\boldsymbol{a}$ enthält, der diesen Strahl schneidet. Das Zentrum F_i dieses Büschels ist *Brennpunkt* des Strahls $\boldsymbol{a}$, und seine Ebene φ_i ist die *Brennebene*, welche die Brennfläche im zweiten Brennpunkt des Strahls berührt.

Die Büschel (F_i, φ_i) heißen die *zentralen Büschel* des Strahls.

177. Berührende und begleitende lineare Komplexe einer Kongruenz. Ein linearer Komplex $\mathfrak{c}$ heißt *berührend*, wenn er die ganze differentielle Umgebung erster Ordnung enthält

$$\{\mathfrak{c}, \boldsymbol{a} + \mathfrak{a}_1\, du + \mathfrak{a}_2\, dv\} = 0.$$

Daraus folgen die drei Gleichungen

$$\{\mathfrak{c}\boldsymbol{a}\} = 0, \quad \{\mathfrak{c}\mathfrak{a}_1\} = 0, \quad \{\mathfrak{c}\mathfrak{a}_2\} = 0. \tag{30}$$

Sie besagen, daß der Berührkomplex mit den Komplexen $\mathfrak{a}_1$, $\mathfrak{a}_2$ in Involution sein muß (s. Kap. VII, § 146). Da ein linearer Komplex fünf wesentliche willkürliche Parameter enthält, bestimmen die Gleichungen (30) ein Bündel von linearen Komplexen. Der Schnitt von drei unabhängigen Komplexen des Bündels bestimmt eine Schar der Erzeugenden einer Quadrik (Halbquadrik). Hier artet diese Schar in die beiden zentralen Büschel aus, man sieht nämlich leicht ein, daß aus den Gleichungen (30) folgt

$$\{\mathfrak{c}, \lambda\boldsymbol{a} + \mathfrak{a}_1\alpha_i + \mathfrak{a}_2\} = 0;$$

demnach enthält ein beliebiger Berührkomplex die beiden zentralen Büschel (F_i, φ_i).

Als *Begleitkomplex einer Kongruenz* für den Brennpunkt F_i bezeichnet man denjenigen Berührkomplex der Kongruenz, der nicht nur das Büschel (F_i, φ_i), sondern auch dessen differentielle Umgebung erster Ordnung enthält.

Unter Verwendung der Bezeichnungen (27) schreiben wir diese differentielle Umgebung in der Gestalt

$$\lambda\boldsymbol{a} + \mathfrak{a}_1\alpha_i + \mathfrak{a}_2 + \left(\lambda\mathfrak{a}_1 + \mathfrak{a}_1 \frac{\partial \alpha_i}{\partial u} + \mathfrak{a}_{11}\alpha_i + \mathfrak{a}_{12}\right) du +$$
$$+ \left(\lambda\mathfrak{a}_2 + \mathfrak{a}_1 \frac{\partial \alpha_i}{\partial v} + \mathfrak{a}_{12}\alpha_i + \mathfrak{a}_{22}\right) dv. \tag{31}$$

Bei willkürlichen λ, du, dv enthält ein linearer Komplex $\mathfrak{b}^i$ alle diese Strahlen, wenn er den Bedingungen genügt

$$\begin{gathered}\{\mathfrak{b}^i\boldsymbol{a}\} = 0, \quad \{\mathfrak{b}^i\mathfrak{a}_1\} = 0, \quad \{\mathfrak{b}^i\mathfrak{a}_2\} = 0,\\ \{\mathfrak{b}^i, \mathfrak{a}_{11}\alpha_i + \mathfrak{a}_{12}\} = 0, \quad \{\mathfrak{b}^i, \mathfrak{a}_{12}\alpha_i + \mathfrak{a}_{22}\} = 0.\end{gathered} \tag{32}$$

Die fünf linearen Gleichungen (32) bestimmen die Koordinaten des Komplexes $\mathfrak{b}^i$ bis auf einen gemeinsamen Faktor, wenn nur die Komplexe $\mathfrak{a}, \mathfrak{a}_1, \mathfrak{a}_2, \mathfrak{a}_{11}\alpha_i + \mathfrak{a}_{12}, \mathfrak{a}_{12}\alpha_i + \mathfrak{a}_{22}$ linear unabhängig sind. Folglich sind die beiden Begleitkomplexe der Kongruenz vollständig bestimmt.

178. Die *W*-Kongruenz. Die beiden Komplexe $\mathfrak{b}^1, \mathfrak{b}^2$ fallen zusammen, wenn von den sieben Komplexen

$$\mathfrak{a}, \mathfrak{a}_1, \mathfrak{a}_2, \mathfrak{a}_{11}\alpha_1 + \mathfrak{a}_{12}, \quad \mathfrak{a}_{12}\alpha_1 + \mathfrak{a}_{22}, \quad \mathfrak{a}_{11}\alpha_2 + \mathfrak{a}_{21}, \quad \mathfrak{a}_{12}\alpha_2 + \mathfrak{a}_{22} \tag{a}$$

die letzten beiden linear von den vorhergehenden abhängen. Dies ist der Fall, wenn $\alpha_1 = \alpha_2$, d. h. wenn die Torsen zusammenfallen. Sehen wir von diesen parabolischen Kongruenzen ab, so erkennen wir, daß die sieben Komplexe (a) einem Unterring mit der Basis

$$\mathfrak{a}, \quad \mathfrak{a}_1, \quad \mathfrak{a}_2, \quad \mathfrak{a}_{11}, \quad \mathfrak{a}_{12}, \quad \mathfrak{a}_{22} \tag{b}$$

angehören.

Damit sie einen gemeinsamen linearen Komplex in Involution besitzen, der selbst den Bedingungen (32) für beide Werte $i = 1$ und 2 genügt, ist notwendig und hinreichend, daß zwischen den sechs Komplexen (b) eine lineare Abhängigkeit besteht. Wenn man die Bezeichnungen (27) beachtet, kann man daraus folgern, daß *die Geradenkoordinaten des Strahls einer linearen, homogenen partiellen Differentialgleichung zweiter Ordnung genügen*. Andererseits wird der gemeinsame Komplex, der sich mit den sechs Komplexen (b) in Involution befindet, nicht nur gleichzeitig die Begleitkomplexe $\mathfrak{b}^1$ und $\mathfrak{b}^2$, die selbst zusammenfallen müssen, enthalten, sondern auch alle Strahlen der durch die Gleichung (31) bestimmten differentiellen Umgebung zweiter Ordnung; er ist demnach der *Schmiegkomplex der Kongruenz*, und *die Kongruenz ist eine W-Kongruenz.*

Dieses Ergebnis folgt unmittelbar aus dem Satz des § 149 Kap. VII.

Man kann den Nachweis aber auch mittels folgender geometrischen Betrachtung führen.

Der Begleitkomplex $\mathfrak{b}^1$ enthält per definitionem das ganze zentrale Büschel (F_1, φ_1), und ebenso die Büschel seiner differentiellen Umgebung erster Ordnung. Folglich entspricht der Punkt F_1 der ersten Brennfläche im Nullsystem des Komplexes $\mathfrak{b}^1$ der Ebene φ_1, d. h. der Tangentenebene an die zweite Brennfläche.

Wir betrachten nun irgendeine Tangente $\boldsymbol{t}_1$ der ersten Brennfläche. Sie enthält den Brennpunkt $\boldsymbol{F}_1$ und den differentiell benachbarten Brennpunkt $\boldsymbol{F}_1'$, d. h. den Brennpunkt

$$\boldsymbol{F}_1' = \boldsymbol{F}_1 + d\boldsymbol{F}_1,$$

wobei $d\boldsymbol{F}_1$ das Differential des analytischen Punktes $\boldsymbol{F}_1$ in Richtung der Tangente $\boldsymbol{t}_1$ ist. Im Nullsystem des Komplexes $\mathfrak{b}^1$ entsprechen den Punkten $\boldsymbol{F}_1, \boldsymbol{F}_1'$ die Ebenen φ_1 und $\varphi_1' = \varphi_1 + d\varphi_1$, die Tangentenebenen der zweiten Brennfläche in den Punkten $\boldsymbol{F}_2$ und $\boldsymbol{F}_2' = \boldsymbol{F}_2 + d\boldsymbol{F}_2$. Folglich ist nach der Definition der polaren Zuordnung des linearen Komplexes $\mathfrak{b}^1$ die Gerade $t_1 = F_1F_1'$ konjugiert zur Geraden $\tau_2 = (\varphi_1, \varphi_1')$, d. h. zur Schnittlinie der differentiell benachbarten Tangentenebenen der zweiten Brennfläche bei der Verschiebung des Berührungspunktes von F_2 nach F_2'.

Analog ist die Tangente $t_2 = F_2F_2'$ im Nullsystem des Komplexes $\mathfrak{b}^2$ konjugiert zur Geraden $\tau_1 = (\varphi_2, \varphi_2')$, dem Schnitt der differentiell benachbarten Ebenen, welche die erste Brennfläche in den Punkten F_1 und F_1' berühren.

Die Gerade τ_2 ist offenbar zur Geraden t_2 bezüglich der DUPINschen Indikatrix der zweiten Brennfläche konjugiert, denn die Tangente τ_2 ist die Charakteristik der Tangentenebene φ_1 bei der Bewegung des Berührungspunktes F_2 in Richtung der Tangente t_2. Ebenso sind die Tangenten τ_1 und t_1 auf der ersten Brennfläche (F_1) konjugiert.

Wir nehmen nun an, daß die beiden Komplexe $\mathfrak{b}^1$ und $\mathfrak{b}^2$ zusammenfallen; als Gerade t_1 wählen wir die asymptotische Tangente der Fläche (F_1), so daß t_1 mit τ_1 zusammenfällt; die zu ihnen (im Nullsystem von $\mathfrak{b}^1$ und $\mathfrak{b}^2$ gleichzeitig) konjugierten Geraden müssen dann auch zusammenfallen; folglich ist $t_2 \equiv \tau_2$ eine asymptotische Tangente der zweiten Brennfläche. Da die Tangenten t_1 und t_2 von den Brennpunkten F_1 und F_2 bei derselben Bewegung des Strahls $\mathfrak{a}$ beschrieben werden, entsprechen die Asymptotenlinien auf den Brennflächen einander und die Kongruenz gehört der Klasse der W-Kongruenzen an.

Daraus folgt der Satz:

Eine W-Kongruenz und nur diese allein besitzt einen linearen Schmiegkomplex.

179. Eine projektive Invariante einer Kongruenz. Die beiden Begleitkomplexe $\mathfrak{b}^1$ und $\mathfrak{b}^2$ einer Kongruenz, die mit dieser invariant zusammenhängen, gestatten, eine weitere Invariante der Kongruenz zu bilden.

Wir bemerken zunächst, daß die Produkte

$$\{\mathfrak{b}^1\mathfrak{b}^1\}, \quad \{\mathfrak{b}^1\mathfrak{b}^2\}, \quad \{\mathfrak{b}^2\mathfrak{b}^2\} \tag{33}$$

schon relative Invarianten sind, nämlich:

1. Bei einer projektiven Abbildung des Raumes wird die Determinante, aus der man die PLÜCKERsche Form (3) § 144 erhält, mit der Substitutionsdeterminante multipliziert.

2. Wenn die Koordinaten der Komplexe $\mathfrak{b}^i$ aus den Gleichungen (32) durch die Determinanten fünfter Ordnung von den Matrizen bestimmt werden, welche aus den Koordinaten der linearen Komplexe gebildet sind, die als Faktoren im äußeren GRASSMANN-Produkt

$$\mathfrak{b}^i = \{\mathfrak{a}, \mathfrak{a}_1, \mathfrak{a}_2, \mathfrak{a}_{11}\alpha_i + \mathfrak{a}_{12}, \mathfrak{a}_{12}\alpha_i + \mathfrak{a}_{22}\} \tag{34}$$

stehen, dann werden bei einer Multiplikation des Strahls $\mathfrak{a}$ mit einem Skalar ϱ die Komplexe $\mathfrak{b}^i$ mit ϱ^5, und die Produkte (33) mit ϱ^{10} multipliziert.

3. Eine Transformation der krummlinigen Koordinaten u, v ändert die Begleitkomplexe $\mathfrak{b}^i$ nicht, weil sie geometrisch invariant als diejenigen linearen Komplexe definiert sind, welche die beiden zentralen Geradenbüschel und alle Büschel ihrer differentiellen Umgebung erster Ordnung enthalten. Ein analy-

tischer Punkt des fünfdimensionalen Raumes $\mathfrak{b}^i$ kann seine Normierung ändern (mit einem Skalar multipliziert werden), da aber der Quotient

$$\frac{\{\mathfrak{b}^1\mathfrak{b}^1\}\,\{\mathfrak{b}^2\mathfrak{b}^2\}}{\{\mathfrak{b}^1\mathfrak{b}^2\}^2}$$

bei diesen Umnormungen ungeändert bleibt, ist er eine absolute Invariante.

Um eine einfache geometrische Deutung zu erhalten, wählen wir die Invariante

$$J = \frac{\{\mathfrak{b}^1\mathfrak{b}^2\}^2 - \{\mathfrak{b}^1\mathfrak{b}^1\}\,\{\mathfrak{b}^2\mathfrak{b}^2\}}{\{\mathfrak{b}^1\mathfrak{b}^2\}^2}. \tag{35}$$

Im folgenden Kapitel werden wir sehen, daß es keine weitere unabhängige Invariante der differentiellen Umgebung erster Ordnung gibt.

Für die W-Kongruenzen fallen die Begleitkomplexe zusammen

$$\mathfrak{b}^1 \equiv \mathfrak{b}^2,$$

und die Invariante J verschwindet.

180. Die geometrische Bedeutung der Invariante J im projektiven Raum. Für jeden Kongruenzstrahl und demnach in jedem Paar entsprechender Punkte der Brennflächen erhalten wir drei mit der Kongruenz invariant verknüpfte Paare bemerkenswerter Richtungen: ein Paar besteht aus den Richtungen, die den Torsen der Kongruenz entsprechen (Brennetz); die andern beiden Paare werden durch die Asymptotenlinien der ersten und zweiten Brennfläche bestimmt.

Jedes Paar asymptotischer Richtungen trennt die Richtungen der Kurven des Brennetzes harmonisch (weil es auf der ersten wie auf der zweiten Brennfläche konjugiert ist). Folglich genügt es, um die Lage der asymptotischen Richtungen auf beiden Brennflächen zu bestimmen, nur eine dieser asymptotischen Richtungen auf jeder Fläche vorzugeben, z. B. die beiden Richtungen, die durch das Innere des einen Brennetzwinkels gehen.

Die vier Richtungen: die beiden Richtungen des Brennetzes und die beiden gewählten asymptotischen Richtungen bestimmen ein Doppelverhältnis, dessen Quadrat wir als Invariante der Kongruenz betrachten können.

Man überzeugt sich leicht davon, daß sie nicht davon abhängt, welche der asymptotischen Richtungen wir gewählt haben oder auf welcher Brennfläche wir das Doppelverhältnis bilden. Im übrigen wird dies nach Ausrechnung der Invariante trivial.

Zunächst müssen wir nun die Gleichungen der Asymptotenlinien auf der ersten und zweiten Brennfläche aufstellen, oder, da wir die ganze Zeit die Kongruenz im Geradenraum betrachten, die Gleichung der Regelflächen der Kongruenz, welche die Brennflächen in ihren Asymptotenlinien schneiden.

Dazu kann man folgendes Verfahren benützen.

181. Die Konstruktion der asymptotischen Tangenten einer Brennfläche. Wir wählen eine beliebige feste Ebene E im Raum; jedem Strahl $\boldsymbol{a}$ der Kongruenz ordnen wir seinen Schnittpunkt A mit der Ebene E zu; die Parameter u, v des Strahls $\boldsymbol{a}'$ kann man offenbar als krummlinige Koordinaten des Punktes A in der Ebene E betrachten.

Jede feste Gerade $\boldsymbol{x}$ sondert aus der Kongruenz eine Regelfläche $(\boldsymbol{x})$ als geometrischen Ort aller Kongruenzstrahlen $\boldsymbol{a}'$ aus, welche diese Gerade schneiden. Um die Gleichung dieser Regelfläche zu erhalten, genügt es, in die PLÜCKERsche Schnittbedingung der Geraden

$$\{\boldsymbol{a}'\boldsymbol{x}\} = 0$$

die Entwicklung (26) des Strahls $\boldsymbol{a}'$ nach Potenzen der Zuwächse du, dv einzusetzen. Wir erhalten die Gleichung

$$\{\boldsymbol{a}\boldsymbol{x}\} + \{\mathfrak{a}_1\boldsymbol{x}\}\,du + \{\mathfrak{a}_2\boldsymbol{x}\}\,dv + \\ + \frac{1}{2}\left[\{\mathfrak{a}_{11}\boldsymbol{x}\}\,du^2 + 2\{\mathfrak{a}_{12}\boldsymbol{x}\}\,du\,dv + \{\mathfrak{a}_{22}\boldsymbol{x}\}\,dv^2\right] + \cdots = 0. \qquad (36)$$

Diese Gleichung bestimmt die Koordinaten $u + du$, $v + dv$ des Punktes A', in dem der Strahl $\boldsymbol{a}'$ die Ebene E schneidet, oder besser, den geometrischen Ort des Punktes A', d. h. die Schnittkurve (A') der Ebene E mit der Regelfläche $(\boldsymbol{a}')$ aus denjenigen Kongruenzstrahlen, welche mit der gewählten Geraden $\boldsymbol{x}$ inzidieren.

Hier ist $\boldsymbol{a}$ ein beliebiger Kongruenzstrahl. Wenn er in der Regelfläche $(\boldsymbol{a}')$ liegt, d. h. wenn er die Gerade $\boldsymbol{x}$ schneidet, dann besitzt die Gleichung (36) die Lösung $du = dv = 0$, und die Kurve (A') geht durch den Punkt A, auf welchen der Strahl $\boldsymbol{a}$ in der Ebene E abgebildet wird. Die Gleichung

$$\{\mathfrak{a}_1\boldsymbol{x}\}\,du + \{\mathfrak{a}_2\boldsymbol{x}\}\,dv = 0$$

bestimmt das Verhältnis $du : dv$ der Differentiale du, dv, welches der Tangente an die Kurve (A') im Punkt A entspricht.

Wenn gleichzeitig

$$\{\boldsymbol{a}\boldsymbol{x}\} = 0, \quad \{\mathfrak{a}_1\boldsymbol{x}\} = 0, \quad \{\mathfrak{a}_2\boldsymbol{x}\} = 0, \qquad (37)$$

dann beginnt die linke Seite der Gleichung (36) mit den Gliedern zweiter Ordnung bezüglich du, dv, und der Punkt A wird ein singulärer Punkt der Kurve (A').

Ist der Kongruenzstrahl $\boldsymbol{a}$ gegeben, dann bestimmen die drei Gleichungen (37) die Schar der Geraden $\boldsymbol{x}$, die gleichzeitig den drei linearen Komplexen $\boldsymbol{a}, \mathfrak{a}_1, \mathfrak{a}_2$ angehören, d. h. ein System der Erzeugenden einer Quadrik (Halbquadrik). Man bemerkt indessen leicht, daß das System der Geraden (die Halbquadrik) (37) in zwei Geradenbüschel (F_1, φ_2), (F_2, φ_1) zerfällt.

In der Tat fällt das Gleichungssystem (37) mit dem Gleichungssystem (30) zusammen, wenn man die Gerade $\boldsymbol{x}$ durch den Komplex $\mathfrak{e}$ ersetzt.

Das System (30) bestimmte alle Berührkomplexe der Kongruenz. Die Koordinaten des Komplexes $\mathfrak{e}$ bestimmen eine Gerade $\boldsymbol{x}$, wenn der Komplex speziell wird. Da diese speziellen Komplexe, die dem System (30) genügen, dem Bündel der Berührkomplexe angehören, müssen ihre Achsen alle Erzeugenden desjenigen Geradensystems (der Halbquadrik) schneiden, das allen Berührkomplexen angehört. Dieses System zerfiel, wie wir gesehen haben, in zwei zentrale Büschel (F_i, φ_i). Die Geraden, welche ihre Erzeugenden schneiden, bilden ein Ergänzungssystem, d. h. die zweite Schar der Erzeugenden einer Quadrik. Nun zerfällt dieses Ergänzungssystem auch in zwei Büschel: (F_1, φ_2), (F_2, φ_1); die Geraden des ersten Büschels gehen durch den Brennpunkt F_1, das bedeutet, daß sie alle Strahlen des Büschels (F_1, φ_1) in seinem Zentrum schneiden; gleichzeitig liegen sie in der Ebene φ_2, d. h. in der Ebene des zweiten zentralen Büschels (F_2, φ_2) und schneiden damit alle Geraden des zweiten Büschels. Analoges gilt für das Büschel (F_2, φ_1).

Wir nehmen nun an, daß die Gerade $\mathfrak{x}$ tatsächlich einem dieser Büschel angehört, d. h. daß sie durch einen der Brennpunkte F geht und in der Tangentenebene derselben Brennfläche (F) liegt; dann berührt sie eine der Brennflächen im Brennpunkt des Strahls $\mathfrak{a}$. Die Gleichungen (37) gelten, und die Kurve (A') hat den Punkt A als Doppelpunkt.

Die Tangentenrichtungen in diesem Doppelpunkt bestimmen sich durch das Verhältnis $du : dv$ aus der Gleichung

$$\{\mathfrak{a}_{11}\mathfrak{x}\}\, du^2 + 2\{\mathfrak{a}_{12}\mathfrak{x}\}\, du\, dv + \{\mathfrak{a}_{22}\mathfrak{x}\}\, dv^2 = 0. \tag{38}$$

Die auf diese Weise erhaltenen Richtungen $du : dv$ entsprechen:

1) der Bewegung des Brennpunkts F in Richtung der Geraden $\mathfrak{x}$, die, wie wir gesehen haben, die Fläche (F) berührt; der Strahl $\mathfrak{a}'$ schneidet bei dieser Bewegung die Gerade $\mathfrak{x}$ und zeichnet demnach auf der Ebene E einen der beiden Zweige der Kurve (A') auf, die durch den Punkt A gehen;

2) der Bewegung des Brennpunkts F in Richtung der zu $\mathfrak{x}$ konjugierten Tangente; dabei dreht sich die Tangentenebene um die Gerade $\mathfrak{x}$; folglich schneidet der Strahl, der die Brennfläche im Brennpunkt F berührt und in dieser Tangentenebene liegt, die Gerade $\mathfrak{x}$ und zeichnet auf der Ebene E den zweiten Zweig der Kurve (A'), der durch den Punkt A geht.

Die beiden Tangenten (38) fallen zusammen, wenn die Gerade $\mathfrak{x}$ auf der Brennfläche zu sich selbst konjugiert ist, d. h. wenn $\mathfrak{x}$ eine asymptotische Tangente der einen Brennfläche ist. Die Gerade $\mathfrak{x}$ genügt in diesem Fall außer den Gleichungen (37) noch der Gleichung

$$\{\mathfrak{a}_{11}\mathfrak{x}\}\{\mathfrak{a}_{22}\mathfrak{x}\} - \{\mathfrak{a}_{12}\mathfrak{x}\}^2 = 0. \tag{39}$$

Da hierbei die Wurzeln der Gleichung (38) zusammenfallen, werden die Koordinaten der Geraden $\mathfrak{x}$ und das Verhältnis der Differentiale $du : dv$ den Gleichungen genügen, die man aus der quadratischen Gleichung (38) durch Differentiation nach der Veränderlichen du oder dv erhält

$$\begin{aligned} \{\mathfrak{a}_{11}\mathfrak{x}\}\, du + \{\mathfrak{a}_{12}\mathfrak{x}\}\, dv &= 0, \\ \{\mathfrak{a}_{12}\mathfrak{x}\}\, du + \{\mathfrak{a}_{22}\mathfrak{x}\}\, dv &= 0, \end{aligned} \tag{39'}$$

denn eine mehrfache Wurzel eines Polynoms läßt auch seine Ableitung verschwinden.

Da die sechs Koordinaten der Geraden $\boldsymbol{x}$ den fünf homogenen Gleichungen (37), (39′) genügen, sind sie proportional zu den Determinanten fünfter Ordnung der Matrix aus den Koordinaten der fünf linearen Komplexe, die als Faktoren in einem äußeren GRASSMANN-Produkt stehen. Folglich kann man die Gleichung der analytischen Geraden, welche die asymptotischen Tangenten der Brennfläche bestimmt, in der Gestalt schreiben

$$\boldsymbol{x} = \varrho\,(\boldsymbol{a}, \mathfrak{a}_1, \mathfrak{a}_2, \mathfrak{a}_{11}\, du + \mathfrak{a}_{12}\, dv, \mathfrak{a}_{12}\, du + \mathfrak{a}_{22}\, dv), \tag{40}$$

wobei ϱ ein unwesentlicher skalarer Proportionalitätsfaktor ist.

182. Die Berechnung der Invariante *J*. Wir beziehen die Kongruenz auf die Torsen. Dann muß die Gleichung (29) die Lösungen $du = 0$, $dv = 0$ haben; demnach ergibt die Gleichung (29′) $\alpha_2 = 0$, $1/\alpha_1 = 0$, und die Begleitkomplexe $\mathfrak{b}^i$ erhält man nach Formel (34) in der Gestalt

$$\mathfrak{b}^1 = (\boldsymbol{a}\mathfrak{a}_1\mathfrak{a}_2\mathfrak{a}_{11}\mathfrak{a}_{12}),$$
$$\mathfrak{b}^2 = (\boldsymbol{a}\mathfrak{a}_1\mathfrak{a}_2\mathfrak{a}_{12}\mathfrak{a}_{22}).$$

Folglich kann man den Ausdruck (40) umschreiben in die Gestalt

$$\boldsymbol{x} = \varrho\,[\mathfrak{b}^1\, du^2 + \mathfrak{b}^2\, dv^2 + (\boldsymbol{a}\mathfrak{a}_1\mathfrak{a}_2\mathfrak{a}_{11}\mathfrak{a}_{22})\, du\, dv], \tag{a}$$

weil

$$(\boldsymbol{a}\mathfrak{a}_1\mathfrak{a}_2\mathfrak{a}_{12}\mathfrak{a}_{12}) = 0$$

ist als Matrix mit zwei gleichen Spalten.

Da $\boldsymbol{x}$ eine Gerade ist, muß sie der PLÜCKERschen Bedingung genügen

$$\{\boldsymbol{x}\boldsymbol{x}\} = 0. \tag{b}$$

Wenn man durch eine projektive Abbildung des fünfdimensionalen Raumes die Gleichung der Hyperquadrik Q_4^2 auf die kanonische Form der Quadratsumme gebracht hat, dann verlangt die Gleichung (b), daß die Quadratsumme der Determinanten fünfter Ordnung der Matrix (40) gleich Null ist. Eine derartige Quadratsumme ist bekanntlich gleich dem Quadrat der Matrix, d. h. gleich der Determinante fünfter Ordnung, bei der jedes Element gleich der Summe der Produkte der Elemente einer Spalte mit den entsprechenden Elementen einer andern Spalte ist.

Diese Determinante bleibt auch bei jeder anderen Gestalt der quadratischen Gleichung (b) erhalten, nur muß man statt der Summe der Produkte die PLÜCKERschen Produkte der Komplexe hinschreiben, die als Faktoren im äußeren GRASSMANN-Produkt (40) stehen.

Jetzt sieht man leicht ein, daß das PLÜCKERsche Produkt der Geraden $\boldsymbol{x}$ mit dem Komplex $(\boldsymbol{a}\mathfrak{a}_1\mathfrak{a}_2\mathfrak{a}_{11}\mathfrak{a}_{22})$ gleich Null ist. In der Tat müssen in der ersten Zeile der Determinante, die wir durch die Multiplikation dieser beiden Matrizen erhalten, die PLÜCKERschen Produkte stehen

$$\{\boldsymbol{a}\boldsymbol{a}\},\quad \{\boldsymbol{a}\mathfrak{a}_1\},\quad \{\boldsymbol{a}\mathfrak{a}_2\},\quad \{\boldsymbol{a}\mathfrak{a}_{11}\},\quad \{\boldsymbol{a}\mathfrak{a}_{22}\}, \tag{c}$$

weil als erster Faktor im GRASSMANN-Produkt (a), welches die Gerade $\boldsymbol{x}$ bestimmt, $\boldsymbol{a}$ steht.

Die ersten drei Produkte (c) verschwinden wegen der Gleichungen (28), (28a). Was die beiden übrigen angeht, so sind, da wir die Kongruenz auf die Torsen bezogen haben, die äußeren Koeffizienten der Gleichung (29) gleich Null

$$\{\mathfrak{a}_1\mathfrak{a}_1\} = 0, \quad \{\mathfrak{a}_2\mathfrak{a}_2\} = 0,$$

und damit verschwinden wegen (28b) auch die übrigen Produkte (c). Wir brauchen also, wenn wir den Ausdruck (a) in die Gleichung (b) einsetzen, nur die beiden ersten Glieder zu multiplizieren und erhalten, nachdem wir durch ϱ^2 dividiert haben, die Gleichung

$$\{\mathfrak{b}^1\mathfrak{b}^1\}\, du^4 + 2\{\mathfrak{b}^1\mathfrak{b}^2\}\, du^2\, dv^2 + \{\mathfrak{b}^2\mathfrak{b}^2\}\, dv^4 = 0. \tag{41}$$

Die Gleichung (41) bestimmt vier Scharen von Asymptotenlinien, nämlich zwei Scharen auf jeder Brennfläche.

Wie es auch zu erwarten war, unterscheiden sich die Wurzeln $du : dv$ paarweise nur durch das Vorzeichen, weil die Torsen der Kongruenz auf jeder Brennfläche ein konjugiertes System bestimmen. Folglich bestimmt jede Wurzel $du^2 : dv^2$ zwei Asymptotenlinienscharen auf einer der beiden Brennflächen.

Da die Kongruenz auf die Torsen bezogen ist, ist das Doppelverhältnis, von dem wir am Anfang des § 180 sprachen, gleich dem Verhältnis der beiden Wurzeln $\left(\frac{du}{dv}\right)$, $\left(\frac{\delta u}{\delta v}\right)$ der Gleichung (41). Wenn nämlich $\boldsymbol{F}$ der analytische Punkt ist, der durch einen der Brennpunkte bestimmt wird, dann liegen die Punkte

$$\boldsymbol{F}_u, \quad \boldsymbol{F}_v, \quad \boldsymbol{F}_u\left(\frac{du}{dv}\right) + \boldsymbol{F}_v, \quad \boldsymbol{F}_u\left(\frac{\delta u}{\delta v}\right) + \boldsymbol{F}_v$$

in den Schnittpunkten der Geraden $\boldsymbol{F}_u\boldsymbol{F}_v$ mit den Tangenten an das Brennetz $v = \text{const}$, $u = \text{const}$, an eine Asymptotenlinie dieser Brennfläche, und an die Kurve, die einer Asymptotenlinie der andern Brennfläche entspricht.

Das Quadrat des Doppelverhältnisses dieser vier Punkte ist gleich dem einfachen Verhältnis

$$\delta = \left(\frac{du}{dv}\right)^2 : \left(\frac{\delta u}{\delta v}\right)^2.$$

Bezeichnen wir die Diskriminante der Gleichung (41) mit B

$$B = \{\mathfrak{b}^1\mathfrak{b}^2\}^2 - \{\mathfrak{b}^1\mathfrak{b}^1\}\{\mathfrak{b}^2\mathfrak{b}^2\},$$

so erhalten wir

$$\delta = \frac{\{\mathfrak{b}^1\mathfrak{b}^2\} - \sqrt{B}}{\{\mathfrak{b}^1\mathfrak{b}^2\} + \sqrt{B}};$$

die absolute Invariante der Kongruenz wird dann

$$J = \left(\frac{\delta - 1}{\delta + 1}\right)^2. \tag{42}$$

183. Die geometrische Bedeutung der Invariante J im Euklidischen Raum. Wir ziehen nun die Formeln der §§ 34—36 Kap. III heran.

Zur Bestimmung des Doppelverhältnisses δ genügt es, die Bilder der Brennkurven und Asymptotenlinien in der Ebene der Parameter u, v zu verwenden.

Nach den Formeln (15′) § 36 werden die Asymptotenlinien auf den Brennflächen bestimmt durch die Gleichungen

$$A(\tilde{\omega}_1)^2 - C(\tilde{\omega}_2)^2 = 0, \tag{a}$$

$$A'(\tilde{\omega}_2)^2 - C'(\tilde{\omega}_1)^2 = 0, \tag{b}$$

wobei

$$\tilde{\omega}_1 = 0, \quad \tilde{\omega}_2 = 0$$

die Torsen der Kongruenz bestimmen. Folglich ist

$$\delta = \left(\frac{\tilde{\omega}_1(d)}{\tilde{\omega}_2(d)} : \frac{\tilde{\omega}_1(\delta)}{\tilde{\omega}_2(\delta)}\right)^2;$$

hierbei entsprechen die Differentiationssymbole d und δ den Asymptotenlinien (a) der ersten und (b) der zweiten Brennfläche. Setzen wir den Wert der Verhältnisse $\tilde{\omega}_1 : \tilde{\omega}_2$ aus den Gleichungen (a), (b) ein, so erhalten wir

$$\delta = \frac{C}{A} \frac{C'}{A'},$$

und wegen der Formeln (10) § 34 und (17′) § 36

$$\delta = \frac{1}{K_1 K_2 d^4}, \tag{43}$$

wobei K_1 und K_2 die GAUSSschen Krümmungen der Brennflächen sind und d der Abstand zwischen den Grenzpunkten des Strahls ist.

Wir erhalten den Satz:

Das Produkt der GAUSS*schen Krümmungen der Brennflächen in den beiden Brennpunkten des Strahls mit der vierten Potenz des Abstands der Grenzpunkte ist gleich dem reziproken Wert des Doppelverhältnisses des Strahls.*

Die Sätze über die Produkte der GAUSSschen Krümmungen der Brennflächen von W- und V-Kongruenzen stellen offenbar Spezialfälle dieses allgemeinen Satzes dar.

184. Literaturhinweise. Die metrische Theorie der konjugierten Netze und Kongruenzen im EUKLIDischen Raum E_n wurde von GUICHARD [113] aufgestellt. Außerdem wurde in zwei Ausgaben der „Mémorial des sciences Math." [114] die Mitschrift seiner Vorlesung veröffentlicht. Außer den orthogonalen und isotropen Netzen betrachtet er die zyklischen C-Kongruenzen, zu zyklischen Kongruenzen konjugierte Netze, abwickelbare Netze usw. Der Satz über die LAPLACE-Folgen mit orthogonalen Brennetzen gerader Ordnung wurde von VINCENSINI [226] angegeben. Der Existenzsatz für sie wurde nicht bewiesen und ist auch in den Formeln dieser Theorie nicht so leicht zu beweisen.

Die Theorie der Kongruenzen in KLEINschen Koordinaten des Strahls stellte WAELSCH [231] auf; auf ihn geht auch die Einführung der absoluten Invarianten und der Satz über das Produkt der Krümmungen der Brennflächen zurück. Der Theorie der Invarianten einer Kongruenz wandte sich DEMOULIN [55] zu, und MENTRÉ [146] stellte ihren Zusammenhang mit der Theorie von CARTAN [40] her.

Neuntes Kapitel

INVARIANTEN UND INVARIANTE FORMEN EINER KONGRUENZ IM PROJEKTIVEN RAUM P_3

I. Die Hauptformen einer Kongruenz

185. Das Tetraeder erster Ordnung. Um eine Kongruenz durch die Komponenten der projektiven Verschiebung eines Tetraeders zu bestimmen, muß man jedem ihrer Strahlen ein gewisses Tetraeder zuordnen. Natürlich läßt man den Kongruenzstrahl mit einer Kante des Tetraeders zusammenfallen, z. B. mit der Kante A_1A_2. Ein derartiges Tetraeder nennt man ein Tetraeder nullter Ordnung.

Die differentielle projektive Verschiebung eines Tetraeders (eine infinitesimale Transformation der Gruppe der projektiven Abbildungen des Raumes), die den Übergang von einem Strahl zu einem anderen bewirkt (oder auch den Übergang von einem Tetraeder, das dem Strahl zugeordnet ist, zu einem anderen, das demselben Strahl zugeordnet ist), kann bestimmt werden durch die Gleichungen

$$d\boldsymbol{A}_i = \omega_i^k \boldsymbol{A}_k; \qquad i, k = 1, 2, 3, 4, \tag{1}$$

wobei die ω_i^k PFAFFsche Formen sind, die den Strukturgleichungen

$$D\omega_i^k = [\omega_i^j \omega_j^k], \qquad i, j, k = 1, 2, 3, 4 \tag{2}$$

genügen, und die $\boldsymbol{A}_i$ die analytischen Punkte der Tetraederecken A_i sind.

Differenzieren wir die analytische Gerade $(\boldsymbol{A}_1\boldsymbol{A}_2)$ des Kongruenzstrahls A_1A_2, so erhalten wir

$$d(\boldsymbol{A}_1\boldsymbol{A}_2) = (d\boldsymbol{A}_1, \boldsymbol{A}_2) + (\boldsymbol{A}_1 d\boldsymbol{A}_2),$$

oder, wenn wir die Werte der $d\boldsymbol{A}_i$ aus den Gleichungen (1) einsetzen,

$$d(\boldsymbol{A}_1\boldsymbol{A}_2) = (\omega_1^1 + \omega_2^2)[12] + \omega_2^3[13] + \omega_2^4[14] - \omega_1^3[23] + \omega_1^4[42], \tag{3}$$

wobei der Kürze halber die GRASSMANN-Produkte $(\boldsymbol{A}_i\boldsymbol{A}_k)$ der Ecken durch ihre Ordnungszahlen in eckigen Klammern bezeichnet werden: $[ik]$.

Wenn der Strahl fest bleibt, dann ist das Differential $d(\boldsymbol{A}_1\boldsymbol{A}_2)$ zur Geraden $[12]$ selbst proportional.

Da nämlich alle analytischen Geraden einer geometrischen Geraden proportional sind, kann jede analytische Gerade $(\boldsymbol{A}_1\boldsymbol{A}_2)$ der Kante A_1A_2 dargestellt werden durch die Formel

$$(\boldsymbol{A}_1\boldsymbol{A}_2) = \boldsymbol{p}\varphi(u^i), \tag{a}$$

wobei $\boldsymbol{p}$ eine konstante analytische Gerade der festen Geraden $A_1 A_2$ ist, und $\varphi(u^i)$ eine willkürliche Funktion der krummlinigen Koordinaten u^1, u^2. Daraus erhalten wir, wenn sich die Gerade $A_1 A_2$ nicht verschiebt, und demnach $\boldsymbol{p} = \text{const}$ ist,

$$d(\boldsymbol{A}_1\boldsymbol{A}_2) = \boldsymbol{p}\, d\varphi = (\boldsymbol{A}_1\boldsymbol{A}_2)\, d \ln \varphi, \tag{b}$$

und umgekehrt kann man durch eine einfache Integration von der Gleichung (b) auf die Gleichung (a) zurückkommen.

In der Tat ergibt sich für jede Koordinate q_{12}^α der Geraden $(\boldsymbol{A}_1\boldsymbol{A}_2)$

$$\frac{dq_{12}^\alpha}{q_{12}^\alpha} = d \ln \varphi, \quad \text{d. h.} \quad \ln q_{12}^\alpha = \ln \varphi + \ln p^\alpha, \; p^\alpha = \text{const}$$

und daraus

$$q_{12}^\alpha = p^\alpha \varphi \quad \text{und} \quad \boldsymbol{q}_{12} = \boldsymbol{p}\,\varphi.$$

Folglich fallen bei festem Strahl die vier letzten Glieder der Gleichung (3) weg, und wir erhalten

$$\omega_1^3 = 0, \quad \omega_1^4 = 0, \quad \omega_2^3 = 0, \quad \omega_2^4 = 0. \tag{4}$$

Umgekehrt bleibt, wenn die Gleichungen (4) gelten, der Strahl $A_1 A_2$ fest und die Differentiale du, dv der krummlinigen Koordinaten sind gleich Null. Demnach enthalten die Formen (4) nur Differentiale der Hauptparameter u, v; sie heißen *Hauptformen*. Die Differentiale du, dv können ihrerseits durch die Formen (4) linear ausgedrückt werden. Da wir vier Hauptformen (4) haben, und die Basis des Systems nur die beiden Formen du, dv enthält, *gibt es zwischen den vier Formen* (4) *zwei lineare Abhängigkeiten.*

Man kann die kanonische Form der Abhängigkeiten leicht direkt angeben, wenn man die elementaren Kenntnisse über die Brennpunkte und Brennebenen verwendet.

Wir setzen voraus, daß der Kongruenzstrahl zwei reelle Brennpunkte und folglich zwei Brennebenen besitzt. Der Fall imaginärer Brennpunkte geht übrigens nicht über den Rahmen unserer Formeln hinaus, wenn man komplexe Tetraederecken zuläßt. Im allgemeinen schließen wir die parabolischen Strahlen (den Fall zusammenfallender Brennpunkte) aus.

Unter diesen Voraussetzungen können wir die Tetraederecken $\boldsymbol{A}_1$ und $\boldsymbol{A}_2$ in die Brennpunkte des Strahls legen und die Seiten $\boldsymbol{A}_1\boldsymbol{A}_2\boldsymbol{A}_3$ und $\boldsymbol{A}_1\boldsymbol{A}_2\boldsymbol{A}_4$ mit den Brennebenen zusammenfallen lassen. Ein derartiges Tetraeder heißt *Tetraeder erster Ordnung.* Da die Brennebenen die Brennflächen in den Brennpunkten berühren, und die differentielle Verrückung des laufenden Punktes $\boldsymbol{A}_1$ der Brennfläche in ihrer Tangentenebene liegt, so erreichen wir, indem wir die Seite $\boldsymbol{A}_1\boldsymbol{A}_2\boldsymbol{A}_3$ als Tangentenebene der Fläche $(\boldsymbol{A}_1)$ wählen, daß die Komponente des Differentials $d\boldsymbol{A}_1$ nach der Ecke $\boldsymbol{A}_4$ und entsprechend die Komponente des Differentials $d\boldsymbol{A}_2$ nach der Ecke $\boldsymbol{A}_3$ verschwindet

$$\omega_1^4 = 0, \quad \omega_2^3 = 0. \tag{5}$$

Diese Gestalt nehmen die beiden linearen Abhängigkeiten zwischen den Formen (4) an, wenn man zu einem Tetraeder erster Ordnung übergeht. Die beiden von Null verschiedenen Formen ω_1^3, ω_2^4 sind jetzt linear unabhängig, man kann sie als Basis des Unterrings der Formen betrachten, welche aus den Differentialen der Hauptparameter (der krummlinigen Koordinaten u, v des Strahls) gebildet sind.

186. Die Haupt- und Sekundärformen zweiter Ordnung einer Kongruenz. Differenzieren wir die Gleichungen (5), so erhalten wir mit Hilfe der Strukturgleichungen (2) die beiden quadratischen Gleichungen

$$[\omega_1^2\omega_2^4] + [\omega_1^3\omega_3^4] = 0, \qquad [\omega_2^1\omega_1^3] + [\omega_2^4\omega_4^3] = 0. \tag{6}$$

Entwickeln wir sie in lineare Gleichungen mit Hilfe des Lemmas von CARTAN, so ergibt sich

$$\begin{aligned} \omega_3^4 &= \alpha\omega_1^3 - \beta\omega_2^4, & \omega_2^1 &= \gamma'\omega_1^3 + \beta'\omega_2^4, \\ \omega_1^2 &= \beta\omega_1^3 + \gamma\omega_2^4, & \omega_4^3 &= -\beta'\omega_1^3 + \alpha'\omega_2^4. \end{aligned} \tag{7}$$

Da bei festem Strahl, d. h. unter der Bedingung $\omega_1^3 = 0$, $\omega_2^4 = 0$ alle vier Formen ω_1^2, ω_2^1, ω_3^4, ω_4^3 verschwinden, gehören sie zu den Hauptformen. Alle übrigen $16 - 8 = 8$ Formen werden für $\omega_1^3 = \omega_2^4 = 0$ zu *Sekundärformen*, d. h. sie enthalten Differentiale der sekundären Parameter, welche die Variation des Tetraeders bei festem Strahl bestimmen. Diese acht sekundären Formen entsprechen den vier Formen ω_3^1, ω_4^2, ω_3^2, ω_4^1 und den vier Formen ω_i^i.

Die Formen ω_i^i (mit gleichen Indizes) *ändern die Normierung der Tetraederecken.* Zum Beweis nehmen wir an, daß alle Komponenten ω_i^k außer ω_1^1 gleich Null sind. Da hierbei das äußere Differential $D\omega_1^1$ gleich Null wird (als quadratische Form kann es nur bei Vorhandensein zweier linear unabhängiger Formen von Null verschieden sein), ist die Form ω_1^1 ein vollständiges Differential. Setzen wir $\omega_1^1 = d\ln\varphi$, so erhalten wir

$$d\boldsymbol{A}_1 = \boldsymbol{A}_1 d\ln\varphi, \qquad d\boldsymbol{A}_k = 0, \qquad k = 2, 3, 4,$$

und daraus

$$\boldsymbol{A}_1 = \boldsymbol{A}_1^0\varphi,$$

wobei $\boldsymbol{A}_1^0$ der Wert des Eckpunkts $\boldsymbol{A}_1$ bei $\varphi = 1$ ist. Bei Änderung des Parameters φ ändert dann der Punkt $\boldsymbol{A}_1$ die Normierung.

Die übrigen vier Formen ω_3^1, ω_4^1, ω_3^2, ω_4^2 *verschieben bei* $\omega_1^3 = 0$, $\omega_2^4 = 0$ *die Eckpunkte* $\boldsymbol{A}_3$, $\boldsymbol{A}_4$ *in den Brennebenen* $\boldsymbol{A}_1\boldsymbol{A}_2\boldsymbol{A}_3$ bzw. $\boldsymbol{A}_1\boldsymbol{A}_2\boldsymbol{A}_4$. Wenn nämlich die Form $\omega_3^1 = d\tau$ allein von Null verschieden ist, dann liefern die Gleichungen (1)

$$d\boldsymbol{A}_1 = 0, \qquad d\boldsymbol{A}_3 = \boldsymbol{A}_1\,d\tau,$$

woraus folgt

$$\boldsymbol{A}_3 = \boldsymbol{A}_1\tau + \boldsymbol{A}_3^0;$$

dabei ist $\boldsymbol{A}_3^0$ der Wert des Punktes $\boldsymbol{A}_3$ bei $\tau = 0$. Bei Änderung von τ beschreibt der Punkt $\boldsymbol{A}_3$ die Gerade $\boldsymbol{A}_1\boldsymbol{A}_3^0$.

Da die Punkte $\boldsymbol{A}_3$, $\boldsymbol{A}_4$ nach den Konstruktionsbedingungen für das Tetraeder $\{\boldsymbol{A}_i\}$ in ihren Brennebenen eine beliebige Lage einnehmen können, muß man die sekundären Formen $\pi_3^1, \pi_4^1, \pi_3^2, \pi_4^2$ (die Werte der entsprechenden Formen ω_i^k bei $\omega_1^3 = 0$, $\omega_2^4 = 0$) als linear unabhängig betrachten.

187. Die Hauptformen höherer Ordnung einer Kongruenz. Bilden wir die äußeren Ableitungen der Gleichungen (7), so erhalten wir

$$\begin{aligned} &\alpha[\Delta\alpha\,\omega_1^3] - [\Delta\beta\,\omega_2^4] = 0, \qquad && \gamma'[\Delta\gamma'\omega_1^3] + [\Delta\beta'\omega_2^4] = 0,\\ &[\Delta\beta\omega_1^3] + \gamma[\Delta\gamma\,\omega_2^4] = 0, && -[\Delta\beta'\omega_1^3] + \alpha'[\Delta\alpha'\omega_2^4] = 0, \end{aligned} \tag{8}$$

wobei

$$\begin{aligned} \Delta\alpha &= d\ln\alpha + \omega_1^1 - 2\omega_3^3 + \omega_4^4, \qquad & \Delta\alpha' &= d\ln\alpha' + \omega_2^2 - 2\omega_4^4 + \omega_3^3,\\ \Delta\beta &= d\beta + \beta(\omega_2^2 - \omega_3^3) + \omega_3^2, & \Delta\beta' &= d\beta' + \beta'(\omega_1^1 - \omega_4^4) + \omega_4^1,\\ \Delta\gamma &= d\ln\gamma + 2\omega_2^2 - \omega_1^1 - \omega_4^4, & \Delta\gamma' &= d\ln\gamma' + 2\omega_1^1 - \omega_2^2 - \omega_3^3. \end{aligned} \tag{8'}$$

Entwickeln wir die quadratischen Gleichungen (8) nach dem Lemma von CARTAN, so ergibt sich

$$\begin{aligned} \Delta\alpha &= \alpha_1\omega_1^3 - \beta_1\omega_2^4, \qquad & \Delta\gamma' &= \gamma_1'\omega_1^3 + \beta_1'\omega_2^4,\\ \Delta\beta &= \alpha\beta_1\omega_1^3 + \gamma\beta_2\omega_2^4, & \Delta\beta' &= \gamma'\beta_1'\omega_1^3 + \alpha'\beta_2'\omega_2^4,\\ \Delta\gamma &= \beta_2\omega_1^3 + \gamma_2\omega_2^4, & \Delta\alpha' &= -\beta_2'\omega_1^3 + \alpha_2'\omega_2^4. \end{aligned} \tag{9}$$

Da bei $\omega_1^3 = 0$, $\omega_2^4 = 0$ alle sechs Formen (9) verschwinden, kommen bei der differentiellen Umgebung dritter Ordnung eines Strahls die sechs neuen Hauptformen $\Delta\alpha, \Delta\beta, \Delta\gamma, \Delta\alpha', \Delta\beta', \Delta\gamma'$ zu den bereits vorhandenen hinzu.

Erneute (äußere) Differentiation führt auf die Gleichungen

$$\begin{aligned} &[\Delta\alpha_1\omega_1^3] - [\Delta\beta_1\omega_2^4] = 0, \qquad && [\Delta\gamma_1'\omega_1^3] + [\Delta\beta_1'\omega_2^4] = 0,\\ &\alpha[\Delta\beta_1\omega_1^3] + \gamma[\Delta\beta_2\omega_2^4] = 0, && \gamma'[\Delta\beta_1'\omega_1^3] + \alpha'[\Delta\beta_2'\omega_2^4] = 0,\\ &[\Delta\beta_2\omega_1^3] + [\Delta\gamma_2\omega_2^4] = 0, && -[\Delta\beta_2'\omega_1^3] + [\Delta\alpha_2'\omega_2^4] = 0, \end{aligned} \tag{10}$$

wobei

$$\begin{aligned} \Delta\alpha_1 &= d\alpha_1 + \alpha_1(\omega_1^1 - \omega_3^3) + 3\omega_3^1 + \{(\beta_2)^2 - \beta\gamma'\}\,\omega_1^3 +\\ &\qquad + (3\beta\beta' - 3\alpha\alpha' - \gamma\gamma')\,\omega_2^4,\\ \Delta\beta_1 &= d\beta_1 + \beta_1(\omega_2^2 - \omega_4^4) + \omega_4^2 + \beta\beta'\omega_1^3 -\\ &\qquad - \{(\beta_1)^2 + \beta\alpha'\}\,\omega_2^4,\\ \Delta\beta_2 &= d\beta_2 + \beta_2(\omega_1^1 - \omega_3^3) - \omega_3^1 +\\ &\qquad + \{(\beta_2)^2 - \beta\gamma'\}\,\omega_1^3 - \beta\beta'\,\omega_2^4,\\ \Delta\gamma_2 &= d\gamma_2 + \gamma_2(\omega_2^2 - \omega_4^4) + 3\omega_4^2 + (3\beta\beta' - \alpha\alpha' - 3\gamma\gamma')\,\omega_1^3 +\\ &\qquad + \{(\beta_1)^2 + \beta\alpha'\}\,\omega_2^4; \end{aligned} \tag{10'}$$

analoge Formeln für $\Delta\alpha_2'$, $\Delta\beta_2'$, $\Delta\beta_1'$, $\Delta\gamma_1'$ erhält man durch Vertauschung der Indizes 1 mit 2, 3 mit 4 und Anfügen von Strichen an die Koeffizienten α, β, γ mit den entsprechenden Indizes.

Die Anwendung des Lemmas von CARTAN auf die quadratischen Gleichungen (10) ergibt

$$\begin{aligned} \Delta\alpha_1 &= \alpha_{11}\omega_1^3 - \beta_{11}\omega_2^4, \qquad & \Delta\alpha_2' &= -\beta_{22}'\omega_1^3 + \alpha_{22}'\omega_2^4,\\ \Delta\beta_1 &= \beta_{11}\omega_1^3 + \gamma\beta_{12}\omega_2^4, & \Delta\beta_2' &= \gamma'\beta_{12}'\omega_1^3 + \beta_{22}'\omega_2^4,\\ \Delta\beta_2 &= \alpha\beta_{12}\omega_1^3 + \beta_{22}\omega_2^4, & \Delta\beta_1' &= \beta_{11}'\omega_1^3 + \alpha'\beta_{12}'\omega_2^4,\\ \Delta\gamma_2 &= \beta_{22}\omega_1^3 + \gamma_{22}\omega_2^4, & \Delta\gamma_1' &= \gamma_{11}'\omega_1^3 + \beta_{11}'\omega_2^4. \end{aligned} \tag{11}$$

Diese Formeln besagen, daß die differentielle Umgebung vierter Ordnung acht weitere Hauptformen (11) besitzt.

So kann man beliebig oft fortfahren. Eine neue Differentiation führt auf die Gleichungen

$$\begin{aligned} &[\Delta\alpha_{11}\omega_1^3] - [\Delta\beta_{11}\omega_2^4] = 0, && -[\Delta\beta'_{22}\omega_1^3] + [\Delta\alpha'_{22}\omega_2^4] = 0,\\ &[\Delta\beta_{11}\omega_1^3] + \gamma[\Delta\beta_{12}\omega_2^4] = 0, && \gamma'[\Delta\beta'_{12}\omega_1^3] + [\Delta\beta'_{22}\omega_2^4] = 0,\\ &\alpha[\Delta\beta_{12}\omega_1^3] + [\Delta\beta_{22}\omega_2^4] = 0, && [\Delta\beta'_{11}\omega_1^3] + \alpha'[\Delta\beta'_{12}\omega_2^4] = 0,\\ &[\Delta\beta_{22}\omega_1^3] + [\Delta\gamma_{22}\omega_2^4] = 0, && [\Delta\gamma'_{11}\omega_1^3] + [\Delta\beta'_{11}\omega_2^4] = 0, \end{aligned} \tag{12}$$

wobei

$$\begin{aligned} \Delta\alpha_{11} &= d\alpha_{11} + 2\alpha_{11}(\omega_1^1 - \omega_3^3) + 2(\alpha_1 - \beta_2)\omega_3^1 - 4\gamma'\omega_3^2 + 3\alpha\omega_4^1 +\\ &\quad + \{-2\beta_2\beta_{22} + \alpha_1(2\beta\beta' - 4\alpha\alpha' - \gamma\gamma') +\\ &\quad + \beta'_1\beta\gamma' + 3\alpha\alpha'\beta'_2 - 2\beta\beta'\beta_2 - \gamma'_1\gamma\gamma'\}\,\omega_2^4,\\ \Delta\beta_{11} &= d\beta_{11} + \beta_{11}(\omega_1^1 + \omega_2^2 - \omega_3^3 - \omega_4^4) +\\ &\quad + (3\beta_1\alpha\beta' + 3\beta'_1\beta\gamma')\,\omega_1^3 - 2\beta_1\beta_{11}\omega_2^4,\\ \Delta\beta_{12} &= d\beta_{12} + \beta_{12}(\omega_1^1 - \omega_4^4) - \omega_4^1 + (\beta_2\beta_{12} - \beta_1\gamma' + \beta_2\beta')\,\omega_1^3 -\\ &\quad - (\beta_1\beta_{12} + \beta_1\beta' + \beta_2\alpha')\,\omega_2^4,\\ \Delta\beta_{22} &= d\beta_{22} + \beta_{22}(\omega_1^1 + \omega_2^2 - \omega_3^3 - \omega_4^4) + 2\beta_2\beta_{22}\omega_1^3 -\\ &\quad - (3\beta_2\beta'\gamma + 3\beta'_2\alpha'\beta)\,\omega_2^4,\\ \Delta\gamma_{22} &= d\gamma_{22} + 2\gamma_{22}(\omega_2^2 - \omega_4^4) + 2(\beta_1 + \gamma_2)\,\omega_4^2 + 4\alpha'\omega_3^2 -\\ &\quad - 3\gamma\omega_4^1 + \{-2\beta_1\beta_{11} - \alpha'_2\alpha\alpha' + 2\beta_1\beta\beta' - 3\beta'_1\gamma\gamma' +\\ &\quad + \beta'_2\alpha'\beta + \gamma_2(2\beta\beta' - \alpha\alpha' - 4\gamma\gamma')\}\,\omega_1^3. \end{aligned} \tag{12'}$$

Die Anwendung des Lemmas von CARTAN auf die quadratischen Gleichungen (12) ergibt:

$$\begin{aligned} \Delta\alpha_{11} &= \alpha_{111}\omega_1^3 - \beta_{111}\omega_2^4, & \Delta\alpha'_{22} &= -\beta'_{222}\omega_1^3 + \alpha'_{222}\omega_2^4,\\ \Delta\beta_{11} &= \beta_{111}\omega_1^3 + \gamma\beta_{121}\omega_2^4, & \Delta\beta'_{22} &= \gamma'\beta'_{122}\omega_1^3 + \beta'_{222}\omega_2^4,\\ \Delta\beta_{12} &= \beta_{121}\omega_1^3 + \beta_{122}\omega_2^4, & \Delta\beta'_{12} &= \beta'_{121}\omega_1^3 + \beta'_{122}\omega_2^4,\\ \Delta\beta_{22} &= \alpha\beta_{122}\omega_1^3 + \beta_{222}\omega_2^4, & \Delta\beta'_{11} &= \beta'_{111}\omega_1^3 + \alpha'\beta'_{121}\omega_2^4,\\ \Delta\gamma_{22} &= \beta_{222}\omega_1^3 + \gamma_{222}\omega_2^4; & \Delta\gamma'_{11} &= \gamma'_{111}\omega_1^3 + \beta'_{111}\omega_2^4. \end{aligned} \tag{13}$$

Diese Gleichungen besagen, daß in der differentiellen Umgebung fünfter Ordnung zehn neue Hauptformen (13) hinzukommen.

II. Die Invarianten einer Kongruenz

188. Die Variation der Koeffizienten zweiter Ordnung durch Transformationen der Untergruppe der Schar von Tetraedern erster Ordnung. Wenn man den Strahl festhält, dann verschwinden alle Hauptformen und die Gleichungen (8′), (10′), (12′) § 187 bestimmen das Gesetz der Variation der Koeffizienten $\alpha, \beta, \gamma, \ldots$

bei den zulässigen Transformationen des Tetraeders, d. h. bei den Transformationen innerhalb der Schar der Tetraeder erster Ordnung. Aus den Gleichungen (8') erhalten wir die Formeln

$$\begin{aligned} \delta \ln \alpha &= 2\pi_3^3 - \pi_1^1 - \pi_4^4, & \delta \ln \alpha' &= 2\pi_4^4 - \pi_2^2 - \pi_3^3, \\ \delta \ln \gamma &= \pi_1^1 + \pi_4^4 - 2\pi_2^2, & \delta \ln \gamma' &= \pi_2^2 + \pi_3^3 - 2\pi_1^1, \end{aligned} \tag{14a}$$

$$\delta\beta = \beta(\pi_3^3 - \pi_2^2) - \pi_3^2, \qquad \delta\beta' = \beta'(\pi_4^4 - \pi_1^1) - \pi_4^1. \tag{14b}$$

Wir sehen, daß $\delta\beta$ auf der rechten Seite einen Summanden hat, der nicht von β abhängt; folglich kann β einen beliebigen Zuwachs erhalten auf Kosten des Zuwachses desjenigen sekundären Parameters, dessen Differential die Form π_3^2 enthält und den man erhalten kann, wenn man alle anderen sekundären Formen π_i^k gleich Null setzt. Da diese Form der Verschiebung des Punktes A_3 auf der Geraden A_2A_3 entspricht, bedeutet die eine oder andere Wahl der Funktion β (die willkürlich vorgenommen werden kann) die Wahl der Richtung der Kante A_1A_3 in der Brennebene $A_1A_2A_3$. Insbesondere wird, wenn man die Funktion β gleich Null wählt, die Kante A_1A_3 die zweite Tangente an das Brennetz der Fläche (A_1) im Punkte A_1.

In der Tat entspricht die zweite Kurve des Brennetzes der Rückkehrkante auf der Fläche (A_2), der Strahl A_1A_2 berührt aber auf der Fläche (A_2) die Kurve $\omega_2^4 = 0$, und indem wir diesen Wert in die Gleichung (1) für $i = 1$ einsetzen, die jetzt die Gestalt annimmt

$$dA_1 = \omega_1^1 A_1 + \gamma\omega_2^4 A_2 + \omega_1^3 A_3, \qquad (\text{für } \beta = 0)$$

erhalten wir unmittelbar, daß die Kurve $\omega_2^4 = 0$ auf der Fläche (A_1) die Kante A_1A_3 berührt.

Ebenso bestimmt β' die Kante A_2A_4 in der Ebene $A_1A_2A_4$; insbesondere fällt bei $\beta' = 0$ die Kante A_2A_4 mit der zweiten Tangente an das Brennetz der Fläche (A_2) zusammen.

Die vier Gleichungen (14a) enthalten die vier sekundären Formen π_i^i; da sie aber nur in Gestalt dreier unabhängiger Differenzen $\pi_i^i - \pi_k^k$ eingehen, kann man sie eliminieren. Dabei erhält man die Gleichung

$$\delta \ln \frac{\alpha\alpha'}{\gamma\gamma'} = 0$$

und die einzige Invariante zweiter Ordnung

$$I = \frac{\alpha\alpha'}{\gamma\gamma'}. \tag{15}$$

189. Die geometrische Bedeutung der Invariante *I*. Man erkennt leicht, daß die einzige unabhängige Invariante zweiter Ordnung I mit der Invariante δ zusammenfällt, die wir am Ende des vorhergehenden Kapitels unter der Bezeichnung des Doppelverhältnisses eines Strahls als das Quadrat des Doppelverhältnisses von vier Geraden eines Büschels eingeführt haben, nämlich der beiden Tangenten an die Kurven des Brennetzes auf einer beliebigen Brennfläche, der asymptotischen Tangente (gleichgültig welcher) dieser Fläche und der Tangente an eine der beiden Kurven (gleichgültig welcher), die den Asymptotenlinien der andern Brennfläche entsprechen.

Um dies zu beweisen, muß man zuerst die Gleichung der Asymptotenlinien auf den Brennflächen aufstellen. Die Schmiegebene $(\boldsymbol{A}_1 d\boldsymbol{A}_1 d^2\boldsymbol{A}_1)$ der Kurve, welche durch das Verhältnis $\omega_1^3 : \omega_2^4$ auf der Fläche $(\boldsymbol{A}_1)$ bestimmt wird, fällt mit der Tangentenebene $(\boldsymbol{A}_1\boldsymbol{A}_2\boldsymbol{A}_3)$ dieser Fläche zusammen, wenn

$$(\boldsymbol{A}_1\boldsymbol{A}_2\boldsymbol{A}_3 d^2\boldsymbol{A}_1) = 0. \tag{α}$$

Wenn man die erste Gleichung des Systems (1) § 185 differenziert

$$d\boldsymbol{A}_1 = \omega_1^1\boldsymbol{A}_1 + \omega_1^2\boldsymbol{A}_2 + \omega_1^3\boldsymbol{A}_3, \tag{β}$$

die zu den Punkten $\boldsymbol{A}_1, \boldsymbol{A}_2$ oder $\boldsymbol{A}_3$ proportionalen Glieder wegläßt, und $d^2\boldsymbol{A}_1$ in das GRASSMANN-Produkt (α) einsetzt, erhält man

$$(\boldsymbol{A}_1, \boldsymbol{A}_2, \boldsymbol{A}_3,\ \omega_1^2 d\boldsymbol{A}_2 + \omega_1^3 d\boldsymbol{A}_3) = 0,$$

oder, wenn man für die Differentiale $d\boldsymbol{A}_2, d\boldsymbol{A}_3$ die Ausdrücke (1) verwendet und durch das von Null verschiedene Produkt $(\boldsymbol{A}_1\boldsymbol{A}_2\boldsymbol{A}_3\boldsymbol{A}_4)$ dividiert,

$$\omega_1^2\omega_2^4 + \omega_1^3\omega_3^4 = 0. \tag{16}$$

Da die Inzidenz der Schmiegebene mit der Tangentenebene der Fläche die Asymptotenlinien der Fläche bestimmt, werden durch die Gleichung (16) die Asymptotenlinien der Brennfläche $(\boldsymbol{A}_1)$ bestimmt. Setzen wir hier die Formen ω_1^2, ω_3^4 nach den Formeln (7) ein und führen dieselbe Berechnung für die Fläche $(\boldsymbol{A}_2)$ durch, so erhalten wir die Asymptotenlinien auf den Brennflächen $(\boldsymbol{A}_1)$ und $(\boldsymbol{A}_2)$ in der Form

$$\begin{aligned} \alpha\,(\omega_1^3)^2 + \gamma\,(\omega_2^4)^2 &= 0, \\ \gamma'\,(\omega_1^3)^2 + \alpha'\,(\omega_2^4)^2 &= 0. \end{aligned} \tag{16'}$$

Jetzt ist das Doppelverhältnis der vier Tangenten der Fläche $(\boldsymbol{A}_1)$, von dem oben die Rede war, leicht auszurechnen. Da die Invariante I wie auch das Doppelverhältnis nicht von der Wahl des Tetraeders in der Schar der Tetraeder erster Ordnung abhängt, können wir als Kanten $\boldsymbol{A}_1\boldsymbol{A}_3$, $\boldsymbol{A}_2\boldsymbol{A}_4$ die Tangenten an die Kurven des Brennetzes wählen, was auf die Gleichungen $\beta = 0$, $\beta' = 0$ führt.

Folglich schneiden die Tangenten an die Kurven des Brennetzes die Kante $\boldsymbol{A}_2\boldsymbol{A}_3$ in den Punkten $\boldsymbol{A}_2$ und $\boldsymbol{A}_3$.

Andererseits nimmt die Gleichung (β) die Gestalt an

$$d\boldsymbol{A}_1 = \omega_1^1\boldsymbol{A}_1 + \gamma\omega_2^4\boldsymbol{A}_2 + \omega_1^3\boldsymbol{A}_3,$$

und demnach schneidet die Tangente an die Kurve

$$\omega_2^4 = \lambda\omega_1^3$$

diese Kante im Punkt

$$\boldsymbol{M} = \lambda\gamma\boldsymbol{A}_2 + \boldsymbol{A}_3.$$

Da das Doppelverhältnis der vier Punkte $\boldsymbol{A}_2, \boldsymbol{A}_3, \boldsymbol{M} = \lambda\gamma \boldsymbol{A}_2 + \boldsymbol{A}_3$ und $\boldsymbol{M}' = \lambda'\gamma \boldsymbol{A}_2 + \boldsymbol{A}_3$ gleich

$$(\boldsymbol{A}_2, \boldsymbol{A}_3;\ \lambda\gamma \boldsymbol{A}_2 + \boldsymbol{A}_3,\ \lambda'\gamma \boldsymbol{A}_2 + \boldsymbol{A}_3) = \frac{\lambda}{\lambda'}$$

wird, und das Doppelverhältnis der vier Tangenten der Fläche $(\boldsymbol{A}_1)$ gleich dem Doppelverhältnis ihrer vier Schnittpunkte mit der Geraden $\boldsymbol{A}_2\boldsymbol{A}_3$ ist, und da weiter für die Asymptotenlinien (16′) die Größen λ, λ' die Werte

$$\lambda = \pm\sqrt{-\frac{\alpha}{\gamma}}, \quad \lambda' = \pm\sqrt{-\frac{\gamma'}{\alpha'}}$$

annehmen, erhält man für das gesuchte Doppelverhältnis den Wert

$$\lambda : \lambda' = \pm\sqrt{\frac{\alpha\alpha'}{\gamma\gamma'}},$$

und sein Quadrat fällt mit der Invariante I zusammen.

Man sieht leicht, daß die Gleichung

$$I = 1 \tag{17}$$

oder

$$\alpha\alpha' - \gamma\gamma' = 0 \tag{17′}$$

proportionale Koeffizienten in den Gleichungen (16′) liefert, d. h. Übereinstimmung der Asymptotenlinien auf den Brennflächen. Folglich kennzeichnet $I = 1$ die W-Kongruenzen.

Die Gleichung

$$I = -1 \tag{17a}$$

oder

$$\alpha\alpha' + \gamma\gamma' = 0 \tag{17a′}$$

besagt, daß auf jeder Brennfläche die Tangenten an die Asymptotenlinien die Tangenten an die Kurven, welche den Asymptotenlinien auf der anderen Brennfläche entsprechen, harmonisch trennen.

In der Tat ist das Doppelverhältnis

$$(\lambda_1\gamma \boldsymbol{A}_2 + \boldsymbol{A}_3,\ \lambda_2\gamma \boldsymbol{A}_2 + \boldsymbol{A}_3;\ \lambda_1'\gamma \boldsymbol{A}_2 + \boldsymbol{A}_3,\ \lambda_2'\gamma \boldsymbol{A}_2 + \boldsymbol{A}_3) =$$

$$= \frac{\left(\sqrt{-\frac{\alpha}{\gamma}} - \sqrt{-\frac{\gamma'}{\alpha'}}\right)^2}{\left(\sqrt{-\frac{\alpha}{\gamma}} + \sqrt{-\frac{\gamma'}{\alpha'}}\right)^2}$$

unter der Bedingung (17a) gleich -1.

Da die asymptotischen Tangenten jedes Paar konjugierter Tangenten (und nur Paare konjugierter Tangenten) harmonisch trennen, entspricht den Asymptotenlinien der einen Brennfläche auf der anderen Brennfläche ein konjugiertes System. Folglich bestimmt $I = -1$ die V-Kongruenzen.

190. Die Invarianten dritter Ordnung. Wenn wir die Hauptformen in den Gleichungen (10′) § 187 gleich Null setzen, dann bestimmen wir die Variation der Koeffizienten $\alpha_1, \beta_1, \beta_2, \gamma_2$ bei festem Strahl und können die Reihe der Gleichungen (14a, b) fortsetzen:

$$\begin{aligned}
\delta\alpha_1 &= \alpha_1(\pi_3^3 - \pi_1^1) - 3\pi_3^1, & \delta\alpha_2' &= \alpha_2'(\pi_4^4 - \pi_2^2) - 3\pi_4^2,\\
\delta\beta_1 &= \beta_1(\pi_4^4 - \pi_2^2) - \pi_4^2, & \delta\beta_2' &= \beta_2'(\pi_3^3 - \pi_1^1) - \pi_3^1,\\
\delta\beta_2 &= \beta_2(\pi_3^3 - \pi_1^1) + \pi_3^1, & \delta\beta_1' &= \beta_1'(\pi_4^4 - \pi_2^2) + \pi_4^2,\\
\delta\gamma_2 &= \gamma_2(\pi_4^4 - \pi_2^2) - 3\pi_4^2, & \delta\gamma_1' &= \gamma_1'(\pi_3^3 - \pi_1^1) - 3\pi_3^1.
\end{aligned} \tag{14c}$$

Eliminieren wir daraus die sekundären Formen π_3^1, π_4^2, so erhalten wir sechs unabhängige Gleichungen unter den folgenden acht

$$\begin{aligned}
\delta\ln(\alpha_1 - \gamma_1') &= \pi_3^3 - \pi_1^1, & \delta\ln(\alpha_2' - \gamma_2) &= \pi_4^4 - \pi_2^2,\\
\delta\ln(\beta_2 + \beta_2') &= \pi_3^3 - \pi_1^1, & \delta\ln(\beta_1 + \beta_1') &= \pi_4^4 - \pi_2^2,\\
\delta\ln(\alpha_1 + 3\beta_2) &= \pi_3^3 - \pi_1^1, & \delta\ln(\alpha_2' + 3\beta_1') &= \pi_4^4 - \pi_2^2,\\
\delta\ln(\gamma_1' - 3\beta_2') &= \pi_3^3 - \pi_1^1, & \delta\ln(\gamma_2 - 3\beta_1) &= \pi_4^4 - \pi_2^2.
\end{aligned} \tag{14c'}$$

Daraus ergeben sich die Invarianten dritter Ordnung

$$I_1 = \frac{\alpha_1 - \gamma_1'}{\beta_2 + \beta_2'}, \quad I_1' = \frac{\alpha_2' - \gamma_2}{\beta_1 + \beta_1'}, \quad I_2 = \frac{\alpha_1 + 3\beta_2}{\gamma_1' - 3\beta_2'}, \quad I_2' = \frac{\alpha_2' + 3\beta_1'}{\gamma_2 - 3\beta_1}. \tag{18a}$$

Wenn man die Gleichungen (14a), (14b) berücksichtigt, so kann man die Invarianten erhalten

$$I_3 = \sqrt{-\frac{\gamma}{\alpha}\,\frac{\alpha_1 + 3\beta_2}{\gamma_2 - 3\beta_1}}, \quad I_3' = \sqrt{-\frac{\gamma'}{\alpha'}\,\frac{\alpha_2' + 3\beta_1'}{\gamma_1' - 3\beta_2'}} \tag{18b}$$

und eine ganze Reihe anderer, z. B.

$$\begin{aligned}
J_1 &= \frac{\alpha_1 - \gamma_1'}{\sqrt[4]{\alpha^2\alpha'\gamma'}}, & J_2 &= \frac{\beta_2 + \beta_2'}{\sqrt[4]{\alpha^2\alpha'\gamma'}}, & J_3 &= \frac{\alpha_1 + 3\beta_2}{\sqrt[4]{\alpha^2\alpha'\gamma'}}, & J_4 &= \frac{\gamma_1' - 3\beta_2'}{\sqrt[4]{\alpha^2\alpha'\gamma'}},\\
J_1' &= \frac{\alpha_2' - \gamma_2}{\sqrt[4]{\alpha\alpha'^2\gamma}}, & J_2' &= \frac{\beta_1 + \beta_1'}{\sqrt[4]{\alpha\alpha'^2\gamma}}, & J_3' &= \frac{\alpha_2' + 3\beta_1'}{\sqrt[4]{\alpha\alpha'^2\gamma}}, & J_4' &= \frac{\gamma_2 - 3\beta_1}{\sqrt[4]{\alpha\alpha'^2\gamma}}.
\end{aligned} \tag{18c}$$

Ihre geometrische Bedeutung ist nicht so einfach aufzudecken und wird Gegenstand einer Untersuchung sein. Wir weisen z. B. darauf hin, daß die Gleichung $(I_3)^2 = 1$ besagt, daß die erste Brennfläche eine Regelfläche ist.

Wenn wir nämlich die Tetraederecken $\boldsymbol{A}_i$ so normieren, daß

$$\gamma = -\alpha \tag{a}$$

wird, dann nimmt die Gleichung der Asymptotenlinien (16′) die Gestalt an

$$(\omega_1^3)^2 - (\omega_2^4)^2 = 0.$$

Legen wir nun die Kante $\boldsymbol{A}_1\boldsymbol{A}_3$ in die asymptotische Tangente

$$\omega_2^4 = \varepsilon\omega_1^3, \quad \varepsilon = \pm 1,$$

dann ist

$$[\omega_1^2, \omega_2^4 - \varepsilon\omega_1^3] = 0,$$

weil $\omega_1^2 = 0$ auf der Fläche $(\boldsymbol{A}_1)$ die Kurve bestimmt, welche die Kante $\boldsymbol{A}_1\boldsymbol{A}_3$ berührt.

Die Gleichungen (7), (a) besagen jetzt, daß

$$\beta = \varepsilon\alpha,$$
$$\omega_3^4 = \varepsilon\alpha\,(\varepsilon\omega_1^3 - \omega_2^4).$$

Differenzieren wir $\beta = \varepsilon\alpha$, so erhalten wir mit Hilfe der Formeln (8') § 187

$$\omega_3^2 = \Delta\beta - \varepsilon\alpha\,\frac{\Delta\alpha - \Delta\gamma}{2}$$

und wegen (9) § 187

$$\omega_3^2 = \alpha\left(\beta_1 - \varepsilon\,\frac{\alpha_1 + \beta_2}{2}\right)\omega_1^3 - \alpha\left(\beta_2 - \varepsilon\,\frac{\beta_1 - \gamma_2}{2}\right)\omega_2^4.$$

Damit die Kurve $\omega_2^4 = \varepsilon\omega_1^3$ eine Gerade wird, ist notwendig und hinreichend, daß

$$d\boldsymbol{A}_3 \equiv \omega_3^1\boldsymbol{A}_1 + \omega_3^2\boldsymbol{A}_2 + \omega_3^3\boldsymbol{A}_3 + \omega_3^4\boldsymbol{A}_4 \equiv \omega_3^1\boldsymbol{A}_1 + \omega_3^3\boldsymbol{A}_3 \quad (\mathrm{mod}\ \omega_2^4 - \varepsilon\omega_1^3)$$

oder daß

$$[\omega_3^2, \omega_2^4 - \varepsilon\omega_1^3] = 0, \qquad [\omega_3^4, \omega_2^4 - \varepsilon\omega_1^3] = 0.$$

Die zweite Gleichung wird identisch befriedigt und die erste liefert die Bedingung

$$\alpha\left(\beta_1 - \varepsilon\,\frac{\alpha_1 + \beta_2}{2}\right) - \varepsilon\alpha\left(\beta_2 - \varepsilon\,\frac{\beta_1 - \gamma_2}{2}\right) = 0$$

oder, nachdem man durch α dividiert hat

$$3\beta_1 - \gamma_2 = \varepsilon\,(\alpha_1 + 3\beta_2),$$

was bei $\gamma = -\alpha$ gleichbedeutend ist mit der Bedingung

$$I_3 = -\varepsilon.$$

Analog besagt die Gleichung $I_3'^2 = 1$, daß die zweite Brennfläche eine Regelfläche ist.

191. Die Invarianten vierter Ordnung. Wenn man zur Umgebung vierter Ordnung übergeht, dann muß man die Koeffizienten mit zwei Indizes mit in die Betrachtung einbeziehen. Setzen wir die Hauptformen in den Gleichungen (12') § 187 gleich Null, so erhalten wir

$$\begin{aligned}
\delta\alpha_{11} &= 2\,\alpha_{11}\,(\pi_3^3 - \pi_1^1) - 2\,(\alpha_1 - \beta_2)\,\pi_3^1 + 4\gamma'\pi_3^2 - 3\,\alpha\pi_4^1,\\
\delta\beta_{11} &= \beta_{11}\,(\pi_3^3 + \pi_4^4 - \pi_1^1 - \pi_2^2),\\
\delta\beta_{12} &= \beta_{12}\,(\pi_4^4 - \pi_1^1) + \pi_4^1,\\
\delta\beta_{22} &= \beta_{22}\,(\pi_3^3 + \pi_4^4 - \pi_1^1 - \pi_2^2),\\
\delta\gamma_{22} &= 2\,\gamma_{22}\,(\pi_4^4 - \pi_2^2) - 2\,(\beta_1 + \gamma_2)\,\pi_4^2 - 4\,\alpha'\pi_3^2 + 3\,\gamma\pi_4^1.
\end{aligned} \tag{14d}$$

Daraus folgt direkt, daß β_{11}, β_{22} und ebenso die entsprechenden β'_{22}, β'_{11} relative Invarianten sind. Nun ist

$$\delta\,(\beta_{12} + \beta') = (\beta_{12} + \beta')\,(\pi_4^4 - \pi_1^1), \qquad \delta\,(\beta'_{12} + \beta) = (\beta'_{12} + \beta)\,(\pi_3^3 - \pi_2^2). \tag{14e}$$

Da ferner aus den Gleichungen (14d) und aus den Gleichungen

$$\begin{aligned}
\delta(\alpha\beta') &= 2\alpha\beta'(\pi_3^3 - \pi_1^1) - \alpha\pi_4^1,\\
\delta(\gamma'\beta) &= 2\gamma'\beta(\pi_3^3 - \pi_1^1) - \gamma'\pi_3^2,\\
\delta(\alpha_1 - \beta_2)^2 &= 2(\alpha_1 - \beta_2)^2(\pi_3^3 - \pi_1^1) - 8(\alpha_1 - \beta_2)\pi_3^1,\\
\delta(\beta_1 + \gamma_2)^2 &= 2(\beta_1 + \gamma_2)^2(\pi_4^4 - \pi_2^2) - 8(\beta_1 + \gamma_2)\pi_4^2
\end{aligned}$$

folgt

$$\begin{aligned}
\delta \ln\left\{\alpha_{11} - \frac{1}{4}(\alpha_1 - \beta_2)^2 + 4\gamma'\beta - 3\alpha\beta'\right\} &= 2(\pi_3^3 - \pi_1^1),\\
\delta \ln\left\{\gamma_{22} - \frac{1}{4}(\beta_1 + \gamma_2)^2 - 4\alpha'\beta + 3\gamma\beta'\right\} &= 2(\pi_4^4 - \pi_2^2),\\
\delta \ln\left\{\alpha'_{22} - \frac{1}{4}(\alpha'_2 - \beta'_1)^2 + 4\gamma\beta' - 3\alpha'\beta\right\} &= 2(\pi_4^4 - \pi_2^2),\\
\delta \ln\left\{\gamma'_{11} - \frac{1}{4}(\beta'_2 + \gamma'_1)^2 - 4\alpha\beta' + 3\gamma'\beta\right\} &= 2(\pi_3^3 - \pi_1^1),
\end{aligned} \tag{14f}$$

sind die Größen

$$\begin{aligned}
&\beta_{12} + \beta', \quad && \alpha_{11} - \frac{1}{4}(\alpha_1 - \beta_2)^2 + 4\gamma'\beta - 3\alpha\beta',\\
& && \gamma_{22} - \frac{1}{4}(\beta_1 + \gamma_2)^2 - 4\alpha'\beta + 3\gamma\beta',\\
&\beta'_{12} + \beta, && \alpha'_{22} - \frac{1}{4}(\alpha'_2 - \beta'_1)^2 + 4\gamma\beta' - 3\alpha'\beta,\\
& && \gamma'_{11} - \frac{1}{4}(\beta'_2 + \gamma'_1)^2 - 4\alpha\beta' + 3\gamma'\beta
\end{aligned}$$

relative Invarianten. Mit ihrer Hilfe kann man leicht eine ganze Reihe neuer absoluter Invarianten finden:

$$\begin{aligned}
&\frac{\beta_{11}}{\gamma\gamma'}, \quad \frac{\beta_{22}}{\alpha\alpha'}, \quad \frac{\alpha_{11} - \frac{1}{4}(\alpha_1 - \beta_2)^2 + 4\gamma'\beta - 3\alpha\beta'}{\alpha\sqrt{\alpha'\gamma'}},\\
&\frac{\beta_{12} + \beta'}{\sqrt{\alpha'\gamma'}}, \quad \frac{\gamma_{22} - \frac{1}{4}(\beta_1 + \gamma_2)^2 - 4\alpha'\beta + 3\gamma\beta'}{\alpha'\sqrt{\alpha\gamma}},
\end{aligned} \tag{18d}$$

usw.

Wir werden ihnen in den Gleichungen wieder begegnen, welche spezielle Klassen von Kongruenzen charakterisieren; z. B. werden die R-Kongruenzen durch die Gleichungen charakterisiert

$$\alpha\alpha' - \gamma\gamma' = 0; \qquad \beta_{11} + \beta_{22} = 0.$$

III. Die invarianten Formen einer Kongruenz

192. Die invarianten Formen der Umgebung erster und zweiter Ordnung. Verwenden wir die Formeln für die äußeren Differentiale

$$D\omega_1^3 = [\omega_1^3, \omega_3^3 - \omega_1^1], \qquad D\omega_2^4 = [\omega_2^4, \omega_4^4 - \omega_2^2],$$
$$D\omega_1^2 = [\omega_1^2, \omega_2^2 - \omega_1^1] + [\omega_1^3 \omega_3^2], \qquad D\omega_3^4 = [\omega_3^4, \omega_4^4 - \omega_3^3] + [\omega_3^2 \omega_2^4]$$

und schreiben die ihnen zugeordneten bilinearen Formen für die beiden Differentiationssymbole aus, nämlich das Symbol δ für die Differentiation nach den sekundären Parametern (bei festem Strahl, bezeichnet durch die Formen π_i^k) und das Symbol d für die Differentiation nach den Hauptparametern (bezeichnet durch die Formen ω_i^k), so erhalten wir für das Gesetz der Variation der Hauptformen bei den projektiven Verschiebungen des Tetraeders längs des Strahls die folgenden Formeln

$$\delta\omega_1^3 = \omega_1^3(\pi_1^1 - \pi_3^3), \qquad \delta\omega_2^4 = \omega_2^4(\pi_2^2 - \pi_4^4), \tag{19a}$$

$$\begin{aligned} \delta\omega_1^2 &= \omega_1^2(\pi_1^1 - \pi_2^2) - \omega_1^3\pi_3^2, \qquad & \delta\omega_2^1 &= \omega_2^1(\pi_2^2 - \pi_1^1) - \omega_2^4\pi_4^1, \\ \delta\omega_3^4 &= \omega_3^4(\pi_3^3 - \pi_4^4) + \omega_2^4\pi_3^2, \qquad & \delta\omega_4^3 &= \omega_4^3(\pi_4^4 - \pi_3^3) + \omega_1^3\pi_4^1, \end{aligned} \tag{19b}$$

wobei die Formeln für ω_2^1, ω_4^3 in Analogie hingeschrieben sind. Wir weisen darauf hin, daß man die letzten vier Formeln unmittelbar durch Differentiation der Gleichungen (7) § 186 nach den sekundären Parametern erhalten kann, wenn man die Formeln (14a) § 188, (19a) verwendet.

Die erhaltenen Formeln besagen, daß die Komponenten ω_1^3, ω_2^4 schon relativ invariante Formen sind, weil sie bei einer Änderung des Tetraeders erster Ordnung nur einen zusätzlichen skalaren Faktor erhalten. Dies war vorauszusehen, denn die Nullinien dieser Formen

$$\omega_1^3 = 0 \quad \text{oder} \quad \omega_2^4 = 0$$

besitzen eine invariante Bedeutung; sie entsprechen den Torsen der Kongruenz.

Eliminieren wir aus den Gleichungen der linken Spalte in (19b) die Form π_3^2, so erhalten wir die relativ-invariante quadratische Form

$$\varphi_2 = \omega_1^3\omega_3^4 + \omega_1^2\omega_2^4. \tag{20}$$

In der Tat liefert uns das Gesetz der Variation der sekundären Parameter

$$\delta\varphi_2 = \varphi_2(\pi_1^1 - \pi_4^4). \tag{20a}$$

Wenn man die Gleichungen (7) § 186 verwendet, kann man die Form φ_2 als quadratische Form in ω_1^3, ω_2^4 allein ausdrücken:

$$\varphi_2 = \alpha(\omega_1^3)^2 + \gamma(\omega_2^4)^2. \tag{20'}$$

Wir sahen [§ 189, Formel (16')], daß die Nullinien dieser Formen den Asymptotenlinien der ersten Brennfläche entsprechen.

Analog ist die quadratische Form

$$\varphi_2' = \omega_2^1\omega_1^3 + \omega_2^4\omega_4^3$$

elativ-invariant, weil

$$\delta\varphi_2' = \varphi_2'(\pi_2^2 - \pi_3^3).$$

Ihre Nullinien entsprechen den Asymptotenlinien der zweiten Brennfläche.

193. Das Linienelement einer Kongruenz. Indem wir mit geeigneten Relativinvarianten multiplizieren, können wir aus diesen relativ-invarianten Formen leicht absolut invariante bilden

$$\Phi_1 = \sqrt[4]{a^2 a' \gamma'}\,\omega_1^3, \qquad \Phi_1' = \sqrt[4]{a'^2 a \gamma}\,\omega_2^4,$$
$$\Phi_2 = \sqrt{a'\gamma'}\,\varphi_2, \qquad \Phi_2' = \sqrt{a\gamma}\,\varphi_2'.$$

Die weitaus wichtigste absolut-invariante Form ist jedoch

$$\Phi = \frac{(\omega_1^2\omega_2^4 + \omega_1^3\omega_3^4)(\omega_2^1\omega_1^3 + \omega_2^4\omega_4^3)}{\omega_1^3\omega_2^4}. \tag{21}$$

Da

$$\delta \ln \varphi_2 = \pi_1^1 - \pi_4^4, \qquad \delta \ln \varphi_2' = \pi_2^2 - \pi_3^3, \qquad \delta \ln (\omega_1^3\omega_2^4) = \pi_1^1 + \pi_2^2 - \pi_3^3 - \pi_4^4,$$

ist

$$\delta\Phi = 0$$

und Φ invariant. Da dies die einfachste Invariante eines Paares unendlich benachbarter Kongruenzstrahlen ist, ähnlich wie in der metrischen Geometrie auf der Fläche ds^2 die einfachste Invariante eines Paares unendlich benachbarter Punkte darstellt, kann man die Invariante Φ das *Linienelement der Kongruenz* nennen. Es bleibt bei einer Projektivabwicklung der Kongruenz (§ 270 Kap. XIII) erhalten.

Seine geometrische Bedeutung geht aus dem Satz hervor:

Das Linienelement einer Kongruenz Φ ist gleich dem Hauptteil des Doppelverhältnisses, das die Brennpunkte des Strahls mit dem Punktepaar bilden, in welchem dieser Strahl durch die Brennebenen seines unendlich benachbarten Strahls geschnitten wird.

In der Tat nimmt bei einer differentiellen Verschiebung des Strahls $\boldsymbol{A}_1\boldsymbol{A}_2$ jeder Punkt $\boldsymbol{A}_i$ der Brennebene $\boldsymbol{A}_1\boldsymbol{A}_2\boldsymbol{A}_3$ die Lage ein

$$\boldsymbol{A}_1' = \boldsymbol{A}_1(1+\omega_1^1) + \boldsymbol{A}_2\omega_1^2 + \boldsymbol{A}_3\omega_1^3,$$
$$\boldsymbol{A}_2' = \boldsymbol{A}_1\omega_2^1 + \boldsymbol{A}_2(1+\omega_2^2) + \boldsymbol{A}_4\omega_2^4,$$
$$\boldsymbol{A}_3' = \boldsymbol{A}_1\omega_3^1 + \boldsymbol{A}_2\omega_3^2 + \boldsymbol{A}_3(1+\omega_3^3) + \boldsymbol{A}_4\omega_3^4.$$

Der Punkt $\boldsymbol{A}_1 + \lambda\boldsymbol{A}_2$, in dem die Ebene $\boldsymbol{A}_1'\boldsymbol{A}_2'\boldsymbol{A}_3'$ den Strahl $\boldsymbol{A}_1\boldsymbol{A}_2$ schneidet, genügt der Gleichung

$$(\boldsymbol{A}_1', \boldsymbol{A}_2', \boldsymbol{A}_3', \boldsymbol{A}_1 + \lambda\boldsymbol{A}_2) = 0$$

oder

$$\begin{vmatrix} 1+\omega_1^1 & \omega_1^2 & \omega_1^3 & 0 \\ \omega_2^1 & 1+\omega_2^2 & 0 & \omega_2^4 \\ \omega_3^1 & \omega_3^2 & 1+\omega_3^3 & \omega_3^4 \\ 1 & \lambda & 0 & 0 \end{vmatrix} = 0.$$

Bei der Entwicklung der Determinante entfallen die endlichen Glieder, die nicht den Faktor λ enthalten, und die Glieder mit den ersten Potenzen der

Differentialformen ω_i^k. Da die von λ freien Glieder zweiter Ordnung und das Glied erster Ordnung mit dem Koeffizienten λ erhalten bleiben, ergibt sich

$$\omega_1^3\omega_3^4 + \omega_1^2\omega_2^4 - \lambda\omega_2^4 = 0$$

und

$$\lambda = \frac{\omega_1^3\omega_3^4 + \omega_1^2\omega_2^4}{\omega_2^4}.$$

Analog schneidet die zweite Brennfläche $\boldsymbol{A}_1'\boldsymbol{A}_2'\boldsymbol{A}_4'$ des unendlich benachbarten Strahls den Strahl $\boldsymbol{A}_1\boldsymbol{A}_2$ im Punkt $\boldsymbol{A}_1 + \lambda'\boldsymbol{A}_2$, wobei λ' der Gleichung genügt

$$\begin{vmatrix} 1+\omega_1^1 & \omega_1^2 & \omega_1^3 & 0 \\ \omega_2^1 & 1+\omega_2^2 & 0 & \omega_2^4 \\ \omega_4^1 & \omega_4^2 & \omega_4^3 & 1+\omega_4^4 \\ 1 & \lambda' & 0 & 0 \end{vmatrix} = 0,$$

woraus sich ergibt

$$\lambda' = \frac{\omega_1^3}{\omega_2^1\omega_1^3 + \omega_2^4\omega_4^3}.$$

Das Doppelverhältnis der vier Punkte

$$(\boldsymbol{A}_1, \boldsymbol{A}_2; \boldsymbol{A}_1 + \lambda\boldsymbol{A}_2, \boldsymbol{A}_1 + \lambda'\boldsymbol{A}_2) = \frac{\lambda}{\lambda'} = \frac{(\omega_1^3\omega_3^4 + \omega_1^2\omega_2^4)(\omega_2^1\omega_1^3 + \omega_2^4\omega_4^3)}{\omega_1^3\omega_2^4}$$

ist in der Tat gleich der Invariante Φ.

194. Die invarianten Formen der Umgebung dritter Ordnung. Um die invarianten Formen der Umgebung dritter Ordnung zu konstruieren, müssen wir uns den Hauptformen zuwenden, die wir durch Fortsetzung des Systems (7) § 186 erhalten haben.

Wir können die Variation der Formen (9) § 187 bei Veränderung der sekundären Parameter ausrechnen, indem wir diese Gleichungen (9) nach den sekundären Parametern differenzieren und die Formeln (14c) § 190 und (19a) verwenden; es ergibt sich

$$\begin{aligned} \delta(\Delta\alpha) &= -3\,\omega_1^3\pi_3^1 + \omega_2^4\pi_4^2, & \delta(\Delta\alpha') &= \omega_1^3\pi_3^1 - 3\,\omega_2^4\pi_4^2, \\ \delta(\Delta\beta) &= \Delta\beta(\pi_3^3 - \pi_2^2) + & \delta(\Delta\beta') &= \Delta\beta'(\pi_4^4 - \pi_1^1) - \\ &\quad + \gamma\omega_2^4\pi_3^1 - \alpha\omega_1^3\pi_4^2, & &\quad - \alpha'\omega_2^4\pi_3^1 + \gamma'\omega_1^3\pi_4^2, \\ \delta(\Delta\gamma) &= \omega_1^3\pi_3^1 - 3\,\omega_2^4\pi_4^2, & \delta(\Delta\gamma') &= -3\,\omega_1^3\pi_3^1 + \omega_2^4\pi_4^2. \end{aligned} \tag{22}$$

Daraus folgt direkt, daß

$$\begin{aligned} \Delta\alpha - \Delta\gamma' &= (\alpha_1 - \gamma_1')\,\omega_1^3 - (\beta_1 + \beta_1')\,\omega_2^4, \\ \Delta\alpha' - \Delta\gamma &= -(\beta_2 + \beta_2')\,\omega_1^3 + (\alpha_2' - \gamma_2)\,\omega_2^4 \end{aligned} \tag{22'}$$

absolut invariante lineare Formen sind. Wenn man die Beziehungen (8') § 187 beachtet, dann erkennt man leicht, daß ihre Summe gleich dem Differential des Logarithmus der absoluten Invariante (15) § 188 ist

$$\Delta\alpha + \Delta\alpha' - \Delta\gamma - \Delta\gamma' = d\ln I.$$

Andererseits sieht man sofort, daß die drei Gleichungen der linken Spalte von (22) außer den Formen π_i^i nur zwei sekundäre Formen π_3^1, π_4^2 enthalten. Eliminieren wir sie, so erhalten wir

$$\begin{vmatrix} \delta(\varDelta\alpha) & -3\omega_1^3 & \omega_2^4 \\ \delta(\varDelta\beta) + \varDelta\beta(\pi_2^2 - \pi_3^3) & \gamma\omega_2^4 & -\alpha\omega_1^3 \\ \delta(\varDelta\gamma) & \omega_1^3 & -3\omega_2^4 \end{vmatrix} = 0,$$

oder

$$\{\alpha(\omega_1^3)^2 - 3\gamma(\omega_2^4)^2\}\,\delta(\varDelta\alpha) - 8\omega_1^3\omega_2^4\,\delta(\varDelta\beta) + \delta(\varDelta\gamma)\,\{3\alpha(\omega_1^3)^2 - \gamma(\omega_2^4)^2\} =$$
$$= 8\omega_1^3\omega_2^4\,\varDelta\beta(\pi_2^2 - \pi_3^3).$$

Fügen wir hier die vorangehenden Gleichungen (14a), (14b) § 188, (19a) derart hinzu, daß auf der linken Seite eine integrierbare Kombination entsteht, dann wird

$$\delta \ln \varphi_3 = \pi_1^1 - \pi_4^4,$$

wobei

$$\varphi_3 = \{\alpha(\omega_1^3)^2 - 3\gamma(\omega_2^4)^2\}\,\varDelta\alpha - 8\omega_1^3\omega_2^4\,\varDelta\beta + \{3\alpha(\omega_1^3)^2 - \gamma(\omega_2^4)^2\}\,\varDelta\gamma \tag{23}$$

oder wegen (9) § 187

$$\begin{aligned}\varphi_3 = {} & \alpha(3\beta_2 + \alpha_1)(\omega_1^3)^3 - 3\alpha(3\beta_1 - \gamma_2)(\omega_1^3)^2\omega_2^4 - \\ & - 3\gamma(3\beta_2 + \alpha_1)\omega_1^3(\omega_2^4)^2 + \gamma(3\beta_1 - \gamma_2)(\omega_2^4)^3.\end{aligned} \tag{23'}$$

Folglich ist φ_3 eine relativ-invariante kubische Form.

φ_3 ist eine kubische Form der ersten Brennfläche, weil sie aus den Hauptformen konstruiert ist, die zu dieser eine unmittelbare Beziehung haben. Ihre Nulllinien sind die DARBOUX-Kurven dieser Fläche (P. D. G., S. 73).

195. Das über den Achsen des Brennetzes konstruierte Tetraeder. Um diesen Satz zu beweisen, ist es zweckmäßig, $\beta = 0$ zu setzen, indem man die Invarianz der Form φ_3 bezüglich der Wahl des Tetraeders erster Ordnung ausnutzt. Man nimmt also die Tangenten des Brennetzes der Fläche (A_1) als Kanten A_1A_2, A_1A_3. Wir legen nun den Eckpunkt A_3 in den zweiten Brennpunkt des Strahls A_1A_3, und den Eckpunkt A_4 auf die Schnittlinie der Tangentenebenen der Flächen (A_2) und (A_3).

Definition: *Die Schnittlinie der Tangentenebenen der ersten beiden* LAPLACE-*Transformierten* (A_2) *und* (A_3) *des Netzes* heißt die *erste Achse*, und die Gerade A_2A_3, welche diese Transformierten verbindet, die *zweite Achse* des konjugierten Netzes (A_1). Daraus folgt, daß unsere Bedingungen ein Tetraeder bestimmen, das über den Achsen des Brennetzes (A_1) konstruiert ist.

Da die Fläche (A_3) die Ebene $A_1A_3A_4$ berührt, liegen alle differentiellen Verschiebungen dA_3 in dieser Ebene und die Komponente des Differentials dA_3 nach dem Punkt A_2 ist gleich Null

$$\omega_3^2 = 0. \tag{24a}$$

Da gleichzeitig

$$\beta = 0, \tag{24b}$$

ist auch $\Delta\beta$ gleich Null, und nach den Formeln (9) § 187 erhalten wir

$$\beta_1 = 0, \quad \beta_2 = 0. \tag{24c}$$

Durch die Bedingungen (24a) bis (24c) wird die Komponentenmatrix eines Tetraeders erster Ordnung charakterisiert, das über den Achsen des Brennetzes $(\boldsymbol{A}_1)$ konstruiert ist.

Als Kante $\boldsymbol{A}_2\boldsymbol{A}_4$ wählen wir die zweite Tangente an das Brennetz der Fläche $(\boldsymbol{A}_2)$. Dann ist

$$\beta' = 0. \tag{24d}$$

Durch Normierung der Eckpunkte geben wir den Koeffizienten α, γ die Werte

$$\alpha = 1, \quad \gamma = \pm 1. \tag{24e}$$

Dies ist möglich, weil in den Formeln (14a) § 188 die sekundären Formen $2\pi_3^3 - \pi_1^1 - \pi_4^4$ und $\pi_1^1 + \pi_4^4 - 2\pi_2^2$ linear unabhängig sind. Wir können alle sekundären Formen gleich Null setzen bis auf $2\pi_3^3 - \pi_1^1 - \pi_4^4$, das dann selbst ein vollständiges Differential $d\tau$ wird, oder umgekehrt brauchen wir nur $\pi_1^1 + \pi_4^4 - 2\pi_2^2 = d\sigma$ beizubehalten. Es ergibt sich dann (der Reihe nach)

$$\delta \ln \alpha = d\tau, \qquad \delta \ln \gamma = d\sigma \qquad \text{und} \qquad \alpha = e^{\tau + C_1}, \quad \gamma = e^{\sigma + C_2},$$

wobei C_1, C_2 nicht von τ oder σ abhängen. Bei geeigneter Wahl der sekundären Parameter τ und σ erreichen wir das gesteckte Ziel. Dabei erhalten wir, indem wir uns auf reelle Tetraeder beschränken, $\gamma = +1$ oder $\gamma = -1$ je nachdem, ob die Asymptotenlinien auf der Fläche $(\boldsymbol{A}_1)$ imaginär oder reell sind; denn die Gleichung der Asymptotenlinien (16′) § 189 nimmt jetzt die Gestalt an

$$(\omega_1^3)^2 \pm (\omega_2^4)^2 = 0.$$

Nehmen wir $\gamma = -1$ und setzen alle diese Werte in die Formel (23′) ein, so erhalten wir für die kubische Form φ_3 den Ausdruck

$$\varphi_3 = \alpha_1(\omega_1^3)^3 + 3\gamma_2(\omega_1^3)^2\omega_2^4 + 3\alpha_1\omega_1^3(\omega_2^4)^2 + \gamma_2(\omega_2^4)^3.$$

196. Die kubische Form und das projektive Linienelement einer Fläche. Wir transformieren die Basis des Unterrings der Differentiale der Hauptparameter, indem wir die Formen einführen

$$\omega_1 = \omega_1^3 + \omega_2^4, \qquad \omega_2 = \omega_1^3 - \omega_2^4,$$

deren Nullinien den Asymptotenlinien der Fläche $(\boldsymbol{A}_1)$ entsprechen. Wir erhalten

$$\varphi_3 = \frac{\alpha_1 + \gamma_2}{2}(\omega_1)^3 + \frac{\alpha_1 - \gamma_2}{2}(\omega_2)^3. \tag{23″}$$

In der projektiven Flächentheorie sind der differentiellen Umgebung dritter Ordnung zwei relativ-invariante Formen zugeordnet: eine quadratische mit Nullinien in Gestalt der Asymptotenlinien der Fläche und eine andere kubische, deren Nullinien die DARBOUX-Kurven sind. Die quadratische Form fällt bis auf einen Faktor mit unserer Form φ_2 zusammen, die auch die Asymptotenlinien der Fläche $(\boldsymbol{A}_1)$ bestimmt. Als relativ-invariante Form muß φ_3 proportional zur kubischen Form einer Fläche (12) § 84 sein.

Daraus folgt, daß die Nullinien der Form φ_3 die DARBOUX-Kurven sind. Überdies können wir, indem wir die Form (23″) mit der kubischen Form (12) § 84 vergleichen, das Verhältnis der Koeffizienten des projektiven Linienelements der Fläche finden, die wir im Kapitel V mit β und γ bezeichneten, und die wir jetzt mit großen Buchstaben B und Γ bezeichnen wollen. Wegen der Proportionalität der beiden kubischen Formen verhalten sich diese Koeffizienten wie die Koeffizienten der Form (23″)

$$B:\Gamma=\frac{\alpha_1+\gamma_2}{\alpha_1-\gamma_2},$$

woraus folgt

$$\frac{B+\Gamma}{B-\Gamma}=\frac{\alpha_1}{\gamma_2}.$$

Da bei unserer Wahl des Tetraeders die absolute Invariante I_3 nach Formel (18b) § 190 wegen (24c) die Gestalt annimmt

$$I_3=\sqrt{-\frac{\gamma}{\alpha}\,\frac{\alpha_1+3\beta_2}{\gamma_2-3\beta_1}}=\frac{\alpha_1}{\gamma_2}$$

und demnach mit dem oben abgeleiteten Ausdruck gleich ist,

$$I_3=\frac{B+\Gamma}{B-\Gamma}, \tag{25}$$

gibt diese Invariante bei einer beliebigen Wahl des Tetraeders erster Ordnung dieses Verhältnis an.

Wir können aus der Form φ_3 leicht eine absolute Invariante machen, indem wir mit $\sqrt{\alpha'\gamma'}$ multiplizieren, wie wir es bei der quadratischen Form φ_2 getan haben; die weitaus wichtigste absolute Invariante ist aber das Verhältnis der Formen φ_3 und φ_2

$$\Theta=\frac{\varphi_3}{\varphi_2}=\frac{\alpha B_2(\omega_1^3)^3-3\,\alpha B_1(\omega_1^3)^2\omega_2^4-3\,\gamma B_2\omega_1^3(\omega_2^4)^2+\gamma B_1(\omega_2^4)^3}{\alpha(\omega_1^3)^2+\gamma(\omega_2^4)^2}, \tag{26a}$$

wobei

$$B_1=3\beta_1-\gamma_2,\qquad B_2=3\beta_2+\alpha_1. \tag{26b}$$

Die Differentialinvariante Θ heißt das *projektive Linienelement der Fläche* $(\boldsymbol{A}_1)$. Ähnlich wie im metrischen Raum eine Transformation der Fläche unter Erhaltung des Linienelements ds^2 eine Abwicklung der Fläche ist, so ist hier eine Transformation der Fläche im projektiven Raum bei Erhaltung des projektiven Linienelements (26) eine *Projektivabwicklung* der Fläche.

197. Die invarianten äußeren Formen. Wir wenden uns jetzt den invarianten äußeren Formen einer Kongruenz zu.

Da ω_1^3 und ω_2^4 relativ-invariante Formen sind (bei einer Transformation des Tetraeders werden sie mit einem skalaren Faktor multipliziert), ist auch ihr äußeres Produkt eine derartige invariante Form

$$\delta[\omega_1^3\omega_2^4]=[\omega_1^3\omega_2^4](\pi_1^1+\pi_2^2-\pi_3^3-\pi_4^4).$$

Eine relativ-invariante Form ist ebenfalls das äußere Produkt

$$[\omega_1^2\omega_1^3] = -\gamma[\omega_1^3\omega_2^4],$$

was auch unmittelbar aus der Relativinvarianz des Koeffizienten γ folgt. Eine wesentlich neue invariante Form erhalten wir, indem wir das Produkt $[\omega_2^1\omega_1^2]$ betrachten. Da nach den Formeln (19a), (19b)

$$\delta[\omega_2^1\omega_1^2] = [\delta\omega_2^1, \omega_1^2] + [\omega_2^1\delta\omega_1^2] = [\omega_1^2\omega_2^4]\pi_4^1 + [\omega_1^3\omega_2^1]\pi_3^2 = [\omega_1^3\omega_2^4](\beta\pi_4^1 + \beta'\pi_3^2),$$

braucht man nur ein Glied hinzuzufügen, dessen Variation die rechte Seite unseres Ausdrucks weghebt. Wegen

$$\delta(\beta\beta') = -\beta'\pi_3^2 - \beta\pi_4^1 + \beta\beta'(\pi_3^3 + \pi_4^4 - \pi_1^1 - \pi_2^2)$$

genügt es, $\beta\beta'[\omega_1^3\omega_2^4]$ zu addieren. In der Tat ist

$$\delta\{[\omega_2^1\omega_1^2] + \beta\beta'[\omega_1^3\omega_2^4]\} = 0.$$

Folglich ist

$$h_1 = [\omega_2^1\omega_1^2] + \beta\beta'[\omega_1^3\omega_2^4]$$

oder nach den Formeln (7) § 187

$$h_1 = \gamma\gamma'[\omega_1^3\omega_2^4] \tag{27a}$$

eine absolut invariante äußere quadratische Form.

Ebenso erhalten wir, indem wir vom Produkt $[\omega_3^4\omega_4^3]$ ausgehen

$$\delta[\omega_3^4\omega_4^3] = [\omega_1^3\omega_2^4](\beta'\pi_3^2 + \beta\pi_4^1).$$

Folglich ist

$$\delta\{[\omega_3^4\omega_4^3] + \beta\beta'[\omega_1^3\omega_2^4]\} = 0,$$

und

$$\mathcal{K}_1 = [\omega_3^4\omega_4^3] + \beta\beta'[\omega_1^3\omega_2^4] = \alpha\alpha'[\omega_1^3\omega_2^4] \tag{27b}$$

ist eine absolut invariante äußere quadratische Form.

Die invarianten Formen (27a), (27b) hängen offensichtlich durch die Beziehung zusammen

$$\mathcal{K}_1 = I h_1, \tag{27'}$$

wobei I die Invariante zweiter Ordnung (15) § 188 ist.

Um die folgenden wichtigen invarianten äußeren Formen zu erhalten, muß man sich der differentiellen Umgebung vierter Ordnung zuwenden. Differenzieren wir die Gleichungen (11) § 187 nach den sekundären Parametern und verwenden die Formeln (14a) § 188 und (14d) § 191, (19a), so erhalten wir

$$\delta(\Delta\beta_1) = \Delta\beta_1(\pi_4^4 - \pi_2^2) + \gamma\omega_2^4\pi_4^1,$$
$$\delta(\Delta\beta_2) = \Delta\beta_2(\pi_3^3 - \pi_1^1) + \alpha\omega_1^3\pi_4^1.$$

Daraus folgt, daß

$$\varphi_4 = \alpha\omega_1^3\Delta\beta_1 - \gamma\omega_2^4\Delta\beta_2 = \alpha\beta_{11}(\omega_1^3)^2 - \gamma\beta_{22}(\omega_2^4)^2 \tag{28}$$

eine relativ-invariante quadratische Form ist. Weitaus wichtiger sind die äußeren quadratischen Formen, die wir hier erhalten. Da

$$\delta[\Delta\beta_2\omega_1^3] = 0, \quad \delta[\Delta\beta_1\omega_2^4] = 0,$$

sind

$$\begin{aligned} k_1 &= [\Delta\beta_2, \omega_1^3] = -\beta_{22}[\omega_1^3\omega_2^4], \\ \mathcal{H}_1 &= [\Delta\beta_1, \omega_2^4] = \beta_{11}[\omega_1^3\omega_2^4] \end{aligned} \tag{27c}$$

absolut invariante äußere Formen.

IV. Die Invarianten des Brennetzes

198. Die geometrische Bedeutung der invarianten äußeren Formen. Die äußeren Formen (27a) bis (27c) haben eine einfache geometrische Bedeutung, wenn wir die Invarianten der LAPLACE-Gleichung für das Brennetz in einer neuen Gestalt schreiben, die auch bezüglich einer Parametertransformation $u = \varphi(\bar{u})$, $v = \psi(\bar{v})$ invariant ist.

Um dies zu erkennen, wird man bequemerweise die Freiheit in der Wahl des Tetraeders erster Ordnung ausnützen, um es enger mit der von unserer Kongruenz erzeugten LAPLACE-Folge zu verknüpfen. Wir beziehen die Kongruenz auf das Tetraeder, das auf den Tangenten an die Kurven des ersten und zweiten Brennetzes und auf den Achsen des Netzes errichtet ist, welches auf der ersten Brennfläche $(\boldsymbol{A}_1)$ liegt. Dann verschwinden die Koeffizienten β, β', β_1, β_2, und es gilt die Gleichung (24a) § 195.

Daraus folgen die Beziehungen

$$\begin{gathered} \omega_1^2 = \gamma\omega_2^4, \quad \omega_2^1 = \gamma'\omega_1^3, \quad \omega_3^4 = \alpha\omega_1^3, \quad \omega_4^3 = \alpha'\omega_2^4, \\ \Delta\beta_1 = \omega_4^2, \quad \Delta\beta_2 = -\omega_3^1, \end{gathered} \tag{a}$$

und die invarianten Formen (27a) bis (27c) nehmen die Gestalt an

$$h_1 = [\omega_2^1\omega_1^2], \quad k_1 = [\omega_1^3\omega_3^1], \quad \mathcal{H}_1 = [\omega_4^2\omega_2^4], \quad \mathcal{K}_1 = [\omega_3^4\omega_4^3]. \tag{27''}$$

Wir führen nun die Torsenparameter u, v (die krummlinigen Koordinaten des Strahls) so ein, daß der Strahl $\boldsymbol{A}_1\boldsymbol{A}_2$ auf der Fläche $(\boldsymbol{A}_2)$ die Kurve $v = \text{const}$ und auf der Fläche $(\boldsymbol{A}_1)$ die Kurve $u = \text{const}$ berührt. Dann können wir setzen

$$\omega_1^3 = a\,du, \quad \omega_2^4 = b\,dv, \quad \omega_i^k = a_i^k\,du + b_i^k\,dv.$$

Die Gleichung

$$d\boldsymbol{A}_1 = \omega_1^1\boldsymbol{A}_1 + \omega_1^2\boldsymbol{A}_2 + \omega_1^3\boldsymbol{A}_3$$

zerfällt wegen (a) in die beiden Gleichungen

$$\begin{aligned} \boldsymbol{A}_{1u} &= a_1^1\boldsymbol{A}_1 + a\boldsymbol{A}_3, \\ \boldsymbol{A}_{1v} &= b_1^1\boldsymbol{A}_1 + \gamma b\boldsymbol{A}_2. \end{aligned} \tag{b}$$

Differenzieren wir die erste nach v und die zweite nach u und verwenden die Gleichungen

$$\begin{aligned} \boldsymbol{A}_{3v} &= b_3^1\boldsymbol{A}_1 + b_3^3\boldsymbol{A}_3, \\ \boldsymbol{A}_{2u} &= a_2^2\boldsymbol{A}_2 + \gamma' a\boldsymbol{A}_1, \end{aligned}$$

so erhalten wir

$$\begin{aligned} \boldsymbol{A}_{1uv} &= (a_{1v}^1 + ab_3^1)\boldsymbol{A}_1 + a_1^1\boldsymbol{A}_{1v} + (a_v + ab_3^3)\boldsymbol{A}_3, \\ \boldsymbol{A}_{1uv} &= (b_{1u}^1 + \gamma\gamma' ab)\boldsymbol{A}_1 + b_1^1\boldsymbol{A}_{1u} + \{(\gamma b)_u + \gamma b a_2^2\}\boldsymbol{A}_2. \end{aligned}$$

Eliminieren wir $\boldsymbol{A}_2, \boldsymbol{A}_3$ mit Hilfe der Gleichungen (b), so gelangen wir zur LAPLACE-Gleichung des Brennetzes $(\boldsymbol{A}_1)$

$$\boldsymbol{A}_{1uv} = \mathcal{A}\boldsymbol{A}_{1u} + \mathcal{B}\boldsymbol{A}_{1v} + C\boldsymbol{A}_1,$$

wobei

$$\mathcal{A} = \frac{\partial \ln a}{\partial v} + b_3^3 = b_1^1, \quad \mathcal{B} = a_1^1 = \frac{\partial \ln (\gamma b)}{\partial u} + a_2^2,$$

$$C = a_{1v}^1 + a b_3^1 - \mathcal{A}\mathcal{B} = b_{1u}^1 + \gamma\gamma' a b - \mathcal{A}\mathcal{B};$$

demnach nehmen die Invarianten der Gleichung (15) § 126

$$h_1 = C + \mathcal{A}\mathcal{B} - \mathcal{A}_u, \qquad k_1 = C + \mathcal{A}\mathcal{B} - \mathcal{B}_v$$

die Gestalt an

$$h_1 = \gamma\gamma' a b, \qquad k_1 = a b_3^1.$$

Wenn wir die äußeren Formen aufstellen

$$h_1 = h_1 [du\, dv] = \gamma\gamma' a b [du\, dv] = [\gamma' a\, du, \gamma b\, dv] = \gamma\gamma' [\omega_1^3 \omega_2^4],$$

$$k_1 = k_1 [du\, dv] = a b_3^1 [du\, dv] = [a\, du, b_3^1\, dv] = [\omega_1^3 \omega_3^1],$$

kommen wir auf die invarianten Formen (27a), (27″) zurück.

Analog erhalten wir, indem wir die analytische Ebene (die Tangentenebene der ersten Brennfläche) $\boldsymbol{a} = [123]$ differenzieren, wobei $[ijk]$ die Ebene $(\boldsymbol{A}_i\boldsymbol{A}_j\boldsymbol{A}_k)$ bezeichnet, wegen (24a) bis (24d) § 195

$$d[123] = (\omega_1^1 + \omega_2^2 + \omega_3^3)[123] + a\omega_1^3[124] - \omega_2^4[134],$$
$$d[124] = (\omega_1^1 + \omega_2^2 + \omega_4^4)[124] - \omega_1^3[234] + a'\omega_2^4[123],$$
$$d[134] = (\omega_1^1 + \omega_3^3 + \omega_4^4)[134] + \gamma\omega_2^4[234] - \omega_2^4[123],$$

und daraus

$$\boldsymbol{a}_u = \boldsymbol{a}(a_1^1 + a_2^2 + a_3^3) + \alpha a[124],$$
$$\boldsymbol{a}_v = \boldsymbol{a}(b_1^1 + b_2^2 + b_3^3) - b[134],$$
$$[124]_v = [124](b_1^1 + b_2^2 + b_4^4) + a' b\boldsymbol{a},$$
$$[134]_u = [134](a_1^1 + a_3^3 + a_4^4) - a_4^2\boldsymbol{a}.$$

Es ergibt sich eine neue LAPLACE-Gleichung diesmal für die Ebenenkoordinaten der Fläche (für die analytische Tangentenebene)

$$\boldsymbol{a}_{uv} = \mathcal{A}'\boldsymbol{a}_u + \mathcal{B}'\boldsymbol{a}_v + C'\boldsymbol{a},$$

wobei man durch Differentiation von $\boldsymbol{a}_u$ nach v oder von $\boldsymbol{a}_v$ nach u für $\mathcal{A}'$, $\mathcal{B}'$, C' jeweils zwei Werte erhält:

$$\mathcal{A}' = \frac{\partial \ln (\alpha a)}{\partial v} + b_1^1 + b_2^2 + b_4^4 = b_1^1 + b_2^2 + b_3^3,$$

$$\mathcal{B}' = a_1^1 + a_2^2 + a_3^3 = \frac{\partial \ln b}{\partial u} + a_1^1 + a_3^3 + a_4^4,$$

$$C' = \frac{\partial}{\partial v}(a_1^1 + a_2^2 + a_3^3) + \alpha a' a b - \mathcal{A}'\mathcal{B}' =$$

$$= \frac{\partial}{\partial u}(b_1^1 + b_2^2 + b_3^3) + b a_4^2 - \mathcal{A}'\mathcal{B}'.$$

Demnach sind die Ebeneninvarianten des Brennetzes auf der ersten Brennfläche

$$H_1 = \mathcal{C}' + \mathcal{A}'\mathcal{B}' - \mathcal{A}'_u = b a_4^2, \qquad K_1 = \mathcal{C}' + \mathcal{A}'\mathcal{B}' - \mathcal{B}'_v = a a' a b,$$

und die äußeren Formen

$$\mathcal{H}_1 = H_1 [du\, dv] = b a_4^2 [du\, dv] = [a_4^2\, du, b\, dv] = [\omega_4^2 \omega_2^4],$$
$$\mathcal{K}_1 = K_1 [du\, dv] = a a' a b [du\, dv] = a a' [\omega_1^3 \omega_2^4]$$

fallen mit den Formen (27b), (27'') zusammen.

Die äußeren Formen (27a) bis (27c) hängen also mit den Punktinvarianten h_1, k_1 und den Ebeneninvarianten H_1, K_1 des Brennetzes durch die Beziehungen

$$\begin{gathered} \mathfrak{h}_1 = h_1 [du\, dv], \qquad \mathfrak{k}_1 = k_1 [du\, dv], \\ \mathcal{H}_1 = H_1 [du\, dv], \quad \mathcal{K}_1 = K_1 [du\, dv] \end{gathered} \tag{27'''}$$

zusammen, wobei u, v die Netzparameter sind, für die wir die den LAPLACE-Gleichungen entsprechenden Invarianten ausgerechnet haben.

199. Anwendungen der Theorie der invarianten äußeren Formen. Die Beziehungen zwischen den invarianten äußeren Formen einer Kongruenz haben eine große Bedeutung für die Einteilung der wichtigsten Klassen von Kongruenzen.

Angesichts des unmittelbaren Zusammenhangs (27''') zwischen den invarianten äußeren Formen $\mathfrak{h}_1$, $\mathfrak{k}_1$, $\mathcal{H}_1$, $\mathcal{K}_1$ und den Invarianten der entsprechenden LAPLACE-Gleichungen werden wir künftig die einen und die anderen ohne Unterschied als Punkt- oder Ebeneninvarianten des Netzes bezeichnen.

Aus der Gleichung (27') folgt direkt das Korrolar:

Wenn die erste Punktinvariante des Netzes gleich der zweiten Ebeneninvariante ist, dann bilden die Tangenten an die erste Netzkurvenschar eine W-Kongruenz.

Wenn die Summe der ersten Punktinvariante und der zweiten Ebeneninvariante des Brennetzes auf der ersten Brennfläche einer Kongruenz gleich Null ist, dann ist die Kongruenz eine V-Kongruenz (d. h. die Asymptotenlinien jeder Brennfläche entsprechen einem konjugierten Kurvensystem auf der anderen Brennfläche).

Die Formeln (16) § 126 liefern den Übergang von den Invarianten h, k irgendeines Netzes zu den Invarianten h_1, k_1 des nach der Seite der v-Kurven transformierten Netzes. Für den Übergang von der Fläche $(\boldsymbol{A}_1)$ zu der Fläche $(\boldsymbol{A}_2)$ nehmen diese Formeln die Gestalt an

$$h_2 = 2 h_1 - k_1 - \frac{\partial^2 \ln h_1}{\partial u\, \partial v}, \qquad k_2 = h_1, \tag{29}$$

wobei h_i, k_i die Invarianten des Netzes $(\boldsymbol{A}_i)$ sind.

Wir sehen, daß die erste Invariante der ersten Brennfläche stets gleich der zweiten Invariante der zweiten ist. Darum wird man zweckmäßigerweise die Bezeichnung ändern. Wir werden jeder Kongruenz der Folge die unter sich gleichen Invarianten ihres ersten und zweiten Brennetzes zuordnen. Dann kann man alle Punktinvarianten mit einem Buchstaben h bezeichnen, indem man der Ausgangskongruenz $(A_1 A_2)$ die Invariante $h_0 = h$, ihrer Transformierten $(A_2 A_{2v})$ die Invariante h_1 mit dem Index 1 zuordnet, ihrer in der u-Richtung Transformierten, d. h. der Kongruenz $(A_1 A_{1u})$ die Invariante h_{-1} usw.

Jedes Brennetz der LAPLACE-Folge besitzt dann als erste und zweite Invariante die Invarianten seiner beiden Kongruenzen: resp. der folgenden (in v-Richtung) und der vorausgehenden (in u Richtung).

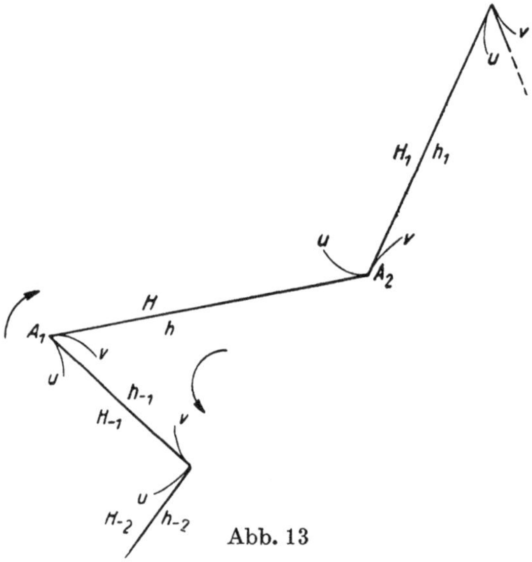

Abb. 13

Folglich ersetzt die Invariante h die beiden gleichen Invarianten $h_1 = k_2$, die Invariante h_1 nimmt den Platz von h_2 ein, die Invariante h_{-1} wird gleich k_1. Die zweite Gleichung (29) wird in den neuen Bezeichnungen zu einer Identität, und die erste nimmt für ein beliebiges Netz die Gestalt an

$$h_{i-1} + h_{i+1} = = 2h_i - \frac{\partial^2 \ln h_i}{\partial u\, \partial v}. \qquad (29')$$

Diese Formeln gelten auch für die Ebeneninvarianten, aber ihre Reihenfolge hat jetzt eine andere Richtung, weil sich für die LAPLACE-Gleichung in Ebenenkoordinaten der Übergang vom Netz (A_1) zum Netz (A_2) durch eine LAPLACE-Transformation in Richtung der u-Kurven vollzieht. Während die beiden Punkte A_1 und A_{1v} die Tangente A_1A_2 bestimmen, schneiden sich nämlich die beiden Ebenen $\boldsymbol{a} = [123]$ und $\boldsymbol{a}_v$ in einer Charakteristik, die der Verschiebung des Berührungspunktes auf einer v-Kurve entspricht, die aber mit der zum Strahl A_1A_2 konjugierten Tangente zusammenfällt, d. h. in unserer Bezeichnungsweise mit der Tangente an die u-Kurve des Netzes. Wir haben also, wenn wir die Ebeneninvariante einer Kongruenz, bei der die Punktinvariante h_i ist, mit H_i bezeichnen, als erste Ebeneninvariante des Netzes die Invariante der vorangehenden Kongruenz, und als zweite die der folgenden.

Somit erhalten wir in den neuen Bezeichnungen $k_1 \to \mathfrak{h}_{-1}$, $\mathfrak{K}_1 \to \mathfrak{H}$, $\mathfrak{H}_1 \to \mathfrak{H}_{-1}$:

$$\begin{aligned}
\mathfrak{h}_{-1} &= [\Delta\beta_2, \omega_1^3] = -\beta_{22}[\omega_1^3\omega_2^4],\\
\mathfrak{h}_1 &= -[\Delta\beta_1'\omega_2^4] = -\beta_{11}'[\omega_1^3\omega_2^4],\\
\mathfrak{h} &= \gamma\gamma'[\omega_1^3\omega_2^4], \qquad \mathfrak{H} = \alpha\alpha'[\omega_1^3\omega_2^4],\\
\mathfrak{H}_{-1} &= [\Delta\beta_1\omega_2^4] = \beta_{11}[\omega_1^3\omega_2^4],\\
\mathfrak{H}_1 &= -[\Delta\beta_2'\omega_1^3] = \beta_{22}'[\omega_1^3\omega_2^4],
\end{aligned} \qquad (30)$$

wobei wegen der Symmetrie des Tetraeders erster Ordnung bezüglich der Brennflächen die Formeln der zweiten und fünften Zeile aus den Formeln der ersten und vierten durch Ersetzung von u durch v, der Indizes 1, 4 durch 2, 3, unter Anfügung von Strichen an die β_i hervorgehen.

Die am Anfang des Paragraphen ausgesprochenen Korrolare nehmen nun die Gestalt an:

Eine W-Kongruenz wird durch die Gleichheit ihrer Punkt- und Ebeneninvarianten charakterisiert.

Eine V-Kongruenz wird dadurch charakterisiert, daß die Summe ihrer Punkt- und Ebeneninvarianten gleich Null ist.

200. Die *R*-Kongruenz. Wir nehmen nun an, daß zwei aufeinanderfolgende Kongruenzen einer Folge W-Kongruenzen sind. Dann erhalten wir

$$h_i = H_i, \quad h_{i+1} = H_{i+1}$$

und nach Formel (29′)

$$h_{i-1} = -h_{i+1} + 2h_i - \frac{\partial^2 \ln h_i}{\partial u\, \partial v} = -H_{i+1} + 2H_i - \frac{\partial^2 \ln H_i}{\partial u\, \partial v} = H_{i-1},$$

d. h. die nächste Kongruenz der Folge ist auch eine W-Kongruenz. Folglich müssen alle Kongruenzen der Folge W-Kongruenzen sein. Gemäß der Definition derartiger Kongruenzen sind es R-Kongruenzen. Wir erhalten aufs neue den Satz:

Wenn zwei aufeinanderfolgende Kongruenzen einer Folge W-Kongruenzen sind, dann besteht die ganze Folge aus W-Kongruenzen. Ein weiteres charakteristisches Kennzeichen einer R-Kongruenz ist das folgende:

Die Kongruenz $(\boldsymbol{A}_1\boldsymbol{A}_2)$ *ist genau dann eine R-Kongruenz, wenn*

$$\mathfrak{h} = \mathfrak{H}, \quad \mathfrak{h}_{-1} = \mathfrak{H}_{-1} \tag{31}$$

oder

$$\alpha\alpha' - \gamma\gamma' = 0, \quad \beta_{11} + \beta_{22} = 0. \tag{31'}$$

(31′) folgt aus (31) nach Formel (30). Jede der Gleichungen (31′) ist invariant gegenüber Transformationen des Tetraeders erster Ordnung. Die erste von ihnen besagt, daß die Kongruenz $(\boldsymbol{A}_1\boldsymbol{A}_2)$ eine W-Kongruenz ist, die zweite, daß ihre LAPLACE-Transformierte in Richtung von $\boldsymbol{A}_2$ nach $\boldsymbol{A}_1$ auch diese Eigenschaft besitzt.

201. Die Kongruenz mit gleichen Punktinvarianten. Wir bezeichnen eine Kongruenz, bei der

$$h_{-1} = h_1 \tag{32a}$$

ist, als eine Kongruenz mit *gleichen Punktinvarianten.*

Dann erhalten wir aus den beiden Gleichungen

$$h_{-2} + h = 2h_{-1} - (\ln h_{-1})_{uv}, \quad h_2 + h = 2h_1 - (\ln h_1)_{uv}$$

durch Subtraktion wegen (32a) $h_{-2} = h_2$ und durch vollständige Induktion

$$h_{-i} = h_i. \tag{32b}$$

Wir nehmen an, daß die k-te Transformierte der Kongruenz (32a) auch eine Kongruenz mit gleichen Invarianten ist; dann ergibt sich für beliebige ganze i

$$h_{k-i} = h_{k+i}. \tag{32c}$$

Durch Anwendung der Gleichung (32b) auf beide Seiten, d. h. durch die Ersetzungen $h_{k-i} = h_{-k+i}$, $h_{k+i} = h_{-k-i}$, erhalten wir

$$h_{-k+i} = h_{-k-i}.$$

Das besagt, daß die Transformierte der Ausgangskongruenz von der Ordnung $-k$ auch gleiche Punktinvarianten besitzt. Wenden wir diesen Satz auf die k-te Transformierte an, so erhalten wir, daß die $2k$-te Transformierte gleiche Invarianten besitzt usw. Damit ergibt sich der Satz:

Wenn eine Kongruenz und ihre k-te LAPLACE-*Transformierte gleiche Punktinvarianten besitzen, dann hat jede Kongruenz der Folge, deren Ordnung ein Vielfaches von k ist, dieselbe Eigenschaft.*

All dies läßt sich unmittelbar auf Ebeneninvarianten übertragen.

Der Existenzsatz für diese Kongruenzen läßt sich ohne große Mühe beweisen. Zum Beispiel ist zur Bestimmung einer Kongruenz mit gleichen Punkt- und Ebeneninvarianten das Gleichungssystem (5) § 185, (7) § 186, (9), (10) § 187 zu integrieren zusammen mit den Gleichungen

$$b_{-1} = b_1, \quad \mathcal{H}_{-1} = \mathcal{H}_1. \tag{32d}$$

Wenn man die Formeln (30) verwendet, nehmen die Gleichungen (10) und (32d) die Gestalt an

$$\begin{aligned}
&[\Delta\alpha_1\omega_1^3] - [\Delta\beta_1\omega_2^4] = 0, && [\Delta\gamma_1'\omega_1^3] + [\Delta\beta_1'\omega_2^4] = 0,\\
&\alpha[\Delta\beta_1\omega_1^3] + \gamma[\Delta\beta_2\omega_2^4] = 0, && \gamma'[\Delta\beta_1'\omega_1^3] + \alpha'[\Delta\beta_2'\omega_2^4] = 0,\\
&[\Delta\beta_2\omega_1^3] + [\Delta\gamma_2\omega_2^4] = 0, && [\Delta\beta_2'\omega_1^3] - [\Delta\alpha_2'\omega_2^4] = 0,\\
&[\Delta\beta_2\omega_1^3] + [\Delta\beta_1'\omega_2^4] = 0, && [\Delta\beta_2'\omega_1^3] + [\Delta\beta_1\omega_2^4] = 0.
\end{aligned} \tag{32e}$$

Im ersten Integralelement sind die Werte aller Formen des charakteristischen Systems durch die linearen Gleichungen (5), (7), (9) bestimmt bis auf die Formen $\Delta\alpha_1, \Delta\beta_1, \Delta\beta_2, \Delta\gamma_2, \Delta\alpha_2', \Delta\beta_1', \Delta\beta_2', \Delta\gamma_1'$. Im zweiten werden die Werte aller dieser acht unbekannten Formen aus den bilinearen Gleichungen, welche den quadratischen Gleichungen (32e) zugeordnet sind, bestimmt, wenn nur auf dem ersten Linienelement die Determinante des Systems

$$-\{\alpha\gamma'(\omega_1^3)^4 - \alpha'\gamma(\omega_2^4)^4\}(\omega_1^3\omega_2^4)^2$$

von Null verschieden ist. Das System ist in Involution und bestimmt die Kongruenz bis auf acht willkürliche Funktionen eines Arguments.

V. Die dem Kongruenzstrahl zugeordneten linearen Komplexe

202. Die invarianten linearen Komplexe der Umgebung zweiter Ordnung. Wenn der Strahl A_1A_2 fest bleibt und demzufolge die Basisformen ω_1^3, ω_2^4 und mit ihnen alle Hauptformen $\omega_1^2, \omega_2^1, \omega_3^4, \omega_4^3$ usw. verschwinden, dann nehmen die Formeln (1) § 185 die Gestalt an

$$\begin{aligned}\delta \boldsymbol{A}_1 &= \pi_1^1 \boldsymbol{A}_1, \qquad \delta \boldsymbol{A}_2 = \pi_2^2 \boldsymbol{A}_2,\\ \delta \boldsymbol{A}_3 &= \pi_3^3 \boldsymbol{A}_3 + \pi_3^1 \boldsymbol{A}_1 + \pi_3^2 \boldsymbol{A}_2,\\ \delta \boldsymbol{A}_4 &= \pi_4^4 \boldsymbol{A}_4 + \pi_4^1 \boldsymbol{A}_1 + \pi_4^2 \boldsymbol{A}_2.\end{aligned}$$

Daraus ergibt sich durch einfache Differentiation die Variation der analytischen Geraden $(\boldsymbol{A}_i \boldsymbol{A}_k)$, welche die Kanten des Tetraeders bestimmen:

$$\begin{aligned}\delta[12] &= (\pi_1^1 + \pi_2^2)\,[12],\\ \delta[13] &= (\pi_1^1 + \pi_3^3)\,[13] + \pi_3^2\,[12],\\ \delta[14] &= (\pi_1^1 + \pi_4^4)\,[14] + \pi_4^2\,[12],\\ \delta[23] &= (\pi_2^2 + \pi_3^3)\,[23] - \pi_3^1\,[12],\\ \delta[42] &= (\pi_2^2 + \pi_4^4)\,[42] + \pi_4^1\,[12],\\ \delta[34] &= (\pi_3^3 + \pi_4^4)\,[34] + \pi_3^1\,[14] - \pi_3^2\,[42] -\\ &\qquad - \pi_4^1\,[13] - \pi_4^2\,[23].\end{aligned} \tag{33a}$$

Jetzt kann die Variation eines analytischen Punktes $\mathfrak{a}$ des projektiven Raumes P_5, der das Bild eines beliebigen linearen Komplexes darstellt

$$\mathfrak{a} = a^{ik}[ik], \quad \text{Summierung über } i, k = 1, 2, 3, 4$$

in der Gestalt hingeschrieben werden

$$\begin{aligned}\delta\mathfrak{a} = [12]\,\{&\delta a^{12} + (\pi_1^1 + \pi_2^2) a^{12} + \pi_3^2 a^{13} + \pi_4^2 a^{14} - \pi_3^1 a^{23} + \pi_4^1 a^{42}\}\\ + [13]\,\{&\delta a^{13} + (\pi_1^1 + \pi_3^3) a^{13} - \pi_4^1 a^{34}\} +\\ + [14]\,\{&\delta a^{14} + (\pi_1^1 + \pi_4^4) a^{14} + \pi_3^1 a^{34}\} +\\ + [23]\,\{&\delta a^{23} + (\pi_2^2 + \pi_3^3) a^{23} - \pi_4^2 a^{34}\} +\\ + [42]\,\{&\delta a^{42} + (\pi_2^2 + \pi_4^4) a^{42} - \pi_3^2 a^{34}\} +\\ + [34]\,\{&\delta a^{34} + (\pi_3^3 + \pi_4^4) a^{34}\}.\end{aligned} \tag{33b}$$

Um einen Komplex $\mathfrak{a}$ zu konstruieren, der mit der differentiellen Umgebung n-ter Ordnung des Kongruenzstrahls invariant zusammenhängt, hat man für die Koordinaten a^{ik} unter den Koeffizienten der Entwicklung der Hauptformen n-ter Ordnung nach den Formen ω_1^3, ω_2^4 derartige Ausdrücke auszuwählen, daß sich der Komplex $\mathfrak{a}$ bis auf einen von Null verschiedenen Faktor bei den zulässigen Transformationen des Koordinatentetraeders $\{\boldsymbol{A}_i\}$ nicht ändert, d. h. daß der Komplex $\mathfrak{a}$ der Gleichung genügt

$$\delta\mathfrak{a} = \theta\mathfrak{a}, \tag{33c}$$

wobei θ eine beliebige Form der sekundären Parameter ist. Zugelassen sind die Transformationen, welche das Tetraeder wieder in ein Tetraeder erster Ordnung überführen.

Man sieht leicht ein, daß man diese Bedingung befriedigen kann, indem man alle $a^{ik} = 0$ setzt, außer $a^{12} = 1$. Dabei wird die Form θ gleich $\pi_1^1 + \pi_2^2$. Allerdings ist der Komplex

$$\mathfrak{a}_0 = [12],$$

der zweifellos invariant ist, nicht von Interesse; es ist ein spezieller linearer Komplex, dessen Achse mit dem Kongruenzstrahl $A_1 A_2$ zusammenfällt, demnach der Komplex, der alle Geraden enthält, die den betrachteten Strahl $A_1 A_2$ unserer Kongruenz schneiden.

Wir nehmen nun an, daß der Komplex $\mathfrak{a}$ wenigstens eine Komponente außer a^{12} besitzt. Wir setzen in die Gleichung (33c) den Wert von $\delta\mathfrak{a}$ nach Formel (33b) ein und vergleichen auf beiden Seiten die Koeffizienten der analytischen Geraden [12]. Wir erhalten die Gleichung

$$\delta a^{12} + (\pi_1^1 + \pi_2^2) a^{12} + \pi_3^2 a^{13} + \pi_4^2 a^{14} - \pi_3^1 a^{23} + \pi_4^1 a^{42} = \theta a^{12}. \qquad (33\text{d})$$

Unter der gemachten Voraussetzung folgt daraus, daß die Variation δa^{12} Glieder mit den sekundären Formen π_i^k derart enthalten muß, daß sie sich gegen die letzten vier Glieder der linken Seite wegheben, die von Null verschieden sind. Wenn wir nicht über die differentielle Umgebung zweiter Ordnung hinausgehen wollen, und demnach nur die Koeffizienten $\alpha, \beta, \gamma, \alpha', \beta', \gamma'$ verwenden, dann können wir nur Glieder wegheben, welche die Formen π_3^2 und π_4^1 enthalten, indem wir die Formeln (14b) § 188 verwenden:

$$\delta\beta = -\pi_3^2 + \beta(\pi_3^3 - \pi_2^2), \qquad \delta\beta' = -\pi_4^1 + \beta'(\pi_4^4 - \pi_1^1).$$

In der Tat wird bei

$$a^{12} = x\beta + y\beta'$$

die Variation

$$\delta a^{12} = \beta\,\delta x + \beta'\,\delta y + x\beta(\pi_3^3 - \pi_2^2) + y\beta'(\pi_4^4 - \pi_1^1) - x\pi_3^2 - y\pi_4^1.$$

Das Einsetzen dieses Wertes in die Gleichung (33d) zeigt, daß man

$$a^{13} = x, \quad a^{42} = y, \quad a^{14} = 0, \quad a^{23} = 0, \quad a^{34} = 0$$

setzen muß; die letzte Gleichung wurde schon aus der Betrachtung der anderen Gleichungen erhalten, die aus der Gleichung (33c) hervorgehen. Setzen wir diese Werte in die Gleichung (33b) ein, wobei wir wieder unterstellen, daß $\delta\mathfrak{a}$ der Gleichung (33c) genügt, und vergleichen die Koeffizienten aller Geraden $[ik]$ auf beiden Seiten, so kommen wir nur auf drei Gleichungen (die übrigen drei werden identisch befriedigt):

$$\beta\,\delta x + \beta'\,\delta y + x\beta(\pi_3^3 + \pi_1^1) + y\beta'(\pi_4^4 + \pi_2^2) = \theta\,(x\beta + y\beta'),$$
$$\delta x + x(\pi_1^1 + \pi_3^3) = \theta x, \qquad \delta y + y(\pi_2^2 + \pi_4^4) = \theta y.$$

Eliminieren wir aus den drei Gleichungen δx, δy, so erhalten wir eine Identität; folglich sind zwei Gleichungen unabhängig, z. B. die letzten beiden; eliminieren wir aus ihnen θ, so ergibt sich

$$\delta \ln \frac{x}{y} = \pi_2^2 + \pi_4^4 - \pi_1^1 - \pi_3^3.$$

Durch Verwendung der Formeln (14a) § 188 erhalten wir

$$\delta \ln \frac{\alpha'}{\gamma} = \delta \ln \frac{\gamma'}{\alpha} = \pi_2^2 + \pi_4^4 - \pi_1^1 - \pi_3^3.$$

Folglich können wir setzen

$$x = \alpha', \quad y = \gamma \quad \text{oder} \quad x = \gamma', \quad y = \alpha.$$

Es versteht sich von selbst, daß das Verhältnis $\frac{x}{y}$ mit einer beliebigen konstanten Zahl oder mit einer beliebigen Funktion der absoluten Invariante $I = \frac{\alpha\alpha'}{\gamma\gamma'}$ multipliziert werden darf. Wir erhalten z. B. als invariante Komplexe der differentiellen Umgebung zweiter Ordnung

$$\begin{aligned} \mathfrak{a}_1 &= (\alpha'\beta + \gamma\beta')\,[12] + \alpha'\,[13] + \gamma[42], \\ \mathfrak{a}_2 &= (\gamma'\beta + \alpha\beta')\,[12] + \gamma'\,[13] + \alpha\,[42]. \end{aligned} \tag{34a}$$

Offenbar ist das ganze Büschel der Komplexe

$$\mathfrak{a} = \mathfrak{a}_1 + \lambda\mathfrak{a}_2, \tag{34b}$$

wobei λ eine beliebige Konstante oder sogar eine Funktion der absoluten Invariante $I = \frac{\alpha\alpha'}{\gamma\gamma'}$ ist, invariant mit der Umgebung zweiter Ordnung des Strahls verknüpft.

203. Die linearen Berührkomplexe einer Kongruenz. Nicht ganz so leicht ist die geometrische Bedeutung der Komplexe (34b) zu klären. Zunächst ist zu sagen, daß alle Komplexe des Büschels die Kongruenz $(\boldsymbol{A}_1\boldsymbol{A}_2)$ berühren, d. h. sie enthalten nicht nur den Strahl $(\boldsymbol{A}_1\boldsymbol{A}_2)_0$, sondern auch die ganze differentielle Umgebung erster Ordnung $(\boldsymbol{A}_1\boldsymbol{A}_2)_0 + d(\boldsymbol{A}_1\boldsymbol{A}_2)$.

Wir weisen darauf hin, daß der lineare Komplex $\mathfrak{a}$ alle Geraden $\boldsymbol{p}$ enthält, deren Koordinaten der Gleichung genügen

$$\{\mathfrak{a}\boldsymbol{p}\} = 0.$$

Folglich läßt sich die Bedingung für die Berührung erster Ordnung durch die Gleichungen ausdrücken

$$\{\mathfrak{a}[12]\} = 0, \qquad \{\mathfrak{a}d[12]\} = 0. \tag{34c}$$

Setzen wir hier

$$d[12] = (\omega_1^1 + \omega_2^2)\,[12] + \omega_2^4[14] - \omega_1^3[23]$$

ein, so geht das System (34c) über in

$$\{\mathfrak{a}[12]\} = 0, \qquad \omega_2^4\{\mathfrak{a}[14]\} - \omega_1^3\{\mathfrak{a}[23]\} = 0.$$

Diese Gleichungen müssen für jedes beliebige Verhältnis $\omega_1^3 : \omega_2^4$ befriedigt werden. Setzen wir hierin $\mathfrak{a} = a^{ik}\,[ik]$ und die Koeffizienten von ω_1^3, ω_2^4 gleich Null, so erhalten wir die Bedingung für die Berührung erster Ordnung in der Gestalt

$$a^{34} = 0, \qquad a^{23} = 0, \qquad a^{14} = 0. \tag{34d}$$

Diesen Bedingungen genügen die beiden Komplexe der Basis von (34a) und demnach alle Komplexe des Büschels, aber nicht nur sie allein, denn die Gleichungen (34d) unterwerfen die übrigen Koordinaten des Komplexes keinerlei Bedingungen.

Der lineare Komplex $\mathfrak{a}$ hat eine Berührung zweiter Ordnung, wenn außer den Gleichungen (34c) noch die Gleichung gilt

$$\{\mathfrak{a}\, d^2[12]\} = 0. \tag{34e}$$

Wenn die Gleichungen (34d) schon erfüllt sind, dann ist die Gleichung (34e) gleichbedeutend mit

$$\{\mathfrak{a}\, \omega_2^4 d[14] - \omega_1^3 d[23]\} = 0.$$

Setzen wir hierin

$$d[14] = (\omega_1^1 + \omega_4^4)\,[14] - \omega_1^2[42] + \omega_1^3[34] + \omega_4^2[12] + \omega_4^3[13],$$
$$d[23] = (\omega_2^2 + \omega_3^3)\,[23] + \omega_2^1[13] - \omega_2^4[34] - \omega_3^1[12] - \omega_3^4[42]$$

ein und beachten (34d), so ergibt sich

$$\{\mathfrak{a}[42]\}\,(\omega_1^3\omega_3^4 - \omega_1^2\omega_2^4) + \{\mathfrak{a}[13]\}\,(\omega_2^4\omega_4^3 + \omega_2^1\omega_1^3) + 2\,\{\mathfrak{a}[34]\}\,\omega_1^3\omega_2^4 = 0.$$

Wir setzen der Kürze halber $\beta = 0$, $\beta' = 0$, d. h. wir beziehen unsere Kongruenz auf die Tangenten der Brennetze; wenn wir nun $\mathfrak{a} = a^{ik}\,[ik]$ einsetzen und die Formeln (7) § 186 verwenden, dann nimmt die Bedingung für die Berührung zweiter Ordnung die Gestalt an

$$(\alpha a^{13} - \gamma' a^{42})\,(\omega_1^3)^2 + (\alpha' a^{42} - \gamma a^{13})\,(\omega_2^4)^2 + 2a^{12}\omega_1^3\omega_2^4 = 0. \tag{34f}$$

Diese bezüglich der Formen ω_1^3, ω_2^4 quadratische Gleichung bestimmt zwei Scharen von Regelflächen der Kongruenz, längs deren der Berührkomplex mit den Koordinaten a^{12}, a^{13}, a^{42} eine Berührung zweiter Ordnung hat.

Wenn wir verlangen, daß diese beiden Scharen von Regelflächen mit einer der beiden Torsenscharen der Kongruenz zusammenfallen, mit der ersten oder der zweiten, dann erhalten wir:

$$\alpha' a^{42} - \gamma a^{13} = 0, \quad a^{12} = 0 \quad \text{oder} \quad \alpha a^{13} - \gamma' a^{42} = 0, \quad a^{12} = 0,$$

d. h. bei Beachtung von $\beta = 0$, $\beta' = 0$ den ersten oder zweiten Basiskomplex (34a).

Setzen wir in die Gleichung (34f) die Werte $a^{12} = 0$, $a^{13} = \alpha' + \lambda\gamma'$, $a^{42} = \gamma + \lambda\alpha$ ein, so ergibt sich die Gleichung der Flächen, längs deren sich die Ordnung der Berührung der Büschelkomplexe $\mathfrak{a} = \mathfrak{a}_1 + \lambda\mathfrak{a}_2$ mit der Kongruenz $(\boldsymbol{A}_1\boldsymbol{A}_2)$ erhöht, in der Gestalt

$$(\alpha\alpha' - \gamma\gamma')\,\{(\omega_1^3)^2 - \lambda(\omega_2^4)^2\} = 0. \tag{34g}$$

Diese Gleichung gilt identisch, wenn

$$\alpha\alpha' - \gamma\gamma' = 0.$$

In diesem Fall wird die Kongruenz eine W-Kongruenz und jeder Komplex des Büschels $\mathfrak{a} = \mathfrak{a}_1 + \lambda\mathfrak{a}_2$ hat mit der Kongruenz $(\boldsymbol{A}_1\boldsymbol{A}_2)$ eine Berührung zweiter Ordnung; unter dieser Bedingung sind die Basiskomplexe aber proportional

$$\mathfrak{a}_1 = \frac{\gamma}{\alpha}\,\mathfrak{a}_2,$$

und damit fallen alle Komplexe des Büschels zusammen und ergeben den Schmiegkomplex der Kongruenz:

$$\mathfrak{a} = \alpha'[13] + \gamma[42]. \tag{35}$$

Satz: *Nur die W-Kongruenzen besitzen einen linearen Schmiegkomplex.*

Der Satz folgt direkt aus der Gleichung (34f). Damit der Komplex eine Berührung zweiter Ordnung hat, muß die Gleichung (34f) für beliebige Werte der Formen ω_1^3, ω_2^4 befriedigt werden. Dies führt auf die Gleichungen

$$\begin{aligned} \alpha a^{13} - \gamma' a^{42} &= 0, \\ \gamma a^{13} - \alpha' a^{42} &= 0, \end{aligned} \qquad a^{12} = 0.$$

Damit ein Schmiegkomplex existiert, muß das System eine nichttriviale Lösung besitzen, dies verlangt aber das Verschwinden der Systemdeterminante;

$$\alpha\alpha' - \gamma\gamma' = 0,$$

was die W-Kongruenzen charakterisiert.

204. Die invarianten linearen Komplexe der Umgebung dritter Ordnung. Wenn wir uns der Umgebung dritter Ordnung zuwenden und die Funktionen $\alpha_1, \beta_1, \beta_2, \gamma_2$ und die entsprechenden mit den Strichen einführen, dann ergeben sich weitaus größere Möglichkeiten für die Konstruktion eines mit der Kongruenz invariant zusammenhängenden Komplexes, denn die Variationen $\delta\alpha_1, \delta\beta_1, \delta\beta_2, \delta\gamma_2, \ldots$ führen schon die Formen π_3^1, π_4^2 ein. Da die Summe invarianter Komplexe wieder einen invarianten Komplex bildet, können wir bei der Konstruktion eines neuen Komplexes die zu den Komplexen $\mathfrak{a}_1$, $\mathfrak{a}_2$ proportionalen Glieder weglassen.

Setzen wir

$$a^{12} = x\beta_1 + y\beta_2,$$

so erhalten wir nach den Formeln (14c) § 190

$$\delta a^{12} = \beta_1 \delta x + \beta_2 \delta y + x\beta_1(\pi_4^4 - \pi_2^2) + y\beta_2(\pi_3^3 - \pi_1^1) - x\pi_4^2 + y\pi_3^1.$$

Die Gleichung (33d) besagt nun, daß man, um die Glieder wegzuheben, welche die Formen π_i^k enthalten, setzen muß:

$$a^{14} = x, \quad a^{23} = y, \quad a^{42} = 0, \quad a^{13} = 0, \quad a^{34} = 0.$$

Die Gleichung (33c) liefert wieder, wenn man $\delta\mathfrak{a}$ ausrechnet und nach Komponenten entwickelt, drei Gleichungen

$$\begin{gathered} \beta_1 \delta x + \beta_2 \delta y + x\beta_1(\pi_1^1 + \pi_4^4) + y\beta_2(\pi_2^2 + \pi_3^3) = \theta(x\beta_1 + y\beta_2), \\ \delta x + x(\pi_1^1 + \pi_4^4) = \theta x, \qquad \delta y + y(\pi_2^2 + \pi_3^3) = \theta y. \end{gathered}$$

Setzen wir δx, δy aus den letzten Gleichungen in die erste ein, so kommen wir auf eine Identität. Folglich sind von den drei Gleichungen zwei unabhängig, z. B. die letzten beiden. Die Elimination von θ aus diesen ergibt eine einzige Gleichung für x, y

$$\delta \ln \frac{x}{y} = \pi_2^2 + \pi_3^3 - \pi_1^1 - \pi_4^4.$$

Da

$$\delta \ln \sqrt{\frac{\alpha}{\gamma}} = \delta \ln \sqrt{\frac{\gamma'}{\alpha'}} = \pi_2^2 + \pi_3^3 - \pi_1^1 - \pi_4^4,$$

können wir z. B. setzen

$$x = \sqrt{\alpha}, \quad y = \sqrt{\gamma}.$$

Die Komplexe

$$\begin{aligned} \mathfrak{a}_3 &= (\beta_1 \sqrt{\alpha} + \beta_2 \sqrt{\gamma})[12] + \sqrt{\alpha}[14] + \sqrt{\gamma}[23], \\ \mathfrak{a}_4 &= (\beta_1' \sqrt{\gamma'} + \beta_2' \sqrt{\alpha'})[12] - \sqrt{\gamma'}[14] - \sqrt{\alpha'}[23] \end{aligned} \tag{36a}$$

sind invariant und gehören zur Umgebung dritter Ordnung. Ebenso kann man, wie die Gleichungen (14c') § 190 besagen, setzen

$$x = \alpha_1 + 3\beta_2, \quad y = \gamma_2 - 3\beta_1 \quad \text{oder} \quad x = \gamma_1' - 3\beta_2', \quad y = \alpha_2' + 3\beta_1'.$$

Einen neuen Komplex (der die Gerade $A_1 A_2$ nicht mehr enthält) erhalten wir, wenn wir die Komponente $a^{34}[34]$ einführen. Setzen wir $a^{34} = x$, so müssen wir, um in den Gleichungen

$$\begin{aligned} &\delta a^{13} + a^{13}(\pi_1^1 + \pi_3^3) - x\pi_4^1 = \theta a^{13}, \qquad \delta a^{14} + a^{14}(\pi_1^1 + \pi_4^4) + x\pi_3^1 = \theta a^{14}, \\ &\delta a^{23} + a^{23}(\pi_2^2 + \pi_3^3) - x\pi_4^2 = \theta a^{23}, \qquad \delta a^{42} + a^{42}(\pi_2^2 + \pi_4^4) - x\pi_3^2 = \theta a^{42} \end{aligned}$$

die Glieder, welche die Formen π_i^k enthalten, wegheben zu können, setzen

$$a^{13} = -x\beta', \quad a^{14} = -x\beta_2, \quad a^{23} = -x\beta_1, \quad a^{42} = -x\beta.$$

Nach Gleichung (33d) empfiehlt es sich, für a^{12} den Ausdruck zu wählen

$$a^{12} = -x\beta\beta' - x\beta_1\beta_2.$$

Die Gleichung (33c) führt nun bei Entwicklung nach den Komponenten auf eine Gleichung

$$\delta x + x(\pi_3^3 + \pi_4^4) = \theta x.$$

Ohne Einschränkung der Allgemeinheit kann man $x = -1$ setzen. Wir erhalten dann den invarianten Komplex

$$\mathfrak{a}_5 = (\beta\beta' + \beta_1\beta_2)[12] + \beta'[13] + \beta[42] + \beta_1[23] + \beta_2[14] - [34]. \tag{36b}$$

Man sieht leicht ein, daß für das PLÜCKERsche Produkt gilt

$$\{\mathfrak{a}_5 \mathfrak{a}_5\} = -(\beta\beta' + \beta_1\beta_2) + \beta\beta' + \beta_1\beta_2 = 0;$$

folglich ist der Komplex speziell. Um die Lage seiner Achse festzustellen, beziehen wir die Kongruenz auf das Tetraeder, welches über den Tangenten der beiden Brennetze und den Achsen des ersten Brennetzes errichtet ist. Nach den Formeln (24b) bis (24d) § 195 erhalten wir dann

$$\beta = 0, \quad \beta' = 0, \quad \beta_1 = 0, \quad \beta_2 = 0,$$

und der Komplex (36b)

$$\mathfrak{a}_5 = -[34]$$

hat als Achse die Kante $A_3 A_4$. Da A_3 die erste LAPLACE-Transformierte des Brennpunkts A_1 ist, da weiter die Kante $A_1 A_4$ die erste Achse des Brennetzes

$(\boldsymbol{A}_1)$ und die Gerade $\boldsymbol{A}_2\boldsymbol{A}_4$ die erste Transformierte des Strahls $\boldsymbol{A}_1\boldsymbol{A}_2$ in der Richtung von $\boldsymbol{A}_1$ nach $\boldsymbol{A}_2$ ist, besitzt der Komplex $\mathfrak{a}_5$ eine höchst einfache und sogar triviale Bedeutung: es ist der spezielle Komplex, dessen Achse die erste LAPLACE-Transformierte des Brennpunkts $\boldsymbol{A}_1$ mit demjenigen Punkt der ersten Transformierte des Strahls $\boldsymbol{A}_1\boldsymbol{A}_2$ in der andern Richtung verbindet, in dem diese die erste Achse des Netzes $(\boldsymbol{A}_1)$ schneidet.

VI. Die W-Kongruenzen

205. Der Schmiegkomplex einer W-Kongruenz. Eine W-Kongruenz wird durch die Gleichung bestimmt

$$\alpha\alpha' - \gamma\gamma' = 0. \tag{37a}$$

Differenzieren wir diese Gleichung und verwenden die Formeln (8′) § 187, so erhalten wir

$$\Delta\alpha + \Delta\alpha' - \Delta\gamma - \Delta\gamma' = 0. \tag{37b}$$

Wenn wir hier die Werte (9) § 187 einsetzen und die Koeffizienten von ω_1^3, ω_2^4 vergleichen, so ergibt sich

$$\begin{aligned} \alpha_1 - \gamma_1' &= \beta_2 + \beta_2', \\ \alpha_2' - \gamma_2 &= \beta_1 + \beta_1'. \end{aligned} \tag{37c}$$

Eine neue Differentiation mit Hilfe der Formeln (10′) § 187 liefert

$$\begin{aligned} \Delta\alpha_1 - \Delta\gamma_1' &= \Delta\beta_2 + \Delta\beta_2', \\ \Delta\alpha_2' - \Delta\gamma_2 &= \Delta\beta_1 + \Delta\beta_1', \end{aligned} \tag{37d}$$

daraus erhalten wir, indem wir mit Hilfe der Formeln (11) § 187 in Komponenten entwickeln:

$$\begin{aligned} \alpha_{11} - \gamma_{11}' &= \alpha\beta_{12} + \gamma'\beta_{12}', \\ \beta_{11} + \beta_{11}' + \beta_{22} + \beta_{22}' &= 0, \\ \alpha_{22}' - \gamma_{22} &= \gamma\beta_{12} + \alpha'\beta_{12}'. \end{aligned} \tag{37e}$$

Eine W-Kongruenz besitzt einen bestimmten linearen Schmiegkomplex, der mit der Kongruenz in einem gegebenen ihrer Strahlen eine Berührung zweiter Ordnung hat. Ist dieser Schmiegkomplex nun für jeden Kongruenzstrahl ein anderer, oder gibt es eine Regelfläche derart, daß längs dieser der Schmiegkomplex ungeändert bleibt?

Wenn der Schmiegkomplex $\mathfrak{a}$ bei einer Verschiebung von einem Strahl zu einem andern innerhalb der Kongruenz ungeändert bleibt, dann ist für diese Verschiebung das Differential des analytischen Punktes $\mathfrak{a}$, welcher das Bild des Schmiegkomplexes im fünfdimensionalen Raum P_5 darstellt, proportional zum Punkt $\mathfrak{a}$ selbst;

$$d\mathfrak{a} = \theta\mathfrak{a}, \tag{38a}$$

wobei θ eine geeignete PFAFFsche Form ist.

Wir beziehen, der einfachen Rechnung wegen, die Kongruenz $(\boldsymbol{A}_1 \boldsymbol{A}_2)$ auf das Tetraeder, welches über den Tangenten der beiden Brennetze errichtet ist, d. h. wir setzen

$$\beta = 0, \quad \beta' = 0, \quad \Delta\beta = \omega_3^2, \quad \Delta\beta' = \omega_4^1. \tag{38b}$$

Der Schmiegkomplex wird auf den Punkt abgebildet

$$\mathfrak{a} = \gamma[42] + \alpha'[13]. \tag{38c}$$

Differenzieren wir diesen Ausdruck unter Berücksichtigung der Beziehung (37a), so erhalten wir

$$d\mathfrak{a} = [42]\{d\gamma + \gamma(\omega_2^2 + \omega_4^4)\} + [13]\{d\alpha' + \alpha'(\omega_1^1 + \omega_3^3)\} + [12]\{\gamma\omega_4^1 + \alpha'\omega_3^2\}.$$

Setzen wir diese Werte von $\mathfrak{a}$ und $d\mathfrak{a}$ in die Gleichung (38a) ein und vergleichen die Koeffizienten bei denselben Klammern $[ik]$, so ergeben sich drei Gleichungen

$$\begin{aligned} d\gamma + \gamma(\omega_2^2 + \omega_4^4) &= \theta\gamma, \\ d\alpha' + \alpha'(\omega_1^1 + \omega_3^3) &= \theta\alpha', \end{aligned} \qquad \gamma\omega_4^1 + \alpha'\omega_3^2 = 0,$$

woraus durch Eliminierung von θ unter Berücksichtigung von (38b) und (8') § 187 entsteht:

$$\Delta\gamma - \Delta\alpha' = 0, \quad \gamma\Delta\beta' + \alpha'\Delta\beta = 0. \tag{39a}$$

Wie die Gleichung (22) § 194 besagt, sind die beiden Gleichungen unter der Bedingung (37a) invariant, d. h. sie hängen nicht von der Wahl des Tetraeders erster Ordnung ab.

Entwickeln wir diese Gleichungen mit Hilfe der Formeln (9) § 187 und verwenden die Beziehungen (37a), (37c), so erhalten wir

$$\begin{aligned} (\beta_2 + \beta_2')\,\omega_1^3 - (\beta_1 + \beta_1')\,\omega_2^4 &= 0, \\ \alpha(\beta_1 + \beta_1')\,\omega_1^3 + \gamma(\beta_2 + \beta_2')\,\omega_2^4 &= 0. \end{aligned} \tag{39b}$$

Diese beiden Gleichungen bezüglich ω_1^3, ω_2^4 sind verträglich, wenn die Determinante des Systems verschwindet

$$\alpha(\beta_1 + \beta_1')^2 + \gamma(\beta_2 + \beta_2')^2 = 0. \tag{39c}$$

Gilt

$$\beta_1 + \beta_1' = 0, \quad \beta_2 + \beta_2' = 0, \tag{39d}$$

dann werden die Gleichungen (39b) bei beliebigen Werten von ω_1^3, ω_2^4 befriedigt; der Komplex $\mathfrak{a}$ bleibt dann unverändert bei allen Verschiebungen des Strahls innerhalb der Kongruenz, d. h. die Kongruenz gehört einem linearen Komplex an.

Wenn $\beta_1 + \beta_1' \neq 0$ und demnach $\beta_2 + \beta_2' \neq 0$, dann erhalten wir durch Elimination der beiden Klammern $\beta_1 + \beta_1'$, $\beta_2 + \beta_2'$ aus den Gleichungen (39b)

$$\alpha(\omega_1^3)^2 + \gamma(\omega_2^4)^2 = 0,$$

d. h. die Gleichung der Asymptotenlinien auf der Fläche $(\boldsymbol{A}_1)$ und damit auch auf $(\boldsymbol{A}_2)$.

Wenn der Schmiegkomplex längs genau einer Regelfläche der Kongruenz durch den betrachteten Strahl ein und derselbe bleibt, dann berührt diese Regelfläche die Brennflächen längs zweier entsprechender Asymptotenlinien.

206. Die W-Kongruenzen mit einer einparametrigen Schar linearer Schmiegkomplexe. Diese Kongruenzen werden durch die Gleichungen (37a), (39c) bestimmt. Wir normieren die Eckpunkte des Tetraeders derart, daß

$$\gamma = -\alpha. \tag{40a}$$

Die Differentiation dieser Gleichung unter Berücksichtigung der Formeln (8′) § 187 ergibt

$$\omega_1^1 - \omega_2^2 - \omega_3^3 + \omega_4^4 = \frac{\varDelta\alpha - \varDelta\gamma}{2}, \tag{40b}$$

was besagt, daß die Kombination der Komponenten, welche auf der linken Seite steht, eine Hauptform wird.

Setzen wir die Werte (40a) in die Gleichung (39c) ein und dividieren durch die von Null verschiedene Funktion α, so erhalten wir auf der linken Seite die Differenz zweier Quadrate. Die beiden Faktoren, die sich dann auf der linken Seite ergeben, entsprechen den zwei Möglichkeiten in der Wahl der Asymptotenlinie, die durch den Punkt A_1 geht. Wenn wir setzen

$$\beta_1 + \beta_1' + \beta_2 + \beta_2' = 0, \tag{40c}$$

dann liefern die Gleichungen (39b) die Asymptotenlinie

$$\omega_1^3 + \omega_2^4 = 0.$$

Der Kongruenzstrahl $(A_1 A_2)$, der diese Asymptotenlinie (und die ihr entsprechende Asymptotenlinie der zweiten Brennfläche) schneidet, erzeugt eine sogenannte asymptotische Regelfläche der Kongruenz, die wir mit dem Buchstaben $\mathcal{H}$ bezeichnen.

Durch jeden Kongruenzstrahl einer W-Kongruenz gehen zwei asymptotische Regelflächen.

Die Fläche $\mathcal{H}$ ist für unsere Kongruenz dadurch bemerkenswert, daß ihre Erzeugenden in einem linearen Komplex liegen, der mit der Kongruenz in jeder Erzeugenden der Fläche eine Berührung zweiter Ordnung hat, d. h. die Kongruenz besitzt einen festen linearen Schmiegkomplex längs jeder Fläche $\mathcal{H}$.

Die Kongruenz wird durch das System linearer Differentialgleichungen (5) § 185, (7) § 186, (9) § 187 zusammen mit den quadratischen Gleichungen (10) § 187 und den Gleichungen (37c) und (40a, c) bestimmt.

Die Differentiation der Gleichungen (37c) ergibt das System (37d); die Differentiation der Gleichungen (40c) führt unter Berücksichtigung der Formeln (10′), (40b) auf die Gleichung

$$\begin{aligned}\varDelta\beta_1 + \varDelta\beta_2 + \varDelta\beta_1' + \varDelta\beta_2' &= (\beta\alpha' - \beta'\alpha)(\omega_1^3 - \omega_2^4) + \\ &+ (\beta_2 + \beta_2')\left\{\frac{\alpha_1 + \beta_2 - 2\beta_2'}{2}\,\omega_1^3 + \frac{\beta_1 - \gamma_2 - 2\beta_1'}{2}\,\omega_2^4\right\}.\end{aligned} \tag{40d}$$

Das System (37d) kann man nach $\Delta\alpha_1$, $\Delta\alpha_2'$, $\Delta\gamma_2$, $\Delta\gamma_1'$ auflösen, wenn man die neuen linearen Formen θ_1, θ_2 mittels der Gleichungen einführt

$$\begin{aligned} \Delta\alpha_1 &= \Delta\beta_2 + \theta_1, & \Delta\gamma_2 &= -\Delta\beta_1 + \theta_2, \\ \Delta\alpha_2' &= \Delta\beta_1' + \theta_2, & \Delta\gamma_1' &= -\Delta\beta_2' + \theta_1. \end{aligned} \tag{40e}$$

Geht man damit in die quadratischen Gleichungen (10) ein, so reduzieren sich diese auf fünf unabhängige Gleichungen

$$\begin{aligned} &[\Delta\beta_1\omega_1^3] - [\Delta\beta_2\omega_2^4] = 0, \qquad [\theta_1\omega_1^3] - [\theta_2\omega_2^4] = 0, \\ &[\Delta\beta_1'\omega_1^3] - [\Delta\beta_2'\omega_2^4] = 0, \qquad [\theta_1\omega_1^3] + [\Delta\beta_2\omega_1^3] - [\Delta\beta_1\omega_2^4] = 0, \\ &[\Delta\beta_1 + \Delta\beta_2 + \Delta\beta_1' + \Delta\beta_2', \ \omega_1^3 - \omega_2^4] = 0. \end{aligned} \tag{40f}$$

Setzen wir in die letzte Gleichung den Wert des ersten Faktors aus der Gleichung (40d) ein, so erhalten wir eine neue endliche Gleichung

$$(\beta_2 + \beta_2')\,\{\alpha_1 + \beta_1 + \beta_2 - \gamma_2 - 2(\beta_1' + \beta_2')\} = 0.$$

Wenn der erste Faktor verschwindet, dann gehört die Kongruenz einem linearen Komplex an.

Den zweiten Faktor kann man wegen (40c) umformen in

$$\alpha_1 - \gamma_2 + 3(\beta_1 + \beta_2) = 0. \tag{40g}$$

Differenzieren wir unter Berücksichtigung der vorangehenden Gleichungen, so ergibt sich

$$\begin{aligned} 4(\Delta\beta_1 + \Delta\beta_2) + \theta_1 - \theta_2 &= 4(\beta + \alpha)\alpha'(\omega_1^3 - \omega_2^4) + \\ &+ \frac{(\alpha_1)^2 + 2\alpha_1\beta_2 + 5(\beta_2)^2}{2}\,\omega_1^3 - \frac{5(\beta_1)^2 - 2\beta_1\gamma_2 + (\gamma_2)^2}{2}\,\omega_2^4. \end{aligned}$$

Das System enthält $s_1 = 4$ quadratische Gleichungen, die ersten vier des Systems (40f); die fünfte ist wegen (40g) erfüllt.

Im zweiten Integralelement erster Ordnung, das zur Konstruktion der Kette herangezogen wird, werden alle Formen θ_i, $\Delta\beta_i$, $\Delta\beta_i'$ aus den vier bilinearen Gleichungen bestimmt, welche den ersten vier quadratischen Gleichungen (40f) zugeordnet sind, und aus den beiden linearen (40d), (40h), wenn die Determinante

$$(\omega_1^3 + \omega_2^4)^4$$

des Systems nicht Null ist. Die Kette ist nicht singulär. Da

$$s_1 = 4, \qquad s_2 = 0,$$

gibt es eine Integralmannigfaltigkeit mit einer Willkür von vier Funktionen eines Arguments.[1])

[1]) Außer ω_1^3 und ω_2^4, die den Differentialen der Parameter u, v entsprechen, sind noch die Formen ω_1^1, ω_2^2, ω_3^3, ω_3^1, ω_3^2, ω_4^1, ω_4^2 ihrem Werte nach beliebig wählbar, aber sie gehen in das charakteristische System (40f) nicht ein und haben für die Integrallösung keine Bedeutung. Es wäre also zunächst $s_2 = 7$. Dem entspricht die Tatsache, daß das benutzte Tetraeder erster Ordnung noch von 7 Parametern abhängt, die beliebig als Funktionen von u und v gewählt werden können. Legt man diese Wahl in irgendeiner Weise fest, so wird $s_2 = 0$.

Wegen der Gleichungen (40a), (40g) ist die Invariante

$$I_3 = \sqrt{-\frac{\gamma}{\alpha}\frac{\alpha_1 + 3\beta_2}{\gamma_2 - 3\beta_1}} = 1.$$

Andererseits kann man die Gleichung (40g) wegen der Gleichungen (37c), (40c) umschreiben in

$$\gamma_1' - \alpha_2' - 3(\beta_1' + \beta_2') = 0;$$

folglich ist die Invariante

$$I_3' = \sqrt{-\frac{\gamma'}{\alpha'}\frac{\alpha_2' + 3\beta_1'}{\gamma_1' - 3\beta_2'}} = 1$$

und auf Grund des Satzes im § 190 sind die beiden Brennflächen der Kongruenz Regelflächen.

Eine W-Kongruenz mit einer einparametrigen Schar linearer Schmiegkomplexe ist eine W-Kongruenz mit zwei geradlinigen Brennflächen.

207. Die W-Kongruenz mit geradlinigen Brennflächen. Der bewiesene Satz kann auch durch sehr einfache Überlegungen halb synthetischer Art gewonnen werden. Diese Überlegungen erlauben auch, die Gültigkeit des umgekehrten Satzes zu zeigen, daß jede W-Kongruenz mit geradlinigen Brennflächen nur eine einparametrige Schar linearer Schmiegkomplexe besitzt. Außerdem gibt uns diese Methode die Möglichkeit, das Gleichungssystem zu integrieren, von dem die Bestimmung unserer Kongruenzen abhängt.

Wir bemerken zunächst, daß der Schmiegkomplex $\mathfrak{a}$ der Kongruenz, der die Kongruenz längs der asymptotischen Regelfläche $\mathcal{H}$ berührt, diese Fläche zweifellos enthält, d. h. ihre Strahlen genügen der Komplexgleichung

$$\{\mathfrak{a}\boldsymbol{p}\} = 0. \tag{41a}$$

Da der Komplex ein Schmiegkomplex ist, enthält er die ganze differentielle Umgebung zweiter Ordnung:

$$\{\mathfrak{a}\, d\boldsymbol{p}\} = 0, \quad \{\mathfrak{a}\, d^2\boldsymbol{p}\} = 0. \tag{41b}$$

Da hier die Differentiation in beliebiger Richtung gewählt werden kann, können wir sie nach dem Scharparameter t ausgeführt denken, von dem die Koordinaten des Komplexes abhängen. Andererseits können wir die Gleichung (41a) als identisch bezüglich des Parameters t ansehen, wenn wir voraussetzen, daß die Koeffizienten der Komplexgleichung (seine Koordinaten) wie auch die Strahlen $\boldsymbol{p}$ sich gleichzeitig mit dem Parameter t ändern.

Wir können deshalb die Gleichung (41a) nach dem Parameter t differenzieren:

$$\left\{\frac{d\mathfrak{a}}{dt}\boldsymbol{p}\right\} + \left\{\mathfrak{a}\frac{d\boldsymbol{p}}{dt}\right\} = 0,$$

Man kann diese Parameter auch unbestimmt lassen, da ja ihre Differentiale in dem betrachteten System von linearen und quadratischen äußeren Gleichungen nicht vorkommen, dieses vielmehr nur Hauptformen enthält. Die charakteristischen Zahlen bestimmt man dann wie im Text ohne Rücksicht auf diese Parameter.

und wegen (41 b) ist

$$\{\mathfrak{a}'\boldsymbol{p}\} = 0, \qquad \mathfrak{a}' = \frac{d\mathfrak{a}}{dt}.$$

Eine neue Differentiation ergibt unter Berücksichtigung der Gleichung (41 b)

$$\{\mathfrak{a}''\boldsymbol{p}\} = 0, \qquad \mathfrak{a}'' = \frac{d^2}{dt^2}\mathfrak{a}.$$

Die Erzeugenden der asymptotischen Fläche $\mathcal{H}$, längs der der Schmiegkomplex eine Berührung zweiter Ordnung mit der Kongruenz hat, genügen also den Gleichungen dreier linearer Komplexe

$$\{\mathfrak{a}\boldsymbol{p}\} = 0, \qquad \{\mathfrak{a}'\boldsymbol{p}\} = 0, \qquad \{\mathfrak{a}''\boldsymbol{p}\} = 0, \tag{41c}$$

folglich gehören sie einer Schar von Erzeugenden einer Quadrik — einem linearen System von Geraden (*Halbquadrik*) — an.

Die Schar der linearen Systeme (41 c) besitzt eine Einhüllende. Die Charakteristik wird durch das System der Gleichungen (41 c) und ihrer Ableitungen nach t bestimmt. Wegen der Beziehungen $\frac{d}{dt}\mathfrak{a} = \mathfrak{a}'$, $\frac{d}{dt}\mathfrak{a}' = \mathfrak{a}''$ enthält dieses System nur die vier Gleichungen

$$\{\mathfrak{a}\boldsymbol{p}\} = 0, \quad \{\mathfrak{a}'\boldsymbol{p}\} = 0, \quad \{\mathfrak{a}''\boldsymbol{p}\} = 0, \quad \{\mathfrak{a}'''\boldsymbol{p}\} = 0, \quad \mathfrak{a}''' = \frac{d^3}{dt^3}\mathfrak{a}, \tag{41d}$$

und bestimmt ein Geradenpaar.

Für unseren Zweck hat die Einhüllende der ergänzenden linearen Systeme (Halbquadriken) eine große Bedeutung. Die zweite Schar der geradlinigen Erzeugenden der Quadrik $\mathcal{H}$ (ergänzende Halbquadrik) besteht aus den Geraden, die alle Geraden des Systems (41 c) schneiden. Sich schneidende Geraden genügen der PLÜCKERschen Bedingung

$$\{\boldsymbol{p}\boldsymbol{q}\} = p^{12}q^{34} + p^{34}q^{12} + p^{14}q^{23} + p^{23}q^{14} + p^{42}q^{13} + p^{13}q^{42} = 0,$$

d. h. sie werden im P_5 auf polar konjugierte Punkte bezüglich der PLÜCKERschen Hyperquadrik Q_4^2 abgebildet, und nach den Formeln (41 c) sind die Punkte $\boldsymbol{p}$ selbst, d. h. die Punkte, auf die die Erzeugenden des ersten Systems abgebildet werden, polar konjugiert zu den Punkten $\mathfrak{a}, \mathfrak{a}', \mathfrak{a}''$, auf welche die linearen Komplexe abgebildet werden. Folglich werden die Erzeugenden des zweiten linearen Systems auf die Punkte abgebildet, die auf dem Schnitt der Ebene $\mathfrak{a}\mathfrak{a}'\mathfrak{a}''$ mit der Hyperquadrik Q_4^2 liegen, und sie gehören jedem linearen Komplex $\mathfrak{g}$ an, der zu den Komplexen $\mathfrak{a}, \mathfrak{a}', \mathfrak{a}''$ polar konjugiert ist:

$$\{\mathfrak{a}\mathfrak{g}\} = 0, \qquad \{\mathfrak{a}'\mathfrak{g}\} = 0, \qquad \{\mathfrak{a}''\mathfrak{g}\} = 0. \tag{41e}$$

Im Bündel der Komplexe $\mathfrak{g}$, die durch die drei Gleichungen (41 e) bestimmt werden, kann man einen auswählen, der polar konjugiert zu den fünf Komplexen $\mathfrak{a}, \mathfrak{a}', \mathfrak{a}'', \mathfrak{a}''', \mathfrak{a}''''$ ist, wobei durch die Striche die Ableitungen nach dem Parameter t bezeichnet werden.

Da aus den Gleichungen

$$\{\mathfrak{a}^{(i)}\mathfrak{g}\} = 0, \quad \{\mathfrak{a}^{(i+1)}\mathfrak{g}\} = 0, \quad \mathfrak{a}^{(i)} = \frac{d^i}{dt^i}\mathfrak{a}$$

durch Differentiation der ersten nach t folgt

$$\{\mathfrak{a}^{(i+1)}\mathfrak{g}\} + \{\mathfrak{a}^{(i)}\mathfrak{g}'\} = 0$$

und also

$$\{\mathfrak{a}^{(i)}\mathfrak{g}'\} = 0,$$

liefert uns eine fortgesetzte (dreimalige) Differentiation die Tabelle der Gleichungen

$$\begin{array}{lllll} \{\mathfrak{a}\mathfrak{g}\} = 0, & \{\mathfrak{a}'\mathfrak{g}\} = 0, & \{\mathfrak{a}''\mathfrak{g}\} = 0, & \{\mathfrak{a}'''\mathfrak{g}\} = 0, & \{\mathfrak{a}''''\mathfrak{g}\} = 0, \\ \{\mathfrak{a}\mathfrak{g}'\} = 0, & \{\mathfrak{a}'\mathfrak{g}'\} = 0, & \{\mathfrak{a}''\mathfrak{g}'\} = 0, & \{\mathfrak{a}'''\mathfrak{g}'\} = 0, & \\ \{\mathfrak{a}\mathfrak{g}''\} = 0, & \{\mathfrak{a}'\mathfrak{g}''\} = 0, & \{\mathfrak{a}''\mathfrak{g}''\} = 0. & & \end{array} \tag{41f}$$

Folglich sind die linearen Komplexe $\mathfrak{g}$, $\mathfrak{g}'$, $\mathfrak{g}''$ polar konjugiert zu allen Komplexen $\mathfrak{a}$, $\mathfrak{a}'$, $\mathfrak{a}''$ und die Gleichungen

$$\{\mathfrak{g}\mathfrak{q}\} = 0, \quad \{\mathfrak{g}'\mathfrak{q}\} = 0, \quad \{\mathfrak{g}''\mathfrak{q}\} = 0 \tag{41g}$$

bestimmen ein lineares Geradensystem, welches das lineare System (41c) ergänzt.

Die Charakteristik der Schar der linearen Systeme (41g) wird durch die Gleichungen bestimmt

$$\{\mathfrak{g}\mathfrak{q}\} = 0, \quad \{\mathfrak{g}'\mathfrak{q}\} = 0, \quad \{\mathfrak{g}''\mathfrak{q}\} = 0, \quad \{\mathfrak{g}'''\mathfrak{q}\} = 0. \tag{41h}$$

Die vier Geraden (41d), (41h) bilden die Charakteristik der Schar von Quadriken $\mathcal{H}$ im Punktraum. Sie beschreiben vier Regelflächen, die alle Flächen $\mathcal{H}$ berühren; während aber die Geraden (41d) mit den Erzeugenden (41c) keine gemeinsamen Punkte haben, bis auf die beiden Erzeugenden, die auch die Charakteristik bilden, schneiden die Geraden (41h) alle Erzeugenden (41c). Da alle Flächen $\mathcal{H}$ die Regelflächen berühren, die von den Geraden (41h) beschrieben werden, berühren diese auch die Erzeugenden $\mathfrak{p}$ der Flächen $\mathcal{H}$, d. h. die Strahlen unserer Kongruenz.

Das bedeutet, daß die Geraden (41h) die Brennflächen der Kongruenz erzeugen, und der Satz von § 206 ist bewiesen.

208. Der umgekehrte Satz. Um den umgekehrten Satz zu beweisen, bemerken wir, daß, wenn beide Brennflächen der Kongruenz Regelflächen sind, wegen des Satzes von § 99 Kap. V (wenn die geradlinigen Erzeugenden der ersten Brennfläche den krummlinigen Asymptotenlinien der zweiten Brennfläche entsprechen, dann entsprechen den geradlinigen Erzeugenden der zweiten Brennfläche gerade Linien auf der ersten Brennfläche) stets eine der asymptotischen Flächen $\mathcal{H}$ beide Brennflächen in Geraden berührt. Eine Regelfläche $\mathcal{H}$ der W-Kongruenz, die ein Paar entsprechender Erzeugender l_1, l_2 der Brennflächen enthält, ist stets eine Quadrik.

In der Tat verbindet jeder Kongruenzstrahl, der durch die Brennpunkte F_1, F_2 geht, den Berührungspunkt F_1 der Tangentenebene λ der Fläche (F_1) mit demjenigen Punkt der Erzeugenden l_2, wo diese die Ebene λ schneidet. Da das Büschel der Tangentenebenen $\{\lambda\}$ in den Punkten der Erzeugenden l_1 projektiv zur Punktreihe der Berührungspunkte $\{F_1\}$ und perspektiv zur Punktreihe $\{F_2\}$ ist, sind die beiden Punktreihen $\{F_1\}$ und $\{F_2\}$ projektiv und die sie verbindenden Geraden F_1F_2 bilden eine Quadrik.

Die ganze Schar von Quadriken $\mathcal{H}$ berührt die Brennflächen (F_1), (F_2); folglich besitzt sie dieses Flächenpaar als Einhüllende. Da wir auf jeder Fläche $\mathcal{H}$ ein Paar entsprechender geradliniger Erzeugender l_1, l_2 als Charakteristik haben, besitzen die Flächen $\mathcal{H}$ auch als Schar linearer Systeme (Halbquadriken) im Geradenraum eine Einhüllende (in unserm Fall gehört die Halbquadrik aus den Erzeugenden der Fläche $\mathcal{I}_L$, welche dem zweiten System angehören, nicht zur W-Kongruenz). Jedes lineare Geradensystem kann als Schnitt dreier Komplexe bestimmt werden:

$$\{\mathfrak{g}\mathfrak{q}\} = 0, \quad \{\mathfrak{g}'\mathfrak{q}\} = 0, \quad \{\mathfrak{g}''\mathfrak{q}\} = 0, \tag{42a}$$

wobei die Komplexe $\mathfrak{g}, \mathfrak{g}', \mathfrak{g}''$ von einem willkürlichen Parameter t abhängen. Die Charakteristik (ein Geradenpaar) gehört den sechs Komplexen an

$$\mathfrak{g}, \mathfrak{g}', \mathfrak{g}'', \quad \frac{d\mathfrak{g}}{dt}, \quad \frac{d\mathfrak{g}'}{dt}, \quad \frac{d\mathfrak{g}''}{dt}.$$

Folglich sind unter den sechs Komplexen nur vier linear unabhängig. Indem wir eine lineare Substitution durchführen, können wir annehmen

$$\mathfrak{g}' = \frac{d}{dt}\mathfrak{g}, \quad \mathfrak{g}'' = \frac{d}{dt}\mathfrak{g}'.$$

Unter dieser Bedingung ist das lineare System (42a) selbst Charakteristik (zweiter Ordnung, ähnlich wie die Punkte der Einhüllenden einer einparametrigen Ebenenschar) einer Schar von linearen Komplexen

$$\{\mathfrak{g}\mathfrak{q}\} = 0. \tag{42b}$$

Daraus ergibt sich eine Methode zur Konstruktion einer W-Kongruenz mit geradlinigen Brennflächen. Man muß eine beliebige einparametrige Schar linearer Komplexe $\{\mathfrak{g}\}$ wählen und die Einhüllende zweiter Ordnung (42a) suchen. Die Kongruenz selbst wird gebildet von den Strahlen linearer Systeme (den Erzeugenden des ersten Systems der Flächen $\mathcal{H}$), nämlich der Ergänzungssysteme zu den linearen Systemen (42a). Die Einhüllende dritter Ordnung stellt das Paar der Brennflächen der Kongruenz dar.

Die ergänzenden linearen Systeme werden von Komplexen bestimmt, die zu den Komplexen (42a) bezüglich der Hyperquadrik Q_4^2 polar konjugiert sind. Sie sind zu den ersten dual und werden durch die Bedingungen bestimmt

$$\{\mathfrak{a}\mathfrak{g}\} = 0, \quad \{\mathfrak{a}\mathfrak{g}'\} = 0, \quad \{\mathfrak{a}\mathfrak{g}''\} = 0, \quad \{\mathfrak{a}\mathfrak{g}'''\} = 0, \quad \{\mathfrak{a}\mathfrak{g}''''\} = 0, \tag{42c}$$

wobei durch die Striche die Differentiationen nach dem Parameter t bezeichnet werden. Durch Differentiation der Gleichungen (42c) erhalten wir wieder die Tabelle der Formeln (41f).

Die drei Gleichungen

$$\{\mathfrak{a}\boldsymbol{p}\} = 0, \quad \{\mathfrak{a}'\boldsymbol{p}\} = 0, \quad \{\mathfrak{a}''\boldsymbol{p}\} = 0 \tag{42d}$$

bestimmen die Charakteristik zweiter Ordnung der Schar der Komplexe $\mathfrak{a}$, d. h. die Quadrik $\mathcal{H}$, die von den Kongruenzstrahlen gebildet wird, die das Geradenpaar schneiden:

$$\{\mathfrak{g}\boldsymbol{r}\} = 0, \quad \{\mathfrak{g}'\boldsymbol{r}\} = 0, \quad \{\mathfrak{g}''\boldsymbol{r}\} = 0, \quad \{\mathfrak{g}'''\boldsymbol{r}\} = 0. \tag{42e}$$

Wenn wir $\boldsymbol{p}$ als beliebigen Strahl der Fläche $\mathcal{H}$ betrachten, der selbst vom Parameter t abhängt, dann sind die Koordinaten der Geraden $\boldsymbol{p}$ Funktionen zweier Parameter: des Parameters t, der die Fläche $\mathcal{H}$ bestimmt, und eines zweiten Parameters, sagen wir s, der die Lage des Strahls $\boldsymbol{p}$ unter den Erzeugenden der Fläche $\mathcal{H}$ charakterisiert. Setzen wir diese Funktionen in die Gleichungen (42d) ein, so erhalten wir eine Identität, die man differenzieren kann. Da der Komplex $\mathfrak{a}$ nur vom Parameter t abhängt, ist

$$d\mathfrak{a} = \mathfrak{a}'\, dt, \qquad d^2\mathfrak{a} = \mathfrak{a}''\, dt^2$$

und nach einer Differentiation ergibt sich, wie schon oben,

$$\{\mathfrak{a}\boldsymbol{p}\} = 0, \quad \{\mathfrak{a}\, d\boldsymbol{p}\} = 0, \quad \{\mathfrak{a}\, d^2\boldsymbol{p}\} = 0,$$

wobei $d\boldsymbol{p}$, $d^2\boldsymbol{p}$ vollständige Differentiale sind. Folglich enthält der Komplex $\mathfrak{a}$ die differentielle Umgebung zweiter Ordnung und ist der Schmiegkomplex der Kongruenz, die von den linearen Systemen $\mathcal{H}$ gebildet wird.

VII. Die Kongruenz in einem linearen Komplex

209. Die Laplace-Folge, die von einer Kongruenz in einem linearen Komplex erzeugt wird. Wir sahen schon (§ 205), daß eine Kongruenz in einem linearen Komplex durch die Gleichungen (37a), (39d) § 205 bestimmt wird

$$\begin{aligned} &\alpha\alpha' - \gamma\gamma' = 0, \\ &\beta_1 + \beta_1' = 0, \quad \beta_2 + \beta_2' = 0. \end{aligned} \tag{43a}$$

Diese Gleichungen sind invariant gegenüber Transformationen des Tetraeders erster Ordnung.

Wenn das Tetraeder auf den Tangenten an die Kurven der Brennetze und den Achsen des ersten Brennetzes errichtet ist, dann ist nach den Formeln (24b) bis (24d) § 195

$$\beta = 0, \quad \beta' = 0, \quad \beta_1 = 0, \quad \beta_2 = 0, \tag{43b}$$

und die Gleichungen (43a) ergeben

$$\beta_1' = 0, \quad \beta_2' = 0. \tag{43c}$$

Folglich sind die Kanten $\boldsymbol{A}_1\boldsymbol{A}_4$ und $\boldsymbol{A}_2\boldsymbol{A}_3$ die Achsen des zweiten Brennetzes der Kongruenz $(\boldsymbol{A}_1\boldsymbol{A}_2)$. Dies ist äquivalent dem Verschwinden der Formen ω_4^1, ω_3^2 auf der ganzen Kongruenz:

$$\begin{gathered}\omega_4^1 = 0, \quad \omega_3^2 = 0, \\ \Delta\beta_1 = -\Delta\beta_1' = \omega_4^2, \qquad -\Delta\beta_2 = \Delta\beta_2' = \omega_3^1.\end{gathered} \tag{43d}$$

Die Gleichungen (43b) bis (43d) besagen, daß die Flächen $(\boldsymbol{A}_4)$ und $(\boldsymbol{A}_3)$ die ersten LAPLACE-Transformierten der Brennflächen darstellen, denn die Fläche $(\boldsymbol{A}_4)$ berührt die Ebene $\boldsymbol{A}_4\boldsymbol{A}_2\boldsymbol{A}_3$ und die Fläche $(\boldsymbol{A}_3)$ die Ebene $\boldsymbol{A}_3\boldsymbol{A}_1\boldsymbol{A}_4$. Das bedeutet, daß die Gerade $\boldsymbol{A}_3\boldsymbol{A}_4$ eine gemeinsame Tangente der Flächen $(\boldsymbol{A}_3)$, $(\boldsymbol{A}_4)$ in den entsprechenden Punkten $\boldsymbol{A}_3$, $\boldsymbol{A}_4$ ist und daß das windschiefe Vierseit $\boldsymbol{A}_3\boldsymbol{A}_1\boldsymbol{A}_2\boldsymbol{A}_4$ mit seinen Seiten vier Kongruenzen beschreibt, die eine T-Konfiguration bilden (die Seiten berühren die Flächen, die von den Eckpunkten beschrieben werden).

Die Kante $\boldsymbol{A}_3\boldsymbol{A}_4$ genügt bei verschwindenden Koeffizienten β, β' der Gleichung

$$\{\mathfrak{a}[34]\} = 0$$

und gehört demnach dem Komplex (35) § 203 an.

Wir erhalten den Satz:

Eine Kongruenz in einem linearen Komplex und ihre zwei LAPLACE-*Transformierten bilden drei Kongruenzen einer T-Konfiguration, die vierte Kongruenz gehört demselben linearen Komplex wie die ursprüngliche an. Diese Eigenschaft ist charakteristisch für Kongruenzen in einem linearen Komplex.*

Wir bemerken noch, daß die zweite Kongruenz dieses T-Paares, also die gegenüberliegende der T-Konfiguration, als Kongruenz in einem linearen Komplex dieselbe Eigenschaft besitzt: ihre beiden LAPLACE-Transformierten transformieren sie in eine neue Kongruenz desselben linearen Komplexes, die von den Geraden gebildet wird, welche die zweiten Brennpunkte der ersten Transformierten in beiden Richtungen verbinden.

Die Punkt- und Ebeneninvarianten einer LAPLACE-Folge, die eine Kongruenz in einem linearen Komplex enthält, besitzen gewisse Besonderheiten.

Wenn die Beziehungen (43b) bis (43d) gelten, dann liefern die Formeln (30) § 199 für die drei Paare aufeinanderfolgender Invarianten der LAPLACE-Folge, die von einer Kongruenz in einem linearen Komplex erzeugt wird, die Werte

$$\begin{aligned} \mathfrak{h}_{-1} &= -[\omega_3^1\omega_1^3], & \mathfrak{h} &= \gamma\gamma'[\omega_1^3\omega_2^4], & \mathfrak{h}_1 &= [\omega_4^2\omega_2^4], \\ \mathcal{H}_{-1} &= [\omega_4^2\omega_2^4], & \mathcal{H} &= \alpha\alpha'[\omega_1^3\omega_2^4], & \mathcal{H}_1 &= -[\omega_3^1\omega_1^3], \end{aligned}$$

woraus wir erhalten

$$\mathfrak{h} = \mathcal{H}, \quad \mathfrak{h}_{-1} = \mathcal{H}_1, \quad \mathfrak{h}_1 = \mathcal{H}_{-1}. \tag{44}$$

Dies folgt direkt aus der bekannten Struktur des Nullsystems eines linearen Komplexes: jeder Brennpunkt der Kongruenz in einem linearen Komplex entspricht im Nullsystem dieses Komplexes seiner Brennebene, d. h. der Tangentenebene im zweiten Brennpunkt; folglich ist das zweite Brennetz eine korrelative

Transformation des ersten und seine Punktinvarianten $\mathfrak{h}, \mathfrak{h}_1$ sind gleich den Ebeneninvarianten des ersten Netzes $\mathfrak{H}, \mathfrak{H}_{-1}$ (in umgekehrter Reihenfolge).

Mit Hilfe der Grundgleichung (29′) § 199

$$h_{-2} + h = 2h_{-1} + \frac{\partial^2 \ln h_{-1}}{\partial u\, \partial v}$$

folgt aus den Beziehungen (44)

$$h_{-2} + H = 2H_1 + \frac{\partial^2 \ln H_1}{\partial u\, \partial v} = H + H_2,$$

wobei rechts dieselbe Gleichung (29′) auf die drei Ebeneninvarianten H, H_1, H_2 angewendet wurde. Daraus folgt

$$h_{-2} = H_2;$$

allgemein erhalten wir für jede ganze Zahl k

$$\mathfrak{h}_k = \mathfrak{H}_{-k}. \tag{44a}$$

Wir nehmen nun an, daß die Kongruenz der Ordnung 1 dieser Folge auch eine Kongruenz in einem bestimmten, im allgemeinen von dem bisherigen verschiedenen linearen Komplex ist. Dann gelten die Beziehungen

$$\mathfrak{H}_1 = \mathfrak{h}_1, \quad \mathfrak{H} = \mathfrak{h}_2, \quad \mathfrak{H}_2 = \mathfrak{h},$$

woraus wir erhalten

$$\mathfrak{h}_{1+k} = \mathfrak{H}_{1-k} \tag{44b}$$

für jede ganze Zahl k.

Da zwei benachbarte Kongruenzen der Folge W-Kongruenzen sind, sind alle ihre Kongruenzen W-Kongruenzen, und das bedeutet wegen des Satzes in § 199 für jede ganze Zahl k

$$\mathfrak{h}_k = \mathfrak{H}_k.$$

Die Gleichungen (44a), (44b) nehmen jetzt die Gestalt an

$$\mathfrak{h}_k = \mathfrak{h}_{-k}, \quad \mathfrak{h}_{1+k} = \mathfrak{h}_{1-k}.$$

Wenn wir auf der rechten Seite der zweiten Gleichung die Transformation vornehmen, die durch die erste Gleichung bestimmt wird, d. h. wenn wir das Vorzeichen des Index $1 - k$ in das entgegengesetzte umändern, dann erhalten wir

$$\mathfrak{h}_{k+1} = \mathfrak{h}_{k-1}.$$

Diese Gleichung, die für jede ganze Zahl k gilt, liefert für ungerades $k = 2n-1$ bzw. für gerades $k = 2n$ die Formeln

$$\mathfrak{h}_{2n} = \mathfrak{h}_{2n-2}, \quad \mathfrak{h}_{2n+1} = \mathfrak{h}_{2n-1}.$$

Folglich sind alle Invarianten der Folge, die Punkt- und die Ebeneninvarianten, von gerader Ordnung unter sich gleich; ebenso sind es die ungerader Ordnung.

Wir zeigen jetzt (§ 210—212), daß dabei alle Kongruenzen der Folge den linearen Komplexen eines Büschels angehören.

210. Die Laplace-Folge aus Kongruenzen in linearen Komplexen. Wir nehmen also an, daß die Kongruenz $(\boldsymbol{A}_1\boldsymbol{A}_3)$ auch in einem bestimmten linearen Komplex liegt. Da bei der Wahl des Tetraeders $\{\boldsymbol{A}_i\}$, welche durch die Formeln (43b) bestimmt wird, die Punkte $\boldsymbol{A}_1, \boldsymbol{A}_3$ die Brennpunkte des Strahls $\boldsymbol{A}_1\boldsymbol{A}_3$ sind und die Ebenen $\boldsymbol{A}_1\boldsymbol{A}_2\boldsymbol{A}_3$, $\boldsymbol{A}_1\boldsymbol{A}_3\boldsymbol{A}_4$ die Brennebenen darstellen, ist das Tetraeder $\{\boldsymbol{A}_i\}$ ein Tetraeder erster Ordnung für die Kongruenz $(\boldsymbol{A}_1\boldsymbol{A}_3)$. Um die Gleichungen (39d) § 205 auszunutzen, müssen wir nur eine Umrechnung vornehmen; wir bezeichnen die neuen Eckpunkte mit $\boldsymbol{B}_1 = \boldsymbol{A}_3$, $\boldsymbol{B}_2 = \boldsymbol{A}_1$, $\boldsymbol{B}_4 = \boldsymbol{A}_2$, $\boldsymbol{B}_3 = \boldsymbol{A}_4$. Wenn wir für das neue Tetraeder alle Formen mit $\tilde{\omega}_i^k$ bezeichnen, dann erhalten wir:

$$\begin{array}{llll} \tilde{\omega}_1^1 = \omega_3^3, & \tilde{\omega}_1^2 = \omega_3^1, & \tilde{\omega}_1^3 = \omega_3^4, & \tilde{\omega}_1^4 = 0, \\ \tilde{\omega}_2^1 = \omega_1^3, & \tilde{\omega}_2^2 = \omega_1^1, & \tilde{\omega}_2^3 = 0, & \tilde{\omega}_2^4 = \omega_1^2, \\ \tilde{\omega}_3^1 = \omega_4^3, & \tilde{\omega}_3^2 = 0, & \tilde{\omega}_3^3 = \omega_4^4, & \tilde{\omega}_3^4 = \omega_4^2, \\ \tilde{\omega}_4^1 = 0, & \tilde{\omega}_4^2 = \omega_2^1, & \tilde{\omega}_4^3 = \omega_2^4, & \tilde{\omega}_4^4 = \omega_2^2, \end{array} \tag{45a}$$

woraus folgt

$$\begin{gathered} \tilde{\omega}_1^3 = \alpha\omega_1^3, \qquad \tilde{\omega}_2^4 = \gamma\omega_2^4, \qquad \tilde{\omega}_2^1 = \frac{1}{\alpha}\tilde{\omega}_1^3, \qquad \tilde{\omega}_4^3 = \frac{1}{\gamma}\tilde{\omega}_2^4, \\ \tilde{\omega}_1^2 = -\beta_{12}\tilde{\omega}_1^3 - \frac{\beta_{22}}{\gamma}\tilde{\omega}_2^4, \qquad \tilde{\omega}_3^4 = \frac{\beta_{11}}{\alpha}\tilde{\omega}_1^3 + \beta_{12}\tilde{\omega}_2^4. \end{gathered} \tag{45b}$$

Das bedeutet

$$\begin{gathered} \tilde{\alpha} = \frac{\beta_{11}}{\alpha}, \quad \tilde{\beta} = -\beta_{12}, \quad \tilde{\gamma} = -\frac{\beta_{22}}{\gamma}, \quad \tilde{\alpha}' = \frac{1}{\gamma}, \quad \tilde{\beta}' = 0, \quad \tilde{\gamma}' = \frac{1}{\alpha}, \\ \Delta\tilde{\beta}' = 0, \quad \tilde{\beta}_1' = 0, \quad \tilde{\beta}_2' = 0, \quad \Delta\tilde{\beta} = -\Delta\beta_{12}, \quad \tilde{\beta}_1 = -\frac{\beta_{121}}{\beta_{11}}, \quad \tilde{\beta}_2 = \frac{\beta_{122}}{\beta_{22}}. \end{gathered} \tag{45c}$$

Folglich schreibt sich die erste Bedingung, die verlangt, daß die Kongruenz $(\boldsymbol{A}_1\boldsymbol{A}_3)$ eine W-Kongruenz ist,

$$\tilde{\alpha}\tilde{\alpha}' - \tilde{\gamma}\tilde{\gamma}' = \frac{\beta_{11} + \beta_{22}}{\alpha\gamma} = 0. \tag{46a}$$

Sie ist offenbar gleichbedeutend mit der Forderung, daß die Folge R-Kongruenzen enthalten soll (§ 200).

Die zweite Bedingung (39d) ist jetzt, wenn $\tilde{\beta}_1' = 0, \tilde{\beta}_2' = 0$, äquivalent mit der Forderung, daß die Form $\Delta\tilde{\beta} = -\Delta\beta_{12}$ identisch verschwindet, sie drückt sich in der Gleichung aus

$$d\beta_{12} + \beta_{12}(\omega_1^1 - \omega_4^4) = 0. \tag{46b}$$

Indessen erhalten wir aus den Gleichungen der zweiten Zeile von (43d) durch Vergleich der Koeffizienten bei den Formen ω_1^3, ω_2^4 in den Gleichungen $\Delta\beta_1 + \Delta\beta_1' = 0$, $\Delta\beta_2 + \Delta\beta_2' = 0$ nach den Formeln (11) § 187

$$\beta_{11} + \beta_{11}' = 0, \qquad \beta_{22} + \beta_{22}' = 0, \qquad \gamma\beta_{12} + \alpha'\beta_{12}' = 0. \tag{46c}$$

Folglich ergeben sich aus (46a, b) die Gleichungen

$$\beta'_{11} + \beta'_{22} = 0, \quad d\beta'_{12} + \beta'_{12}(\omega_1^1 - \omega_4^4) + \beta'_{12}(d\ln\alpha' - d\ln\gamma) = 0; \qquad (\alpha)$$

wegen der Gleichungen (43b, c) nehmen die Beziehungen (37c) § 205 aber die Gestalt an

$$\alpha_1 - \gamma'_1 = 0, \quad \alpha'_2 - \gamma_2 = 0, \qquad (37c')$$

und demnach wird nach den Formeln (9) § 187

$$\Delta\alpha' - \Delta\gamma = 0, \quad d\ln\alpha' - d\ln\gamma = \omega_2^2 - \omega_1^1 - \omega_3^3 + \omega_4^4.$$

Setzen wir dies in die Gleichungen (α) ein, so werden sie übergeführt in

$$\beta'_{11} + \beta'_{22} = 0, \quad d\beta'_{12} + \beta'_{12}(\omega_2^2 - \omega_3^3) = 0, \qquad (46d)$$

d. h. die Kongruenz $(\boldsymbol{A}_2\boldsymbol{A}_4)$ gehört auch einem linearen Komplex an.

Wenn die Kongruenzen $(\boldsymbol{A}_1\boldsymbol{A}_2)$ *und* $(\boldsymbol{A}_1\boldsymbol{A}_3)$ *gewissen linearen Komplexen angehören, dann liegt auch die Kongruenz* $(\boldsymbol{A}_2\boldsymbol{A}_4)$ *in einem solchen linearen Komplex.* Wenden wir diese Überlegung Schritt für Schritt weiter an, so kommen wir zu dem Schluß, daß alle Kongruenzen der Folge gewissen linearen Komplexen angehören.

211. Der Existenzsatz für eine Folge von Kongruenzen in linearen Komplexen. Die Kongruenzen, die zusammen mit allen ihren LAPLACE-Transformierten gewissen linearen Komplexen angehören, werden bei unserer Tetraederwahl bestimmt durch das System der linearen Gleichungen (5) § 185, (7) § 186, (9), (11) § 187 und der quadratischen (12) § 187, denen man noch die endlichen Gleichungen (37a), (37c), (37e) § 205, (43a) bis (43d), (46a), (46c) und die Differentialgleichung (46b) hinzufügen muß. Da die äußeren Differentiale aller linearen Gleichungen des Systems, einschließlich der Gleichung (46b), wegen der Gleichungen des Systems befriedigt werden, interessieren uns diejenigen Veränderlichen, deren Differentiale in die quadratischen Gleichungen (12) in der Gestalt der Formen $\Delta\alpha_{11}, \Delta\beta_{11}, \ldots, \Delta\gamma'_{11}$ eingehen.

Differenzieren wir die Gleichung (37c'), so erhalten wir nach den Formeln (10'), (11) § 187

$$\alpha_{11} - \gamma'_{11} = 0, \quad \alpha'_{22} - \gamma_{22} = 0.$$

Demnach bestehen zwischen den unbekannten Funktionen unseres Systems die Beziehungen

$$\alpha_{11} = \gamma'_{11}, \quad \alpha'_{22} = \gamma_{22}, \quad \beta_{11} + \beta_{22} = 0, \quad \beta_{11} + \beta'_{11} = 0,$$
$$\beta_{22} + \beta'_{22} = 0, \quad \alpha\beta_{12} + \gamma'\beta'_{12} = 0.$$

Differenzieren wir diese Gleichungen unter Berücksichtigung der Formeln (12') und ebenso der Gleichungen (46b) bis (46d), (43b), (43d), so ergeben sich die Beziehungen

$$\Delta\alpha_{11} = \Delta\gamma'_{11}, \quad \Delta\alpha'_{22} = \Delta\gamma_{22}, \quad \Delta\beta_{11} + \Delta\beta_{22} = 0,$$
$$\Delta\beta_{11} + \Delta\beta'_{11} = 0, \quad \Delta\beta_{22} + \Delta\beta'_{22} = 0, \quad \Delta\beta_{12} = 0, \quad \Delta\beta'_{12} = 0.$$

Die mittleren Gleichungen von (12) nehmen die Gestalt an

$$[\Delta\beta_{11}\omega_1^3] = 0, \quad [\Delta\beta_{11}\omega_2^4] = 0.$$

Folglich ist

$$\Delta\beta_{11} = d\beta_{11} + \beta_{11}(\omega_1^1 + \omega_2^2 - \omega_3^3 - \omega_4^4) = 0. \tag{46e}$$

Ihr äußeres Differential verschwindet wegen der Gleichung (46e) selbst. Folglich reduzieren sich alle quadratischen Gleichungen des Systems auf die beiden

$$[\Delta\alpha_{11}\omega_1^3] = 0, \quad [\Delta\gamma_{22}\omega_2^4] = 0, \tag{46f}$$

welche die beiden einzigen Formen enthalten, die nicht aus den linearen Gleichungen bestimmt werden. Da die bilinearen Gleichungen, die den quadratischen Gleichungen (46f) zugeordnet sind, die Werte der Formen $\Delta\alpha_{11}$, $\Delta\gamma_{22}$ auf dem zweiten Linienelement der Kette bestimmen, ist die Kette nicht singulär und das System ist in Involution mit den charakteristischen Zahlen $s_1 = 2$, $s_2 = 0$. Es gibt also eine Folge mit allen Kongruenzen in linearen Komplexen, die bis auf zwei Funktionen eines Arguments bestimmt ist.

Die so erhaltenen Formeln für die Folge von Kongruenzen in linearen Komplexen können durch geeignete Normierung der Tetraederecken merklich vereinfacht werden.

Wir weisen darauf hin, daß jetzt $\beta_1 = \beta_2 = \beta_1' = \beta_2' = 0$ ist und daß wir wegen der allgemeinen Formeln (37c) für die W-Kongruenzen erhalten: $\alpha_1 = \gamma_1'$, $\alpha_2' = \gamma_2$, d. h. nach den Formeln (22′) § 194

$$\Delta\alpha = \Delta\gamma', \quad \Delta\gamma = \Delta\alpha'. \tag{46g}$$

Da sich für die Variation der sekundären Parameter ergibt

$$\delta \ln \frac{\alpha}{\gamma'} = \pi_1^1 + \pi_3^3 - \pi_2^2 - \pi_4^4,$$

können wir das Verhältnis $\frac{\alpha}{\gamma'}$ zu Eins machen, wonach wegen (37a) auch das zweite Verhältnis $\frac{\gamma}{\alpha'}$ gleich Eins wird, und die Gleichungen (46g) liefern

$$\alpha = \gamma', \quad \alpha' = \gamma, \quad \omega_1^1 - \omega_2^2 + \omega_3^3 - \omega_4^4 = 0. \tag{47a}$$

Die Gleichungen (46b), (46c) ergeben jetzt

$$d\,\frac{\beta_{11}}{(\beta_{12})^2} = 0$$

und demnach

$$(\beta_{12})^2 = R^2\beta_{11}, \qquad R = \text{const.} \tag{47b}$$

Da die Gleichung (46e) für die sekundären Parameter die Gestalt annimmt

$$\delta \ln \beta_{11} = \pi_4^4 - \pi_1^1 + \pi_3^3 - \pi_2^2,$$

können wir, indem wir die Normierung der Eckpunkte ändern, β_{11} zu Eins machen. Dann liefern die Gleichungen (46b), (47a), (47b)

$$\beta_{11} = 1, \quad \beta_{12} = R, \quad \omega_1^1 = \omega_4^4, \quad \omega_2^2 = \omega_3^3. \tag{47c}$$

212. Lineare Komplexe, die den Kongruenzen einer Folge zugeordnet sind. Der Schmiegkomplex der Kongruenz $(\boldsymbol{A}_1\boldsymbol{A}_2)$ wurde durch jede der invarianten Gleichungen (34a) § 202 bestimmt. Da das Tetraeder $\{\boldsymbol{B}_i\}$ für die Kongruenz $(\boldsymbol{A}_1\boldsymbol{A}_3)$ ein Tetraeder erster Ordnung ist, wird der Schmiegkomplex der Kongruenz $(\boldsymbol{A}_1\boldsymbol{A}_3)$

$$(\tilde{\alpha}'\tilde{\beta} + \tilde{\gamma}\tilde{\beta}')(\boldsymbol{B}_1\boldsymbol{B}_2) + \tilde{\alpha}'(\boldsymbol{B}_1\boldsymbol{B}_3) + \tilde{\gamma}(\boldsymbol{B}_4\boldsymbol{B}_2);$$

wenn man nun die Koeffizienten $\tilde{\alpha}, \tilde{\beta}, \tilde{\gamma}$ nach den Formeln (45c) ersetzt und von den Punkten $\boldsymbol{B}_i$ zu den Punkten $\boldsymbol{A}_i$ übergeht, so schreibt sich der Komplex in der Gestalt

$$\mathfrak{a}' = [34] - [12] + [13]\,R.$$

Für die Kongruenz $(\boldsymbol{A}_2\boldsymbol{A}_4)$ ist dann der Schmiegkomplex

$$\mathfrak{a}'' = [34] - [12] - [42]\,R.$$

Schließlich wird der Schmiegkomplex der Kongruenz $(\boldsymbol{A}_1\boldsymbol{A}_2)$ nach Formel (35) § 203, nachdem man durch $\alpha' = \gamma$ dividiert hat,

$$\mathfrak{a} = [42] + [13].$$

Folglich ist

$$\mathfrak{a}' - \mathfrak{a}'' = \mathfrak{a}R,$$

und die Komplexe der drei aufeinanderfolgenden Kongruenzen der Folge gehören einem Büschel an. Daraus folgt:

Wenn die beiden Kongruenzen eines konjugierten Netzes linearen Komplexen angehören, dann liegen alle Kongruenzen der erzeugten Folge in verschiedenen linearen Komplexen eines Büschels.

Wir weisen darauf hin, daß wegen $\Delta\beta_{12} = 0$ die Komponenten der Entwicklung dieser Form nach den Hauptformen ω_1^3, ω_2^4, also die Größen β_{121}, β_{122}, auch gleich Null sind, und demnach ist nach den Formeln (45c)

$$\tilde{\beta}_1 = 0, \quad \tilde{\beta}_2 = 0, \quad \tilde{\beta}_1' = 0, \quad \tilde{\beta}_2' = 0,$$

d. h. die Kongruenz $(\boldsymbol{A}_1\boldsymbol{A}_3)$ ist auch auf die Achsen ihrer Brennetze bezogen. Daraus erhalten wir das Lemma:

Wenn die beiden Kongruenzen eines konjugierten Netzes linearen Komplexen angehören, dann fallen die Achsen der beiden Netze, die man durch LAPLACE-*Transformation erhält, (direkt) zusammen und in umgekehrter Ordnung stimmen sie mit den Achsen des Ausgangsnetzes überein.*

Wenden wir dieses Lemma auf alle Netze der Folge an, so ergibt sich, daß die Achsen jedes Netzes der Folge mit demselben Geradenpaar $\boldsymbol{A}_1\boldsymbol{A}_4$ und $\boldsymbol{A}_2\boldsymbol{A}_3$ zusammenfallen, nur wird in Abhängigkeit davon, ob die Ordnungszahl der Transformation gerade oder ungerade ist, dieselbe Gerade die erste oder die zweite Achse des Netzes. Daraus folgt das Korrolar:

Wenn die beiden Kongruenzen eines konjugierten Netzes linearen Komplexen angehören, dann liegen alle LAPLACE-*Transformierten ungerader Ordnung auf der zweiten, alle gerader Ordnung auf der ersten Achse des Netzes.*

Man sieht leicht ein, daß die Achsen $A_1 A_4$ und $A_2 A_3$ des Netzes (A_1) dem linearen Komplex

$$\mathfrak{a} = [42] + [13]$$

angehören; denn es ist

$$\{[42] + [13], [14]\} = 0, \qquad \{[42] + [13], [23]\} = 0.$$

Ebenso ist es bei jedem anderen Netz der Folge, und da alle Netze gemeinsame Achsen haben, gehören sie allen Komplexen des Büschels an, d. h. sie beschreiben eine lineare Kongruenz.

Die Leitgeraden dieser Kongruenz kann man aufsuchen als die Achsen der beiden speziellen Komplexe des Büschels

$$\mathfrak{g} = \mathfrak{a}' - \lambda \mathfrak{a}''.$$

Ein spezieller Komplex wird auf einen Punkt der Hyperquadrik Q_4^2 abgebildet. Durch die Forderung, daß das PLÜCKERsche Produkt von $\mathfrak{g}$ mit $\mathfrak{g}$ verschwinden soll,

$$\{\mathfrak{g}\mathfrak{g}\} = \{\mathfrak{a}'\mathfrak{a}'\} - 2\lambda\{\mathfrak{a}'\mathfrak{a}''\} + \lambda^2\{\mathfrak{a}''\mathfrak{a}''\} = 0,$$

erhalten wir

$$\begin{gathered} \lambda^2 - (R^2 + 2)\lambda + 1 = 0, \\ (\lambda - 1)^2 = \lambda R^2. \end{gathered} \tag{48a}$$

Jeder solche spezielle Komplex, oder auch seine Achse, d. h. die gesuchte Leitgerade, wird im P_5 auf den Punkt abgebildet

$$[34](1 - \lambda) - [12](1 - \lambda) + \{[13] + \lambda[42]\}R =$$
$$= \left(A_1 + \frac{\lambda - 1}{R} A_4, \quad (\lambda - 1)A_2 + RA_3\right).$$

Daraus folgt, daß die Leitgeraden $F_1 G_1$, $F_2 G_2$ der linearen Kongruenz die Strahlen $A_1 A_4$ und $A_2 A_3$ in den Punkten schneiden

$$F_{1,2} = A_1 + A_4 \frac{\lambda - 1}{R}, \qquad G_{1,2} = A_2(\lambda - 1) + A_3 R, \tag{48b}$$

wobei λ eine der Wurzeln der Gleichung (48a) ist.

213. Die Verteilung der Brennpunkte einer Folge. Man rechnet die aufeinanderfolgenden LAPLACE-Transformierten leicht aus. Wenn man die Transformierte des Punktes A_1 von k-ter Ordnung in Richtung der Kurve $\omega_2^4 = 0$ mit M_k bezeichnet, dann kann man die Formeln für die geraden $k = 2i$ und die ungeraden $k = 2i + 1$ angeben:

$$\begin{aligned} M_{2i} &= \lambda_{i+1} A_1 + \lambda_i A_4, \\ M_{2i+1} &= \lambda_i A_2 + \lambda_{i+1} A_3, \end{aligned} \tag{49a}$$

wobei alle λ_i Konstanten sind;

$$\lambda_0 = 0, \quad \lambda_1 = 1 \quad \text{und} \quad \lambda_{i+1} + \lambda_i R = \lambda_{i-1}. \qquad (49\text{b}$$

In der Tat besitzt wegen der Formeln (43b) bis (43d), (47a), (47c) die Koeffizientenmatrix der Verschiebungen des Tetraeders die Gestalt

$$\begin{pmatrix} \omega_1^1 & \gamma\,\omega_2^4 & \omega_1^3 & 0 \\ \alpha\,\omega_1^3 & \omega_2^2 & 0 & \omega_2^4 \\ -\alpha R\,\omega_1^3 + \omega_2^4 & 0 & \omega_2^2 & \alpha\,\omega_1^3 \\ 0 & \omega_1^3 + \gamma R \omega_2^4 & \gamma\,\omega_2^4 & \omega_1^1 \end{pmatrix}, \tag{49c}$$

und durch Differentiation der Formeln (49a) erhalten wir die allgemeinen Beziehungen

$$d\boldsymbol{M}_{2i} = \omega_1^1 \boldsymbol{M}_{2i} + \omega_1^3 \boldsymbol{M}_{2i+1} + \gamma\omega_2^4 \boldsymbol{M}_{2i-1},$$
$$d\boldsymbol{M}_{2i+1} = \omega_2^2 \boldsymbol{M}_{2i+1} + \alpha\omega_1^3 \boldsymbol{M}_{2i+2} + \omega_2^4 \boldsymbol{M}_{2i},$$

woraus direkt folgt, daß die Kongruenz $(\boldsymbol{M}_k \boldsymbol{M}_{k+1})$ die Punkte $\boldsymbol{M}_k, \boldsymbol{M}_{k+1}$ als Brennpunkte besitzt und die Torsen $\omega_2^4 = 0$ und $\omega_1^3 = 0$ hat. Nun erhalten wir bei $i = 0$ die Beziehungen $\boldsymbol{M}_0 = \boldsymbol{A}_1$, $\boldsymbol{M}_1 = \boldsymbol{A}_3$ und aus der Gleichung (49b) $\lambda_{-1} = 1$, und bei $i = -1$ ergibt sich $\boldsymbol{M}_{-2} = \boldsymbol{A}_4$, $\boldsymbol{M}_{-1} = \boldsymbol{A}_2$, folglich wird die LAPLACE-Folge $[\boldsymbol{M}_k]$ durch die Kongruenz $(\boldsymbol{A}_1 \boldsymbol{A}_2)$ erzeugt.

Wenn wir die Normierung der Punkte $\boldsymbol{M}_{2i}, \boldsymbol{M}_{2i+1}$ ändern, indem wir setzen

$$\boldsymbol{M}^*_{2i} = \boldsymbol{A}_1 + \theta_i \boldsymbol{A}_4, \quad \boldsymbol{M}^*_{2i+1} = \theta_i \boldsymbol{A}_2 + \boldsymbol{A}_3, \quad \theta_i = \frac{\lambda_i}{\lambda_{i+1}},$$

dann läßt sich leicht zeigen, daß die Koeffizienten θ_i die Näherungsbrüche eines periodischen Kettenbruchs sind. In der Tat ist, wenn man mit P_i den Zähler und mit Q_i den Nenner des Näherungsbruchs $\theta_i = P_i/Q_i$ bezeichnet

$$P_i = \lambda_i, \quad Q_i = \lambda_{i+1},$$

und die Rekursionsformel (49b) liefert die Rekursionsformeln für die Zähler und Nenner der Näherungsbrüche

$$P_n = a_n P_{n-1} + P_{n-2}, \quad Q_n = a_n Q_{n-1} + Q_{n-2};$$

dabei sind die Nenner des Kettenbruchs gleich:

$$a_n = -R.$$

Folglich nimmt der Kettenbruch θ selbst die Gestalt an

$$\theta = \cfrac{1}{-R + \cfrac{1}{-R + \cdots}}.$$

Wenn er konvergiert, dann muß der Limes der quadratischen Gleichung genügen

$$\theta = \frac{1}{-R + \theta},$$

oder

$$\theta^2 - R\theta - 1 = 0. \tag{49d}$$

Setzt man

$$\theta = \frac{\lambda - 1}{R},$$

so stimmt die Gleichung (49d) mit der Gleichung (48a) überein. Folglich gilt: *Wenn die Folgen der Brennpunkte* M_{2i}, M_{2i+1} *konvergieren, dann fallen die Grenzpunkte mit den Brennpunkten der ersten oder der zweiten Achse aller Brennetze zusammen.*

Wenn wir jedoch für irgendeinen Index i erhalten $\lambda_i = 1$, dann fällt die Transformierte M_{2i+1} mit dem Punkt A_1 zusammen und die Folge schließt sich mit der Periode $2i + 2$.

214. Projektiv-abwickelbare Folgen. Wir bemerken, daß das projektive Linienelement Φ einer Kongruenz nach Formel (21) § 193 und die Linienelemente der Brennflächen Θ_1, Θ_2 nach den Formeln (26) § 196, die sich wegen (37c) § 205, (47a), (43b), (43c) in der Gestalt schreiben

$$\Phi = \frac{\{\alpha(\omega_1^3)^2 + \gamma(\omega_2^4)^2\}^2}{\omega_1^3\omega_2^4},$$

$$\Theta_1 = -\Theta_2 = \frac{\alpha\alpha_1(\omega_1^3)^3 + 3\alpha\gamma_2(\omega_1^3)^2\omega_2^4 - 3\gamma\alpha_1\omega_1^3(\omega_2^4)^2 - \gamma\gamma_2(\omega_2^4)^3}{\alpha(\omega_1^3)^2 + \gamma(\omega_2^4)^2},$$

die Konstante R nicht enthalten, und demnach eine Änderung des Parameters R keine Änderung der Formen Φ, Θ_1, Θ_2 nach sich zieht. Wenn wir eine Lösung der Gleichungen

$$\begin{gathered}
\omega_1^2 = \omega_4^3 = \gamma\omega_2^4, \quad \omega_2^1 = \omega_3^4 = \alpha\omega_1^3, \quad \omega_1^1 = \omega_4^4, \quad \omega_2^2 = \omega_3^3, \\
\omega_3^2 = \omega_4^1 = 0, \quad \Delta\alpha_1 = \alpha_{11}\omega_1^3 - \omega_2^4, \quad \Delta\gamma_2 = -\omega_1^3 + \gamma_{22}\omega_2^4, \\
\Delta\alpha = \Delta\gamma' = \alpha_1\omega_1^3, \qquad \Delta\alpha' = \Delta\gamma = \gamma_2\omega_2^4, \\
\omega_3^1 = -\alpha R\omega_1^3 + \omega_2^4, \quad \omega_4^2 = \omega_1^3 + \gamma R\omega_2^4
\end{gathered}$$

haben, dann finden wir eine andere Lösung $\overline{\omega}_i^k$ mit denselben Formen Φ, Θ_i und einer anderen Konstanten $\bar{R}$ durch das vollständig integrierbare System

$$\begin{gathered}
\tilde{\omega}_1^2 = \tilde{\omega}_2^1 = \tilde{\omega}_4^3 = \tilde{\omega}_3^4 = 0, \quad \tilde{\omega}_1^1 - \tilde{\omega}_4^4 = \tilde{\omega}_1^1 - \tilde{\omega}_2^2 = \tilde{\omega}_2^2 - \tilde{\omega}_3^3 = 0, \\
\tilde{\omega}_3^2 = \tilde{\omega}_4^1 = 0, \quad \tilde{\omega}_1^3 = \tilde{\omega}_2^4 = 0, \quad \tilde{\omega}_3^1 = -\alpha r\omega_1^3, \quad \tilde{\omega}_4^2 = \gamma r\omega_2^4, \quad dr = 0,
\end{gathered}$$

wobei

$$\tilde{\omega}_i^k = \overline{\omega}_i^k - \omega_i^k, \qquad r = \bar{R} - R.$$

In der Tat zeigt eine unmittelbare Probe, daß die äußeren Differentiale der Gleichungen wegen der Gleichungen des ersten und zweiten Systems befriedigt werden.

Da eine Transformation einer Fläche oder einer Kongruenz unter Erhaltung des Linienelements eine Projektivabwicklung heißt, können wir sagen, daß eine Änderung der Konstanten R eine Projektivabwicklung jeder Kongruenz und jeder Brennfläche der Folge hervorruft. Dabei verschieben sich die Brennpunkte der Folge auf den Achsen A_1A_4 und A_2A_3. Bei geeignetem Wert des Parameters $\bar{R}$ können wir für jede beliebige Zahl i erhalten

$$\bar{\lambda}_i = 0;$$

die Transformierte $(\bar{M}_{2i})$ der Ordnung $2i$, die auf die Fläche (M_{2i}) abwickelbar ist, fällt mit der Fläche (A_1) zusammen, und die Folge wird periodisch. Die Transformierte $\bar{M}_{2i+1}$ fällt mit A_3 zusammen, die Kongruenz $(\bar{M}_{2i}\bar{M}_{2i+1})$, die auf die Kongruenz $(M_{2i}M_{2i+1})$ abwickelbar ist, mit der Kongruenz (A_1A_3), d. h. alle Transformierten von (M_{2i}) sind auf die Fläche (A_1) und demnach auch aufeinander abwickelbar. Dasselbe erhalten wir auch für die Flächen (M_{2i+1}) und die Kongruenzen gerader Ordnung $(M_{2i}M_{2i+1})$. Analog sind auch alle Kongruenzen ungerader Ordnung $(M_{2i-1}M_{2i})$ aufeinander abwickelbar. *Demnach sind alle Brennflächen und Kongruenzen der Folge gerader bzw. ungerader Ordnung aufeinander projektiv abwickelbar.*

VIII. Die Transformation der R-Kongruenzen

215. Das Problem der gleichzeitigen Transformation aller Brennflächen einer Folge. Wir betrachten eine Kongruenz (A_1A_2) einer Folge und nehmen an, daß die Brennflächen (A_1) und (A_2) eine asymptotische Transformation in die Brennflächen (A_3), (A_4) der Kongruenz (A_3A_4) zulassen. Wenn die Fläche (A_3) eine asymptotisch Transformierte der Fläche (A_1) ist, dann berührt der Strahl A_1A_3 in den Punkten A_1 und A_3 diese Flächen und beschreibt eine W-Kongruenz. Aus demselben Grunde beschreibt der Strahl A_2A_4 eine zweite W-Kongruenz mit den Brennflächen (A_2) und (A_4).

Daraus folgt zunächst, daß die Punkte A_3 und A_4 resp. in den Tangentenebenen der Flächen (A_1) und (A_2) liegen.

Demnach ist das Tetraeder $\{A_i\}$ ein Tetraeder erster Ordnung für die Kongruenz (A_1A_2). Mit dem gleichen Recht kann man es als ein Tetraeder erster Ordnung für die übrigen drei Kongruenzen (A_1A_3), (A_3A_4), (A_4A_2) ansehen, weil jeder Eckpunkt des windschiefen Vierseits $A_1A_3A_4A_2$ der Brennpunkt seiner anliegenden Seiten ist. Dies kann man auch so formulieren: *die beiden Kongruenzen (A_1A_2) und (A_3A_4) bilden ein T-Paar.* Wir betrachten das Tetraeder $\{A_i\}$ als der Kongruenz (A_1A_2) zugeordnet und wenden die Formeln des § 186 an.

Wir müssen ihnen noch eine ergänzende Bedingung hinzufügen. Die Tangentenebene der Fläche (A_3) enthält die Strahlen A_1A_3 und A_3A_4. Folglich führt eine differentielle Verschiebung des Punktes A_3 nicht aus der Ebene $A_1A_3A_4$ heraus, ebenso liegt die Verschiebung des Punktes A_4 in der Ebene $A_2A_4A_3$. Daraus folgt

$$\omega_3^2 = 0, \quad \omega_4^1 = 0. \tag{50a}$$

Durch äußere Differentiation erhalten wir

$$\begin{aligned}[\omega_3^1\omega_1^2] + [\omega_3^4\omega_4^2] &= 0,\\ [\omega_4^2\omega_2^1] + [\omega_4^3\omega_3^1] &= 0.\end{aligned} \tag{50b}$$

Da die Transformationen $(\boldsymbol{A}_1) \to (\boldsymbol{A}_3)$ und $(\boldsymbol{A}_2) \to (\boldsymbol{A}_4)$ asymptotische Transformationen sind, gehen die Asymptotenlinien in Asymptotenlinien über und jedem konjugierten Kurvensystem einer Fläche entspricht auf der transformierten Fläche ein konjugiertes System. Wir verlangen außerdem, daß die Brennnetze der Kongruenz $(\boldsymbol{A}_1 \boldsymbol{A}_2)$ in die Brennetze der Kongruenz $(\boldsymbol{A}_3 \boldsymbol{A}_4)$ übergehen.

Da der Strahl $\boldsymbol{A}_1 \boldsymbol{A}_2$ auf der Fläche $(\boldsymbol{A}_1)$ die Kurve $\omega_1^3 = 0$ und der Strahl $\boldsymbol{A}_3 \boldsymbol{A}_4$ auf der Fläche $(\boldsymbol{A}_3)$ die Kurve $\omega_3^1 = 0$ berührt, und da sie auf den Flächen $(\boldsymbol{A}_2)$ und $(\boldsymbol{A}_4)$ resp. die Kurven $\omega_2^4 = 0$ und $\omega_4^2 = 0$ berühren, ist die Entsprechung der Brennetze gleichbedeutend mit der Proportionalität dieser Formen:

$$\omega_3^1 = \lambda \omega_1^3, \qquad \omega_4^2 = \mu \omega_2^4. \tag{50c}$$

Durch Differentiation dieser Gleichungen erhalten wir

$$[\Delta \lambda \omega_1^3] = 0, \qquad [\Delta \mu \omega_2^4] = 0, \tag{50d}$$

wobei

$$\Delta \lambda = d \ln \lambda + 2(\omega_1^1 - \omega_3^3), \qquad \Delta \mu = d \ln \mu + 2(\omega_2^2 - \omega_4^4). \tag{50e}$$

Wenn wir die Werte (50c) und ebenso die Ausdrücke (7) § 186 in die Gleichungen (50b) einsetzen, dann kommen wir zu den endlichen Gleichungen

$$\lambda \gamma = -\mu \alpha, \qquad \mu \gamma' = -\lambda \alpha'; \tag{50f}$$

daraus ergibt sich durch Multiplikation

$$\lambda \mu (\alpha \alpha' - \gamma \gamma') = 0.$$

Wenn $\lambda = 0$, dann ist auch $\mu = 0$, und die Gerade $\boldsymbol{A}_3 \boldsymbol{A}_4$ bleibt fest. Die Kongruenz $(\boldsymbol{A}_1 \boldsymbol{A}_2)$ bleibt dabei willkürlich. Bei $\lambda \mu \neq 0$ muß $\alpha \alpha' - \gamma \gamma' = 0$ sein, und die Kongruenz $(\boldsymbol{A}_1 \boldsymbol{A}_2)$ ist eine W-Kongruenz.

Nun folgt aus den quadratischen Gleichungen (50d)

$$\Delta \lambda = \lambda_1 \omega_1^3, \qquad \Delta \mu = \mu_2 \omega_2^4, \tag{50g}$$

und durch Differentiation der Gleichungen (50f) erhalten wir

$$\Delta \lambda - \Delta \mu - \Delta \alpha + \Delta \gamma = 0,$$
$$\Delta \lambda - \Delta \mu + \Delta \alpha' - \Delta \gamma' = 0.$$

Indem wir die Koeffizienten von ω_1^3, ω_2^4 nach der Substitution der Ausdrücke (9) § 187, (50g) vergleichen, ergibt sich

$$\lambda_1 = \alpha_1 - \beta_2 = \gamma_1' + \beta_2', \qquad \mu_2 = \beta_1 + \gamma_2 = \alpha_2' - \beta_1'. \tag{50h}$$

Bilden wir nun das äußere Differential der Gleichungen

$$\Delta \lambda = (\alpha_1 - \beta_2) \omega_1^3, \qquad \Delta \mu = (\beta_1 + \gamma_2) \omega_2^4, \tag{50k}$$

so erhalten wir

$$[\Delta \alpha_1 - \Delta \beta_2, \omega_1^3] = 0, \qquad [\Delta \beta_1 + \Delta \gamma_2, \omega_2^4] = 0,$$

oder wegen (11) § 187 $\beta_{11} + \beta_{22} = 0$.

Da die Gleichungen (31′) § 200 befriedigt werden, ist die Kongruenz $(\boldsymbol{A}_1\boldsymbol{A}_2)$ eine R-Kongruenz. Wegen der völligen Symmetrie für die Kongruenzen $(\boldsymbol{A}_1\boldsymbol{A}_2)$ und $(\boldsymbol{A}_3\boldsymbol{A}_4)$ in der Problemstellung ist die zweite Kongruenz auch eine R-Kongruenz.

Es bleibt noch zu beweisen, daß jede R-Kongruenz eine derartige Transformation zuläßt. Dazu müssen wir zum Gleichungssystem, das die R-Kongruenzen bestimmt, zurückkehren.

216. Der Existenzsatz für die $\boldsymbol{R}$-Kongruenz. Die Gleichungen (31) § 200, welche die R-Kongruenz nach den Formeln (30) § 199 charakterisieren, kann man in der Gestalt schreiben

$$\alpha\alpha' - \gamma\gamma' = 0, \tag{51a}$$

$$[\Delta\beta_2\omega_1^3] - [\Delta\beta_1\omega_2^4] = 0. \tag{51b}$$

Man muß sie zusammen mit dem System der linearen Gleichungen (5) § 185, (7) § 186, (9) § 187 und der quadratischen (10) § 187 betrachten.

Die fortgesetzte Differentiation der endlichen Gleichung (51 a) ergibt, wie wir gesehen haben, die beiden Beziehungen (37 d) § 205

$$\Delta\alpha_1 = \Delta\beta_2 + \Delta\beta_2' + \Delta\gamma_1', \qquad \Delta\alpha_2' = \Delta\beta_1' + \Delta\beta_1 + \Delta\gamma_2. \tag{51c}$$

Setzen wir diese Werte für $\Delta\alpha_1, \Delta\alpha_2'$ in die quadratischen Gleichungen (10) ein, so sehen wir, daß das System der Gleichungen (10), (51 b) nur sechs unabhängige quadratische Gleichungen enthält, welche die Werte der Formen

$$\Delta\beta_1,\ \Delta\beta_2,\ \Delta\beta_1',\ \Delta\beta_2',\ \Delta\gamma_1',\ \Delta\gamma_2 \tag{a}$$

auf dem zweiten Integralelement der Kette bestimmen.

In der Tat erhalten wir, wenn wir die diesem System zugeordneten bilinearen Gleichungen ausschreiben, für die Determinante aus den Koeffizienten der sechs unbekannten Größen (a) den Ausdruck

$$\Delta = \omega_1^3\omega_2^4\,\{\alpha(\omega_1^3)^2 + \gamma(\omega_2^4)^2\}\,\{\gamma'(\omega_1^3)^2 + \alpha'(\omega_2^4)^2\},$$

wobei ω_1^3, ω_2^4 die Werte der gleichbenannten Formen auf dem ersten Integralelement der Kette sind.

Die Determinante Δ verschwindet auf den Charakteristiken, die den Asymptotenlinien der Brennflächen und den Torsen der Kongruenz entsprechen.

Das System ist also in Involution mit den charakteristischen Zahlen $s_1 = 6$, $s_2 = 0$ und bestimmt die R-Kongruenz bis auf sechs Funktionen eines Arguments.

Wir nehmen nun an, daß wir eine beliebige R-Kongruenz haben, d. h. wir kennen eine gewisse Lösung des Systems (5), (7), (9), (51 a) und der quadratischen Gleichungen (10), (51 b). Kann man zu dieser Kongruenz eine gleichzeitige Transformation der Brennflächen und der Kongruenz in eine neue R-Kongruenz konstruieren?

Um diese Frage positiv zu beantworten, muß man zeigen, daß zu einer gegebenen Kongruenz für jeden Strahl die Eckpunkte $\boldsymbol{A}_3, \boldsymbol{A}_4$ des Tetraeders so wählbar sind, daß die Gleichungen (50 a, b, c, f, k) gelten.

Das erste System (das die R-Kongruenz bestimmt), enthält außer den Formen ω_1^3, ω_2^4, welche die Basis des Unterrings der Differentiale der unabhängigen Veränderlichen bilden, und den Formen, die auf den linken Seiten der Gleichungen (5), (7), (9), (51c) stehen, in seinem charakteristischen System [System (I)] noch die sechs Formen (a). Das erste Integral dieses Systems faßt die Gesamtheit aller Veränderlichen, der abhängigen wie der unabhängigen, zusammen, mit denen man alle Gleichungen des Systems ausdrücken kann. Wenn eine R-Kongruenz gegeben ist, dann sind alle unbekannten Funktionen dieser Gesamtheit von Veränderlichen gegeben als Funktionen der unabhängigen Veränderlichen, alle Formen des charakteristischen Systems (I) sind linear durch die Formen ω_1^3, ω_2^4 ausgedrückt, und machen alle Gleichungen (5), (7), (9), (10), (51a, b,c) zu Identitäten.

Wir setzen diese Werte in die Gleichungen (50a, b, c, f, k) ein. Wir erhalten ein System von sechs linearen Gleichungen

$$\begin{gathered} \omega_3^2 = 0, \quad \omega_4^1 = 0, \quad \omega_3^1 = \lambda\omega_1^3, \quad \omega_4^2 = \mu\omega_2^4, \\ \Delta\lambda = (\alpha_1 - \beta_2)\omega_1^3, \quad \Delta\mu = (\beta_1 + \gamma_2)\omega_2^4 \end{gathered} \tag{52a}$$

und einer endlichen

$$\lambda\gamma + \mu\alpha = 0. \tag{52b}$$

Das System ist abgeschlossen bezüglich der Differentiation: Die äußeren Differentiale der Gleichungen (52a) und das vollständige Differential der Gleichung (52b) sind algebraische Folgen der Systeme (51b), (52a). Außer den Formen ω_1^3, ω_2^4 enthält es noch die sechs Formen, die auf den linken Seiten der Gleichungen (52a) stehen, und die auch sein charakteristisches System bilden. Das System (52a, b) ist vollständig integrierbar, da aber die Veränderlichen λ, μ über die endliche Gleichung (52b) zusammenhängen, hängt die Lösung nur von fünf willkürlichen Konstanten ab.[1]) Sie sind nicht alle wesentlich. Die Formeln (50c) besagen, daß man die letzten beiden Gleichungen von (52a) in der Gestalt schreiben kann

$$\begin{aligned} d\ln\lambda + 2(\omega_1^1 - \omega_3^3) &= (\alpha_1 - \beta_2)\omega_1^3, \\ d\ln\mu + 2(\omega_2^2 - \omega_4^4) &= (\beta_1 + \gamma_2)\omega_2^4 \end{aligned} \tag{52a'}$$

und ihre Differenz wird zu einer Identität wegen der Beziehung (52b). Folglich genügt es, nur eine Gleichung beizubehalten, z. B. die erste. Die willkürliche Konstante, die bei der Integration dieser Gleichung auftaucht, geht in den Ausdruck für λ in Gestalt eines Faktors ein. Indessen ist das Tetraeder $\{\boldsymbol{A}_i\}$ nur bis auf die Wahl der geometrischen Punkte A_i bestimmt; jeder analytische Punkt $\boldsymbol{A}_i$ läßt noch die Wahl der Normierung zu. Bei Multiplikation der Punkte $\boldsymbol{A}_3$, $\boldsymbol{A}_4$ mit dem konstanten Faktor ϑ wird die Komponente ω_3^1 mit ϑ multipli-

[1]) Die freie Wählbarkeit der Werte von ω_1^1, ω_2^2, ω_3^3 und ω_4^4 entspricht der noch möglichen Umnormung der Vektoren des Tetraeders, sie trägt daher nicht zum Allgemeinheitsgrad der Lösung bei.

ziert und die Komponente ω_1^3 durch ϑ dividiert, folglich wird λ mit ϑ^2 multipliziert. Bei geeigneter Wahl des Faktors ϑ machen wir die willkürliche Integrationskonstante der Gleichung (52a′) zu Eins.

Wir erhalten den Satz:

Jede R-Kongruenz kann mit einer Willkür von vier Parametern in eine neue R-Kongruenz derart transformiert werden, daß alle Brennflächen der LAPLACE-*Folge, die durch die transformierte Kongruenz erzeugt wird, asymptotisch Transformierte der gleichbenannten Brennflächen der Ausgangsfolge sind.*

Der Satz wurde für die Transformation einer Kongruenz und ihrer Brennflächen bewiesen. Man überzeugt sich leicht, daß der Nachweis sich Schritt für Schritt auf alle übrigen Kongruenzen der Folge übertragen läßt.

217. Literaturhinweise. Das allgemeine Prinzip, Invarianten und invariante Formen mittels der Variation der sekundären Parameter aufzufinden, wurde von CARTAN in den Vorlesungen an der Sorbonne (lithographierte Skripten) angegeben. Das aufgestellte System von fortlaufend verlängerten Gleichungssystemen, welche die geometrischen Gebilde bestimmen, und das vollständige System der Invarianten, der invarianten Formen und der geometrischen Bilder, die invariant mit der differentiellen Umgebung gegebener Ordnung zusammenhängen, gab G. F. LAPTEW an.

Die im Text angeführte Theorie der Invarianten einer Kongruenz, die auf ein Tetraeder erster Ordnung bezogen ist, erscheint hier zum erstenmal im Druck; nur die einfachste absolute Invariante zweiter Ordnung I wurde von WAELSCH [231] angegeben.

Im zweiten Band der „Projektiven Differentialgeometrie" baut FUBINI die Theorie der Kongruenzen im Geradenraum auf zwei invarianten Formen auf. Die erste Form φ ist quadratisch mit Nullinien, die den Torsen der Kongruenz entsprechen. Diese Form nimmt er als Basis einer absoluten Differentiation.

Zur Konstruktion der zweiten invarianten Form Φ geht der Autor von den zweiten kovarianten Ableitungen des Kongruenzstrahls (analytische Gerade) aus. Indem er sie mit den Differentialen der unabhängigen Veränderlichen faltet, erhält er eine quadratische Form, die man das zweite (kovariante) Differential des Strahls nennen kann. Durch Multiplikation dieses kovarianten Differentials nach der PLÜCKERschen Regel mit sich selbst kommt er zur Form Φ. Die Formen φ und Φ bestimmen die Kongruenz. In der Entwicklung der Form Φ in die Summe

$$\Phi = \Phi_4 + \varphi\Phi_2 + \varphi^2\Phi_0$$

bezeichnet FUBINI das Verhältnis $\Phi_4 : \varphi$ als projektives Linienelement der Kongruenz. Kongruenzen mit gemeinsamem Linienelement sind nicht immer projektivabwickelbar, notwendig ist noch das Zusammenfallen der Invarianten Φ_0.

Das im Text eingeführte projektive Linienelement (21) § 193 wurde von TERRACINI [202] aus geometrischen Betrachtungen abgeleitet.

Über die DARBOUX-Kurven und die invarianten Formen einer Fläche s. die „Projektive Differentialgeometrie" des Autors. Dort sind auch Literaturhinweise angegeben.

Die äußeren invarianten Formen als Verallgemeinerung der Invarianten der LAPLACE-Gleichung gab CARTAN an.

Die Charakterisierung der W-Kongruenz durch die Gleichheit der ersten Punkt- und der zweiten Ebeneninvariante geht auf FUBINI zurück. Die Konstruktion der invarianten linearen Komplexe einer Kongruenz wurde im Text zum erstenmal ausgeführt (s. WAELSCH [229]).

Die Kongruenzen mit einer einparametrigen Schar linearer Schmiegkomplexe wurden von ROZET [181] angegeben. Noch früher stieß FINIKOW auf diese Kongruenzen, als er Paare von Kongruenzen mit gemeinsamen linearen Schmiegkomplexen beschrieb [78]. Die im Text angeführte Konstruktion einer W-Kongruenz mit geradlinigen Regelflächen als Einhüllende einer Schar linearer Komplexe geht auf D. F. EGOROW [67] zurück. Die LAPLACE-Folge, die aus Kongruenzen in linearen Komplexen besteht, wurde von WILCZYNSKI [233] angegeben. Die Verteilung der Brennpunkte der Folge fand FINIKOW [75]. Über die R-Kongruenzen s. oben Kap. V und VII. Die Transformation der R-Kongruenzen stammt von JONAS [120]. Die gleichzeitige Transformation aller Brennflächen der Folge wurde vom Autor [74] bemerkt.

Zehntes Kapitel.

DIE Φ-FOLGEN

I. Allgemeine Eigenschaften der Φ-Kongruenzen

218. Die Wahl des kanonischen Tetraeders für die *R*-Kongruenz. Wir setzen voraus, daß das Tetraeder auf den Tangenten A_1A_3, A_2A_4 errichtet ist, die zum Kongruenzstrahl A_1A_2 konjugiert sind, d. h. wir setzen

$$\beta = 0, \quad \beta' = 0.$$

Dabei werden die Formen

$$\omega_3^2 = \Delta\beta, \quad \omega_4^1 = \Delta\beta' \tag{1a}$$

zu Hauptformen, aber π_3^1, π_4^2 und alle Formen π_i^i bleiben sekundär. Die Gleichungen (14c) § 190 liefern die Variation der Koeffizienten $\alpha_1, \beta_i, \gamma_2$ bei festem Strahl:

$$\delta\alpha_1 = \alpha_1(\pi_3^3 - \pi_1^1) - 3\,\pi_3^1, \quad \delta\gamma_2 = \gamma_2(\pi_4^4 - \pi_2^2) - 3\,\pi_4^2,$$
$$\delta\beta_2 = \beta_2(\pi_3^3 - \pi_1^1) + \pi_3^1, \quad \delta\beta_1 = \beta_1(\pi_4^4 - \pi_2^2) - \pi_4^2.$$

Daraus erhalten wir, indem wir alle Formen π_i^i gleich Null setzen

$$\delta(\alpha_1 - \beta_2) = -4\pi_3^1, \quad \delta(\gamma_2 + \beta_1) = -4\pi_4^2.$$

Folglich kann man durch Änderung der Formen π_3^1, π_4^2, d. h. durch eine Verschiebung des Punktes A_3 auf der Geraden A_1A_3, und des Punktes A_4 auf der Geraden A_2A_4, die beiden Differenzen $\alpha_1 - \beta_2$ und $\gamma_2 + \beta_1$ zu Null machen.

Wenn eine derartige Wahl schon getroffen ist, und demnach

$$\alpha_1 = \beta_2, \quad \gamma_2 = -\beta_1, \tag{1b}$$

dann erhalten wir aus den Gleichungen (10') § 187, indem wir α_1 oder γ_2 eliminieren

$$\begin{aligned} 4\omega_3^1 &= \Delta\alpha_1 - \Delta\beta_2 + (3\alpha\alpha' + \gamma\gamma')\,\omega_2^4, \\ 4\omega_4^2 &= \Delta\beta_1 + \Delta\gamma_2 + (\alpha\alpha' + 3\gamma\gamma')\,\omega_1^3, \end{aligned} \tag{1c}$$

d. h. die Formen ω_3^1, ω_4^2 werden Hauptformen.

Da unsere Kongruenz eine *W*-Kongruenz ist, folgt jetzt aus den Gleichungen (37c) § 205

$$\gamma_1' = -\beta_2', \quad \alpha_2' = \beta_1'. \tag{1d}$$

Setzen wir in die Ausdrücke (1c) die Werte (11) § 187 ein und verwenden die für die R-Kongruenz charakteristischen Beziehungen $\alpha\alpha' - \gamma\gamma' = 0, \beta_{11} + \beta_{22} = 0$, so ergibt sich

$$\begin{aligned} \omega_3^1 &= \varepsilon\omega_1^3 + \alpha\alpha'\omega_2^4, \\ \omega_4^2 &= \varepsilon'\omega_2^4 + \alpha\alpha'\omega_1^3, \end{aligned} \tag{1e}$$

wobei

$$\begin{aligned} \alpha_{11} - \alpha\beta_{12} &= 4\varepsilon, \\ \gamma_{22} + \gamma\beta_{12} &= 4\varepsilon'. \end{aligned} \tag{1f}$$

Schließlich können wir durch die Normierung der Eckpunkte $\boldsymbol{A}_i$, da

$$\delta \ln \frac{\alpha}{\gamma} = 2(\pi_2^2 - \pi_1^1 + \pi_3^3 - \pi_4^4),$$

das Verhältnis $\frac{\alpha}{\gamma}$ zu -1 machen, d. h. $\alpha + \gamma$ zu Null, und aus der Gleichung

$$\alpha\alpha' - \gamma\gamma' = 0$$

folgt dann

$$\gamma = -\alpha, \quad \gamma' = -\alpha'. \tag{1g}$$

Die Differentiation dieser Beziehungen führt wegen (8′) § 187, (9) § 187 und (1b), (1d) auf die Gleichung

$$\omega_1^1 - \omega_3^3 = \omega_2^2 - \omega_4^4. \tag{1h}$$

Jetzt schreiben sich die Gleichungen (7) § 186, (8′), (9) § 187, (1e)

$$\begin{aligned} &\omega_1^2 = -\alpha\omega_2^4, \quad \omega_2^1 = -\alpha'\omega_1^3, && \omega_3^4 = \alpha\omega_1^3, \quad \omega_4^3 = \alpha'\omega_2^4, \\ &\omega_3^1 = \varepsilon\omega_1^3 + \alpha\alpha'\omega_2^4, && \omega_4^2 = \alpha\alpha'\omega_1^3 + \varepsilon'\omega_2^4, \\ &\omega_3^2 = b_1\omega_1^3 + b_2\omega_2^4, && \omega_4^1 = b_1'\omega_1^3 + b_2'\omega_2^4, \\ &d\alpha = -b_2\omega_1^3 - b_1\omega_2^4, && d\alpha' = -b_2'\omega_1^3 - b_1'\omega_2^4, \end{aligned} \tag{2a}$$

wobei

$$b_1 = \alpha\beta_1, \quad b_2 = -\alpha\beta_2, \quad b_1' = -\alpha'\beta_1', \quad b_2' = \alpha'\beta_2'.$$

Eine einfache Rechnung ergibt

$$D(\omega_1^1 - \omega_3^3) = 0, \quad D(\omega_2^2 - \omega_4^4) = 0, \quad D(\omega_1^1 - \omega_2^2) = 0.$$

Folglich ist jede dieser Differenzen ein vollständiges Differential:

$$\omega_1^1 - \omega_2^2 = d \ln \varphi, \quad \omega_1^1 - \omega_3^3 = \omega_2^2 - \omega_4^4 = d \ln \psi.$$

Wenn wir die Normierung der Tetraederecken ändern, dann erhalten wir für den neuen Punkt

$$\overline{\boldsymbol{A}}_1 = \varrho_1 \boldsymbol{A}_1$$

die Komponente

$$\overline{\omega}_1^1 = \omega_1^1 + d \ln \varrho_1$$

und ebenso für jeden Punkt $\overline{\boldsymbol{A}}_i$. Wenn wir also die Funktionen ϱ_i so wählen, daß $\varrho_2 = \varphi\varrho_1$, $\varrho_3 = \psi\varrho_1$, $\varrho_4 = \psi\varrho_2$, machen wir jede Differenz zu Null:

$$\omega_1^1 = \omega_2^2 = \omega_3^3 = \omega_4^4. \tag{2b}$$

Wir weisen darauf hin, daß dabei ϱ_1 willkürlich bleibt. Indem wir diesen Faktor so wählen, daß die Determinante aus den 16 Koordinaten der Eckpunkte gleich Eins wird, also

$$(A_1 A_2 A_3 A_4) = 1,$$

können wir alle Formen ω_i^i zu Null machen.

Auf jeden Fall folgt aus den Gleichungen (2b)

$$D\omega_1^3 = [\omega_1^3, \omega_3^3 - \omega_1^1] = 0, \qquad D\omega_2^4 = 0;$$

also sind ω_1^3, ω_2^4 vollständige Differentiale; wir setzen

$$\omega_1^3 = dv, \qquad \omega_2^4 = du. \tag{2c}$$

Die äußere Differentiation der Gleichungen (2a) ergibt:

$$\begin{gathered}
[db_1 + a\omega_4^2, \omega_1^3] + [db_2 + a\omega_3^1, \omega_2^4] = 0, \\
[db_2' + a'\omega_3^1, \omega_2^4] + [db_1' + a'\omega_4^2, \omega_1^3] = 0, \\
[db_2 + a\omega_3^1, \omega_1^3] + [db_1 + a\omega_4^2, \omega_2^4] = 0, \\
[db_1' + a'\omega_4^2, \omega_2^4] + [db_2' + a'\omega_3^1, \omega_1^3] = 0, \\
[d\varepsilon\omega_1^3] + 2[d(aa'), \omega_2^4] = 0, \\
[d\varepsilon'\omega_2^4] + 2[d(aa'), \omega_1^3] = 0.
\end{gathered} \tag{2d}$$

Die quadratischen Gleichungen (2d) werden durch Anwendung des Lemmas von CARTAN auf die Gestalt transformiert

$$\begin{gathered}
db_1 + a\omega_4^2 = b_{11}\omega_1^3 + ab_{12}\omega_2^4, \qquad db_1' + a'\omega_4^2 = b_{11}'\omega_1^3 + a'b_{12}'\omega_2^4, \\
db_2 + a\omega_3^1 = ab_{12}\omega_1^3 + b_{11}\omega_2^4, \qquad db_2' + a'\omega_3^1 = a'b_{12}'\omega_1^3 + b_{11}'\omega_2^4, \\
d\varepsilon = \varepsilon_1\omega_1^3 + 2(aa')_v\,\omega_2^4, \qquad d\varepsilon' = 2(aa')_u\,\omega_1^3 + \varepsilon_2'\omega_2^4, \\
d(aa') = (aa')_v\,\omega_1^3 + (aa')_u\,\omega_2^4.
\end{gathered} \tag{2e}$$

Ein Vergleich dieser Formeln mit den Grundgleichungen (8), (9), (10'), (11) und (12') § 187 liefert für die neuen Größen die Beziehungen

$$\begin{gathered}
b_1 = a\beta_1, \quad b_2 = -a\beta_2, \quad b_1' = -a'\beta_1', \quad b_2' = a'\beta_2', \\
b_{11} = a(\beta_{11} + \beta_1\beta_2), \qquad b_{12} = -a\beta_{12}, \\
b_{11}' = a'(-\beta_{11}' + \beta_1'\beta_2'), \qquad b_{12}' = -a'\beta_{12}', \\
\varepsilon = \frac{\alpha_{11} - a\beta_{12}}{4}, \qquad \varepsilon' = \frac{\gamma_{22} - a\beta_{12}}{4}.
\end{gathered} \tag{3a}$$

Wir merken noch ihre Darstellung durch die Ableitungen von a, a' an:

$$\begin{gathered}
b_1 = -a_u, \quad b_2 = -a_v, \quad b_1' = -a_u', \quad b_2' = -a_v', \\
b_{11} = a^2 a' - a_{uv}, \qquad b_{12} = -\frac{a_{uu} + a_{vv}}{2a} + \frac{\varepsilon + \varepsilon'}{2}, \\
b_{12}' = -\frac{a_{uu}' + a_{vv}'}{2a'} + \frac{\varepsilon + \varepsilon'}{2},
\end{gathered} \tag{3b}$$

woraus wegen (1b), (3a) folgt

$$
\begin{aligned}
&\alpha_1 = \beta_2 = (\ln\alpha)_v, && \gamma_2 = -\beta_1 = (\ln\alpha)_u,\\
&\alpha_2' = \beta_1' = (\ln\alpha')_u, && \gamma_1' = -\beta_2' = (\ln\alpha')_v,\\
&\alpha_{11} = \frac{\alpha_{vv}}{\alpha} + 3\varepsilon, && \beta_{11} = -\beta_{22} = \alpha\alpha' - (\ln\alpha)_{uv},\\
&\alpha\beta_{12} = \frac{\alpha_{uu}}{\alpha} - \varepsilon', && \gamma_{22} = \frac{\alpha_{uu}}{\alpha} + 3\varepsilon',\\
&\alpha_{22}' = \frac{\alpha_{uu}'}{\alpha'} + 3\varepsilon', && \beta_{22}' = -\beta_{11}' = \alpha\alpha' - (\ln\alpha')_{uv},\\
&\alpha'\beta_{12}' = \frac{\alpha_{vv}'}{\alpha'} - \varepsilon, && \gamma_{11}' = \frac{\alpha_{vv}'}{\alpha'} + 3\varepsilon.
\end{aligned}
\tag{3c}
$$

Die Koeffizienten $\alpha, \alpha', \varepsilon, \varepsilon'$ genügen den Gleichungen

$$
\begin{aligned}
&\frac{\alpha_{uu} - \alpha_{vv}}{\alpha} = \frac{\alpha_{uu}' - \alpha_{vv}'}{\alpha'} = \varepsilon' - \varepsilon,\\
&\varepsilon_u = 2(\alpha\alpha')_v, \quad \varepsilon_v' = 2(\alpha\alpha')_u.
\end{aligned}
\tag{3d}
$$

Aus den Gleichungen (2a), (2b), (3b) ergibt sich folgende Komponentenmatrix unseres Tetraeders:

$$
\begin{pmatrix}
0 & -\alpha\,du & dv & 0\\
-\alpha'\,dv & 0 & 0 & du\\
\varepsilon\,dv + \alpha\alpha'\,du & -\alpha_u\,dv - \alpha_v\,du & 0 & \alpha\,dv\\
-\alpha_u'\,dv - \alpha_v'\,du & \alpha\alpha'\,dv + \varepsilon'\,du & \alpha'\,du & 0
\end{pmatrix}.
\tag{4}
$$

Die Strukturgleichungen reduzieren sich auf das System (3d).

Die Tabelle der Komponenten (4) erlaubt die Transformation

$$
\begin{aligned}
&u_1 = au, \quad v_1 = a'v, \quad \alpha_1 = \frac{c}{ab}\,\alpha, \quad \alpha_1' = \frac{b}{ac}\,\alpha',\\
&\varepsilon_1 = \frac{\varepsilon}{a^2}, \quad \varepsilon_1' = \frac{\varepsilon'}{a^2}; \quad a' = \pm a, \quad a, b, c = \text{const}
\end{aligned}
\tag{3e}
$$

bei gleichzeitiger Transformation der Eckpunkte:

$$
\boldsymbol{A}_1' = c\boldsymbol{A}_1, \quad \boldsymbol{A}_2' = b\boldsymbol{A}_2, \quad \boldsymbol{A}_3' = \frac{c}{a'}\boldsymbol{A}_3, \quad \boldsymbol{A}_4' = \frac{b}{a}\boldsymbol{A}_4.
$$

219. Das kanonische Tetraeder für die erste Laplace-Transformierte einer $\boldsymbol{R}$-Kongruenz. Eine entsprechende Koeffizientenmatrix, nur mit anderen Funktionen $\alpha, \alpha', \varepsilon, \varepsilon'$ und anderen Parametern u, v, muß es auch für die Kongruenz $(\boldsymbol{A}_1\boldsymbol{A}_3)$ geben, die man aus der Kongruenz $(\boldsymbol{A}_1\boldsymbol{A}_2)$ durch Laplace-Transformation erhält, wenn sie nur auf ein entsprechendes Tetraeder $\{\boldsymbol{B}_i\}$ bezogen ist, wie es das Tetraeder $\{\boldsymbol{A}_i\}$ für die Kongruenz $(\boldsymbol{A}_1\boldsymbol{A}_2)$ war.

Offensichtlich fällt der Eckpunkt $\boldsymbol{B}_2$ mit dem Brennpunkt $\boldsymbol{A}_1$ der Kongruenz $(\boldsymbol{A}_1\boldsymbol{A}_3)$ zusammen. Der Eckpunkt $\boldsymbol{B}_1$ liegt im anderen Brennpunkt des Strahls $\boldsymbol{A}_1\boldsymbol{A}_3$, d. h. irgendwo auf der Geraden $\boldsymbol{A}_1\boldsymbol{A}_3$, und der Eckpunkt $\boldsymbol{B}_4$ liegt auf der Geraden $\boldsymbol{A}_1\boldsymbol{A}_2$, welche die LAPLACE-Transformierte der Geraden $\boldsymbol{A}_1\boldsymbol{A}_3$ in der Richtung des Parameters u ist. Schließlich liegt der Eckpunkt $\boldsymbol{B}_3$ auf der Transformierte in v-Richtung, d. h. auf der Geraden, die durch die Punkte $\boldsymbol{B}_1$ und $(\boldsymbol{B}_1)_v$ bestimmt wird.

Wir können demnach setzen

$$\begin{aligned} \boldsymbol{B}_1 &= \varrho_1(\boldsymbol{A}_3 + \lambda \boldsymbol{A}_1), \quad & \boldsymbol{B}_2 &= \varrho_2 \boldsymbol{A}_1, \\ \boldsymbol{B}_3 &= \varrho_3 \{(\boldsymbol{B}_1)_v + \mu \boldsymbol{B}_1\}, \quad & \boldsymbol{B}_4 &= \varrho_4(\boldsymbol{A}_2 + \nu \boldsymbol{A}_1). \end{aligned} \tag{5a}$$

Wenn wir die Größen $\alpha, \alpha', \varepsilon, \varepsilon', u, v$ für das Tetraeder $\{\boldsymbol{B}_i\}$ in großen Buchstaben $\mathrm{A}, \mathrm{A}', \mathrm{E}, \mathrm{E}', U, V$ schreiben, und diese Werte der $\boldsymbol{B}_i$ in die erste Gleichung (1) § 185 für die Matrix (4) einsetzen

$$d\boldsymbol{B}_1 = -\,\mathrm{A}\,U'\,du\,\boldsymbol{B}_2 + V'\,dv\,\boldsymbol{B}_3, \qquad U' = \frac{dU}{du}, \qquad V' = \frac{dV}{dv},$$

so erhalten wir durch Vergleich der Koeffizienten der Eckpunkte $\boldsymbol{A}_i$ und des Differentials du

$$(\varrho_1)_u = 0, \qquad \lambda = -\,(\ln \alpha)_v, \qquad \mathrm{A} = \frac{\varrho_1}{\varrho_2 U'}\{(\ln \alpha)_{uv} - \alpha\alpha'\}. \tag{5b}$$

Ein Vergleich der Koeffizienten des Differentials dv ergibt:

$$\boldsymbol{B}_3 = \frac{1}{V'}(\boldsymbol{B}_1)_v \quad \text{und} \quad \varrho_3 = \frac{1}{V'}, \qquad \mu = 0,$$

und die Entwicklung des Eckpunktes $\boldsymbol{B}_3$ nach den Punkten $\boldsymbol{A}_i$ wird dann

$$\boldsymbol{B}_3 = \frac{\varrho_1}{V'}\left\{[\varepsilon - (\ln\alpha)_{vv} - (\ln\alpha)_v(\ln\varrho_1)_v]\,\boldsymbol{A}_1 - \alpha_u \boldsymbol{A}_2 + \left(\ln\frac{\varrho_1}{\alpha}\right)_v \boldsymbol{A}_3 + \alpha \boldsymbol{A}_4\right\}. \tag{5c}$$

Ebenso erhalten wir aus der zweiten Gleichung für die Entwicklung von $d\boldsymbol{B}_2$

$$\varrho_4 = -\frac{\alpha\varrho_2}{U'}, \qquad \nu = -\frac{1}{\alpha}(\ln\varrho_2)_u, \qquad (\varrho_2\alpha)_v = 0, \qquad \mathrm{A}' = -\frac{\varrho_2}{\varrho_1 V'}. \tag{5d}$$

Die vierte Gleichung muß die Gestalt annehmen

$$d\boldsymbol{B}_4 = \left(-\,\mathrm{A}'_u\frac{V'}{U'}\,dv - \mathrm{A}'_v\frac{U'}{V'}\,du\right)\boldsymbol{B}_1 + (\mathrm{A}\mathrm{A}'\,V'\,dv + \mathrm{E}'\,U'\,du)\,\boldsymbol{B}_2 + \mathrm{A}'U'\boldsymbol{B}_3.$$

Wenn wir hier die Werte der Punkte (5a), (5c) einsetzen und die Koeffizienten von $\boldsymbol{A}_i\,du$, $\boldsymbol{A}_i\,dv$ vergleichen, so ergibt sich eine Reihe von Gleichungen:

$$\begin{aligned} (\varrho_4)_u\nu + \varrho_4\nu_u &= -\,\mathrm{A}'_v\varrho_1\lambda\frac{U'}{V'} + \mathrm{E}'\varrho_2 U' + \\ &\quad + \mathrm{A}'\varrho_1\frac{U'}{V'}\{\varepsilon - (\ln\alpha)_{vv} - (\ln\alpha)_v(\ln\varrho_1)_v\}, \end{aligned} \tag{α_1}$$

$$\varrho_4 \nu_v - \varrho_4 \alpha' = -\,\mathrm{A}'_u \varrho_1 \lambda \frac{V'}{U'} + \mathrm{A}\mathrm{A}'\,\varrho_2 V', \tag{α_2}$$

$$(\varrho_4)_u - \alpha \varrho_4 \nu = -\,\mathrm{A}' \varrho_1 \alpha_u \frac{U'}{V'}, \tag{α_3}$$

$$(\varrho_4)_v = 0, \tag{α_4}$$

$$-\,\mathrm{A}'_v \varrho_1 \frac{U'}{V'} + \mathrm{A}' \left(\ln \frac{\varrho_1}{\alpha}\right)_v \varrho_1 \frac{U'}{V'} = 0, \tag{α_5}$$

$$\varrho_4 \nu = -\,\mathrm{A}'_u \varrho_1 \frac{V'}{U'}, \quad (\alpha_6) \qquad \varrho_4 = \mathrm{A}' \alpha \varrho_1 \frac{U'}{V'}. \tag{α_7}$$

Die Gleichungen (α_4), (α_6) werden nach der Substitution der Werte (5b), (5d) zu Identitäten. Die Gleichung (α_7) wird durch diese Substitution in die Gestalt gebracht

$$U'^2 = V'^2.$$

Da die linke Seite der Gleichung eine Funktion von u allein und die rechte eine der Veränderlichen v allein ist, sind U' und V' konstant:

$$U' = a, \qquad V' = a', \qquad a' = \pm\, a = \text{const}.$$

Die Gleichungen (α_3) und (α_5) nehmen jetzt die Gestalt an

$$(\alpha \varrho_2)_u = 0, \qquad (\varrho_1)_v = 0.$$

Da wegen (5b), (5d) schon $(\varrho_1)_u = 0$, $(\alpha \varrho_2)_v = 0$ gilt, sind beide Ausdrücke konstant

$$\varrho_1 = \text{const}, \qquad \alpha \varrho_2 = h, \qquad h = \text{const}.$$

Schließlich wird die Gleichung (α_2) eine Identität und die Gleichung (α_1) nimmt die Gestalt an

$$\mathrm{E}' a^2 = \varepsilon - (\ln \alpha)_{vv} - \alpha \left\{\frac{(\ln \alpha)_u}{\alpha}\right\}_u - (\ln \alpha)_v^2.$$

Addieren wir sie zur Gleichung (3d):

$$0 = \varepsilon' - \varepsilon + (\ln \alpha)_{vv} - (\ln \alpha)_{uu} + (\ln \alpha)_v^2 - (\ln \alpha)_u^2,$$

so erhalten wir

$$\mathrm{E}' a^2 = \varepsilon' - 2 (\ln \alpha)_{uu}.$$

Die Formeln (5a), (5c) nehmen die Gestalt an

$$\begin{aligned}
\boldsymbol{B}_1 &= \varrho_1 \{\boldsymbol{A}_3 - (\ln \alpha)_v \boldsymbol{A}_1\}, \qquad \boldsymbol{B}_2 = \frac{h}{\alpha} \boldsymbol{A}_1, \\
\boldsymbol{B}_3 &= \frac{\varrho_1}{a'} \{[\varepsilon - (\ln \alpha)_{vv}]\, \boldsymbol{A}_1 - \alpha_u \boldsymbol{A}_2 - (\ln \alpha)_v \boldsymbol{A}_3 + \alpha \boldsymbol{A}_4\}, \\
\boldsymbol{B}_4 &= -\frac{h}{a} \left\{\boldsymbol{A}_2 + \frac{1}{\alpha} (\ln \alpha)_u \boldsymbol{A}_1\right\}.
\end{aligned} \tag{5a'}$$

Die Entwicklung des Differentials $d\boldsymbol{B}_3$ liefert uns den Koeffizienten E, und wir erhalten die Tabelle

$$\begin{aligned} \mathrm{A} &= \frac{\varrho_1}{a h}\,\alpha\,\{[\ln\alpha)_{uv} - \alpha\alpha'\}, \qquad \mathrm{A}' = -\frac{h}{\varrho_1 a'}\frac{1}{\alpha}, \\ a^2\mathrm{E} &= \varepsilon - 2(\ln\alpha)_{vv}, \qquad a^2\mathrm{E}' = \varepsilon' - 2(\ln\alpha)_{uu}, \\ U &= a u, \qquad V = a' v, \qquad a' = \pm a, \qquad a, h, \varrho_1 = \mathrm{const}. \end{aligned} \tag{5b'}$$

Man sieht leicht ein, daß die Konstanten a, $a' = \pm a$, h, ϱ_1 nicht wesentlich sind; denn bei jeder Wahl dieser Größen behält die Tabelle (4) ihre Gestalt.

220. Kongruenzen mit entsprechenden Darboux-Kurven auf den Brennflächen (Φ-Kongruenzen). Wir betrachteten diese Kongruenzen schon als Mittel zur Transformation isotherm-asymptotischer Flächen (Φ-Flächen). Wir sahen, daß eine Φ-Kongruenz notwendig eine W-Kongruenz ist, d. h. die Asymptotenlinien auf den Brennflächen entsprechen sich, und außerdem entsprechen sich die Darboux-Kurven (Kap. V, § 120).

Wir betrachten diese Kongruenzen nun vom Gesichtspunkt der Laplace-Folgen, die sie erzeugen.

Wir sahen (§ 194), daß die Darboux-Kurven auf den Brennflächen die Nulllinien der kubischen Form φ_3 und der entsprechenden Form φ_3' für die zweite Brennfläche sind. Die Darboux-Kurven entsprechen sich auf beiden Brennflächen, wenn die Koeffizienten dieser Formen proportional sind. Benutzen wir die Formel (23′) § 194 für die Form φ_3 und schreiben die Form φ_3' unter der üblichen Vertauschung der Indizes $\binom{1\ 3}{2\ 4}$ und der Anfügung von Strichen aus, so erhalten wir die gesuchte Bedingung in Gestalt einer Reihe von gleichen Verhältnissen:

$$\frac{\alpha(3\beta_2+\alpha_1)}{\gamma'(3\beta_2'-\gamma_1')} = \frac{\alpha(3\beta_1-\gamma_2)}{\gamma'(3\beta_1'+\alpha_2')} = \frac{\gamma(3\beta_2+\alpha_1)}{\alpha'(3\beta_2'-\gamma_1')} = \frac{\gamma(3\beta_1-\gamma_2)}{\alpha'(3\beta_1'+\alpha_2')}. \tag{6a}$$

Daraus folgt zunächst die Proportion

$$\frac{\alpha}{\gamma'} = \frac{\gamma}{\alpha'} \qquad \text{oder} \qquad \alpha\alpha' - \gamma\gamma' = 0, \tag{6b}$$

die aufs neue besagt, daß unsere Kongruenz eine W-Kongruenz ist. Danach erhalten wir als einzige Bedingung

$$\frac{3\beta_2+\alpha_1}{3\beta_2'-\gamma_1'} = \frac{3\beta_1-\gamma_2}{3\beta_1'+\alpha_2'}. \tag{6c}$$

Verwenden wir die Bezeichnungen von (18a) § 190, so können wir diese Gleichung als Gleichung zwischen den Invarianten dritter Ordnung hinschreiben:

$$I_2 I_2' = 1.$$

Wenn wir die Kongruenz auf die Achsen des Brennetzes der Fläche $(\boldsymbol{A}_1)$ beziehen, dann werden wegen der Gleichungen (24a) bis (24d) § 195

$$\omega_3^2 = 0, \quad \beta = 0, \quad \beta' = 0, \quad \beta_1 = 0, \quad \beta_2 = 0$$

die Beziehungen (37c) § 205, (6c) zu

$$\alpha_1 = \beta_2' + \gamma_1', \quad \gamma_2 = \alpha_2' - \beta_1', \tag{6d}$$

$$\frac{\beta_2' + \gamma_1'}{3\beta_2' - \gamma_1'} = \frac{\beta_1' - \alpha_2'}{3\beta_1' + \alpha_2'},$$

oder

$$\beta_2'\alpha_2' + \beta_1'\gamma_1' = 0. \tag{6c'}$$

Durch Differentiation der Gleichungen (6c′), (6d) erhalten wir außer den Gleichungen (37d) § 205 die lineare Gleichung

$$\begin{aligned}\alpha_2' \Delta\beta_2' + \beta_2' \Delta\alpha_2' + \gamma_1' \Delta\beta_1' + \beta_1' \Delta\gamma_1' - (3\beta_2' - \gamma_1') \Delta\beta_1 + (3\beta_1' + \alpha_2') \Delta\beta_2 = \\ = \beta_2'(\beta_1'\beta_2' - \alpha_2'\beta_2' - 4\alpha\alpha')\,\omega_1^3 + \beta_1'(\beta_1'\beta_2' + \gamma_1'\beta_1' - 4\alpha\alpha')\,\omega_2^4.\end{aligned} \tag{6e}$$

Setzen wir die Werte von $\Delta\alpha_1$ und $\Delta\gamma_2$ aus den Gleichungen (37d) § 205 in die quadratischen Gleichungen (10) § 187 ein, so ergeben sich nur fünf unabhängige Gleichungen:

$$\begin{aligned}&[\Delta\beta_2'\omega_1^3] + [\Delta\gamma_1'\omega_1^3] - [\Delta\beta_1\omega_2^4] + [\Delta\beta_2\omega_1^3] = 0,\\ &\alpha[\Delta\beta_1\omega_1^3] + \gamma[\Delta\beta_2\omega_2^4] = 0,\\ &[\Delta\beta_1'\omega_2^4] + [\Delta\gamma_1'\omega_1^3] = 0,\\ &\gamma'[\Delta\beta_1'\omega_1^3] + \alpha'[\Delta\beta_2'\omega_2^4] = 0,\\ &[\Delta\beta_2'\omega_1^3] - [\Delta\alpha_2'\omega_2^4] = 0.\end{aligned} \tag{6f}$$

Das Gleichungssystem (5) § 185, (7) § 186, (9) § 187, (24a) bis (24d) § 195, (37a), (37d) § 205, (6c′) bis (6f) ist abgeschlossen bezüglich der Differentiation. Das „charakteristische System" enthält außer den Formen ω_1^3, ω_2^4, welche die Basis des Unterrings der Differentiale der unabhängigen Veränderlichen bilden, und den linken Seiten der Gleichungen nur die sechs Formen $\Delta\alpha_2'$, $\Delta\gamma_1'$, $\Delta\beta_1'$, $\Delta\beta_2'$, $\Delta\beta_1$, $\Delta\beta_2$, die übrigens durch die lineare Gleichung (6e) zusammenhängen. Die Werte von fünf von ihnen bleiben auf dem ersten Linienelement der Kette willkürlich, auf dem zweiten werden sie durch die Gleichung (6e) und die bilinearen Gleichungen bestimmt, welche den fünf quadratischen Gleichungen (6f) zugeordnet sind. Die Determinante

$$\{\alpha(\omega_1^3)^2 + \gamma(\omega_2^4)^2\}\,\{\gamma'\beta_2'(\omega_1^3)^3 + 3\gamma'\beta_1'(\omega_1^3)^2\omega_2^4 + 3\alpha'\beta_2'\omega_1^3(\omega_2^4)^2 + \alpha'\beta_1'(\omega_2^4)^3\}$$

dieses Systems ist von Null verschieden. Folglich ist das System in Involution und bestimmt die gesuchten Kongruenzen bis auf fünf willkürliche Funktionen eines Arguments.

Wir sahen (§ 120 Kap. V), daß mit jeder isotherm-asymptotischen Fläche (Φ-Fläche) eine sechsparametrige Schar von W-Kongruenzen verknüpft ist, welche sie in eine neue Fläche derselben Klasse überführen, derart, daß sich auf den Brennflächen nicht nur die Asymptotenlinien, sondern auch die Darboux-Kurven entsprechen. Da die Brennflächen unserer Kongruenzen nur Φ-Flächen sein können, überträgt sich die von uns gefundene Willkür der Kongruenz (fünf Funktionen eines Arguments) auf die Willkür der Φ-Fläche.

221. Die LAPLACE-Folgen mit zwei Φ-Kongruenzen. Gibt es eine LAPLACE-Folge, auf deren Brennflächen sich die DARBOUX-Kurven entsprechen? Offenbar muß eine derartige Folge eine R-Folge sein, weil die Entsprechung der DARBOUX-Kurven die Entsprechung der Asymptotenlinien zur Folge hat, und es ist klar, daß nicht jede R-Folge diese Eigenschaft besitzt; denn aus der Entsprechung der Asymptotenlinien folgt nicht die Entsprechung der DARBOUX-Kurven.

Wir beziehen die Ausgangskongruenz auf die Achsen des Brennetzes $(\boldsymbol{A}_1)$, d. h. wir nehmen an, daß die Gleichungen (24a) bis (24d) § 195 und alle daraus folgenden Gleichungen des vorangehenden Paragraphen gelten, und betrachten die Kongruenz $(\boldsymbol{A}_1\boldsymbol{A}_3)$, welche die erste LAPLACE-Transformierte der Kongruenz $(\boldsymbol{A}_1\boldsymbol{A}_2)$ in Richtung von $\boldsymbol{A}_2$ nach $\boldsymbol{A}_1$ darstellt.

Das gewählte Tetraeder ist ein Tetraeder erster Ordnung für die Kongruenz $(\boldsymbol{A}_1\boldsymbol{A}_3)$, denn die Eckpunkte $\boldsymbol{A}_3$ und $\boldsymbol{A}_1$ sind die Brennpunkte des Strahls, und die Seiten $\boldsymbol{A}_3\boldsymbol{A}_1\boldsymbol{A}_4$ und $\boldsymbol{A}_1\boldsymbol{A}_3\boldsymbol{A}_2$ sind die Brennebenen wegen der Wahl des Tetraeders $\{\boldsymbol{A}_i\}$, das auf den Achsen des Brennetzes $(\boldsymbol{A}_1)$ errichtet ist.

Wenn wir die übliche Bezeichnung der Tetraederecken einführen

$$\boldsymbol{B}_1 = \boldsymbol{A}_3, \quad \boldsymbol{B}_2 = \boldsymbol{A}_1, \quad \boldsymbol{B}_3 = \boldsymbol{A}_4, \quad \boldsymbol{B}_4 = \boldsymbol{A}_2, \tag{7a}$$

dann erhalten wir die Komponenten $\bar{\omega}_i^k$ für die Kongruenz $(\boldsymbol{A}_3\boldsymbol{A}_1) = (\boldsymbol{B}_1\boldsymbol{B}_2)$ aus den Komponenten der ursprünglichen Kongruenz $(\boldsymbol{A}_1\boldsymbol{A}_2)$ durch Vertauschung der Indizes $\begin{pmatrix}1 & 2 & 3 & 4\\ 2 & 4 & 1 & 3\end{pmatrix}$. Daraus folgt:

1) die Formen, die auf der Integralmannigfaltigkeit unabhängig bleiben, sind zu denselben Formen der ursprünglichen Kongruenz proportional,

$$\bar{\omega}_1^3 = \omega_3^4 = \alpha\omega_1^3, \qquad \bar{\omega}_2^4 = \omega_1^2 = \gamma\omega_2^4, \tag{7b}$$

was die Entsprechung der Torsen der beiden Kongruenzen ausdrückt;

2) die vier Hauptformen (7) § 186 des Tetraeders erster Ordnung

$$\begin{aligned} \bar{\omega}_3^4 &= \omega_4^2 = \Delta\beta_1 = \beta_{11}\omega_1^3 + \gamma\beta_{12}\omega_2^4, \qquad \bar{\omega}_2^1 = \omega_1^3,\\ \bar{\omega}_1^2 &= \omega_3^1 = -\,\Delta\beta_2 = -\,\alpha\,\beta_{12}\omega_1^3 - \beta_{22}\omega_2^4, \qquad \bar{\omega}_4^3 = \omega_2^4 \end{aligned} \tag{7c}$$

erlauben, die neuen Koeffizienten auszurechnen:

$$\begin{aligned} \bar{\alpha} &= \frac{\beta_{11}}{\alpha}, \qquad \bar{\beta} = -\,\beta_{12}, \qquad \bar{\gamma} = -\,\frac{\beta_{22}}{\gamma},\\ \bar{\alpha}' &= \frac{1}{\gamma}, \qquad \bar{\beta}' = 0, \qquad \bar{\gamma}' = \frac{1}{\alpha}. \end{aligned} \tag{7d}$$

Jetzt kann man nach den Formeln (8′) § 187 die Hauptformen zweiter Ordnung bestimmen

$$\begin{aligned} \Delta\bar{\alpha} &= d\ln\bar{\alpha} + \bar{\omega}_1^1 - 2\bar{\omega}_3^3 + \bar{\omega}_4^4 = d\ln\beta_{11} - d\ln\alpha + \omega_3^3 - 2\omega_4^4 + \omega_2^2 =\\ &= \frac{\Delta\beta_{11}}{\beta_{11}} - \Delta\alpha = \left(\frac{\beta_{111}}{\beta_{11}} - \alpha_1\right)\omega_1^3 + \gamma\,\frac{\beta_{121}}{\beta_{11}}\,\omega_2^4, \end{aligned}$$

$$\Delta\bar\beta = d\bar\beta + \bar\beta(\bar\omega_2^2 - \bar\omega_3^3) + \bar\omega_3^2 = -d\beta_{12} + \beta_{12}(\omega_4^4 - \omega_1^1) + \omega_4^1 =$$
$$= -\Delta\beta_{12} = -\beta_{121}\omega_1^3 - \beta_{122}\,\omega_2^4,$$
$$\Delta\bar\gamma = d\ln\bar\gamma + 2\bar\omega_2^2 - \bar\omega_1^1 + \bar\omega_4^4 = d\ln\beta_{22} - d\ln\gamma + 2\omega_1^1 - \omega_3^3 - \omega_2^2 =$$
$$= \frac{\Delta\beta_{22}}{\beta_{22}} - \Delta\gamma = \alpha\frac{\beta_{122}}{\beta_{22}}\,\omega_1^3 + \left(\frac{\beta_{222}}{\beta_{22}} - \gamma_2\right)\omega_2^4, \tag{7e}$$
$$\Delta\alpha' = d\ln\bar\alpha' + \bar\omega_2^2 - 2\,\bar\omega_4^4 + \bar\omega_3^3 = -d\ln\gamma + \omega_1^1 - 2\,\omega_2^2 + \omega_4^4 =$$
$$= -\Delta\gamma = -\gamma_2\omega_2^4,$$
$$\Delta\bar\beta' = \bar\omega_4^1 = \omega_2^3 = 0,$$
$$\Delta\bar\gamma' = d\ln\bar\gamma' + 2\bar\omega_1^1 - \bar\omega_2^2 - \bar\omega_3^3 = -d\ln\alpha + 2\omega_3^3 - \omega_1^1 - \omega_4^4 =$$
$$= -\Delta\alpha = -\alpha_1\omega_1^3.$$

Daraus kann man nach den Formeln (9) § 187 folgende Werte berechnen

$$\begin{aligned}\bar\alpha_1 &= \frac{\beta_{111}}{\alpha\beta_{11}} - \frac{\alpha_1}{\alpha}, &\quad \bar\beta_1 &= -\frac{\beta_{121}}{\beta_{11}}, &\quad \bar\beta_2 &= \frac{\beta_{122}}{\beta_{22}}, &\quad \bar\gamma_2 &= \frac{\beta_{222}}{\gamma\beta_{22}} - \frac{\gamma_2}{\gamma},\\ \bar\alpha_2' &= -\frac{\gamma_2}{\gamma}, & \bar\beta_2' &= 0, & \bar\beta_1' &= 0, & \bar\gamma_1' &= -\frac{\alpha_1}{\alpha}.\end{aligned} \tag{7f}$$

Die Bedingung (6b) für die Kongruenz (A_1A_3) schreibt sich in Gestalt der Gleichung

$$\beta_{11} + \beta_{22} = 0, \tag{8a}$$

die wir schon bei der Betrachtung der R-Kongruenzen gefunden hatten; die Bedingung (6c) nimmt die Gestalt an

$$\frac{\beta_{111}}{\alpha_1\beta_{11}} - 3\frac{\gamma\beta_{121}}{\gamma_2\beta_{11}} + 3\frac{\alpha\beta_{122}}{\alpha_1\beta_{22}} - \frac{\beta_{222}}{\gamma_2\beta_{22}} = 0. \tag{8b}$$

222. Eine invariante Charakterisierung einer Folge mit zwei Φ-Kongruenzen. Durch Differentiation der Gleichung (8a) erhalten wir

$$\Delta\beta_{11} + \Delta\beta_{22} = 0,$$

und daraus

$$\beta_{111} + \alpha\beta_{122} = 0, \quad \beta_{222} + \gamma\beta_{121} = 0. \tag{8c}$$

Folglich kann man die Gleichung (8b) in der Gestalt schreiben

$$\gamma\alpha_1\beta_{121} + \alpha\gamma_2\beta_{122} = 0, \tag{8b'}$$

oder wegen (6c) in der bei $\beta_1 = \beta_2 = 0$ äquivalenten Form

$$\gamma\beta_{121}(\gamma_1' - 3\beta_2') + \alpha\beta_{122}(\alpha_2' + 3\beta_1') = 0. \tag{8d}$$

Wir sahen schon, daß die Gleichung (8a) invariant gegenüber Transformationen des Tetraeders erster Ordnung ist. Es bleibt noch zu zeigen, daß auch die Gleichung (8d) diese Eigenschaft besitzt.

Wir bilden die äußere Ableitung der Form $\Delta\beta_{12}$

$$D(\Delta\beta_{12}) = [\Delta\beta_{12}, \omega_4^4 - \omega_1^1] + A[\omega_1^3\omega_2^4],$$

wobei $\mathcal{A}$ eine Funktion der Koeffizienten $\alpha, \alpha_1, \alpha_{11}, \ldots$ ist, deren Bedeutung uns jetzt nicht interessiert. Schreiben wir die zugeordnete bilineare Form für die beiden Differentiationsrichtungen aus: die Symbole d, ω_i^k für die Änderung der Hauptparameter, und δ, π_i^k für die Änderung der sekundären, so erhalten wir

$$\delta(\Delta\beta_{12}) = \Delta\beta_{12}(\pi_4^4 - \pi_1^1)$$

oder

$$\delta(\beta_{121}\omega_1^3 + \beta_{122}\omega_2^4) = (\beta_{121}\omega_1^3 + \beta_{122}\omega_2^4)(\pi_4^4 - \pi_1^1)$$

oder, indem wir die Formeln (19a) § 192 für die Variation von $\delta\omega_1^3, \delta\omega_2^4$ verwenden und die Koeffizienten der Formen ω_1^3, ω_2^4 vergleichen,

$$\delta\beta_{121} = \beta_{121}(\pi_4^4 + \pi_3^3 - 2\pi_1^1),$$
$$\delta\beta_{122} = \beta_{122}(2\pi_4^4 - \pi_1^1 - \pi_2^2).$$

Nun verifiziert man leicht, daß

$$I_5 = \frac{\gamma\beta_{121}(\gamma_1' - 3\beta_2')}{\alpha\beta_{122}(\alpha_2' + 3\beta_1')} \tag{9}$$

eine Invariante fünfter Ordnung ist, und demnach ist die Gleichung (8d) invariant.

223. Die Gleichung für die Funktionen α, α' für eine Folge mit drei Φ-Kongruenzen. Jetzt können wir die Bedingung dafür hinschreiben, daß die Transformierte $(\boldsymbol{A}_2\boldsymbol{A}_4)$ eine Φ-Kongruenz sein soll (Entsprechung der DARBOUX-Kurven). Führen wir die Vertauschung der Indizes $\binom{1\ 3}{2\ 4}$ durch, so erhalten wir die Gleichungen

$$\begin{aligned} &\beta_{22}' + \beta_{11}' = 0, \\ &\gamma'\beta_{122}'(\gamma_2 - 3\beta_1) + \alpha'\beta_{121}'(\alpha_1 + 3\beta_2) = 0. \end{aligned} \tag{8f}$$

Die erste dieser Gleichungen ist eine direkte Folge der Gleichung (8a) wegen der zweiten Gleichung (37e) § 205. Nicht so leicht sieht man die Unabhängigkeit der zweiten von unseren Bedingungen ein. Dazu ist es bequemer, sich den Formeln für das holonome Bezugssystem § 218 zuzuwenden.

Die Tabelle der Komponenten (4) genügt identisch der Gleichung (6b), welche die erste Bedingung für die Übereinstimmung der DARBOUX-Kurven auf den Brennflächen darstellt. Die zweite Bedingung (6c′) nimmt wegen der Gleichung (3c) die Gestalt an

$$(\ln\alpha)_u(\ln\alpha')_v - (\ln\alpha)_v(\ln\alpha')_u = 0$$

oder

$$[d\alpha\, d\alpha'] = 0,$$

und das ist gleichbedeutend mit der Forderung, daß *α' eine Funktion der Veränderlichen α allein ist.*

Ebenso sehen wir, daß die erste Bedingung für die Entsprechung der DARBOUX-Kurven auf den Brennflächen, die sich in Gestalt der Gleichung (8a) schreiben läßt, für die Komponentenmatrix (4) wegen (3c) erfüllt ist.

Damit auch die zweite Bedingung erfüllt wird, die sich in invarianter Form durch die Gleichung (8d) ausdrückt, genügt es zu verlangen, daß die Koeffizienten A und A′ der transformierten Matrix durch eine Gleichung

$$F(\mathrm{A}, \mathrm{A}') = 0$$

zusammenhängen, die keine anderen Veränderlichen enthält. Die Formeln (5b′) besagen, daß alle drei Gleichungen (6c), (8d), (8f), die verlangen, daß die DARBOUX-Kurven auf vier benachbarten Brennflächen einer R-Fläche einander entsprechen, durch die drei Gleichungen ersetzt werden können

$$\alpha' = f(\alpha), \quad \frac{\partial^2 \ln \alpha}{\partial u\, \partial v} = f_1(\alpha), \quad \frac{\partial^2 \ln \alpha'}{\partial u\, \partial v} = f_2(\alpha), \tag{10a}$$

wobei jedes $f_i(\alpha)$ eine willkürliche Funktion des Arguments α ist.

Man sieht nun leicht ein, daß die dritte Gleichung (10a) nicht aus den vorhergehenden folgt.

Differenzieren wir $\ln \alpha'$ mehrmals und betrachten es als eine Funktion von $\ln \alpha$, so erhalten wir

$$\frac{\partial \ln \alpha'}{\partial u} = \frac{d \ln \alpha'}{d \ln \alpha} \frac{\partial \ln \alpha}{\partial u}, \quad \frac{\partial^2 \ln \alpha'}{\partial u\, \partial v} = \frac{d \ln \alpha'}{d \ln \alpha} \frac{\partial^2 \ln \alpha}{\partial u\, \partial v} + \frac{d^2 \ln \alpha'}{(d \ln \alpha)^2} \frac{\partial \ln \alpha}{\partial u} \frac{\partial \ln \alpha}{\partial v}$$

oder, indem wir $(\ln \alpha')_{uv}$, $(\ln \alpha)_{uv}$ mit Hilfe der Gleichungen (10a) eliminieren

$$\frac{d \ln \alpha'}{d \ln \alpha} f_1(\alpha) + \frac{d^2 \ln \alpha'}{(d \ln \alpha)^2} \frac{\partial \ln \alpha}{\partial u} \frac{\partial \ln \alpha}{\partial v} = f_2(\alpha). \tag{10b}$$

Daraus ergeben sich zwei Möglichkeiten: entweder enthält die Gleichung das Glied

$$\frac{\partial \ln \alpha}{\partial u} \frac{\partial \ln \alpha}{\partial v}$$

und dann ist dieses Produkt eine Funktion des Arguments α allein, oder sie enthält es nicht, und dann ist

$$\frac{d^2 \ln \alpha'}{(d \ln \alpha)^2} = 0.$$

II. Spezielle Klassen von Φ-Folgen

224. Die erste triviale Lösung: die Folge aus Kongruenzen in linearen Komplexen. Wir nehmen an, daß die Gleichung (10b) wirklich das Produkt $(\ln \alpha)_u\, (\ln \alpha)_v$ enthalte.

Da die Ableitung von $\ln \alpha'$ nach α offensichtlich eine Funktion von α allein ist, ist auch das Produkt der partiellen Ableitungen eine Funktion von α allein:

$$(\ln \alpha)_u\, (\ln \alpha)_v = f_3(\alpha). \tag{10c}$$

Zunächst ist es möglich, daß α nur von u allein abhängt

$$(\ln \alpha)_v = 0,$$

dann ist auch α' eine Funktion von u allein. Die Gleichungen (3d) ergeben:

$$\varepsilon_u = 0, \quad \varepsilon' = 2(\alpha\alpha')_u v + \varphi(u), \quad \varepsilon' - \varepsilon = \frac{\alpha_{uu}}{\alpha} = \frac{\alpha'_{uu}}{\alpha'}. \tag{11a}$$

Setzen wir in die letzte Gleichung den Wert von ε' aus der zweiten Gleichung ein, und differenzieren nach v, so erhalten wir

$$(2\alpha\alpha')_u = \varepsilon_v .$$

Jetzt steht auf der linken Seite eine Funktion von u allein, und auf der rechten Seite eine Funktion von v allein, folglich sind beide gleich einer Konstanten c. Durch Integration ergibt sich

$$2\alpha\alpha' = cu + c_1, \quad \varepsilon = cv + c_2, \quad c, c_i = \text{const}. \tag{11b}$$

Wenn $c \neq 0$ ist, so kann man die Konstante c_1 durch die Wahl des Anfangspunktes für den Parameter u zu Null machen; dann folgt aus der ersten Gleichung von (11b)

$$(\ln\alpha)_u + (\ln\alpha')_u = \frac{1}{u}, \qquad (\ln\alpha)_{uu} + (\ln\alpha')_{uu} = -\frac{1}{u^2}; \tag{11c}$$

schreibt man die letzte Gleichung von (11a) in der Gestalt hin

$$(\ln\alpha)_{uu} + (\ln\alpha)_u^2 = (\ln\alpha')_{uu} + (\ln\alpha')_u^2,$$

so führt die Eliminierung von α' auf die Gleichung

$$(\ln\alpha)_{uu} + \frac{1}{u}(\ln\alpha)_u = 0 \quad \text{und} \quad \alpha = u^k, \quad k = \text{const}; \tag{11d}$$

aus der ersten Gleichung von (11b) folgt

$$\alpha' = \frac{c}{2} u^{1-k}.$$

Wenn $c = 0$, dann erhalten wir ebenso

$$(\ln\alpha)_{uu} = 0, \qquad (\ln\alpha)_u = k \quad \text{und} \quad \alpha = e^{ku}. \tag{11e}$$

Da die Formeln (5b') § 219 für A, A' ebensolche Ausdrücke ergeben (bis auf unwesentliche konstante Faktoren und im ersten Fall eine Vergrößerung des Exponenten k um eins), ist auch die transformierte Kongruenz $(\boldsymbol{A}_1\boldsymbol{A}_3)$, wie die ursprüngliche $(\boldsymbol{A}_1\boldsymbol{A}_2)$, eine Φ-Kongruenz mit der Eigenschaft, daß sie erste Laplace-Transformierte einer ebensolchen ist. Das bedeutet, daß für die ursprüngliche Kongruenz die Darboux-Kurven auf beiden Laplace-Transformierten in u-Richtung einander entsprechen. Durch vollständige Induktion kommen wir zu dem Schluß, daß sie auf allen Brennflächen der Folge einander entsprechen.

Die Kongruenz (11e) genügt für $k = 0$ der Bedingung (39d) § 205

$$\beta_1 + \beta_1' = 0; \qquad \beta_2 + \beta_2' = 0,$$

folglich gehört sie einem linearen Komplex an. Eine ebensolche Überlegung führt zu dem Schluß, daß alle Kongruenzen der Folge linearen Komplexen angehören.

225. Die zweite triviale Lösung: eine R-Folge mit geradlinigen Brennflächen. Wir kehren zur Gleichung (10c) zurück und setzen voraus, daß beide partiellen Ableitungen $(\ln\alpha)_u$ und $(\ln\alpha)_v$ ungleich Null sind, und teilen die mittlere der Gleichungen (10a) durch $(\ln\alpha)_u$. Wir erhalten unter Verwendung der Beziehung (10c) die integrierbare Kombination

$$\frac{\partial}{\partial v}[\ln(\ln\alpha)_u] = \frac{f_4'(\alpha)}{f_4(\alpha)}\frac{\partial\alpha}{\partial v}, \quad \text{wobei} \quad \frac{f_4'(\alpha)}{f_4(\alpha)} = \frac{f_1(\alpha)}{\alpha f_3(\alpha)}.$$

Daraus folgt

$$(\ln\alpha)_u = f_4(\alpha)\,\varphi(u), \; (\ln\alpha)_v = f_4(\alpha)\,\psi(v), \tag{12a}$$

wobei $\varphi(u)$ und $\psi(v)$ willkürliche Funktionen ihrer Argumente sind; die zweite Gleichung erhält man auf die gleiche Weise unter Vertauschung von u und v.

Setzen wir die gefundenen Werte der Ableitungen in die Gleichung (10c) ein, so ergeben sich die Beziehungen

$$\varphi(u)\,\psi(v) = \frac{f_3(\alpha)}{[f_4(\alpha)]^2}. \tag{12b}$$

Diese Gleichung kann nur auf zwei Arten realisiert werden: entweder enthält die rechte Seite α nicht, und dann sind beide Funktionen der linken Seite Konstante, oder α ist eine Funktion des Produktes $\varphi(u)\,\psi(v)$.

Wir bleiben bei der ersten Annahme und es sei

$$\varphi(u) = m, \qquad \psi(v) = n, \qquad m, n = \text{const}, \tag{13a}$$

überdies können wir voraussetzen, daß $mn \neq 0$, denn der Fall, daß α eine Funktion einer Veränderlichen u oder v allein ist, wurde schon betrachtet.

Aus den Gleichungen (12a) folgt jetzt

$$n(\ln\alpha)_u - m(\ln\alpha)_v = 0.$$

Das bedeutet, daß α und α' Funktionen des Arguments

$$x = mu + nv$$

sind.

Differenzieren wir α, α' unter dieser Voraussetzung und gehen dann damit in die erste Gleichung von (3d) § 218 ein, so erhalten wir

$$(m^2 - n^2)\left\{\frac{1}{\alpha}\,\frac{d^2\alpha}{dx^2} - \frac{1}{\alpha'}\,\frac{d^2\alpha'}{dx^2}\right\} = 0. \tag{13b}$$

Je nachdem, welcher der beiden Faktoren auf der linken Seite verschwindet, ergeben sich wiederum zwei Fälle.

Ist

$$m = \pm n, \tag{13c}$$

dann können wir x als die Summe $u + v$ betrachten. In der Tat zeigen die Formeln (3e) § 218 bei $a = -a' = 1$ die Möglichkeit auf, v durch $V = -v$ zu ersetzen, und bei einem Argument $x = m(u + v)$ sind die Veränderlichen α, α' Funktionen von $u + v$.

Setzen wir

$$x = u + v, \tag{14a}$$

so bringen wir damit das System (3d) auf die Gestalt

$$\varepsilon' = \varepsilon, \quad \varepsilon_u = \varepsilon_v = 2\frac{d(\alpha\alpha')}{dx}, \tag{14b}$$

woraus wir durch Integration erhalten

$$\varepsilon = 2\alpha\alpha' + C, \qquad C = \text{const}. \tag{14c}$$

Die Formeln (5b′) § 219 besagen, daß die Kongruenz (A_1A_3), die man durch eine Laplace-Transformation erhält, Parameter A, A′, E, E′ von derselben Gestalt hat. Folglich besteht die ganze Folge aus Φ-Kongruenzen. Man sieht leicht ein, daß alle Brennflächen der Folge Regelflächen sind. Dazu genügt es zu zeigen, daß unter unseren Bedingungen eine Brennfläche eine Regelfläche ist, denn wegen der völligen Gleichberechtigung aller Brennflächen haben wir es damit für die ganze Folge gezeigt.

Wir haben schon gesehen, daß die erste Brennfläche eine Regelfläche wird, wenn $I_3 = \pm 1$, dabei ist I_3 die Invariante

$$I_3 = \sqrt{-\frac{\gamma}{\alpha}\,\frac{\alpha_1 + 3\beta_2}{\gamma_2 - 3\beta_1}},$$

und wegen (3c) § 218 und (1g) ist

$$I_3 = \frac{(\ln \alpha)_v}{(\ln \alpha)_u}.$$

Die beiden Lösungen

$$(\ln \alpha)_v = \pm (\ln \alpha)_u$$

unterscheiden sich nicht wesentlich voneinander (die eine geht durch Änderung des Vorzeichens von v in die andere über) und führen auf die Kongruenzen, für die (12a), (13a) gelten. Also ist die erhaltene Lösung die allgemeinste R-Folge mit geradlinigen Brennflächen.

Die gefundenen Lösungen unserer Aufgabe sind trivial, weil auf den Regelflächen die Darboux-Kurven mit den Erzeugenden zusammenfallen, und damit eine Entsprechung der Erzeugenden eine Entsprechung der Darboux-Kurven bedeutet.

226. Die Φ_1-Folgen. Wir kehren zur Gleichung (13b) zurück und betrachten das Verschwinden des zweiten Faktors.

Wenn $m^2 \neq n^2$, dann hat die Gleichung (13b) zur Folge

$$\frac{1}{\alpha}\frac{d^2\alpha}{dx^2} - \frac{1}{\alpha'}\frac{d^2\alpha'}{dx^2} = 0, \tag{15a}$$

oder, nach einer Multiplikation mit $\alpha\alpha'$,

$$\alpha'\frac{d^2\alpha}{dx^2} + \frac{d\alpha'}{dx}\frac{d\alpha}{dx} - \left(\frac{d\alpha'}{dx}\frac{d\alpha}{dx} + \alpha\frac{d^2\alpha'}{dx^2}\right) = 0,$$

woraus wir nach der Integration erhalten

$$\alpha'\frac{d\alpha}{dx} - \alpha\frac{d\alpha'}{dx} = C, \qquad C = \text{const}. \tag{15a'}$$

Das System (3d) § 218 nimmt jetzt die Gestalt an

$$(m^2 - n^2)\frac{1}{\alpha}\frac{d^2\alpha}{dx^2} = \varepsilon' - \varepsilon, \qquad \varepsilon_u = 2\frac{d(\alpha\alpha')}{dx}n, \qquad \varepsilon'_v = 2\frac{d(\alpha\alpha')}{dx}m.$$

Durch Integration der letzten beiden Gleichungen erhalten wir

$$\varepsilon = 2\frac{n}{m}\alpha\alpha' + \psi_1(v), \qquad \varepsilon' = 2\frac{m}{n}\alpha\alpha' + \varphi_1(u),$$

und durch Elimination von ε, ε' ergibt sich

$$\varphi_1(u) - \psi_1(v) = f(x); \qquad \frac{1}{\alpha}\frac{d^2\alpha}{dx^2} - 2\frac{\alpha\alpha'}{mn} = \frac{f(x)}{m^2 - n^2}.$$

Differenzieren wir die erste dieser Gleichungen nach u oder v, so erhalten wir

$$\varphi_1'(u) = f'(x)m, \qquad \psi_1'(v) = -f'(x)n.$$

Daraus folgt, daß $f'(x)$ konstant ist,

$$f'(x) = C_1, \qquad f(x) = C_1 x + 2C_2,$$

und demnach

$$\varepsilon = 2\frac{n}{m}\alpha\alpha' - nC_1 v - C_2 + C_3, \qquad \varepsilon' = 2\frac{m}{n}\alpha\alpha' + mC_1 u + C_2 + C_3, \tag{15b}$$

$$\frac{1}{\alpha}\frac{d^2\alpha}{dx^2} - 2\frac{\alpha\alpha'}{mn} = \frac{C_1 x + 2C_2}{m^2 - n^2}, \qquad C_i = \text{const}. \tag{15c}$$

Da die Form (21) § 193, die für die Matrix (4) § 218 die Gestalt annimmt

$$\Phi = -\alpha\alpha'\frac{(du^2 - dv^2)^2}{du\,dv}, \tag{15d}$$

nur von der Wahl der Lösung $\alpha\alpha'$ des Systems (15a, c) abhängt und die Konstante C_3 nicht enthält, von der die Komponentenmatrix (4) wesentlich abhängt, sind alle Kongruenzen, die man mit demselben $\alpha\alpha'$ und bei verschiedener Wahl der Konstanten C_3 erhält, projektiv verschieden, aber sie haben alle dasselbe projektive Linienelement Φ; folglich sind sie projektiv-abwickelbar (Kap. XIII).

Da die nach den Formeln (5b') § 129 berechneten Größen A, A' der Kongruenz (A_1A_3), die man durch eine LAPLACE-Transformation aus der Kongruenz (A_1A_2) erhält, Funktionen des Arguments $x = mu + nv$ sind und zusammen mit den Größen E, E' dem System (3d) genügen, also Lösungen des Systems (15a) bis (15c) sind, besitzt die transformierte Kongruenz dieselben Eigenschaften wie die ursprüngliche (A_1A_2). Daher kommen wir genau wie früher zu dem Schluß, daß alle Kongruenzen der Folge Φ-Kongruenzen sind. Eine solche Folge nennen wir eine Φ_1-Folge.

Die Gleichungen (15a'), (15c) enthalten außer m, n noch die drei Konstanten C, C_1, C_2; durch Änderung des Anfangspunktes von u, v kann man die Konstante C_2 zu Null machen. Außerdem kann man, indem man x durch $\sqrt{m^2 + n^2}$ teilt, das Verhältnis der Konstanten $m : n$ beibehalten. Also enthält das System (15a'), (15c) explizit nur die drei Konstanten $m : n$, C, C_1. Bei der Integration des Systems kommen noch drei willkürliche Konstanten hinzu, z. B. die Anfangswerte von α, $\frac{d\alpha}{dx}$ und α'. Schließlich führen die Gleichungen (15b) noch die Konstante C_3 ein.

Die Mannigfaltigkeit der Φ_1-Folgen hängt also von sieben willkürlichen Konstanten ab.

Wenn die Konstante C gleich Null ist, dann besagt die Gleichung (15a'), daß das Verhältnis $\alpha : \alpha'$ konstant ist; folglich sind beide Summen

$$\beta_1 + \beta_1' = \left(\ln \frac{\alpha'}{\alpha}\right)_u, \qquad \beta_2 + \beta_2' = \left(\ln \frac{\alpha}{\alpha'}\right)_v$$

gleich Null, die Gleichungen (39d) § 205 sind erfüllt, und alle Kongruenzen der Folge gehören linearen Komplexen an.

227. Die Φ_2-Folgen. Wir kehren zur Gleichung (12b) § 225 zurück und müssen jetzt den allgemeinen Fall betrachten, daß sich die Funktionen $\varphi(u)$ und $\psi(v)$ nicht auf Konstanten reduzieren. Ist eine von ihnen konstant, z. B. $\psi(v) = b$, so ergibt die Gleichung (12b), daß α eine Funktion von u allein ist. Diesen Fall haben wir schon betrachtet, und wir können deshalb jetzt annehmen, daß jede der Funktionen $\varphi(u)$, $\psi(v)$ ihr Argument wirklich enthält.

Wir setzen jetzt also voraus, daß die Größe α, und demnach auch α' eine Funktion des Arguments

$$x = \varphi(u)\,\psi(v) \tag{16a}$$

allein ist. Differenzieren wir α und α' unter dieser Voraussetzung und setzen in die Gleichungen (12a) ein, so erhalten wir

$$\frac{d \ln \alpha}{dx} \frac{\varphi'(u)}{\varphi(u)} \psi(v) = f_4(\alpha), \qquad \frac{d \ln \alpha}{dx} \frac{\psi'(v)}{\psi(v)} \varphi(u) = f_4(\alpha)$$

und, indem wir durch $x \frac{d \ln \alpha}{dx}$ dividieren und die linken Seiten der beiden Gleichungen vergleichen,

$$\frac{\varphi'(u)}{[\varphi(u)]^2} = \frac{\psi'(v)}{[\psi(v)]^2}.$$

Wegen der Unabhängigkeit der Veränderlichen u und v sind die beiden Seiten gleich ein und derselben Konstanten. Bezeichnen wir diese Konstante mit c und integrieren, so wird

$$\frac{1}{\varphi(u)} = cu + c_1, \qquad \frac{1}{\psi(v)} = cv + c_2;$$

die Integrationskonstanten c_1, c_2 kann man durch die Wahl des Anfangspunktes der Parameter u und v zu Null machen. Das Argument der Funktionen α, α' wird in diesem Fall

$$x = \frac{1}{c^2 u v}.$$

Man kann demnach annehmen, daß α und α' Funktionen des Arguments

$$x = uv$$

sind.

Da jetzt

$$\frac{\partial^2 \ln \alpha}{\partial u \, \partial v} = x \frac{d^2 \ln \alpha}{d x^2} + \frac{d \ln \alpha}{d x}$$

ist, und analog für α', sind die Gleichungen (10a) erfüllt. Die erste Gleichung (3d) nimmt, nachdem man durch $v^2 - u^2$ dividiert hat, die Gestalt der Gleichung (15a) an und nach der Integration die von (15a').

Die übrigen Gleichungen (3d) § 218 erhalten die Gestalt

$$\varepsilon' - \varepsilon = \frac{1}{\alpha} \frac{d^2 \alpha}{d x^2} (v^2 - u^2),$$

$$\varepsilon_u = 2u \frac{d(\alpha\alpha')}{dx}, \qquad \varepsilon'_v = 2v \frac{d(\alpha\alpha')}{dx}.$$

Wenn wir setzen

$$\varepsilon = u^2 \frac{1}{\alpha} \frac{d^2 \alpha}{d x^2} + t, \qquad \varepsilon' = v^2 \frac{1}{\alpha} \frac{d^2 \alpha}{d x^2} + t,$$

dann wird die erste Gleichung befriedigt und die letzten beiden ergeben

$$t_u = uF(x), \qquad t_v = vF(x),$$

wobei

$$F(x) = 2 \frac{d(\alpha\alpha')}{dx} - 2 \frac{1}{\alpha} \frac{d^2 \alpha}{d x^2} - x \frac{d}{dx} \left(\frac{1}{\alpha} \frac{d^2 \alpha}{d x^2} \right),$$

oder

$$dt = F(x)\,(u\,du + v\,dv).$$

Die äußere Differentiation dieser Gleichung ergibt

$$F'(x)\,[dx, u\,du + v\,dv] = 0,$$

es ist aber

$$[dx, u\,du + v\,dv] = [v\,du + u\,dv, u\,du + v\,dv] = (v^2 - u^2)\,[du\,dv] \neq 0.$$

Das bedeutet

$$F'(x) = 0, \qquad F(x) = 2C_1, \qquad C_i = \text{const}$$
$$t = C_1(u^2 + v^2) + C_2,$$

und demnach ist

$$x \frac{d}{dx} \left(\frac{1}{\alpha} \frac{d^2 \alpha}{d x^2} \right) + 2 \frac{1}{\alpha} \frac{d^2 \alpha}{d x^2} - 2 \frac{d(\alpha\alpha')}{dx} + 2C_1 = 0, \tag{16b}$$

$$\begin{aligned} \varepsilon &= u^2 \frac{1}{\alpha} \frac{d^2 \alpha}{d x^2} + C_1 (u^2 + v^2) + C_2, \\ \varepsilon' &= v^2 \frac{1}{\alpha} \frac{d^2 \alpha}{d x^2} + C_1 (u^2 + v^2) + C_2. \end{aligned} \tag{16c}$$

Das System (3d) § 218 ist äquivalent dem System (15a'), (16b), (16c). Die Formeln (5b') § 219 liefern die Größen A, A' der transformierten Kongruenz

$$\mathrm{A} = \frac{\varrho_1}{\alpha h} \alpha \left\{ x \frac{d^2 \ln \alpha}{d x^2} + \frac{d \ln \alpha}{d x} - \alpha\alpha' \right\}, \qquad \mathrm{A}' = - \frac{h}{\varrho_1 \alpha'} \frac{1}{\alpha}$$

in Gestalt von Funktionen des Arguments $x = uv$ allein. Da die Größen A, A', E, E' den Strukturgleichungen genügen, die für die Matrix des Typs (4) § 218 die Gestalt (3d) annehmen, und diese Gleichungen für Funktionen von x allein äquivalent dem System (15a'), (16b), (16c) sind, gehört die transformierte Kongruenz derselben Kongruenzklasse wie die ursprüngliche an. Daraus schließen wir direkt, daß alle Kongruenzen der Folge zur selben Klasse gehören. Da die DARBOUX-Kurven auf den Brennflächen der ersten Kongruenz einander entsprechen, entsprechen sie einander auf allen Brennflächen der Folge. Das System (15a'), (16b), (16c) bestimmt eine Φ-Folge; wir nennen sie eine Φ_2-Folge.

Genau wie oben bemerken wir, daß eine Änderung der Konstanten C_2 eine Projektivabwicklung der Folge bedeutet, die deren Charakter aber nicht ändert.

Die Gleichungen (15a'), (16b) enthalten explizit die beiden Konstanten C, C_1; bei der Integration des Systems kommen noch vier willkürliche Konstanten hinzu, z. B. die Anfangswerte von $\frac{d^2\alpha}{dx^2}$, $\frac{d\alpha}{dx}$, α, α'. Außerdem enthält die Gleichung (16c) noch die Konstante C_2. Folglich hängt die Mannigfaltigkeit der Φ_2-Folgen von sieben willkürlichen Konstanten ab.

228. Die Folge aus Kongruenzen in linearen Komplexen. Wir kehren zur Gleichung (10b) § 223 zurück, um die zweite Möglichkeit zu betrachten, die hier eintreten kann: die Gleichung (10b) braucht das Produkt $(\ln\alpha)_u\,(\ln\alpha)_v$ nicht zu enthalten, wenn sein Koeffizient verschwindet.

Wir nehmen also an, daß α' der Gleichung genüge

$$\frac{d^2\ln\alpha'}{(d\ln\alpha)^2} = 0.$$

Durch zweimalige Integration erhalten wir

$$\ln\alpha' = k\ln\alpha + \ln C$$

und

$$\alpha' = C\alpha^k. \tag{17a}$$

Dieser Wert von α' widerspricht der Gleichung (10a) § 223 nicht. Setzen wir ihn in die erste Gleichung (3d) § 218 ein, dann wird

$$(k-1)\{\alpha\alpha_{uu} + k(\alpha_u)^2 - \alpha\alpha_{vv} - k(\alpha_v)^2\} = 0. \tag{17b}$$

Daraus ergeben sich zwei Möglichkeiten, je nachdem, welcher der beiden Faktoren auf der linken Seite verschwindet.

Wenn der erste Faktor verschwindet und demnach der Exponent k gleich Eins ist, dann nimmt die Gleichung (17a) die Gestalt an

$$\alpha' = C\alpha. \tag{17c}$$

Die Formeln (3c) § 218 besagen, daß die Gleichung (17c) das allgemeine Integral der Gleichungen

$$\beta_1 + \beta_1' = 0, \quad \beta_2 + \beta_2' = 0$$

darstellt, die bei der Komponentenmatrix (4) § 218 die allgemeinste R-Kongruenz bestimmen, die einem linearen Komplex angehört. Umgekehrt ist eine Kongruenz in einem linearen Komplex stets eine Φ-Kongruenz, denn die Bedingung (17c) ist ein Spezialfall der ersten Gleichung von (10a). Daraus folgt direkt, daß eine Folge von Kongruenzen, die linearen Komplexen angehören, ein Spezialfall einer Φ-Folge ist.

229. Die Folgen von Φ_3-Kongruenzen mit bis auf einen konstanten Faktor identischem projektiven Linienelement. Wir wenden uns nun der Betrachtung des Falles zu, bei dem der zweite Faktor auf der linken Seite der Gleichung (17b) verschwindet. Man kann aufs neue zwei Fälle unterscheiden.

Wenn $k \neq -1$, dann kann die Gleichung

$$\alpha \alpha_{uu} + k(\alpha_u)^2 - \alpha \alpha_{vv} - k(\alpha_v)^2 = 0$$

nach Multiplikation mit dem Produkt $(k+1)\alpha^{k-1}$ auf die Gestalt

$$(\alpha^{k+1})_{uu} - (\alpha^{k+1})_{vv} = 0$$

gebracht werden. Das allgemeine Integral dieser Gleichung ist

$$\alpha^{k+1} = X + Y, \tag{18a}$$

wobei $X = \varphi(x)$, $Y = \psi(y)$ willkürliche Funktionen ihrer Argumente

$$x = u + v, \quad y = u - v$$

sind.

Setzen wir diesen Wert von α in die mittlere Gleichung von (10a) § 223 ein, so erhalten wir

$$(X+Y)(X'' - Y'') - X'^2 + Y'^2 = F(X+Y). \tag{18b}$$

Wenn wir die Bezeichnungen einführen

$$X_1 = \frac{1}{2}X'^2, \quad Y_1 = \frac{1}{2}Y'^2,$$

woraus folgt

$$\frac{dX_1}{dX} = (X'X''):X' = X'', \quad \frac{dY_1}{dY} = Y'',$$

dann nimmt die Gleichung (18b) die Gestalt an

$$(X+Y)\left(\frac{dX_1}{dX} - \frac{dY_1}{dY}\right) - 2X_1 + 2Y_1 = F(X+Y). \tag{18b'}$$

Durch Differentiation nach X und nach Y und Elimination von F' erhalten wir

$$\left(\frac{d^2X_1}{dX^2} + \frac{d^2Y_1}{dY^2}\right)(X+Y) = 2\left(\frac{dX_1}{dX} + \frac{dY_1}{dY}\right), \tag{18c}$$

und die zweite gemischte Ableitung nach X und Y wird

$$\frac{d^3X_1}{dX^3} + \frac{d^3Y_1}{dY^3} = 0.$$

Da X_1 und Y_1 Funktionen verschiedener unabhängiger Veränderlicher sind: die erste von x allein, die zweite von y allein, kann die Summe $\frac{d^3X_1}{dX^3} + \frac{d^3Y_1}{dY^3}$ nur unter der Bedingung gleich Null sein, daß beide Ableitungen Konstante von demselben absoluten Betrag sind, aber entgegengesetzte Vorzeichen haben. Bezeichnen wir diese Konstante mit dem Buchstaben A und integrieren, so erhalten wir

$$\begin{aligned} X_1 &= AX^3 + A_1X^2 + A_3X + A_5, \\ Y_1 &= -AY^3 + A_2Y^2 + A_4Y + A_6. \end{aligned} \quad A_i = \text{const}. \tag{18d}$$

Gehen wir damit in die Gleichung (18c) ein und vergleichen die Koeffizienten der Potenzen von X, Y, so ergibt sich

$$A_2 = A_1, \quad A_4 = -A_3. \tag{18e}$$

Setzen wir andererseits die Konstante $C = 1$, so wird nach den Formeln (17a), (18a)

$$\alpha = (X+Y)^{k_1}, \quad \alpha\alpha' = X + Y, \quad k_1 = \frac{1}{k+1}; \tag{18a'}$$

die letzten beiden Gleichungen von (3d) § 218 geben integriert

$$\varepsilon = 2(X - Y) + V, \quad \varepsilon' = 2(X - Y) + U, \quad U = \varphi(u), \; V = \psi(v),$$

und die ersten Gleichungen von (3d) liefern

$$U - V = k_1 (k_1 - 1) \frac{8\sqrt{X_1 Y_1}}{(X + Y)^2}, \tag{18g}$$

woraus folgt

$$\frac{\partial^2}{\partial u \, \partial v} \frac{\sqrt{X_1 Y_1}}{(X + Y)^2} = 0.$$

Entwickeln wir diese Gleichung mit Hilfe der Gleichungen (18d), so kommen wir zu der einzigen Bedingung

$$A_5 = A_6.$$

Schließlich können wir nach den Formeln (5b') § 219 die neuen Größen A, A' ausrechnen. Die Gleichung (18b') ergibt nach der Substitution von X_1, Y_1

$$F(X + Y) = A(X + Y)^3.$$

Folglich ist

$$(\ln \alpha)_{uv} = k_1 \frac{\partial^2 \ln (X + Y)}{\partial u \, \partial v} = k_1 \frac{F(X + Y)}{(X + Y)^2} = A k_1 (X + Y)$$

und nach den Formeln (5b') ist

$$\mathrm{A} = \frac{\varrho_1}{a h} (A k_1 - 1)(X + Y)^{k_1 + 1}, \qquad \mathrm{A}' = -\frac{h}{a' \varrho_1} (X + Y)^{-k_1}. \tag{18h}$$

Diese Formeln fallen bis auf unwesentliche konstante Faktoren mit den Formeln (18a') zusammen, nur der Exponent k_1 ist um Eins größer geworden. Folglich gehört die Kongruenz ($\boldsymbol{B}_1\boldsymbol{B}_2$), die man durch eine LAPLACE-Transformation aus der Kongruenz ($\boldsymbol{A}_1\boldsymbol{A}_2$) erhalten hat, zum selben Typ wie die ursprüngliche. Daraus schließen wir wie zuvor, daß alle Kongruenzen der Folge vom selben Typ sind: alle sind Φ-Kongruenzen. Wir nennen diese Folgen Φ_3-Folgen.

Die Gleichungen (18a'), (18d) enthalten explizit die fünf Konstanten k_1, A, A_1, A_3, A_5; außerdem kommen bei der Integration der Gleichungen (18d) zwei willkürliche Konstanten hinzu, und eine willkürliche Konstante erhält man bei der Bestimmung der unbekannten Funktionen U, V aus den Gleichungen (18g), denn die Gleichung bleibt erhalten, wenn man jeder Funktion dieselbe Konstante hinzufügt. Allerdings kann man durch Addition derselben Konstanten zu X und Subtraktion von Y, wodurch die Funktionen α, α' nicht geändert werden, A_5 zu Null machen, und die willkürlichen Konstanten, die man bei der Integration der Gleichungen (18d) erhalten hat, werden durch die Wahl des Anfangspunktes der Parameter u und v zu Null gemacht. Folglich hängen die Φ_3-Folgen von fünf willkürlichen Konstanten ab. Eine Änderung des konstanten Summanden der Funktionen U, V erzeugt eine gleichzeitige Projektivabwicklung aller Kongruenzen der Folge.

Man bemerkt leicht eine Besonderheit der Φ_3-Folgen, die durch die Gleichungen (18a'), (18d), (18g) bestimmt werden. Die Gleichung (15d) liefert das projektive Linienelement Φ der Kongruenz ($\boldsymbol{A}_1\boldsymbol{A}_2$), die durch die Komponentenmatrix (4) § 218 bestimmt wird. Es nimmt jetzt die Gestalt an

$$\Phi = -(X + Y) \frac{(du^2 - dv^2)^2}{du \, dv}.$$

Die erste LAPLACE-Transformierte, die Kongruenz ($\boldsymbol{B}_1\boldsymbol{B}_2$), hat das projektive Linienelement

$$\Phi_1 = -(1 - A k_1)(X + Y) \frac{(du^2 - dv^2)^2}{du \, dv}.$$

Folglich sind die projektiven Linienelemente proportional mit konstantem Proportionalitätsfaktor

$$\Phi_1 = (1 - A k_1)\,\Phi.$$

Wenn $A = 0$, dann ist $\Phi_1 = \Phi$ und die Kongruenzen $(\boldsymbol{A}_1\boldsymbol{A}_2)$, $(\boldsymbol{B}_1\boldsymbol{B}_2)$ sind aufeinander projektiv-abwickelbar. Die ganze Folge besteht dann aus aufeinander projektiv-abwickelbaren Kongruenzen.

Wir bemerken, daß sich in diesem Fall die Gleichungen (18d) mittels elementarer Funktionen integrieren lassen. Ist $A_3^2 \neq A_1 A_5$, dann kann man die Integrale der Gleichungen (18d) durch trigonometrische Funktionen darstellen, möglicherweise mit komplexen Koeffizienten:

$$X = a_1 + a_2 \sin 2a_3 x, \qquad Y = -a_1 - a_2 \sin 2a_3 y,$$

woraus folgt

$$X + Y = 2a_2 \sin a_3 v \cos a_3 u.$$

Folglich sind α und α' Funktionen des einen Arguments $\varphi(u)\,\psi(v)$.

230. Die Folgen von Φ_4-Kongruenzen mit konstanten Invarianten der Brennetze. Wir kehren zu der Gleichung (17b) zurück und betrachten jetzt den letzten der möglichen Fälle, daß der Exponent k gleich -1 ist.

Bei $k = -1$ nimmt die Gleichung (17b) die Gestalt an

$$\alpha\alpha_{uu} - (\alpha_u)^2 = \alpha\alpha_{vv} - (\alpha_v)^2$$

oder

$$(\ln\alpha)_{uu} = (\ln\alpha)_{vv}.$$

Das allgemeine Integral dieser Gleichung hat die Gestalt

$$\ln\alpha = X + Y, \tag{19a}$$

wobei X und Y wie bisher Funktionen des Arguments $x = u + v$ bzw. des Arguments $y = u - v$ allein sind. Setzen wir diesen Wert von α in die zweite Gleichung von (10a) § 223 ein, so erhalten wir

$$X'' - Y'' = F(X + Y), \tag{19b}$$

wobei durch die Striche die Differentiationen der Funktionen nach ihren Argumenten bezeichnet werden. Differenzieren wir die Gleichung (19b) nach der Veränderlichen X oder nach Y, so ergibt sich

$$\frac{dX''}{dX} = F'(X + Y), \qquad \frac{dY''}{dY} = -F'(X + Y);$$

daher ist jede dieser Ableitungen konstant

$$\frac{dX''}{dX} = C, \quad \frac{dY''}{dY} = -C, \qquad C = \text{const}$$

und

$$X'' = CX + 2C_1, \qquad Y'' = -CY + 2C_2. \tag{19c}$$

Da jetzt $k = -1$, $\alpha' = \dfrac{1}{\alpha}$, ist

$$\alpha\alpha' = 1, \tag{19d}$$

und die Gleichungen (3d) § 218 nehmen die Gestalt an

$$4X'Y' = \varepsilon' - \varepsilon, \qquad \varepsilon_u = 0, \qquad \varepsilon'_v = 0. \tag{19e}$$

Differenzieren wir sie nach u und nach v, so erhalten wir

$$X'''Y' - X'Y''' = 0;$$

setzen wir hier die Werte (19c) ein, so wird

$$2CX'Y' = 0.$$

Bei $Y' = 0$ ist die Größe a eine Funktion des Arguments $x = u + v$ allein, und wir kommen auf den Fall des § 225 zurück. Das analoge Resultat erhalten wir bei $X' = 0$. Folglich muß man

$$C = 0$$

setzen; das bedeutet

$$X = C_1 x^2 + C_3 x + C_5, \quad Y = C_2 y^2 + C_4 y + C_6. \tag{19f}$$

Durch Einsetzen in die Gleichung (19e) wird

$$\begin{aligned} \varepsilon &= 2(8C_1C_2v^2 + 4C_2C_3v - 4C_1C_4v - C_3C_4) + C_7, \\ \varepsilon' &= 2(8C_1C_2u^2 + 4C_2C_3u + 4C_1C_4u + C_3C_4) + C_7. \end{aligned} \tag{19g}$$

Die Formeln (5b') § 219 liefern jetzt die Werte der Koeffizienten A, A' der Kongruenz $(\boldsymbol{B}_1\boldsymbol{B}_2)$:

$$\mathrm{A} = -\frac{\varrho_1}{ah}(1 - 2C_1 + 2C_2)\, e^{X+Y}, \quad \mathrm{A}' = -\frac{h}{a'\varrho_1}\, e^{-(X+Y)}. \tag{19h}$$

Diese Werte unterscheiden sich durch unwesentliche konstante Faktoren von den ursprünglichen a, a'; durch die Wahl der willkürlichen Parameter $a, a' = \pm a, h, \varrho_1$ kann jeder der Faktoren zu Eins gemacht werden. Folglich besitzt die transformierte Kongruenz $(\boldsymbol{B}_1\boldsymbol{B}_2)$ dieselben Eigenschaften wie die ursprüngliche. Die ganze Folge besteht aus Φ-Kongruenzen.

Eine derartige Folge nennen wir eine Φ_4-Folge.

Die Gleichungen (19f) enthalten sechs Konstanten und durch die Gleichungen (19g) kommt noch eine siebente C_7 hinzu. Allerdings kann man den Anfangspunkt der Veränderlichen u, v so wählen, daß im Anfangspunkt $2C_1x_0 + C_3 = 0$, $2C_2y_0 + C_4 = 0$ ist, und kann dadurch C_3, C_4 zu Null machen, wenn $C_1 \neq 0$, $C_2 \neq 0$. Da andererseits a, a' nur von der Summe $X + Y$ abhängen, kann man zu X eine Konstante hinzuaddieren und sie gleichzeitig von Y abziehen derart, daß $C_5 = C_6$ wird.

Folglich hängen die Φ_4-Folgen von vier willkürlichen Konstanten ab.

Wir bemerken, daß die projektiven Linienelemente der Kongruenzen $(\boldsymbol{A}_1\boldsymbol{A}_2)$, $\boldsymbol{B}_1\boldsymbol{B}_2)$ durch die Formeln bestimmt werden

$$\Phi = -\frac{(du^2 - dv^2)^2}{du\,dv}, \quad \Phi_1 = -(1 - 2C_1 + 2C_2)\frac{(du^2 - dv^2)^2}{du\,dv}.$$

Daraus folgt, daß die Kongruenzen $(\boldsymbol{A}_1\boldsymbol{A}_2)$ und $(\boldsymbol{B}_1\boldsymbol{B}_2)$ aufeinander projektiv-abwickelbar sind, wenn

$$C_2 = C_1.$$

Ziehen wir die Bilanz unserer Bestimmung der Φ-Folgen, so sehen wir, daß die Folgen von Kongruenzen in linearen Komplexen und die R-Folgen mit geradlinigen Brennflächen zugleich auch Φ-Folgen sind. Außer diesen trivialen Lösungen gibt es nur vier Typen von Φ-Folgen:

1) Die Φ_1-Folgen, bei denen a und a' Funktionen des Arguments $mu + nv$ sind, und die von sieben willkürlichen Konstanten abhängen.

2) Die Φ_2-Folgen, bei denen a und a' Funktionen des Arguments uv sind; sie hängen auch von sieben willkürlichen Konstanten ab.

3) Die Φ_3-Folgen aus Φ-Kongruenzen mit bis auf einen konstanten Faktor identischem Wert von aa' bei allen Kongruenzen der Folge. Diese Folgen hängen von fünf willkürlichen Konstanten ab.

4) Die Φ_4-Folgen aus Φ-Kongruenzen mit bis auf konstante Faktoren identischen Werten der Koeffizienten a und a' bei allen Kongruenzen der Folge. Diese Folgen hängen von vier willkürlichen Konstanten ab.

231. Literaturhinweise. Über die Φ-Kongruenzen siehe oben, Kap. V, § 122. Die LAPLACE-Folgen aus Φ-Kongruenzen wurden vom Autor [79] betrachtet.

Elftes Kapitel

KONGRUENZEN MIT PROJEKTIV-ABWICKELBAREN BRENNFLÄCHEN

I. Allgemeine Eigenschaften der *D*-Kongruenzen

232. Die Problemstellung. Wenn man die Kongruenzen vom Gesichtspunkt der Zuordnungen aus klassifiziert, die durch ihre Strahlen zwischen den beiden Brennflächen hergestellt werden, so heben sich natürlich aus allen Kongruenzen die W-Kongruenzen heraus, die eine Zuordnung herstellen, welche die Asymptotenlinien erhält. Anders ausgedrückt: die entsprechenden invarianten quadratischen Formen φ_2 der Brennflächen sind proportional.

Die Asymptotenlinien besitzen in jedem Punkt der Fläche eine Tangente, die mit der Tangente an die Schnittkurve der Fläche mit ihrer Tangentenebene zusammenfällt. Wenn wir die Tangentenebene durch die Schmiegquadrik ersetzen, dann kommen wir zu den DARBOUX-Kurven, denn: die Schmiegquadriken, die in einem gegebenen Punkt P mit der Fläche S eine Berührung zweiter Ordnung haben, bilden eine dreiparametrige Schar; jede von ihnen schneidet die Fläche S in einer Kurve, die im Punkt P einen dreifachen Punkt besitzt; die Schmiegquadrik kann auf drei verschiedene Arten so gewählt werden, daß die drei Tangenten im Tripelpunkt in eine zusammenfallen. Diese drei Richtungen heißen DARBOUX-Richtungen, und die Kurven, welche diese Geraden als Tangenten besitzen, heißen DARBOUX-Kurven. Entsprechende DARBOUX-Kurven oder proportionale kubische Formen führen auf die Φ-Kongruenzen.

Man kann in der Verstärkung der Verwandtschaft der Brennflächen noch einen Schritt weitergehen. Die W-Kongruenzen verlangen Proportionalität der Formen φ_2, die Φ-Kongruenzen verlangen außerdem Proportionalität der Formen φ_3. Man kann nun auf beiden Brennflächen die Gleichheit der in der Umgebung dritter Ordnung eindeutigen absoluten Invariante eines Paares unendlich benachbarter Punkte, des projektiven Linienelements

$$\Theta = \frac{\varphi_3}{\varphi_2}$$

der Fläche verlangen.

Flächen mit demselben projektiven Linienelement heißen *aufeinander abwickelbar.*

Wir werden also Kongruenzen mit aufeinander abwickelbaren Brennflächen oder D-Kongruenzen suchen.

233. Eine invariante Charakterisierung der D-Kongruenzen. Aus der Bedingung der Gleichheit $\Theta = \Theta'$ der Linienelemente der Brennflächen,

$$\frac{\varphi_3}{\varphi_2} = \frac{\varphi_3'}{\varphi_2'},$$

folgt: 1) die Proportionalität der quadratischen Formen φ_2 und φ_2'; folglich ist die D-Kongruenz ein Spezialfall der W-Kongruenzen; 2) die Proportionalität der kubischen Formen; folglich ist die D-Kongruenz ein Spezialfall der Φ-Kongruenzen. In der Tat schreibt sich unsere Bedingung, wenn wir die Formel (26) § 196 verwenden, in der Gestalt

$$\frac{\alpha B_2(\omega_1^3)^3 - 3\alpha B_1(\omega_1^3)^2\omega_2^4 - 3\gamma B_2\omega_1^3(\omega_2^4)^2 + \gamma B_1(\omega_2^4)^3}{\alpha(\omega_1^3)^2 + \gamma(\omega_2^4)^2} =$$

$$= \frac{\alpha' B_1'(\omega_2^4)^3 - 3\alpha' B_2'(\omega_2^4)^2\omega_1^3 - 3\gamma' B_1'\omega_2^4(\omega_1^3)^2 + \gamma' B_2'(\omega_1^3)^3}{\alpha'(\omega_2^4)^2 + \gamma'(\omega_1^3)^2},$$

wobei

$$B_1 = 3\beta_1 - \gamma_2, \quad B_2 = 3\beta_2 + \alpha_1,$$
$$B_1' = 3\beta_1' + \alpha_2', \quad B_2' = 3\beta_2' - \gamma_1'.$$

Durch Wegbringen der Nenner und Vergleich der Koeffizienten bei gleichen Potenzen der Formen ω_1^3, ω_2^4 kommen wir auf fünf Gleichungen, von denen jedoch nur drei unabhängig sind:

$$\alpha\alpha' = \gamma\gamma', \quad 3\beta_2 + \alpha_1 = 3\beta_2' - \gamma_1', \quad 3\beta_1 - \gamma_2 = 3\beta_1' + \alpha_2'. \qquad (1\text{a})$$

Man sieht leicht ein, daß sie die Gleichungen (6b), (6c) § 220 zur Folge haben, welche die Φ-Kongruenzen charakterisieren.

Die Gleichungen (1a) sind invariant. Mit Hilfe der im § 190 eingeführten Invarianten lassen sie sich schreiben:

$$I = 1, \quad I_2 = -1, \quad I_2' = -1. \qquad (1\text{a}')$$

Die Differentiation der ersten Gleichung von (1a) führt auf die Gleichungen (37c, e) § 205

$$\alpha_1 - \beta_2 = \beta_2' + \gamma_1', \quad \beta_1 + \gamma_2 = \alpha_2' - \beta_1',$$
$$\alpha_{11} - \alpha\beta_{12} - \gamma'\beta_{12}' - \gamma_{11}' = 0, \quad \alpha_{22}' - \alpha'\beta_{12}' - \gamma\beta_{12} - \gamma_{22} = 0, \qquad (1\text{b})$$
$$\beta_{11} + \beta_{22} + \beta_{11}' + \beta_{22}' = 0.$$

Wenn wir ebenso die beiden letzten Gleichungen von (1a) differenzieren, so erhalten wir mit Hilfe der Formeln (10'), (11) § 187

$$\begin{aligned}
&\alpha_{11} + 3\alpha\beta_{12} - 3\gamma'\beta_{12}' + \gamma_{11}' = 4\{(\beta_2)^2 + (\beta_2')^2 + \beta'\alpha - \beta\gamma'\},\\
&\alpha_{22}' + 3\alpha'\beta_{12}' - 3\gamma\beta_{12} + \gamma_{22} = 4\{(\beta_1')^2 + (\beta_1)^2 + \beta\alpha' - \beta'\gamma\},\\
&3\beta_{22} - \beta_{11} - 3\beta_{22}' + \beta_{11}' = -8\alpha\alpha',\\
&3\beta_{11}' - \beta_{22}' - 3\beta_{11} + \beta_{22} = -8\alpha\alpha'.
\end{aligned} \qquad (1\text{c})$$

Bilden wir die Differenz der letzten beiden Gleichungen und addieren das Doppelte der letzten Gleichung von (1 b), so ergibt sich

$$\beta_{11} + \beta_{22} = 0.$$

Für unsere Kongruenz ist also die Gleichung (31′) § 200 erfüllt, und die D-Kongruenz ist ein Spezialfall der R-Kongruenzen.

Daraus ergibt sich die Möglichkeit, die holonome Komponentenmatrix (4) § 218 zu verwenden. Die Gleichungen (1 b) werden dann identisch befriedigt und die letzten beiden Gleichungen von (1 a) nehmen mit Hilfe der Gleichungen (3 c) § 218 die Gestalt an

$$(\ln \alpha\alpha')_u = 0, \qquad (\ln \alpha\alpha')_v = 0,$$

d. h.

$$\alpha\alpha' = \text{const.} \tag{1d}$$

Diese Konstante ist für nicht ausgeartete Kongruenzen von Null verschieden, man kann sie durch die Formeln (3e) § 218 zu Eins machen.

Wenden wir uns den Gleichungen (3d) § 218 zu, so erhalten wir zunächst wie im § 230

$$(\ln \alpha)_{uu} = (\ln \alpha)_{vv}$$

und daraus

$$\ln \alpha = X + Y, \tag{1e}$$

wobei

$$X = \varphi(x), \qquad Y = \psi(y), \qquad x = u + v, \qquad y = u - v$$

und demnach

$$4X'Y' = U - V, \qquad \varepsilon = V, \qquad \varepsilon' = U, \qquad U = f_1(u), \qquad V = f_2(v), \tag{1f}$$

woraus durch Differentiation der ersten Gleichung nach u und nach v folgt

$$\frac{X'''}{X'} = \frac{Y'''}{Y'}. \tag{1g}$$

Da die linke Seite eine Funktion von x allein und die rechte Seite eine Funktion der Veränderlichen y allein ist, sind sie beide gleich derselben Konstanten C

$$X''' = CX', \qquad Y''' = CY'; \tag{1g′}$$

daraus folgt

$$X'^2 = CX^2 + 2C_1X + C_3, \qquad Y'^2 = CY^2 + 2C_2Y + C_4, \qquad C_i = \text{const}. \tag{1h}$$

Die Gleichungen (1 h) bestimmen X und Y als Funktionen von x bzw. y, und die erste Gleichung von (1 f) bestimmt U und V bis auf eine additive Konstante. Die verschiedenen Fälle, die durch das Verschwinden einer der Konstanten C_i zustandekommen, betrachten wir später. Jetzt wollen wir unser Interesse auf die gemeinsame Eigenschaft der Brennflächen aller D-Kongruenzen lenken, nämlich die projektive Abwickelbarkeit.

II. Die Projektivabwicklung der Flächen

234. Die beiden Definitionen der Projektivabwicklung einer Fläche. Wir hatten schon etliche Male Gelegenheit, über die Projektivabwicklung einer Fläche zu sprechen und definierten ein Paar abwickelbarer Flächen als zwei Flächen mit einer derartigen Zuordnung der Punkte, daß dabei die erste absolute Invariante, das Verhältnis der kubischen Form φ_3 zur quadratischen φ_2 (projektives Linienelement), der ersten Fläche dem Linienelement der zweiten Fläche gleich ist. Wenn die Abwicklung nicht trivial ist und die beiden Flächen projektiv verschieden sind, dann fallen nicht alle Invarianten der Flächen zusammen.

Diesen Überlegungen kann man eine größere Anschaulichkeit und gleichzeitig eine exaktere Form geben.

Wenn die Flächen S und S' projektiv äquivalent sind und demnach in jedem Paar entsprechender Punkte $\boldsymbol{M}$ und $\boldsymbol{M}'$ alle ihre Invarianten übereinstimmen, dann gibt es eine projektive Abbildung Π des Raumes, welche die Fläche S in eine Fläche S^* derart überführt, daß jeder Punkt $\boldsymbol{M}$ mit dem entsprechenden Punkt $\boldsymbol{M}'$ zusammenfällt, und die transformierte Fläche S^* fällt mit der Fläche S' zusammen.

Wenn in entsprechenden Punkten $\boldsymbol{M}, \boldsymbol{M}'$ der Flächen für entsprechende Richtungen die projektiven Linienelemente gleich sind, die Flächen aber projektiv verschieden sind, dann bringt eine geeignete projektive Abbildung Π_0 ein Paar entsprechender Punkte $\boldsymbol{M}_0, \boldsymbol{M}_0'$ zur Deckung, aber nicht alle derartigen Paare. Dabei kann die Transformation Π_0 so gewählt werden, daß die Fläche S^*, die man durch diese Abbildung aus der Fläche S erhalten hat, mit der Fläche S' in einem allgemeinen Punkt $\boldsymbol{M}_0^* = \boldsymbol{M}_0'$ eine Berührung zweiter Ordnung hat.

Umgekehrt, *wenn für jedes Paar entsprechender Punkte $\boldsymbol{M}, \boldsymbol{M}'$ der Flächen S, S' eine projektive Abbildung Π derart gewählt werden kann, daß die transformierte Fläche S^* mit der Fläche S' im Punkt $\boldsymbol{M}'$ eine Berührung zweiter Ordnung hat, dann sind in entsprechenden Punkten die projektiven Linienelemente der Flächen S und S' gleich und die Flächen sind aufeinander projektiv-abwickelbar.*

Wir beweisen jetzt diese Behauptung. Wir definieren die erste Fläche S durch die Komponenten der differentiellen Verschiebung (1) § 185, (5) § 185, (7) § 186 des zugeordneten Tetraeders $\{\boldsymbol{A}_i\}$. Die projektive Abbildung Π, die dem Punkt $\boldsymbol{A}_1$ zugeordnet ist, führt das Quadrupel der Ecken des Tetraeders $\{\boldsymbol{A}_i\}$ in das Quadrupel der analytischen Punkte $\{\boldsymbol{A}_i^*\}$ über, von denen der erste $\boldsymbol{A}_1^*$ mit dem geometrischen Punkt M_1 der Fläche S' zusammenfällt. Wir wählen die analytischen Punkte $\boldsymbol{M}_i = \boldsymbol{A}_i^*$ als Eckpunkte des Tetraeders $\{\boldsymbol{M}_i\}$, das dem Punkt $\boldsymbol{M}_1$ der Fläche S' zugeordnet ist und bezeichnen die Komponenten der differentiellen Verschiebung des Tetraeders $\{\boldsymbol{M}_i\}$ mit Ω_i^k. Die Komponenten derselben Verschiebungen des Tetraeders $\{\boldsymbol{A}_i^*\}$ der transformierten Fläche S^* unterscheiden sich von den Komponenten ω_i^k der ursprünglichen Fläche S nicht, weil die projektive Abbildung der ganzen Tetraederschar $\{\boldsymbol{A}_i\}$ in die Schar $\{\boldsymbol{A}_i^*\}$ die Komponenten der differentiellen Verschiebungen der Tetraeder der Schar nicht ändert.

Die Bedingung für die Berührung zweiter Ordnung der Flächen S^* und S' reduziert sich per definitionem auf das Zusammenfallen der Umgebungen zweiter Ordnung der beiden Flächen in einem allgemeinen Punkt $\boldsymbol{M}_1 = \boldsymbol{A}_1^*$. Da die geometrischen Punkte zusammenfallen, müssen die analytischen Punkte proportional sein. Der Proportionalitätsfaktor, wie auch der Punkt der differentiellen Umgebung selbst, kann in Summanden $\theta_0, \theta_1, \theta_2, \ldots$ nullter, erster, zweiter Größenordnung entwickelt werden.

Folglich gehen wir von der Bedingung aus, daß die Gleichung

$$\boldsymbol{M}_1 + d\boldsymbol{M}_1 + \frac{1}{2} d^2\boldsymbol{M}_1 + \cdots =$$

$$= \left(\theta_0 + \theta_1 + \frac{1}{2}\theta_2 + \cdots\right)\left(\boldsymbol{A}_1^* + d\boldsymbol{A}_1^* + \frac{1}{2} d^2\boldsymbol{A}_1^* + \cdots\right)$$

bis auf unendlich kleine Größen zweiter Ordnung einschließlich erfüllt wird. Indem wir die Klammern auflösen und die Summanden nullter, erster und zweiter Größenordnung vergleichen, erhalten wir:

$$\begin{aligned} \boldsymbol{M}_1 &= \theta_0 \boldsymbol{A}_1^*, \\ d\boldsymbol{M}_1 &= \theta_0\, d\boldsymbol{A}_1^* + \theta_1 \boldsymbol{A}_1^*, \\ d^2\boldsymbol{M}_1 &= \theta_0\, d^2\boldsymbol{A}_1^* + 2\,\theta_1 d\boldsymbol{A}_1^* + \theta_2 \boldsymbol{A}_1^*. \end{aligned} \tag{2}$$

235. Die Bedingungen für die Komponenten abwickelbarer Flächen. Da nach Voraussetzung der analytische Punkt $\boldsymbol{M}_1$ mit dem analytischen Punkt $\boldsymbol{A}_1^*$ zusammenfällt, ist der Proportionalitätsfaktor θ_0 gleich Eins,

$$\theta_0 = 1.$$

Substituieren wir

$$\begin{aligned} d\boldsymbol{M}_1 &= \boldsymbol{M}_1\Omega_1^1 + \boldsymbol{M}_2\Omega_1^2 + \boldsymbol{M}_3\Omega_1^3 + \boldsymbol{M}_4\Omega_1^4, \\ d^2\boldsymbol{M}_1 &= \boldsymbol{M}_1\Delta\Omega_1^1 + \boldsymbol{M}_2\Delta\Omega_1^2 + \boldsymbol{M}_3\Delta\Omega_1^3 + \boldsymbol{M}_4\Delta\Omega_1^4, \\ \Delta\Omega_1^k &= d\Omega_1^k + \Omega_1^j\Omega_j^k, \end{aligned}$$

und analog für $d\boldsymbol{A}_1^*$, $d^2\boldsymbol{A}_1^*$ und vergleichen die Koeffizienten bei denselben Punkten $\boldsymbol{M}_i = \boldsymbol{A}_i^*$, so erhalten wir

$$\Omega_1^2 = \omega_1^2, \quad \Omega_1^3 = \omega_1^3, \quad \Omega_1^4 = 0, \quad \Delta\Omega_1^4 = \Phi_2 = \Omega_1^2\Omega_2^4 + \Omega_1^3\Omega_3^4 \tag{3a}$$

$$\Delta\Omega_1^2 - \Delta\omega_1^2 = 2\theta_1\omega_1^2, \quad \Delta\Omega_1^3 - \Delta\omega_1^3 = 2\theta_1\omega_1^3, \quad \Phi_2 - \varphi_2 = 0, \tag{3b}$$

$$\theta_1 = \tilde{\omega}_1^1, \quad \theta_2 = \Delta\Omega_1^1 - \Delta\omega_1^1 - 2\tilde{\omega}_1^1\omega_1^1, \quad \text{wobei} \quad \tilde{\omega}_1^1 = \Omega_1^1 - \omega_1^1. \tag{3c}$$

Die letzte Gleichung von (3b) besagt, daß bei unserer Wahl der Normierung des Punktes $\boldsymbol{M}_1$ (wenn wir $\theta_0 = 1$ nehmen) die relativ-invarianten Formen φ_2 der beiden Flächen zusammenfallen.

Wenn wir mit $\tilde{\omega}_i^k$ die Differenz entsprechender Komponenten der beiden Flächen bezeichnen:

$$\tilde{\omega}_i^k = \Omega_i^k - \omega_i^k,$$

dann kann die letzte Gleichung von (3b) nach Formel (16) § 189 in der Gestalt geschrieben werden

$$\omega_1^2\tilde{\omega}_2^4 + \omega_1^3\tilde{\omega}_3^4 = 0. \qquad (\alpha)$$

Andererseits wird das äußere Differential der Gleichung $\Omega_1^4 - \omega_1^4 = 0$ in denselben Bezeichnungen

$$[\omega_1^2\tilde{\omega}_2^4] + [\omega_1^3\tilde{\omega}_3^4] = 0. \qquad (\beta)$$

Bei der Unabhängigkeit der linearen Formen ω_1^2, ω_1^3 verlangt jede der letzten beiden Gleichungen, daß $\tilde{\omega}_2^4$, $\tilde{\omega}_3^4$ sich linear durch die Basisformen ω_1^2, ω_1^3 darstellen lassen; dabei liefert die Gleichung (β) mit den äußeren Produkten nach dem Lemma von CARTAN diese lineare Darstellung mit symmetrischer Koeffizientenmatrix, und die Gleichung (α) mit der gewöhnlichen Multiplikation verlangt die Antisymmetrie derselben Matrix. Daher kommen wir auf die Nullmatrix, d. h. auf das Verschwinden der beiden Formen

$$\tilde{\omega}_2^4 = 0, \quad \tilde{\omega}_3^4 = 0. \qquad (3\text{d})$$

In der Tat genügt es, die Gleichung (β) nach dem Lemma von CARTAN aufzulösen

$$\tilde{\omega}_2^4 = a_1\omega_1^2 + a_2\omega_1^3,$$
$$\tilde{\omega}_3^4 = a_2\omega_1^2 + a_3\omega_1^3$$

und diese Entwicklung in die Gleichung (α) einzusetzen, um eine quadratische Form bezüglich ω_1^2, ω_1^3 mit gewöhnlichem Multiplikationszeichen und den Koeffizienten a_1, a_2, a_3 zu erhalten, die nur dann identisch verschwindet, wenn alle Koeffizienten a_i verschwinden.

Wir achten nun darauf, daß die Gleichungen (3a) bis (3c) in jedem Paar entsprechender Punkte der Flächen S und S' gelten, und demnach eine Differentiation zulassen. Wir erhalten zunächst, indem wir die ersten beiden Gleichungen von (3b) entwickeln und die passenden Glieder zusammenfassen

$$\omega_1^2(\tilde{\omega}_2^2 - \tilde{\omega}_1^1) + \omega_1^3\tilde{\omega}_3^2 = 0, \quad \omega_1^3(\tilde{\omega}_3^3 - \tilde{\omega}_1^1) + \omega_1^2\tilde{\omega}_2^3 = 0. \qquad (\alpha')$$

Andererseits ergibt sich durch äußere Differentiation der ersten beiden Gleichungen von (3a)

$$[\omega_1^2, \tilde{\omega}_2^2 - \tilde{\omega}_1^1] + [\omega_1^3\tilde{\omega}_3^2] = 0, \quad [\omega_1^3, \tilde{\omega}_3^3 - \tilde{\omega}_1^1] + [\omega_1^2\tilde{\omega}_2^3] = 0. \qquad (\beta')$$

Die Gleichungen (α'), (β') kann man genauso behandeln wie die Gleichungen (α), (β). Die Gleichung (α') verlangt eine antisymmetrische Matrix der Koeffizienten in der Entwicklung der Formen $\tilde{\omega}$ nach den Formen ω_1^2, ω_1^3, die Gleichung (β') verlangt eine symmetrische Matrix derselben Koeffizienten. Demnach sind alle Koeffizienten gleich Null, und wir erhalten

$$\tilde{\omega}_2^3 = 0, \quad \tilde{\omega}_3^2 = 0, \quad \tilde{\omega}_2^2 - \tilde{\omega}_1^1 = 0, \quad \tilde{\omega}_3^3 - \tilde{\omega}_1^1 = 0. \qquad (3\text{e})$$

Jetzt liefert die äußere Differentiation der Gleichungen (3d) nach den Substitutionen $\tilde{\omega}_2^2 = \tilde{\omega}_1^1$, $\tilde{\omega}_3^3 = \tilde{\omega}_1^1$

$$[\omega_2^4, \tilde{\omega}_4^4 - \tilde{\omega}_1^1] = 0, \quad [\omega_3^4, \tilde{\omega}_4^4 - \tilde{\omega}_1^1] = 0,$$

und, da die linearen Formen ω_2^4 und $\omega_3^4 = \alpha\omega_1^3 - \beta\omega_2^4$ bei $\alpha \neq 0$ linear unabhängig sind, ist

$$\tilde{\omega}_4^4 - \tilde{\omega}_1^1 = 0. \tag{3f}$$

Nun hat die Wahl der Eckpunkte $\boldsymbol{M}_i$ selbst, nämlich daß sie gleich den analytischen Punkten $\boldsymbol{A}_i^*$ sind, zur Folge, daß die GRASSMANN-Produkte der vier Eckpunkte $\{\boldsymbol{M}_i\}$ und $\{\boldsymbol{A}_i^*\}$ gleich sind:

$$(\boldsymbol{M}_1\boldsymbol{M}_2\boldsymbol{M}_3\boldsymbol{M}_4) = (\boldsymbol{A}_1^*\boldsymbol{A}_2^*\boldsymbol{A}_3^*\boldsymbol{A}_4^*).$$

Differenzieren wir diese Gleichung und ersetzen die Differentiale der Eckpunkte durch ihre Entwicklungen nach den Tetraederecken mit Hilfe der Komponenten der differentiellen Verschiebungen des Tetraeders, so ergibt sich

$$\tilde{\omega}_1^1 + \tilde{\omega}_2^2 + \tilde{\omega}_3^3 + \tilde{\omega}_4^4 = 0,$$

woraus wegen (3e), (3f) direkt folgt

$$\tilde{\omega}_1^1 = \tilde{\omega}_2^2 = \tilde{\omega}_3^3 = \tilde{\omega}_4^4 = 0. \tag{3g}$$

236. Die Erhaltung des Linienelementes bei der projektiven Abwicklung der Flächen. Jetzt können wir unseren Beweis leicht abschließen, d. h. wir können zeigen, daß die beiden abwickelbaren Flächen dasselbe Linienelement besitzen. In der Tat folgt aus den Gleichungen $\tilde{\omega}_1^3 = \tilde{\omega}_2^4 = \tilde{\omega}_1^2 = \tilde{\omega}_3^4 = 0$ sofort, daß die Koeffizienten α, β, γ für die erste und zweite Fläche gleich sind. Da $\tilde{\omega}_3^2 = 0$, $\tilde{\omega}_1^1 = \tilde{\omega}_2^2 = \tilde{\omega}_3^3 = \tilde{\omega}_4^4 = 0$, fallen auch die Formen $\Delta\alpha, \Delta\beta, \Delta\gamma$ zusammen, und daraus ergibt sich die Gleichheit der Koeffizienten $\alpha_1, \beta_1, \beta_2, \gamma_2$ der ersten und zweiten Brennfläche. Die Formel (23′) § 194 besagt nun, daß die kubischen Formen φ_3 für die beiden Brennflächen übereinstimmen.

Umgekehrt kann man die Gleichheit der projektiven Linienelemente durch Änderung der Normierung des laufenden Punktes einer der Flächen zur Gleichheit der kubischen wie auch der quadratischen Formen machen. Da aus der Gleichheit der Formen φ_2 die Übereinstimmung der konjugierten Netze folgt, können wir die beiden Flächen auf entsprechende konjugierte Netze beziehen und die Tetraeder erster Ordnung § 185 den sich entsprechenden Kongruenzen der Tangenten an die Kurven einer Schar des konjugierten Netzes zuordnen. Für jede der Flächen erhalten wir die Formeln (5) § 185, (7) § 186, (9) und (10) § 187 mit verschwindendem Koeffizienten β.

Da sich die Brennetze entsprechen, müssen die Komponenten ω_1^3, ω_2^4 der beiden Tetraeder proportional sein. Durch die Wahl der Normierung der Punkte $\boldsymbol{M}_2, \boldsymbol{M}_3, \boldsymbol{M}_4$ können wir sie paarweise gleich machen. Dann folgt aus der Gleichheit der entsprechenden Formen φ_2, φ_3 der Flächen S, S' die Gleichheit der entsprechenden Koeffizienten $\alpha, \gamma, \alpha_1, \beta_1, \beta_2, \gamma_2$. Daraus folgt die Gleichheit der Formen $\Delta\alpha, \Delta\gamma', \Delta\beta$ für S und S', und das bedeutet, daß die Komponenten ω_3^2, ω_4^1 und ω_1^2, ω_3^4 paarweise gleich sind. Dabei sind auch die Formen ω_2^3 gleich, weil nach der Konstruktion des Bezugssystems jede gleich Null ist. Wir erhalten also die Gleichungen (3a), (3c), (3d) und die ersten beiden von (3e). Aus der paarweisen Gleichheit der Formen $\Delta\alpha, \Delta\gamma$ folgt die Gleichheit

$$\tilde{\omega}_2^2 = \tilde{\omega}_3^3.$$

Die äußere Differentiation der Gleichungen (3d) führt auf die quadratischen Gleichungen (β'), aber die letzten Glieder verschwinden wegen $\tilde{\omega}_2^1 = \tilde{\omega}_1^2 = 0$, und in den ersten Produkten sind die zweiten Faktoren gleich. Wir kommen also zu den letzten beiden Gleichungen von (3e), woraus direkt die Gleichungen (3b) folgen.

Damit ist die Äquivalenz der beiden Definitionen der Projektivabwicklung bewiesen.

237. Flächen, die eine Projektivabwicklung zulassen. Das Gleichungssystem (3a), (3d), (3e), (3g), das wir erhalten haben, schreibt sich nun

$$\tilde{\omega}_1^2 = \tilde{\omega}_1^3 = \tilde{\omega}_1^4 = \tilde{\omega}_2^3 = \tilde{\omega}_2^4 = \tilde{\omega}_3^2 = \tilde{\omega}_3^4 = 0, \qquad \tilde{\omega}_1^1 = \tilde{\omega}_2^2 = \tilde{\omega}_3^3 = \tilde{\omega}_4^4 = 0. \qquad (4\text{a})$$

Die äußere Differentiation dieser Gleichungen führt auf die folgenden unabhängigen quadratischen Gleichungen

$$\begin{aligned} &[\tilde{\omega}_2^1\omega_1^3] + [\omega_2^4\tilde{\omega}_4^3] = 0, \qquad [\tilde{\omega}_3^1\omega_1^2] + [\omega_3^4\tilde{\omega}_4^2] = 0,\\ &[\omega_1^2\tilde{\omega}_2^1] + [\omega_1^3\tilde{\omega}_3^1] = 0, \qquad [\tilde{\omega}_3^1\omega_1^3] + [\omega_3^4\tilde{\omega}_4^3] = 0, \qquad (4\text{a}')\\ &[\tilde{\omega}_4^2\omega_2^4] + [\tilde{\omega}_4^3\omega_3^4] = 0. \end{aligned}$$

Wenn man die Fläche auf das Brennetz bezieht, d. h. wenn man

$$\beta = 0$$

setzt, um das Ausschreiben der Formeln nicht zu erschweren, dann lassen sich die quadratischen Gleichungen mit Hilfe des Lemmas von CARTAN in der Gestalt auflösen

$$\begin{aligned} \tilde{\omega}_2^1 &= \alpha a_1\omega_1^3 + a_2\omega_2^4, & \tilde{\omega}_3^1 &= \alpha a_3\omega_1^3 + \alpha\gamma a_1\omega_2^4,\\ \tilde{\omega}_4^2 &= \alpha\gamma a_1\omega_1^3 - \gamma a_3\omega_2^4, & \tilde{\omega}_4^3 &= -a_2\omega_1^3 + \gamma a_1\omega_2^4. \end{aligned} \qquad (4\text{b})$$

Durch äußere Differentiation dieser Gleichungen erhalten wir

$$\begin{aligned} \alpha[\varDelta a_1\omega_1^3] + [\varDelta a_2\omega_2^4] &= 0, & [\varDelta a_3\omega_1^3] + \gamma[\varDelta a_1\omega_2^4] &= 0,\\ -\alpha[\varDelta a_1\omega_1^3] + [\varDelta a_3\omega_2^4] &= 0, & [\varDelta a_2\omega_1^3] - \gamma[\varDelta a_1\omega_2^4] &= 0, \end{aligned} \qquad (4\text{c})$$

wobei

$$\begin{aligned} \varDelta a_1 &= da_1 + a_1(\omega_1^1 - \omega_2^2 + \omega_3^3 - \omega_4^4) + a_1\beta_2\omega_1^3 - a_1\beta_1\omega_2^4,\\ \varDelta a_2 &= da_2 + a_2(\omega_1^1 - \omega_4^4) + \tilde{\omega}_4^1,\\ \varDelta a_3 &= da_3 + a_3(\omega_1^1 - \omega_4^4) + \tilde{\omega}_4^1 + (a_3 - a_2)(\beta_2\omega_1^3 - \beta_1\omega_2^4) -\\ &\quad - \alpha a_1(\beta_1 - \gamma_2)\,\omega_1^3 - \gamma a_1(\alpha_1 + \beta_2)\,\omega_2^4. \end{aligned} \qquad 4\text{d})$$

Das System (4a) bis (4c) hat als Basis des charakteristischen Systems die linken Seiten der Gleichungen (4a), (4b), die Formen ω_1^3, ω_2^4 und noch die drei Formen (4d). Wir sehen, daß hier $\tilde{\omega}_4^1$ nicht eingeht; diese Form hat man demnach als sekundär zu betrachten, d. h. sie enthält nur Differentiale der sekundären Parameter. Die geometrische Bedeutung dieser Form ist leicht zu erkennen. Wenn alle Formen, darunter auch die Form ω_4^1 gleich Null sind, bis auf $\tilde{\omega}_4^1 = d\tau$, dann folgt aus den Gleichungen

$$d\boldsymbol{A}_4 = 0, \quad d\boldsymbol{M}_4 = \boldsymbol{M}_1\,d\tau,$$

daß wir, ohne das Tetraeder $\{A_i\}$ und die Eckpunkte M_1, M_2, M_3 zu ändern, den Eckpunkt M_4 in einen beliebigen Punkt der Geraden M_1M_4 legen können. Dabei ändert sich die projektive Abbildung Π, die dem Punktepaar A_1, M_1 zugeordnet ist, derart, daß im transformierten Tetraeder $\{A_i^*\}$ der Punkt A_4^* mit dem neuen Eckpunkt M_4 zusammenfällt. Bei einem festen Punktepaar A_1, M_1 sind alle Formen des charakteristischen Systems (4a), (4b), (4d) (die Hauptformen) gleich Null zusammen mit den Formen ω_1^3, ω_2^4, und die Gleichungen (4d) nehmen die Gestalt an

$$\delta a_1 = 0, \qquad \delta a_2 + d\tau = 0, \qquad \delta a_3 + d\tau = 0.$$

Daraus erhalten wir durch Integration

$$a_2 + a_3 + 2\tau = C,$$

und, indem wir den Hilfsparameter $\tau = \frac{1}{2} C$ wählen, ergibt sich

$$a_2 + a_3 = 0,$$

und das bedeutet

$$\Delta a_2 + \Delta a_3 = 2\,\tilde{\omega}_4^1 - 2\,a_2(\beta_2\,\omega_1^3 - \beta_1\omega_2^4) - \\ - a_1\,\{\alpha(\beta_1 - \gamma_2)\,\omega_1^3 + \gamma(\alpha_1 + \beta_2)\omega_2^4\}.$$

Nun erhalten wir, indem wir die Gleichungen der ersten und zweiten Spalte von (4c) paarweise addieren

$$[\Delta a_2 + \Delta a_3, \omega_2^4] = 0, \qquad [\Delta a_2 + \Delta a_3, \omega_1^3] = 0,$$

und daraus

$$\Delta a_2 + \Delta a_3 = 0,$$

folglich ist

$$\tilde{\omega}_4^1 = a_2(\beta_2\omega_1^3 - \beta_1\omega_2^4) + \frac{a_1}{2}\,\{\alpha(\beta_1 - \gamma_2)\,\omega_1^3 + \gamma(\alpha_1 + \beta_2)\omega_2^4\}, \tag{4e}$$

und die quadratischen Gleichungen (4c) reduzieren sich auf

$$\alpha[\Delta a_1\omega_1^3] + [\Delta a_2\omega_2^4] = 0, \qquad [\Delta a_2\omega_1^3] - \gamma[\Delta a_1\omega_2^4] = 0. \tag{4c'}$$

Bevor wir die äußeren Ableitungen der Gleichungen (4e) bilden, empfiehlt es sich, eine Vereinfachung der Koeffizienten a_i zu erstreben. Zu diesem Zweck verwenden wir den Begriff der Basis einer Projektivabwicklung.

III. Die Basis einer Projektivabwicklung

238. Die Basis einer Projektivabwicklung. Wir kehren zu dem Paar der projektiv abwickelbaren Flächen (A_1) und (M_1) zurück und setzen die Reihe der Gleichungen (2) § 234 fort, welche eine Berührung zweiter Ordnung beschreiben, indem wir noch eine Gleichung

$$d^3M_1 = \theta_0\,d^3A_1^* + 3\theta_1\,d^2A_1^* + 3\theta_2\,dA_1^* + \theta_3A_1^*$$

hinzufügen, welche eine Berührung dritter Ordnung verlangt.

Wir setzen hier den Wert

$$d^3 M_1 = M_1 \Delta^2 \Omega_1^1 + M_2 \Delta^2 \Omega_1^2 + M_3 \Delta^2 \Omega_1^3 + M_4 \Delta \Phi_2$$

ein, wobei

$$\Delta^2 \Omega_i^k = d(\Delta \Omega_i^k) + \Omega_j^k \Delta \Omega_i^j, \qquad \Delta \Omega_1^4 = \Phi_2,$$

und analog für $d^3 A_1^*$. Vergleichen wir die Koeffizienten bei denselben Punkten $M_i = A_i^*$, so erhalten wir vier Gleichungen, von denen eine θ_3 bestimmt, während die andern drei die Gestalt haben

$$\begin{aligned} \Delta^2 \Omega_1^2 - \Delta^2 \omega_1^2 &= 3\theta_1 \Delta \omega_1^2 + 3\theta_2 \omega_1^2, \\ \Delta^2 \Omega_1^3 - \Delta^2 \omega_1^3 &= 3\theta_1 \Delta \omega_1^3 + 3\theta_2 \omega_1^3, \\ \Delta \Phi_2 - \Delta \varphi_2 &= 3\theta_1 \varphi_2. \end{aligned} \tag{a}$$

Unter Verwendung der Gleichungen (3c) bis (3d) berechnen wir die Ausdrücke

$$\begin{gathered} \theta_1 = 0, \qquad \theta_2 = \omega_1^2 \tilde{\omega}_2^1 + \omega_1^3 \tilde{\omega}_3^1, \\ \Delta \Omega_1^2 - \Delta \omega_1^2 = 0, \qquad \Delta \Omega_1^3 - \Delta \omega_1^3 = 0, \\ \Delta^2 \Omega_1^2 - \Delta^2 \omega_1^2 = \omega_1^2 (\omega_1^2 \tilde{\omega}_2^1 + \omega_1^3 \tilde{\omega}_3^1) + \varphi_2 \tilde{\omega}_4^2, \\ \Delta^2 \Omega_1^3 - \Delta^2 \omega_1^3 = \omega_1^3 (\omega_1^2 \tilde{\omega}_2^1 + \omega_1^3 \tilde{\omega}_3^1) + \varphi_2 \tilde{\omega}_4^3, \\ \Delta \Phi_2 - \Delta \varphi_2 = 0. \end{gathered}$$

Folglich wird die letzte Gleichung von (a) eine Identität und die beiden ersten ergeben

$$\begin{aligned} \varphi_2 \tilde{\omega}_4^2 &= 2\omega_1^2 (\omega_1^2 \tilde{\omega}_2^1 + \omega_1^3 \tilde{\omega}_3^1), \\ \varphi_2 \tilde{\omega}_4^3 &= 2\omega_1^3 (\omega_1^2 \tilde{\omega}_2^1 + \omega_1^3 \tilde{\omega}_3^1), \end{aligned} \tag{5a}$$

oder, wenn man $a_2 + a_3 = 2x$, $a_2 - a_3 = 2y$ setzt und die Formeln (7) § 186, (4b) § 237 verwendet,

$$\begin{aligned} \varphi_2(\alpha a_1 \omega_1^3 + y\omega_2^4) &= \omega_2^4 \{3x\varphi_2 + 2y[\gamma(\omega_2^4)^2 - \alpha(\omega_1^3)^2] + 4\alpha\gamma a_1 \omega_1^3 \omega_2^4\}, \\ \varphi_2(\gamma a_1 \omega_2^4 - y\omega_1^3) &= \omega_1^3 \{3x\varphi_2 + 2y[\gamma(\omega_2^4)^2 - \alpha(\omega_1^3)^2] + 4\alpha\gamma a_1 \omega_1^3 \omega_2^4\}. \end{aligned}$$

Hier hängt x von der Wahl des Punktes M_4 auf der Geraden $M_1 M_4$ ab und kann beliebige Werte annehmen. Eliminieren wir die geschweifte Klammer der rechten Seiten, so erhalten wir

$$\varphi_2 \{a_1 \{\alpha(\omega_1^3)^2 - \gamma(\omega_2^4)^2\} + 2y\omega_1^3 \omega_2^4\} = 0.$$

Diese Gleichung bestimmt demnach die vier Richtungen in einer allgemeinen Tangentenebene der Flächen (M_1) und (A_1), längs deren sich die Ordnung der Berührung auf drei erhöht. Der erste Faktor $\varphi_2 = 0$ bestimmt das Paar der asymptotischen Richtungen. Das zweite Richtungspaar wird durch die Gleichung bestimmt

$$a_1 \{\alpha(\omega_1^3)^2 - \gamma(\omega_2^4)^2\} + 2y\omega_1^3 \omega_2^4 = 0. \tag{5b}$$

Die Kurven, die auf der Fläche (A_1) durch die Gleichung (5b) bestimmt werden, bilden die *Basis der Projektivabwicklung* der Fläche (A_1) auf die Fläche (M_1).

Man sieht leicht ein, daß die beiden Scharen der Basis (5b) auf der Fläche konjugiert sind. In der Tat nimmt die Bedingung für die Konjugiertheit der beiden Richtungen $\omega_1^3(d) : \omega_2^4(d)$ und $\omega_1^3(\delta) : \omega_2^4(\delta)$ die Gestalt an

$$\alpha\omega_1^3(d)\omega_1^3(\delta) + \gamma\omega_2^4(d)\omega_2^4(\delta) = 0. \tag{5c}$$

Da das Produkt der beiden Wurzeln $\omega_1^3 : \omega_2^4$ der Gleichung (5b) gleich $-\dfrac{\gamma}{\alpha}$ ist, genügen sie der Gleichung (5c).

239. Die *R*-Flächen. Wir nehmen an, daß das Brennetz der Kongruenz $(\boldsymbol{A}_1\boldsymbol{A}_2)$ die Basis der Abwicklung für die Fläche $(\boldsymbol{A}_1)$ ist. Da die Gleichung (5b) zur Gleichung

$$\omega_1^3\omega_2^4 = 0$$

äquivalent sein muß, verschwindet der Koeffizient a_1:

$$a_1 = 0.$$

Dabei verschwindet auch nach der Formel (4d) § 237 Δa_1, und die Gleichungen (4c) § 237 ergeben

$$\Delta a_2 = 0, \quad \Delta a_3 = 0, \tag{6a}$$

oder nach den Formeln (4d) wegen $a_2 + a_3 = 0$,

$$\begin{aligned} \tilde{\omega}_4^1 &= a_2(\beta_2\omega_1^3 - \beta_1\omega_2^4), \\ da_2 + a_2(\omega_1^1 - \omega_4^4) &+ a_2(\beta_2\omega_1^3 - \beta_1\omega_2^4) = 0. \end{aligned} \tag{6b}$$

Ist $a_2 = 0$, dann verschwinden alle $\tilde{\omega}_i^k$ und die beiden Flächen sind projektiv äquivalent. Wenn $a_2 \neq 0$ ist, dann erhalten wir durch äußere Differentiation der Gleichungen (6b)

$$(\beta_{11} + \beta_{22} + \gamma\gamma' - \alpha\alpha')\,[\omega_1^3\omega_2^4] = 0, \quad (\beta_{11} + \beta_{22} - \gamma\gamma' + \alpha\alpha')\,[\omega_1^3\omega_2^4] = 0.$$

Da hieraus die Gleichungen (31′) § 200 folgen, ist die Kongruenz $(\boldsymbol{A}_1\boldsymbol{A}_2)$ eine R-Kongruenz. Wir erhalten also die beiden Sätze:

Satz 1. *Jede R-Fläche läßt eine stetige projektive Abwicklung zu. Die Basis der Abwicklung ist ein konjugiertes R-Netz. Wenn die Fläche mehrere R-Netze trägt, dann läßt sie ebensoviele unabhängige Projektivabwicklungen zu* (vgl. § 117).

Satz 2: *Wenn das konjugierte Netz der Kurven, welche die Basis der Abwicklung bilden, nicht ausartet* (d. h. wenn die Netzkurven nicht zusammenfallen), *dann ist es ein R-Netz* (beide Kongruenzen des Netzes sind R-Kongruenzen), *und die Fläche, welche die Abwicklung erleidet, ist eine R-Fläche.*

Hier braucht man nur darauf hinzuweisen, daß die Stetigkeit der Abwicklung daraus folgt, daß die Hilfsunbekannte aus der vollständig integrierbaren Gleichung (6b) bis auf eine willkürliche Konstante bestimmt wird. Diese willkürliche Konstante stellt auch den Parameter der Abwicklung dar, dessen stetige Änderung die stetige Abwicklung der Fläche hervorruft.

Diesen Sätzen können wir noch einen dritten Satz hinzufügen.

Satz 3: *Die Projektivabwicklung einer Fläche mit nicht ausgearteter Basis stellt stets einen Teil der gleichzeitigen Abwicklung der Kongruenzen und Brennflächen der* LAPLACE-*Folge dar, die auf dem konjugierten System der Basis der Abwicklung aufgebaut ist.*

Zum Beweis dieses Satzes bemerken wir, daß wir für die Kongruenz $(A_1 A_2)$, da sie eine R-Kongruenz ist, die Tabelle der Komponenten (4) § 218 verwenden können. Dabei ist die Kante $A_2 A_4$ des Tetraeders so gewählt, daß die Tangenten $A_2 A_1$ und $A_2 A_4$ auf der Fläche (A_2) konjugiert sind und der Koeffizient $\beta' = 0$ ist, d. h. $\omega_2^1 = \gamma' \omega_1^3$. Sollen für die transformierte Kongruenz (d. h. nach der Projektivabwicklung) die Kanten $M_2 M_1$ und $M_2 M_4$ auf der Fläche (M_2) konjugiert sein, dann müssen wir den Punkt M_4 auf der Kante $M_1 M_4$ so wählen, daß die Form Ω_2^1 zur Form $\Omega_1^3 = \omega_1^3$ proportional wird. Dabei hängt offenbar auch die Differenz $\tilde{\omega}_2^1 = \Omega_2^1 - \omega_2^1$ nicht von der Form ω_2^4 ab, und demnach wird der Koeffizient a_2 nach Formel (4b) § 237 gleich Null und $y = a_3$.

Setzen wir die Werte

$$a_1 = 0, \qquad a_2 = 0$$

in die Gleichungen (4d) ein, so erhalten wir wegen der Gleichungen (1g) § 218, (2c) § 218

$$\tilde{\omega}_2^1 = 0, \quad \tilde{\omega}_4^3 = 0, \quad \tilde{\omega}_3^1 = \alpha a_3\, dv, \quad \tilde{\omega}_4^2 = \alpha a_3\, du. \tag{6c}$$

Die Gleichungen (6a) nehmen nach den Formeln (4d) § 237, wenn wir uns daran erinnern, daß $\beta_2 = (\ln \alpha)_v$, $\beta_1 = -(\ln \alpha)_u$, die Gestalt an

$$\tilde{\omega}_4^1 = 0, \qquad d a_3 + a_3\, d \ln \alpha = 0, \tag{6d}$$

daher ist das allgemeine Integral

$$\alpha a_3 = C, \qquad C = \text{const}.$$

Die Gleichungen (4a), (6c), (6d) besagen, daß bei den Flächen (A_1) und (M_1) sich höchstens die Komponenten ω_3^1, ω_4^2 unterscheiden.

Folglich behält die Komponentenmatrix für die transformierte Fläche (M_1) (d. h. nach der Abwicklung) die Gestalt von (4) § 218 mit denselben Funktionen α, α' bei, und die Werte ε, ε' werden um eine Konstante C vermehrt

$$\mathrm{E} = \varepsilon + C, \qquad \mathrm{E}' = \varepsilon' + C. \tag{6e}$$

Die zweite Brennfläche (A_2) ist dabei auf die Fläche (M_2) abwickelbar, denn das Gleichungssystem für die Differenzen $\tilde{\omega}_i^k$

$$\tilde{\omega}_1^2 = \tilde{\omega}_2^1 = \tilde{\omega}_1^3 = \tilde{\omega}_2^3 = \tilde{\omega}_1^4 = \tilde{\omega}_2^4 = \tilde{\omega}_3^4 = \tilde{\omega}_4^3 = \tilde{\omega}_3^2 = \tilde{\omega}_4^1 = 0,$$

$$\tilde{\omega}_i^i = 0, \quad \tilde{\omega}_3^1 = C\, dv, \quad \tilde{\omega}_4^2 = C\, du$$

behält bei der Vertauschung der Indizes $\begin{pmatrix} 1 & 3 & u \\ 2 & 4 & v \end{pmatrix}$ seine Gestalt bei. Da das projektive Linienelement Φ der Kongruenz nach Formel (15d) § 226

$$\Phi = -\alpha \alpha' \frac{(du^2 - dv^2)^2}{du\, dv}$$

nicht von $\varepsilon, \varepsilon'$ abhängt, und sich demnach bei der Abwicklung der Fläche $(\boldsymbol{A}_1)$ nicht ändert, wird bei dieser Abwicklung die Kongruenz $(\boldsymbol{A}_1\boldsymbol{A}_2)$ auch einer Projektivabwicklung unterworfen. Indem wir Schritt für Schritt analog weiter schließen, sehen wir, daß alle Kongruenzen und die Brennflächen der Kongruenzen, die der LAPLACE-Folge angehören, welche auf den Kurven des Brennnetzes (Basis der Abwicklung) errichtet ist, gleichzeitig eine Projektivabwicklung erfahren. Die Fläche $(\boldsymbol{A}_1)$ wird als ein Teil der LAPLACE-Folge (R-Folge) abgewickelt.

240. Die Basis der Abwicklung der Brennflächen einer *D*-Kongruenz. Wir kehren zu den D-Kongruenzen mit projektiv-abwickelbaren Brennflächen zurück und stellen uns die Aufgabe, die Basis bei der Abwicklung der Brennflächen der Kongruenz zu finden. In § 238 erhielten wir zur Bestimmung der Basis der Abwicklung die Gleichung (5b). Sie enthält außer den Koeffizienten α, γ aus der Komponentenmatrix der Kongruenz noch die Größen a_1 und $y = a_2$, die von den Komponenten der zweiten Fläche (die auf die erste abwickelbar ist) abhängen und bestimmt werden durch die Gleichungen von (4b) § 237

$$\tilde{\omega}_2^1 = \alpha a_1 \omega_1^3 + a_2 \omega_2^4, \qquad \tilde{\omega}_3^1 = -\alpha a_2 \omega_1^3 + \alpha\gamma a_1 \omega_2^4.$$

Hier ist $\tilde{\omega}_2^1$ die Differenz der Formen Ω_2^1 und ω_2^1 der zweiten und ersten Fläche. Dabei ist das Tetraeder der zweiten Fläche so gewählt, daß es mit dem Tetraeder der ersten nach der Projektivabwicklung, welche die beiden Flächen zu einer Berührung zweiter Ordnung bringt, zusammenfällt. Mit anderen Worten: das Tetraeder der zweiten Fläche ist so gewählt, daß alle Formen Ω_i^k der zweiten Fläche, für die $\tilde{\omega}_i^k = 0$, mit den entsprechenden Formen der ersten zusammenfallen.

Die Fläche $(\boldsymbol{A}_1)$ ist durch die Komponentenmatrix (4) § 218 mittels des Tetraeders $\{\boldsymbol{A}_i\}$ gegeben, wobei der Punkt $\boldsymbol{A}_2$ im Brennpunkt der Tangente an die Kurve $v = \text{const}$, der Eckpunkt $\boldsymbol{A}_3$ auf der Tangente an die Kurve $u = \text{const}$ der Fläche $(\boldsymbol{A}_1)$ und der Eckpunkt $\boldsymbol{A}_4$ auf der Tangente an die Kurve $v = \text{const}$ der Fläche $(\boldsymbol{A}_2)$ liegt.

Für die zweite Fläche $(\boldsymbol{A}_2)$ muß man das Tetraeder $\{\boldsymbol{B}_i\}$ so wählen, daß die geometrischen Punkte $\boldsymbol{B}_1$ und $\boldsymbol{A}_2$ zusammenfallen, der Punkt $\boldsymbol{B}_2$ auf der Tangente $(\boldsymbol{A}_2\boldsymbol{A}_{2v})$, d. h. auf der Geraden $(\boldsymbol{A}_2\boldsymbol{A}_4)$, der Punkt $\boldsymbol{B}_3$ auf der Tangente $(\boldsymbol{A}_2\boldsymbol{A}_{2u})$, d. h. auf der Geraden $(\boldsymbol{A}_1\boldsymbol{A}_2)$ liegt und die Differenzen der Komponenten $\tilde{\omega}_i^k = \Omega_i^k - \omega_i^k$ der differentiellen Verschiebungen der Tetraeder $\{\boldsymbol{B}_i\}$ und $\{\boldsymbol{A}_i\}$ dem Gleichungssystem (4a) genügen.

Wir können offenbar setzen

$$\boldsymbol{B}_1 = \varrho_1 \boldsymbol{A}_2, \quad \boldsymbol{B}_2 = \varrho_2(\boldsymbol{A}_4 + \lambda \boldsymbol{A}_2), \quad \boldsymbol{B}_3 = \varrho_3(\boldsymbol{A}_1 + \nu \boldsymbol{A}_2), \quad \boldsymbol{A}_3 = x^i \boldsymbol{B}_i$$

mit dem Zusatz, daß die unbekannten Koordinaten ϱ_i, λ, ν, x^i aus den Gleichungen (4a) bestimmt werden.

Verwenden wir die Tabelle der Komponenten (4) § 218 unter Hinzufügung der Bedingung $\alpha\alpha' = 1$, die aus der Gleichung (1d) § 233 folgt, und führen die Umrechnung auf das Tetraeder $\{\boldsymbol{B}_i\}$ durch, so erhalten wir

$$d\boldsymbol{B}_1 = \left(d \ln \varrho_1 - \nu\, du + \frac{\lambda}{\alpha}\, dv\right) \boldsymbol{B}_1 + \frac{\varrho_1}{\varrho_2}\, du\, \boldsymbol{B}_2 - \frac{\varrho_1}{\varrho_3} \frac{1}{\alpha}\, dv\, \boldsymbol{B}_3.$$

Da nach den Formeln (4a) § 237 $\tilde{\omega}_1^1 = \tilde{\omega}_1^2 = \tilde{\omega}_1^3 = 0$ ist, stimmen diese Formen für die Tetraeder $\{\boldsymbol{A}_i\}$ und $\{\boldsymbol{B}_i\}$ überein, und wir erhalten

$$\varrho_1 = -\alpha \varrho_3, \quad \varrho_1 = -\alpha \varrho_2, \quad \nu = (\ln \varrho_1)_u, \quad \lambda = -\alpha (\ln \varrho_1)_v.$$

Ebenso ergibt sich, indem wir $d\boldsymbol{B}_3$ ausrechnen und die Formen $\omega_3^2, \omega_3^3, \omega_3^4$ der beiden Tetraeder gleichsetzen,

$$x^2 = -\frac{\alpha_u}{\varrho_3}, \quad x^3 = -\frac{1}{\varrho_3} (\ln \varrho_1 \varrho_3)_v, \quad x^4 = \frac{\alpha}{\varrho_3}, \quad \lambda = -\alpha_v, \quad (\varrho_3)_u = 0.$$

Vergleichen wir die beiden Werte für λ, so folgt

$$(\ln \varrho_1)_v = (\ln \alpha)_v.$$

Da nun $(\varrho_3)_u = 0$, $(\varrho_3)_v = 0$, ist der Parameter ϱ_3 konstant, und die Grundgleichung

$$\Omega_3^1 = \omega_3^1 + \tilde{\omega}_3^1$$

ergibt nach Formel (4b) § 237

$$a_1 = -\frac{(\ln \alpha)_{uv}}{\alpha^2}, \quad \alpha a_2 = \varepsilon - x^1 \varrho_3 - \frac{\alpha_{vv}}{\alpha} + (\ln \alpha)_v^2.$$

Auf dieselbe Weise erhalten wir durch Vergleich der Formen Ω_2^1 und ω_2^1

$$\alpha a_2 = -\varepsilon' + x^1 \varrho_3 - \frac{\alpha_{uu}}{\alpha} - (\ln \alpha)_v^2 + 2 (\ln \alpha)_u^2.$$

Addieren wir die beiden Gleichungen für αa_2 und verwenden die Gleichung (3d) § 218 für die Differenz $\varepsilon - \varepsilon'$, so wird

$$a_2 = -\frac{(\ln \alpha)_{uu}}{\alpha}.$$

Die Gleichung der Basis der Abwicklung nimmt also die Gestalt an

$$(\ln \alpha)_{uv} (du^2 + dv^2) + 2 (\ln \alpha)_{uu}\, du\, dv = 0. \tag{7}$$

IV. Die fünf Klassen der *D*-Kongruenzen

241. Die erste Lösung: die D_1-Kongruenzen mit geradlinigen Brennflächen. Wir wenden uns nun der Betrachtung der einzelnen Fälle zu, die bei der Integration der Gleichung (1g) § 233 auftreten können.

Wir betrachten zunächst einen speziellen Fall: die Gleichung (1g) wird befriedigt, wenn man setzt

$$Y = 0,$$

d. h. wenn man α als Funktion des einen Arguments $x = u + v$ ansieht. Wir bezeichnen diese Kongruenz als D_1-Kongruenz. Da die D-Kongruenz ein

Spezialfall der Φ-Kongruenz ist, gehört die D_1-Kongruenz offenbar zu einer Klasse der Φ-Kongruenzen § 225. Folglich sind ihre Brennflächen Regelflächen mit der ergänzenden Bedingung $\alpha\alpha' = \text{const}$. Diese Konstante kann man zu Eins machen.

Bei willkürlich vorgegebenem α als Funktion des Arguments x allein liefern die Gleichungen (3d) § 218 jetzt die Lösungen

$$\alpha\alpha' = 1, \qquad \varepsilon = \varepsilon' = 2 + k^2, \qquad k = \text{const}. \tag{8a}$$

Demnach besteht die Willkür einer D_1-Kongruenz in einer Funktion eines Arguments.

Die linke Seite der Gleichung (7) reduziert sich jetzt auf ein vollständiges Quadrat

$$du^2 + 2\,du\,dv + dv^2 = 0,$$

d. h. die Gleichung bestimmt die Asymptotenlinien

$$u + v = \text{const}. \tag{α}$$

Die Basis der Abwicklung ist die doppelt gezählte Schar der geradlinigen Erzeugenden.

Wenn wir die Punkte

$$\begin{aligned} \boldsymbol{B}_1 &= (\alpha \boldsymbol{A}_2 + \boldsymbol{A}_3 + k\boldsymbol{A}_1)\, e^{-kv}, \qquad & \boldsymbol{B}_3 &= \left(-\frac{1}{\alpha}\boldsymbol{A}_1 - \boldsymbol{A}_4 + k\boldsymbol{A}_2\right) e^{ku}, \\ \boldsymbol{B}_2 &= (\alpha \boldsymbol{A}_2 + \boldsymbol{A}_3 - k\boldsymbol{A}_1)\, e^{kv}, & \boldsymbol{B}_4 &= \left(-\frac{1}{\alpha}\boldsymbol{A}_1 - \boldsymbol{A}_4 - k\boldsymbol{A}_2\right) e^{-ku} \end{aligned} \tag{8b}$$

einführen und von den Veränderlichen u, v auf die Veränderlichen

$$x = u + v, \qquad y = u - v$$

übergehen, so erhalten wir das System

$$\begin{aligned} d\boldsymbol{B}_1 &= -\boldsymbol{B}_3 \alpha e^{-kx}\, dx, \qquad & d\boldsymbol{B}_3 &= -\boldsymbol{B}_1 \frac{1}{\alpha} e^{kx}\, dx, \\ d\boldsymbol{B}_2 &= -\boldsymbol{B}_4 \alpha e^{kx}\, dx, & d\boldsymbol{B}_4 &= -\boldsymbol{B}_2 \frac{1}{\alpha} e^{-kx}\, dx. \end{aligned} \tag{8c}$$

Die Eckpunkte $\boldsymbol{B}_i$ des neuen Tetraeders hängen offenbar nur von der Veränderlichen x allein ab und beschreiben das Paar der Geraden $\boldsymbol{B}_1\boldsymbol{B}_3$, $\boldsymbol{B}_2\boldsymbol{B}_4$.

Andererseits sind die Kurven $x = \text{const}$ der Fläche $(\boldsymbol{A}_1)$ und der Fläche $(\boldsymbol{A}_2)$ Geraden, und es ist

$$\frac{\partial}{\partial y}\boldsymbol{A}_1 = -\frac{\alpha \boldsymbol{A}_2 + \boldsymbol{A}_3}{2}, \qquad \frac{\partial}{\partial y}\boldsymbol{A}_2 = \frac{\frac{1}{\alpha}\boldsymbol{A}_1 + \boldsymbol{A}_4}{2}.$$

Da nach den Formeln (8b) die Punkte $\boldsymbol{B}_1, \boldsymbol{B}_2$ auf der Geraden liegen, welche die Punkte $\boldsymbol{A}_1$ und $\frac{\partial}{\partial y}\boldsymbol{A}_1$ verbindet und der Fläche $(\boldsymbol{A}_1)$ angehört, und die

Punkte $\boldsymbol{B}_3, \boldsymbol{B}_4$ auf der geradlinigen Erzeugenden $\left(\boldsymbol{A}_2, \frac{1}{\alpha}\boldsymbol{A}_1 + \boldsymbol{A}_4\right)$ der Fläche $(\boldsymbol{A}_2)$ liegen, sind die Geraden $\boldsymbol{B}_1\boldsymbol{B}_3$, $\boldsymbol{B}_2\boldsymbol{B}_4$ die gemeinsamen Leitgeraden der beiden Brennflächen.

Umgekehrt *gibt es zu jeder beliebigen Regelfläche mit zwei Leitgeraden eine dreiparametrige Schar von D_1-Kongruenzen, die diese Fläche als Brennfläche besitzen.*

Zum Beweis bemerken wir zunächst, daß das Paar der festen Geraden $\boldsymbol{E}_1\boldsymbol{E}_3$ und $\boldsymbol{E}_2\boldsymbol{E}_4$ und die geradlinigen Erzeugenden $\boldsymbol{E}_1\boldsymbol{E}_2$ einer beliebigen Regelfläche S mit den Leitgeraden $\boldsymbol{E}_1\boldsymbol{E}_3$, $\boldsymbol{E}_2\boldsymbol{E}_4$ mittels der Gleichungen gegeben werden können

$$\begin{aligned} d\boldsymbol{E}_1 &= \boldsymbol{E}_3\,dt, \qquad & d\boldsymbol{E}_3 &= (a_1\boldsymbol{E}_1 + b_1\boldsymbol{E}_3)\,dt, \\ d\boldsymbol{E}_2 &= \boldsymbol{E}_4\,dt, \qquad & d\boldsymbol{E}_4 &= (a_2\boldsymbol{E}_2 + b_2\boldsymbol{E}_4)\,dt, \end{aligned} \tag{8d}$$

wobei a_i, b_i Funktionen der unabhängigen Veränderlichen t sind.

Da jetzt

$$d(\boldsymbol{E}_1\boldsymbol{E}_3) = (\boldsymbol{E}_1\boldsymbol{E}_3)b_1\,dt, \qquad d(\boldsymbol{E}_2\boldsymbol{E}_4) = (\boldsymbol{E}_2\boldsymbol{E}_4)b_2\,dt,$$

sind nämlich die Geraden $\boldsymbol{E}_1\boldsymbol{E}_3$ und $\boldsymbol{E}_2\boldsymbol{E}_4$ fest. Was die Gerade $\boldsymbol{E}_1\boldsymbol{E}_2$ bei der Veränderung von t angeht, so gleitet sie auf den Leitgeraden $\boldsymbol{E}_1\boldsymbol{E}_3$, $\boldsymbol{E}_2\boldsymbol{E}_4$ und beschreibt eine Regelfläche. Wir führen jetzt die neue unabhängige Veränderliche $x = x(t)$ und die neuen Funktionen λ_i, μ_i, ν_i von t ein, derart, daß die Punkte

$$\boldsymbol{B}_1 = \lambda_1\mu_1\boldsymbol{E}_1, \quad \boldsymbol{B}_2 = \lambda_2\mu_2\boldsymbol{E}_2, \quad \boldsymbol{B}_3 = \lambda_1(\boldsymbol{E}_3 + \nu_1\boldsymbol{E}_1), \quad \boldsymbol{B}_4 = \lambda_2(\boldsymbol{E}_4 + \nu_2\boldsymbol{E}_2) \tag{8e}$$

dem System (8c) genügen.

Setzen wir die Werte (8e) in die Gleichungen (8c) ein und verwenden das System (8d), so ergibt sich durch Vergleich der Koeffizienten der Punkte $\boldsymbol{E}_i$ ein Gleichungssystem für die unbekannten Funktionen $x, \lambda_i, \mu_i, \nu_i$;

$$(\ln\lambda_i)' = -\nu_i - b_i, \qquad (\ln\mu_i)' = 2\nu_i + b_i, \qquad i = 1, 2, \tag{8f}$$

$$\mu_1 = -\alpha e^{-kx}x', \qquad \mu_2 = -\alpha e^{kx}x', \tag{8g}$$

$$x'^2 = \nu_i' - (\nu_i)^2 - b_i\nu_i + a_i, \tag{8h}$$

wobei die Striche die Ableitungen nach der unabhängigen Veränderlichen t bedeuten.

Die Gleichungen (8f) bestimmen bei gegebenen ν_1, ν_2 die λ_i, μ_i bis auf einen willkürlich gegebenen Faktor, der, wie wir sehen, nicht wesentlich ist.

Wenn μ_1 und μ_2 bestimmt sind, dann erlauben die Gleichungen (8g) α und x zu berechnen, denn ihre Multiplikation oder Division führt auf die Gleichungen

$$\alpha x' = \sqrt{\mu_1\mu_2}, \qquad 2kx = \ln\frac{\mu_2}{\mu_1}. \tag{8g'}$$

Differenzieren wir die zweite dieser Gleichungen, ersetzen $(\ln\mu_i)'$ nach den Formeln (8f) und setzen den Wert von x' in die Gleichung (8h) ein, so erhalten wir zwei Gleichungen erster Ordnung für die unbekannten Funktionen ν_1, ν_2:

$$\frac{d\nu_i}{dt} = (\nu_i)^2 + b_i\nu_i - a_i + \left\{\frac{2(\nu_1 - \nu_2) + b_1 - b_2}{2k}\right\}^2, \quad i = 1, 2. \qquad (8\text{h}')$$

Für jede Lösung von $\lambda_i, \mu_i, \nu_i, x$ konstruieren wir die Punkte $\boldsymbol{A}_k$ mittels der Gleichungen (8b), wobei $2u = x + y$, $2v = x - y$ ist und die Veränderliche y als zweite unabhängige Veränderliche der Aufgabe betrachtet werden muß. Es wird

$$\boldsymbol{A}_1 = \frac{\boldsymbol{B}_1 e^{kv} - \boldsymbol{B}_2 e^{-kv}}{2k}, \qquad \boldsymbol{A}_2 = \frac{\boldsymbol{B}_3 e^{-ku} - \boldsymbol{B}_4 e^{ku}}{2k} \qquad (8\text{k})$$

und analog $\boldsymbol{A}_3, \boldsymbol{A}_4$. Für das neue Tetraeder $\{\boldsymbol{A}_i\}$ erhalten wir die Komponentenmatrix (4) § 218, wobei das Produkt $\alpha\alpha'$ der Bedingung (8a) unterliegt, die demnach mittels der Geraden $\boldsymbol{A}_1\boldsymbol{A}_2$ eine D_1-Kongruenz bestimmt.

Dabei liegt der Punkt $\boldsymbol{A}_1$ auf der Geraden $\boldsymbol{B}_1\boldsymbol{B}_2$, d. h. er gehört der Erzeugenden $\boldsymbol{E}_1\boldsymbol{E}_2$ der gegebenen Fläche S an. Folglich hat die D_1-Kongruenz, die von der Geraden $\boldsymbol{A}_1\boldsymbol{A}_2$ gebildet wird, als erste Brennfläche $(\boldsymbol{A}_1)$ die willkürlich vorgegebene Regelfläche S mit den beiden Leitgeraden $\boldsymbol{E}_1\boldsymbol{E}_3$ und $\boldsymbol{E}_2\boldsymbol{E}_4$.

Die zweite Brennfläche $(\boldsymbol{A}_2)$ wird durch die Wahl der Lösungen ν_1, ν_2 des Systems (8h') und der Konstanten k bestimmt. In der Tat läßt die Tabelle der Komponenten (4) § 218 die Transformation (3e) § 218 zu; dabei wird das Produkt $\alpha\alpha'$ durch a^2 dividiert. Da wir für unsere Kongruenz $\alpha\alpha' = 1$ wählten, müssen wir die Konstante a festlegen, indem wir $a = 1$ setzen. Die beiden anderen Konstanten b und c bleiben willkürlich, und wenn man sie passend wählt, kann man die konstanten Faktoren der Integration in den Produkten $\lambda_1\lambda_2$ und $\mu_1\mu_2$ zu Eins machen. Andererseits besagen die Formeln (8k), daß bei einer Änderung des Nullpunkts der Veränderlichen u und v $\boldsymbol{B}_4$ und $\boldsymbol{B}_1$ mit Konstanten multipliziert und $\boldsymbol{B}_3$ und $\boldsymbol{B}_2$ durch dieselben Konstanten dividiert, d. h. die Verhältnisse $\lambda_1 : \lambda_2$ und $\mu_1 : \mu_2$ verändert werden.

Alle vier konstanten Faktoren, die wir durch die Integration der Gleichungen (8f) erhalten, können also zu Eins gemacht werden. Es bleiben die beiden Konstanten im allgemeinen Integral ν_1, ν_2 des Systems (8h') und die Konstante k.

Zu einer beliebigen Regelfläche S, die einer linearen Kongruenz angehört (d. h. die zwei Leitgeraden besitzt), *kann man eine dreiparametrige Schar von D_1-Kongruenzen konstruieren, welche die Fläche S in eine Regelfläche derselben Art transformieren, die auf S abwickelbar ist.*

242. Die vier Typen der D_2-, D_3-, D_4- und D_5-Kongruenzen. *Die D_2-Kongruenzen.* Wenn die Gleichung (1g) § 233 nicht identisch befriedigt ist, dann hat sie die Gleichungen (1h) § 233 zur Folge. Wir setzen voraus, daß die Konstante C von Null verschieden ist, und der Definitheit wegen nehmen wir sie negativ an:

$$C = -c^2.$$

Dann werden die Gleichungen (1h) mittels trigonometrischer Funktionen integriert. Führen wir die neuen Konstanten c_i ein, so können wir setzen

$$X = c_1 \sin(cx + c_3) + c_5\,,$$
$$Y = c_2 \sin(cy + c_4) + c_6\,.$$

Durch die Wahl des Anfangspunktes der Veränderlichen x, y machen wir die Konstanten c_3, c_4 zu Null.

Andererseits können wir, da die Funktionen X, Y nur in Gestalt der Summe $\ln \alpha = X + Y$ in die Bestimmung der Kongruenz eingehen, ohne α zu ändern, zu X eine beliebige Konstante addieren und sie von Y abziehen; folglich können wir die beiden Konstanten c_5 und c_6 als gleich betrachten. Sie bedeuten für die unbekannte Funktion α einen konstanten Faktor, den wir zu Eins machen können, indem wir die Parameter u, v mit einem geeigneten konstanten Faktor multiplizieren unter gleichzeitiger Änderung der Normierung der Eckpunkte $\boldsymbol{A}_i$ gemäß den Formeln (3e) § 218.

Setzen wir $c_1 = a$, $c_2 = b$, so erhalten wir

$$\alpha = e^{a \sin cx + b \sin cy}\,. \tag{9a}$$

Die Basis der Abwicklung der einen Brennfläche auf die andere [(7) § 240] wird jetzt durch die Gleichung bestimmt

$$a \sin cx\, dx^2 - b \sin cy\, dy^2 = 0\,. \tag{9b}$$

Die erste Gleichung von (1f) § 233 nimmt die Gestalt an

$$4abc^2 \cos cx \cos cy = U - V$$

oder

$$2abc^2 (\cos 2cv + \cos 2cu) = U - V\,,$$

und daher wird, da ε eine Funktion der Veränderlichen v allein und ε' eine von u allein ist,

$$\begin{aligned} \varepsilon &= -2abc^2 \cos 2cv + h\,, \\ \varepsilon' &= 2abc^2 \cos 2cu + h\,, \end{aligned} \qquad h = \text{const.} \tag{9c}$$

Die Gleichungen (9a) bis (9c) zeigen, daß die D_2-Kongruenzen von vier willkürlichen Parametern a, b, c und h abhängen. Da die Konstante h nur in die Funktionen α, α' eingeht und weder in das Linienelement der Kongruenz (15d) § 226 noch in die Linienelemente der Brennflächen $\dfrac{\varphi_3}{\varphi_2}$, hängen diese von h nicht ab. Eine Änderung des Parameters h bewirkt demnach die gleichzeitige Abwicklung der Brennflächen und der Kongruenz; Basis dieser Abwicklung sind die Brennetze.

In der Tat ändern sich, da die Konstante h höchstens in die Ausdrücke ε, ε', d. h. nur in die Formen ω_3^1, ω_4^2 eingeht, auch nur diese Formen bei der Abwicklung. Demnach ist

$$\tilde{\omega}_3^1 = h\,dv\,, \quad -\tilde{\omega}_4^2 = h\,du\,.$$

Vergleichen wir dies mit den Gleichungen (4b) § 237, so erhalten wir

$$a_1 = 0,$$

und die Gleichung für die Basis der Abwicklung (5b) § 238 nimmt die Gestalt an

$$\omega_1^3 \omega_2^4 = 0.$$

Die D_3-Kongruenzen. Wenn die Konstante $C = - c^2$ gleich Null ist, dann besagt die Gleichung (1g′) § 233, daß die Ableitungen X''', Y''' gleich Null sind, und demnach ist

$$X = c_1 x^2 + c_3 x + c_5,$$
$$Y = c_2 y^2 + c_4 y + c_6.$$

Sind die Koeffizienten c_1, c_2 von Null verschieden, dann kann man die Konstanten c_3 und c_4 zu Null machen, indem man den Nullpunkt der Veränderlichen u, v, oder, was dasselbe ist, der Veränderlichen x, y ändert; die Konstanten c_5, c_6 gehen bei der Berechnung von α nur in Gestalt einer Summe ein und stellen einen willkürlichen konstanten Faktor $e^{c_5 + c_6}$ dar, den man nach den Formeln (3e) § 218 zu Eins machen kann. Indem wir die Bezeichnung der Konstanten ändern, erhalten wir für α den Ausdruck

$$\alpha = e^{a^2 x^2 + b^2 y^2}. \tag{10a}$$

Die erste Gleichung von (1f) § 233 nimmt die Gestalt an

$$16 a^2 b^2 x y = U - V,$$

woraus wir, da $x = u + v$, $y = u - v$, für $\varepsilon = V$, $\varepsilon' = U$ erhalten

$$\varepsilon = 16 (a b v)^2 + h, \qquad \varepsilon' = 16 (a b u)^2 + h, \qquad h = \text{const.} \tag{10b}$$

Die D_3-Kongruenz wird durch die Formeln (10a), (10b) bis auf drei willkürliche Konstanten a, b, h bestimmt. Genau wie bei den D_2-Kongruenzen bewirkt die Änderung der Konstanten h eine gleichzeitige Projektivabwicklung der Kongruenz $(\boldsymbol{A}_1 \boldsymbol{A}_2)$ und ihrer Brennflächen $(\boldsymbol{A}_1)$ und $(\boldsymbol{A}_2)$; die Basis dieser Abwicklung ist das Brennetz.

Die Basis der Projektivabwicklung der Fläche $(\boldsymbol{A}_1)$ auf $(\boldsymbol{A}_2)$ wird durch die Gleichung (7) § 240 bestimmt, die jetzt die Gestalt annimmt

$$a^2\, dx^2 - b^2\, dy^2 = 0. \tag{10c}$$

Die D_4-Kongruenzen. Wir nehmen nun an, daß eine der Konstanten c_1, c_2, z. B. c_2 gleich Null ist. Dann müssen wir die Konstante c_4 als von Null verschieden betrachten, sonst wird die Veränderliche α eine Funktion von x allein, und wir kommen zu den D_1-Kongruenzen zurück. Da wir wie früher die Konstanten c_3, c_5 und c_6 zu Null machen können, erhalten wir für α den Ausdruck

$$\alpha = e^{a^2 x^2 + b y}. \tag{11a}$$

Die erste Gleichung von (1f) § 233 nimmt die Gestalt an

$$8 a^2 b x = U - V,$$

woraus sich ergibt

$$\varepsilon = -8a^2bv + h, \quad \varepsilon' = 8a^2bu + h, \quad h = \text{const}. \tag{11b}$$

Die Gleichungen (11a), (11b) bestimmen die D_4-Kongruenzen bis auf die drei willkürlichen Konstanten a, b, h. Bei einer Änderung des Parameters h unterliegen die Kongruenz $(A_1 A_2)$ und ihre beiden Brennflächen einer gleichzeitigen Projektivabwicklung.

Da $Y'' = 0$ ist und demnach $(\ln \alpha)_{uv} = (\ln \alpha)_{uu} = X''$, fällt die Basis der Projektivabwicklung der Flächen (A_1) und (A_2), die durch die Gleichung (7) bestimmt wird, mit den Asymptotenlinien $x = \text{const}$ zusammen, genau wie es auch für die D_1-Kongruenzen galt.

Die D_5-Kongruenzen. Es bleibt nun noch der Fall zu betrachten, daß die beiden Konstanten c_1 und c_2 verschwinden. Machen wir die Konstanten c_5, c_6 durch die Wahl der Anfangspunkte der Veränderlichen u, v zu Null, so erhalten wir für α den Ausdruck

$$\alpha = e^{ax+by}. \tag{12a}$$

Die erste Gleichung von (1f) § 233, die jetzt die Gestalt annimmt

$$4ab = U - V,$$

liefert für $\varepsilon, \varepsilon'$ die konstanten Werte

$$\varepsilon = -2ab + h, \quad \varepsilon' = 2ab + h, \quad h = \text{const}. \tag{12b}$$

Von den beiden Konstanten a, b ist nur eine wesentlich, weil wir durch die Transformation (3e) § 218 die Koeffizienten a, b proportional ändern können, und die gleichzeitige Multiplikation der Funktion α mit einem konstanten Faktor durch die Änderung des Anfangspunktes der Veränderlichen u, v kompensiert werden kann. Folglich sind die D_5-Kongruenzen bis auf zwei willkürliche Konstanten bestimmt, von denen die zweite Konstante h durch ihre Änderung eine Abwicklung der Kongruenz bewirkt.

Die Gleichung (7), welche die Basis der Projektivabwicklung der Flächen (A_1), (A_2) bestimmt, wird jetzt zu einer Identität. Nach der projektiven Abbildung hat die Fläche (A_1) mit der Fläche (A_2) eine Berührung dritter Ordnung; folglich sind die beiden Flächen projektiv äquivalent.

Die Brennflächen der D_5-Kongruenz sind projektiv äquivalent. Dies gilt nur für D_5-Kongruenzen, weil nur für die Funktion α, die durch die Gleichung (12a) bestimmt wird, die Basis der Abwicklung (7) unbestimmt bleibt.

243. Die Folgen aus D-Kongruenzen. Wir nehmen an, daß die erste LAPLACE-Transformierte einer D-Kongruenz in Richtung vom Brennpunkt A_2 zum Brennpunkt A_1 wieder eine D-Kongruenz ist. Wir sahen schon, daß die D-Kongruenz unter den R-Kongruenzen, die durch die Komponentenmatrix (4) § 218 bestimmt werden, durch die Gleichung (1d) § 233 charakterisiert wird, d. h. durch ein konstantes Produkt $\alpha\alpha'$.

Verwenden wir die Formeln (5b') § 219, so erhalten wir für die Kongruenz, die in der Richtung von $\boldsymbol{A}_2$ nach $\boldsymbol{A}_1$ transformiert ist, das gesuchte Produkt in der Gestalt

$$\mathrm{A}\mathrm{A}' = -\frac{1}{\alpha\alpha'}\{(\ln\alpha)_{uv} - \alpha\alpha'\}.$$

Hier sind α und α' beliebige konstante Faktoren, das Produkt $\alpha\alpha'$ ist nach Voraussetzung konstant, weil die Ausgangskongruenz $(\boldsymbol{A}_1\boldsymbol{A}_2)$ eine D-Kongruenz ist. Demnach müssen wir noch verlangen, daß der erste Summand der geschweiften Klammer konstant ist:

$$(\ln\alpha)_{uv} = \text{const}. \tag{13a}$$

Wir nehmen an, daß die beiden benachbarten Kongruenzen der Folge $(\boldsymbol{A}_1\boldsymbol{A}_2)$ und $(\boldsymbol{B}_1\boldsymbol{B}_2) = (\boldsymbol{A}_{1v}\boldsymbol{A}_1)$ D-Kongruenzen sind, und die Gleichung (13a) erfüllt ist. Dann ist auch die dritte Kongruenz $(\boldsymbol{A}_2\boldsymbol{A}_{2u})$ der Folge eine D-Kongruenz. Ersetzen wir nämlich α durch α', so erhalten wir die gesuchte Bedingung in Gestalt der Gleichung

$$(\ln\alpha')_{uv} = \text{const}, \tag{13b}$$

da aber das Produkt $\alpha\alpha'$ konstant ist, was bedeutet, daß die logarithmischen Ableitungen von α und von α' sich nur durch das Vorzeichen unterscheiden, ist die Gleichung (13b) eine unmittelbare Folge der Gleichung (13a).

Wenn also zwei aufeinanderfolgende Kongruenzen einer Folge D-Kongruenzen sind, dann besitzt auch die dritte Kongruenz der Folge diese Eigenschaft. Durch Anwendung der vollständigen Induktion ergibt sich, daß die ganze Folge (13a) aus D-Kongruenzen besteht.

Wenden wir uns den vier Typen der D_2-, D_3-, D_4-, D_5-Kongruenzen zu, so erhalten wir durch unmittelbare Differentiation der Formeln (9a), (10a), (11a), (12a) für $(\ln\alpha)_{uv}$ resp. die Ausdrücke

$$-c^2(a\sin cx - b\sin cy), \quad 2(a^2 - b^2),\ 2a^2,\ 0.$$

Nur die letzten drei sind konstant. Folglich erzeugt eine allgemeine D-Kongruenz — eine D_2-Kongruenz — keine D-Folge. Jede der D_3-, D_4-, D_5-Kongruenzen erzeugt eine D-Folge; dabei führt die LAPLACE-Transformation die Kongruenz nicht aus ihrer Klasse heraus, weil nach den Formeln (5b') § 219 sich die neue Funktion

$$\mathrm{A} = \frac{\varrho_1}{a h}\,\alpha\,\{(\ln\alpha)_{uv} - \alpha\alpha'\}$$

von der ursprünglichen α nur durch einen konstanten Faktor unterscheidet. Es gibt also D_3-, D_4- und D_5-Folgen, davon enthält die D_5-Folge projektiv äquivalente Brennflächen.

Eine D_1-Kongruenz erzeugt nur dann eine D-Folge, wenn sie gleichzeitig einem der Typen D_3, D_4 oder D_5 angehört.

V. Die D-Flächen

244. Die Brennflächen der D-Kongruenzen. Wir sahen schon, daß die Brennflächen der D_1-Kongruenzen willkürliche R-Regelflächen, d. h. willkürliche Regelflächen mit zwei Leitgeraden sind, oder noch anders, willkürliche Regelflächen, deren Erzeugende einer linearen Kongruenz angehören. Jede derartige Fläche trägt eine dreiparametrige Schar von R-Netzen, die Tangenten an eine Kurvenschar jedes Netzes beschreiben eine D_1-Kongruenz.

Ebenso leicht sind die Brennflächen einer D_5-Kongruenz zu charakterisieren. Wenn wir die Punkte einführen

$$2\boldsymbol{B}_2 = -\alpha \boldsymbol{A}_2 + \boldsymbol{A}_3, \quad 2\boldsymbol{B}_3 = -\alpha \boldsymbol{A}_2 - \boldsymbol{A}_3, \quad 2\boldsymbol{B}_4 = -\frac{\varepsilon}{2}\boldsymbol{A}_1 - \alpha \boldsymbol{A}_4, \tag{14a}$$

dann kommen wir durch die Tabelle der Komponenten (4) § 218 auf die Gleichungen

$$d\boldsymbol{A}_1 = \boldsymbol{B}_2\,dx + \boldsymbol{B}_3\,dy,$$

$$d\boldsymbol{B}_2 = \frac{1}{2}\boldsymbol{A}_1\left(\alpha\alpha' + \frac{\varepsilon}{2}\right)dx + (\boldsymbol{B}_2 + \boldsymbol{B}_3)(\ln\alpha)_x\,dx + \boldsymbol{B}_4\,dy,$$

$$d\boldsymbol{B}_3 = -\frac{1}{2}\boldsymbol{A}_1\left(\alpha\alpha' - \frac{\varepsilon}{2}\right)dy + (\boldsymbol{B}_2 + \boldsymbol{B}_3)(\ln\alpha)_y\,dy + \boldsymbol{B}_4\,dx,$$

$$\begin{aligned} d\boldsymbol{B}_4 = {} & \frac{1}{2}\boldsymbol{A}_1\left\{\left[\alpha\alpha'(\ln\alpha')_x + \frac{\varepsilon}{2}(\ln\alpha)_x\right]dx + \left[\frac{\varepsilon}{2}(\ln\alpha)_y - \alpha\alpha'(\ln\alpha')_y\right]dy\right\} + \\ & + \frac{1}{2}\boldsymbol{B}_2\left\{\frac{\varepsilon' - \varepsilon}{2}dx + \left(\frac{\varepsilon'}{2} - \alpha\alpha'\right)dy\right\} + \\ & + \frac{1}{2}\boldsymbol{B}_3\left\{\left(\alpha\alpha' + \frac{\varepsilon'}{2}\right)dx + \frac{\varepsilon' - \varepsilon}{2}dy\right\} + \boldsymbol{B}_4\,d\ln\alpha. \end{aligned} \tag{14b}$$

Hier ist offensichtlich

$$\boldsymbol{B}_2 = (\boldsymbol{A}_1)_x, \quad \boldsymbol{B}_3 = (\boldsymbol{A}_1)_y, \quad \boldsymbol{B}_4 = (\boldsymbol{A}_1)_{xy} \tag{14c}$$

und die Veränderlichen $x = u + v$, $y = u - v$ sind die Asymptotenlinienparameter der Fläche $(\boldsymbol{A}_1)$.

Für die Brennfläche einer D_5-Kongruenz liefern die Formeln (12a), (12b) § 242 die Werte

$$\alpha\alpha' = 1, \quad (\ln\alpha)_x = a, \quad (\ln\alpha)_y = b, \quad \varepsilon = -2ab + h, \quad \varepsilon' = 2ab + h. \tag{α}$$

Folglich sind alle Koeffizienten in den Gleichungen (14b) konstant.

Die Fläche läßt offenbar eine projektive Abbildung auf sich selbst zu, weil die Substitution

$$x = x' + x_0, \quad y = y' + y_0, \quad x_0, y_0 = \text{const}$$

bei konstanten Koeffizienten die Gleichungen (14b) nicht ändert.

245. Die Projektivminimalflächen. Umgekehrt sei jetzt eine Fläche durch ein System der Gestalt (14b) mit konstanten Koeffizienten in der Komponentenmatrix gegeben, z. B. durch das System:

$$\begin{aligned} dM_1 &= M_2\,dX + M_3\,dY, \\ dM_2 &= M_1 A\,dX + M_2 p'dX + M_3 p\,dX + M_4\,dY, \\ dM_3 &= M_1 B\,dY + M_2 q\,dY + M_3 q'dY + M_4\,dX, \\ dM_4 &= M_i\,(p^i\,dX + q^i\,dY); \quad i = 1, 2, 3, 4. \end{aligned} \tag{15a}$$

Die Strukturgleichungen erlauben, bei gegebenen konstanten A, B, p, p', q, q' alle p^i, q^i zu bestimmen:

$$\begin{aligned} &p^1 = Bp, \quad q^1 = Aq, \quad p^2 = q^3 = pq, \quad p^3 = A + pq', \\ &q^2 = B + p'q, \quad p^4 = p', \quad q^4 = q'. \end{aligned} \tag{15b}$$

Folglich ist die Fläche durch die sechs Konstanten A, B, p, p', q, q' vollständig bestimmt.

Da aus den Gleichungen (15a) folgt

$$M_2 = (M_1)_X, \quad M_3 = (M_1)_Y, \quad M_4 = (M_1)_{XY},$$

ist das System (15a) äquivalent zu den beiden Gleichungen

$$\begin{aligned} (M_1)_{XX} &= AM_1 + p'(M_1)_X + p(M_1)_Y, \\ (M_2)_{YY} &= BM_1 + q(M_1)_X + q'(M_1)_Y. \end{aligned} \tag{15c}$$

Hier und im folgenden steht $(M_1)_X$ für $\dfrac{\partial M_1}{\partial X}$ usf.

Die Fläche (M_1) fällt mit der Fläche (A_1) zusammen und wird die Brennfläche einer D_5-Kongruenz, wenn die Substitution

$$X = X(x), \quad Y = Y(y), \quad M_1 = \varrho A_1$$

das System (15a) in die Gestalt (14b) überführt, oder, was dasselbe ist, das System (15c) in die Gestalt

$$\begin{aligned} (A_1)_{xx} &= \frac{1}{2}\left(\frac{h}{2} - ab + 1\right) A_1 + \{(A_1)_x + (A_1)_y\}\,a, \\ (A_1)_{yy} &= \frac{1}{2}\left(\frac{h}{2} - ab - 1\right) A_1 + \{(A_1)_x + (A_1)_y\}\,b, \end{aligned} \tag{14b'}$$

die man aus dem System (14b) erhält, wenn man die Beziehungen (α) § 244 und (14c) verwendet.

Setzen wir den Wert $M_1 = \varrho A_1$ in die Gleichung (15a) ein, so erhalten wir für die zweiten Ableitungen von A_1 die Gleichungen

$$\begin{aligned}(A_1)_{xx} &= \left\{A X'^2 + p'X' (\ln\varrho)_x + p\frac{X'^2}{Y'}(\ln\varrho)_y + \frac{X''}{X'}(\ln\varrho)_x - (\ln\varrho)_{xx} - \right.\\ &\left. - (\ln\varrho)_x^2\right\} A_1 + \left\{p'X' + \frac{X''}{X'} - 2(\ln\varrho)_x\right\}(A_1)_x + p\frac{X'^2}{Y'}(A_1)_y,\\ (A_1)_{yy} &= \left\{B Y'^2 + q'Y' (\ln\varrho)_y + q\frac{Y'^2}{X'}(\ln\varrho)_x + \frac{Y''}{Y'}(\ln\varrho)_y - (\ln\varrho)_{yy} - \right.\\ &\left. - (\ln\varrho)_y^2\right\} A_1 + q\frac{Y'^2}{X'}(A_1)_x + \left\{q'Y' + \frac{Y''}{Y'} - 2(\ln\varrho)_y\right\}(A_1)_y,\end{aligned} \tag{15c'}$$

wobei X', Y' und X'', Y'' die ersten und zweiten Ableitungen jeder Funktion nach ihrem Argument sind.

Durch Vergleich der Koeffizienten bei den Ableitungen $(A_1)_x$, $(A_1)_y$ in den Gleichungen (14b'), (15c') ergibt sich

$$\begin{aligned} a &= p\frac{X'^2}{Y'} = p'X' + \frac{X''}{X'} - 2(\ln\varrho)_x,\\ b &= q\frac{Y'^2}{X'} = q'Y' + \frac{Y''}{Y'} - 2(\ln\varrho)_y.\end{aligned}$$

Da X' nur von x und Y' nur von y abhängen kann, sind die beiden Ableitungen X', Y' konstant,

$$X' = m, \qquad Y' = n, \qquad X'' = Y'' = 0,$$

und wir erhalten

$$\begin{aligned} a &= p\frac{m^2}{n}, \qquad b = q\frac{n^2}{m},\\ (\ln\varrho)_x &= \frac{m}{2}\left(p' - p\frac{m}{n}\right), \qquad (\ln\varrho)_y = \frac{n}{2}\left(q' - q\frac{n}{m}\right).\end{aligned} \tag{15d}$$

Die letzten beiden Gleichungen besagen, daß die Ableitungen $(\ln\varrho)_x$, $(\ln\varrho)_y$ konstant sind.

Schließlich liefert uns der Koeffizientenvergleich bei A_1 in den Gleichungen (14b'), (15c') die beiden Gleichungen

$$\begin{aligned} m^2\left(A + \frac{1}{4}p'^2 + \frac{1}{2}pq'\right) - \frac{m^4}{4n^2}p^2 &= \frac{h}{4} + \frac{1}{2},\\ n^2\left(B + \frac{1}{4}q'^2 + \frac{1}{2}p'q\right) - \frac{n^4}{4m^2}q^2 &= \frac{h}{4} - \frac{1}{2},\end{aligned} \tag{15e}$$

die m und n bestimmen, wenn h gegeben ist. Folglich gibt es zu jeder Fläche, die durch das System (15a) mit konstanten Koeffizienten A, B, p, q, p', q'

bestimmt wird, eine einparametrige Schar von D_5-Kongruenzen; als Scharparameter kann man die Größe h betrachten. Die Kongruenzstrahlen berühren die Kurven $v = x - y = \text{const}$.

Andererseits besagen die Gleichungen in der zweiten Zeile von (15d), daß die Änderung des normierenden Faktors ϱ, genauer die Wahl der Konstanten $(\ln \varrho)_x$, $(\ln \varrho)_y$ erlaubt, die Koeffizienten p', q' zu beliebigen Größen zu machen. Folglich sind nur die Konstanten A, B, p, q wesentlich. Die Flächen (15a) heißen *Projektivminimalflächen*[1]). Die Familie der Projektivminimalflächen hängt also von vier willkürlichen Parametern ab.

246. Die D_2-, D_3-, D_4-Flächen. Die Überlegungen des vorangehenden Paragraphen lassen sich mehr oder weniger weitgehend auch auf die Brennflächen der D_2-, D_3-, D_4-Kongruenzen übertragen.

Beziehen wir die Kongruenz auf das Tetraeder (14a), so erhalten wir wieder die Gleichungen (14b). Dabei ergeben sich für die D_2-, D_3-, D_4-Kongruenzen, wenn wir von den Formeln (9a), (9b), (10a), (10b) § 242 oder (11a), (11b) § 242 ausgehen, für die Komponenten der Tabelle (14b) die folgenden Werte:

$$\begin{aligned}
D_2:\quad & (\ln \alpha)_x = a c \cos c x, \quad (\ln \alpha)_y = b c \cos c y,\\
& \frac{\varepsilon}{2} = -\, a b c^2 \cos c\,(x - y) + \frac{h}{2},\\
D_3:\quad & (\ln \alpha)_x = 2 a^2 x, \quad (\ln \alpha)_y = 2 b^2 y,\\
& \frac{\varepsilon}{2} = 2 a^2 b^2 (x - y)^2 + \frac{h}{2},\\
D_4:\quad & (\ln \alpha)_x = 2 a^2 x, \quad (\ln \alpha)_y = b,\\
& \frac{\varepsilon}{2} = -\, 2 a^2 b (x - y) + \frac{h}{2}.
\end{aligned} \tag{16a}$$

Genauso wie für das System (15a) überzeugen wir uns davon, daß man die Koeffizienten in der Entwicklung des Differentials $d\boldsymbol{B}_4$ aus den Gleichungen (16a) mit Hilfe der Strukturgleichungen erhält. Folglich ist das System (14b) für die Flächen (16a) äquivalent zu den Gleichungssystemen

$$\begin{aligned}
D_2:\quad (\boldsymbol{A}_1)_{xx} &= \frac{1}{2}\left\{1 + \frac{h}{2} - a b c^2 \cos c\,(x - y)\right\} \boldsymbol{A}_1 +\\
&\quad + a c \cos c x \,\{(\boldsymbol{A}_1)_x + (\boldsymbol{A}_1)_y\},\\
(\boldsymbol{A}_1)_{yy} &= \frac{1}{2}\left\{-1 + \frac{h}{2} - a b c^2 \cos c\,(x - y)\right\} \boldsymbol{A}_1 +\\
&\quad + b c \cos c y \,\{(\boldsymbol{A}_1)_x + (\boldsymbol{A}_1)_y\},
\end{aligned}$$

[1]) A. d. Ü.: Es sei darauf hingewiesen, daß in der Literatur unter Projektivminimalflächen oft auch eine viel umfassendere Flächenklasse verstanden wird, zu der insbesondere die obengenannten Flächen gehören.

$$D_3: \quad \begin{aligned} (A_1)_{xx} &= \frac{1}{2}\left\{1+\frac{h}{2}+2a^2b^2(x-y)^2\right\}A_1 + \\ &+ 2a^2x\{(A_1)_x+(A_1)_y\}, \\ (A_1)_{yy} &= \frac{1}{2}\left\{-1+\frac{h}{2}+2a^2b^2(x-y)^2\right\}A_1 + \\ &+ 2b^2y\{(A_1)_x+(A_1)_y\}, \end{aligned} \tag{16b}$$

$$D_4: \quad \begin{aligned} (A_1)_{xx} &= \frac{1}{2}\left\{1+\frac{h}{2}-2a^2b(x-y)\right\}A_1 + \\ &+ 2a^2x\{(A_1)_x+(A_1)_y\}, \\ (A_1)_{yy} &= \frac{1}{2}\left\{-1+\frac{h}{2}-2a^2b(x-y)\right\}A_1 + \\ &+ b\{(A_1)_x+(A_1)_y\}. \end{aligned}$$

Jede Fläche trägt das Netz $x \pm y = \text{const}$, bei dem eine oder sogar beide Kongruenzen (für die D_3- und D_4-Flächen) der Tangenten an die Netzkurven D-Kongruenzen sind. Befinden sich auf den Flächen sonst noch D-Netze?

Da einer gegebenen Form der Gleichungen (16b) nur ein D-Netz zugeordnet ist, hängt die Existenz eines zweiten Netzes von der Möglichkeit einer Transformation der Gleichungen (16b) mittels der Substitution

$$x = x(X), \qquad y = y(Y), \qquad A_1 = \varrho B$$

unter Beibehaltung der Form der Gleichungen ab. Das ist dieselbe Substitution, welche die Gleichungen (15c) in die Gestalt (15c′) überführte. Wenden wir sie auf das System (16b) an, das man zusammengefaßt so schreiben kann:

$$\begin{aligned} (A_1)_{xx} &= \frac{\varepsilon+2}{4}A_1 + \{(A_1)_x+(A_1)_y\}(\ln\alpha)_x, \\ (A_1)_{yy} &= \frac{\varepsilon-2}{4}A_1 + \{(A_1)_x+(A_1)_y\}(\ln\alpha)_y, \end{aligned} \tag{16c}$$

so erhalten wir

$$\begin{aligned} B_{XX} &= x'^2\left\{\frac{\varepsilon+2}{4}+(\ln\alpha)_x(\ln\varrho)_x+(\ln\alpha)_x(\ln\varrho)_y-(\ln\varrho)_{xx}-(\ln\varrho)_x^2\right\}B + \\ &+ x'\left\{(\ln\alpha)_x-2(\ln\varrho)_x+\frac{x''}{x'^2}\right\}B_X+\frac{x'^2}{y'}(\ln\alpha)_x B_Y, \\ B_{YY} &= y'^2\left\{\frac{\varepsilon-2}{4}+(\ln\alpha)_y(\ln\varrho)_x+(\ln\alpha)_y(\ln\varrho)_y-(\ln\varrho)_{yy}-(\ln\varrho)_y^2\right\}B + \\ &+ y'\left\{(\ln\alpha)_y-2(\ln\varrho)_y+\frac{y''}{y'^2}\right\}B_Y+\frac{y'^2}{x'}(\ln\alpha)_y B_X, \end{aligned} \tag{16c′}$$

wobei

$$x' = \frac{dx}{dX}, \qquad y' = \frac{dy}{dY}.$$

Diese Gleichungen müssen die Gestalt der Gleichungen (16c) haben. Wenn wir die neuen Funktionen ε, α mit den Buchstaben E, A bezeichnen und die Koeffizienten bei den Ableitungen $\boldsymbol{B}_X$ und $\boldsymbol{B}_Y$ vergleichen, dann ergeben sich die Beziehungen

$$\frac{1}{x'}(\ln \mathrm{A})_X = \frac{x'}{y'}(\ln\alpha)_x = (\ln\alpha)_x - 2(\ln\varrho)_x + \frac{x''}{x'^2},$$

$$\frac{1}{y'}(\ln \mathrm{A})_Y = \frac{y'}{x'}(\ln\alpha)_y = (\ln\alpha)_y - 2(\ln\varrho)_y + \frac{y''}{y'^2}.$$

Da die Ableitungen $(\ln \mathrm{A})_X$ und $(\ln\alpha)_x$ Funktionen der Veränderlichen x allein sind, folgt aus der ersten Gleichung, daß y' nur eine Konstante sein kann; genau dasselbe kann man auch von x' sagen. Setzen wir

$$x' = m, \qquad y' = n, \tag{16d}$$

so wird

$$\begin{aligned} (\ln\varrho)_x &= \frac{n-m}{2n}(\ln\alpha)_x, & (\ln\varrho)_y &= \frac{m-n}{2m}(\ln\alpha)_y, \\ (\ln \mathrm{A})_x &= \frac{m}{n}(\ln\alpha)_x, & (\ln \mathrm{A})_y &= \frac{n}{m}(\ln\alpha)_y. \end{aligned} \tag{16e}$$

Schließlich liefert ein Vergleich der Koeffizienten beim Punkt $\boldsymbol{B}$ die Gleichungen

$$\begin{aligned} \mathrm{E} &= \varepsilon m^2 + 2(m^2-1) + \frac{m^2}{n^2}(n^2-m^2)(\ln\alpha)_x^2 + \\ &\quad + 2m(m-n)(\ln\alpha)_x(\ln\alpha)_y + 2\frac{m^2}{n}(m-n)(\ln\alpha)_{xx}, \\ \mathrm{E} &= \varepsilon n^2 - 2(n^2-1) + \frac{n^2}{m^2}(m^2-n^2)(\ln\alpha)_y^2 + \\ &\quad + 2n(n-m)(\ln\alpha)_x(\ln\alpha)_y + 2\frac{n^2}{m}(n-m)(\ln\alpha)_{yy}. \end{aligned} \tag{16f}$$

Damit diese Gleichungen verträglich sind, müssen sie bei Elimination von E zu Identitäten werden. Eliminieren wir E, wenn $n \neq m$, so erhalten wir

$$\begin{aligned} &(m+n)\left\{\varepsilon - \frac{m^2}{n^2}(\ln\alpha)_x^2 + 2(\ln\alpha)_x(\ln\alpha)_y - \frac{n^2}{m^2}(\ln\alpha)_y^2\right\} + \\ &+ 2\frac{m^2}{n}(\ln\alpha)_{xx} + 2\frac{n^2}{m}(\ln\alpha)_{yy} + 2\frac{m^2+n^2-2}{m-n} = 0. \end{aligned} \tag{16g}$$

Bei $n = m$ finden wir, daß beide Größen gleich Eins sein müssen, also $n = m = 1$, und das zweite D-Netz (16f) fällt mit dem ersten zusammen.

Für die D_2-Flächen kann man wegen der Formeln (16a), (16b) diese Gleichung auf die Gestalt bringen

$$(m+n)\left\{-2abc^2\sin cx\sin cy-\frac{m^2}{n^2}a^2c^2\cos^2 cx-\frac{n^2}{m^2}b^2c^2\cos^2 cy\right\}-$$
$$-2\frac{m^2}{n}ac^2\sin cx-2\frac{n^2}{m}bc^2\sin cy+2\frac{m^2+n^2-2}{m-n}+h(m+n)=0.$$

Da die Koeffizienten bei den Potenzen von $\sin cx$, $\sin cy$ nicht Null sind, wird die Gleichung keine Identität; folglich trägt eine D_2-Fläche nur ein D-Netz.

Dasselbe Resultat erhalten wir für die D_4-Flächen. Für die D_3-Flächen führen die Formeln (16a), (16b) die Gleichung (16g) über in

$$(m+n)a^2b^2\left\{(x-y)^2-\left(\frac{am}{bn}x-\frac{bn}{am}y\right)^2\right\}+$$
$$+\frac{a^2m^2}{n}+\frac{b^2n^2}{m}+\frac{m^2+n^2-2}{2(m-n)}+h\frac{m+n}{4}=0. \qquad (16\text{g}')$$

Der Vergleich der Koeffizienten bei den Potenzen von x, y zeigt, daß nur die eine Lösung möglich ist

$$m:n=\pm\frac{b}{a}; \qquad (16\text{h})$$

denn, wenn wir $m=\lambda b$, $n=\lambda' a$, $\lambda'=\pm\lambda$ setzen, und mit diesen Werten in die Gleichung (16g') eingehen, dann erhalten wir durch den Koeffizientenvergleich bei den Potenzen von x, y zur Bestimmung von λ die einzige Gleichung

$$\lambda^2\left\{\left(ab+\frac{h}{4}\right)(a^2-b^2)+\frac{a^2+b^2}{2}\right\}=1.$$

Das zweite D-Netz wird jetzt durch die Gleichung

$$dX^2-dY^2=0$$

bestimmt, oder, wenn wir die Beziehungen (16d, h) beachten, durch die Gleichung

$$a^2\,dx^2-b^2\,dy^2=0.$$

Dies ist genau die Gleichung für die Basis der Projektivabwicklung der Brennflächen der ersten D-Kongruenz, die einer D_3-Fläche zugeordnet ist. Die Basis der Projektivabwicklung der Brennflächen der zweiten D-Kongruenz fällt offenbar mit dem Brennetz der ersten Kongruenz zusammen. Wegen der Symmetrie einer D_3-Kongruenz bezüglich der Brennflächen bestimmt dieselbe Gleichung das zweite D-Netz auch auf der Fläche (A_2).

VI. Das zugeordnete schichtbare Quadrupel

247. Das Quadrupel der D_3-Flächen. Ein Paar von D-Kongruenzen, je eine von jedem D-Netz einer D_3-Fläche aus, bildet eine bemerkenswerte Konfiguration.

Um diese bequemer betrachten zu können, beziehen wir die Fläche auf das Tetraeder, bei dem der eine Eckpunkt $\boldsymbol{M}_1$ im entsprechenden Punkt der Fläche $\boldsymbol{A}_1$ liegt, die beiden andern $\boldsymbol{M}_2$ und $\boldsymbol{M}_3$ in den zweiten Brennpunkten der Strahlen der beiden D-Kongruenzen, die von diesem Punkt ausgehen, und der vierte Eckpunkt $\boldsymbol{M}_4$ im zweiten Brennpunkt des Strahls derjenigen D-Kongruenz, die die Fläche $(\boldsymbol{M}_2)$ als Brennfläche besitzt.

Wenn man von der Komponentenmatrix (4) § 218, (10a), (10b) § 242 ausgeht, dann genügt es, indem man die Punkte $\boldsymbol{M}_1 = \boldsymbol{A}_1$, $\boldsymbol{M}_2 = \boldsymbol{A}_2$ beibehält, den Brennpunkt $\boldsymbol{M}_3$ in den zweiten Brennpunkt der Tangente an die Kurve

$$a(du + dv) + b(du - dv) = 0$$

der Fläche $(\boldsymbol{M}_1)$ zu legen und den Eckpunkt $\boldsymbol{M}_4$ auf die Tangente an die entsprechende Kurve auf der Fläche $(\boldsymbol{M}_2)$ derart, daß die Tetraederseite $\boldsymbol{M}_1\boldsymbol{M}_3\boldsymbol{M}_4$ Tangentenebene der Brennfläche $(\boldsymbol{M}_3)$ wird.

Ersetzen wir die Differentiale du und dv durch die zu ihnen proportionalen Konstanten $(b - a)$ und $(a + b)$ und führen die unbekannten Funktionen λ und μ ein, so stellen wir beliebige Punkte der Tangenten $\boldsymbol{M}_1\boldsymbol{M}_3$, $\boldsymbol{M}_2\boldsymbol{M}_4$ mit Hilfe der Matrix (4) § 218 in der Gestalt dar

$$\begin{aligned} \boldsymbol{M}_3 &= \lambda \boldsymbol{A}_1 + (a - b)\,\alpha \boldsymbol{A}_2 + (a + b)\,\boldsymbol{A}_3, \\ \boldsymbol{M}_4 &= \mu \boldsymbol{A}_2 - (a + b)\,\alpha' \boldsymbol{A}_1 - (a - b)\,\boldsymbol{A}_4. \end{aligned} \tag{17a}$$

Wir verlangen jetzt, daß die Ebene $\boldsymbol{M}_1\boldsymbol{M}_3\boldsymbol{M}_4$ Tangentenebene der Fläche $(\boldsymbol{M}_3)$ wird, und dann ist das Tetraeder bestimmt. Alles reduziert sich demnach auf die Gleichung

$$(\boldsymbol{M}_1\boldsymbol{M}_3\boldsymbol{M}_4 d\boldsymbol{M}_3) = 0,$$

die für alle Verschiebungen des Punktes $\boldsymbol{M}_3$ gelten muß. Gehen wir hier mit den Werten der $\boldsymbol{M}_i$ ein, entwickeln mit Hilfe der Gleichungen (16a) § 246, dividieren die ganze Gleichung durch $\alpha(a^2 - b^2)$ und setzen die Koeffizienten der Differentiale du, dv gleich Null, so erhalten wir

$$\mu - \lambda = 4ab\,[(a - b)u + (a + b)v],$$

$$\mu \frac{a + b}{a - b} - \lambda \frac{a - b}{a + b} = 4ab\,[(a + b)u + (a - b)v],$$

woraus sich λ und μ bestimmen lassen:

$$\lambda = -4ab\,(a + b)\,v, \qquad \mu = 4ab\,(a - b)\,u. \tag{17b}$$

Wegen der Symmetrie der Formeln für λ und μ wird gleichzeitig auch die Gleichung befriedigt

$$(\boldsymbol{M}_2\boldsymbol{M}_4\boldsymbol{M}_3 d\boldsymbol{M}_4) = 0,$$

d. h. die Ebene $\boldsymbol{M}_2\boldsymbol{M}_4\boldsymbol{M}_3$ ist die Tangentenebene der Fläche $(\boldsymbol{M}_4)$.

Daraus folgt zunächst, daß der Eckpunkt M_4 in den zweiten Brennpunkt der Tangente M_2M_4 fällt. Demnach liegt der Strahl M_3M_4 in den Tangentenebenen der Flächen (M_3) und (M_4); folglich berührt er sie in den Punkten M_3, M_4. Da die Geraden M_1M_3, M_2M_4 auf den Flächen (M_1), (M_2) das zweite D-Netz berühren, sind die Brennflächen (M_3), (M_4) ebenfalls D_3-Flächen.

Man sieht leicht ein, daß der Strahl M_3M_4 eine D-Kongruenz beschreibt. In der Tat ist jede der Kongruenzen (M_3M_1), (M_1M_2), (M_2M_4) eine D-Kongruenz, d. h. die Brennflächen (M_3), (M_1), (M_2) und (M_4) sind projektiv-abwickelbar; bei der Abwicklung der Fläche (M_3) auf die Fläche (M_4) ist der Punkt M_3 dem Punkt M_4 zugeordnet, was der Definition einer D-Kongruenz entspricht.

248. Die doppelte Laplace-Folge der D_3-Flächen. Der Strahl M_3M_4 berührt auf den Flächen (M_3), (M_4) die Kurven des ersten D-Netzes, das bedeutet, daß die Torsen der Kongruenz (M_3M_4), ebenso wie die der Kongruenz (M_1M_2) durch die Gleichung $du\,dv = 0$ bestimmt werden.

Differenzieren wir nämlich die Punkte M_i, so erhalten wir die Komponentenmatrix des Tetraeders $\{M_i\}$ in der Gestalt

$$\begin{pmatrix} 4\,abv\,dv & -\dfrac{a\theta}{a+b} & \dfrac{dv}{a+b} & 0 \\ -\dfrac{a'\theta}{a-b} & 4\,abu\,du & 0 & -\dfrac{du}{a-b} \\ H\,dv & 0 & -4\,abv\,dv & -\dfrac{a\theta'}{a-b} \\ 0 & H'\,du & -\dfrac{a'\theta'}{a+b} & -4\,abu\,du \end{pmatrix}, \tag{18}$$

wobei

$$\theta = (a+b)\,du + (a-b)\,dv, \qquad \theta' = (a-b)\,du + (a+b)\,dv,$$

$$H = (h - 4\,ab)(a+b) - 2\,\frac{a^2+b^2}{a-b}, \quad H' = (h - 4\,ab)(b-a) + 2\,\frac{a^2+b^2}{a+b}.$$

Aus dieser Tabelle wird ersichtlich, daß die vier Flächen (M_i) einen abgeschlossenen Zyklus $M_1M_2M_4M_3M_1$ bilden derart, daß je zwei aufeinanderfolgende Flächen die Brennflächen der Kongruenzen derjenigen Strahlen sind, die ihre entsprechenden Punkte verbinden. Die Torsen der Kongruenzen (M_1M_2), (M_3M_4) werden durch die Gleichung $du\,dv = 0$ bestimmt, die Torsen des zweiten Paares (M_1M_3), (M_2M_4) durch die Gleichung $\theta\theta' = 0$. Die Asymptotenlinien werden auf allen Flächen durch die Gleichung $du^2 - dv^2 = 0$ bestimmt.

Da die Konstanten a, b nur in Quadraten in die Gleichungen (16b) § 246, (10a), (10b) § 242 eingehen, welche die Fläche (A_1) bestimmen, können wir dort das Vorzeichen der einen, z. B. von b, ändern. Die Formeln (17a), (17b) zeigen, daß dabei die Punkte $M_1 = A_1$, $M_2 = A_2$ erhalten bleiben, die Punkte M_3, M_4

sich aber ändern. Die Komponentenmatrix (18) behält ihre Struktur und bestimmt nun ein neues Quadrupel von Flächen ($\boldsymbol{M}_i^*$) derselben Art bis auf den Unterschied, daß jetzt die Strahlen $\boldsymbol{M}_1\boldsymbol{M}_3^*$, $\boldsymbol{M}_2\boldsymbol{M}_4^*$ auf den Flächen ($\boldsymbol{M}_1$) bzw. ($\boldsymbol{M}_2$) die Kurve

$$\theta' \equiv a(du + dv) - b(du - dv) = 0$$

berühren, d. h. die konjugierte Kurve des zweiten D-Netzes

$$a^2 dx^2 - b^2 dy^2 = 0$$

auf den Flächen ($\boldsymbol{M}_1$), ($\boldsymbol{M}_2$).

Das System (18) läßt also eine LAPLACE-Fortsetzung bezüglich jedes der beiden D-Netze der Brennflächen zu, d. h. jede der vier Brennflächen ($\boldsymbol{M}_i$) kann durch ihre LAPLACE-Transformierte in der u- oder v-Richtung des Netzes $du\,dv = 0$ oder in der Richtung $a\,x + b\,y$ oder $a\,x - b\,y$ des Netzes $a^2 dx^2 - b^2 dy^2 = 0$ ersetzt werden.

Man erhält ein Netz von D_3-Flächen mit zwei Indizes, denn durch jede Fläche gehen zwei Folgen aus D_3-Kongruenzen. Jede Fläche ist Brennfläche von vier D-Kongruenzen. Wenn wir die Parameter u, v festhalten, dann erhalten wir ein Netz windschiefer Vierseite. Knoten des Netzes sind die entsprechenden Punkte (Brennpunkte) der D-Flächen, seine Seiten die Strahlen der D-Kongruenzen, und jedes der windschiefen Vierseite des Netzes beschreibt eine T-Konfiguration, d. h. ein Quadrupel von Flächen und ein Quadrupel von Kongruenzen derart, daß jede Fläche eine Brennfläche der beiden benachbarten Kongruenzen ist.

249. Das schichtbare Quadrupel. Das Quadrupel der D_3-Flächen, das wir erhielten, heißt ein *konjugiertes Quadrupel*, weil die Torsen eines Paares von gegenüberliegenden Kongruenzen des Quadrupels sich derart entsprechen, daß die entsprechenden Brennpunkte auf einem Strahl einer Kongruenz des anderen Paares liegen.

Nach dem Satz über konjugierte Paare von Kongruenzen ist, wenn die Torsen eines Paares gegenüberliegender Kongruenzen einer T-Konfiguration einander entsprechen, dieses Paar schichtbar: es gibt zwei Scharen von Flächen (schichtende Flächen) (Σ) und (Σ') derart, daß die Tangentenebenen an die Flächen der Schar (Σ) in den Schnittpunkten mit dem Strahl der einen Kongruenz des Paares durch den entsprechenden Strahl der andern Kongruenz gehen, und die Tangentenebenen an die Flächen (Σ') in den Schnittpunkten mit dem Strahl der zweiten Kongruenz durch den entsprechenden Strahl der ersten gehen.

Wegen der vollständigen Symmetrie der Konfiguration bezüglich der vier Kongruenzen genügt es, diesen Satz für eine Kongruenz unseres Quadrupels zu beweisen, z. B. für die Kongruenz ($\boldsymbol{M}_1\boldsymbol{M}_2$).

Wenn wir mit

$$\boldsymbol{P} = \boldsymbol{M}_1 + \lambda \boldsymbol{M}_2$$

den Punkt bezeichnen, wo der Strahl $\boldsymbol{M}_1\boldsymbol{M}_2$ eine der schichtenden Flächen Σ schneidet, dann drückt sich die Bedingung, daß die Tangentenebene an die

Fläche Σ in diesem Punkt durch die Gerade $\boldsymbol{M_3 M_4}$ geht, d. h. die Bedingung, daß alle differentiellen Verschiebungen $d\boldsymbol{P}$ des Punktes $\boldsymbol{P}$ in der Ebene $\boldsymbol{P M_3 M_4}$ liegen, durch die Gleichung aus

$$(d\boldsymbol{P}\boldsymbol{P}\boldsymbol{M_3}\boldsymbol{M_4}) = 0,$$

oder, wenn wir bei der Differentiation des Punktes $\boldsymbol{P}$ die Komponentenmatrix (18) verwenden, durch die Gleichung

$$d\lambda + \lambda^2 a' \frac{(a+b)\,du + (a-b)\,dv}{a-b} + 4\,ab\lambda\,(u\,du - v\,dv) -$$
$$- a\,\frac{(a+b)\,du + (a-b)\,dv}{a+b} = 0. \tag{19}$$

Das äußere Differential der linken Seite der Gleichung (19) verschwindet wegen der Gleichung selbst. Folglich ist die Gleichung vollständig integrierbar und bestimmt λ bis auf eine willkürliche Konstante, d. h. sie bestimmt die Schar der schichtenden Flächen Σ.

250. Literaturhinweise. Die Kongruenzen mit projektiv-abwickelbaren Brennflächen wurden unabhängig von Čech [44] und vom Autor [80], [83] betrachtet.

Die Projektivminimalflächen wurden von Thomson eingeführt, Abh. Math. Sem. Hamburg, 4, 232, 1926. Wegen detaillierterer bibliographischer Auskünfte s. P. D. G., Anmerkung 14 am Ende des Bandes.

Das aus D_3-Flächen konstruierte Quadrupel fand Pantazi [153], [154].

Zwölftes Kapitel

DIE KONGRUENZEN VON A. M. WASSILJEW

I. Die den Brennflächen zugeordneten LIE-Quadriken

251. Die LIE-Quadrik für eine Brennfläche. Im folgenden müssen wir die Gleichung der Schmiegquadrik von LIE für die Brennflächen einer Kongruenz hinschreiben. Darum beschäftigen wir uns jetzt mit der Aufgabe, die Gleichung der LIE-Quadrik invariant bezüglich der Wahl des Tetraeders erster Ordnung als lokales Koordinatensystem auszudrücken.

Per definitionem ist die LIE-Quadrik die Grenzlage der Quadrik, die durch die Tangenten an drei Asymptotenlinien einer Schar in deren Schnittpunkten mit einer Asymptotenlinie der andern Schar geht, wenn diese Punkte zusammenrücken und in der Grenze zusammenfallen. Dabei erhält man in einem gegebenen Flächenpunkt dieselbe Grenzlage und demnach dieselbe LIE-Quadrik, unabhängig davon, welche der Asymptotenlinien, die durch diesen Punkt gehen, man als Leitkurve annimmt und an welche Schar der Asymptotenlinien man die Tangenten legt.

Dieselbe Definition kann man offenbar auch anders formulieren: die LIE-Quadrik ist der Durchschnitt aller linearen Komplexe, die mit der Regelfläche, welche von den Tangenten an die Asymptotenlinien einer Schar in deren Schnittpunkten mit einer Asymptotenlinie der anderen Schar erzeugt wird, eine Berührung zweiter Ordnung haben.

Es sei

$$\omega_2^4 - t\omega_1^3 = 0 \tag{1a}$$

eine der Lösungen der Gleichung für die Asymptotenlinien

$$\alpha(\omega_1^3)^2 + \gamma(\omega_2^4)^2 = 0 \tag{1a'}$$

der ersten Brennfläche $(\boldsymbol{A}_1)$. Wir wählen die Kante $\boldsymbol{A}_1\boldsymbol{A}_3$ des Tetraeders erster Ordnung $\{\boldsymbol{A}_i\}$ so, daß sie die Asymptotenlinie (1a) berührt. Da die Kurve, die auf der Fläche $(\boldsymbol{A}_1)$ von der Kante $\boldsymbol{A}_1\boldsymbol{A}_3$ berührt wird, durch die Gleichung $\omega_1^2 = 0$ bestimmt wird, verschwindet die linke Seite der Gleichung (1a) gleichzeitig mit ω_1^2. Verwenden wir die Formeln (7) § 186, so erhalten wir

$$\beta = -t\gamma. \tag{1b}$$

Setzen wir andererseits den Ausdruck (1a) in die Gleichung (1a') ein, so ergibt sich

$$\alpha = -t^2\gamma. \tag{1b'}$$

Wir bemerken nun, daß die Differentiation der Gleichung (1a) nach den sekundären Parametern mit Hilfe der Formeln (19a) § 192 liefert:

$$\delta \ln t = -\pi_1^1 + \pi_2^2 + \pi_3^3 - \pi_4^4 .$$

Da t sicher von Null verschieden ist, können wir es zu Eins machen. Dann erhalten wir

$$\alpha + \gamma = 0, \quad \beta = \alpha, \tag{1c}$$

und die Differentiation mit Hilfe der Formeln (8′), (9) § 187 ergibt

$$\begin{aligned} \omega_1^1 - \omega_2^2 - \omega_3^3 + \omega_4^4 &= \frac{\alpha_1 - \beta_2}{2}\,\omega_1^3 - \frac{\beta_1 + \gamma_2}{2}\,\omega_2^4, \\ \omega_3^2 &= \alpha\left(\frac{2\beta_1 - \beta_2 - \alpha_1}{2}\,\omega_1^3 - \frac{2\beta_2 - \beta_1 + \gamma_2}{2}\,\omega_2^4\right). \end{aligned} \tag{1d}$$

252. Das Bündel der linearen Schmiegkomplexe. Wir legen die Tangenten $\boldsymbol{A}_1\boldsymbol{A}_3$ an die Asymptotenlinien $\omega_2^4 = \omega_1^3$ in den Punkten der Asymptotenlinie $\omega_2^4 = -\omega_1^3$ und suchen den linearen Schmiegkomplex $\mathfrak{a}$, der mit der auf diese Weise erhaltenen Regelfläche L eine Berührung zweiter Ordnung hat.

Wenn der lineare Komplex $\mathfrak{a}$ im fünfdimensionalen Raum P_5 auf den Punkt

$$\mathfrak{a} = a^{ik}\,[i\,k]$$

abgebildet wird, dann müssen die Koordinaten a^{ik} den Gleichungen

$$\{\mathfrak{a}[13]\} = 0, \quad \{\mathfrak{a}\,d[13]\} \equiv 0, \quad \{\mathfrak{a}\,d^2[13]\} \equiv 0 \quad (\mathrm{mod}\,\omega_1^3 + \omega_2^4) \tag{2a}$$

genügen, wobei die geschweiften Klammern die PLÜCKERschen Produkte bedeuten, die man übrigens auch nach den üblichen Regeln der GRASSMANNschen Produkte von Punkten erhalten kann, und wobei die Differentiation in Richtung der Asymptotenlinie $\omega_2^4 = -\omega_1^3$ ausgeführt wird.

Da das vollständige Differential der Geraden [13] gleich

$$d[13] = (\omega_1^1 + \omega_3^3)\,[13] + \omega_3^2\,[12] + \omega_3^4\,[14] + \omega_1^2\,[23]$$

ist, oder für unser Tetraeder

$$d[13] \equiv \theta\,[13] + 2\alpha\left\{\frac{\beta_1 + \beta_2 - \alpha_1 + \gamma_2}{4}\,[12] + [14] + [23]\right\}\omega_1^3 \quad (\mathrm{mod}\,\omega_1^3 + \omega_2^4),$$

wobei uns die Form θ nicht interessiert, liefern die beiden ersten Gleichungen von (2a)

$$a^{24} = 0, \quad a^{23} + a^{14} + \frac{\beta_1 + \beta_2 - \alpha_1 + \gamma_2}{4}\,a^{34} = 0. \tag{2b}$$

Die dritte Gleichung von (2a) nimmt wegen der ersten beiden die Gestalt an

$$\left\{\mathfrak{a},\, d\left(\frac{\beta_1 + \beta_2 - \alpha_1 + \gamma_2}{4}\,[12] + [14] + [23]\right)\right\} \equiv 0 \quad (\mathrm{mod}\,\omega_1^3 + \omega_2^4). \tag{2a′}$$

Nach den Formeln (10′) § 187 ist aber

$$d\,\frac{\beta_1+\beta_2-\alpha_1+\gamma_2}{4}=\frac{\beta_1+\gamma_2}{4}\,(\omega_4^4-\omega_2^2)+\frac{\alpha_1-\beta_2}{4}\,(\omega_1^1-\omega_3^3)+\omega_3^1-\omega_4^2-$$
$$-\,\alpha\,\frac{4\beta'-\alpha'+3\gamma'}{4}\,\omega_1^3+\gamma\,\frac{4\beta'+\gamma'-3\alpha'}{4}\,\omega_2^4+\frac{\Delta\beta_1+\Delta\beta_2-\Delta\alpha_1+\Delta\gamma_2}{4},$$

folglich ist

$$d\left(\frac{\beta_1+\beta_2-\alpha_1+\gamma_2}{4}[12]+[14]+[23]\right)\equiv\theta'\left(\frac{\beta_1+\beta_2-\alpha_1+\gamma_2}{4}[12]+\right.$$
$$\left.+[14]+[23]\right)+\Big\{(\gamma'-\alpha'-2\beta')[13]-4\alpha[42]+2[34]-$$
$$-\frac{\beta_1+\beta_2-\alpha_1+\gamma_2}{4}([14]+[23])+\frac{\alpha_1-\beta_2+\beta_1+\gamma_2}{2}\left(\frac{\beta_1+\gamma_2}{4}[12]+\right.$$
$$\left.+[14]\right)+\left(\frac{2\alpha\beta_{12}-\alpha_{11}-\gamma_{22}}{4}-\alpha(2\beta'-\alpha'+\gamma')\right)[12]\Big\}\,\omega_1^3\qquad(\mathrm{mod}\;\omega_1^3+\omega_2^4),$$

wobei uns die Form θ' nicht interessiert.

Setzen wir dies in die Gleichung (2a′) ein, so ergibt sich

$$-4\alpha a^{13}+2a^{12}+\frac{\beta_1+\beta_2+\alpha_1-\gamma_2}{2}a^{23}+\Xi\,a^{34}=0, \tag{2b′}$$

wobei

$$\Xi=\frac{2\alpha\beta_{12}-\alpha_{11}-\gamma_{22}}{4}+\left(\frac{\beta_2-\alpha_1}{4}\right)^2+3\left(\frac{\beta_1+\gamma_2}{4}\right)^2-\alpha(2\beta'+\gamma'-\alpha').$$

Wir erhalten also ein Bündel linearer Schmiegkomplexe (zweiter Ordnung) mit den willkürlichen Parametern a^{13}, a^{23}, a^{34} in der Gestalt:

$$\mathfrak{a}=a^{13}\mathfrak{a}_1+a^{23}\mathfrak{a}_2+a^{34}\mathfrak{a}_3,$$

wobei

$$\begin{aligned}\mathfrak{a}_1&=[13]+2\alpha[12],\\ \mathfrak{a}_2&=[23]-[14]+\left(\frac{\beta_2-\alpha_1}{4}-\frac{\beta_1+\gamma_2}{4}\right)[12],\\ \mathfrak{a}_3&=[34]-\left(\frac{\beta_2-\alpha_1}{4}+\frac{\beta_1+\gamma_2}{4}\right)[14]-\frac{1}{2}\Xi\,[12]\end{aligned} \tag{2c}$$

die Basiskomplexe des Bündels sind.

253. Die invariante Gleichung der LIE-Quadrik. Um invariante Formeln für die Komplexe $\mathfrak{a}_i$ angeben zu können, muß man die Ausdrücke $\mathfrak{A}_i$ bilden, die den beiden Forderungen genügen:

1) bei $\beta=\alpha$, $\gamma=-\alpha$ müssen sie mit den Ausdrücken $\mathfrak{a}_i$ übereinstimmen,

2) die Variation jedes Komplexes $\mathfrak{A}_i$ nach den sekundären Parametern muß zu diesem Komplex selbst proportional sein.

Der zweiten Forderung geben wir eine abgeschwächte Form: die Variation $\delta\mathfrak{A}_i$ muß sich linear durch die Komplexe $\mathfrak{A}_1$, $\mathfrak{A}_2$, $\mathfrak{A}_3$ ausdrücken. Das genügt für die Invarianz des Bündels, die wir eigentlich auch nur verlangen.

Wir setzen voraus, daß die Gleichung (1a) die Asymptotenlinien bestimmt, deren Tangenten (in den Schnittpunkten mit einer Asymptotenlinie der andern Schar) die Fläche L bilden. Folglich verstehen wir unter dem Koeffizienten t eine der Wurzeln der Gleichung (1b'); in den Ausdrücken $\mathfrak{a}_i$ nimmt er den Wert $t = 1$ an. Wir können nun die Basis des Bündels in der Gestalt schreiben

$$\begin{aligned}
\mathfrak{A}_1 &= [13] + \left(\beta + \frac{\alpha}{t}\right)[12],\\
\mathfrak{A}_2 &= [23] - t\,[14] + \left(\frac{\beta_2 - \alpha_1}{4} - t\,\frac{\beta_1 + \gamma_2}{4}\right)[12], \qquad (3\text{a})\\
\mathfrak{A}_3 &= [34] + (\beta + t\gamma)\,[24] - \left(\frac{\beta_2 - \alpha_1}{4} + t\,\frac{\beta_1 + \gamma_2}{4}\right)[14] - \frac{1}{2}\,\Xi'[12],
\end{aligned}$$

wobei

$$\begin{aligned}
\Xi' = \frac{\alpha\beta_{12} - \alpha_{11}}{4\,t} - t\,\frac{\gamma\beta_{12} + \gamma_{22}}{4} + \frac{1}{t}\left(\frac{\beta_2 - \alpha_1}{4}\right)^2 + 3\,t\left(\frac{\beta_1 + \gamma_2}{4}\right)^2 +\\
+ \beta\alpha' t - \frac{\beta\gamma'}{t} + \beta'\left(t\gamma - \frac{\alpha}{t}\right). \qquad (3\text{b})
\end{aligned}$$

In der Tat fallen bei $t = 1$, $\gamma = -\alpha$, $\beta = \alpha$ alle $\mathfrak{A}_i$ mit den $\mathfrak{a}_i$ zusammen. Andererseits erhalten wir wegen (14a), (14b) § 188, (14c) § 190, (14d) § 191

$$\begin{aligned}
\delta \ln t &= -\pi_1^1 + \pi_2^2 + \pi_3^3 - \pi_4^4,\\
\delta\left(\beta + \frac{\alpha}{t}\right) &= \left(\beta + \frac{\alpha}{t}\right)(\pi_3^3 - \pi_2^2) - \pi_3^2,\\
\delta(\beta + t\gamma) &= (\beta + t\gamma)\,(\pi_3^3 - \pi_2^2) - \pi_3^2,\\
\delta\,\frac{\beta_2 - \alpha_1}{4} &= \frac{\beta_2 - \alpha_1}{4}\,(\pi_3^3 - \pi_1^1) + \pi_3^1,\\
\delta t\,\frac{\beta_1 + \gamma_2}{4} &= t\,\frac{\beta_1 + \gamma_2}{4}\,(\pi_3^3 - \pi_1^1) - t\,\pi_4^2,\\
\delta\Xi' &= \Xi'\,(\pi_3^3 + \pi_4^4 - \pi_1^1 - \pi_2^2) +\\
&\quad + 2\left(\frac{\alpha}{t} - t\gamma\right)\pi_4^1 - t(\beta_1 + \gamma_2)\,\pi_4^2.
\end{aligned}$$

Folglich ist, wenn wir die Formeln (33a) § 202 beachten,

$$\begin{aligned}
\delta\mathfrak{A}_1 &= \mathfrak{A}_1(\pi_1^1 + \pi_3^3),\\
\delta\mathfrak{A}_2 &= \mathfrak{A}_2(\pi_2^2 + \pi_3^3),\\
\delta\mathfrak{A}_3 &= \mathfrak{A}_3(\pi_3^3 + \pi_4^4) - \mathfrak{A}_1\pi_4^1 - \mathfrak{A}_2\pi_4^2.
\end{aligned}$$

Daraus folgt, daß das Gleichungssystem, das den Durchschnitt der drei Basiskomplexe des Bündels bestimmt,

$$\{\mathfrak{A}_1 p\} = 0, \quad \{\mathfrak{A}_2 p\} = 0, \quad \{\mathfrak{A}_3 p\} = 0, \qquad (3\text{c})$$

invariant ist. Es bestimmt eine Schar der geradlinigen Erzeugenden einer Quadrik; eine „Halbquadrik", die auf derjenigen LIE-Quadrik liegt, die dem Punkt A_1 der Brennfläche (A_1) zugeordnet ist. Wenn wir zu den Punktkoordinaten übergehen, dann erhalten wir die Gleichung der LIE-Quadrik. Zu diesem Zweck führen wir explizit die Koordinaten der beiden Punkte M und N der Geraden p ein, wobei wir voraussetzen, daß der Punkt N mit dem Schnittpunkt dieser Geraden mit der Ebene $A_1 A_2 A_3$ zusammenfällt.

Wir erhalten dann

$$p = (MN) = (x^i A_i,\ y^k A_k); \qquad i, k = 1, 2, 3, 4,$$

und daraus, indem wir die Punkte $x^i A_i$, $y^k A_k$ nach der Regel von GRASSMANN ausmultiplizieren und die Glieder mit den Produkten $[ik]$ zusammenfassen,

$p = (x^i y^k - x^k y^i)\,[ik]$; Summation über die Kombinationen $i, k = 1, 2, 3, 4$,

dabei ist die vierte Koordinate des Punktes N gleich Null:

$$y^4 = 0.$$

Gehen wir mit diesem Wert von p in die Gleichungen der Komplexe (3c) ein, und setzen bei den lokalen Koordinaten untere Indizes; $x^i = x_i$, $y^k = y_k$, so wird

$$y_2 = \left(\beta + \frac{\alpha}{t}\right) y_3,$$

$$x_4 y_1 - t x_3 y_2 + \{t x_2 + x_4 (b_2 - t b_1)\}\, y_3 = 0,$$

$$\{x_2 - x_3(\beta + t\gamma)\}\, y_1 - \{x_1 + x_3(b_2 + t b_1)\}\, y_2 + \\ + \left(x_1(\beta + t\gamma) + x_2(b_2 + t b_1) - \frac{1}{2} x_4 \Xi'\right) y_3 = 0,$$

wobei

$$b_2 = \frac{\beta_2 - \alpha_1}{4}, \qquad b_1 = \frac{\beta_1 + \gamma_2}{4}.$$

Eliminieren wir die Koordinaten y_1, y_2, y_3 und beachten die Identität $\alpha + t^2\gamma = 0$, so erhalten wir die invariante Gleichung der LIE-Quadrik in der Gestalt

$$\begin{aligned} &(x_2 - \beta x_3)^2 + \alpha\gamma x_3^2 - 2\gamma x_1 x_4 - 2 b_1 x_2 x_4 + 2 x_3 x_4 (b_1\beta - b_2\gamma) + \\ &+ \left\{\frac{\gamma\alpha_{11} - 2\alpha\gamma\beta_{12} - \alpha\gamma_{22}}{8\alpha} - \frac{\gamma}{2\alpha}(b_2)^2 + \frac{3}{2}(b_1)^2 + \right. \\ &\left. + \frac{\beta(\alpha\alpha' + \gamma\gamma') + 2\beta'\alpha\gamma}{2\alpha}\right\} x_4^2 = 0. \end{aligned} \tag{4}$$

II. Die Bestimmung eines Kongruenzpaares von A. M. WASSILJEW im P_3

254. Die Kongruenzen von WASSILJEW. So heißen die Kongruenzen, *bei denen die LIE-Quadriken, die den Brennflächen in den Brennpunkten eines Strahls zugeordnet sind, einander längs einer Erzeugenden berühren.*

Wir legen die Kante A_3A_4 des Tetraeders in diese gemeinsame Erzeugende der beiden Lie-Quadriken. Die Quadrik (4) enthält die Gerade A_3A_4, wenn die Werte $x_1 = 0$, $x_2 = 0$ bei beliebigem Wert des Verhältnisses $x_3 : x_4$ der Gleichung (4) genügen. Setzen wir $x_1 = 0$, $x_2 = 0$ ein und die Koeffizienten der Potenzen von x_3, x_4 gleich Null, so erhalten wir

$$\beta^2 + \alpha\gamma = 0, \quad b_1\beta - b_2\gamma = 0, \tag{5a}$$

$$\frac{\gamma\alpha_{11} - 2\alpha\gamma\beta_{12} - \alpha\gamma_{22}}{4} - \gamma(b_2)^2 + 3\alpha(b_1)^2 + \beta(\alpha\alpha' + \gamma\gamma') + 2\beta'\alpha\gamma = 0.$$

Analog geht die Lie-Quadrik der zweiten Brennfläche (A_2) durch die Kante A_3A_4, wenn die Beziehungen gelten

$$\beta'^2 + \alpha'\gamma' = 0, \quad b_2'\beta' - b_1'\gamma' = 0, \tag{5b}$$

$$\frac{\gamma'\alpha_{22}' - 2\alpha'\gamma'\beta_{12}' - \alpha'\gamma_{11}'}{4} - \gamma'(b_1')^2 + 3\alpha'(b_2')^2 + \beta'(\alpha\alpha' + \gamma\gamma') + 2\beta'\alpha'\gamma' = 0,$$

wobei

$$b_1' = \frac{\beta_1' - \alpha_2'}{4}, \quad b_2' = \frac{\beta_2' + \gamma_1'}{4}.$$

Außerdem müssen die Lie-Quadrik (4) und die gleiche Quadrik für die Brennfläche (A_2) in jedem Punkt $x_1 = 0$, $x_2 = 0$, x_3, x_4 der gemeinsamen Geraden A_3A_4 eine gemeinsame Tangentenebene besitzen. Unter den Bedingungen (5a), (5b) schreiben sich die Gleichungen dieser Tangentenebenen in der Gestalt

$$X_2x_3\beta + X_1x_4\gamma + X_2x_4b_1 = 0,$$
$$X_1x_4\beta' + X_2x_3\gamma' + X_1x_3b_2' = 0.$$

Das Zusammenfallen der Tangentenebenen in einem allgemeinen Punkt $x_3 : x_4$ führt auf die neuen Bedingungen

$$b_1 = 0, \quad b_2' = 0, \quad \beta\beta' = \gamma\gamma'. \tag{5c}$$

Die ersten Gleichungen von (5a), (5b) besagen, daß die Tangenten A_1A_3 und A_2A_4 der Flächen (A_1) oder (A_2), welche die gemeinsame Erzeugende A_3A_4 der beiden Lie-Quadriken schneiden, asymptotische Tangenten sind, was vollkommen verständlich ist, wenn man bedenkt, daß die Lie-Quadrik die beiden asymptotischen Tangenten ihrer Fläche als Erzeugende der ersten oder der zweiten Schar enthält. Demnach muß die gemeinsame Erzeugende A_3A_4 eine der beiden asymptotischen Tangenten jeder Brennfläche schneiden.

Erheben wir beide Seiten der letzten Gleichung von (5c) ins Quadrat und eliminieren β, β' mit Hilfe der ersten Gleichungen von (5a), (5b), so erhalten wir, nachdem wir durch $\gamma\gamma'$ dividiert haben,

$$\alpha\alpha' = \gamma\gamma'. \tag{5c'}$$

Folglich gehört eine Kongruenz von Wassiljew zur Klasse der W-Kongruenzen.

Normieren wir die Eckpunkte so, wie wir es im § 251 getan haben, dann erhalten wir nicht nur die Gleichungen (1c), sondern wegen der letzten Gleichung von (5c) und der Gleichung (5c′) ergeben sich nun auch dieselben Gleichungen für α', β', γ', nämlich

$$\beta = \alpha, \quad \gamma = -\alpha, \quad \beta' = \alpha', \quad \gamma' = -\alpha'. \tag{5d}$$

Andererseits liefern die zweiten Gleichungen von (5a, b) und die ersten von (5c)

$$\alpha_1 - \beta_2 = 0, \quad \gamma_2 + \beta_1 = 0, \quad \alpha'_2 - \beta'_1 = 0, \quad \gamma'_1 + \beta'_2 = 0, \tag{5e}$$

und die Differentiation der Gleichungen (5d) nach den Formeln (8′), (9) § 187 führt auf die Beziehungen

$$\begin{gathered} \omega_1^1 - \omega_2^2 - \omega_3^3 + \omega_4^4 = 0, \\ \omega_3^2 = \alpha(\beta_1 - \beta_2)(\omega_1^3 + \omega_2^4), \quad \omega_4^1 = \alpha'(\beta'_2 - \beta'_1)(\omega_1^3 + \omega_2^4). \end{gathered} \tag{5e′}$$

Die Differentiation der endlichen Gleichungen (5e) nach den Formeln (10′) § 187 führt auf

$$\begin{aligned} 4\,\omega_3^1 &= \Delta\alpha_1 - \Delta\beta_2, & 4\,\omega_3^1 &= \Delta\beta'_2 + \Delta\gamma'_1, \\ 4\,\omega_4^2 &= \Delta\beta_1 + \Delta\gamma_2, & 4\,\omega_4^2 &= \Delta\alpha'_2 - \Delta\beta'_1. \end{aligned} \tag{5f}$$

Von da kommen wir, indem wir ω_3^1, ω_2^4 eliminieren, nach den Formeln (11) § 187 entwickeln und die Koeffizienten der Formen ω_1^3, ω_2^4 vergleichen, zu den neuen endlichen Gleichungen

$$\begin{gathered} \alpha_{11} - \alpha\beta_{12} = \gamma'_{11} - \alpha'\beta'_{12}, \quad \alpha'_{22} - \alpha'\beta'_{12} = \gamma_{22} - \alpha\beta_{12}, \\ \beta_{11} + \beta_{22} + \beta'_{11} + \beta'_{22} = 0. \end{gathered} \tag{5g}$$

Die letzten Gleichungen von (5a), (5b) fügen hier nur die eine Beziehung hinzu

$$\alpha_{11} - \alpha\beta_{12} = -(\gamma_{22} - \alpha\beta_{12}). \tag{5h}$$

Da das System (5g) äquivalent zu den beiden Differentialgleichungen

$$\Delta\alpha_1 = \Delta\beta_2 + \Delta\beta'_2 + \Delta\gamma'_1; \quad \Delta\alpha'_2 = \Delta\beta'_1 + \Delta\beta_1 + \Delta\gamma_2 \tag{6a}$$

ist, und die Gleichung (5h) äquivalent zur quadratischen Gleichung

$$[\Delta\gamma_2 + \Delta\beta_1, \omega_1^3] = [\Delta\gamma'_1 + \Delta\beta'_2, \omega_2^4], \tag{6b}$$

enthält das ganze System, das die Kongruenz von WASSILJEW bestimmt, außer den PFAFFschen Gleichungen die sechs quadratischen Gleichungen (10) § 187 und die eine (6b) für die sechs linear unabhängigen Formen $\Delta\beta_1$, $\Delta\beta_2$, $\Delta\gamma_2$, $\Delta\beta'_1$, $\Delta\beta'_2$, $\Delta\gamma'_1$.

Allerdings besteht zwischen den sechs Gleichungen (10) § 187 wegen der Beziehungen (6a) eine lineare Abhängigkeit, nämlich

$$\begin{gathered} \{[\Delta\alpha_1\omega_1^3] - [\Delta\beta_1\omega_2^4]\} - \{[\Delta\beta_2\omega_1^3] + [\Delta\gamma_2\omega_2^4]\} - \\ - \{[\Delta\gamma'_1\omega_1^3] + [\Delta\beta'_1\omega_2^4]\} - \{[\Delta\beta'_2\omega_1^3] - [\Delta\alpha'_2\omega_2^4]\} = 0. \end{gathered}$$

Auf dem ersten Linienelement der Kette sind also die Werte der sechs Formen $\Delta\beta_1, \Delta\beta_2, \Delta\gamma_2$ und der entsprechenden mit Strichen willkürlich, auf dem zweiten

Integralelement der Kette sind sie alle bestimmt. Die Kette ist nicht singulär mit den charakteristischen Zahlen $s_1 = 6, s_2 = 0$. Das System ist in Involution und bestimmt die Kongruenzen von WASSILJEW mit einer Willkür von sechs Funktionen eines Arguments.

255. Die zweite Kongruenz eines WASSILJEW-Paares. Verwenden wir die Beziehungen (5c), (5d), (5f), so erhalten wir für die Komponenten ω_3^1, ω_4^2 die Ausdrücke

$$\omega_3^1 = \xi\omega_1^3 - \eta\omega_2^4, \qquad \omega_4^2 = \eta\omega_1^3 - \xi\omega_2^4,$$

wobei

$$\xi = \frac{\alpha_{11} - \alpha\beta_{12}}{4}, \qquad \eta = \frac{\beta_{11} + \beta_{22}}{4}. \tag{7a}$$

Wenn wir die vier Eckpunkte des Tetraeders so normieren, daß das GRASSMANN-Produkt der vier Punkte gleich Eins wird, und demnach die Gleichung gilt $\omega_1^1 + \omega_2^2 + \omega_3^3 + \omega_4^4 = 0$, so ergibt sich die Komponentenmatrix in der Gestalt

$$\begin{pmatrix} \omega_1^1 & \alpha(\omega_1^3 - \omega_2^4) & \omega_1^3 & 0 \\ \alpha'(\omega_2^4 - \omega_1^3) & \omega_2^2 & 0 & \omega_2^4 \\ \xi\omega_1^3 - \eta\omega_2^4 & \alpha(\beta_1 - \beta_2)(\omega_1^3 + \omega_2^4), & -\omega_2^2 & \alpha(\omega_1^3 - \omega_2^4) \\ \alpha'(\beta_2' - \beta_1')(\omega_1^3 + \omega_2^4) & \eta\omega_1^3 - \xi\omega_2^4 & \alpha'(\omega_2^4 - \omega_1^3) & -\omega_1^1 \end{pmatrix}. \tag{7b}$$

Wir führen die Formen ein

$$2\omega_1 = \omega_1^3 + \omega_2^4, \qquad 2\omega_2 = \omega_1^3 - \omega_2^4, \tag{7c}$$

die den Asymptotenlinien der Brennflächen entsprechen, und bezeichnen mit $\boldsymbol{P}_i$ die Bildpunkte von Geraden und linearen Komplexen des dreidimensionalen Raumes im fünfdimensionalen Raum:

$$\boldsymbol{P}_0 = [12], \quad \boldsymbol{P}_1 = [14] - [23], \quad \boldsymbol{P}_2 = [14] + [23], \quad \boldsymbol{P}_3 = [34].$$

Wir können nun die Gleichungen der differentiellen Verschiebungen des Bezugssystems in der Gestalt hinschreiben:

$$\begin{aligned} d\boldsymbol{P}_0 &= (\omega_1^1 + \omega_2^2)\boldsymbol{P}_0 + \omega_1\boldsymbol{P}_1 - \omega_2\boldsymbol{P}_2, \\ d\boldsymbol{P}_1 &= 2(\xi + \eta)\,\omega_2\boldsymbol{P}_0 + 2\,\omega_1\boldsymbol{P}_3, \\ d\boldsymbol{P}_2 &= 2(\eta - \xi)\omega_1\boldsymbol{P}_0 + 2\,\omega_2\{\boldsymbol{P}_3 - 2\alpha'[13] - 2\alpha[42]\}, \\ d\boldsymbol{P}_3 &= -(\omega_1^1 + \omega_2^2)\boldsymbol{P}_3 + \omega_2(\xi + \eta)\boldsymbol{P}_1 + \\ &\quad + \omega_1\{(\xi - \eta)\boldsymbol{P}_2 + 2\alpha'(\beta_1' - \beta_2')[13] - 2\alpha(\beta_1 - \beta_2)[42]\}, \\ d[13] &= (\omega_1^1 - \omega_2^2)[13] + 2\alpha(\beta_1 - \beta_2)\omega_1\boldsymbol{P}_0 + 2\alpha\omega_2\boldsymbol{P}_2, \\ d[42] &= (\omega_2^2 - \omega_1^1)[42] - 2\alpha'(\beta_1' - \beta_2')\,\omega_1\boldsymbol{P}_0 + 2\alpha'\omega_2\boldsymbol{P}_2. \end{aligned} \tag{7d}$$

Daraus folgt, daß der Punkt $\boldsymbol{P}_0$, der Bildpunkt des Strahls $\boldsymbol{A}_1\boldsymbol{A}_2$ einer Kongruenz von WASSILJEW auf der PLÜCKERschen Hyperquadrik Q_4^2, eine Fläche beschreibt, welche ein konjugiertes Netz, bestehend aus den Kurven $\omega_1 = 0$, $\omega_2 = 0$ trägt, die den Asymptotenlinien der Brennflächen entsprechen. Wir wissen (Kap. VII, § 149), daß dies eine charakteristische Eigenschaft der W-Kongruenzen ist. Da die Gerade, welche die Punkte $\boldsymbol{P}_0$ und $\boldsymbol{P}_1$ des fünfdimensionalen Raumes P_5 verbindet, die Flächen $(\boldsymbol{P}_0)$ und $(\boldsymbol{P}_1)$ berührt, trägt die letztere auch ein konjugiertes Netz $\omega_1 = 0$, $\omega_2 = 0$. Die Tangente an die Kurve $\omega_1 = 0$ geht durch den Punkt $\boldsymbol{P}_0$, die Tangente an die Kurve $\omega_2 = 0$ verbindet die Punkte $\boldsymbol{P}_1$ und $\boldsymbol{P}_3$. Da der Punkt $\boldsymbol{P}_1$ seinerseits auf der Tangente an die Kurve $\omega_1 = 0$ der Fläche liegt, die von dem Punkt $\boldsymbol{P}_3$ beschrieben wird, ist diese Fläche eine LAPLACE-Transformierte der Fläche $(\boldsymbol{P}_1)$ in Richtung der Kurve $\omega_2 = 0$. Folglich trägt die Fläche, die vom Punkt $\boldsymbol{P}_3$ beschrieben wird, auch ein konjugiertes Netz $\omega_1 = 0$, $\omega_2 = 0$. Nun ist der Punkt $\boldsymbol{P}_3$ des fünfdimensionalen Raumes der Bildpunkt einer Geraden des dreidimensionalen Raumes, nämlich der Geraden $\boldsymbol{A}_3\boldsymbol{A}_4$, längs der sich die LIE-Quadriken der beiden Brennflächen der Kongruenz $(\boldsymbol{A}_1\boldsymbol{A}_2)$ berühren. Die Gesamtheit dieser Geraden bildet eine Kongruenz, deren Bild im fünfdimensionalen Raum die Fläche $(\boldsymbol{P}_3)$ ist. Da diese Fläche ein konjugiertes Netz trägt, ist die Kongruenz $(\boldsymbol{A}_3\boldsymbol{A}_4)$ eine W-Kongruenz.

Jeder Kongruenz von WASSILJEW ist also eine zweite zugeordnet, die von den Berührgeraden der LIE-Quadriken beschrieben wird, die den Brennflächen der ersten Kongruenz zugeordnet sind. In der PLÜCKERschen Abbildung erhält man die Fläche, auf die die zugeordnete Kongruenz abgebildet wird, durch eine zweimalige LAPLACE-Transformation aus der Fläche, auf die die Ausgangskongruenz abgebildet wird.

Wir zeigen nun, daß dieser Satz als Definition der Kongruenz von WASSILJEW dienen kann.

III. Die Abbildung der WASSILJEW-Paare in den P_5

256. Paare von Kongruenzen mit gemeinsamer LAPLACE-Transformierten im $\boldsymbol{P}_5$. Es seien $\boldsymbol{A}_1\boldsymbol{A}_2$ und $\boldsymbol{A}_3\boldsymbol{A}_4$ Geraden, die zwei Kongruenzen beschreiben, welche der Bedingung des Satzes genügen, d. h. in der PLÜCKERschen Abbildung ist die Fläche, auf die eine von ihnen abgebildet wird, die zweite LAPLACE-Transformierte derjenigen Fläche, auf die die andere abgebildet wird. Wir wählen diese Geraden als ein Paar gegenüberliegender Kanten des Tetraeders $\{\boldsymbol{A}_i\}$. Der Punkt $\boldsymbol{P}$ des fünfdimensionalen Raumes, der die gemeinsame LAPLACE-Transformierte sowohl für den Punkt $\boldsymbol{P}_0 = [12]$ als auch für den Punkt $\boldsymbol{P}_3 = [34]$ ist, liegt nicht auf der Hyperquadrik Q_4^2, weil jede Gerade, deren beide Brennpunkte auf der Hyperquadrik liegen, ganz auf der Hyperquadrik liegt und das Bild des Büschels der Tangenten an eine Fläche in einem allgemeinen Berührungspunkt im dreidimensionalen Raum darstellt; die Brennpunkte der Geraden sind dann die Bilder der asymptotischen Tangenten. Der Punkt $\boldsymbol{P}$ liegt offensichtlich in den Tangentenhyperebenen an die Hyperquadrik Q_4^2 in den Punkten $\boldsymbol{P}_0$ und $\boldsymbol{P}_3$. Da die Gleichung der Hyperquadrik in homogenen Koordinaten p^{ik} sich in der Gestalt schreiben läßt

$$p^{12}p^{34} + p^{13}p^{42} + p^{14}p^{23} = 0,$$

wird die Gleichung einer Tangentenhyperebene

$$q^{12}p^{34} + q^{34}p^{12} + q^{13}p^{42} + q^{42}p^{13} + q^{14}p^{23} + q^{23}p^{14} = 0,$$

wobei die q^{ik} die Koordinaten des Berührungspunktes sind. Da die Punkte $\boldsymbol{P}_0$ und $\boldsymbol{P}_3$ nur eine Koordinate $q^{12} = 1$ bzw. $q^{34} = 1$ besitzen, und alle übrigen Null sind, wird die Gleichung der Tangentenhyperebene $p^{34} = 0$ im Punkt $\boldsymbol{P}_0$ und $p^{12} = 0$ im Punkt $\boldsymbol{P}_3$. Folglich liegt der Punkt $\boldsymbol{P}$ stets in einer dreidimensionalen Ebene, die von den Punkten [13], [14], [23], [42] aufgespannt wird. Legen wir durch den Punkt $\boldsymbol{P}$ eine Gerade, die ganz in dieser dreidimensionalen Ebene liegt, so schneidet sie die Hyperquadrik Q_4^2 in den beiden Punkten $\boldsymbol{A}$ und $\boldsymbol{B}$, die auf der Quadrik Q_2^2 liegen, welche auf der Hyperquadrik von dieser dreidimensionalen Ebene ausgeschnitten wird. Andererseits können wir bei festgehaltenen Geraden $\boldsymbol{A}_1\boldsymbol{A}_2$ und $\boldsymbol{A}_3\boldsymbol{A}_4$ die Punkte $\boldsymbol{A}_1, \boldsymbol{A}_2$ willkürlich auf der ersten Geraden verschieben, die Punkte $\boldsymbol{A}_3$, $\boldsymbol{A}_4$ auf der zweiten. Dabei bleibt der Punkt $\boldsymbol{P}$ fest, und die Punkte [14], [23] verschieben sich auf der Quadrik Q_2^2. Folglich können wir bei geeigneter Wahl der Eckpunkte $\boldsymbol{A}_1$, $\boldsymbol{A}_2$, $\boldsymbol{A}_3$, $\boldsymbol{A}_4$ auf den Geraden $\boldsymbol{A}_1\boldsymbol{A}_2$ und $\boldsymbol{A}_3\boldsymbol{A}_4$ die Punkte [14] und [23] in beliebige Punkte der Quadrik Q_2^2 legen, die nicht auf derselben Erzeugenden liegen. Wir legen sie in die Punkte $\boldsymbol{A}$ und $\boldsymbol{B}$. Dann drückt sich der Punkt $\boldsymbol{P}$, da er auf der Geraden $\boldsymbol{AB}$ liegt, linear durch [14], [23] aus. Bei geeigneter Normierung der Eckpunkte des Tetraeders $\{\boldsymbol{A}_i\}$ können wir ohne Einschränkung der Allgemeinheit setzen

$$\boldsymbol{P} = [14] - [23].$$

Wir müssen nun zunächst verlangen, daß die Tangentenebene der Fläche $(\boldsymbol{P})$ die Punkte $\boldsymbol{P}_0$, $\boldsymbol{P}_3$ enthält, d. h. daß alle differentiellen Verschiebungen $d\boldsymbol{P}$ in der Ebene liegen, die von den Punkten $\boldsymbol{P}$, $\boldsymbol{P}_0$, $\boldsymbol{P}_3$ aufgespannt wird:

$$(d\boldsymbol{P}\boldsymbol{P}\boldsymbol{P}_0\boldsymbol{P}_3) = 0.$$

Da

$$d\boldsymbol{P} = (\omega_1^1 + \omega_4^4)[14] - (\omega_2^2 + \omega_3^3)[23] + (\omega_4^2 + \omega_3^1)\boldsymbol{P}_0 + \\ + (\omega_4^3 - \omega_2^1)[13] + (\omega_3^4 - \omega_1^2)[42] + (\omega_1^3 + \omega_2^4)\boldsymbol{P}_3,$$

reduziert sich unsere Bedingung auf die Kongruenzrelation

$$[14](\omega_1^1 + \omega_4^4) - [23](\omega_2^2 + \omega_3^3) + [13](\omega_4^3 - \omega_2^1) + \\ + [42](\omega_3^4 - \omega_1^2) \equiv 0 \pmod{[14] - [23]}.$$

Daraus erhalten wir das Gleichungssystem

$$\omega_1^1 + \omega_4^4 - \omega_2^2 - \omega_3^3 = 0, \quad \omega_4^3 - \omega_2^1 = 0, \quad \omega_3^4 - \omega_1^2 = 0, \tag{8a}$$

und

$$d\boldsymbol{P} = \boldsymbol{P}(\omega_1^1 + \omega_4^4) + (\omega_4^2 + \omega_3^1)\boldsymbol{P}_0 + (\omega_1^3 + \omega_2^4)\boldsymbol{P}_3.$$

Jetzt müssen wir noch verlangen, daß die Punkte $\boldsymbol{P}_0$ und $\boldsymbol{P}_3$ Laplace-Transformierten des Punktes $\boldsymbol{P}$ sind, d. h. daß die Gerade $\boldsymbol{PP}_0$ auf der Fläche $(\boldsymbol{P}_0)$ die Kurve $\omega_4^2 + \omega_3^1 = 0$ berührt, und die Gerade $\boldsymbol{PP}_3$ auf der Fläche

$(\boldsymbol{P}_3)$ die Kurve $\omega_1^3 + \omega_2^4 = 0$. Diese Forderungen kann man durch die Kongruenzrelationen ausdrücken

$$(d\boldsymbol{P}_0\boldsymbol{P}_0\boldsymbol{P}) \equiv 0 \quad (\text{mod}\, \omega_4^2 + \omega_3^1),$$
$$(d\boldsymbol{P}_3\boldsymbol{P}_3\boldsymbol{P}) \equiv 0 \quad (\text{mod}\, \omega_1^3 + \omega_2^4)$$

oder

$$[13]\omega_2^3 + [42]\omega_1^4 + [14]\omega_2^4 - [23]\omega_1^3 \equiv \omega_2^4([14] - [23]) \quad (\text{mod}\, \omega_4^2 + \omega_3^1),$$
$$-[13]\omega_4^1 - [42]\omega_3^2 + [14]\omega_3^1 - [23]\omega_4^2 \equiv \omega_3^1([14] - [23]) \quad (\text{mod}\, \omega_1^3 + \omega_2^4)$$

oder durch die Gleichungen

$$\begin{aligned} &[\omega_2^3, \omega_4^2 + \omega_3^1] = 0, \; [\omega_1^4, \omega_4^2 + \omega_3^1] = 0, \; [\omega_2^4 - \omega_1^3, \omega_4^2 + \omega_3^1] = 0, \\ &[\omega_4^1, \omega_1^3 + \omega_2^4] = 0, \; [\omega_3^2, \omega_1^3 + \omega_2^4] = 0, \; [\omega_3^1 - \omega_4^2, \omega_1^3 + \omega_2^4] = 0. \end{aligned} \tag{8b}$$

Die Gleichungen (8a), (8b) stellen alle Gleichungen des Problems dar. Das System ist abgeschlossen: die äußeren Differentiale der linearen Gleichungen (8a) nehmen nach Eliminierung von ω_3^4, ω_4^3, $\omega_3^3 - \omega_4^4$ mit Hilfe der Gleichungen (8a) selbst die Gestalt an

$$[\omega_1^3\omega_3^1] + [\omega_4^2\omega_2^4] = 0, \quad [\omega_4^1, \omega_1^3 + \omega_2^4] - [\omega_2^3, \omega_4^2 + \omega_3^1] = 0,$$
$$[\omega_3^2, \omega_1^3 + \omega_2^4] - [\omega_1^4, \omega_4^2 + \omega_3^1] = 0.$$

Die letzten beiden Gleichungen folgen unmittelbar aus dem System (8b), und die erste wegen der Identität

$$[\omega_2^4 - \omega_1^3, \omega_4^2 + \omega_3^1] + [\omega_3^1 - \omega_4^2, \omega_1^3 + \omega_2^4] = 2\,\{[\omega_2^4\omega_4^2] + [\omega_3^1\omega_1^3]\}.$$

Das charakteristische System enthält außer den linearen Formen (8a) noch die acht Formen

$$\omega_2^3, \omega_1^4, \omega_4^1, \omega_3^2, \omega_4^2 - \omega_3^1, \omega_2^4 - \omega_1^3, \omega_4^2 + \omega_3^1, \omega_1^3 + \omega_2^4. \tag{8c}$$

Die letzten beiden Formen müssen auf der Integralmannigfaltigkeit linear unabhängig bleiben, sonst beschreibt der Punkt $\boldsymbol{P}$ nur eine Kurve und keine Fläche. Wir können annehmen, daß die Werte dieser Formen die Differentiale der unabhängigen Veränderlichen bestimmen. Von den übrigen neun charakteristischen Formen verschwinden auf der Integralmannigfaltigkeit die drei Formen (8a). Es bleiben die ersten sechs Formen von (8c) übrig, deren Werte auch das Integralelement der Kette bestimmen. Auf dem ersten Linienelement sind sie willkürlich, auf dem zweiten werden sie durch die bilinearen Gleichungen, die den quadratischen (8b) zugeordnet sind, eindeutig bestimmt. Folglich ist die Kette der Integralelemente nicht singulär, und das System ist in Involution mit den charakteristischen Zahlen $s_1 = 6$, $s_2 = 0$. Die Integralmannigfaltigkeit hängt von sechs beliebigen Funktionen eines Arguments ab; dieselbe Willkür hatten wir auch im § 254 gefunden.

257. Die allgemeine Lösung der Aufgabe von WASSILJEW. Um die Äquivalenz der beiden Systeme (8a), (8b) und (5a) bis (5d) § 254 zu beweisen, müssen wir uns davon überzeugen, daß man durch die Wahl der sekundären Parameter des Bezugssystems, d. h. durch die Wahl der Eckpunkte $\boldsymbol{A}_i$ des Tetraeders auf den Geraden $A_1 A_2$ und $A_3 A_4$ und die Normierung der analytischen Punkte, das System (8a), (8b) auf die Gestalt (5a) bis (5d) bringen kann. Zu diesem Zweck entwickeln wir die quadratischen Gleichungen (8b) nach dem Lemma von CARTAN

$$\begin{aligned} &\omega_2^3 = A(\omega_4^2 + \omega_3^1), \quad \omega_1^4 = B(\omega_4^2 + \omega_3^1), \quad \omega_2^4 - \omega_1^3 = C(\omega_4^2 + \omega_3^1),\\ &\omega_4^1 = A'(\omega_2^4 + \omega_1^3), \quad \omega_3^2 = B'(\omega_2^4 + \omega_1^3), \quad \omega_4^2 - \omega_3^1 = C'(\omega_2^4 + \omega_1^3), \end{aligned} \tag{9a}$$

und bestimmen das Gesetz für die Variation der Koeffizienten $A, B, C, \ldots$ bei der Änderung der sekundären Parameter.

Die äußere Differentiation der Gleichungen (9a) ergibt:

$$\begin{aligned} &[\Delta A, \omega_4^2 + \omega_3^1] = 0, \quad [\Delta B, \omega_4^2 + \omega_3^1] = 0, \quad [\Delta C, \omega_4^2 + \omega_3^1] = 0,\\ &[\Delta A', \omega_2^4 + \omega_1^3] = 0, \quad [\Delta B', \omega_2^4 + \omega_1^3] = 0, \quad [\Delta C', \omega_2^4 + \omega_1^3] = 0, \end{aligned} \tag{9b}$$

wobei

$$\begin{aligned} \Delta A &= dA + A(\omega_3^3 + \omega_4^4 - 2\omega_2^2) + C\omega_2^1,\\ \Delta A' &= dA' + A'(\omega_1^1 + \omega_2^2 - 2\omega_4^4) + C'\omega_2^1,\\ \Delta B &= dB + B(2\omega_4^4 - \omega_1^1 - \omega_2^2) - C\omega_1^2,\\ \Delta B' &= dB' + B'(2\omega_2^2 - \omega_3^3 - \omega_4^4) - C'\omega_1^2,\\ \Delta C &= dC + 2C(\omega_4^4 - \omega_2^2) + 2A\omega_1^2 - 2B\omega_2^1,\\ \Delta C' &= dC' + 2C'(\omega_2^2 - \omega_4^4) + 2A'\omega_1^2 - 2B'\omega_2^1. \end{aligned} \tag{9c}$$

Da alle Formen ΔA, ΔB, ... Hauptformen sind und bei festgehaltenem Strahlenpaar $A_1 A_2$, $A_3 A_4$ verschwinden, erhalten wir für die Variationen δA, δB, ... die Formeln

$$\begin{aligned} &\delta A = A(2\pi_2^2 - \pi_3^3 - \pi_4^4) - C\pi_2^1, \quad \delta A' = A'(2\pi_4^4 - \pi_1^1 - \pi_2^2) - C'\pi_2^1,\\ &\delta B = B(\pi_1^1 + \pi_2^2 - 2\pi_4^4) + C\pi_1^2, \quad \delta B' = B'(\pi_3^3 + \pi_4^4 - 2\pi_2^2) + C'\pi_1^2,\\ &\qquad \delta C = 2C(\pi_2^2 - \pi_4^4) - 2A\pi_1^2 + 2B\pi_2^1,\\ &\qquad \delta C' = 2C'(\pi_4^4 - \pi_2^2) - 2A'\pi_1^2 + 2B'\pi_2^1. \end{aligned} \tag{9d}$$

Wir setzen alle Formen π_i^k gleich Null außer der Form π_2^1. In Anbetracht der linearen Unabhängigkeit der sekundären Formen π_i^k können diese Formen beliebige Werte annehmen, und da nur eine Form ungleich Null ist, wird sie nur eine charakteristische Veränderliche enthalten (das charakteristische System $\pi_2^1 = 0$ ist vollständig integrierbar und sein erstes Integral kann man als diese einzige Veränderliche ansehen). Da in den Koeffizienten und unter dem Differentialzeichen nur eine Veränderliche steht, können wir den differentiellen Ausdruck integrieren und setzen $\pi_2^1 = d\tau$. Das System (9d) nimmt dann die Gestalt an

$$\frac{dA}{d\tau} = -C, \quad \frac{dB}{d\tau} = 0, \quad \frac{dC}{d\tau} = 2B, \tag{9d'}$$

woraus wir durch Integration erhalten

$$A = -B\tau^2 + C_1\tau + C_2, \quad C = 2B\tau - C_1, \quad B = \text{const}, \quad C_i = \text{const}.$$

Wenn nicht $B = C = 0$ ist, dann hängt der Koeffizient A wesentlich vom Parameter τ ab und wird bei geeignetem Wert gleich Null. Setzen wir den Wert $A = 0$ in die erste Gleichung von (9d) ein, so ergibt sich bei $C \neq 0$ und unserer Wahl von τ

$$\pi_2^1 = 0.$$

Analog erhalten wir, indem wir nur die Form π_1^2 von Null verschieden lassen und $\pi_1^2 = d\sigma$ setzen,

$$\frac{dB}{d\sigma} = C, \quad \frac{dC}{d\sigma} = 0,$$

und daraus

$$B = C\sigma + C_3, \quad C = \text{const}, \; C_3 = \text{const}.$$

Ist $C \neq 0$, dann wird $B = 0$ bei $\sigma = -C_3/C$. Setzen wir diesen Wert in (9d) ein, so erhalten wir

$$\pi_1^2 = 0.$$

Da nun nach den Formeln (9a)

$$\omega_1^4 = 0, \quad \omega_2^3 = 0$$

gilt, wird das Tetraeder $\{\boldsymbol{A}_i\}$ ein Tetraeder erster Ordnung für die Kongruenz $(\boldsymbol{A}_1\boldsymbol{A}_2)$. Die ersten beiden Formeln von (9c) liefern $\Delta A = C\omega_2^1$, $\Delta B = -C\omega_1^2$. Gehen wir damit in die ersten Gleichungen von (9b) ein und ersetzen $C(\omega_4^2 + \omega_3^1)$ nach den Formeln (9a), so wird

$$[\omega_1^2, \omega_1^3 - \omega_2^4] = 0, \quad [\omega_2^1, \omega_2^4 - \omega_1^3] = 0,$$

woraus wir unter Berücksichtigung der Gleichungen (8a) wie in der Tabelle (7b) § 255 erhalten

$$\omega_1^2 = \omega_3^4 = \alpha(\omega_1^3 - \omega_2^4), \quad \omega_2^1 = \omega_4^3 = \alpha'(\omega_2^4 - \omega_1^3).$$

Setzen wir

$$C = -\frac{1}{\xi + \eta}, \quad C' = \eta - \xi, \quad B' = \alpha(\beta_1 - \beta_2), \quad A' = \alpha'(\beta_2' - \beta_1') \tag{9e}$$

und

$$\omega_1^1 + \omega_2^2 + \omega_3^3 + \omega_4^4 = 0,$$

dann liefern die Gleichungen (9a) genau die Komponentenmatrix (7b). Durch deren äußere Differentiation und Anwendung der allgemeinen Formeln (7) § 186, (8), (9), (10), (11), (11'), (12) § 187 erhalten wir die Gleichungen (5a) bis (5d) § 254, (7a) § 255.

Eine Kongruenz von WASSILJEW stellt also zusammen mit der zugeordneten Kongruenz der Berührungs-Erzeugenden der zu ihren Brennflächen gehörenden LIE-Quadriken im allgemeinen Fall ($C \neq 0$) ein Paar von W-Kongruenzen dar, die auf der PLÜCKERschen Hyperquadrik auf Flächen abgebildet werden, von denen jede eine LAPLACE-Transformierte zweiter Ordnung der andern ist.

258. Die Abbildung eines WASSILJEW-Paares im Geradenraum. Wegen der vollständigen Symmetrie der Gleichungen (8a), (8b) bezüglich der beiden Kongruenzen ist auch die zweite Kongruenz $(\boldsymbol{A}_3\boldsymbol{A}_4)$, die von der gemeinsamen Erzeugenden der beiden Lie-Quadriken beschrieben wird, eine Kongruenz von Wassiljew, die Lie-Quadriken ihrer Brennflächen berühren sich längs einer gemeinsamen Erzeugenden und diese Erzeugende fällt mit dem Strahl $\boldsymbol{A}_1\boldsymbol{A}_2$ der ersten Kongruenz zusammen.

Die bemerkenswerten Beziehungen zwischen den Kongruenzen des Paares in der Plückerschen Abbildung müssen Beziehungen zwischen den Kongruenzen im dreidimensionalen Raum zur Folge haben. Zur Aufdeckung dieser Eigenschaften müssen wir die aufeinanderfolgenden Laplace-Transformationen heranziehen. Die Kurve $\omega_2 = 0$ auf der Fläche $(\boldsymbol{P}_0)$ ist das Bild der Kongruenzstrahlen $(\boldsymbol{A}_1\boldsymbol{A}_2)$ längs eines Paares entsprechender Asymptotenlinien der Brennflächen. Sie erzeugen eine Regelfläche der Kongruenz, die man bekanntlich *asymptotische* Regelfläche einer W-Kongruenz nennt. Wir bezeichnen sie mit dem Buchstaben L_1.

Die Gleichungen (7d) § 255 liefern für die Differentiation in der Richtung $\omega_2 = 0$ bzw. $\omega_1 = 0$ die Formeln

$$d\boldsymbol{P}_3 \equiv -(\omega_1^1 + \omega_2^2)\boldsymbol{P}_3 + (\xi + \eta)\,\omega_2\boldsymbol{P}_1 \pmod{\omega_1},$$
$$d\boldsymbol{P}_1 \equiv 2(\xi + \eta)\omega_2\boldsymbol{P}_0 \pmod{\omega_1}, \qquad d\boldsymbol{P}_1 \equiv 2\,\omega_1\boldsymbol{P}_3 \pmod{\omega_2},$$
$$d\boldsymbol{P}_0 \equiv (\omega_1^1 + \omega_2^2)\boldsymbol{P}_0 - \omega_2\boldsymbol{P}_2 \pmod{\omega_1}, \quad d\boldsymbol{P}_0 \equiv (\omega_1^1 + \omega_2^2)\boldsymbol{P}_0 + \omega_1\boldsymbol{P}_1 \pmod{\omega_2},$$
$$d\boldsymbol{P}_2 \equiv 2\,\omega_2\{\boldsymbol{P}_3 - 2\,\alpha'[13] - 2\,\alpha[42]\} \pmod{\omega_1}, \quad d\boldsymbol{P}_2 \equiv 2\,(\eta - \xi)\,\omega_1\boldsymbol{P}_0 \pmod{\omega_2}.$$

Die Ebene

$$(\boldsymbol{P}_0 d\boldsymbol{P}_0 d^2\boldsymbol{P}_0) \equiv (\boldsymbol{P}_0\boldsymbol{P}_1\boldsymbol{P}_3) \pmod{\omega_2}$$

ist die Schmiegebene der Kurve $\omega_2 = 0$ auf der Fläche $(\boldsymbol{P}_0)$. Sie schneidet die Hyperquadrik Q_4^2 in einem Kegelschnitt, der das Bild eines linearen Geradensystems der Schmiegquadrik der asymptotischen Fläche L_1 der ersten Kongruenz darstellt.

Wir erhalten genau dieselbe Ebene

$$(\boldsymbol{P}_3 d\boldsymbol{P}_3 d^2\boldsymbol{P}_3) \equiv (\boldsymbol{P}_3\boldsymbol{P}_1\boldsymbol{P}_0) \pmod{\omega_1},$$

wenn wir die Schmiegebene der Kurve $\omega_1 = 0$ auf der Fläche $(\boldsymbol{P}_3)$ betrachten. Dies ist allgemein bekannt: die Schmiegebene der Rückkehrkante einer Torse einer Kongruenz ist die Tangentenebene an die Torse längs des Strahls und fällt mit der Tangentenebene der Brennfläche im zweiten Brennpunkt zusammen. Folglich müssen die Schmiegebene der Kurve $\omega_2 = 0$ auf der Fläche $(\boldsymbol{P}_0)$ und ebenso die Schmiegebene der Kurve $\omega_1 = 0$ auf der Fläche $(\boldsymbol{P}_3)$ mit der Tangentenebene ihrer gemeinsamen Laplace-Transformierten, der Fläche $(\boldsymbol{P}_1)$, zusammenfallen und das bedeutet, daß die asymptotische Fläche L_1 der ersten Kongruenz und die asymptotische Fläche der zweiten Kongruenz L_2 eine gemeinsame Schmiegquadrik Q besitzen.

Auf dieselbe Weise kann man die dreidimensionale Schmiegebene der Kurve $\omega_1 = 0$ auf der Fläche $(\boldsymbol{P}_3)$ betrachten. Sie wird durch die Punkte bestimmt:

$$(\boldsymbol{P}_3 d\boldsymbol{P}_3 d^2\boldsymbol{P}_3 d^3\boldsymbol{P}_3) \equiv (\boldsymbol{P}_3\boldsymbol{P}_1\boldsymbol{P}_0\boldsymbol{P}_2) \pmod{\omega_1}.$$

Diese dreidimensionale Ebene schneidet die Hyperquadrik Q_4^2 in einer Quadrik, die das Bild einer linearen Kongruenz, der Schmiegkongruenz an die asymptotische Fläche L_2 der zweiten Kongruenz, darstellt. Die Gerade

$$\boldsymbol{q} = q^{ik}[ik], \quad \text{Summation über die Kombinationen } i, k = 1, 2, 3, 4,$$

schneidet alle Strahlen dieser Kongruenz (und ist ihre Leitgerade), wenn sie in Involution mit den vier Komplexen der Basis ist, d. h., wenn sie bezüglich der Hyperquadrik polar konjugiert zu den Punkten $\boldsymbol{P}_3, \boldsymbol{P}_1, \boldsymbol{P}_0, \boldsymbol{P}_2$ ist:

$$\{[34]\boldsymbol{q}\} = 0, \quad \{[12]\boldsymbol{q}\} = 0, \quad \{[14]\boldsymbol{q}\} = 0, \quad \{[23]\boldsymbol{q}\} = 0.$$

Daraus folgt, daß der Punkt $\boldsymbol{q}$ im P_5 nur Komponenten nach den Eckpunkten [13] und [42] des Simplexes besitzt:

$$\boldsymbol{q} = q^{13}[13] + q^{42}[42].$$

Da der Punkt $\boldsymbol{q}$ das Bild einer Geraden darstellt und demnach auf der Hyperquadrik Q_4^2 liegt, genügen seine Koordinaten der Gleichung der Hyperquadrik, d. h. es ist

$$q^{13}q^{42} = 0.$$

Daraus ergeben sich zwei Möglichkeiten, die den beiden Leitgeraden der linearen Kongruenz entsprechen:

$$\boldsymbol{q}_1 = [13], \quad \boldsymbol{q}_2 = [42].$$

Wir sahen, daß die Kanten $\boldsymbol{A}_1\boldsymbol{A}_3$ und $\boldsymbol{A}_2\boldsymbol{A}_4$ die asymptotischen Tangenten $\omega_2 = 0$ der Brennflächen der ersten Kongruenz sind. Wir sehen jetzt, daß sie auch die Leitgeraden der linearen Schmiegkongruenz der Regelfläche L_2 der zweiten Kongruenz sind. Die Leitgeraden schneiden alle Strahlen der Kongruenz, und die lineare Schmiegkongruenz enthält vier unendlich benachbarte Strahlen der Fläche L_2, folglich haben die Geraden $\boldsymbol{q}_1$ und $\boldsymbol{q}_2$ eine Berührung dritter Ordnung mit der Fläche L_2 und tragen die Bezeichnung *Fleknodaltangenten.*

Die asymptotischen Tangenten $\omega_2 = 0$ der Brennflächen der ersten Kongruenz sind also die Fleknodaltangenten der asymptotischen Regelfläche $\omega_1 = 0$ der zweiten Kongruenz des Paares.

Schließlich fällt die vierdimensionale Schmiegebene an die Kurve $\omega_1 = 0$ der Fläche $(\boldsymbol{P}_3)$

$$(\boldsymbol{P}_3 d\boldsymbol{P}_3 d^2\boldsymbol{P}_3 d^3\boldsymbol{P}_3 d^4\boldsymbol{P}_3) \equiv (\boldsymbol{P}_3\boldsymbol{P}_1\boldsymbol{P}_0\boldsymbol{P}_2 d\boldsymbol{P}_2) \quad (\text{mod } \omega_1)$$

offenbar mit der vierdimensionalen Schmiegebene der Fläche $(\boldsymbol{P}_0)$ zusammen. In der Tat muß eine derartige Ebene die beiden ersten Differentiale $d_1\boldsymbol{P}_0, d_1^2\boldsymbol{P}_0$ in der Differentiationsrichtung $\omega_1 = 0$ und die beiden ersten Differentiale $d_2\boldsymbol{P}_0, d_2^2\boldsymbol{P}_0$ in der Richtung $\omega_2 = 0$ enthalten. Sie wird durch die Punkte bestimmt

$$(\boldsymbol{P}_0 d_1\boldsymbol{P}_0 d_2\boldsymbol{P}_0 d_1^2\boldsymbol{P}_0 d_2^2\boldsymbol{P}_0) \equiv (\boldsymbol{P}_0\boldsymbol{P}_2\boldsymbol{P}_1 d\boldsymbol{P}_2\boldsymbol{P}_3) \ (\text{mod } \omega_1),$$

d. h. von denselben Punkten wie die erste Ebene.

Der Schnitt dieser Ebene mit der Hyperquadrik Q_4^2 enthält eine dreidimensionale Mannigfaltigkeit von Punkten und jeder Punkt ist das Bild einer Geraden in unserem Raum. Folglich bildet ihre Gesamtheit *einen linearen Komplex, der gleichzeitig die erste Kongruenz $(\boldsymbol{A}_1\boldsymbol{A}_2)$ in zweiter Ordnung berührt und sich der asymptotischen Regelfläche L_2 der zweiten Kongruenz in vierter Ordnung anschmiegt.*

IV. Die parabolischen Kongruenzen von Wassiljew

259. Das Wassiljew-Paar mit einer parabolischen Kongruenz. Beim Beweis des Satzes über die Übereinstimmung der beiden Definitionen einer Kongruenz von Wassiljew mittels der Berührung der Lie-Quadriken, die den beiden Brennflächen zugeordnet sind, und mittels der Existenz einer gemeinsamen Laplace-Transformierten zu den Bildern eines Paares von W-Kongruenzen auf der Hyperquadrik Q_4^2, schlossen wir den Fall des Verschwindens des Koeffizienten C aus. Jetzt gehen wir zur Untersuchung dieses Falles über. Dabei genügt es, wenn wir das gleichzeitige Verschwinden von B und C betrachten; wenn nämlich $B \neq 0$, dann kann man stets A zu Null machen auf Kosten der Form π_1^2 oder π_2^1, wie dies in § 257 gezeigt wurde, und kommt dann entweder auf den schon behandelten allgemeinen Fall oder auf den mit $B = C = 0$ im wesentlichen gleichwertigen, in dem $A = C = 0$.

Setzen wir also voraus, daß B und C gleichzeitig Null sind! Gehen wir mit diesen Werten in die Gleichungen der linken Spalte von (9d) ein, so erhalten wir

$$\delta \ln A = 2\pi_2^2 - \pi_3^3 - \pi_4^4, \qquad 2A\pi_1^2 = 0.$$

Ist $A \neq 0$, dann muß $\pi_1^2 = 0$ sein. Wenn $C' \neq 0$ ist, dann kann man A' auf Kosten der Form π_2^1 zu Null machen; denn setzen wir alle π_i^k gleich Null, außer $\pi_2^1 = d\sigma$, so wird

$$\frac{dA'}{d\sigma} = -C', \qquad \frac{dC'}{d\sigma} = 2B', \qquad \frac{dB'}{d\sigma} = 0,$$

woraus folgt

$$A' = -B'\sigma^2 + C_1\sigma + C_2, \qquad C_i = \text{const}, \quad B' = \text{const}$$

und bei einem geeigneten Wert des Parameters σ verschwindet der Koeffizient A'.

Das System (9a) § 257 liefert jetzt

$$\omega_1^4 = 0, \qquad \omega_2^4 = \omega_1^3, \qquad \omega_4^1 = 0. \tag{10}$$

Die Fläche $(\boldsymbol{A}_1)$ besitzt die Tangentenebene $\boldsymbol{A}_1\boldsymbol{A}_2\boldsymbol{A}_3$, denn die Komponente des Differentials $d\boldsymbol{A}_1$ nach dem Punkt $\boldsymbol{A}_4$ ist gleich Null und alle differentiellen Verschiebungen $d\boldsymbol{A}_1$ liegen in dieser Ebene. Ebenso berührt die Ebene $\boldsymbol{A}_2\boldsymbol{A}_3\boldsymbol{A}_4$ die Fläche $(\boldsymbol{A}_4)$. Daher ist $\boldsymbol{A}_1$ ein Brennpunkt des Strahls $\boldsymbol{A}_1\boldsymbol{A}_2$, und der Punkt $\boldsymbol{A}_4$ ist ein Brennpunkt des Strahls $\boldsymbol{A}_3\boldsymbol{A}_4$. Weiter geht die Analogie aber nicht: der Strahl $\boldsymbol{A}_3\boldsymbol{A}_4$ besitzt als zweiten Brennpunkt $\boldsymbol{F} = C'\boldsymbol{A}_3 - B'\boldsymbol{A}_4$; denn da jetzt

$$\omega_4^1 = 0, \qquad C'\omega_3^2 - B'\omega_4^2 = -B'\omega_3^1,$$

wird

$$d\boldsymbol{F} = \theta\boldsymbol{A}_3 + \theta'\boldsymbol{A}_4 + \omega_3^1(C'\boldsymbol{A}_1 - B'\boldsymbol{A}_2),$$

wobei θ, θ' gewisse lineare Formen sind. Folglich liegt der Strahl $\boldsymbol{A}_3\boldsymbol{A}_4$ in der Tangentenebene der Fläche $(\boldsymbol{F})$. Indessen ist der Punkt $\boldsymbol{A}_1$ der einzige Brennpunkt des Strahls $\boldsymbol{A}_1\boldsymbol{A}_2$. In der Tat werden die Asymptotenlinien der Fläche $(\boldsymbol{A}_1)$ durch die Gleichung

$$(d^2\boldsymbol{A}_1\boldsymbol{A}_1\boldsymbol{A}_2\boldsymbol{A}_3) = 0$$

oder

$$\omega_1^2\omega_2^4 + \omega_1^3\omega_3^4 = 0$$

bestimmt, oder wegen (8a) § 256, (10) durch

$$\omega_1^2\omega_1^3 = 0,$$

d. h. asymptotische Tangenten sind die Kanten A_1A_2, A_1A_3. Die Kongruenz (A_1A_2) ist parabolisch.

Ein Paar, das eine parabolische Kongruenz enthält, wird durch die linearen Differentialgleichungen (8a), (9a) und die quadratischen (9b) bestimmt, wenn man hier die endlichen Gleichungen

$$B = 0, \quad C = 0, \quad A' = 0$$

hinzufügt. Nach den Formeln (9c) erhalten wir die Werte der Formen:

$$\Delta B = 0, \quad \Delta C = 2A\omega_1^2, \quad \Delta A' = C'\omega_2^1.$$

Folglich ist die zweite Gleichung von (9b) identisch befriedigt. Statt dC, dA' sind ω_1^2, ω_2^1 neue charakteristische Formen des Systems.

Das System bleibt in Involution, aber da die Anzahl der quadratischen Gleichungen sich auf $s_1 = 5$ vermindert, hängt die Integralmannigfaltigkeit von fünf Funktionen eines Arguments ab.

Die asymptotische Regelfläche L_1 der Kongruenz (A_1A_2) fällt nun mit der Regelfläche zusammen, die von den Tangenten an die Asymptotenlinien $\omega_1^3 = 0$ in den Schnittpunkten mit einer Asymptotenlinie $\omega_1^2 = 0$ erzeugt wird. Ihre Schmiegquadrik ist die LIE-Quadrik, die der Fläche (A_1) zugeordnet ist. Diese LIE-Quadrik ist die Schmiegquadrik der Regelfläche L_2 der Kongruenz (A_3A_4).

260. Die Hüllfläche der Schmiegquadriken einer asymptotischen Fläche der Kongruenz. Um eine geometrische Konstruktion des Strahls A_3A_4, der einer parabolischen Kongruenz (A_1A_2) zugeordnet ist, anzugeben und damit die parabolischen Kongruenzen von WASSILJEW auszusondern, müssen wir, da die ursprüngliche Definition durch die Berührung der LIE-Quadriken versagt, die Charakteristiken der gemeinsamen Schmiegquadrik Q für die Regelflächen L_1 der ersten Kongruenz und L_2 der zweiten Kongruenz aufsuchen (diese Schmiegquadrik fällt für eine parabolische Kongruenz mit der LIE-Quadrik ihrer Brennfläche zusammen).

Die Hüllfläche einer einparametrigen Schar von Quadriken hat als Charakteristik eine Raumkurve vierter Ordnung. Die LIE-Quadriken besitzen die folgende bemerkenswerte Eigenschaft: die Charakteristik der LIE-Quadrik bei der Bewegung in einer asymptotischen Richtung der Fläche, der sie zugeordnet ist, zerfällt in vier Geraden, die aus der doppelt gezählten asymptotischen Tangente bestehen, die natürlich auf der LIE-Quadrik liegt, und zwei ihrer Erzeugenden der anderen Schar (§ 158). Dies überträgt sich auch auf die Quadriken Q, die eine wichtige Rolle in der Theorie der WASSILJEW-Paare spielen.

Die Quadrik Q kann man als den Durchschnitt der drei linearen Komplexe $\boldsymbol{P}_3 = [34]$, $\boldsymbol{P}_0 = [12]$ und $\boldsymbol{P}_1 = [14] - [23]$ definieren. Indem wir die laufende

Gerade des Komplexes mit $\boldsymbol{q}$ bezeichnen, schreiben wir die Gleichung der Quadrik Q in der Gestalt

$$\{[12]\boldsymbol{q}\} = 0, \quad \{[34]\boldsymbol{q}\} = 0, \quad \{[14] - [23], \boldsymbol{q}\} = 0. \tag{11a}$$

Um ihre Charakteristik zu erhalten, muß man hier die Ableitungen in Richtung der Asymptotenlinien oder die Differentiale modulo ω_1 oder ω_2 hinzufügen. Verwenden wir die Formeln (8a), (9a), so ergibt sich

$$d[12] = (\omega_1^1 + \omega_2^2)[12] + (\omega_4^2 + \omega_3^1)\left\{A[13] - B[24] + \right.$$
$$\left. + C\frac{[14]+[23]}{2}\right\} + (\omega_2^4 + \omega_1^3)\frac{[14]-[23]}{2},$$

$$d[34] = -(\omega_1^1 + \omega_2^2)[34] + (\omega_4^2 + \omega_3^1)\frac{[14]-[23]}{2} -$$
$$-(\omega_2^4 + \omega_1^3)\left\{A'[13] - B'[24] + C'\frac{[14]+[23]}{2}\right\},$$

$$d([14]-[23]) = ([14]-[23])(\omega_1^1 + \omega_4^4) + (\omega_4^2 + \omega_3^1)[12] + (\omega_2^4 + \omega_1^3)[34].$$

Folglich wird bei der Differentiation längs der Kurve $\omega_2^4 + \omega_1^3 = 0$ zu den Gleichungen (11a) nur die eine Gleichung hinzugefügt

$$\left\{A[13] - B[24] + C\frac{[14]+[23]}{2}, \boldsymbol{q}\right\} = 0, \tag{11b}$$

und bei der Differentiation längs der Kurve $\omega_4^2 + \omega_3^1 = 0$ die eine Gleichung

$$\left\{A'[13] - B'[24] + C'\frac{[14]+[23]}{2}, \boldsymbol{q}\right\} = 0. \tag{11c}$$

Wenn man zu den Gleichungen (11a), (11b) die Plückersche Gleichung hinzunimmt, dann bestimmt das System ein Paar von Geraden mit den Koordinaten

$$q^{12} = 0, \quad q^{34} = 0, \quad q^{14} = q^{23}, \quad Aq^{42} + Bq^{13} + Cq^{14} = 0, \quad (q^{14})^2 + q^{13}q^{42} = 0. \tag{12a}$$

Ebenso bestimmen die Gleichungen (11a), (11c) zusammen mit der Plückerschen Gleichung das Geradenpaar

$$q^{12} = 0, \quad q^{34} = 0, \quad q^{14} = q^{23}, \quad A'q^{42} + B'q^{13} + C'q^{14} = 0, \quad (q^{14})^2 + q^{13}q^{42} = 0. \tag{12b}$$

Die Geraden (12a), (12b) stellen die Charakteristik der Regelfläche (11a) im Geradenraum dar. Wenn wir die Quadrik Q im Punktraum betrachten, dann trägt diese Fläche lineare Geradensysteme (zwei Scharen geradliniger Erzeugender) und die Charakteristik der Fläche Q setzt sich aus Charakteristiken des ersten und zweiten Systems im Geradenraum zusammen.

Das zweite lineare System der Fläche Q erhält man, wenn man die Geraden sucht, welche drei Geraden des linearen Systems (11a) schneiden, und da sich die Schnittbedingung der Geraden im Verschwinden der Polarform der quadratischen Form $q^{12}q^{34} + q^{13}q^{42} + q^{14}q^{23}$ ausdrückt, ist das konjugierte System der Durchschnitt der linearen Komplexe, die im P_5 auf die Polarhyperebenen der Pole $\boldsymbol{P}_0 = [12]$, $\boldsymbol{P}_3 = [34]$ und $\boldsymbol{P}_1 = [14]-[23]$ abgebildet werden. Dieser Durchschnitt ist die Ebene, die durch die Gleichungen $q^{34} = 0$, $q^{12} = 0$, $q^{23} = q^{14}$ bestimmt wird; sie enthält die linear unabhängigen Punkte [13], [42], [14] + [23]. Folglich wird das zweite lineare System von Geraden durch die Gleichungen bestimmt

$$\{[13]\boldsymbol{q}\} = 0, \quad \{[42]\boldsymbol{q}\} = 0, \quad \{[14] + [23], \boldsymbol{q}\} = 0. \tag{13a}$$

Da

$$d[13] = (\omega_1^1 + \omega_3^3)[13] + \omega_1^2([14] + [23]) - B(\omega_4^2 + \omega_3^1)[34] + \\ + B'(\omega_2^4 + \omega_1^3)[12],$$

$$d[42] = (\omega_2^2 + \omega_4^4)[42] - \omega_2^1([14] + [23]) - A(\omega_4^2 + \omega_3^1)[34] + \\ + A'(\omega_2^4 + \omega_1^3)[12],$$

$$d([14] + [23]) = ([14] + [23])(\omega_1^1 + \omega_4^4) + 2\,\omega_2^1[13] - 2\,\omega_1^2[42] - \\ - C(\omega_4^2 + \omega_3^1)[34] + C'(\omega_2^4 + \omega_1^3)[12],$$

wird bei der Differentiation längs $\omega_2^4 + \omega_1^3 = 0$ dem System (13a) die Gleichung

$$\{[34]\boldsymbol{q}\} = 0, \tag{13b}$$

hinzugefügt, bei der Differentiation längs $\omega_4^2 + \omega_3^1 = 0$ die Gleichung

$$\{[12]\boldsymbol{q}\} = 0. \tag{13c}$$

Das System (13a), (13b) bestimmt die doppelt gezählte Gerade [12], das System (13a), (13c) die doppelt gezählte Gerade [34].

Vereinigen wir die Charakteristiken des ersten und zweiten linearen Systems der Quadrik Q, so erhalten wir ihre vollständige Charakteristik.

261. Die Charakteristik der Quadrik Q für ein allgemeines WASSILJEW-Paar. Im allgemeinen Fall eines WASSILJEW-Paares nimmt das System (12a), nachdem man die Koeffizienten A und B durch die Wahl des Tetraeders $\{\boldsymbol{A}_i\}$ zu Null gemacht hat, die Gestalt

$$q^{12} = 0, \quad q^{34} = 0, \quad q^{14} = 0, \quad q^{23} = 0, \quad q^{13}q^{42} = 0$$

an und bestimmt die Tetraederkanten [13] und [24], d. h. die asymptotischen Tangenten der Brennflächen der ersten Kongruenz, die gleichzeitig die Fleknodaltangenten der asymptotischen Regelfläche L_2 der zweiten Kongruenz sind. Wegen der völligen Symmetrie des Paares muß man dasselbe auch für die Geraden (12b) erhalten, indem man die Rollen der ersten und zweiten Kongruenz vertauscht.

Im allgemeinen Fall eines WASSILJEW-Paares besteht also die Charakteristik der Schmiegquadrik Q bei der Bewegung längs der asymptotischen Regelfläche $\omega_2^4 + \omega_1^3 = 0$ aus dem doppelt gezählten Strahl der ersten Kongruenz [12] und denjenigen asymptotischen Tangenten ihrer Brennflächen, welche die Fleknodaltangenten der entsprechenden asymptotischen Regelfläche der zweiten

Kongruenz sind; bei der Bewegung längs der asymptotischen Fläche $\omega_2^4 - \omega_1^3 = 0$ aus dem Paar der Fleknodaltangenten dieser zur ersten Kongruenz gehörigen Fläche und dem doppelt gezählten Strahl der zweiten Kongruenz.

Bekanntlich bilden die Charakteristiken verschiedener einparametriger Scharen, die aus einer Flächenschar mit zwei Parametern ausgewählt werden, ein Büschel von Linien, von dem jedes Zentrum ein charakteristischer Punkt der zweiparametrigen Schar ist. Die Charakteristiken beschreiben die Hüllfläche der einparametrigen Scharen, die charakteristischen Punkte die Hüllflächen der zweiparametrigen Flächenschar. Alle diese Flächen berühren sich in jedem Zentrum eines Büschels von Charakteristiken.

Man sieht leicht ein, daß im allgemeinen Fall eines WASSILJEW-Paares die Charakteristiken nach den beiden Richtungen auf jeder Fläche Q sich nur in vier Punkten schneiden, in den Brennpunkten der Strahlen [12] und [34]. Jeder Punkt muß doppelt gezählt werden, weil er durch den Schnitt der doppelt gezählten Geraden [12] bzw. [34] mit den Fleknodaltangenten erhalten wird. Die Geraden, welche die einzelne Charakteristik bilden, berühren die Brennflächen. Die Kongruenzen der Geraden [12] oder [34] besitzen natürlich je zwei Hüllflächenmäntel als ihre Brennflächen. Die übrigen vier Geraden (die Fleknodaltangenten) beschreiben als asymptotische Tangenten parabolische Kongruenzen mit einem von den vier Hüllflächenmänteln als einziger Brennfläche.

262. Die Hüllfläche der Quadriken Q im Fall des Paares mit einer parabolischen Kongruenz. In dem Sonderfall eines WASSILJEW-Paares, wo die Koeffizienten B, C gleich Null sind (und A' durch die Wahl des Bezugssystems zu Null gemacht worden ist), fällt das Geradenpaar (12a) mit der doppelt gezählten asymptotischen Tangente [13] der einzigen Brennfläche der parabolischen Kongruenz ([12]) zusammen; die Geraden des anderen Paares fallen nicht zusammen.

$$\boldsymbol{q}_1' = [42], \qquad \boldsymbol{q}_2' = [14] + [23] + \frac{B'}{C'}[42] - \frac{C'}{B'}[13] =$$
$$= -\frac{(C'\boldsymbol{A}_1 - B'\boldsymbol{A}_2,\ C'\boldsymbol{A}_3 - B'\boldsymbol{A}_4)}{B'C'}$$

sind die Fleknodaltangenten der asymptotischen Regelfläche $\omega_2^4 + \omega_1^3 = 0$ der parabolischen Kongruenz ([12]), die durch die Brennpunkte $\boldsymbol{A}_4$ und $C'\boldsymbol{A}_3 - B'\boldsymbol{A}_4$ der zweiten Kongruenz gehen und asymptotische Tangenten dieser Brennflächen sind.

Die Zentren des Büschels von Charakteristiken reduzieren sich jetzt auf drei Punkte: die Brennpunkte $\boldsymbol{A}_4$ und $C'\boldsymbol{A}_3 - B'\boldsymbol{A}_4$ der zweiten Kongruenz, von denen jeder doppelt gezählt wird, und den einzigen Brennpunkt $\boldsymbol{A}_1$ der ersten Kongruenz, der vierfach gezählt werden muß.

Alle Geraden der beiden Charakteristiken beschreiben Kongruenzen, deren Brennflächen aus den drei Hüllflächenmänteln der Quadrik Q bestehen. Die Geraden [12] und [13] beschreiben parabolische Kongruenzen mit der gemeinsamen

Brennfläche ($\boldsymbol{A}_1$). Die Geraden $\boldsymbol{q}_1' = [42]$ und $\boldsymbol{q}_2' = (C'\boldsymbol{A}_1 - B'\boldsymbol{A}_2, C'\boldsymbol{A}_3 - B'\boldsymbol{A}_4)$ beschreiben auch parabolische Kongruenzen, aber mit verschiedenen Brennflächen: bei der ersten Kongruenz ist die Fläche ($\boldsymbol{A}_4$), bei der zweiten die Fläche ($C'\boldsymbol{A}_3 - B'\boldsymbol{A}_4$) die Brennfläche. Schließlich ist die Kongruenz ([34]) hyperbolisch mit den Brennflächen ($\boldsymbol{A}_4$) und ($C'\boldsymbol{A}_3 - B'\boldsymbol{A}_4$).

Man muß darauf hinweisen, daß in dem betrachteten Fall die Schmiegquadrik Q die LIE-Quadrik der einzigen Brennfläche ($\boldsymbol{A}_1$) der Kongruenz ([12]) ist und daß das Zusammenfallen der vier charakteristischen Punkte in den einen Berührungspunkt der Fläche ($\boldsymbol{A}_1$) mit ihrer LIE-Quadrik ein allgemeines Faktum in der Theorie der Hüllflächen der LIE-Quadriken ist. Anders steht es mit den beiden andern charakteristischen Punkten. Für eine willkürliche Fläche S besteht die Einhüllende der LIE-Quadriken aus fünf Mänteln: der Fläche S selbst, die vierfach gezählt wird, und noch vier anderen Mänteln S_i. (Den Asymptotenlinien der Fläche S entspricht das Zerfallen der Charakteristiken der LIE-Quadrik in je ein Quadrupel von Geraden, von denen ein Paar stets mit einer der asymptotischen Tangenten der Fläche S zusammenfällt. Die anderen beiden Paare beschreiben vier hyperbolische Kongruenzen, welche die Brennflächen S_i besitzen, derart, daß ihre vier Strahlen ein windschiefes Vierseit bilden mit den Brennpunkten in dessen Ecken.)

Die parabolische Kongruenz von WASSILJEW ist dadurch bemerkenswert, daß die Hüllfläche der LIE-Quadriken ihrer einzigen Brennfläche nur aus drei Mänteln besteht. Mit anderen Worten, die vier einfachen charakteristischen Punkte der LIE-Quadrik stimmen paarweise überein. Das eine Paar der gegenüberliegenden Seiten des windschiefen Vierseits fällt zusammen und beschreibt eine hyperbolische Kongruenz, die zusammen mit der parabolischen Ausgangskongruenz ein WASSILJEW-Paar bildet, und die beiden anderen Seiten beschreiben parabolische Kongruenzen, indem sie mit den ausgezeichneten asymptotischen Tangenten der Brennflächen der hyperbolischen Kongruenz zusammenfallen.

263. Eine neue Charakterisierung der Kongruenzen von WASSILJEW. Wir können jetzt eine neue Charakterisierung der Kongruenzen von WASSILJEW und verschiedene Spezialfälle davon angeben.

Wir betrachten eine beliebige W-Kongruenz. Die Asymptotenlinien auf den Brennflächen entsprechen sich, und jedem Paar entsprechender Asymptotenlinien entspricht eine asymptotische Regelfläche der Kongruenz L_1 oder L_2, deren Erzeugende der Kongruenz angehören und die Brennflächen längs der Asymptotenlinien des gewählten Paares berühren.

Jede dieser asymptotischen Flächen L_1 oder L_2 besitzt auf jeder Erzeugenden zwei im allgemeinen verschiedene Fleknodaltangenten. Folglich schneidet jeder Strahl [12] einer beliebigen W-Kongruenz ([12]) vier Fleknodaltangenten der asymptotischen Flächen L_1 und L_2, die durch diesen Strahl gehen. Sie beschreiben vier Fleknodalkongruenzen, die der Kongruenz ([12]) zugeordnet sind. Sie zerfallen natürlich in zwei Paare: die Fleknodalkongruenzen der ersten Schar asymptotischer Regelflächen L_1 und die der zweiten L_2. Diese Fleknodalkongruenzen sind im allgemeinen hyperbolisch (oder elliptisch, wenn ihre Brennpunkte imaginär sind).

Wenn eine der vier Fleknodalkongruenzen, die einer W-Kongruenz zugeordnet sind, parabolisch ist, dann ist es auch die andere Fleknodalkongruenz desselben Paares (d. h. die zur selben Schar der asymptotischen Flächen L_1 gehörige Kongruenz). Die W-Kongruenz, der sie zugeordnet sind, ist eine Kongruenz von WASSILJEW, *und die Gerade, welche die Brennpunkte der parabolischen Kongruenzen verbindet, beschreibt die zweite Kongruenz des* WASSILJEW-*Paares.*

In der Tat sahen wir, daß die Fleknodaltangenten der asymptotischen Regelflächen L_1 einer W-Kongruenz die Charakteristiken der Schmiegquadrik Q sind. Ihre Brennpunkte sind charakteristische Punkte des zweiparametrigen Systems sämtlicher Schmiegquadriken aller Regelflächen L_1, denn diese erzeugen Flächen, die von sämtlichen Quadriken, also auch von unsern Fleknodaltangenten berührt werden. Diese Punkte sind die Schnittpunkte der Fleknodaltangenten mit einem zweiten Paar von Erzeugenden der Fläche Q[1]). Wenn die Brennpunkte einer Fleknodaltangente zusammenfallen, dann fällt dieses Paar von Erzeugenden der Fläche Q zusammen, folglich stimmen auch die Brennpunkte der anderen Fleknodaltangente überein, die auf ihr durch die Erzeugenden des gleichen Paares ausgeschnitten werden. Die Fleknodaltangente wird asymptotische Tangente ihrer Brennfläche, und die Gerade, welche die beiden Brennpunkte verbindet (Erzeugende der zweiten Schar der Fläche Q), beschreibt jetzt eine W-Kongruenz; die Fleknodaltangenten der Fläche L_1 der ersten Kongruenz sind die asymptotischen Tangenten der Brennflächen der zweiten Kongruenz. Wir erhalten ein WASSILJEW-Paar.

Eine parabolische Kongruenz ist stets eine W-Kongruenz, weil beim Zusammenfallen der Brennflächen auch ihre Asymptotenlinien zusammenfallen. Sie enthält nur eine Schar asymptotischer Flächen.

Wenn die Fleknodalkongruenzen einer parabolischen Kongruenz K parabolisch sind, dann ist die Kongruenz K eine Kongruenz von WASSILJEW, und die zweite Kongruenz des Paares wird von den Geraden beschrieben, welche die Brennpunkte der Fleknodaltangenten verbinden.

Eine Kongruenz von WASSILJEW, die einem Paar mit einer parabolischen Kongruenz angehört, wird durch das Zusammenfallen der Fleknodalkongruenzen charakterisiert, die zu der einen Schar ihrer asymptotischen Regelflächen gehören.

Wenn schließlich die beiden Fleknodalkongruenzen, die einer parabolischen Kongruenz K zugeordnet sind, zusammenfallen und diese Kongruenz dann parabolisch ist, so beschreiben die asymptotischen Tangenten der zweiten Schar ihrer Brennfläche eine parabolische Kongruenz K', die zusammen mit der Kongruenz K ein doppelt ausgeartetes WASSILJEW-Paar bildet.

---

[1]) Daß die Charakteristik der Schmiegquadriken einer Schar von asymptotischen Regelflächen einer W-Kongruenz auch bei Verrückung in der Richtung der andern Asymptotenlinie aus zwei Erzeugenden jeder Schar besteht, läßt sich mittels der Formeln aus Abschnitt IX leicht einsehen.

Sind $(\boldsymbol{F})$ und $(\boldsymbol{F}')$ die Brennflächen der Kongruenzen K und K', dann ist die Schmiegquadrik Q LIE-Quadrik sowohl für die Fläche $(\boldsymbol{F})$ als auch für $(\boldsymbol{F}')$, die auf diese Weise ein Flächenpaar mit gemeinsamen LIE-Quadriken darstellen.

264. Das Problem von BADALJAN. Die Gleichung der LIE-Quadrik, die wir am Anfang dieses Kapitels erhielten, findet eine neue Anwendung in dem Problem von BADALJAN. In der Theorie der Flächen des projektiven Raumes gibt es eine fundamentale projektive Zuordnung zwischen den Geraden eines Bündels mit dem Zentrum im Flächenpunkt und den Geraden des ebenen Feldes, das in der Tangentenebene liegt. Diese projektive Zuordnung wird durch die Polarität bezüglich einer beliebigen DARBOUX-Quadrik hergestellt und damit auch bezüglich der LIE-Quadrik.

BADALJAN stellt die Aufgabe, die Kongruenzen zu bestimmen, bei denen ein Geradenpaar vorhanden ist, das bezüglich der DARBOUX-Quadriken beider Brennflächen polar konjugiert ist.

Die erste Gerade des Paares soll dabei durch einen Flächenpunkt, z. B. durch den Brennpunkt $\boldsymbol{A}_1$ der ersten Brennfläche $(\boldsymbol{A}_1)$ gehen und die zweite in dessen Tangentenebene $\boldsymbol{A}_1\boldsymbol{A}_2\boldsymbol{A}_3$ liegen, und nach der Bedingung der Aufgabe verhalten sich die Geraden des Paares bezüglich der zweiten Brennfläche genauso. Daher muß man annehmen, daß die Gerade, die durch den Punkt $\boldsymbol{A}_1$ geht, gleichzeitig in der Tangentenebene der zweiten Brennfläche $\boldsymbol{A}_1\boldsymbol{A}_2\boldsymbol{A}_4$ liegt, und daß die Gerade, die in der Ebene $\boldsymbol{A}_1\boldsymbol{A}_2\boldsymbol{A}_3$ liegt, durch den Punkt $\boldsymbol{A}_2$ geht.

Indem wir das Tetraeder erster Ordnung der gesuchten Kongruenz geeignet wählen, können wir voraussetzen, daß die erste Gerade die Kante $\boldsymbol{A}_1\boldsymbol{A}_4$ und die zweite die Kante $\boldsymbol{A}_2\boldsymbol{A}_3$ wird. Wir müssen nun verlangen, daß diese Kanten in der polaren Zuordnung der ersten und der zweiten Fläche konjugiert sind.

Wenn

$$a_{ik}x^i x^k = 0$$

die Gleichung der LIE-Quadrik der ersten Brennfläche in Koordinaten bezüglich des Tetraeders $\{\boldsymbol{A}_i\}$ ist, dann werden die Polarebenen der Punkte $\boldsymbol{A}_1$ und $\boldsymbol{A}_4$ durch die Gleichungen bestimmt

$$a_{1k}x^k = 0, \qquad a_{4k}x^k = 0.$$

Sind die Geraden $\boldsymbol{A}_1\boldsymbol{A}_4$ und $\boldsymbol{A}_2\boldsymbol{A}_3$ polar konjugiert, dann müssen diese Ebenen durch die Gerade $\boldsymbol{A}_2\boldsymbol{A}_3$ gehen. Daher erhält man die Bedingungen

$$a_{12} = 0, \qquad a_{13} = 0, \qquad a_{24} = 0, \qquad a_{34} = 0$$

und entsprechende für die Koeffizienten der LIE-Quadrik der zweiten Brennfläche.

Verwenden wir die invariante Gleichung der LIE-Quadrik (4) § 253, so schreibt sich die erste Reihe unserer Gleichungen in der Gestalt

$$b_1 = 0, \qquad b_2 = 0$$

oder

$$\beta_1 + \gamma_2 = 0, \qquad \beta_2 - \alpha_1 = 0, \tag{14a}$$

und die zweite Reihe schreibt sich analog unter Anwendung der üblichen Vertauschung der Indizes $\binom{1\,3}{2\,4}$:

$$\beta_2' + \gamma_1' = 0, \quad \beta_1' - \alpha_2' = 0. \tag{14a'}$$

Diese Gleichungen sind äquivalent mit den beiden Gleichungen in Differentialformen

$$\Delta\alpha - \Delta\gamma = 0, \quad \Delta\alpha' - \Delta\gamma' = 0, \tag{14b}$$

oder

$$d \ln \frac{\alpha}{\gamma} = 2(\omega_2^2 + \omega_3^3 - \omega_1^1 - \omega_4^4),$$

$$d \ln \frac{\alpha'}{\gamma'} = 2(\omega_1^1 + \omega_4^4 - \omega_2^2 - \omega_3^3),$$

woraus wir durch Addition erhalten

$$d \ln \frac{\alpha\alpha'}{\gamma\gamma'} = 0$$

und

$$I = \frac{\alpha\alpha'}{\gamma\gamma'} = \text{const.} \tag{14c}$$

Umgekehrt ergibt sich, wenn die Invariante I konstant ist, durch Differenzieren

$$\Delta\alpha + \Delta\alpha' - \Delta\gamma - \Delta\gamma' = 0. \tag{14c'}$$

Da nach den Formeln (22) § 194

$$\delta(\Delta\alpha - \Delta\gamma) = -4(\omega_1^3\pi_3^1 - \omega_2^4\pi_4^2)$$

wird, können wir durch die Wahl der sekundären Parameter, genauer durch die Wahl des Punktes A_3 auf der Kante A_1A_3 und des Punktes A_4 auf der Kante A_2A_4, die Differenz $\Delta\alpha - \Delta\gamma$ zu Null machen; dann erhalten wir wegen der Beziehung (14c') auch die zweite Gleichung von (14b), und die Kanten A_1A_4 und A_2A_3 sind in der polaren Zuordnung der ersten und der zweiten Brennfläche polar konjugiert.

Folglich *ist die Konstanz der einfachsten skalaren Invariante einer Kongruenz die Bedingung dafür, daß die beiden Brennflächen ein gemeinsames Paar polar konjugierter Geraden besitzen.*

265. Literaturhinweise. Die Kongruenzen von WASSILJEW wurden von diesem Autor in seiner Diplomarbeit beim Abschluß des Universitätsstudiums angegeben. Das Problem von BADALJAN [4] bildete den Gegenstand der Dissertation dieses Autors.

Dreizehntes Kapitel

DIE ABWICKLUNG EINER KONGRUENZ

I. Die Projektivabwicklung einer Kongruenz

266. Der Begriff der Abwicklung einer Kongruenz. In der Flächentheorie des EUKLIDischen Raumes nimmt die Theorie der Abwicklung einer Fläche einen breiten Raum ein. Sie liefert eine gute Interpretation der inneren (RIEMANNschen) Geometrie einer Fläche als Geometrie, die all ihren Abwicklungen gemeinsam ist. Das schöne Bild der sich biegenden dünnen Membran trug zweifellos viel zum Aufschwung in dieser Richtung bei. Darum ist es natürlich, daß in der projektiv-differentiellen Flächentheorie die Aufgabe gestellt wurde, den Begriff der Abwicklung in die Geometrie der projektiven Gruppe zu übertragen.

Man trachtete auf drei Wegen nach dieser Verallgemeinerung. Der einfachste und natürlichste ist derjenige, der in letzter Zeit von G. F. LAPTJEW vorgeschlagen wurde: als Abwicklung einer Fläche (oder einer beliebigen Mannigfaltigkeit) bezeichnet er eine derartige Transformation derselben, bei der ihre innere Geometrie erhalten bleibt. Die Hauptschwierigkeit besteht hier darin, was man als innere Geometrie der Fläche bezeichnen soll.

In jedem gekrümmten Raum (RIEMANNschen Raum, Raum mit affinem, projektivem, konformem Zusammenhang usw.) ordnen wir jedem Punkt einen KLEINschen Raum (Raum mit der Fundamentalgruppe) zu. Die Geometrie dieses gekrümmten Raumes wird durch seinen Zusammenhang definiert, d. h. durch das Gesetz der Zuordnung, die zwischen den Punkten der KLEINschen Räume, die einem Paar differentiell benachbarter Punkte des gekrümmten Raumes zugeordnet sind, hergestellt wird. Diese Zuordnung muß eine Transformation der Fundamentalgruppe des KLEINschen Raumes sein.

Man kann noch einige allgemeine Eigenschaften aufstellen, die eine derartige Abbildung besitzen muß, z. B. muß bei der Abbildung des Raumes, der dem Punkt M_1 zugeordnet ist, auf den Raum, der dem differentiell benachbarten Punkt M_2 zugeordnet ist, der Punkt M_1 auf einen Punkt M_1' des zweiten Raumes abgebildet werden, der dem Punkt M_2 differentiell benachbart ist, usw. Im übrigen bleibt das Gesetz der Zuordnung willkürlich.

Wenn der betrachtete gekrümmte Raum $\mathfrak{N}$ die innere Geometrie der Mannigfaltigkeit $\mathfrak{M}$ realisiert, die in den Raum $\mathcal{H}$ eingebettet ist, dann muß der Zusammenhang des Raumes $\mathfrak{R}$ durch den Zusammenhang des umgebenden Raumes $\mathcal{H}$ definiert werden.

In der Geometrie einer zweidimensionalen Fläche S, die in einem dreidimensionalen EUKLIDischen Raum E_3 eingebettet ist, wird jedem Punkt ein KLEINscher (jetzt EUKLIDischer) zweidimensionaler Raum zugeordnet, der durch die Tangentenebene an die Fläche S im betrachteten Punkt realisiert wird. Der Zusammenhang des RIEMANNschen Raumes R_2, der die innere Geometrie der Fläche S bestimmt, wird durch das Gesetz der Zuordnung zwischen den Punkten der Tangentenebenen in zwei differentiell benachbarten Flächenpunkten M_1 und M_2 bestimmt. Dieses Gesetz der Zuordnung wird durch die senkrechte Parallelprojektion der Tangentenebene im Punkt M_2 auf die Tangentenebene im Punkt M_1 in Richtung der Normale im Punkt M_1 definiert. Denn bei dieser Projektion behalten die geodätischen Linien der Fläche S, bei denen nach Definition die Schmiegebene durch die Flächennormale geht, nach der Projektion ihre Richtung bei und sind in der RIEMANNschen Geometrie des R_2 äquivalent mit geraden Linien.

In der projektiven Differentialgeometrie einer Fläche S_2, die in einen dreidimensionalen projektiven Raum P_3 eingebettet ist, wird der Zusammenhang der Tangentenebenen auch durch Projektionen hergestellt. Der Abstand des Projektionszentrums vom Punkt M_1 der Fläche ist nicht wesentlich, weil nur eine differentielle Umgebung des Punktes projiziert wird, aber die Projektionsrichtung spielt eine wesentliche Rolle. Bei einer Fläche im projektiven Raum gibt es nicht nur eine einzige eindeutige Normale, und darum hat eine Fläche in der projektiven Differentialgeometrie nicht nur eine einzige innere Geometrie, sondern es gibt eine Gesamtheit von inneren Geometrien. Die Erhaltung dieser Gesamtheit nennt G. F. LAPTJEW auch eine projektive Abwicklung der Fläche.

Für eine Kongruenz wurde eine derartige Abwicklung nicht konstruiert, obwohl man die Möglichkeit dazu nicht von vornherein verneinen kann. Dagegen lassen sich zwei andere Arten der Verallgemeinerung des Begriffs der Abwicklung leicht auf eine Kongruenz übertragen und liefern übereinstimmende Ergebnisse.

Die zweite Verallgemeinerung des Begriffs der Abwicklung leitet sich von der Definition der Abwicklung einer Fläche im dreidimensionalen EUKLIDischen Raum E_3 ab, als Transformation der Fläche mit Erhaltung des Linienelements. Das Linienelement als Quadrat des Abstands eines Paares differentiell benachbarter Punkte einer Fläche ist die einfachste gemeinsame Invariante dieses Punktepaares. Daher erhalten wir die unmittelbare Verallgemeinerung: wir haben eine beliebige Mannigfaltigkeit $\mathfrak{M}$ in einem beliebigen Raum $\mathcal{H}$; wir suchen die einfachste invariante Form der Mannigfaltigkeit. Unter Form versteht man eine Funktion der krummlinigen Koordinaten u^i des Elements M der Mannigfaltigkeit $\mathfrak{M}$ und ihrer Differentiale du^i, die bezüglich der letzteren homogen ist. Diese absolut invariante Form heißt das verallgemeinerte Linienelement der Mannigfaltigkeit $\mathfrak{M}$, und eine Transformation der Mannigfaltigkeit unter Beibehaltung des verallgemeinerten Linienelements heißt eine Abwicklung der Mannigfaltigkeit.

Diese Definition liefert ein schönes Resultat für die Flächen im dreidimensionalen projektiven Raum P_3. Wir sahen (Kap. IX, § 196, Kap. XI, § 236), daß das Verhältnis der kubischen Form φ_3 zur quadratischen φ_2 eine absolute Invariante eines Paares differentiell benachbarter Punkte ist, und die Erhaltung dieser Projektivbogenlänge führt auf den klassischen Begriff der Projektivabwicklung einer Fläche. Diese Definition läßt sich auch auf Kongruenzen übertragen. Wir stellten schon eine absolute Invariante Φ eines Paares differentiell benachbarter Strahlen auf, die wir das projektive Linienelement der Kongruenz nannten. Wir werden sehen, daß die Erhaltung dieses Linienelementes auf die Projektivabwicklung einer Kongruenz führt. Für einen Komplex von Geraden ist die Sache komplizierter. Die Erhaltung der einfachsten Invariante eines Paares differentiell benachbarter Strahlen liefert keine Abwicklung, denn wenn seine absolute Invariante gegeben ist, ist der Komplex bis auf eine projektive Abbildung bestimmt.

Die dritte Definition der Abwicklung im KLEINschen Raum ist historisch als erste entstanden und verlangt eine etwas ausführlichere Erläuterung, um den natürlichen Zusammenhang mit der klassischen Abwicklung einer Fläche im E_3 einzusehen.

Wir sahen, daß der Zusammenhang der Tangentenebenen in einem Paar differentiell benachbarter Punkte einer Fläche S oder richtiger der Zusammenhang der beiden differentiellen Umgebungen dieser Punkte durch eine senkrechte Projektion der einen Tangentenebene auf die andere hergestellt wird. Da hier von der differentiellen Umgebung eines Punktes die Rede ist, ist diese Projektion äquivalent zu einer Drehung der Tangentenebene im Punkt M_1 derart, daß sie mit der Tangentenebene im Punkt M_2 zusammenfällt, und nur in diesem Sinne führt dann die senkrechte Projektion auf eine der Transformationen der Fundamentalgruppe des Raumes E_3, d. h. auf eine gewisse Bewegung des Raumes. Hiernach stellt man sich die geodätische Parallelverschiebung eines Vektors längs einer Kurve L anschaulich vor: man beschreibt um die Fläche S längs ihrer Kurve L die Torse D und breitet dann die Fläche D auf einer Ebene aus. Die Kurve L der Fläche S, die zur Torse D gehört, geht nach ihrer Abwicklung in die ebene Kurve λ über, und die geodätisch parallelen Tangenten der Fläche S in entsprechenden Punkten der Kurve L werden auf im EUKLIDischen Sinne parallele Geraden der Ebene in zwei Punkten von λ abgebildet.

Die Abwicklung der Torse D auf die Ebene wird dadurch realisiert, daß jede ihrer Tangentenebenen um eine Erzeugende derart gedreht wird, daß alle Ebenen zusammenfallen und die Fläche D auf die Ebene abgebildet wird. Wenn wir uns diese Ebene an der Fläche S befestigt denken, oder besser, wenn wir annehmen, daß die Fläche S ohne Änderung ihrer Form zusammen mit der Drehung ihrer Tangentenebene einer mit dieser Drehung zusammenhängenden Bewegung des Raumes unterliegt derart, daß die Punkte der Kurve L auf der Fläche S der Reihe nach mit den entsprechenden Punkten der Kurve λ auf der

Ebene zusammenfallen, und die Fläche S diese Ebene als Tangentenebene hat, wobei die geodätisch parallelen Tangenten in parallele Geraden der Ebene übergehen, dann erhalten wir eine Bewegung der Fläche S, die man als „*Abrollen der Fläche auf der Ebene*" bezeichnen kann.

Ein derartiges Abrollen einer nichtabwickelbaren Fläche auf einer Ebene ist nur längs einer Kurve möglich. Anders ist es, wenn wir die Fläche S und ihre Abwicklung S' nehmen. Diese Abwicklung setzt voraus, daß zwischen den Punkten der Fläche S und S' (in gewissen entsprechenden Gebieten der einen und der anderen Fläche) eine eineindeutige Zuordnung derart besteht, daß die *Längen entsprechender Bögen von entsprechenden Kurven gleich sind.* Wir können eine zweiparametrige Schar verschiedener Lagen der Fläche S annehmen derart, daß in jeder Lage einer ihrer Punkte M (der aus dem Gebiet gewählt ist) mit dem entsprechenden Punkt M' der Fläche S' zusammenfällt, und daß die Tangentenebenen in diesen Punkten und ebenso die Tangenten an entsprechende Kurven zusammenfallen. Man nennt die aufeinanderfolgenden Übergänge von einer dieser Lagen zu einer anderen „*Abrollen der Fläche S auf ihrer Abwicklung S'*".

Da die Bögen entsprechender Kurven gleich sind, unterscheidet sich die Berührung der Fläche S in ihrer neuen Lage S^* mit der Fläche S' ein wenig von der gewöhnlichen Berührung zweier Flächen (Existenz einer gemeinsamen Tangentenebene). Die Fläche S^* hat mit der Fläche S' in einem gemeinsamen Punkt M' eine analytische Berührung erster Ordnung, wenn in diesem Punkt die differentiellen Umgebungen erster Ordnung zusammenfallen, d. h. jeder Punkt M_1^* der Fläche S^* ist vom entsprechenden Punkt M_1' der Fläche S' nur um einen Abstand entfernt, der gegenüber dem Abstand der Punkte M_1^* oder M_1' vom Berührungspunkt $M^* = M$ von zweiter Ordnung unendlich klein ist. Man kann also jetzt die Definition der Abwicklung einer Fläche im EUKLIDischen Raum E_3 in folgender Form geben: Die Fläche S ist auf die Fläche S' abwickelbar, wenn man zwischen den Punkten der beiden Flächen (in einem gewissen Bereich) eine *eineindeutige* Zuordnung herstellen kann und sich jedem Paar entsprechender Punkte M, M' eine Bewegung $\mathcal{E}$ derart zuordnen läßt, daß die Fläche S^*, die man durch die Bewegung $\mathcal{E}$ aus der Fläche S erhält, mit der Fläche S' in den zusammenfallenden Punkten $M^* = M'$ eine analytische Berührung erster Ordnung besitzt.

Jetzt ist es klar, wie man diesen Begriff der Abwicklung auf eine Mannigfaltigkeit mit beliebigem erzeugenden Element in einem KLEINschen Raum mit beliebiger Fundamentalgruppe übertragen kann. Man muß nur bemerken, daß die Bewegung des Raumes $\mathcal{E}$ eine Transformation Π der Fundamentalgruppe des Raumes ist. Die analytische Berührung n-ter Ordnung wird wie früher durch das Zusammenfallen der differentiellen Umgebungen erster bis n-ter Ordnung einschließlich definiert.

Mit anderen Worten, wenn die Differenz der gleichen Koordinaten entsprechender Elemente der Mannigfaltigkeiten S^* und S' nur unendlich klein von n-ter Ordnung gegenüber der Differenz der Koordinaten eines dieser Elemente und des gemeinsamen Elements (Berührungspunkt) ist, dann haben die Mannigfaltigkeiten S^* und S' eine Berührung n-ter Ordnung, und die Ordnung der Abwicklung von S auf S' ist gleich n.

Im Hinblick auf die beiden Kongruenzen $(\boldsymbol{A}_1\boldsymbol{A}_2)$ und $(\boldsymbol{M}_1\boldsymbol{M}_2)$ kann man diese Definition in der Form aussprechen: Die Kongruenzen $(\boldsymbol{A}_1\boldsymbol{A}_2)$ und $(\boldsymbol{M}_1\boldsymbol{M}_2)$ sind projektiv-abwickelbar von der Ordnung n, wenn man zwischen ihren Strahlen eine eineindeutige Zuordnung herstellen und jedem Paar entsprechender Strahlen eine projektive Abbildung Π zuordnen kann, welche die Kongruenz $(\boldsymbol{A}_1\boldsymbol{A}_2)$ in die Kongruenz $(\boldsymbol{A}_1^*\boldsymbol{A}_2^*)$ derart überführt, daß das Paar der Strahlen $\boldsymbol{A}_1^*\boldsymbol{A}_2^*$ und $\boldsymbol{M}_1\boldsymbol{M}_2$ und ebenso alle Strahlen ihrer differentiellen Umgebungen erster bis n-ter Ordnung einschließlich zusammenfallen.

267. Die Projektivabwicklung einer Kongruenz. Wir beziehen die Kongruenz $(\boldsymbol{A}_1\boldsymbol{A}_2)$ auf ein Tetraeder erster Ordnung $\{\boldsymbol{A}_i\}$ und wählen das Tetraeder $\{\boldsymbol{M}_i\}$, das den Strahlen ihrer Abwicklung, der Kongruenz $(\boldsymbol{M}_1\boldsymbol{M}_2)$, zugeordnet ist, so, daß die projektive Abbildung Π, die das Paar der Strahlen $\boldsymbol{A}_1\boldsymbol{A}_2$ und $\boldsymbol{M}_1\boldsymbol{M}_2$ aufeinanderlegt, auch die Tetraeder $\{\boldsymbol{A}_i\}$ und $\{\boldsymbol{M}_i\}$, die diesen Strahlen zugeordnet sind, zur Deckung bringt, d. h. wir verlangen, daß $\boldsymbol{A}_i^* \equiv \boldsymbol{M}_i$ für $i = 1, 2, 3, 4$ ist. Das Zusammenfallen der Strahlen der differentiellen Umgebungen des Strahls $\boldsymbol{A}_1^*\boldsymbol{A}_2^* \equiv \boldsymbol{M}_1\boldsymbol{M}_2$ bis zur n-ten Ordnung einschließlich ist nur bei einer bestimmten Normierung der analytischen Geraden möglich. Dazu genügt es, daß die Gleichung

$$(\boldsymbol{A}_1^*\boldsymbol{A}_2^*) + d(\boldsymbol{A}_1^*\boldsymbol{A}_2^*) + \frac{1}{2}\, d^2\,(\boldsymbol{A}_1^*\boldsymbol{A}_2^*) + \cdots =$$

$$= \left(\theta_0 + \theta_1 + \frac{1}{2}\,\theta_2 + \cdots\right)\{(\boldsymbol{M}_1\boldsymbol{M}_2) + d(\boldsymbol{M}_1\boldsymbol{M}_2) + \cdots\} \tag{1a}$$

bis zu den Gliedern n-ter Ordnung einschließlich befriedigt wird. Dabei stellt die Klammer, welche die Glieder θ_i enthält, den Proportionalitätsfaktor dar; die unteren Indizes bezeichnen die Ordnung des Summanden: θ_i enthält Glieder der i-ten Potenz von den linearen Basisformen oder von den Differentialen der unabhängigen Veränderlichen.

Aus der Gleichung (1a) folgen die Gleichungen

$$\begin{aligned} (\boldsymbol{A}_1^*\boldsymbol{A}_2^*) &= \theta_0(\boldsymbol{M}_1\boldsymbol{M}_2),\\ d(\boldsymbol{A}_1^*\boldsymbol{A}_2^*) &= \theta_0 d(\boldsymbol{M}_1\boldsymbol{M}_2) + \theta_1(\boldsymbol{M}_1\boldsymbol{M}_2),\\ d^2(\boldsymbol{A}_1^*\boldsymbol{A}_2^*) &= \theta_0 d^2(\boldsymbol{M}_1\boldsymbol{M}_2) + 2\theta_1 d(\boldsymbol{M}_1\boldsymbol{M}_2) + \theta_2(\boldsymbol{M}_1\boldsymbol{M}_2), \end{aligned} \tag{1b}$$

Da $\boldsymbol{A}_i^* \equiv \boldsymbol{M}_i$ ist, ergibt sich aus der ersten Gleichung

$$\theta_0 = 1. \tag{1c}$$

Wir bezeichnen die Komponenten der differentiellen projektiven Verschiebungen des ersten Tetraeders $\{\boldsymbol{A}_i\}$ mit ω_i^k, die des zweiten $\{\boldsymbol{M}_i\}$ mit Ω_i^k und denken daran, daß die projektive Abbildung Π, die alle Tetraeder $\{\boldsymbol{A}_i\}$ in die entsprechenden Tetraeder $\{A_i^*\}$ überführt, die Komponenten ω_i^k nicht ändert. Indem wir das Tetraeder $\{A_i\}$ als ein Tetraeder erster Ordnung für die Kongruenz $(A_1 A_2)$ wählen, erhalten wir

$$d(A_1^* A_2^*) = (\omega_1^1 + \omega_2^2)[12] + \omega_2^4[14] - \omega_1^3[23],$$
$$d(M_1 M_2) = (\Omega_1^1 + \Omega_2^2)[12] + \Omega_2^4[14] - \Omega_1^3[23] + \Omega_2^3[13] + \Omega_1^4[42],$$

wobei wie immer

$$[ik] = (A_i^* A_k^*)$$

ist und die Punkte M_i durch die ihnen gleichen Punkte A_i^* ersetzt sind.

Gehen wir mit diesen Werten in die zweite Gleichung von (1b) ein, so wird

$$\Omega_1^4 = 0, \quad \Omega_2^3 = 0, \quad \Omega_1^3 = \omega_1^3, \quad \Omega_2^4 = \omega_2^4, \tag{1d}$$
$$\theta_1 = -(\tilde{\omega}_1^1 + \tilde{\omega}_2^2). \tag{1c'}$$

Hier und im folgenden setzen wir

$$\tilde{\omega}_i^k = \Omega_i^k - \omega_i^k.$$

Sind die Bedingungen (1d) erfüllt, dann werden auch die ersten beiden Gleichungen von (1b) befriedigt, d. h. die Gleichung (1a) gilt bis zu den Gliedern erster Ordnung einschließlich und die Kongruenzen $(A_1 A_2)$ und $(M_1 M_2)$ sind projektiv-abwickelbar von erster Ordnung. Andererseits folgt aus den Gleichungen (1d):

1) Das Verschwinden der Formen Ω_1^4, Ω_2^3 zeigt, daß das Tetraeder $\{M_i\}$ für die Kongruenz $(M_1 M_2)$ ein Tetraeder erster Ordnung ist: M_1, M_2 sind die Brennpunkte des Strahls $M_1 M_2$; $M_1 M_2 M_3$ und $M_1 M_2 M_4$ sind ihre Brennebenen;

2) Das Zusammenfallen der Basisformen ω_1^3, ω_2^4 besagt, daß die Torsen der beiden Kongruenzen einander entsprechen.

Folglich sind die Bedingungen (1d) Bedingungen für die Wahl der Zuordnung zwischen den Strahlen der Kongruenzen und für die Wahl des Tetraeders $\{M_i\}$, aber nicht für die Kongruenz $(M_1 M_2)$.

Wir erhalten daher den Satz:

Zwei beliebige Kongruenzen sind aufeinander projektiv-abwickelbar von erster Ordnung. Die Zuordnung der Abwicklung führt die Torsen in Torsen über. Die Brennpunkte werden auf die Brennpunkte und die Brennebenen auf die Brennebenen abgewickelt.

268. Die Projektivabwicklung zweiter Ordnung. Für die Abwickelbarkeit zweiter Ordnung ist notwendig, daß außer den Gleichungen (1d) auch diejenigen Gleichungen befriedigt werden, die aus der dritten Gleichung von (1b) hervorgehen.

Wir berechnen die zweiten Differentiale der Geraden $(A_1 A_2)$, $(M_1 M_2)$ und setzen sie in die dritte Gleichung von (1b) ein. Wenn wir bedenken, daß die Gleichungen (1d) für die ganze Kongruenz gelten und demnach differenzierbar sind, so erhalten wir durch Vergleich der Koeffizienten der analytischen Geraden $[ik]$ die folgenden Gleichungen:

$$\tilde{\omega}_1^1 - \tilde{\omega}_3^3 = 0, \quad \tilde{\omega}_2^2 - \tilde{\omega}_4^4 = 0, \tag{2a}$$

$$\omega_1^3\tilde{\omega}_2^1 - \omega_2^4\tilde{\omega}_4^3 = 0, \quad \omega_1^3\tilde{\omega}_3^4 - \omega_2^4\tilde{\omega}_1^2 = 0, \tag{2b}$$

$$\theta_2 = -\omega_2^4\tilde{\omega}_4^2 - \omega_1^3\tilde{\omega}_3^1 + (\tilde{\omega}_1^1 + \tilde{\omega}_2^2)^2 - d\tilde{\omega}_1^1 - d\tilde{\omega}_2^2. \tag{2c}$$

Andererseits ergibt sich, indem wir die ersten beiden Gleichungen von (1d) differenzieren und die entsprechenden Gleichungen für die erste Kongruenz abziehen,

$$[\omega_1^3\tilde{\omega}_2^1] - [\omega_2^4\tilde{\omega}_4^3] = 0, \quad [\omega_1^3\tilde{\omega}_3^4] - [\omega_2^4\tilde{\omega}_1^2] = 0. \tag{2b'}$$

Die äußeren quadratischen Gleichungen (2b′) verlangen, daß sich die Formen $\tilde{\omega}_2^1$ und $\tilde{\omega}_4^3$ durch die Basisformen ω_1^3, ω_2^4 mit *symmetrischer Matrix* ausdrücken lassen; die quadratischen Gleichungen (2b) mit dem gewöhnlichen Multiplikationszeichen liefern diese lineare Darstellung mit *antisymmetrischer* Koeffizientenmatrix. Daher müssen alle vier Formen verschwinden:

$$\tilde{\omega}_1^2 = 0, \quad \tilde{\omega}_2^1 = 0, \quad \tilde{\omega}_3^4 = 0, \quad \tilde{\omega}_4^3 = 0. \tag{2d}$$

Die Gleichungen (2d) besagen, daß alle Hauptformen zweiter Ordnung der projektiv-abwickelbaren Kongruenzen gleich sind. Folglich *entsprechen die Asymptotenlinien auf den Brennflächen der ersten Kongruenz den Asymptotenlinien auf den entsprechenden Brennflächen der zweiten.*

Verwenden wir die Formeln (7) § 186 und entwickeln die Formen (2d) für die erste und die zweite Kongruenz nach den Basisformen ω_1^3, ω_2^4, so erhalten wir für die Koeffizienten die Beziehungen

$$\bar{\alpha} = \alpha, \quad \bar{\beta} = \beta, \quad \bar{\gamma} = \gamma, \quad \bar{\alpha}' = \alpha', \quad \bar{\beta}' = \beta', \quad \bar{\gamma}' = \gamma'. \tag{2e}$$

Folglich *sind die Punkt- und Ebeneninvarianten abwickelbarer Kongruenzen entsprechend gleich. Die absoluten Invarianten zweiter Ordnung abwickelbarer Kongruenzen sind gleich.*

Insbesondere folgt daraus, daß *W-Kongruenzen nur auf W-Kongruenzen abgewickelt werden können.*

269. Ein hinreichendes Kriterium für die Abwickelbarkeit zweiter Ordnung. Nicht alle oben formulierten Bedingungen für die Abwicklung zweier Kongruenzen sind unabhängig. Eine notwendige und hinreichende Bedingung für die Abwickelbarkeit zweiter Ordnung kann man in Gestalt des folgenden Satzes formulieren:

Kongruenzen sind aufeinander projektiv-abwickelbar von zweiter Ordnung, wenn bei einer eineindeutigen Zuordnung der Strahlen dieser Kongruenzen, welche ihre Torsen erhält, die Asymptotenlinien jeder Brennfläche in die Asymptotenlinien der entsprechenden Brennfläche der anderen Kongruenz übergehen und die äußere Form, die der Punkt- oder Ebeneninvariante der ersten Kongruenz entspricht (§ 197), *gleich der entsprechenden Form der zweiten ist.*

Wenn nämlich in der Zuordnung der Strahlen, die zwischen den beiden Kongruenzen hergestellt ist, die Torsen der einen Kongruenz wieder in Torsen übergehen, dann müssen die Formen ω_1^3, $\dot{\omega}_2^4$ der beiden Kongruenzen proportional sein:

$$\Omega_1^3 = \lambda\,\omega_1^3, \qquad \Omega_2^4 = \mu\omega_2^4. \tag{3a}$$

Setzen wir voraus, daß jede Kongruenz auf ein Tetraeder erster Ordnung bezogen ist und differenzieren nach den sekundären Parametern der zweiten Kongruenz, so erhalten wir nach den Formeln (19a) § 192:

$$\Omega_1^3(\Pi_1^1 - \Pi_3^3) = \omega_1^3\,\delta\lambda,$$

und daraus

$$\delta \ln \lambda = \Pi_1^1 - \Pi_3^3, \qquad \delta \ln \mu = \Pi_2^2 - \Pi_4^4, \tag{3b}$$

wobei die Π_i^k die Werte der Formen Ω_i^k bei Variation der sekundären Parameter allein sind.

Aus den Gleichungen (3b) folgt, daß man durch die Normierung der Eckpunkte des Tetraeders $\{\boldsymbol{M}_i\}$ λ und μ zu Eins machen kann, wonach den sekundären Parametern die Bedingungen

$$\Pi_1^1 - \Pi_3^3 = 0, \qquad \Pi_2^2 - \Pi_4^4 = 0 \tag{3b'}$$

auferlegt werden und die Gleichungen (3a) die Gestalt annehmen

$$\Omega_1^3 = \omega_1^3, \qquad \Omega_2^4 = \omega_2^4. \tag{3a'}$$

Die äußere Differentiation dieser Gleichungen ergibt

$$[\omega_1^3, \tilde{\omega}_3^3 - \tilde{\omega}_1^1] = 0, \qquad [\omega_2^4, \tilde{\omega}_4^4 - \tilde{\omega}_2^2] = 0,$$

woraus wir, indem wir nach dem Lemma von CARTAN entwickeln, erhalten

$$\tilde{\omega}_3^3 - \tilde{\omega}_1^1 = \lambda_1\omega_1^3, \qquad \tilde{\omega}_4^4 - \tilde{\omega}_2^2 = \mu_1\omega_2^4. \tag{3c}$$

Wegen der Beziehungen (3a') folgt aus der Entsprechung der Asymptotenlinien auf den Brennflächen der Kongruenzen die Proportionalität der Koeffizienten:

$$\bar{\alpha} = t\alpha, \qquad \bar{\gamma} = t\gamma, \qquad \bar{\alpha}' = t'\alpha', \qquad \bar{\gamma}' = t'\gamma'. \tag{3d}$$

Differenzieren wir nach den sekundären Parametern der zweiten Kongruenz, so wird nach den Formeln (14a) § 188

$$\delta \ln t = 2\Pi_3^3 - \Pi_1^1 - \Pi_4^4 = \Pi_1^1 - \Pi_2^2.$$

Folglich kann man durch die Normierung der Eckpunkte $\boldsymbol{M}_i$ den Koeffizienten t auf Kosten der unabhängigen sekundären Form $\Pi_1^1 - \Pi_2^2$ zu Eins machen, und dann besagt die Gleichheit der äußeren Formen für die Punktinvarianten (27a) § 197, die wegen der Beziehungen (3a') die Gestalt annimmt

$$\bar{\gamma}\bar{\gamma}' = \gamma\gamma',$$

daß auch der Proportionalitätsfaktor t' gleich Eins ist, und wir erhalten

$$\bar{\alpha} = \alpha, \qquad \bar{\gamma} = \gamma, \qquad \bar{\alpha}' = \alpha', \qquad \bar{\gamma}' = \gamma'. \qquad 3\text{d}'$$

Da durch Drehung der Kanten M_1M_3, M_2M_4 in den Tangentenebenen der Brennflächen die Koeffizienten β, β' jeden Wert annehmen können, darf man setzen

$$\bar{\beta} = \beta, \quad \bar{\beta} = \beta' \tag{3d''}$$

und demnach sind die Bedingungen (2e) erfüllt.

Da nun die Gleichungen (1d), (2a), (2d) befriedigt werden, sind die Kongruenzen aufeinander projektiv-abwickelbar von zweiter Ordnung.

270. Die Projektivabwicklung erster und zweiter Art. Aus den Sätzen des vorangehenden Paragraphen ergibt sich die Folgerung: *Notwendige und hinreichende Bedingung für die Projektivabwickelbarkeit zweiter Ordnung von zwei Kongruenzen aufeinander ist die Gleichheit ihrer projektiven Linienelemente*

$$\Phi = \frac{\{\alpha(\omega_1^3)^2 + \gamma(\omega_2^4)^2\}\{\gamma'(\omega_1^3)^2 + \alpha'(\omega_2^4)^2\}}{\omega_1^3\omega_2^4}.$$

In der Tat folgt aus den Gleichungen (1d), (2e), wenn die Kongruenzen abwickelbar sind, die Gleichheit der Invarianten Φ und $\bar{\Phi}$. Umgekehrt folgt aus der Gleichheit

$$\bar{\Phi} = \Phi$$

die Entsprechung der Torsen der Kongruenzen, die Entsprechung der Asymptotenlinien auf den Brennflächen der ersten und zweiten Kongruenz und, nachdem man die Formen ω_1^3, ω_2^4 gemäß Gleichung (3a') eingerichtet hat, die Gleichheit der Produkte

$$\bar{\alpha}\bar{\gamma}' = \alpha\gamma', \quad \bar{\gamma}\bar{\alpha}' = \gamma\alpha', \quad \bar{\alpha}\bar{\alpha}' + \bar{\gamma}\bar{\gamma}' = \alpha\alpha' + \gamma\gamma'. \tag{4a}$$

Aus der Entsprechung der Asymptotenlinien auf den Brennflächen der ersten und zweiten Kongruenz folgen entweder die Gleichungen (3d), wenn sich die Asymptotenlinien auf den gleichen Brennflächen entsprechen, oder die Gleichungen

$$\bar{\alpha} = t\gamma', \quad \bar{\gamma} = t\alpha', \quad \bar{\alpha}' = t'\gamma, \quad \bar{\gamma}' = t'\alpha, \tag{4b}$$

wenn die Asymptotenlinien der ersten Brennfläche der Kongruenz (A_1A_2) den Asymptotenlinien der zweiten Brennfläche der Kongruenz (M_1M_2) entsprechen und umgekehrt.

Im ersten Fall (wie auch im zweiten) liefern die Gleichungen (4a) die Bedingung

$$tt' = 1$$

und demnach die Gleichheit der invarianten äußeren Formen, d. h. gemäß dem früheren Satz die Abwickelbarkeit der Kongruenzen aufeinander. Im zweiten Fall ist die Kongruenz (A_1A_2) projektiv-abwickelbar auf eine korrelative Abbildung der Kongruenz (M_1M_2).

In der Tat kann man die korrelative Abbildung erhalten, wenn man jeden Punkt des Raumes durch die Ebene ersetzt, deren Ebenenkoordinaten gleich den Koordinaten des Punktes sind. Wir sahen (§ 199), daß beim Übergang von den Punkt- zu den Ebenenkoordinaten die Torsen ihre Plätze vertauschen. Folglich vertauschen auch die Brennflächen ihre Plätze, was dem Übergang von α, γ zu α', γ' entspricht. Außerdem wird die Punktinvariante $\gamma\gamma'$ in die Ebeneninvariante $\alpha\alpha'$ übergeführt. Folglich werden α und γ durch γ' und α' ersetzt und das führt das System (4b) in das System (3d) über.

271. Die Kongruenzen, die eine Projektivabwicklung zweiter Ordnung zulassen. Wir sahen, daß die Projektivabwicklung erster Ordnung für Kongruenzen trivial ist: zwei beliebige Kongruenzen sind in erster Ordnung aufeinander abwickelbar. Man stellt leicht fest, daß es keine Abwicklung dritter Ordnung gibt. Schreiben wir noch eine weitere Gleichung des Systems (1b) aus und setzen dort die Differentiale der Strahlen $(\boldsymbol{A}_1\boldsymbol{A}_2)$, $(\boldsymbol{M}_1\boldsymbol{M}_2)$ ein, so erhalten wir, daß alle Formen Ω_i^k der zweiten Kongruenz gleich den entsprechenden Formen ω_i^k der ersten sind. Da die Komponentenmatrix ω_i^k eine Kongruenz $(\boldsymbol{A}_1\boldsymbol{A}_2)$ bis auf eine projektive Abbildung bestimmt, sind die Kongruenzen, die aufeinander projektiv-abwickelbar von dritter Ordnung sind, projektiv äquivalent, d. h. sie unterscheiden sich nur durch eine projektive Abbildung. Also erlangt die Untersuchung der Frage besonderes Interesse, ob es projektiv verschiedene Paare von Kongruenzen gibt, die aufeinander abwickelbar von zweiter Ordnung sind.

Sie werden bestimmt durch das System der Gleichungen (5) § 185, (1a), (2a), (2d):

$$\begin{gathered}\omega_1^4 = 0, \quad \omega_2^3 = 0, \quad \tilde{\omega}_1^4 = \tilde{\omega}_2^3 = \tilde{\omega}_1^3 = \tilde{\omega}_2^4 = \tilde{\omega}_1^2 = \tilde{\omega}_2^1 = \tilde{\omega}_3^4 = \tilde{\omega}_4^3 = 0, \\ \tilde{\omega}_1^1 - \tilde{\omega}_3^3 = 0, \quad \tilde{\omega}_2^2 - \tilde{\omega}_4^4 = 0.\end{gathered} \tag{5a}$$

Durch äußere Differentiation dieser Gleichungen erhalten wir das System der quadratischen Gleichungen

$$[\omega_1^2\omega_2^4] + [\omega_1^3\omega_3^4] = 0, \qquad [\omega_2^1\omega_1^3] + [\omega_2^4\omega_4^3] = 0, \tag{5b}$$

$$\begin{aligned} &[\omega_1^3\tilde{\omega}_3^2] + [\omega_1^2, \tilde{\omega}_2^2 - \tilde{\omega}_1^1] = 0, && [\tilde{\omega}_3^2\omega_2^4] + [\omega_3^4, \tilde{\omega}_2^2 - \tilde{\omega}_1^1] = 0, \\ &[\omega_2^1, \tilde{\omega}_1^1 - \tilde{\omega}_2^2] + [\omega_2^4\tilde{\omega}_4^1] = 0, && [\tilde{\omega}_4^1\omega_1^3] + [\omega_4^3, \tilde{\omega}_1^1 - \tilde{\omega}_2^2] = 0, \end{aligned} \tag{5c}$$

$$[\omega_1^3\tilde{\omega}_3^1] = 0, \qquad [\omega_2^4\tilde{\omega}_4^2] = 0. \tag{5d}$$

Das System zerfällt natürlich in zwei Untersysteme (5b, c) und (5d). Jedes von ihnen hat, wenn man die Formen ω_1^3, ω_2^4 nicht mitzählt, welche die Basis des Unterrings der Differentiale der unabhängigen Veränderlichen bilden, sein eigenes charakteristisches System: für das System (5b), (5c) enthält es die Formen

$$\omega_1^2,\ \omega_3^4,\ \omega_2^1,\ \omega_4^3,\ \tilde{\omega}_1^1 - \tilde{\omega}_2^2,\ \tilde{\omega}_3^2,\ \tilde{\omega}_4^1, \tag{5e}$$

für das System (5d) die Formen

$$\tilde{\omega}_3^1,\ \tilde{\omega}_4^2. \tag{5f}$$

Darum kann man das erste und das zweite System getrennt auf Involution untersuchen.

Das System (5d) ist offenbar in Involution. Das erste Linienelement hängt von zwei Parametern ab, den Werten der Formen $\tilde{\omega}_3^1$, $\tilde{\omega}_4^2$; auf dem zweiten sind sie durch die bilinearen Gleichungen, die den quadratischen (5d) zugeordnet sind, bestimmt. Die charakteristischen Zahlen des Untersystems (5d) sind

$$s_1' = 2, \quad s_2' = 0.$$

Das System (5b), (5c) enthält sechs quadratische Gleichungen und die sieben Formen (5e), die zu bestimmen sind. Wir können einer Form, z. B. $\tilde{\omega}_1^1 - \tilde{\omega}_2^2$, auf dem ersten und dem zweiten Linienelement der Integralkette einen beliebigen Wert geben. Dann bleiben die Werte der übrigen sechs Formen (5e) auf dem ersten Linienelement willkürlich, auf dem zweiten werden sie durch die bilinearen Gleichungen, die den quadratischen (5b, c) zugeordnet sind, bestimmt; die Determinante des Systems ist gleich dem Produkt

$$(\omega_1^3 \omega_2^4)^2 \, (\tilde{\omega}_1^1 - \tilde{\omega}_2^2)^2, \tag{5g}$$

wobei sich die Werte der Formen (5f) auf das erste Element der Kette beziehen. Wenn die Determinante (5g) von Null verschieden ist, dann ist die Kette regulär, das Untersystem (5b), (5c) ist in Involution mit den charakteristischen Zahlen

$$s_1'' = 6, \quad s_2'' = 1.$$

Das ganze System (5b) bis (5d) bleibt in Involution und die charakteristischen Zahlen addieren sich:

$$s_1 = s_1' + s_1'' = 8, \quad s_2 = s_2' + s_2'' = 1.$$

Wir kommen zum gleichen Resultat, wenn wir das System der Gleichungen (5b) bis (5d) als ganzes betrachten.

Die Integralmannigfaltigkeit existiert und hängt von einer willkürlichen Funktion zweier Argumente ab. Dadurch wird auch die Willkür der Kongruenzen bestimmt, die eine Projektivabwicklung zulassen.

272. Die singuläre Integralmannigfaltigkeit beim Problem der Abwicklung. Das Verschwinden der ersten beiden Faktoren der Systemdeterminante (5g) entspricht den Charakteristiken der Integralmannigfaltigkeit, den Torsen der abwickelbaren Kongruenz. Das Verschwinden des letzten Faktors

$$\tilde{\omega}_1^1 - \tilde{\omega}_2^2 = 0 \tag{6a}$$

entspricht einem singulären Integralelement und führt zu einer singulären Integralmannigfaltigkeit, wenn man verlangt, daß die Gleichung (6a) für alle Integralelemente der Mannigfaltigkeit gelten soll, d. h. wenn man die Gleichung zu dem System (5b) bis (5d) hinzunimmt.

Die äußere Differentiation der Gleichung (6a) führt auf eine Identität wegen der Gleichungen (5a), (5d). Die Gleichungen (5c) nehmen jetzt die Gestalt an

$$[\omega_1^3 \tilde{\omega}_3^2] = 0, \quad [\omega_2^4 \tilde{\omega}_3^2] = 0, \quad [\omega_2^4 \tilde{\omega}_4^1] = 0, \quad [\omega_1^3 \tilde{\omega}_4^1] = 0$$

und führen auf zwei neue lineare Gleichungen

$$\tilde{\omega}_3^2 = 0, \quad \tilde{\omega}_4^1 = 0. \tag{6b}$$

Ihre äußere Differentiation liefert die quadratischen Gleichungen

$$[\tilde{\omega}_3^1 \omega_1^2] + [\omega_3^4 \tilde{\omega}_4^2] = 0, \quad [\tilde{\omega}_4^2 \omega_2^1] + [\omega_4^3 \tilde{\omega}_3^1] = 0. \tag{6c}$$

Das System der linearen Gleichungen (5a), (6a), (6b) und der quadratischen (5b), (5d), (6c) ist in Involution. Das charakteristische System enthält außer den Formen ω_1^3, ω_2^4 und den linken Seiten der Gleichungen (5a), (6a), (6b) die sechs Formen

$$\omega_1^2, \ \omega_3^4, \ \omega_2^1, \ \omega_4^3, \ \tilde{\omega}_3^1, \ \tilde{\omega}_4^2. \tag{6d}$$

Auf dem ersten Linienelement der Kette sind ihre Werte willkürlich, auf dem zweiten werden sie aus den bilinearen Gleichungen, die den quadratischen (5b), (5d), (6c) zugeordnet sind, bestimmt, wenn die Determinante des Systems

$$\omega_1^3 \omega_2^4 (\tilde{\omega}_4^2 \omega_2^4 - \tilde{\omega}_3^1 \omega_1^3)^2 \tag{6e}$$

nicht verschwindet. Da das System sechs unabhängige quadratische Gleichungen und die sechs Formen (5e) enthält, sind die charakteristischen Zahlen

$$s_1 = 6, \quad s_2 = 0.$$

Die singuläre Integralmannigfaltigkeit existiert mit einer Willkür von sechs Funktionen eines Arguments.

Das Verschwinden der Determinante (6e) führt auf ein triviales Resultat. Das Verschwinden der ersten beiden Faktoren entspricht den schon bekannten Charakteristiken des Systems, den Torsen der Kongruenz. Wenn man dem System die Gleichung

$$\tilde{\omega}_4^2 \omega_2^4 - \tilde{\omega}_3^1 \omega_1^3 = 0 \tag{6f}$$

hinzufügt, die man beim Verschwinden des letzten Faktors von (6e) erhält, dann ergibt sich nach dem Lemma von CARTAN aus den Gleichungen (5d)

$$\tilde{\omega}_3^1 = a\omega_1^3, \quad \tilde{\omega}_4^2 = b\omega_2^4, \tag{6g}$$

und indem wir diese Werte in die Gleichung (6f) einsetzen, erhalten wir

$$a(\omega_1^3)^2 - b(\omega_2^4)^2 = 0,$$

woraus bei der Unabhängigkeit der Formen ω_1^3, ω_2^4 das Verschwinden der Koeffizienten a, b und damit der Formen $\tilde{\omega}_3^1$, $\tilde{\omega}_4^2$ folgt. Da nun alle Formen $\tilde{\omega}_i^k$ — die Form $\tilde{\omega}_1^1$ vielleicht ausgenommen — gleich Null sind, sind die beiden Kongruenzen $(\boldsymbol{A}_1\boldsymbol{A}_2)$ und $(\boldsymbol{M}_1\boldsymbol{M}_2)$ projektiv äquivalent und unterscheiden sich höchstens durch die Normierung der Eckpunkte $\boldsymbol{M}_i$. Folglich wird die Abwicklung trivial.

273. Die Abwicklung der $\boldsymbol{R}$-Kongruenzen. Um eine eingehendere Kenntnis über den Charakter der singulären Abwicklung und über die Kongruenzen, die eine solche Abwicklung zulassen, zu erhalten, muß man die Gleichungen (5a), (5b), (5d), (6a) bis (6c) zerlegen in ein System, das die abwickelbare Kongruenz $(\boldsymbol{A}_1\boldsymbol{A}_2)$ bestimmt, und ein System, das ihre Abwicklung $(\boldsymbol{M}_1\boldsymbol{M}_2)$ bestimmt.

Wir setzen voraus, daß die Kongruenz $(\boldsymbol{A}_1\boldsymbol{A}_2)$ gegeben ist und demnach die Formen ω_i^k bekannt sind und den ersten beiden Gleichungen von (5a) und den Gleichungen (5b) genügen.

Wir nehmen der Einfachheit halber an, daß die Kongruenz $(A_1 A_2)$ auf das Brennetz bezogen ist, d. h. β und β' sind gleich Null. Dann nehmen die Formeln (7) § 186 die Gestalt an

$$\omega_1^2 = \gamma\omega_2^4, \quad \omega_3^4 = \alpha\omega_1^3, \quad \omega_2^1 = \gamma'\omega_1^3, \quad \omega_4^3 = \alpha'\omega_2^4 \tag{7a}$$

und die Gleichungen (5d), (6c) schreiben sich

$$\begin{aligned} &[\omega_1^3\tilde{\omega}_3^1] = 0, && [\omega_2^4\tilde{\omega}_4^2] = 0, \\ &\gamma[\omega_2^4\tilde{\omega}_3^1] - \alpha[\omega_1^3\tilde{\omega}_4^2] = 0, && \alpha'[\omega_2^4\tilde{\omega}_3^1] - \gamma'[\omega_1^3\tilde{\omega}_4^2] = 0. \end{aligned} \tag{7b}$$

Wenn die Determinante $\alpha\alpha' - \gamma\gamma'$ nicht verschwindet, dann folgt aus den letzten beiden Gleichungen, daß jedes der Produkte $[\omega_1^3\tilde{\omega}_4^2]$, $[\omega_2^4\tilde{\omega}_3^1]$ verschwindet, und die beiden Formen $\tilde{\omega}_3^1$, $\tilde{\omega}_4^2$ sind gleich Null; daraus folgt die projektive Äquivalenz der Kongruenzen und die Trivialität der Abwicklung.

Folglich muß die Kongruenz $(A_1 A_2)$ der Bedingung genügen

$$\alpha\alpha' - \gamma\gamma' = 0. \tag{7c}$$

Eine singuläre Abwicklung lassen höchstens W-Kongruenzen zu, aber nicht jede W-Kongruenz kann derart abgewickelt werden. Das System der linearen Gleichungen (5a), (6a), (6b) und der quadratischen (7b) ist nicht in Involution, weil die vier quadratischen Gleichungen (7b) nur zwei Formen enthalten, die der Bestimmung unterliegen, nämlich $\tilde{\omega}_3^1$ und $\tilde{\omega}_4^2$. Darum muß man das System verlängern.

Lösen wir das System (7b) nach dem Lemma von CARTAN auf, so erhalten wir wegen der Gleichung (7c)

$$\tilde{\omega}_3^1 = t\alpha\omega_1^3, \quad \tilde{\omega}_4^2 = -t\gamma\omega_2^4, \tag{7d}$$

wobei t eine neue unbekannte Funktion ist. Bilden wir die äußeren Ableitungen der Gleichungen (7d), so wird

$$[\Delta t\omega_1^3] = 0, \quad [\Delta t\omega_2^4] = 0,$$

wobei

$$\Delta t = d\ln t + \omega_1^1 - \omega_4^4 + \beta_2\omega_1^3 - \beta_1\omega_2^4.$$

Diese Gleichungen sind äquivalent mit der einen linearen Differentialgleichung

$$d\ln t + \omega_1^1 - \omega_4^4 + \beta_2\omega_1^3 - \beta_1\omega_2^4 = 0. \tag{7e}$$

Ihre äußere Differentiation führt auf die quadratische Gleichung

$$[\Delta\beta_1\omega_2^4] + [\omega_1^3\Delta\beta_2] = 0,$$

oder, nach den Formeln (11) § 187 auf

$$\beta_{11} + \beta_{22} = 0. \tag{7f}$$

Da die Gleichungen (7c), (7f) die R-Kongruenzen charakterisieren, sehen wir, *daß die R-Kongruenzen und nur diese eine singuläre Abwicklung zulassen.*

In der Tat ist bei Erfüllung der Bedingungen (7c), (7f) die Gleichung (7e) vollständig integrierbar und bestimmt den Koeffizienten t und damit auch alle $\tilde{\omega}_i^k$ bis auf einen willkürlichen Parameter. Folglich *läßt jede R-Kongruenz eine stetige Projektivabwicklung mit einem willkürlichen Parameter zu.*

274. Der Satz von Bam-Selikowitsch über die Brennflächen einer Kongruenz, die eine Projektivabwicklung zuläßt. Kann man zu einer willkürlich vorgegebenen Fläche eine Kongruenz von Tangenten konstruieren, die eine Projektivabwicklung zuläßt?

Um diese Frage zu beantworten, betrachten wir wieder das System (5a) bis (5d) und zerlegen es jetzt derart in zwei Gruppen, daß die erste Gruppe die Gleichungen enthält, die sich auf die Bestimmung der Fläche $(\boldsymbol{A}_1)$ beziehen.

Die Fläche $(\boldsymbol{A}_1)$ wird bestimmt durch die Gleichung

$$\omega_1^4 = 0 \tag{8a}$$

und ihr äußeres Differential

$$[\omega_1^2 \omega_2^4] + [\omega_1^3 \omega_3^4] = 0. \tag{8b}$$

Das charakteristische System der Gleichungen (8a), (8b) besteht aus den fünf Gleichungen

$$\omega_1^3 = 0, \quad \omega_2^4 = 0, \quad \omega_1^4 = 0, \quad \omega_1^2 = 0, \quad \omega_3^4 = 0. \tag{8c}$$

Das System ist vollständig integrierbar und fünf erste Integrale von ihm bilden fünf charakteristische Veränderliche, mit deren Hilfe man die Gleichungen (8a), (8b) so schreiben kann, daß unter das Differentialzeichen und in die Koeffizienten nur diese fünf Veränderlichen eingehen. Die fünf Veränderlichen lassen sich deuten als Koordinaten für die Flächenelemente des Raumes. Zwei dieser Veränderlichen kann man als unabhängige Veränderliche nehmen. Wir betrachten irgendeine Lösung des Systems (8a), (8b), d. h. wir geben die übrigen drei Veränderlichen als Funktionen der ersten beiden derart vor, daß die Formen (8c) dem System (8a), (8b) genügen.

Das Gleichungssystem (5a) bis (5d), das ein Paar abwickelbarer Kongruenzen bestimmt, enthält in seinem charakteristischen System alle Gleichungen (8c), alle übrigen Gleichungen von (5a) und außerdem die Gleichungen

$$\begin{aligned} &\omega_2^1 = 0, \quad \omega_4^3 = 0, \quad \tilde{\omega}_3^2 = 0, \quad \tilde{\omega}_4^1 = 0, \\ &\tilde{\omega}_3^1 = 0, \quad \tilde{\omega}_4^2 = 0, \quad \tilde{\omega}_1^1 - \tilde{\omega}_2^2 = 0. \end{aligned} \tag{8d}$$

Es enthält 23 Gleichungen und besitzt ein System von 23 ersten Integralen, die charakteristische Veränderliche des Systems (5a) bis (5d) sind. Da in das neue System alle Gleichungen (8c) eingingen, kann man die fünf charakteristischen Veränderlichen des Systems (8a), (8b) als Funktionen der 23 Veränderlichen des großen Systems ausdrücken. Daraus folgt, daß man die ersten fünf Veränderlichen so in die Basis der Veränderlichen des großen Systems einschließen kann, daß es außer den ersten fünf noch 18 neue Veränderliche enthält.

Wir setzen jetzt in die Gleichungen des Systems (5a) bis (5d) die drei Funktionen der unabhängigen Veränderlichen ein, die die Lösung des Systems (8a), (8b) sind und die gewählte Fläche S bestimmen. Die Gleichungen (8a), (8b) sind erfüllt. Folglich enthält das System (5b) bis (5d) nur sieben quadratische Gleichungen. Da die Formen (8c) nur die ersten fünf Veränderlichen enthalten, werden sie jetzt linear durch die Formen ω_1^2, ω_1^3 oder durch ω_1^3, ω_2^4 ausgedrückt, denn wegen der Gleichung (8b) kann die Form ω_1^2 durch die Formen ω_1^3, ω_2^4 ausgedrückt werden, wenn diese unabhängig sind.

Das System (5a) bis (5d) enthält folglich nach vollzogener Substitution nur 20 Formen des charakteristischen Systems. Alle Formen (5a) sind auf der Integralmannigfaltigkeit gleich Null, was bedeutet, daß man bei der Konstruktion der Integralelemente der Kette außer den Formen ω_1^3, ω_2^4 nur die sieben Formen (8d) beachten muß.

Auf dem ersten Linienelement der Kette sind ihre Werte willkürlich, auf dem zweiten werden sie aus den bilinearen Gleichungen bestimmt, die den sieben quadratischen (5b) bis (5d) zugeordnet sind, die noch übrigbleiben, nachdem die erste Gleichung von (5b) zu einer Identität geworden ist. Die Determinante des Systems ist gleich

$$\omega_1^3\omega_2^4(\tilde{\omega}_1^1 - \tilde{\omega}_2^2)\,(\omega_1^2\omega_2^4 + \omega_1^3\omega_3^4)\,. \tag{8e}$$

Sie verschwindet auf den Torsen der Kongruenz ($\omega_1^3 = 0$, $\omega_2^4 = 0$) und auf den Asymptotenlinien ($\omega_1^2\omega_2^4 + \omega_1^3\omega_3^4 = 0$) der Fläche ($\boldsymbol{A}_1$); sie bestimmen die Charakteristiken unseres Systems. Außerdem entspricht die singuläre Integralmannigfaltigkeit (6a) dem Verschwinden der mittleren Klammer ($\tilde{\omega}_1^1 - \tilde{\omega}_2^2 = 0$).

Lassen wir diesen singulären Fall beiseite, so sehen wir, daß sich das System in Involution befindet mit den charakteristischen Zahlen $s_1 = 7$, $s_2 = 0$; folglich *kann man zu jeder vorgegebenen Fläche eine abwickelbare Kongruenz von Tangenten konstruieren mit einer Willkür von sieben Funktionen eines Arguments.*

275. Die gleichzeitige Projektivabwicklung der Brennflächen einer *R*-Kongruenz. Wir stießen schon zweimal auf die Transformation der R-Netze und R-Kongruenzen. Das erstemal im Kap. V, § 115 suchten wir eine W-Kongruenz zu einer gegebenen Brennfläche derart, daß sie ein R-Netz der ersten Brennfläche in ein R-Netz der zweiten überführt. Allerdings mußten wir uns, als wir die Differentialgleichungen aufstellten, die die allgemeinste Transformation dieser Art bestimmen, auf die partiellen Integrale beschränken, die vier wesentliche willkürliche Konstanten enthalten, und untersuchten die Frage nach der Existenz einer allgemeinen Lösung nicht. Die gefundene Lösung konnten wir geometrisch charakterisieren: Wenn man der Fläche S_0, die ein R-Netz trägt, eine beliebige Gerade $\boldsymbol{d}$ des Raumes zuordnet und in jeder Tangentenebene der Fläche S_0 ihren Berührungspunkt $\boldsymbol{A}_1$ mit dem Punkt $\boldsymbol{A}_3$ verbindet, in dem diese Ebene die Gerade $\boldsymbol{d}$ schneidet, dann berühren nach der Projektivabwicklung der Fläche S_0 in die Fläche S die den Tangenten $\boldsymbol{A}_1\boldsymbol{A}_3$ entsprechenden Tangenten der Fläche S eine neue Fläche S', die den geometrischen Ort der Punkte ($\boldsymbol{A}_3$) bilden möge. Dabei artet die Fläche S' nicht aus und trägt auch ein R-Netz. Die Kongruenz ($\boldsymbol{A}_1\boldsymbol{A}_3$) ist eine R-Kongruenz, die das R-Netz der Fläche S in das R-Netz der Fläche S' überführt. In dieser Weise erhält man die allgemeinste J-Transformation der R-Netze (§ 115).

Das zweitemal kamen wir auf die Transformation der R-Folgen ebenfalls mit vier willkürlichen Konstanten im Kap. VII, § 156, als wir selbstabgeleitete

Folgen betrachteten. Diese Transformation hatte auch eine einfache geometrische Charakterisierung als gleichzeitige asymptotische Transformation aller Brennetze der Folge. Von dieser Definition gingen wir im § 215 Kap. IX aus.

Um das Zusammenfallen dieser Transformationen mit der J-Transformation des Kap. V zu zeigen, müssen wir beweisen, daß bei einer geeigneten Projektivabwicklung der Fläche $(\boldsymbol{A}_1)$ alle Strahlen der Kongruenz $(\boldsymbol{A}_3\boldsymbol{A}_4)$ mit einer Geraden des Raumes zusammenfallen können.

Dazu bemerken wir zunächst, daß das System (52a, b) § 216 die Lösung $\lambda = 0$, $\mu = 0$ besitzt. Dabei werden die Gleichungen (52b), (52a′) § 216 zu Identitäten, und die ersten vier Gleichungen von (52a) § 216 nehmen die Gestalt an

$$\omega_3^2 = 0, \quad \omega_4^1 = 0, \quad \omega_3^1 = 0, \quad \omega_4^2 = 0. \tag{9}$$

Da hierbei das Differential der analytischen Geraden $(\boldsymbol{A}_3\boldsymbol{A}_4)$ zur Geraden selbst proportional wird

$$d(\boldsymbol{A}_3\boldsymbol{A}_4) = (\omega_3^3 + \omega_4^4)(\boldsymbol{A}_3\boldsymbol{A}_4),$$

bleibt diese Gerade fest.

Andererseits hängen das Linienelement der Kongruenz Φ nach Formel (21) § 193 oder die Linienelemente Θ und Θ' der Flächen $(\boldsymbol{A}_1)$ oder $(\boldsymbol{A}_2)$ (das erste davon nach Formel (26) § 196, das zweite nach der Formel, die man durch die übliche Ersetzung der Indizes 1 und 3 durch die Indizes 2 und 4 erhält) nicht von den Formen ω_3^1, ω_4^2 ab. Folglich lassen beide Brennflächen und die Kongruenz eine Projektivabwicklung bei jedem vorgegebenen λ zu. Wir müssen nun zeigen, daß die Flächen $(\boldsymbol{A}_1)$, $(\boldsymbol{A}_2)$ und die Kongruenz $(\boldsymbol{A}_1\boldsymbol{A}_2)$ so abgewickelt werden können, daß alle Strahlen $\boldsymbol{A}_3\boldsymbol{A}_4$ mit einer Geraden des Raumes zusammenfallen.

Wir betrachten die Schar der Tetraeder $\{\boldsymbol{A}_i\}$, die durch die Komponenten (5) § 185, (7) § 186, (51a), (51b) § 216, (52a), (52b) § 216 bei gewissen, von Null verschiedenen Werten von λ und μ bestimmt wird, und die Schar der Tetraeder $\{\boldsymbol{B}_i\}$, die durch dieselben Komponenten (5) § 185, (7) § 186 bei denselben Formen ω_1^3, ω_2^4 und die Komponenten (9) bestimmt wird. Wir beweisen, daß diese Tetraederscharen durch die Flächen $(\boldsymbol{A}_1)$, $(\boldsymbol{A}_2)$ und die Kongruenz $(\boldsymbol{A}_1\boldsymbol{A}_2)$ so aufeinander abgewickelt werden, daß die Strahlen $\boldsymbol{A}_3\boldsymbol{A}_4$ mit den Strahlen $\boldsymbol{B}_3\boldsymbol{B}_4$ zusammenfallen.

Nach Definition (s. Kap. X § 234, Kap. XIII § 266) ist die Fläche $(\boldsymbol{A}_1)$ projektiv abwickelbar auf die Fläche $(\boldsymbol{B}_1)$, wenn es eine eineindeutige Zuordnung der Punkte $\boldsymbol{A}_1 \rightleftarrows \boldsymbol{B}_1$ der Flächen gibt und zu jedem Paar entsprechender Punkte eine projektive Abbildung Π, welche die Fläche $(\boldsymbol{A}_1)$ in die Fläche $(\boldsymbol{A}_1^*)$ derart überführt, daß nicht nur die Punkte $\boldsymbol{A}_1^*$, $\boldsymbol{B}_1$, sondern auch ihre differentiellen Umgebungen zweiter Ordnung zusammenfallen. Da wir die gleichzeitige Abwicklung der beiden Brennflächen $(\boldsymbol{A}_1)$, $(\boldsymbol{A}_2)$ und der Kongruenz $(\boldsymbol{A}_1\boldsymbol{A}_2)$ betrachten, müssen wir das Zusammenfallen der differentiellen Umgebungen der Punkte $\boldsymbol{A}_1^*$ und $\boldsymbol{B}_1$, $\boldsymbol{A}_2^*$ und $\boldsymbol{B}_2$ und der Strahlen $\boldsymbol{A}_1^*\boldsymbol{A}_2^*$ und $\boldsymbol{B}_1\boldsymbol{B}_2$ verlangen.

Dabei müssen die Strahlen $A_3^*A_4^*$ und B_3B_4 zusammenfallen (aber nicht ihre Umgebungen).

Schließlich stimmen die Punkte oder ihre Umgebungen nur bis auf einen skalaren Faktor überein: Proportionalität der analytischen Punkte bedeutet Zusammenfallen ihrer geometrischen Punkte.

Darum kann man die Bedingungen für die Abwickelbarkeit durch die Gleichungen ausdrücken

$$A_1^* + dA_1^* + \frac{1}{2} d^2A_1^* = \left(\theta_0' + \theta_1' + \frac{1}{2}\theta_2'\right)\left(B_1 + dB_1 + \frac{1}{2} d^2B_1\right),$$

$$A_2^* + dA_2^* + \frac{1}{2} d^2A_2^* = \left(\theta_0'' + \theta_1'' + \frac{1}{2}\theta_2''\right)\left(B_2 + dB_2 + \frac{1}{2} d^2B_2\right),$$

$$(A_1^*A_2^*) + d(A_1^*A_2^*) + \frac{1}{2} d^2 (A_1^*A_2^*) = \qquad \text{a)}$$

$$= \left(\theta_0 + \theta_1 + \frac{1}{2}\theta_2\right)\left\{(B_1B_2) + d(B_1B_2) + \frac{1}{2} d^2(B_1B_2)\right\},$$

$$A_3^* = \varrho' B_3, \qquad A_4^* = \varrho'' B_4,$$

wobei ϱ', ϱ'', θ_0, θ_0', θ_0'' willkürliche Skalare, d. h. Funktionen der unabhängigen Veränderlichen u, v sind; θ_1, θ_1', θ_1'' sind lineare Formen ihrer Differentiale und θ_2, θ_2', θ_2'' sind quadratische Formen, und die ersten drei Gleichungen gelten nur bis zu den Gliedern zweiter Ordnung einschließlich bezüglich der Differentiale du, dv. Folglich sind die ersten beiden Gleichungen von (a) äquivalent mit dem System

$$A_i^* = \theta_0^{(i)} B_i, \qquad dA_i^* = \theta_0^{(i)} dB_i + \theta_1^{(i)} B_i,$$
$$d^2A_i^* = \theta_0^{(i)} d^2B_i + 2\theta_1^{(i)} dB_i + \theta_2^{(i)} B_i; \qquad i = 1, 2 \qquad \text{(a')}$$

und analog für die dritte Gleichung von (a).

Da eine projektive Abbildung die Komponenten des Tetraeders nicht ändert, berechnen sich die Differentiale der Punkte A_i^* mit Hilfe der Komponenten des Tetraeders $\{A_i\}$, und da die Normierung der Punkte A_i oder B_i nach den Formeln (5) § 185, (7) § 186, (9) § 187, (51a), (51b), (52a), (52b) § 216 willkürlich bleibt, können wir setzen

$$A_k^* = B_k; \qquad k = 1, 2, 3, 4;$$

daraus folgt

$$\varrho' = \varrho'' = \theta_0' = \theta_0'' = \theta_0 = 1 .$$

Bezeichnen wir die Komponenten der Tetraeder $\{A_i\}$ und $\{B_i\}$ mit ω_i^k bzw. $\overline{\omega}_i^k$ und setzen

$$\omega_i^k - \overline{\omega}_i^k = \tilde{\omega}_i^k ,$$

so erhalten wir nach den Bedingungen der Wahl der Tetraeder $\{A_i\}$ und $\{B_i\}$

$$\tilde{\omega}_1^3 = \tilde{\omega}_2^4 = \tilde{\omega}_1^2 = \tilde{\omega}_2^1 = \tilde{\omega}_3^4 = \tilde{\omega}_4^3 = \tilde{\omega}_3^2 = \tilde{\omega}_4^1 = \tilde{\omega}_1^4 = \tilde{\omega}_2^3 = 0,$$
$$\tilde{\omega}_3^1 = \lambda\,\omega_1^3, \qquad \tilde{\omega}_4^2 = \mu\,\omega_2^4. \qquad \text{(b)}$$

Dann werden die ersten Gleichungen von (a′) zu Identitäten und die zweiten ergeben

$$\theta_1' = \tilde{\omega}_1^1, \qquad \theta_1'' = \tilde{\omega}_2^2. \tag{c}$$

Da

$$\begin{aligned} d^2 \boldsymbol{A}_1 &= \{d\omega_1^1 + (\omega_1^1)^2 + \omega_1^2\omega_2^1 + \omega_1^3\omega_3^1\} \boldsymbol{A}_1 + \\ &+ \{d\omega_1^2 + (\omega_1^1 + \omega_2^2)\omega_1^2\} \boldsymbol{A}_2 + \{d\omega_1^3 + (\omega_1^1 + \omega_3^3)\omega_1^3\} \boldsymbol{A}_3 + \\ &+ \{\omega_1^2\omega_2^4 + \omega_1^3\omega_3^4\} \boldsymbol{A}_4 \end{aligned}$$

ist, liefern die dritten Gleichungen von (a′) wegen der Beziehungen (b) und (c) außer den Formeln für die Formen θ_2', θ_2'' nur die Beziehungen

$$\tilde{\omega}_1^1 = \tilde{\omega}_2^2 = \tilde{\omega}_3^3 = \tilde{\omega}_4^4,$$

die aus der zusätzlich auferlegten Forderung über die Normierung der Punkte $\boldsymbol{A}_i^*$ und $\boldsymbol{B}_i$ hervorgehen. Unter diesen Bedingungen wird die dritte Gleichung von (a) mit dem Wert

$$\theta_1 = \tilde{\omega}_1^1 + \tilde{\omega}_2^2$$

und einem geeigneten Wert von θ_2 befriedigt.

Damit ist bewiesen, daß die Transformation der R-Folgen, die in den Kap. VII und IX betrachtet wurde, mit derjenigen zusammenfällt, die im Kap. V eingeführt wurde.

II. Die konforme K-Transformation

276. Die konforme K-Transformation von Tichozki. Der Begriff der Abwicklung n-ter Ordnung behält seine Bedeutung, wenn man ihn auf eine Kongruenz im Euklidischen Raum anwendet, aber er wird trivial. Ein Paar von Kongruenzen ist abwickelbar, wenn man in einem gewissen Bereich eine eineindeutige Zuordnung der Strahlen herstellen und jedem Strahlenpaar eine derartige Bewegung des Euklidischen Raumes zuordnen kann, daß diese zum Zusammenfallen dieses Strahlenpaares und der differentiellen Umgebungen n-ter Ordnung führt. Bei $n = 0$ sind zwei beliebige Kongruenzen bei beliebiger Zuordnung der Strahlen abwickelbar, weil man ein Paar von Geraden stets zusammenlegen kann. Bei $n = 1$ werden abwickelbare Paare von Kongruenzen kongruent. In der Tat fallen bei Übereinstimmung der differentiellen Umgebungen erster Ordnung auch die Strahlen, die sich im Brennpunkt schneiden, zusammen. Folglich müssen die Brennpunkte und die Brennebenen zusammenfallen und die Torsen sich entsprechen; dann können sich nach den Formeln des Kap. III die Kongruenzen aber nur durch ihre Lage im Raum unterscheiden.

K. N. Tichozki konstruierte eine neue Transformation der Kongruenzen, die man als Abwicklung im Raum mit der Fundamentalgruppe der Ähnlichkeitstransformationen ansehen kann, die man aber viel natürlicher als konforme Transformation einer Kongruenz oder K-Transformation von Tichozki bezeichnet.

Zwei Kongruenzen sind aufeinander *konform-abwickelbar* (bilden sich konform aufeinander ab) oder sind *äquivalent bezüglich der K-Transformation*, wenn man in einem gewissen Bereich eine eineindeutige Zuordnung der Strahlen herstellen und jedem Paar von Strahlen eine derartige Bewegung $\mathcal{E}$ des EUKLIDischen Raumes zuordnen kann, daß sie dieses Paar von Strahlen zusammenlegt, und zwar so, daß sich die entsprechenden Regelflächen beider Kongruenzen, die durch diesen Strahl gehen, längs des ganzen Strahls berühren.

Wir ordnen dem Strahl $\boldsymbol{AA'}$ der ersten der konform-abwickelbaren Kongruenzen ein beliebiges orthogonales Dreibein T $(\boldsymbol{A};\ \boldsymbol{e}_3, \boldsymbol{e}_1, \boldsymbol{e}_2)$ derart zu, daß die Achse $\boldsymbol{e}_3$ des Dreibeins mit dem Strahl zusammenfällt. Der zweiten Kongruenz $(\boldsymbol{BB'})$ ordnen wir ein Dreibein T $(\boldsymbol{B};\ \boldsymbol{\epsilon}_3, \boldsymbol{\epsilon}_1, \boldsymbol{\epsilon}_2)$ derart zu, daß nach der Bewegung $\mathcal{E}$ der ersten Kongruenz, welche die Strahlen $\boldsymbol{AA'}$ und $\boldsymbol{BB'}$ zusammenlegt, die Dreibeine T und T zusammenfallen.

Die Komponenten des ersten Dreibeins bezeichnen wir mit ω_i^k, die des zweiten mit Ω_i^k, ihre Differenz mit $\tilde{\omega}_i^k = \Omega_i^k - \omega_i^k$. Wir haben dann

$$\begin{aligned} d\boldsymbol{A} &= \omega^k \boldsymbol{e}_k, & d\boldsymbol{B} &= \Omega^k \boldsymbol{\epsilon}_k, \\ d\boldsymbol{e}_i &= \omega_i^k \boldsymbol{e}_k, & d\boldsymbol{\epsilon}_i &= \Omega_i^k \boldsymbol{\epsilon}_k, \end{aligned} \qquad i, k = 1, 2, 3. \tag{10a}$$

Die Tangentenebene an eine Regelfläche $\omega_2^3 = \varrho\,\omega_1^3$ der ersten Kongruenz im Punkt

$$\boldsymbol{A}' = \boldsymbol{A} + \lambda \boldsymbol{e}_3$$

des Strahls $\boldsymbol{AA'}$ wird durch die Vektoren $\boldsymbol{e}_3$ und $d\boldsymbol{A}' = d\boldsymbol{A} + \lambda\, d\boldsymbol{e}_3 + \boldsymbol{e}_3\, d\lambda$ bestimmt.

Der (nicht normierte) Normalenvektor ist

$$\boldsymbol{n} = \boldsymbol{e}_3 \times (d\boldsymbol{A} + \lambda\, d\boldsymbol{e}_3) = \boldsymbol{e}_2(\omega^1 - \lambda\omega_1^3) - \boldsymbol{e}_1(\omega^2 - \lambda\omega_2^3).$$

Ebenso ist die Normale zur entsprechenden Regelfläche der zweiten Kongruenz

$$\boldsymbol{N} = \boldsymbol{\epsilon}_2(\Omega^1 - \lambda\,\Omega_1^3) - \boldsymbol{\epsilon}_1(\Omega^2 - \lambda\,\Omega_2^3),$$

denn der Punkt $\boldsymbol{A}'$ fällt mit dem Punkt $\boldsymbol{B}' = \boldsymbol{B} + \lambda\boldsymbol{\epsilon}_3$ des zweiten Strahls zusammen.

Da sich die entsprechenden Regelflächen berühren, müssen ihre Normalenvektoren proportional sein, und da nach der Bewegung $\mathcal{E}$ die Vektoren $\boldsymbol{e}_i$ mit den Vektoren $\boldsymbol{\epsilon}_i$ zusammenfallen, müssen wir die Proportion erhalten

$$\frac{\Omega^1 - \lambda\Omega_1^3}{\omega^1 - \lambda\omega_1^3} = \frac{\Omega^2 - \lambda\Omega_2^3}{\omega^2 - \lambda\omega_2^3}.$$

Diese Gleichung gilt in jedem Punkt des Strahls, d. h. für jedes λ. Da bei nicht ausgearteten Kongruenzen $\omega^1\omega_2^3 - \omega^2\omega_1^3 \neq 0$, folgt daraus

$$\frac{\Omega^1}{\omega^1} = \frac{\Omega_1^3}{\omega_1^3} = \frac{\Omega^2}{\omega^2} = \frac{\Omega_2^3}{\omega_2^3}, \tag{10b}$$

d. h. die vier Hauptformen erster Ordnung der beiden Kongruenzen sind proportional. Daraus ergibt sich unmittelbar, daß die invarianten quadratischen

Formen nach den Formeln (22) § 25 und (38) § 27

$$ds^2 = (\omega_1^3)^2 + (\omega_2^3)^2, \qquad \psi = \omega^1\omega_2^3 - \omega^2\omega_1^3$$

bei beiden Kongruenzen proportional sind mit demselben Proportionalitätsfaktor. Wenn wir andererseits die Koeffizienten a, b, b', c, A, B, B', C mittels der Gleichungen (20) § 24 einführen, dann müssen, da die Gleichungen (10b) für jedes Verhältnis der Formen ω_2^3 und ω_1^3 gelten, die entsprechenden Koeffizienten a, b, b', c der beiden Kongruenzen gleich sein,

$$A = a, \qquad B = b, \qquad B' = b', \qquad C = c, \tag{10c}$$

woraus nach den Formeln (25), (27), (29), (30) § 25 sofort folgt, daß bei der Abwicklung die Grenzpunkte, die Brennpunkte, die entsprechenden Hauptflächen und Torsen zusammenfallen.

277. Die Kongruenzen, die eine K-Transformation zulassen. Zur Bestimmung der Paare konform-abwickelbarer Kongruenzen haben wir das System

$$\Omega_1^3 = \varrho\omega_1^3, \qquad \Omega_2^3 = \varrho\omega_2^3, \qquad \Omega^1 = \varrho\omega^1, \qquad \Omega^2 = \varrho\omega^2, \tag{11a}$$

wobei der Proportionalitätsfaktor ϱ als neue unbekannte Funktion betrachtet werden muß.

Durch äußere Differentiation erhalten wir ein System quadratischer Gleichungen:

$$\begin{gathered}[d\ln\varrho, \omega_1^3] - [\tilde\omega_1^2\omega_2^3] = 0, \qquad [d\ln\varrho, \omega_2^3] + [\tilde\omega_1^2\omega_1^3] = 0,\\ [d\ln\varrho, \omega^1] - [\tilde\omega_1^2\omega^2] + [\tilde\omega^3\omega_1^3] = 0,\\ [d\ln\varrho, \omega^2] + [\tilde\omega_1^2\omega^1] + [\tilde\omega^3\omega_2^3] = 0.\end{gathered} \tag{11b}$$

Das charakteristische System besteht aus den Formen ω_1^3, ω_2^3, welche die Basis des Unterrings der Differentiale der unabhängigen Veränderlichen sind, den vier Formen (7d) und den fünf Formen

$$d\ln\varrho, \ \tilde\omega_1^2, \ \tilde\omega^3, \ \omega^1, \ \omega^2. \tag{11c}$$

Eine dieser fünf Formen, z. B. $\tilde\omega^3$, kann man völlig willkürlich auf dem ersten und zweiten Integralelement der Kette vorgeben; die übrigen vier sind auf dem ersten Linienelement willkürlich, auf dem zweiten werden sie durch die bilinearen Gleichungen, die den quadratischen (11b) zugeordnet sind, bestimmt.

Die Determinante des Systems

$$\{(\omega_1^3)^2 + (\omega_2^3)^2\}\,\{(d\ln\varrho)^2 + (\tilde\omega_1^2)^2\}$$

verschwindet nicht identisch. Also ist die Kette der Integralelemente regulär, und das System ist in Involution mit den charakteristischen Zahlen

$$s_1 = 4, \qquad s_2 = 1.$$

Es gibt also Paare aufeinander konform-abwickelbarer Kongruenzen, die bis auf eine Funktion zweier Argumente bestimmt sind.

Diese Überlegungen lassen sich fast ohne Änderung auf Komplexe übertragen. Wir erhalten wieder die Proportionalität der Hauptformen erster Ordnung

(10b). Nur sind jetzt, da der Strahl eines Komplexes von drei willkürlichen Parametern abhängt, von den vier Hauptformen drei unabhängig, z. B. ω_1^3, ω_2^3, ω^1. Die vierte drückt sich linear durch die ersten drei aus:

$$\omega^2 = a\omega^1 + b\omega_1^3 + c\omega_2^3. \tag{12a}$$

Die Gleichungen (11a) muß man unter dieser Voraussetzung betrachten. Wir erhalten wieder das System der quadratischen Gleichungen (11b), aber jetzt unterliegen nur die vier Formen

$$d \ln \varrho,\ \tilde{\omega}_1^2,\ \tilde{\omega}^3,\ \omega^2 \tag{12b}$$

der Bestimmung aus den quadratischen Gleichungen (11b) auf dem zweiten Integralelement der Kette. Lösen wir das System (11b) nach ihnen auf, so erhalten wir

$$\begin{aligned} d \ln \varrho &= \alpha\omega_1^3 + \beta\omega_2^3, & \tilde{\omega}_1^2 &= -\beta\omega_1^3 + \alpha\omega_2^3, \\ \tilde{\omega}^3 - \beta\omega^2 &= \alpha'\omega_1^3 + \beta'\omega_2^3 + \alpha\omega^1, & \alpha\omega^2 &= \beta'\omega_1^3 - \alpha'\omega_2^3 + \beta\omega^1. \end{aligned} \tag{12c}$$

Diese Formeln enthalten vier unabhängige Parameter: $\alpha, \beta, \alpha', \beta'$. Auf dem ersten Integralelement der Kette bleiben die Werte der Formen (12b) willkürlich, auf dem zweiten werden sie aus den bilinearen Gleichungen bestimmt, die den quadratischen (11b) zugeordnet sind, mit der Determinante

$$D = \{(\omega_1^3)^2 + (\omega_2^3)^2\} \{d \ln \varrho\, \omega_1^3 + \omega_1^2 \omega_2^3\}.$$

Folglich können die charakteristischen Zahlen der Kette nur $s_1 = 4$, $s_2 = s_3 = 0$ sein. Da die Zahl von CARTAN

$$s_1 + 2s_2 + 3s_3 = 4$$

mit der Anzahl der unabhängigen Parameter übereinstimmt, von denen das allgemeinste dreidimensionale Integralelement abhängt, ist die Kette regulär (M.Ä.F., S. 249), das System ist in Involution und bestimmt die Paare konform-abwickelbarer Komplexe bis auf vier Funktionen eines Arguments.

278. Literaturhinweise zur Projektivabwicklung einer Kongruenz. Die Projektivabwicklung einer Fläche wurde von FUBINI eingeführt. CARTAN [41] verallgemeinerte diesen Begriff auf den Raum mit einer beliebigen Fundamentalgruppe und auf beliebige geometrische Objekte. Insbesondere wurde von ihm die Grundlage für die Projektivabwicklung der Kongruenzen gelegt.

MENTRÉ [146], [147], [148], [149] zeigte, daß eine Kongruenz projektiv-abwickelbar ist, wenn der lineare Schmiegkomplex nur von einem Parameter abhängt (dann ist der Schmiegkomplex längs einer ganzen Regelfläche der Kongruenz fest). Wenn dabei die Abwicklung singulär ist, dann enthalten die Charakteristiken dieser Komplexe, d. h. die Quadriken, die man als Durchschnitt dreier unendlich benachbarter Komplexe erhält, zwei feste Geraden. Die Brennflächen sind Konoide, für welche diese Geraden Leitgeraden sind.

Eine wesentliche Ergänzung zu den Arbeiten von CARTAN gab TERRACINI [202], [203], [205]. In der ersten dieser Arbeiten [202] stellt er das projektive Linienelement einer Kongruenz auf. In einer anderen Arbeit [206] transformiert er für Nicht-W-Kongruenzen das Gleichungssystem, von dem die Abwickelbarkeit einer Kongruenz abhängt. Als Anwendung beweist er, daß die Nicht-W-Kongruenzen mit zwei Quadriken als Brennflächen ∞^2 Projektivabwicklungen zulassen.

In der ersten [202] der oben erwähnten Arbeiten faßt TERRACINI den Begriff der Abwicklung neu. Er nennt Flächen, Kongruenzen oder beliebige geometrische Objekte mit gleichen Linienelementen abwickelbar; dabei bezeichnet er als Linienelement die Differentialinvariante zweier unendlich benachbarter erzeugender Elemente des geometrischen Objekts. Diese Definition der Abwicklung wandte er auf die Abwicklung komplizierter geometrischer Objekte an, nämlich auf die Gesamtheit einer Fläche S und einer Kongruenz K, deren Strahlen durch entsprechende Punkte der Fläche gehen. Indem er verlangt, daß das Paar (S, K) auf das Paar (S', K') abwickelbar ist, erhält er zwei Kongruenzen, die einer Fläche zugeordnet sind.

FINIKOW [84] betrachtete die CARTANsche Abwicklung eines zusammengesetzten Objekts, das aus einem Paar von Kongruenzen besteht. Ein willkürlich zusammengesetztes Paar von Kongruenzen ist nicht abwickelbar, aber einer beliebigen Kongruenz kann man mit einer Willkür von drei Funktionen zweier Argumente eine andere (assoziierte) Kongruenz so zuordnen, daß ein abwickelbares Paar entsteht. Es läßt sich eine ganze Reihe spezieller Fälle anführen: das Paar der Kongruenzen, die im Nullsystem eines linearen Komplexes reziprok sind, ein Paar von Kongruenzen mit gemeinsamen geradlinigen Brennflächen, ein konjugiertes schichtbares Paar, ein Paar gegenüberliegender Kongruenzen aus einer LAPLACE-Folge der Periode vier usw.

Der von TERRACINI eingeführte Begriff der Abwicklung zweiter Art erlaubte diesem Autor die Frage nach einem konjugierten Netz zu stellen, dessen zwei Kongruenzen von zweiter Art aufeinander abwickelbar sind. PANTAZI [155] zeigte, daß jedes konjugierte Netz auf einer Quadrik diese Eigenschaft besitzt. Die anderen Netze dieser Art hängen von fünf Funktionen eines Arguments ab; auf den LAPLACE-Transformierten entsprechen sich die Asymptotenlinien. FINIKOW [85] zeigte, daß diese Netze Netze von SLOTNICK [195] sind. Er untersuchte auch die allgemeinere Frage nach LAPLACE-Folgen, bei denen zwei aufeinanderfolgende oder zwei einer Kongruenz benachbarte Kongruenzen abwickelbar sind.

Der Satz von BAM-SELIKOWITSCH wurde von ihm im Seminar für Differentialgeometrie der Moskauer Universität mitgeteilt. FUBINI sieht im zweiten Band seiner „Projektiven Differentialgeometrie" diese Frage als ein schwieriges Problem der Differentialgeometrie an.

Die konforme Transformation von TICHOZKI wurde von diesem Autor im Jahre 1936 [208], [209] publiziert. In letzter Zeit untersuchte RYSCHKOW [182] die projektiv-abwickelbaren Kongruenzen in einem linearen Komplex.

279. Literaturhinweise zur metrischen Abwicklung einer Kongruenz. Bald nach KUMMER führte BELTRAMI [8] eine häufig vorkommende Transformation einer Kongruenz ein, die dann BIANCHI eine Abwicklung nannte. Der Kongruenzstrahl r, der durch den Punkt M einer gewissen Fläche S geht, sei mit der Tangentenebene der Fläche S fest verbunden, so daß bei einer Verbiegung der Fläche S der Strahl r im Raum mitbewegt wird, und die Kongruenz (r) einer Transformation unterliegt, die in der metrischen Theorie der Kongruenzen Abwicklung heißt. Eine Normalenkongruenz bleibt bei dieser Verbiegung eine Normalenkongruenz.

RIBAUCOUR [164] bewies, daß eine Kongruenz von (im allgemeinen gekrümmten) Kurven, die in den Tangentenebenen einer gewissen Fläche S liegen und bei der Verbiegung der Fläche S mit diesen mitbewegt werden, und zu denen es eine Flächenschar gibt, welche sie senkrecht schneiden, diese Eigenschaften auch nach der Verbiegung behält. Er betrachtet [170] eine Kongruenz von Strahlen, die zu den Normalen einer Fläche S parallel sind. Wenn bei der Verbiegung der Fläche S jeder Strahl der Kongruenz mit der zu ihm senkrechten Tangentenebene der Fläche mitgeführt wird, dann ändert sich das Produkt der Abstände der Brennpunkte von dieser Ebene bei der Verbiegung nicht. Ist die Kongruenz zur Fläche konjugiert, d. h. entsprechen ihre Torsen auf der Fläche S einem konjugierten Liniensystem, dann bleibt diese Eigenschaft während der ganzen Verbiegung erhalten. Wenn der Strahl in der Tangentenebene der Fläche S liegt und seine Brennpunkte auf konjugierten Tangenten der Fläche S gelegen sind, dann entsprechen die Torsen diesem konjugierten System; die ganze Konfiguration bleibt bei allen Verbiegungen der Fläche S erhalten. Schließlich betrachtet er auch den allgemeinen Fall der Abwicklung einer Kongruenz, wenn der Kongruenzstrahl, der starr mit einer gewissen Tangentenebene der Fläche verbunden ist und bei der Verbiegung von S mit dieser mitbewegt wird, in bezug auf diese Ebene eine beliebige Lage einnimmt. Eine Kongruenz bleibt eine Normalenkongruenz bei allen Verbiegungen der Fläche S, wenn die Fläche S in eine Drehfläche verbiegbar ist und der Strahl die Tangente an die Parallelkreise schneidet.

Calo [38] untersucht die Abwicklung einer Normalenkongruenz, deren Strahlen durch die entsprechenden Punkte einer Fläche S gehen, welche die Abwicklung erzeugt. Die Kongruenz bleibt eine Normalenkongruenz bei allen Verbiegungen der Fläche S, wenn sie in eine Drehfläche verbiegbar ist (Sonderfall des Satzes von Ribaucour); dabei bewegen sich die Brennpunkte auf dem Strahl nicht. Die Strahlen stehen auf den Parallelkreisen senkrecht und sind gegen die Meridiane um den Winkel σ derart geneigt, daß $r \operatorname{tg} \sigma = \text{const}$ ist, wobei r den Radius des Parallelkreises darstellt. Wenn S_1 die Fläche ist, die jeden Strahl in dem zum Schnittpunkt mit der Fläche S bezüglich der Brennpunkte des Strahls harmonisch konjugierten Punkt schneidet, dann ist S_1 eine Fläche derselben Art wie die Fläche S. Wenn die Fläche S_1 die Kongruenz senkrecht schneidet, dann ist S eine Fläche von Bonnet.

Finikow [70], [76] stellte die Aufgabe, eine Kongruenz unter Erhaltung der Torsen abzuwickeln (die Torsen gehen bei der Abwicklung der Kongruenz in Torsen über). Eine derartige Abwicklung ist unmöglich, wenn sie sich nicht auf eine Fläche S mit bestimmten Bedingungen bezieht; wenn die Fläche in Abhängigkeit von der Änderung eines einzigen Parameters verbogen wird, dann genügen die Koeffizienten der zweiten quadratischen Form der Fläche S während der ganzen Verbiegung einer linearen, im allgemeinen inhomogenen Gleichung mit Koeffizienten, die sich bei der Verbiegung nicht ändern (Verbiegung auf kinematischer Grundlage). Mit jeder Fläche S, die mittels Hauptbasis verbogen wird, kann man eine die Torsen erhaltende Abwicklung dreier Kongruenzen verknüpfen, deren Strahlen zu den Normalen der Fläche S parallel sind oder in ihren Tangentenebenen liegen.

1915 definierte Bianchi [21] eine neue Klasse von Kongruenzen: wenn die Fläche S auf ihrer Verbiegung S_1 derart abrollt, daß in jedem Moment sich die Flächen S und S_1 in entsprechenden Punkten und entsprechenden Richtungen berühren, dann beschreibt eine willkürliche Gerade r, die mit der Fläche S verbunden ist, eine Kongruenz besonderer Gestalt; man kann sie eine Abrollkongruenz nennen. Für alle Kongruenzen dieser Gestalt und nur für sie allein behalten bei allen Verbiegungen der Fläche S die Brennpunkte auf jedem Strahl ihre Lage bei.

Eine eigenartiges Abwicklungsproblem für eine Kongruenz stellte Jonas [124]. Er verlangt, daß ein Paar von Flächen S_1 und S_2, das mit den Strahlen einer Kongruenz fest zusammenhängt (die Strahlen gehen durch entsprechende Punkte der beiden Flächen), bei der Abwicklung der Kongruenz in ein Paar von Flächen S_1', S_2' übergehen soll, die jeweils isometrisch zu denen des ersten Paares sind. Bachwaloff [2] verschärfte die Aufgabe, indem er verlangte, daß die Abwicklung der Kongruenz unter gleichzeitiger stetiger Verbiegung der beiden Flächen S_1 und S_2 vor sich gehen soll. Er erhält die Abwicklung, die von Calo [38] angegeben wurde, und in einem Sonderfall ein Flächenpaar von Bonnet.

In einer Reihe von Arbeiten betrachtete S. D. Rossinski [172], [173], [175], [176] die Abwicklung einer Kongruenz, bei der die Fläche S, welche die Abwicklung erzeugt, mittels Hauptbasis verbogen wird. Wenn die Kongruenzstrahlen auf den Tangentenebenen der Fläche senkrecht stehen und die Kongruenz während der Abwicklung isotrop bleibt, dann ist S eine Minimalfläche und bleibt es auch bei der Verbiegung; die Torsen der Kongruenz entsprechen den Minimallinien. Wenn bei derselben Anordnung der Fläche S und der Kongruenz bei der Verbiegung von S die Hauptregelflächen der Kongruenz erhalten bleiben, dann ist außer dem vorangehenden Fall die Verbiegung einer Kanalfläche möglich, die unter Erhaltung der Krümmungslinien verbogen wird; die Kongruenz ist auch in diesem Fall eine Normalenkongruenz.

S. P. Bachwalow [3] betrachtete die Abwicklung einer Normalenkongruenz im Sinne Beltramis, bei der die Brennpunkte ihre Lage auf dem Strahl behalten. Wenn man von dem trivialen Fall absieht, daß die die Abwicklung erzeugende Fläche S eine Brennfläche der Kongruenz ist, erhält man eine Lösung, 1) wenn man eine Minimalfläche und die Kongruenz ihrer Normalen betrachtet, 2) wenn man eine Kongruenz zusammen mit ihrer Mittenfläche abwickelt, die in eine Drehfläche verbiegbar ist, und 3) wenn man zwei Flächen S und S' gleichzeitig verbiegt, die auf jedem Strahl den Abstand zwischen seinen Brennpunkten harmonisch trennen.

Schließlich muß noch die schöne Arbeit von S. S. Büschgens und S. D. Rossinski [32] über die Abwicklung eines schichtbaren Kongruenzpaars erwähnt werden.

Anhang

HISTORISCHER ABRISS DER ENTWICKLUNG DER LEHRE VON DEN GERADENKONGRUENZEN

280. Entstehung der Theorie der Kongruenzen. Die Lehre von den Geradenkongruenzen und der Begriff der Kongruenz selbst konnte erst entstehen, nachdem der Gedanke aufgetaucht war, einer Geometrie als raumerzeugendes Element die gerade Linie zugrunde zu legen. Nachdem durch das Dualitätsprinzip (PONCELET) die Gleichberechtigung von Punkt und Gerade bei der Konstruktion geometrischer Gebilde in der Ebene und von Punkt und Ebene bei der Konstruktion der Geometrie des Raumes klargestellt war, kam PLÜCKER [159] (1846) ganz natürlich auf den Gedanken, in der Geometrie des Raumes die Gerade als Element zu wählen.

Mit erstaunlicher Klarheit und Eindringlichkeit stellt er im ersten Band seiner Abhandlung die analytische Geometrie des linearen Komplexes und der linearen Kongruenz dar. Der zweite Band, der erst nach seinem Tod von KLEIN herausgegeben wurde, enthält die analytische Geometrie des quadratischen Komplexes. Die Differentialgeometrie berührt er nicht.

GRASSMANN führt übrigens schon früher (1844), indem er von allgemeinen Überlegungen ausgeht, die Koordinaten eines linearen Raumes L_{r-1} von $r-1$ Dimensionen ein, der in einen projektiven Raum von $n-1$ Dimensionen P_{n-1} eingebettet ist, und zwar als Minoren der Matrix, die aus den Koordinaten der ihn aufspannenden Punkte besteht.

Später (1859) wurden diese Koordinaten unabhängig von CAYLEY für $r=2$, $n=4$, d. h. für die Gerade im dreidimensionalen Raum, schon in derselben Gestalt gefunden, wie sie heute verwendet werden.

Im Jahre 1872 verwendete KLEIN [133] diese Form der linearen Koordinaten, die CAYLEY angab, und indem er sich auf die quadratische Abhängigkeit stützte, über die die fünf inhomogenen Koordinaten einer Geraden zusammenhängen, stellte er eine Zuordnung der Mannigfaltigkeit der Geraden im dreidimensionalen Raum zu den Punkten der Hyperquadrik Q_4^2 im fünfdimensionalen Raum P_5 her. Diese Abbildung untersuchte SEGRE [190] später eingehend.

Unter Verwendung eines Satzes von DARBOUX [49] über die Bestimmung einer W-Kongruenz durch sechs linear unabhängige Lösungen einer LAPLACE-Gleichung zeigte BOMPIANI [23], daß das ebene Büschel der Tangenten an eine Fläche in einem gegebenen Punkt auf die Punkte einer Geraden auf der Hyperquadrik Q_4^2 abgebildet wird, und der Komplex der Tangenten auf eine sogenannte quadratische Kongruenz, d. h. eine Kongruenz geradliniger Erzeugender der Hyperquadrik Q_4^2, wobei die asymptotischen Tangenten durch die Brennpunkte auf diesem Strahl dargestellt werden. Daher ergibt sich die Möglichkeit, auf diese quadratische Kongruenz eine LAPLACE-Transformation anzuwenden. Zwar führt uns diese Transformation aus der Hyperquadrik Q_4^2 in den fünfdimensionalen Raum P_5 hinaus, und demnach sind die erhaltenen Punkte keine Bildpunkte von Geraden des EUKLIDischen Raumes mehr, aber jedem Punkt des P_5 kann man einen linearen Komplex zuordnen, so daß die Koeffizienten seiner Gleichung zu den Koordinaten des Punktes im P_5 proportional sind. Diese Methode verwendete GODEAUX [107] zur Konstruktion einer Folge von Komplexen, die einem gegebenen Flächenpunkt zugeordnet sind, und zu einer ganzen Reihe geometrischer Untersuchungen, von denen man insbesondere das bemerkenswerte Resultat von TZITZEICA [215] erwähnen muß, der nämlich auf diesem Weg die R-Kongruenzen erhalten hat.

Abgesehen von diesen Untersuchungen, die zwar sehr elegant sind, aber sehr für sich stehen, machen nur wenige Abhandlungen den Versuch, die Theorie der Kongruenzen in Geradenkoordinaten aufzuziehen. Hier muß man die Arbeiten von WAELSCH [229], [230], [231] nennen, die sehr interessant sind, aber keine Nachfolger haben, den Versuch ZINDLERS, eine Geometrie des Geradenraumes aufzubauen, die nicht ganz gelungene Konstruktion von Differentialgrundformen von FUBINI am Ende des zweiten Bandes der Projektiven Differentialgeometrie von FUBINI-ČECH [97] und die anziehenden Konstruktionen von HAACK [115].

Die ganze übrige Theorie wurde in Punktkoordinaten entwickelt, die Kongruenz wurde zusammen mit ihren Brennflächen als Gebilde im Punktraum betrachtet. Übrigens wurden die Grundeigenschaften einer Kongruenz bedeutend früher von PLÜCKER gefunden; die Theorie der Kongruenzen entstand fast gleichzeitig mit der Flächentheorie.

Ein zweiparametriges Geradensystem im E_3 und dazu in allgemeiner Gestalt wurde zuerst von MONGE [15'] betrachtet[1]). Er stellt die Aufgabe, die vorteilhaftesten Trajektorien für die Bewegung von Erde vom Aushub zum Aufwurf zu bestimmen. Dabei beschreibt jedes Volumelement Erde eine gerade Linie. Da jedes Volumelement, das auf einer geradlinigen Trajektorie liegt, sich auf dieser Trajektorie bewegt, bildet die Gesamtheit der Geraden eine Kongruenz. Auf diese Weise kommt MONGE zu der Aufgabe, eine Kongruenz in ihrer allgemeinen Gestalt zu untersuchen. Er stellt fest, daß sich zwei unendlich benachbarte Strahlen der Kongruenz im allgemeinen nicht schneiden. Die Forderung, daß sie sich schneiden, führt auf zwei Richtungen, die den beiden Torsen entsprechen, die durch den Strahl gehen. Ferner betrachtet er den Fall, daß diese Torsen aufeinander senkrecht stehen, und zeigt, daß es in diesem Fall Flächen gibt, die zu allen Strahlen der Kongruenz senkrecht sind, d. h. die

---

[1]) S. den einführenden Aufsatz von WIGODSKI zur Übersetzung der „Anwendung der Analysis auf die Geometrie", ONTI, 1936.

Kongruenz wird von den Normalen einer gewissen Fläche gebildet. Die Torsen schneiden auf ihr ein orthogonales Kurvennetz aus, die Krümmungslinien; längs jeder derartigen Linie beschreiben die Normalen der Fläche offenbar eine Torse und der Abschnitt auf dem Strahl zwischen der senkrechten Fläche und der Rückkehrkante ist gleich dem Krümmungsradius des ebenen Schnittes der Fläche mit der Tangentenebene an die Torse.

281. Die erste Theorie der Kongruenzen. Diesen Fragen wandte sich ein Schüler von MONGE, MALUS [141], noch vom Gesichtspunkt der Optik zu. Er stellt wieder die beiden Scharen von Torsen heraus und zeigt, daß ihre Orthogonalität eine Normalenkongruenz charakterisiert. Alsdann stellt er das Problem der Spiegelung und Brechung einer Normalenkongruenz auf. Der Satz über die Erhaltung der Normalenkongruenz, der seinen Namen trägt, wurde von ihm im Fall der Spiegelung von Strahlen, die von einem Punkt ausgehen, und im Fall einmaliger Brechung bewiesen.

Nach MONGE wurde der nächste Schritt zur Entwicklung einer allgemeinen Theorie der Kongruenzen von HAMILTON [117] getan. Wie auch MALUS, kam er zu ihr vom Gesichtspunkt der Optik, aber nachdem er bemerkt hatte, daß nach dem Durchgang durch Kristalle das Strahlenbündel aufhörte, eine Normalenkongruenz zu sein, verweilt er am Ende seiner Arbeit bei der allgemeinen Theorie der Kongruenzen. Die Formel, die er erhielt und die seinen Namen trägt;

$$r = r_1 \cos^2 \omega + r_2 \sin^2 \omega ,$$

wobei r die Abszisse des Fußpunkts des gemeinsamen Lotes zweier infinitesimal benachbarter Strahlen, ω der Winkel dieses Lots mit dem Lot im Brennpunkt ist und r_1, r_2 die Abszissen der Grenzpunkte sind, zeigt, daß ihm die Existenz der Grenzpunkte und die Orthogonalität der Hauptebenen bekannt waren.

Sowohl MALUS wie HAMILTON beschäftigten sich mit der Theorie der Kongruenzen nur um des Bedürfnisses der Optik willen. Zum erstenmal stellte KUMMER [138] eine strenge differentialgeometrische Theorie der Kongruenzen auf. Indem er den Strahl durch einen Punkt (der Ausgangsfläche) und die Richtungskosinus der Normalen vorgibt, konstruiert er zwei Differentialformen, analog den GAUSSschen Formen der Flächentheorie, und erhält alle Resultate von HAMILTON in Formeln, die nur Koeffizienten der beiden Formen enthalten. Die ersten fünf Paragraphen seiner Aufzeichnung enthalten die Gleichungen für die Bestimmung der Koordinaten (auf dem Strahl) der Brennpunkte und Grenzpunkte und die Differentialgleichungen der Hauptflächen und der Torsen. KUMMER bemerkt die Konjugiertheit des Brennetzes und zeigt, daß die Schnittkurve der Brennflächen (wenn sie existiert) die Einhüllende oder der Ort der Rückkehrpunkte der Rückkehrkanten der Torsen ist. Er führt den Begriff der Dichte einer Kongruenz ein als Limes des Verhältnisses der Oberfläche des sphärischen Bildes eines (kleinen) Bündels von Strahlen der Kongruenz zur Oberfläche des Normalschnitts des Bündels. Die Oberflächen der Schnitte eines Bündels hängen offenbar von den Dichten in den Schnittpunkten ab. Für die

Dichte erhält er die Formel

$$\Theta = \frac{1}{(\varrho_1 - R)(\varrho_2 - R)},$$

wobei ϱ_1 und ϱ_2 die Abszissen der Brennpunkte sind und R die Abszisse des betrachteten Punktes des Strahls ist. Dann betrachtet er den Drehwinkel zwischen zwei Punkten A und B irgendeines Kongruenzstrahls bezüglich seines unendlich benachbarten, d. h. den Winkel zwischen den Loten, die von den Punkten A und B des ersten Strahls auf den zweiten gefällt sind. Für die Strahlen in einer Brennebene ist dieser Winkel stets gleich Null. Für alle andern ändert er beim Durchgang durch die Brennebene das Vorzeichen. Indem er sich der Betrachtung eines unendlich dünnen Strahlenbündels zuwendet, zeigt er, daß in den Brennpunkten sich die Oberfläche des Schnittes in eine gerade Linie auszieht, die in der Brennebene liegt. Diese Oberfläche zieht sich auf einen Punkt zusammen, wenn die Grenzpunkte zusammenfallen. Die besonderen Strahlen, für die dies zutrifft, nennt der Autor Hauptstrahlen.

Die Grundformen von KUMMER sind nicht invariant, bei einer gegebenen Kongruenz hängen sie von der Wahl der Ausgangsfläche ab. Die Formeln von KUMMER enthalten insbesondere zwei Summanden f und f' des mittleren Koeffizienten der zweiten Form, deren Gleichheit z. B. die Bedingung für eine Normalenkongruenz ist. KUMMER stellt nicht die Frage nach der Möglichkeit einer willkürlichen Vorgabe dieser beiden Formen; er sucht nicht die Differentialgleichungen, welche die sieben Funktionen, die Koeffizienten der beiden Formen, die er einführt, verknüpfen. KUMMER schreibt die Formeln zur Bestimmung dieser oder jener Elemente der Kongruenz auf (Brennpunkte, Grenzpunkte usw.), aber er spricht nirgends davon, ob es möglich ist, die Kongruenz selbst durch gegebene Formen zu bestimmen. Trotzdem hatte seine Arbeit eine große Bedeutung für die nachfolgende Entwicklung der Kongruenztheorie, seine Formeln gingen in die Lehrbücher der Differentialgeometrie ein (BIANCHI, EISENHART usw.) und bis heute verwenden viele Autoren in metrischen Fragen der Theorie der Kongruenzen seine Bezeichnungen.

282. Überblick über die verschiedenen Theorien der Kongruenzen. Es wurden viele Versuche gemacht, die Theorie von KUMMER abzuändern oder sie auf neuen Prinzipien aufzubauen. So bestimmt CAYLEY [43] eine Kongruenz durch ein Vektorfeld; wenn die Richtungskosinus α, β, γ des Strahls durch Funktionen des Punktes (x, y, z), durch den der Strahl geht, gegeben sind, dann stellt die Gesamtheit der Vektoren eine Kongruenz dar, wenn die Bedingungen erfüllt sind:

$$\left(\alpha \frac{\partial}{\partial x} + \beta \frac{\partial}{\partial y} + \gamma \frac{\partial}{\partial z}\right)\alpha = 0, \quad \left(\alpha \frac{\partial}{\partial x} + \beta \frac{\partial}{\partial y} + \gamma \frac{\partial}{\partial z}\right)\beta = 0,$$

$$\left(\alpha \frac{\partial}{\partial x} + \beta \frac{\partial}{\partial y} + \gamma \frac{\partial}{\partial z}\right)\gamma = 0.$$

GORDON [108] schreibt die Theorie von KUMMER in Quaternionen, WAELSCH [229] baut die Theorie der Kongruenzen in Geradenkoordinaten in ziemlich schwieriger Symbolik auf. CESARO [45] bestimmt im Geist seiner inneren Geometrie den Strahl durch die Komponenten einer Relativbewegung längs der Achsen eines beweglichen Dreibeins. DEMOULIN [52] wendet auf die Liniengebilde die Vektormethode an. KNOBLAUCH [134], [135] führt, indem er auf den Mißerfolg KUMMERS in seiner Bemühung, eine Kongruenz durch zwei quadratische Formen zu bestimmen, hinweist, eine quadratische und eine bilineare Form ein.

SANNIA [185], [188] bestimmt eine Kongruenz durch zwei quadratische Formen, die nicht von der Ausgangsfläche abhängen.

Die sechs Koeffizienten dieser beiden Formen genügen (außer der Gleichung von GAUSS für die Kugel) noch einer partiellen Differentialgleichung zweiter Ordnung und bestimmen eine Kongruenz bis auf ihre Lage im Raum.

BURALI-FORTI [27] und PIERI [158] übertragen die Theorie der absoluten Differentiation in die Theorie der Kongruenzen und Komplexe. Die Entwicklung der Geometrie mit anderen Fundamentalgruppen und vor allem die projektive Differentialgeometrie stellten die Theorie der Kongruenzen vor neue Fragen.

FUBINI (s. FUBINI-ČECH [97]) baut die Kongruenztheorie im projektiven Raum auf der Grundlage der Differentialformen auf. Indem er sich auf das Übertragungsprinzip von STUDY und Arbeiten von BLASCHKE stützt, führt SLOTNICK [194] die Symbolik der Tensoranalysis in die Theorie der Kongruenzen ein. HAACK [115] bestimmt eine Kongruenz im affinen Raum durch eine quadratische und eine kubische Form, wobei er von den linearen Koordinaten des Strahls ausgeht. DUBNOFF [64], [65] führt in die metrische Theorie der Kongruenzen Fundamentaltensoren ein, indem er den Strahl durch den Einheitsrichtungsvektor und das Moment bezüglich des Ursprungs bestimmt. MENTRÉ [146] und ČECH (s. FUBINI-ČECH [98]) wenden zum erstenmal die Methode von CARTAN auf die Theorie der Kongruenzen an. FINIKOW [74], [81], [87] baut die projektive Theorie der Kongruenzen mit Hilfe eines geeignet gewählten Tetraeders auf.

LITERATURVERZEICHNIS
ZUR THEORIE DER KONGRUENZEN

AMBROSETTI, M. T.

[1] Determinazione proiettiva di una congruenze W. Rend. Lincei (5), **29_2**, 121–123 (1920).

BACHWALOW, S. W. — Бахвалов, С. В.

[2] Sur la déformation simultanée de deux surfaces associées. CR, **188**, 1364 (1929); Sur un couple de surfaces applicables. Bull. des Sciences (2), **59** (1935).

[3] Об изгибании конгрузнции нормалей. (Über die Abwicklung einer Normalenkongruenz) Matem. Sb. **1**, 243–251, 1936.

BADALJAN, W. CH. — Бадальян, В. Х.

[4] Геометрическая характеристика конгруэнции с постоянным инвариантом Вэльша. Доклады АН СССР. (Geometrische Charakterisierung einer Kongruenz mit einer konstanten Invarianten von WAELSCH. Ber. Akad. Wiss. UdSSR), **33**, 339 (1941).

BEHARI RAM

[5] A significant integral invariant in the theory of rectilinear congruences. J. Indian Math. Soc., **1**, 135–142 (1934).

[6] On Levi-Civita's „anormalita" of a rectilinear congruence. J. Indian Phys. Math., 53–55 (1936).

[7] Ruled surfaces through a ray of a rectilinear congruence. J. Math. Soc., **2**, 91–95, 45–50, 163–164 (1936).

BELTRAMI, E.

[8] Ricerche di Analise Applicata alla Geometria. Giornale di matematiche, **2**, 281 (1864).

BERTRAND, J.

[9] Sur la théorie des surfaces. J. de Math., (I), **9**, 153 (1844).

BIANCHI, L.

[10] Über die Flächen mit konstanter negativer Krümmung. Math. Ann., **16**, 9–40 (1879).

[11] Sopra i sistemi tripli ortogonali di WEINGARTEN. Annali di Mat., (2) **13**, 177 bis 234 (1885).

[12] Sui sistemi tripli ortogonali di WEINGARTEN. Annali di Mat., (2) **14**, (1886).

[13] Sui sistemi doppiamente infiniti di retti. Annali di Mat., (2), **15**, 161–172 (1887).

[14] Sopra alcune nuove classi di superficie e di sistemi tripli ortogonali. Annali di Mat., (2), **18**, 301–358 (1890).

[15] Teoria delle trasformazioni delle superficie applicabili sulle quadriche rotonde. Mem. di Soc. Ital. a Scienze, (3), **14**, 72 (1905).

[16] Teoria delle trasformazioni delle superficie applicabili sui paraboloidi. Annali di Mat., (3), **12**, 263–344; Rend. Palermo, **22**, 75–96; Rend. Lincei, (5), **161**, 707–716 (1907).

[17] Lezioni di geometria differenziale, **3**, 361, Pisa (1909);
Théorie des transformations des surfaces applicables sur les quadriques générales. Mem. sav. étr., (2), **34**, 274.

[18] Sui sistemi coniugate permanenti nelle deformate delle quadriche. Rend. Lincei, (5), **22**$_2$, 5 (1913).
[19] Alcune ricerche sul rotolamento di superficie applicabili. Rend. Palermo, **38**, 1—49 (1914).
[20] Sopra una proprieta caratteristica delle congruenze rettilinee di rotolamento. Rend. Lincei, **24**$_1$, 3—16 (1915).
[21] Sulle congruenze rettilinee di rotolamento. Rend. Palermo, **39**, 177—229 (1915);
[22] Sopra una proprieta caratteristica delle superficie della classe $K = -\frac{1}{\{\varphi(\alpha) + \psi(\beta)\}^2}$. Rend. Lincei, (5), **26**$_1$, 575—585 (1917).

Bompiani, E.
[23] Sull' equazione di Laplace. Rend. Palermo, **34**, 383 (1912).
[24] Sur les configurations de Laplace. CR, **156**, 603—605 (1913).
[25] Risoluzione geometrica del problema di Moutard. Rend. Lincei, (5), **24**$_1$, 190 (1915).
[26] I fondamenti della teoria delle curve e delle superficie. App. IIIa Geom. Projett.-diff. Fubini-Čech. II, 671—727 (1927).

Burali-Forti, C.
[27] Sulla geometria differenziale assoluta delle congruenze e dei complessi rettilinei. Atti Torino, **45**, 4—22 (1910).

Büschgens, S. S. — Бюшгенс С. С.
[28] Конгруэнции прямых и их приложение к поверхностям постоянной кривизны. Матем. Сб. (Geradenkongruenzen und ihre Anwendung auf die Flächen konstanter Krümmung. Mathem. Sammelbd.), **25**, 490—500 (1905).
[29] О циклических системах. Матем. Сб. (Über zyklische Systeme. Mathem. Sammelbd.), **27**, 205—210 (1909).
[30] О циклических конгруэнциях и поверхностях Бианки. Матем. Сб. (Über zyklische Kongruenzen und Flächen von Bianchi. Mathem. Sammelbd.), **30**, 296—313 (1916).
[31] Изгибание на главном основании. (Abwicklung mittels Hauptbasis), Moskau 1917.

Büschgens und Rossinski — Бюшгенс и Россинский
[32] Sur les couples de congruences stratifiables et sur la déformation des surfaces. Матем. Сб. (Mathem. Sammelbd.), **36**, 339—370 (1929).

Calapso, P.
[33] Intorno alle congruenze sulle cui superficie focali si corrispondono le linee di curvatura. Annali di Mat., (4) **5**, 231—252 (1928).
[34] Una trasformazione delle congruenze cicliche. Annali di Mat., (4) **7**, 213—224 (1930).
[35] Intorno alle congruenze sulle cui superficie focali si corrispondono le linee di curvatura. Annali di Mat., (4) **8**, 201—213 (1930).
[36] Sur la configuration (T) de Finikoff et sur les éléments projectifs qui s'y rattachent. Доклады АН СССР. (Ber. Akad. Wiss. UdSSR), **2**, 441 (1930).
[37] Sur la configuration de M. Finikoff et sur les éléments projectifs qui s'y rattachent. Матем. Сб. (Mathem. Sammelbd.), **42**, 451—458 (1935); Sur les transformations des réseaux O. Ebenda, 465—469. Sur la transformation des surfaces minimales-projectives. Ebenda, 471—472.
Sur la configuration (T) de M. Finikoff à caractéristique 1. Ebenda, 461 bis 464.

Calo, B.
[38] Su alcuni problemi relativi alla deformazione delle congruenze. Rend. Napoli, (3) **10**, 43—61, 162—179 (1904).

Campbell, I. E.
[39] On cyclic congruences. Proc. London Math. Soc., (2), **8**, 383—392 (1910).

CARTAN, E.

[40] Le principe de dualité et certaines intégrales multiples de l'espace tangentiel et de l'espace réglé. Bull. Soc. Math. de Fr., **24**, 140–177 (1896).

[41] Sur le problème générale de la déformation. Comptes Rendus du Congrès de Strasbourg, 397–406 (1920).

[42] Sur une classe des surfaces apparentées aux surfaces R, et aux surfaces de JONAS. Bull. des Sciences, 58 (1944).

CAYLEY, A.

[43] On systems of rays. Messenger of Math., (2), **17**, 73–78 (1887).

ČECH, E.

[44] Sur les correspondances asymptotiques entre deux surfaces. Rend. Lincei, (6), **8**, 484–486, 552–559 (1928).

CESARO, E.

[45] Sulla geometria intrinseca dellé congruenza. Rend. Napoli, (2), **8**, 141–148 (1894).

COSSERAT, E.

[46] Sur les congruences de droites et sur la théorie des surfaces. Ann. Toulouse, **7**, 1–69 (1893).

[47] Sur un théorème de M. DARBOUX et sur les congruences de droites. Ebenda, **8**, 1–9 (1894).

[48] Sur les congruences rectilignes et sur le problème de RIBAUCOUR. CR **118**, 335–397 (1894).

DARBOUX, G.

[49] Leçons sur la théorie des surfaces, **2**, 16–22, Paris 1888.

[50] Sur un problème relatif à la théorie des courbes gauches, CR **146**, 881–885 (1908).

DELGLEIZE, A.

[51] Contribution à la théorie des congruences rectilignes. Mém. Soc. Liège, **16**, 1 (1931).

DEMOULIN, A.

[52] Mémoire sur l'application d'une méthode vectorielle à l'étude des divers systèmes de droites (complexes, congruences, surfaces réglées). Bruxelles, VII + 118 S. (1894).

[53] Sur une propriété métrique commune à trois classes particulières de congruences rectilignes. CR **118**, 242–244 (1894).

[54] Note sur les deux classes particulières de congruences rectilignes. Bull. des Sciences, (2), **18**, 233–240 (1894).

[55] Sur la théorie générale des congruences rectilignes. CR **130**, 1701–1703 (1900).

[56] Sur deux classes particulières de congruences de RIBAUCOUR. CR **133**, 628–630 (1901).

[57] Sur la quadrique de LIE. CR **147**, 493–496 (1908).

[58] Sur les surfaces R et les surfaces Ω. CR **153**, 590–593, 705, 797 (1911).

[59] Sur les systèmes Θ et sur les systèmes R. Bull. Ac. Belg. 273 (1919).

[60] Sur la transformation de GUICHARD et sur les systèmes K. Bull. Ac. Belg. 103, 108–112 (1919).

[61] Sur deux transformations des surfaces dont les quadriques de LIE n'ont que deux ou trois points caractéristiques. Bull. Ac. Belg. (5), **19**, 1352–1363 (1933).

DRACH, I.

[62] Sur les classes remarquables de congruences W. CR **176**, 1591 (1923).

[63] Sur deux classes remarquables de congruences W. Bull. Soc. de Fr. **52**, 434–476 (1924).

DUBNOW, JA. S. — Дубнов, Я. С.

[64] Sur les tenseurs fondamentaux d'une congruence rectiligne. CR **192**, 399–401 (1931).

[65] Die Differentialgeometrie der Strahlenkongruenzen in tensorieller Darstellung. Труды семинара по векторному и тензорному анализу. (Arbeiten des Seminars zur Vektor- und Tensoranalysis), Moskau 1933.

DUPIN, CH.

[66] Applications de Géométrie et de Mécanique. Quatrième Mémoire: Sur les routes suivies par la lumière et par les corps élastiques, en général, dans les phénomènes de la réflexion et de la réfraction. Paris 1816.

EGOROW, D. F. — Егоров, Д, Ф.

[67] Sur les congruences W à focales réglées. Rend. Lincei, (6), **10**, 145 (1929).

EISENHART, L. P.

[68] Congruences of tangents to a surface and derived congruences. Am. J. of Math., **26**, 180—208 (1904).

ERMOLAJEW, L. S.

[69] Congruences rectilignes dont les normales des deux nappes focales engendrent un couple stratifiable. Bull. Sc. Math., (2), **58**, 78—79 (1934).

FINIKOW, S. P. — Фиников, С. П.

[70] Общая задача изгибания на главном основании. (Das allgemeine Problem der Abwicklung mittels Hauptbasis). Moskau 1917, 198 S.

[71] Sur les surfaces principales des congruences rectilignes de M. BIANCHI. Rend. Lincei, (6), **1**, 515—516 (1925).

[72] Sur les congruences de roulement. Матем. Сб. (Mathem. Sammelbd.), **32**, 599—612 (1925).

[73] Sur la déformation d'un système de ∞^3 éléments plans. Bull. des Sciences, (2), **51**, 393—403 (1927).

[74] Sur les congruences stratifiables. Rend. Palermo, **53**, 714 (1929).

[75] Sur les congruences de M. DEMOULIN. Rend. Lincei, (6), $\mathbf{9}_1$, 494—498 (1929).
Sur les congruences de M. GOURSAT. CR **188**, 1367 (1929).
Sur les suites de LAPLACE périodiques contenant une congruence W. CR **188**, 1647 (1929).
Sur les suites de LAPLACE contenant des congruences de WILCZYNSKI. CR **189**, 517 (1929).

[76] Déformation d'une congruence rectiligne avec développables persistantes. Bull. Sc. Math., (2), **53**, 341—360 (1929).

[77] Congruences *R* ayant deux surfaces gauches pour les deux nappes de la surface focale. Rend. Lincei, (6), $\mathbf{12}_2$, 302—306 (1930).

[78] Congruences *W* ayant le long de rayons correspondants même complexe linéaire osculateur. CR **190**, 999 (1930).

[79] Sur les suites de M. FUBINI. Rend. Lincei, (6), **12**, 41—47 (1930).

[80] Congruences dont les deux nappes de la surface focale sont projectivement applicables l'une sur l'autre par les points correspondants. Bull. Math. (2), **56**, 117—136 (1930).

[81] Transformation *T* des congruences de droites. Ann. Scuola Norm. Pisa, (2), **2**, 59—88 (1933).

[82] Sur les couples de surfaces dont les asymptotiques se correspondent et qui aux points correspondants ont les mêmes directrices de WILCZYNSKI. CR **197**, 883 (1933).

[83] Congruences stratifiables paraboliques. Math. Z., **36**, 344—357 (1933).

[84] Déformation projective. CR **199**, 177 (1934).

[85] Sur quelques réseaux conjugués. CR **202**, 1734 (1936).

[86] Surfaces ayant aux points homologues les mêmes directrices de WILCZYNSKI. Извести Казанского Физико-Матем. Общ. (Nachr. der Kasaner Gesellsch. für Phys.-Math.), (3), **7**, 44—54 (1936).

[87] Проективно-дифференциальная геометрия. (Projektive Differentialgeometrie), ГТТИ, Moskau 1937, 263 S.

[88] О последовательностях Лапласа с парой проективно-налагающихся конгруэнций. Доклады АН СССР. (Über LAPLACE-Folgen mit einem Paar projektiv-abwickelbarer Kongruenzen. Ber. Akad. Wiss. UdSSR), **14**, 243 (1937).

[89] Конгруэнции, ассоциированные в совместном изгибании. Известия АН СССР. (Kongruenzen, die mit der Abwicklung assoziiert sind. Nachr. Akad. Wiss. UdSSR), 373–401 (1937).

[90] Suites de LAPLACE pour lesquelles les surfaces d'indice de même parité ont leurs asymptotiques en correspondance. CR **204**, 321 (1937).

FUBINI, G.

[91] Su una classe di congruenze *W* di carattere proiettiva. Rend. Lincei, (5), $\mathbf{25}_1$, 144–148 (1916).

[92] Fondamenti della geometria proiettivo-differenziale dei complessi et delle congruenze di rette. Rend. Lincei, (5), $\mathbf{27}_2$, 304–311 (1918); $\mathbf{28}_1$, 32–39 (1919).

[93] La teoria proiettiva delle congruenze *W*. Rend. Lincei, (5), $\mathbf{32}_1$, 198, 300, 376, 455 (1923).

[94] Sulla teoria proiettiva delle congruenze *W*. Rend. Lincei, (5), $\mathbf{30}_1$, 273–276 (1921); $\mathbf{32}_1$, 198–202 (1923).

[95] Relazioni tra le due falde focali di una congruenze *W*. Composizione di 2 trasformazioni *W*. Rend. Lincei, $\mathbf{32}_1$, 301–306 (1923).

[96] Sulla teoria delle superficie *R* e delle loro trasformazioni. Rend. Lincei, (6), $\mathbf{4}_2$, 81–85 (1926).

FUBINI-ČECH

[97] Geometria proiettiva differenziale, I — 1926, II — 1927.

[98] Introduction à la Géométrie projective-différentielle des surfaces. Paris 1931.

GAMBIER, B.

[99] Couples de deux surfaces minima se correspondant comme focales d'une congruence rectiligne, avec conservation des lignes asymptotiques et des lignes de longueur nulle. CR **171**, 842–845 (1920).

[100] Surfaces de JONAS et surfaces *R*. CR **204**, 1858 (1937).

GODEAUX, L.

[101] Sur les congruences formées par les directrices de WILCZYNSKI d'une surface. Bull. Ac. Belg., 335–345 (1928); Sur les congruences de M. GOURSAT et les surfaces ayant mêmes quadriques de LIE. Ebenda, 455–466.

[102] Sur certaines suites de LAPLACE. Mém. Soc. Liège 1–16 (1929); Sur la transformation de GUICHARD et sur certaines quadriques considerées par M. DEMOULIN. Bull. Ac. Belg., 953—956 (1929).

[103] Sur certaines suites de LAPLACE associées à une suite de LAPLACE donnée. Bull. Ac. Belg., 264–273 (1930); Sur les groupes de trois congruences *W* ayant une nappe focale commune. Ebenda, 983–988.

[104] Remarque sur la théorie des suites de LAPLACE. Mém. Soc. Liège, 1–8 (1931); Sur les surfaces donnant lieu, dans l'espace réglé, à des suites de LAPLACE terminées. Bull. Ac. Belg. 730–739 (1931).

[105] Note sur les congruences *W*. Bull. Ac. Belg., (5), **18**, 662–671 (1932).

[106] Sur une suite de surfaces dont les quadriques de LIE n'ont que trois points caractéristiques. Bull. Ac. Belg., (5), **20**, 495–504 (1934).

[107] La théorie des surfaces et l'espace réglé. Actual. Hermann, **138**, 36 (1934).

GORTON, W. C. L.

[108] Line Congruences. Amer. J. of Math., **11**, 347–367 (1888).

GOURSAT, E.

[109] Sur les équations linéaires et la méthode de LAPLACE. Amer. J. of Math., 347 (1896).

GUICHARD, C.

[110] Surfaces rapportées à leurs lignes asymptotiques et congruences rapportées à leurs développables. Ann. Éc. Norm., (3), **6**, 333–348 (1889).

[111] Recherches sur les surfaces à courbure totale constante et sur certaines surfaces qui s'y rattachent. Ann. Éc. Norm. (3), **7**, 233–264 (1890).

[112] Détermination des congruences telles que les lignes asymptotiques se correspondent sur les deux nappes de la surface focale. CR **110**, 126–127 (1890); Sur une classe particulière de congruences de droites. CR **112**, 1424–1426 (1891).

[113] Sur les systèmes orthogonaux et les systèmes cycliques. Ann. Éc. Norm., (3) **14**, 467–516 (1897); **15**, 179–227 (1898); **20**, 75–132, 181–240, 241–288 (1903).

[114] Théorie des réseaux. Mém. des Sciences Math., **74**, 64 (1935). Application. Ebenda **77**, 75 (1936).

HAACK, W.

[115] Affine Differentialgeometrie der Strahlensysteme. Monatsh. für Math. u. Phys., **36**, 47–76, 331–352 (1929); Math. Z., **33**, 232–270 (1931); **35**, 66–79 (1932).

HALPHEN, G.

[116] Théorème concernant les surfaces dont les rayons de courbure principaux sont liés par une relation. Bull. Soc. Math. de Fr., **4**, 94 (1876).

HAMILTON, W.

[117] Theory of systems of rays. Trans. Royal Irish. Ac., **15**, 69 (1828); **16** (1830).

HENSEL, K.

[118] Theorie der unendlich dünnen Strahlenbündel. J. für Math., **102**, 273–303 (1888).

HSIUNG CHUAN-CHIH

[119] Rectilinear congruences. Trans. Am. Soc., **66**, 419 (1949).

JONAS, H.

[120] Über die Konstruktion der W-Kongruenzen zu einem gegebenen Brennflächenmantel und über die Transformation der R-Flächen. J. Deutsch. Math. Ver., **29**, 40–74 (1920).

[121] Über die sphärische Abbildung der W-Strahlensysteme und einen Satz von DARBOUX. Arch. Math. u. Phys., (3), **28**, 45–52 (1919/20).

[122] Sopra una classe di trasformazioni asintotiche, applicabili in particolare alle superficie la cui curvature e proporzionale alla quarta potenza della distanza del piano tangente ad un punto fisso. Annali di Mat., (3), **30**, 223–255 (1921).

[123] Über eine Klasse von Flächen, die ein Gegenstück zu den von DEMOULIN und TZITZEICA betrachteten R-Flächen bilden. Sitzber. Berl. Math. Ges., **19**, 18–30 (1921).

[124] Über ein die Verbiegung der Linienkongruenzen betreffendes Problem und über die Transformation der BONNETschen Flächenpaare. Math. Ann., **86**, 79–98 (1922).

[125] Aufstellung einer Transformationstheorie für eine neue Klasse aufeinander abwickelbarer Flächen. Math. Ann., **92**, 244–257 (1924).

[126] Über eine neue geometrische Eigenschaft der BIANCHIschen Transformation der auf die Mittelpunktsflächen zweiten Grades abwickelbaren Flächen. Math. Ann., **99**, 435–478 (1928).

[127] Flächen mit BERTRANDschen Kurven und pseudosphärische Flächen und Strahlensysteme. Math. Ann., **103**, 720–751 (1930).

[128] Ausdehnung der BIANCHI-Transformation B_k auf gewisse zweifach unendliche Systeme kongruenter einschaliger Hyperboloide und damit verbundener Normalenkongruenzen. Sitzber. preuß. Akad. Wiss., **17**, 264–301 (1934).

[129] Über die Verallgemeinerung des in der Biegungstheorie der Flächen zweiten Grades auftretenden intrinseken Transformationsprozesses H. Berichte Leipzig, **84**, 41–78 (1935).

[130] Eine neue Eigenschaft der pseudosphärischen Strahlenkongruenzen. J. für Math., **175**, 159–168 (1936).

[131] Ein allgemeiner Satz über *W*-Kongruenzen mit Anwendung auf LAPLACEsche Zyklen, Biegungsflächen des einschaligen Hyperboloids und schiefe WEINGARTENsche Systeme. Math. Ann., **114**, 237—274 (1937).
[132] Allgemeine Transformationstheorie der konjugierten Systeme mit viergliedrigen LAPLACEschen Zyklen. Math. Ann., **114**, 749—780 (1937).
KLEIN, F.
[133] Über Liniengeometrie und metrische Geometrie. Math. Ann., **5**, 257 (1872).
KNOBLAUCH, I.
[134] Grundformeln der Theorie der Strahlensysteme. Verh. d. 3. intern. Math. Kongr. Heidelberg, 373—374 (1905).
[135] Strahlensysteme und Differentialformen. Sitzber. Berl. Math. Ges., **14**, 79—84 (1915).
KOENIGS, G.
[136] Sur les systèmes conjugués à invariants égaux. CR **113**, 1022—1024 (1891).
KOMMERELL, K.
[137] Strahlensysteme und Minimalflächen. Math. Ann., **70**, 143—160 (1910).
KUMMER, E.
[138] Allgemeine Theorie der geradlinigen Strahlensysteme. J. für Math., **57**, 189—230 (1860).
LEVI-CIVITÀ, T.
[139] Complementi al teorema di MALUS-DUPIN. Rend. Lincei, (5), $\mathbf{9}_1$, 185—189, 237—245 (1900).
LIE, S.
[140] Zur Theorie der Flächen konstanter Krümmung. Archiv for Math. og Naturvidenskab, Christiania 1880.
MALUS, E.
[141] Mémoire sur l'Optique. J. Éc. Pol., 84 (1808).
MANNHEIM, A.
[142] Mémoire sur les pinceaux de droites et les normalies, contenant une nouvelle exposition de la théorie de la courbure des surfaces. J. de Math., (2), **17**, 109—166 (1872).
MASLOW, A. F. — Маслов, А. Ф.
[143] Sur une classe de congruences *W*. CR **187**, 794 (1928).
[144] Об одном классе конгруэнций Бианки. Матем. Сб. (Über eine Klasse der Kongruenzen von BIANCHI. Mathem. Sammelbd.), **40**, 196—209 (1933).
MATISOWA, A. M. — Матисова, А. М.
[145] О конгруэнциях Рибокура. Изв. Казанск. Физ.-Матем. Общ. (Über die Kongruenzen von RIBAUCOUR. Nachr. der Kasaner Gesellsch. für Phys.-Math.), (2), **24**, 7—13 (1924).
MENTRÉ, P.
[146] Invariants projectifs des congruences *W*. Bull. Soc. Math. de Fr., **51**, 202—212 (1923).
[147] Sur les déformations projectives de certaines congruences de droites. CR **179**, 22 (1924).
[148] Déformation projective singulière des congruences de KOENIGS. Association Franc. Grenoble, 1925, 50—52.
[149] Sur les déformations projectives simultanées d'une congruence et de ses deux surfaces focales. CR **181**, 495 (1925).
MIHAILESCU, T.
[150] Sur une classe de réseaux à transformés de LAPLACE en correspondance asymptotique. CR Ac. Roumaine, **3**, 121 (1939).
MONGE, G.
[151] Mémoire sur la théorie des déblais et remblais. Mém. des div. sav. 1781.
[152] Application de l'Analyse à la Géométrie. Paris-Bachelier 1850.

Pantazi, A.
[153] Sur les quadruples stratifiables conjugués. CR **198**, 1668 (1934).
[154] Sur les couples transformables. Ann. Roum. de Math., **2**, 3–34 (1935).
[155] Sur les couples de congruences stratifiables appartenant à des complexes linéaires. Bull. Math. Soc. Roum., $\mathbf{38}_1$, 53–66 (1936).
Petot, A.
[156] Sur une classe de congruences de droites. CR **113**, 841–844 (1891).
Picone, M.
[157] Sulle congruenze rettilinee *W*. Rend. Palermo, **37**, 212–244 (1914); **39**, 51–73 (1915).
Pieri, M.
[158] Sulla rappresentazione vettoriale delle congruenze di raggi. Rend. Palermo, **33**, 217–246 (1912).
Plücker, J.
[159] Systeme der Geometrie des Raumes. 1846.
Neue Geometrie des Raumes, 1868–1869.
Potozki, M. W.
[160] Détermination des complexes dont toutes les congruences sont *W*. CR **199**, 12 (1936).
Pscheborski, A. P. — Пшеборский, А. П.
[161] Некоторые приложения теории линейчатых конгруэнций. Сообщения Харковского матем. общества. (Gewisse Ergänzungen zur Theorie der geradlinigen Kongruenzen. Mitt. der Charkower mathem. Gesellsch.), (2), **7**, 49–226 (1902).
[162] О некоторых конгруэнциях прямых. Матем. Сб. (Über gewisse Geradenkongruenzen. Mathem. Sammelbd.), **23**, 764–773 (1902).
Ragazzi, E.
[163] Sopra una classe di trasformazioni delle superficie isotermo-asintotiche ed il relativo teorema di permutabilità. Rend. Palermo, **45**, 200–210 (1921).
Ribaucour, A.
[164] Sur la déformation des surfaces. CR **70**, 330 (1870).
[165] Sur les développées des surfaces. CR **74**, 1399 (1872).
[166] Sur la théorie des lignes de courbure. CR **74**, 1489, 1570 (1872).
[167] Sur les systèmes cycliques. CR **76**, 478 (1873); Sur les faisceaux de cercles. CR **76**, 830 (1873).
[168] Étude des élassoides ou surfaces à courbure moyenne nulle. Mém. sav. étr. Acad. Belg., **44**, 2 (1881).
[169] Sur les systèmes cycliques. CR **113**, 304, 324 (1891).
[170] Mémoire sur la théorie générale des surfaces courbes. J. de Math., (4), **7**, 5–108, 219–270 (1891).
Rosenfeld, B. A. — Розенфельд, Б. А.
[171] Метрический метод в проективно-дифференциальной геометрии и ее конформных и контактных аналогах. Матем. Сб. (Die metrische Methode in der projektiven Differentialgeometrie und ihren konformen und berührungsgeometrischen Analogien. Mathem. Sammelbd.), **22**, (**64**), 457–492 (1948).
Rossinski, C. D. — Россинский, С. Д.
[172] Sur un cas de déformation des congruences isotropes à réseau conjugué persistant. CR **197**, 1562 (1933).
[173] Sur une transformation des surfaces minima. CR **198**, 1108 (1934).
[174] Sur la déformation des surfaces avec réseau conjugué persistant. CR **200**, 1268 (1935).
[175] Déformation d'une congruence rectiligne avec conservation des surfaces réglées principales. CR **200**, 515, 1268 (1935).
[176] Sur un cas de déformation des congruences isotropes et sur une transformation des surfaces minima qui s'y rattachent. Rend. Palermo, **59**, 82–96 (1935).

[177] Déformation d'une congruence rectiligne avec conservation des surfaces réglées principales. Ann. di Mat., (4), **14**, 349—358 (1936).

[178] Об изгибании прямолинейной конгруэнции с сохранением главных линейчатых поверхностей. Доклады АН СССР. (Über die Abwicklung einer geradlinigen Kongruenz mit Beibehaltung der Hauptregelflächen. Ber. Akad. Wiss. UdSSR), **18**, 319 (1938); **19**, 349, 435; **20**, 85, 89 (1938).

ROZET, O.

[179] Sur une congruence particulière de droites. Bull. Ac. Belg., (5), **18**, 358—360 (1932).

[180] Sur les congruences *W* dont le complexe osculateur dépend d'un seul paramètre. Bull. Soc. Sc. Liège, **3**, 170 (1934).

[181] Sur les congruences de droites. Bull. Ac. Belg., (5), **20**, 140—150 (1934).

RYSCHKOW, W. W. — Рыжков, В. В.

[182] К вопросу о проективном изгибании конгруэнций. Доклады АН СССР. (Zur Frage der Projektivabwicklung von Kongruenzen. Ber. Akad. Wiss. UdSSR), **59**, 17 (1948).

SANNIA, G.

[183] Nuova esposizione della geometria infinitesimale delle congruenze rettilinee. Ann. di Mat., (3), **15**, 143—185 (1908).

[184] Congruenze rettilinee que possono deformarsi conservando il parametro medio. Giorn. di Batt., (2), **15**, **16**, 299—312 (1908).

[185] Sul teorema di MOUTARD e la sua interpretazione geometrica per le congruenze *W*. Atti Torino, **43**, 745—762 (1908).

[186] Nuove formole utili per lo studio delle congruenze rettilinee. Atti Torino, **44**, 567—579 (1909).

[187] Geometria differenziale delle congruenze rettilinee. Math. Ann., **68**, 409—416 (1910). Sull' inviluppata media di una congruenza di rette. Atti Torino, **45**, 56—78 (1910).

[188] Su due forme differenziali che individuano una congruenza o un complesso di rette. Rend. Palermo, **31**, 244—256 (1911); **33**, 67—74 (1912).

[189] Nuovo metodo per lo studio delle congruenze e dei complessi di raggi. Rend. Palermo, **33**, 328—340 (1912).

SEGRE, C.

[190] Sulla geometria della retta e delle sue serie quadratiche. Torino Mem., (2), **36**, 87 (1885).

[191] Le congruenze rettilinee *W* aderenti a due superficie rigate. Atti. Torino, **42**, 539—550 (1907).

[192] Sulle congruenze rettilinee *W*, di cui una od ambe le falde focali sono rigate. Atti Torino, **49**, 291—303 (1914).

SEILIGER, D. N. — Зейлигер, Д. Н.

[193] Основные формулы комплексной линейной геометрии. II. Теория конгруэнции. (Grundformeln der komplexen Liniengeometrie. II. Theorie der Kongruenzen), Kasan 1908; Комплексная линейчатая геометрия. (Komplexe Liniengeometrie), ГТТИ, Moskau **1934**.

SLOTNICK, M.

[194] A Method of Applying Tensor Analysis to the study of Rectilinear Congruences. Math. Z., **28**, 107—115 (1928).

[195] On the projective differential geometry of conjugate nets. Amer. J. of Math., **53**, 142—152 (1931).

SU, BUCHIN

[196] On the surfaces whose asymptotic curves belong to linear complexes.
I. Tohoku Math. J., **40**, Part II, 408—420 (1935).
II. Tohoku Math. J., **40**, Part II, 433—448 (1935).
III. Tohoku Math. J., **41**, Part I, 1—19 (1935).
IV. Tohoku Math. J., **41**, Part I, 203—215 (1935).

[197] On the surfaces whose asymptotic curves belong to linear complexes.
V. Tohoku Science Rep., 1, **24**, 601–633 (1936).
VI. Tohoku Science Rep., 1, **24**, 634–642 (1936).
[198] A Note on the sequences of Laplace of period four. Tohoku Math. J., **43**, 4–10 (1937). Science Rep. Tohoku Un., (1), **25**, 227–256 (1936).
[199] Configuration (T) of Finikoff. J. Chin. Math. Soc., **1**, 174–206 (1937).

Terracini, A.
[200] Sulle congruenze *W* di cui una falde focale e una quadrica. Scritti mat. offerti ad Enrico d'Ovidio, 149–157 (1918).
[201] Sulle superficie con un sistema di asintotiche in complessi lineari. Atti Torino, **59**, 441–461 (1924).
[202] Su alcuni elementi lineari proiettivi. Ann. Scuola Norm. de Pisa, (2), **2**, 401–428 (1933).
[203] Sulle congruenze di rette più volte associabili rispetto a una superficie. Rend. Lincei, (6), **18**, 93–97, 291–296 (1933).
[204] Sullo scarto della normalità delle congruenze rettilinee. Boll. Un. Mat. It., **12**, 7–12 (1933).
[205] Osservazioni sulla geometria differenziale delle congruenze di retti. Atti Ist. Veneto, **94**, 75–86 (1935).
[206] Sulla deformabilità proiettiva delle congruenze rettilinee. Rend. Lincei, (6), **22**, 225–231 (1935).

Thybaut, A.
[207] Sur la déformation du paraboloide et sur quelques problèmes qui s'y rattachent. Ann. Éc. Norm. (3), **14**, 71 (1897).

Tichozki, K. N. — Тихоцкий, К. Н.
[208] Sur la transformation *K* des congruences. CR **202**, 1474 (1936).
[209] О изгибании и преобразовании *K*-конгруэнций. Матем. Сб. (Über die Abwicklung und *K*-Transformation von Kongruenzen. Mathem. Sammelbd.), **5**, (**47**) (1939).

Tortorici, P.
[210] Sulle deformazioni infinitesimale delle superficie e sul teorema di permutabilità. Rend. Palermo, **35**, 289–316 (1913).
[211] Sulle trasformazioni asintotiche delle curve e sulle congruenze *W* a falde focali rigate. Rend. Pal., **38**, 357–369 (1914).
[212] Alcune osservazioni analitiche sulle congruenze rettilinee *W* aderenti a due superficie rigate. Math. Z., **10**, 255–282 (1921).
[213] Dimostrazione analitica di un teorema di Segre. Rend. Napoli, (3), **28**, 51–54 (1922).

Turrière, E.
[214] Sur les congruences de normales qui appartiennent à un complexe donné. Ann. Toulouse, (3), **2**, 143–223 (1910). Sur les congruences de droites qui admettent un point pour surface centrale. Nouv. Ann., (4), **11**, 165–175.

Tzitzeica, J.
[215] Géométrie différentielle projective des réseaux. Paris-Bucarest 1924.
[216] Sur un théorème de M. Darboux. CR **150**, 955, 971–974, 1227 (1910).

Vaulot, A.
[217] Congruences rectilignes qui sont en même temps *W* et de Ribaucour. Thèse Paris, 95p., 1923, J. Éc. Pol. 1923.

Vincensini, P.
[218] Sur trois types de congruences rectilignes. Ann. Toulouse, (3), **19**, 93–166 (1927).
[219] Sur une famille de congruences rectilignes attachées aux surfaces applicables sur les surfaces de révolution. Bull. des Sciences, (2), **54**, 117 (1930).
[220] Sur la déformation des surfaces et sur quelques propriétés des surfaces spirales. Bull. Soc. de Fr., **59**, 211–228 (1931).

[221] Congruences isotropes et surfaces minima. CR **193**, 689 (1931).
[222] Sur une transformation des congruences isotropes. CR **193**, 1144–1146 (1931).
[223] Sur la déformation de certaines congruences rectilignes. Ann. Toulouse, (3), **24**, 49–66 (1932).
[224] Congruences à surface moyenne plane et questions qui s'y rattachent. Bull. Math., (2), **56**, 366–384 (1932).
[225] Transformation de RIBAUCOUR des surfaces de GUICHARD. Réseaux cycliques. Nouvel aspect de la transformation d'EISENHART. CR **200**, 1266 (1935).
[226] Sur certaines suites de LAPLACE. CR **202**, 897 (1936).
[227] Sur les suites de LAPLACE contenant des éléments orthogonaux. J. de Math., (9), **17**, 327–366 (1938).

VOSTER, M. C.
[228] Rectilinear congruences referred to special surfaces. Annals of Math., (2), **25**, 159–180 (1924).

WAELSCH, E.
[229] Zur Infinitesimalgeometrie der Strahlencongruenzen und Flächen. Berichte, Wien, **100**, 219–270 (1891).
[230] Über Tangentialcongruenzen einer Fläche. Berichte, Wien, **102**, 757–767 (1893).
[231] Sur le premier invariant différentiel projectif des congruences rectilignes. CR **118**, 736–738 (1894).

WILCZYNSKI, E. J.
[232] Invariants of a system of linear partial differential equations and the theory of congruences of rays. Am. J. of Math., **26**, 319–360 (1904).
[233] On the general theory of congruences of straight lines. Bull. Am. Math. Soc., (2), **16**, 461 (1910); Sur la théorie générale des congruences. Mém. Belg., (2), **3**, 86, 4 (1911).
[234] The General Theory of Congruences. Trans. Am. Math. Soc., **16**, 311 (1915).

SACHVERZEICHNIS